大陆动力学系列专著

塔里木克拉通北缘前寒武纪构造岩浆事件与地壳演化

朱文斌　葛荣峰　舒良树　郑碧海　著

科学出版社

北京

内 容 简 介

本书以塔里木克拉通北缘前寒武纪地质体为研究对象，开展构造地质学、岩石学、同位素年代学和地球化学等多方面的综合研究。在此基础上，厘定该区前寒武纪地质体的岩石组成及各岩石单元的大致分布范围；限定各类岩石的形成时代及其大地构造背景；探讨变形与变质作用的期次、年代学格架、温压条件和 *P-T-t* 轨迹；阐述变质杂岩体中混合岩的浅色体和暗色体的物质来源、形成时代及混合岩化机制。

本书可供从事构造地质学、前寒武纪地质学和岩石学的专业人员及师生参考。

图书在版编目（CIP）数据

塔里木克拉通北缘前寒武纪构造岩浆事件与地壳演化/朱文斌等著. —北京：科学出版社，2017.4

（大陆动力学系列专著）

ISBN 978-7-03-052490-4

Ⅰ. ①塔…　Ⅱ. ①朱…　Ⅲ. ①塔里木盆地–前寒武纪地质　Ⅳ. ①P534.1

中国版本图书馆 CIP 数据核字（2017）第 056819 号

责任编辑：王腾飞　沈　旭　冯　钊 / 责任校对：高明虎

责任印制：张　伟 / 封面设计：许　瑞

科学出版社 出版

北京东黄城根北街 16 号

邮政编码：100717

http：//www.sciencep.com

北京中石油彩色印刷有限责任公司印刷

科学出版社发行　各地新华书店经销

*

2017 年 4 月第　一　版　开本：787×1092　1/16

2017 年 4 月第一次印刷　印张：28 3/4　插页：4

字数：682 000

定价：139.00 元

（如有印装质量问题，我社负责调换）

前　言

20世纪90年代以来，作者及团队长期在新疆地区从事基础地质研究，先后参加过“七五”“八五”“九五”国家“305”项目和国家重点基础研究发展计划（“973”计划）。近年来，作者等主持完成了三项与塔里木克拉通有关的国家自然科学基金项目：“塔里木北缘前寒武纪基底岩系构造热演化的裂变径迹研究”（40573038，2006～2008）、“塔里木盆地库车前陆冲断带逆冲剥露作用的低温热年代学研究”（40972133，2010～2012）、“塔里木北缘早前寒武纪库尔勒杂岩的原岩组合、变质作用及混合岩化作用”（41272211，2013～2016）和一项“973”课题“古陆块解体与成矿物质堆积”（2007CB411301，2007～2011）以及南京大学国家重点实验室重点基金项目“塔里木板块与华南板块新元古代构造岩浆事件和地壳组成的对比研究（2010～2012）”。在这些项目的实施过程中，作者团队以板块构造理论和大陆动力学理论为指导，对新疆地区各个块体的构造属性、前寒武纪基底形成演化及后期抬升剥露、多块体的汇聚与裂解过程等问题开展了多方面的研究。研究内容包括库鲁克塔格、阿克苏—柯坪兼及伊犁等地区的构造地质学、前寒武纪地质学、岩石地球化学和年代学等。作者团队在这些项目研究中积累了大量第一手野外地质资料和室内分析测试数据，在塔里木克拉通前寒武纪基础地质研究方面取得了诸多新认识，为本书的完成奠定了坚实的基础。

研究过程中，我们重点选择塔里木克拉通北缘的库鲁克塔格隆起和阿克苏—柯坪隆起。这两个地区前寒武纪露头清楚、地质现象丰富且交通便利，是开展塔里木克拉通前寒武纪地质研究的理想场所。研究采取详细的野外工作与多种室内分析相结合的方案，综合构造地质学、岩浆岩-变质岩岩石学、锆石 U-Pb 年代学、地球化学和同位素地质学等多种研究方法，对该区的前寒武纪表壳岩及侵入岩进行全方位的解析。我们首先通过详细的野外实测剖面和关键地区大比例尺填图，厘清了上述两个地区复杂的岩石组合及其大致空间分布范围，并根据不同岩石之间的接触关系确定其形成顺序，然后根据不同的研究目的选择不同岩石组合进行系统采样。对于古老的变质火山岩和变质侵入体以及未变质的花岗岩体，主要通过锆石微区 U-Pb 定年确定岩浆结晶年龄，并通过锆石 Hf-O 同位素和全岩地球化学数据探讨岩浆源区、熔融条件、岩浆演化及其构造背景；对于典型的变质岩，首先进行面理、线理等韧性变形的详细测量，确定变形期次，然后进行详细的岩相学研究，确定岩石结构、矿物组合和包裹-反应关系与变质期次，建立变质-变形配套关系，估算变质温压条件和 *P-T* 轨迹，最后选择典型样品进行锆石 U-Pb 原位定年和 Hf 同位素分析，确定变质作用时代，探讨其构造背景。研究过程中所采用的手段主要包括：

（1）实测剖面与大比例尺填图：在库尔勒地区，选择铁门关水库、G218 高速公路库尔勒至铁门关段、G3012 高速公路库尔勒至塔什店段和库尔勒东南冲沟四条剖面；在阿克苏地区，选择阿克苏至乌什公路、磷矿沟、尤尔美拉克村和肖尔布拉克四条剖面，按岩性单元进行剖面实测，确定变质杂岩体中的岩石类型及大致分布范围。

（2）构造变形测量与分期配套：主要对上述剖面上的面理、线理、褶皱等韧性变形构造进行测量，根据其交切与叠加关系判断变形期次。

（3）系统采样：根据研究需求采用不同的采样策略，例如，对于花岗岩体主要采集 1～2 块锆石年代学样品并在附近采集 5～6 块新鲜地球化学样品；对于混合岩化变质岩浆岩全岩地球化学样品的采集要尽量避免与片麻理斜交的或较宽的浅色体，但对于混合岩化机理研究的样品，则分别采集浅色体和临近的暗色体。

（4）岩相学观察：对于（变质）岩浆岩主要通过薄片观察确定岩石结构、矿物组成和岩石类型；对于变质沉积岩和基性岩，鉴定变质矿物组成、含量和宏观结构，确定岩石类型；根据典型变质矿物之间的相互关系和结构类型，如反应结构、包裹关系等，特别是石榴子石的包裹体和反应边的鉴定，划分变质阶段，确定不同变质阶段的矿物共生组合，估计各个变质阶段的变质相和温压区间，为选择合适的变质矿物进行温压计算做准备。

（5）SHRIMP 和 LA-ICP-MS 锆石 U-Pb 微区定年，这是本书所采用的主要分析手段之一。首先对分选出的锆石制靶和抛光，进行透射光、反射光和阴极发光（CL）成像，然后根据定年目的确定测试点位置。本书主要采用相对方便快捷的 LA-ICP-MS 方法，对部分典型样品同时进行 SHRIMP 测试，两者相互对比印证。

（6）锆石原位 Lu-Hf 同位素分析：采用 LA-MC-ICP-MS 微区分析方法，测试点一般重叠在 U-Pb 测试点上或选择与 U-Pb 点具有相同 CL 特征的锆石区域。

（7）锆石 O 同位素分析：对 SHRIMP 靶上的锆石重新抛光、镀金后选择性地进行 O 同位素分析，使用的仪器是 SHRIMP IIe/MC。

（8）全岩地球化学分析：主量元素分析采用 XRF 方法，微量元素分析采用的是 ICP-MS 方法。

通过上述研究，我们获得了以下主要认识。

（1）库尔勒地区的变质杂岩体中发育 2.74～2.71Ga 的正片麻岩和斜长角闪岩，这是目前为止在库鲁克塔格地区识别出的具有可靠年龄的最古老岩石，这些岩石至少受到 2.0～1.8Ga 和 0.8～0.6Ga 两期变质事件的影响。锆石 Hf-O 同位素特征表明，同期的亏损地幔与至少 3.4～3.5Ga 的古老大陆地壳均参与了这些～2.7Ga 岩浆岩的形成过程。地球化学数据表明，～2.7Ga 的斜长角闪岩的原岩类似于典型的岛弧拉斑玄武岩和岛弧富 Nb（或高 Nb）玄武岩，正片麻岩可能是斜长角闪岩的母岩浆 AFC 作用的产物。这一岩石组合类似于北美 Superior 和 Dharwar 克拉通中许多～2.7Ga 绿岩带中的岛弧火山岩组合，指示大陆岛弧环境下年轻洋壳的“热”俯冲，这一过程可能对新太古代地壳生长和分异都具有重要意义。对已有锆石原位 U-Pb 年龄和 Hf 同位素数据的总结表明，塔里木克拉通可能经历了～2.7Ga 和 2.5Ga 两期重要的新太古代岩浆作用，～2.7Ga 和 2.5Ga 均为地壳生长的重要时期，但这些新太古代岩石的锆石 Hf 模式年龄并不代表地壳生长时间，而是岩浆混合作用的假象。

（2）库鲁克塔格西段古元古代变质沉积岩（兴地塔格群）的变质作用具有区域性。库尔勒地区的云母石英片岩矿物组合与温压估算表明，其经历了高角闪岩相变质，峰期温压条件为 P=11±2kbar[①]，T=690±50℃。这些云母石英片岩与石英岩、混合岩化副片麻岩等

① 1bar=10^5Pa。

均记录了～1.85Ga 的变质事件，但这些变质沉积岩中的多数碎屑锆石大多已被完全重结晶或溶解-再沉淀，形成新生变质锆石，并发生 Hf 同位素均一化，其变质年龄可能代表退变质时代，而非峰期变质时代。相反，西山口东部地区的云母片岩和副片麻岩可能仅经历了绿片岩相变质，其变质年龄为～1.93Ga，与附近花岗岩体侵入时代一致，且其中存在大量碎屑锆石，说明变质重结晶和新生锆石生长较弱。

（3）库尔勒地区的混合岩化副片麻岩和浅色花岗岩至少记录了三期混合岩化作用，即～1.85Ga、～830Ma 和～660Ma。～1.85Ga 的混合岩化可能与区域高级变质作用导致的原地深熔作用有关，而～830Ma 的浅色花岗岩则来自于深部或邻区相对年轻地壳的重熔及大规模熔体运移和注入，这两期混合岩化可能分别反映了古元古代晚期和新元古代中期的两期区域造山事件，而第三期～660Ma 的混合岩化可能是碱性花岗岩侵入导致的局部重熔。

（4）兴地塔格群中碎屑锆石的最年轻年龄峰与变质边的最老 U-Pb 年龄表明其沉积时代为 2.05～1.93Ga，后者与侵入其中的 1.93～1.94Ga 的花岗岩年龄一致。这些碎屑锆石的年龄介于 2.0～3.5Ga，年龄谱特征和锆石形态分析表明，这些碎屑锆石可能主要来源于塔里木北缘的岩浆岩；Hf-O 同位素特征表明，其物源区岩石可能主要来自以高 $\delta^{18}O$ 的成熟沉积物为主的古老地壳的再造；线性回归分析表明，岩浆源区最古老的地壳组分为 3.7～3.9Ga，且其 $^{176}Lu/^{177}Hf$ 值为～0.01，明显低于基性岩而与酸性岩石一致，说明塔里木克拉通北缘可能存在 3.7～3.9Ga 的酸性大陆地壳，比前人获得～3.3Ga 的地壳组分老很多，并且至～3.5Ga 时已发生壳内熔融与分异，形成成熟的大陆地壳。

（5）库鲁克塔格西部广泛的古元古代晚期片麻状（蓝石英）花岗岩大多侵位于 1.93～1.94Ga，并在岩浆结晶之后不久的 1.91～1.92Ga 发生变质作用。该期岩浆岩涉及幔源新生物质的加入和古老表壳岩系的再造。相对富钾的二长花岗岩、石英闪长岩/石英二长岩、含石榴子石花岗岩可能是幔源基性岩侵入导致变质沉积岩（即兴地塔格群）部分熔融及岩浆混合作用的结果，而相对富钠的奥长花岗岩和英云闪长岩可能是新生基性下地壳在金红石榴辉岩相（＞50km）部分熔融并受浅部沉积物混染的产物。这一岩浆-变质事件可能发生于安第斯型大陆岛弧环境，并随后卷入 1.85Ga 的陆陆碰撞造山作用。

（6）阿克苏蓝片岩带举世闻名，但原岩年龄、基质属性未被研究。通过对该蓝片岩带中变基性岩的 Sm-Nd 同位素定年研究，获得变基性岩原岩年龄为 890±23Ma；通过岩石地球化学研究，确定变基性岩原岩为玄武岩，其物源为富集地幔和亏损地幔，形成环境为正常洋中脊。据此确认，塔里木克拉通北缘存在新元古代早期的大洋地壳。通过对包裹蓝片岩的变沉积岩的年代学研究，确定其碎屑锆石的年龄上限是 727±12Ma（即高压变质时间不早于 730Ma），不整合覆盖于蓝片岩之上的震旦纪砂岩碎屑锆石的年龄上限是 602±13Ma。因此，蓝片岩是由新元古代早期的玄武岩经过变质作用形成的，变质时间发生在 730Ma 之后，602Ma 之前。变沉积岩地球化学分析表明，其原岩为杂砂岩或泥岩，形成背景为活动陆缘岛弧环境。此外，阿克苏地区没有新元古代花岗岩，其地层序列、岩石组合、沉积环境、构造属性显示出明显的大洋亲缘性，显著区别于大陆亲缘性的库鲁克塔格，彼此不能对比。

（7）塔北缘常见辉绿岩-花岗岩双峰式岩墙，发育数千条辉绿岩岩墙，主要为一系列密集平行排列、间距大致相等（几十厘米至数米）的岩墙，均侵入于前寒武纪变质岩中。

通过对塔北缘新元古代双峰式火成岩和基性岩墙的地球化学示踪研究，发现这些火成岩均形成于板内环境，其母岩浆源自被交代的岩石圈地幔。对塔北缘兴地和铁门关等地的双峰式火成岩作 SHRIMP 锆石 U-Pb 定年，其结晶年龄主要集中在 830～800Ma、790～740Ma 和 652～629Ma 三个阶段，表明当时的裂解事件从 830Ma 开始，到 630Ma 结束，历时长达 2 亿年。其全球的构造背景是罗迪尼亚超大陆的裂解，据此提出了罗迪尼亚（Rodinia）超大陆长期持续裂解的科学命题。

尽管本书对塔里木克拉通北缘前寒武纪地质进行了较为详细的分析，获得了大量新数据和新认识，但由于塔里木克拉通总体研究程度仍相对较低，数据积累有限，且研究区大多交通不便，工作条件艰苦，再加上作者团队的研究水平有限，本书的工作还存在很多不足之处，书中的解释难免存在疏漏，提出的模型仍有待检验。回顾前人和本书研究状况，结合国内外前寒武纪地质学的发展趋势，作者团队认为该区未来的研究方向包括：

（1）对库鲁克塔格地块库尔勒、兴地、辛格尔等地的太古宙—古元古代变质杂岩体进行详细的大比例尺岩性单元填图，进一步厘清其中的 TTG、富钾花岗岩、基性岩、表壳岩等组分的空间分布和接触关系，结合详细的锆石 U-Pb 年代学、Hf-O 同位素、地球化学分析，确定该区太古宙地壳演化历史与克拉通化过程。

（2）结合不同时代岩浆岩和（变质）沉积岩中的（碎屑）岩浆锆石 U-Pb 定年和原位 Hf-O 同位素研究，特别是通过更为系统的锆石 O 同位素研究，对不同 δ^{18}O 值的（碎屑）岩浆锆石分别进行线性回归分析，确定地壳生长期次与下地壳属性，进一步确认塔里木克拉通最老地壳组分和地壳分异时代等问题。

（3）对区内典型变质杂岩体进行系统的韧性变形分析，根据构造置换与叠加原理，区分韧性变形期次，并详细测量各个期次的线理、面理、褶皱等构造要素在剖面和平面上的空间分布，分析各期变形的运动学特征和应力体制，结合云母类矿物的 ^{40}Ar/^{39}Ar 定年，探讨塔里木北缘多期造山事件的构造演化过程。

（4）对古元古代晚期和新元古代中期构造-热事件相关的变质泥质岩和变质基性岩进行详细的变质岩石学研究，区分变质-变形期次，用传统的地质温压计和相图模拟相结合的方法确定 *P-T* 轨迹，并进行变质锆石 U-Pb 定年和 REE-Ti 含量分析与 ^{40}Ar/^{39}Ar 定年，建立变质年龄与温压条件的联系及 *P-T-t* 轨迹，这对理解这两期造山事件的区域动力学背景具有重要意义。

（5）阿克苏蓝片岩的变质年龄、侵入蓝片岩中的基性岩墙年龄和上覆苏盖特布拉克组中基性火山岩的年龄一直存在争议。这些年龄的不确定性和相互间明显的矛盾，阻碍了这一地区构造演化过程的讨论和构造模型的建立。因此，寻找有效的测年方法，获得可靠的年代学数据是未来的工作重点之一。

（6）与库鲁克塔格地区相比，塔里木南缘的阿尔金和西昆仑地区前寒武纪地质研究程度更低，其太古宙地壳演化、古元古代和新元古代两期构造-热事件的时限和属性等问题仍存在很大不确定性，今后应对这两个地区开展专项研究，并与库鲁克塔格和敦煌等地进行区域对比，解决塔里木克拉通是否存在统一的太古宙变质基底、是否存在不同陆块聚合等问题。

（7）通过对塔里木、华北、华南等地块及世界其他克拉通地壳生长与演化历史、古元古代和新元古代构造-热事件的对比，确定中国各大陆块不同地质历史时期的亲缘性及其在哥伦比亚（Columbia）和罗迪尼亚超大陆演化中的意义。

本书研究工作的开展，得到了南京大学马东升教授、李永祥教授、王博教授、吴昌志副教授以及新疆大学郭瑞清副教授的支持与帮助。研究生丁海峰、马绪宣、何景文、温斌、雷如雄、吴海林、陆远志、姚春彦、罗梦、黄文涛、于俊杰对研究工作的完成也起到了积极的作用。研究生崔翔、吴海林、王逸琼和李治协助清绘了本书部分图件。国家“305”项目办公室马映军研究员和王宝林研究员，中国科学院地质与地球物理研究所肖文交研究员，中国地质科学院李锦轶研究员和王涛研究员，北京大学郭召杰教授，浙江大学陈汉林教授对研究工作的开展给予了诸多有益的指导，在此一并致谢！

目　录

第1章　前寒武纪研究的热点问题及相关研究进展

1.1　前寒武纪研究中的热点问题

1.1.1　大陆地壳的起源、生长与演化

地球是太阳系中一个独特的行星，它以独特的大气圈、生物圈、水圈、大陆地壳及各个圈层的动态协同演化区别于其他星球（Taylor and McLennan，1985，1995，2009；Condie，1997，2011a）。其中，大陆地壳相对于大洋地壳具有年代古老、密度小、难以俯冲等特征，它不仅记录了其自身的演化，也为研究其他圈层的演化提供了素材，是整个地球演化历史的档案。大陆地壳漫长的演化历史造就了包括人类等大多数高等生物赖以生存的环境，形成了人类社会发展所需的大多数资源。大陆地壳也是水和 CO_2 的重要储库，影响着全球的水循环和碳循环，进而影响全球气候变化和生物演化（Condie，1997，2011a）。

因此，大陆地壳的起源与演化历来受到国内外地质学家的高度重视，至今仍然是国际地学界研究的前沿和热门课题（Taylor and Mclennan，1985，1995；Windley，1995；Condie，1997，2011a；Hawkesworth and Kemp，2006a，b，c；Zhang et al.，2006a，b；Wang et al.，2009；Yu et al.，2010；Diwu et al.，2011；Cawood et al.，2013a）。随着近年来锆石 Hf-O 同位素原位分析等新技术的发展，不断有原创性的研究成果涌现（Kemp et al.，2006；Pietranik et al.，2008；Dhuime et al.，2012；Naeraa et al.，2012），引领、推动着地质学各分支学科的发展及交叉。

大陆地壳的垂向界面是 Mohorovičić（Moho）面，横向边界为大陆斜坡斜率拐点处（Rudnick and Gao，2003），其面积为 $210.4\times10^6km^2$，占地球表面积 41%；其平均厚度为 36～40km，体积约为 $7.2\times10^9km^3$，占地壳总体积的 70%；其平均海拔约为 120m，大约 30%的面积位于海平面以下（Cogley，1984）。

根据构造属性，大陆地壳可分为造山带、克拉通和陆缘带（Condie，1997，2011a；Cawood et al.，2013a）。造山带是经过一期或多期沉积、变形、变质和岩浆作用形成的线性构造带，通常被分为增生造山带、碰撞造山带和陆内造山带（Cawood et al.，2009）。克拉通是长期稳定的构造单元，可以分为地盾和地台。地盾由前寒武纪结晶岩系组成，其年龄一般＞500Ma，大多数形成于太古宙；地台具有与地盾相似的基底，但其上覆有数千米厚的前寒武纪—新生代沉积盖层。全球主要克拉通的分布见图 1-1。一般认为，克拉通是造山带围绕古老陆核发生增生和克拉通化的结果（Cawood et al.，2009）。因此，研究全球各大克拉通的物质组成和演化历史，是解析大陆地壳演化的关键。陆缘带是大陆地壳发生裂解的地带，形成的陆内裂谷或被动陆缘，具有洋陆过渡带的地壳属性。

大陆地壳垂向上一般分为上、中、下三部分，分别约占 30%、30%和 40%。上地壳主要由沉积岩和花岗岩、花岗闪长岩组成，总体成分类似于花岗闪长岩；中地壳主要由角闪

岩相正片麻岩和副片麻岩组成；下地壳则为麻粒岩相变质岩、侵入其中的基性岩及其堆晶岩系组成（Taylor and McLennan，1995；Rudnick and Fountain，1995；Rudnick and Gao，2003；Hawkesworth and Kemp，2006b；Cawood et al.，2013a）。

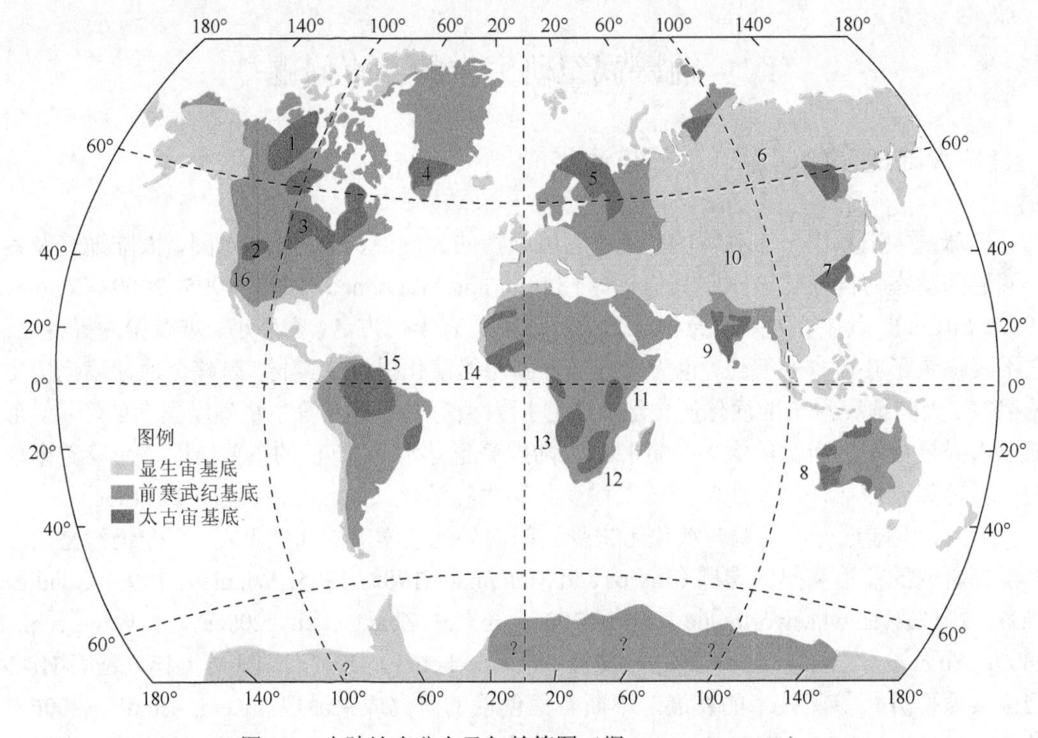

图 1-1　大陆地壳分布及年龄简图（据 Lee et al.，2011）

世界主要克拉通：1-大奴；2-怀俄明；3-苏必利尔；4-格陵兰；5-芬诺斯堪迪亚；6-西伯利亚；7-华北；8-西澳；9-印度；10-塔里木；11-坦桑尼亚；12-南非（卡普瓦尔）；13-刚果；14-西非；15-亚马逊；16-科罗拉多高原

大陆地壳以地幔不相容元素的高度富集为特征，且具有轻稀土元素（LREE）和大离子亲石元素（LILE，如 Rb、Sr、Ba、K）相对富集，重稀土元素（HREE）和高场强元素（HFSE，如 Nb、Ta、Ti）相对亏损的特征（Rudnick and Gao，2003）。例如，尽管大陆地壳仅占地幔质量的 0.57%，但却包含了地球 K 含量的 40%。因此，大陆地壳一般被认为是与亏损地幔互补的地球化学储库（Hofmann，1988，1997），也就是说，富集的大陆地壳的形成造成了地幔的亏损。然而，现今大陆地壳的平均成分为安山质（SiO_2=60.6%），这一成分显然与超基性的地幔橄榄岩是不平衡的。大陆地壳增生的方式主要是地幔部分熔融形成的玄武质岩浆作用，这意味着初始的玄武质地壳必须经过分离结晶或部分熔融等壳内分异过程，形成更为演化的中-酸性地壳，而分离结晶的堆晶体或部分熔融的残留体则必须通过俯冲或拆沉等方式再循环（recycling）至地幔（Rudnick，1995；Rudnick and Gao，2003）。

一般认为，大陆地壳绝大多数形成于早前寒武纪，至太古宙末期（2.5Ga），至少 60%～70%的大陆地壳已经形成（Taylor and McLennan，1985，1995；Belousova et al.，2010；Dhuime et al.，2012）。然而，目前关于大陆地壳形成、生长与演化的具体时间、方式与动力背景在学术界仍存在较大争议。

一种观点认为，大陆地壳的形成和分异发生在地球形成不久的冥古宙—早太古宙（4.5～3.5Ga，图 1-2）（Armstrong，1968；Armstrong and Harmon，1981；Armstrong，1991；Fyfe，1978；Reymer and Schubert，1984；Harrison et al.，2005；Harrison，2009）。这种观点认为，地球与其他类地行星一样，在形成初期处于完全熔融的岩浆海环境，并从中迅速分异出金属核、硅镁质地幔和硅铝质地壳（Armstrong and Harmon，1981）。这种观点的证据之一是，自从约 3Ga 以来，多个大陆克拉通上同时存在浅海相沉积，说明侵蚀基准面（海平面）从那时起与现今海平面并无很大（＞1000m）的不同，由于全球海洋的体积是恒定的，且不同时期形成的克拉通地壳平均厚度基本一致，这意味着 3Ga 以来地壳体积并无明显的增长，这一推论被称为“固定自由空间”（constant continental freeboard）（Armstrong，1991；Armstrong and Harmon，1981）。Armstrong（1968）还首次强调了沉积物俯冲和地壳物质再循环（recycling）在壳幔演化中的作用，并认为再循环的速率是逐渐递减的，自从大约 3.5Ga 以后，从地幔抽取出新生地壳的速率与地壳物质再循环至地幔的速率基本相等。最近对沉积俯冲和俯冲侵蚀速率和岛弧新生物质添加速率的估算表明两者大致持平（Scholl and von Huene，2009；Stern and Scholl，2010；Condie，2011a；Cawood et al.，2013a），支持上述论断，也就是说，现今汇聚大陆边缘地壳物质的净增长基本为 0，这意味着自从现代板块构造体制建立以来无显著地壳生长，或者说大陆地壳形成于板块构造体制建立之前。

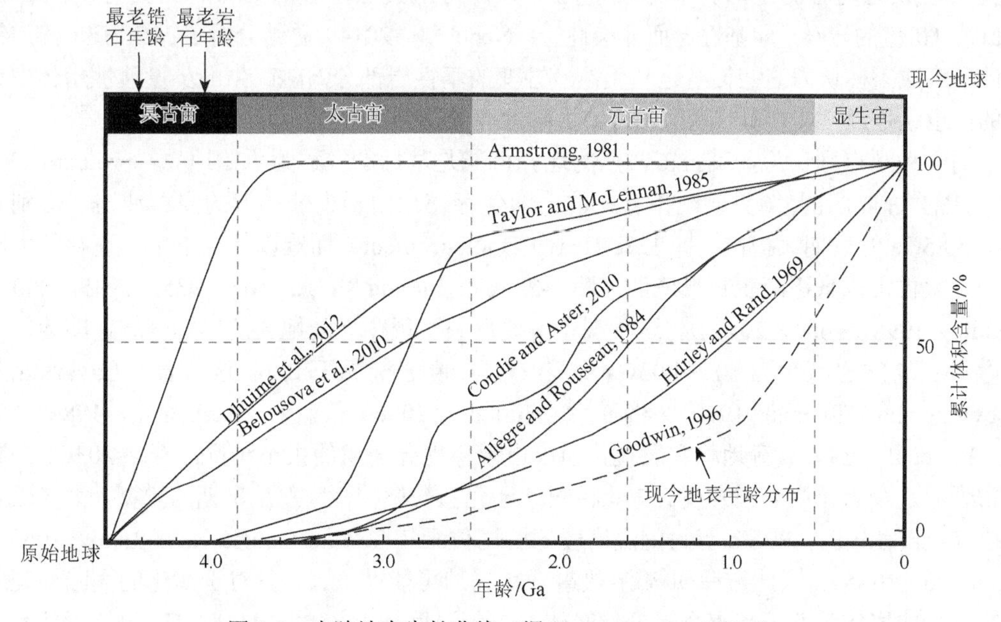

图 1-2　大陆地壳生长曲线（据 Cawood et al.，2013a）

冥古宙—早太古宙地壳形成和分异的认识得到近年来对澳大利亚 Jack Hills 等地＞4.0Ga 碎屑锆石研究的支持（Harrison，2009；Nebel et al.，2014）。大量的 U-Pb 年代学数据（主要是 SHRIMP 数据）表明，西澳伊尔岗（Yilgarn）克拉通西北缘 Narryer 地体 Jack Hills 等地的中太古代（～3.0Ga）变质砾岩中含有少量（～3%）冥古宙（＞4Ga）碎屑锆石，其 U-Pb 年龄达到 4.4Ga（Wilde et al.，2001；Valley et al.，2014）。这些古老的锆石具有与花岗质岩浆中结晶的锆石类似的内部结构、REE 配分模式和矿物包裹体（主要为石英和白云母）（Wilde et al.，2001；Peck et al.，2001；Hopkins et al.，2008）；O 同位素分析表明，部分冥古宙锆石具有高的 δ^{18}O 值（>6.5‰），显著高于地幔锆石的 δ^{18}O 值（5.3‰±0.6‰），说明其源区岩石的母岩与液态水发生过低温相互作用（Mojzsis et al.，2001；Peck et al.，2001；Wilde et al.，2001；Valley et al.，2002；Cavosie et al.，2005）；锆石 Ti 饱和温度计结果表明，其原岩具有很低的岩浆结晶温度（～650～750℃）（Watson and Harrison，2005；Trail et al.，2007；Bell and Harrison，2013）；Lu-Hf 同位素结果表明，这些锆石大多具有负的 $\varepsilon Hf_{(t)}$值（Amelin et al.，1999；Harrison et al.，2008；Blichert-Toft and Albarède，2008；Nebel-Jacobsen et al.，2010），根据其年龄与 Hf 同位素组成关系，推测其源区岩石的母岩具有低的 ^{176}Lu/^{177}Hf 值（～0.01），与典型的大陆地壳一致，而比基性岩的 ^{176}Lu/^{177}Hf 值（～0.02）低很多。这些数据被解释为地球形成不久之后（4.5Ga）分异出的冥古宙酸性大陆地壳在可能的汇聚板块边界及液态水存在的条件下发生再造（reworking）和重熔（remelting）的结果，即所谓的“冥古宙水世界假说”（hadean waterworld hypothesis）（Harrison，2009）。然而，这一认识受到最近一些研究的挑战，例如，Nemchin 等（2006）认为，大多数冥古宙锆石高的 δ^{18}O 可能是后期铅丢失过程中与热液流体作用的结果；Rasmussen 等（2011）认为，这些古老锆石中的矿物包裹体可能形成于后期变质作用；Kemp 等（2010）进行了 Pb-Pb 年龄和 Lu-Hf 同位素组成的同时测定，并通过线性回归分析得出其源区岩石的母岩为具有～0.02 的 ^{176}Lu/^{177}Hf 值的岩石，即基性岩而非酸性岩；Nebel 等（2014）总结分析了 Jack Hills 碎屑锆石的研究成果，认为这些锆石是从受热液蚀变的基性岩部分熔融产生的少量酸性熔体中结晶的，也就是说，冥古宙时期酸性岩或大陆地壳的范围是有限的。

另一种观点则认为，冥古宙时期的地壳可能是基性的（称为原始地壳，protocrust），而酸性的大陆地壳是罕见甚至不存在的，即使存在也由于十分频繁的陨石冲击（特别是4.1～3.85Ga 的后期大撞击，即 Late Heavy Bombardment）而难以保存下来，现存的大陆地壳是太古宙以来逐渐生长形成的（图 1-2）（Taylor and McLennan，1985，1995，2009；Condie，1998，2000，2011a）。这种观点主要反映了现今大陆地壳的年龄分布，即地球上现存最古老的岩石为 3.80～4.03Ga 的 TTG 片麻岩（见下文），这些岩石虽然在北美（Bowring and Williams，1999）、格陵兰（Nutman，2006）、南极（Black et al.，1986）、华北（Liu et al.，1992）等地均有发现，但仅占现存地壳面积的极小比例，而>4.03Ga 的冥古宙岩石迄今为止尚未被发现。与此相应的地壳生长模型，特别是早期的模型，大多数是基于 K-Ar、Rb-Sr、Pb-Pb 等封闭温度较低的同位素年龄体系（Hurley and Rand，1969；Moorbath，1975），因此被后期构造-热事件重置的可能性很大，且对于演化的大陆地壳岩石来说，成岩年龄并不代表壳幔分异时代。封闭温度相对较高的 Nd 和 Hf 同位素体系分析方法的发展从某种程度上克服了这个困难，且 Nd-Hf 同位素组成与年代学数据相结合可以用来区分新生地壳和古老地壳（Allègre and Rousseau，1984）。例如，Condie（1998，2000，2011a）总结了全球新生地壳（εNd 或 εHf>0）的年龄分布，并识别出了 2.7Ga、1.9Ga 和 1.2Ga 三个峰值（图 1-3）。该作者最初将这些峰值解释为堆积在地幔过渡带的洋壳板片周期性雪崩（episodic slab avalanche）引起的幕式地幔柱上涌和地壳生长（Condie，1998，2000），但近期的研究显示，这些峰值与超大陆的聚合时代十分吻合，可能反映了大陆碰撞背景下新生地壳较大的保存概率（Condie et al.，2011b；Condie，2011a；Hawkesworth et al.，2010；Cawood et al.，2013a）。这种方法的问题之一在于对新生地壳的定义，事实上只有很少的 εNd 或 εHf 值与同期的亏损地幔值相吻合，而对于 εNd 或 εHf 较小的岩石（接近于 0），特别是年轻样品，其中可能包含古老地壳物质的重要贡献或完全是古老地壳重熔的产物，其成岩年龄不同程度地小于壳幔分异时代，因此这一模型估计的太古宙末期之前形成的地壳的比例仅为 45%。相对而言，Nd-Hf 地壳模式年龄可以更准确地估计壳幔分异和地壳生长的时代，例如，Belousova 等（2010）总结了全球各大陆块 13800 多个碎屑锆石 U-Pb 年龄和 Lu-Hf 同位素数据，并用一种新颖的方法估计了给定时段新生地壳的比例，据此计算的地壳生长曲线表明，至少 60%～70%的大陆地壳形成于 2.5Ga 之前（图 1-3）。值得指出的是，模式年龄的计算（特别是锆石 Hf 模式年龄）涉及许多假设条件，如亏损地幔的 Nd-Hf 同位素组成、岩浆源区的 $^{176}Lu/^{177}Hf$ 值等，如何准确估计这些假设参数的值是获得可靠模式年龄和地壳生长时代的关键（Hawkesworth et al.，2010）。

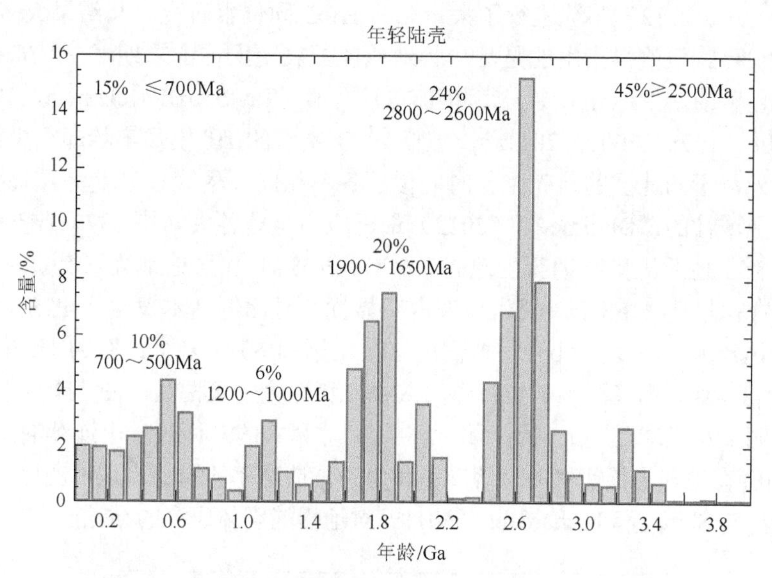

图 1-3　现存新生地壳年龄分布图（据 Condie，2011a）

此外，Taylor 和 McLennan（1985，1995，2009）还认为，初始的大陆地壳直到太古宙末期才发生进一步分异。他们认为，细粒碎屑沉积物（页岩、黄土）可以代表大陆上地壳的平均成分，并发现后太古宙页岩和黄土具有非常一致的 REE 配分模式，且以明显的 Eu 负异常为特征，而太古宙沉积岩的 REE 配分模式则比较杂乱，且没有明显的 Eu 负异常。这一现象被解释为太古宙晚期大陆地壳发生壳内熔融，大量富 Eu 的斜长石作为残留相赋存于下地壳，生成的富钾花岗岩和花岗闪长岩侵位于上地壳，导致地壳的分异。这一解释与全球各大克拉通太古宙基本地质事实一致，即太古宙早期地壳岩石主要由 TTG（见下文）和绿岩带（主要是玄武岩）组成，而富钾的花岗质岩石的大量出现则发生在 2.6Ga 以后（Condie，1994，2011a）。但 Condie（1993，2011a）指出，太古宙沉积岩大多来自绿岩带，而来自太古宙地盾的页岩也存在明显的 Eu 负异常，只是程度较小，这可能反映了太古宙以来 TTG 和钙碱性花岗岩比例的减小。

大陆地壳生长模式的另一个问题是地壳生长是幕式的（Taylor and Mclennan，1985，1995，2009；Condie，1998，2000，2011a）还是连续的过程（Belousova et al.，2010；Dhuime et al.，2012；Cawood et al.，2013a）。前一种观点近年来得到锆石 Hf-O 同位素研究的支持，例如，Kemp 等（2006）首次综合应用锆石 Hf-O 同位素特征探讨了冈瓦纳大陆（澳大利亚东部）的地壳演化，他们认为，$\delta^{18}O>6.5‰$的锆石包含古老表壳岩组分，其 Hf 模式年龄是混合年龄，不能用来代表壳幔分异时代，而 $\delta^{18}O=5‰\sim6.5‰$的锆石主要来自地幔或新生地壳的重熔，他们发现这些锆石落在两条地壳演化线上，其模式年龄构成两个独立的峰，峰值分别为 1.9Ga 和 3.3Ga（图 1-4（a）），这被解释为冈瓦纳大陆的两期重要的幕式地壳生长事件。值得注意的是，线性回归分析表明，这两条地壳演化线的 $^{176}Lu/^{177}Hf$ 值分别为 0.021 和 0.017，比一般的酸性岩要高，而与典型的基性岩一致，说明大陆地壳的增生方式主要是通过基性岩浆作用。随后，许多学者采用类似的方法对北美（Pietranik et al.，2008；Wang et al.，2009）、格陵兰（Naeraa et al.，2012）、非洲（Zeh et al.，2014）和华南（Wang et al.，2012）等地进行了大量锆石 Hf-O 同位素研究，其结果大多支持幕式基性地壳生长观点。但值得指出的是，尽管地质证据表明太古宙末期（～2.7Ga）全球各大克拉通具有显著的新生地壳（绿岩带和 TTG）添加（Taylor and Mclennan，1985，1995，2009；Condie，1998，2000，2011a），但低 $\delta^{18}O$ 锆石的 Hf 模式年龄却很少给出～2.7Ga 的峰值；此外，不同地区的地壳生长时间似乎各不相同（尽管有些重叠），说明幕式地壳生长可能是区域性的。Dhuime 等（2012）最近应用全球各大陆块 1376 个锆石 Hf-O 同位素数据，估计了地质历史时期新生地壳（$\delta^{18}O<6.5‰$）和再造地壳（$\delta^{18}O>6.5‰$）的比例，发现太古宙早期（>3Ga）新生地壳占明显优势且比例基本恒定（～73%），而此后这一比例则变化较大（图 1-4（b）），他们用这一比例和 6000 多个锆石的 Hf 模式年龄计算了新生地壳的年龄分布（图 1-4（c）中的灰线）和地壳生长曲线（图 1-4（c）中的插图）。这一结果说明，从全球尺度上来看，地壳生长并非幕式的，而是一个连续的过程。此外，在 3Ga 左右存在地壳生长速率的显著减小和地壳再造速率的增加，这可能标志着现代板块构造的开始，与 Shirey 和 Richardson（2011）对地幔捕虏体研究的结论一致。

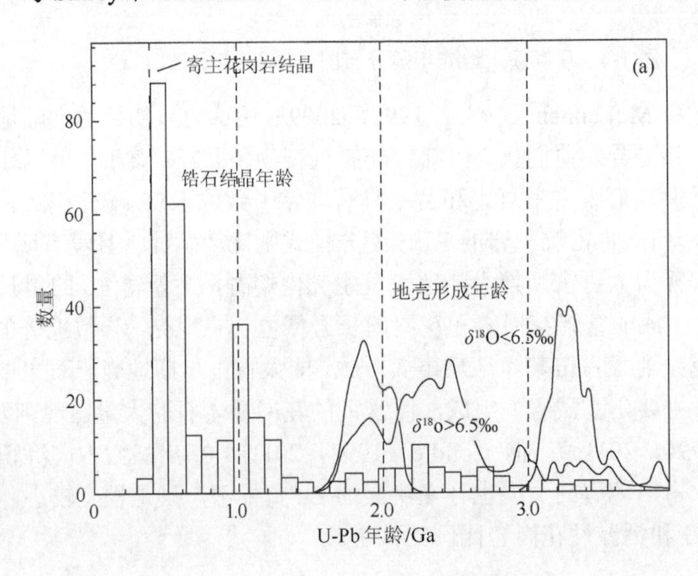

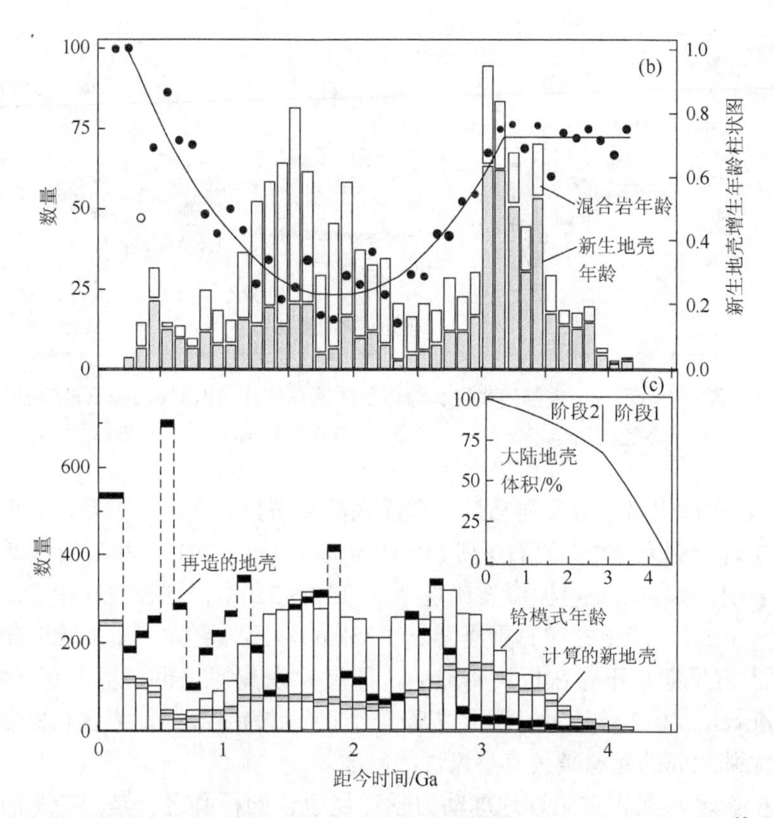

图1-4　(a) 澳大利亚东部碎屑锆石和捕获锆石结晶年龄和模式年龄分布图，其中低 $\delta^{18}O$ 锆石的模式年龄给出两个孤立的峰（据 Kemp et al.，2006）；(b) 新生地壳和再造地壳模式年龄分布及其相对比例（据 Dhuime et al. 2012）；(c) 用 (b) 中的比例计算的新生地壳和再造地壳模式年龄分布和地壳生长曲线（据 Dhuime et al. 2012）

实际上，大陆地壳生长是幕式的还是连续的这一问题的本质在于大陆地壳形成的大地构造环境与动力学背景。正如 Stein 和 Hofmann（1994）指出，地壳的幕式生长更可能是地幔柱岩浆作用和洋底高原拼贴的结果（Kemp et al.，2006），而连续生长模型则更可能受控于洋壳俯冲和岛弧区新生地壳的添加。因此，大陆地壳的起源与生长模式实际上涉及板块构造是否适用于太古宙、地幔柱与俯冲作用的相对关系等地球演化早期的重大动力学问题。一般认为，现今大陆地壳生长的方式主要是俯冲带岩浆作用，即俯冲洋壳板片脱水导致地幔楔部分熔融产生玄武质岩浆底侵，而与地幔柱和陆内裂谷作用有关的岩浆岩贡献则相对有限。这一模式可以很好地解释现今大陆地壳 Nb-Ta-Ti 亏损等与俯冲带岩浆岩类似的地球化学特征。Hawkesworth 和 Kemp（2006a）通过 Nb/La-Sr/Nd 微量元素模拟，得出岛弧玄武岩和 OIB 对新生地壳的贡献率分别为 92%和 8%。最近的估计（图 1-5）表明，现今汇聚板块边界的地幔岩浆添加速率至少是与地幔柱相关的洋岛、洋底高原、陆内裂谷等环境下地幔岩浆添加速率总和的 5 倍（Scholl and von Huene，2009；Stern and Scholl，2010；Condie，2011a；Cawood et al.，2013a），说明在现今板块构造体制之下俯冲带岩浆作用对地壳生长的贡献要远高于地幔柱作用。

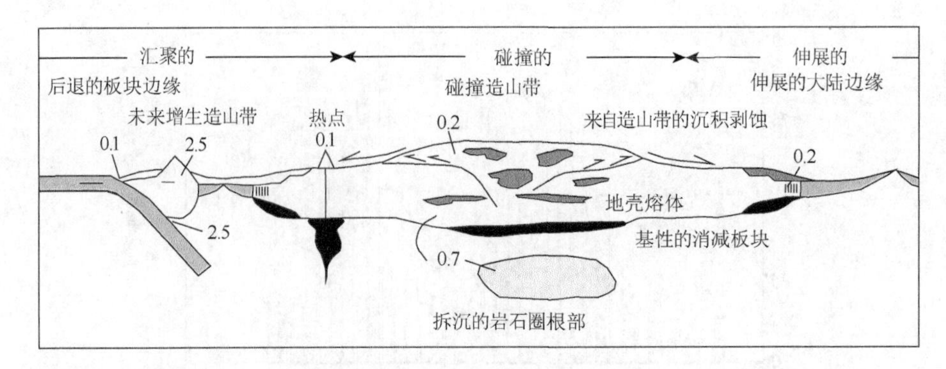

图 1-5　各种构造环境下大陆地壳生长与再循环速率估计（据 Cawood et al.，2013a）

上方数字表示地壳添加速率，下方数字表示地壳再循环速率，单位为 km^3/a

但是，太古宙绿岩带中大量科马提岩和洋底高原型拉斑玄武岩的存在说明太古宙地幔柱作用可能比现今更为频繁。岩石学研究（Herzberg et al.，2010）和理论模型（Korenaga，2008a，b）表明，太古宙地幔温度要比现今高 150～250℃，这使得洋中脊下部地幔熔融程度更大（～30%），产生的洋壳更厚（25～35km），浮力更大，更加难以俯冲。很多学者认为，太古宙早期是不存在板块构造的，即使存在其特点也和现今有很大不同（van Hunen and Moyen，2012），因此，现今以岛弧岩浆作用为主导的地壳生长机制能否用来解释最古老的大陆地壳的起源是具有争议性的问题。

大陆地壳起源与太古宙早期地球动力学环境争议的核心之一是 TTG 的成因问题。TTG（tonalite-trondhjemite-granodiorite，即英云闪长岩-奥长花岗岩-花岗闪长岩）（Jahn et al.，1981）是目前已知最古老的大陆地壳岩石，也是全球各大克拉通太古宙地壳的最主要组成部分。TTG 以富钠贫钾、富集大离子亲石元素、亏损高场强元素（Nb-Ta、Ti）和重稀土元素、无明显 Eu 异常以及高 La/Yb 值和 Sr/Y 值为特征（Martin et al.，2005；Moyen，2011；Moyen and Martin，2012）。大量的地球化学（Drummond and Defant，1990；Martin et al.，2005；Moyen and Martin，2012）和实验岩石学（Rapp et al.，1991，1995，2003；Sen and Dunn，1994；Wolf and Wyllie，1994；Qian and Hermann，2013；Zhang et al.，2013）研究表明，TTG 是水化的基性岩（斜长角闪岩或榴辉岩）在高压条件下（石榴子石稳定相）部分熔融的产物，熔融的残留体（榴辉岩或石榴子石麻粒岩）通过俯冲或拆沉作用再循环至地幔，这一机制可以解释大陆地壳平均成分为安山质而初始地幔熔体为铁镁质这一矛盾（Rudnick，1995；Rudnick and Gao，2003）。但是，TTG 的具体原岩和形成构造背景是目前争论较大的问题。部分学者根据 TTG 与现代埃达克岩类似的地球化学特征，认为 TTG 是年轻洋壳板片发生“热”俯冲和部分熔融的产物（Drummond and Defant，1990；Martin，1999；Martin and Moyen，2002；Martin et al.，2005；Rapp et al.，1995，2003）。但 Smithies（2000）和 Condie（2005）指出，大多数早太古宙 TTG 的 MgO、Cr、Ni 含量比埃达克岩低很多，这意味着其缺乏与地幔橄榄岩的相互作用，这些作者提出 TTG 是岛弧或洋底高原加厚下地壳底部基性岩部分熔融的结果，而 Martin 等（2005）则认为，太古宙早期俯冲角度较小，甚至是平板俯冲，因此板片熔体与地幔楔相互作用较弱。但实验岩石学和地球化学模拟研究（Adam et al.，2012；Nagel et al.，2012；Polat，2012；

Zhang et al.，2013；Martin et al.，2014）表明，现代 MORB 过于亏损强不相容元素，其部分熔融产生的熔体的 Rb、Ba、Th、K 等大离子亲石元素含量比 TTG 要低 2～5 倍。这些作者大多数支持岛弧或洋底高原加厚下地壳部分熔融的观点，而 Martin 等（2014）则提出了洋底高原俯冲并发生部分熔融的新模式来解释 TTG 的成因以及地壳的幕式生长。

1.1.2　超大陆旋回

大陆地壳形成以后，与下覆岩石圈地幔耦合成刚性的岩石圈板块，在塑性的软流圈地幔上发生裂解和汇聚，形成巨型克拉通或超大陆。1912 年，魏格纳（A. Wegener）开创性地提出了大陆漂移学说和 Pangea 超大陆的复原。虽然随着板块构造理论的建立，大陆漂移学说已被取代，但超大陆的存在却得到了证实和发展，特别是近 20 年来前寒武纪地质学研究证实，在 Pangea 超大陆之前还存在多个超大陆，目前公认的有中—新元古代 Rodinia 超大陆（Hoffman，1991；Li et al.，2008，2013；Evans，2009，2013）和古元古代 Columbia（或 Nuna）超大陆（Zhao et al.，2002，2004，2011；Rogers and Santosh，2002，2009；Hou et al.，2008a，b；Meert，2012；Zhang et al.，2012）。超大陆的周期性汇聚与裂解被称为超大陆旋回，这一过程与全球性造山作用和超级地幔柱密切相关，并对全球海平面变化、碳循环、气候变化、矿产资源的形成以及生命的演化等过程有着决定性影响，因此已成为当代地质学研究的热点之一（Murphy and Nance，1991；Barley and Groves，1992；Condie，1997，2011a；Hoffman，1999；Campbell and Allen，2008；Li and Zhong，2009；Bradley，2011；Evans，2013；Nance et al.，2014）。

前寒武纪超大陆的重建是研究超大陆旋回的基础。目前常用的重建手段包括标志性地质体（造山带、基性岩墙群、克拉通基底与盖层沉积）对比、地质事件序列对比、古地磁极和极移曲线对比等。其中，古地磁极和极移曲线对比是目前超大陆重建中唯一的定量手段，但是，由于前寒武纪岩石普遍遭受了多期变质-变形事件的改造，越老的岩石越难获得原生剩磁，因此这一方法在早前寒武纪超大陆重建中的应用受到一定的限制，而地质体和地质事件对比的应用则更为广泛，尽管其结果不可避免地带有多解性。碰撞造山带是超大陆形成的必要条件，其识别与对比是前寒武纪超大陆重建的基础（Hoffman，1991；Zhao et al.，2002，2004）。与超大陆裂解有关的大火成岩省、基性岩墙群、大陆裂谷、被动陆缘等的对比不但可以为超大陆重建提供重要依据，也是研究超大陆裂解的地球动力学的关键物质载体（Ernst and Buchan，2003；Ernst，2008；Ernst et al.，2008）。显然，超大陆的重建依赖于全球各大克拉通前寒武纪构造-热演化历史的详细刻画。

Pangea 是最年轻的超大陆，其裂解直接导致了现今的海陆格局，因此，其古地理重建可通过简单的大陆轮廓匹配、海底磁异常条带恢复等进行。目前，虽然古地磁数据仍存在一些细节上的不协调（Domeier et al.，2012），但 Pangea 的基本古地理格局（图 1-6（a））已经被普遍接受。Pangea 的聚合发生在 450～300Ma，主要是通过冈瓦纳超大陆、劳伦超大陆、波罗地超大陆、西伯利亚及东北亚地区的一些小陆块之间的碰撞造山完成的，具体包括：①北美东部与非洲西北部沿 Appalachian 造山带的碰撞；②波罗地与北非沿 Variscan

造山带的碰撞；③波罗地与西伯利亚之间沿乌拉尔造山带的碰撞。值得指出的是，位于中亚造山带南部的天山—兴蒙造山带可能与乌拉尔造山带相连，华北、塔里木等地块与中亚造山带的碰撞对接是 Pangea 超大陆聚合的表现。Pangea 从～200Ma 开始裂解，导致大西洋和印度洋的打开，最终形成了现今的海陆格局。

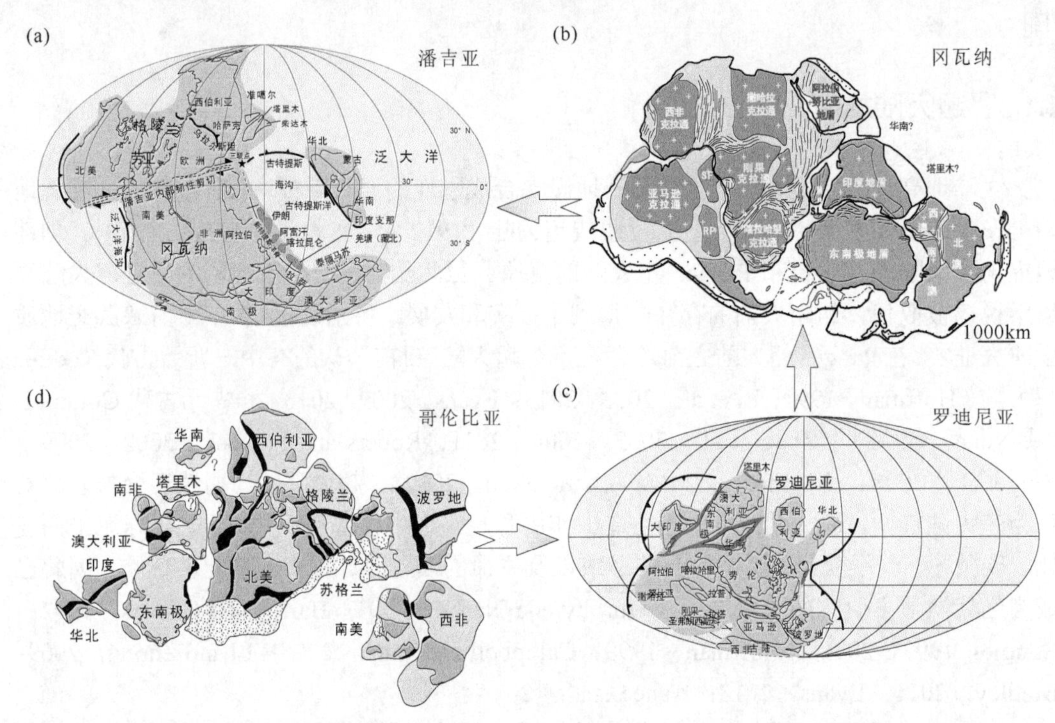

图 1-6　（a）潘吉亚超大陆重建图（据 Domeier et al.，2012）；（b）冈瓦纳超大陆重建图（据 Meert and Lieberman，2008），Mad-马达加斯加克拉通，RP-拉普拉塔克拉通，SF-圣弗朗西斯克拉通，SL-斯里兰卡克拉通；（c）罗迪尼亚超大陆重建图（据 Li et al.，2008）；（d）哥伦比亚超大陆重建图（据 Zhao et al.，2004）

冈瓦纳超大陆是潘吉亚超大陆的最大组成地块，有些学者将哥伦比亚本身也看作超大陆。Gondwana 通常被分为东、西两部分，西冈瓦纳包括非洲、南美洲和阿拉伯半岛，东冈瓦纳包括印度、澳大利亚、南极和马达加斯加。传统上认为，冈瓦纳的聚合发生在新元古代末期，是通过所谓的泛非运动（Kennedy，1964）使东、西冈瓦纳碰撞实现的（Rogers et al.，1995；Kröner and Stern，2005）。但后来在东、西冈瓦纳内部分别识别出多条泛非期碰撞造山带，说明东、西冈瓦纳并非统一的陆块，而是由更小的陆块通过多期碰撞造山形成的（Meert and van der Voo，1997；Meert，2003；Veevers，2004；Collins and Pisarevsky，2005；Meert and Lieberman，2008）。Meert（2003）将东冈瓦纳的聚合分为两个阶段，早期（～750～620Ma）的东非运动（East Africa Orogeny）导致阿拉伯—努比亚地区大量新生岛弧地体的拼贴和碰撞（Stern，1994），晚期（～570～530Ma）的 Kunnga 运动导致澳大利亚—南极与印度东部的碰撞；Collins 和 Pisarevsky（2005）将东非造山带东部马达加斯加、埃塞俄比亚、索马里、阿拉伯等地的古老地壳统称为 Azania 地块，认为其在东非运动末期（～620Ma）与非洲东部的坦桑尼亚—刚果发生碰撞，并在～530Ma 最终与印度西部碰撞，导致所谓的 Malagasy 运动。值得指出的是，早古生代生物古地理研究表明，亚洲东部的众多陆块，包括华北、华南、塔里木等，都与东冈瓦纳有很强的亲缘性，可能均为东冈瓦纳北缘的小陆块，并在早古生代随着古特提斯洋的打开向北漂移，最终于古生代末期与欧亚大陆北部碰撞对接，完成 Pangea 的拼合（Metcalfe，1996，1998，2009）。

Rodinia 是第一个被识别出的前寒武纪超大陆，它包括了地球上绝大多数古老陆块。Rodinia 是以劳伦（Laurentia，即北美和格陵兰）大陆为核心，通过格林威尔期（Grenvillian，~1300~900Ma）造山事件聚合形成的（Hoffman，1991；Li et al.，2008）。其裂解过程可能始于~850~830Ma，但主要发生在 750~600Ma，最终导致古太平洋（Proto-Pacific Ocean）和古大西洋（Iapetus Ocean）的打开，分离出的部分陆块再次快速聚合成为 Gondwana（Hoffman，1991；Cawood，2005；Li et al.，2008）。自从 1991 年三篇开创性论文（Dalziel，1991；Hoffman，1991；Moores，1991）发表以来，Rodinia 超大陆的重建与演化及其与“雪球地球”等极端气候条件、早期多细胞生命演化的关系已成为当代地学研究的热点之一（Li et al.，1995，1999，2002，2008；Hoffman et al.，1998；Hoffman，1999；Torsvik，2003；Donnadieu et al.，2004；Cawood et al.，2013b；Evans，2009，2013）。然而，与 Pangea 和 Gondwana 相比，Rodinia 的重建仍存在许多争议（Li et al.，2008），其中，华南在 Rodinia 重建与演化中的位置是争论的交点之一。Li 等（1995，1999，2002，2003，2008，2013）将华南（包括华夏和扬子两个地块）置于劳伦西缘与澳大利亚—南极东缘的中间地带（图 1-6（c）），认为华夏地块与扬子地块之间以及扬子地块西缘分别存在着一条格林威尔期造山带（前者称为四堡造山带或称江南造山带），构成劳伦与澳大利亚—南极两大陆块之间“缺失的连接”（missing link）；他们还认为，Rodinia 超大陆在聚合 40~60Ma 之后即受超级地幔柱影响发生周期性裂谷作用（峰期为 825Ma、780Ma 和 750Ma），而华南位于地幔柱头部的正上方。但这一模型遭到许多学者的反对，例如，原定格林威尔期的四堡（江南）造山带后被证实最终形成于~830Ma（Wang X L et al.，2007；Zhao J et al.，2011；Zhang S B et al.，2012），扬子西缘则被解释为一个长期活动的新元古代岩浆弧（Zhou et al.，2002；Zhao J et al.，2011）；古地磁（Yang et al.，2004）和碎屑锆石物源（Yu et al.，2008；Duan et al.，2011）研究也表明，华南更可能临近于澳大利亚西部或印度北部，即位于 Rodinia 的边缘而非中心。Cawood 等（2013b）和 Wang 等（2014）最近则将华南划分为一系列 1000~800Ma 由南东向北西逐渐变年轻的沟-弧-盆体系，并将其作为 Rodinia 的周缘俯冲-增生造山带的一部分。

研究表明，在 Rodinia 之前可能还存在一个超大陆，被称为 Columbia（或 Nuna）（Rogers and Santosh，2002，2009；Zhao et al.，2002，2004；Hou et al.，2008a；Yakubchuk，2010；Evans，2013）。Zhao et al.（2002，2004）总结了全球古元古代晚期（2.1~1.8Ga）造山作用，提出全球各大陆块通过这期造山作用聚合成为 Columbia 超大陆，并根据造山带和基底地质对比提出了 Columbia 超大陆的复原图（图 1-6（d））。Zhao 等（2004）提出，Columbia 超大陆在 1.8Ga 左右完成聚合，在其周缘（主要是北美、格陵兰和波罗地南缘和华北南缘）发生了长时间的（1.8~1.2Ga）俯冲增生；Columbia 的裂解可能在 1.6Ga 就已经开始，导致广泛的大陆裂谷作用和非造山岩浆作用，但最终的裂解可能发生在 1.3～1.2Ga，以北美 1.27Ga 的 MacKenzie 和 1.24Ga 的 Sudbury 基性岩墙群为标志。值得一提的是，华北克拉通古元古代—中元古代构造演化对 Columbia 超大陆的重建有着重要的贡献，Zhao 等（1998，2001）正是在识别出了～1.85Ga 的“跨华北造山带”（Trans-North China Orogen）及其与印度等地古元古代造山带的相似性的基础了提出了 Columbia 超大陆的聚合过程（Zhao et al.，2002，2004）。尽管华北本身的构造演化仍有许多争议（Zhao et al.，2012），但这一模型的提出、发展和完善极大地促进了我国前寒武纪地质的发展。Evans 和 Mitchell（2011）及 Zhang 等（2012）对 Columbia 进行了古地磁重建，其结果证明了劳伦、波罗地、西伯利亚在 Columbia 中的亲缘性，但由于目前古—中元古代古地磁数据仍十分有限，许多地块在 Columbia 中的具体位置仍是未知数。

此外，有不少学者推测太古宙时期还存在一个超大陆或多个超级克拉通（supercraton）（Williams et al.，1991；Rogers，1996；Aspler and Chiarenzelli，1998；Bleeker，2003；Pehrsson et al.，2013）。Williams 等（1991）认为，北美的大多数陆块均来源于一个太古宙超大陆，并将其称为 Kernoland。但后来研究表明，许多太古宙克拉通与北美具有不同的克拉通化时间和古元古代沉积盖层，不可能来自同一个超大陆。Aspler 和 Chiarenzelli（1998）提出另一个与 Kernoland 共存的超大陆 Zimvaalbara。Bleeker（2003）根据太古宙—古元古宙演化历史的相似性，将全球太古宙克拉通划分为三大家族（clan/family），认为其源自三个太古宙超级克拉通：Vaalbara、Superia 和 Sclavia，而后者则被 Pehrsson 等（2013）称为 Nunavutia。Pehrsson 等（2013）指出，Nunavutia 是由许多与 Rea 克拉通有类似演化历史的地块（称为 Rea 家族，如 Dharwar、华北、Congo、西非）构成的，这些地块发育 2.55～2.50Ga 和 2.50～2.28Ga 两期特征性造山事件，并且缺乏古元古代早期（2.45～2.20Ga）与大陆裂谷相关的沉积盆地、基性岩墙群和冰碛岩，以此区别于其他克拉通。华北克拉通是 Rea 家族的典型成员，塔里木也有类似的演化历史，可能是 Nunavutia 超级克拉通的一部分。

尽管对上述超大陆或超级克拉通的重建还需要许多地质与古地磁数据的支持和验证，但这些超大陆的聚合与裂解过程证明了超大陆旋回的存在。需要注意的是，这种旋回并非简单的重复，各个超大陆聚合、稳定存在、裂解所经历的时间有所不同，例如，从 Columbia 到 Rodinia 大致经历了 900Ma，而从 Rodinia 到 Pangea 只经过了大约 600Ma，Condie（2011a）推测这可能意味着超大陆演化的加速；此外，全球各个陆块也并非沿着固定的边界汇聚到超大陆中，有些地块可能并未从上一个超大陆中完全裂解，而是以一个较大的陆块加入下一个超大陆。许多学者认为，超大陆的周期性聚合与裂解和大尺度的地幔对流有关，例如，Gurnis（1988）通过二维数值模拟认为，大陆地块被地幔下降流携带并在此碰撞形成超大陆，随后由于超大陆对地幔热流的屏蔽作用导致其下部地幔温度的升高，诱发地幔上涌，并最终导致超大陆裂解；Li 和 Zhong（2009）通过对超大陆和超级地幔柱演化历史的分析以及三维数值模拟结果提出，超大陆形成后其周缘俯冲带持续进行，导致大量俯冲板片堆积在上、下地幔过渡带，堆积量超过临界值后发生板片雪崩（slab avalanche），引起超级地幔柱的上涌，最终导致超大陆的裂解（图 1-7），这一模型突出了环超大陆俯冲增生造山体系在超大陆演化中的重要性。

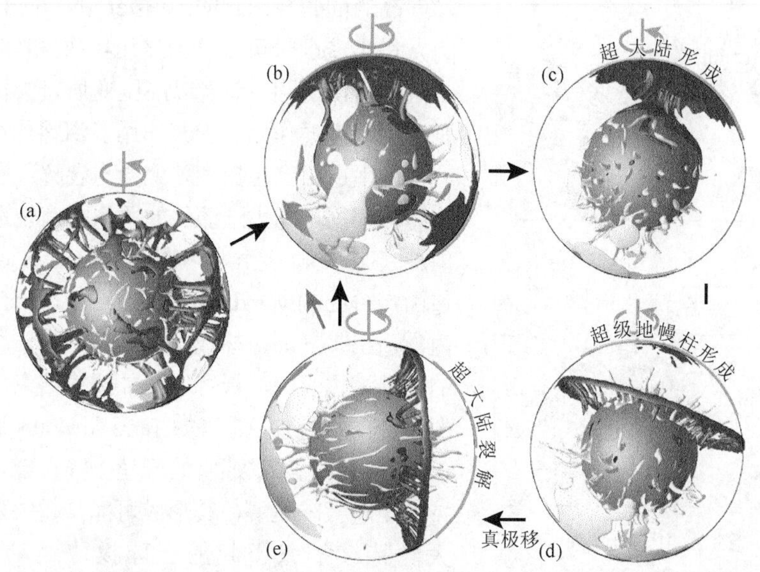

图 1-7 超大陆旋回与地幔对流的三维数值模拟结果（据 Li and Zhong，2009）

1.1.3 增生造山作用与前寒武纪地质演化

增生造山带是发生在汇聚板块边界、由大洋岩石圈俯冲引起的岩浆弧及其相关的沉积、变质、变形构造带。完整的增生造山带由弧前增生楔、岩浆弧和弧后地区组成，并通常有各种微陆块、洋底高原、海山、蛇绿混杂岩、高压变质岩等地质体以构造岩片的形式包含于弧前沉积中，构成增生杂岩（Cawood et al.，2009）。根据其地质特征，增生造山带一般被分为“推进型”（advancing）和“后撤型”（retreating），分别以现代安第斯山脉和西太平洋为代表，也被称为智利型和马里亚纳型（Uyeda and Kanamori，1979）（图 1-8）。前者以挤压构造体制占主导，地壳强烈加厚，弧后地区发育褶皱冲断带和前陆盆地，而后者则以伸展构造体制为主，地壳减薄，弧后地区发育裂谷盆地或边缘海（Cawood et al.，2009）。这种构造体制和变形样式的不同主要取决于上覆板块向海沟运动的速度（V_o）和海沟后撤（retreating）的速度（V_r），当 $V_o > V_r$ 时形成推进型增生造山带及挤压构造体制，当 $V_o < V_r$ 时则形成后撤型增生造山带和相应的伸展构造（图 1-8）（Royden，1993a，b；Schellart，2008；Cawood et al.，2009）。由俯冲板片相对于下覆地幔的负浮力引起的板片回卷（slab rollback）和海沟后撤是导致弧后伸展和边缘海盆地发育的最主要动力，这一过程在现今西太平洋地区最为典型，在其他古老增生造山带演化过程中可能也起着重要作用，例如，在澳大利亚东部的 Terra Australis 造山带，新生代板片后撤达 1800km，导致塔斯曼海等弧后盆地的扩张（Schellart et al.，2006），而古生代—中生代的板片后撤量可能达到 4000km 之多（Cawood et al.，2009）。推进型和后撤型增生造山带之间可以经历多次构造体制转换，但其动力学过程可能比较复杂，例如，Uyeda 和 Kanamori（1979）提出，俯冲开始后，俯冲板片与上覆板块之间耦合程度逐渐降低，俯冲带由初始的推进型俯冲增生向晚期的后撤型俯冲增生演化；Collins（2002a，b）认为，Terra Australis 造山带是以海沟后撤引起的长期

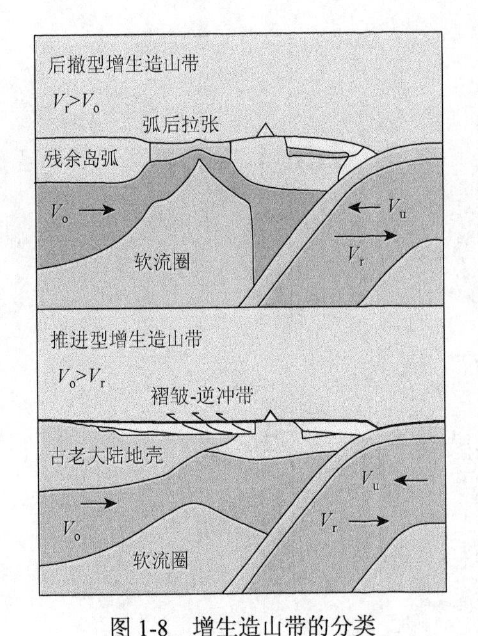

图 1-8 增生造山带的分类
（据 Cawood et al.，2009）
上：后撤型；下：推进型
V_o-上覆板块向海沟运动的速度；V_r-海沟后撤的速度；V_u-大洋板块俯冲速度

伸展为特征，而弧后盆地的间歇性挤压造山作用是由洋底高原的俯冲引起的；Lister 和 Forster（2009）认为，增生造山带可以分为挤压-伸展和伸展-挤压两种不同的造山旋回，前者以高压变质岩为标志，而后者则以高温变质作用、岩浆作用及深熔作用为特征。

增生造山带在超大陆聚合与裂解过程中起着重要作用。根据与超大陆演化的关系，增生造山带被分为内部（interior）造山带和外围（exterior or periphery）造山带（Murphy and Nance，1991；Collins et al.，2011）。内部造山带（如格林威尔造山带）与陆块之间的大洋的俯冲消亡有关，最终以陆陆碰撞结束，导致超大陆的聚合；外围造山带（如 Terra Australis 造山带）发育于超大陆的周缘，通常始于超大陆聚合之后，并可能持续至超大陆裂解，其形成可能与超大陆聚合之后泛大洋持续扩张引起的全球板块运动学调整有关（Murphy and Nance，1991；Cawood，2005；Cawood and Buchan，2007）。例如，Cawood 和 Buchan（2007）的研究表明，冈瓦纳大陆的聚合（590～510Ma）与其东缘由被动陆缘向活动陆缘转换是同时的，古太平洋板块大约从 570Ma 开始俯冲至澳大利亚之下并持续至今，形成 Terra Australis 造山带以及塔斯曼海-新西兰复杂岛弧-弧后盆地系统；同样，Pangea 超大陆最终形成于古生代末期（320～250Ma），这一时期在 Terra Australis 造山带也发生了一期由太平洋板块俯冲引起的重要造山运动——冈瓦纳运动（Gondwaniede Orogeny）。Zhao 等（2004）指出，Columbia 超大陆于 1.8Ga 聚合以后，在北美、格陵兰、波罗地的南部同样经历了 1.8～1.3Ga 的长期俯冲增生；Rodinia 聚合后，在其周缘（西冈瓦纳陆块群东缘和东冈瓦纳陆块群西缘）同样发育长时期的俯冲增生（Torsvik，2003；Li et al.，2008；Cawood et al.，2013b），其中部分可能随着东、西冈瓦纳的聚合与莫桑比克洋的消亡演化为冈瓦纳大陆的内部造山带（东非造山带）。Li 和 Zhong（2009）提出，正是这种超大陆外围长期的大洋俯冲使得大量洋壳板片堆积在上、下地幔过渡带，板片堆积量超过临界值后发生板片雪崩（slab avalanche），下沉至核幔边界后引起超级地幔柱的上涌，并最终导致超大陆的裂解（图 1-7）。

增生造山带也是理解大陆地壳生长与演化的关键。俯冲带洋底高原、海山、大洋沉积物、微陆块等的拼贴导致岛弧地壳体积的增长，但这种增长只是局部的、此消彼长的，并不能改变全球地壳的总体积。俯冲带地幔岩浆作用导致的新生地壳添加才是地壳生长的真正原因，也是增生造山带区别于碰撞造山带和陆内造山带的最本质特征（Cawood et al.，2009）。俯冲带岩浆作用主要是由俯冲洋壳板片及携带的洋底沉积物通过一系列脱水反应，产生的流体运移至地幔楔，使地幔橄榄岩固相线温度降低并发生低温部分熔融的结果，其特征产物是钙碱性玄武岩及其分异产物（安山岩-英安岩-流纹岩）（Miyashiro，1975；Grove et al.，2012）。拉斑玄武岩系列岩石也是岛弧区常见的岩浆岩，可能是地幔楔减压熔融的产物，与钙碱性岩石相比，其源区水含量和氧逸度较低，铁氧化物结晶较晚，因此，岩浆演化早期有一个富 Fe 的趋势（Miyashiro，1975；Grove et al.，2012）。从微量元素来看，岛弧岩浆岩以轻稀土元素（LREE）和大离子亲石元素（LILE）的相对富集、高场强元素（Nb-Ta、Zr-Hf、Ti、P）的亏损为特征，这一般被解释为富含 LREE 和 LILE 的俯冲流体对地幔楔交代作用的结果，HFSE 因在流体中的活动性很低或因金红石等富 Ti 矿物的残留而被保留在俯冲板片中（Saunders et al.，1991；Hawkesworth et al.，1993；Pearce and Peate，1995；Foley et al.，2000；Kelemen et al.，2007）。由于大陆地壳（特别是下地壳）平均成分具有非常类似的微量元素特征，岛弧岩浆岩被认为是大陆地壳的最主要组成部分（Taylor and Mclennan，1985，1995；Rudnick，1995；Rudnick and Gao，2003）。

岛弧地区还存在一类特殊的中-酸性火山岩，与普通的岛弧岩浆岩相比具有高 Sr、低 Y（Yb）、高 Sr/Y 和 La/Yb 值、无 Eu 异常的特征，被称为埃达克岩（adakite）（Defant and Drummond，1990；Drummond et al.，1996；Castillo et al.，2007；Castillo，2012）。埃达克岩通常与年轻洋壳的俯冲有关，被解释为俯冲的年轻（热）洋壳板片在石榴子石稳定相（＞10kbar）高压熔融的产物，这一解释得到理论分析（Peacock et al.，1994）与大量实验岩石学研究（Rapp et al.，1991，1995，2003；Wolf and Wyllie，1991，1994；Sen and Dunn，1994）的支持。后来的研究还发现，埃达克岩还经常与高镁安山岩（$Mg^{\#}>0.6$）和富 Nb 玄武岩（Nb＞7ppm①）共生，这些岩石也具有埃达克岩典型的高 Sr/Y 等地球化学特征，暗示其与埃达克岩有一定的成因联系，富 Nb 玄武岩被解释为受板片熔体交代的地幔楔部分熔融的产物，而高镁安山岩则被解释为板片熔体与地幔橄榄岩相互作用的结果（Defant et al.，1992；Sajona et al.，1993，1996；Kepezhinskas et al.，1996，1997；Aguillón-Robles et al.，2001；Wang et al.，2007，2008）。如前文所述，一些学者注意到，太古宙 TTG 与埃达克岩具有十分类似的地球化学属性，因此用太古宙年轻洋壳俯冲模式来解释 TTG 的成因（Drummond and Defant，1990；Martin，1999；Martin and Moyen，2002；Martin et al.，2005）。Martin 等（2005）进一步将埃达克岩划分为高硅埃达克岩和低硅埃达克岩（包括富 Nb 玄武岩和高镁安山岩），并将前者与太古宙 TTG 对比，而后者则与太古宙赞岐岩（sanukitouids）和 Closepet 型花岗岩对比。Martin 和 Moyen（2002）还提出，从太古宙早期到晚期随着地幔地温梯度的降低，俯冲洋壳熔融深度逐渐增加，板片熔体与地幔楔相互作用逐渐增强，这解释了太古宙 TTG 的 $Mg^{\#}$、Ni、Cr 等随时间的升高（Smithies，2000；Condie，2005）；而 Smithies 等（2003）则提出太古宙早期平板俯冲模型来解释＞3.0Ga TTG 低的 $Mg^{\#}$、Cr、Ni；最近，Martin 等（2014）又提出洋底高原俯冲模型来解释 TTG 的 LILE 富集和地壳的幕式生长。

以上这些模型充分显示了洋壳俯冲和岛弧岩浆作用在地壳生长中的重要性，尽管关于 TTG 成因与地壳生长的非俯冲模型也同时存在（Bédard，2006）。根据最新的估计，现今全球大陆和大洋弧总的地幔岩浆添加速率约为 $2.5km^3/a$（图 1-5）（Scholl and von Huene，2009；Stern and Scholl，2010；Condie，2011；Cawood et al.，2013a），如果以这个速率计算，则全球 $7.2\times10^9km^3$ 的大陆地壳需要～2.5～3Ga 就可形成。从这个意义上讲，增生造山带是全球最重要的地壳生长点。例如，Sengör 等（1993）通过对 Altaids（即中亚造山

① 1ppm=0.001‰。

带）的构造重建，认为整个中亚造山带 530 万 km^2 中 45%是新生地壳，其地壳生长速率占全球的 48%，据此提出显生宙地壳生长的观点；后来的 Sr-Nd 同位素研究显示，中亚造山带大面积的花岗岩大多包含很高（60%～100%）的地幔或新生地壳组分，支持显著地壳生长的观点（Jahn et al.，2000；Wu et al.，2000；Jahn，2004；Li S et al.，2013）；但 Kröner 等（2014）指出，这些具有新生地壳属性的花岗岩大多数形成于二叠纪至中生代，可能与造山后岩浆作用或地幔柱有关，而与中亚造山带的俯冲-增生无关；他们通过锆石 Hf 同位素数据说明，新元古代—古生代与俯冲增生有关的花岗岩大多数来源于非均质的前寒武纪地壳及其与新生地壳物质的混合（Ge et al.，2012a）。尽管在大洋岛弧背景下确实有大量新生地壳通过岩浆作用或构造拼贴形成大陆地壳，但大量前寒武纪陆块的存在及其对岛弧岩浆岩源区的重要贡献并不支持中亚造山带异常的地壳生长。

此外，增生造山带也是地壳再造（crustal reworking）的重要场所。地壳再造是指先存古老地壳经过风化、搬运、沉积、埋藏、部分熔融、同化混染等作用发生再活化的过程（Hawkesworth et al.，2010；Cawood et al.，2013a），其表现是沉积盆地的发育和各种花岗岩体的侵位。大型花岗岩体是大陆地壳区别于大洋地壳及其他行星地壳的最主要特征之一，其形成过程导致 U、Th、K 等产热元素和其他不相容元素不断向地壳浅部富集，从而形成更低的地温梯度，因此是地壳分异的最主要原因（Kemp and Hawkesworth，2003）。由于强烈的隆升和剥蚀，这些大型花岗岩体往往是古老增生造山带（如 Terra Australis 造山带中的 Lachlan 褶皱带、中亚造山带、北美的 Cordillera 造山带）中最主要的岩石，因此，花岗岩成因的研究，特别是地幔、新生地壳、古老地壳、表壳岩系等对岩浆源区物质和能量的贡献，对理解增生造山带和大陆地壳演化都具有十分重要的意义。国内外许多学者在这方面做了大量的工作，取得了不少重要认识，例如，Chappell 和 White（1974，2001）的 I-S 型花岗岩分类，但由于篇幅关系不能在此综述。值得一提的是，锆石 Hf-O 同位素原位分析技术的发展为花岗岩成因及其在地壳演化中作用的研究注入了新的活力。Kemp 等（2007）首次将这一技术应用于 Lachlan 褶皱带（Terra Australis 造山带的一部分）中三个典型的 I 型花岗岩体，发现这些花岗岩体的单个样品中的锆石 Hf-O 同位素均存在很大的变化范围，这一现象甚至在同一颗锆石的不同生长环带也能观察到，并且锆石 $\delta^{18}O$ 和 εHf 存在很好的负相关性（图 1-9（a）），这被解释为不同比例的地幔物质或新生地壳（低 $\delta^{18}O$，高 εHf）与古老沉积物（高 $\delta^{18}O$，低 εHf）混合的结果，并通过同位素模拟估计了两个端元组分的比例，这一结果挑战了 I 型花岗岩来自于火成岩重熔的传统认识，据此，Kemp 等（2007）提出了一个 I 型花岗岩的双层成因模式，即地幔岩浆底侵引起古老地壳物质重熔，熔体抽取出来后通过补给岩墙（feeder dyke）运移至浅部地壳并与表壳岩石发生相互作用，最后经历分离结晶后形成花岗岩体（图 1-9（b））。此外，Appleby 等（2010）发现，加里东造山带一些 S 型花岗岩记录了较低的锆石 $\delta^{18}O$，与 I 型花岗岩类似；Wang X L 等（2013）对江南造山带的大量 S 型花岗岩体进行了系统的锆石 Hf-O 同位素研究，他们发现，江南造山带东部的 S 型花岗岩记录了较低的 $\delta^{18}O$ 和较高的 εHf，据此提出 S 型花岗岩也可能记录重要的地壳生长事件的新认识。这些研究显示，I 型和 S 型花岗岩可能并非截然不同的两种类型，中间可能存在过渡，其源区均可能涉及幔源岩浆、新生地壳、古老地壳、表壳岩等组分的不同比例混合，如何通过岩石学、地球化学和同位素地质学的手段将各个组分的性质及其对岩浆源区的贡献区别开来已成为理解花岗岩成因、增生造山带及大陆地壳演化的关键。

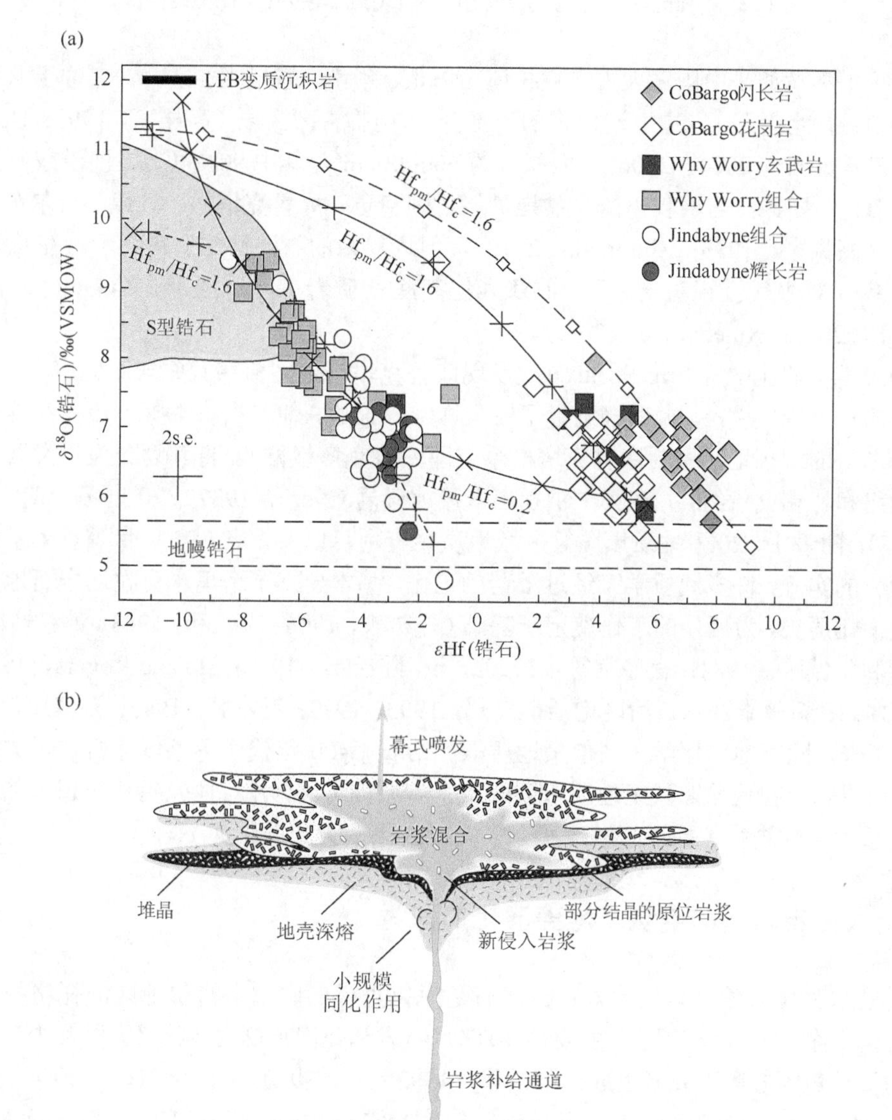

图 1-9　（a）澳大利亚东部 Lachlan 褶皱带典型 I 型花岗岩的锆石 Hf-O 同位素（据 Kemp et al.，2007）；（b）花岗岩侵位的双层模式（据 Kemp et al.，2007）

1.2 塔里木克拉通前寒武纪地质研究进展

塔里木克拉通是中国三大古老克拉通（华北、华南、塔里木）之一，它位于欧亚大陆的中心地带，北接天山（中亚造山带的一部分），南临青藏高原（高振家，1993；Hu et al.，2000；Zhu et al.，2004，2006），面积大约600000km^2，其中90%以上被沙漠或新生代沉积岩覆盖，前寒武纪岩石仅出露于盆地周缘的阿克苏、库鲁克塔格、敦煌、阿尔金、西昆仑等地（高振家，1993；Zhu et al.，2010），但近年来的石油钻井资料显示，在数千米厚的古生代—新生代沉积盖层之下，前寒武纪基底变质岩可能广泛存在（Guo et al.，2005；Wu et al.，2012；Xu et al.，2013）。

1937年，瑞典学者Erik Norin首次发现库鲁克塔格地区前寒武纪岩石的广泛存在，并对其中的片麻岩、片岩、大理岩进行了较为详细的描述，他首次将不整合覆盖在这些基底变质岩之上的沉积地层称为库鲁克塔格系（即库鲁克塔格群），将其划分为贝义西组、阿勒通沟组和特瑞艾肯组，并在其中识别出多层冰碛岩（Norin，1937）。20世纪后期（1960～1990年），随着1∶20万地质填图等区域地质调查项目以及国家305项目等重大基础地质研究项目的实施，许多地质学家经过艰苦的工作，基本建立了塔里木克拉通岩石地层格架和构造演化历史，为后期的工作奠定了基础（陈哲夫，1966；李长和，1983；黄存焕，1984；高振家和朱诚顺，1984；肖序常等，1990a，b；陆松年，1992；Hu and Rogers，1992；高振家，1993；新疆维吾尔自治区地质矿产局，1993，1999；冯本智，1995；郑健康，1995）。近20年来，随着地球化学、同位素地质学、锆石U-Pb年代学等领域分析技术的发展与应用，塔里木克拉通前寒武纪地质研究取得了一系列进展，并对地壳生长与超大陆旋回等全球性重大事件进行了探讨，取得了一批重要成果，大致归纳如下。

1.2.1 太古宙岩石的确认及地壳演化的探讨

塔里木克拉通最早确认的太古宙岩石是库鲁克塔格中部辛格尔地区的托格拉克布拉克杂岩（简称“托格杂岩”），主要由TTG片麻岩和花岗片麻岩（狭义）以及少量以包体产出的斜长角闪岩等表壳岩组成。陆松年（1992）首次报道了一个TTG片麻岩的TIMS锆石U-Pb年龄为2582±11Ma，并发现一粒～2.8Ga的捕获锆石；Hu和Rogers（1992）报道了10个斜长角闪岩样品的全岩Sm-Nd等时线年龄为3263±129Ma，这一年龄一直被解释为库鲁克塔格地区最古老的地壳组分；胡霭琴和韦刚健（2006）及Long等（2010）分别用SIMS和LA-ICP-MS方法对托格杂岩中的TTG片麻岩进行了锆石原位U-Pb定年，获得2565±18Ma和2516±6Ma的结晶年龄，确认了辛格尔地区太古宙岩石的存在。近年来的锆石U-Pb年代学研究还表明，在兴地村蛭石矿附近出露大面积的TTG片麻岩、片麻状花岗岩、变质闪长岩和变质辉长岩，目前获得的年龄在2.46～2.64Ga（LA-ICP-MS和SHRIMP锆石U-Pb年龄）（邓兴梁等，2008；Long et al.，2010；Shu et al.，2011；Zhang et al.，2012b）；此外，在库尔勒地区也发现了一些古老花岗质片麻岩的存在，其锆石U-Pb年龄在2.46～2.66Ga（郭召杰等，2003；Long et al.，2010，2011a；Shu et al.，2011），其中，Long 等（2011a）报道的 2659±15Ma 的黑云角闪片麻岩是目前为止库鲁克塔格地区发现的最古老的岩石。根据这些新太古代岩石有限的全岩 Sm-Nd 和锆石 Hf 同位素数据，Long 等（2010，2011a）认为，库鲁克塔格地区经历了 2.9～3.3Ga 和 2.5～2.7Ga 两期幕式地壳生长，且该区不存在老于 3.3Ga 的大陆地壳，据此认为塔里木与华北、华南具有不同的地壳生长历史。

近年来的研究还在敦煌地区识别出大量新太古代 TTG 片麻岩，这些岩石大多与古元古代敦煌群表壳岩系呈构造混杂关系。梅华林等（1998）最早报道了一个英云闪长岩的 TIMS 锆石 U-Pb 年龄为 2670±12Ma；最近的 LA-ICP-MS 和 SHRIMP 锆石原位定年结果显示，该区 TTG 主要形成于两个时间段：2.50～2.56Ga（Zhang et al.，2013a；赵燕等，2013）和 2.71～2.72Ga（Zong et al.，2013）。但关于这些岩石代表的地壳演化历史则存在不同的解释，赵燕等（2013）认为，～2.5Ga 的 TTG 片麻岩具有正的 εHf 值，代表新生地壳生长；Zhang 等（2013a）根据 Hf 模式年龄认为，地壳生长发生在 2.7Ga，而 2.5Ga 岩石是新生地壳再造的结果；Zong 等（2013）则根据该区锆石 Hf 模式年龄的总结识别出了～3.4Ga、～3.2Ga、～2.95Ga、～2.8Ga 和～2.6Ga 5 个峰值，认为其代表幕式地壳生长。

在阿尔金地块北缘发育一条东西向展布的长约 100km、宽 10～20km 的高级变质岩，前人称为米兰群，岩性主要为黑云角闪片麻岩、混合岩、斜长角闪岩、紫苏辉石麻粒岩等（新疆维吾尔自治区地质矿产局，1993，1999）。但近年来的 1∶5 万区域地质调查显示，其中包含了大量岩体特征明显的 TTG 片麻岩和后期侵入体，辛后田等（2011，2012，2013）将其统称为阿克塔什塔格杂岩。李惠民等（2001）在一个花岗片麻岩中获得了 3.6Ga 左右的 TIMS 锆石 U-Pb 上交点年龄，并将其解释为岩浆的结晶年龄，但后来对同一个样品进行的锆石 CL 成像和 SHRIMP U-Pb 年龄测试表明，～3.6Ga 的锆石呈继承核的形式存在于～2.4Ga 岩浆锆石中（Lu et al.，2008）。随后，Gehrels 等（2003）报道了一个闪长质片麻岩的 TIMS 锆石 U-Pb 年龄为～2.93Ga；陆松年和袁桂邦（2003）报道了一个二长片麻岩和一个英云闪长质片麻岩的 TIMS 锆石 U-Pb 年龄分别为～3.10Ga 和～2.60Ga，前者后来被 SHRIMP 锆石定年修订为～2.83Ga（Lu et al.，2008）。这些研究揭示了该区中太古代岩石以及更老地壳组分的存在。辛后田等（2013）和 Long 等（2014）对该区的 TTG 片麻岩进行了 SHRIMP 和 LA-ICP-MS 锆石定年，发现其中含有～2.5Ga 和～2.7Ga 两组岩浆锆石，后者大多数呈核部出现，因此被解释为继承性锆石，而～2.5Ga 的年龄则被解释为岩浆结晶年龄。Long 等（2014）还根据锆石 Hf 同位素数据识别出了 3.1～3.5Ga 和 2.7～2.9Ga 两期地壳生长事件，并认为可与库鲁克塔格和敦煌地区地壳生长对比，据此认为该区与库鲁克塔格及敦煌地区构成同一个陆块。

此外，西昆仑地区的赫罗斯坦杂岩被 2.41Ga 的阿卡孜岩体侵入（Zhang et al.，2007a），因此也可能是太古宙岩石，但目前其直接年龄约束仍极为缺乏。郭新成等（2013）结合 1∶5 万区域地质调查对赫罗斯坦杂岩进行了实测剖面，基本厘清了其岩石组合，识别出了大量的 TTG 片麻岩、花岗片麻岩以及基性麻粒岩；他们还报道了一个紫苏辉石麻粒岩的 LA-ICP-MS 年龄为 3137±4.1Ma，并将其解释为原岩结晶年龄，这是目前为止塔里木克拉通最古老的可靠岩石年龄，说明赫罗斯坦杂岩可能保存了塔里木克拉通地壳演化的重要信息。另外，黎敦朋等（2007）报道，在和田一带古元古代（？）埃连卡特群中发现了一条变质辉长岩“脉”，其 SHRIMP 锆石上交点年龄为 2671±13Ma，说明西昆仑地区可能存在更多太古宙岩石。

总体来说，塔里木克拉通太古宙岩石虽然出露面积有限，但在几大前寒武纪露头区均有发现，因此不能排除沉积盖层之下有大面积太古宙基底的可能性，但目前仅有少量的全岩 Sr-Nd 和锆石 Hf 同位素数据积累，尚不足以判断这些岩石时空分布及其是否形成于同一个陆块等问题。

1.2.2　古元古代构造-热事件及其对 Columbia 超大陆聚合的响应

前人很早就认识到，塔里木克拉通经历了一期重要的古元古代造山事件，以库鲁克塔格地区古元古代兴地塔格群与上覆扬吉布拉克群(或波瓦姆群)之间的角度不整合为代表，被命名为“兴地运动”（陈哲夫，1966；陆松年，1992；高振家，1993；新疆维吾尔自治区地质矿产局，1993）。这一不整合在阿尔金、西昆仑等地均有发育，不整合面之下岩石变形强烈，变质达高角闪岩相-麻粒岩相，普遍发生混合岩化，而不整合面上岩石变质仅达绿片岩相，且局部发育数十米厚的底砾岩，并过渡到以成熟碎屑岩和浅水碳酸盐岩沉积为主，标志着塔里木克拉通的进一步稳定。

锆石微区定年研究表明，塔里木克拉通北缘库鲁克塔格和敦煌地区的古元古代表壳岩（兴地塔格群和敦煌群）、新太古代 TTG 片麻岩和花岗片麻岩普遍记录了这一期古元古代晚期的变质事件，目前获得的变质年龄在 1.79～1.89Ga（年龄峰值在～1.85Ga）（Long et al.，2010；董昕等，2011；吴海林等，2012；Zhang et al.，2013a；Zhang et al.，2012b；Wang et al.，2013；赵燕等，2013），只有 Zong et al.（2013）获得的变质年龄在 1.9～2.0Ga。前者与华北中部造山带变质年代一致，也与全球 Columbia 超大陆的最终聚合时代一致（Zhao et al.，2002，2004），因此通常被解释为塔里木克拉通对 Columbia 聚合的响应。但是，需要指出的是，目前对这些变质岩的 *P-T-t* 轨迹研究仍十分薄弱，变质作用的热-动力学背景尚待明确。Zhang et al.（2012）在敦煌地区发现了高压基性麻粒岩，并获得了近等温降压的顺时针 *P-T* 轨迹和～1.85Ga 的变质年龄，该作者将其解释为峰期变质年龄，并认为其代表了陆陆碰撞造山事件的年龄。此外，库鲁克塔格与敦煌地区还发育大量 2.0～1.9Ga 的片麻状花岗岩，基于有限的年代学、地球化学和同位素数据，这些岩浆岩均被解释为岛弧岩浆作用的产物（Lei et al.，2012；He et al.，2013）。

塔里木克拉通南缘的阿尔金地区也存在古元古代岩浆-变质作用（李惠民等，2001；陆松年和袁桂邦，2003；Lu et al.，2008；辛后田等，2011，2012）。例如，辛后田等（2011）根据大量锆石 SHRIMP 年龄数据，认为阿尔金地区经历了 2.10～2.15Ga 的洋壳俯冲阶段、1.93～2.03Ga 的碰撞造山阶段和 1.85～1.87Ga 的后造山岩浆阶段。同样位于塔里木南缘的西昆仑（Zhang et al.，2007a）和全吉地区（Wang Q Y et al.，2008；Chen et al.，2009，2013a）也发育 1.9～2.0Ga 的变质作用，可能构成同一构造带。值得指出的是，该区的岛弧岩浆作用和碰撞造山作用的时间似乎比库鲁克塔格和敦煌地区要早大约

100Ma，阿尔金地区 1.85～1.87Ga 的后造山碱性花岗质岩墙和基性岩墙（陆松年和袁桂邦，2003；Lu et al.，2008；辛后田等，2011）以及全吉地块 1.78～1.80Ga 环斑花岗岩（Xiao et al.，2004；Chen et al.，2013b）的发育说明塔里木南缘造山事件可能在 1.8Ga 左右已经结束。

此外，近年来对石油钻井岩心的研究表明，塔里木盆地中央也发育～1.9Ga 的片麻状花岗岩（Wu et al.，2012；Xu et al.，2013），说明古元古代末期（2.0～1.8Ga）的构造-热事件可能影响了整个塔里木克拉通，且从目前发表的数据来看似乎有一定的时空迁移规律。显然，更多的精确年代学、变质-岩浆岩石学以及地球化学综合研究将有助于阐明这种时空迁移及其动力学背景，进而为塔里木在 Columbia 超大陆演化中的表现提供更可靠的约束。

1.2.3　新元古代构造-热事件及其对 Rodinia 超大陆聚合与裂解的响应

新元古代时期，塔里木克拉通发生又一次重要的变形、变质、岩浆事件，造成南华纪-震旦纪沉积与下覆岩层之间广泛的角度不整合，并伴有低温-高压（蓝片岩相）变质作用和大规模岩浆作用。这一期构造-热事件被称为“塔里木运动”，可能与扬子地区的晋宁运动相当，标志着塔里木克拉通的最终形成（陆松年，1992；高振家，1993；新疆维吾尔自治区地质矿产局，1993）。近年来，随着 Rodinia 超大陆聚合与裂解研究热潮的到来，许多学者试图将塔里木运动与 Rodinia 超大陆的演化相联系（Lu et al.，2008；Li et al.，2008；Zhang et al.，2012b）。但是，由于一些关键地质体的形成时代仍存在不确定性以及地球化学数据的多解性，塔里木克拉通这一时期的构造演化仍存在很多争议。

首先是塔里木克拉通周缘是否存在格林威尔期造山事件的问题。例如，张传林等（2003a，b，2007）等根据西昆仑地区埃连卡特群及喀拉喀什群变质火山岩 1200±82Ma 的 Sm-Nd 等时线年龄、1.02～1.05Ga 的黑云母和角闪石 $^{40}Ar/^{39}Ar$ 变质年龄及少量碎屑锆石年龄（峰值为 1.3Ga、1.0Ga 和 0.8Ga），认为这套地层在格林威尔期（～1.0Ga）和 0.8Ga 发生两期变质作用，并将其解释为塔里木与 Rodinia 超大陆汇聚的证据；而王超等（2009）则认为这些锆石均为碎屑成因，并获得 780Ma 左右的最大沉积年龄，与塞拉加兹塔格群凝灰岩锆石年龄（～787Ma）相当，据此认为两者实为同一套地层，是新元古代 Rodinia 超大陆裂解的产物。此外，对阿尔金山南缘、柴北缘、北祁连等地早古生代（～500Ma）榴辉岩的研究表明，其围岩主体为形成于 950～900Ma 的花岗质岩石和少量具有孔兹岩系特征的变质沉积岩，部分岩石经历了 950～900Ma 的（高压？）变质作用，这被解释为一条存在于塔里木南缘与 Rodinia 汇聚有关的增生-碰撞造山带（Song et al.，2012；Wang C et al.，2013；Yu et al.，2013）。但是，张志诚等（2010）根据阿尔金地区塔昔达坂群中 920～930Ma 的具有 A-型花岗岩地球化学特征的流纹岩（Gehrels et al.，2003），认为该区这一时期处于大陆裂谷环境。

位于塔里木克拉通西北缘的阿克苏蓝片岩地体是世界上为数不多的前寒武纪蓝片岩产出地，代表由洋壳俯冲引起的高压-低温（HP/LP）变质作用，对理解塔里木克拉通新元古代构造演化具有重要意义。阿克苏蓝片岩与绿片岩、砂质片岩、泥质片岩等共生，这些岩石被后期未变形的基性岩墙侵入，两者又共同被含冰碛岩的尤尔美拉克组或含玄武岩夹层的苏盖特布拉克组角度不整合覆盖，尤尔美拉克组和苏盖特布拉克组底部发现大量蓝片岩等变质岩和未变质基性岩墙的砾石。这一地质关系清楚地显示阿克苏蓝片岩的高压低温变质作用及其所代表的洋壳俯冲发生在新元古代晚期之前，但其具体的时代目前仍存在很大争议。一种观点认为，HP/LP 变质作用和洋壳俯冲发生在格林威尔期，是塔里木向 Rodinia 聚合时形成的内部增生造山带（Li et al.，2008；Zhang et al.，2012a，b），Li 等（2008）据此将塔里木北缘与澳大利亚西北部相连。这种观点主要是基于两个基性片岩的全岩 Rb-Sr 年龄（940～960Ma）（高振家，1993）和三个侵入其中的基性岩墙的锆石 U-Pb 年龄（807±12Ma、785±31Ma、759±7Ma）（Chen et al.，2004；Zhan et al.，2007；Zhang et al.，2009）。另一些学者根据 Rb-Sr、K-Ar 和 $^{40}Ar/^{39}Ar$ 定年结果，认为蓝片岩相变质作用和洋壳俯冲发生在 750～700Ma（Liou et al.，1989，1996；Nakajima et al.，1990；Yong et al.，2012），可能与泛非期构造热事件和冈瓦纳大陆的聚合有关。Zhu 等（2011b）对阿克苏地区与蓝片岩共生的砂质片岩进行了碎屑锆石 LA-ICP-MS 定年，发现了大量 900～730Ma 的碎屑岩浆锆石，并给出 727±12Ma 的最大沉积年龄，从而支持后一种观点；这一研究也表明，上述基性岩墙中的锆石均为捕获锆石。Zheng 等（2010）对阿克苏地区的基性片岩进行了地球化学和 Sr-Nd 同位素研究，认为其原岩为 EMORB 属性的玄武岩，并获得 890±23Ma 的 Sm-Nd 等时线年龄，可能代表俯冲洋壳的形成年龄，这意味着洋壳俯冲时至少已存在 150Ma，与现今西太平洋最古老的俯冲洋壳年龄相当。假设洋脊以 2cm/a 的速度持续扩张，那么塔里木北缘在 750～700Ma 时还面对着一个至少 3000km 的大洋，也就是说，塔里木北缘新元古代不可能为 Rodinia 超大陆的内部造山带，而有可能位于 Rodinia 的边缘，面对着 Rodinia 外围的泛大洋。

研究表明，塔里克拉通发育大面积、多期次、多样化的新元古代岩浆岩，包括：①库鲁克塔格地区大面积 830～735Ma 的花岗岩（Zhang et al.，2007b; Long et al.，2011b; Shu et al.，2011；Cao et al.，2011）及少量 650～630Ma 的花岗岩（魏永峰等，2010；何登发等，2011；罗金海等，2011）；②～800Ma 的且干布拉克基性-超基性-碳酸岩杂岩体（Zhang et al.，2007b，2011；Ye et al.，2013）；③库鲁克塔格中部 760Ma 和 735Ma 的双峰式侵入杂岩（Zhang et al.，2006，2012b；Cao et al.，2012）；④库鲁克塔格、阿克苏、西昆仑等地大规模基性岩墙群，锆石年龄为～820Ma、780～770Ma、650～630Ma（邓兴梁等，2008；Zhang et al.，2009，2010；Zhang et al.，2009a；Zhu et al.，2008，2011a）；⑤库鲁克塔格 740～725Ma 贝义西组双峰式火山岩和 655Ma 的阿拉通沟火山岩（Xu et al.，2005，2009）；⑥扎莫克提组和苏盖特布拉克组～615Ma 的玄武岩（Xu et al.，2009，2013）。这些岩浆岩大多形成于 830～800Ma、780～740Ma 以及 650～630Ma 三个时间段，大多数作者将其解释为裂谷作用的产物，并可能与 Rodinia 超大陆裂解相关的多期地幔柱作用有关。但是，值得注意的是，目前为止塔里木克拉通北缘尚未发现这一时期地幔柱作用的直接证据，如科马提岩、溢流玄武岩、OIB 等。尽管塔里木南缘西昆仑地区有 OIB 型辉长岩的报道（Zhang et al.，2010），而且这一时期的岩浆岩以钙碱性花岗岩为主，有限的 Sr-Nd 和锆石 Hf 同位素数据表明其大多来源于古老地壳的重熔，缺乏亏损地幔物质的贡献，而只占很小比例的基性-超基性岩石大多数具有 Nb-Ta-Ti 亏损（部分样品具有 Zr-Hf 亏损）等岛弧岩浆岩的特征，这一般被解释为受俯冲流体交代的岩石圈地幔部分熔融的结果，但地球化学和目前的定年手段不能确定这种交代作用的时间，即古老的俯冲带还是与岩浆作用同期的俯冲，因此不能排除这些岩石是岛弧岩浆作用产物的可能性。

第2章　太古宙岩浆作用与地壳演化

2.1　研究意义

塔里木克拉通作为中国的三大古老陆块之一，近年来在太古宙地壳演化方面取得了一些进展，在边缘古老基底地块中识别出不少太古宙岩石，但这些岩石的结晶年龄大多集中在2.5～2.6Ga，少量为2.8～3.1Ga，而全球最普遍的～2.7Ga岩石则十分稀少，除了Zong等（2013）在敦煌地区报道的两个2.71～2.72Ga的TTG片麻岩外再无发现。此外，尽管前人的锆石Hf同位素数据显示地壳模式年龄存在～2.7Ga的峰值（Long et al.，2010，2011b；Zhang et al.，2013a），但这些锆石大多来自年轻的花岗岩，因此仍不确定这一峰值是否代表真正的地壳生长或只是岩浆混合的假象。

笔者在库尔勒地区的变质杂岩体中识别出～2.7Ga的长英质片麻岩和斜长角闪岩，并结合SHRIMP和LA-ICP-MS锆石定年、锆石Hf-O同位素及全岩地球化学数据对其成因进行了约束（Ge et al.，2014a），这一结果对理解塔里木克拉通地壳演化具有重要意义。

2.2　地质背景与样品描述

塔里木克拉通位于欧亚大陆中心，北接中亚造山带西南部天山造山带，南临青藏高原（图2-1），面积超过600000km^2，总体呈眼球形，其中90%以上被沙漠或新生代沉积岩覆

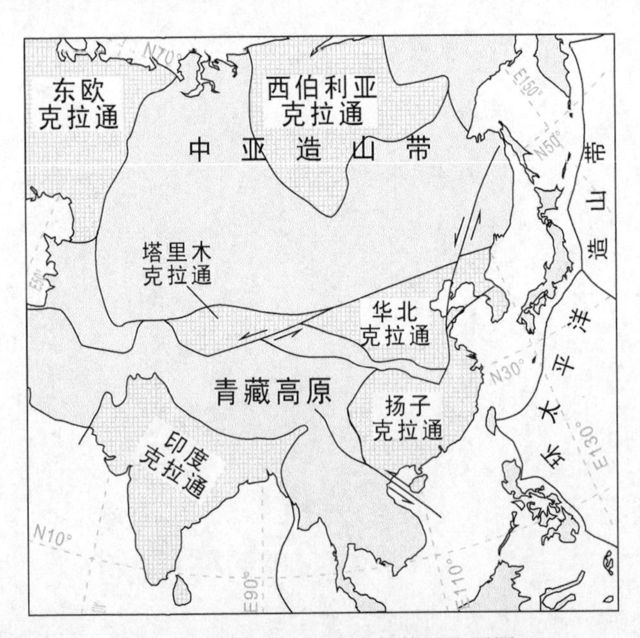

图2-1　塔里木克拉通大地构造位置图

盖，早前寒武纪岩石仅出露在库鲁克塔格、敦煌、阿尔金和西昆仑四个边缘基底隆起带（图 2-2）。前人研究表明，在这四个基底露头区均有不少太古宙岩石记录，目前已发表的太古宙年代学数据总结见表 2-1，现简要总结如下。

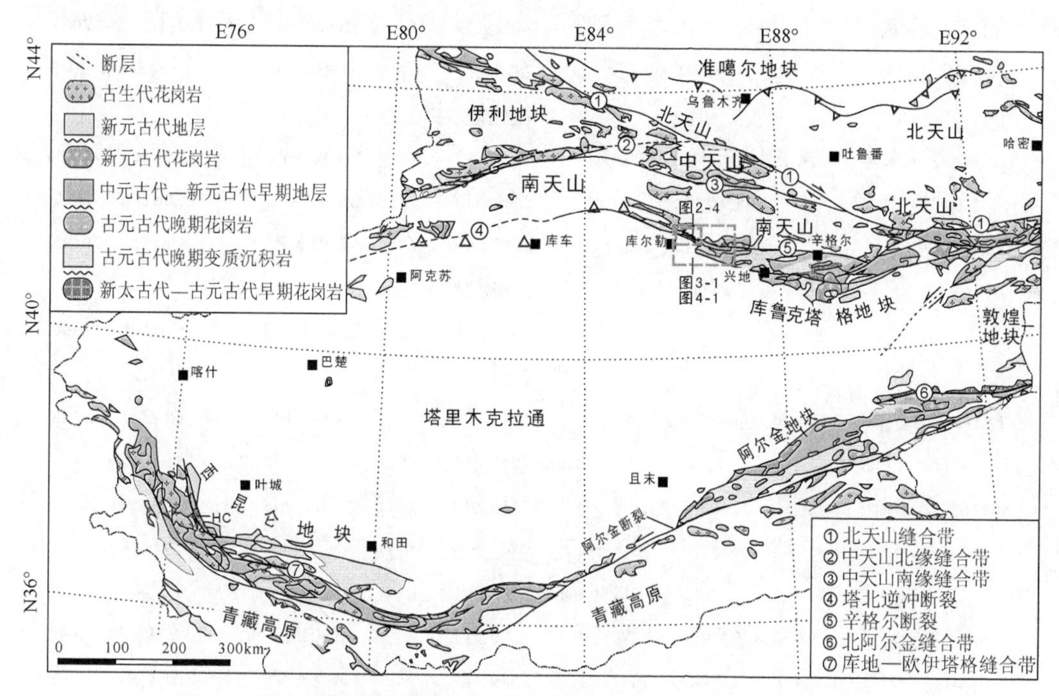

图 2-2　塔里克拉通前寒武纪地质简图（据新疆 1∶50 万地质图修改）

表 2-1　塔里木克拉通太古宙—古元古代初（>2.45Ga）变质岩浆岩锆石 U-Pb 年龄总结
（Ge et al.，2014a）

样品及位置	岩性[a]	年龄/Ma[b]	方法	数据来源
		塔里木东北缘，库鲁克塔格地区		
XJ001，辛格尔	花岗片麻岩	2487.7±10.2	ID-TIMS	陆松年，1992
XJ001（?），辛格尔	花岗片麻岩	2582±11	ID-TIMS	陆松年，1992
		[2810±17]		
NT17，辛格尔	花岗闪长质片麻岩（TTG）	2565±18	SIMS（IMS-1270）	胡霭琴和韦刚健，2006
502-12，辛格尔	花岗片麻岩	2516±6	LA-ICP-MS	Long et al.，2010
		<u>*2223±6*</u>		
XJ593，兴地	变质辉长岩	2502±31	LA-ICP-MS	邓兴梁等，2008
581-1，兴地	埃达克质片麻岩（TTG）	2460±3	LA-ICP-MS	Long et al.，2010
576，兴地	变质闪长岩	2470±24	LA-ICP-MS	Shu et al.，2011
KL033，兴地	英云闪长片麻岩（TTG）	2602±27	SHRIMP	Zhang et al.，2012a
		<u>*1855±14*</u>		
KL35，兴地	奥长花岗片麻岩（TTG）	2640±41	SHRIMP	Zhang et al.，2012a
		<u>*1819±13*</u>		

续表

样品及位置	岩性[a]	年龄/Ma[b]	方法	数据来源
KL358，兴地	花岗片麻岩	2534±19	SHRIMP	Zhang et al.，2012a
T97-2，库尔勒	角闪斜长片麻岩	2492±19	ID-TIMS	郭召杰等，2003
607-11，库尔勒	花岗片麻岩	2575±13	LA-ICP-MS	Long et al.，2010
		1789±12		
L08NT67，库尔勒	黑云斜长片麻岩（TTG?）	2659±15	LA-ICP-MS	Long et al.，2011a
571-1，库尔勒	花岗片麻岩	2469±12	LA-ICP-MS	Shu et al.，2011
12K82，库尔勒	角闪黑云斜长片麻岩	2714±10	SHRIMP	Ge et al.，2014a
		1936±18		
		2712±18	LA-ICP-MS	Ge et al.，2014a
		1898±55		
12K100，库尔勒	黑云角闪斜长片麻岩	2742±29	SHRIMP	Ge et al.，2014a
		1968±46		
09T02，库尔勒	斜长角闪岩	2710±10	LA-ICP-MS	Ge et al.，2014a
		1864±39		
		塔里木东缘，敦煌地块		
307，石包城	英云闪长片麻岩（TTG）	2670±12	ID-TIMS	梅华林等，1998
AQ10-4-1.1，石包城	英云闪长片麻岩（TTG）	2549±20	LA-ICP-MS	Zhang et al.，2013a
		1885±32		
AQ10-4-1.2，石包城	英云闪长片麻岩（TTG）	2549±20	LA-ICP-MS	Zhang et al.，2013a
AQ10-4-1.2，石包城	英云闪长片麻岩（TTG）	2498±25	SHRIMP	Zhang et al.，2013a
AQ10-11-4.1，石包城	花岗闪长质片麻岩（TTG）	2533±30	LA-ICP-MS	Zhang et al.，2013a
		1856±39		
SXK-31	英云闪长片麻岩（TTG）	2561±16	LA-ICP-MS	赵燕等，2013
SXK-30	花岗闪长质片麻岩（TTG）	2510±22	LA-ICP-MS	赵燕等，2013
X11-113-2，东巴图	奥长花岗片麻岩（TTG）	2717±31	LA-ICP-MS	Zong et al.，2013
		1914±45		
X11-114-1，东巴图	奥长花岗片麻岩（TTG）	2642±63	LA-ICP-MS	Zong et al.，2013
		2003±31		
X11-122-1，东巴图	奥长花岗片麻岩（TTG）	2708±54	LA-ICP-MS	Zong et al.，2013
		1966±40		
		塔里木东南缘，阿尔金地块北缘		
I9809，阿克塔什塔格	花岗片麻岩	3605±43	ID-TIMS	李惠民等，2001
		1938±9		
I9809，阿克塔什塔格	奥长花岗片麻岩（TTG？）	2396±36	SHRIMP	Lu et al.，2008

续表

样品及位置	岩性[a]	年龄/Ma[b]	方法	数据来源
		[3665±15]		
		[3574±50]		
		1978±50		
GA219，拉配泉东	闪长质片麻岩	2926±10	ID-TIMS	Gehrels et al，2003
Y025，阿克塔什塔格	二长花岗至片麻岩	3096±37	ID-TIMS	陆松年和袁桂邦，2003
Y025，阿克塔什塔格	二长质片麻岩	2830±45	SHRIMP	Lu et al.，2008
Y026，阿克塔什塔格	英云闪长片麻岩（TTG）	2604±102	ID-TIMS	陆松年和袁桂邦，2003
P1TW4-1，阿克塔什塔格	黑云斜长片麻岩	2592±15	SHRIMP	辛后田等，2013
		[2705±23]		
		2020±53		
TW308-2，阿克塔什塔格	英云闪长片麻岩（TTG）	2567±32 [2767±49]	SHRIMP	辛后田等，2013
		塔里木西南缘，西昆仑		
D6408（?），和田	变质辉长岩	2675±12	SHRIMP	黎敦朋等，2007
1011AK-PVI-ZS2，阿卡孜	基性麻粒岩	3137±4.1	LA-ICP-MS	郭新成等，2013

注：a：TTG：英云闪长岩-奥长花岗岩-花岗闪长岩；

b：均为锆石 U-Pb 年龄，误差为 2σ；带方括弧的为继承锆石年龄，斜体加下划线的为变质年龄

在敦煌地区，新太古代 TTG 片麻岩与古元古代表壳岩系（敦煌群）呈构造混杂关系，目前获得的 TTG 片麻岩锆石 U-Pb 结晶年龄为～2.50～2.56Ga 和～2.64～2.72Ga，其变质年龄分别为～1.85Ga 和 1.9～2.0Ga（表 2-1）（梅华林等，1998；Zhang et al.，2013a；Zong et al.，2013；赵燕等，2013）。Zhang et al.（2013a）认为，～2.50～2.56Ga 的 TTG 在侵入不久即遭受高级变质作用，与华北同期的 TTG 类似（Grant et al.，2009）。

阿尔金地块北缘的阿克塔什塔格杂岩包含大面积的太古宙 TTG 和钾质花岗片麻岩以及少量表壳岩（米兰群），变质程度局部达麻粒岩相，部分学者认为这些岩石属于敦煌地块南缘的基底组分（Long et al.，2014）。锆石微区 U-Pb 定年显示，该区太古宙岩石年龄组成较为复杂，其中大量的 TTG 中包含 2.5～2.6Ga 和 2.7～2.8Ga 两组岩浆锆石，后者常以核部出现，因此被解释为继承核（辛后田等，2013；Long et al.，2014）。此外，该区还有～2.83Ga 的二长片麻岩（Lu et al.，2008）和～2.93Ga 的闪长片麻岩（Gehrels et al.，2003）以及～3.57Ga 和～3.67Ga 的继承锆石（Lu et al.，2008）的报道，说明该区存在太古宙早期更古老的地壳组分。这些太古宙岩石被 1.93～2.14Ga 同构造或前构造花岗质和碳酸岩岩体侵入，并与之一同遭受高级变质作用，目前获得的变质作用年龄大多在 1.9～2.0Ga（李惠民等，2001；陆松年和袁桂邦，2003；Lu et al.，2008；辛后田等，2011，2012，2013）。Lu 等（2008）和辛后田等（2011）根据该区 1.85～1.87Ga 的碱性花岗岩以及全吉地块上 1.85Ga 的变质基性岩墙和 1.76～1.80Ga 的环斑花岗岩的发育，认为塔里木克拉通南缘

1.87～1.76Ga 已进入后造山阶段。

西昆仑地区最古老的岩石为赫罗斯坦杂岩，出露在叶城西南阿卡孜一带，主要由 TTG 和富钾花岗片麻岩和少量基性包体组成，变质级别局部达麻粒岩相（新疆维吾尔自治区地质矿产局，1993；Zhang et al.，2007a；郭新成等，2013）。Zhang 等（2007a）报道，侵入于赫罗斯坦杂岩的阿卡孜富钾花岗岩的 SHRIMP 锆石年龄为 2.41Ga，说明赫罗斯坦杂岩可能形成于太古宙，但目前其直接年龄数据仍十分缺乏。郭新成等（2013）最近报道了赫罗斯坦杂岩中一个紫苏辉石麻粒岩的 LA-ICP-MS 锆石年龄为 3137±4.1Ma，并将其解释为原岩结晶年龄，这是目前为止塔里木克拉通最古老的可靠岩石年龄，说明赫罗斯坦杂岩可能保存了地壳演化的重要信息。另外，黎敦朋等（2007）报道在和田一带的古元古代（？）埃连卡特群中发现了一条变质辉长岩“脉”，其 SHRIMP 锆石上交点年龄为 2671±13Ma，说明西昆仑地区可能存在更多太古宙岩石。

位于塔里木克拉通东北缘的库鲁克塔格是太古宙岩石研究最早、最成熟的前寒武纪露头区，从目前的数据来看，该区太古宙岩石主要出露在辛格尔、兴地和库尔勒三个地点（图 2-2）。辛格尔地区的托格拉克布拉克杂岩（简称托格杂岩）由 2.52～2.58Ga 的 TTG 和花岗质片麻岩以及少量的表壳岩包体组成（图 2-3）（Long et al.，2010；胡霭琴和韦刚健，2006；陆松年，1992）。Hu 和 Rogers（1992）报道了其中以包体产出的 10 个斜长角闪岩样品的全岩 Sm-Nd 等时线年龄为～3.3Ga，这一年龄一直被解释为塔里木北缘最古老的地壳成分（Long et al.，2010，2011a）。最近的研究表明，兴地蛭石矿的围岩是一套太古宙末期的变质岩浆岩杂岩，岩石类型包括片麻状 TTG/埃达克岩、片麻状富钾花岗岩、变质辉长岩、变质闪长岩等，目前获得的岩浆结晶年龄分散在 2.64～2.46Ga（表 2-1，邓兴梁等，2008；Long et al.，2010；Shu et al.，2011；Zhang et al.，2012a），因此，这些岩石是否形成于同一期岩浆作用有待进一步研究。在兴地地区，这些新太古代晚期岩石被古元古代兴地塔格群变质碎屑岩和碳酸盐岩组合不整合覆盖（图 2-3），局部可见其底部发育变质砾岩（底砾岩？）、石英岩等成熟度较高的岩石，但大多数地区以石英片岩、云母片岩和大理岩为主，与新太古代岩石呈断层接触。

位于库鲁克塔格西段的库尔勒地区出露一套高级变质岩，总体呈 NW-SE 向展布，面积约 $300km^2$（图 2-4），1∶20 万地质图库尔勒幅将其划归兴地塔格群和扬吉布拉克群。但最近的研究表明，其中包含不同时代的片麻状花岗岩和变质火山岩与变质沉积岩（郭召杰等，2003；Long et al.，2010，2011a；董昕等，2011；Shu et al.，2011；Zhang et al.，2012a；吴海林等，2012；He et al.，2013），本书将其统称为“库尔勒杂岩”。为了进一步厘清库尔勒杂岩的岩石组合，本书对铁门关、库尔勒—塔什店公路（G218）、G3012 高速公路及库尔勒东南冲沟四条剖面按岩性单元进行了实测（图 2-5）。根据实测剖面结果，结合前人以及本书的年代学研究，可将库尔勒杂岩大致分为南北两部分，北部以各种变质火成岩为主，岩性包括黑云角闪斜长/二长片麻岩、片麻状花岗岩、斜长角闪岩等（图 2-5），其中前两种岩石中目前获得的锆石结晶年龄有 2.66Ga、2.58Ga、2.47Ga、2.36～2.39Ga 等（Long et al.，2010，2011a；董昕等，2011；Shu et al.，2011；He et al.，2013），而斜长角闪岩中目前只有两个 2.49Ga 和 1.84Ga 的锆石 TIMS 年龄报道（郭召杰等，2003）；南部主要是以各种变质沉积岩为主，岩性包括副片麻岩、（石榴子石）云母片岩、云母石英片岩、大理岩、斜长角闪岩、钙硅酸盐岩及少量

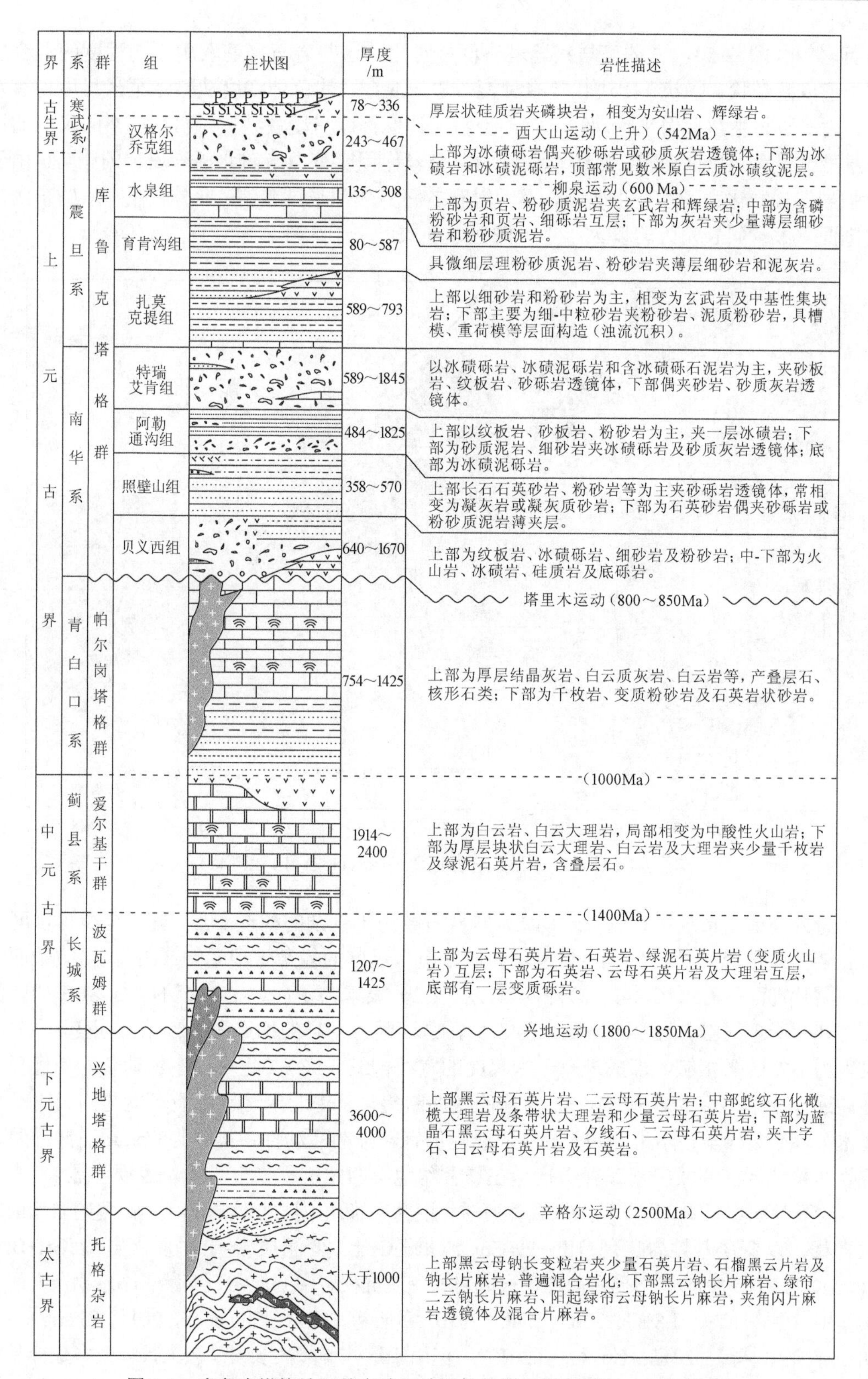

界
系
群
组
柱状图
厚度/m
岩性描述
古生界
寒武系
上元古界
震旦系
南华系
青白口系
中元古界
蓟县系
长城系
下元古界
太古界
库鲁克塔格群
帕尔岗塔格群
爱尔基干群
波瓦姆群
兴地塔格群
托格杂岩
汉格尔乔克组
水泉组
育肯沟组
扎莫克提组
特瑞艾肯组
阿勒通沟组
照壁山组
贝义西组
78～336
243～467
135～308
80～587
589～793
589～1845
484～1825
358～570
640～1670
754～1425
1914～2400
1207～1425
3600～4000
大于1000
厚层状硅质岩夹磷块岩，相变为安山岩、辉绿岩。
西大山运动（上升）（542Ma）
上部为冰碛砾岩偶夹砂砾岩或砂质灰岩透镜体；下部为冰碛岩和冰碛泥砾岩，顶部常见数米原白云质冰碛纹泥层。
柳泉运动（600 Ma）
上部为页岩、粉砂质泥岩夹玄武岩和辉绿岩；中部为含磷粉砂岩和页岩、细砾岩互层；下部为灰岩夹少量薄层细砂岩和粉砂质泥岩。
具微细层理粉砂质泥岩、粉砂岩夹薄层细砂岩和泥灰岩。
上部以细砂岩和粉砂岩为主，相变为玄武岩及中基性集块岩；下部主要为细-中粒砂岩夹粉砂岩、泥质粉砂岩，具槽模、重荷模等层面构造（浊流沉积）。
以冰碛砾岩、冰碛泥砾岩和含冰碛砾石泥岩为主，夹砂板岩、纹板岩、砂砾岩透镜体，下部偶夹砂岩、砂质灰岩透镜体。
上部以纹板岩、砂板岩、粉砂岩为主，夹一层冰碛岩；下部为砂质泥岩、细砂岩夹冰碛砾岩及砂质灰岩透镜体；底部为冰碛泥砾岩。
上部长石石英砂岩、粉砂岩等为主夹砂砾岩透镜体，常相变为凝灰岩或凝灰质砂岩；下部为石英砂岩偶夹砂砾岩或粉砂质泥岩薄夹层。
上部为纹板岩、冰碛砾岩、细砂岩及粉砂岩；中-下部为火山岩、冰碛岩、硅质岩及底砾岩。
塔里木运动（800～850Ma）
上部为厚层结晶灰岩、白云质灰岩、白云岩等，产叠层石、核形石类；下部为千枚岩、变质粉砂岩及石英岩状砂岩。
（1000Ma）
上部为白云岩、白云大理岩，局部相变为中酸性火山岩；下部为厚层块状白云大理岩、白云岩及大理岩夹少量千枚岩及绿泥石英片岩，含叠层石。
（1400Ma）
上部为云母石英片岩、石英岩、绿泥石英片岩（变质火山岩）互层；下部为石英岩、云母石英片岩及大理岩互层，底部有一层变质砾岩。
兴地运动（1800～1850Ma）
上部黑云母石英片岩、二云母石英片岩；中部蛇纹石化橄榄大理岩及条带状大理岩和少量云母石英片岩；下部为蓝晶石黑云母石英片岩、夕线石、二云母石英片岩，夹十字石、白云母石英片岩及石英岩。
辛格尔运动（2500Ma）
上部黑云母钠长变粒岩夹少量石英片岩、石榴黑云片岩及钠长片麻岩，普遍混合岩化；下部黑云钠长片麻岩、绿帘二云钠长片麻岩、阳起绿帘云母钠长片麻岩，夹角闪片麻岩透镜体及混合片麻岩。

图 2-3　库鲁克塔格地区前寒武纪地层柱状图（据高振家，1993 修改）

石英岩等（图 2-5），大体可与兴地塔格群相对比。这些岩石普遍发生不同程度的混合岩化，形成条带状、肠状、团块状等多种混合岩，混合岩浅色体宽度从微米至米尺度均有发育，大多数与主片理面平行，但也有不少斜切片麻理或呈团块状，说明存在不同尺度的熔体抽取与迁移。总体来看，库尔勒杂岩的混合岩化程度有由南向北逐渐增加的趋势。由于受强烈混合岩化和韧性变形改造，不同岩石之间界限常是过渡的；此外，在库尔勒东南冲沟剖面，大量斜长角闪岩以大小不一的包体形式产出于大理岩中（图 2-5（d））。

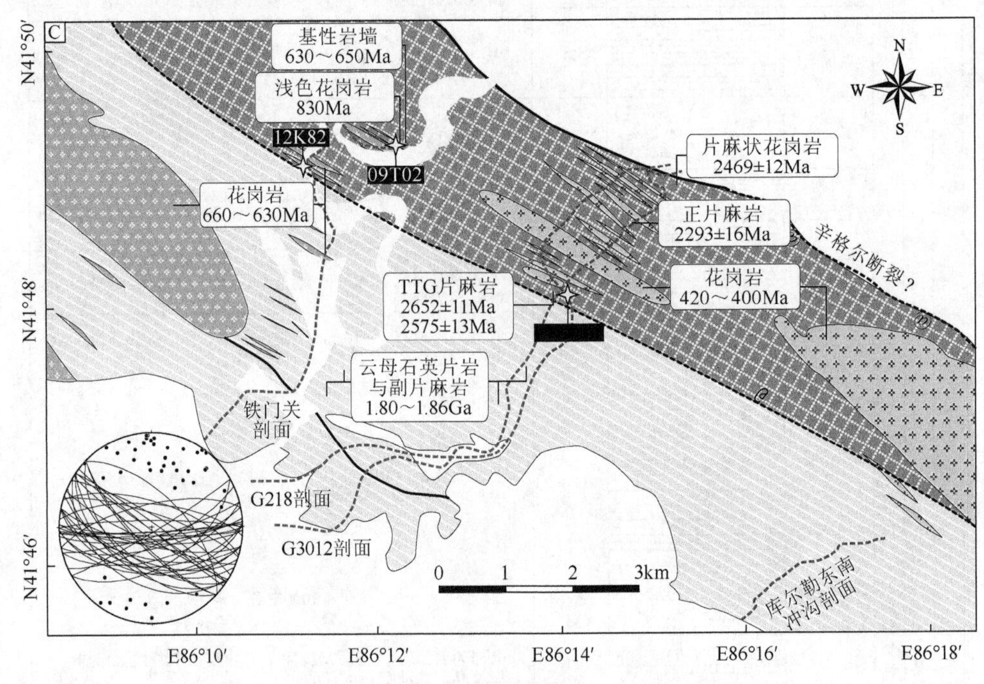

图 2-4 库尔勒变质杂岩体地质简图（Ge et al.，2014a）

野外构造变形观察和测量表明，这些岩石经历了复杂的构造变形，其中至少可以区分出三期韧性变形，第一期（D1）表现为厘米至米尺度的复杂无根褶皱（F1），褶皱轴面大致与主片理面平行（图 2-6（c））；第二期（D2）表现为走向近 EW 至 NWW-SEE 的陡倾片理和片麻理（S2，图 2-4 插图，图 2-6），是该区占主导的构造变形；第三期变形（D3）表现为 S2 的再褶皱，形成米—千米尺度的宽缓褶皱（F3）。此外，库尔勒杂岩还遭受了多期逆冲变形，形成多条 NW-SE 走向的逆冲断裂，其中北缘边界断裂可能与南天山—塔里木分界断裂（辛格尔大断裂）相连，现今仍有较强的活动性，其向北的长期逆冲导致库鲁克塔格地区前寒武纪基底岩石推覆在焉耆盆地第四纪沉积物上，地貌表现明显。

岩石学观察表明，库尔勒杂岩总体变质程度为中-低角闪岩相，局部可达高角闪岩相或麻粒岩相，以变质基性岩出现 Hbl+Pl+Cpx±Grt±Opx、变泥质岩-半泥质岩出现 Grt+Bt±Ms±Ky±Kfs 为标志。根据目前变质火成岩和变质沉积岩中变质锆石年龄，库尔勒杂岩的变质作用发生在 1.79～1.89Ga（Long et al.，2010；董昕等，2011；Shu et al.，2011；Zhang et al.，2012a；吴海林等，2012；He et al.，2013），但由于这些年龄大多误差较大，其大多数样品变质温压条件缺乏约束，其变质峰期年龄及变质热-动力背景仍不清楚。

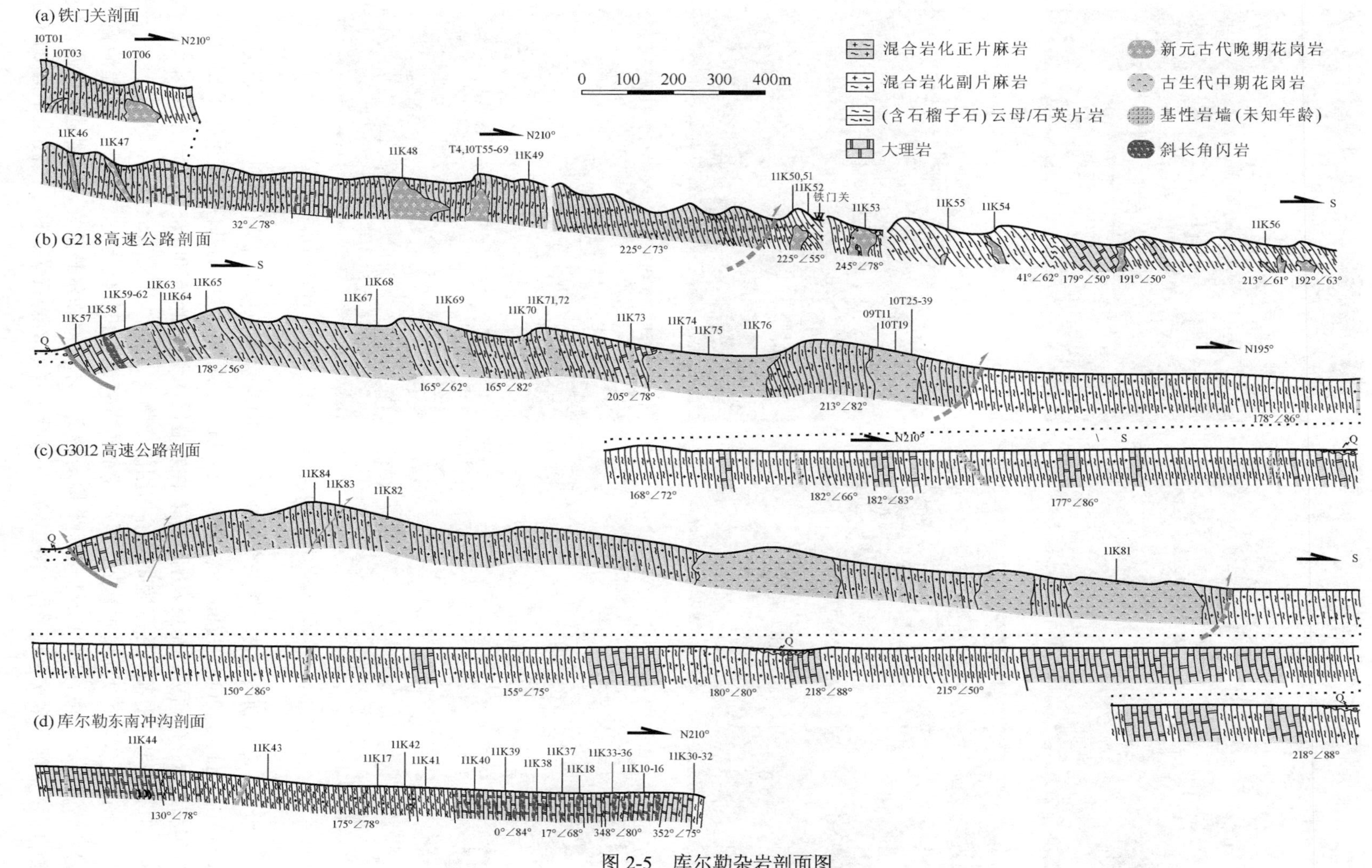

图 2-5　库尔勒杂岩剖面图

图 2-6　库尔勒杂岩典型岩石组合（彩图见图版）（Ge et al.，2014a）

此外，库尔勒杂岩被大量未变质变形的花岗质岩体和基性岩墙侵入，前者大多侵位于660～630Ma或420Ma。Zhu等（2008，2011a）对铁门关地区的基性岩墙进行了SHRIMP定年和地球化学研究，结果表明这些基性岩墙侵入于650～630Ma，与第一期花岗质岩体侵位时代一致，是新元古代晚期裂谷作用的产物。

由以上叙述可见，库尔勒杂岩具有复杂的岩石组合和演化历史，为了进一步厘清各种岩石的属性、形成-变质年龄及其大地构造含义，本书对库尔勒杂岩，特别是上述四条实测剖面，开展了多次系统采样（图 2-5），并进行了详细的岩石学、锆石U-Pb年代学、Hf-O

同位素和全岩地球化学研究。本章主要展示在库尔勒杂岩北部识别出来的新太古代长英质正片麻岩和斜长角闪岩的研究成果。

样品 12K82（GPS：41°49′06.9″N，86°11′26.5″E）和 12K100（GPS：41°48′21.1″N，86°14′18.8″E）分别采自铁门关水库南和 G218 公路中部，岩性为混合岩化黑云角闪/角闪黑云二长片麻岩（图 2-7（a）～（d））。岩石由浅色体和暗色体组成，浅色体由石英、斜长石、钾长石构成，宽度从＜1mm 到＞20cm 不等，大多与区域性片麻理平行，但少数斜切片麻理；暗色体则是由定向排列的黑云母、角闪石、斜长石、石英构成，有时还含有钾长石和黝帘石；副矿物包括铁氧化物、锆石、磷灰石等。采自样品 12K82 附近的两个浅色花岗岩样品分别给出～661Ma 和 635Ma 的锆石结晶年龄，前者还记录了一期 823±8Ma 的岩浆结晶年龄（Ge et al.，2012b）；两个同样采自样品 12K82 附近的暗色体中包含～660Ma 的具有“冷杉树”结构的变质锆石（Ge et al.，2012b），说明这些样品记录了多期的构造-热事件和混合岩化，因此采样时尽量避免了这些后期浅色脉体。样品 09T02 采自铁门关水库附近（41°49′15.5″N，86°12′06.9″E），岩性为斜长角闪岩，主要由普通角闪石、斜长石、黑云母和磁铁矿构成（图 2-7（e）和（f）），露头上发育后期非透入性浅色花岗质岩脉，其中一个样品的锆石结晶年龄为 828±6Ma（见第 4 章）。以上三个样品被用来进行 SHRIMP 和 LA-ICP-MS 锆石原位 U-Pb 定年和锆石 Hf-O 同位素分析，另外 10 个采自同一露头的斜长角闪岩和 2 个酸性片麻岩样品被一同用来进行地球化学分析。

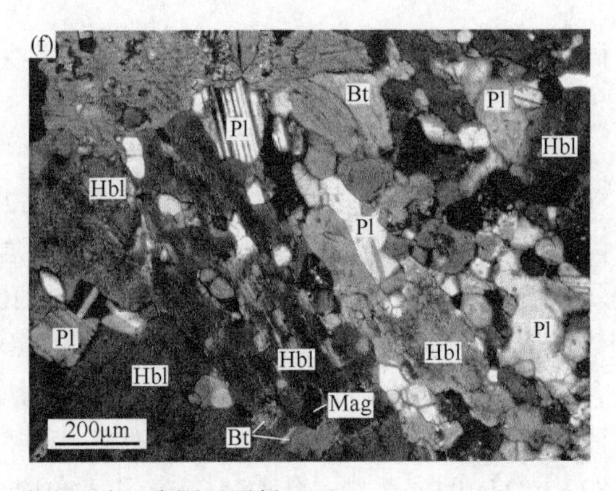

图 2-7 库尔勒杂岩中的新太古代岩石露头及薄片照片（彩图见图版）（Ge et al.，2014）

（a）、（b）样品 12K100（角闪黑云片麻岩）；（c）、（d）样品 12K82（黑云角闪片麻岩）；（e）、（f）样品 09T02（斜长角闪岩）

2.3 分析结果

2.3.1 SHRIMP 和 LA-ICP-MS 锆石 U-Pb 年龄

正片麻岩样品 12K82 中的锆石为无色或黄褐色，自形或半自形，最长达 400μm，长宽比多为 2∶1 或 3∶1。阴极发光（CL）成像结果显示，这些锆石具有明显的核-边结构，核部为灰色，具有振荡环带或扇状分带，为岩浆成因；边部为亮白或暗灰色，无内部结构，为变质成因。部分锆石可识别出 4 个变质边，由内向外按“暗-亮-暗-亮”顺序排列(图 2-8(a))。这个样品中的锆石同时进行了 SHRIMP 和 LA-ICP-MS 分析。岩浆核的 SHRIMP 分析给出谐和或轻微不谐和的年龄以及中等的 Th/U 值(0.34～0.85，分析点 12K82-18.1 的 Th/U=0.04 除外，表 2-2，图 2-9(a))。除去 12K82-6.1 和 12K82-18.1，其余分析点落在一条不一致线上，其上交点为 2704±12Ma（MSWD=0.67，n=13），这个年龄与最谐和的分析点的 $^{207}Pb/^{206}Pb$ 加权平均年龄（2714±10Ma，MSWD=0.32，n=7）一致，因此被解释为样品的岩浆结晶年龄。外部暗色变质边上的四个分析点落在另一条不一致线上，其上交点为 1936±18Ma（MSWD=1.8），这些点的 Th/U 值（0.02～0.06，表 2-2）与典型的变质锆石一致，因此这一年龄被解释为样品的变质年龄。其他的变质边太窄无法分析。LA-ICP-MS 分析给出的年龄与 SHRIMP 结果非常类似（表 2-3，图 2-9（b）），其中岩浆核给出的上交点年龄为 2712±18Ma（MSWD=0.64，n=15），$^{207}Pb/^{206}Pb$ 加权平均年龄为 2706±21Ma（MSWD=0.061，n=6），而外部暗色变质边的上交点年龄为 1898±66Ma（MSWD=3，n=9），证实了样品的结晶年龄为～2.71Ga，变质年龄为～1.9Ga。SHRIMP 和 LA-ICP-MS 结果都显示，岩浆核与变质边具有一致的下交点年龄（～0.8～0.6Ga），说明岩石受到新元古代中期热事件的叠加，导致铅丢失。个别岩浆核具有不谐和的年龄，在谐和图上落在以～2.71Ga 的岩浆结晶年龄、～1.9Ga 的变质年龄和～0.8～0.6Ga 的热事件年龄为顶点的三角形区域，可能是多期不完全铅丢失的结果（图 2-9（a）和（b））。

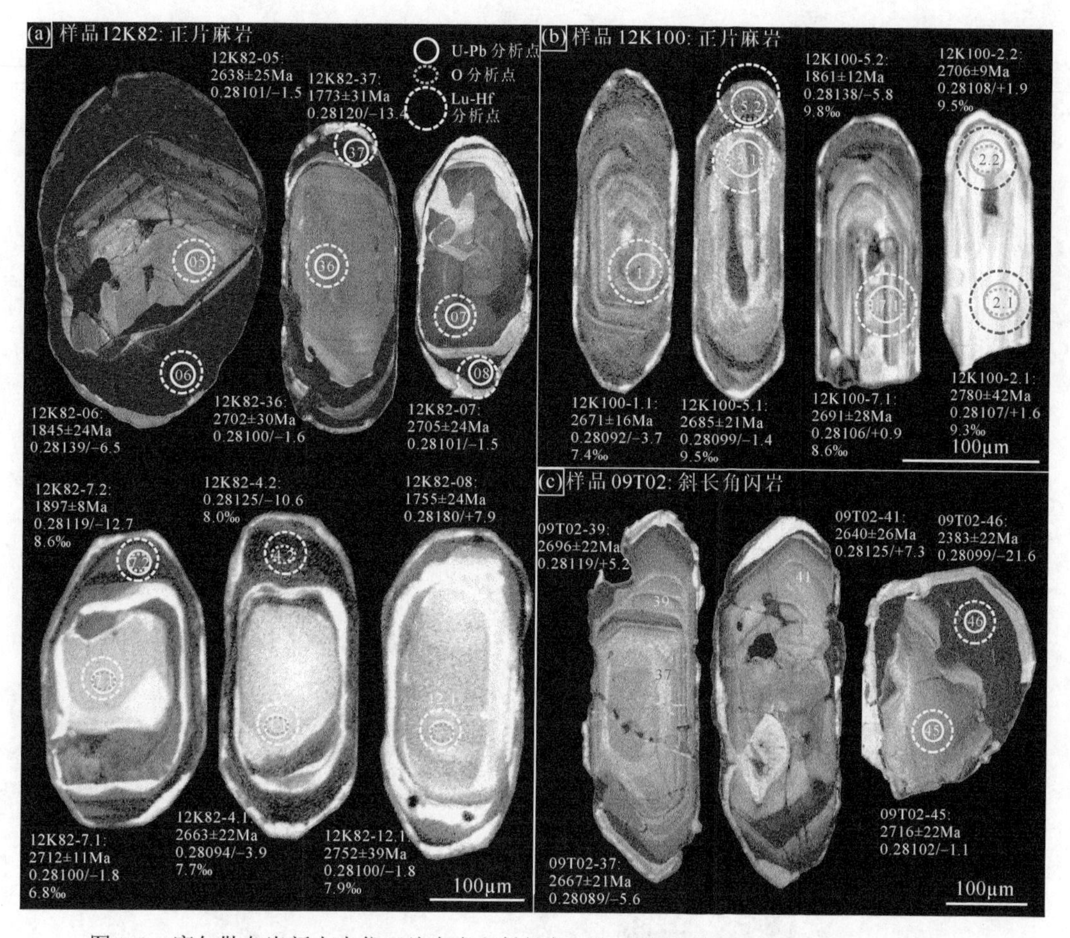

图 2-8　库尔勒杂岩新太古代正片麻岩和斜长角闪岩典型锆石 CL 图（Ge et al.，2014a）

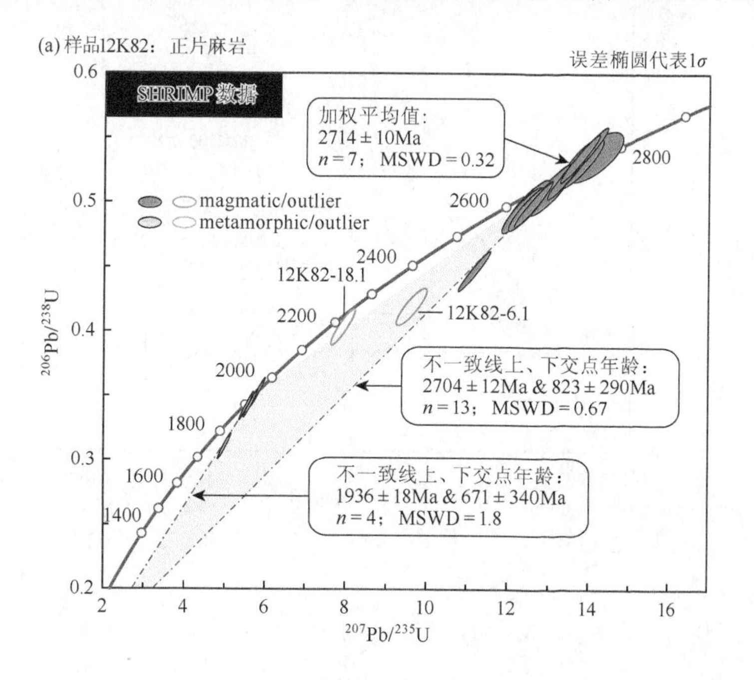

(b) 样品12K82: 正片麻岩

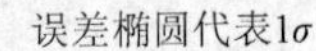

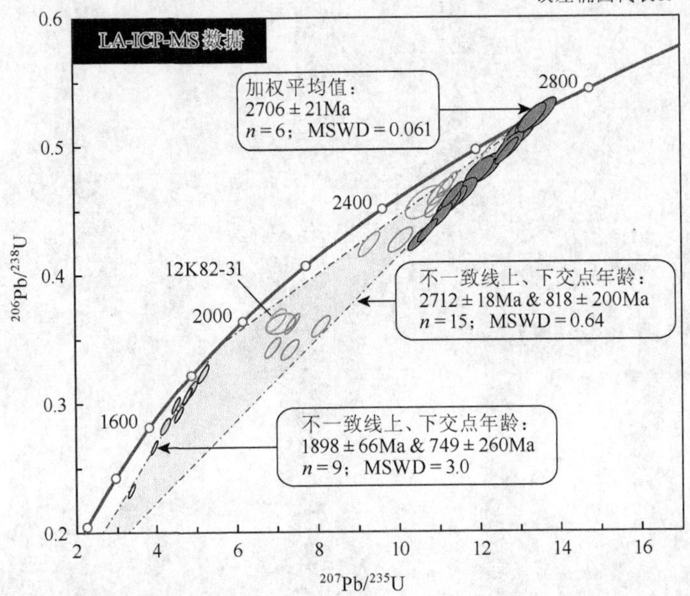

(c) 样品12K100：正片麻岩

误差椭圆代表1σ

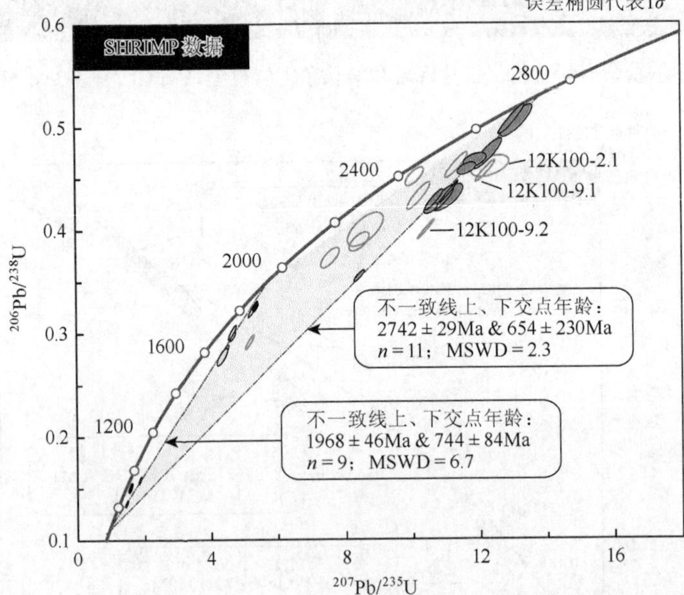

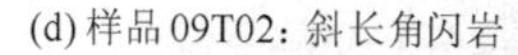

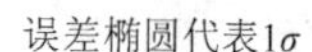

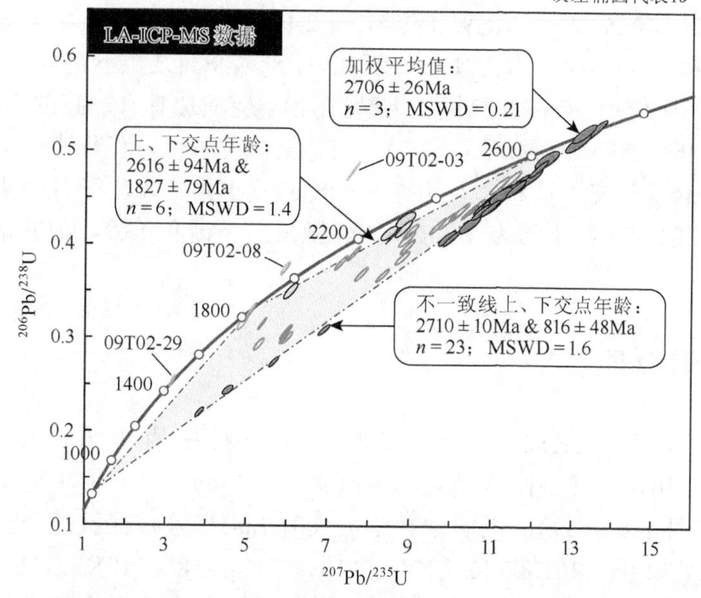

图 2-9　库尔勒杂岩新太古代正片麻岩和斜长角闪 U-Pb 年龄谐和图（Ge et al.，2014a）

正片麻岩样品 12K100 中的锆石也多为无色自形晶，颗粒最长达 200μm，长宽比多为 2∶1 至 4∶1。CL 图像显示，大多数颗粒也是包含具有振荡环带的岩浆核和暗灰色内边和亮白色外边（图 2-8（b）），核被解释为岩浆成因，而两个边则为变质重结晶或变质增生成因。岩浆核的 21 个 SHRIMP 分析点大多给出不谐和的年龄和中等 Th/U 值（0.13～1.69，平均 0.67，表 2-2），其中 11 个点落在一条不一致线上（MSWD=2.3，图 2-9（c）），其上交点年龄为 2742±29Ma，这一年龄被解释为样品岩浆结晶年龄的最佳估计。三个分析点（12K100-2.1、12K100-9.1、12K100-9.2）落在这条不一致线下方，可能反映了继承锆石信息（图 2-9（c）），另外 7 个点落在这条不一致线上方，可能记录了早期铅丢失事件。灰黑色变质边上的 9 个分析点具有低的 Th/U 值（0.01～0.12，平均 0.04，12K100-20.1 除外，表 2-2）与不谐和的年龄，其不一致线上交点和下交点年龄分别为 1968±46Ma 和 744±84Ma（MSWD=6.7，图 2-9（c）），前者被解释为变质年龄，而后者可能对应于新元古代中期的构造-热事件。

斜长角闪岩样品 09T02 中的锆石多为无色半自形-它形，最长达 350μm，长宽比 2∶1 至 3∶1。CL 图像显示，大多数颗粒也具有明显的核-边结构，核部具有岩浆环带，暗灰色的内边和亮白色的外边具有均一的内部结构，为变质成因（图 2-8（c））。岩浆核上进行了 45 个点的 LA-ICP-MS 分析，大多数给出不谐和的年龄和中等 Th/U 值（0.12～1.36，平均 0.76，表 2-3），其中 23 个点落在一条很好的不一致线上，上交点和下交点年龄分别为 2710±10Ma 和 816±48Ma（MSWD=1.6，图 2-9（d）），前者与 3 个最谐和数据的 $^{207}Pb/^{206}Pb$ 加权平均年龄（2706±26Ma，MSWD=0.21）一致，被解释为样品的岩浆结晶年龄，而后者则可能记录了样品遭受的最后一期构造热事件的年龄；其他 22 个点落在这条不一致线上方，可能记录了早期铅丢失事件。暗色变质边的 Th/U

值为 0.05～0.92，其 U-Pb 年龄的 6 个点落在一条上、下交点分别为 2616±94Ma 和 1827±79Ma 的不一致线上（MSWD=1.4，图 2-9（d）），但 4 个点年龄为 2.36Ga 左右，且仅轻微不谐和，这可以解释为 2.71Ga 锆石在～1.8～1.9Ga 发生不完全重结晶或～2.36Ga 变质后又受到～1.8～1.9Ga 的事件叠加；另外 4 个变质边具有一致的 $^{207}Pb/^{206}Pb$ 年龄，加权平均为 1864±39Ma（MSWD=1.3），支持第一种解释，但仅有一个点是谐和的，其他点为不谐和或反向不谐和，说明在～0.8Ga 热事件中发生了进一步铅丢失或铅获得。分析点 09T02-29 给出约为 1.44Ga 的轻微反向不谐和年龄，但其地质意义仍不太清楚。

2.3.2　锆石 Hf-O 同位素

正片麻岩样品 12K82 中的大多数岩浆锆石核的初始 $^{176}Hf/^{177}Hf$ 值介于 0.280938～0.281071，其 $\varepsilon Hf_{(t)}$ 值为−3.9～+0.8（表 2-4），且其值不随年龄不谐和度的变化而变化（图 2-10（a）），说明锆石铅丢失时 Lu-Hf 系统保持封闭。五个不谐和锆石分析点（12K82-04、12K82-12、12K82-13、12K82-18 和 12K82-31）具有较高的初始 $^{176}Hf/^{177}Hf$ 值（0.281099～0.281226），如果用岩浆结晶年龄（t=2712Ma）计算，其 $\varepsilon Hf_{(t)}$ 为正值（+1.8～+6.4，见讨论）。这些岩浆锆石核的 $\delta^{18}O$ 值变化在 6.8‰～8.8‰，且同样不随锆石年龄不谐和度的变化而变化（图 2-11（a）和（b），表 2-5）。除去点 12K82-08 具有异常高的 $\varepsilon Hf_{(t)}$（+7.9），其他变质锆石具有比岩浆锆石高的初始 $^{176}Hf/^{177}Hf$ 值和低的 $\varepsilon Hf_{(t)}$（−13.4～−5.6，图 2-10（a）～（c）），其 $\delta^{18}O$ 值也比岩浆核（8.0‰～10.2‰）高，这些 Hf-O 数据说明变质边是通过变质增生形成的，而非固态重结晶。

正片麻岩样品 12K100 中的岩浆锆石具有相对分散的 Hf 同位素组成，大多数岩浆锆石核的初始 $^{176}Hf/^{177}Hf$ 值介于 0.280870～0.281136，对应的 $\varepsilon Hf_{(t)}$ 介于−5.6～+3.8（表 2-4，图 2-10（d）和（e））。若用岩浆结晶年龄（2.74Ga）计算，两个不谐和点（12K100-14.1 和 12K100-19.1）具有非常高的 $\varepsilon Hf_{(t)}$ 值（分别为+8.3 和+7.7，见讨论）。这些岩浆锆石核的 $\delta^{18}O$ 变化范围也较大（6.3‰～9.9‰，表 2-5，图 2-11（c）和（d））。该样品中的锆石变质边大多具有比岩浆核更高的初始 $^{176}Hf/^{177}Hf$ 值（0.280934～0.281424），其 $\varepsilon Hf_{(t)}$ 值为−21.9～−4.9（表 2-4，图 2-10（d）和（e）），说明变质锆石形成于变质增生。这些变质边的 $\delta^{18}O$ 值（8.8‰～9.9‰）大多高于岩浆核，但三个具有严重铅丢失的变质边具有更低的 $\delta^{18}O$ 值（7.0‰～7.4‰，表 2-5，图 2-11（c）、（d））斜长角闪岩样品 09T02 的锆石 Hf 同位素组成也变化较大。大多数岩浆锆石核的初始 $^{176}Hf/^{177}Hf$ 值介于 0.280891～0.281113，相应的 $\varepsilon Hf_{(t)}$ 变化于−5.6～+2.3（表 2-4，图 2-10（g）、（h）），另外 5 个岩浆核（09T02-34、09T02-36、09T02-39、09T02-41、09T02-52）具有更高的放射性成因的 Hf 同位素组成，其初始 $^{176}Hf/^{177}Hf$ 值为 0.281194～0.281309，若用岩浆结晶年龄 t=2710Ma 计算，则对应的 $\varepsilon Hf_{(t)}$ 为+5.2～+9.3（表 2-4，图 2-10（g）和（h），见讨论）；分析点 09T02-53 具有非常低的初始 $^{176}Hf/^{177}Hf$ 值（0.280546）和非常负的 $\varepsilon Hf_{(t)}$ 值（−17.9），但其地质意义仍不清楚。样品中的变质锆石边也具有不均一的 Hf 同位素组成，

表 2-2　塔里木克拉通北缘库尔勒杂岩中新太古代正片麻岩 SHRIMP 锆石 U-Th-Pb 同位素数据（Ge et al.，2014a）

分析序号	do.[a]	Th/ppm	U/ppm	Th/U	Pb_c[b]/%	同位素比值（普通铅校正后）							年龄/Ma（普通铅校正后）						
						$^{207}Pb/^{206}Pb$	1σ	$^{207}Pb/^{235}U$	1σ	$^{206}Pb/^{238}U$	1σ	ρ^c	$^{207}Pb/^{206}Pb$	1σ	$^{208}Pb/^{232}Th$	1σ	$^{206}Pb/^{238}U$	1σ	disc.[d]/%
样品 12K82（GPS：41°49′06.9″N，86°11′26.5″E）：角闪黑云斜长片麻岩																			
12K82-1.1	c	104	132	0.82	—	0.18659	0.0058	13.77	0.0238	0.53532	0.0231	0.97	2712	10	2670	66	2764	52	−2.3
12K82-2.1	c	130	158	0.85	0.01	0.18074	0.0057	11.15	0.0237	0.44728	0.0230	0.97	2660	9	2162	54	2383	46	12.4
12K82-3.1	r	92	1946	0.05	0.01	0.11916	0.0037	5.79	0.0216	0.35258	0.0213	0.99	1944	7	1828	56	1947	36	−0.2
12K82-4.1	c	44	68	0.67	0.08	0.18107	0.0130	12.46	0.0289	0.49917	0.0258	0.89	2663	22	2460	81	2610	55	2.4
12K82-5.1	c	88	122	0.75	0.01	0.18304	0.0061	12.60	0.0241	0.49918	0.0234	0.97	2681	10	2515	64	2610	50	3.2
12K82-6.1	c	69	208	0.34	0.02	0.16631	0.0129	9.61	0.0262	0.41911	0.0228	0.87	2521	22	2631	148	2256	43	12.4
12K82-7.1	c	74	94	0.81	0.14	0.18650	0.0068	13.44	0.0251	0.52258	0.0242	0.96	2712	11	2542	68	2710	54	0.1
12K82-7.2	r	13	764	0.02	0.02	0.11608	0.0046	4.98	0.0221	0.31086	0.0216	0.98	1897	8	1606	82	1745	33	9.1
12K82-8.1	c	95	128	0.77	—	0.18217	0.0096	12.47	0.0254	0.49633	0.0235	0.93	2673	16	2556	65	2598	50	3.4
12K82-9.1	r	88	1751	0.05	0.02	0.11845	0.0038	5.62	0.0217	0.34428	0.0214	0.98	1933	7	1872	48	1907	35	1.5
12K82-10.1	c	66	94	0.72	0.02	0.18810	0.0115	13.78	0.0268	0.53130	0.0242	0.90	2726	19	2679	71	2747	54	−1.0
12K82-11.1	c	85	120	0.73	—	0.18276	0.0062	12.60	0.0249	0.50014	0.0241	0.97	2678	10	2544	66	2614	52	2.9
12K82-12.1	c	63	101	0.64	0.03	0.19115	0.0239	14.14	0.0341	0.53659	0.0242	0.71	2752	39	2665	93	2769	55	−0.8
12K82-13.1	r	177	3249	0.06	0.00	0.11690	0.0036	5.52	0.0216	0.34227	0.0213	0.99	1909	6	1863	49	1898	35	0.7
12K82-14.1	c	45	62	0.74	—	0.18503	0.0135	13.04	0.0293	0.51111	0.0260	0.89	2699	22	2575	74	2661	57	1.7
12K82-15.1	c	49	76	0.66	—	0.18664	0.0071	13.47	0.0257	0.52335	0.0247	0.96	2713	12	2668	73	2713	55	0.0
12K82-16.1	c	95	120	0.82	—	0.18700	0.0062	13.93	0.0247	0.54006	0.0239	0.97	2716	10	2762	71	2784	54	−3.1
12K82-17.1	c	66	102	0.67	0.07	0.18069	0.0108	12.33	0.0264	0.49509	0.0241	0.91	2659	18	2541	68	2593	52	3.0
12K82-18.1	c	7	189	0.04	0.03	0.14248	0.0101	7.93	0.0253	0.40345	0.0232	0.92	2258	17	1961	135	2185	43	3.8
样品 12K100（GPS：41°48′21.1″N，86°14′18.8″E）：黑云角闪斜长片麻岩																			
12K100-1.1	c	149	359	0.43	0.17	0.18195	0.0099	10.55	0.0127	0.42050	0.0080	0.63	2671	16	2396	65	2263	15	18.1
12K100-2.1	c	49	70	0.73	−0.10	0.19442	0.0259	12.35	0.0301	0.46055	0.0153	0.51	2780	42	2399	50	2442	31	14.6
12K100-2.2	c	124	136	0.94	0.03	0.18587	0.0056	12.99	0.0201	0.50684	0.0193	0.96	2706	9	2570	53	2643	42	2.8
12K100-3.1	c	109	191	0.59	−0.01	0.17136	0.0096	10.22	0.0222	0.43235	0.0201	0.90	2571	16	2300	52	2316	39	11.8
12K100-3.2	r	8	564	0.02	0.03	0.11357	0.0144	4.35	0.0245	0.27757	0.0198	0.81	1857	26	1176	127	1579	28	16.9
12K100-4.1	c	69	126	0.57	0.11	0.15634	0.0313	8.62	0.0413	0.40008	0.0269	0.65	2416	53	2041	59	2169	50	12.0
12K100-4.2	r	18	832	0.02	−0.01	0.11363	0.0069	4.46	0.0113	0.28494	0.0090	0.79	1858	12	1675	54	1616	13	14.7
12K100-5.1	c	137	257	0.55	0.04	0.18357	0.0129	11.62	0.0156	0.45898	0.0088	0.57	2685	21	2428	50	2435	18	11.2
12K100-5.2	r	6	619	0.01	0.02	0.11378	0.0064	4.66	0.0115	0.29692	0.0096	0.83	1861	12	1915	138	1676	14	11.3

续表

分析序号	do.[a]	Th/ppm	U/ppm	Th/U	Pb_c[b]/%	同位素比值（普通铅校正后）							年龄/Ma（普通铅校正后）						
						$^{207}Pb/^{206}Pb$	1σ	$^{207}Pb/^{235}U$	1σ	$^{206}Pb/^{238}U$	1σ	ρ[c]	$^{207}Pb/^{206}Pb$	1σ	$^{208}Pb/^{232}Th$	1σ	$^{206}Pb/^{238}U$	1σ	disc.[d]/%
12K100-6.1	c	203	564	0.37	0.01	0.18009	0.0065	10.65	0.0166	0.42883	0.0152	0.92	2654	11	2690	58	2300	29	15.8
12K100-7.1	c	222	215	1.07	0.00	0.18420	0.0168	11.87	0.0194	0.46722	0.0097	0.50	2691	28	2405	58	2471	20	9.8
12K100-8.1	c	78	108	0.74	0.00	0.16244	0.0119	10.10	0.0178	0.45094	0.0132	0.74	2481	20	2362	57	2399	27	3.9
12K100.9.1	c	190	453	0.43	−0.01	0.19399	0.0045	12.20	0.0160	0.45604	0.0153	0.96	2776	7	2634	49	2422	31	15.3
12K100-9.2	c	381	549	0.72	0.04	0.18911	0.0028	10.43	0.0160	0.39992	0.0158	0.98	2734	5	2363	41	2169	29	24.3
12K100-10.1	c	477	823	0.60	0.03	0.17145	0.0058	8.41	0.0124	0.35559	0.0110	0.88	2572	10	1996	56	1961	19	27.5
12K100-11.1	c	188	191	1.02	0.06	0.18763	0.0107	12.25	0.0232	0.47338	0.0206	0.89	2721	18	2438	54	2498	43	9.9
12K100-11.2	r	56	740	0.08	0.01	0.11951	0.0035	5.36	0.0078	0.32530	0.0069	0.89	1949	6	1835	27	1816	11	7.8
12K100-13.1	c	54	192	0.29	−0.04	0.15756	0.0176	8.44	0.0236	0.38838	0.0156	0.66	2430	30	2144	68	2115	28	15.2
12K100-14.1	c	81	626	0.13	0.07	0.12891	0.0065	5.18	0.0170	0.29145	0.0157	0.92	2083	12	1966	71	1649	23	23.6
12K100-15.1	r	84	1937	0.04	1.39	0.08461	0.0094	1.84	0.0177	0.15799	0.0150	0.85	1307	18	1338	111	946	13	29.7
12K100-16.1	c	151	196	0.80	0.05	0.17805	0.0077	11.34	0.0194	0.46188	0.0178	0.92	2635	13	2400	50	2448	36	8.5
12K100-16.2	r	30	2409	0.01	0.55	0.07556	0.0075	1.57	0.0190	0.15090	0.0175	0.92	1083	15	1727	217	906	15	17.5
12K100-17.1	c	140	260	0.56	0.00	0.18580	0.0192	11.04	0.0280	0.43095	0.0203	0.73	2705	32	2381	66	2310	39	17.4
12K100-18.1	c	340	617	0.57	0.05	0.18519	0.0054	10.95	0.0168	0.42898	0.0159	0.95	2700	9	2179	36	2301	31	17.5
12K100-19.1	c	567	655	0.89	0.03	0.18436	0.0026	11.10	0.0159	0.43655	0.0157	0.99	2692	4	2359	59	2335	31	15.8
12K100-20.1	r	1229	2501	0.51	0.47	0.07718	0.0102	1.44	0.0196	0.13556	0.0168	0.86	1126	20	523	13	820	13	29.0
12K100-21.1	c	156	95	1.69	0.23	0.18889	0.0126	13.16	0.0243	0.50548	0.0208	0.85	2733	21	2539	61	2637	45	4.2
12K100-21.2	r	9	659	0.01	0.02	0.11195	0.0067	4.64	0.0171	0.30085	0.0157	0.92	1831	12	1629	143	1696	23	8.4
12K100-22.1	r	77	683	0.12	0.05	0.11852	0.0059	5.28	0.0168	0.32313	0.0158	0.94	1934	10	2038	70	1805	25	7.6
12K100-23.1	c	81	289	0.29	0.04	0.14726	0.0157	7.57	0.0233	0.37298	0.0172	0.74	2314	27	2031	42	2043	30	13.6

注：a：分析区域：c-岩浆锆石核；r-变质边；

b：非放射性成因 ^{206}Pb 占总 ^{206}Pb 的百分比；

c：误差系数=$\dfrac{\dfrac{^{206}Pb}{^{238}U}\text{的相对误差}}{\dfrac{^{207}Pb}{^{235}U}\text{的相对误差}}$；

d：不谐和度=$\left(\dfrac{\dfrac{^{207}Pb}{^{206}Pb}\text{年龄}}{\dfrac{^{206}Pb}{^{238}U}\text{年龄}}-1\right)\times 100$

表 2-3　塔里木克拉通北缘库尔勒杂岩中新太古代正片麻岩和斜长角闪岩 LA-ICP-MS 锆石 U-Th-Pb 同位素数据（Ge et al.，2014a）

分析序号[a]	区域[b]	Th^c /ppm	U^c /ppm	Th/U	同位素比值							年龄/Ma						
					$^{207}Pb/^{206}Pb$	1σ	$^{207}Pb/^{235}U$	1σ	$^{206}Pb/^{238}U$	1σ	ρ^d	$^{207}Pb/^{206}Pb$	1σ	$^{207}Pb/^{235}U$	1σ	$^{206}Pb/^{238}U$	1σ	disc.[e]/%
样品 12K82（GPS：41°49′06.9″N，86°11′26.5″E）：黑云角闪斜长片麻岩																		
12K82-01	c	317	240	1.32	0.17294	0.0022	11.21	0.17	0.47022	0.00666	0.92	2586	21	2541	14	2485	29	4.1
12K82-02	c	162	154	1.05	0.18564	0.0029	13.34	0.23	0.52145	0.00745	0.82	2704	26	2704	16	2705	32	0.0
12K82-03	r	68	398	0.17	0.11318	0.0015	4.57	0.07	0.29251	0.00408	0.88	1851	24	1743	13	1654	20	11.9
12K82-04	c	83	96	0.87	0.17807	0.0023	11.35	0.18	0.46233	0.00642	0.89	2635	22	2553	15	2450	28	7.6
12K82-05	c	87	97	0.90	0.17835	0.0027	10.52	0.18	0.42784	0.00627	0.85	2638	25	2482	16	2296	28	14.9
12K82-06	r	58	1291	0.04	0.11281	0.0014	4.78	0.07	0.30707	0.00424	0.89	1845	24	1781	13	1726	21	6.9
12K82-07	c	229	206	1.11	0.1858	0.0023	12.71	0.19	0.49588	0.00676	0.91	2705	21	2658	14	2596	29	4.2
12K82-08	r	69	439	0.16	0.10734	0.0014	3.96	0.06	0.2672	0.00364	0.90	1755	24	1625	12	1527	19	14.9
12K82-09	r	186	2391	0.08	0.11581	0.0016	5.18	0.09	0.32449	0.00471	0.85	1893	26	1849	15	1812	23	4.5
12K82-10	c	522	446	1.17	0.17923	0.0023	10.73	0.17	0.43433	0.00606	0.90	2646	21	2500	14	2325	27	13.8
12K82-11	r	146	1695	0.09	0.10433	0.0016	3.36	0.06	0.23374	0.00348	0.84	1703	28	1496	14	1354	18	25.8
12K82-12	c	86	96	0.89	0.17238	0.0028	11.04	0.21	0.46479	0.00718	0.83	2581	28	2527	17	2461	32	4.9
12K82-13*	c	51	169	0.30	0.14238	0.0053	7.11	0.24	0.36218	0.0053	0.43	2256	65	2125	30	1993	25	13.2
12K82-14	r	46	1934	0.02	0.11306	0.0015	4.79	0.08	0.30696	0.00432	0.88	1849	24	1782	13	1726	21	7.1
12K82-15	c	83	81	1.03	0.17988	0.0026	11.06	0.19	0.44594	0.00644	0.86	2652	25	2528	16	2377	29	11.6
12K82-16	r	262	831	0.31	0.10888	0.0014	4.50	0.07	0.29987	0.00419	0.89	1781	24	1731	13	1691	21	5.3
12K82-17	c	95	246	0.39	0.14813	0.002	7.39	0.12	0.36209	0.00519	0.88	2324	24	2160	15	1992	25	16.7
12K82-18	c	40	85	0.47	0.1587	0.0026	9.28	0.17	0.42402	0.0065	0.82	2442	28	2366	17	2279	29	7.2
12K82-19	c	96	112	0.86	0.18058	0.0027	12.35	0.22	0.49619	0.0073	0.84	2658	25	2632	16	2597	31	2.3
12K82-20	c	57	57	1.00	0.18048	0.0029	11.40	0.21	0.45836	0.0069	0.82	2657	27	2557	17	2432	31	9.3
12K82-21	c	73	68	1.08	0.17933	0.0028	11.26	0.20	0.45525	0.00674	0.82	2647	27	2545	17	2419	30	9.4
12K82-22	c	35	67	0.52	0.14588	0.0024	6.91	0.13	0.34364	0.00519	0.81	2298	29	2100	17	1904	25	20.7
12K82-23	c	69	79	0.87	0.18537	0.0029	13.28	0.24	0.51955	0.00766	0.83	2702	26	2700	17	2697	32	0.2
12K82-24	c	54	52	1.04	0.18751	0.0031	13.57	0.25	0.52483	0.00795	0.81	2720	28	2720	18	2720	34	0.0
12K82-25	c	75	82	0.91	0.18561	0.003	12.78	0.24	0.4993	0.00751	0.81	2704	27	2663	17	2611	32	3.6
12K82-26	c	74	80	0.92	0.17532	0.0029	10.99	0.21	0.45478	0.00696	0.80	2609	28	2522	18	2416	31	8.0

续表

分析序号[a]	区域[b]	Th^c /ppm	U^c /ppm	Th/U	同位素比值							年龄/Ma						
					$^{207}Pb/^{206}Pb$	1σ	$^{207}Pb/^{235}U$	1σ	$^{206}Pb/^{238}U$	1σ	ρ^d	$^{207}Pb/^{206}Pb$	1σ	$^{207}Pb/^{235}U$	1σ	$^{206}Pb/^{238}U$	1σ	disc.[e]/%
12K82-27	r	62	1502	0.04	0.11362	0.0017	4.89	0.09	0.31199	0.00456	0.82	1858	28	1800	15	1750	22	6.2
12K82-28	c	117	167	0.70	0.16313	0.0027	8.09	0.15	0.35993	0.00541	0.80	2488	28	2242	17	1982	26	25.5
12K82-29	c	51	68	0.75	0.15554	0.0028	7.33	0.15	0.34195	0.00527	0.77	2408	31	2153	18	1896	25	27.0
12K82-30	c	95	99	0.96	0.17111	0.0031	10.07	0.20	0.42675	0.00649	0.76	2569	31	2441	18	2291	29	12.1
12K82-31	r	13	351	0.04	0.13922	0.0029	7.01	0.16	0.36495	0.00594	0.71	2218	36	2112	20	2006	28	10.6
12K82-32	c	62	75	0.83	0.16914	0.0048	10.66	0.31	0.45658	0.00846	0.63	2549	48	2494	27	2424	37	5.2
12K82-33	c	66	68	0.97	0.1815	0.0032	12.02	0.24	0.48051	0.00743	0.78	2667	30	2606	19	2529	32	5.5
12K82-34	c	69	75	0.92	0.18145	0.0033	11.61	0.24	0.4642	0.00727	0.77	2666	30	2574	19	2458	32	8.5
12K82-35	c	114	110	1.03	0.18325	0.0033	12.20	0.25	0.48297	0.0075	0.76	2683	30	2620	19	2540	33	5.6
12K82-36	c	170	155	1.09	0.18546	0.0033	13.04	0.27	0.51012	0.00784	0.75	2702	30	2682	19	2657	33	1.7
12K82-37	r	10	561	0.02	0.10842	0.0018	4.24	0.08	0.28347	0.00417	0.77	1773	31	1681	16	1609	21	10.2
样品 09T02（GPS：41°49′15.5″N，86°12′06.9″E）：斜长角闪岩																		
09T02-01	c	173	321	0.54	0.17447	0.0019	10.62	0.14	0.44163	0.00564	0.96	2601	19	2490	12	2358	25	10.3
09T02-02*	r	360	879	0.41	0.14869	0.003	8.47	0.13	0.41319	0.00505	0.78	2331	35	2283	14	2229	23	4.6
09T02-03	r	414	1166	0.36	0.11499	0.0012	7.60	0.10	0.47961	0.00639	1.00	1880	19	2185	12	2526	28	−25.6
09T02-04	c	85	157	0.54	0.14344	0.0016	5.93	0.08	0.30013	0.00386	0.96	2269	20	1966	12	1692	19	34.1
09T02-05*	c	166	252	0.66	0.13439	0.0031	4.53	0.09	0.24453	0.00317	0.67	2156	41	1737	16	1410	16	52.9
09T02-06	c	277	362	0.77	0.17381	0.0019	10.47	0.14	0.43687	0.00567	0.98	2595	18	2477	12	2337	25	11.0
09T02-07	c	100	112	0.89	0.18211	0.0021	12.12	0.16	0.48278	0.00614	0.94	2672	20	2614	13	2539	27	5.2
09T02-08	r	151	820	0.18	0.11525	0.0013	5.95	0.08	0.37468	0.00459	0.94	1884	21	1969	11	2051	22	−8.1
09T02-09	c	93	422	0.22	0.12399	0.0013	5.39	0.07	0.31546	0.00415	0.98	2014	20	1884	11	1768	20	13.9
09T02-10	c	194	215	0.90	0.17596	0.0024	9.90	0.15	0.40811	0.00514	0.85	2615	23	2425	14	2206	24	18.5
09T02-11	c	99	105	0.94	0.17002	0.002	10.24	0.15	0.43694	0.00596	0.96	2558	20	2457	13	2337	27	9.5
09T02-12	r	766	1464	0.52	0.15135	0.0016	8.55	0.11	0.40999	0.00539	1.00	2361	18	2292	12	2215	25	6.6
09T02-13	c	214	175	1.23	0.16167	0.0021	6.89	0.10	0.30936	0.00391	0.89	2473	22	2098	13	1738	19	42.3
09T02-14	r	216	943	0.23	0.11254	0.0012	5.13	0.07	0.3306	0.00442	0.98	1841	20	1841	12	1841	21	0.0

续表

分析序号[a]	区域[b]	Th^c /ppm	U^c /ppm	Th/U	同位素比值							年龄/Ma						
					$^{207}Pb/^{206}Pb$	1σ	$^{207}Pb/^{235}U$	1σ	$^{206}Pb/^{238}U$	1σ	ρ^d	$^{207}Pb/^{206}Pb$	1σ	$^{207}Pb/^{235}U$	1σ	$^{206}Pb/^{238}U$	1σ	disc.[e]/%
09T02-15	c	42	71	0.60	0.14952	0.0019	5.66	0.08	0.27468	0.00359	0.90	2340	23	1925	12	1565	18	49.5
09T02-16	c	63	90	0.70	0.1669	0.0019	9.68	0.14	0.42081	0.00568	0.96	2527	20	2405	13	2264	26	11.6
09T02-17	c	59	463	0.13	0.16441	0.0018	8.33	0.11	0.36749	0.00466	0.96	2502	19	2267	12	2018	22	24.0
09T02-18	r	143	1001	0.14	0.12549	0.002	6.07	0.11	0.35044	0.00559	0.84	2036	29	1986	16	1937	27	5.1
09T02-19	c	83	99	0.84	0.18001	0.0022	10.93	0.15	0.44054	0.00575	0.93	2653	20	2517	13	2353	26	12.7
09T02-20	c	141	113	1.25	0.18291	0.0024	11.96	0.17	0.47431	0.00604	0.89	2679	22	2601	13	2502	26	7.1
09T02-21	c	36	145	0.25	0.15372	0.0018	7.81	0.11	0.36872	0.00482	0.94	2388	21	2210	13	2023	23	18.0
09T02-22	c	172	239	0.72	0.18117	0.0028	11.55	0.19	0.46261	0.00582	0.78	2664	26	2569	15	2451	26	8.7
09T02-23	c	111	149	0.75	0.16276	0.0019	8.94	0.12	0.39852	0.00522	0.95	2485	20	2332	13	2162	24	14.9
09T02-24	c	246	811	0.30	0.14131	0.0016	6.01	0.08	0.30845	0.0039	0.94	2243	20	1977	12	1733	19	29.4
09T02-25	c	76	113	0.68	0.16998	0.002	10.17	0.14	0.43414	0.00568	0.94	2557	20	2451	13	2324	26	10.0
09T02-26	c	109	163	0.67	0.17789	0.0021	10.00	0.14	0.40771	0.00527	0.94	2633	20	2435	13	2204	24	19.5
09T02-27	c	47	384	0.12	0.1655	0.002	8.81	0.12	0.38626	0.00491	0.93	2513	20	2319	13	2105	23	19.4
09T02-28	c	29	40	0.73	0.17819	0.0023	10.72	0.16	0.43655	0.00586	0.91	2636	22	2499	14	2335	26	12.9
09T02-29	r	211	785	0.27	0.09055	0.0012	3.17	0.05	0.25409	0.00395	0.95	1437	26	1451	13	1460	20	−1.6
09T02-30	r	40	287	0.14	0.1122	0.0018	4.91	0.09	0.31692	0.00527	0.88	1835	30	1804	16	1775	26	3.4
09T02-31	c	55	79	0.70	0.14468	0.002	5.99	0.10	0.30055	0.00421	0.88	2284	25	1975	14	1694	21	34.8
09T02-32	c	247	214	1.16	0.17849	0.0028	11.02	0.19	0.44786	0.00602	0.80	2639	26	2525	16	2386	27	10.6
09T02-33	c	138	172	0.80	0.17435	0.002	11.17	0.16	0.4649	0.00623	0.94	2600	20	2538	13	2461	27	5.6
09T02-34	c	233	257	0.90	0.1415	0.0016	7.63	0.11	0.39093	0.00535	0.97	2246	20	2188	13	2127	25	5.6
09T02-35	c	139	193	0.72	0.17641	0.0021	11.45	0.16	0.47101	0.00629	0.94	2619	20	2561	13	2488	28	5.3
09T02-36	c	250	225	1.11	0.15773	0.0019	9.01	0.13	0.41455	0.00548	0.93	2431	21	2339	13	2236	25	8.7
09T02-37	c	104	109	0.95	0.18154	0.0022	11.55	0.17	0.4617	0.00613	0.92	2667	21	2569	13	2447	27	9.0
09T02-38	c	138	183	0.75	0.14158	0.0016	5.95	0.09	0.30489	0.00417	0.96	2247	20	1969	12	1716	21	30.9
09T02-39	c	135	168	0.81	0.18473	0.0025	13.26	0.20	0.52082	0.00669	0.86	2696	22	2698	14	2703	28	−0.3
09T02-40	c	68	149	0.45	0.13946	0.0016	7.32	0.11	0.38083	0.0053	0.96	2221	21	2152	13	2080	25	6.8
09T02-41	c	159	139	1.15	0.17859	0.0027	11.19	0.18	0.4545	0.00595	0.80	2640	26	2539	15	2415	26	9.3

续表

分析序号[a]	区域[b]	Th[c] /ppm	U[c] /ppm	Th/U	同位素比值						年龄/Ma						
					$^{207}Pb/^{206}Pb$	1σ	$^{207}Pb/^{235}U$	1σ	$^{206}Pb/^{238}U$	1σ	ρ^{d}	$^{207}Pb/^{206}Pb$	1σ	$^{207}Pb/^{235}U$	1σ	$^{206}Pb/^{238}U$	1σ	disc.[e]/%
09T02-42	c	71	82	0.87	0.16863	0.002	9.91	0.14	0.42632	0.00589	0.95	2544	20	2427	13	2289	27	11.1
09T02-43	r	788	852	0.92	0.15065	0.0026	8.87	0.16	0.42753	0.00562	0.73	2353	30	2325	16	2295	25	2.5
09T02-44	c	934	815	1.15	0.18154	0.0027	12.33	0.20	0.49271	0.00635	0.78	2667	26	2630	15	2582	27	3.3
09T02-45	c	95	70	1.36	0.18703	0.0025	13.50	0.22	0.52357	0.00804	0.94	2716	22	2715	15	2714	34	0.1
09T02-46	r	27	543	0.05	0.15331	0.002	8.83	0.14	0.41779	0.00598	0.91	2383	22	2320	14	2250	27	5.9
09T02-47	c	37	46	0.80	0.18119	0.0027	11.68	0.19	0.46753	0.00644	0.84	2664	25	2579	15	2473	28	7.7
09T02-48	c	30	57	0.53	0.17827	0.003	11.05	0.20	0.45004	0.00615	0.76	2637	29	2528	17	2395	27	10.1
09T02-49	c	115	110	1.05	0.17895	0.0027	11.25	0.20	0.45613	0.00665	0.83	2643	26	2544	16	2422	29	9.1
09T02-50	c	38	43	0.87	0.18596	0.0027	13.11	0.21	0.51128	0.00694	0.84	2707	24	2687	15	2662	30	1.7
09T02-51	c	50	70	0.72	0.15911	0.0021	8.92	0.14	0.40697	0.0057	0.91	2446	22	2330	14	2201	26	11.1
09T02-52	c	49	98	0.50	0.13133	0.0018	5.31	0.08	0.29338	0.00413	0.88	2116	24	1870	14	1658	21	27.6
09T02-53	c	33	40	0.83	0.1786	0.0034	10.87	0.22	0.44147	0.00718	0.79	2640	32	2512	19	2357	32	12.0
09T02-54	c	55	67	0.82	0.17917	0.0027	10.43	0.18	0.42253	0.00607	0.85	2645	25	2474	16	2272	28	16.4
09T02-55	c	16	59	0.26	0.12604	0.0021	3.83	0.07	0.22059	0.00336	0.83	2043	29	1599	15	1285	18	59.0

注：a：*代表包含普通铅且用 Andersen's（2002）的 EXCEL 软件 ComPbCorr#315G 进行普通铅校正之后的结果；

b：分析区域：c-岩浆锆石核；r-变质边；

c：Th-U 含量的计算根据背景矫正后的 ^{232}Th 与 ^{238}U 计数值与每个 run 中标样锆石 GJ-1 的计数值，标样的平均 Th、U 含量分别为 8ppm 和 330ppm（Jackson et al.，2004）；

d：误差系数= $\dfrac{\frac{^{206}Pb}{^{238}U}\text{的相对误差}}{\frac{^{207}Pb}{^{235}U}\text{的相对误差}}$；

e：不谐和度= $\left(\dfrac{\frac{^{207}Pb}{^{206}Pb}\text{年龄}}{\frac{^{206}Pb}{^{238}U}\text{年龄}}-1\right)\times 100$

表 2-4 塔里木克拉通北缘库尔勒杂岩中新太古代正片麻岩和斜长角闪岩 LA-MC-ICP-MS 锆石 Lu-Hf 同位素数据（Ge et al.，2014a）

分析序号	do.[a]	t/Ma[b]	2σ	$^{176}Yb/^{177}Hf$	$2s$	$^{176}Lu/^{177}Hf$	$2s$	$^{176}Hf/^{177}Hf$	$2s$	$^{176}Hf/^{177}Hf_{(t)}$[c]	$2s$	$\varepsilon Hf_{(t)}$[d]	$2s$	T_{DM}[1]	$2s$	T_{DM}[2e]	$2s$
样品 12K82（GPS：41°49′06.9″N，86°11′26.5″E）：黑云角闪斜长片麻岩																	
SHRIMP 靶																	
12K82-1.1	c	2714	10	0.051260	0.000856	0.001651	0.000031	0.281081	0.000026	0.280995	0.000028	−1.8	0.9	3072	36	3275	56
12K82-2.1	c	2714	10	0.034632	0.000354	0.001135	0.000010	0.281030	0.000024	0.280971	0.000025	−2.7	0.9	3099	33	3326	52
12K82-3.1	r	1936	18	0.034959	0.000046	0.001319	0.000002	0.281431	0.000016	0.281382	0.000017	−6.0	0.6	2565	22	2930	34
12K82-4.1	c	2714	10	0.046882	0.000747	0.001535	0.000026	0.281017	0.000028	0.280938	0.000030	−3.9	1.0	3149	38	3398	59
12K82-4.2	r	1936	18	0.012445	0.000123	0.000520	0.000008	0.281270	0.000023	0.281251	0.000023	−10.6	0.8	2729	31	3214	49
12K82-5.1	c	2714	10	0.032049	0.000084	0.001054	0.000002	0.281015	0.000025	0.280960	0.000026	−3.1	0.9	3114	34	3350	54
12K82-6.1	c	2714	10	0.032005	0.000636	0.001053	0.000018	0.281044	0.000026	0.280989	0.000027	−2.0	0.9	3074	35	3288	56
12K82-7.1	c	2714	10	0.023015	0.000050	0.000771	0.000002	0.281036	0.000027	0.280996	0.000027	−1.8	1.0	3062	36	3273	58
12K82-7.2	r	1936	18	0.011236	0.000038	0.000460	0.000001	0.281209	0.000018	0.281192	0.000018	−12.7	0.6	2806	24	3340	38
12K82-8.1	c	2714	10	0.033414	0.000215	0.001111	0.000006	0.281099	0.000025	0.281041	0.000026	−0.2	0.9	3004	34	3175	54
12K82-9.1	r	1936	18	0.046457	0.000118	0.001594	0.000004	0.281324	0.000023	0.281265	0.000024	−10.1	0.8	2732	32	3183	50
12K82-10.1	c	2714	10	0.028275	0.000347	0.000928	0.000009	0.281041	0.000026	0.280993	0.000027	−1.9	0.9	3068	35	3280	56
12K82-11.1	c	2714	10	0.022878	0.000153	0.000767	0.000003	0.281067	0.000023	0.281027	0.000024	−0.7	0.8	3020	31	3205	50
12K82-12.1	c	2714	10	0.025636	0.000070	0.000845	0.000004	0.281039	0.000026	0.280996	0.000026	−1.8	0.9	3063	35	3274	55
12K82-13.1	r	1936	18	0.048392	0.000180	0.001709	0.000003	0.281438	0.000018	0.281376	0.000019	−6.2	0.6	2581	24	2944	38
12K82-14.1	c	2714	10	0.035550	0.000278	0.001164	0.000008	0.281028	0.000027	0.280968	0.000028	−2.8	1.0	3104	37	3334	58
12K82-15.1	c	2714	10	0.032948	0.000440	0.001082	0.000015	0.281113	0.000026	0.281056	0.000027	0.4	0.9	2983	35	3142	55
12K82-16.1	c	2714	10	0.014014	0.000418	0.000611	0.000006	0.281074	0.000024	0.281043	0.000025	−0.1	0.9	2998	32	3172	52
12K82-17.1	c	2714	10	0.021856	0.000743	0.000807	0.000021	0.281072	0.000025	0.281030	0.000027	−0.6	0.9	3017	34	3200	55
12K82-18.1	c	2714	10	0.021467	0.000054	0.000725	0.000002	0.281066	0.000025	0.281028	0.000025	−0.6	0.9	3018	33	3203	53
LA-ICP-MS 靶																	
12K82-01	c	2712	18	0.044228	0.000362	0.001324	0.000013	0.281092	0.000017	0.281024	0.000018	−0.9	0.6	3030	23	3214	36
12K82-02	c	2712	18	0.039325	0.000119	0.001182	0.000005	0.281076	0.000016	0.281014	0.000017	−1.2	0.6	3041	21	3235	34

续表

分析序号	do.[a]	t/Ma[b]	2σ	$^{176}Yb/^{177}Hf$	$2s$	$^{176}Lu/^{177}Hf$	$2s$	$^{176}Hf/^{177}Hf$	$2s$	$^{176}Hf/^{177}Hf_{(t)}$[c]	$2s$	$\varepsilon Hf_{(t)}$[d]	$2s$	T_{DM}[1]	$2s$	T_{DM}[2e]	$2s$
12K82-03	r	1898	55	0.019427	0.000438	0.000725	0.000013	0.281279	0.000023	0.281252	0.000025	−11.4	0.8	2732	31	3234	49
12K82-04	c	2712	18	0.014416	0.000083	0.000483	0.000002	0.281124	0.000015	0.281099	0.000016	1.8	0.5	2921	20	3051	33
12K82-05	c	2712	18	0.022081	0.000118	0.000778	0.000002	0.281045	0.000015	0.281005	0.000016	−1.5	0.5	3051	21	3255	33
12K82-06	r	1898	55	0.015842	0.000137	0.000663	0.000007	0.281416	0.000027	0.281392	0.000029	−6.5	1.0	2542	37	2933	59
12K82-07	c	2712	18	0.036184	0.000280	0.001086	0.000006	0.281063	0.000016	0.281007	0.000017	−1.5	0.6	3051	22	3251	35
12K82-08	r	1898	55	0.009683	0.000138	0.000388	0.000005	0.281810	0.000016	0.281796	0.000017	7.9	0.6	1991	22	2049	36
12K82-09	r	1898	55	0.046138	0.000816	0.001640	0.000024	0.281476	0.000019	0.281417	0.000024	−5.6	0.7	2524	27	2879	42
12K82-10	c	2712	18	0.047939	0.000154	0.001438	0.000007	0.281077	0.000015	0.281002	0.000017	−1.6	0.6	3060	21	3261	33
12K82-11	r	1898	55	0.016143	0.000081	0.000573	0.000002	0.281279	0.000015	0.281258	0.000016	−11.2	0.5	2721	20	3221	32
12K82-12	c	2712	18	0.037866	0.001001	0.001311	0.000027	0.281294	0.000040	0.281226	0.000043	6.4	1.4	2752	55	2776	88
12K82-13	c	2712	18	0.015719	0.000233	0.000511	0.000008	0.281136	0.000015	0.281110	0.000015	2.2	0.5	2908	20	3029	32
12K82-14	r	1898	55	0.024739	0.000423	0.001060	0.000020	0.281336	0.000014	0.281298	0.000017	−9.8	0.5	2677	19	3136	30
12K82-15	c	2712	18	0.030610	0.000504	0.000962	0.000016	0.281087	0.000016	0.281037	0.000017	−0.4	0.6	3009	22	3186	34
12K82-16	r	1898	55	0.016478	0.000053	0.000657	0.000003	0.281408	0.000018	0.281384	0.000019	−6.8	0.6	2553	24	2950	38
12K82-17	c	2712	18	0.017472	0.000045	0.000630	0.000003	0.281091	0.000014	0.281058	0.000015	0.4	0.5	2977	19	3140	31
12K82-18	c	2712	18	0.012459	0.000413	0.000487	0.000011	0.281162	0.000018	0.281137	0.000018	3.2	0.6	2871	23	2969	38
12K82-19	c	2712	18	0.019438	0.000325	0.000642	0.000006	0.281056	0.000015	0.281023	0.000016	−0.9	0.5	3025	20	3216	33
12K82-20	c	2712	18	0.028487	0.000084	0.000891	0.000003	0.281067	0.000017	0.281021	0.000017	−0.9	0.6	3029	23	3220	36
12K82-21	c	2712	18	0.037476	0.000219	0.001175	0.000006	0.281048	0.000017	0.280987	0.000018	−2.2	0.6	3078	23	3293	36
12K82-22	c	2712	18	0.013620	0.000419	0.000484	0.000013	0.281097	0.000016	0.281071	0.000017	0.8	0.6	2959	21	3111	34
12K82-23	c	2712	18	0.023789	0.000172	0.000757	0.000004	0.281050	0.000015	0.281011	0.000016	−1.3	0.5	3042	20	3243	32
12K82-24	c	2712	18	0.032443	0.000255	0.001035	0.000008	0.281057	0.000015	0.281004	0.000017	−1.6	0.5	3054	21	3258	33
12K82-25	c	2712	18	0.020136	0.000098	0.000658	0.000003	0.281056	0.000013	0.281022	0.000014	−0.9	0.5	3026	18	3217	29
12K82-26	c	2712	18	0.025497	0.000311	0.000809	0.000007	0.281039	0.000015	0.280997	0.000016	−1.8	0.5	3061	20	3272	31

续表

分析序号	do.[a]	t/Ma[b]	2σ	$^{176}Yb/^{177}Hf$	$2s$	$^{176}Lu/^{177}Hf$	$2s$	$^{176}Hf/^{177}Hf$	$2s$	$^{176}Hf/^{177}Hf_{(t)}$[c]	$2s$	$\varepsilon Hf_{(t)}$[d]	$2s$	T_{DM}[1]	$2s$	T_{DM}[2e]	$2s$
12K82-27	r	1898	55	0.015106	0.000056	0.000537	0.000002	0.281319	0.000011	0.281299	0.000013	−9.8	0.4	2665	15	3133	25
12K82-28	c	2712	18	0.029577	0.000125	0.000948	0.000004	0.281092	0.000015	0.281043	0.000016	−0.2	0.5	3000	20	3172	33
12K82-29	c	2712	18	0.028369	0.000625	0.000926	0.000020	0.281096	0.000017	0.281048	0.000018	0.0	0.6	2993	22	3161	36
12K82-30	c	2712	18	0.025849	0.000927	0.000801	0.000028	0.281090	0.000014	0.281049	0.000016	0.0	0.5	2992	19	3160	31
12K82-31	c	2712	18	0.012118	0.000173	0.000516	0.000007	0.281161	0.000012	0.281135	0.000013	3.1	0.4	2874	16	2975	26
12K82-32	c	2712	18	0.029676	0.000207	0.000925	0.000005	0.281071	0.000017	0.281023	0.000017	−0.9	0.6	3027	22	3215	36
12K82-33	c	2712	18	0.023064	0.000129	0.000734	0.000003	0.281064	0.000016	0.281026	0.000017	−0.8	0.6	3021	21	3209	34
12K82-34	c	2712	18	0.032991	0.000196	0.001036	0.000007	0.281110	0.000014	0.281056	0.000015	0.3	0.5	2984	18	3145	29
12K82-35	c	2712	18	0.044084	0.000248	0.001317	0.000007	0.281070	0.000017	0.281001	0.000019	−1.7	0.6	3060	24	3263	37
12K82-36	c	2712	18	0.041228	0.000310	0.001260	0.000011	0.281069	0.000016	0.281004	0.000017	−1.6	0.6	3056	22	3257	34
12K82-37	r	1898	55	0.007734	0.000018	0.000317	0.000001	0.281209	0.000013	0.281197	0.000014	−13.4	0.5	2797	18	3353	29
样品 12K100（GPS：41°48′21.1″N，86°14′18.8″E）：黑云角闪斜长片麻岩																	
12K100-1.1	c	2742	29	0.016074	0.000025	0.000655	0.000002	0.280958	0.000023	0.280924	0.000024	−3.7	0.8	3157	31	3410	50
12K100-2.1	c	2742	29	0.032232	0.001004	0.001106	0.000031	0.281131	0.000021	0.281073	0.000024	1.6	0.8	2960	29	3088	46
12K100-2.2	c	2742	29	0.035378	0.001646	0.001204	0.000051	0.281145	0.000023	0.281082	0.000027	1.9	0.8	2948	31	3069	49
12K100-3.1	c	2742	29	0.038532	0.001045	0.001286	0.000033	0.281056	0.000025	0.280988	0.000028	−1.4	0.9	3077	34	3272	54
12K100-3.2	r	1936	58	0.014270	0.000559	0.000496	0.000018	0.281443	0.000037	0.281424	0.000039	−4.5	1.3	2495	50	2838	81
12K100-4.1	c	2742	29	0.021064	0.000052	0.000748	0.000001	0.281071	0.000021	0.281031	0.000022	0.1	0.7	3014	28	3179	45
12K100-4.2	r	1936	58	0.015754	0.000145	0.000544	0.000004	0.281087	0.000019	0.281067	0.000020	−17.1	0.7	2976	25	3608	40
12K100-5.1	c	2742	29	0.031568	0.000969	0.001147	0.000035	0.281049	0.000022	0.280989	0.000025	−1.4	0.8	3074	30	3270	47
12K100-5.2	r	1936	58	0.004164	0.000040	0.000166	0.000002	0.281393	0.000024	0.281387	0.000024	−5.8	0.9	2540	32	2919	52
12K100-6.1	c	2742	29	0.015279	0.000216	0.000582	0.000009	0.280987	0.000027	0.280957	0.000028	−2.5	1.0	3112	37	3340	59
12K100-7.1	c	2742	29	0.040439	0.001854	0.001388	0.000060	0.281128	0.000023	0.281055	0.000028	0.9	0.8	2987	32	3129	50
12K100-8.1	c	2742	29	0.028438	0.000467	0.001017	0.000019	0.281189	0.000027	0.281136	0.000029	3.8	1.0	2874	37	2953	59
12K100-9.1	c	2742	29	0.021262	0.000135	0.000826	0.000005	0.281127	0.000035	0.281084	0.000036	2.0	1.2	2944	47	3066	75

续表

分析序号	do.[a]	t/Ma[b]	2σ	$^{176}Yb/^{177}Hf$	$2s$	$^{176}Lu/^{177}Hf$	$2s$	$^{176}Hf/^{177}Hf$	$2s$	$^{176}Hf/^{177}Hf_{(t)}$[c]	$2s$	$\varepsilon Hf_{(t)}$[d]	$2s$	T_{DM}[1]	$2s$	T_{DM}[2e]	$2s$
12K100-9.2	c	2742	29	0.018165	0.000056	0.000692	0.000002	0.281147	0.000030	0.281110	0.000031	2.9	1.1	2907	40	3008	65
12K100-10.1	c	2742	29	0.028104	0.000268	0.001086	0.000009	0.280991	0.000022	0.280934	0.000023	−3.4	0.8	3149	30	3389	47
12K100-11.1	c	2742	29	0.019905	0.000166	0.000716	0.000005	0.280908	0.000025	0.280870	0.000026	−5.6	0.9	3230	33	3525	53
12K100-11.2	r	1936	58	0.002032	0.000032	0.000087	0.000002	0.281295	0.000023	0.281291	0.000023	−9.2	0.8	2666	30	3126	49
12K100-13.1	c	2742	29	0.037123	0.001434	0.001291	0.000048	0.281189	0.000027	0.281122	0.000031	3.3	1.0	2895	37	2984	58
12K100-14.1	c	2742	29	0.014528	0.000307	0.000515	0.000011	0.281287	0.000019	0.281260	0.000020	8.3	0.7	2705	26	2683	42
12K100-15.1	r	1936	58	0.011205	0.000173	0.000407	0.000010	0.281281	0.000021	0.281266	0.000023	−10.1	0.8	2707	29	3182	46
12K100-16.1	c	2742	29	0.042278	0.000313	0.001473	0.000012	0.281158	0.000023	0.281081	0.000026	1.9	0.8	2951	32	3071	50
12K100-16.2	r	1936	58	0.002657	0.000099	0.000097	0.000004	0.281249	0.000019	0.281246	0.000019	−10.8	0.7	2727	25	3225	41
12K100-17.1	c	2742	29	0.018650	0.000167	0.000634	0.000004	0.280971	0.000024	0.280938	0.000025	−3.2	0.9	3139	32	3381	52
12K100-18.1	c	2742	29	0.029774	0.000244	0.001020	0.000006	0.280965	0.000023	0.280911	0.000024	−4.2	0.8	3178	31	3437	49
12K100-19.1	c	2742	29	0.004343	0.000396	0.000195	0.000019	0.281255	0.000027	0.281245	0.000028	7.7	1.0	2726	36	2716	59
12K100-20.1	r	1936	58	0.054516	0.000318	0.002412	0.000013	0.281350	0.000028	0.281261	0.000034	−10.3	1.0	2756	39	3191	60
12K100-21.1	c	2742	29	0.012058	0.000171	0.000558	0.000018	0.281061	0.000023	0.281032	0.000024	0.1	0.8	3012	30	3177	49
12K100-21.2	r	1936	58	0.000403	0.000010	0.000014	0.000000	0.281245	0.000019	0.281245	0.000019	−10.8	0.7	2727	25	3227	41
12K100-22.1	r	1936	58	0.001917	0.000019	0.000072	0.000001	0.281364	0.000021	0.281362	0.000021	−6.7	0.7	2572	28	2974	45
12K100-23.1	c	2742	29	0.030923	0.000062	0.001158	0.000011	0.281141	0.000021	0.281080	0.000023	1.9	0.8	2950	29	3073	46
样品 09T02（GPS：41°49′15.5″N，86°12′06.9″E）：斜长角闪岩																	
09T02-01	c	2710	10	0.018400	0.000300	0.000503	0.000007	0.281034	0.000017	0.281008	0.000018	−1.5	0.6	3044	23	3250	37
09T02-02	r	1864	39	0.108400	0.001900	0.001660	0.000019	0.281225	0.000021	0.281166	0.000024	−15.3	0.7	2874	29	3441	45
09T02-03	r	1864	39	0.062800	0.001600	0.001088	0.000015	0.281174	0.000041	0.281135	0.000043	−16.4	1.5	2900	56	3507	88
09T02-04	c	2710	10	0.043300	0.000500	0.001213	0.000015	0.281001	0.000018	0.280938	0.000019	−3.9	0.6	3145	24	3400	39
09T02-05	c	2710	10	0.019100	0.000200	0.000523	0.000002	0.281025	0.000016	0.280998	0.000016	−1.8	0.6	3057	21	3271	34
09T02-06	c	2710	10	0.058700	0.000800	0.001088	0.000011	0.281112	0.000018	0.281056	0.000019	0.2	0.6	2984	24	3147	39

续表

分析序号	do.[a]	t/Ma[b]	2σ	$^{176}Yb/^{177}Hf$	$2s$	$^{176}Lu/^{177}Hf$	$2s$	$^{176}Hf/^{177}Hf$	$2s$	$^{176}Hf/^{177}Hf_{(t)}$[c]	$2s$	$\varepsilon Hf_{(t)}$[d]	$2s$	T_{DM}[1]	$2s$	T_{DM}[2e]	$2s$
09T02-07	c	2710	10	0.015700	0.000100	0.000445	0.000003	0.280998	0.000016	0.280975	0.000016	−2.6	0.6	3087	21	3321	34
09T02-08	r	1864	39	0.013000	0.000100	0.000444	0.000003	0.281395	0.000014	0.281379	0.000015	−7.7	0.5	2556	19	2982	30
09T02-09	c	2710	10	0.014400	0.000200	0.000455	0.000001	0.281133	0.000018	0.281109	0.000018	2.1	0.6	2908	24	3031	39
09T02-10	c	2710	10	0.027500	0.000300	0.000807	0.000007	0.281031	0.000017	0.280989	0.000018	−2.1	0.6	3072	23	3290	37
09T02-11	c	2710	10	0.010700	0.000100	0.000335	0.000003	0.281010	0.000014	0.280993	0.000014	−2.0	0.5	3063	19	3283	30
09T02-12	r	1864	39	0.036000	0.000400	0.001108	0.000008	0.281029	0.000011	0.280990	0.000013	−21.5	0.4	3099	15	3818	23
09T02-14	r	1864	39	0.035000	0.000500	0.000970	0.000017	0.281324	0.000014	0.281290	0.000016	−10.9	0.5	2688	19	3175	30
09T02-13	c	2710	10	0.013400	0.000300	0.000453	0.000002	0.281057	0.000016	0.281033	0.000016	−0.6	0.6	3009	21	3194	35
09T02-15	c	2710	10	0.028900	0.000100	0.000857	0.000002	0.281100	0.000016	0.281056	0.000016	0.2	0.6	2983	22	3147	35
09T02-16	c	2710	10	0.016900	0.000100	0.000509	0.000003	0.281106	0.000016	0.281080	0.000016	1.1	0.6	2948	21	3095	35
09T02-17	c	2710	10	0.009800	0.000100	0.000294	0.000002	0.281006	0.000012	0.280991	0.000012	−2.1	0.4	3065	16	3287	26
09T02-18	r	1864	39	0.017000	0.000500	0.000536	0.000011	0.281105	0.000013	0.281086	0.000014	−18.1	0.5	2951	17	3613	28
09T02-19	c	2710	10	0.048800	0.000100	0.000806	0.000003	0.281021	0.000021	0.280979	0.000021	−2.5	0.7	3085	28	3311	45
09T02-20	c	2710	10	0.066900	0.000500	0.001130	0.000005	0.281057	0.000024	0.280998	0.000025	−1.8	0.9	3062	33	3270	52
09T02-22	c	2710	10	0.019600	0.000200	0.000580	0.000005	0.281054	0.000015	0.281024	0.000015	−0.9	0.5	3023	20	3215	32
09T02-23	c	2710	10	0.027800	0.000100	0.000535	0.000005	0.281018	0.000017	0.280990	0.000017	−2.1	0.6	3068	23	3288	37
09T02-25	c	2710	10	0.044600	0.000200	0.000778	0.000002	0.280992	0.000021	0.280952	0.000021	−3.5	0.7	3122	28	3371	45
09T02-26	c	2710	10	0.017900	0.000100	0.000529	0.000002	0.281133	0.000013	0.281106	0.000013	2.0	0.5	2913	17	3039	28
09T02-28	c	2710	10	0.070900	0.000700	0.001417	0.000020	0.281064	0.000017	0.280990	0.000019	−2.1	0.6	3076	23	3287	37
09T02-29	r	1864	39	0.027600	0.000300	0.000841	0.000004	0.281459	0.000011	0.281429	0.000012	−5.9	0.4	2495	15	2873	24
09T02-30	r	1864	39	0.025400	0.000600	0.000866	0.000021	0.281066	0.000011	0.281035	0.000013	−19.9	0.4	3029	15	3721	24
09T02-31	c	2710	10	0.027100	0.000300	0.000765	0.000008	0.281002	0.000021	0.280962	0.000022	−3.1	0.7	3107	28	3348	45
09T02-32	c	2710	10	0.094900	0.001600	0.001619	0.000031	0.281148	0.000021	0.281064	0.000023	0.5	0.7	2977	29	3129	45
09T02-34	c	2710	10	0.055400	0.000200	0.000914	0.000004	0.281340	0.000024	0.281293	0.000025	8.7	0.9	2662	33	2633	52

续表

分析序号	do.[a]	t/Ma[b]	2σ	$^{176}Yb/^{177}Hf$	$2s$	$^{176}Lu/^{177}Hf$	$2s$	$^{176}Hf/^{177}Hf$	$2s$	$^{176}Hf/^{177}Hf_{(t)}$[c]	$2s$	$\varepsilon Hf_{(t)}$[d]	$2s$	T_{DM}^{1}	$2s$	T_{DM}^{2}[e]	$2s$
09T02-36	c	2710	10	0.167500	0.002600	0.002652	0.000032	0.281447	0.000031	0.281309	0.000034	9.3	1.1	2636	44	2596	68
09T02-37	c	2710	10	0.029900	0.000100	0.000849	0.000003	0.280937	0.000020	0.280893	0.000020	−5.6	0.7	3202	27	3497	43
09T02-38	c	2710	10	0.014400	0.000100	0.000554	0.000008	0.281118	0.000019	0.281089	0.000020	1.4	0.7	2935	25	3074	41
09T02-39	c	2710	10	0.021600	0.000000	0.000671	0.000001	0.281229	0.000015	0.281194	0.000015	5.2	0.5	2795	20	2847	33
09T02-40	c	2710	10	0.028700	0.000800	0.000788	0.000019	0.280932	0.000020	0.280891	0.000021	−5.6	0.7	3203	27	3501	43
09T02-41	c	2710	10	0.037500	0.001400	0.000687	0.000019	0.281289	0.000027	0.281253	0.000028	7.3	1.0	2715	36	2718	59
09T02-43	r	1864	39	0.094600	0.001300	0.001814	0.000014	0.281191	0.000022	0.281127	0.000025	−16.7	0.8	2933	31	3526	47
09T02-44	c	2710	10	0.169800	0.003200	0.002537	0.000039	0.281245	0.000025	0.281113	0.000028	2.3	0.9	2914	35	3022	54
09T02-45	c	2710	10	0.025100	0.000200	0.000716	0.000005	0.281054	0.000020	0.281017	0.000021	−1.1	0.7	3034	27	3230	43
09T02-46	r	1864	39	0.017300	0.000100	0.000373	0.000002	0.281002	0.000023	0.280989	0.000024	−21.6	0.8	3076	31	3820	49
09T02-47	c	2710	10	0.054400	0.000200	0.000903	0.000001	0.281008	0.000016	0.280961	0.000016	−3.1	0.6	3110	22	3350	34
09T02-48	c	2710	10	0.037400	0.000100	0.000616	0.000004	0.281053	0.000019	0.281021	0.000019	−1.0	0.7	3027	25	3221	41
09T02-49	c	2710	10	0.096500	0.003600	0.001891	0.000064	0.281104	0.000030	0.281006	0.000034	−1.5	1.1	3059	42	3254	65
09T02-50	c	2710	10	0.036600	0.000100	0.000635	0.000002	0.281025	0.000019	0.280992	0.000019	−2.0	0.7	3066	25	3284	41
09T02-51	c	2710	10	0.061100	0.000900	0.001030	0.000025	0.281108	0.000022	0.281055	0.000024	0.2	0.8	2985	30	3149	48
09T02-52	c	2710	10	0.053100	0.000700	0.001154	0.000014	0.281288	0.000020	0.281228	0.000021	6.4	0.7	2750	27	2773	43
09T02-53	c	2710	10	0.048900	0.000100	0.000794	0.000007	0.280587	0.000182	0.280546	0.000183	−17.9	6.5	3665	242	4236	385
09T02-54	c	2710	10	0.081700	0.000800	0.001402	0.000019	0.281177	0.000019	0.281104	0.000021	2.0	0.7	2920	26	3042	41
09T02-55	c	2710	10	0.022900	0.000200	0.000831	0.000015	0.281113	0.000021	0.281070	0.000022	0.7	0.7	2963	28	3116	45

注：a：锆石区域：c-岩浆核；r-变质边；

b：加权平均 $^{207}Pb/^{206}Pb$ 年龄，或上交点年龄，误差为 2σ；

c：t 衰变常数为 $\lambda^{176}Lu=1.867\times10^{-11}$（Söderlund et al.，2004）；

d：球粒陨石参数为 $^{176}Hf/^{177}Hf=0.282772$，$^{176}Lu/^{177}Hf=0.0332$（Blichert-Toft and Albarède，1997）；

e：二阶段模式年龄的计算使用 $^{176}Lu/^{177}Hf=0.015$

表 2-5　塔里木克拉通北缘库尔勒杂岩中新太古代正片麻岩锆石 U-Pb-Hf-O 同位素数据（Ge et al.，2014a）

分析序号	do.[a]	t/Ma	2σ	disc./%[b]	$^{18}O/^{16}O$[c]	2σ	$\delta^{18}O^{d}$/‰	2σ/‰	$^{176}Hf/^{177}Hf_{(t)}$	$2s$	$\varepsilon Hf_{(t)}$	$2s$	T_{DM}[1]	2σ	T_{DM}[2]	2σ
样品 12K82（GPS：41°49′06.9″N，86°11′26.5″E）：黑云角闪斜长片麻岩																
12K82-1.1	c	2714	10	−2	0.00203823	0.00000045	7.66	0.22	0.280995	0.000028	−1.8	0.9	3072	36	3275	56
12K82-2.1	c	2714	10	12	0.00203900	0.00000047	8.05	0.23	0.280971	0.000025	−2.7	0.9	3099	33	3326	52
12K82-3.1	r	1936	18	0	0.00204054	0.00000087	8.81	0.43	0.281382	0.000017	−6.0	0.6	2565	22	2930	34
12K82-4.1	c	2714	10	2	0.00203813	0.00000045	7.70	0.22	0.280938	0.000030	−3.9	1.0	3149	38	3398	59
12K82-4.2	r	1936	18		0.00203853	0.00000057	7.97	0.28	0.281251	0.000023	−10.6	0.8	2729	31	3214	49
12K82-5.1	c	2714	10	3	0.00203934	0.00000073	8.30	0.36	0.280960	0.000026	−3.1	0.9	3114	34	3350	54
12K82-6.1	c	2714	10	12	0.00203753	0.00000050	7.44	0.24	0.280989	0.000027	−2.0	0.9	3074	35	3288	56
12K82-7.1	c	2714	10	0	0.00203619	0.00000060	6.81	0.30	0.280996	0.000027	−1.8	1.0	3062	36	3273	58
12K82-7.2	r	1936	18	9	0.00203957	0.00000112	8.57	0.55	0.281192	0.000018	−12.7	0.6	2806	24	3340	38
12K82-8.1	c	2714	10	3	0.00203846	0.00000108	7.96	0.53	0.281041	0.000026	−0.2	0.9	3004	34	3175	54
12K82-9.1	r	1936	18	2	0.00204281	0.00000047	10.17	0.23	0.281265	0.000024	−10.1	0.8	2732	32	3183	50
12K82-10.1	c	2714	10	−1	0.00203586	0.00000162	6.80	0.80	0.280993	0.000027	−1.9	0.9	3068	35	3280	56
12K82-11.1	c	2714	10	3	0.00203773	0.00000080	7.74	0.39	0.281027	0.000024	−0.7	0.8	3020	31	3205	50
12K82-12.1	c	2714	10	−1	0.00203803	0.00000086	7.90	0.42	0.280996	0.000026	−1.8	0.9	3063	35	3274	55
12K82-13.1	r	1936	18	1	0.00204103	0.00000046	9.38	0.23	0.281376	0.000019	−6.2	0.6	2581	24	2944	38
12K82-14.1	c	2714	10	2	0.00203913	0.00000099	8.49	0.48	0.280968	0.000028	−2.8	1.0	3104	37	3334	58
12K82-15.1	c	2714	10	0	0.00203632	0.00000035	7.13	0.17	0.281056	0.000027	0.4	0.9	2983	35	3142	55
12K82-16.1	c	2714	10	−3	0.00203753	0.00000089	7.74	0.44	0.281043	0.000025	−0.1	0.9	2998	32	3172	52
12K82-17.1	c	2714	10	3	0.00203963	0.00000046	8.80	0.22	0.281030	0.000027	−0.6	0.9	3017	34	3200	55
12K82-18.1	c	2714	10	4	0.00203817	0.00000083	8.10	0.41	0.281028	0.000025	−0.6	0.9	3018	33	3203	53
样品 12K100（GPS：41°48′21.1″N，86°14′18.8″E）：黑云角闪斜长片麻岩																
12K100-1.1	c	2740	19	18	0.00203663	0.00000045	7.35	0.22	0.280924	0.000024	−3.7	0.8	3157	31	3410	50
12K100-2.1	c	2740	19	15	0.00204096	0.00000091	9.33	0.45	0.281073	0.000024	1.6	0.8	2960	29	3088	46
12K100-2.2	c	2740	19	3	0.00204137	0.00000047	9.49	0.23	0.281082	0.000027	1.9	0.8	2948	31	3069	49

续表

分析序号	do.[a]	t/Ma	2σ	disc./%[b]	$^{18}O/^{16}O$[c]	2σ	$\delta^{18}O$[d]/‰	2σ/‰	$^{176}Hf/^{177}Hf_{(t)}$	$2s$	$\varepsilon Hf_{(t)}$	$2s$	T_{DM}^1	2σ	T_{DM}^2	2σ
12K100-3.1	c	2740	19	12	0.00204016	0.00000037	8.86	0.18	0.280988	0.000028	−1.4	0.9	3077	34	3272	54
12K100-3.2	r	1870	74	17	0.00204053	0.00000054	9.00	0.27	0.281424	0.000039	−4.5	1.3	2495	50	2838	81
12K100-4.1	c	2740	19	12	0.00204050	0.00000035	9.00	0.17	0.281031	0.000022	0.1	0.7	3014	28	3179	45
12K100-4.2	r	1870	74	15	0.00204071	0.00000051	9.03	0.25	0.281067	0.000020	−17.1	0.7	2976	25	3608	40
12K100-5.1	c	2740	19	11	0.00204171	0.00000082	9.54	0.40	0.280989	0.000025	−1.4	0.8	3074	30	3270	47
12K100-5.2	r	1870	74	11	0.00204233	0.00000069	9.80	0.34	0.281387	0.000024	−5.8	0.9	2540	32	2919	52
12K100-6.1	c	2740	19	16	0.00203547	0.00000050	6.30	0.24	0.280957	0.000028	−2.5	1.0	3112	37	3340	59
12K100-7.1	c	2740	19	10	0.00204016	0.00000060	8.55	0.29	0.281055	0.000028	0.9	0.8	2987	32	3129	50
12K100-8.1	c	2740	19	4	0.00204072	0.00000035	8.81	0.17	0.281136	0.000029	3.8	1.0	2874	37	2953	59
12K100-9.1	c	2740	19	15	0.00203588	0.00000043	6.37	0.21	0.281084	0.000036	2.0	1.2	2944	47	3066	75
12K100-9.2	c	2740	19	24	0.00203897	0.00000045	7.86	0.22	0.281110	0.000031	2.9	1.1	2907	40	3008	65
12K100-10.1	c	2740	19	27	0.00203905	0.00000078	7.76	0.38	0.280934	0.000023	−3.4	0.8	3149	30	3389	47
12K100-11.1	c	2740	19	10	0.00203874	0.00000066	7.99	0.32	0.280870	0.000026	−5.6	0.9	3230	33	3525	53
12K100-11.2	r	1870	74	8	0.00204047	0.00000046	8.78	0.23	0.281291	0.000023	−9.2	0.8	2666	30	3126	49
12K100-13.1	c	2740	19	15	0.00203869	0.00000067	7.89	0.33	0.281122	0.000031	3.3	1.0	2895	37	2984	58
12K100-15.1	r	1870	74	30	0.00203705	0.00000070	7.40	0.35	0.281266	0.000023	−10.1	0.8	2707	29	3182	46
12K100-16.1	c	2740	19	9	0.00203877	0.00000203	8.03	1.00	0.281081	0.000026	1.9	0.8	2951	32	3071	50
12K100-16.2	r	1870	74	18	0.00203683	0.00000068	7.04	0.33	0.281246	0.000019	−10.8	0.7	2727	25	3225	41
12K100-17.1	c	2740	19	17	0.00203631	0.00000075	6.60	0.37	0.280938	0.000025	−3.2	0.9	3139	32	3381	52
12K100-18.1	c	2740	19	18	0.00203863	0.00000052	7.77	0.26	0.280911	0.000024	−4.2	0.8	3178	31	3437	49
12K100-19.1	c	2740	19	16	0.00204029	0.00000045	8.46	0.22	0.281245	0.000028	7.7	1.0	2726	36	2716	59
12K100-20.1	r	1870	74	29	0.00203821	0.00000075	7.43	0.37	0.281261	0.000034	−10.3	1.0	2756	39	3191	60
12K100-21.1	c	2740	19	4	0.00203959	0.00000070	8.08	0.34	0.281032	0.000024	0.1	0.8	3012	30	3177	49
12K100-21.2	r	1870	74	8	0.00204190	0.00000065	9.17	0.32	0.281245	0.000019	−10.8	0.7	2727	25	3227	41

续表

分析序号	do.[a]	t/Ma	2σ	disc./%[b]	$^{18}O/^{16}O$[c]	2σ	$\delta^{18}O$[d]/‰	2σ/‰	$^{176}Hf/^{177}Hf_{(t)}$	$2s$	$\varepsilon Hf_{(t)}$	$2s$	T_{DM}^{1}	2σ	T_{DM}^{2}	2σ
12K100-22.1	r	1870	74	8	0.00204340	0.00000054	9.86	0.26	0.281362	0.000021	−6.7	0.7	2572	28	2974	45
12K100-23.1	c	2740	19	14	0.00204356	0.00000029	9.90	0.14	0.281080	0.000023	1.9	0.8	2950	29	3073	46
标样 BR266																
BR266-1					0.00205060	0.00000093	13.63	0.45								
BR266-2					0.00204947	0.00000074	13.10	0.36								
BR266-3					0.00204993	0.00000043	13.34	0.21								
BR266-4					0.00204909	0.00000032	13.01	0.15								
BR266-5					0.00204996	0.00000049	13.52	0.24								
BR266-6					0.00204876	0.00000055	13.00	0.27								
BR266-7					0.00204844	0.00000055	12.95	0.27								
BR266-8					0.00204935	0.00000090	13.46	0.44								
BR266-9					0.00204983	0.00000088	13.76	0.43								
BR266-10					0.00204868	0.00000062	13.27	0.30								
BR266-11					0.00204912	0.00000032	13.59	0.16								
BR266-12					0.00204763	0.00000038	12.93	0.18								
BR266-13					0.00204816	0.00000044	13.25	0.22								
BR266-16					0.00205249	0.00000050	13.69	0.24								
BR266-17					0.00205011	0.00000057	12.80	0.28								
BR266-18					0.00205001	0.00000062	13.06	0.30								
BR266-19					0.00205126	0.00000105	13.52	0.51								
BR266-21					0.00205003	0.00000094	13.23	0.46								
BR266-22					0.00205029	0.00000072	13.59	0.35								
BR266-23					0.00204879	0.00000089	13.01	0.43								
BR266-24					0.00204838	0.00000080	12.97	0.39								

续表

分析序号	do.^{a}	t/Ma	2σ	disc./%^{b}	$^{18}O/^{16}O^{c}$	2σ	$\delta^{18}O^{d}$/‰	2σ/‰	$^{176}Hf/^{177}Hf_{(t)}$	$2s$	$\varepsilon Hf_{(t)}$	$2s$	T_{DM}^{1}	2σ	T_{DM}^{2}	2σ
BR266-25					0.00204835	0.00000169	13.11	0.83								
BR266-27					0.00204810	0.00000149	13.52	0.73								
BR266-28					0.00204739	0.00000046	13.33	0.22								
BR266-29					0.00204910	0.00000052	13.24	0.25								
BR266-30					0.00204939	0.00000030	13.30	0.15								
BR266-32					0.00205029	0.00000035	13.59	0.17								
BR266-33					0.00204899	0.00000039	12.88	0.19								
BR266-34					0.00204921	0.00000083	12.91	0.41								
BR266-35					0.00204989	0.00000066	13.17	0.32								
BR266-36					0.00205026	0.00000101	13.26	0.49								
BR266-38					0.00205086	0.00000039	13.44	0.19								
平均值							13.26	0.54								

注：a：锆石区域：c-岩浆核；r-变质边；

b：年龄不谐和度；

c：实测 $^{18}O/^{16}O$ 比值，误差为 2σ；

d：校正后的 $\delta^{18}O$（VSMOW），误差为 2σ 内部误差

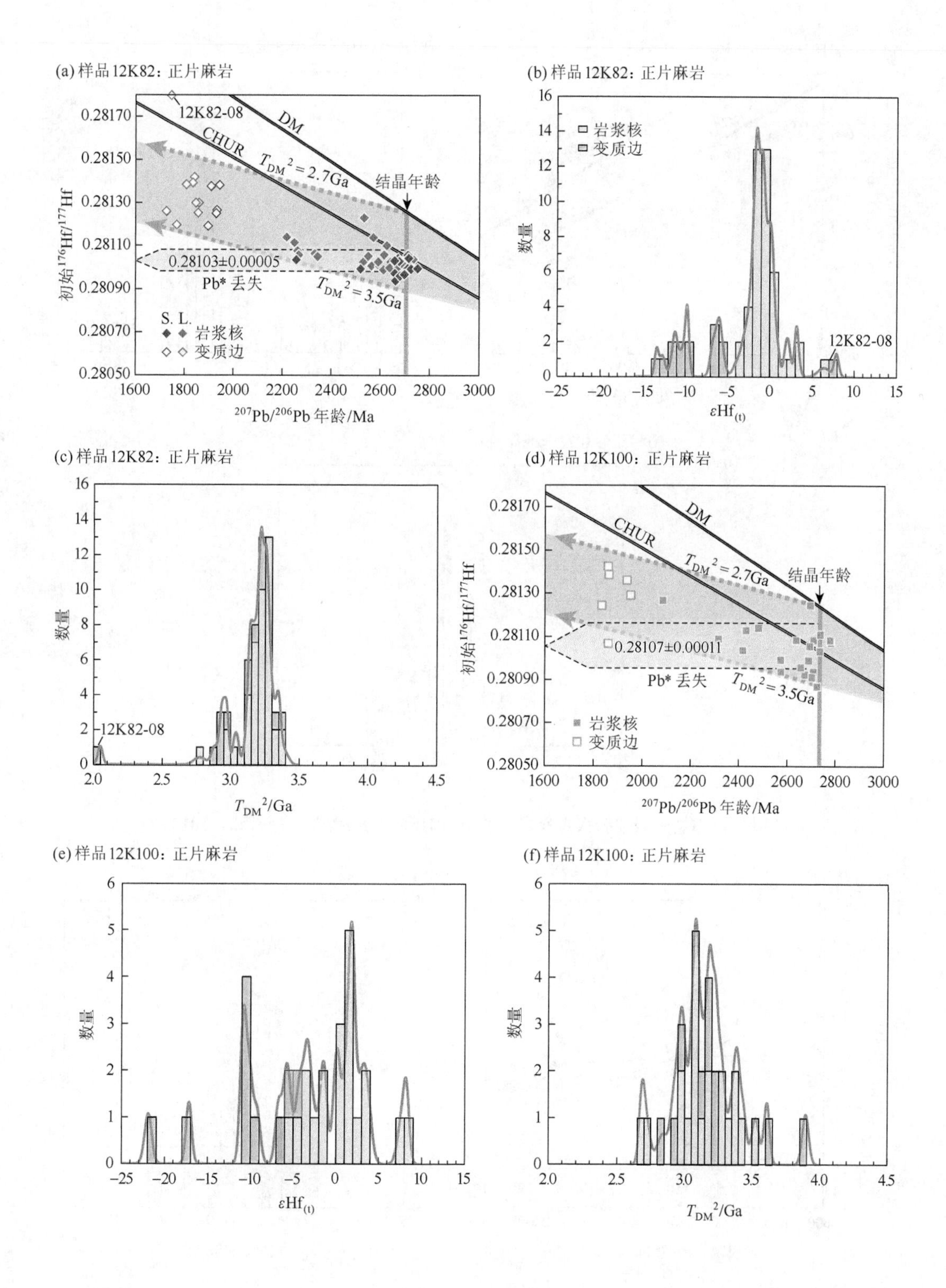
(a) 样品12K82：正片麻岩
12K82-08
DM
CHUR
T_{DM}^2 = 2.7Ga
结晶年龄
0.28103±0.00005
Pb* 丢失
T_{DM}^2 = 3.5Ga
S. L.
岩浆核
变质边
初始^{176}Hf/^{177}Hf
^{207}Pb/^{206}Pb 年龄/Ma
(b) 样品12K82：正片麻岩
岩浆核
变质边
12K82-08
数量
εHf(t)
(c) 样品12K82：正片麻岩
12K82-08
数量
T_{DM}^2/Ga
(d) 样品12K100：正片麻岩
DM
CHUR
T_{DM}^2 = 2.7Ga
结晶年龄
0.28107±0.00011
Pb* 丢失
T_{DM}^2 = 3.5Ga
岩浆核
变质边
初始^{176}Hf/^{177}Hf
^{207}Pb/^{206}Pb 年龄/Ma
(e) 样品12K100：正片麻岩
数量
εHf(t)
(f) 样品12K100：正片麻岩
数量
T_{DM}^2/Ga

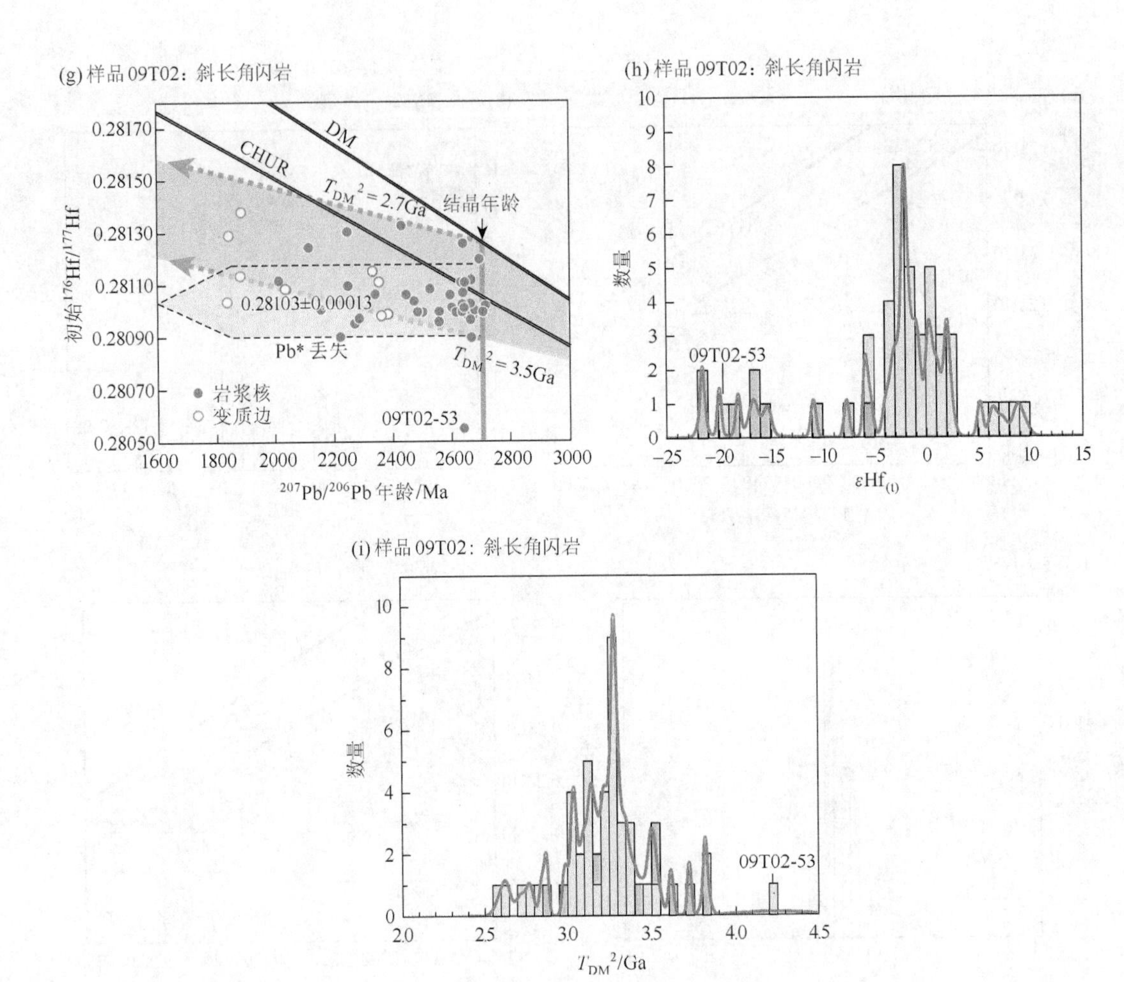

图 2-10　库尔勒杂岩中新太古代岩石的锆石 Hf 同位素组成（Ge et al.，2014a）

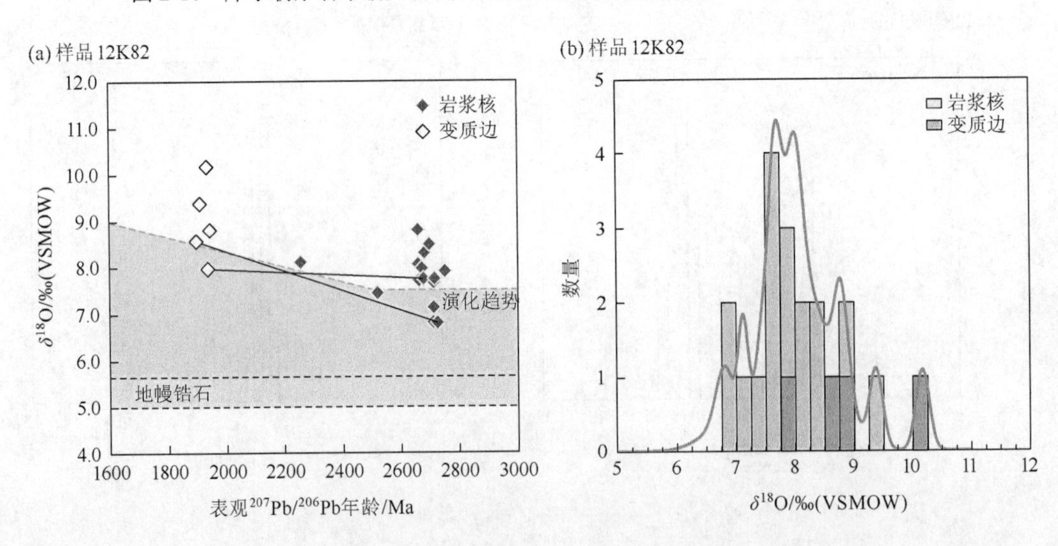

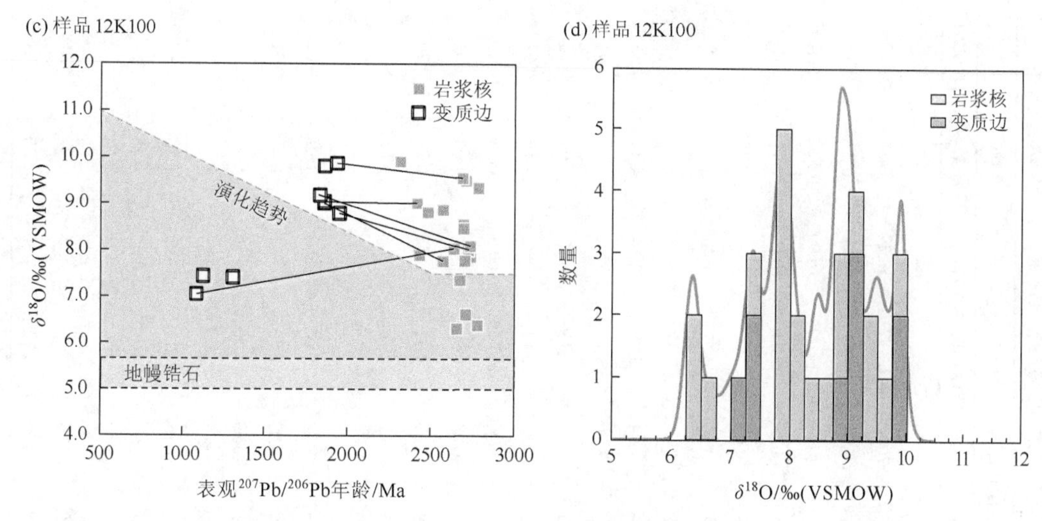

图 2-11　库尔勒杂岩中新太古代岩石的锆石 O 同位素组成（Ge et al.，2014a）

五个 $^{207}Pb/^{206}Pb$ 表面年龄为 1.9～2.7Ga 的变质边的初始 $^{176}Hf/^{177}Hf$ 值为 0.281002～0.281225，介于岩浆核的变化范围内（表 2-4，图 2-10（g）和（h）），支持其不完全重结晶成因；另 4 个具有～1.86Ga 的表面 $^{207}Pb/^{206}Pb$ 年龄的变质边具有相对更高的初始 $^{176}Hf/^{177}Hf$ 值（0.281066～0.281395），可能说明其形成于变质增生，但变质重结晶成因也不能完全被排除。

2.3.3　地球化学特征

地球化学上，库尔勒杂岩中的新太古代斜长角闪岩可被分为两组。第一组以高 $Fe_2O_3^T$（18.7%～24.1%）、高 TiO_2（1.5%～2.5%）及低 SiO_2（40.2%～43.6%）为特征，与第二组的低 $Fe_2O_3^T$（8.4%～14.2%）、低 TiO2（0.6%～1.3%）及高 SiO_2（45.8%～52.9%）形成显著对比（表 2-6）。第一组斜长角闪岩类似于高铁拉斑玄武岩，而第二组落在高 Mg 拉斑玄武岩或玄武安山岩区域（图 2-12（a）和（b））。尽管根据 AFM 图解两组斜长角闪岩均为拉斑玄武岩系列（图 2-12（c）），但两者随着岩浆演化具有不同的 $Fe_2O_3^T$、TiO_2、SiO_2、Al_2O_3 演化趋势（图 2-13）。第一组斜长角闪岩随 MgO 的降低 $Fe_2O_3^T$ 和 TiO_2 持续升高，而 SiO_2 和 Al_2O_3 轻微降低；相反，第二组斜长角闪岩 $Fe_2O_3^T$ 和 TiO_2 先随 MgO 的降低而升高，但在 MgO=～7%后随之降低，而 SiO_2 和 Al_2O_3 有随 MgO 的降低而升高的趋势（图 2-13）。两组斜长角闪岩均具有随 MgO 降低 CaO 和 Cr（Ni，图片未展示）降低而 P_2O_5 和 Zr 升高的演化趋势（图 2-13）。

两组斜长角闪岩也具有不同的微量元素特征。第一组斜长角闪岩大多具有相对较高的 REE 含量（102～169ppm），平坦或弱分异的 REE 的配分模式（La_N/Yb_N=1.4～4.7；Gd_N/Yb_N=1.2～1.7）以及弱的 Eu 异常（Eu*=0.75～0.87）（图 2-14（a））。样品 10T07 具有更富集的 LREE 和更显著的 Eu 负异常（Eu*=0.62）（图 2-14（a））。大多数样品具有 Zr-Hf 负异常（Zr*=0.45～0.64）和 Ti 负异常，但其 Nb-Ta 异常变化较大，部分样品无 Nb-Ta 异常或弱 Nb-Ta 正异常（Nb*=1.06～1.78）（Zr*=Zr×2/（Nd+Sm），Nb*=Nb×2/（Th+La），

表 2-6　塔里木克拉通北缘库尔勒杂岩中新太古代正片麻岩和斜长角闪岩与敦煌地区 TTG 片麻岩主微量元素数据（Ge et al.，2014a）

岩石类型	第一组斜长角闪岩					第二组斜长角闪岩					正片麻岩				TTG[e]		
样品编号	10T04	10T09	10T11	T9	10T07	10T05	T6	10T47	10T48	12K100-5	12K82	12K100-1	12K100-2	12K100-3	X11-113-2	X11-114-1	X11-122-1
主量元素/%																	
SiO_2	40.74	40.17	41.20	41.61	43.63	45.82	50.33	52.87	48.02	50.84	71.46	57.93	70.83	67.87	68.29	69.86	71.63
TiO_2	2.48	1.84	1.46	2.03	1.96	1.19	0.72	0.68	0.55	1.31	0.44	0.63	0.34	0.54	0.33	0.37	0.32
Al_2O_3	11.73	13.87	14.18	13.13	13.46	14.53	14.48	17.83	15.02	15.11	12.90	18.81	12.43	14.12	16.90	15.32	16.02
$Fe_2O_3^T$	24.13	21.27	19.44	19.38	18.72	14.22	10.92	8.39	9.85	12.62	4.16	6.06	4.23	5.24	2.71	3.44	2.17
MnO	0.33	0.30	0.28	0.25	0.26	0.20	0.20	0.19	0.16	0.17	0.06	0.14	0.05	0.08	0.04	0.05	0.02
MgO	5.27	6.87	7.86	7.83	7.28	7.46	8.18	2.46	8.02	5.32	0.87	2.00	0.58	0.58	1.40	1.39	0.98
CaO	11.52	10.84	11.02	10.65	10.48	10.56	9.84	8.18	12.75	8.13	2.76	7.02	2.61	2.32	3.28	3.01	3.44
Na_2O	1.22	1.48	1.16	1.99	2.11	1.74	2.68	4.52	2.02	3.99	3.68	4.49	1.94	3.90	4.84	4.43	4.85
K_2O	1.58	2.29	2.76	2.24	1.84	2.50	1.29	3.09	1.63	1.72	2.45	2.16	5.99	5.10	1.80	1.21	0.95
P_2O_5	0.41	0.33	0.17	0.36	0.41	0.17	0.22	0.41	0.06	0.23	0.21	0.10	0.05	0.13	0.02	0.06	0.10
LOI	1.59	1.65	1.18	1.36	0.70	2.16	1.60	2.22	2.08	1.03	1.00	0.82	0.80	0.14	0.72	1.19	0.62
SUM	101.00	100.90	100.71	100.82	100.84	100.53	100.46	100.85	100.16	100.47	99.97	100.16	99.84	100.03	100.30	100.30	101.10
A/CNK[a]	0.48	0.56	0.57	0.52	0.55	0.59	0.61	0.69	0.53	0.65	0.94	0.84	0.86	0.87	1.06	1.09	1.05
K_2O/Na_2O	1.30	1.55	2.38	1.13	0.87	1.44	0.48	0.68	0.81	0.43	0.66	0.48	3.09	1.31	0.37	0.27	0.20
$Mg^{\#}$	33.7	42.9	48.5	48.5	47.6	55.0	63.6	40.6	65.5	49.6	32.8	43.5	24.2	20.4	54.6	48.5	51.3
微量元素/ppm																	
Li	22.1	25.5	20.4	15.1	12.8	25.5	12.4	7.47	11.6	23.1	8.13	13.3	7.24	7.00	17.2	16.7	9.62
Be										4.84	1.19	2.38	3.00	2.89	2.31	0.91	2.21
Sc	42.5	38.9	42.5	34.0	27.9	60.6	37.0	9.78	37.2	24.9	3.36	30.1	3.99	7.50	5.75	6.01	3.65
Ti	11404	9158	7251	9415	9633	5715	3468	3042	2712	6967	2477	4112	2058	2761			
V	435	282	284	330	249	396	249	112	211	215	20.9	136	6.65	10.7	33.2	37.0	23.4
Cr	18.9	116	162	245	198	138	201	5.03	472	84.9	15.6	120	16.4	31.0	11.2	6.46	7.81
Mn	2164	2131	1895	1529	1737	1277	1373	1098	1059								
Co	40.1	35.4	39.3	47.4	39.4	35.6	31.9	10.4	37.7	50.4	7.13	24.6	1.51	5.79	6.16	7.22	5.46
Ni	25.2	41.9	65.3	127	119	9.01	44.9	1.32	102	114	12.9	67.8	5.79	13.2	8.36	6.30	11.1

续表

岩石类型	第一组斜长角闪岩					第二组斜长角闪岩					正片麻岩				TTG[e]		
样品编号	10T04	10T09	10T11	T9	10T07	10T05	T6	10T47	10T48	12K100-5	12K82	12K100-1	12K100-2	12K100-3	X11-113-2	X11-114-1	X11-122-1
Cu	11.1	36.2	23.3	12.9	6.91	5.33	8.53	10.3	9.32	37.4	14.8	143	12.0	15.6	9.06	18.1	4.23
Zn	230	188	159	141	180	91.0	68.0	88.8	46.9						35.4	43.4	31.4
Ga	28.9	25.5	24.2	22.6	24.9	14.0	17.2	18.7	15.6	19.5	17.5	23.8	22.3	23.9	19.2	18.8	21.2
Rb	18.3	37.3	40.2	44.2	29.8	35.5	35.4	53.2	36.4	88.1	55.6	88.2	143	120	52.6	40.6	35.5
Sr	235	191	335	319	330	400	392	749	582	251	222	389	193	253	445	458	574
Y	67.7	41.3	33.3	38.2	44.6	15.5	14.1	16.3	13.7	19.0	18.9	31.3	69.2	63.8	9.64	7.73	3.46
Zr	154	95.5	73.4	110	519	50.4	69.4	105	36.3	121	529	199	429	483	79.7	103	45.8
Nb	35.3	13.4	13.5	13.1	27.0	2.68	3.08	5.75	2.57	6.08	7.37	14.1	28.8	32.7	5.71	3.44	10.5
Mo	0.25	0.00	0.00	0.09	0.23	0.00	0.00	0.00	0.00	0.96	1.25	2.62	1.98	9.12			
Cd	0.26	0.25	0.07	0.20	0.32	0.15	0.21	0.07	0.01								
Sn	4.76	3.35	2.35	2.51	3.26	0.42	1.28	0.83	0.45	3.69	0.85	2.77	3.92	3.47			
Cs	1.12	1.63	1.16	1.55	0.96	2.75	1.73	1.39	0.44	2.36	0.84	2.44	2.18	2.02	0.97	0.73	0.52
Ba	476	838	516	503	535	1908	335	2144	144	408	1186	380	2472	1419	545	634	434
La	16.4	13.2	13.4	28.9	75.0	9.12	7.75	26.4	8.13	18.7	32.0	50.3	70.1	109	22.5	29.9	14.2
Ce	35.0	24.5	30.3	63.0	145	18.9	16.8	48.9	15.1	45.8	60.0	114	164	231	37.7	53.2	25.2
Pr	6.25	4.42	4.63	8.21	16.5	2.86	2.63	5.87	2.02	4.88	7.15	12.3	18.3	24.6	3.74	5.37	2.72
Nd	29.8	22.8	21.7	32.8	62.4	13.2	12.4	22.6	8.13	20.0	28.4	43.9	69.1	88.1	12.5	17.9	9.35
Sm	9.34	6.42	5.80	7.01	11.3	3.27	2.98	4.18	1.86	3.80	4.86	7.94	14.0	14.5	1.74	2.65	1.73
Eu	2.97	1.85	1.56	1.78	2.15	1.09	0.90	1.43	0.62	1.40	2.15	1.72	3.76	2.96	0.81	0.96	0.79
Gd	11.6	8.04	6.90	6.84	10.0	3.32	2.78	3.59	2.24	3.74	4.56	6.82	12.9	14.3	1.31	1.92	1.30
Tb	1.84	1.25	1.01	0.99	1.36	0.45	0.38	0.48	0.36	0.58	0.62	1.10	2.33	2.20	0.22	0.28	0.16
Dy	13.9	8.96	6.88	7.23	8.98	3.10	2.82	3.09	2.60	3.38	3.30	5.72	13.1	12.8	1.41	1.55	0.69
Ho	3.22	1.95	1.54	1.66	1.96	0.70	0.62	0.68	0.59	0.66	0.64	1.12	2.64	2.55	0.29	0.29	0.13
Er	9.42	5.21	4.20	4.76	5.37	1.86	1.81	2.10	1.76	1.90	1.88	3.22	7.76	7.63	0.89	0.82	0.30
Tm	1.37	0.73	0.58	0.73	0.77	0.27	0.26	0.32	0.27	0.26	0.27	0.54	1.36	1.07	0.13	0.10	0.03
Yb	8.35	4.04	3.40	4.64	4.99	1.62	1.70	2.09	1.61	1.55	1.78	3.37	8.41	6.58	0.81	0.59	0.15

续表

岩石类型	第一组斜长角闪岩					第二组斜长角闪岩					正片麻岩				TTG[e]		
样品编号	10T04	10T09	10T11	T9	10T07	10T05	T6	10T47	10T48	12K100-5	12K82	12K100-1	12K100-2	12K100-3	X11-113-2	X11-114-1	X11-122-1
Lu	1.20	0.56	0.48	0.75	0.75	0.24	0.28	0.34	0.26	0.28	0.29	0.53	1.34	1.12	0.10	0.08	0.02
Hf	5.18	3.35	2.69	3.68	13.3	1.54	1.93	2.93	1.16	2.81	11.4	6.40	13.7	13.4	2.07	2.74	1.18
Ta	2.25	0.71	1.56	1.05	1.92	0.21	0.20	0.44	0.26	0.34	0.37	1.17	1.84	1.83	0.20	0.12	0.29
W	0.79	0.57	1.93	0.34	0.72	0.50	0.58	1.55	0.73	1.49	0.14	1.36	0.45	0.69			
Pb	5.84	4.63	7.94	6.31	7.18	6.98	6.90	22.7	10.5	11.9	9.11	19.0	30.7	11.1	11.6	16.5	13.4
Bi	0.35	0.23	0.11	0.07	0.05	0.24	0.09	0.13	0.06	0.14	0.09	0.19	0.07	0.04			
Th	2.71	1.39	1.25	4.79	28.7	1.12	2.57	7.38	2.69	3.00	6.10	20.5	20.3	33.6	3.75	10.3	0.82
U	1.69	0.92	0.40	1.02	1.84	0.27	0.77	1.82	0.56	0.86	1.75	3.23	3.84	3.63	0.49	0.33	0.43
ΣREE	151	104	102	169	346	60.1	54.1	122	45.6	107	148	253	389	518	84.2	116	56.8
$(La/Yb)_N$[b]	1.41	2.35	2.82	4.47	10.8	4.04	3.28	9.06	3.63	8.61	12.9	10.7	5.98	11.9	19.9	36.4	67.9
$(Gd/Yb)_N$[b]	1.15	1.65	1.68	1.22	1.66	1.69	1.36	1.42	1.15	1.99	2.11	1.68	1.27	1.80	1.34	2.69	7.17
Eu*[c]	0.87	0.79	0.75	0.79	0.62	1.01	0.96	1.13	0.93	1.13	1.40	0.72	0.85	0.63	1.64	1.30	1.61
Nb*[d]	1.78	1.06	1.11	0.37	0.17	0.28	0.21	0.13	0.17	0.27	0.17	0.13	0.24	0.17	0.21	0.06	0.97
Nb/La	2.15	1.01	1.01	0.45	0.36	0.29	0.40	0.22	0.32	0.33	0.23	0.28	0.41	0.30	0.25	0.12	0.74
Nb/Th	13.0	9.65	10.8	2.74	0.94	2.39	1.20	0.78	0.96	2.03	1.21	0.69	1.42	0.97	1.52	0.33	12.8
Zr*[d]	0.64	0.55	0.45	0.49	1.30	0.53	0.78	0.72	0.64	0.93	2.96	0.71	0.93	0.88	1.08	0.96	0.76
Zr/Sm	16.5	14.9	12.7	15.7	46.0	15.4	23.3	25.2	19.5	31.9	109	25.1	30.6	33.2	45.8	38.9	26.5
Nb/Ta	15.7	19.0	8.66	12.5	14.1	13.0	15.5	13.0	10.0	18.0	19.9	12.1	15.7	17.9	28.6	28.7	36.2
Zr/Hf	29.8	28.5	27.3	30.0	39.1	32.8	36.0	36.0	31.4	43.1	46.6	31.1	31.4	36.0	38.5	37.6	38.8
Nb/Zr	0.23	0.14	0.18	0.12	0.05	0.05	0.04	0.05	0.07	0.05	0.01	0.07	0.07	0.07	0.07	0.03	0.23
Sr/Y	3.47	4.62	10.1	8.34	7.39	25.8	27.7	45.9	42.6	13.2	11.7	12.4	2.79	3.97	46.2	59.2	166

注：a：A/CNK=Al_2O_3/（$CaO+Na_2O+K_2O$），均为摩尔百分比；

b：球粒陨石标准化值据 Sun 和 McDonough（1989）；

c：Eu*=Eu/SQRT（Sm×Gd），球粒陨石标准化值据 Sun 和 McDonough（1989）；

d：Nb*=Nb×2/（Th+La）；Zr*=Zr×2/（Nd+Sm）；原始地幔标准化值据 Sun 和 McDonough（1989）；

e：数据来源于 Zong et al.，2013

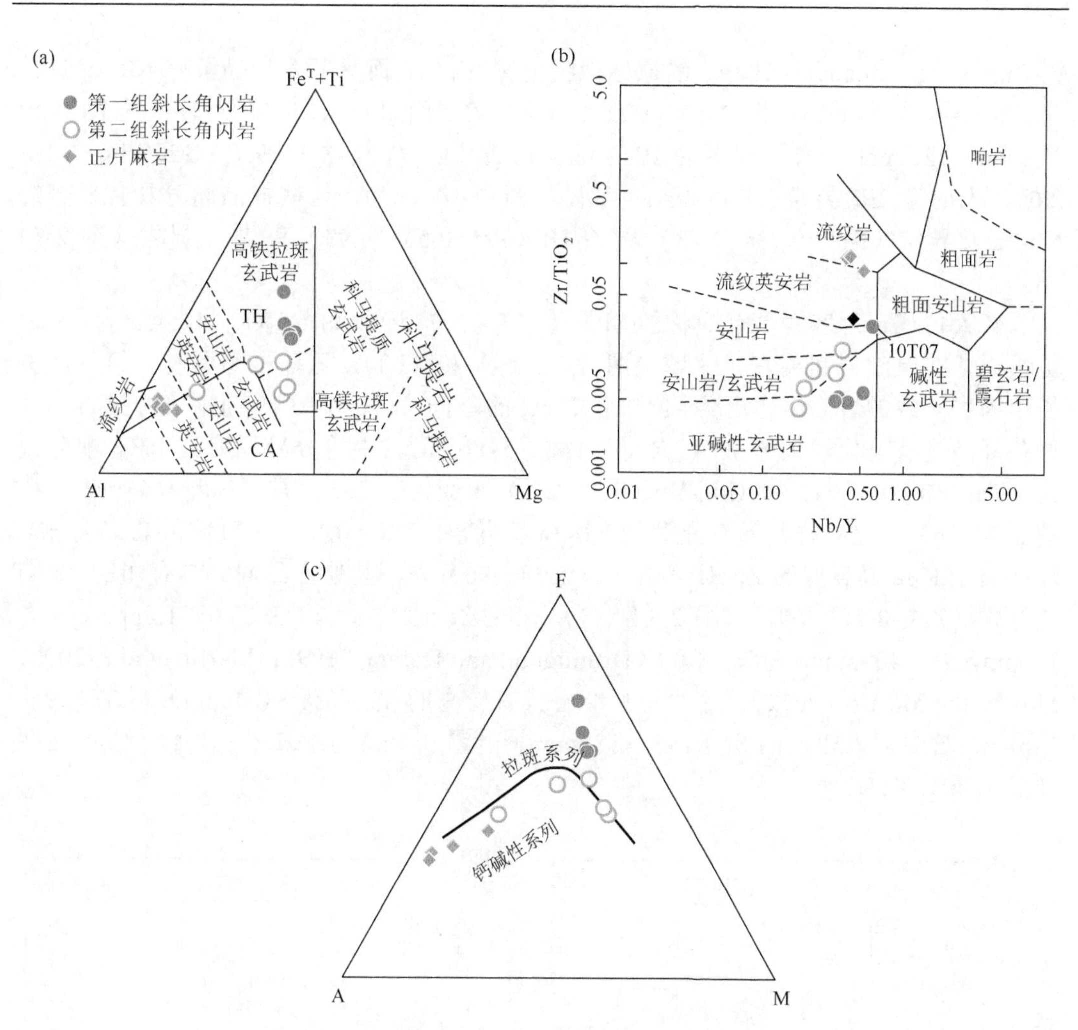

图2-12　库尔勒杂岩中新太古代岩石地球化学分类图（Ge et al., 2014a）

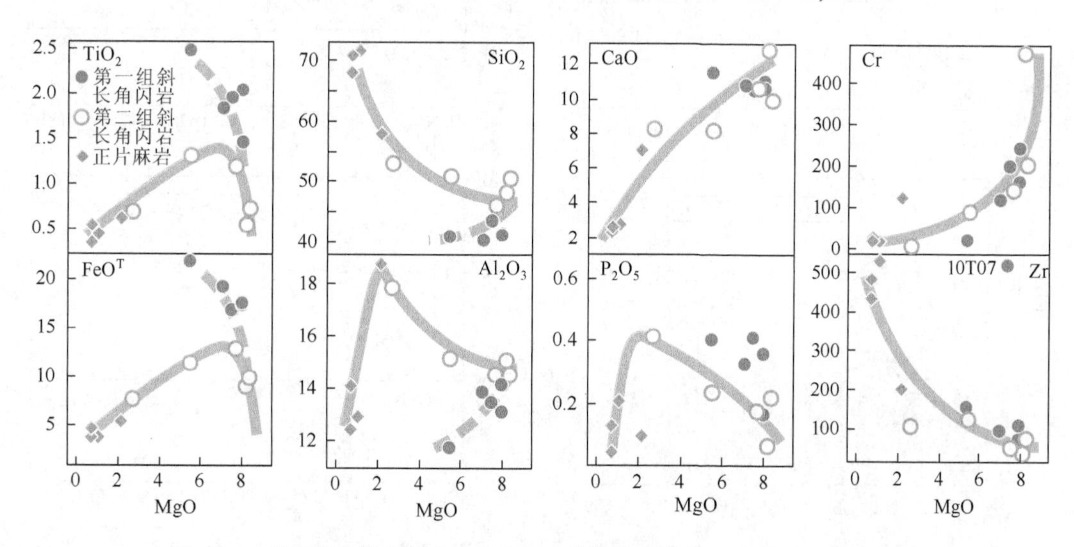

图2-13　库尔勒杂岩中新太古代岩石岩浆演化趋势图（Ge et al.，2014a）

据 Sun 和 McDonough（1989）的原始地幔值标准化），而另两个样品具有 Nb-Ta 负异常（Nb*=0.17 和 0.37，图 2-14（b））。相反，第二组斜长角闪岩具有较低的 REE 含量（46～122ppm），分异明显的 REE 配分模式（La_N/Yb_N=3.3～9.1，Gd_N/Yb_N=1.2～2.0），无明显 Eu 异常（Eu*=0.93～1.13，图 2-14（c）），这些样品同时具有显著的 Nb-Ta 负异常（Nb*=0.13～0.28）及 Zr-Hf（Zr*=0.53～0.93）和 Ti 负异常（图 2-14（d））。

新太古代正片麻岩具有变化的 SiO_2（57.9%～71.9%）和 Al_2O_3（12.4%～18.8%）含量，落在流纹岩和英安岩区域（图 2-12（a）和（b）），这些样品具有与第二组斜长角闪岩一致的岩浆演化趋势，但随着 MgO 的降低，Al_2O_3 和 P_2O_5 也降低（图 2-13）。这些样品具有变化较大的 REE 含量（148～518ppm），中等分异程度的 REE 配分模式（La_N/Yb_N=6.0～12.9，Gd_N/Yb_N=1.3～2.1）和变化的 Eu 异常（Eu*=0.63～1.40；图 2-14（e））。这些样品具有显著的 Nb-Ta 负异常（Nb*=0.13～0.24）和 Ti 负异常，除样品 12K82 具有弱的 Zr-Hf 正异常（Zr*=2.96）外，其他样品同时具有弱的 Zr-Hf 负异常（Zr*=0.71～0.93）（图 2-14（f））。相对于新太古代 TTG（Yb＜1.8ppm，Y＜18ppm，Sr＞400ppm，Sr/Y＞20）（Drummond and Defant，1990；Martin et al.，2005；Moyen and Martin，2012），这些正片麻岩具有较高的 Yb（1.8～8.4ppm）和 Y（19～69ppm）含量以及较低的 Sr（193～389ppm）含量和 Sr/Y 值（2.8～12.4），说明这些样品不属于 TTG。

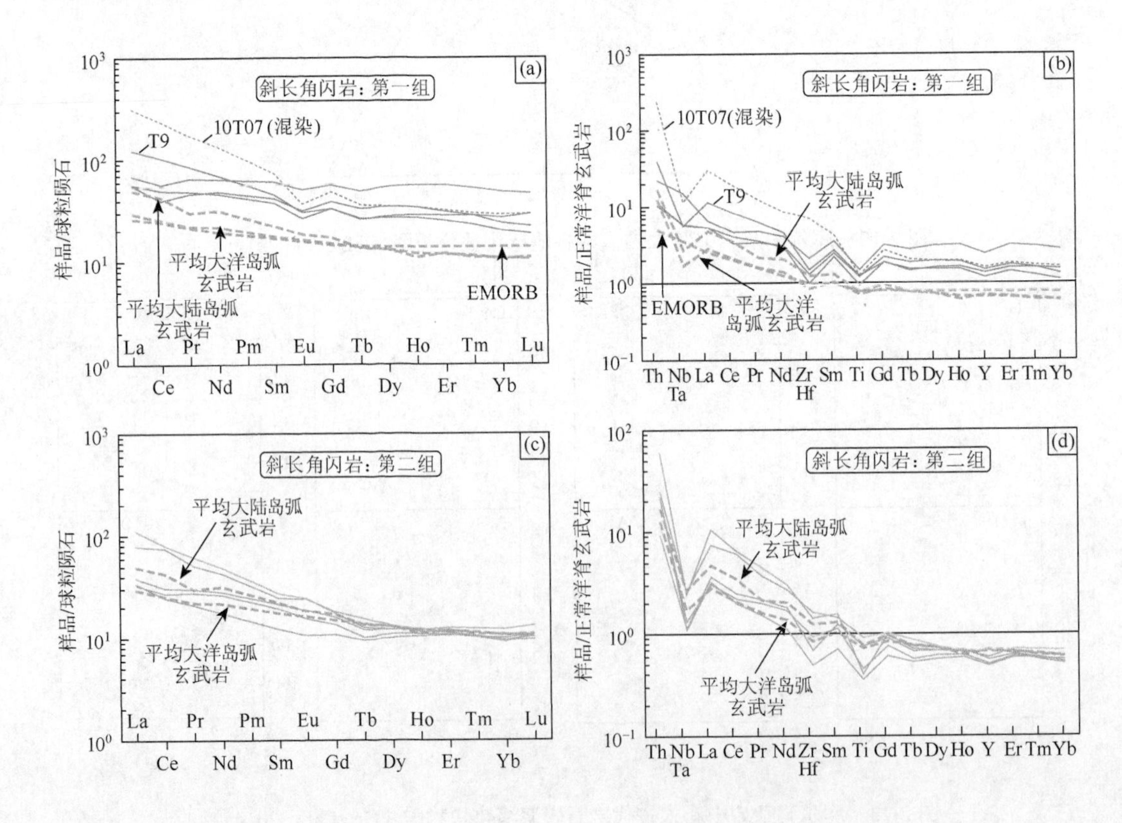

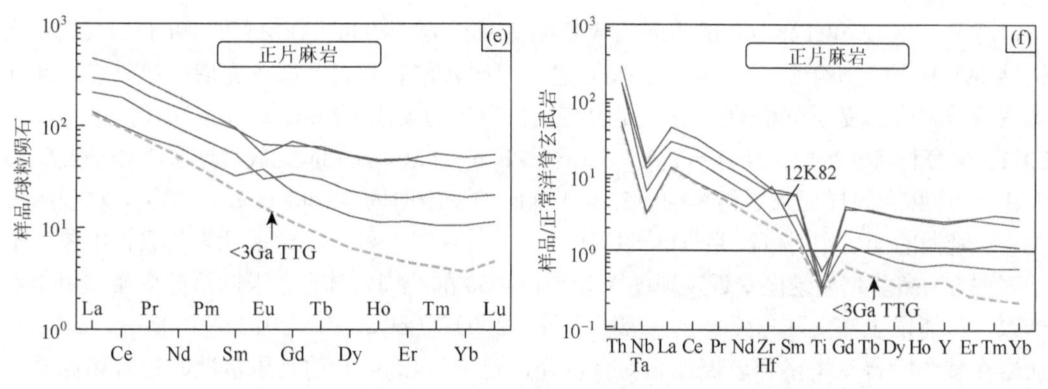

图 2-14　库尔勒杂岩中新太古代岩石 REE 配分图和微量元素蛛网图（Ge et al.，2014a）

2.4　讨　　论

2.4.1　太古宙岩浆岩的形成与变质时代

上述锆石 U-Pb 年龄数据表明，库尔勒杂岩中的正片麻岩和斜长角闪岩结晶于 2.71～2.74Ga，这是目前在库尔勒杂岩中发现的最古老岩石，比 Long 等（2011a）报道的 2.66Ga 的正片麻岩老 50～80Ma，这也是库鲁克塔格地区具有可靠岩浆结晶年龄的最古老岩石（表 2-1），与敦煌地区最近报道的 2.71～2.72Ga 的 TTG 片麻岩年龄相当（Zong et al.，2013），说明～2.7Ga 可能是塔里木北缘新太古代岩浆作用的重要时期。辛后田等（2013）在阿尔金地块北缘的阿克塔什塔格中的黑云斜长片麻岩和英云闪长片麻岩中也发现了大量 2.7～2.8Ga 的岩浆锆石（SHRIMP U-Pb 年龄），该作者将其解释为继承锆石，而稍微年轻的 2.57～2.59Ga 的锆石年龄为岩浆结晶年龄。但一般认为，TTG 是含水的基性岩部分熔融的产物，而基性岩本身是很少含原生岩浆锆石的，因此 TTG 不太可能包含如此多的继承锆石（＞50%的分析点）；另一个解释是 2.7～2.8Ga 的年龄代表 TTG 的岩浆结晶年龄，而 2.57～2.59Ga 的年龄代表后期的重结晶或部分熔融事件。无论采取哪种解释，这些数据说明～2.7Ga 的岩浆作用在阿尔金地块同样发育。此外，黎敦朋等（2007）在西昆仑地区报道了一个稍微年轻（2.68Ga）的变质辉长岩包体。总之，上述数据表明，～2.7Ga 的岩浆作用在塔里木克拉通四个早前寒武纪地块均有发育，可能广泛分布于整个塔里木，与华北（Wan et al.，2011，2014）和世界其他太古宙克拉通类似。

值得注意的是，～2.5～2.6Ga 的岩浆岩在库鲁克塔格、敦煌及阿尔金等地也广泛发育，该期岩石类型包括 TTG（埃达克质）和花岗质片麻岩、斜长角闪岩、变质闪长岩、变质辉长岩等（表 2-1）。对塔里木克拉通现有的太古宙岩石结晶年龄的总结表明具有～2.55Ga 和～2.71Ga 两个年龄峰值，尽管前者数据较少且表现为分布较宽的年龄段（图 2-15）。这说明塔里木克拉通可能经历了～2.71 和～2.55Ga 两期重要的新太古代岩浆作用。

上述数据也表明，库尔勒杂岩中的新太古代岩石至少受到两期变质作用的影响，一期为古元古代晚期（～2.0～1.8Ga），另一期为新元古代中期（～0.8～0.6Ga）。值得注意的是，样品 12K82 和 12K100 的古元古代晚期变质年龄（1936±18Ma 和 1968±46Ma）比样品 09T02 的变质年龄（1864±39Ma）老，也比库尔勒杂岩及库鲁克塔格和敦煌地区其他变质岩浆岩和变质沉积的～1.85Ga 的变质作用年龄要老（Long et al.，2010；董昕等，2011；吴海林等，2012；Zhang et al.，2012a；Zhang et al.，2013a）。敦煌地区 2.72～2.71Ga 的 TTG 片麻岩同样记录了稍早的～2.0～1.9Ga 的变质时间（Zong et al.，2013），这说明古元古代晚期的变质作用可能并非单一事件，而是由～1.94 和～1.85Ga 两期热事件组成。早期事件与库鲁克塔格地区最近发现的 1.93～1.94Ga 的花岗岩体侵入及随后的变质作用年龄一致，可能发生在大陆岛弧背景（郭召杰等，2003；Lei et al.，2012）；晚期～1.85Ga 变质岩在整个库鲁克塔格和敦煌地区均有发育，包括～1.85Ga 的高压基性麻粒岩和泥质片岩（Long et al.，2010；董昕等，2011；吴海林等，2012；Zhang et al.，2012，2013a；Zhang et al.，2012a），这一区域变质事件发生在塔里木北缘的一条碰撞造山带（“塔北造山带”），并可能与塔里木向哥伦比亚超大陆的聚合有关（见第 3 章）。

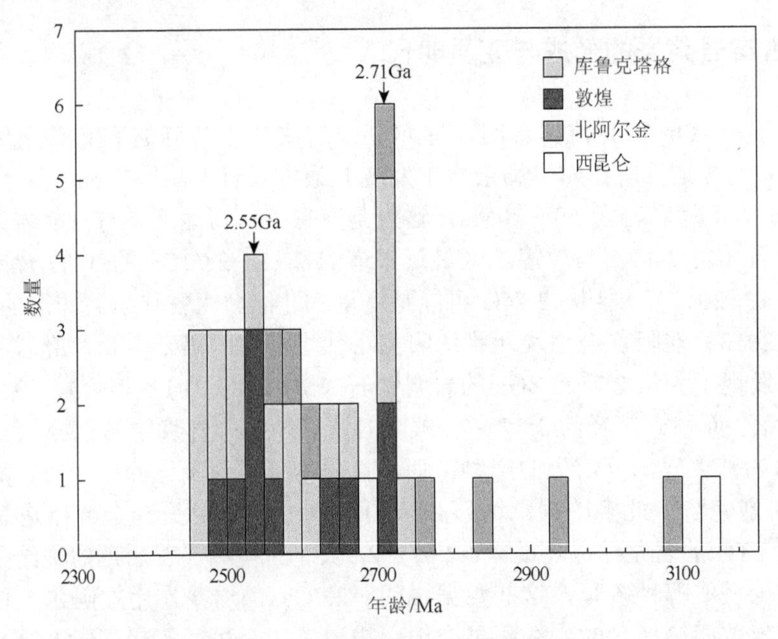

图 2-15　塔里木克拉通太古宙岩浆岩结晶年龄统计（Ge et al.，2014a）

新元古代中期的热事件表现为～2.7Ga 的岩浆锆石和～2.0～1.8Ga 的变质锆石的一致的 0.8～0.6Ga 的下交点年龄。由于下交点附近数据点较少，这些下交点年龄大多误差较大，只有一个下交点年龄具有较高的精度（样品 09T02 的下交点 816±48Ma，图 2-9（d））。这一年龄与库尔勒地区浅色花岗岩和浅色花岗质脉体的结晶年龄一致（见下文），也与库尔勒东部高压麻粒岩、斜长角闪岩和云母片岩的变质作用时代一致（He et al.，2012）。尽管如此，～660～630Ma 热事件的影响也不能被排除，因为同期的浅色花岗岩、浅色花岗质脉体以及具有“冷杉树”结构的变质锆石在样品 12K82 附近非常发育（见下文）。这一新元古代中期的构造热事件可能与塔里木克拉通北缘长期俯冲-增生作用有关（见第 5 章）。

2.4.2 塔里木克拉通北缘太古宙地壳演化

塔里木克拉通太古宙地壳演化研究程度仍很低。如前所述，位于塔里木东北、东南、西南的几个边缘基底出露区均有太古宙岩石的发育（表 2-1），但由于露头和数据有限，太古宙基底在整个塔里木克拉通的时空分布仍存在很大的不确定性，特别是被新元古代晚期—新生代沉积盖层覆盖的塔里木盆地是否存在太古宙基底仍不清楚。最近对石油钻井揭示的“基底变质岩”进行的锆石 U-Pb 定年仅给出古元古代（1.8～1.9Ga）和新元古代（0.7～0.8Ga）的年龄记录（Guo et al.，2005；邬光辉等，2009；Wu et al.，2012；Xu et al.，2013），但这并不能否认更古老的岩石的存在。另一个问题是塔里木克拉通边缘的太古宙基底是何时以及如何形成的，是形成于同一个大陆地块还是几个不同陆块?早前寒武纪基底岩石所记录的地壳演化历史对回答这个问题起着至关重要的作用。基于有限的 Nd 和 Hf 同位素数据，部分学者认为库鲁克塔格地区不存在＞3.3Ga 的地壳（Long et al.，2010，2011a）；这些锆石 Hf 地壳模式年龄显示几个年龄峰（如～2.5～2.8Ga 和～3.1～3.4Ga），这些年龄峰大多被解释为地壳幕式生长的表现（Long et al.，2010，2011a；Zhang et al.，2013a；Zong et al.，2013），但是由于缺乏同期的基性岩浆记录，目前仍不清楚这些峰值代表真正的新生地壳添加事件还是仅是古老地壳和新生物质混合造成的假象。

本书识别出的～2.7Ga 的基性岩浆岩（斜长角闪岩）为库鲁克塔格地区 2.7Ga 地幔新生物质添加及地壳生长提供了直接证据。如前所述，～2.7Ga 的斜长角闪岩和正片麻岩的锆石 Hf 同位素组成极为不均一，其中具有谐和 U-Pb 年龄（不谐和度在±5%以内）的锆石的 $\varepsilon Hf_{(t)}$值从–3.9 变化到+5.2，说明地幔新生物质和古老地壳物质均被卷入岩浆形成过程。不谐和锆石具有较年轻的 $^{207}Pb/^{206}Pb$ 表观年龄，若用岩石结晶年龄计算，其 $\varepsilon Hf_{(t)}$的变化范围为–5.6 到+9.3，其中最高的 $\varepsilon Hf_{(t)}$值（+3.8～+9.3，平均+7.2，n=8）落在或接近于亏损地幔演化线上（图 2-16（a））。

对这些不谐和锆石的 Hf 同位素组成的解释有一定的困难，一种可能性是高正 $\varepsilon Hf_{(t)}$值仅是使用较老的结晶年龄（t=2.7Ga）的结果。但是，这些不谐和锆石的晶形、内部结构和 Th-U 含量等均与谐和锆石一致，说明两者是同时结晶于同一岩浆中的锆石，而不谐和锆石年轻的表观年龄是后期非零铅丢失/重结晶作用的结果。大量研究表明，变质重结晶尽管常导致锆石 Pb 丢失，但 Lu-Hf 同位素体系一般不会被扰动（Gerdes and Zeh，2009；Zeh et al.，2010a）。另一种可能是高放射性成因 Hf 同位素来源于岩浆核与变质边的混合，后者常具有较高的放射性成因 $^{176}Hf/^{177}Hf$，因为变质锆石形成于具有较高放射性成因的 $^{176}Hf/^{177}Hf$“基质中”（Gerdes and Zeh，2009；Zeh et al.，2010a）。但本书的 Hf 剥蚀点严格位于岩浆锆石区域，即与 U-Pb 剥蚀点重叠或位于与 U-Pb 点具有相同 CL 特征的锆石区域；对每个 Hf 分析点的原始 Hf 同位素信号的分析表明，这些分析点并没有任何不同锆石区域的混合作用。因此，笔者认为这些不谐和锆石尽管 U-Pb 年龄已被扰动，但初始岩浆 Hf 同位素组成被保留。这些高 $\varepsilon Hf_{(t)}$值锆石意味着与现代 MORB 地幔相似的亏损地幔对～2.7Ga 的岩浆作用具有重要贡献。由于亏损地幔一般被认为是与大陆地壳互补的地球化学储库（Hofmann，1988，1997），因此，~2.7Ga 亏损地幔的存在说明塔里木克拉通相当一部分大陆地壳在~2.7Ga 之前已经形成。

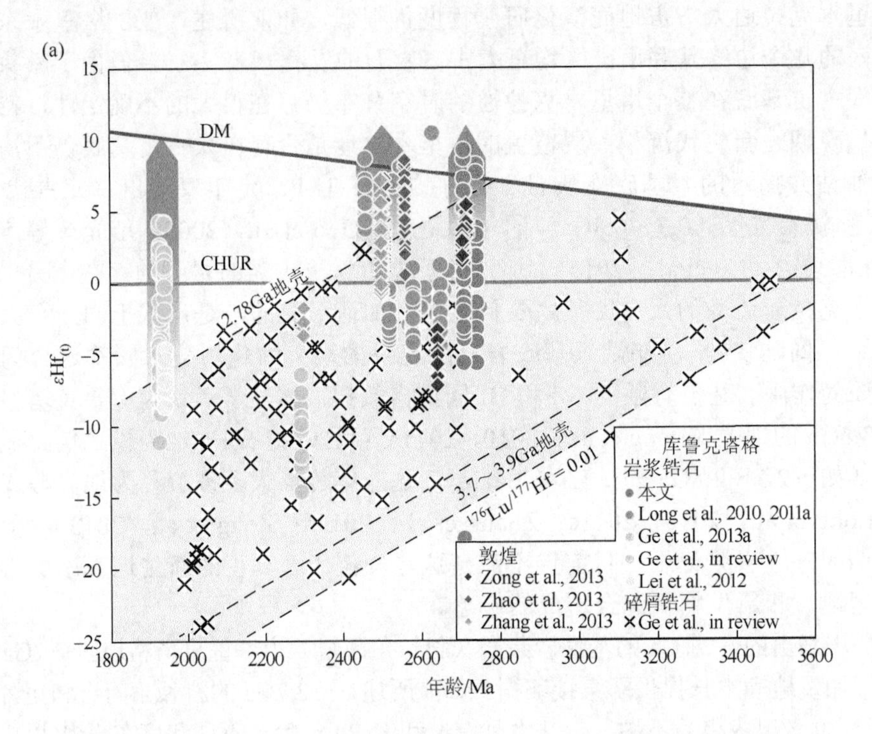

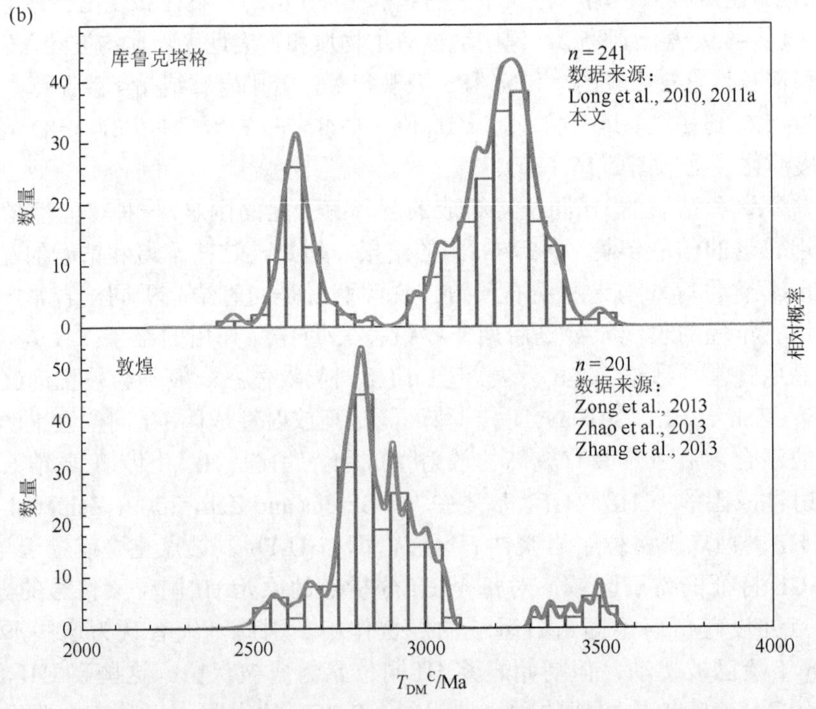

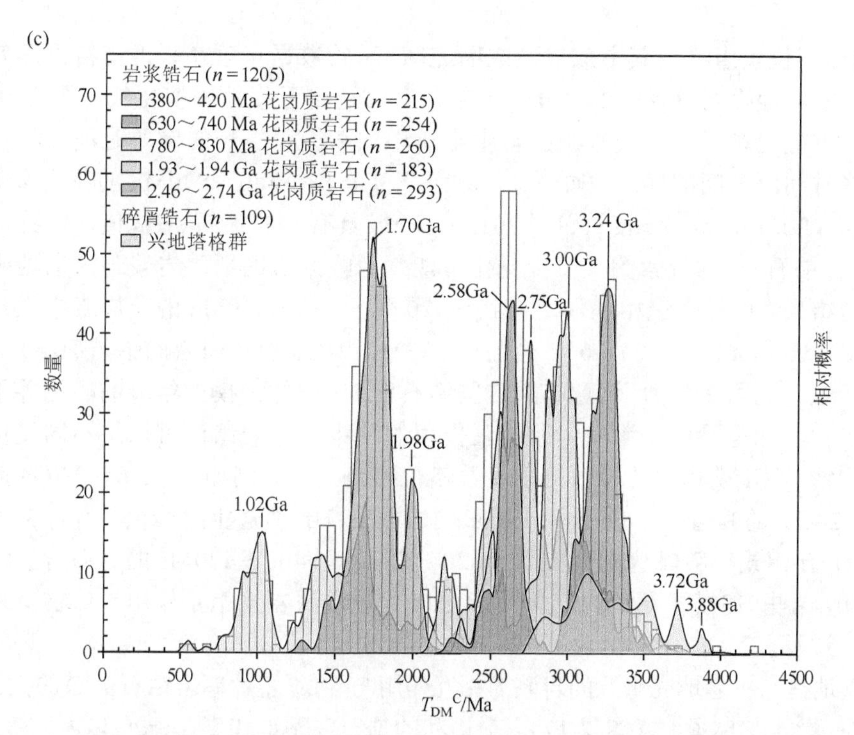

图 2-16　(a) 库鲁克塔格与敦煌地区岩浆岩锆石 $\varepsilon Hf_{(t)}$-年龄图；兴地塔格群碎屑锆石数据做对比；(b) 库鲁克塔格与敦煌地区岩浆岩锆石 Hf 模式年龄对比；(c) 库鲁克塔格不同时代花岗质岩石锆石 Hf 模式年龄对比（Ge et al., 2014a）

本书～2.7Ga 的岩浆锆石的 $\varepsilon Hf_{(t)}$从正值连续变换为负值（最低为–5.6，点 09T02-53 除外，图 2-10（g），表 2-4），说明亏损地幔来源的岩浆受到古老地壳物质的混染或混合。假设大陆地壳平均 $^{176}Lu/^{177}Hf$=0.015（Griffin et al.，2002），最低的 $\varepsilon Hf_{(t)}$值（平均–5.6，n=3）对应于 $T_{DM}{}^2$=3.5Ga；若用平均大陆上地壳 $^{176}Lu/^{177}Hf$=0.0093（Amelin et al.，1999），则对应的 $T_{DM}{}^2$=3.4G。一般来说，由于可能受到新生地壳物质的影响，模式年龄给出的往往是卷入岩浆混合或地壳混染的最老地壳年龄的最小值，这意味着库鲁克塔格地区最古老地壳组分至少为 3.4～3.5Ga，不支持该区不存在＞3.3Ga 的大陆地壳组分的认识（Long et al.，2010，2011a）。本书对覆盖在太古宙变质基底之上的兴地塔格群碎屑锆石的研究表明，其中存在大量～3.3～3.5Ga 的碎屑锆石，支持库鲁克塔格地区存在＞3.3Ga 的大陆地壳的结论（图 2-16（b））。更重要的是，这些碎屑锆石的 Hf 同位素组成表明，其源区最古老的和最年轻的地壳组分分别为～3.9～3.7Ga 和～2.78Ga，且两者具有一致的地壳演化线斜率，对应于 $^{176}Lu/^{177}Hf$=0.01（图 2-16（a），见第三章），这一研究支持塔里木克拉通 2.7Ga 之前已形成大量大陆地壳，且其中最古老的基底地壳组分可能形成于始太古代甚至更早。

除本书报道的～2.7Ga 的岩石之外，塔里木克拉通北缘大量 2.46～2.56Ga（Long et al.，2010；Zhang et al.，2013a；赵燕等，2013），1.93～1.94Ga（Lei et al.，2012），735～740Ma（Zhang et al.，2012b；Lei et al.，2013），630～660Ma（Ge et al.，2012b）及 380～420Ma（Ge et al.，2012a；Lin et al.，2013）的花岗质岩石同样显示出变化较大

的锆石 Hf 同位素组成，其中放射性成因 Hf 最高的数据点落在兴地塔格群碎屑锆石记录的最年轻的地壳组分（~2.78Ga）上部，有时达到亏损地幔演化线（图 2-16（a）），这些时期可能也是亏损地幔来源的新生物质添加和地壳生长的重要时期。相反，年龄介于这些时间段之间的样品，如~2.6Ga、~2.3Ga 和~780~830Ma 的花岗岩（Long et al.，2010，2011a，b；Zong et al.，2013），一般具有负的锆石 $\varepsilon Hf_{(t)}$值，因此可能代表地壳再造。锆石 Hf 同位素的大范围变化可能是地幔来源的新生岩浆与古老地壳物质相互作用的结果，这种壳幔相互作用得到~420 和~630~660Ma 的花岗岩中大量基性包体的支持（Ge et al.，2012a，b），也与~1.93~1.94Ga 的花岗岩的锆石 Hf-O 同位素模拟结果一致（见第 3 章），这意味着这些锆石的 Hf 同位素模式年龄的峰期并不代表地壳生长事件，而是不同来源的岩浆相互作用的结果。这一结论可以从不同侵位年龄的花岗岩的锆石 Hf 模式年龄峰值的系统性错位得到证实，例如，~2.6~2.7Ga 的岩石记录了~3.24Ga 的峰值，~1.93~1.94Ga 的岩石的 Hf 模式年龄峰值则为~3.00Ga，而 1.70Ga 的 Hf 模式年龄峰值则来自于~630~660 和~400~420Ma 的岩石（图 2-16（c））。笔者推测，这些 Hf 模式年龄的峰值可能记录了与幔源岩浆相互作用导致古老地壳的逐渐年轻化过程。

亏损地幔与古老地壳来源的岩浆的相互作用与~2.7 正片麻岩锆石 $\delta^{18}O$ 的大范围变化一致。在 $\delta^{18}O$-$\varepsilon Hf_{(t)}$图上（图 2-17），最谐和的锆石（不谐和度在±2%以内）落在 3.5Ga 的大陆地壳（假设 $\delta^{18}O$=10‰）与亏损地幔的混合线上，两者的 Hf 含量比值（Hf_{am}/Hf_{jm}）为 2 或 5。根据这一 Hf-O 同位素模拟结果，正片麻岩的母岩浆有大约 35%~70%可能来

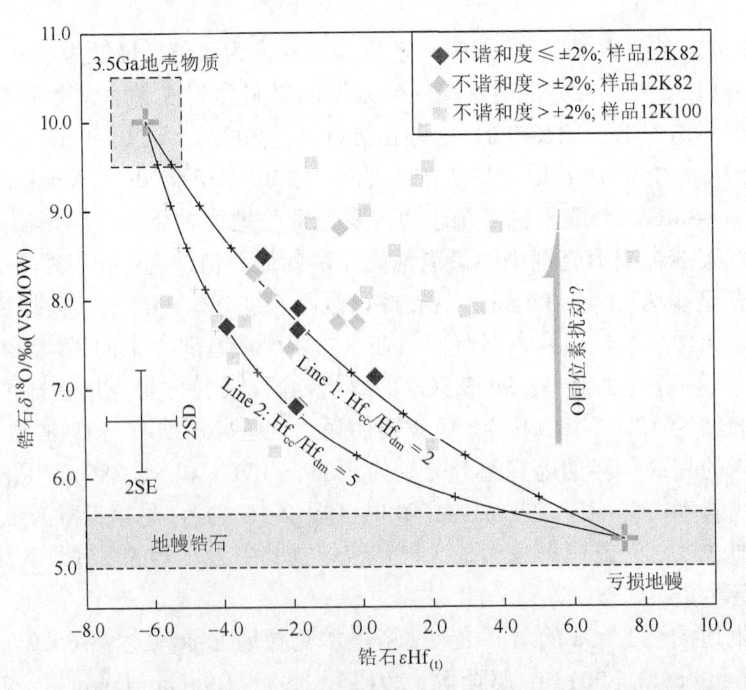

图 2-17　库尔勒杂岩中~2.7Ga 正片麻岩锆石 Hf-O 同位素模拟图（Ge et al.，2014a）

自于亏损地幔，说明这些酸性岩石可能对 2.7Ga 的地壳生长也有重要贡献。一些不谐和锆石也落在这两条壳幔混合线上或附近，但其余不谐和锆石由于较高的 δ^{18}O 值而落在混合线上方，一种可能的解释是这些不谐和锆石高的 δ^{18}O 值是变质扰动的结果，并不代表初始岩浆的 O 同位素组成。

目前的锆石 U-Pb 年龄和 Hf 同位素数据也使库鲁克塔格与敦煌地区地壳演化史的对比成为可能。图 2-16（b）显示，这两个地块的太古宙岩石的地壳 Hf 模式年龄具有相似的范围（2.5～3.5Ga），且均给出两个独立的峰，但峰值有所不同，库鲁克塔格为 2.6Ga 和 3.2Ga，而敦煌地壳为 2.8Ga 和 3.5Ga。需要指出的是，这两个块体具有非常一致的太古宙-古元古代演化历史，例如，两者都具有～2.7Ga 和～2.5Ga 两期新太古代岩浆作用，这两期岩浆作用均涉及新生物质添加与地壳生长，而两个地块上～2.6～2.7Ga 的岩浆作用则来源于地壳再造（Long et al.，2010，2011a；Zhang et al.，2013b；赵燕等，2013；Zong et al.，2013）（图 2-16（a））；两者均记录了～2.3Ga 的岩浆事件（董昕等，2011；Zhang et al.，2013a），这期岩浆事件在世界大多数克拉通是不发育的（Condie et al.，2009）；两个陆块均具有古元古代晚期的稳定台地相沉积盖层，即库鲁克塔格地区的兴地塔格群（第 3 章）和敦煌地区的敦煌群（Wang et al.，2013）；两个地块都经历了两期古元古代晚期变质作用，一期为～2.0Ga～1.9Ga，另一期为 1.85Ga，后者均涉及高压变质作用（Zhang et al.，2012，2013a）。上述事实说明这两个地块在太古宙和古元古代可能具有相同的演化历史，因此可能是塔里木克拉通北缘同一个陆块的组成部分。基于这一认识，两个地块太古宙岩石 Hf 模式年龄峰值的错位（图 2-16（b））可能反映了新生物质与古老地壳的不同比例混合，而非不同的地壳生长历史。这意味着，这种 Hf 模式年龄谱可能并不能简单地用来探讨大陆亲缘性。Zhang 等（2013a，b）注意到华北克拉通西部的阿拉善地块与敦煌地块具有相似的太古宙—古元古代地质记录，说明塔里木与华北在太古宙—古元古代具有很强的大陆亲缘性。

值得说明的是，塔里木克拉通南缘的阿尔金和西昆仑地区的年代学和 Hf-Nd 同位素数据仍十分匮乏，因此，目前仍难以判断这两个地区是否与库鲁克塔格和敦煌地区具有一致的地壳演化历史以及塔里木克拉通是否具有统一的早前寒武纪基底，或是如有些学者提出的是由几个不同陆块拼贴形成的（Yin and Nie，1996；Guo et al.，2005；Xu et al.，2013）。

2.4.3　岩石成因与构造背景

上述锆石 Hf-O 同位素数据显示，亏损地幔与大陆地壳均被卷入～2.7Ga 的斜长角闪岩和正片麻岩的形成过程，说明这些岩石形成于大陆环境。斜长角闪岩的母岩浆可能源自于亏损地幔，并受到地壳物质不同程度的同化混染作用（AFC），而正片麻岩可能是这一 AFC 过程的最终产物，或是由基性岩浆侵入导致的地壳部分熔融与岩浆混合的结果。因此，下文将重点讨论斜长角闪岩原岩的地幔源区性质、熔融条件和岩浆演化，以期阐明塔里木北缘～2.7Ga 时的构造环境。

首先需要考虑后期蚀变、变质作用和地壳混染对岩石地球化学属性的影响。本书的斜长角闪岩不含次生脉体、方解石或硫化物，具有较低的烧失量（LOI＜2.3%），具有弱或无 Eu 和 Ce 异常，每组斜长角闪岩具有一致的 REE 配分模式（样品 10T07 除外，见下文），说明变质前后的蚀变作用以及角闪岩相变质作用均未对岩石的主、微量成分造成重大的影响。尽管如此，下文的讨论还是尽量避免使用活动性较强的元素（如 K、Na、Rb、Cs、Ba）而使用相对不活动的元素（如 REE、HFSE、Th、Cr、Ni、V）。斜长角闪岩高度不均一的锆石 Hf 同位素组成指示强烈的地壳混染作用（图 2-16（a）），因为锆石是基性岩浆中结晶较晚的矿物，不太可能记录源区的 Hf 同位素不均一。样品 10T07 异常高的 LREE、Th、Zr、Hf 含量和 Zr/Sm 值（Zr*异常为 1.3）以及低的 Nb/Th 值（负 Nb*异常）同样指示强烈的地壳混染。但是，本书的其他斜长角闪岩样品均具有负的 Zr*异常（0.45～0.93），这在一般的上地壳岩石中是不常见的，说明地壳混染有限。因此，大多数斜长角闪岩的地球化学特征可能受控于岩浆源区、熔融条件及岩浆演化，而非地壳混染。

斜长角闪岩主微量元素与 MgO 协变图（图 2-13）显示，其原岩岩浆具有两个不同的演化趋势：一个为 Fenner 趋势，$Fe_2O_3^T$、TiO_2 随 MgO 降低持续升高（第一组），另一个为典型的拉斑玄武岩趋势，$Fe_2O_3^T$、TiO_2 先升高后降低（第二组）。Fenner 趋势以 Fe-Ti 随着岩浆演化极度富集和 Si-Al 亏损为特征，一般被作为拉斑玄武岩趋势的一种极端情况，典型的例子是东格陵兰的 Skaergaard 侵入岩（Wager，1960；Thy et al.，2009）和贵州二叠纪玄武岩（Xu et al.，2003）。两组斜长角闪岩之间很好的 $Fe_2O_3^T$-TiO_2 正相关性（图 2-18（a））说明两者之间的差别可能受控于 Fe-Ti 氧化物（磁铁矿、钛铁矿等）的结晶分异，具有 Fenner 演化趋势的第一组斜长角闪岩在给定的 MgO 范围内（7.9%～5.3%）可能并没有经历 Fe-Ti 氧化物的结晶分异，而第二组斜长角闪岩 Fe-Ti 氧化物从 MgO=～7%开始分离结晶（图 2-13），导致 $Fe_2O_3^T$ 和 TiO_2 的降低，在此之前高 MgO/$Fe_2O_3^T$ 相（橄榄石、单斜辉石等）的分离结晶导致 $Fe_2O_3^T$ 和 TiO_2 的相对升高（Fenner，1929），这也可以解释 Ni、Cr、CaO 随 MgO 的降低而降低（图 2-13）。单斜辉石的分离结晶也可以解释相对低 MgO 样品高的 Zr/Sm 和 Zr*异常，因为单斜辉石相对于 Sm 和 Nd 是亏损 Zr 和 Hf 的（Handley et al.，2011；Woodhead et al.，2011）。第一组斜长角闪岩 SiO_2 和 Al_2O_3 的轻微降低（图 2-13）可能是由于斜长石的分离结晶，这与该组样品弱的 Eu*负异常相一致（图 2-14（a））；相反，第二组斜长角闪岩中斜长石可能直到 MgO=～2%才进入液相线，这也可以解释 Al_2O_3 随岩浆演化的升高（图 2-13）以及 Eu*的缺失（图 2-14（c））。正片麻岩样品与第二组斜长角闪岩具有一致的岩浆演化趋势，但在 Mg＜～2%后 Al_2O_3、CaO 和 P_2O_5 显著降低（图 2-13），因此，这些样品可以解释为第二组斜长角闪岩最后经历了斜长石和磷灰石的分离结晶，尽管锆石 Hf-O 同位素模拟表明地壳物质的混染或混合也对其岩浆演化起着重要作用。

Fe-Ti 氧化物何时进入液相线受控于岩浆的氧化-还原状态（即氧逸度），这也决定了钙碱性序列与拉斑系列岩浆演化的不同（Kennedy，1955；Osborn，1962；Miyashiro，1975；Lee et al.，2010）。高氧逸度使 Fe^{3+}相对于 Fe^{2+}更稳定，Fe-Ti 氧化物很早分离结晶，形成钙碱性系列岩石；拉斑系列岩浆具有较低的氧逸度，Fe-Ti 氧化物分离结晶较晚，而 Fenner 系列岩浆则具有非常低的氧逸度，Fe-Ti 氧化物的分离结晶被抑制，直至岩浆演化的最后阶段才进入液相线。Laubier 等（2014）最近提出，V/Yb 值是地幔岩浆及其源区

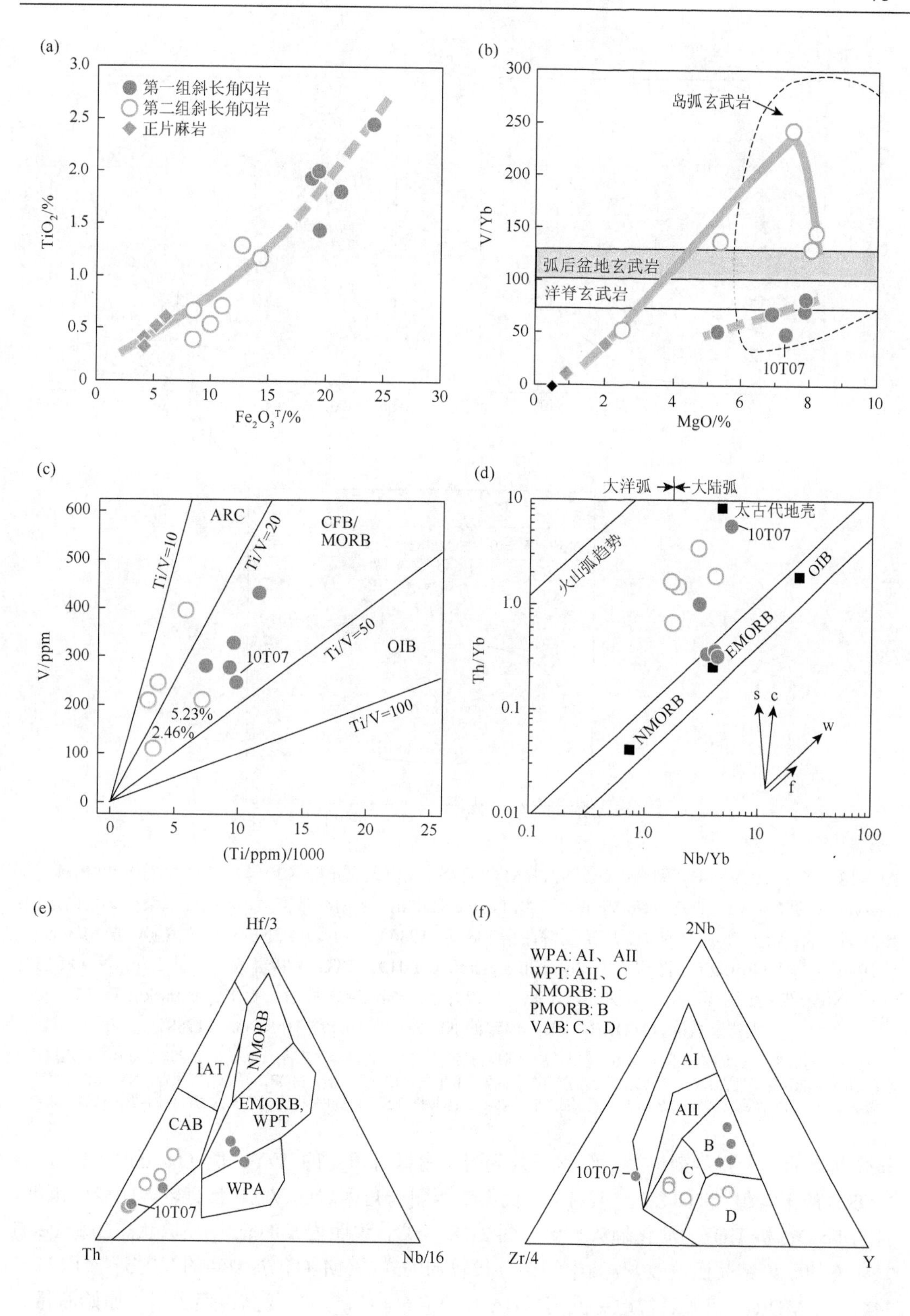
(a)
第一组斜长角闪岩
第二组斜长角闪岩
正片麻岩
TiO_2/%
$Fe_2O_3^T$/%
(b)
岛弧玄武岩
弧后盆地玄武岩
洋脊玄武岩
V/Yb
MgO/%
10T07
(c)
ARC
CFB/MORB
OIB
Ti/V=10
Ti/V=20
Ti/V=50
Ti/V=100
5.23%
2.46%
10T07
V/ppm
(Ti/ppm)/1000
(d)
大洋弧
大陆弧
太古代地壳
10T07
火山弧趋势
OIB
EMORB
NMORB
Th/Yb
Nb/Yb
(e)
Hf/3
NMORB
IAT
EMORB, WPT
CAB
WPA
10T07
Th
Nb/16
(f)
2Nb
WPA: AI、AII
WPT: AII、C
NMORB: D
PMORB: B
VAB: C、D
AI
AII
B
C
D
10T07
Zr/4
Y

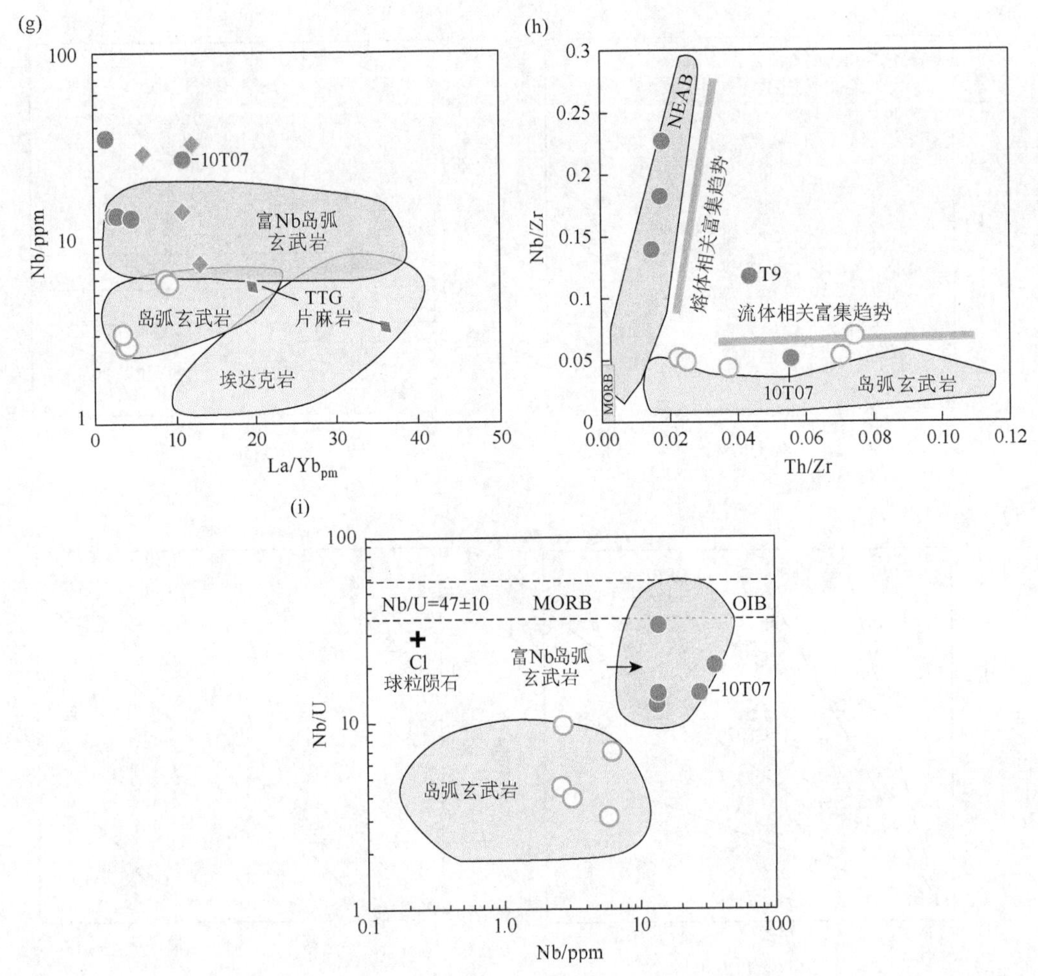

图 2-18 (a) TiO_2-$Fe_2O_3^T$ 图解；(b) V/Yb-MgO 图解，据 Laubier 等（2014）；(c) V-Ti/1000 图解，据 Shervais（1982）；(d) Th/Yb-Nb/Yb 图解，据 Pearce（2008）；s-俯冲带富集；c-地壳混染；w-板内过程；f-分离结晶；(e) Th-Hf/3-Nb/16 三角图解，据 Wood（1980）；(f) Zr/4-2Nb-Y 三角图解，据 Meschede（1986）；(g) Nb-La/Yb_n 图解，据 Polat 和 Kerrich（2001）；TTG 片麻岩数据，据 Zong 等（2013）；(h) Nb/Zr-Th/Zr 图解，据 Kepezhinskas 等（1997）；(i) Nb/U-Nb 图解，据 Kepezhinskas 等（1996）；大洋玄武岩（MORB+OIB）恒定的 Nb/U=47±10，据 Hofmann（1988）

图中英文缩写的意义（以下各图同）：ARC-岛弧；BAB-弧后玄武岩；CAB-钙碱性玄武岩；CB-大陆玄武岩；CFB-大陆溢流玄武岩；CRA-大陆裂谷碱性玄武岩；EMORB-异常洋中脊玄武岩；IAT-岛弧拉斑玄武岩；MORB-洋中脊玄武岩；NMORB-正常洋中脊玄武岩；OIB-洋岛玄武岩；VAB-火山弧玄武岩；VAT-火山弧拉斑玄武岩；WPA-板内碱性玄武岩；WPT-板内拉斑玄武岩

氧化状态的一个指示剂。第一组斜长角闪岩具有低且恒定的 V/Yb 值（65±14，1σ），与 MORB 的平均值类似（88±14，1σ），而第二组斜长角闪岩的 V/Yb 具有较大的变化范围，且与 $Fe_2O_3^T$ 和 TiO_2 的演化趋势一致（图 2-18（b）），说明岩浆的氧化-还原状态随着 Fe-Ti 氧化物的分离结晶已被改变，其中三个分异较弱的样品（MgO＞7wt%）的 V/Yb 值为 131～244，比 MORB 和弧后盆地玄武岩（BABB，116±13，1σ）要高，但类似于原始岛弧玄武岩的 V/Yb 变化范围（Laubier et al.，2014），说明第二组斜长角闪岩的母岩以及地幔源区可能比第一组更氧化，这一结论与这三个未分异样品较低的 Ti/V 值（12.9～14.4）一致（图2-18（c））（Shervais，1982）。

第二组斜长角闪岩原始岩浆较高的氧逸度（高V/Yb、低Ti/V值）与岛弧玄武岩相似（图2-18（b）和（c））（Shervais，1982；Laubier et al.，2014），其岛弧相关背景与该组样品系统性的Nb-Ta、Zr-Hf和Ti亏损及LREE和Th的轻微富集一致（图2-15（c）和（d）），这一般被解释为俯冲洋壳板片脱水、地幔交代过程中高场强元素（HFSE）因在流体中活动性较低被保留而LREE和Th活动性强被富集的结果（Saunders et al.，1991；Mcculloch and Gamble，1991；Hawkesworth et al.，1993；Pearce and Peate，1995；Pearce，2008）。在各种构造环境判别图解中，第二组斜长角闪岩样品均落在岛弧相关的区域（图2-18（d）～（f）），因此，第二组斜长角闪岩的母岩可能来源于俯冲流体加入导致氧化且亏损的岛弧地幔楔的部分熔融。

第一组斜长角闪岩的成因相对更为复杂。其原始岩浆和地幔源区较低的氧逸度（低V/Yb、高Ti/V值）与MORB类似（图2-18（b）和（c））（Shervais，1982；Laubier et al.，2014），大多数样品具有较平的REE配分模式（图2-15（a）），平行于EMORB，在各种构造环境判别图解中，该组样品由于较高的Nb含量和Nb/Y值而落在EMORB区域（图2-18（d）～（f））。但是，这些样品同时具有显著的Zr-Hf和Ti的负异常，据笔者调研，MORB的地幔源区、残留相、熔融或分异过程均难以产生Zr-Hf和Ti的负异常，而这些地球化学特征是岛弧岩浆的典型属性；且该组斜长角闪岩与典型的岛弧拉斑玄武岩（第二组斜长角闪岩）密切相关，因此，其较高的Nb含量及不同的Nb-Ta异常（Nb*=0.37～1.78）可能说明其属于富Nb岛弧玄武岩（NEAB，Nb=7～16ppm）或高Nb玄武岩（HNB，Nb＞20ppm）（图2-18（g）～（h））。

NEAB和HNB通常发育于显生宙年轻洋壳“热”俯冲的岛弧地区，并常与埃达克岩和高镁安山岩相伴生（Defant et al.，1992；Sajona et al.，1993，1996；Kepezhinskas et al.，1996，1997；Wang Q et al.，2008）。埃达克岩一般被认为是俯冲洋壳板片直接部分熔融的熔体受地幔楔不同程度混染的产物，高镁安山岩是板片熔体与地幔楔更大程度混合的结果，而NEAB和HNB则为受板片熔体交代的地幔楔部分熔融的产物。熔体交代过程中产生的角闪石和/或金云母在NEAB和HNB地幔源区的Nb-Ta富集过程中起着重要的作用，因为这两种矿物，特别是角闪石，相对于埃达克质熔体具有很高的Nb-Ta分配系数（Defant et al.，1992；Sajona et al.，1993，1996；Kepezhinskas et al.，1996，1997；Wang Q et al.，2008），可以强烈吸收埃达克质熔体中通过洋壳板片低程度熔融释放出来的Nb-Ta，而对Zr-Hf、Ti及REE的影响不大。

亏损HFSE的岛弧地幔通过熔体交代作用产生角闪石和/或金云母而相对富集Nb和Ta，这种含角闪石±金云母的地幔橄榄岩的部分熔融可以解释第一组斜长角闪岩中大多数样品的Nb-Ta弱负异常或正异常，而地幔楔的Zr-Hf和Ti负异常则被保留（图2-14（b）），熔体交代产生的地幔Nb富集也可以解释这些样品相对于岛弧玄武岩较高的Nb/U和Nb/Zr值（图2-18（i）和（h））（Kepezhinskas et al.，1996，1997）。Sen和Dunn（1995）的实验岩石学工作表明，受板片熔体交代影响的地幔主要矿物具有相对富Fe的特征，这可能有助于解释第一组斜长角闪岩较高的$Fe_2O_3^T$含量。样品T9具有高的Nb含量和负的Nb异常，说明其地幔源区可能进一步受到相关流体的LREE和Th富集作用（图2-14（a））。

上述解释的一个问题是第一组斜长角闪岩的高 HREE 和平 REE 配分模式，这在 NEAB 和 HNB 中是不常见的，要求板片熔体交代过程中有 HREE 的富集。交代成因的角闪石的 REE 配分模式变化较大，其中部分是富集 HREE 的（Ionov et al.，1997）；另一种解释是，板片熔体-橄榄岩反应过程中产生其他富集 HREE 的矿物（如石榴子石）（Carroll and Wyllie，1989；Johnston and Wyllie，1989；Rapp et al.，2010）并在部分熔融过程中分解。上述解释的另一个问题是第一组斜长角闪岩较低的氧逸度，因为岛弧地幔楔一般被认为是氧化的（Shervais，1982；Kelley and Cottrell，2009），但 Lee 等（2005，2010，2012）应用 V/Sc、Zn/Fe 及 Cu 等地球化学指标挑战了这一认识，他们认为原始的岛弧岩浆可能与MORB一样还原；基于原始岛弧岩浆较大的V/Yb值变化范围，Laubier 等（2014）认为岛弧地幔的氧化还原状态是不同，即使对同一个岛弧来说也可能变化很大（图 2-18（b））。最后，目前为止尚未在库尔勒杂岩中发现与～2.7Ga 的 NEAB 和 HNB 相伴生的埃达克岩和高镁安山岩，本书报道的正片麻岩没有高镁安山岩典型的高 $Mg^{\#}$、Cr、Ni 含量等特征，也没有埃达克岩的高 Sr/Y 和 La/Yb 值。敦煌地区发育一些～2.7Ga 的高 Sr/Yb 和 La/Yb 的奥长花岗质片麻岩（Zong et al.，2013），但这些岩石 $Mg^{\#}$与 Cr、Ni 含量很低，说明缺乏熔体与地幔橄榄岩的相互作用，因此这些岩石更有可能来源于下地壳基性岩而非俯冲板片的部分熔融，也可能是大多数板片熔体已通过与地幔橄榄岩的相互作用被消耗（Sajona et al.，1996；Prouteau et al.，2001），或者仅仅是因为研究区样品数量不足而尚未发现。

上述讨论表明，第二组斜长角闪岩和正片麻岩类似于许多～2.7Ga 绿岩带中的双峰式拉斑玄武岩-英安岩组合，而第一组斜长角闪岩最有可能类似于 NEAB 和 HNB，这一火山岩组合表明塔里木克拉通北缘～2.7Ga 处于年轻洋壳俯冲产生的岛弧环境。～2.7Ga 的 NEAB 和 HNB、岛弧拉斑玄武岩、钙碱性玄武岩组合在其他克拉通内的绿岩带也有大量报道，如北美 Superior 的 Wawa、Birch-Uchi、Wabigoon 绿岩带（Hollings and Kerrich，2000；Wyman et al.，2000；Polat and Kerrich，2001）与印度 Dharwar 克拉通的 Gadwal 和 Penakacherla 绿岩带（Manikyamba and Khanna，2007；Kerrich and Manikyamba，2012）。这些岩浆表明，年轻洋壳的“热”俯冲至少在新太古宙时期可能是非常普遍的，这一过程被认为在太古宙 TTG 形成和地壳生长过程中起着重要作用。基于 TTG 与新生代埃达克岩相似的地球化学特征，不少学者认为 TTG 是年轻洋壳“热”俯冲直接熔融并与地幔楔发生不同程度相互作用的产物（Drummond and Defant，1990；Martin et al.，2005；Moyen and Martin，2012）。然而，Polat（2012）指出，洋壳板片（MORB）过于亏损 LILE 和 LREE 而不太可能是 TTG 的直接源区，并认为大洋岛弧底部富集的岛弧玄武岩的部分熔融可以更好地解释 TTG 的成因；最近，Martin 等（2014）提出洋底高原俯冲的新模型，来解释 TTG 源区的富集和地壳的幕式生长。确实，与洋底高原有关的科马提岩和拉斑玄武岩组合在一些～2.7Ga 的绿岩带中与岛弧火山岩组合呈构造岩片相互叠置，其形式类似于显生宙增生造山带（Wyman，1999；Wyman and Kerrich，2009，2012）。Wyman 和 Kerrich（2009）提出，这种叠置的洋底高原-岛弧构成的原始地壳（proto-crust）与上升地幔柱高度熔融后形成的较轻的地幔残留体的耦合可以解释大陆地壳与岩石圈地幔的成因。但是，塔里木克拉通北缘目前尚未发现～2.7Ga 的地幔柱和洋底高原的任何证据，相反，本书报道的～2.7Ga 的拉斑玄武岩-英安岩-NEAB-HNB 组合显然指示大陆环境，可能形成于一个发育在古老陆核边缘的大陆岛弧。笔者推测，大陆岛弧可能在～2.7Ga 的全球地壳生长过程中起着重要作用，这主要是通过新生基性岩浆的添加和岛弧底部底侵岩浆部分熔融产生的 TTG（Zong et al.，2013）来实现的。这一认识与 Condie 和 Kröner（2013）的结论一致，他们认为，大多数显生宙大洋岛弧的厚度太小，因此将随洋壳被俯冲至地幔，而大陆岛弧是地壳生长更重要的地区，但太古宙时期情况可能有所不同。本书的研究显示，这一结论至少可以延伸至 2.7Ga。大陆岛弧地区新生地壳的添加伴随着现存地壳的再造，这种壳内混染、部分熔融、岩浆混合等过程促使大陆地壳的进一步分异。

2.5　小　结

本书在库尔勒杂岩中识别出～2.71～2.74Ga 的正片麻岩和斜长角闪岩，这些岩石至少受到～2.0～1.8Ga 和～0.8～0.6Ga 两期变质事件的影响，这是目前为止在库鲁克塔格地区识别出的具有可靠年龄的最古老岩石。目前的锆石原位 U-Pb 年龄数据显示，塔里木克拉通可能经历了～2.7Ga 和～2.5Ga 两期重要的新太古代岩浆作用。

库尔勒杂岩中的～2.7Ga 正片麻岩和斜长角闪岩具有不均一的锆石 Hf 同位素组成，其中放射性成因 Hf 最高的锆石位于亏损地幔演化线上，而最低的 $\varepsilon Hf_{(t)}$达到–5.6，说明～2.7Ga 的亏损地幔和至少～3.4～3.5Ga 的古老大陆地壳均参与了岩浆的形成过程，这一结论得到正片麻岩锆石 O 同位素数据及 Hf-O 同位素模拟的支持。～2.7 和～2.5Ga 均为地壳生长的重要时期，但这些新太古代岩石的锆石 Hf 模式年龄并不代表地壳生长时间，而仅仅是岩浆混合作用的假象。

～2.7Ga 斜长角闪岩的母岩浆具有两条不同的演化趋势，一条为以 Fe-Ti 极端富集为特征的 Fenner 趋势（第一组），另一条为典型的拉斑趋势（第二组），Fe-Ti 先富集后亏损，这可能受控于 Fe-Ti 氧化物分离结晶的顺序，而后者又受岩浆氧逸度的控制。正片麻岩沿第二条趋势演化，可能是第二组斜长角闪岩的母岩浆发生结晶分异与同化混染的产物。第一组斜长角闪岩的原岩类似于 NEAB 和 HNB，而第二组斜长角闪岩来源于典型的岛弧拉斑玄武岩。这一岩石组合类似于北美 Superior 省和印度 Dharwar 克拉通中许多～2.7Ga 绿岩带中的岛弧火山岩组合，指示大陆岛弧环境下年轻洋壳的“热”俯冲，这一过程可能对新太古代地壳生长和分异都具有重要意义。

第3章　古元古代岩浆作用与构造热事件

3.1　古元古代晚期沉积-变质-混合岩化作用

3.1.1　研究意义

大陆地壳的起源与演化是前寒武纪地质研究中最重要的课题之一。地球上最古老的地壳记录是来自西澳大利亚伊尔岗克拉通 Jack Hills 等地的碎屑锆石，大量 U-Pb 和 Lu-Hf 同位素数据表明，最古老的大陆地壳形成于 4.4～4.5Ga，即地球形成后不久（Wilde et al.，2001；Harrison，2009）。尽管大多数学者认为最早的大陆地壳是由“岩浆海”结晶或地幔橄榄岩部分熔融产生的基性-超基性岩及水化的基性岩部分熔融产生的 TTG（Campbell and Taylor，1983；Taylor and McLennan，1995，2009；Kemp et al.，2010；Condie，2011），但这种“原始地壳”（protocrust）何时发生壳内分异，形成成熟的花岗闪长质-花岗质上地壳（Rudnick and Gao，2003）一直以来存在较大的分异。一种观点认为，大陆地壳的形成及壳内分异发生在冥古宙-早太古宙期间的几百万年内（Armstrong，1981；Armstrong，1991；Harrison，2009），而另一种观点则认为大陆地壳是 4.0Ga 以后通过地幔柱或俯冲带相关的岩浆作用逐渐形成的，大陆地壳的壳内熔融和分异发生在太古宙末期（Taylor and Mclennan，1995，2009；Condie，1998，2011a；Hawkesworth and Kemp，2006a；Hawkesworth et al.，2010；Belousova et al.，2010；Cawood et al.，2013a）。

近年来，锆石原位 U-Pb-Hf-O 同位素分析手段的发展及其在大量碎屑锆石研究上的应用为理解大陆地壳的产生、增长和分异提供了一种非常有用的手段。对 Jack Hills 大量碎屑锆石的研究表明，其中部分冥古宙锆石具有高 δ^{18}O 值（＞6.0‰），说明其源区岩石的母岩存在与液态水的低温相互作用（Wilde et al.，2001；Mojzsis et al.，2001；Valley et al.，2002；Cavosie et al.，2005）。大多数锆石具有低的放射性成因 Hf，U-Pb 年龄-Hf 同位素组成反演说明其源区具有较低的 ^{176}Lu/^{177}Hf 值（≤0.01），即酸性地壳（Harrison et al.，2005，2008；Blichert-Toft and Albarède，2008）。此外，这些锆石具有与花岗岩中锆石类似的 REE 样式和矿物包体（石英、长石、白云母）组成以及较低的锆石 Ti 饱和温度（Harrison，2009）。这些数据说明，冥古宙时期大陆地壳已经形成并向花岗质成分分异，部分学者甚至推测这一过程可能与冥古宙洋壳俯冲和板块构造有关（Harrison，2009）。然而，这一解释最近受到了一些挑战，例如，Nemchin 等（2006）认为这些冥古宙锆石的高 δ^{18}O 值并非初始岩浆特征，而是与后期热液流体相互作用的结果；Rasmussen 等（2011）认为其中的矿物包裹体也可能是后期变质作用过程中形成的；Kemp 等（2010）对这些冥古宙锆石进行了 U-Pb 年龄和 Lu-Hf 同位素的同步分析，并通过线性回归分析给出其源区岩石的母岩的 ^{176}Lu/^{177}Hf 值为～0.02，即基性岩而非酸性岩。其他学者对澳大利亚（Kemp et al.，2006）、北美（Pietranik et al.，2008）、格陵兰（Naeraa et al.，2012）和非洲（Zeh et al.，2014）等地年轻碎屑锆石的研究表明，其中具有与地幔锆石类似的 δ^{18}O 值（5‰～6.5‰）的岩浆锆石的 Hf 同位素也可以拟合到 ^{176}Lu/^{177}Hf 值为～0.02 的地壳演化线上。这些研究表明，地幔橄榄岩部分熔融形成基性岩，基性岩再熔融形成钠质 TTG 是早期大陆地壳形成的最主要的过程，且基性岩形成于 3.3Ga、1.9Ga 等几个相对较短的时间段，支持幕式地壳生长的观点。但是在这些研究中，并未说明由 TTG 和基性岩组成的原始地壳何时开始发生壳内再造产生富钾花岗岩，即大陆地壳何时发生壳内分异这一重大问题。这一点可能并不意外，因为来自于高演化岩浆的锆石（δ^{18}O＞6.5‰）在线性回归分析过程中被剔除。

本节报道对库鲁克塔格西部古元古代兴地塔格群云母石英片岩、副片麻岩、石英岩及混合岩中的锆石原位 U-Pb-Hf-O 同位素研究结果进行分析（Ge et al.，2013a，b，2014c），研究目标包括：①通过碎屑锆石和变质锆石年龄约束兴地塔格群的最大沉积年龄和变质年龄；②探讨兴地塔格群变质-变形-混合岩化的机制；③探讨塔里木克拉通古元古代构造-热事件的区域构造意义及其与哥伦比亚超大陆演化的联系；④揭示塔里木克拉通北缘最古老地壳组分的形成时代与属性；⑤为大陆地壳的壳内分异时代提供约束。

3.1.2　地质背景与样品描述

库鲁克塔格地区中、西部广泛出露一套角闪岩相变质的碎屑岩-碳酸盐岩，称为兴地塔格群，主要岩石类型包括石英片岩、云母片岩、大理岩和副片麻岩，含少量石英岩、条带状铁建造、斜长角闪岩和钙硅酸岩，厚度达 4000m（图 2-3，图 3-1）（陆松年，1992；

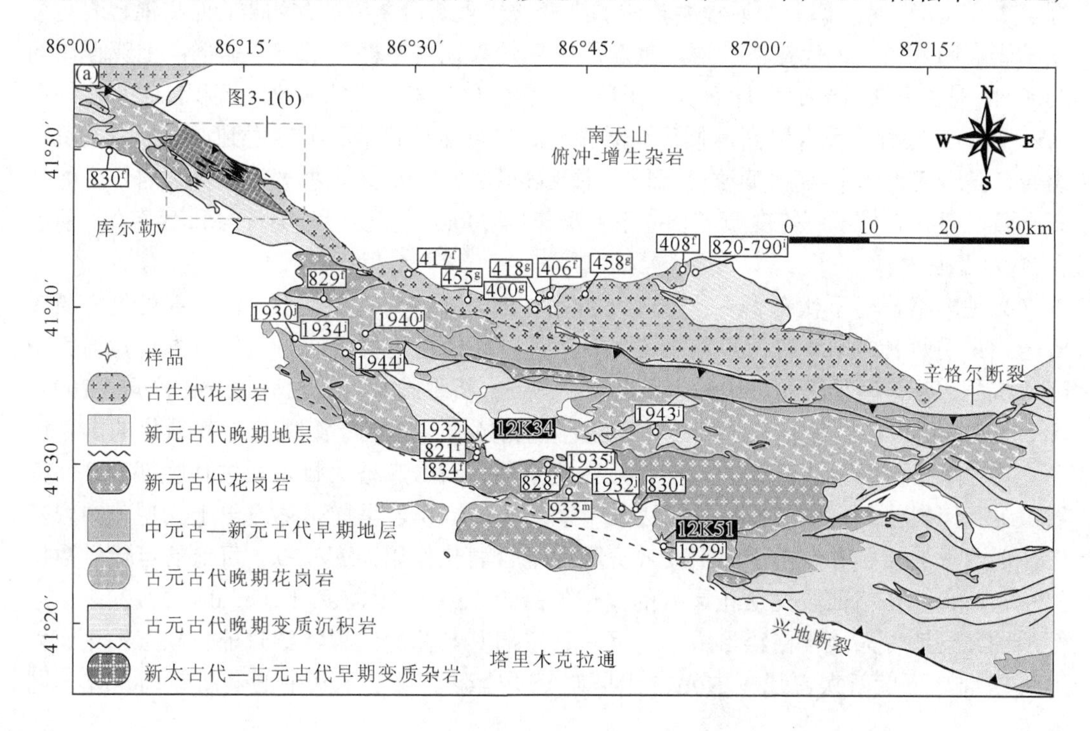

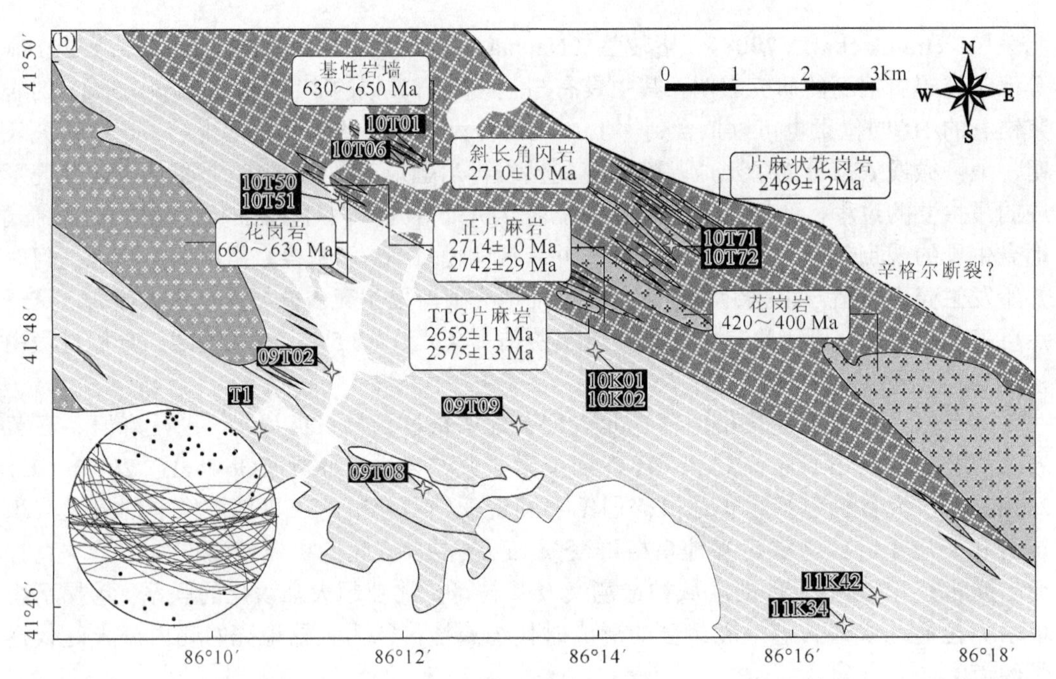

图 3-1　（a）库鲁克塔格西段及（b）库尔勒地区地质图（据 1∶20 万地质图修改，位置见图 2-2）

高振家，1993；新疆维吾尔自治区地质矿产局，1993；郭召杰等，2003）。20 世纪 60 年代出版的 1∶20 万地质图将兴地塔格群划分为三个组，分别称为喀拉阔雄组、图努尔布拉克组和辛格尔组，但不同地区各个组的岩性和变质级别变化较大，有时甚至在同一个地区岩性也存在沿走向的强烈相变。高振家（1993）对兴地—辛格尔地区的这套变质沉积岩进行了重新厘定，将一部分变质程度较浅的副变质岩重新命名为波瓦姆群，而将混合岩化强烈的岩层归入新太古代托格杂岩，重新厘定后的兴地塔格群包括三个亚群：上亚群厚约 2000m，是由石英片岩、副片麻岩（变粒岩）和云母片岩组成的多旋回沉积，每个旋回厚 1.5～2.5m，底部石英含量高，顶部泥质含量高，可能反映了石英砂岩到泥岩渐变的沉积组合，是一套近源中-高密度浊流沉积；中亚群厚约 1000m，主要岩性为大理岩，含蛇纹石、蓝晶石、石榴子石等变质矿物；下亚群厚约 500m，主要为石英片岩和石英岩，前者多含夕线石。

兴地塔格群与下伏新太古代—古元古代早期岩石多为断层接触，但局部可见变质底砾岩，说明两者之间本来为不整合接触，因此，兴地塔格群被认为是塔里木克拉通第一套“沉积盖层”（陆松年，1992；高振家，1993；新疆维吾尔自治区地质矿产局，1993；郭召杰等，2003），其中的碎屑锆石可能包含克拉通“基底”组成与地壳演化的丰富信息。兴地塔格群与下伏新太古代—古元古代早期岩石一起被大量古元古代晚期变质（蓝石英）花岗岩侵入，在野外可见长达数千米的变质沉积岩呈捕虏体产出于大型花岗岩基中，但两者的接触界限由于后期变质变形和混合岩化作用而变模糊。目前的年代学数据显示，库鲁克塔格西段变质花岗岩的侵位年龄为 1.93～1.94Ga（Lei et al.，2012）。上述地质关系说明，兴地塔格群形成于古元古代，但其具体的沉积年龄目前仍缺乏约束。兴地塔格群与下伏新太古代—古元古代早期变质岩浆岩及侵入其中的变质花岗岩体一同遭受变质变形，形成WNW-ESE向的区域性片麻岩，并被浅变质的波瓦姆群或扬吉布拉克群不整合覆盖，在波瓦姆群底部残留有数十米厚的底砾岩，标志着一次重要的构造运动，前人称为“兴地运动”（陆松年，1992；高振家，1993；新疆维吾尔自治区地质矿产局，1993）。

本章报道对库尔勒—西山口及以东地区的变质沉积岩的研究结果。大量野外观察和实测剖面表明，其岩性主要为石英片岩、云母片岩、大理岩、副片麻岩和少量石英岩、钙硅酸岩（图3-2），属于兴地塔格群中、上部，1∶20万库尔勒幅和博斯腾湖幅称为兴地塔格群图努尔布拉克组和辛格尔组。但与辛格尔—兴地地区不同的是，库尔勒地区这些变质沉积岩与大量斜长角闪岩“互层”，或在部分大理岩中包含大量大小不一的斜长角闪岩包体。另外，在库尔勒地区，这些变质沉积岩还发生不同程度的混合岩化，形成条带状、肠状、团块状混合岩及大量浅色花岗岩岩脉或小岩株。前人对库尔勒地区的云母石英片岩、副片麻岩等变质沉积岩进行了初步的年代学研究，表明其变质时代大致为1.8～1.9Ga（董昕等，2011；Zhang et al.，2012a；吴海林等，2012；He et al.，2013），与该区新太古代—古元古代早期变质岩浆岩的变质时代一致（Long et al.，2010），但对其沉积时代、变质温压条件及其与混合岩化作用的关系缺乏系统论述。

图3-2　库鲁克塔格西段古元古代变质表壳岩及相关混合岩的野外照片（彩图见图版）

笔者在库尔勒—西山口及以东地区采集了 16 块云母石英片岩、石英岩、副片麻岩及与之相关的混合岩浅色体和暗色体样品（图 3-1），进行了详细的 LA-ICP-MS 锆石 U-Pb 定年和 Lu-Hf 同位素定年，并对其中一个副片麻岩进行了 SHRIMP 锆石定年和 O 同位素分析。

样品 T1、09T02、09T08、09T09、11K34 和 11K42 是采自库尔勒地区的石英云母片岩（图 3-1（b），图 3-2（a）），主要由 Grt+Bt+Ms+Pl+Qz 组成，石榴子石呈斑晶，大多已沿边缘和裂缝分解为 Chl，说明存在较强的后期蚀变，但局部保留 Bt+Ms+Qz 包裹体；在样品 11K42 附近发现 Grt+Ky+Bt+Ms 组合，说明变质级别达到高角闪岩相，且具有较高的峰期变质压力。样品 12K26 和 12K97 是两个采自库尔勒地区的石英岩，由 95%～98%石英和 2%～5%黑云母/绿泥石和 Fe-Ti 氧化物组成。

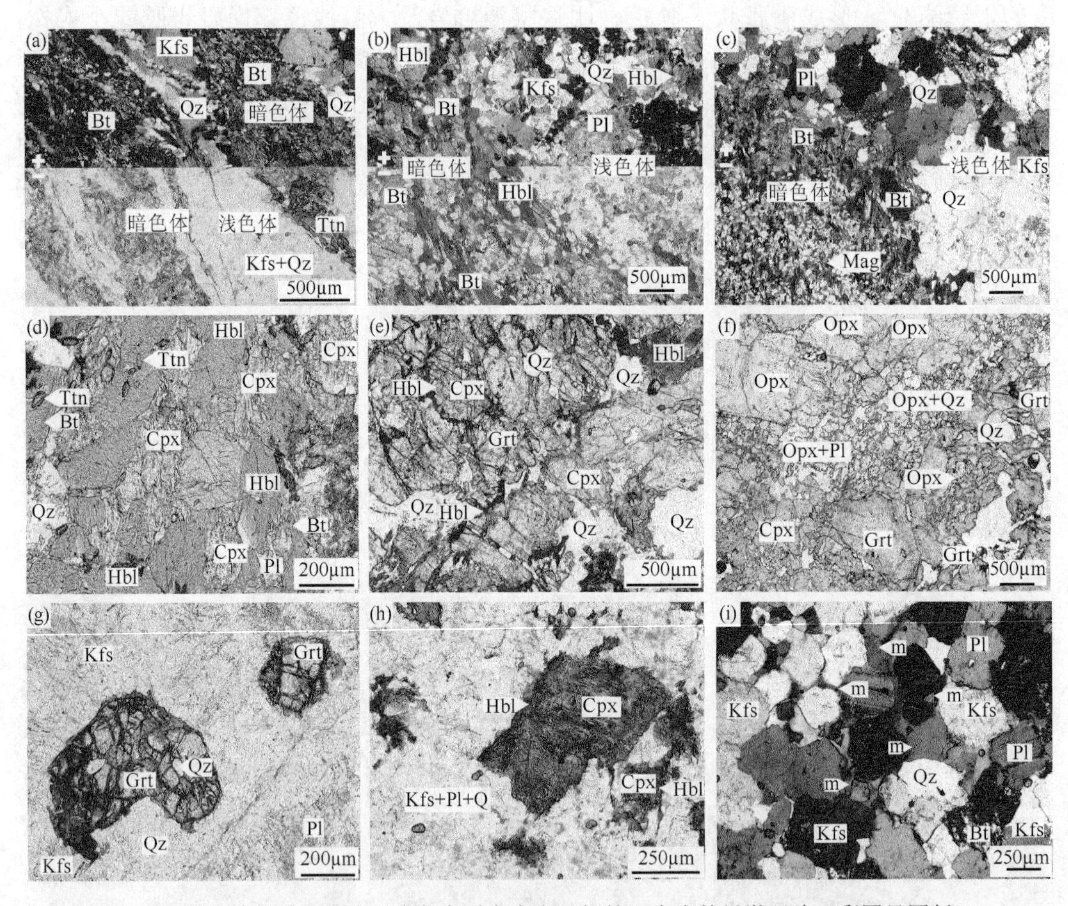

图 3-3　库鲁克塔格西段古元古代变质表壳岩及相关混合岩的显微照片（彩图见图版）（Ge et al.，2013a）

样品 12K37 是西山口东部一个～830Ma 的花岗岩体附近的云母片岩，主要由 Grt+Ms+Zo+Chl+Qz 组成，黝帘石多为自形，且与石榴子石、绿泥石和白云母平衡，说明该样品变质级别仅为绿片岩相，石榴子石部分蚀变为次生绿泥石，指示后期蚀变。样品 12K51 采自库尔勒市东部～80km 的一个～1.93Ga 的石英闪长岩体内，野外观察表明该样品可能是该岩体中的大型捕虏体，岩性为含石榴子石片麻岩（图 3-2（c）），主要由 Qz+Pl+Kfs+Grt 组成，石榴子石大多已蚀变为绿泥石、黝帘石和白云母，说明样品经历很强的低温热液蚀变，其峰期矿物组合已难以恢复。

样品 10K01 和 10K02 是库尔勒地区的两个条带状混合岩，由微米—厘米尺度的浅色体和暗色体组成，平行于区域片麻理（图 3-2（d）和（e）），样品 10K01 浅色体含量相对较高，浅色体主要由 Qz+Kfs±Pl 组成，暗色体主要由定向排列的 Hbl+Bt+Pl+Qz+Fe-Ti 氧化物±Ttn（图 3-3（a）～（d））组成，局部见细粒石英、Fe-Ti 氧化和蚀变的角闪石和黑云母组成集合体，说明强烈的退变质；但在附近的暗色岩石中发育 Grt+Cpx±Opx 组合（图 3-3（e）和（f）），说明峰期变质可能达到麻粒岩相。样品 10T72 和 10T71 分别为库尔勒北部的脉状混合岩的暗色体和浅色脉体（图 3-2（f）），浅色脉体宽 1～20cm，呈透镜状或团块状，平行或局部横切片麻理，主要由 Kfs+Qz 组成，而暗色体主要由定向排列的 Hbl+Bt+Kfs+Qz+Pl 组成（图 3-3（e））。

此外，为了进一步限定混合岩化的时代，本书对来自铁门关地区的两个浅色花岗质脉体样品 10T01 和 10T06 进行了锆石年代学研究（图 3-2（e）和（h））。样品主要是由粗粒的 Kfs+Qz+Pl 组成，有少量 Bt+Grt 呈孤岛状分布（图 3-3（g））。样品 10T50 和 10T51 采自铁门关附近一个～662Ma 的石英正长岩体附近（Ge et al.，2012b），分别为条带状混合岩的浅色体和暗色体（图 3-2（h）），暗色体由定向排列的 Bt+Qz+Hbl+Fe-Ti 氧化物组成（图 3-3（f）），局部含单斜辉石残留体，其中一个样品中的“足球型”变质锆石（Vavra et al.，1999）的 LA-ICP-MS 年龄为 659±3Ma（Ge et al.，2012b）；浅色体宽 5～20cm，主要由 Kfs+Qz+Pl+Bt 组成，并含 Cpx 包晶（图 3-3（h）），部分自形等粒状石英、斜长石、钾长石颗粒之间被不规则石英或钾长石所填充（图 3-3（i）），可能代表后期熔体（Sawyer，1999），其中一个横切片麻理的浅色花岗质脉体年龄为 635±3Ma（Ge et al.，2012b）。

上述样品中的锆石均进行了 CL 成像、LA-ICP-MS 定年和 LA-MC-ICP-MS 锆石 Lu-Hf 同位素分析，样品 12K51 还进行了 SHRIMP 锆石定年和 SHRIMP IIe/MC 锆石 O 同位素分析，分析结果见表 3-2～表 3-4。

3.1.3　变质-变形分析及变质温压估算

大量的野外和岩石薄片观察表明，库鲁克塔格西段古元古代变质表壳岩变质程度主体为中-低角闪岩相，典型的变质矿物组合包括泥质岩的 Grt+Bt+Ms+Pl+Qz（图 3-3（a））和斜长角闪岩的 Hbl+Pl±Ep±Ttn 组合。但在库尔勒地区局部见 Grt+Ky+Bt+Ms+Pl+Qz 组合（图 3-3（b）），在与之共生的斜长角闪岩中见 Hbl+Pl+Cpx 组合（图 3-3（g）），在个别样品中还观察到 Grt+Cpx+Hbl+Kfs+Pl+Qz 组合（图 3-3（h））和 Grt+Opx+Cpx 组合（图 3-3（i）），分别类似于基性原岩的高压麻粒岩相和高温麻粒岩相组合，说明变质级别可能达到高角闪岩相至麻粒岩相。而在西山口以东的变泥质岩中发育 Grt+Ms±Chl±Zo 组合，说明变质程度较低，仅为绿片岩相。这说明这套岩石的变质级别不同地区有所不同，以库尔勒地区最高，似乎有向北变质加深的趋势，这与库尔勒杂岩混合岩化程度北强南弱的趋势一致。

对典型的变泥质岩和基性岩的矿物变质组合和包裹-反应关系研究表明，库尔勒地区的变质岩至少经历了三个阶段的变质。M1 为进变质阶段，表现为石榴子石斑晶中的矿物包裹体，以泥质岩中的 Bt+Ms+Qz 组合和基性岩中的 Hbl+Pl+Qz 组合为代表，为高绿片岩相至低角闪岩岩相。M2 为峰期变质，以泥质岩中的 Grt+Bt+Ms+Pl+Qz±Ky 和基性岩的 Hbl+Pl+Qz±Grt±Cpx±Opx 为代表，达高角闪岩相至麻粒岩相。M3 为退变质阶段，表现为泥质岩中石榴子石分解为绿泥石+石英（图 3-3（a））、黑云母蚀变为白云母或绿泥石，基性岩中石榴子石分解为 Hbl+Pl，Cpx 周缘生长阳起石镶边（图 3-3（h））。

野外构造变形观察和测量表明，这些岩石经历了复杂的构造变形，其中至少可以区分出三期韧性变形。第一期（D1）表现为厘米至米尺度的复杂无根褶皱（F1），褶皱轴面大致与主片理面平行；第二期（D2）表现为走向近 EW 至 NWW-SEE 的陡倾片理和片麻理（S2，图 3-1（b）插图，图 3-2），是该区占主导的构造变形；第三期（D2）表现为 S2 的再褶皱，形成米—千米尺度的宽缓褶皱（F3）。此外，库尔勒杂岩还遭受了多期逆冲变形，形成了多条 NW-SE 走向的逆冲断裂，其中北缘边界断裂可能与南天山—塔里木分界断裂（辛格尔大断裂）相连，现今仍有较强的活动性，其向北的长期逆冲导致库鲁克塔格地区前寒武纪基底岩石推覆在焉耆盆地第四纪沉积物上，地貌表现明显。

本书选择了两个云母石英片岩样品（T1 和 09T07）进行了变质峰期温压条件的估算。这两个样品的峰期矿物组合为 Grt+Bt+Ms+Pl+Qz，矿物成分是用南京大学内生金属成矿机制研究国家重点实验室的 JXA-8100（JEOL）电子探针确定的，使用的加速电压为 15kV，斑束电流为～20nA，积分时间为 10～20s，分析点直径为 1～3μm，分析结果见表 3-1。结果表明，样品中的石榴子石成分以铁铝榴石（57%～64%）、钙铝榴石（15%～20%）和镁铝榴石（8.5%～18%）为主，钙铁榴石（0%～1%）和锰铝榴石（2%～4%）组分很低，而斜长石成分为奥长石（An=18%～20%），黑云母的 Mg/（Mg+Fe）值为 0.47～0.49，白云母的硅原子数为 3.1，接近于多硅白云母（表 3-1）。

表 3-1　库尔勒地区云母石英片岩电子探针矿物成分分析结果表（Ge et al.，2013b）

样品 矿物	T1				09T07			
	Grt	Bt	Ms	Pl	Grt	Bt	Ms	Pl
SiO_2	35.97	35.57	47.02	63.59	37.36	35.79	47.82	63.77
TiO_2	0.00	2.01	0.93	0.00	0.04	1.56	0.66	0.00
Al_2O_3	22.63	18.29	33.16	23.48	23.79	18.95	34.68	23.76
Cr_2O_3	0.00	0.00	0.00	0.00	0.00	0.00	0.00	0.00
Fe_2O_3	3.50	0.00	1.88	0.01	0.00	0.00	0.97	0.02
FeO	24.26	19.28	0.72	0.00	27.56	18.52	0.40	0.00
MnO	1.69	0.24	0.04	0.00	0.85	0.08	0.00	0.00

续表

样品 矿物	T1				09T07			
	Grt	Bt	Ms	Pl	Grt	Bt	Ms	Pl
MgO	2.07	9.45	2.21	0.00	4.45	10.17	2.02	0.01
CaO	10.35	0.05	0.04	3.72	5.12	0.03	0.02	3.83
Na_2O	0.00	0.10	0.32	9.15	0.00	0.19	1.41	8.25
K_2O	0.02	10.57	10.13	0.09	0.01	9.95	9.11	0.08
总和	100.50	95.57	96.45	100.03	99.17	95.25	97.09	99.73
氧化物	12	11	11	8	12	11	11	8
Si	2.843	2.720	3.098	2.801	2.935	2.720	3.101	2.807
Ti	0.000	0.116	0.046	0.000	0.002	0.089	0.032	0.000
Al	2.109	1.649	2.576	1.219	2.204	1.698	2.651	1.233
Cr	0.000	0.000	0.000	0.000	0.000	0.000	0.000	0.000
Fe^{3+}	0.208	0.000	0.093	0.000	0.000	0.000	0.048	0.001
Fe^{2+}	1.604	1.233	0.040	0.000	1.811	1.178	0.021	0.000
Mn	0.113	0.016	0.002	0.000	0.057	0.005	0.000	0.000
Mg	0.244	1.077	0.217	0.000	0.521	1.152	0.196	0.001
Ca	0.877	0.004	0.003	0.175	0.431	0.003	0.001	0.181
Na	0.000	0.015	0.041	0.782	0.000	0.029	0.177	0.704
K	0.002	1.032	0.851	0.005	0.001	0.965	0.753	0.005
总和	8.000	7.863	6.968	4.983	7.961	7.839	6.983	4.931

两个样品峰期矿物组合 *P-T* 条件的计算使用了 Thermo-Calc 软件（v3.33）的“平均 *P-T*”功能，计算中使用的内部一致性数据库版本为 tc-ds55.txt（2003 年 11 月 22 日更新）（Powell and Holland，1994；Holland and Powell，1998），矿物端元组分活度估算使用的是 AX 程序。这一方法给出的 *P-T* 值，特别是温度 *T*，取决于变质流体成分，即 $X(H_2O)$。本书尝试使用不同的 $X(H_2O)$计算了 *P-T* 值，并选择诊断性参数 σ_{fit} 最小时的结果作为最佳 *P-T* 值（Powell and Holland，1994）。结果表明，样品 09T07 的峰期 *P-T* 值为 P=11.6±1.6kbar，T=701±44℃，$X(H_2O)$=1.0（σ_{fit}=1.50）；而样品 T1 峰期的最佳 *P-T* 值为 P=9.6±1.2kbar，T=693±40℃，$X(H_2O)$=0.2（σ_{fit}=0.82）。如果考虑到白云母可能并非峰期矿物组合而将其剔除的话，计算得到 T=670℃～710℃时的峰期压力为 11～12kbar，可见，这两个样品的峰期 *P-T* 条件大约为 P=11±2kbar，T=690±50℃，即高角闪岩相，但压力相对较高，说明库尔勒地区的表壳岩层曾被埋藏至下地壳深度。

3.1.4　古元古代表壳岩与混合岩锆石 U-Pb-Hf-O 同位素特征

1. 库尔勒地区云母石英片岩和石英岩

样品 T1 中的锆石为短柱状至卵圆形，CL 图像显示其具有复杂的内部结构，大多数颗粒由具有振荡环带或团块分带的不规则核部、无内部结构的暗色边和亮色边组成，而其他颗粒核部不发育（图 3-4（a））。32 个核部分析点的年龄大多为谐和年龄，分散在 2720～1996Ma，在年龄谱上具有 2.68Ga、2.45Ga、2.32Ga、2.17Ga 和 2.09Ga 5 个年龄峰值（图 3-5（a））。这些锆石核总体具有较高的 Th/U（0.26～1.97，平均 0.83，表 3-2），其 Hf 同位素组成变化较大，初始 $^{176}Hf/^{177}Hf$ 为 0.280900～0.281194（图 3-6（a）），对应的 $\varepsilon Hf_{(t)}$ 为–14.4～–0.9。相反，暗色边上的 22 个分析点具有类似的谐和或轻微不谐和年龄，其不一致线上交点年龄为 1845±16Ma（MSDW=0.38），与 17 个谐和数据的加权平均 $^{206}Pb/^{207}Pb$ 年龄（1842±14Ma，MSWD=0.46）一致（图 3-5（a））；其 Th/U 值变化较大（0.04～2.08），但大多低于其对应的锆石核（表 3-2），其初始 $^{176}Hf/^{177}Hf$ 变化范围也较大（0.280982～0.281416，图 3-6（a）），对应的 $\varepsilon Hf_{(t)}$ 为–21.9～–7.0。另外两个分析点位于暗色与亮色区域的重合部位，其初始 $^{176}Hf/^{177}Hf$ 值最高（0.281372 和 0.281627）。这些数据说明，锆石核可能是残留的碎屑锆石，其 U-Pb 年龄的 Hf 同位素组成反映了沉积物源区的时代和物质组成，而暗色锆石边可能为变质成因，记录了～1.85Ga 的变质作用，亮色的锆石边可能是后期热液蚀变的结果，但大多数宽度不足以进行 U-Pb 和 Hf 同位素分析。

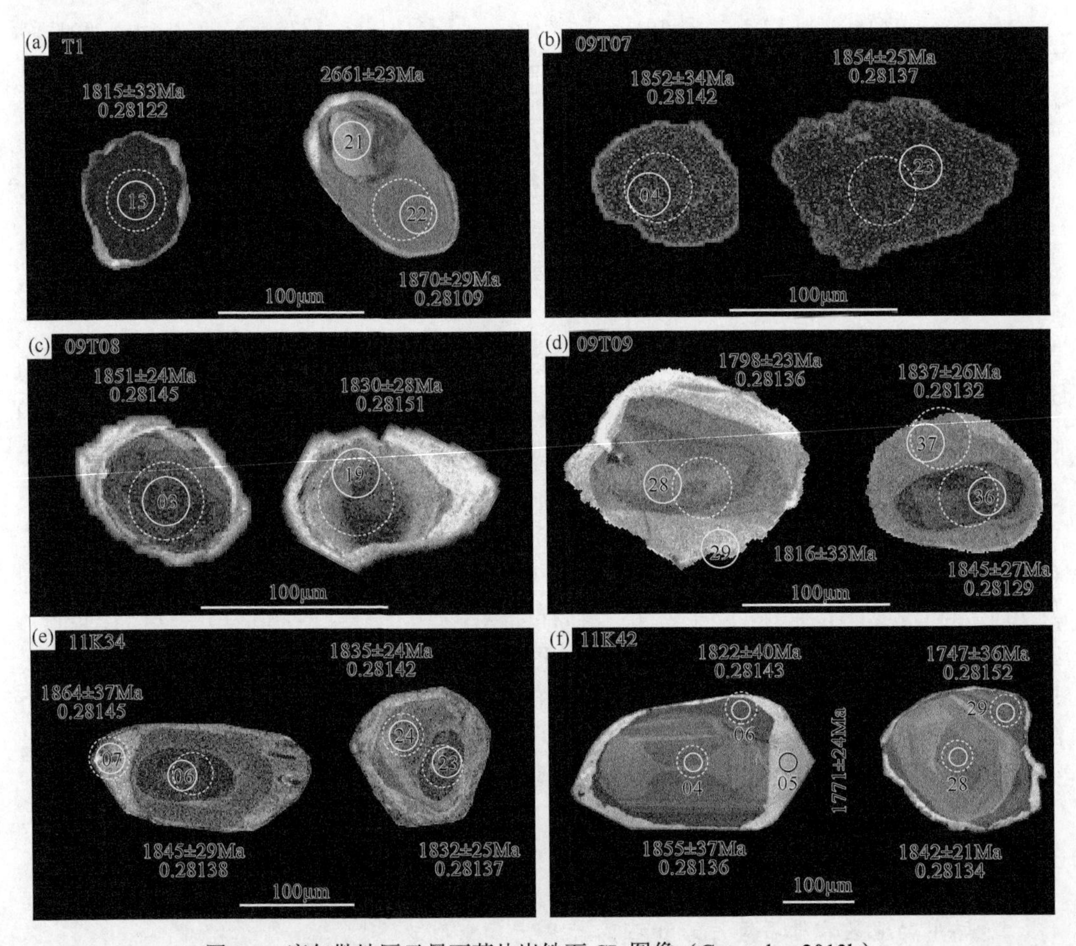

图 3-4　库尔勒地区云母石英片岩锆石 CL 图像（Ge et al.，2013b）

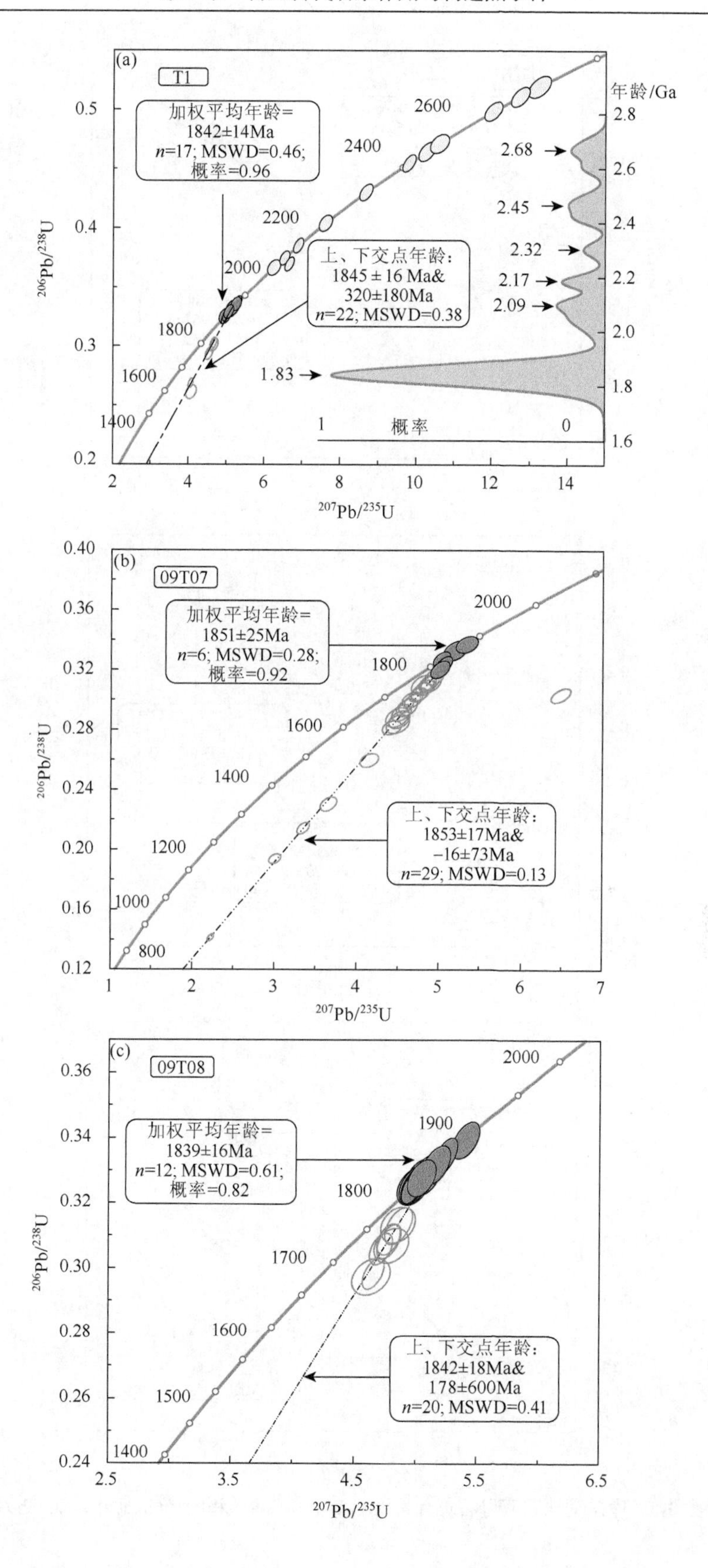
(a)
T1
加权平均年龄=
1842±14Ma
n=17; MSWD=0.46;
概率=0.96
上、下交点年龄:
1845 ± 16 Ma&
320±180Ma
n=22; MSWD=0.38
年龄/Ga
2.68
2.45
2.32
2.17
2.09
1.83
概率
$^{206}Pb/^{238}U$
$^{207}Pb/^{235}U$
(b)
09T07
加权平均年龄=
1851±25Ma
n=6; MSWD=0.28;
概率=0.92
上、下交点年龄:
1853±17Ma&
−16±73Ma
n=29; MSWD=0.13
$^{206}Pb/^{238}U$
$^{207}Pb/^{235}U$
(c)
09T08
加权平均年龄=
1839±16Ma
n=12; MSWD=0.61;
概率=0.82
上、下交点年龄:
1842±18Ma&
178±600Ma
n=20; MSWD=0.41
$^{206}Pb/^{238}U$
$^{207}Pb/^{235}U$

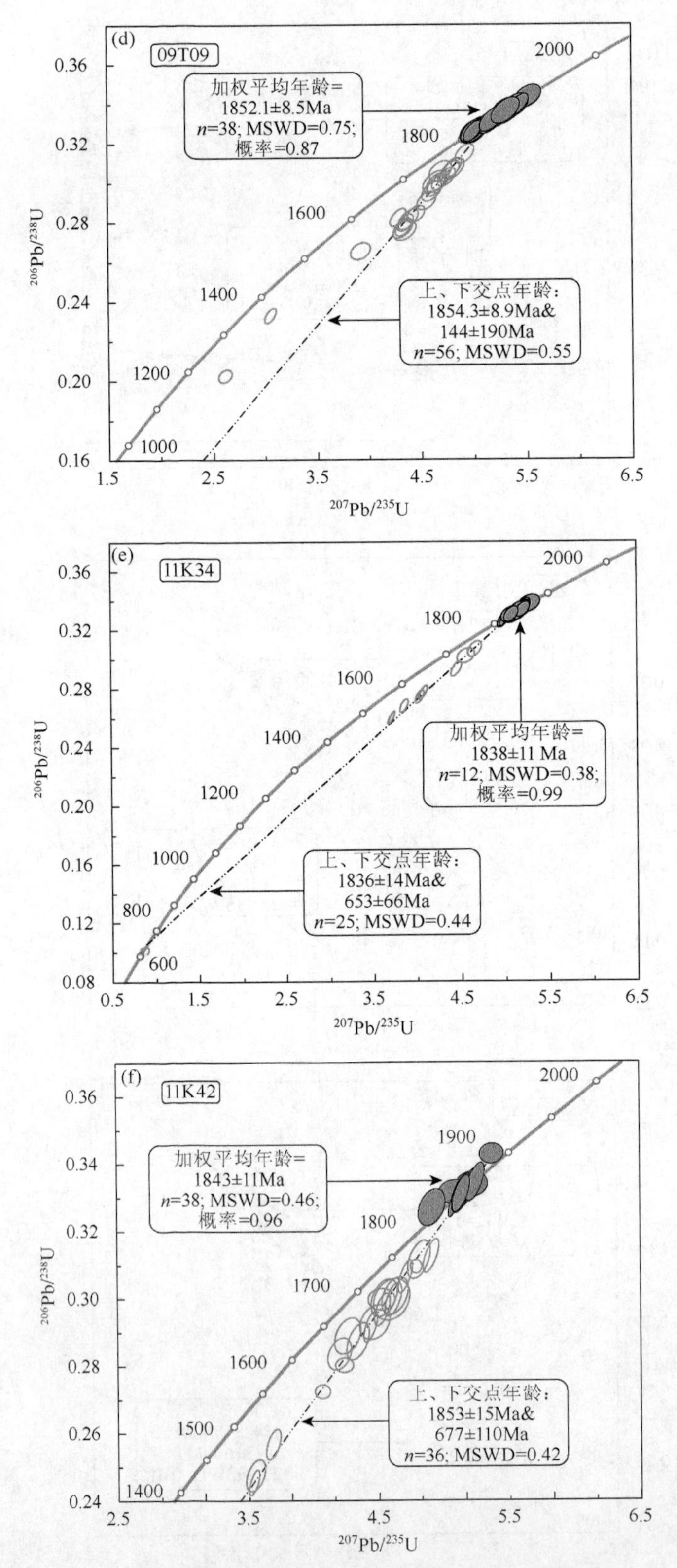

图 3-5　库尔勒地区云母石英片岩锆石 U-Pb 年龄谐和图（Ge et al.，2013b）

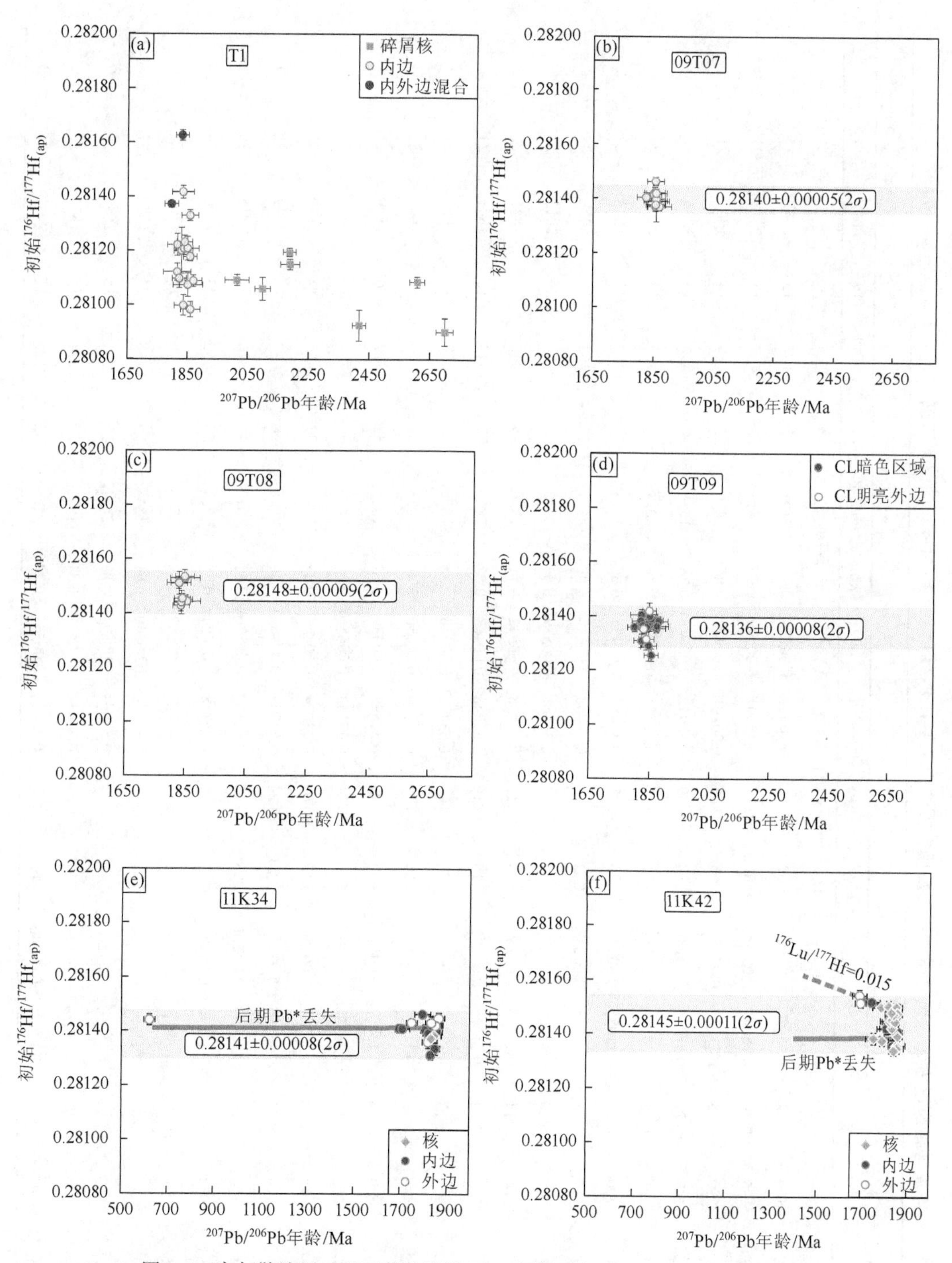

图3-6 库尔勒地区云母石英片岩锆石Hf同位素组成（Ge et al.，2013a）

样品09T07中的锆石也是短柱状或卵圆形，直径大多<100μm。在CL图像上表现为暗色均匀晶体，缺乏内部结构（图3-4（b））。30个U-Pb数据说明其年龄大多为谐和或轻微不谐和，除去点09T07-26外，其他数据落在一条不一致线上，其上交点为1853±17Ma（MSWD=0.13，图3-5（b）），这与谐和年龄的加权平均$^{206}Pb/^{207}Pb$年龄（1851±25Ma，

表 3-2　库鲁克塔格西段古元古代变质沉积岩及相关混合岩 LA-ICP-MS 锆石 U-Th-Pb 同位素数据（Ge et al.，2013a，b）

分析序号	do.[a]	Th/ppm	U/ppm	$\frac{Th}{U}$	同位素比值							年龄/Ma						disc.[e]/%
					$^{207}Pb/^{206}Pb$	1σ	$^{207}Pb/^{235}U$	1σ	$^{206}Pb/^{238}U$	1σ	ρ^d	$^{207}Pb/^{206}Pb$	1σ	$^{207}Pb/^{235}U$	1σ	$^{206}Pb/^{238}U$	1σ	
样品 T1（41°47′19.7″N；86°11′33.3″E）：含石榴子石云母石英片岩																		
T1-01	c	378	460	0.82	0.13680	0.00165	7.62	0.11	0.40392	0.00534	0.92	2187	21	2187	13	2187	25	0
T1-02	c	76	195	0.39	0.15641	0.00195	9.81	0.14	0.45504	0.00599	0.90	2417	22	2417	13	2418	27	0
T1-03	r	31	590	0.05	0.11179	0.00155	4.66	0.08	0.30201	0.00422	0.86	1829	26	1759	14	1701	21	8
T1-04	r	105	147	0.71	0.11234	0.00181	5.10	0.09	0.32942	0.00448	0.78	1838	30	1836	15	1836	22	0
T1-05	c	231	296	0.78	0.13011	0.00184	6.91	0.11	0.38525	0.00509	0.84	2099	25	2100	14	2101	24	0
T1-06	r	104	700	0.15	0.11085	0.00227	4.96	0.11	0.32482	0.00456	0.66	1813	38	1813	18	1813	22	0
T1-07	c	90	115	0.78	0.16046	0.00257	10.28	0.18	0.46468	0.00660	0.80	2461	28	2460	16	2460	29	0
T1-08	c	97	368	0.26	0.12400	0.00273	6.27	0.14	0.36661	0.00539	0.65	2015	40	2014	20	2013	25	0
T1-09	r	149	1045	0.14	0.11313	0.00239	5.17	0.12	0.33158	0.00532	0.71	1850	39	1848	19	1846	26	0
T1-10	c	202	97	2.08	0.11376	0.00202	5.18	0.10	0.33048	0.00488	0.77	1860	33	1849	16	1841	24	1
T1-11	r	62	461	0.13	0.11363	0.00178	5.23	0.09	0.33402	0.00434	0.78	1858	29	1858	14	1858	21	0
T1-12	r	242	496	0.49	0.11225	0.00189	4.55	0.09	0.29396	0.00450	0.81	1836	31	1740	16	1661	22	11
T1-13	r	511	1138	0.45	0.11097	0.00199	4.96	0.09	0.32393	0.00439	0.72	1815	33	1812	16	1809	21	0
T1-14	r	287	252	1.14	0.16326	0.00306	10.61	0.21	0.47143	0.00655	0.71	2490	32	2490	18	2490	29	0
T1-15	r	209	142	1.47	0.11247	0.00166	5.12	0.09	0.33024	0.00459	0.83	1840	27	1840	14	1840	22	0
T1-16	c	82	115	0.72	0.18495	0.00303	13.24	0.24	0.51949	0.00761	0.80	2698	28	2697	17	2697	32	0
T1-17	r	53	176	0.3	0.11097	0.00274	4.98	0.13	0.32540	0.00536	0.64	1815	46	1816	22	1816	26	0
T1-18	r	1563	903	1.73	0.11316	0.00307	4.08	0.11	0.26118	0.00474	0.65	1851	50	1650	23	1496	24	24
T1-19	c	46	86	0.54	0.14645	0.00220	8.69	0.15	0.43027	0.00588	0.82	2305	26	2306	15	2307	27	0
T1-20	r	160	514	0.31	0.11297	0.00304	5.17	0.14	0.33200	0.00560	0.61	1848	50	1848	24	1848	27	0
T1-21	c	207	105	1.97	0.18090	0.00246	12.74	0.20	0.51093	0.00691	0.87	2661	23	2661	15	2661	29	0
T1-22	r	236	243	0.97	0.11439	0.00178	5.31	0.09	0.33673	0.00471	0.81	1870	29	1871	15	1871	23	0
T1-23	c	69	125	0.55	0.13695	0.00246	7.63	0.14	0.40405	0.00558	0.74	2189	32	2188	17	2188	26	0

续表

分析序号	do.[a]	Th/ppm	U/ppm	Th/U	同位素比值							年龄/Ma						
					$^{207}Pb/^{206}Pb$	1σ	$^{207}Pb/^{235}U$	1σ	$^{206}Pb/^{238}U$	1σ	ρ^{d}	$^{207}Pb/^{206}Pb$	1σ	$^{207}Pb/^{235}U$	1σ	$^{206}Pb/^{238}U$	1σ	disc.[e]/%
样品 T1（41°47′19.7″N；86°11′33.3″E）：含石榴子石云母石英片岩																		
T1-24	c	213	346	0.62	0.12681	0.00193	6.55	0.11	0.37473	0.00487	0.79	2054	27	2053	14	2052	23	0
T1-25	c	869	511	1.7	0.17515	0.00252	12.04	0.19	0.49878	0.00655	0.83	2607	25	2608	15	2609	28	0
T1-26	r	187	126	1.48	0.11460	0.00159	5.33	0.08	0.33710	0.00438	0.85	1874	26	1873	13	1873	21	0
T1-27	r	239	350	0.68	0.11366	0.00142	5.24	0.08	0.33428	0.00434	0.90	1859	23	1859	12	1859	21	0
T1-28	r	90	445	0.2	0.11137	0.00131	4.97	0.07	0.32359	0.00419	0.93	1822	22	1814	12	1807	20	1
T1-29	r	112	517	0.22	0.10973	0.00137	4.06	0.06	0.26862	0.00338	0.89	1795	23	1647	12	1534	17	17
T1-30	r	69	1048	0.07	0.11191	0.00135	5.06	0.07	0.32809	0.00424	0.92	1831	22	1830	12	1829	21	0
T1-31	r	26	548	0.05	0.11140	0.00146	5.01	0.08	0.32622	0.00433	0.88	1822	24	1821	13	1820	21	0
T1-32	r	64	501	0.13	0.11400	0.00241	5.27	0.11	0.33542	0.00489	0.67	1864	39	1864	19	1865	24	0
T1-33	c	116	245	0.47	0.13101	0.00172	6.67	0.10	0.36958	0.00480	0.88	2112	24	2069	13	2027	23	4
T1-34	r	75	268	0.28	0.11284	0.00201	4.68	0.09	0.30077	0.00446	0.77	1846	33	1763	16	1695	22	9
T1-35	r	19	478	0.04	0.11213	0.00224	5.08	0.11	0.32890	0.00485	0.70	1834	37	1833	18	1833	24	0
T1-31	c	26	548	0.05	0.11140	0.00146	5.01	0.08	0.32622	0.00433	0.88	1822	24	1821	13	1820	21	0
样品 09T07（41°47′19.7″N；86°11′33.3″E）：含石榴子石云母石英片岩																		
09T07-01	c?	91	1905	0.05	0.15506	0.00209	6.49	0.10	0.30344	0.00399	0.85	2402	23	2044	14	1708	20	41
09T07-02	r	21	1665	0.01	0.11485	0.00249	3.66	0.08	0.23056	0.00385	0.73	1878	40	1562	18	1337	20	40
09T07-03	r	84	2081	0.04	0.11447	0.00292	4.49	0.12	0.28386	0.00506	0.69	1872	47	1730	21	1611	25	16
09T07-04	r	18	2043	0.01	0.11326	0.00211	4.74	0.09	0.30341	0.00389	0.68	1852	34	1774	16	1708	19	8
09T07-05	r	14	1708	0.01	0.11392	0.00244	4.42	0.09	0.28143	0.00376	0.63	1863	40	1716	18	1599	19	17
09T07-06	r	12	2411	0.01	0.11207	0.00254	4.79	0.11	0.31022	0.00515	0.70	1833	42	1784	20	1742	25	5
09T07-07	r	29	1249	0.02	0.11394	0.00249	4.89	0.11	0.31112	0.00505	0.70	1863	40	1800	19	1746	25	7
09T07-08	r	59	1560	0.04	0.11340	0.00171	4.86	0.08	0.31105	0.00426	0.81	1855	28	1795	14	1746	21	6
09T07-09	r	48	4622	0.01	0.11303	0.00231	4.54	0.10	0.29142	0.00453	0.71	1849	38	1738	18	1649	23	12

续表

分析序号	do.[a]	Th/ppm	U/ppm	Th/U	同位素比值							年龄/Ma						
					$^{207}Pb/^{206}Pb$	1σ	$^{207}Pb/^{235}U$	1σ	$^{206}Pb/^{238}U$	1σ	ρ^{d}	$^{207}Pb/^{206}Pb$	1σ	$^{207}Pb/^{235}U$	1σ	$^{206}Pb/^{238}U$	1σ	disc.[e]/%
样品 09T07（41°47′19.7″N；86°11′33.3″E）：含石榴子石云母石英片岩																		
09T07-10	r	15	1897	0.01	0.11317	0.00182	4.67	0.08	0.29929	0.00383	0.75	1851	30	1762	14	1688	19	10
09T07-11	r	23	2449	0.01	0.11610	0.00250	4.15	0.09	0.25976	0.00376	0.65	1897	40	1664	18	1489	19	27
09T07-12	r	20	3120	0.01	0.11276	0.00239	4.67	0.10	0.30023	0.00421	0.64	1844	39	1762	18	1692	21	9
09T07-13	r	12	958	0.01	0.11340	0.00216	4.78	0.10	0.30566	0.00498	0.78	1855	35	1781	17	1719	25	8
09T07-14	r	36	1548	0.02	0.11288	0.00286	4.49	0.12	0.28830	0.00523	0.70	1846	47	1729	22	1633	26	13
09T07-15	r	18	2132	0.01	0.11310	0.00146	5.17	0.08	0.33205	0.00443	0.88	1850	24	1848	13	1848	21	0
09T07-16	r	1708	1246	1.37	0.11254	0.00216	3.01	0.06	0.19383	0.00261	0.68	1841	36	1409	15	1142	14	61
09T07-17	r	15	2085	0.01	0.11359	0.00258	5.20	0.12	0.33296	0.00533	0.67	1858	42	1852	20	1853	26	0
09T07-18	r	143	4224	0.03	0.11257	0.00160	4.59	0.07	0.29593	0.00385	0.82	1841	26	1748	13	1671	19	10
09T07-19	r	10	1351	0.01	0.11152	0.00183	5.03	0.09	0.32706	0.00429	0.75	1824	30	1824	15	1824	21	0
09T07-20	r	8	694	0.01	0.11491	0.00235	5.34	0.11	0.33705	0.00457	0.65	1878	38	1876	18	1872	22	0
09T07-21	r	19	1440	0.01	0.11361	0.00216	4.83	0.09	0.30836	0.00408	0.68	1858	35	1790	16	1733	20	7
09T07-22	r	14	1499	0.01	0.11353	0.00174	5.05	0.09	0.32347	0.00474	0.83	1857	28	1828	15	1807	23	3
09T07-23	r	22	2078	0.01	0.11337	0.00156	4.86	0.08	0.31118	0.00415	0.85	1854	25	1796	13	1747	20	6
09T07-24	r	237	7766	0.03	0.11353	0.00186	3.35	0.06	0.21425	0.00321	0.81	1857	30	1493	14	1251	17	48
09T07-25	r	30	1946	0.02	0.11403	0.00145	2.22	0.03	0.14138	0.00188	0.89	1865	23	1188	10	852	11	119
09T07-26	r	22	1443	0.01	0.11329	0.00242	4.60	0.10	0.29487	0.00494	0.74	1853	40	1750	19	1666	25	11
09T07-27	r	10	1177	0.01	0.11362	0.00205	4.88	0.09	0.31155	0.00414	0.71	1858	33	1799	16	1748	20	6
09T07-28	r	25	1048	0.02	0.11417	0.00253	4.51	0.11	0.28683	0.00477	0.71	1867	41	1733	19	1626	24	15
09T07-29	r	10	2461	0	0.11345	0.00204	5.01	0.10	0.32029	0.00474	0.76	1855	33	1821	16	1791	23	4
09T07-30	r	19	1925	0.01	0.11357	0.00217	4.94	0.10	0.31547	0.00428	0.69	1857	35	1809	17	1768	21	5
样品 09T08（41°46′47.5″N；86°12′0.68″E）：含石榴子石云母石英片岩																		
09T08-01	r	34	838	0.04	0.11261	0.00187	4.86	0.09	0.31296	0.00466	0.78	1842	31	1795	16	1755	23	5
09T08-02	r	68	281	0.24	0.11178	0.00247	5.06	0.11	0.32805	0.00461	0.64	1829	41	1829	19	1829	22	0

续表

分析序号	do.[a]	Th/ppm	U/ppm	Th/U	同位素比值							年龄/Ma						
					$^{207}Pb/^{206}Pb$	1σ	$^{207}Pb/^{235}U$	1σ	$^{206}Pb/^{238}U$	1σ	ρ^{d}	$^{207}Pb/^{206}Pb$	1σ	$^{207}Pb/^{235}U$	1σ	$^{206}Pb/^{238}U$	1σ	disc.[e]/%
样品 09T08（41°46′47.5″N；86°12′0.68″E）：含石榴子石云母石英片岩																		
09T08-03	r	29	726	0.04	0.11320	0.00146	5.19	0.08	0.33263	0.00425	0.88	1851	24	1851	12	1851	21	0
09T08-04	r	253	457	0.55	0.11097	0.00232	4.98	0.11	0.32520	0.00469	0.66	1815	39	1815	18	1815	23	0
09T08-05	r	29	888	0.03	0.11225	0.00172	4.78	0.08	0.30888	0.00388	0.77	1836	28	1781	14	1735	19	6
09T08-06	r	116	564	0.2	0.11558	0.00178	5.41	0.09	0.33930	0.00465	0.80	1889	28	1886	15	1883	22	0
09T08-07	r	1248	3471	0.36	0.11352	0.00274	4.80	0.12	0.30693	0.00435	0.59	1857	45	1785	20	1726	21	8
09T08-08	r	110	778	0.14	0.11318	0.00154	4.66	0.07	0.29835	0.00393	0.85	1851	25	1759	13	1683	20	10
09T08-09	r	22	646	0.03	0.11105	0.00206	4.99	0.10	0.32563	0.00485	0.73	1817	34	1817	17	1817	24	0
09T08-10	r	64	1016	0.06	0.11314	0.00305	4.64	0.13	0.29738	0.00459	0.57	1850	50	1756	23	1678	23	10
09T08-11	r	107	575	0.19	0.11208	0.00185	5.08	0.09	0.32898	0.00489	0.80	1833	31	1833	16	1833	24	0
09T08-12	r	99	653	0.15	0.11367	0.00156	5.24	0.08	0.33437	0.00466	0.87	1859	25	1859	14	1860	23	0
09T08-13	r	22	652	0.03	0.11239	0.00154	5.11	0.08	0.32973	0.00459	0.87	1838	25	1838	14	1837	22	0
09T08-14	r	83	401	0.21	0.11105	0.00170	4.98	0.09	0.32540	0.00470	0.82	1817	28	1816	15	1816	23	0
09T08-15	r	79	707	0.11	0.11096	0.00144	4.97	0.07	0.32511	0.00427	0.88	1815	24	1815	13	1815	21	0
09T08-16	r	87	571	0.15	0.11302	0.00196	5.17	0.10	0.33167	0.00493	0.77	1849	32	1847	16	1846	24	0
09T08-17	r	40	547	0.07	0.11256	0.00166	4.78	0.08	0.30822	0.00428	0.83	1841	27	1782	14	1732	21	6
09T08-18	r	538	2075	0.26	0.11175	0.00202	5.05	0.10	0.32768	0.00461	0.73	1828	34	1828	16	1827	22	0
09T08-19	r	25	703	0.04	0.11184	0.00169	4.72	0.08	0.30594	0.00392	0.79	1830	28	1770	14	1721	19	6
09T08-20	r	100	482	0.21	0.11229	0.00269	4.85	0.12	0.31326	0.00454	0.61	1837	44	1794	20	1757	22	5
样品 09T09（41°47′11.5″N；86°13′27.5″E）：含石榴子石云母石英片岩																		
09T09-1	r	58	247	0.24	0.11426	0.00156	5.27	0.09	0.33449	0.00505	0.89	1868	25	1864	14	1860	24	0
09T09-2	r	161	293	0.55	0.11299	0.00137	5.17	0.08	0.33180	0.00458	0.92	1848	22	1848	13	1847	22	0
09T09-3	r	65	263	0.25	0.11647	0.00207	5.52	0.10	0.34389	0.00472	0.74	1903	33	1904	16	1905	23	0
09T09-4	r	84	284	0.3	0.11131	0.00152	5.01	0.08	0.32649	0.00466	0.87	1821	25	1821	14	1821	23	0

续表

分析序号	do.[a]	Th/ppm	U/ppm	Th/U	同位素比值							年龄/Ma						
					$^{207}Pb/^{206}Pb$	1σ	$^{207}Pb/^{235}U$	1σ	$^{206}Pb/^{238}U$	1σ	ρ^{d}	$^{207}Pb/^{206}Pb$	1σ	$^{207}Pb/^{235}U$	1σ	$^{206}Pb/^{238}U$	1σ	disc.[e]/%
样品 09T09（41°47′11.5″N；86°13′27.5″E）：含石榴子石云母石英片岩																		
09T09-5	r	217	547	0.4	0.11335	0.00148	5.20	0.08	0.33291	0.00476	0.89	1854	24	1853	14	1852	23	0
09T09-6	r	49	424	0.12	0.11133	0.00218	5.00	0.11	0.32608	0.00496	0.72	1821	36	1820	18	1819	24	0
09T09-7	r	39	179	0.22	0.11273	0.00144	5.15	0.08	0.33120	0.00456	0.90	1844	24	1844	13	1844	22	0
09T09-8	r	45	244	0.19	0.11191	0.00154	5.07	0.08	0.32845	0.00427	0.85	1831	26	1831	13	1831	21	0
09T09-9	r	88	470	0.19	0.11335	0.00176	4.33	0.08	0.27703	0.00408	0.82	1854	29	1699	15	1576	21	18
09T09-10	r	56	640	0.09	0.11308	0.00148	4.79	0.07	0.30751	0.00424	0.89	1849	24	1784	13	1728	21	7
09T09-11	r	81	210	0.39	0.11172	0.00133	5.05	0.07	0.32802	0.00443	0.93	1828	22	1828	12	1829	22	0
09T09-12	r	400	438	0.91	0.11459	0.00145	5.33	0.08	0.33746	0.00485	0.91	1873	23	1874	13	1874	23	0
09T09-13	r	60	610	0.1	0.11446	0.00195	5.31	0.11	0.33664	0.00555	0.82	1871	31	1871	17	1870	27	0
09T09-14	r	37	143	0.26	0.11184	0.00198	4.63	0.09	0.30043	0.00463	0.78	1830	33	1755	17	1693	23	8
09T09-15	r	733	640	1.14	0.11496	0.00146	5.36	0.08	0.33841	0.00422	0.88	1879	23	1879	12	1879	20	0
09T09-16	r	30	571	0.05	0.11120	0.00180	5.00	0.08	0.32604	0.00420	0.76	1819	30	1819	14	1819	20	0
09T09-17	r	516	415	1.24	0.11486	0.00198	5.35	0.11	0.33761	0.00541	0.80	1878	32	1876	17	1875	26	0
09T09-18	r	97	318	0.31	0.11400	0.00141	5.26	0.08	0.33458	0.00450	0.91	1864	23	1862	13	1861	22	0
09T09-19	r	164	671	0.24	0.11305	0.00189	5.15	0.09	0.33082	0.00422	0.75	1849	31	1845	15	1842	20	0
09T09-20	r	280	287	0.98	0.11367	0.00147	5.23	0.08	0.33380	0.00448	0.89	1859	24	1858	13	1857	22	0
09T09-21	r	42	41	1.01	0.11453	0.00240	5.33	0.11	0.33725	0.00496	0.70	1873	39	1873	18	1873	24	0
09T09-22	r	34	217	0.16	0.11478	0.00146	5.34	0.08	0.33769	0.00472	0.91	1876	23	1876	13	1876	23	0
09T09-23	r	55	173	0.32	0.11549	0.00205	5.41	0.10	0.33946	0.00477	0.75	1888	33	1886	16	1884	23	0
09T09-24	r2	74	198	0.38	0.11155	0.00183	5.04	0.09	0.32759	0.00447	0.78	1825	30	1826	15	1827	22	0
09T09-25	r	82	677	0.12	0.11234	0.00151	5.10	0.07	0.32914	0.00408	0.85	1838	25	1836	12	1834	20	0
09T09-26	r	23	518	0.04	0.11176	0.00205	4.81	0.10	0.31241	0.00474	0.75	1828	34	1787	17	1753	23	4
09T09-27	r	116	687	0.17	0.10704	0.00214	3.92	0.08	0.26564	0.00352	0.66	1750	37	1618	16	1519	18	15

续表

分析序号	do.[a]	Th/ppm	U/ppm	Th/U	同位素比值							年龄/Ma						
					$^{207}Pb/^{206}Pb$	1σ	$^{207}Pb/^{235}U$	1σ	$^{206}Pb/^{238}U$	1σ	ρ[d]	$^{207}Pb/^{206}Pb$	1σ	$^{207}Pb/^{235}U$	1σ	$^{206}Pb/^{238}U$	1σ	disc.[e]/%
样品09T09（41°47′11.5″N；86°13′27.5″E）：含石榴子石云母石英片岩																		
09T09-28	r	84	308	0.27	0.10993	0.00136	4.28	0.06	0.28256	0.00374	0.91	1798	23	1690	12	1604	19	12
09T09-29	r2	56	229	0.25	0.11101	0.00198	4.68	0.09	0.30605	0.00421	0.73	1816	33	1765	16	1721	21	6
09T09-30	r2	210	166	1.26	0.11356	0.00184	5.22	0.10	0.33356	0.00505	0.81	1857	30	1856	16	1856	24	0
09T09-31	r	522	442	1.18	0.11417	0.00134	5.29	0.08	0.33614	0.00457	0.94	1867	22	1867	12	1868	22	0
09T09-32	r	136	509	0.27	0.11465	0.00203	5.30	0.10	0.33543	0.00462	0.74	1874	33	1869	16	1865	22	0
09T09-33	r2	54	111	0.48	0.11239	0.00139	5.12	0.07	0.33018	0.00430	0.91	1838	23	1839	12	1839	21	0
09T09-34	r	64	366	0.18	0.11151	0.00178	5.03	0.10	0.32703	0.00525	0.84	1824	30	1824	16	1824	26	0
09T09-35	r2	9	102	0.09	0.09344	0.00226	2.61	0.05	0.20254	0.00268	0.66	1497	47	1303	15	1189	14	26
09T09-36	r	1159	472	2.45	0.11283	0.00167	4.38	0.08	0.28155	0.00425	0.85	1845	27	1708	15	1599	21	15
09T09-37	r2	23	109	0.21	0.11232	0.00157	4.64	0.07	0.29983	0.00402	0.85	1837	26	1757	13	1690	20	9
09T09-38	r	320	485	0.66	0.11130	0.00194	5.01	0.10	0.32654	0.00508	0.78	1821	32	1821	17	1822	25	0
09T09-39	r2	21	62	0.33	0.11426	0.00222	4.35	0.09	0.27588	0.00403	0.72	1868	36	1702	17	1571	20	19
09T09-40	r	125	364	0.34	0.11327	0.00154	4.92	0.07	0.31488	0.00407	0.85	1853	25	1805	13	1765	20	5
09T09-41	r	85	319	0.27	0.11298	0.00176	5.14	0.08	0.33013	0.00418	0.78	1848	29	1843	14	1839	20	0
09T09-42	r	45	139	0.33	0.11290	0.00141	4.69	0.07	0.30103	0.00394	0.91	1847	23	1765	12	1696	20	9
09T09-43	r	51	148	0.35	0.11316	0.00147	4.77	0.08	0.30597	0.00435	0.90	1851	24	1780	13	1721	21	8
09T09-44	r	209	588	0.35	0.11145	0.00138	5.02	0.07	0.32698	0.00422	0.90	1823	23	1823	12	1824	21	0
09T09-45	r	855	1890	0.45	0.11116	0.00132	5.00	0.07	0.32618	0.00432	0.92	1818	22	1819	12	1820	21	0
09T09-46	r	67	187	0.35	0.11370	0.00171	4.98	0.08	0.31765	0.00403	0.80	1859	28	1816	13	1778	20	5
09T09-47	r2	24	108	0.22	0.11357	0.00147	4.74	0.07	0.30285	0.00393	0.88	1857	24	1775	12	1705	19	9
09T09-48	r	137	394	0.35	0.11285	0.00146	4.35	0.06	0.27989	0.00355	0.88	1846	24	1704	12	1591	18	16
09T09-49	r	593	512	1.16	0.11363	0.00165	4.45	0.07	0.28423	0.00358	0.81	1858	27	1722	13	1613	18	15
09T09-50	r	86	291	0.29	0.11352	0.00171	4.55	0.07	0.29096	0.00372	0.80	1857	28	1741	13	1646	19	13

续表

分析序号	do.[a]	Th/ppm	U/ppm	Th/U	同位素比值							年龄/Ma						disc.[e]/%
					$^{207}Pb/^{206}Pb$	1σ	$^{207}Pb/^{235}U$	1σ	$^{206}Pb/^{238}U$	1σ	ρ^d	$^{207}Pb/^{206}Pb$	1σ	$^{207}Pb/^{235}U$	1σ	$^{206}Pb/^{238}U$	1σ	
样品 09T09（41°47′11.5″N；86°13′27.5″E）：含石榴子石云母石英片岩																		
09T09-51	r	1098	1211	0.91	0.09509	0.00117	3.05	0.05	0.23296	0.00315	0.91	1530	24	1421	11	1350	16	13
09T09-52	r	126	535	0.24	0.11308	0.00169	5.18	0.09	0.33223	0.00507	0.85	1849	28	1849	15	1849	25	0
09T09-53	r	859	507	1.69	0.11602	0.00138	5.43	0.08	0.33968	0.00449	0.92	1896	22	1890	12	1885	22	1
09T09-54	r	153	257	0.59	0.11337	0.00143	4.34	0.06	0.27733	0.00351	0.88	1854	23	1700	12	1578	18	17
09T09-55	r2	39	63	0.62	0.11360	0.00174	4.81	0.08	0.30708	0.00446	0.83	1858	28	1786	15	1726	22	8
09T09-56	r	32	123	0.26	0.11285	0.00149	4.64	0.07	0.29826	0.00418	0.89	1846	24	1757	13	1683	21	10
09T09-57	r2	31	30	1.04	0.11286	0.00169	4.60	0.08	0.29575	0.00415	0.84	1846	28	1750	14	1670	21	11
09T09-58	r	323	300	1.08	0.11316	0.00203	5.05	0.11	0.32360	0.00530	0.79	1851	33	1828	18	1807	26	2
09T09-59	r2	31	98	0.32	0.11440	0.00207	5.31	0.11	0.33667	0.00547	0.78	1870	33	1871	18	1871	26	0
09T09-60	r2	15	45	0.34	0.11421	0.00295	4.96	0.13	0.31506	0.00584	0.68	1867	48	1813	23	1766	29	6
样品 11K34（41°45′28.4″N；86°16′7.6″E）：含石榴子石云母石英片岩																		
11K34-01	r2	14	253	0.06	0.11118	0.00116	4.99	0.05	0.32558	0.00437	1.25	1819	19	1818	9	1817	21	0
11K34-02	r	13	417	0.03	0.11048	0.00118	4.45	0.05	0.29200	0.00417	1.27	1807	20	1721	9	1652	21	9
11K34-03	r	9	603	0.01	0.11305	0.00107	5.17	0.05	0.33178	0.00480	1.42	1849	18	1848	9	1847	23	0
11K34-04	r2	40	256	0.16	0.11357	0.00166	5.23	0.08	0.33401	0.00509	1.04	1857	27	1858	12	1858	25	0
11K34-05	r	79	232	0.34	0.11132	0.00097	5.01	0.05	0.32612	0.00441	1.45	1821	16	1820	8	1820	21	0
11K34-06	I	17	987	0.02	0.11280	0.00179	5.15	0.08	0.33144	0.00456	0.89	1845	29	1845	13	1845	22	0
11K34-07	r2	104	347	0.3	0.11396	0.00227	5.29	0.10	0.33650	0.00469	0.72	1864	37	1867	16	1870	23	0
11K34-08	r2	20	349	0.06	0.11315	0.00152	5.21	0.07	0.33418	0.00479	1.06	1851	25	1855	12	1859	23	0
11K34-09	r	31	490	0.06	0.11238	0.00135	5.10	0.06	0.32933	0.00459	1.14	1838	22	1837	10	1835	22	0
11K34-10	r2	108	363	0.3	0.11206	0.00219	5.08	0.10	0.32883	0.00466	0.75	1833	36	1833	16	1833	23	0
11K34-11	r	18	1792	0.01	0.11219	0.00115	4.87	0.05	0.31494	0.00425	1.27	1835	19	1797	9	1765	21	4
11K34-12	r2	1127	262	4.29	0.06180	0.00301	0.85	0.04	0.10103	0.00220	0.47	667	107	630	22	620	13	8

续表

分析序号	do.[a]	Th/ppm	U/ppm	Th/U	同位素比值							年龄/Ma						
					$^{207}Pb/^{206}Pb$	1σ	$^{207}Pb/^{235}U$	1σ	$^{206}Pb/^{238}U$	1σ	ρ^{d}	$^{207}Pb/^{206}Pb$	1σ	$^{207}Pb/^{235}U$	1σ	$^{206}Pb/^{238}U$	1σ	disc.[e]/%
样品 11K34（41°45′28.4″N；86°16′7.6″E）：含石榴子石云母石英片岩																		
11K34-13	r	61	2537	0.02	0.10390	0.00078	3.71	0.03	0.25894	0.00347	1.60	1695	14	1573	7	1484	18	14
11K34-14	r	36	559	0.06	0.10693	0.00100	4.07	0.04	0.27604	0.00390	1.43	1748	18	1649	8	1571	20	11
11K34-15	r	50	596	0.08	0.10982	0.00198	4.56	0.08	0.30092	0.00414	0.79	1796	34	1741	15	1696	21	6
11K34-16	r	8	495	0.02	0.11343	0.00150	5.21	0.07	0.33331	0.00436	1.00	1855	24	1855	11	1854	21	0
11K34-17	r	19	611	0.03	0.11184	0.00092	5.06	0.04	0.32841	0.00433	1.49	1830	15	1830	7	1831	21	0
11K34-18	r	31	271	0.12	0.11295	0.00206	5.16	0.09	0.33140	0.00514	0.88	1847	34	1846	15	1845	25	0
11K34-19	r	11	1609	0.01	0.10467	0.00178	3.85	0.04	0.26699	0.00365	1.35	1709	32	1604	8	1526	19	12
11K34-20	r2	41	506	0.08	0.10702	0.00096	4.08	0.04	0.27627	0.00364	1.40	1749	17	1650	8	1573	18	11
11K34-21	c	12	571	0.02	0.11372	0.00147	5.21	0.07	0.33249	0.00431	1.01	1860	24	1855	11	1850	21	1
11K34-22	r	24	710	0.03	0.11054	0.00156	4.66	0.06	0.30557	0.00428	1.02	1808	26	1760	12	1719	21	5
11K34-23	c	18	836	0.02	0.11199	0.00150	5.08	0.07	0.32901	0.00428	0.98	1832	25	1833	11	1834	21	0
11K34-24	r	18	815	0.02	0.11217	0.00145	4.85	0.06	0.31352	0.00409	1.02	1835	24	1793	11	1758	20	4
11K34-25	r	18	2396	0.01	0.10709	0.00107	4.03	0.04	0.27319	0.00361	1.30	1750	19	1641	8	1557	18	12
样品 11K42（41°46′35.6″N；86°16′45.6″E）：含石榴子石云母石英片岩																		
11K42-01	c	58	150	0.39	0.11225	0.00100	4.79	0.04	0.30929	0.00160	0.70	1836	17	1783	6	1737	8	6
11K42-02	r	134	333	0.4	0.11124	0.00238	4.77	0.09	0.31135	0.00277	0.45	1820	40	1780	17	1747	14	4
11K42-03	r	116	364	0.32	0.11224	0.00103	5.10	0.04	0.32936	0.00166	0.66	1836	17	1836	6	1835	8	0
11K42-04	c	119	198	0.6	0.11345	0.00230	5.22	0.10	0.33369	0.00296	0.47	1855	37	1856	16	1856	14	0
11K42-05	r2	77	157	0.49	0.10829	0.00140	4.07	0.05	0.27239	0.00165	0.53	1771	24	1648	9	1553	8	14
11K42-06	r	74	178	0.41	0.11136	0.00241	4.91	0.10	0.31975	0.00283	0.44	1822	40	1804	17	1789	14	2
11K42-07	c	84	278	0.3	0.10938	0.00222	4.52	0.09	0.29953	0.00252	0.44	1789	38	1734	16	1689	13	6
11K42-08	r	136	252	0.54	0.11149	0.00241	5.09	0.10	0.33130	0.00293	0.44	1824	40	1835	17	1845	14	−1
11K42-09	c	132	207	0.64	0.11347	0.00175	5.36	0.08	0.34267	0.00244	0.50	1856	29	1879	12	1900	12	−2

续表

分析序号	do.[a]	Th/ppm	U/ppm	Th/U	同位素比值							年龄/Ma						
					$^{207}Pb/^{206}Pb$	1σ	$^{207}Pb/^{235}U$	1σ	$^{206}Pb/^{238}U$	1σ	ρ[d]	$^{207}Pb/^{206}Pb$	1σ	$^{207}Pb/^{235}U$	1σ	$^{206}Pb/^{238}U$	1σ	disc.[e]/%
样品 11K42（41°46′35.6″N；86°16′45.6″E）：含石榴子石云母石英片岩																		
11K42-10	r	332	406	0.82	0.11333	0.00134	5.21	0.05	0.33330	0.00191	0.54	1853	22	1854	9	1854	9	0
11K42-11	c	172	390	0.44	0.10954	0.00159	4.23	0.06	0.28018	0.00174	0.47	1792	27	1680	11	1592	9	13
11K42-11′	c	16	32	0.5	0.11132	0.00295	4.60	0.12	0.29951	0.00496	0.66	1821	49	1749	21	1689	25	8
11K42-12	r	126	312	0.4	0.11026	0.00107	4.43	0.04	0.29153	0.00369	1.27	1804	18	1718	8	1649	18	9
11K42-13	c	296	590	0.5	0.11062	0.00121	4.52	0.05	0.29657	0.00390	1.17	1810	20	1735	9	1674	19	8
11K42-14	r	205	1152	0.18	0.10436	0.00095	3.53	0.03	0.24544	0.00304	1.31	1703	17	1535	7	1415	16	20
11K42-15	c	213	328	0.65	0.11375	0.00110	4.90	0.05	0.31249	0.00406	1.29	1860	18	1803	9	1753	20	6
11K42-16	r	34	93	0.37	0.11338	0.00154	4.98	0.07	0.31853	0.00467	1.07	1854	25	1816	12	1783	23	4
11K42-17	c	135	306	0.44	0.11071	0.00246	4.47	0.10	0.29285	0.00419	0.67	1811	41	1725	18	1656	21	9
11K42-18	r	179	373	0.48	0.11162	0.00204	4.62	0.08	0.30056	0.00449	0.82	1826	34	1753	15	1694	22	8
11K42-19	r2	31	82	0.37	0.10387	0.00178	3.55	0.06	0.24759	0.00385	0.91	1694	32	1537	13	1426	20	19
11K42-20	c	131	203	0.64	0.10945	0.00175	4.33	0.07	0.28720	0.00449	0.96	1790	30	1700	13	1628	22	10
11K42-21	r	256	534	0.48	0.10972	0.00201	4.54	0.08	0.29997	0.00448	0.81	1795	34	1738	15	1691	22	6
11K42-22	r2	180	280	0.64	0.11163	0.00126	4.61	0.05	0.29949	0.00394	1.13	1826	21	1751	10	1689	20	8
11K42-23	c	144	249	0.58	0.11217	0.00092	5.09	0.05	0.32931	0.00446	1.53	1835	15	1835	8	1835	22	0
11K42-24	r	321	484	0.66	0.11138	0.00104	4.70	0.05	0.30623	0.00398	1.33	1822	17	1768	8	1722	20	6
11K42-25	c	169	320	0.53	0.11367	0.00110	5.23	0.05	0.33408	0.00460	1.35	1859	18	1858	9	1858	22	0
11K42-26	c	77	191	0.4	0.11308	0.00105	5.19	0.05	0.33257	0.00455	1.39	1849	17	1850	8	1851	22	0
11K42-27	r	85	170	0.5	0.10903	0.00194	4.91	0.08	0.32678	0.00449	0.81	1783	33	1804	14	1823	22	−2
11K42-28	c	212	297	0.71	0.11259	0.00130	5.14	0.06	0.33093	0.00472	1.20	1842	21	1842	10	1843	23	0
11K42-29	r	190	408	0.46	0.10690	0.00208	4.26	0.08	0.28881	0.00437	0.79	1747	36	1685	16	1636	22	7
11K42-30	c	287	574	0.5	0.11260	0.00229	4.97	0.10	0.32018	0.00490	0.77	1842	38	1814	17	1791	24	3
11K42-31	c	58	142	0.41	0.11367	0.00124	5.24	0.06	0.33429	0.00464	1.24	1859	20	1859	10	1859	22	0

续表

分析序号	do.[a]	Th/ppm	U/ppm	Th/U	同位素比值							年龄/Ma						
					$^{207}Pb/^{206}Pb$	1σ	$^{207}Pb/^{235}U$	1σ	$^{206}Pb/^{238}U$	1σ	ρ^d	$^{207}Pb/^{206}Pb$	1σ	$^{207}Pb/^{235}U$	1σ	$^{206}Pb/^{238}U$	1σ	disc.[e]/%
11K42-32	r	40	89	0.45	0.11252	0.00116	5.13	0.05	0.33080	0.00445	1.27	1841	19	1842	9	1842	22	0
11K42-33	c	93	175	0.53	0.10734	0.00197	4.20	0.07	0.28351	0.00386	0.78	1755	34	1673	14	1609	19	9
11K42-34	c	26	63	0.42	0.11204	0.00168	4.81	0.07	0.31127	0.00470	1.02	1833	28	1787	12	1747	23	5
11K42-35	r2	42	87	0.49	0.10409	0.00131	3.68	0.05	0.25679	0.00364	1.12	1698	24	1568	10	1473	19	15
样品 10K01（41°47.964′N；86°14.128′E）：角闪黑云斜长片麻岩																		
10K01-01	r	57	1533	0.04	0.11137	0.00268	5.08	0.12	0.33059	0.00523	0.68	1822	45	1832	20	1841	25	–1
10K01-02	c	70	138	0.51	0.12499	0.00417	6.31	0.20	0.36661	0.00637	0.55	2029	60	2020	28	2013	30	1
10K01-03	r	261	1164	0.22	0.11136	0.00344	5.03	0.15	0.32805	0.00526	0.55	1822	57	1824	25	1829	26	0
10K01-04	c	18	286	0.06	0.13214	0.00156	7.10	0.08	0.38958	0.00503	1.10	2127	21	2123	10	2121	23	0
10K01-05	r	81	862	0.09	0.11205	0.00168	5.09	0.07	0.32972	0.00416	0.87	1833	28	1834	12	1837	20	0
10K01-06	c	122	1780	0.07	0.12590	0.00158	6.44	0.08	0.37093	0.00503	1.08	2041	23	2038	11	2034	24	0
10K01-07	r	144	749	0.19	0.11148	0.00236	5.03	0.10	0.32731	0.00520	0.79	1824	39	1825	17	1825	25	0
10K01-08	c	171	146	1.18	0.17612	0.00339	12.15	0.22	0.50044	0.00752	0.82	2617	33	2616	17	2616	32	0
10K01-09	c	69	583	0.12	0.13753	0.00274	7.69	0.14	0.40580	0.00530	0.70	2196	35	2196	17	2196	24	0
10K01-10	c	250	466	0.54	0.15127	0.00207	9.24	0.12	0.44303	0.00582	0.99	2360	24	2362	12	2364	26	0
10K01-11	r	38	498	0.08	0.11322	0.00272	5.22	0.12	0.33411	0.00605	0.78	1852	44	1855	20	1858	29	0
10K01-12	r	105	718	0.15	0.11179	0.00175	5.09	0.08	0.33018	0.00653	1.24	1829	29	1834	14	1839	32	–1
10K01-13	r	42	256	0.17	0.11135	0.00477	4.92	0.20	0.31995	0.00748	0.57	1822	80	1805	35	1789	37	2
10K01-14	c	41	241	0.17	0.12820	0.00429	6.68	0.21	0.37840	0.00783	0.65	2073	60	2069	28	2069	37	0
10K01-15	r	165	418	0.39	0.11018	0.00599	5.05	0.26	0.33477	0.00885	0.51	1802	101	1827	44	1861	43	–3
10K01-16	r2	76	381	0.2	0.11133	0.00492	5.18	0.22	0.33743	0.00804	0.57	1821	82	1849	36	1874	39	–3
10K01-17	r	90	686	0.13	0.11036	0.00576	4.83	0.24	0.31791	0.00791	0.50	1805	97	1790	42	1780	39	1
10K01-18	r	65	639	0.1	0.11094	0.00368	4.96	0.16	0.32501	0.00665	0.65	1815	62	1813	27	1814	32	0
10K01-19	r2	28	63	0.44	0.14002	0.00426	7.92	0.23	0.41085	0.00864	0.73	2227	54	2222	26	2219	39	0

续表

分析序号	do.[a]	Th/ppm	U/ppm	$\frac{Th}{U}$	同位素比值							年龄/Ma						
					$^{207}Pb/^{206}Pb$	1σ	$^{207}Pb/^{235}U$	1σ	$^{206}Pb/^{238}U$	1σ	ρ^d	$^{207}Pb/^{206}Pb$	1σ	$^{207}Pb/^{235}U$	1σ	$^{206}Pb/^{238}U$	1σ	disc.[c]/%
样品 10K01（41°47.964′N；86°14.128′E）：角闪黑云斜长片麻岩																		
10K01-20	r	71	441	0.16	0.11192	0.00490	4.75	0.20	0.30922	0.00711	0.55	1831	81	1778	35	1737	35	5
10K01-21	c	9	338	0.03	0.13784	0.00145	7.70	0.09	0.40527	0.00746	1.63	2202	16	2194	8	2186	23	1
10K01-22	c	59	378	0.16	0.12793	0.00336	6.65	0.17	0.37780	0.00783	0.82	2077	42	2070	20	2064	26	1
10K01-23	c	94	824	0.11	0.11254	0.00287	5.11	0.13	0.32972	0.00810	0.97	1831	49	1834	22	1839	29	0
10K01-24	c	21	565	0.04	0.13147	0.00152	7.06	0.09	0.38945	0.00726	1.52	2118	18	2119	9	2120	23	0
10K01-25	c	26	266	0.1	0.12732	0.00395	6.54	0.19	0.37238	0.00761	0.69	2061	55	2051	26	2041	28	1
10K01-26	c	41	328	0.12	0.12823	0.00313	6.67	0.16	0.37777	0.00882	0.96	2074	43	2068	20	2066	30	0
10K01-27	c	44	82	0.54	0.11196	0.00353	5.03	0.15	0.32939	0.00697	0.70	1831	58	1833	25	1835	27	0
10K01-28	c	19	162	0.12	0.12604	0.00328	6.41	0.16	0.36980	0.00894	0.94	2043	46	2034	22	2028	31	1
10K01-29	r	71	340	0.21	0.11127	0.00148	5.00	0.07	0.32575	0.00608	1.36	1815	24	1821	11	1825	20	−1
10K01-30	r	60	206	0.29	0.11182	0.00354	5.02	0.15	0.32540	0.00683	0.69	1829	58	1822	25	1816	26	1
样品 10K02（41°47.964′N；86°14.128′E）：角闪黑云斜长片麻岩																		
10K02-01	r1	36	1493	0.02	0.12818	0.00201	6.71	0.11	0.38006	0.00572	0.96	2073	28	2074	14	2077	27	0
10K02-02	c	69	404	0.17	0.16478	0.00310	10.80	0.20	0.47595	0.00738	0.84	2505	32	2506	17	2510	32	0
10K02-03	c	620	752	0.82	0.14788	0.00691	8.90	0.39	0.43374	0.01008	0.53	2322	82	2327	40	2323	45	0
10K02-04	c	302	641	0.47	0.13487	0.00275	7.39	0.15	0.39763	0.00623	0.78	2162	36	2160	18	2158	29	0
10K02-05	c	96	1011	0.1	0.12406	0.00289	6.18	0.14	0.36156	0.00592	0.72	2015	42	2002	20	1990	28	1
10K02-06	c	98	347	0.28	0.14236	0.00412	8.22	0.23	0.41871	0.00643	0.56	2256	51	2255	25	2255	29	0
10K02-07	c	40	671	0.06	0.12344	0.00236	6.20	0.11	0.36446	0.00472	0.71	2007	35	2005	16	2003	22	0
10K02-08	c	30	994	0.03	0.12509	0.00252	6.39	0.12	0.37047	0.00486	0.68	2030	36	2031	17	2032	23	0
10K02-09	c	39	1024	0.04	0.12535	0.00292	6.38	0.15	0.36955	0.00610	0.72	2034	42	2030	20	2027	29	0
10K02-10	c	811	773	1.05	0.15952	0.00382	10.12	0.24	0.46016	0.00767	0.71	2451	41	2445	22	2440	34	0
10K02-11	c	27	589	0.05	0.12637	0.00161	6.56	0.08	0.37635	0.00488	1.02	2048	23	2054	11	2059	23	−1

续表

分析序号	do.[a]	Th/ppm	U/ppm	Th/U	同位素比值							年龄/Ma						
					$^{207}Pb/^{206}Pb$	1σ	$^{207}Pb/^{235}U$	1σ	$^{206}Pb/^{238}U$	1σ	ρ[d]	$^{207}Pb/^{206}Pb$	1σ	$^{207}Pb/^{235}U$	1σ	$^{206}Pb/^{238}U$	1σ	disc.[e]/%
样品 10K02（41°47.964′N；86°14.128′E）：角闪黑云斜长片麻岩																		
10K02-12	c	338	270	1.25	0.18907	0.00242	13.76	0.18	0.52798	0.00745	1.10	2734	22	2733	12	2733	31	0
10K02-13	r	161	1380	0.12	0.11188	0.00325	4.96	0.14	0.32137	0.00602	0.67	1830	54	1812	24	1796	29	2
10K02-14	r	50	1231	0.04	0.11310	0.00217	5.18	0.10	0.33257	0.00526	0.84	1850	35	1850	16	1851	25	0
10K02-15	r	31	461	0.07	0.11313	0.00309	5.11	0.14	0.32789	0.00494	0.57	1850	51	1838	22	1828	24	1
10K02-16	g2	345	195	1.78	0.06165	0.00275	0.87	0.04	0.10215	0.00192	0.44	662	98	634	20	627	11	6
10K02-17	c	480	297	1.62	0.14321	0.00917	8.29	0.51	0.41996	0.01199	0.47	2266	113	2263	56	2260	54	0
10K02-18	r	25	859	0.03	0.11262	0.00415	5.17	0.18	0.33270	0.00671	0.57	1842	68	1847	30	1851	32	0
10K02-19	c	234	372	0.63	0.14845	0.00308	8.38	0.17	0.40948	0.00568	0.69	2328	36	2273	18	2213	26	5
10K02-20	r	266	2173	0.12	0.11155	0.00310	4.93	0.13	0.32035	0.00478	0.55	1825	52	1807	23	1791	23	2
10K02-21	c	58	222	0.26	0.15896	0.00187	10.06	0.12	0.45900	0.00567	1.06	2445	20	2440	11	2435	25	0
10K02-22	c	757	1748	0.43	0.15797	0.00299	7.98	0.11	0.36641	0.00459	0.88	2434	33	2229	13	2012	22	21
10K02-23	c	361	209	1.73	0.17470	0.00192	10.73	0.12	0.44539	0.00568	1.16	2603	19	2500	10	2375	25	10
10K02-24	c	11	155	0.07	0.12473	0.00235	6.25	0.11	0.36388	0.00472	0.72	2025	34	2012	16	2001	22	1
10K02-25	g2	77	185	0.42	0.06065	0.00140	0.86	0.02	0.10229	0.00138	0.61	627	51	628	10	628	8	0
10K02-26	c	65	128	0.51	0.18695	0.00305	13.56	0.21	0.52630	0.00677	0.83	2716	28	2720	15	2726	29	0
10K02-27	c	107	126	0.85	0.16510	0.00385	10.76	0.23	0.47279	0.00666	0.65	2509	40	2502	20	2496	29	1
10K02-28	c	212	291	0.73	0.15759	0.00267	9.93	0.16	0.45717	0.00577	0.78	2430	29	2428	15	2427	26	0
10K02-29	c	32	728	0.04	0.12392	0.00642	6.16	0.30	0.36059	0.00758	0.43	2013	94	1998	42	1985	36	1
10K02-30	c	156	476	0.33	0.15004	0.00342	7.19	0.14	0.34763	0.00441	0.67	2346	40	2135	17	1923	21	22
样品 10T72（41°48′40.1″N；86°14′50.4″E）：黑云角闪斜长片麻岩																		
10T72-01	c	176	248	0.71	0.13961	0.00110	7.20	0.06	0.37418	0.00469	1.50	2222	14	2137	7	2049	22	8
10T72-02	c	488	476	1.03	0.14632	0.00129	8.66	0.08	0.42926	0.00529	1.35	2303	15	2303	8	2302	24	0
10T72-03	c	276	434	0.64	0.14359	0.00125	7.72	0.07	0.38999	0.00496	1.40	2271	15	2199	8	2123	23	7

续表

分析序号	do.[a]	Th/ppm	U/ppm	$\frac{Th}{U}$	同位素比值							年龄/Ma						
					$^{207}Pb/^{206}Pb$	1σ	$^{207}Pb/^{235}U$	1σ	$^{206}Pb/^{238}U$	1σ	ρ^d	$^{207}Pb/^{206}Pb$	1σ	$^{207}Pb/^{235}U$	1σ	$^{206}Pb/^{238}U$	1σ	disc.[c]/%
样品 10T72（41°48′40.1″N；86°14′50.4″E）：黑云角闪斜长片麻岩																		
10T72-04	c	670	1134	0.59	0.14336	0.00130	7.53	0.07	0.38097	0.00479	1.34	2268	16	2177	8	2081	22	9
10T72-05	c	514	587	0.88	0.14247	0.00149	7.50	0.08	0.38192	0.00468	1.17	2257	18	2173	9	2085	22	8
10T72-06	c	449	356	1.26	0.14451	0.00099	8.50	0.06	0.42664	0.00526	1.65	2282	12	2286	7	2291	24	0
10T72-07	r	86	185	0.47	0.11282	0.00294	5.44	0.13	0.34992	0.00534	0.62	1845	48	1892	21	1934	26	−5
10T72-08	c	333	499	0.67	0.13906	0.00097	7.20	0.05	0.37557	0.00463	1.63	2216	12	2137	7	2056	22	8
10T72-09	c	2110	1820	1.16	0.13375	0.00102	5.96	0.05	0.32325	0.00406	1.54	2148	14	1970	7	1806	20	19
10T72-10	c	971	823	1.18	0.14222	0.00113	7.94	0.07	0.40481	0.00510	1.50	2254	14	2224	8	2191	23	3
10T72-11	r	189	1316	0.14	0.11367	0.00103	5.12	0.05	0.32641	0.00433	1.39	1859	17	1839	8	1821	21	2
10T72-12	c	439	419	1.05	0.14145	0.00121	7.80	0.07	0.39990	0.00510	1.42	2245	15	2209	8	2169	23	4
10T72-13	c	103	192	0.53	0.11251	0.00161	5.09	0.07	0.32786	0.00454	0.97	1840	27	1834	12	1828	22	1
10T72-14	c	449	396	1.13	0.14073	0.00150	7.68	0.08	0.39573	0.00517	1.20	2236	19	2195	10	2149	24	4
10T72-15	c	236	327	0.72	0.13764	0.00127	7.05	0.07	0.37137	0.00465	1.33	2198	16	2118	8	2036	22	8
10T72-16	c	269	989	0.27	0.13772	0.00276	6.76	0.13	0.35621	0.00468	0.69	2199	36	2081	17	1964	22	12
10T72-17	c	393	500	0.79	0.14183	0.00104	7.47	0.06	0.38186	0.00454	1.55	2250	13	2169	7	2085	21	8
10T72-18	c	808	596	1.36	0.14076	0.00112	7.31	0.06	0.37642	0.00454	1.46	2237	14	2150	7	2060	21	9
10T72-19	c	409	600	0.68	0.13860	0.00099	7.01	0.05	0.36669	0.00452	1.60	2210	13	2112	7	2014	21	10
10T72-20	c	366	712	0.51	0.13575	0.00106	6.30	0.05	0.33623	0.00404	1.47	2174	14	2018	7	1869	19	16
10T72-21	c	518	508	1.02	0.14256	0.00115	7.71	0.07	0.39242	0.00495	1.48	2259	14	2198	8	2134	23	6
10T72-22	c	453	605	0.75	0.13929	0.00111	6.82	0.06	0.35513	0.00442	1.47	2218	14	2088	7	1959	21	13
10T72-23	c	562	679	0.83	0.14636	0.00147	8.66	0.09	0.42941	0.00560	1.25	2304	18	2303	9	2303	25	0
10T72-24	c	1050	734	1.43	0.14347	0.00121	7.76	0.07	0.39239	0.00490	1.41	2270	15	2204	8	2134	23	6
10T72-25	c	589	851	0.69	0.13473	0.00124	5.90	0.06	0.31785	0.00406	1.32	2161	16	1962	8	1779	20	21

续表

分析序号	do.[a]	Th/ppm	U/ppm	Th/U	同位素比值							年龄/Ma						
					$^{207}Pb/^{206}Pb$	1σ	$^{207}Pb/^{235}U$	1σ	$^{206}Pb/^{238}U$	1σ	ρ^d	$^{207}Pb/^{206}Pb$	1σ	$^{207}Pb/^{235}U$	1σ	$^{206}Pb/^{238}U$	1σ	disc.[e]/%
样品 10T71（41°48′40.1″N；86°14′50.4″E）：浅色花岗岩																		
10T71-01	c	3	692	0.004	0.06642	0.00082	1.33	0.02	0.14482	0.00188	1.06	820	26	857	7	872	11	−6
10T71-02	c	0.4	462	0.001	0.06645	0.00063	1.37	0.01	0.14928	0.00195	1.32	821	20	875	6	897	11	−8
10T71-03	c	3	489	0.01	0.06656	0.00078	1.26	0.01	0.13750	0.00171	1.07	824	25	829	7	831	10	−1
10T71-04	r	2	115	0.01	0.06603	0.00135	1.21	0.02	0.13316	0.00181	0.69	807	44	806	11	806	10	0
10T71-05	r	0.03	114	0.0002	0.06679	0.00114	1.24	0.02	0.13491	0.00194	0.86	831	36	820	9	816	11	2
10T71-06	c	13	576	0.02	0.06695	0.00082	1.23	0.02	0.13325	0.00191	1.15	836	26	814	7	806	11	4
10T71-07	c	20	589	0.03	0.06690	0.00097	1.25	0.02	0.13601	0.00175	0.92	835	31	825	8	822	10	2
10T71-08	c	7	403	0.02	0.06678	0.00081	1.25	0.01	0.13606	0.00173	1.07	831	26	825	7	822	10	1
10T71-09	c	4	499	0.01	0.06585	0.00131	1.22	0.02	0.13402	0.00211	0.83	802	43	808	11	811	12	−1
10T71-10	c	4	740	0.01	0.06687	0.00073	1.27	0.01	0.13816	0.00174	1.16	834	23	834	6	834	10	0
10T71-11	c′	620	538	1.15	0.14017	0.00128	6.97	0.07	0.36083	0.00448	1.31	2229	16	2108	8	1986	21	12
10T71-12	r′	150	513	0.29	0.10711	0.00237	3.29	0.06	0.22307	0.00276	0.67	1751	41	1480	14	1298	15	35
10T71-13	r	8	199	0.04	0.06693	0.00105	1.27	0.02	0.13772	0.00179	0.85	836	33	833	9	832	10	0
10T71-14	c	17	421	0.04	0.06747	0.00060	1.29	0.01	0.13835	0.00176	1.37	852	19	840	5	835	10	2
10T71-15	r	1	95	0.01	0.06699	0.00113	1.28	0.02	0.13902	0.00197	0.85	837	36	839	9	839	11	0
样品 10T01（41°49′17.5″N；86°12′13.1″E）：含角闪石正长花岗岩																		
10T01-01	r	22	52	0.41	0.07635	0.00210	1.59	0.04	0.15111	0.00218	0.54	1104	56	967	17	907	12	22
10T01-02	c	37	233	0.16	0.09155	0.00124	2.65	0.04	0.20968	0.00276	0.98	1458	26	1314	10	1227	15	19
10T01-03	r	0.2	7	0.02	0.08082	0.02169	1.79	0.47	0.16077	0.00890	0.21	1217	584	1042	172	961	49	27
10T01-04	r	9	37	0.24	0.06708	0.00440	1.27	0.08	0.13753	0.00244	0.27	840	141	833	37	831	14	1
10T01-05	c	216	361	0.6	0.11040	0.00626	5.01	0.26	0.33029	0.00802	0.46	1806	106	1821	44	1840	39	−2
10T01-06	c	468	839	0.56	0.11036	0.00412	4.47	0.16	0.29395	0.00585	0.57	1805	70	1725	29	1661	29	9
10T01-07	c	315	200	1.58	0.06627	0.00146	1.24	0.03	0.13577	0.00192	0.66	815	47	819	12	821	11	−1

续表

分析序号	do.[a]	Th/ppm	U/ppm	Th/U	同位素比值							年龄/Ma						
					$^{207}Pb/^{206}Pb$	1σ	$^{207}Pb/^{235}U$	1σ	$^{206}Pb/^{238}U$	1σ	ρ^{d}	$^{207}Pb/^{206}Pb$	1σ	$^{207}Pb/^{235}U$	1σ	$^{206}Pb/^{238}U$	1σ	disc.[c]/%
样品 10T01（41°49′17.5″N；86°12′13.1″E）：含角闪石正长花岗岩																		
10T01-08	c	43	173	0.25	0.06627	0.00238	1.24	0.04	0.13581	0.00259	0.55	815	77	819	20	821	15	−1
10T01-09	r	14	69	0.2	0.11199	0.00415	5.02	0.18	0.32566	0.00640	0.55	1832	69	1823	30	1817	31	1
10T01-10	r	2	101	0.02	0.06693	0.00273	1.27	0.05	0.13754	0.00257	0.47	836	87	832	22	831	15	1
10T01-11	r	0.3	5	0.06	0.06670	0.02052	1.28	0.39	0.13879	0.00890	0.21	828	627	835	172	838	50	−1
10T01-12	r	0.3	10	0.03	0.43847	0.00722	20.30	0.30	0.33585	0.00542	1.10	4047	24	3106	14	1867	26	117
10T01-13	r	2	3	0.73	0.06699	0.03030	1.25	0.56	0.13516	0.01120	0.19	837	955	822	251	817	64	2
10T01-14	r	5	15	0.31	0.09280	0.00719	2.32	0.17	0.18112	0.00470	0.35	1484	151	1217	52	1073	26	38
10T01-15	r	20	109	0.18	0.06683	0.00138	1.27	0.03	0.13789	0.00201	0.73	832	44	833	11	833	11	0
10T01-16	r	68	86	0.79	0.06266	0.00205	1.09	0.04	0.12566	0.00208	0.51	697	71	746	17	763	12	−9
10T01-17	r	1	12	0.1	0.10155	0.00556	1.74	0.09	0.12434	0.00216	0.33	1653	104	1024	34	756	12	119
10T01-18	r	7	9	0.76	0.10565	0.00811	1.58	0.12	0.10830	0.00219	0.27	1726	145	961	46	663	13	160
10T01-19	r	14	83	0.17	0.10496	0.00215	4.20	0.08	0.29005	0.00382	0.65	1714	39	1673	16	1642	19	4
10T01-20	r	0.1	7	0.01	0.06729	0.00741	1.28	0.14	0.13784	0.00385	0.26	847	239	836	61	832	22	2
10T01-21	r	1	5	0.29	0.06659	0.00806	1.24	0.15	0.13543	0.00355	0.22	825	266	820	67	819	20	1
10T01-22	r	11	38	0.29	0.07284	0.00320	1.34	0.06	0.13369	0.00266	0.46	1010	91	864	25	809	15	25
10T01-23	r	15	35	0.43	0.07324	0.00186	1.73	0.04	0.17159	0.00231	0.54	1021	53	1021	16	1021	13	0
10T01-24	r	2	8	0.28	0.06959	0.00883	1.46	0.18	0.15239	0.00525	0.28	916	275	914	75	914	29	0
10T01-25	r	0.4	12	0.03	0.06871	0.00531	1.35	0.10	0.14299	0.00353	0.33	890	165	869	44	862	20	3
10T01-26	r	121	212	0.57	0.07788	0.00072	1.69	0.02	0.15777	0.00186	1.26	1144	19	1006	6	944	10	21
10T01-27	r	135	102	1.33	0.11253	0.00170	5.13	0.08	0.33082	0.00425	0.87	1841	28	1842	12	1842	21	0
10T01-28	r	1	9	0.06	0.06677	0.00871	1.28	0.16	0.13917	0.00483	0.27	831	287	837	73	840	27	−1
10T01-29	r	81	73	1.11	0.06956	0.00341	1.25	0.06	0.13041	0.00271	0.44	915	103	823	26	790	15	16
10T01-30	r	0.2	19	0.01	0.06569	0.00679	1.19	0.12	0.13108	0.00427	0.33	797	226	795	55	794	24	0

续表

分析序号	do.[a]	Th/ppm	U/ppm	$\frac{Th}{U}$	同位素比值							年龄/Ma						
					$^{207}Pb/^{206}Pb$	1σ	$^{207}Pb/^{235}U$	1σ	$^{206}Pb/^{238}U$	1σ	ρ^d	$^{207}Pb/^{206}Pb$	1σ	$^{207}Pb/^{235}U$	1σ	$^{206}Pb/^{238}U$	1σ	disc.[e]/%
10T01-31	r	4	7	0.62	0.08327	0.01402	1.72	0.28	0.15013	0.00808	0.33	1276	355	1016	105	902	45	41
10T01-32	r	13	21	0.64	0.06831	0.00575	1.33	0.11	0.14094	0.00397	0.35	878	180	858	47	850	22	3
10T01-33	r	3	5	0.49	0.06661	0.01146	1.25	0.21	0.13694	0.00605	0.26	826	386	826	95	827	34	0
10T01-34	r	26	26	1.02	0.06762	0.00859	1.22	0.15	0.13112	0.00527	0.33	857	278	810	68	794	30	8
10T01-35	r	1	5	0.14	0.10690	0.00787	3.89	0.28	0.26413	0.00713	0.38	1747	139	1611	57	1511	36	16
10T01-36	r	1	7	0.21	0.06660	0.01572	1.22	0.28	0.13238	0.00764	0.25	825	502	808	129	801	43	3
样品 10T06（41°49′14.9″N；86°12′08.7″E）：含角闪石正长花岗岩																		
10T06-01	c	7	69	0.11	0.06666	0.00249	1.26	0.04	0.13701	0.00232	0.47	827	80	828	20	828	13	0
10T06-02	c	0.3	386	0.0009	0.06667	0.00096	1.27	0.02	0.13847	0.00179	0.91	827	31	834	8	836	10	−1
10T06-03	c	0.1	370	0.0002	0.06677	0.00147	1.27	0.03	0.13759	0.00193	0.67	831	47	830	12	831	11	0
10T06-04	c	2	319	0.01	0.06669	0.00206	1.26	0.04	0.13727	0.00232	0.57	828	66	829	17	829	13	0
10T06-05	r	95	361	0.26	0.12143	0.00125	5.14	0.05	0.30671	0.00382	1.20	1977	19	1842	9	1724	19	15
10T06-06	c	7	857	0.01	0.06654	0.00186	1.26	0.03	0.13694	0.00212	0.57	823	60	826	15	827	12	0
10T06-07	r	0.1	70	0.001	0.06686	0.00261	1.27	0.05	0.13745	0.00239	0.47	833	83	831	21	830	14	0
10T06-08	r	0.03	6	0.01	0.10839	0.01031	2.14	0.20	0.14303	0.00366	0.28	1773	180	1161	64	862	21	106
10T06-09	r	4	49	0.09	0.06670	0.00224	1.26	0.04	0.13745	0.00212	0.47	828	72	830	18	830	12	0
10T06-10	r	0.03	21	0.002	0.06680	0.00377	1.27	0.07	0.13812	0.00251	0.33	832	121	833	31	834	14	0
10T06-11	r	1	791	0.001	0.06670	0.00091	1.26	0.02	0.13748	0.00186	0.99	828	29	830	8	830	11	0
10T06-12	c	0.3	543	0.001	0.06647	0.00071	1.26	0.01	0.13756	0.00174	1.16	821	23	828	6	831	10	−1
10T06-13	c	3	365	0.01	0.06703	0.00093	1.25	0.02	0.13522	0.00179	0.96	839	30	823	8	818	10	3
10T06-14	c	1	352	0.002	0.06669	0.00139	1.25	0.03	0.13542	0.00191	0.70	828	44	821	11	819	11	1
10T06-15	r	2	102	0.02	0.06701	0.00243	1.25	0.04	0.13558	0.00250	0.53	838	77	824	20	820	14	2
10T06-16	r	0.1	20	0.01	0.06662	0.00640	1.25	0.12	0.13590	0.00397	0.31	826	208	823	52	821	23	1
10T06-17	r	102	575	0.18	0.07160	0.00107	1.61	0.02	0.16311	0.00227	0.93	975	31	974	9	974	13	0

续表

分析序号	do.[a]	Th/ppm	U/ppm	Th/U	同位素比值							年龄/Ma						
					$^{207}Pb/^{206}Pb$	1σ	$^{207}Pb/^{235}U$	1σ	$^{206}Pb/^{238}U$	1σ	ρ^d	$^{207}Pb/^{206}Pb$	1σ	$^{207}Pb/^{235}U$	1σ	$^{206}Pb/^{238}U$	1σ	disc.[c]/%
10T06-18	r	5	216	0.02	0.06654	0.00287	1.26	0.05	0.13687	0.00264	0.47	823	92	826	23	827	15	0
10T06-19	c	4	367	0.01	0.06661	0.00152	1.26	0.03	0.13753	0.00196	0.64	826	49	829	13	831	11	−1
10T06-20	r	0.1	13	0.004	0.06622	0.00640	1.28	0.12	0.13967	0.00370	0.28	813	210	835	54	843	21	−4
样品 10T51（41°48′59.4″N；86°11′19.9″E）：黑云母石英片岩																		
10T51-01	r	0.1	5	0.02	0.08949	0.00663	2.13	0.15	0.17256	0.00427	0.35	1415	146	1158	48	1026	23	38
10T51-02	g2	131	367	0.36	0.06100	0.00080	0.91	0.01	0.10828	0.00134	0.96	639	29	657	6	663	8	−4
10T51-03	r	0.5	69	0.01	0.07825	0.00378	1.47	0.06	0.13625	0.00296	0.50	1153	98	918	26	823	17	40
10T51-04	c	324	249	1.3	0.11127	0.00245	4.97	0.11	0.32440	0.00521	0.76	1820	41	1815	18	1811	25	0
10T51-05	r	1	8	0.14	0.07355	0.01086	1.22	0.17	0.12054	0.00544	0.32	1029	319	810	79	734	31	40
10T51-06	r	10	11	0.96	0.06226	0.00672	0.93	0.10	0.10863	0.00330	0.29	683	241	669	51	665	19	3
10T51-07	c	117	314	0.37	0.11230	0.00127	5.03	0.06	0.32836	0.00458	1.22	1837	21	1833	10	1830	22	0
10T51-08	r	67	137	0.49	0.07752	0.00130	1.36	0.02	0.12741	0.00184	0.89	1135	34	872	10	773	11	47
10T51-09	c	1756	1275	1.38	0.18575	0.00267	13.32	0.19	0.52034	0.00739	1.01	2705	24	2703	13	2701	31	0
10T51-10	r	10	19	0.53	0.06230	0.00746	0.93	0.11	0.10818	0.00438	0.35	684	268	667	56	662	25	3
10T51-11	r	1	3	0.21	0.07423	0.00982	1.27	0.17	0.12400	0.00364	0.23	1048	282	832	74	754	21	39
10T51-12	r	1	3	0.31	0.10034	0.00780	2.80	0.18	0.21110	0.00965	0.70	1630	149	1356	49	1235	51	32
10T51-13	g2	61	166	0.37	0.06204	0.00157	0.93	0.02	0.10881	0.00155	0.59	675	55	668	12	666	9	1
10T51-14	r	19	230	0.08	0.06613	0.00094	1.03	0.01	0.11327	0.00142	0.90	810	30	720	7	692	8	17
10T51-15	g2	174	141	1.24	0.06145	0.00265	0.91	0.04	0.10691	0.00197	0.45	655	95	655	20	655	11	0
10T51-16	r	10	125	0.08	0.06728	0.00104	1.20	0.02	0.12896	0.00179	0.91	846	33	799	8	782	10	8
10T51-17	r	0.5	80	0.01	0.06680	0.00138	1.16	0.02	0.12550	0.00167	0.84	831	44	780	9	762	10	9
10T51-18	c	1872	1260	1.49	0.17722	0.00241	12.28	0.17	0.50258	0.00748	1.07	2627	23	2626	13	2625	32	0
10T51-19	c	1984	1334	1.49	0.18048	0.00186	12.64	0.13	0.50795	0.00658	1.22	2657	17	2653	10	2648	28	0
10T51-20	r	82	135	0.61	0.08336	0.00307	1.66	0.06	0.14465	0.00259	0.51	1278	74	994	22	871	15	47

续表

分析序号	do.[a]	Th/ppm	U/ppm	Th/U	同位素比值							年龄/Ma						
					$^{207}Pb/^{206}Pb$	1σ	$^{207}Pb/^{235}U$	1σ	$^{206}Pb/^{238}U$	1σ	ρ^{d}	$^{207}Pb/^{206}Pb$	1σ	$^{207}Pb/^{235}U$	1σ	$^{206}Pb/^{238}U$	1σ	disc.[e]/%
10T51-21	c	1549	1123	1.38	0.11145	0.00326	5.02	0.14	0.32654	0.00506	0.55	1823	54	1822	24	1822	25	0
10T51-22	r	1	10	0.08	0.07877	0.00617	1.42	0.11	0.13055	0.00292	0.29	1166	160	896	46	791	17	47
10T51-23	r	15	65	0.23	0.06189	0.00298	0.92	0.04	0.10782	0.00221	0.44	670	106	662	23	660	13	2
10T51-24	r	16	39	0.4	0.12510	0.00202	6.36	0.10	0.36858	0.00466	0.82	2030	29	2026	14	2023	22	0
10T51-25	r	17	25	0.69	0.11221	0.00545	5.11	0.23	0.33130	0.00828	0.55	1836	90	1837	39	1845	40	0
10T51-26	r	208	95	2.18	0.11194	0.00264	4.68	0.11	0.30343	0.00495	0.72	1831	44	1763	19	1708	24	7
10T51-27	r	72	59	1.22	0.11152	0.00350	5.03	0.15	0.32719	0.00546	0.56	1824	58	1824	25	1825	27	0
10T51-28	r	219	136	1.6	0.11242	0.00208	5.10	0.09	0.32928	0.00447	0.76	1839	34	1837	15	1835	22	0
10T51-29	r	0.1	6	0.02	0.06685	0.00762	1.15	0.13	0.12472	0.00283	0.20	833	249	777	61	758	16	10
10T51-30	r	10	16	0.61	0.06378	0.00427	0.95	0.06	0.10832	0.00204	0.29	734	146	679	32	663	12	11
10T51-31	r	3	11	0.27	0.11227	0.00512	5.09	0.22	0.32945	0.00745	0.52	1836	85	1835	37	1836	36	0
样品 10T50（41°48′59.4″N；86°11′19.9″E）：黑云母正长花岗岩																		
10T50-01	c	31	282	0.11	0.06734	0.00104	1.26	0.02	0.13606	0.00195	0.93	848	33	829	9	822	11	3
10T50-02	c	0.1	3	0.03	0.18261	0.01400	3.41	0.25	0.13564	0.00401	0.41	2677	131	1508	57	820	23	226
10T50-03	c	25	94	0.27	0.11217	0.00214	5.09	0.09	0.32902	0.00457	0.77	1835	35	1834	15	1834	22	0
10T50-04	r	5	36	0.14	0.06651	0.00446	1.25	0.08	0.13647	0.00353	0.40	822	144	824	36	825	20	0
10T50-05	c	107	102	1.05	0.06635	0.00272	1.23	0.05	0.13458	0.00243	0.47	817	88	814	22	814	14	0
10T50-06	c	121	175	0.69	0.06659	0.00284	1.24	0.05	0.13556	0.00255	0.47	825	91	820	23	820	14	1
10T50-07	g2	107	170	0.63	0.06147	0.00265	0.92	0.04	0.10861	0.00223	0.50	656	95	663	20	665	13	−1
10T50-08	c	139	201	0.69	0.06667	0.00126	1.25	0.02	0.13608	0.00177	0.73	827	40	824	10	822	10	1
10T50-09	r	1	3	0.28	0.06623	0.01315	1.23	0.24	0.13426	0.00461	0.17	814	442	812	110	812	26	0
10T50-10	c	40	126	0.32	0.06644	0.00145	1.23	0.03	0.13414	0.00172	0.63	820	47	814	11	811	10	1
10T50-11	c	143	203	0.71	0.06716	0.00218	1.29	0.04	0.13904	0.00229	0.53	843	69	840	18	839	13	0
10T50-12	g2	191	327	0.59	0.06241	0.00148	0.93	0.02	0.10820	0.00161	0.65	688	52	668	11	662	9	4

续表

分析序号	do.[a]	Th/ppm	U/ppm	Th/U	同位素比值							年龄/Ma						
					$^{207}Pb/^{206}Pb$	1σ	$^{207}Pb/^{235}U$	1σ	$^{206}Pb/^{238}U$	1σ	ρ^{d}	$^{207}Pb/^{206}Pb$	1σ	$^{207}Pb/^{235}U$	1σ	$^{206}Pb/^{238}U$	1σ	disc.[e]/%
10T50-13	g2	35	99	0.35	0.06278	0.00338	0.93	0.05	0.10761	0.00241	0.43	701	118	668	25	659	14	6
10T50-14	g2	90	142	0.63	0.06175	0.00119	0.93	0.02	0.10895	0.00138	0.68	665	42	666	9	667	8	0
10T50-15	r	1	26	0.02	0.06709	0.00255	1.27	0.05	0.13757	0.00205	0.41	841	81	833	21	831	12	1
10T50-16	g2	259	271	0.95	0.06222	0.00143	0.92	0.02	0.10727	0.00165	0.68	682	50	662	11	657	10	4
10T50-17	c	81	79	1.02	0.10432	0.00141	3.70	0.05	0.25749	0.00305	0.91	1702	25	1572	10	1477	16	15
10T50-18	g2	62	124	0.5	0.06198	0.00215	0.93	0.03	0.10870	0.00192	0.53	673	76	667	16	665	11	1
10T50-19	c	180	718	0.25	0.06688	0.00132	1.27	0.02	0.13798	0.00198	0.73	834	42	833	11	833	11	0
10T50-20	g2	38	88	0.43	0.06277	0.00223	0.92	0.03	0.10649	0.00161	0.45	700	77	663	16	652	9	7
样品 12K37（GPS：41°31′40.6″N，86°35′50.8″E）：云母片岩																		
12K37-01	c	126	128	0.99	0.14059	0.00222	8.05	0.15	0.41549	0.00643	0.87	2234	28	2237	16	2240	29	0
12K37-02	r	317	405	0.78	0.11662	0.00143	5.94	0.09	0.36920	0.00510	0.82	1905	23	1966	13	2026	24	−6
12K37-03	c	571	385	1.48	0.15221	0.00183	9.35	0.14	0.44558	0.00614	0.82	2371	21	2373	13	2376	27	0
12K37-04	r	315	794	0.40	0.11857	0.00162	5.70	0.09	0.34881	0.00548	0.83	1935	25	1931	14	1929	26	0
12K37-05	r	128	123	1.04	0.11989	0.00167	6.08	0.10	0.36771	0.00523	0.86	1955	25	1987	14	2019	25	−3
12K37-06	c	198	302	0.65	0.14964	0.00186	8.87	0.13	0.43018	0.00595	0.83	2342	22	2325	14	2307	27	2
12K37-07	c	92	62	1.49	0.15549	0.00217	9.55	0.15	0.44533	0.00651	0.86	2407	24	2392	15	2374	29	1
12K37-08	r	130	187	0.69	0.11961	0.00160	6.08	0.09	0.36894	0.00508	0.86	1950	24	1988	14	2024	24	−4
12K37-09	c	134	211	0.63	0.23826	0.00346	20.31	0.35	0.61861	0.00984	0.84	3108	24	3106	17	3104	39	0
12K37-10	r	37	455	0.08	0.11842	0.00180	5.73	0.09	0.35089	0.00462	0.93	1933	28	1936	14	1939	22	0
12K37-11	c	125	181	0.69	0.14884	0.00195	8.95	0.14	0.43635	0.00617	0.84	2333	23	2333	14	2334	28	0
12K37-12	c	55	72	0.77	0.27107	0.00338	25.15	0.38	0.67320	0.00948	0.83	3312	20	3314	15	3318	37	0
12K37-13	c	330	306	1.08	0.23792	0.00300	16.41	0.25	0.50034	0.00718	0.82	3106	21	2901	15	2615	31	19
12K37-14	c	156	353	0.44	0.19260	0.00254	12.17	0.19	0.45839	0.00651	0.83	2764	22	2618	15	2432	29	14
12K37-15	c	98	117	0.84	0.21727	0.00352	17.40	0.30	0.58110	0.00812	0.93	2961	27	2957	17	2953	33	0

续表

分析序号	do.[a]	Th/ppm	U/ppm	Th/U	同位素比值							年龄/Ma						
					$^{207}Pb/^{206}Pb$	1σ	$^{207}Pb/^{235}U$	1σ	$^{206}Pb/^{238}U$	1σ	ρ^{d}	$^{207}Pb/^{206}Pb$	1σ	$^{207}Pb/^{235}U$	1σ	$^{206}Pb/^{238}U$	1σ	disc.[e]/%
12K37-16	r	261	278	0.94	0.11879	0.00195	5.76	0.10	0.35201	0.00488	0.92	1938	30	1941	15	1944	23	0
12K37-17	c	126	166	0.76	0.17831	0.00251	12.41	0.20	0.50473	0.00713	0.86	2637	24	2636	15	2634	31	0
12K37-18	r	121	369	0.33	0.11824	0.00186	5.68	0.10	0.34856	0.00549	0.87	1930	29	1928	16	1928	26	0
12K37-19	c	77	60	1.28	0.16042	0.00253	10.26	0.18	0.46382	0.00658	0.91	2460	27	2458	16	2456	29	0
12K37-20	c	83	191	0.43	0.15370	0.00254	9.45	0.18	0.44640	0.00711	0.87	2388	29	2383	17	2379	32	0
12K37-21	r	187	457	0.41	0.12684	0.00175	6.54	0.11	0.37413	0.00551	0.84	2055	25	2051	14	2049	26	0
12K37-22	c	125	86	1.45	0.26915	0.00363	24.99	0.40	0.67372	0.00955	0.85	3301	22	3308	15	3320	37	−1
12K37-23	c	102	138	0.74	0.23406	0.00410	19.78	0.39	0.61376	0.01012	0.89	3080	29	3081	19	3085	40	0
12K37-24	c	51	39	1.32	0.15609	0.00247	10.19	0.18	0.47363	0.00698	0.90	2414	27	2452	16	2499	31	−3
12K37-25	c	137	194	0.71	0.16489	0.00228	10.80	0.17	0.47511	0.00679	0.85	2506	24	2506	15	2506	30	0
12K37-26	c	68	144	0.48	0.13489	0.00196	7.19	0.12	0.38698	0.00561	0.87	2163	26	2136	15	2109	26	3
12K37-27	c	74	90	0.82	0.16287	0.00265	10.58	0.19	0.47111	0.00675	0.91	2486	28	2487	17	2488	30	0
12K37-28	c	96	156	0.62	0.24254	0.00357	20.91	0.36	0.62569	0.00917	0.86	3137	24	3135	17	3133	36	0
12K37-29	c	78	103	0.76	0.14555	0.00232	8.32	0.15	0.41485	0.00623	0.88	2294	28	2267	16	2237	28	3
12K37-30	c	60	65	0.93	0.12661	0.00247	6.41	0.13	0.36739	0.00599	0.93	2051	35	2033	18	2017	28	2
12K37-31	c	252	202	1.24	0.14012	0.00243	7.93	0.15	0.41066	0.00640	0.89	2229	31	2223	18	2218	29	0
12K37-32	c	184	163	1.13	0.19908	0.00301	12.01	0.21	0.43799	0.00646	0.87	2819	25	2606	16	2342	29	20
12K37-33	r	153	252	0.61	0.11890	0.00187	5.75	0.10	0.35068	0.00500	0.89	1940	29	1939	15	1938	24	0
12K37-34	c	150	215	0.70	0.12749	0.00199	6.88	0.12	0.39143	0.00572	0.88	2064	28	2096	16	2129	27	−3
12K37-35	c	83	214	0.39	0.14699	0.00278	8.71	0.18	0.42999	0.00679	0.91	2311	33	2308	19	2306	31	0
12K37-36	c	2247	314	7.15	0.20271	0.00317	15.46	0.28	0.55339	0.00805	0.88	2848	26	2844	17	2839	33	0
样品 12K51（GPS：41°26′10.8″N，86°51′41.3″E）：含石榴子石副片麻岩																		
12K51-01	c	219	390	0.56	0.14924	0.00176	8.02	0.11	0.38985	0.00491	0.92	2337	21	2233	12	2122	23	10
12K51-02	c	159	388	0.41	0.15812	0.00187	9.24	0.13	0.42390	0.00532	0.92	2436	21	2362	13	2278	24	7

续表

分析序号	do.[a]	Th/ppm	U/ppm	$\frac{Th}{U}$	同位素比值							年龄/Ma						
					$^{207}Pb/^{206}Pb$	1σ	$^{207}Pb/^{235}U$	1σ	$^{206}Pb/^{238}U$	1σ	ρ^d	$^{207}Pb/^{206}Pb$	1σ	$^{207}Pb/^{235}U$	1σ	$^{206}Pb/^{238}U$	1σ	disc.[e]/%
样品 12K51（GPS：41°26'10.8"N，86°51'41.3"E）：含石榴子石副片麻岩																		
12K51-03	c	252	288	0.87	0.13910	0.00166	7.59	0.11	0.39565	0.00516	0.92	2216	21	2183	13	2149	24	3
12K51-04	c	70	34	2.09	0.18779	0.00403	13.13	0.30	0.50708	0.00899	0.78	2723	36	2689	21	2644	38	3
12K51-05	c	980	445	2.20	0.15236	0.00190	9.35	0.14	0.44538	0.00591	0.90	2373	22	2373	13	2375	26	0
12K51-06	c	40	65	0.61	0.21928	0.00276	15.14	0.22	0.50089	0.00659	0.91	2975	21	2824	14	2618	28	14
12K51-07	c	144	224	0.64	0.15420	0.00186	9.53	0.13	0.44817	0.00564	0.91	2393	21	2390	13	2387	25	0
12K51-08	r	26	468	0.06	0.18427	0.00217	11.18	0.16	0.44029	0.00566	0.93	2692	20	2539	13	2352	25	14
12K51-09	c	108	181	0.60	0.15633	0.00195	9.68	0.14	0.44930	0.00598	0.91	2416	22	2405	13	2392	27	1
12K51-10	c	101	300	0.34	0.14597	0.00227	8.63	0.15	0.42867	0.00623	0.82	2299	27	2299	16	2300	28	0
12K51-11	c	78	104	0.74	0.14242	0.00206	8.11	0.13	0.41311	0.00599	0.87	2257	26	2244	15	2229	27	1
12K51-12	r	109	541	0.20	0.11828	0.00225	5.69	0.12	0.34866	0.00579	0.78	1930	35	1929	18	1928	28	0
12K51-13	r	221	272	0.81	0.11890	0.00156	5.75	0.09	0.35101	0.00473	0.88	1940	24	1939	13	1939	23	0
12K51-14	c	82	148	0.55	0.14275	0.00283	8.12	0.18	0.41246	0.00667	0.75	2261	35	2244	20	2226	30	2
12K51-15	r	184	209	0.88	0.21647	0.00302	14.39	0.24	0.48215	0.00688	0.87	2955	23	2776	16	2537	30	16
12K51-16	c	90	115	0.78	0.29621	0.00450	26.90	0.44	0.65875	0.00857	0.80	3451	24	3380	16	3262	33	6
12K51-17	c	109	243	0.45	0.13979	0.00179	7.64	0.11	0.39641	0.00517	0.88	2225	23	2189	13	2152	24	3
12K51-18	c	147	821	0.18	0.13500	0.00212	7.31	0.13	0.39303	0.00578	0.81	2164	28	2150	16	2137	27	1
12K51-19	c	65	102	0.63	0.30324	0.00624	30.12	0.68	0.72055	0.01204	0.74	3487	33	3491	22	3498	45	0
12K51-20	r	65	335	0.19	0.27013	0.00411	22.09	0.35	0.59327	0.00724	0.76	3307	24	3188	16	3003	29	10
12K51-21	c	355	1243	0.29	0.14328	0.00282	7.97	0.18	0.40367	0.00663	0.74	2267	35	2228	20	2186	30	4
12K51-22	c	58	24	2.38	0.12868	0.00261	6.64	0.14	0.37433	0.00544	0.69	2080	37	2065	19	2050	26	1
12K51-23	r	79	93	0.84	0.14336	0.00211	8.15	0.14	0.41250	0.00571	0.83	2268	26	2248	15	2226	26	2
12K51-24	c	149	186	0.80	0.13012	0.00194	6.60	0.11	0.36795	0.00470	0.79	2100	27	2059	14	2020	22	4
12K51-25	c	121	143	0.85	0.18345	0.00256	12.91	0.21	0.51064	0.00684	0.84	2684	24	2673	15	2659	29	1

续表

分析序号	do.[a]	Th/ppm	U/ppm	Th/U	同位素比值							年龄/Ma						
					$^{207}Pb/^{206}Pb$	1σ	$^{207}Pb/^{235}U$	1σ	$^{206}Pb/^{238}U$	1σ	ρ^d	$^{207}Pb/^{206}Pb$	1σ	$^{207}Pb/^{235}U$	1σ	$^{206}Pb/^{238}U$	1σ	disc.[e]/%
样品12K51（GPS：41°26′10.8″N，86°51′41.3″E）：含石榴子石副片麻岩																		
12K51-26	r	105	1117	0.09	0.11952	0.00170	5.80	0.10	0.35231	0.00480	0.83	1949	26	1947	14	1946	23	0
12K51-27	c	87	93	0.94	0.13490	0.00229	7.28	0.13	0.39136	0.00557	0.77	2163	30	2146	17	2129	26	2
12K51-28	r	234	823	0.28	0.11892	0.00192	6.05	0.11	0.36909	0.00525	0.78	1940	30	1983	16	2025	25	–4
12K51-29	c	240	369	0.65	0.17286	0.00249	11.77	0.19	0.49384	0.00657	0.82	2586	25	2586	15	2587	28	0
12K51-30	r	369	279	1.32	0.11884	0.00173	6.83	0.11	0.41662	0.00554	0.81	1939	27	2089	15	2245	25	–14
12K51-31	c	247	137	1.80	0.16114	0.00244	9.12	0.15	0.41032	0.00558	0.80	2468	26	2350	16	2216	26	11
12K51-32	c	121	657	0.18	0.12439	0.00278	6.32	0.15	0.36840	0.00520	0.61	2020	41	2021	20	2022	24	0
12K51-33	c	63	190	0.33	0.16422	0.00381	10.71	0.27	0.47299	0.00808	0.68	2500	40	2498	23	2497	35	0
12K51-34	c	164	280	0.59	0.18412	0.00596	13.07	0.42	0.51525	0.00810	0.49	2690	55	2685	30	2679	34	0
12K51-35	c	98	88	1.11	0.13899	0.00343	7.84	0.21	0.40904	0.00713	0.66	2215	44	2213	24	2211	33	0
12K51-36	c	52	39	1.33	0.17502	0.00404	12.03	0.29	0.49873	0.00849	0.69	2606	39	2607	23	2608	37	0
12K51-37	c	230	234	0.98	0.22624	0.00345	16.86	0.29	0.54139	0.00815	0.86	3026	25	2927	17	2789	34	8
12K51-38	c	310	434	0.71	0.28753	0.00376	24.02	0.37	0.60646	0.00845	0.90	3404	21	3269	15	3056	34	11
12K51-39	c	204	626	0.32	0.14595	0.00199	7.30	0.12	0.36338	0.00522	0.89	2299	24	2149	14	1998	25	15
12K51-40	r	407	907	0.45	0.11864	0.00150	5.38	0.08	0.32921	0.00451	0.91	1936	23	1882	13	1835	22	6
12K51-41	c	295	349	0.84	0.26921	0.00333	21.46	0.31	0.57851	0.00787	0.93	3301	20	3160	14	2943	32	12
12K51-42	c	154	217	0.71	0.19457	0.00253	11.91	0.18	0.44427	0.00607	0.90	2781	22	2597	14	2370	27	17
12K51-43	c	80	66	1.22	0.14568	0.00221	8.55	0.14	0.42566	0.00592	0.84	2296	27	2291	15	2286	27	0
12K51-44	c	323	576	0.56	0.15881	0.00267	10.04	0.19	0.45958	0.00713	0.81	2443	29	2439	18	2438	31	0
12K51-45	c	215	242	0.89	0.14995	0.00253	8.34	0.16	0.40414	0.00634	0.83	2345	30	2269	17	2188	29	7
12K51-46	c	117	223	0.52	0.14809	0.00200	7.84	0.12	0.38406	0.00540	0.89	2324	24	2212	14	2095	25	11
12K51-47	c	10504	1318	7.97	0.19219	0.00253	8.33	0.13	0.31455	0.00439	0.89	2761	22	2267	14	1763	22	57
12K51-48*	c	129	1306	0.10	0.12414	0.00254	4.29	0.07	0.25044	0.00339	0.88	2017	37	1691	13	1441	17	40

续表

分析序号	do.[a]	Th/ppm	U/ppm	$\frac{Th}{U}$	同位素比值							年龄/Ma						
					$^{207}Pb/^{206}Pb$	1σ	$^{207}Pb/^{235}U$	1σ	$^{206}Pb/^{238}U$	1σ	ρ^d	$^{207}Pb/^{206}Pb$	1σ	$^{207}Pb/^{235}U$	1σ	$^{206}Pb/^{238}U$	1σ	disc.[e]/%
样品 12K51（GPS：41°26′10.8″N，86°51′41.3″E）：含石榴子石副片麻岩																		
12K51-49	c	320	113	2.83	0.17797	0.00302	11.90	0.23	0.48563	0.00753	0.82	2634	29	2597	18	2552	33	3
12K51-50	c	138	187	0.74	0.15600	0.00271	9.72	0.19	0.45248	0.00714	0.81	2413	30	2409	18	2406	32	0
12K51-51	c	183	379	0.48	0.12232	0.00191	6.06	0.11	0.35977	0.00539	0.84	1990	28	1985	16	1981	26	0
12K51-52	r	185	1498	0.12	0.11813	0.00169	5.69	0.09	0.34922	0.00487	0.84	1928	26	1929	14	1931	23	0
12K51-53	c	2351	665	3.54	0.16457	0.00231	9.58	0.16	0.42249	0.00586	0.85	2503	24	2396	15	2272	27	10
12K51-54	c	645	1361	0.47	0.14003	0.00196	5.94	0.10	0.30761	0.00439	0.87	2228	25	1967	14	1729	22	29
12K51-55	c	335	772	0.43	0.12549	0.00178	6.01	0.10	0.34744	0.00488	0.85	2036	26	1977	14	1922	23	6
12K51-56	c	130	292	0.44	0.14796	0.00209	8.16	0.13	0.39995	0.00568	0.86	2322	25	2249	15	2169	26	7
12K51-57	c	161	1236	0.13	0.12650	0.00189	6.52	0.11	0.37413	0.00550	0.84	2050	27	2049	15	2049	26	0
12K51-58	c	229	287	0.80	0.28836	0.00488	24.06	0.44	0.60522	0.00845	0.76	3409	27	3271	18	3051	34	12
12K51-59	c	252	213	1.18	0.16353	0.00291	9.20	0.18	0.40804	0.00577	0.74	2492	31	2358	17	2206	26	13
12K51-60	c	196	841	0.23	0.12447	0.00219	6.24	0.12	0.36388	0.00571	0.79	2021	32	2010	17	2001	27	1
12K51-61	c	269	953	0.28	0.20034	0.00301	12.72	0.22	0.46072	0.00661	0.83	2829	25	2659	16	2443	29	16
12K51-62	c	252	297	0.85	0.25259	0.00390	21.22	0.38	0.60925	0.00873	0.81	3201	25	3149	17	3067	35	4
12K51-63	c	84	110	0.76	0.17828	0.00293	12.43	0.23	0.50557	0.00742	0.79	2637	28	2637	17	2638	32	0
12K51-64	r	77	1272	0.06	0.11556	0.00182	5.09	0.09	0.31930	0.00459	0.80	1889	29	1834	15	1786	22	6
12K51-65	c	505	561	0.90	0.12967	0.00237	6.86	0.14	0.38387	0.00597	0.76	2093	33	2094	18	2094	28	0
12K51-66	c	798	330	2.42	0.14785	0.00234	9.32	0.17	0.45720	0.00672	0.81	2321	28	2370	17	2427	30	–4
12K51-67	c	317	685	0.46	0.14398	0.00229	7.99	0.15	0.40224	0.00590	0.80	2276	28	2229	17	2179	27	4
12K51-68	c	416	337	1.23	0.14909	0.00313	9.04	0.20	0.43983	0.00651	0.66	2336	37	2342	20	2350	29	–1
12K51-69	c	212	727	0.29	0.12659	0.00219	6.49	0.13	0.37150	0.00547	0.76	2051	31	2044	17	2036	26	1
12K51-70	c	320	426	0.75	0.14609	0.00240	8.60	0.16	0.42706	0.00633	0.79	2301	29	2297	17	2292	29	0
12K51-71	c	141	221	0.64	0.17632	0.00298	11.63	0.22	0.47845	0.00719	0.78	2619	29	2575	18	2521	31	4

续表

分析序号	do.[a]	Th/ppm	U/ppm	$\frac{Th}{U}$	同位素比值							年龄/Ma						
					$^{207}Pb/^{206}Pb$	1σ	$^{207}Pb/^{235}U$	1σ	$^{206}Pb/^{238}U$	1σ	ρ^d	$^{207}Pb/^{206}Pb$	1σ	$^{207}Pb/^{235}U$	1σ	$^{206}Pb/^{238}U$	1σ	disc.[c]/%
12K51-72	c	191	667	0.29	0.13434	0.00230	6.91	0.13	0.37300	0.00553	0.76	2155	31	2100	17	2044	26	5
12K51-73	c	84	119	0.70	0.14617	0.00214	8.63	0.15	0.42846	0.00643	0.87	2302	26	2300	16	2299	29	0
12K51-74	r	72	585	0.12	0.11963	0.00159	5.83	0.09	0.35366	0.00521	0.91	1951	24	1951	14	1952	25	0
12K51-75	c	86	246	0.35	0.20481	0.00278	14.58	0.24	0.51655	0.00765	0.90	2865	23	2788	16	2685	33	7
12K51-76*	c	273	222	1.23	0.18574	0.01009	11.83	0.61	0.46211	0.00842	0.36	2705	92	2591	48	2449	37	10
12K51-77	c	174	736	0.24	0.12573	0.00178	6.56	0.11	0.37846	0.00555	0.87	2039	26	2054	15	2069	26	−1
12K51-78	c	121	106	1.15	0.15973	0.00246	10.31	0.18	0.46804	0.00711	0.86	2453	27	2463	16	2475	31	−1
12K51-79	c	217	205	1.06	0.15021	0.00268	9.42	0.18	0.45476	0.00670	0.76	2348	31	2380	18	2416	30	−3
12K51-80	c	214	501	0.43	0.12409	0.00197	6.48	0.12	0.37852	0.00556	0.81	2016	29	2043	16	2069	26	−3
12K51-81	c	199	342	0.58	0.15529	0.00240	9.23	0.16	0.43131	0.00647	0.84	2405	27	2361	16	2312	29	4
12K51-82	c	228	570	0.40	0.14429	0.00244	8.55	0.16	0.42980	0.00630	0.78	2279	30	2291	17	2305	28	−1
12K51-83	c	115	184	0.62	0.17500	0.00343	12.05	0.26	0.49963	0.00814	0.77	2606	33	2608	20	2612	35	0
12K51-84	c	110	334	0.33	0.13548	0.00245	7.93	0.16	0.42481	0.00667	0.79	2170	32	2224	18	2282	30	−5
样品12K26（GPS：41°45′52.9″N，86°16′23.3″E）：石英岩																		
12K26-01	c	78	200	0.39	0.11407	0.00146	5.55	0.08	0.35285	0.00472	0.91	1865	24	1908	13	1948	22	−4
12K26-02	c	74	190	0.39	0.11532	0.00240	5.62	0.12	0.35358	0.00606	0.79	1885	38	1919	19	1952	29	−3
12K26-03	c	116	228	0.51	0.11571	0.00238	5.32	0.12	0.33379	0.00567	0.78	1891	38	1872	19	1857	27	2
12K26-04	c	93	194	0.48	0.11438	0.00167	5.31	0.09	0.33663	0.00481	0.86	1870	27	1870	14	1870	23	0
12K26-05	c	124	308	0.40	0.11337	0.00145	5.21	0.08	0.33352	0.00445	0.91	1854	24	1855	13	1855	22	0
12K26-06	c	93	227	0.41	0.11470	0.00167	5.22	0.09	0.33011	0.00464	0.85	1875	27	1856	14	1839	22	2
12K26-07	r	346	1075	0.32	0.11175	0.00155	4.87	0.08	0.31593	0.00444	0.87	1828	26	1797	14	1770	22	3
12K26-08	c	67	178	0.37	0.11465	0.00155	5.57	0.09	0.35232	0.00480	0.88	1874	25	1911	13	1946	23	−4
12K26-09	c	78	1251	0.06	0.10744	0.00149	3.90	0.06	0.26302	0.00371	0.87	1756	26	1613	13	1505	19	17
12K26-10	c	48	160	0.30	0.11308	0.00156	5.10	0.08	0.32693	0.00447	0.87	1849	26	1836	13	1823	22	1

续表

分析序号	do.[a]	Th/ppm	U/ppm	Th/U	同位素比值							年龄/Ma						
					$^{207}Pb/^{206}Pb$	1σ	$^{207}Pb/^{235}U$	1σ	$^{206}Pb/^{238}U$	1σ	ρ^{d}	$^{207}Pb/^{206}Pb$	1σ	$^{207}Pb/^{235}U$	1σ	$^{206}Pb/^{238}U$	1σ	disc.[e]/%
12K26-11	c	95	200	0.48	0.11479	0.00169	5.46	0.09	0.34504	0.00474	0.83	1877	27	1894	14	1911	23	−2
12K26-12	r	350	960	0.36	0.10739	0.00152	4.45	0.07	0.30112	0.00394	0.83	1756	26	1723	13	1697	20	3
12K26-13	c	118	226	0.52	0.11474	0.00203	5.35	0.10	0.33850	0.00514	0.78	1876	33	1878	17	1879	25	0
12K26-14	c	265	934	0.28	0.11318	0.00317	5.19	0.15	0.33273	0.00502	0.54	1851	52	1851	24	1852	24	0
12K26-15	r	463	2194	0.21	0.10826	0.00175	4.39	0.08	0.29416	0.00401	0.77	1770	30	1710	15	1662	20	6
12K26-16	c	195	321	0.61	0.11491	0.00185	5.49	0.10	0.34639	0.00507	0.81	1878	30	1899	16	1917	24	−2
12K26-17	r	344	1187	0.29	0.11243	0.00187	5.00	0.09	0.32229	0.00445	0.75	1839	31	1819	16	1801	22	2
12K26-18	c	120	253	0.48	0.11423	0.00198	5.48	0.11	0.34807	0.00523	0.78	1868	32	1898	17	1925	25	−3
12K26-19	c	106	238	0.44	0.11489	0.00185	5.34	0.10	0.33719	0.00487	0.80	1878	30	1875	16	1873	23	0
12K26-20	r	418	683	0.61	0.11225	0.00181	4.83	0.09	0.31183	0.00443	0.78	1836	30	1789	15	1750	22	5
样品 12K97（GPS：41°47′38.0″N，86°13′46.2″E）：石英岩																		
12K97-01	c	49	159	0.31	0.14199	0.00260	7.53	0.15	0.38458	0.00639	0.82	2252	32	2176	18	2098	30	7
12K97-02	r	12	42	0.28	0.11045	0.00196	4.97	0.09	0.32612	0.00489	0.79	1807	33	1814	16	1820	24	−1
12K97-03	r	149	879	0.17	0.10699	0.00134	4.22	0.06	0.28581	0.00404	0.92	1749	23	1677	13	1621	20	8
12K97-04	r	48	115	0.42	0.11215	0.00170	4.92	0.08	0.31831	0.00460	0.84	1835	28	1806	14	1781	22	3
12K97-05	r	22	164	0.13	0.09044	0.00135	2.45	0.04	0.19647	0.00286	0.85	1435	29	1257	12	1156	15	24
12K97-06	c	77	93	0.83	0.15127	0.00207	9.19	0.15	0.44065	0.00642	0.91	2360	24	2357	15	2354	29	0
12K97-07	r	4	655	0.01	0.11117	0.00174	4.84	0.08	0.31577	0.00437	0.80	1819	29	1792	15	1769	21	3
12K97-08	c	158	291	0.54	0.13515	0.00176	6.84	0.11	0.36705	0.00526	0.92	2166	23	2091	14	2016	25	7
12K97-09	r	33	105	0.31	0.11034	0.00190	4.91	0.09	0.32252	0.00462	0.77	1805	32	1803	16	1802	23	0
12K97-10	r	83	312	0.27	0.10989	0.00155	4.92	0.08	0.32484	0.00452	0.86	1798	26	1806	14	1813	22	−1
12K97-11	c	153	126	1.21	0.16152	0.00230	9.36	0.15	0.42038	0.00605	0.87	2472	25	2374	15	2262	27	9
12K97-12	r	62	146	0.43	0.11159	0.00170	4.81	0.08	0.31233	0.00450	0.84	1825	28	1786	14	1752	22	4
12K97-13	r	267	558	0.48	0.11319	0.00172	5.36	0.09	0.34322	0.00515	0.85	1851	28	1878	15	1902	25	−3

续表

分析序号	do.[a]	Th/ppm	U/ppm	$\frac{Th}{U}$	同位素比值							年龄/Ma						
					$^{207}Pb/^{206}Pb$	1σ	$^{207}Pb/^{235}U$	1σ	$^{206}Pb/^{238}U$	1σ	ρ^d	$^{207}Pb/^{206}Pb$	1σ	$^{207}Pb/^{235}U$	1σ	$^{206}Pb/^{238}U$	1σ	disc.[e]/%
样品 12K97（GPS：41°47′38.0″N，86°13′46.2″E）：石英岩																		
12K97-14	r	107	235	0.46	0.11174	0.00191	4.98	0.09	0.32359	0.00462	0.76	1828	32	1817	16	1807	23	1
12K97-15	r	42	672	0.06	0.10980	0.00182	4.59	0.08	0.30321	0.00426	0.77	1796	31	1747	15	1707	21	5
12K97-16	r	27	296	0.09	0.11035	0.00182	4.59	0.08	0.30142	0.00440	0.79	1805	31	1747	15	1698	22	6
12K97-17	r	216	464	0.47	0.10614	0.00157	3.93	0.07	0.26874	0.00392	0.85	1734	28	1620	14	1534	20	13
12K97-18	r	41	111	0.37	0.11051	0.00228	4.91	0.11	0.32244	0.00482	0.69	1808	38	1804	18	1802	23	0
12K97-19	c	120	150	0.80	0.14222	0.00222	7.40	0.13	0.37764	0.00559	0.83	2254	28	2162	16	2065	26	9
12K97-20	r	70	351	0.20	0.11048	0.00212	4.85	0.10	0.31827	0.00467	0.71	1807	36	1793	17	1781	23	1
12K97-21	c	276	325	0.85	0.12868	0.00264	6.22	0.14	0.35066	0.00518	0.68	2080	37	2007	19	1938	25	7
12K97-22	r	23	70	0.33	0.11130	0.00242	4.97	0.12	0.32347	0.00527	0.70	1821	40	1814	20	1807	26	1
12K97-23	c	52	72	0.73	0.16643	0.00266	10.02	0.18	0.43696	0.00665	0.85	2522	27	2437	16	2337	30	8
12K97-24	r	44	125	0.35	0.11142	0.00212	5.17	0.11	0.33663	0.00511	0.73	1823	35	1848	18	1870	25	−3

注：a：*代表包含普通铅且用 Andersen's（2002）的 EXCEL 软件 ComPbCorr#315G 进行校正后的结果；

b：锆石区域：c-碎屑锆石核；r-变质边；r2-亮白色外部变质边；g2-第二组锆石；

c：Th-U 含量的计算根据背景校正后的 ^{232}Th 与 ^{238}U 计数值与每个 run 中标样锆石 GJ-1 的计数值，标样的平均 Th、U 含量分别为 8ppm 和 330ppm（Jackson et al.，2004）；

d：$误差系数=\dfrac{\dfrac{^{206}Pb}{^{238}U}的相对误差}{\dfrac{^{207}Pb}{^{235}U}的相对误差}$；

e：$不谐和度=\left(\dfrac{\dfrac{^{207}Pb}{^{206}Pb}年龄}{\dfrac{^{206}Pb}{^{238}U}年龄}-1\right)\times 100$

表 3-3　库鲁克塔格西段副片麻岩 SHRIMP 锆石 U-Th-Pb 同位素数据（Ge et al.，2014c）

分析序号	do.[a]	Th/ppm	U/ppm	Th/U	P_c^b/%	同位素比值（普通铅校正后）							年龄/Ma（普通铅校正后）						
						$^{207}Pb/^{206}Pb$	1σ	$^{207}Pb/^{235}U$	1σ	$^{206}Pb/^{238}U$	1σ	ρ^c	$^{207}Pb/^{206}Pb$	1σ	$^{208}Pb/^{232}Th$	1σ	$^{206}Pb/^{238}U$	1σ	disc.[c]/%
样品 12K51（GPS：41°26′10.8″N，86°51′41.3″E）：含石榴子石副片麻岩																			
12K51-1.1	c	71	119	0.62	0.02	0.17176	0.0501	11.56	0.0559	0.48828	0.0247	0.44	2575	84	2614	90	2563	52	1
12K51-2.1	c	116	71	1.70	0.50	0.14706	0.0543	10.17	0.0818	0.50141	0.0611	0.75	2312	93	1635	142	2620	132	−16
12K51-3.1	c	142	201	0.73	—	0.16606	0.0042	10.49	0.0139	0.45824	0.0132	0.95	2518	7	2644	71	2432	27	4
12K51-4.1	c	71	217	0.34	—	0.14430	0.0268	8.44	0.0589	0.42438	0.0525	0.89	2279	46	2212	112	2280	101	0
12K51-5.1	c	112	180	0.65	0.00	0.15911	0.0343	9.94	0.0367	0.45323	0.0133	0.36	2446	58	2435	66	2410	27	2
12K51-6.1	c	68	102	0.69	0.06	0.21880	0.0515	15.22	0.0604	0.50442	0.0317	0.52	2972	83	2650	135	2633	68	14
12K51-6.2	c	256	209	1.26	—	0.26589	0.0032	23.44	0.0137	0.63932	0.0133	0.97	3282	5	3192	49	3186	34	4
12K51-6.3	c	121	190	0.66	0.17	0.25073	0.0226	19.27	0.0286	0.55735	0.0176	0.61	3189	36	2974	87	2856	41	13
12K51-7.1	c	25	62	0.42	—	0.16779	0.0365	10.29	0.0398	0.44493	0.0158	0.40	2536	61	2420	83	2373	31	8
12K51-8.1	c	116	58	2.06	0.05	0.29874	0.013	30.23	0.0208	0.73384	0.0162	0.78	3464	20	3530	70	3548	44	−3
12K51-8.2	c	68	34	2.07	0.11	0.29977	0.0139	30.15	0.0533	0.72934	0.0515	0.97	3469	21	3516	183	3531	140	−2
12K51-8.3	r	99	834	0.12	0.27	0.11748	0.0065	5.80	0.018	0.35786	0.0167	0.93	1918	12	2064	87	1972	28	−3
12K51-8.4	c	132	63	2.16	0.32	0.29752	0.0059	29.05	0.0233	0.70820	0.0226	0.97	3457	9	3443	81	3452	60	0
12K51-8.5	c	84	46	1.86	0.06	0.28912	0.0066	28.28	0.026	0.70929	0.0252	0.97	3413	10	3479	133	3456	67	−2
12K51-8.6	c	108	60	1.87	0.19	0.28477	0.0128	25.61	0.0265	0.65220	0.0232	0.87	3389	20	3221	78	3237	59	6
12K51-9.1	r	128	1025	0.13	0.00	0.11841	0.0027	5.83	0.0125	0.35688	0.0122	0.98	1932	5	1960	28	1967	21	−2
12K51-9.2	c	16	120	0.14	0.17	0.12032	0.0116	6.28	0.0181	0.37846	0.0139	0.77	1961	21	1786	91	2069	25	−6
12K51-10.1	c	53	64	0.85	—	0.15614	0.0687	10.74	0.0855	0.49910	0.0509	0.60	2414	117	2458	179	2610	109	−10
12K51-11.1	c	57	350	0.17	0.01	0.23647	0.042	15.95	0.0475	0.48927	0.0221	0.47	3096	67	2699	114	2568	47	21

续表

分析序号	do.[a]	Th/ppm	U/ppm	Th/U	P_c^b /%	同位素比值（普通铅校正后）							年龄/Ma（普通铅校正后）						
						$^{207}Pb/^{206}Pb$	1σ	$^{207}Pb/^{235}U$	1σ	$^{206}Pb/^{238}U$	1σ	ρ^c	$^{207}Pb/^{206}Pb$	1σ	$^{208}Pb/^{232}Th$	1σ	$^{206}Pb/^{238}U$	1σ	disc.[c]/%
12K51-11.2	c	104	427	0.25	0.01	0.26876	0.0343	20.16	0.0367	0.54414	0.0129	0.35	3299	54	2871	56	2801	29	19
12K51-12.1	r	138	972	0.15	0.03	0.11775	0.0028	5.64	0.0129	0.34711	0.0126	0.98	1922	5	1855	28	1921	21	0
12K51-13.1	r	118	1121	0.11	—	0.11795	0.0027	5.78	0.0127	0.35511	0.0124	0.98	1925	5	1941	29	1959	21	−2
12K51-14.1	c	77	88	0.90	0.03	0.17338	0.0121	12.02	0.0265	0.50296	0.0235	0.89	2591	20	2643	82	2627	51	−2
12K51-15.1	c	314	491	0.66	—	0.17061	0.0029	11.41	0.0132	0.48491	0.0129	0.98	2564	5	2612	36	2549	27	1
12K51-16.1	c	473	633	0.77	—	0.18318	0.0048	13.09	0.0137	0.51837	0.0128	0.94	2682	8	2683	40	2692	28	0
12K51-17.1	c	190	302	0.65	0.01	0.15178	0.0072	8.93	0.0149	0.42660	0.0131	0.88	2366	12	2331	40	2290	25	4
12K51-18.1	c	144	274	0.54	0.04	0.17438	0.0072	12.08	0.0212	0.50227	0.0199	0.94	2600	12	2593	55	2624	43	−1
12K51-19.1	c	170	367	0.48	0.00	0.16506	0.0256	10.72	0.0317	0.47093	0.0187	0.59	2508	43	2343	45	2488	39	1
12K51-20.1	r	52	508	0.10	—	0.11825	0.0035	5.80	0.0133	0.35571	0.0128	0.96	1930	6	1926	41	1962	22	−2
12K51-21.1	c	56	117	0.50	0.11	0.23845	0.026	20.71	0.0509	0.62989	0.0438	0.86	3110	41	3015	153	3149	109	−2
12K51-21.2	c	69	144	0.50	0.15	0.23748	0.0417	20.93	0.0578	0.63926	0.04	0.69	3103	67	3166	159	3186	101	−3
12K51-22.1	c	29	66	0.45	0.25	0.24911	0.0492	19.77	0.0692	0.57561	0.0487	0.70	3179	78	2995	200	2931	115	10
12K51-22.2	c	26	82	0.33	0.76	0.21180	0.0536	15.10	0.0736	0.51696	0.0504	0.68	2919	87	2719	206	2686	111	10
12K51-23.1	c	107	139	0.80	0.06	0.13726	0.0261	7.61	0.0323	0.40209	0.019	0.59	2193	45	2075	54	2179	35	1
12K51-24.1	r	326	386	0.87	0.04	0.11916	0.0045	5.76	0.0169	0.35081	0.0163	0.96	1944	8	1869	31	1938	27	0
12K51-25.1	c	45	73	0.63	0.10	0.18160	0.0462	12.13	0.0831	0.48463	0.0691	0.83	2668	77	2508	202	2547	145	5
12K51-25.2	c	67	273	0.26	0.03	0.17067	0.0329	10.78	0.0398	0.45829	0.0223	0.56	2564	55	2447	103	2432	45	6
12K51-27.1	c	301	250	1.24	0.00	0.27378	0.0028	25.62	0.0172	0.67870	0.017	0.99	3328	4	3367	58	3339	44	0
12K51-28.1	c	74	178	0.43	0.32	0.25879	0.0567	20.96	0.0648	0.58738	0.0313	0.48	3239	89	3022	121	2979	75	10

续表

分析序号	do.[a]	Th/ ppm	U/ ppm	Th/U	P_c^b /%	同位素比值（普通铅校正后）							年龄/Ma（普通铅校正后）						
						$^{207}Pb/^{206}Pb$	1σ	$^{207}Pb/^{235}U$	1σ	$^{206}Pb/^{238}U$	1σ	ρ^c	$^{207}Pb/^{206}Pb$	1σ	$^{208}Pb/^{232}Th$	1σ	$^{206}Pb/^{238}U$	1σ	disc.[c]/%
12K51-28.2	r	49	359	0.14	0.11	0.11855	0.0054	5.67	0.0174	0.34665	0.0165	0.95	1934	10	1872	52	1919	27	1
12K51-28.3	c	78	84	0.95	0.04	0.27989	0.0343	27.18	0.04	0.70419	0.0205	0.51	3362	54	3338	110	3437	55	−3
12K51-29.1	c	46	96	0.49	0.20	0.23225	0.0323	18.69	0.0501	0.58364	0.0383	0.76	3068	52	2943	127	2964	91	4
12K51-30.1	c	49	105	0.49	0.39	0.12773	0.0114	6.55	0.023	0.37185	0.0199	0.87	2067	20	1923	62	2038	35	2
12K51-31.1	c	67	114	0.60	0.28	0.18004	0.0741	11.43	0.0971	0.46030	0.0628	0.65	2653	123	2398	165	2441	128	10
12K51-32.1	c	55	436	0.13	1.86	0.13887	0.0193	6.74	0.0267	0.35213	0.0185	0.69	2213	33	2431	254	1945	31	14
12K51-32.2	r	132	285	0.48	2.74	0.12036	0.0145	5.71	0.0222	0.34411	0.0168	0.76	1962	26	1985	65	1906	28	3
12K51-33.1	c	63	123	0.53	0.12	0.28826	0.036	23.36	0.0503	0.58783	0.0351	0.70	3408	56	3080	148	2981	84	16
12K51-33.2	c	66	139	0.49	0.06	0.27416	0.041	29.68	0.0582	0.78527	0.0413	0.71	3330	64	3533	211	3736	117	−16
12K51-34.1	c	55	101	0.56	0.26	0.15299	0.0185	9.86	0.0326	0.46731	0.0268	0.82	2380	31	2311	86	2472	55	−5

注：a：分析区域：c-碎屑锆石核；r-变质边；

b：非放射性成因 ^{206}Pb 占所有 ^{206}Pb 的百分比；

c：误差系数= $\dfrac{\dfrac{^{206}Pb}{^{238}U}\text{相对误差}}{\dfrac{^{207}Pb}{^{235}U}\text{相对误差}}$；

d：不谐和度= $\left(\dfrac{\dfrac{^{207}Pb}{^{206}Pb}\text{年龄}}{\dfrac{^{206}Pb}{^{238}U}\text{年龄}}-1\right)\times 100$

MSWD=0.17，n=4）一致。这些锆石具有不同的Th、U含量，但均具有很低的Th/U值（0.004～0.05，点09T07-16除外），说明其为变质锆石。这些锆石具有相对均一的Hf同位素组成，其初始 $^{176}Hf/^{177}Hf$ 值为0.281369～0.281462，加权平均值为0.28140±0.00005（2σ，图3-6（b））。

样品09T08中的锆石类似于T1，大多数颗粒以暗色均一的变质锆石为主，并具有亮色不规则边，但其中不含碎屑锆石核（图3-4（c））。暗色变质锆石的20个U-Pb分析点给出谐和或轻微不谐和的年龄，数据全部落在一条不一致线上，其上交点年龄为1842±18Ma（MSWD=0.41），与12个谐和年龄的加权平均 $^{206}Pb/^{207}Pb$ 年龄（1839±16Ma，MSWD=0.61）一致（图3-5（c））。大多数锆石具有较低的Th/U值（0.03～0.55，平均为0.16），低于典型的岩浆锆石，因此～1.84Ga被解释该样品的变质年龄。亮色变质边宽度不足以进行U-Pb分析。该样品的锆石Hf同位素组成变化范围较小，初始 $^{176}Hf/^{177}Hf$ 为0.281428～0.281534，加权平均值为0.28148±0.00009（2σ，图3-6（c）），稍高于样品09T07。需要说明的是，这两个样品的锆石Hf同位素组成并不随U-Pb年龄的不谐和度而变化，说明后期铅丢失事件对Lu-Hf同位素体系没有影响。

样品09T09中的锆石与样品09T08类似，大多为暗色变质锆石，被不规则亮色边包裹，两者均无内部结构，说明均为变质成因。对暗色锆石进行了48个点的分析，亮色锆石进行了12个点的分析，结果表明两者具有一致的U-Pb年龄，大多数数据落在同一条不一致线上，其上交点为1854.3±8.9Ma（MSWD=0.55，n=56），与28个谐和数据的加权平均 $^{206}Pb/^{207}Pb$ 年龄（1852.1±8.5Ma，MSWD=0.75，图3-5（d））一致，因此，这一年龄被解释为样品的变质年龄。四个分析点落在该不一致线上方，可能说明存在早期Pb丢失事件。需要说明的是，尽管暗色和亮色锆石的Th、U含量和Th/U值均变化较大，但从暗色区域至亮色边Th、U含量明显降低，这说明后者可能是暗色锆石热液蚀变过程中U-Th-Pb被淋滤的结果，即所谓的漂白效应（Geisler et al.，2002）。Lu-Hf同位素分析表明，暗色和亮色区域具有一致的Hf同位素组成，其初始 $^{176}Hf/^{177}Hf$ 分别为0.281255～0.281404和0.281315～0.281419，支持上述解释。总体来说，该样品的Hf同位素组成变化范围也不大，初始 $^{176}Hf/^{177}Hf$ 的加权平均值为0.28136±0.00008（2σ，图3-6（d））。

样品11K34中的锆石大多为次圆形至圆形，具有与T1中的锆石类似的核-边结构，但核部为暗色或亮色，被灰色的内边和亮白色的外边包裹，但所有锆石区域均具有团块分带或均一的内部结构，未见具有振荡环带的核部，说明均为变质成因。U-Pb同位素分析表明，三个区域大多具有一致的年龄，其中12个谐和数据的加权平均 $^{206}Pb/^{207}Pb$ 年龄为1838±11Ma（MSWD=0.38），与所有数据不一致线上交点年龄（1836±14Ma，MSWD=0.44，图3-5（e））一致，其Th/U值均较低（0.01～0.34，平均0.08）。分析点11K34-12具有较高的Th/U值（4.29），其年龄为620±13Ma，接近于下交点年龄（653±56Ma），这些数据说明样品的变质年龄为～1.84Ga，但受到～0.65Ga的热事件叠加。不同的锆石区域具有相似的Hf同位素组成，两个锆石核的初始 $^{176}Hf/^{177}Hf$ 分别为0.281383和0.281373，而外边和内边的初始 $^{176}Hf/^{177}Hf$ 的变化范围分别为0.281311～0.281464（n=11）和0.281361～0.281449（n=6），这些数据的总体加权平均值为0.28141±0.00008（2σ，图3-6（e）），但值得注意的是，从核（0.28138）到内边（0.28140）再到外边（0.28142），其平均初始 $^{176}Hf/^{177}Hf$ 有轻微升高。另外，不谐和锆石的Hf同位素与和谐锆石具有相同特征，说明后期Pb丢失对Lu-Hf同位素体系没有影响。

样品 11K42 与 11K34 临近，但其中锆石颗粒更大（达 250um），具有清晰的核-幔-边结构。在 CL 图像上，核部为灰色，具有扇形或团块分带，或均一的内部结构；幔部为黑色，无结构；而边部为亮白色，不规则，横切幔部甚至核部。U-Pb 分析数据表明，核部（*n*=18）、幔部（*n*=14）和边部（*n*=4）具有一致的谐和或轻微不谐和年龄，落在同一条不一致线上，其上交点为 1853±15Ma，下交点为 677±110Ma（MSWD=0.42，*n*=36）。这些锆石具有中等的 Th、U 含量和 Th/U 值（平均 0.49），与典型的变质锆石有所不同，但其复杂的内部结构说明其并非岩浆锆石，因此，上交点年龄被解释为样品的变质年龄，而下交点年龄则可能对应于后期热事件。不同的锆石区域具有类似的 Hf 同位素组成，其初始 $^{176}Hf/^{177}Hf$ 的总体变化范围为 0.281340～0.281544（*n*=26，图 3-6（f）），但从核部至边部，其平均初始 $^{176}Hf/^{177}Hf$ 值略微升高，如核部为 0.28142（*n*=15），内边为 0.28146（*n*=9），外边为 0.28153（*n*=2），这一趋势在同一个颗粒的核边分析上也是一致的（如 11K42-28 和 11K42-29，图 3-4（f））。不谐和的锆石核的 Hf 同位素与谐和数据一致，但一些不谐和边具有较高的初始 $^{176}Hf/^{177}Hf$。

两个石英岩样品 12K26 和 12K97 同样具有复杂的核-边结构，但核部具有扇状、团块状或“冷杉树”状分带（图 3-7），可能为变质成因；具有模糊振荡环带的碎屑岩浆锆石核仅局部保留在样品 12K97 中（图 3-7（b））。一些锆石发育黑色的内边和亮白色的外边，说明受到多次后期热质事件的影响。LA-ICP-MS 分析表明，样品 12K26 中的锆石核和边具有一致的 U-Pb 年龄，所有数据落在同一条不一致线上，其上交点为 1856±11Ma，下交点为 728±130Ma（MSWD=1.09，*n*=20，图 3-8（a）），说明锆石核为变质作用时形成的变质新生锆石或完全重结

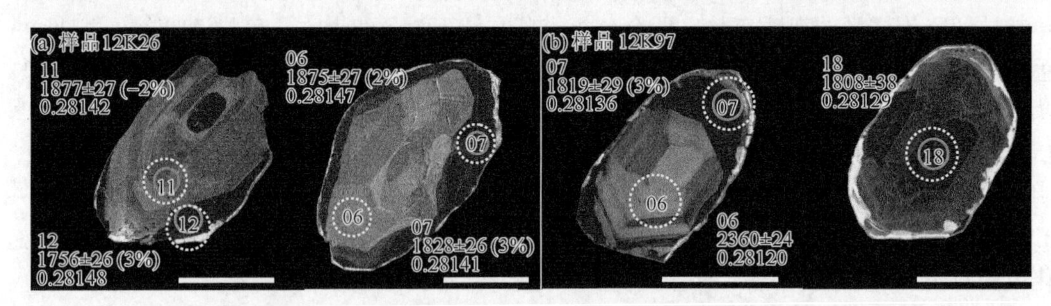

图 3-7　库尔勒地区石英岩锆石 CL 图像（比例尺长 100μm）（Ge et al.，2014c）

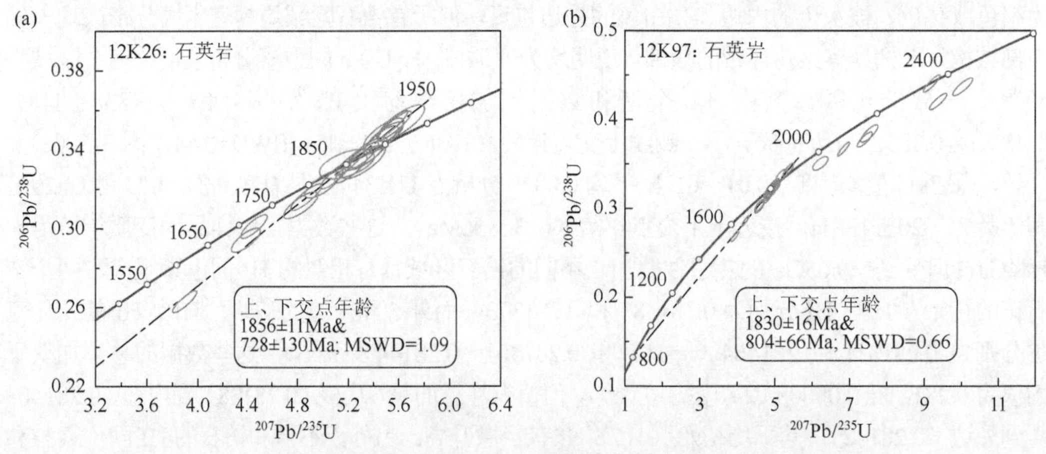

图 3-8　库尔勒地区石英岩锆石 U-Pb 年龄谐和图（Ge et al.，2014c）

晶锆石，变质时代为 1.85Ga，并受到新元古代构造-热事件的影响。样品 12K97 中的一些碎屑锆石具有较老的年龄，但只有一个为谐和年龄（12K97-06：2360±24Ma，1σ），其他均为不谐和年龄，这个样品中的变质边同样落在一条不一致线上，其上、下交点年龄分别为 1830±16Ma 和 804±66Ma（MSWD=0.66，n=17，图 3-8（b）），证实了该区～1.85Ga 的变质作用和新元古代中期的热事件叠加。样品 12K26 中的锆石核与边具有类似的、相对均一的 Hf 同位素组成，其初始 $^{176}Hf/^{177}Hf$ 为 0.281389～0.281498；而样品 12K97 中的碎屑锆石具有变化较大的初始 $^{176}Hf/^{177}Hf$（0.280787～0.281272，表 3-5），与其碎屑锆石特征一致，其 1.85G 的变质锆石相对来说具有更高的初始 $^{176}Hf/^{177}Hf$（0.281291～0.281442，表 3-5），说明其为变质新生锆石。

2. 西山口东部的副片麻岩和云母片岩

西山口东部的副片麻岩样品 12K51 和云母片岩样品 12K37 中的锆石大多具有清晰的核-边结构（图 3-9），大多数锆石核为棱角状的晶体碎片，部分为完整柱状晶体，且大多具有模糊的振荡环带，个别颗粒具有团块状分带或均一的内部结构，而边部大多为深黑色，

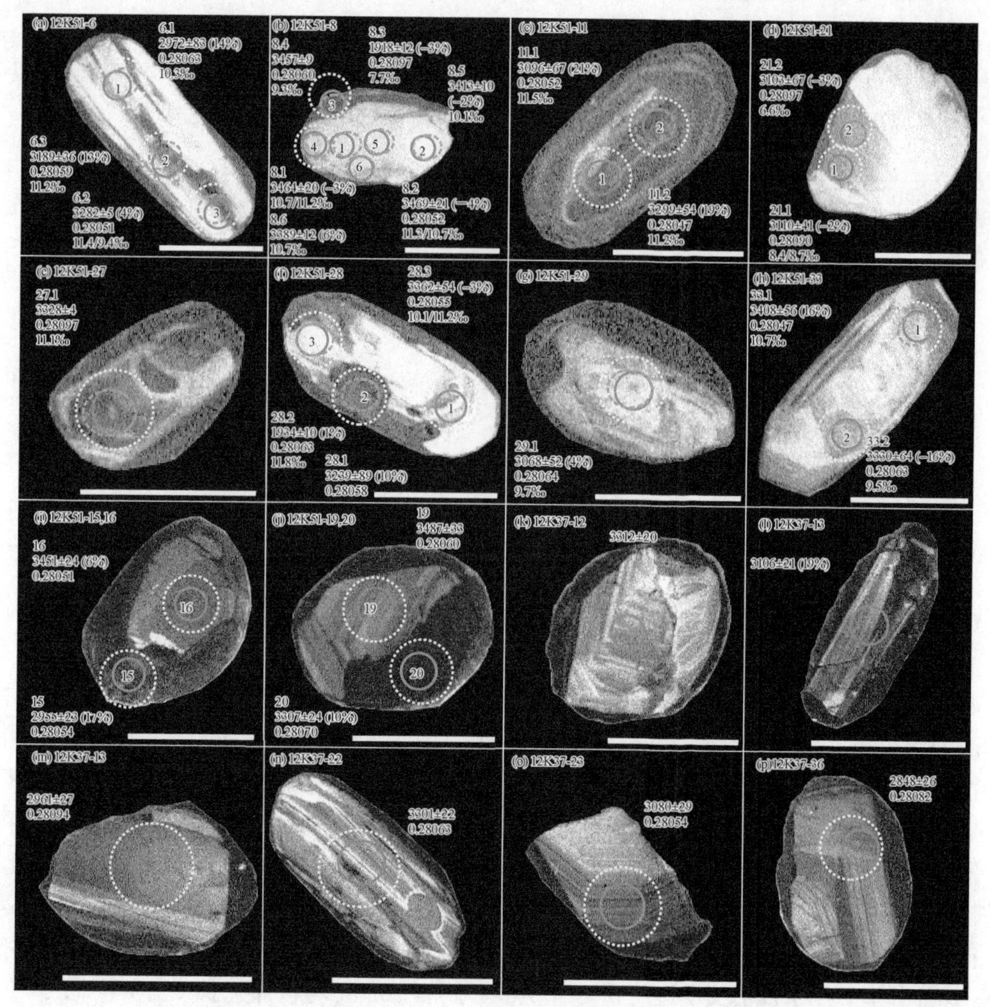

图 3-9　西山口东部地区副片麻岩和云母石英片岩锆石 CL 图像（比例尺长 100μm）（Ge et al.，2014c）

具有均一的内部结构，亮白色的外边在这两个样品中不发育。这些特征说明，核部为碎屑锆石，且多为岩浆成因，而边部为变质成因。

对样品12K51中锆石进行了SHRIMP分析，结果表明，碎屑锆石核具有较高的Th/U值（0.13～2.16，平均0.78），其谐和年龄（不谐和度在±5%以内）介于2.07～3.47Ga（图3-10（a），表3-3）。这个样品同时进行了LA-ICP-MS分析，其结果证实了碎屑锆石核具有较高的Th/U值，其谐和年龄为1.99～3.49Ga（图3-10（a），表3-2）。一些不谐和的SHRIMP分析数据具有较大的误差，这可能是后期变质过程中放射性成因Pb发生活化迁移的结果，因为同一个分析点不同分析周期（cycle）的^{206}Pb和^{207}Pb的计数值及^{207}Pb/^{206}Pb值具有显著的波动（见下文）。样品12K37中的锆石核具有类似的U-Pb年龄特征，但其中最老的谐和年龄为3.3Ga（图3-10（b），表3-2）。12K51和12K37两个样品中的锆石变质边大多具有一致的谐和年龄，其加权平均^{207}Pb/^{206}Pb年龄分别为1929±5Ma（MSWD=1.19，n=16，图3-10（a））和1934±17Ma（MSWD=0.062，n=7，图3-10（b）），5个LA-ICP-MS分析点（12K51-08、12K51-15、12K51-20、12K51-23和12K37-21）具有较老的不谐和年龄，可能反映了与碎屑锆石核的混合，或不完全重结晶。大多数变质边具有低的Th/U值（0.06～0.28），与其变质成因一致。因此，这两个样品的变质年龄为～1.93Ga，比库尔勒地区的变质沉积岩样品的变质年龄要老。

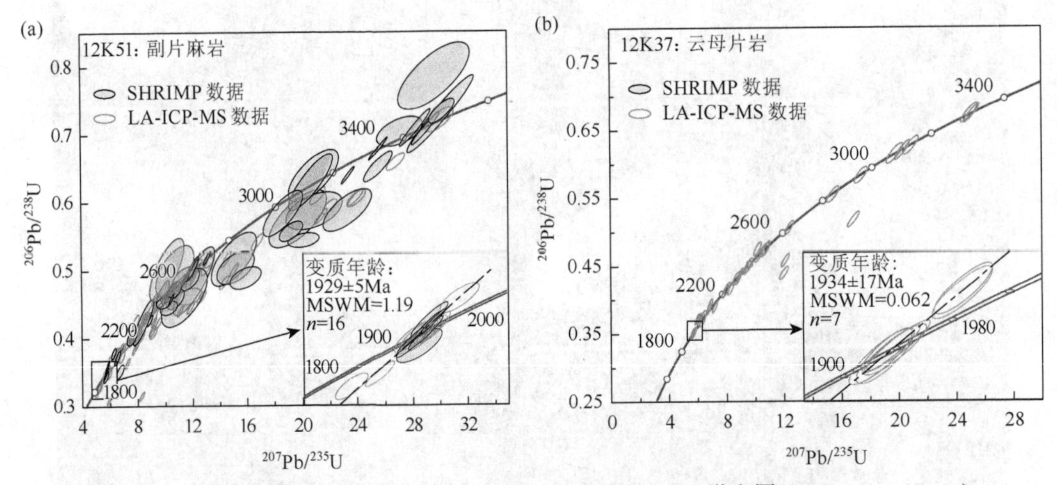

图3-10　西山口东部地区副片麻岩和云母石英片岩锆石U-Pb谐和图（Ge et al.，2014c）

样品12K51中～2.0～3.5Ga的谐和碎屑锆石的δ^{18}O值为6.6‰～11.4‰，大多数集中在9‰～11‰；不谐和锆石的δ^{18}O值（9.2‰～11.5‰）稍高于谐和锆石（表3-4，图3-11）。在同一个分析时间段（session）内，对6个碎屑锆石的不同区域进行了多次分析，其中3个锆石颗粒内部的δ^{18}O变化范围介于1.8‰～2.1‰，比均一的标样的变化范围（1.2‰）要大，说明颗粒内部存在O同位素不均一。将锆石靶抛光后，在另一个分析时间段内对8个点进行了重复分析，其中6个点具有很好的可重复性，另外两个点（12K51-6.2和12K51-19.1）不同时间段的δ^{18}O结果变化较大，分别为2.0‰和1.7‰，说明可能在剥蚀方向上存在<1μm尺度的O同位素不均一。该样品中～1.93Ga的变质边的δ^{18}O值为7.7‰～11.8‰，与核部类似（表3-4，图3-11），但最老的锆石（12K51-8）的变质边的δ^{18}O（7.7‰）显著低于～3.5Ga的锆石核（9.3‰～11.3‰）。

表 3-4　库鲁克塔格西段副古元古代晚期副片麻岩 SHRIMP 锆石 U-Pb-Hf-O 同位素数据（Ge et al.，2014c）

分析编号[a]	domain[b]	年龄/Ma	1σ	disc.[c]	$^{18}O/^{16}O^{d}$	2σ	$\delta^{18}O^{e}$/‰	2σ	$^{176}Hf/^{177}Hf_{(t)}$	2s	$\varepsilon Hf_{(t)}$	2s	T_{DM}^{1}	2σ	T_{DM}^{2}	2σ
样品 12K51（GPS：41°26′10.8″N，86°51′41.3″E）：含石榴子石副片麻岩																
12K51-2.1	c	2312	93	−16	0.00204115	0.00000054	9.31	0.26	0.280573	0.000023	−26.1	0.7	3627	27	4060	36
12K51-1.1	c	2575	84	1	0.00204134	0.00000048	9.41	0.23	0.280751	0.000024	−13.7	0.8	3391	29	3656	38
12K51-3.1	c	2518	7	4	0.00204375	0.00000037	10.59	0.18	0.280888	0.000019	−10.2	0.7	3203	25	3434	33
12K51-5.1	c	2446	58	2	0.00204252	0.00000023	9.99	0.11	0.281287	0.000019	2.4	0.7	2672	25	2749	33
12K51-6.1	c	2972	83	14	0.00204322	0.00000031	10.33	0.15	0.280570	0.000028	−11.0	0.8	3632	31	3838	41
12K51-6.2	c	3282	5	4	0.00204542	0.00000065	11.40	0.32	0.280481	0.000020	−6.9	0.7	3734	26	3886	34
12K51-6.2*	c	3282	5	4	0.00204445	0.00000064	9.37	0.31	0.280481	0.000020	−6.9	0.7	3734	26	3886	34
12K51-6.3	c	3189	36	13	0.00204493	0.00000034	11.16	0.16	0.280556	0.000022	−6.4	0.7	3638	27	3787	36
12K51-7.1	c	2536	61	8	0.00204140	0.00000043	9.44	0.21	0.280944	0.000028	−7.8	0.9	3139	34	3330	45
12K51-8.1	c	3464	20	−3	0.00204401	0.00000075	10.71	0.37								
12K51-8.1*	c	3464	20	−3	0.00204824	0.00000056	11.21	0.27								
12K51-8.2	c	3469	21	−2	0.00204513	0.00000025	11.26	0.12	0.280450	0.000027	−3.6	0.9	3778	34	3876	45
12K51-8.2*	c	3469	21	−2	0.00204727	0.00000039	10.74	0.19	0.280450	0.000027	−3.6	0.9	3778	34	3876	45
12K51-8.3	r	1918	12	−3	0.00203787	0.00000054	7.72	0.26	0.280944	0.000059	−21.9	2.1	3148	78	3542	103
12K51-8.4	c	3457	9	0	0.00204119	0.00000041	9.34	0.20	0.280551	0.000030	−0.3	1.0	3642	38	3702	50
12K51-8.5	c	3413	10	−2	0.00204269	0.00000037	10.07	0.18								
12K51-8.6	c	3389	20	6	0.00204393	0.00000050	10.67	0.24								
12K51-9.1	r	1932	5	−2	0.00204357	0.00000036	10.50	0.17	0.281008	0.000018	−19.4	0.6	3043	23	3425	31
12K51-10.1	c	2414	117	−10	0.00204082	0.00000034	9.15	0.17	0.280657	0.000025	−20.8	0.8	3513	29	3876	39
12K51-11.1	c	3096	67	21	0.00204892	0.00000046	11.54	0.22	0.280364	0.000031	−15.4	0.8	3940	31	4156	39
12K51-11.2	c	3299	54	19	0.00204798	0.00000053	11.08	0.26	0.280369	0.000025	−10.5	0.7	3900	27	4077	35
12K51-12.1	r	1922	5	0	0.00204728	0.00000052	10.74	0.25	0.281124	0.000020	−15.4	0.7	2897	26	3221	34
12K51-13.1	r	1925	5	−2	0.00204711	0.00000050	10.66	0.25	0.280790	0.000022	−27.2	0.7	3372	28	3811	36
12K51-14.1	c	2591	20	−2	0.00204193	0.00000041	8.14	0.20	0.280886	0.000032	−8.6	1.0	3232	40	3413	51

续表

分析编号[a]	domain[b]	年龄/Ma	1σ	disc.[c]	$^{18}O/^{16}O$[d]	2σ	$\delta^{18}O$[e]/‰	2σ	$^{176}Hf/^{177}Hf_{(t)}$	$2s$	$\varepsilon Hf_{(t)}$	$2s$	$T_{DM}{}^{1}$	2σ	$T_{DM}{}^{2}$	2σ
12K51-15.1	c	2564	5	1	0.00204449	0.00000066	9.38	0.32	0.281077	0.000026	−2.4	0.8	2979	34	3083	42
12K51-17.1	c	2366	12	4	0.00204310	0.00000022	10.27	0.11	0.281085	0.000025	−6.7	0.9	2952	33	3138	43
12K51-18.1	c	2600	12	−1	0.00204776	0.00000059	10.98	0.29	0.280883	0.000025	−8.5	0.9	3221	32	3416	42
12K51-19.1	c	2508	43	1	0.00204166	0.00000036	9.56	0.18	0.280932	0.000023	−8.8	0.8	3146	29	3359	38
12K51-19.1*	c	2508	43	1	0.00204520	0.00000081	11.29	0.40	0.280932	0.000023	−8.8	0.8	3146	29	3359	38
12K51-20.1	r	1930	6	−2	0.00204363	0.00000068	10.52	0.33	0.280570	0.000025	−35.0	0.9	3643	33	4194	43
12K51-21.1	c	3110	41	−2	0.00203920	0.00000028	8.36	0.13	0.280836	0.000025	1.7	0.8	3270	32	3321	42
12K51-21.1*	c	3110	41	−2	0.00204307	0.00000064	8.69	0.31	0.280836	0.000025	1.7	0.8	3270	32	3321	42
12K51-21.2	c	3103	67	−3	0.00203550	0.00000075	6.56	0.37	0.280913	0.000037	4.3	1.2	3166	46	3186	60
12K51-22.1	c	3179	78	10	0.00204650	0.00000029	10.36	0.14	0.280589	0.000026	−5.4	0.8	3597	31	3732	41
12K51-22.1*	c	3179	78	10	0.00204258	0.00000107	10.01	0.52	0.280589	0.000026	−5.4	0.8	3597	31	3732	41
12K51-22.2	c	2919	87	9.8	0.00204137	0.00000033	9.42	0.16	0.280511	0.000025	−14.3	0.8	3702	29	3959	39
12K51-23.1	c	2193	45	0.8	0.00204244	0.00000069	9.95	0.34	0.280852	0.000021	−18.9	0.7	3263	27	3609	35
12K51-24.1	r	1944	8	0.3	0.00204166	0.00000062	9.56	0.30	0.281339	0.000021	−7.3	0.7	2615	27	2831	36
12K51-25.1	c	2668	77	5.4	0.00204258	0.00000071	10.02	0.35	0.280991	0.000029	−3.1	0.9	3067	35	3200	47
12K51-25.2	c	2564	55	6.2	0.00204342	0.00000038	10.42	0.18	0.281055	0.000040	−3.2	1.3	2982	50	3122	67
12K51-27.1	c	3239	89	10.0	0.00204475	0.00000064	11.07	0.31	0.280899	0.000022	9.1	0.8	3179	29	3132	38
12K51-27.1*	c	3239	89	10.0	0.00204781	0.00000046	11.00	0.22	0.280899	0.000022	9.1	0.8	3179	29	3132	38
12K51-28.2	r	1934	10	1.0	0.00204616	0.00000088	11.76	0.43	0.280596	0.000027	−33.9	0.9	3617	34	4147	44
12K51-28.3	c	3362	54	−2.8	0.00204273	0.00000035	10.09	0.17	0.280495	0.000025	−4.5	0.8	3719	30	3834	40
12K51-28.3*	c	3362	54	−2.8	0.00204826	0.00000041	11.22	0.20	0.280495	0.000025	−4.5	0.8	3719	30	3834	40
12K51-29.1	c	3068	52	4	0.00204522	0.00000033	9.74	0.16	0.280602	0.000021	−7.6	0.7	3581	26	3747	35
12K51-30.1	c	2067	20	2	0.00204844	0.00000060	11.31	0.29	0.280932	0.000021	−19.0	0.7	3160	27	3513	36
12K51-31.1	c	2653	123	10	0.00204431	0.00000066	9.29	0.32	0.280942	0.000028	−5.1	0.8	3137	32	3292	42
12K51-32.2	r	1962	26	3	0.00204623	0.00000055	10.23	0.27	0.281384	0.000019	−5.3	0.7	2546	25	2744	33

续表

分析编号[a]	domain[b]	年龄/Ma	1σ	disc.[c]	$^{18}O/^{16}O$[d]	2σ	$\delta^{18}O$[e]/‰	2σ	$^{176}Hf/^{177}Hf_{(t)}$	2s	$\varepsilon Hf_{(t)}$	2s	T_{DM}[1]	2σ	T_{DM}[2]	2σ
12K51-33.1	c	3408	56	16	0.00204711	0.00000071	10.66	0.35	0.280443	0.000020	−5.3	0.7	3782	25	3908	33
12K51-33.2	c	3330	64	−16	0.00204465	0.00000031	9.46	0.15	0.280580	0.000026	−2.2	0.9	3606	32	3696	43
12K51-34.1	c	2380	31	−5	0.00204576	0.00000043	10.00	0.21	0.280963	0.000025	−10.7	0.9	3111	32	3350	42
标样锆石 BR266																
Session1																
BR266-1					0.00205300	0.00000045	13.53	0.22								
BR266-2					0.00205204	0.00000033	13.06	0.16								
BR266-3					0.00205311	0.00000030	13.59	0.15								
BR266-8					0.00205222	0.00000081	13.15	0.40								
BR266-10					0.00205306	0.00000043	13.56	0.21								
BR266-11					0.00205171	0.00000027	12.90	0.13								
BR266-12					0.00205139	0.00000045	12.74	0.22								
BR266-13					0.00205315	0.00000041	13.60	0.20								
BR266-15					0.00205098	0.00000048	12.97	0.23								
BR266-16					0.00205132	0.00000069	13.13	0.34								
BR266-17					0.00205184	0.00000080	13.39	0.39								
BR266-19					0.00205076	0.00000048	12.86	0.24								
BR266-20					0.00205230	0.00000043	13.61	0.21								
BR266-20					0.00205093	0.00000059	12.94	0.29								
BR266-21					0.00205163	0.00000047	13.29	0.23								
BR266-24					0.00205225	0.00000039	13.59	0.19								
BR266-25					0.00205210	0.00000077	13.51	0.38								
BR266-26					0.00205193	0.00000070	13.43	0.34								
BR266-27					0.00205094	0.00000026	12.95	0.13								
BR266-28					0.00205200	0.00000076	13.47	0.37								

续表

分析编号[a]	domain[b]	年龄/Ma	1σ	disc.[c]	$^{18}O/^{16}O^{d}$	2σ	$\delta^{18}O^{e}$/‰	2σ	$^{176}Hf/^{177}Hf_{(t)}$	$2s$	$\varepsilon Hf_{(t)}$	$2s$	T_{DM}^{1}	2σ	T_{DM}^{2}	2σ
BR266-30					0.00205217	0.00000049	13.55	0.24								
平均值							13.28	0.59								
Session2																
BR266-1					0.00204838	0.00000051	12.84	0.25								
BR266-2					0.00204934	0.00000052	13.31	0.25								
BR266-3					0.00204847	0.00000031	12.89	0.15								
BR266-4					0.00204879	0.00000056	13.04	0.27								
BR266-5					0.00204907	0.00000095	13.18	0.46								
BR266-8					0.00204891	0.00000022	13.10	0.11								
BR266-9					0.00204981	0.00000038	13.54	0.18								
BR266-13					0.00204996	0.00000053	13.62	0.26								
BR266-14					0.00204896	0.00000057	13.13	0.28								
BR266-15					0.00205033	0.00000028	13.80	0.13								
BR266-18					0.00204919	0.00000033	13.24	0.16								
平均值							13.24	0.60								
总体平均值							13.27	0.59								

注：a：*代表第二时间段（session2）的结果；

b：锆石区域：c-碎屑锆石核；r-变质边；

c：年龄不谐和度；

d：实测 $^{18}O/^{16}O$ 值，误差为 2σ；

e：校正后的 $\delta^{18}O$（VSMOW），误差为 2σ 内部误差

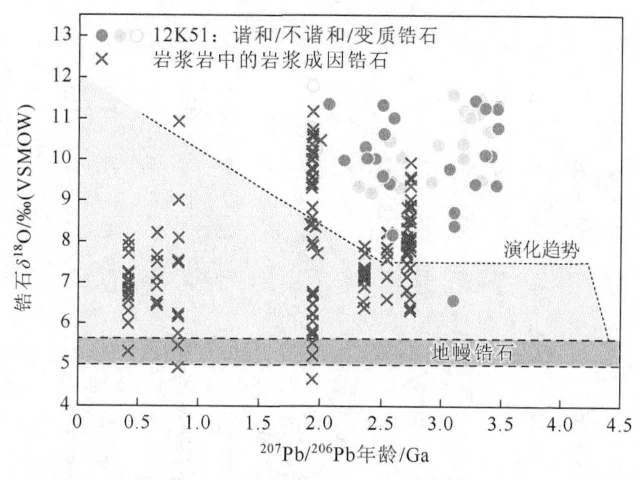

图 3-11　西山口东部地区副片麻岩锆石 O 同位素组成（Ge et al.，2014c）

对样品 12K51 和 12K37 中～2.0～3.5Ga 的谐和碎屑锆石核进行了 86 个 Lu-Hf 分析，结果表明，其 Hf 同位素组成极为不均一，初始 $^{176}Hf/^{177}Hf$ 的变化范围为 0.28045～0.28149，$\varepsilon Hf_{(t)}$的变化范围为−21.0～+9.1（图 3-12，表 3-5）。其中大多数锆石的 $\varepsilon Hf_{(t)}$为负值，仅有 8 个点（＜10%）的 $\varepsilon Hf_{(t)}$为正。不谐和锆石的初始 $^{176}Hf/^{177}Hf$ 值（0.28036～0.28111）稍低于谐和锆石（图 3-12）。同一颗锆石核不同区域的分析表明，其 Hf 同位素的变化达 5.5 个 εHf 单位，明显大于均一标样的变化范围（～2 个 εHf 单位），说明颗粒内部存在 Hf 同位素的不均一。～1.93Ga 的变质锆石边具有与碎屑锆石类似的 $^{176}Hf/^{177}Hf$（0.28048～0.28147，图 3-12），但对于同一颗锆石，其变质边的 $^{176}Hf/^{177}Hf$ 要么类似于碎屑锆石核，要么比核部高，说明这些变质边的形成涉及固态重结晶和新生锆石生长。

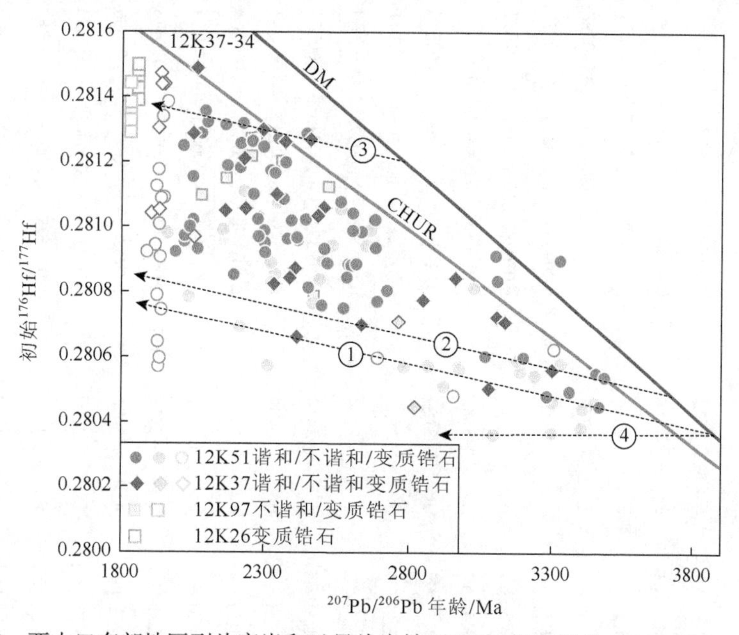

图 3-12　西山口东部地区副片麻岩和云母片岩锆石 Hf 同位素组成（Ge et al.，2014c）

表 3-5　库鲁克塔格西段古元古代变质沉积岩及相关混合岩 LA-MC-ICP-MS 锆石 Lu-Hf 同位素数据（Ge et al.，2013a，b，2014c）

样品号	domain[a]	t/Ma[b]	1σ	$^{176}Yb/^{177}Hf$	$2s$	$^{176}Lu/^{177}Hf$	$2s$	$^{176}Hf/^{177}Hf$	$2s$	$^{176}Hf/^{177}Hf_{(t)}$[c]	$2s$	$\varepsilon Hf_{(t)}$[d]	$2s$	T_{DM}[1]	$2s$	T_{DM}[2e]	$2s$
样品 12K51（GPS：41°26′10.8″N，86°51′41.3″E）：含石榴子石副片麻岩																	
SHRIMP 靶																	
12K51-1.1	c	2575	84	0.019319	0.000071	0.000669	0.000002	0.280784	0.000022	0.280751	0.000024	−13.7	0.8	3391	29	3656	38
12K51-2.1	c	2312	93	0.013607	0.000193	0.000499	0.000009	0.280595	0.000020	0.280573	0.000023	−26.1	0.7	3627	27	4060	36
12K51-3.1	c	2518	7	0.010833	0.000055	0.000371	0.000001	0.280906	0.000019	0.280888	0.000019	−10.2	0.7	3203	25	3434	33
12K51-4.1	c	2279	46	0.011346	0.000293	0.000398	0.000010	0.281046	0.000019	0.281028	0.000020	−10.7	0.7	3020	26	3269	34
12K51-5.1	c	2446	58	0.009253	0.000215	0.000330	0.000006	0.281303	0.000018	0.281287	0.000019	2.4	0.7	2672	25	2749	33
12K51-6.1	c	2972	83	0.030280	0.000330	0.001052	0.000011	0.280630	0.000023	0.280570	0.000028	−11.0	0.8	3632	31	3838	41
12K51-6.2	c	3282	5	0.012013	0.000147	0.000451	0.000003	0.280510	0.000019	0.280481	0.000020	−6.9	0.7	3734	26	3886	34
12K51-6.3	c	3189	36	0.016183	0.000094	0.000586	0.000003	0.280592	0.000021	0.280556	0.000022	−6.4	0.7	3638	27	3787	36
12K51-7.1	c	2536	61	0.028660	0.000105	0.000944	0.000005	0.280989	0.000026	0.280944	0.000028	−7.8	0.9	3139	34	3330	45
12K51-8.2	c	3469	21	0.030292	0.000325	0.001009	0.000011	0.280517	0.000026	0.280450	0.000027	−3.6	0.9	3778	34	3876	45
12K51-8.3	r	1918	12	0.019394	0.000240	0.000759	0.000010	0.280972	0.000058	0.280944	0.000059	−21.9	2.1	3148	78	3542	103
12K51-8.4	c	3457	9	0.022549	0.000347	0.000783	0.000012	0.280603	0.000029	0.280551	0.000030	−0.3	1.0	3642	38	3702	50
12K51-9.1	r	1932	5	0.003161	0.000039	0.000101	0.000001	0.281011	0.000018	0.281008	0.000018	−19.4	0.6	3043	23	3425	31
12K51-9.2	c	1961	21	0.010397	0.000031	0.000405	0.000001	0.280996	0.000018	0.280981	0.000018	−19.6	0.6	3087	24	3462	32
12K51-10.1	c	2414	117	0.013847	0.000129	0.000476	0.000005	0.280679	0.000022	0.280657	0.000025	−20.8	0.8	3513	29	3876	39
12K51-11.1	c	3096	67	0.076714	0.001091	0.002650	0.000031	0.280521	0.000022	0.280364	0.000031	−15.4	0.8	3940	31	4156	39
12K51-11.2	c	3299	54	0.044753	0.000908	0.001579	0.000028	0.280469	0.000020	0.280369	0.000025	−10.5	0.7	3900	27	4077	35
12K51-12.1	r	1922	5	0.013495	0.000181	0.000453	0.000005	0.281141	0.000019	0.281124	0.000020	−15.4	0.7	2897	26	3221	34
12K51-13.1	r	1925	5	0.033080	0.000551	0.001239	0.000023	0.280835	0.000021	0.280790	0.000022	−27.2	0.7	3372	28	3811	36
12K51-14.1	c	2591	20	0.057847	0.000940	0.001928	0.000030	0.280981	0.000029	0.280886	0.000032	−8.6	1.0	3232	40	3413	51
12K51-15.1	c	2564	5	0.086889	0.000782	0.002810	0.000028	0.281215	0.000024	0.281077	0.000026	−2.4	0.8	2979	34	3083	42
12K51-16.1	c	2682	8	0.075406	0.000502	0.002495	0.000015	0.281150	0.000022	0.281022	0.000023	−1.6	0.8	3044	31	3140	39

续表

样品号	domain[a]	t/Ma[b]	1σ	$^{176}Yb/^{177}Hf$	$2s$	$^{176}Lu/^{177}Hf$	$2s$	$^{176}Hf/^{177}Hf$	$2s$	$^{176}Hf/^{177}Hf_{(t)}$[c]	$2s$	$\varepsilon Hf_{(t)}$[d]	$2s$	T_{DM}[1]	$2s$	T_{DM}[2e]	$2s$
12K51-17.1	c	2366	12	0.027847	0.000155	0.000921	0.000004	0.281127	0.000024	0.281085	0.000025	−6.7	0.9	2952	33	3138	43
12K51-18.1	c	2600	12	0.030584	0.000188	0.001014	0.000007	0.280933	0.000024	0.280883	0.000025	−8.5	0.9	3221	32	3416	42
12K51-19.1	c	2508	43	0.011860	0.000313	0.000427	0.000010	0.280953	0.000021	0.280932	0.000023	−8.8	0.8	3146	29	3359	38
12K51-20.1	r	1930	6	0.019654	0.000335	0.000676	0.000012	0.280595	0.000025	0.280570	0.000025	−35.0	0.9	3643	33	4194	43
12K51-21.1	c	3110	41	0.024109	0.000025	0.001003	0.000001	0.280896	0.000024	0.280836	0.000025	1.7	0.8	3270	32	3321	42
12K51-21.2	c	3103	67	0.021890	0.000153	0.000901	0.000007	0.280966	0.000034	0.280913	0.000037	4.3	1.2	3166	46	3186	60
12K51-22.1	c	3179	78	0.023384	0.000062	0.000792	0.000002	0.280638	0.000024	0.280589	0.000026	−5.4	0.8	3597	31	3732	41
12K51-22.2	c	2919	87	0.017316	0.000297	0.000595	0.000010	0.280545	0.000022	0.280511	0.000025	−14.3	0.8	3702	29	3959	39
12K51-23.1	c	2193	45	0.019639	0.000053	0.000672	0.000001	0.280880	0.000020	0.280852	0.000021	−18.9	0.7	3263	27	3609	35
12K51-24.1	r	1944	8	0.023969	0.000784	0.000782	0.000025	0.281368	0.000020	0.281339	0.000021	−7.3	0.7	2615	27	2831	36
12K51-25.1	c	2668	77	0.012117	0.000929	0.000450	0.000036	0.281014	0.000026	0.280991	0.000029	−3.1	0.9	3067	35	3200	47
12K51-25.2	c	2564	55	0.010074	0.000518	0.000376	0.000021	0.281073	0.000038	0.281055	0.000040	−3.2	1.3	2982	50	3122	67
12K51-27.1	c	3328	4	0.031043	0.000452	0.001104	0.000016	0.280969	0.000021	0.280899	0.000022	9.1	0.8	3179	29	3132	38
12K51-28.1	c	3239	89	0.013899	0.000213	0.000522	0.000008	0.280575	0.000023	0.280543	0.000025	−5.7	0.8	3655	30	3793	40
12K51-28.2	r	1934	10	0.025938	0.000819	0.000859	0.000025	0.280628	0.000025	0.280596	0.000027	−33.9	0.9	3617	34	4147	44
12K51-28.3	c	3362	54	0.024389	0.000288	0.000824	0.000009	0.280548	0.000023	0.280495	0.000025	−4.5	0.8	3719	30	3834	40
12K51-29.1	c	3068	52	0.020349	0.000082	0.000702	0.000002	0.280644	0.000020	0.280602	0.000021	−7.6	0.7	3581	26	3747	35
12K51-30.1	c	2067	20	0.020481	0.000118	0.000702	0.000004	0.280959	0.000020	0.280932	0.000021	−19.0	0.7	3160	27	3513	36
12K51-31.1	c	2653	123	0.024799	0.000507	0.000831	0.000016	0.280984	0.000023	0.280942	0.000028	−5.1	0.8	3137	32	3292	42
12K51-32.1	c	2213	33	0.015610	0.000030	0.000553	0.000003	0.280716	0.000021	0.280692	0.000022	−24.1	0.8	3472	28	3884	38
12K51-32.2	r	1962	26	0.009255	0.000107	0.000311	0.000004	0.281396	0.000019	0.281384	0.000019	−5.3	0.7	2546	25	2744	33
12K51-33.1	c	3408	56	0.011400	0.000141	0.000389	0.000004	0.280469	0.000019	0.280443	0.000020	−5.3	0.7	3782	25	3908	33
12K51-33.2	c	3330	64	0.020628	0.000135	0.000699	0.000005	0.280625	0.000024	0.280580	0.000026	−2.2	0.9	3606	32	3696	43
12K51-34.1	c	2380	31	0.018278	0.000085	0.000646	0.000004	0.280992	0.000024	0.280963	0.000025	−10.7	0.9	3111	32	3350	42

续表

样品号	domain[a]	t/Ma[b]	1σ	$^{176}Yb/^{177}Hf$	$2s$	$^{176}Lu/^{177}Hf$	$2s$	$^{176}Hf/^{177}Hf$	$2s$	$^{176}Hf/^{177}Hf_{(t)}$[c]	$2s$	$\varepsilon Hf_{(t)}$[d]	$2s$	T_{DM}[1]	$2s$	T_{DM}[2e]	$2s$
LA-ICP-MS 靶																	
12K51-01	c	2337	21	0.012313	0.000020	0.000439	0.000001	0.280875	0.000019	0.280855	0.000020	−15.5	0.7	3250	26	3554	34
12K51-03	c	2216	21	0.022429	0.000349	0.000819	0.000011	0.281292	0.000022	0.281257	0.000023	−4.0	0.8	2721	30	2883	40
12K51-04	c	2723	36	0.016043	0.000587	0.000554	0.000020	0.280834	0.000032	0.280805	0.000034	−8.4	1.1	3314	43	3510	57
12K51-05	c	2373	22	0.026108	0.001884	0.000886	0.000064	0.281239	0.000026	0.281199	0.000030	−2.5	0.9	2797	35	2932	46
12K51-06	c	2975	21	0.015644	0.000197	0.000527	0.000007	0.280593	0.000023	0.280563	0.000024	−11.1	0.8	3631	30	3848	40
12K51-07	c	2393	21	0.036364	0.000561	0.001197	0.000018	0.281073	0.000021	0.281019	0.000022	−8.4	0.7	3045	28	3246	37
12K51-08	r	2692	20	0.051072	0.000469	0.001744	0.000013	0.280687	0.000013	0.280597	0.000015	−16.5	0.5	3620	18	3887	23
12K51-09	c	2416	22	0.019709	0.000223	0.000662	0.000005	0.280990	0.000012	0.280959	0.000013	−10.0	0.4	3115	17	3343	22
12K51-10	c	2299	27	0.019515	0.000329	0.000694	0.000012	0.281018	0.000014	0.280987	0.000015	−11.7	0.5	3080	18	3334	24
12K51-11	c	2257	26	0.018609	0.000038	0.000682	0.000004	0.281293	0.000015	0.281264	0.000016	−2.8	0.5	2709	20	2857	27
12K51-12	r	1930	35	0.021608	0.000179	0.000727	0.000013	0.281203	0.000013	0.281176	0.000015	−13.4	0.5	2834	18	3126	23
12K51-13	r	1940	24	0.014386	0.000103	0.000475	0.000002	0.280764	0.000011	0.280746	0.000012	−28.5	0.4	3401	15	3883	20
12K51-14	c	2261	35	0.014698	0.000207	0.000507	0.000006	0.281121	0.000014	0.281099	0.000015	−8.6	0.5	2927	18	3148	24
12K51-15	r	2955	23	0.029661	0.000159	0.001003	0.000006	0.280538	0.000013	0.280481	0.000014	−14.5	0.5	3750	17	3999	23
12K51-16	c	3451	24	0.018872	0.000561	0.000671	0.000022	0.280506	0.000017	0.280462	0.000019	−3.6	0.6	3760	23	3861	31
12K51-17	c	2225	23	0.024827	0.000566	0.000773	0.000018	0.281351	0.000013	0.281319	0.000014	−1.6	0.5	2637	17	2770	23
12K51-19	c	3487	33	0.025178	0.000262	0.000863	0.000005	0.280597	0.000013	0.280539	0.000015	0.0	0.5	3658	18	3712	23
12K51-20	r	3307	24	0.031849	0.000388	0.001119	0.000016	0.280696	0.000021	0.280625	0.000023	−1.2	0.7	3549	28	3625	36
12K51-22	c	2080	37	0.009511	0.000045	0.000324	0.000001	0.281302	0.000013	0.281289	0.000014	−6.0	0.5	2673	18	2874	23
12K51-23	r	2268	26	0.008806	0.000164	0.000322	0.000005	0.281287	0.000011	0.281273	0.000012	−2.2	0.4	2693	15	2837	20
12K51-24	c	2100	27	0.027838	0.000591	0.000869	0.000015	0.281357	0.000015	0.281322	0.000016	−4.3	0.5	2636	20	2807	27
12K51-25	c	2684	24	0.023425	0.000146	0.000739	0.000006	0.280974	0.000014	0.280936	0.000015	−4.6	0.5	3143	19	3292	26
12K51-26	r	1949	26	0.004404	0.000146	0.000144	0.000006	0.281095	0.000014	0.281090	0.000014	−16.1	0.5	2935	18	3273	24

续表

样品号	domain[a]	t/Ma[b]	1σ	$^{176}Yb/^{177}Hf$	2s	$^{176}Lu/^{177}Hf$	2s	$^{176}Hf/^{177}Hf$	2s	$^{176}Hf/^{177}Hf_{(t)}$[c]	2s	$\varepsilon Hf_{(t)}$[d]	2s	T_{DM}[1]	2s	T_{DM}[2e]	2s
12K51-27	c	2163	30	0.015725	0.000245	0.000561	0.000009	0.281337	0.000022	0.281314	0.000023	−3.2	0.8	2642	30	2800	40
12K51-29	c	2586	25	0.015235	0.000220	0.000499	0.000006	0.280870	0.000012	0.280845	0.000013	−10.1	0.4	3262	16	3486	21
12K51-30	r	1939	27	0.004090	0.000034	0.000128	0.000001	0.281091	0.000018	0.281087	0.000018	−16.4	0.6	2939	24	3282	32
12K51-31	c	2468	26	0.023980	0.000069	0.000855	0.000003	0.280806	0.000013	0.280766	0.000014	−15.7	0.5	3378	18	3668	23
12K51-32	c	2020	41	0.017979	0.000191	0.000660	0.000009	0.280980	0.000026	0.280955	0.000028	−19.2	0.9	3128	35	3487	47
12K51-33	c	2500	40	0.014261	0.000126	0.000474	0.000004	0.280781	0.000012	0.280759	0.000013	−15.2	0.4	3378	15	3669	20
12K51-34	c	2690	55	0.020437	0.000237	0.000687	0.000008	0.280807	0.000021	0.280772	0.000023	−10.3	0.8	3362	28	3580	37
12K51-35	c	2215	44	0.022195	0.000239	0.000768	0.000007	0.281215	0.000013	0.281182	0.000015	−6.7	0.5	2821	18	3017	23
12K51-36	c	2606	39	0.034140	0.000076	0.001150	0.000003	0.281099	0.000017	0.281042	0.000019	−2.7	0.6	3007	23	3131	30
12K51-37	c	3026	25	0.026558	0.000522	0.001003	0.000013	0.280872	0.000035	0.280814	0.000037	−1.0	1.2	3302	47	3389	62
12K51-38	c	3404	21	0.033465	0.000616	0.001247	0.000011	0.280466	0.000021	0.280384	0.000023	−7.5	0.8	3871	28	4014	37
12K51-40	r	1936	23	0.031672	0.000764	0.001079	0.000021	0.280947	0.000021	0.280907	0.000022	−22.8	0.7	3207	28	3600	36
12K51-41	c	3301	20	0.038446	0.000348	0.001314	0.000009	0.280547	0.000018	0.280464	0.000020	−7.1	0.7	3768	25	3910	32
12K51-42	c	2781	22	0.018587	0.000186	0.000616	0.000007	0.280603	0.000018	0.280570	0.000019	−15.4	0.7	3627	24	3903	32
12K51-43	c	2296	27	0.010597	0.000076	0.000362	0.000002	0.281262	0.000012	0.281247	0.000012	−2.5	0.4	2728	16	2874	21
12K51-44	c	2443	29	0.011457	0.000301	0.000370	0.000012	0.281039	0.000014	0.281022	0.000015	−7.1	0.5	3026	19	3223	25
12K51-45	c	2345	30	0.014687	0.000063	0.000487	0.000002	0.281095	0.000012	0.281074	0.000013	−7.6	0.4	2960	17	3165	22
12K51-46	c	2324	24	0.016647	0.000048	0.000564	0.000002	0.280857	0.000012	0.280832	0.000013	−16.6	0.4	3285	17	3601	22
12K51-50	c	2413	30	0.018537	0.000112	0.000626	0.000002	0.280996	0.000012	0.280967	0.000013	−9.8	0.4	3105	16	3331	21
12K51-51	c	1990	28	0.030614	0.000645	0.000962	0.000021	0.280959	0.000014	0.280923	0.000015	−21.0	0.5	3181	18	3554	24
12K51-52	r	1928	26	0.046674	0.000126	0.001444	0.000005	0.280699	0.000013	0.280646	0.000015	−32.3	0.5	3575	18	4062	23
12K51-53	c	2503	24	0.039596	0.000829	0.001211	0.000028	0.280954	0.000011	0.280896	0.000014	−10.2	0.4	3208	16	3425	20
12K51-54	c	2228	25	0.006170	0.000315	0.000161	0.000007	0.281116	0.000011	0.281109	0.000012	−9.0	0.4	2909	15	3143	20
12K51-55	c	2036	26	0.023132	0.000105	0.000776	0.000001	0.280815	0.000012	0.280785	0.000013	−24.9	0.4	3359	16	3781	22

续表

样品号	domain[a]	t/Ma[b]	1σ	$^{176}Yb/^{177}Hf$	$2s$	$^{176}Lu/^{177}Hf$	$2s$	$^{176}Hf/^{177}Hf$	$2s$	$^{176}Hf/^{177}Hf_{(t)}$[c]	$2s$	$\varepsilon Hf_{(t)}$[d]	$2s$	T_{DM}[1]	$2s$	T_{DM}[2e]	$2s$
12K51-56	c	2322	25	0.021222	0.000362	0.000710	0.000016	0.280921	0.000012	0.280889	0.000014	−14.6	0.4	3212	16	3500	22
12K51-57	c	2050	27	0.011211	0.000970	0.000387	0.000036	0.281169	0.000017	0.281154	0.000019	−11.5	0.6	2855	23	3124	31
12K51-59	c	2492	31	0.024989	0.000267	0.000822	0.000010	0.280878	0.000013	0.280839	0.000015	−12.5	0.5	3278	18	3530	24
12K51-60	c	2021	32	0.022265	0.000200	0.000711	0.000003	0.280999	0.000013	0.280972	0.000014	−18.6	0.5	3107	17	3457	23
12K51-62	c	3201	25	0.031063	0.000321	0.001006	0.000011	0.280661	0.000012	0.280599	0.000014	−4.6	0.4	3586	16	3707	21
12K51-63	c	2637	28	0.016569	0.000733	0.000532	0.000025	0.281012	0.000013	0.280985	0.000015	−4.0	0.5	3076	17	3222	23
12K51-64	r	1889	29	0.028680	0.000257	0.001047	0.000008	0.280961	0.000013	0.280923	0.000014	−23.3	0.5	3186	18	3589	23
12K51-65	c	2093	33	0.034773	0.000211	0.001096	0.000007	0.281400	0.000015	0.281356	0.000016	−3.3	0.5	2593	20	2748	26
12K51-66	c	2321	28	0.021014	0.000534	0.000706	0.000015	0.281205	0.000015	0.281174	0.000017	−4.5	0.5	2830	21	2995	28
12K51-67	c	2276	28	0.021310	0.000328	0.000753	0.000007	0.281056	0.000014	0.281023	0.000015	−10.9	0.5	3034	18	3279	24
12K51-68	c	2336	37	0.022881	0.000119	0.000747	0.000004	0.281199	0.000016	0.281166	0.000017	−4.5	0.6	2841	21	3005	28
12K51-69	c	2051	31	0.031771	0.000662	0.001046	0.000020	0.281062	0.000013	0.281021	0.000015	−16.2	0.5	3049	17	3360	23
12K51-70	c	2301	29	0.028042	0.000323	0.000889	0.000008	0.280989	0.000013	0.280950	0.000014	−12.9	0.4	3134	17	3399	22
12K51-71	c	2619	29	0.019746	0.000182	0.000664	0.000010	0.280920	0.000013	0.280886	0.000014	−7.9	0.5	3209	17	3402	23
12K51-72	c	2155	31	0.011598	0.000040	0.000381	0.000001	0.281006	0.000012	0.280991	0.000012	−14.9	0.4	3071	15	3378	20
12K51-73	c	2302	26	0.025922	0.000159	0.000823	0.000005	0.280957	0.000014	0.280921	0.000015	−14.0	0.5	3172	19	3450	25
12K51-75	c	2865	23	0.017462	0.000127	0.000571	0.000003	0.280605	0.000013	0.280573	0.000014	−13.3	0.5	3620	17	3868	23
12K51-77	c	2039	26	0.020643	0.000451	0.000691	0.000016	0.281027	0.000013	0.281000	0.000014	−17.2	0.4	3068	17	3401	22
12K51-78	c	2453	27	0.020988	0.000360	0.000681	0.000009	0.280845	0.000011	0.280813	0.000012	−14.3	0.4	3310	14	3589	19
12K51-79	c	2348	31	0.014887	0.000430	0.000574	0.000019	0.281299	0.000013	0.281273	0.000015	−0.4	0.5	2694	18	2809	24
12K51-80	c	2016	29	0.022132	0.000638	0.000811	0.000025	0.281280	0.000017	0.281249	0.000019	−8.9	0.6	2735	23	2966	30
12K51-82	c	2279	30	0.021168	0.000218	0.000753	0.000010	0.281002	0.000014	0.280970	0.000015	−12.8	0.5	3106	19	3372	25
12K51-83	c	2606	33	0.017740	0.000366	0.000618	0.000015	0.281019	0.000021	0.280988	0.000023	−4.6	0.7	3073	28	3226	37
12K51-84	c	2170	32	0.017962	0.000513	0.000634	0.000017	0.281215	0.000021	0.281189	0.000022	−7.5	0.7	2811	28	3021	37

续表

样品号	domain[a]	t/Ma[b]	1σ	$^{176}Yb/^{177}Hf$	$2s$	$^{176}Lu/^{177}Hf$	$2s$	$^{176}Hf/^{177}Hf$	$2s$	$^{176}Hf/^{177}Hf_{(t)}$[c]	$2s$	$\varepsilon Hf_{(t)}$[d]	$2s$	T_{DM}[1]	$2s$	T_{DM}[2e]	$2s$
样品 12K37（GPS：41°31′40.6″N，86°35′50.8″E）：云母片岩																	
LA-ICP-MS 靶																	
12K37-01	c	2234	28	0.030790	0.000139	0.000888	0.000001	0.281093	0.000016	0.281056	0.000017	−10.7	0.6	2994	21	3236	28
12K37-02	r	1905	23	0.002709	0.000192	0.000074	0.000005	0.281044	0.000016	0.281041	0.000017	−18.8	0.6	2998	22	3375	29
12K37-03	c	2371	21	0.038216	0.000345	0.001154	0.000013	0.281314	0.000018	0.281262	0.000019	−0.3	0.6	2714	24	2820	31
12K37-06	c	2342	22	0.030116	0.000229	0.000896	0.000005	0.281139	0.000017	0.281099	0.000018	−6.7	0.6	2933	23	3121	30
12K37-07	c	2407	24	0.022251	0.000100	0.000646	0.000002	0.280902	0.000020	0.280873	0.000021	−13.3	0.7	3231	27	3500	35
12K37-08	r	1950	24	0.025215	0.000043	0.000769	0.000003	0.281467	0.000016	0.281438	0.000016	−3.6	0.6	2480	21	2651	28
12K37-09	c	3108	24	0.022974	0.000136	0.000671	0.000005	0.280765	0.000015	0.280725	0.000016	−2.3	0.5	3417	20	3518	27
12K37-10	r	1933	28	0.003266	0.000206	0.000081	0.000005	0.281055	0.000014	0.281052	0.000014	−17.8	0.5	2983	19	3345	25
12K37-11	c	2333	23	0.026309	0.000050	0.000787	0.000001	0.280859	0.000017	0.280824	0.000018	−16.7	0.6	3301	23	3611	30
12K37-14	c	2764	22	0.017621	0.000092	0.000509	0.000002	0.280736	0.000017	0.280710	0.000017	−10.8	0.6	3440	22	3664	29
12K37-15	c	2961	27	0.056280	0.000672	0.001626	0.000015	0.280936	0.000021	0.280843	0.000024	−1.5	0.8	3269	29	3359	38
12K37-16	r	1938	30	0.029206	0.000127	0.000853	0.000001	0.281503	0.000017	0.281471	0.000018	−2.8	0.6	2437	23	2596	30
12K37-17	c	2637	24	0.019319	0.000037	0.000597	0.000002	0.280730	0.000016	0.280700	0.000016	−14.1	0.6	3457	21	3725	28
12K37-18	r	1930	29	0.019180	0.000368	0.000592	0.000013	0.281326	0.000014	0.281304	0.000015	−8.9	0.5	2658	19	2897	25
12K37-19	c	2460	27	0.010434	0.000090	0.000348	0.000003	0.281285	0.000019	0.281269	0.000020	2.0	0.7	2697	26	2777	34
12K37-20	c	2388	29	0.013401	0.000202	0.000435	0.000005	0.280864	0.000017	0.280844	0.000018	−14.7	0.6	3265	22	3558	30
12K37-21	r	2055	25	0.013891	0.000202	0.000424	0.000004	0.280985	0.000019	0.280969	0.000020	−17.9	0.7	3103	26	3451	34
12K37-22	c	3301	22	0.033493	0.000232	0.001095	0.000006	0.280630	0.000019	0.280561	0.000020	−3.6	0.7	3635	25	3739	33
12K37-23	c	3080	29	0.019424	0.000060	0.000605	0.000001	0.280539	0.000016	0.280503	0.000017	−10.8	0.6	3710	21	3917	28
12K37-24	c	2414	27	0.012356	0.000109	0.000384	0.000003	0.280678	0.000015	0.280660	0.000015	−20.7	0.5	3506	19	3871	26
12K37-25	c	2506	24	0.013902	0.000159	0.000456	0.000005	0.281080	0.000015	0.281059	0.000016	−4.4	0.5	2978	21	3136	27
12K37-26	c	2163	26	0.043028	0.000356	0.001305	0.000011	0.281103	0.000019	0.281049	0.000021	−12.6	0.7	3014	26	3272	34

续表

样品号	domain[a]	t/Ma[b]	1σ	$^{176}Yb/^{177}Hf$	2s	$^{176}Lu/^{177}Hf$	2s	$^{176}Hf/^{177}Hf$	2s	$^{176}Hf/^{177}Hf_{(t)}$[c]	2s	$\varepsilon Hf_{(t)}$[d]	2s	T_{DM}[1]	2s	T_{DM}[2e]	2s
12K37-27	c	2486	28	0.037030	0.000448	0.001188	0.000019	0.281090	0.000021	0.281034	0.000023	−5.7	0.8	3022	29	3187	38
12K37-28	c	3137	24	0.045866	0.000505	0.001215	0.000001	0.280781	0.000020	0.280708	0.000021	−2.2	0.7	3443	26	3537	35
12K37-29	c	2294	28	0.023862	0.000162	0.000655	0.000006	0.281328	0.000017	0.281299	0.000018	−0.7	0.6	2660	23	2780	30
12K37-30	c	2051	35	0.019752	0.000370	0.000576	0.000011	0.281309	0.000020	0.281287	0.000022	−6.7	0.7	2680	28	2887	37
12K37-31	c	2229	31	0.028597	0.000675	0.000754	0.000023	0.281243	0.000018	0.281211	0.000020	−5.3	0.6	2782	24	2961	32
12K37-32	c	2819	25	0.045563	0.000414	0.001261	0.000012	0.280515	0.000018	0.280447	0.000020	−18.9	0.7	3806	25	4106	32
12K37-33	r	1940	29	0.038690	0.000526	0.001073	0.000006	0.281478	0.000016	0.281438	0.000017	−3.9	0.6	2485	22	2655	29
12K37-34	c	2064	28	0.024729	0.000542	0.000775	0.000017	0.281517	0.000015	0.281487	0.000017	0.7	0.5	2411	21	2524	27
12K37-36	c	2848	26	0.026356	0.000220	0.000805	0.000007	0.280820	0.000016	0.280776	0.000017	−6.5	0.6	3355	21	3519	28
样品 12K26（GPS：41°45′52.9″N，86°16′23.3″E）：石英岩																	
12K26-03	c	1856	11	0.009495	0.000159	0.000277	0.000003	0.281461	0.000019	0.281452	0.000019	−5.3	0.7	2456	25	2659	34
12K26-05	c	1856	11	0.012593	0.000060	0.000376	0.000001	0.281501	0.000019	0.281488	0.000019	−4.0	0.7	2408	26	2594	35
12K26-06	c	1856	11	0.009179	0.000064	0.000272	0.000000	0.281475	0.000017	0.281465	0.000017	−4.8	0.6	2438	23	2636	30
12K26-07	r	1856	11	0.010608	0.000080	0.000318	0.000003	0.281416	0.000019	0.281405	0.000019	−7.0	0.7	2519	25	2743	34
12K26-08	c	1856	11	0.009042	0.000083	0.000275	0.000003	0.281473	0.000016	0.281463	0.000017	−4.9	0.6	2441	22	2639	30
12K26-11	c	1856	11	0.010485	0.000106	0.000298	0.000004	0.281426	0.000019	0.281415	0.000019	−6.6	0.7	2505	26	2725	34
12K26-12	r	1856	11	0.006008	0.000029	0.000235	0.000001	0.281488	0.000034	0.281480	0.000034	−4.3	1.2	2417	45	2608	60
12K26-13	c	1856	11	0.012665	0.000023	0.000382	0.000002	0.281438	0.000018	0.281424	0.000018	−6.3	0.6	2495	24	2709	31
12K26-14	c	1856	11	0.008766	0.000158	0.000248	0.000004	0.281398	0.000017	0.281389	0.000017	−7.5	0.6	2539	23	2771	30
12K26-15	r	1856	11	0.006439	0.000056	0.000225	0.000003	0.281506	0.000018	0.281498	0.000018	−3.7	0.6	2393	24	2577	32
样品 12K97（GPS：41°47′38.0″N，86°13′46.2″E）：石英岩																	
12K97-01	c	2252	32	0.009290	0.000319	0.000351	0.000011	0.281287	0.000032	0.281272	0.000033	−2.7	1.2	2695	43	2844	58
12K97-02	r	1830	16	0.002487	0.000006	0.000079	0.000000	0.281317	0.000017	0.281314	0.000017	−10.8	0.6	2636	23	2915	30
12K97-03	r	1830	16	0.004473	0.000210	0.000141	0.000007	0.281367	0.000015	0.281362	0.000015	−9.1	0.5	2573	19	2828	26

续表

样品号	domain[a]	t/Ma[b]	1σ	$^{176}Yb/^{177}Hf$	$2s$	$^{176}Lu/^{177}Hf$	$2s$	$^{176}Hf/^{177}Hf$	$2s$	$^{176}Hf/^{177}Hf_{(t)}$[c]	$2s$	$\varepsilon Hf_{(t)}$[d]	$2s$	T_{DM}[1]	$2s$	T_{DM}[2e]	$2s$
12K97-04	r	1830	16	0.004176	0.000006	0.000129	0.000000	0.281320	0.000017	0.281316	0.000017	−10.7	0.6	2635	22	2912	30
12K97-05	r	1830	16	0.002316	0.000009	0.000080	0.000000	0.281337	0.000018	0.281334	0.000018	−10.1	0.6	2610	24	2879	33
12K97-06	c	2360	24	0.029692	0.000068	0.000965	0.000001	0.281246	0.000014	0.281203	0.000014	−2.6	0.5	2793	18	2930	24
12K97-07	r	1830	16	0.021181	0.000172	0.000657	0.000005	0.281381	0.000020	0.281358	0.000020	−9.2	0.7	2588	26	2835	35
12K97-08	c	2166	23	0.028496	0.000057	0.000951	0.000003	0.281189	0.000014	0.281155	0.000015	−16.4	0.5	2870	20	3197	26
12K97-09	r	1830	16	0.003325	0.000042	0.000110	0.000002	0.281306	0.000017	0.281302	0.000017	−11.2	0.6	2652	22	2936	30
12K97-11	c	2472	25	0.021764	0.000198	0.000667	0.000005	0.280819	0.000017	0.280787	0.000018	−14.8	0.6	3344	23	3628	30
12K97-12	r	1830	16	0.004131	0.000018	0.000135	0.000001	0.281311	0.000018	0.281306	0.000019	−11.1	0.7	2648	25	2929	33
12K97-17	r	1830	16	0.002379	0.000032	0.000071	0.000001	0.281355	0.000016	0.281352	0.000016	−9.4	0.6	2585	21	2846	29
12K97-18	r	1830	16	0.002968	0.000025	0.000109	0.000000	0.281295	0.000017	0.281291	0.000017	−11.6	0.6	2667	23	2956	30
12K97-19	c	2254	28	0.040481	0.000119	0.001156	0.000003	0.281268	0.000017	0.281218	0.000019	−4.5	0.6	2777	24	2939	31
12K97-20	r	1830	16	0.021626	0.000283	0.000878	0.000017	0.281473	0.000028	0.281442	0.000029	−6.3	1.0	2479	38	2686	49
12K97-21	c	2080	37	0.023519	0.000153	0.000769	0.000005	0.281127	0.000017	0.281096	0.000019	−12.8	0.6	2940	23	3217	31
12K97-22	r	1830	16	0.001758	0.000018	0.000062	0.000001	0.281330	0.000016	0.281327	0.000016	−10.3	0.6	2618	21	2891	28
12K97-23	c	2522	27	0.015648	0.000117	0.000476	0.000003	0.281145	0.000017	0.281122	0.000018	−1.7	0.6	2893	23	3017	31
12K97-24	r	1830	16	0.004954	0.000089	0.000207	0.000005	0.281390	0.000031	0.281382	0.000031	−8.4	1.1	2548	41	2793	55
样品 T1（41°47′19.7″N；86°11′33.3″E）：含石榴子石云母石英片岩																	
T1-1		2187	21	0.006100	0.000001	0.000211	0.000004	0.281203	0.000015	0.281194	0.000015	−6.8	0.5			3219	32
T1-2		2417	22	0.081100	0.000015	0.001659	0.000034	0.281001	0.000054	0.280924	0.000057	−11	1.9			3668	116
T1-3		1829	26	0.005300	0.000001	0.000120	0.000005	0.281204	0.000084	0.281200	0.000084	−14.8	3			3444	180
T1-4		1838	30	0.001200	0.000000	0.000034	0.000001	0.281208	0.000022	0.281207	0.000022	−14.4	0.8			3423	47
T1-5		2099	25	0.041100	0.000023	0.000746	0.000031	0.281088	0.000040	0.281058	0.000042	−13.6	1.4			3582	86
T1-8		2015	40	0.003700	0.000002	0.000104	0.000004	0.281095	0.000020	0.281091	0.000020	−14.4	0.7			3565	43
T1-9		1850	39	0.012500	0.000004	0.000280	0.000009	0.281218	0.000043	0.281208	0.000044	−14.1	1.5			3412	92

续表

样品号	domain[a]	t/Ma[b]	1σ	$^{176}Yb/^{177}Hf$	$2s$	$^{176}Lu/^{177}Hf$	$2s$	$^{176}Hf/^{177}Hf$	$2s$	$^{176}Hf/^{177}Hf_{(t)}$[c]	$2s$	$\varepsilon Hf_{(t)}$[d]	$2s$	T_{DM}[1]	$2s$	T_{DM}[2e]	$2s$
T1-10		1860	33	0.003000	0.000003	0.000084	0.000008	0.280985	0.000028	0.280982	0.000028	−21.9	1			3906	60
T1-11		1858	29	0.002200	0.000001	0.000052	0.000003	0.281331	0.000020	0.281329	0.000020	−9.6	0.7			3137	43
T1-12		1836	31	0.017800	0.000004	0.000307	0.000005	0.281008	0.000037	0.280997	0.000038	−21.9	1.3			3887	79
T1-13		1815	33	0.006400	0.000002	0.000102	0.000004	0.281225	0.000040	0.281221	0.000040	−14.4	1.4			3405	86
T1-15		1840	27	0.000700	0.000000	0.000019	0.000001	0.281232	0.000024	0.281231	0.000024	−13.5	0.9			3367	52
T1-16		2698	28	0.045600	0.000010	0.000862	0.000028	0.280945	0.000048	0.280900	0.000050	−5.3	1.7			3529	103
T1-17		1815	46	0.003500	0.000001	0.000051	0.000001	0.281123	0.000032	0.281121	0.000032	−18	1.1			3627	69
T1-18		1851	50	0.019500	0.000015	0.000330	0.000021	0.281084	0.000042	0.281072	0.000043	−18.9	1.5			3712	90
T1-22		1870	29	0.006000	0.000001	0.000177	0.000001	0.281094	0.000021	0.281088	0.000021	−17.9	0.7			3666	45
T1-23		2189	32	0.003300	0.000001	0.000099	0.000003	0.281154	0.000019	0.281150	0.000019	−8.3	0.7			3318	41
T1-25		2607	25	0.004400	0.000000	0.000151	0.000002	0.281092	0.000020	0.281084	0.000020	−0.9	0.7			3177	43
T1-27		1859	23	0.001700	0.000000	0.000043	0.000001	0.281179	0.000015	0.281177	0.000015	−14.9	0.5			3474	32
T1-29		1795	23	0.010300	0.000002	0.000244	0.000006	0.281380	0.000013	0.281372	0.000013	−9.5	0.5			3083	28
T1-30		1831	22	0.004500	0.000000	0.000148	0.000002	0.281632	0.000019	0.281627	0.000019	0.4	0.7			2486	42
T1-31		1822	24	0.004900	0.000001	0.000071	0.000002	0.281099	0.000035	0.281097	0.000035	−18.7	1.2			3677	75
T1-35		1834	37	0.004400	0.000002	0.000074	0.000004	0.281419	0.000023	0.281416	0.000023	−7	0.8			2957	50
样品 09T07（41°47′19.7″N；86°11′33.3″E）：含石榴子石云母石英片岩																	
09T07-4		1852	34	0.039200	0.000021	0.000834	0.000031	0.281450	0.000017	0.281421	0.000019	−6.5	0.6			2936	37
09T07-8		1855	28	0.017600	0.000005	0.000351	0.000009	0.281474	0.000015	0.281462	0.000016	−4.9	0.5			2842	33
09T07-15		1850	24	0.045400	0.000005	0.001068	0.000017	0.281451	0.000015	0.281413	0.000017	−6.8	0.5			2953	33
09T07-17		1858	42	0.075500	0.000016	0.001723	0.000043	0.281450	0.000013	0.281389	0.000017	−7.5	0.5			3003	28
09T07-19		1824	30	0.031200	0.000019	0.000702	0.000042	0.281428	0.000015	0.281404	0.000017	−7.7	0.5			2993	33
09T07-21		1858	35	0.034800	0.000005	0.000853	0.000011	0.281422	0.000015	0.281392	0.000017	−7.4	0.5			2997	33
09T07-22		1857	28	0.096500	0.000018	0.001432	0.000028	0.281424	0.000057	0.281373	0.000060	−8	2			3038	123

续表

样品号	domain[a]	t/Ma[b]	1σ	$^{176}Yb/^{177}Hf$	2s	$^{176}Lu/^{177}Hf$	2s	$^{176}Hf/^{177}Hf$	2s	$^{176}Hf/^{177}Hf_{(t)}$[c]	2s	$\varepsilon Hf_{(t)}$[d]	2s	T_{DM}[1]	2s	T_{DM}[2e]	2s
09T07-23		1854	25	0.019000	0.000008	0.000395	0.000014	0.281383	0.000016	0.281369	0.000017	−8.3	0.6			3050	35
09T07-24		1857	30	0.068200	0.000008	0.001945	0.000021	0.281466	0.000015	0.281397	0.000018	−7.2	0.5			2985	33
09T07-28		1867	41	0.024100	0.000011	0.000545	0.000025	0.281388	0.000014	0.281369	0.000016	−8	0.5			3042	30
09T07-29		1855	33	0.023500	0.000005	0.000645	0.000017	0.281399	0.000014	0.281376	0.000015	−8	0.5			3033	30
09T07-30		1857	35	0.021800	0.000007	0.000479	0.000011	0.281435	0.000015	0.281418	0.000016	−6.4	0.5			2938	33
样品 09T08（41°46′47.5″N；86°12′0.68″E）：含石榴子石云母石英片岩																	
09T08-2		1829	41	0.00100	0.00000	0.00003	0.00000	0.28151	0.00002	0.28151	0.00002	−3.80000	0.8			2746	48
09T08-3		1851	24	0.00080	0.00000	0.00002	0.00000	0.28145	0.00002	0.28145	0.00002	−5.40000	0.6			2870	35
09T08-5		1836	28	0.00320	0.00000	0.00009	0.00000	0.28143	0.00002	0.28143	0.00002	−6.60000	0.7			2931	43
09T08-7		1857	45	0.00920	0.00000	0.00024	0.00000	0.28145	0.00001	0.28144	0.00001	−5.50000	0.5			2881	30
09T08-10		1850	50	0.00290	0.00000	0.00010	0.00000	0.28153	0.00002	0.28153	0.00002	−2.70000	0.6			2695	35
09T08-16		1838	25	0.00330	0.00000	0.00007	0.00000	0.28144	0.00004	0.28144	0.00004	−6.10000	1.5			2902	93
09T08-13		1849	32	0.00070	0.00000	0.00002	0.00000	0.28154	0.00003	0.28153	0.00003	−2.50000	0.9			2683	54
09T08-17		1841	27	0.00070	0.00000	0.00002	0.00000	0.28145	0.00002	0.28145	0.00002	−5.60000	0.6			2870	37
09T08-19		1830	28	0.01030	0.00000	0.00020	0.00000	0.28152	0.00004	0.28151	0.00004	−3.80000	1.5			2749	89
样品 09T09（41°47′11.5″N；86°13′27.5″E）：含石榴子石云母石英片岩																	
09T09-1		1868	25	0.004300	0.000002	0.000148	0.000008	0.281390	0.000020	0.281385	0.000020	−7.4	0.7			3006	43
09T09-2		1848	22	0.029000	0.000004	0.000710	0.000013	0.281389	0.000019	0.281364	0.000020	−8.6	0.7			3065	41
09T09-4		1821	25	0.006400	0.000005	0.000147	0.000012	0.281314	0.000024	0.281309	0.000025	−11.2	0.9			3206	52
09T09-5		1854	24	0.006300	0.000006	0.000145	0.000014	0.281260	0.000022	0.281255	0.000023	−12.3	0.8			3305	47
09T09-6		1821	36	0.000800	0.000000	0.000017	0.000000	0.281405	0.000020	0.281404	0.000020	−7.8	0.7			2993	43
09T09-7		1844	24	0.001000	0.000000	0.000017	0.000001	0.281373	0.000021	0.281372	0.000021	−8.4	0.7			3049	45
09T09-9		1854	29	0.009800	0.000002	0.000263	0.000004	0.281398	0.000017	0.281389	0.000017	−7.6	0.6			3006	37
09T09-10		1849	24	0.009000	0.000002	0.000253	0.000003	0.281407	0.000016	0.281398	0.000016	−7.3	0.6			2988	35

续表

样品号	domain[a]	t/Ma[b]	1σ	$^{176}Yb/^{177}Hf$	2s	$^{176}Lu/^{177}Hf$	2s	$^{176}Hf/^{177}Hf$	2s	$^{176}Hf/^{177}Hf_{(t)}$[c]	2s	$\varepsilon Hf_{(t)}$[d]	2s	T_{DM}[1]	2s	T_{DM}[2e]	2s
09T09-13		1871	31	0.005500	0.000000	0.000185	0.000000	0.281361	0.000015	0.281354	0.000015	−8.4	0.5			3072	32
09T09-16		1819	30	0.000300	0.000000	0.000004	0.000000	0.281382	0.000015	0.281382	0.000015	−8.6	0.5			3045	32
09T09-17		1878	32	0.010600	0.000005	0.000291	0.000012	0.281391	0.000017	0.281381	0.000018	−7.3	0.6			3008	37
09T09-21		1873	39	0.006100	0.000001	0.000174	0.000004	0.281368	0.000017	0.281362	0.000017	−8.1	0.6			3054	37
09T09-24		1825	30	0.004800	0.000003	0.000130	0.000009	0.281369	0.000019	0.281364	0.000019	−9.1	0.7			3080	41
09T09-25		1838	25	0.001000	0.000000	0.000021	0.000000	0.281359	0.000017	0.281358	0.000017	−9	0.6			3085	37
09T09-26		1828	34	0.001600	0.000001	0.000048	0.000004	0.281354	0.000018	0.281352	0.000018	−9.5	0.6			3105	39
09T09-28		1798	23	0.001400	0.000001	0.000040	0.000003	0.281360	0.000016	0.281359	0.000016	−9.9	0.6			3110	35
09T09-33		1847	23	0.005300	0.000004	0.000073	0.000006	0.281422	0.000029	0.281419	0.000029	−6.6	1			2942	63
09T09-36		1845	27	0.051400	0.000005	0.000908	0.000013	0.281321	0.000054	0.281289	0.000055	−11.3	1.9			3235	116
09T09-37		1837	26	0.005300	0.000001	0.000089	0.000002	0.281318	0.000041	0.281315	0.000041	−10.6	1.5			3182	89
样品 11K34（41°45′28.4″N；86°16′7.6″E）：含石榴子石云母石英片岩																	
11K34-01		1819	19	0.001165	0.000040	0.000033	0.000001	0.281362	0.000023	0.281361	0.000023	−9.4	0.8			3092	50
11K34-02		1807	20	0.003082	0.000019	0.000095	0.000000	0.281407	0.000020	0.281404	0.000020	−8.1	0.7			3003	43
11K34-03		1849	18	0.003362	0.000048	0.000105	0.000002	0.281340	0.000022	0.281336	0.000022	−9.5	0.8			3128	48
11K34-05		1821	16	0.000402	0.000017	0.000013	0.000001	0.281392	0.000014	0.281391	0.000014	−8.2	0.5			3022	30
11K34-06		1845	29	0.002356	0.000027	0.000065	0.000001	0.281386	0.000012	0.281383	0.000012	−8	0.4			3025	27
11K34-07		1864	37	0.000778	0.000017	0.000027	0.000001	0.281450	0.000020	0.281449	0.000020	−5.2	0.7			2864	43
11K34-08		1851	25	0.001294	0.000016	0.000042	0.000000	0.281423	0.000015	0.281421	0.000015	−6.5	0.5			2935	33
11K34-10		1833	36	0.001612	0.000034	0.000058	0.000001	0.281434	0.000024	0.281432	0.000024	−6.5	0.9			2924	53
11K34-12		620	13	0.063002	0.000759	0.002401	0.000029	0.281468	0.000019	0.281440	0.000020	−33.8	0.7			3651	40
11K34-13		1695	14	0.003057	0.000018	0.000092	0.000001	0.281413	0.000015	0.281410	0.000015	−10.4	0.5			3062	32
11K34-14		1748	18	0.001320	0.000051	0.000050	0.000002	0.281432	0.000012	0.281431	0.000012	−8.5	0.4			2983	26
11K34-15		1796	34	0.001378	0.000012	0.000040	0.000000	0.281465	0.000014	0.281464	0.000014	−6.2	0.5			2877	30

续表

样品号	domain[a]	t/Ma[b]	1σ	$^{176}Yb/^{177}Hf$	$2s$	$^{176}Lu/^{177}Hf$	$2s$	$^{176}Hf/^{177}Hf$	$2s$	$^{176}Hf/^{177}Hf_{(t)}$[c]	$2s$	$\varepsilon Hf_{(t)}$[d]	$2s$	T_{DM}[1]	$2s$	T_{DM}[2e]	$2s$
11K34-16		1855	24	0.003077	0.000056	0.000101	0.000002	0.281402	0.000017	0.281398	0.000017	−7.2	0.6			2985	37
11K34-17		1830	15	0.005410	0.000098	0.000187	0.000004	0.281318	0.000016	0.281311	0.000016	−10.9	0.6			3195	34
11K34-18		1847	34	0.000764	0.000054	0.000030	0.000002	0.281424	0.000017	0.281423	0.000017	−6.5	0.6			2934	37
11K34-19		1709	32	0.003410	0.000045	0.000106	0.000002	0.281412	0.000013	0.281409	0.000013	−10.2	0.5			3057	29
11K34-20		1749	17	0.001723	0.000076	0.000056	0.000002	0.281434	0.000013	0.281432	0.000013	−8.4	0.5			2979	29
11K34-23		1832	25	0.003389	0.000076	0.000102	0.000002	0.281377	0.000014	0.281373	0.000014	−8.6	0.5			3055	29
11K34-24		1835	24	0.002058	0.000029	0.000063	0.000001	0.281423	0.000014	0.281421	0.000014	−6.9	0.5			2946	30
样品 11K42（41°45′28.4″N；86°16′7.6″E）：含石榴子石云母石英片岩																	
11K42-01		1836	17	0.004634	0.000049	0.000186	0.000002	0.281432	0.000015	0.281425	0.000015	−6.7	0.5			2936	33
11K42-03		1836	17	0.003558	0.000074	0.000144	0.000003	0.281363	0.000022	0.281358	0.000022	−9.1	0.8			3088	47
11K42-04		1855	37	0.010751	0.000199	0.000403	0.000006	0.281374	0.000017	0.281360	0.000018	−8.6	0.6			3071	36
11K42-06		1822	40	0.005228	0.000031	0.000210	0.000000	0.281433	0.000019	0.281425	0.000020	−7	0.7			2946	42
11K42-07		1789	38	0.004104	0.000121	0.000158	0.000005	0.281507	0.000014	0.281501	0.000014	−5.1	0.5			2797	30
11K42-08		1824	40	0.003805	0.000009	0.000160	0.000000	0.281458	0.000018	0.281452	0.000018	−6	0.6			2884	39
11K42-09		1856	29	0.009552	0.000085	0.000386	0.000002	0.281362	0.000017	0.281349	0.000018	−8.9	0.6			3095	37
11K42-11		1792	27	0.013817	0.000094	0.000553	0.000003	0.281396	0.000018	0.281378	0.000019	−9.4	0.7			3072	40
11K42-12		1804	18	0.005517	0.000037	0.000250	0.000001	0.281514	0.000019	0.281506	0.000019	−4.6	0.7			2777	41
11K42-15		1860	18	0.002227	0.000013	0.000066	0.000000	0.281414	0.000013	0.281411	0.000013	−6.6	0.4			2951	27
11K42-16		1854	25	0.004381	0.000014	0.000181	0.000000	0.281509	0.000015	0.281502	0.000016	−3.5	0.6			2751	34
11K42-17		1811	41	0.004495	0.000052	0.000194	0.000002	0.281430	0.000021	0.281423	0.000021	−7.3	0.7			2957	45
11K42-18		1826	34	0.004124	0.000017	0.000174	0.000001	0.281456	0.000019	0.281450	0.000019	−6	0.7			2888	41
11K42-19		1694	32	0.003929	0.000158	0.000170	0.000007	0.281549	0.000021	0.281544	0.000021	−5.7	0.7			2765	45
11K42-23		1835	15	0.002044	0.000072	0.000066	0.000003	0.281457	0.000016	0.281455	0.000017	−5.7	0.6			2871	36
11K42-24		1822	17	0.004712	0.000022	0.000190	0.000000	0.281494	0.000016	0.281488	0.000016	−4.8	0.6			2806	34

续表

样品号	domain[a]	t/Ma[b]	1σ	$^{176}Yb/^{177}Hf$	2s	$^{176}Lu/^{177}Hf$	2s	$^{176}Hf/^{177}Hf$	2s	$^{176}Hf/^{177}Hf_{(t)}$[c]	2s	$\varepsilon Hf_{(t)}$[d]	2s	T_{DM}[1]	2s	T_{DM}[2e]	2s
11K42-25		1859	18	0.001386	0.000013	0.000041	0.000000	0.281480	0.000015	0.281479	0.000015	−4.2	0.5			2801	33
11K42-26		1849	17	0.005200	0.000047	0.000198	0.000001	0.281455	0.000016	0.281448	0.000017	−5.6	0.6			2876	36
11K42-28		1842	21	0.011920	0.000114	0.000446	0.000002	0.281356	0.000016	0.281340	0.000016	−9.5	0.6			3122	34
11K42-29		1747	36	0.002823	0.000009	0.000131	0.000000	0.281524	0.000015	0.281520	0.000015	−5.4	0.5			2783	32
11K42-30		1842	38	0.006490	0.000026	0.000274	0.000001	0.281485	0.000017	0.281475	0.000017	−4.8	0.6			2820	37
11K42-31		1859	20	0.005178	0.000082	0.000198	0.000002	0.281401	0.000016	0.281394	0.000016	−7.2	0.6			2990	35
11K42-32		1841	19	0.005516	0.000028	0.000234	0.000001	0.281460	0.000015	0.281451	0.000015	−5.6	0.5			2874	32
11K42-33		1755	34	0.009888	0.000154	0.000388	0.000005	0.281399	0.000021	0.281386	0.000022	−9.9	0.8			3078	46
11K42-34		1833	28	0.003074	0.000116	0.000120	0.000005	0.281486	0.000016	0.281482	0.000017	−4.7	0.6			2812	36
11K42-35		1698	24	0.002196	0.000075	0.000083	0.000003	0.281519	0.000015	0.281517	0.000015	−6.6	0.5			2823	33
样品 10K01（41°47.964′N；86°14.128′E）：角闪黑云斜长片麻岩																	
10K01-01		1822	45	0.014112	0.000259	0.000258	0.000007	0.281202	0.000028	0.281193	0.000029	−15.3	1	2802	37	3410	60
10K01-02		2029	60	0.003449	0.000019	0.000056	0.000000	0.281180	0.000021	0.281178	0.000021	−11	0.7	2816	27	3312	44
10K01-03		1822	57	0.010679	0.000139	0.000191	0.000003	0.281150	0.000021	0.281144	0.000021	−17	0.7	2865	27	3515	44
10K01-04		2127	21	0.008295	0.000551	0.000174	0.000014	0.281137	0.000027	0.281130	0.000028	−10.4	1	2882	36	3355	59
10K01-07		1824	39	0.014485	0.000490	0.000249	0.000010	0.280993	0.000024	0.280985	0.000025	−22.6	0.9	3078	32	3854	52
10K01-11		1852	44	0.015455	0.000710	0.000310	0.000017	0.281164	0.000022	0.281154	0.000023	−16	0.8	2855	29	3476	47
10K01-12		1829	29	0.005676	0.000324	0.000106	0.000005	0.281284	0.000020	0.281280	0.000020	−12	0.7	2682	26	3218	42
10K01-19		2227	54	0.008507	0.000087	0.000208	0.000002	0.281120	0.000023	0.281111	0.000024	−8.8	0.8	2907	31	3332	50
10K01-23		1831	49	0.005563	0.000239	0.000104	0.000006	0.281100	0.000025	0.281097	0.000025	−18.5	0.9	2925	33	3611	53
10K01-24		2118	18	0.005722	0.000136	0.000100	0.000002	0.281135	0.000020	0.281130	0.000020	−10.6	0.7	2880	26	3359	42
10K01-25		2061	55	0.021087	0.000316	0.000373	0.000011	0.281120	0.000023	0.281105	0.000025	−12.9	0.8	2920	31	3449	50
10K01-26		2074	43	0.066164	0.003170	0.001295	0.000056	0.281269	0.000027	0.281218	0.000032	−8.6	1	2786	38	3199	59
10K01-27		1831	58	0.011495	0.000524	0.000170	0.000008	0.281268	0.000017	0.281262	0.000017	−12.6	0.6	2707	22	3255	36

续表

样品号	domain[a]	t/Ma[b]	1σ	$^{176}Yb/^{177}Hf$	2s	$^{176}Lu/^{177}Hf$	2s	$^{176}Hf/^{177}Hf$	2s	$^{176}Hf/^{177}Hf_{(t)}$[c]	2s	$\varepsilon Hf_{(t)}$[d]	2s	T_{DM}[1]	2s	T_{DM}[2e]	2s
10K01-30		1829	58	0.009594	0.000368	0.000206	0.000008	0.281263	0.000022	0.281256	0.000022	−12.9	0.8	2717	29	3270	46
样品 10K02（41°47.964′N；86°14.128′E）：黑云角闪斜长片麻岩																	
10K02-03		2322	82	0.062783	0.001439	0.001180	0.000013	0.280785	0.000028	0.280733	0.000033	−20	1	3434	38	4157	60
10K02-06		2256	51	0.037111	0.001925	0.000733	0.000035	0.281082	0.000025	0.281050	0.000028	−10.3	0.9	2998	34	3495	54
10K02-07		2007	35	0.019862	0.001306	0.000356	0.000024	0.280961	0.000030	0.280947	0.000032	−19.7	1.1	3130	40	3889	64
10K02-08		2030	36	0.015379	0.000728	0.000339	0.000023	0.280826	0.000035	0.280813	0.000036	−24	1.2	3307	46	4171	74
10K02-09		2034	42	0.025643	0.001910	0.000579	0.000040	0.280981	0.000029	0.280959	0.000032	−18.7	1	3120	40	3845	63
10K02-10		2451	41	0.055231	0.000804	0.001040	0.000012	0.280946	0.000033	0.280897	0.000035	−11.2	1.2	3205	44	3706	70
10K02-11		2048	23	0.085710	0.001162	0.001744	0.000044	0.280879	0.000035	0.280811	0.000038	−23.6	1.3	3358	48	4164	75
10K02-13		1830	54	0.021348	0.001355	0.000332	0.000019	0.281012	0.000033	0.281000	0.000034	−21.9	1.2	3060	43	3885	70
10K02-14		1850	35	0.010605	0.000178	0.000208	0.000008	0.281025	0.000035	0.281017	0.000036	−20.8	1.2	3033	47	3834	75
10K02-16		627	11	0.059878	0.002166	0.001066	0.000030	0.282097	0.000042	0.282085	0.000043	−10.8	1.5	1629	58	2235	92
10K02-18		1842	68	0.012434	0.000599	0.000239	0.000010	0.280805	0.000052	0.280797	0.000053	−28.8	1.8	3326	69	4323	110
10K02-19		2328	36	0.069235	0.002308	0.001506	0.000045	0.281013	0.000035	0.280946	0.000039	−12.3	1.2	3153	48	3680	75
10K02-20		1825	52	0.033625	0.001825	0.000663	0.000043	0.281084	0.000027	0.281061	0.000029	−19.9	0.9	2990	36	3755	57
10K02-23		2434	33	0.079166	0.001047	0.001789	0.000040	0.280984	0.000046	0.280901	0.000050	−11.4	1.6	3216	63	3709	98
10K02-25		627	51	0.098102	0.001894	0.001884	0.000040	0.282459	0.000034	0.282437	0.000038	1.7	1.2	1147	49	1446	76
10K02-29		2013	94	0.014730	0.001030	0.000318	0.000020	0.280958	0.000037	0.280946	0.000039	−19.6	1.3	3130	49	3887	79
样品 10T72（41°48′40.1″N；86°14′50.4″E）：黑云角闪斜长片麻岩																	
10T72-01		2222	14	0.035285	0.000259	0.000622	0.000007	0.281090	0.000029	0.281064	0.000030	−10.6	1	2978	39	3487	63
10T72-02		2303	15	0.043769	0.000529	0.000806	0.000012	0.280994	0.000033	0.280958	0.000034	−12.5	1.2	3122	45	3670	71
10T72-03		2271	15	0.021362	0.000160	0.000406	0.000002	0.281043	0.000028	0.281026	0.000028	−10.8	1	3024	37	3540	59
10T72-07		1845	48	0.047022	0.000632	0.000856	0.000017	0.281311	0.000026	0.281281	0.000028	−11.6	0.9	2698	35	3254	55
10T72-10		2254	14	0.032606	0.000226	0.000619	0.000008	0.281056	0.000028	0.281030	0.000028	−11.1	1	3023	37	3543	60

续表

样品号	domain[a]	t/Ma[b]	1σ	$^{176}Yb/^{177}Hf$	$2s$	$^{176}Lu/^{177}Hf$	$2s$	$^{176}Hf/^{177}Hf$	$2s$	$^{176}Hf/^{177}Hf_{(t)}$[c]	$2s$	$\varepsilon Hf_{(t)}$[d]	$2s$	T_{DM}[1]	$2s$	T_{DM}[2e]	$2s$
10T72-11		1859	17	0.037274	0.000891	0.000760	0.000017	0.281119	0.000029	0.281092	0.000030	−18	1	2950	40	3663	63
10T72-12		2245	15	0.027306	0.000122	0.000489	0.000002	0.281099	0.000029	0.281078	0.000029	−9.6	1	2956	39	3441	62
10T72-13		1840	27	0.043466	0.000572	0.000875	0.000012	0.281237	0.000025	0.281206	0.000027	−14.4	0.9	2799	34	3422	55
10T72-14		2236	19	0.026247	0.000531	0.000531	0.000016	0.281000	0.000029	0.280978	0.000030	−13.3	1	3091	39	3671	63
10T72-16		2199	36	0.036164	0.000374	0.000649	0.000006	0.281084	0.000025	0.281057	0.000026	−11.4	0.9	2988	34	3518	54
10T72-17		2250	13	0.033359	0.001116	0.000694	0.000031	0.281133	0.000024	0.281104	0.000026	−8.5	0.9	2925	33	3380	52
10T72-21		2259	14	0.028130	0.000771	0.000490	0.000009	0.280999	0.000026	0.280978	0.000027	−12.8	0.9	3089	35	3654	57
10T72-23		2304	18	0.041495	0.000325	0.000778	0.000002	0.280942	0.000033	0.280908	0.000034	−14.2	1.2	3189	45	3781	71
10T72-24		2270	15	0.041282	0.000815	0.000759	0.000010	0.281171	0.000032	0.281139	0.000033	−6.8	1.1	2879	43	3288	69
10T72-25		2161	16	0.034872	0.000713	0.000674	0.000008	0.281071	0.000023	0.281043	0.000023	−12.7	0.8	3008	30	3575	48
样品 10T71（41°48′40.1″N；86°14′50.4″E）：浅色花岗岩																	
10T71-01		872	11	0.173651	0.003133	0.003150	0.000035	0.281838	0.000028	0.281786	0.000029	−15.9	1	2104	40	2717	60
10T71-02		897	11	0.044702	0.002124	0.000632	0.000030	0.281688	0.000025	0.281677	0.000026	−19.2	0.9	2171	34	2939	54
10T71-03		831	10	0.177907	0.003682	0.003321	0.000080	0.281902	0.000029	0.281850	0.000031	−14.5	1	2020	43	2604	63
10T71-04		806	10	0.163999	0.003693	0.003432	0.000064	0.281816	0.000026	0.281764	0.000028	−18.1	0.9	2152	39	2806	57
10T71-06		806	11	0.115879	0.004685	0.002509	0.000093	0.281772	0.000030	0.281734	0.000032	−19.2	1.1	2161	43	2871	65
10T71-07		822	10	0.133033	0.001605	0.002487	0.000049	0.282005	0.000027	0.281966	0.000029	−10.6	1	1826	39	2355	59
10T71-09		811	12	0.151098	0.001896	0.002825	0.000030	0.281983	0.000024	0.281940	0.000026	−11.8	0.9	1874	35	2420	53
10T71-10		834	10	0.126929	0.004790	0.002426	0.000098	0.281933	0.000025	0.281895	0.000027	−12.9	0.9	1926	36	2504	54
10T71-13		832	10	0.102142	0.001220	0.001930	0.000013	0.281772	0.000030	0.281741	0.000031	−18.3	1.1	2128	43	2839	66
10T71-14		835	10	0.064269	0.000971	0.001255	0.000029	0.281922	0.000029	0.281902	0.000030	−12.6	1	1882	41	2487	64
10T71-15		839	11	0.044150	0.002185	0.000895	0.000032	0.281832	0.000022	0.281818	0.000023	−15.5	0.8	1987	30	2668	48
样品 10T06（41°49′14.9″N；86°12′08.7″E）：含角闪石正长花岗岩																	
10T06-01		828	13	0.022008	0.000779	0.000386	0.000016	0.281801	0.000022	0.281795	0.000023	−16.5	0.8	2004	30	2726	49

续表

样品号	domain[a]	t/Ma[b]	1σ	$^{176}Yb/^{177}Hf$	2s	$^{176}Lu/^{177}Hf$	2s	$^{176}Hf/^{177}Hf$	2s	$^{176}Hf/^{177}Hf_{(t)}$[c]	2s	$\varepsilon Hf_{(t)}$[d]	2s	T_{DM}[1]	2s	T_{DM}[2e]	2s
10T06-02		836	10	0.123972	0.006496	0.002107	0.000082	0.281770	0.000023	0.281737	0.000025	−18.4	0.8	2141	33	2847	51
10T06-04		829	13	0.130002	0.001213	0.002401	0.000054	0.281825	0.000027	0.281787	0.000029	−16.8	1	2080	39	2741	59
10T06-05		1977	19	0.017294	0.000771	0.000277	0.000011	0.281856	0.000016	0.281845	0.000016	11.5	0.6	1924	21	1891	35
10T06-08		1773	180	0.016803	0.000728	0.000290	0.000016	0.281757	0.000016	0.281748	0.000019	3.3	0.6	2058	22	2236	35
10T06-09		830	12	0.027755	0.000271	0.000631	0.000010	0.281846	0.000023	0.281836	0.000023	−15	0.8	1955	31	2635	49
10T06-10		834	14	0.006751	0.000167	0.000143	0.000002	0.281804	0.000018	0.281802	0.000018	−16.1	0.6	1987	24	2706	39
10T06-12		831	10	0.028465	0.002226	0.000558	0.000051	0.281764	0.000024	0.281756	0.000025	−17.9	0.8	2062	32	2809	52
10T06-14		819	11	0.092784	0.001244	0.001941	0.000024	0.281742	0.000025	0.281712	0.000027	−19.7	0.9	2171	36	2912	55
10T06-15		820	14	0.006175	0.000069	0.000133	0.000002	0.281779	0.000029	0.281777	0.000029	−17.3	1	2020	39	2769	63
10T06-16		821	23	0.008017	0.000218	0.000161	0.000005	0.281769	0.000021	0.281766	0.000021	−17.7	0.7	2036	28	2792	45
10T06-19		831	11	0.057115	0.003830	0.000976	0.000048	0.281831	0.000018	0.281815	0.000019	−15.7	0.6	1994	25	2679	39
10T06-20		843	21	0.096787	0.006078	0.001558	0.000095	0.281850	0.000021	0.281825	0.000024	−15.1	0.7	1998	30	2651	46
样品 10T51（41°48′59.4″N；86°11′19.9″E）：黑云斜长片麻岩																	
10T51-02		663	8	0.049690	0.001140	0.000892	0.000020	0.281677	0.000027	0.281666	0.000027	−24.8	0.9	2200	36	3107	57
10T51-03		823	17	0.005351	0.000179	0.000117	0.000004	0.281823	0.000019	0.281821	0.000019	−15.7	0.7	1960	26	2671	41
10T51-06		665	19	0.047834	0.001441	0.000833	0.000038	0.281646	0.000028	0.281636	0.000029	−25.8	1	2239	38	3170	60
10T51-09		2705	24	0.041575	0.001624	0.000837	0.000021	0.280996	0.000032	0.280953	0.000034	−3.3	1.2	3121	44	3371	70
10T51-13		666	9	0.064875	0.001739	0.001121	0.000024	0.281747	0.000027	0.281733	0.000027	−22.4	0.9	2117	37	2959	58
10T51-15		655	11	0.074357	0.000640	0.001165	0.000018	0.281858	0.000027	0.281844	0.000028	−18.7	1	1965	38	2725	60
10T51-16		782	10	0.002211	0.000185	0.000040	0.000003	0.281863	0.000015	0.281862	0.000015	−15.2	0.5	1903	20	2607	32
10T51-17		762	10	0.009223	0.000134	0.000193	0.000002	0.281710	0.000026	0.281707	0.000026	−21.1	0.9	2116	35	2956	56
10T51-18		2627	23	0.039222	0.000960	0.000902	0.000018	0.281434	0.000033	0.281389	0.000035	10.4	1.2	2533	45	2476	73
10T51-21		1823	54	0.040760	0.001059	0.000778	0.000016	0.281238	0.000039	0.281211	0.000041	−14.6	1.4	2791	53	3371	84
10T51-23		660	13	0.011777	0.000032	0.000264	0.000002	0.281924	0.000025	0.281921	0.000025	−15.9	0.9	1831	34	2555	54

续表

样品号	domain[a]	t/Ma[b]	1σ	$^{176}Yb/^{177}Hf$	$2s$	$^{176}Lu/^{177}Hf$	$2s$	$^{176}Hf/^{177}Hf$	$2s$	$^{176}Hf/^{177}Hf_{(t)}$[c]	$2s$	$\varepsilon Hf_{(t)}$[d]	$2s$	$T_{DM}{}^{1}$	$2s$	$T_{DM}{}^{2e}$	$2s$
10T51-24		2030	29	0.007654	0.000076	0.000190	0.000004	0.281933	0.000027	0.281926	0.000027	15.6	1	1815	37	1678	60
10T51-26		1831	44	0.002983	0.000068	0.000075	0.000002	0.281866	0.000022	0.281863	0.000023	8.8	0.8	1900	30	1944	49
10T51-27		1824	58	0.006267	0.000299	0.000155	0.000008	0.281925	0.000027	0.281919	0.000028	10.6	1	1824	36	1825	60
10T51-28		1839	34	0.011521	0.000260	0.000269	0.000005	0.281699	0.000036	0.281690	0.000036	2.8	1.3	2135	48	2321	78
10T51-29		758	16	0.007530	0.000225	0.000222	0.000009	0.281967	0.000026	0.281964	0.000026	−12.1	0.9	1770	35	2400	56
样品 10T50（41°48′59.4″N；86°11′19.9″E）：黑云母正长花岗岩																	
10T50-01		822	11	0.040952	0.000133	0.000822	0.000012	0.281581	0.000036	0.281569	0.000037	−24.7	1.3	2327	50	3219	78
10T50-04		825	20	0.031277	0.000116	0.000646	0.000005	0.281402	0.000065	0.281392	0.000065	−30.9	2.3	2560	88	3597	139
10T50-06		820	14	0.044744	0.002281	0.000840	0.000043	0.281920	0.000028	0.281907	0.000029	−12.7	1	1864	39	2485	61
10T50-07		665	13	0.087450	0.001668	0.001627	0.000031	0.281759	0.000028	0.281739	0.000030	−22.2	1	2128	40	2947	62
10T50-08		822	10	0.067740	0.000274	0.001182	0.000018	0.281921	0.000035	0.281903	0.000036	−12.8	1.2	1879	49	2494	77
10T50-09		812	26	0.010703	0.000448	0.000226	0.000006	0.281858	0.000020	0.281855	0.000021	−14.8	0.7	1918	27	2605	44
10T50-10		811	10	0.024263	0.000446	0.000390	0.000010	0.281803	0.000029	0.281797	0.000029	−16.8	1	2001	39	2732	63
10T50-16		657	10	0.134950	0.001334	0.002393	0.000066	0.281776	0.000030	0.281747	0.000032	−22.1	1.1	2149	44	2936	66
10T50-17		1702	25	0.029000	0.000258	0.000705	0.000003	0.281479	0.000046	0.281456	0.000047	−8.7	1.6	2459	63	2917	100
10T50-18		665	11	0.115215	0.002151	0.001960	0.000045	0.281694	0.000029	0.281670	0.000031	−24.6	1	2239	41	3097	63
10T50-19		833	11	0.079971	0.001892	0.001258	0.000025	0.281817	0.000031	0.281797	0.000032	−16.3	1.1	2028	44	2717	68
10T50-20		652	9	0.080723	0.003049	0.001339	0.000039	0.281741	0.000029	0.281724	0.000030	−23	1	2138	40	2987	62

注：a：锆石区域：c-碎屑锆石核；r-变质边；

b：$^{207}Pb/^{206}Pb$ 年龄，误差为 1σ，样品 12K26 和 12K97 中的变质边为加权平均年龄，误差为 2σ；

c：衰变常数为 $\lambda^{176}Lu=1.867\times10^{-11}$（Söderlund et al.，2004）；

d：球粒陨石参数为 $^{176}Hf/^{177}Hf=0.282772$，$^{176}Lu/^{177}Hf=0.0332$（Blichert-Toft and Albarède，1997）；

e：样品 12K 51、12K24、12K26 和 12K97 二阶段模式年龄的计算使用 $^{176}Lu/^{177}Hf=0.01$，其他样品使用 $^{176}Lu/^{177}Hf=0.015$

3. 库尔勒地区的混合岩

1）区域性条带状混合岩

条带状混合岩样品10K01中的锆石为无色透明的半自形至卵圆形晶体。CL图像显示，大多数锆石具有复杂的核-边结构（图3-13（b）），核部大多具有较亮的CL发光特征，显示弱的环带状、扇状或团块状分带，边部可以分为黑色无内部结构的内边和亮白色的外边，核部与边部通常有一个或以上的CL灰色区域切穿核部，外边沿裂隙切过内边或核部，这些特征说明核部可能为碎屑锆石，且受到不同程度的重结晶的影响，而内边形成于变质增生或重结晶，外边形成于后期蚀变。LA-ICP-MS分析表明，核部大多具有谐和的年龄（不谐和度在±5%以内），其 $^{207}Pb/^{206}Pb$ 年龄分散在2029～2617Ma，在2041Ma和2195Ma出现两个峰值，但两个分析点具有～1831Ma的 $^{207}Pb/^{206}Pb$ 年龄。内边具有相对集中的 $^{207}Pb/^{206}Pb$ 年龄，其加权平均为1825±23Ma，与两个最年轻的核部锆石的年龄一致，说明后者可能是完全重结晶的结果。外边的两个分析点的 $^{207}Pb/^{206}Pb$ 年龄分别为～2227Ma和～1821Ma，分别与核部和内边的年龄一致。因此，本书将最年轻的核部、内边和外边的加权平均 $^{207}Pb/^{206}Pb$ 年龄（1828±22Ma，MSWD=0.05，n=16，图3-13（a））解释为该样品的变质作用和混合岩化年龄。样品中锆石核的初始 $^{176}Hf/^{177}Hf$ 为0.281097～0.281262，对应的 $\varepsilon Hf_{(t)}$ 为−18.8～−8.6，而两类变质边初始 $^{176}Hf/^{177}Hf$ 为0.280985～0.281280，对应的 $\varepsilon Hf_{(t)}$ 为−22.6～−8.8，两者在误差范围内一致，说明变质边可能是碎屑锆石核通过固态重结晶作用形成的，这一过程中Lu-Hf同位素体系保持封闭。

样品10K02中的锆石大多为直径为50～150μm的无色次圆形晶体，在CL图像上大多数锆石具有与上一个样品类似的复杂核-边结构图，但具有振荡环带的核部所占的比例更大（图3-13（d））。LA-ICP-MS分析表明，具有振荡环带的锆石核的谐和年龄变化在2162～2743Ma（图3-13（c）），其Th/U相对较高（平均0.72），说明其为碎屑岩浆锆石，且并未经受明显的变质重结晶；而无振荡环带的锆石核的年龄集中在2007～2048Ma（加权平均值为2030±42Ma，n=7），其内部结构和较低的Th/U值（平均0.06）说明其为变质成因，其意义将在下文讨论。除了一个点（10K02-01）的年龄为2073±28Ma，

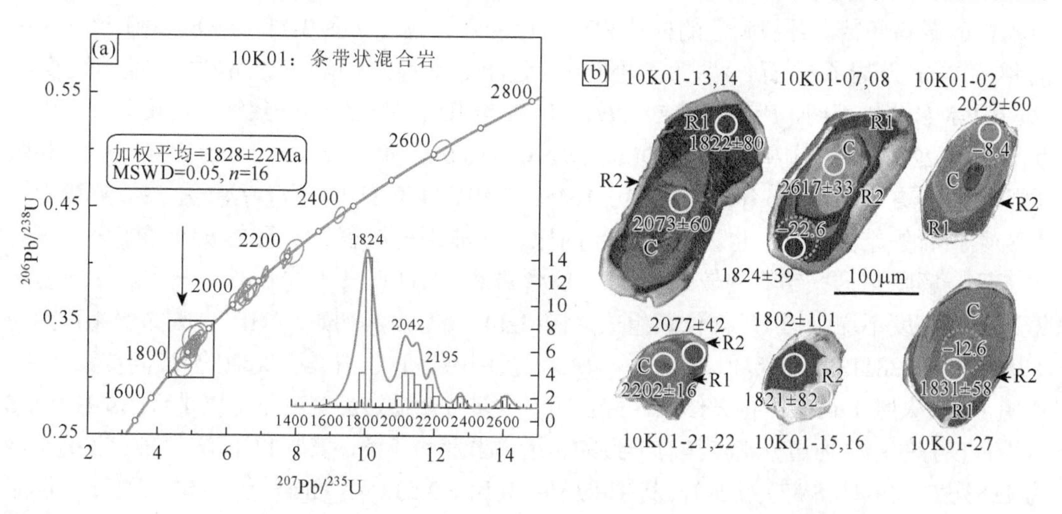

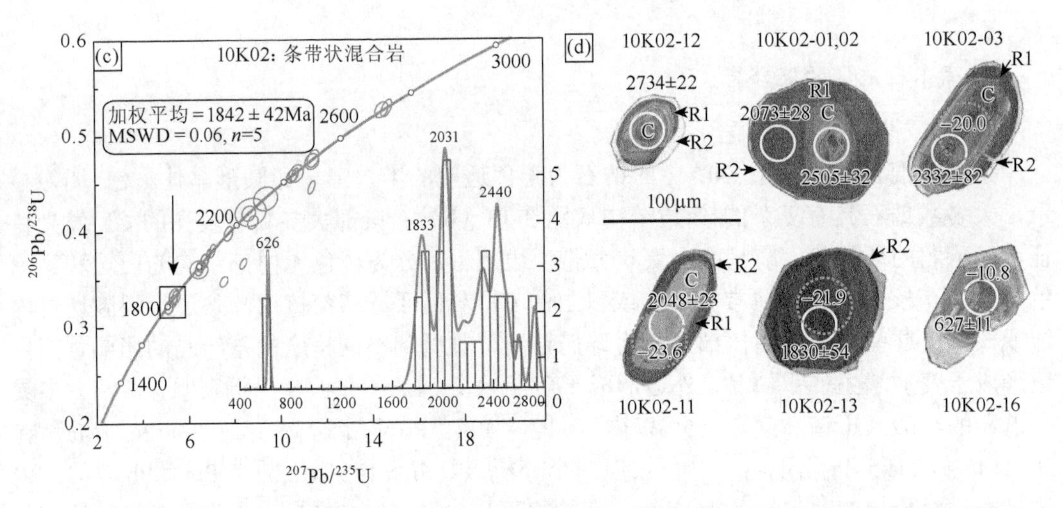

图 3-13 库尔勒地区条带状混合岩的锆石 CL 图像与 U-Pb 年龄谐和图（Ge et al.，2013b）

其余内边上的分析点具有一致的谐和年龄，其加权平均 ^{206}Pb/^{207}Pb 年龄为 1842±42Ma（MSWD=0.05，n=5），其均一的内部结构和较低的 Th/U 值（0.08）说明其为变质成因，因此这一年龄被解释为该样品的变质作用与混合岩化年龄，与上一个样品一致。该样品中亮白色变质边太窄不足以进行 LA-ICP-MS 分析。Lu-Hf 同位素分析表明，该样品中锆石核与边具有一致的 Hf 同位素组成，岩浆核、变质核与内边的初始 ^{176}Hf/^{177}Hf 分别为 0.280733～0.281050、0.280811～0.280959 和 0.280797～0.281061（图 3-14（a））。此外，该样品中还发育两个具有清晰振荡环带的自形晶体（图 3-13（d）），其 ^{206}Pb/^{238}U 年龄为～628Ma，明显比其他锆石年轻，其初始 ^{176}Hf/^{177}Hf（0.282094 和 0.282459）比其他锆石高很多（图 3-14（a））。但类似于附近石英正长岩中的锆石 Hf 同位素（Ge et al.，2012a），由于在粘靶的近 1000 粒锆石中仅有两粒这样的锆石，其是否代表后期岩浆的灌入仍不确定。

2）脉状混合岩及相关浅色花岗岩

脉状混合岩暗色体样品 10T72 中的锆石大多为无色透明的柱状晶体，大多数锆石具有模糊的振荡环带，并被暗色的内边和亮白色的外边包裹（图 3-15（e）），说明该样品中的锆石本来为岩浆锆石，并受到不同程度的变质重结晶和变质增生及后期蚀变。LA-ICP-MS 分析表明，所有岩浆锆石核的 U-Pb 年龄落在一条不一致线上，其上下交点年龄分别为 2292±18Ma 和 792±130Ma（MSWD=0.61，图 3-15（a）），前者与三个谐和数据的加权平均 ^{206}Pb/^{207}Pb 年龄（2293±16Ma，MSWD=0.83）一致，这一年龄被解释为这些岩浆锆石的结晶年龄，也说明该样品的原岩并非碎屑沉积岩，而是火山岩或火山碎屑岩。这一解释与这些锆石的较高的 Th、U 含量和 Th/U 值（平均 0.88）一致。这些岩浆锆石具有高度不均一的 Hf 同位素组成（图 3-14（b）），其初始 ^{176}Hf/^{177}Hf 的变化范围为 0.280908～0.281139，$\varepsilon Hf_{(t)}$值为−6.8～−14.2，其中不谐和锆石具有类似的 Hf 同位素组成，说明 Pb 丢失时 Lu-Hf 同位素体系保持封闭。大多数变质边的宽度不足以进行 LA-ICP-MS 分析，仅有的三个内边分析点具有一致的、近于谐和的年龄，其加权平均 ^{206}Pb/^{207}Pb 年龄为 1853±27Ma（MSWD=0.29），其 Th/U 值（0.14～0.53）和 Th 含量低于岩浆锆石，可能

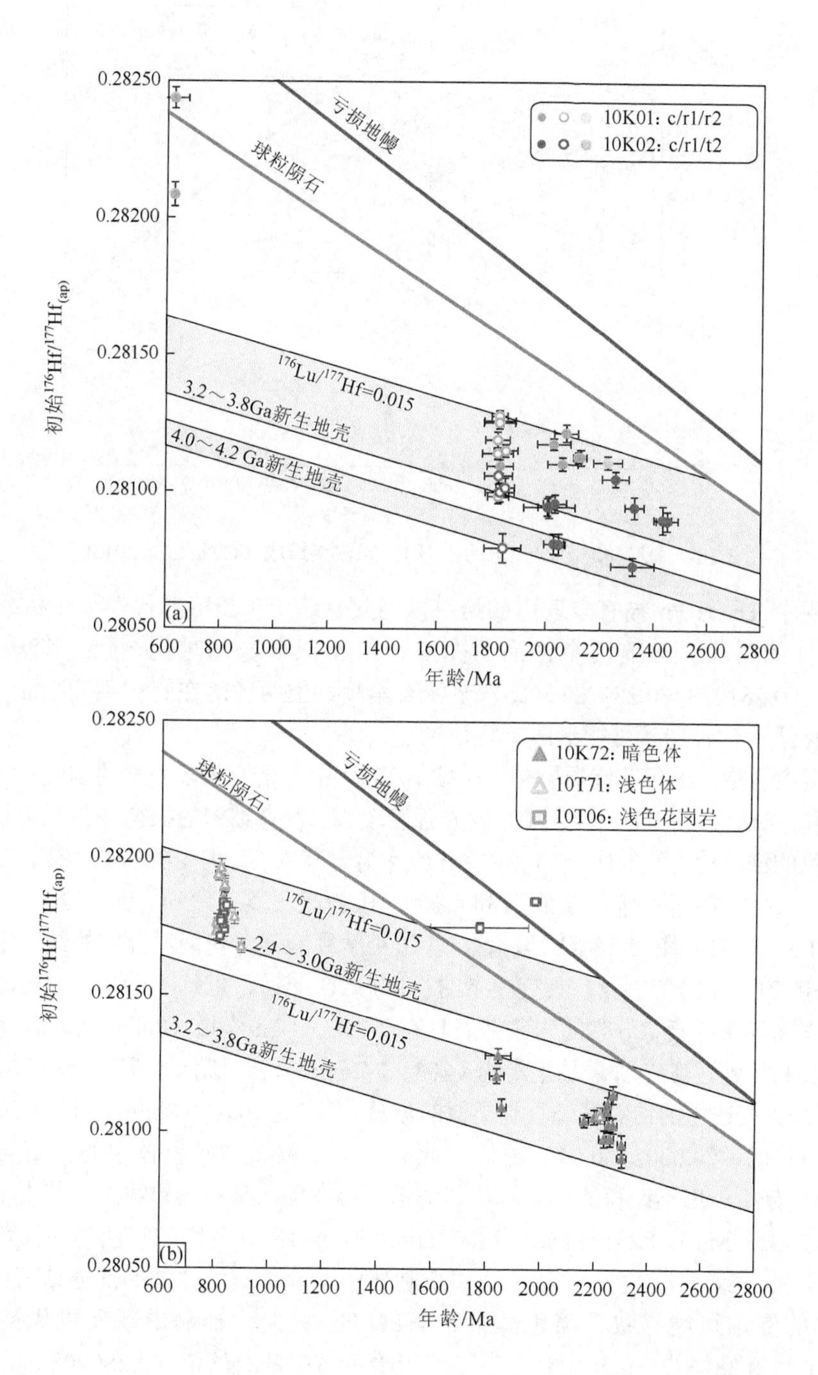

0.28250
0.28200
0.28150
0.28100
0.28050
初始^{176}Hf/^{177}Hf$_{(ap)}$
亏损地幔
球粒陨石
10K01: c/r1/r2
10K02: c/r1/t2
^{176}Lu/^{177}Hf=0.015
3.2～3.8Ga新生地壳
4.0～4.2 Ga新生地壳
(a)
600 800 1000 1200 1400 1600 1800 2000 2200 2400 2600 2800
年龄/Ma
10K72: 暗色体
10T71: 浅色体
10T06: 浅色花岗岩
2.4～3.0Ga新生地壳
(b)

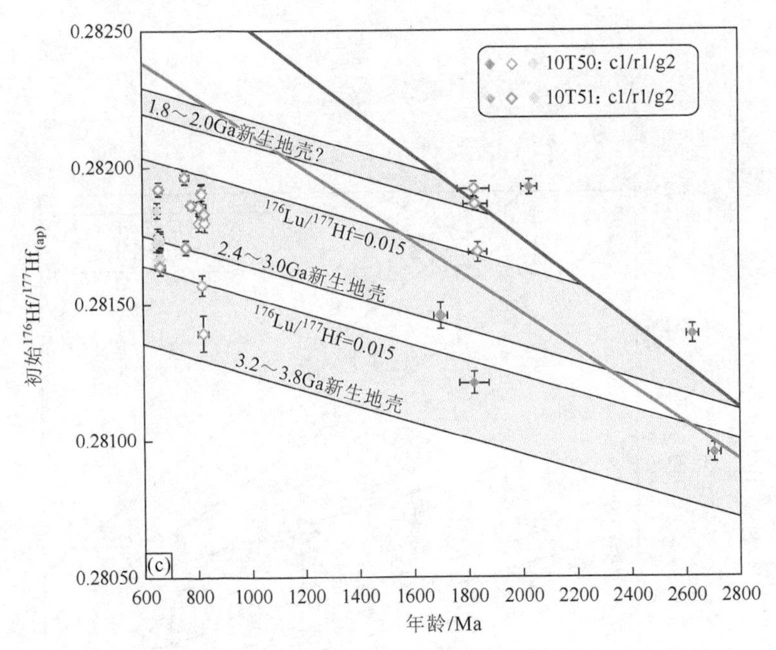

图 3-14　库尔勒地区混合岩的锆石 Hf 同位素组成（Ge et al.，2013b）

是变质过程中 Th 和 Pb 被有限逐出的结果，因此，这一年龄可能代表了样品经历的第一次变质事件的时代，与前两个样品的变质作用和混合岩化时代一致。变质边的初始 $^{176}Hf/^{177}Hf$（0.281029～0.281231）比岩浆锆石稍高，但两者落在同一条 $^{176}Lu/^{177}Hf$=0.015 的地壳演化线上，说明其可能形成于变质增生。

脉状混合岩中的浅色花岗质脉体（样品 10T71）中的锆石大多为长约 100～150μm 的自形柱状晶体，长宽比约 1∶1.5，其 CL 发光强度较大，发育细密的振荡环带或扇状分带，并具有亮白色的锆石边（图 3-15（f）），说明其原本为岩浆锆石，但受到后期蚀变。LA-ICP-MS 分析表明，这些锆石具有一致的谐和年龄，其加权平均 $^{206}Pb/^{238}U$ 年龄为 824±8Ma（MSWD=1.3，n=11，图 3-15（b）），这一年龄被解释为浅色花岗质脉体的结晶年龄。两个分析点（10T71-1 和 10T71-2）具有较老的 $^{206}Pb/^{238}U$ 年龄，但均不谐和。值得注意的是，这些具有振荡环带或扇状分带的岩浆锆石具有非常低的 Th 含量（0.4～20ppm）和 Th/U 值（0.001～0.04），尽管其 U 含量是正常的（403～740ppm），类似于所谓的“深熔锆石”（Liu et al.，2012）。亮白色的锆石区域具有类似的年龄，其 Th（0.03～8ppm）、U（95～199ppm）含量和 Th/U 值（0.0002～0.04）更低。此外，个别锆石与暗色体中的锆石类似，两个 LA-ICP-MS 分析给出不谐和的年龄，与其他锆石落在同一条不一致线上，其上下交点年龄分别为 2293±50Ma 和 823±11Ma（MSWD=0.87，n=13），分别与暗色体和浅色花岗质脉体的结晶年龄一致，这说明：①浅色花岗质脉体中继承了暗色体中的部分锆石；②浅色花岗质脉体的侵入可能导致了暗色体中锆石的 Pb 丢失。样品中新元古代锆石的初始 $^{176}Hf/^{177}Hf$ 为 0.281677～0.281996，明显高于暗色体中锆石的值（0.280908～0.281139），其 $\varepsilon Hf_{(t)}$为−10.6～−19.2。

浅色花岗岩样品 10T01 和 10T06 具有与样品 10T71 类似的锆石年龄和 Hf 同位素特征。样品 10T01 中的锆石可以分为两组：①具有振荡环带的自形柱状晶体；②具有振荡环带或扇状、团块状分带的次圆形晶体（图 3-15（g）），两组锆石均发育亮白色均一锆石边。LA-ICP-MS 分析表明，两组锆石的年龄分别为～0.8 和～1.8Ga，但亮白色均一锆石边的年龄较为复杂，大多数介于 1.8～0.8Ga 的不谐和年龄，其 Th、U 含量大多分别低于 10ppm 和 30ppm，其中最年轻的谐和年龄集中在～830Ma，与第一组锆石年龄类似，其总体加权平均 $^{206}Pb/^{238}U$ 年龄为 829±9（MSWD=0.55，n=15，图 3-15（c））。除去三个不谐和度超过 50%的点，其他数据落在一条不一致线上，其上下交点分别为 1806±57Ma 和 807±24Ma（MSWD=0.39，n=33，图 3-15（c）），该浅色花岗岩样品可能结晶于～830Ma，其源区以～1.8Ga 的年龄组分占主导。

样品 10T06 中的锆石与样品 10T71 中的类似（图 3-15（h））。LA-ICP-MS 分析表明，具有振荡环带的锆石核与亮白色的锆石边具有一致的年龄，其总体加权平均 $^{206}Pb/^{238}U$ 年龄为 828±6Ma（MSWD=0.23，n=17，图 3-15（d）），这一年龄被解释为样品的结晶年龄。这些锆石同样具有极低的 Th 含量（0.03～7ppm）和 Th/U 值（0.0002～0.11），特别是亮白色锆石边，不但 Th 更低，U 也相对核部有所降低。这些锆石具有相对均一的 Hf 同位素组成，其初始 $^{176}Hf/^{177}Hf$ 集中在 0.281712～0.281836（加权平均值为 0.281787±0.000024，

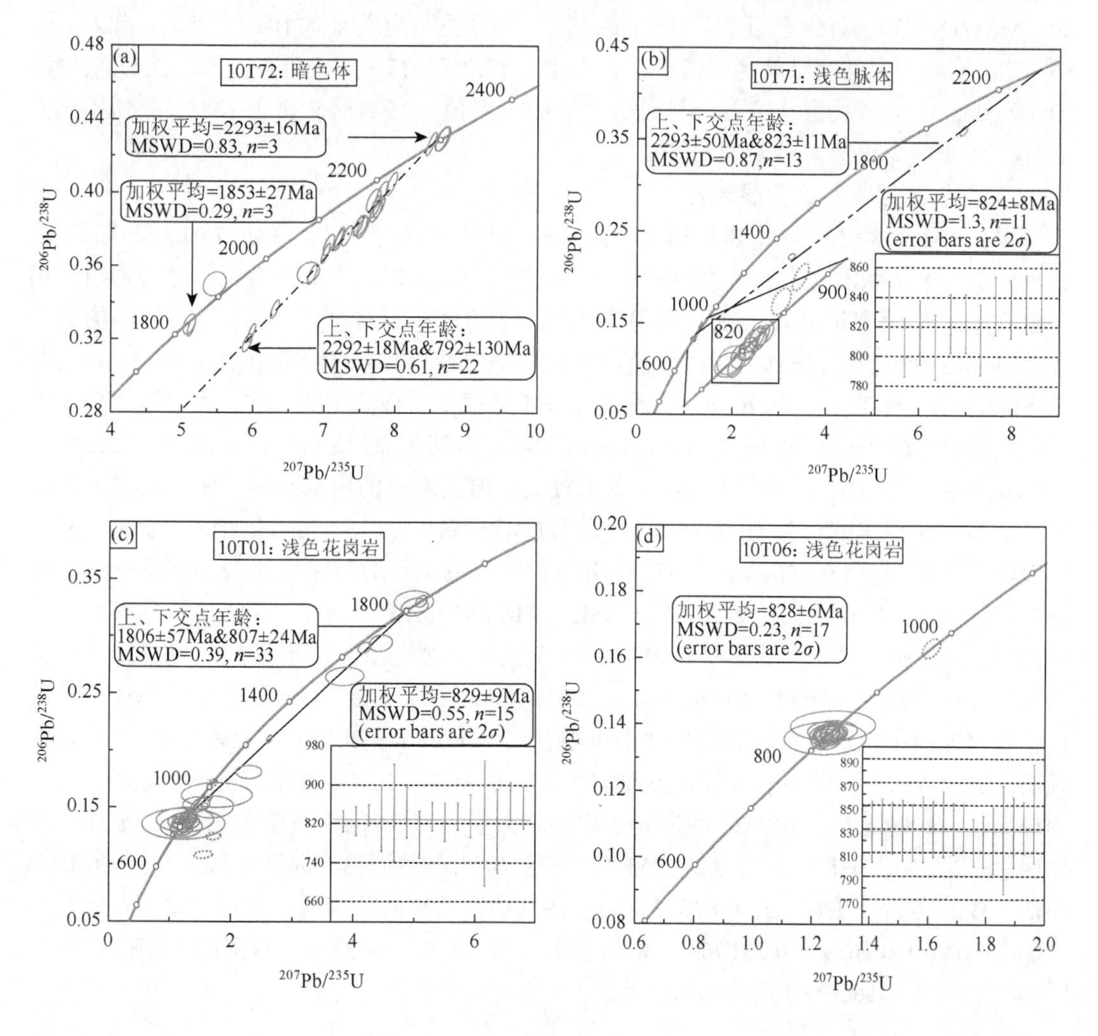

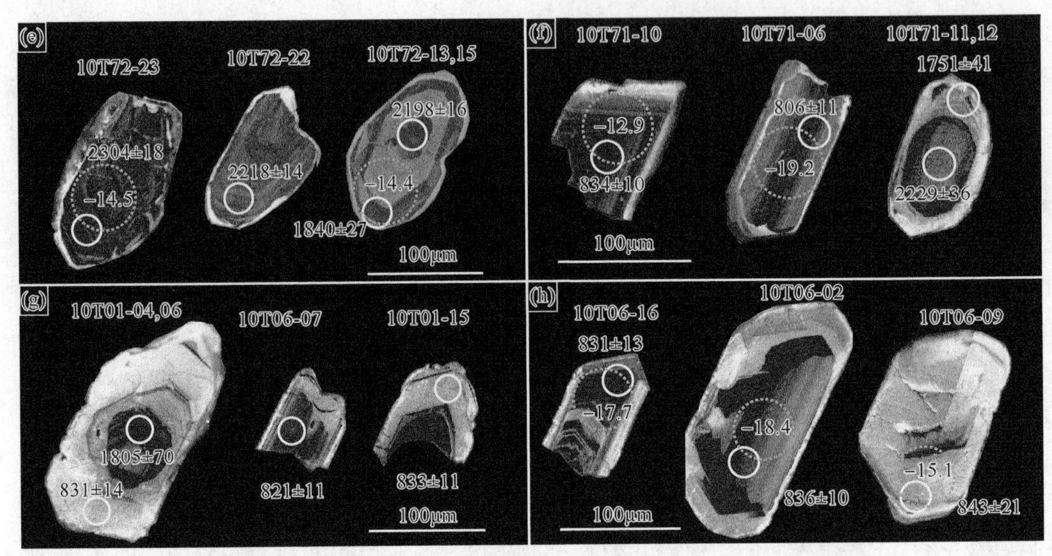

图 3-15　库尔勒地区脉状混合岩及相关浅色体的锆石 CL 图像与 U-Pb 年龄谐和图（Ge et al.，2013b）

2σ，MSWD=2.5），对应于 $\varepsilon Hf_{(t)}$=−15.0～−19.7，与浅色花岗质脉体 10T71 类似。此外，该样品中发育少量具有复杂结构的锆石，其 U-Pb 年龄（1977～975Ma）较老，Th/U 值稍高（0.01～0.26），可能为继承锆石，其初始 $^{176}Hf/^{177}Hf$ 值（0.281845～0.281748）类似于其他锆石，但 $\varepsilon Hf_{(t)}$为正值（+3.3～+11.5）。

3）与岩浆侵入有关的混合岩

样品 10T50 和 10T51 采自铁门关地区～662Ma 的石英正长岩（Ge et al.，2012a）附近，分别为条带状混合岩的浅色体和暗色体。暗色体 10T51 中的锆石可以分为两组，第一组为半自形至它形晶体，由具有复杂内部结构的核部和亮白色无结构的边部构成。LA-ICP-MS 分析表明，核部的年龄分散在 2705～1820Ma，而边部年龄分散在 1835～657Ma（MSWD=1.7，n=21，图 3-16（a）），前者与最年轻的锆石核的年龄一致。大多数亮白色锆石边具有很低的 Th（＜20ppm）、U（＜30ppm）含量，但其 Th/U 值变化较大（0.01～2.18）。～1.85Ga 的锆石的 Th、U 含量和 Th/U 变化较大，但其均一的内部结构（图 3-16（b））指示其变质起源。第二组锆石为等轴状，发育扇状分带，缺失亮白色的锆石边，U-Pb 分析表明其年龄为 655～666Ma，与第一组锆石亮白色锆石边最年轻的谐和年龄一致，其总体加权平均 $^{206}Pb/^{238}U$ 年龄为 662±9Ma（MSWD=0.13，n=6）。这些锆石具有较高的 Th/U 值（0.36～1.24），其形状和内部结构类似于高级变质岩区所谓的“足球形锆石”（Vavra et al.，1996，1999；Corfu et al.，2003；Grant et al.，2009），且在～662Ma 的石英正长岩附近的条带状混合岩的暗色体中也很普遍（Ge et al.，2012a）。上述 U-Pb 年龄数据说明，混合岩暗色体的原岩可能是变质沉积岩，其中包含 2.7Ga 等组分的碎屑锆石，且至少经历了～1.85Ga 和～662Ma 两期变质作用。大于 1.85Ga 的锆石核的 Hf 同位素组成变化很大，其初始 $^{176}Hf/^{177}Hf$ 为 0.280953～0.281926，与其碎屑锆石属性一致。一个～1.85Ga 的锆石核的初始 $^{176}Hf/^{177}Hf$（0.281211）落在其他锆石核的范围内。亮白色锆石边的初始 $^{176}Hf/^{177}Hf$（0.281639～0.281964）相对较均一，且与～662Ma 的等轴状锆石的初始 $^{176}Hf/^{177}Hf$（0.281666～0.281844）一致。

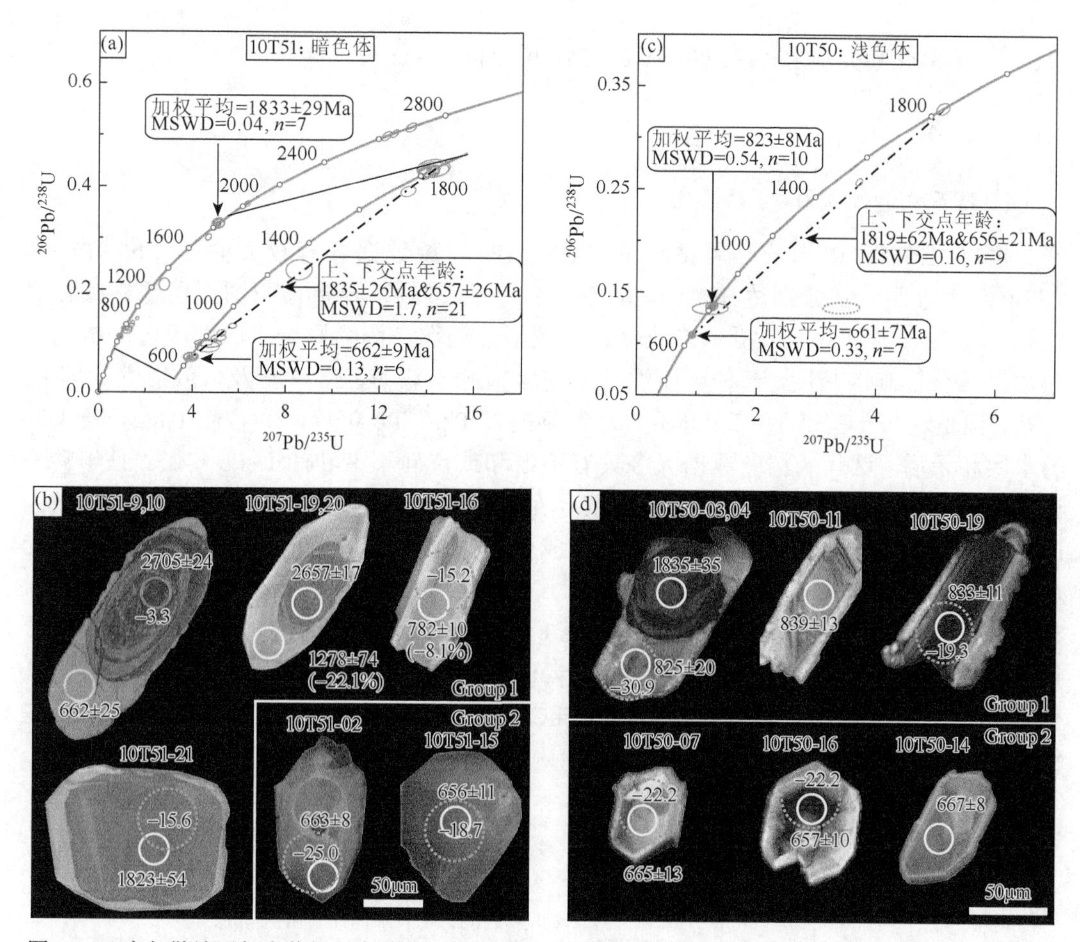

图3-16　库尔勒地区与岩浆侵入有关的混合岩的锆石CL图像与U-Pb年龄谐和图（Ge et al.，2013b）

浅色体10T50中的锆石相对较小（大多<100μm），但详细的CL图像分析表明其同样可分为两组，第一组为具有岩浆环带的自形柱状晶体，发育亮白色，部分颗粒包含浑圆状的锆石核（图3-16（d））。U-Pb同位素分析表明，具有岩浆环带的岩浆锆石与亮白色的锆石边具有一致的年龄，其总体加权平均$^{206}Pb/^{238}U$年龄为823±8Ma（MSWD=0.54，n=10，图3-16（c））。具有环带的锆石区域的Th、U含量和Th/U值为典型的岩浆锆石特征，但亮白色锆石边Th、U含量和Th/U值显著降低。这一年龄被解释浅色体的结晶年龄，而该组锆石中核部年龄（2677～1702Ma）明显较老，可能反映了继承锆石信息。第二组锆石为短轴状至柱状，具有弱的扇状分带或振荡环带，缺失锆石边，其U-Pb年龄集中在652～667Ma，加权平均$^{206}Pb/^{238}U$年龄为661±7Ma（MSWD=0.33，n=7，图3-16（c）），其较高的Th、U含量和Th/U值及其晶形和内部结构说明这些锆石为岩浆锆石。上述数据说明，该浅色体结晶于～823Ma，且在～661Ma经历了重熔和新生锆石结晶，后者与附近暗色体中的变质锆石年龄及石英正长岩岩体的结晶年龄在误差范围内完全一致，说明该期热事件可能与高温碱性岩浆的侵入有关。第一组～823Ma锆石的Hf同位素组成不均一，其$^{176}Hf/^{177}Hf$为0.281392～0.281907，对应的$\varepsilon Hf_{(t)}$为−30.9～−12.7，亮白色锆石边与具有振荡环带的岩浆锆石具有一致的Hf同位素组成，说明Hf同位素体系保持封闭；而第二组锆石的Hf同位素组成则相对均一，其

^{176}Hf/^{177}Hf 和 εHf$_{(t)}$分别为 0.281670～0.281747 和−24.6～−22.1。

3.1.5 讨论

1. 锆石放射性成因 Pb 的活化

样品 12K51 中部分碎屑锆石的 SHRIMP 年龄数据具有较大的 ^{207}Pb/^{206}Pb 和 ^{206}Pb/^{238}U 值误差（分别达 7.4%和 6.9%，1σ，表 3-3），导致谐和图上误差椭圆很大（图 3-10（a））。这并非分析手段或普通铅校正的问题，因为同一个时间段内分析的其他数据具有较高的精度。一种可能性是低精度来源于低 U、Th 含量及低放射性成因 Pb 含量，但是这与一些低 U、Th 分析具有精确的 ^{207}Pb/^{206}Pb 年龄（如 12K51-8.2，表 3-3）的事实相矛盾。这些低精度数据大多具有不谐和或反向不谐和的 U-Pb 年龄，且年龄不谐和度（绝对值）与分析误差之间大致存在正相关性（图略），说明存在放射性成因 Pb 和/或 U-Th 的迁移。最近的扫描离子成像研究显示，南极地区一些经历超高温变质作用的锆石中放射性成因 Pb 存在微米尺度的不均一团块状分布，但与 Th-U 含量相对应的岩浆振荡环带却被保留（Kusiak et al.，2013a，b）。上述低精度 SHRIMP 数据显示，同一个分析点不同分析旋回（cycle）的 ^{206}Pb、^{207}Pb 的计数值和 ^{207}Pb/^{206}Pb 值具有较大的波动，而 ^{238}U 和 ^{232}Th（ThO）则基本保持稳定（图 3-17），说明这些锆石中的放射性成因 Pb 被活化而重新分布，且这种放射性 Pb 的团块状分布是三维的，

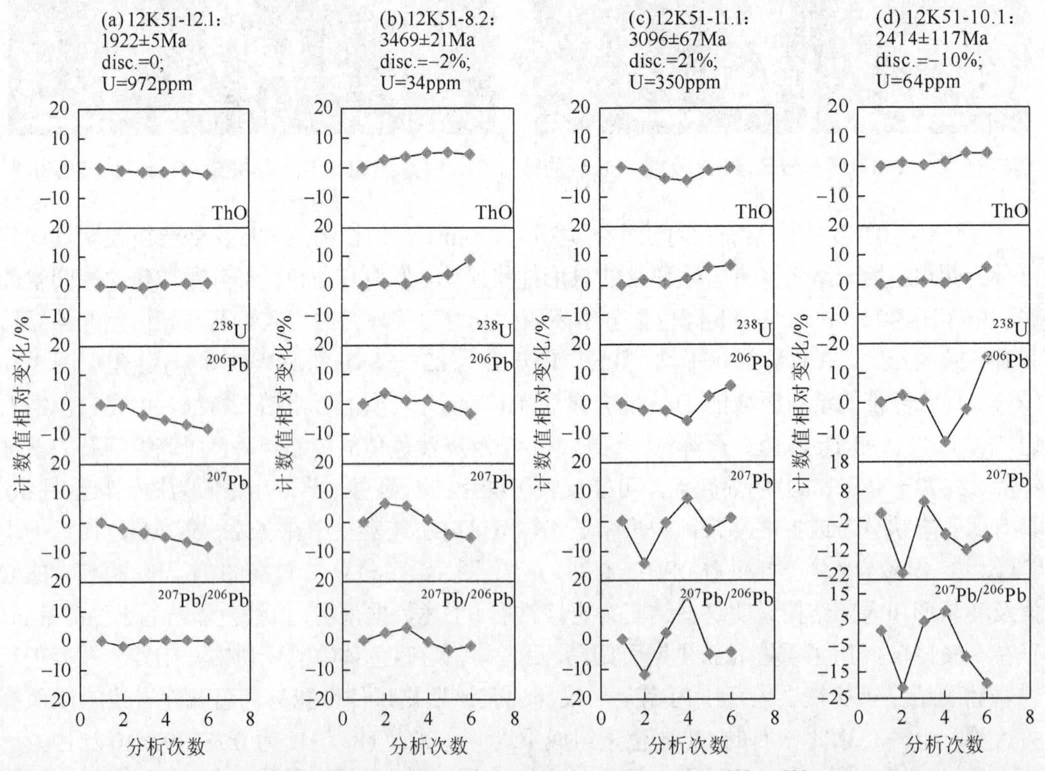

图 3-17 部分锆石 SHRIMP 分析点的 ThO、^{238}U、^{206}Pb、^{207}Pb 计数和 ^{207}Pb/^{206}Pb 值的变化（Ge et al.，2014c）

其垂直尺度小于每个分析旋回的剥蚀深度（～0.3μm）。尽管样品12K51的变质条件尚未得到很好约束，但样品中并未发现麻粒岩相或超高温变质作用的矿物组合，意味着高级变质作用可能并非是锆石中放射性成因Pb活化的必要条件。

有趣的是，该样品的LA-ICP-MS结果具有正常的分析精度（$^{207}Pb/^{206}Pb$年龄的误差为1%～2%，1σ），这可能是由于激光剥蚀系统较深的剥蚀深度（～30μm）产生较大的剥蚀量，随后在从样品仓至质谱的传送和离子化过程中发生机械混合或同位素混合，以至原本不均一的放射性成因Pb又被平均掉或重新“均一化”，因此LA-ICP-MS技术更有可能给出这种放射性Pb不均一的锆石的年龄。

2. 低Th-U锆石的形成机制

数以万计的U-Th-Pb同位素分析表明，锆石含有一定量的Th与U（一般为数十至数千ppm）和可以忽略的非放射性成因Pb，因此是很好的U-Pb定年材料。这是因为，Th^{4+}和U^{4+}的离子半径（分别为1.05Å和1.00Å）与Zr^{4+}的半径（0.84Å）较为接近，而Pb^{2+}的半径太大（1.29Å），因此是高度不相容的（Hoskin and Schaltegger，2003；Harley and Kelly，2007）。锆石Th/U被普遍用来判断锆石的成因，一般认为，岩浆锆石具有相对较高的Th/U值（>0.4），例如，Wang等（2011）总结了文献中大量数据，给出花岗岩和中-基性岩中锆石U、Th含量和Th/U值的中位值分别为U=350ppm、Th=140ppm、Th/U=0.52和U=270ppm、Th=170ppm和Th/U=0.81；相反，通过各种变质作用形成的锆石一般被认为具有较低的Th/U值（一般<0.1）。但近年来的研究显示，这种简单的Th/U法则有时并不能有效判定锆石成因，例如，Vavra等（1999）发现，随着寄主岩石变质级别的升高，变质锆石Th/U和形态发生系统变化，高角闪岩相岩石中的变质锆石为柱状，Th/U<0.1，而麻粒岩相岩石中的变质锆石为等轴状，Th/U>1。本书样品10K01、10K02和10T51中～1.85Ga和～660Ma的变质锆石类似于角闪岩相—麻粒岩相过渡的短柱状至等轴状锆石，其Th/U达2.18。

更有意思的是，本书中一些锆石具有极低的Th、U含量和/或Th/U值（图3-18）。例如，浅色花岗岩样品10T71和10T06中～830Ma的具有清晰的岩浆环带的自形柱状锆石的Th含量为0.1～20ppm（平均5.3ppm），由于U含量正常（69～857ppm），其Th/U值便非常低（0.0002～0.11，平均0.017），似乎与其岩浆成因相矛盾。这些锆石具有典型的亮白色锆石边，U-Th-Pb分析表明，这些亮白色锆石边具有比岩浆锆石更低的Th含量（0.03～8ppm，平均1.9ppm），其U含量也更低（平均150ppm），尽管两者具有相同的年龄（830Ma）。其中，最低的Th含量（0.03ppm）甚至低于Vaca Muerta陨石中锆石的Th含量（0.051ppm）（Ireland and Wlotzka，1992），后者是迄今为止发现的最低的锆石Th含量。样品10T01和10T51中的亮白色锆石边也具有非常低的Th、U含量，最低分别达0.2ppm和3ppm。可见，锆石中极低Th-U含量与亮白色锆石的形成有关，但其具体机制值得进一步探讨。

首先，分析技术问题可以被排除，因为作为未知样品分析的标样Mud Tank的Th、U含量（Th=10～78ppm，平均为37ppm；U=18～66ppm，平均为43ppm，n=22）与之前在本实验室和其他实验室获得的数据一致（Jackson et al.，2004；Yuan et al.，2008）；而且，低Th、U含量仅发现于亮白色的锆石区域，同时分析的其他锆石具有正常的Th、U含量，因此，本书的Th-U含量数据应该是可靠的，尽管LA-ICP-MS方法的精度可能较低。

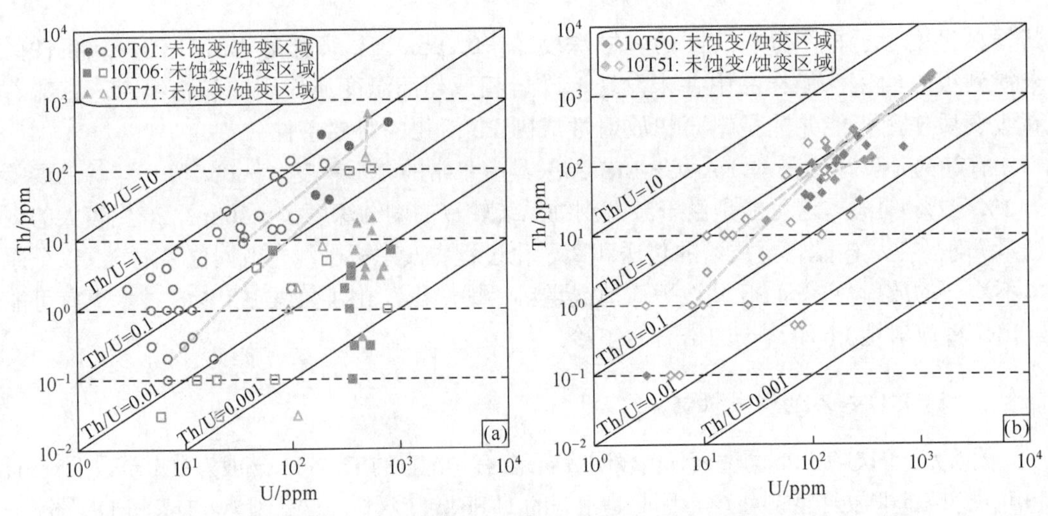

图 3-18 浅色花岗岩与相关混合岩中锆石极低的 Th-U 含量（Ge et al.，2013b）

一般情况下，以下三种机制可形成低 Th-U 锆石：①独居石等富 Th-U 矿物的同时结晶（Keay et al.，2001）；②放射性损伤和蜕晶化作用导致 Th、U 与 Pb 一同被逐出晶格（Mezger and Krogstad，1997）；③热液蚀变导致 U-Th-Pb 淋滤（Vavra et al.，1999）。第一种机制似乎不足以产生库尔勒杂岩中的极低锆石 Th-U 含量，因为研究中尚未发现独居石等矿物的异常富集。放射性损伤导致 U-Th-Pb 丢失的程度取决于锆石初始 Th-U 含量和放射性衰变的时间，Vavra 等（1999）认为只有初始 U 含量大于 2000ppm 的锆石才有可能因放射性损伤产生明显 Pb 丢失，而本书的锆石大多数 U 含量远低于此值。而且，这个过程中放射性 Pb 会被优先逐出，导致年龄不断变小，不谐和性增加，因此剩余 Th-U 含量与视年龄之间应该有负相关，但样品 10T71 和 10T06 中的低 Th-U 锆石具有谐和的年龄，而样品 10T01 和 10T51 中的不谐和锆石也没有这种相关性（图略），因此第二种机制也可以被排除。热液蚀变似乎是库尔勒杂岩中低 Th-U 锆石的最有可能的形成机制。

尽管锆石以稳定著称，但实验（Sinha et al.，1992；Geisler et al.，2002，2003，2007）和地质（Pidgeon et al.，1998；Vavra et al.，1999；Soman et al.，2010）研究显示，锆石很容易遭受某种热液蚀变，导致化学成分、内部结构和 CL/BSE 发光特征的改变，这一过程甚至可以发生在短时期内的低温（低至 175℃）条件下。蚀变锆石具有亮白色的 CL 发光特征、高孔隙度和大量包裹体，且通常切穿初始生长环带（Geisler et al.，2007）。Vavra 等（1999）将锆石蚀变分为环带控制的蚀变和晶面控制的蚀变，前者仅发生在某些特定的环带或包裹体等晶体缺陷附近，而后者则常表现为 CL 亮边。Geisler 等（2007）将蚀变过程的动力学机制分为扩散-反应和界面耦合溶解-再沉淀，前者适用于放射性损伤锆石，而后者适用于结晶锆石。扩散-反应是指蜕晶化锆石与热液流体的化学交换反应，这一过程受控于扩散机制，Th 和 U 的 α 衰变产生的纳米孔洞为外来流体的渗透提供了通道。蚀变后的锆石不同程度地丢失 Zr、Si、Hf、REE、Th、U 和放射性成因 Pb，但同时会从流体中获得一定量的非结构溶质元素，如 Ca、Al、Fe 等。相反，界面耦合溶解-再沉淀是一个动力学过程，受非理想锆石中 $MSiO_4$[M=Th、

U、Pu 等]-$ZrSiO_4$ 固溶体中不同组分在热液中溶解度的差异的控制，随着热液流体向锆石内部推进，富含 $MSiO_4$ 的锆石区域在熔体-锆石界面发生溶解，并被淋滤出晶格或形成纯的 $MSiO_4$ 包体，同时伴随富 $ZrSiO_4$ 锆石的沉淀（Geisler et al.，2007）。两种机制均可显著降低蚀变锆石的 Th-U 含量，但其外形基本保持不变，尽管化学交换过程中的摩尔体积改变可能会产生新的裂隙。

上述低 Th、U 锆石大多表现为亮白色的锆石边，向内切穿初始岩浆锆石，抹掉原始环带构造，但锆石总体外形却被保留。这种亮白色锆石边的 Th、U 含量远低于环带状锆石，对同一个颗粒而言，从环带状锆石核至亮白色锆石边 Th、U 含量和 Th/U 值明显降低（图 3-18）。上述事实说明，这些低 Th-U 锆石区域的形成与热液蚀变有关。对于浅色花岗岩样品 10T71 和 10T06，具有环带的锆石核与亮白色的锆石边具有相同的 U-Pb 年龄（～830Ma），说明蚀变发生在锆石结晶后不久，因此，初始的岩浆锆石没有足够的事件积累放射性损伤，从而可以排除扩散-反应机制（Geisler et al.，2007；Soman et al.，2010）；样品 10T01 和、10T50 和 10T51 中的锆石有足够的时间积累放射性损伤，因为核部锆石的年龄（＞1.85Ga）远大于热液蚀变的年龄（～830Ma），但放射性损伤的量同时依赖于锆石的初始 Th-U 含量，由于这些样品中未蚀变锆石的 Th-U 含量普遍不高（＜2000ppm），不大可能积累大量放射性损伤。因此，界面耦合溶解-再沉淀是库尔勒地区极低 Th-U 锆石的最有可能形成机制。

最后，需要说明的是，上述两种蚀变机制均不能解释样品 10T71 和 10T06 中未蚀变的环带状锆石的低 Th 含量和低 Th/U 值，因为实验研究表明，未受蚀变的锆石化学成分保持不变（Geisler et al.，2007），这种低 Th 含量和低 Th/U 可能是混合岩浅色体和浅色花岗岩中的所谓“深熔锆石”的特征（Liu et al.，2012）。

3. 变质锆石形成机制

变质锆石形成机制的识别是高级变质岩区锆石 U-Pb 年龄数据解释的关键。近年来的研究表明，变质锆石可以形成于两种完全不同的机制：固态重结晶和新生变质锆石生长或/增生（Vavra et al.，1996；Schaltegger et al.，1999；Zheng et al.，2005；Wu et al.，2006；Gerdes and Zeh，2009；Zeh et al.，2010a）。固态重结晶是指初始锆石 U-Pb 年龄被重置，形成年轻的表观年龄，锆石初始环带构造被逐渐擦除，但外形基本保持不变（Pidgeon et al.，1998）。这通常被认为是放射性成因 Pb 被优先逐出锆石晶格的结果，即放射性 Pb 丢失，其机制包括：①晶格缺陷（Hoskin and Black，2000）或蜕晶化锆石（Mezger and Krogstad，1997）的放射性 Pb 扩散；②锆石与外来流体的扩散-反应（Pidgeon et al.，1998；Geisler et al.，2007）；③锆石与流体/熔体界面的耦合溶解-再沉淀（Vavra et al.，1999；Geisler et al.，2007）。其中，后两种机制特别有效，以至于 Th、U 甚至 Si 和 Zr 等元素也会被淋滤出锆石晶格，因此，初始锆石可能会部分或完全被改造。但 Lu-Hf 同位素研究表明，这些强烈蚀变或重结晶的锆石 $^{176}Hf/^{177}Hf$ 保持不变，证实了锆石 Lu-Hf 同位素体系极高的稳定性（Gerdes and Zeh，2009；Zeh et al.，2009，2010a；Zeh and Gerdes，2012）。相对地，新生变质锆石的形成机制包括：①变质反应释放的 Zr 结晶为锆石（Vavra et al.，1996；Fraser et al.，1997；Sláma et al.，2007）；②熔体（Vavra et al.，1999；Flowerdew et al.，2006；Wu et al.，2007）或热液流体（Wu et al.，2006，2009；Zeh et al.，2010b）中先存锆石的溶解-运移-再沉淀；③Ostward 熟化（ripening）（Vavra et al.，1999；Nemchin et al.，2001）。Lu-Hf 同位素研究表明，新生锆石一般具有比初始锆石更高的 ^{176}Hf/^{177}Hf 值，因为其不可避免地从锆石基质中吸收一部分放射性成因 ^{176}Hf，后者由于具有比锆石高的 ^{176}Lu/^{177}Hf 值而产生更高的放射性 ^{176}Hf（Flowerdew et al.，2006；Wu et al.，2007；Gerdes and Zeh，2009；Zeh et al.，2009，2010a，b；Zeh and Gerdes，2012）。此外，在高级变质作用和部分熔融过程中，从熔体中结晶的新生变质锆石 Hf 同位素可能会被均一化，因为 Lu-Hf 在熔体中有较高的扩散系数（Flowerdew et al.，2006；Wu et al.，2007；Gerdes and Zeh，2009；Zeh et al.，2010a）。最近，Zeh 等（2010b）报道在 Shackleton Range 地区的角闪岩相变质沉积岩中的变质锆石具有均一的 Hf 同位素组成，说明 Hf 同位素均一化可以发生在相对较低的变质条件下，无需熔体的存在。

本书中的部分片岩（T1、12K24）、副片麻岩（12K51）和条带状混合岩（10K01、10K02、10T51）中的锆石具有典型的核-边结构，核部的年龄 U-Pb 年龄变化很大（2.0～3.5Ga）。尽管部分锆石核的初始环带构造已经模糊或被完全擦除，但大多数锆石的 U-Pb 年龄是和谐的，说明变质作用对 U-Pb 同位素体系的扰动有限，因此，这些锆石核被解释为碎屑锆石，其年龄可能记录了沉积物源区的岩浆-变质事件。这一结论与其 Hf 同位素组成的大范围变化是一致的，例如，T1 样品锆石核的初始 ^{176}Hf/^{177}Hf 值为 0.280900～0.281194，εHf$_{(t)}$ 为−14.4～−0.9，与条带状混合岩中锆石核的 Hf 同位素特征一致。这些样品中的变质锆石大多呈黑色的变质边，且具有一致的 U-Pb 年龄（库尔勒地区为～1.85Ga，而西山口东部为～1.93Ga），尽管有些数据由于后期 Pb 丢失而产生不谐和年龄。这些变质锆石同样具有不均一的 Hf 同位素组成，但其初始 ^{176}Hf/^{177}Hf 大多与碎屑锆石的范围一致，说明其可能形成于碎屑锆石的完全重结晶，即放射性成因 Pb 在变质过程中被完全逐出晶格，而 Lu-Hf 同位素体系未受改变。但值得注意的是，T1 样品中部分锆石的初始 ^{176}Hf/^{177}Hf 高于碎屑锆石的，在样品 12K51 和 12K34 中，同一颗锆石变质边的初始 ^{176}Hf/^{177}Hf 大多与核部类似，但也存在高于核部的情况，说明新生锆石生长也可能是这些样品中部分变质锆石的重要形成机制。

相反，库尔勒地区的云母片岩样品 09T07、09T08 和 09T09 不含碎屑锆石，其中的锆石均为 CL 灰黑色、结构均一的变质锆石，这些锆石具有一致的～1.85Ga 的年龄，尽管部分锆石由于受后期 Pb 丢失影响而不谐和。重要的是，每个样品中的变质锆石具有一致的 ^{176}Hf/^{177}Hf，其加权平均值分别为 0.28140±0.00005、0.28148±0.00009、0.28136±0.00008（均为 2σ），每个样品锆石 Hf 同位素成分变化范围很小，大多小于 3 个 εHf 单位（用 t=1.85Ga 计算）。样品 11K34 和 11K42 虽然发育核-边结构，但核与边具有一致的年龄，且核部的初始 ^{176}Hf/^{177}Hf 也与边部相同或稍低。这些数据说明，这几个样品中的～1.85Ga 的变质锆石不可能来源于碎屑锆石的重结晶，因为碎屑锆石通常具有多样化的年龄和 Hf 同位素组成；考虑到这些样品的原岩为经过了长距离搬运的泥质-半泥质岩石，其沉积源区具有均一的 Hf 同位素组成的可能性不大。大量地质和实验研究表明，变质过程中锆石 U-Pb 同位素体系可能会被重置，但 Lu-Hf 几乎不受影响（Zeh et al.，2010a，b）。因此，这些锆石可能是变质过程中形成的新生锆石，且变质过程中存在Hf同位素均一化。由于这些样品的加权平均 $^{176}Hf/^{177}Hf$ 在误差范围内一致，说明Hf同位素均一化并非局限于样品尺度，而可能发生在区域尺度。

Hf 同位素均一化的变质锆石可能形成于高级（高角闪岩相-麻粒岩相）变质岩中的熔体中，因为Zr和Hf在高温酸性熔体中具有较高的溶解度和扩散性（Flowerdew et al.，2006；Zeh et al.，2010a），但本书的样品的峰期矿物组合为Grt+Ms+Bt+Pl+Qz，其中白云母的稳定存在指示大规模部分熔融的缺失，因为白云母具有最低的脱水熔融温度（Sawyer and Brown，2008）。前文的温压估算表明，这些样品经历的峰期变质 *P-T* 条件为 P=11±2kbar，T=690±50℃。热动力学模拟表明，泥质岩的部分熔融开始于650℃左右，但在较高的压力下 T<750℃时熔融程度有限（<5%），少量的熔体往往被局限于颗粒边界而难于分离和汇聚（Sawyer and Brown，2008）。本书云母石英片岩样品或邻近露头确实存在1～10mm宽的浅色脉体（图3-2（a）），但其附近缺少熔体抽取之后的残留体，因此可能形成于岩浆注入、交代作用或变质分异，而非部分熔融和熔体分离。因此，如果这些样品中确实存在熔体，其体积也是十分有限的，难以溶解大量的碎屑锆石并使Hf同位素发生均一化。

Ostward 熟化是指较小颗粒在熔体或流体中溶解而较大颗粒同时长大的一个动态过程，其原因是不同大小的颗粒的Gibbs自由能的差异（Nemchin et al.，2001；Ayers et al.，2003）。显然，通过这一机制形成的变质新生锆石往往表现为锆石增生边，而非完整的新生锆石颗粒，与上述样品中的情况相反，因此这一机制不可能是上述新生变质锆石生长及Hf同位素均一化的机制。

变质流体可能是上述新生变质锆石生长与Hf同位素均一化的媒介。Zeh等（2010b）报道了Shackleton Range地区角闪岩相变质沉积岩中新生变质锆石生长和Hf同位素均一化，该作者认为Hf同位素均一化是原先不均一的碎屑锆石在变质流体中发生溶解、运移和同位素均一化的结果，这一机制也解释了样品中碎屑锆石的缺失。但是，上述新生变质锆石的初始 $^{176}Hf/^{177}Hf$（～0.28140）明显高于碎屑锆石核（0.28090～0.28119），说明均一化过程中有高 $^{176}Hf/^{177}Hf$ 物质的加入。

释放高 $^{176}Hf/^{177}Hf$ 的含Zr物质的另一个机制是变质反应。Fraser等（1997）的研究表明，在主要的变质矿物中，只有石榴子石和角闪石含有一定量的Zr，这些变质矿物的分解可以释放相当数量的Zr，如果反应没有其他含Zr矿物的生产，释放的Zr将形成变质新生锆石。这种反应大多发生在高温（麻粒岩相）降压过程中，如Grt+Sil+Qz→Cd（Sláma et al.，2007）。本书的样品中并无此类反应，但值得注意的是，本书样品中大多数石榴子石斑晶已被蚀变为绿泥石及少量白云母或绢云母（图3-4（a）），由于绿泥石和白云母类矿物是不含Zr的，因此，石榴子石的退变质可能会释放相当含量的Zr以及Lu和Hf，为变质新生锆石的形成提供条件。

石榴子石向绿泥石和白云母的退变质反应：Grt+H_2O→Chl±Ms需要大量外来流体的加入（Schwartz，1958；Holloche，1987）。本书认为，某种外来热液流体的加入导致上述样品中碎屑锆石的全部溶解和石榴子石的分解，两者同时释放出相当含量的Zr和Hf，并在热液流体中运移、混合并发生同位素均一化，新生变质锆石即形成于这种热液流体中。

根据这一模型，上述样品中新生锆石相对于碎屑锆石较高的 $^{176}Hf/^{177}Hf$ 可以解释为石榴子石的Hf同位素贡献，因为石榴子石对Lu是强相容的，因此具有很高的Lu/Hf，可以在短时期内形成大量的放射性成因 ^{176}Hf（Sláma et al.，2007）。上述变质新生锆石的 $^{176}Lu/^{177}Hf$ 和 $^{176}Yb/^{177}Hf$ 变化较大，但总体来说高于与石榴子石平衡的锆石（Zheng et al.，2005；Xia et al.，2009；Chen et al.，2010；Zeh et al.，2010b），这可能是由于石榴子石不同程度的低分解释放了不同含量的Lu和Yb。热液流体的长距离迁移能力也可以解释大范围的Hf同位素均一化。样品11K34和11K42中从核部至边部 $^{176}Hf/^{177}Hf$ 的增加可能反映了随石榴子石进一步分解其贡献逐渐增加。

需要说明的是，纯净的锆石在热液流体中的溶解度及Zr-Hf的扩散性均较低（Ayers and Watson，1991），但以下因素可以促进泥质岩变质过程中锆石的溶解和Zr-Hf的扩散：①细粒沉积物中的锆石大多颗粒较小，易于溶解（Nemchin et al.，2001；Ayers et al.，2003）；②天然锆石可能包含一定量的杂质和放射性损伤引起的晶体缺陷（Sinha et al.，1992；Geisler et al.，2002，2003，2007）；③变质过程中的差异应力和韧性变形促使锆石的旋转、碾磨和碎裂（Dempster et al.，2008）；④热液流体中F和Cl等化学成分的增加会提高锆石在其中的溶解度（Schmidt et al.，2006；Geisler et al.，2007）。

上述解释意味着这些样品～1.85Ga 的变质年龄并不代表峰期变质年龄，而可能对应于石榴子石分解为绿泥石的退变质反应过程，代表退变质年龄。因此，该区古元古代变质作用的峰期年龄应该或多或少地早于～1.85Ga。

4. 混合岩化机理

混合岩是高级变质岩区很常见的一种岩石，至少由长英质浅色体和富含铁镁矿物的暗色体两部分组成（Mehnert，1968；Ashworth，1985）。自从Sederholm于1907年提出混合岩概念以来，不同学者提出了以下四种混合岩化机制：深熔作用、变质分异、岩浆注入和交代作用（Misch，1967；Olsen，1984；Ashworth，1985；Johannes et al.，1995；Kriegsman，2001），前两者发生于封闭系统，而后两者则涉及外来熔体或流体的加入。近年来，大量的实验岩石学、地球化学和同位素地质学研究表明，深熔作用，即部分熔融，是混合岩化最本质的机制（Mehnert，1968；Ashworth，1985；Kriegsman，2001；Sawyer，2008）。随着深熔理论的发展，混合岩各组成部分成因的认识取得了巨大进展。最近，Sawyer（2008）基于深熔作用对混合岩进行了定义和分类，并总结了混合岩化的详细过程。地壳深熔是变质作用与岩浆作用之间的纽带，也是解决大型花岗岩基起源、大陆地壳分异等基本地质问题（Brown，1994，2007a，2010；Sawyer，1996，1998；Hinchey and Carr，2006；Searle et al.，2010）与造山带流变特征（Rosenberg and Handy，2005；Jamieson et al.，2011）的关键。

然而，单一的原地熔融很难解释所有混合岩的成因，其他地质过程可能也起着重要作用。例如，外来流体的灌入可以降低岩石的固相线温度，触发和促进部分熔融（Olsen，1984；Weber and Barbey，1986；Babcock and Misch，1989；White et al.，2005）。熔体的灌入可能具有更大影响。最近，Hasalová等（2008a，b）提出了一个变形辅助熔体灌入模型，并将各种混合岩解释为围岩与外来酸性熔体不同程度相互作用的结果。因此，对于一个特定的混合岩地体，仍必须确定混合岩化发生在封闭系统还是开放系统，这一工作有时（特别是当存在多期混合岩化叠加时）仅凭岩石学或地球化学手段是难以实现的。

锆石 CL/BSE 成像与原位 U-Pb 定年近年来被广泛应用于各种混合岩研究（Oliver et al.，1999；Vavra et al.，1999；Keay et al.，2001；Rubatto et al.，2001；Andersson et al.，2002；Moller et al.，2007；Castineiras et al.，2008；Shang et al.，2010；Siebel et al.，2012；Liu et al.，2012）。这些研究表明，混合岩中存在各种各样的锆石，其中浅色体中通常包含重结晶的继承锆石，与变质原岩及残留体中的锆石类似，但其中也包含自形柱状新生锆石，具有典型的岩浆环带，但 Th/U 很低，可能是从部分熔融产生的熔体中结晶的所谓的“深熔锆石”的特征（Liu et al.，2012）。新生锆石与继承锆石的比例是熔体含量、原岩成分和变质级别的函数（Oliver et al.，1999；Vavra et al.，1999；Rubatto et al.，2001）。这种新生锆石的原位定年可以确定混合岩化的时代，而对重结晶较弱的继承锆石的分析则可以用来确定浅色体的起源及其原因历史。但混合岩中新生锆石生长所需 Zr 的来源可能比较复杂，包括原岩锆石在熔体中的溶解-再沉淀、含 Zr 变质矿物的分解及外来含 Zr 熔体或流体的渗入（e.g.，Andersson et al.，2002；Flowerdew et al.，2006；Wu et al.，2007；Liu et al.，2012），显然，这种不确定性本质上来源于混合岩化过程中涉及的复杂封闭或开放系统过程。

锆石原位 Lu-Hf 同位素分析的应用为混合岩中新生锆石的起源提供了重要约束（Flowerdew et al.，2006；Wu et al.，2007；Liu et al.，2010；Guo et al.，2012）。由于锆石具有很高的 Lu-Hf 同位素封闭温度和很低的 Lu/Hf 值，其初始 Hf 同位素组成基本保持不变，而其围岩的 $^{176}Hf/^{177}Hf$ 却随着 ^{176}Lu 的衰变而不断升高（Gerdes and Zeh，2009）。因此，对于封闭系统中原地熔融形成的混合岩，其中的新生锆石应该具有与原岩相同的 Hf 同位素组成，或落在原岩锆石的地壳演化线上，但外来熔体或流体渗入等开放系统过程形成的混合岩，其中的新生锆石 Hf 同位素组成则可能无法用原岩锆石的演化来解释（Flowerdew et al.，2006；Wu et al.，2007）。因此，阐明混合岩中新生锆石的生长机制将会对解释混合岩各组分的成因及混合岩化机制具有重要意义。

前文关于库尔勒地区混合岩及浅色花岗岩的研究表明，该区至少发生了～1.85Ga、～830Ma 和～660～630Ma 三期混合岩化作用，本书将结合锆石 U-Pb-Lu-Hf 同位素数据及野外和岩石学数据分别对其混合岩化机制进行探讨。

1）～1.85Ga 混合岩化

库尔勒地区的第一期混合岩化作用记录在条带状混合岩样品 10K01 和 10K02 中。矿物组合说明这两个样品的原岩可能为杂砂岩，并与云母片岩、大理岩等变质沉积岩共生，说明其原岩沉积于海洋环境。样品中的锆石核的 U-Pb 年龄和 Hf 同位素组成具有很大的变化范围，说明其为碎屑锆石，而其变质边的年龄说明这两个样品的变质作用和混合岩化的时间分别为 1828±22Ma 和 1842±42Ma，与另外两个混合岩暗色体样品 10T51 和 10T72 及该区云母石英片岩、石英岩、正片麻岩和副片麻岩的变质时代一致（Long et al.，2010；董昕等，2011；Zhang et al.，2012a；吴海林等，2012），说明该期混合岩化与该区～1.85Ga 的区域变质作用有关。这些变质锆石的初始 $^{176}Hf/^{177}Hf$ 与碎屑锆石核一致，说明其可能形成于碎屑锆石的重结晶，但由于两者都具有较大的 $^{176}Hf/^{177}Hf$ 变化范围，变质增生也不能被完全排除。无论如何，Hf同位素数据表明，样品的变质作用-混合岩化发生在封闭系统，因此外来熔体或流体的加入可以排除。值得注意的是，这两个样品中并没有发现自形柱状的“深熔锆石”，但微米-厘米尺度的具有岩浆结构的浅色体的透入性分布说明深熔作用和熔体的存在，一种可能的解释是样品中熔体的分离和汇聚有限，阻碍了先存锆石的溶解和新生锆石的形成。

这两个样品的部分熔融过程仍不清楚，其暗色体中的矿物组合为Hbl+Bt+Pl+Qz+Ttn+Oxides，是典型的中角闪岩相组合，与高级变质条件下脱水熔融的残留体矿物组合不同。一种可能是部分熔融发生在含水条件下（Gardien et al.，2000），如

$$\mathrm{Bt+Pl+Qz+H_2O=Hbl\pm Ttn+melts};\tag{1}$$

但中-下地壳一般是“干”的，含水熔融所需的自由水很少（Brown，2010），且中-下地壳很低的渗透率使外来流体渗入的可能性降低，变质锆石的Hf同位素也不支持外来流体的渗入。另一种可能性是暗色体中现存的矿物组合并非峰期矿物组合，而是退变质或热液蚀变的结果。研究发现，库尔勒地区的变质基性岩中局部保留有Grt+Cpx+Hbl+Pl+Qz组合（图3-3（h））与Grt+Opx+Cpx组合（图3-3（i）），两者可能分别为高压和高温麻粒岩相变质的标志，说明该区变质级别可能曾达麻粒岩相变质。因此，以下黑云母和角闪石的脱水熔融反应可能是形成～1.85Ga混合岩的原因

$$\mathrm{Bt+Pl+Qz=Opx\pm Grt\pm Cpx\pm Hbl\pm oxide+melts};\tag{2}$$

$$\mathrm{Hbl+Pl+Qz=Grt+Cpx\pm Opx\pm Ttn+melts};\tag{3}$$

显然，这些岩石的*P-T*轨迹及部分熔融的具体变质阶段和变质反应是需要进一步研究的问题。

2）～830Ma混合岩化

库尔勒地区第二期混合岩化作用表现为大量浅色花岗质脉体、团块、岩墙及岩株，这些浅色花岗岩的结构与矿物组合及其中低Th/U值的自形岩浆锆石的发育表明其为熔体结晶的产物。这些“深熔锆石”的U-Pb年龄表明深熔作用发生在～830Ma，比第一期变质-深熔事件晚10亿年。这些～830Ma左右的浅色花岗岩在库尔勒地区广泛分布，说明该期混合岩化是叠加在早期变质岩上的一期区域性的热事件。

这些浅色花岗质脉体、团块、岩墙及岩株的围岩岩性变化较大，且其片（麻）理常被浅色体切穿。锆石U-Pb年龄数据说明，浅色花岗质脉体10T71的围岩是～2.92Ga的正片麻岩，该样品可能受到～830Ma混合岩化的影响，导致锆石U-Pb系统的扰动和Pb丢失(图3-15(a))，而浅色花岗岩中也存在～2.29Ga的继承性锆石(图3-15(b))。这些年代学数据说明正片麻岩围岩和浅色花岗质脉体之间存在关联，但浅色花岗岩中锆石的初始$^{176}Hf/^{177}Hf$值明显高于正片麻岩样品中的锆石，且位于～2.29Ga锆石所给出的地壳演化线（假设$^{176}Lu/^{177}Hf=0.015$）的上方（图3-14（b）），浅色花岗岩锆石的地壳模式年龄（T_{DM}^{C}）值为2.4～3.0Ga，比正片麻岩中锆石的值（3.2～3.8Ga）低很多，说明前者可能来源于相对更年轻的大陆地壳物质的再造，而非其围岩（～2.29Ga正片麻岩）的原地熔融，说明～830Ma的混合岩化作用可能与外来熔体的大规模渗入

和迁移有关。

～830Ma 浅色花岗岩中的锆石普遍受到热液蚀变，说明热液流体在该期混合岩化作用中有着重要作用。蚀变锆石也具有～830Ma 的谐和年龄，与岩浆锆石年龄一致，说明蚀变发生在浅色体结晶或结晶后不久。～830Ma 的熔体产生的岩石学过程目前仍不清楚，因为其源区性质与矿物组成均无法获知；这些浅色花岗岩中局部保留了石榴子石（图 3-3（g））与单斜辉石（图 3-3（h））包晶及黑云母、角闪石残留体，说明上述反应（2）或（3）可能是产生～830Ma 熔体的主要过程，这些包晶矿物的退变质反应（图 3-3（g）和（h））说明熔体冷却过程中存在热液蚀变，与锆石蚀变现象一致。

3）～660Ma 混合岩化

混合岩浅色体和暗色体 10T50 与 10T51 可能记录了库尔勒地区的多期混合岩化作用。暗色体样品 10T51 中包含～2.6～2.7Ga 的碎屑（？）岩浆锆石和～1.85Ga 的变质锆石或变质边（图 3-16（a）和（b）），说明这一样品经历了第一期～1.85Ga 的变质-深熔事件。浅色体样品 10T50 可能结晶于～830Ma，并遭受了同期的热液蚀变，形成 Th-U 含量很低的亮白色锆石边，与上述第二期混合岩化作用类似；但该样品中～830Ma 锆石的 Hf 同位素组成（尽管变化较大）总体与暗色体中锆石一致，因此并不能排除原地熔融的可能性。～830Ma 的热液蚀变可能同样影响了暗色体样品中的老锆石，形成低 Th-U 含量的亮白色锆石边，但这些蚀变锆石的下交点年龄为～660Ma，而非 830Ma，说明这些锆石可能受到第三期～660Ma 的铅丢失事件的影响，这一期事件同时导致暗色体中变质锆石的生长，这种变质锆石具有等轴状、多晶面的外形和扇状、团块状或“冷杉树状”内部结构，与麻粒岩相岩石中所谓的“足球形锆石”类似（Vavra et al.，1996，1999；Corfu et al.，2003；Grant et al.，2009）。附近的另一个暗色体中也发育类似锆石，其 LA-ICP-MS 年龄为 659±3Ma（Ge et al.，2012b）。值得注意的事，暗色体中的蚀变锆石边具有均一的 Hf 同位素组成，且类似于～660Ma 的新生变质锆石，这可能有以下两种解释：①亮白色蚀变锆石的 Hf 同位素体系在～1.85Ga 变质作用时发生均一化，而在～660Ma 的铅丢失事件中保持封闭；②亮白色蚀变锆石的 Hf 同位素体系在～660Ma 时发生均一化，但其 U-Pb 体系仅被部分重置。在第一种情况下，～660Ma 的等轴状新生锆石可以被解释为 1.85Ga 的均一化锆石分解的产物。但本书倾向于第二种解释，因为如果用 t=1.85Ga 计算，这些锆石边的 $\varepsilon Hf_{(t)}$ 达+12.2，说明变质过程中存在新生地壳的添加，似乎不大可能。锆石 Hf 同位素均一化而 U-Pb 体系仅被部分重置的机制有待进一步研究。

第三期混合岩化也体现在浅色体样品 10T50 中～660Ma 的新生锆石的存在，这些锆石的外形和内部结构表明是从熔体中结晶的。该样品中后期熔体的存在与自形长石、石英矿物颗粒间不规则石英或钾长石薄膜的存在一致（图 3-3（i））（Sawyer，1999）。这些～660Ma 的新生锆石的 Hf 同位素组成与～830Ma 的锆石一致，说明浅色体重熔时颗粒边缘的锆石可能发生溶解-再沉淀，因此，第三期混合岩化有可能发生在封闭体系，无需外来物质的加入。

库尔勒地壳～660Ma 的混合岩化可能并非区域性的，因为库鲁克塔格地区～740～540Ma 的沉积地层基本没有变质。如前所述，该期混合岩化在时空上与～660Ma 的石英正长岩的侵入密切相关，说明两者存在成因联系。但石英正长岩的锆石初始 $^{176}Hf/^{177}Hf$（0.282147～0.282427）明显高于混合岩浅色体和暗色体中～660Ma 的新生锆石（Ge et al.，2012b），因此石英正长岩熔体的直接灌入可以被排除。石英正长岩岩浆具有高的锆石饱和温度（T_{Zr}=881℃～930℃），说明其初始温度很高（Ge et al.，2012b），这种高温岩浆的侵入可能提供了足够的热，导致高级接触变质作用和已经混合岩化岩石的局部重熔。浅色体矿物颗粒间隙石英/钾长石薄膜的存在说明冷却发生在静岩压力条件下（Sawyer，1999），与接触变质作用一致。

上述讨论显示，库尔勒地区的三期混合岩化作用涉及复杂的封闭与开放系统过程，原地熔融和熔体灌入均为混合岩化的重要机制。此外，热液蚀变和交代作用可能在～830Ma 的混合岩化过程中也起着重要作用。

5. 兴地塔格群沉积与变质时代

本书中变质沉积岩样品中的碎屑锆石的 U-Pb 年龄可以用来约束兴地塔格群的沉积年龄与物源。如前所述，西山口东部地区的副片麻岩样品 12K51 和云母片岩样品 12K37 包含大量碎屑锆石，而库尔勒地区的样品仅有一个云母石英片岩（T1）和两个条带状混合岩（副片麻岩 10K01 和 10K02）中含有碎屑锆石，而两个石英岩样品 12K26 和 12K97 及其他云母石英片岩样品中碎屑锆石稀少甚至缺失。这与石英砂岩等程度较高的碎屑沉积岩中富含碎屑锆石的事实相矛盾，可能说明该区有利的变质条件（如高温、高流体活动性、低冷却速率等）导致碎屑锆石的广泛重结晶或新生变质锆石生长。前文的初步温压条件估算说明，库尔勒地区的云母石英片岩的变质峰期条件为 T=690±50℃，P=11±2kbar，其邻区的岩石中发育 Grt+Cpx+Opx 组合，说明该区可能局部达到麻粒岩相。相反，在西山口东部地区，这些变质沉积岩可能仅经历了角闪岩相变质，因此有利于碎屑锆石的保存。

总体来看，这些样品中的碎屑锆石在年龄谱上表现为以下峰值：2.05Ga、2.30Ga、2.56Ga、3.10Ga、3.33Ga 和 3.46Ga（图 3-19），五个样品中的最年轻的峰值均为～2.05Ga，这一年龄被解释为兴地塔格群的最大沉积年龄。其中小于 2.7Ga 的年龄峰值与塔里木克拉通一致的岩浆岩的结晶年龄一致，如～2.5～2.6Ga 的 TTG 和花岗质片麻岩（Long et al.，2010，2011a；Zhang et al.，2012a；Zhang et al.，2013a）、～2.3Ga 的片麻状花岗岩和正片麻岩（Zhang et al.，2007a；Lu et al.，2008；董昕等，2011）及～2.0～2.1Ga 的变质岩浆岩（辛后田等，2011；He et al.，2013）。大于 2.7Ga 的岩石在库鲁克塔格尚未见可靠报道，但这些碎屑锆石的柱状或棱角状形态说明其搬运距离较近，沉积物源不远。值得注意的是，本书研究区位于塔里木克拉通的最北缘，因此不能排除后期从塔里木克拉通裂解出去的一些微陆块为该区提供物源的可能性。例如，中亚造山带中的一些微陆块具有与塔里木克拉通类似的碎屑锆石年龄谱（Rojas-Agramonte et al.，2011，2014；Han G et al.，2011），如果这些陆块确实是从塔里木北缘裂解出去的，那么在其裂解之前（即新元古代晚期至早古生代之前）应该具有与库鲁克塔格地区类似的早前寒武纪岩石组合与地壳演化历史，是塔里木北缘的一部分。因此，本书认为，兴地塔格群～2.0～3.5Ga 的碎屑锆石来源于塔里木克拉通北缘的基底岩石，可以用来约束其基底地壳演化。

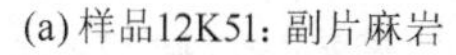

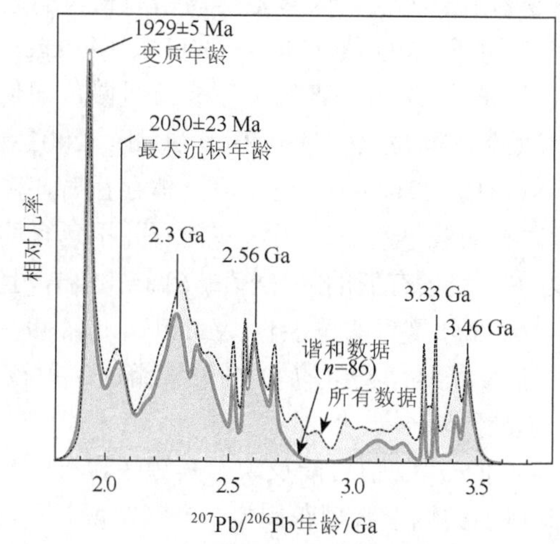

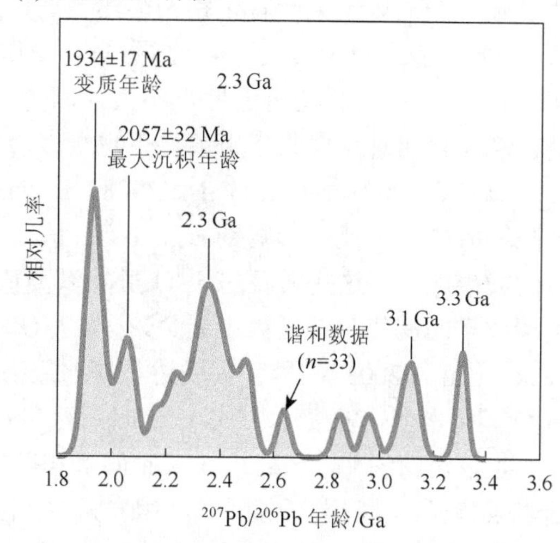

图 3-19 库鲁克塔格西段兴地塔格群碎屑锆石年龄谱（Ge et al., 2014c）

上述变质沉积岩的变质年龄可以作为兴地塔格群沉积年龄的上限。值得注意的是，西山口东部的样品 12K51 和 12K37 的变质年龄为～1.93Ga，明显早于库尔勒地区石英岩、云母石英片岩和副片麻岩样品的～1.85Ga 的变质年龄，但前者与该区广泛分布的蓝石英花岗岩的～1.93～1.94Ga 的侵位和变质时代相一致（Lei et al.，2012；第 3.2 节）。野外观察表明，兴地塔格群与蓝石英花岗岩之间呈侵入关系，而样品 12K51 则可能是～1.93Ga 的石英闪长岩体中的捕虏体，这意味着这两个样品的变质可能与同期花岗岩体的侵位有关，而～1.85Ga 的变质作用则可能与碰撞造山作用引起的区域变质作用有关（见下文）。上述数据可以将兴地塔格群的沉积时代约束在～2.05～1.94Ga。值得注意的是，这与华北孔兹岩带中变质表壳岩的沉积与变质时代非常吻合（Yin et al.，2009，2011），两者的岩石组合也十分类似，可能说明塔里木与华北古元古代晚期具有相似的稳定碳酸盐岩台地沉积环境。

6. 塔里木克拉通最古老的地壳组分

碎屑锆石的 Hf-O 同位素是探讨沉积源区地壳演化的有效手段之一。样品 12K51 中～2.0～3.5Ga 的谐和碎屑锆石具有高的 δ^{18}O 值（6.6‰～11.4‰），明显高于太古宙（5‰～7.5‰）和古元古代岩浆锆（5‰～9‰？）的值（Valley et al.，2005），且太古宙与古元古代锆石的 δ^{18}O 值并无显著不同。这种高的锆石 δ^{18}O 值常见于变质增生锆石（Page et al.，2007；Moser et al.，2008；Bowman et al.，2011）、受变质流体影响的锆石（Peck et al.，2003；Martin et al.，2006，2008）或中元古代—古生代 S 型花岗岩和钙长岩套中的岩浆锆石（Peck et al.，2000，2003；Valley et al.，2005；Appleby et al.，2010；Wang X L et al.，2013）。因此，上述高 δ^{18}O 可能有以下三种成因：①从高 δ^{18}O 的变质流体中结晶；②受高 δ^{18}O 变质流体的扰动；③从高 δ^{18}O 岩浆中结晶。

第一种解释与该样品中锆石大多具有岩浆成因的振荡环带、部分锆石还保留柱状晶形等事实不符（图 3-9），尽管岩浆环带大多已变模糊，部分颗粒具有团块状分带，但高

$\delta^{18}O$ 值并非局限于某一特定锆石分带，而是普遍存在；而且，大多数碎屑锆石核具有较高的 Th/U 值（表 3-2，表 3-3），不同于变质锆石的低 Th/U 值（Hoskin and Schaltegger，2003）。第二中解释的可能性也不大，因为：①锆石中 O 同位素的扩散非常缓慢，即使是在麻粒岩相甚至岩浆作用条件下也可以保留原始 O 同位素特征（Peck et al.，2003；Page et al.，2007；Moser et al.，2008；Bowman et al.，2011）；②在变质流体存在时，微裂隙和蜕晶化可能会影响锆石的 $\delta^{18}O$ 值，但详细的镜下观察表明这些锆石并不包含明显的微裂隙；③这些锆石的 $\delta^{18}O$ 虽然以高值为主，但也有低的 $\delta^{18}O$ 值（6‰～8‰），且氧同位素的变化与颗粒大小无关，排除了 O 同位素部分重置的可能性（Valley et al.，1994；Peck et al.，2003)；尽管变质边与碎屑锆石核部大多具有类似的 O 同位素组成，但核-边 O 同位素变化梯度达 3.7‰，说明不存在 O 同位素均一化。

上述讨论说明，～2.0～3.5Ga 的谐和碎屑锆石的 $\delta^{18}O$ 值可能反映了其源区岩石的初始岩浆特征，这些岩石源区以沉积岩为主，因此可能类似于 S 型花岗岩。本书发现，库鲁克塔格地区～2.7Ga 的正片麻岩和～1.93～1.94Ga 的变质花岗岩中同样发育高 $\delta^{18}O$ 岩浆锆石，分别高达 9.9‰和 11.1‰（分别见第 2 章和第 3.2 节），说明太古宙—古元古代高 $\delta^{18}O$ 岩浆锆石可能在塔里木克拉通是相对普遍的。最近，大量高 $\delta^{18}O$ 值同样被发现于南非的 Limpopo 带中 3.0～3.5Ga 的碎屑锆石（达 8.2‰）（Zeh et al.，2014）以及华北克拉通 2.5Ga 的下地壳捕虏体或捕虏晶（达 8.9‰）（Zhang，2014）。

Valley 等（2005）总结了全球大量岩浆锆石的 O 同位素数据，发现其 $\delta^{18}O$ 的最大值在太古宙时期为恒定值 7.5‰，而 2.5Ga 以后最大 $\delta^{18}O$ 值逐渐升高，直到现今才达到 11‰～12‰（图 3-11）。这一现象被解释为太古宙地壳以大量幔源新生地壳为主，沉积物的再造相对有限，且其中包含大量不成熟的低 $\delta^{18}O$ 火山物质（Valley et al.，2005)。塔里木北缘～2.0～3.5Ga 的碎屑锆石和～2.7Ga 及 1.93～1.94Ga 的岩浆锆石的高 $\delta^{18}O$ 落在岩浆锆石最高 $\delta^{18}O$ 值演化线的上方，这一发现说明：①具有高 $\delta^{18}O$ 的成熟沉积物在太古宙—古元古代可能比前人预想的要普遍；②塔里木克拉通在 3.5Ga 时已形成相当规模的大陆地壳，能够容纳大型沉积盆地，并在后期的岩浆事件中被埋藏和熔融；③塔里木北缘太古宙—古元古代大多数时期内地壳再造作用相对于地壳生长占主导，与这些锆石大多具有负的 $\varepsilon Hf_{(t)}$ 值一致，这也说明塔里木克拉通相当部分的大陆地壳可能形成于 3.5Ga 之前。

用这种演化的锆石 Hf-O 数据约束塔里木克拉通北缘大陆地壳演化具有一定的挑战性，因为这些锆石的地壳模式年龄并不代表壳幔分异时代，而是多个具有不同演化历史的岩浆源区的平均地壳滞留时间（Hawkesworth et al.，2010）。此外，在计算地壳 Hf 模式年龄时还存在亏损地幔 Hf 同位素组成、碎屑锆石源区岩石的母岩的 $^{176}Lu/^{177}Hf$ 值等方面的不确定性（Hawkesworth et al.，2010）。尽管如此，这些数据还是可以提供这些锆石形成过程中涉及的最老地壳组分的重要信息。

为了计算地壳 Hf 模式年龄（T_{DM}^2）及约束沉积源区岩石母岩的属性，本书根据库鲁克塔格西段古元古代变质沉积岩中所有谐和锆石的初始 $^{176}Hf/^{177}Hf$-年龄关系，用 Isoplot 中的 “Yorkfit” 功能（Ludwig，2008）拟合了三条回归线（图 3-20（a）），这三条线分别经过给定时间段内最低（line1 和 line2）及最高（line3）的初始 $^{176}Hf/^{177}Hf$ 值，因此分别代表兴地塔格群碎屑沉积岩源区的最老和最年轻的地壳组分。线性回归分析和 T_{DM}^2 计算中剔除了不谐和锆石和变质锆石，因为这些锆石可能经历了非零铅丢失，导致相对年轻的 ^{207}Pb/^{206}Pb 表面年龄和较老的 T_{DM}^2 值。这一方法的假设条件是，位于同一回归线的锆石来源于同一源区，这对于碎屑锆石来说显然是不可能验证的，但是，其结果给出的三条回归线的斜率，即 ^{176}Lu/^{177}Hf 却非常一致，其加权平均值为 ^{176}Lu/^{177}Hf=0.010±0.001（图 3-20（a））。这一比值对应于全岩 Lu/Hf=～0.072，明显低于基性岩的比值，而与花岗质岩石或以细粒沉积物为代表的平均上地壳比值一致(Blichert-Toft and Albarède，2008；Hawkesworth et al.，2010)，表明这些碎屑锆石的源区岩石来源于酸性上地壳石，而非基性岩。TTG 一般被认为是太古宙上地壳最为普遍的岩石，但 Lu-Hf 同位素分析（Guitreau et al.，2012）与全岩 Lu-Hf 含量统计（Condie，2005）表明，TTG 的 ^{176}Lu/^{177}Hf 值一般小于 0.01，平均为 0.005，明显低于比其源区岩石（即水化的基性岩），这可能是由于高压熔融条件下（＞10kbar）大量石榴子石残留体吸收了绝大多数 Lu，因此，TTG 不太可能是这些碎屑锆石源区岩石的母岩。形成深度较浅的钙碱性花岗岩源区没有大量石榴子石残留，因此具有较高的 ^{176}Lu/^{177}Hf 值，是可能的母岩之一，但这种岩石在太古宙是否大量存在仍有疑问。另一种可能性是，TTG 在部分熔融时与高 Lu/Hf 幔源岩浆混合，或在剥蚀、沉积过程中与幔源基性-超基性岩石混合，后者与这些锆石和 S 型花岗岩类似的高 δ^{18}O 值一致（Valley et al.，2005；Appleby et al.，2010；Wang X L et al.，2013）。无论具体的母岩是什么，放射性成因 Hf 最低与最高的地壳组分 Lu/Hf 值的一致性说明其源区均为酸性岩石而非基性岩，且太古宙与后太古宙碎屑锆石的母岩性质没有本质不同。

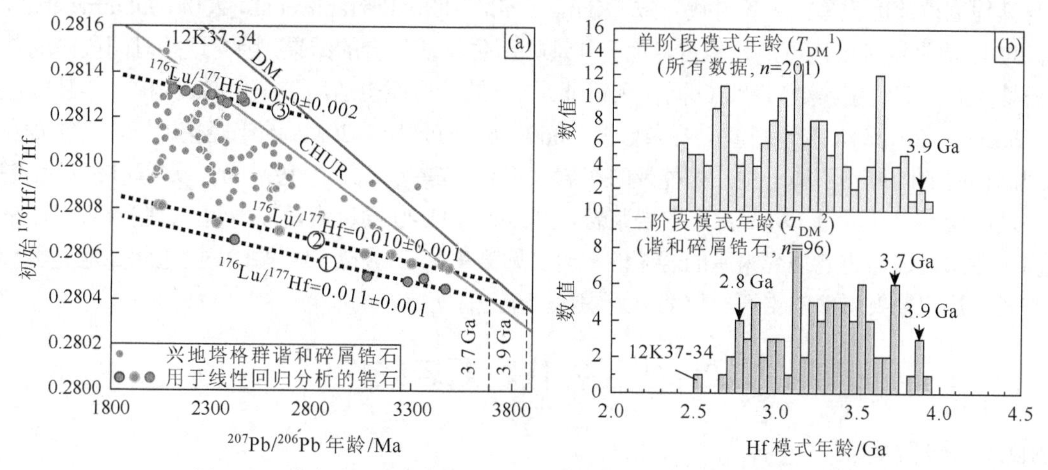

图 3-20　库鲁克塔格西部兴地塔格群碎屑锆石 Hf 同位素回归分析

用 ^{176}Lu/^{177}Hf=0.01 及 Griffin 等（2000）的亏损地幔成分计算，上述碎屑锆石最老的 T_{DM}^2 值为 3.9Ga（line1，图 3-20（a））；本书同时用 Blichert-Toft 和 Albarède（1997）的球粒陨石（CHUR）成分计算了两阶段模式年龄（T_{CHUR}^2），得到的最老 T_{CHUR}^2 为 3.7Ga（line1，图 3-20（a））。由于其他学者给出亏损地幔成分介于这两个端元之间（Hawkesworth et al.，2010），这两个值分别是地壳模式年龄的上限和下限。由于源区可能存在与新生地壳组分的混合，且这种酸性母岩可能还存在具有更高 Lu/Hf 值的基性原岩，上述模式年龄是塔里木北缘最老地壳组分的最小值。

值得注意的是，一些不谐和锆石的初始 $^{176}Hf/^{177}Hf$ 值落在 line1 下方（图 3-12），其 T_{DM}^2 达 4.2Ga，但这可能是由于非零铅丢失导致其具有较年轻的表面年龄的结果。对这种不谐和锆石模式年龄的一种保守估计是将其初始 $^{176}Hf/^{177}Hf$ 沿锆石实测 $^{176}Lu/^{177}Hf$ 值投影至亏损地幔或球粒陨石，这种单阶段模式年龄（T_{DM}^1 或 T_{CHUR}^1）几乎不受锆石年龄的影响，因为锆石具有非常低的 $^{176}Lu/^{177}Hf$ 值（一般＜0.001）。三颗具有最低 $^{176}Hf/^{177}Hf$ 的不谐和锆石的最老 T_{DM}^1 和 T_{CHUR}^1 值分别为 3.9Ga 和 3.8Ga（图 3-12），显然，这也是塔里木北缘最老地壳组分的最小值。

上述讨论表明，塔里木克拉通北缘最古老的大陆地壳组分可能形成于3.7～3.9Ga之前，比前人预想的要早很多（Long et al.，2010，2011a；Zong et al.，2013），且在 3.5Ga 时已形成相当规模的酸性（钙碱性？）地壳，并与液态水发生低温相互作用，随后发生地壳重熔或混染等过程，形成高 $\delta^{18}O$ 岩浆锆石。这一过程使 K、U、Th 等不相容产热元素不断向地壳浅部聚集，导致大陆地壳从基性-超基性岩和 TTG 向花岗质成分演化，标志着大陆地壳的分异和成熟（Marschall et al.，2010；Condie，2011a）。这一过程至少发生在～3.5Ga，即古太古代。因此，本书的结论并不支持太古宙末期—古元古代早期地壳分异的结论（Taylor and Mclennan，1995，2009），而与冥古宙至太古宙早期地壳分异模式相一致（Armstrong，1981；Armstrong，1991；Harrison，2009）。

值得注意的是，本书及前人数据（Long et al.，2010，2011a；Zong et al.，2013；Ge et al.，2013a）的锆石 Hf 地壳模式年龄表现为几个峰值，如 2.7～2.9Ga 和 3.3～3.4 Ga（图 3-20（b）），与其他克拉通地壳幕式生长时代一致（Kemp et al.，2006；Pietranik et al.，2008；Dhuime et al.，2012）。但是这种峰值可能只是古老地壳与地幔新生物质混合的结果，因为这些时间段内的锆石均无新生 Hf 同位素和地幔 O 同位素特征。这一结论可能也适用于～1.9Ga 的模式年龄峰值（Ge et al.，2013a），这一峰值主要来自于～660～630Ma 和～420Ma 的年轻花岗岩，其锆石表现出很强的同位素不均一性，可能反映了岩浆混合（Ge et al.，2012a，b）。尽管在库鲁克塔格地区确实存在大量 1.9Ga 左右的岩浆岩，但其锆石 Hf-O 同位素模拟表明，这些岩石同样来自于亏损地幔与古老地壳来源的岩浆的混合（见第 4 章）。显然，塔里木克拉通北部地壳生长与再造历史需要更多的锆石原位 Hf-O 同位素研究的支持。

3.2 古元古代晚期岩浆作用

3.2.1 研究意义

增生造山带是大陆地壳生长的重要地区，这主要是通过亏损的软流圈地幔楔的低温含水部分熔融产生的新生岩浆添加来实现的（Tatsumi，1989；Hawkesworth et al.，1993），俯冲洋壳板片及上覆沉积物脱水产生的流体触发了地幔熔融，也控制着幔源岩浆的演化（Pearce and Peate，1995；Grove et al.，2012）。然而，增生造山带，特别是那些发育在大陆边缘的增生造山带，也是地壳物质通过沉积物俯冲和俯冲铲刮作用再循环（recycling）至地幔的重要场所（Scholl and von Huene，2009），同时也是底侵的新生地壳物质和先存古老地壳物质发生壳内再造（intracrustal reworking）的重要地点（Kemp et al.，2009）。在古老的大陆增生造山带中，原始的中-基性岛弧火山岩通常由于强烈的隆升已被剥蚀殆尽，各种大型花岗岩基是岛弧地壳演化的主要表现形式。因此，识别新生物质与古老地壳对花岗岩源区的相对贡献对理解大陆地壳生长及岩浆弧演化具有重要意义。然而，一直以来这都是一项十分困难的工作，因为传统的全岩地球化学和同位素数据往往是各种岩浆源区及复杂岩浆演化的最终产物。近年来锆石原位U-Pb-Hf-O同位素分析技术的发展为解决这一问题提供了一种有效的手段（Kemp et al.，2007；Bolhar et al.，2008；Appleby et al.，2008，2010；Li et al.，2009；Marschall et al.，2010；Wang X L et al.，2013；Miles et al.，2013）。锆石Hf同位素数据可以区分亏损地幔和古老地壳对花岗岩源区的相对贡献（Griffin et al.，2000，2002），而锆石O同位素成分则对经过高温或低温水岩相互作用的表壳岩的贡献十分敏感（Valley，2003；Bindeman，2008），因此，花岗岩中岩浆锆石颗粒内部及颗粒之间Hf-O同位素变化是监测岩浆演化过程中不同组分贡献随时间改变的有效探针。

前人很早就认识到塔里木克拉通经历了一期重要的古元古代构造-热事件，被称为“兴地运动”（陆松年，1992；高振家，1993；新疆维吾尔自治区地质矿产局，1993），产生广泛的花岗岩侵入和高级区域变质作用，导致塔里木克拉通的进一步稳定。近年来，不少学者对塔里木北缘各种古元古代变质岩进行了研究，揭示出一个长期（1.79～1.89Ga，峰值在～1.85Ga）的区域变质过程（郭召杰等，2003；董昕等，2011；Zhang et al.，2012a；Zhang et al.，2012，2013a；吴海林等，2012；He et al.，2013）。其中，Zhang等（2012，2013a）报道了敦煌地区～1.85Ga的高压基性麻粒岩，并建立了一个具有近等温降压的顺时针P-T轨迹，说明该期变质作用与碰撞造山作用有关。本书研究表明，库尔勒地区的云母片岩经历了～1.85Ga的高角闪岩相变质作用，其峰期压力达11±2kbar，说明表壳岩被埋藏至下地壳深度，与碰撞造山作用相一致。本研究据上述成果提出塔里木克拉通北缘发育一条超过1000km长的～1.85Ga的碰撞造山带（即“塔北造山带”）。然而，对这一时期形成的大面积花岗岩的研究相对较少（郭召杰等，2003；Lei et al.，2012；Long et al，2012），其侵位和变质作用时代、岩浆源区、岩浆演化、构造背景以及花岗岩侵位与碰撞造山作用的关系仍不清楚；尽管Lei等（2012）提出这些花岗岩形成于大陆岛弧背景，但前人的锆石Hf同位素数据均显示负的$\varepsilon Hf_{(t)}$值，其岩浆源区是否存在亏损地幔或新生地壳的物质贡献仍不清楚。

本节将展示对塔里木克拉通北缘库鲁克塔格西段广泛分布的古元古代花岗岩的锆石SHRIMP和LA-ICP-MS锆石U-Pb年龄、Lu-Hf-O同位素及全岩地球化学研究成果（Ge et al.，2015）。本书的数据更好地限定了这些岩石的侵入和变质年龄。研究还表明，新生地壳物质的加入和古老地壳的再造对各种花岗岩源区均有重要贡献，据此提出了一个塔里木北缘古元古代晚期的增生-俯冲造山模型，并讨论了与邻区的对比关系。

3.2.2　野外地质及岩相学描述

库鲁克塔格中、西部地区广泛发育一套古元古代片麻状花岗质岩石，以含蓝色石英为特征，被称为“蓝石英花岗岩”（图3-21）。这套花岗岩侵入于新太古代托格杂岩和古元古代兴地塔格群（高振家，1993；新疆维吾尔自治区地质矿产局，1993），在库鲁克塔格西部，野外可见长达数公里的兴地塔格群岩石呈捕虏体产出于这些花岗质岩基中（图3-21），但岩体与变质沉积岩之间的接触带可能因岩浆与围岩相互作用及后期构造变形而复杂化。这些岩石被中—新元古代沉积岩所不整合覆盖，在新元古代库鲁克塔格群冰碛岩和砾岩中广泛发育蓝石英花岗岩的砾石。前人对这套花岗岩的年代学研究包括库鲁克塔格中部的两个锆石 TIMS 年龄（2071±37Ma 和 1943±6Ma）（高振家，1993；郭召杰等，2003）与一个 LA-ICP-MS 年龄（1915±13Ma）（Long et al.，2012）以及库鲁克塔格西部的一个 TIMS 年龄（1912±12Ma）（黄存焕和高振家，1986）和两个 LA-ICP-MS 年龄（1934±13 和 1944±19Ma）（Lei et al.，2012）。

根据岩性，古元古代晚期花岗岩可以分为石英闪长岩、石英二长岩、二长花岗岩、含石榴子石花岗闪长岩、英云闪长岩和奥长花岗岩，不同岩石之间的界限由于后期蚀变和构造变形而模糊不清。本书采集了一个石英闪长岩（12K50）、两个二长花岗岩（11K86 和 11K88）、两个含石榴子石花岗闪长岩（11K106 和 12K49）、一个英云闪长岩（11K101）和一个奥长花岗岩（12K92）进行锆石 U-Pb-Hf-O 同位素研究，并在每个样品附近位置采集了其他样品进行了全岩主微量元素分析。石英闪长岩、二长花岗岩和英云闪长岩主要是由粗粒石英、斜长石、钾长石和少量黑云母与磁铁矿组成，但其原始的岩石结构和矿物含量已难于估计，因为大多数斜长石已被蚀变为黝帘石、绢云母和黏土，黑云母已被蚀变为绿泥石和绢云母，石英大多发生动力重结晶（图 3-22（a）），本书的岩石分类主要是根据主量元素数据及 CIPW 标准矿物组成。上述三种岩石中没有观察到原生角闪石。奥长花岗岩蚀变较弱，主要是由斜长石（45%～55%）、石英（30%～40%）、角闪石（5%～10%）和磁铁矿（1%～2%）组成（图 3-22（b））。含石榴子石花岗闪长岩发育很好的片麻理（图 3-22（d）），由定向排列的黑云母/绿泥石、白云母、斜长石、钾长石和石英组成（图 3-22（c）和（d）），石榴子石（达 10%）大多位于富集黑云母/绿泥石的片麻理中，部分被压扁拉长，说明其是前构造或同构造的产物（图 3-22（d））。

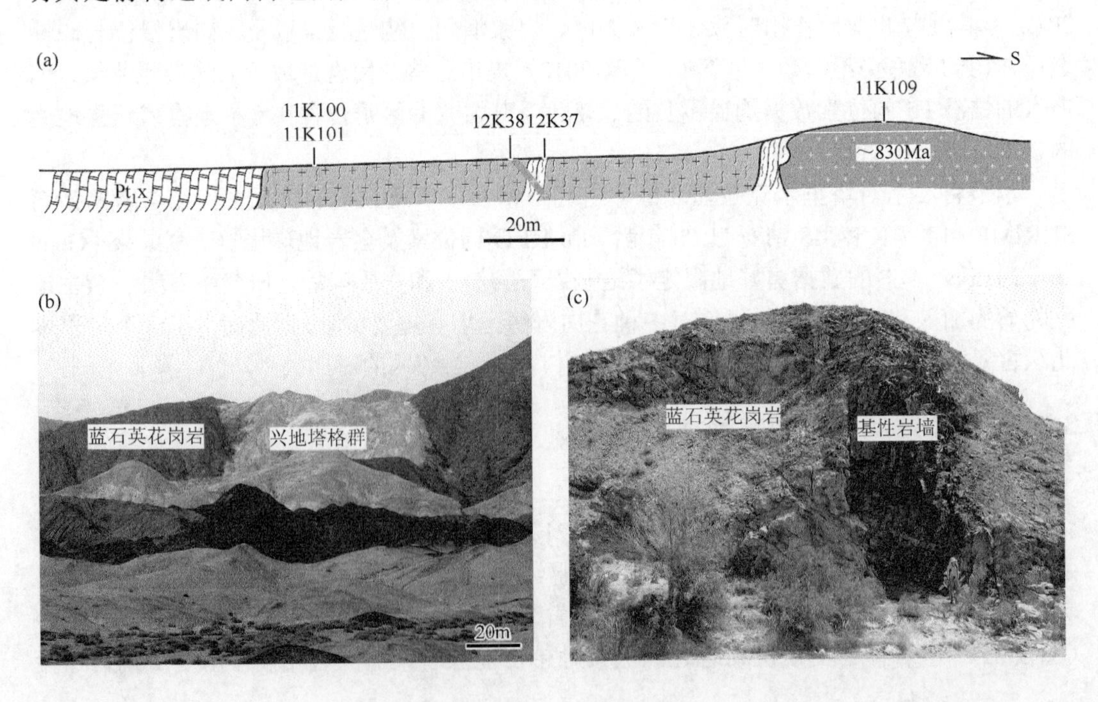

图 3-21　库鲁克塔格地区古元古代变质花岗岩野外剖面与露头照片（彩图见图版）（剖面位置见图 3-23）

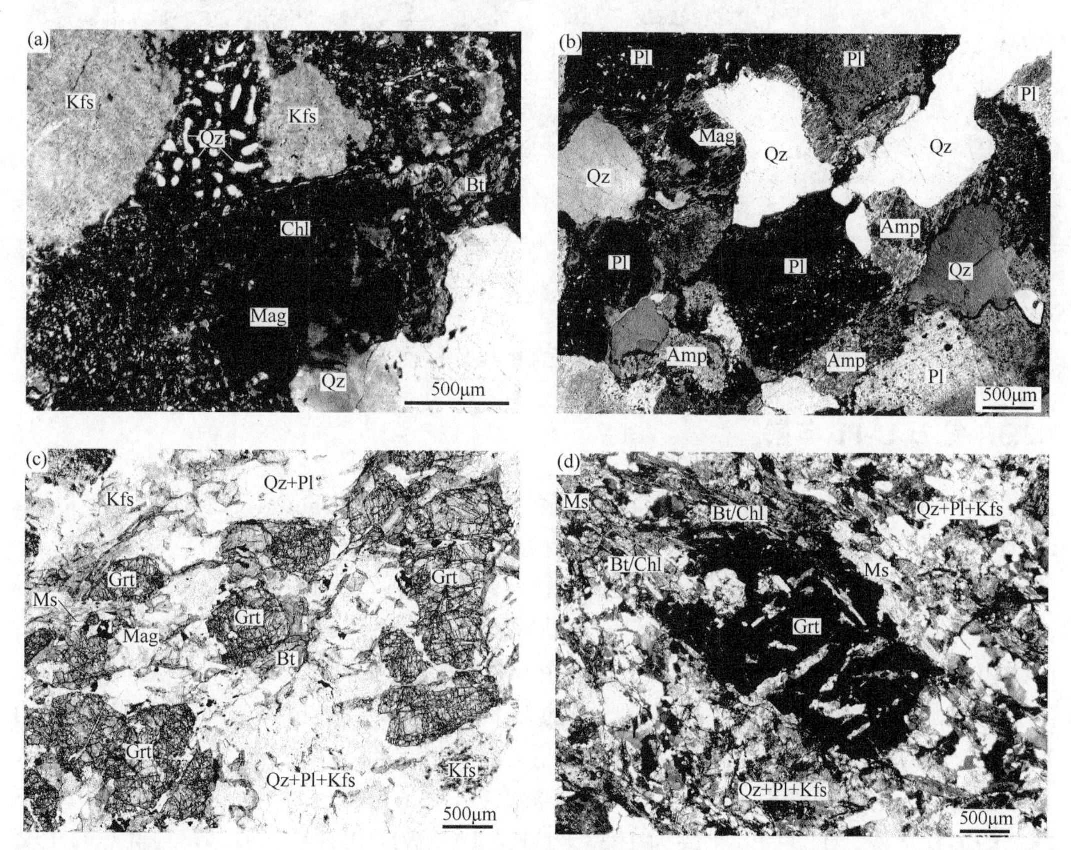

图 3-22　库鲁克塔格西段古元古代晚期花岗岩显微照片：（a）二长花岗岩（样品 11K88）；（b）奥长花岗岩（样品 12K92）；（c）含石榴子石花岗闪长岩（样品 11K101）；（d）含石榴子石花岗闪长岩（样品 12K49）（彩图见图版）（Ge et al.，2015）

本节将报道对库鲁克塔格西部古元古代晚期蓝石英花岗岩的研究成果（图 3-23）。这些花岗岩表现为大型花岗岩岩基，构成一个约 100km 长，10～20km 宽的 ESE-WNW 花岗岩带（图 3-23）。这些岩体遭受了不同程度的变质变形，形成近 E-W 向的片麻理及片麻状结构，并被大量 830～820Ma 和 660～630Ma 的新元古代花岗岩体及未知年龄的基性岩墙侵入（图 3-21（a）、（c））。这些岩体的北部是一个近于平行的古生代（～460～400Ma）花岗岩带（Ge et al.，2012a；郭瑞清等，2013a，b；贾晓亮等，2013）。

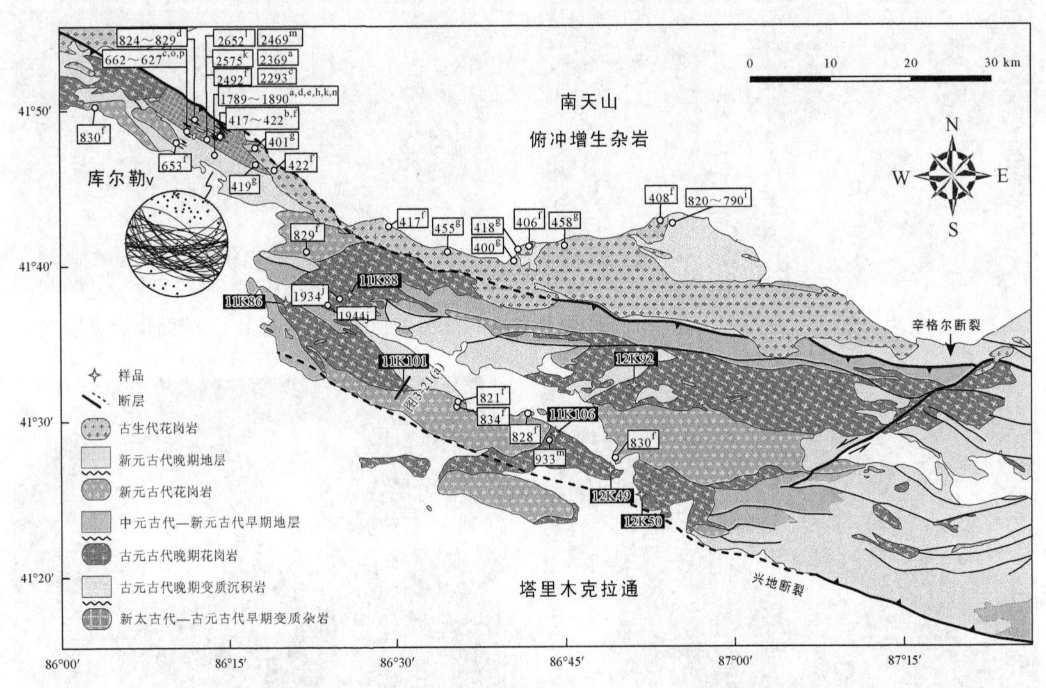

图 3-23 库鲁克塔格西段地质简图（据 1∶20 万地质图改编）

3.2.3 锆石 U-Pb 年龄

二长花岗岩样品 11K88 中的锆石为红褐色，半自形，长达 200μm，长宽比 1∶1～1∶3。CL 图像显示，大多数颗粒具有暗色核和亮色边，前者具有模糊的振荡环带，后者具有均一的内部结构或团块状分带（图 3-24（a）），核与边分别被解释为岩浆成因和变质成因。岩浆核与变质边的相对比例有所不同，一些颗粒以亮色变质区域占主导。这个样品进行了 LA-ICP-MS 和 SHRIMP 分析。23 个 LA-ICP-MS 分析，包括岩浆核的 17 个点和变质边上的 6 个点，表明岩浆核与变质边具有一致的 U-Pb 年龄和 Th/U 值，尽管前者具有较高的 Th（163～621ppm）、U（152～634ppm）含量（后者 Th=141～366ppm，U=105～274ppm，表 3-5）。除去两个不谐和度大于±50%的分析点（11K88-13、11K88-23），其他 LA-ICP-MS 数据的加权平均 $^{207}Pb/^{206}Pb$ 年龄为 1933±11Ma（MSWD=0.114，n=21），与其总体上交点年龄（1934±6Ma，MSWD=0.41，图 3-25（a））一致。SHRIMP 分析证实，岩浆核与变质边具有相似的 Th/U 值（0.37～1.20），且前者具有较高的 Th（285～555ppm）和 U（102～521ppm）含量（后者的 Th=77～124ppm，U=80～90ppm，表 3-5），所有 SHRIMP 分析点的总体加权平均 $^{207}Pb/^{206}Pb$ 年龄（1936±8Ma，MSWD=1.8，n=11，图 3-25（b））也与 LA-ICP-MS 结果相同。但是，6 个岩浆核的 SHRIMP 分析给出稍老的年龄，其加权平均年龄为 1940±5Ma（MSWD=0.50），上交点年龄为 1940±6Ma（MSWD=0.61，图 3-25（b）），两者完全一致，而变质边的 5 个 SHRIMP 分析点具有谐和年龄，其加权平均 $^{207}Pb/^{206}Pb$

年龄为 1917±12Ma（MSWD=0.91，n=5，图 3-25（b）），这两个年龄在 95%置信范围内是不同的，表明变质作用发生在岩浆结晶之后不久。

另一个二长花岗岩样品 11K86 中的锆石与样品 11K88 类似，CL 图像表明其中也包含暗色岩浆核与亮色变质边。总共 22 个 LA-ICP-MS 分析表明，岩浆核与变质边具有一致的谐和或轻微不谐和年龄，尽管前者具有较高的 Th 和 U 含量（表 3-6）。其中，不谐和度在±5%以内的分析点的总体加权平均 $^{207}Pb/^{206}Pb$ 年龄为 1932±12Ma（MSWD=0.21，n=19，图 3-25（c）），与所有分析点给出的上交点年龄（1930±6Ma，MSWD=0.46，图 3-25（c））在误差范围内一致，也与样品 11K88 的 LA-ICP-MS 分析结果一致，说明只有分析体积较小、精度较高的离子探针才能区分几乎一致的岩浆和变质年龄。

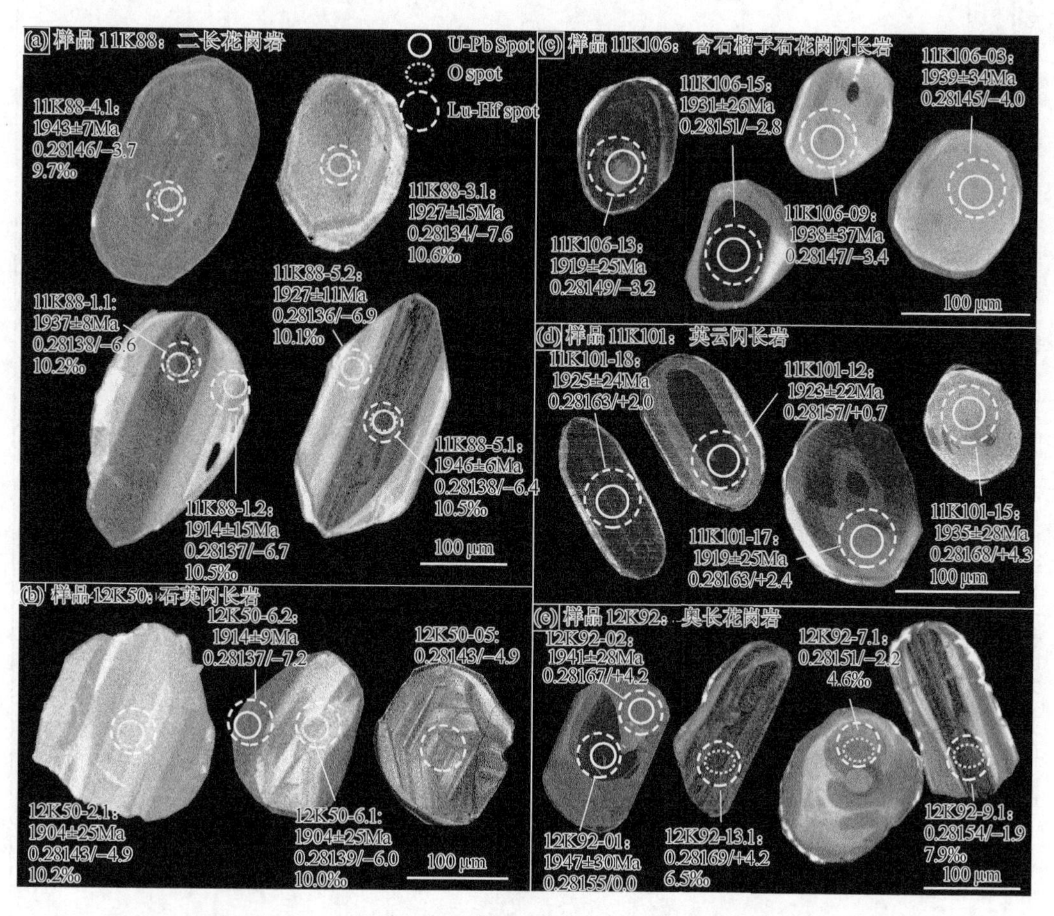

图 3-24 库鲁克塔格西段古元古代变质花岗岩典型锆石 CL 图像（Ge et al.，2015）

石英闪长岩样品 12K50 中的锆石是无色透明的半自形-它形晶体，长度达 150μm，长宽比多为 1∶1～2∶1。锆石主体为 CL 强度较高的具有振荡环带或条带状分带的岩浆锆石，部分颗粒具有暗色、均质的变质边（图 3-24（b））。岩浆锆石区域的 12 个 SHRIMP 分析给出相对较低的 Th（84～142ppm）、U（58～113ppm）含量和中等 Th/U 值（0.59～1.01）以及谐和或轻微不谐和的 U-Pb 年龄，其加权平均 $^{207}Pb/^{206}Pb$ 年龄为 1929±17Ma

表 3-6 库鲁克塔格地区古元古代花岗质岩石 **SHRIMP U-Th-Pb** 同位素数据（Ge et al.，2015）

分析序列	区域[a]	Th/ppm	U/ppm	Th/U	Pb_c[b]/%	同位素比值（普通铅校正后）							年龄/Ma（普通铅校正后）						disc.[d]/%
						$^{207}Pb/^{206}Pb$	1σ	$^{207}Pb/^{235}U$	1σ	$^{206}Pb/^{238}U$	1σ	ρ[c]	$^{207}Pb/^{206}Pb$	1σ	$^{208}Pb/^{232}Th$	1σ	$^{206}Pb/^{238}U$	1σ	
样品 11K88（GPS：41°37′53.6″N，86°24′51.5″E）：二长花岗岩																			
11K88-1.1	I	285	102	0.37	0.03	0.11873	0.0043	5.48	0.0132	0.33496	0.0124	0.94	1937	8	1823	64	1862	20	4.4
11K88-1.2	II	79	83	1.08	0.07	0.11720	0.0084	5.70	0.0241	0.35286	0.0226	0.94	1914	15	1919	46	1948	38	−2.1
11K88-2.1	II	77	90	1.20	0.26	0.11576	0.0098	5.71	0.0181	0.35789	0.0152	0.84	1892	18	1915	35	1972	26	−4.9
11K88-3.1	II	89	90	1.04	0.16	0.11804	0.0082	5.70	0.0167	0.34996	0.0146	0.87	1927	15	1909	33	1934	24	−0.5
11K88-4.1	I	370	360	1.00	0.00	0.11911	0.0037	5.85	0.0131	0.35629	0.0126	0.96	1943	7	1933	27	1965	21	−1.3
11K88-5.1	I	444	176	0.41	0.00	0.11930	0.0035	5.84	0.0129	0.35495	0.0124	0.96	1946	6	1973	61	1958	21	−0.7
11K88-5.2	II	124	80	0.66	0.10	0.11809	0.006	5.79	0.015	0.35552	0.0138	0.92	1927	11	1847	31	1961	23	−2.0
11K88-6.1	II	85	81	0.98	—	0.11710	0.007	5.73	0.0165	0.35510	0.0149	0.90	1912	13	1864	32	1959	25	−2.8
11K88-7.1	I	555	521	0.97	0.01	0.11864	0.0033	5.76	0.0128	0.35226	0.0124	0.97	1936	6	1915	26	1945	21	−0.6
11K88-8.1	I	285	225	0.81	0.01	0.11923	0.0042	5.83	0.0134	0.35471	0.0127	0.95	1945	7	1925	27	1957	21	−0.7
11K88-9.1	I	331	243	0.76	—	0.11859	0.0039	5.92	0.0132	0.36190	0.0126	0.95	1935	7	1975	28	1991	22	−3.4
样品 12K50（GPS：41°26′10.8″N，86°51′41.3″E）：石英闪长岩																			
12K50-1.1	I	110	102	0.96	0.00	0.11829	0.0062	6.17	0.0158	0.37802	0.0145	0.92	1931	11	2052	34	2067	26	−8.3
12K50-2.1	I	92	90	1.01	—	0.11824	0.0083	5.90	0.0172	0.36177	0.0151	0.88	1930	15	2009	36	1991	26	−3.7
12K50-3.1	I	114	87	0.79	0.07	0.11648	0.007	5.75	0.0163	0.35788	0.0148	0.90	1903	13	1955	34	1972	25	−4.2
12K50-4.1	I	102	58	0.59	—	0.11985	0.008	6.00	0.0168	0.36318	0.0148	0.88	1954	14	2033	40	1997	25	−2.6
12K50-5.1	I	142	113	0.82	0.36	0.11542	0.0101	5.58	0.0211	0.35067	0.0185	0.88	1886	18	1857	40	1938	31	−3.2
12K50-6.1	I	84	70	0.85	0.40	0.11658	0.0137	5.72	0.0252	0.35588	0.0212	0.84	1904	25	1887	49	1963	36	−3.5
12K50-6.2	II	479	326	0.70	0.20	0.11719	0.005	5.59	0.0169	0.34591	0.0161	0.95	1914	9	1822	32	1915	27	−0.1

续表

分析序列	区域[a]	Th/ppm	U/ppm	Th/U	Pb_c[b]/%	同位素比值（普通铅校正后）							年龄/Ma（普通铅校正后）						
						$^{207}Pb/^{206}Pb$	1σ	$^{207}Pb/^{235}U$	1σ	$^{206}Pb/^{238}U$	1σ	ρ[c]	$^{207}Pb/^{206}Pb$	1σ	$^{208}Pb/^{232}Th$	1σ	$^{206}Pb/^{238}U$	1σ	disc.[d]/%
12K50-7.1	II	1309	222	0.17	0.20	0.11722	0.0048	6.47	0.0276	0.40060	0.0272	0.98	1914	9	2485	82	2172	50	−15.9
12K50-8.1	I	120	83	0.72	0.44	0.11925	0.0142	5.82	0.0239	0.35388	0.0192	0.80	1945	25	1894	45	1953	32	−0.5
12K50-9.1	I	102	68	0.68	0.43	0.11542	0.0133	5.62	0.0242	0.35302	0.0203	0.84	1887	24	1868	51	1949	34	−3.8
12K50-10.1	I	110	96	0.90	0.19	0.12018	0.0094	5.75	0.0217	0.34681	0.0196	0.90	1959	17	1922	42	1919	32	2.3
12K50-11.1	I	87	85	1.01	0.26	0.11849	0.0118	5.69	0.0239	0.34803	0.0208	0.87	1934	21	1917	45	1925	35	0.5
12K50-12.1	I	93	59	0.66	0.75	0.11578	0.0156	5.55	0.0256	0.34771	0.0203	0.79	1892	28	1836	56	1924	34	−1.9
12K50-13.1	I	133	113	0.88	0.14	0.12054	0.0082	5.88	0.0205	0.35361	0.0188	0.92	1964	15	1870	39	1952	32	0.7

注：a：锆石区域，I-岩浆锆石；II-变质锆石；

b：非放射性成因 ^{206}Pb 占实测 ^{206}Pb 的百分比；

c：误差系数=$\dfrac{\frac{^{206}Pb}{^{238}U}\text{相对误差}}{\frac{^{207}Pb}{^{235}U}\text{相对误差}}$；

d：不谐和度=$\left(\dfrac{\frac{^{207}Pb}{^{206}Pb}\text{年龄}}{\frac{^{206}Pb}{^{238}U}\text{年龄}}-1\right)\times 100$

（MSWD=2.6，n=11，图 3-25（d）），这被解释为样品岩浆结晶年龄的最佳估计。大多数变质边的宽度太窄，因此只对两个变质边进行了离子探针分析，其中一个分析点（12K50-7.1）具有反向不谐和的年龄，但与另外一个点（12K50-6.2）具有相同的 $^{207}Pb/^{206}Pb$ 年龄（1914±9Ma，1σ，图 3-25（d）），说明样品变质作用可能稍晚于岩浆结晶年龄。

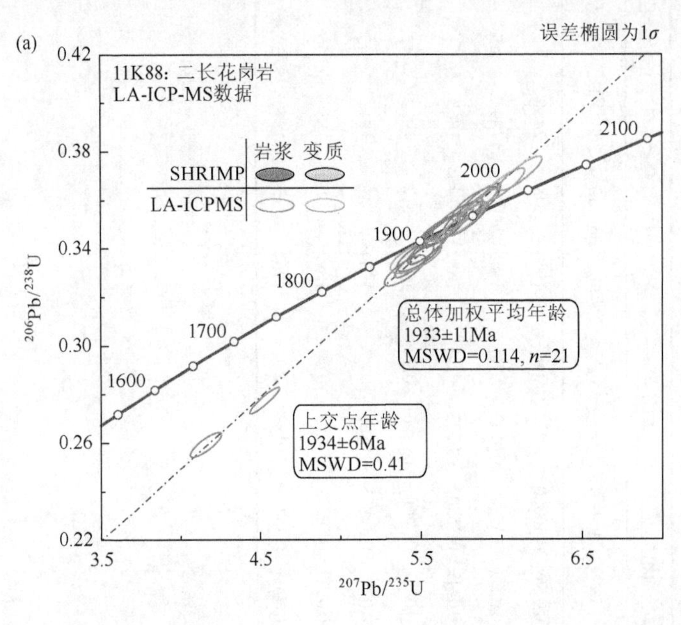

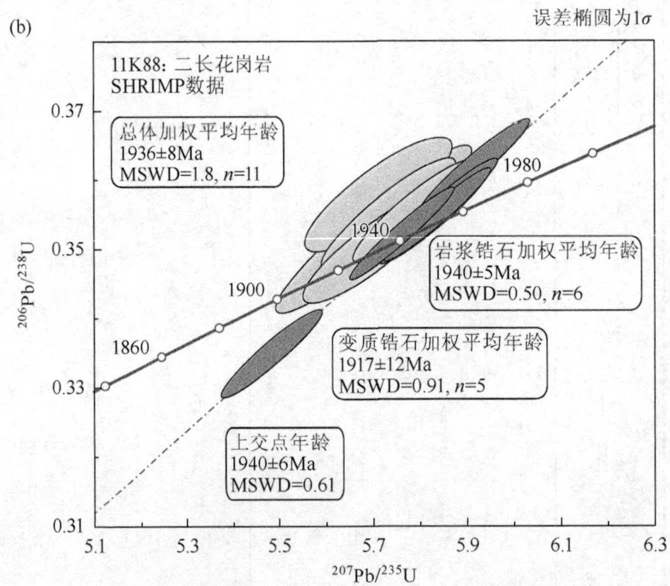

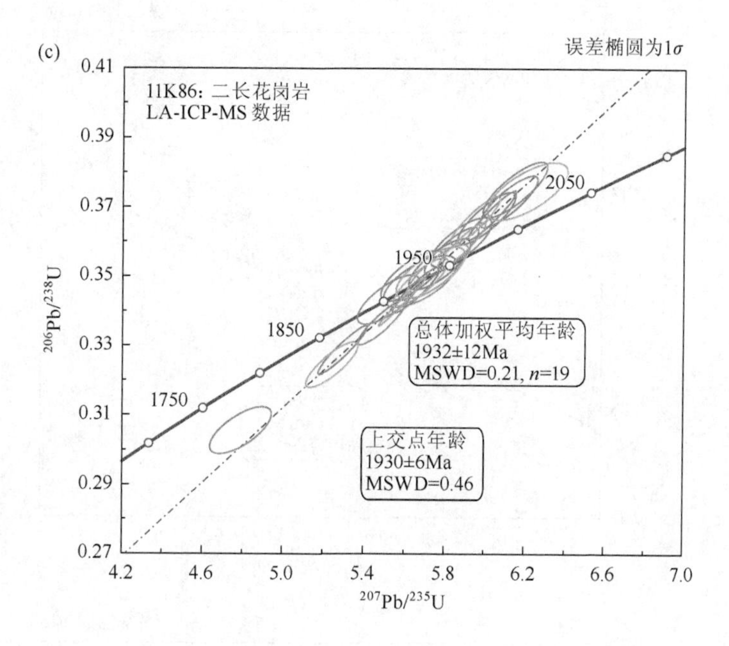
(c)
误差椭圆为1σ
11K86: 二长花岗岩
LA-ICP-MS 数据
2050
1950
1850
1750
总体加权平均年龄
1932±12Ma
MSWD=0.21, n=19
上交点年龄
1930±6Ma
MSWD=0.46
0.41
0.39
0.37
0.35
0.33
0.31
0.29
0.27
4.2
4.6
5.0
5.4
5.8
6.2
6.6
7.0
206Pb/238U
207Pb/235U

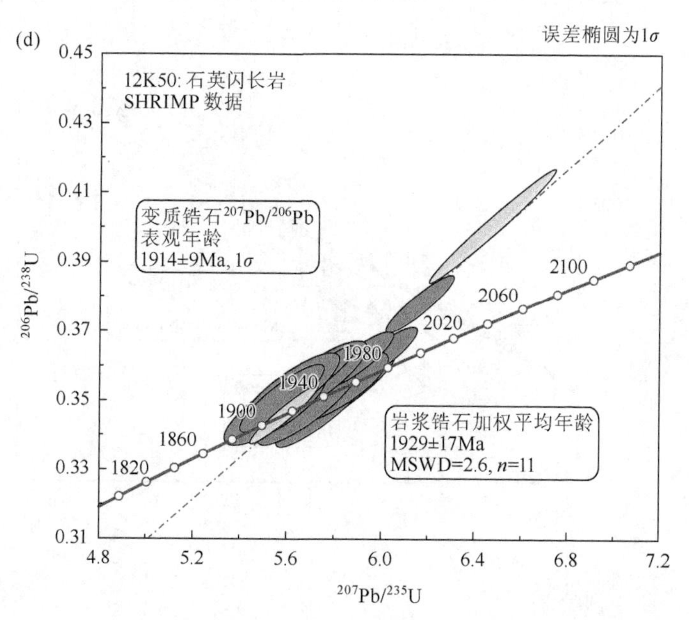
(d)
误差椭圆为1σ
12K50: 石英闪长岩
SHRIMP 数据
变质锆石207Pb/206Pb
表观年龄
1914±9Ma, 1σ
2100
2060
2020
1980
1940
1900
1860
1820
岩浆锆石加权平均年龄
1929±17Ma
MSWD=2.6, n=11
0.45
0.43
0.41
0.39
0.37
0.35
0.33
0.31
4.8
5.2
5.6
6.0
6.4
6.8
7.2
206Pb/238U
207Pb/235U

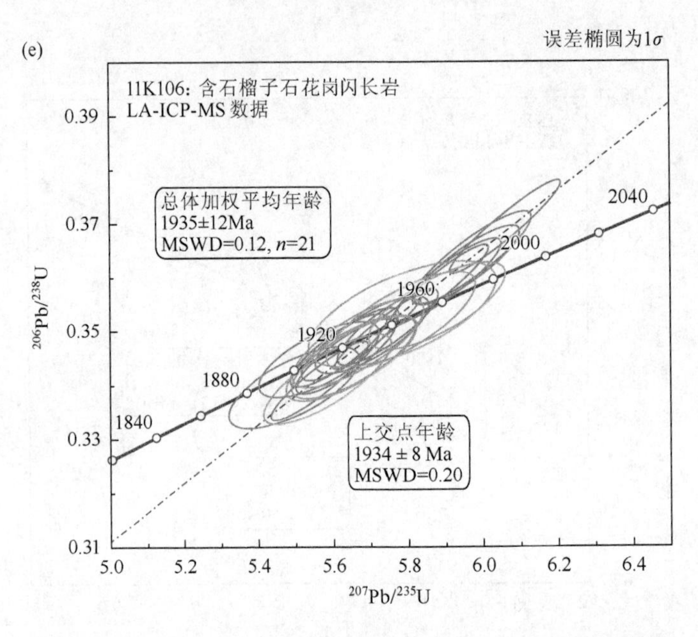
(e)
误差椭圆为1σ
11K106：含石榴子石花岗闪长岩
LA-ICP-MS 数据
总体加权平均年龄
1935±12Ma
MSWD=0.12, n=21
上交点年龄
1934 ± 8 Ma
MSWD=0.20
1840
1880
1920
1960
2000
2040
0.39
0.37
0.35
0.33
0.31
5.0
5.2
5.4
5.6
5.8
6.0
6.2
6.4
206Pb/238U
207Pb/235U

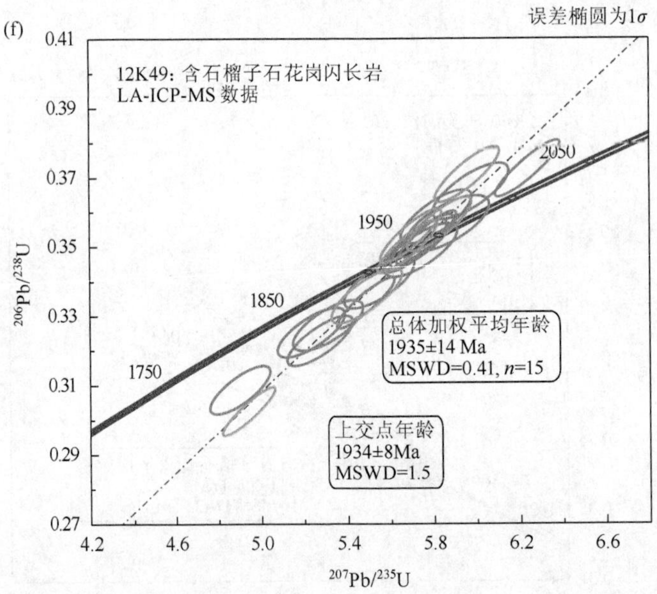
(f)
误差椭圆为1σ
12K49：含石榴子石花岗闪长岩
LA-ICP-MS 数据
总体加权平均年龄
1935±14 Ma
MSWD=0.41, n=15
上交点年龄
1934±8Ma
MSWD=1.5
1750
1850
1950
2050
0.41
0.39
0.37
0.35
0.33
0.31
0.29
0.27
4.2
4.6
5.0
5.4
5.8
6.2
6.6
206Pb/238U
207Pb/235U

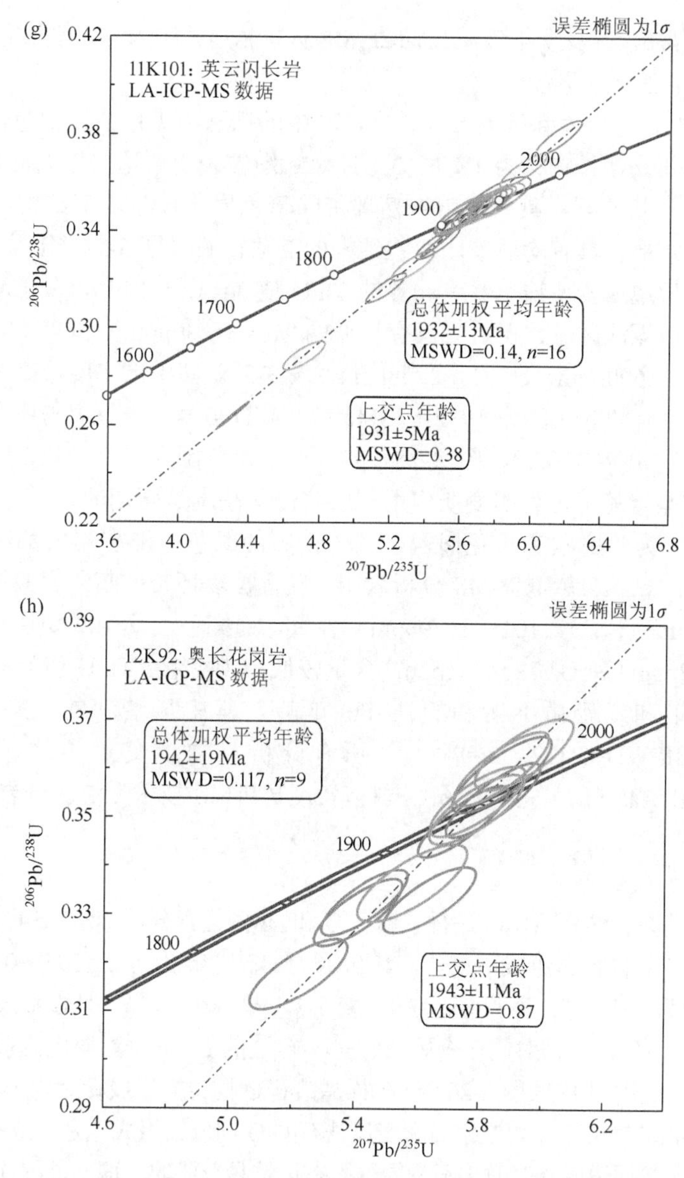

图 3-25　库鲁克塔格西段古元古代变质花岗岩 U-P 年龄谐和图（Ge et al.，2015）

两个含石榴子石花岗闪长岩样品（11K106 和 12K49）具有类似的锆石，以无色或浅褐色、透明、半自形锆石为主，粒径多小于 150μm。根据 CL 图像，这些锆石可分为两种，第一种包含暗色的具有模糊振荡环带的岩浆核、灰色的内边及亮色的外边，后两者均无内部结构，为变质成因（图 3-24（c））；第二种为 CL 亮白色具有团块状结构的变质锆石（图 3-24（c）。锆石 LA-ICP-MS U-Pb 分析表明，两个样品中的岩浆核与变质边具有一致的谐和或轻微不谐和年龄，样品 11K106 的总体加权平均 $^{207}Pb/^{206}Pb$ 年龄为 1935±12Ma（MSWD=0.12，n=21，图 3-25（e）），样品 12K49 的总体加权平均 $^{207}Pb/^{206}Pb$ 年龄为 1935±14（MSWD=0.41，n=15，图 3-25（f）），两者在误差范围内完全一致，也与每个样品上交点年龄（样品 11K106：1934±8Ma，MSWD=0.20；样品 12K49：1934±8Ma，MSWD=1.5）一致，被解释为这两个样品的岩浆结晶年龄，且变质年龄在 LA-ICP-MS 分析精度范围内与岩浆结晶年龄无法区分，说明变质作用发生在岩体侵位后不久。

样品 11K101 是一个片麻状英云闪长岩，其中的锆石为无色或浅褐色，半自形-它形，长度一般小于 150μm，长宽比为 1∶1～3∶1。CL 图像表明，这些锆石同样可分为两组：第一组为半自形柱状锆石，具有发育振荡环带的暗色岩浆核与内部结构均一的色亮变质边；第二组为浑圆形、具有均质或团块状结构的变质锆石（图 3-24（d））。与上述样品一样，岩浆核与变质边或变质锆石具有一致的 Th/U 值（0.12～0.75），其 LA-ICP-MS U-Pb 年龄在误差范围内无法区分，但后者具有较低的 Th（3～39ppm）和 U（19～112ppm）含量（前者 Th=20～1690ppm，U=61～2258ppm，表 3-5）。其中谐和度最高的分析点给出的总体加权平均 $^{207}Pb/^{206}Pb$ 年龄为 1932±13Ma（MSWD=0.14，n=16）与所有点的上交点年龄（1931±5Ma，MSWD=0.38，图 3-25（g））在误差范围内完全一致，这一年龄被解释为样品的岩浆结晶年龄，也说明变质作用与岩浆侵入基本是同期的。

样品 12K92 为片麻状奥长花岗岩，其中锆石的颜色、形态与内部结构类似于样品 11K101（图 3-24（e））。LA-ICP-MS 分析表明，发育振荡环带的暗色岩浆锆石具有较高的 Th（76～1126ppm）和 U（101～1179ppm）含量，而亮色、均匀或团块状结构的变质锆石的 Th（26～97ppm）和 U（72～151ppm）含量较低，但两者的 Th/U 值类似（0.21～1.16），且具有一致的谐和或轻微不谐和的 U-Pb 年龄，其中最谐和的年龄加权平均值为 1942±19Ma（MSWD=0.117，n=9），与所有分析点的上交点年龄（1943±11Ma，MSWD=0.87，图 3-25（h））完全一致。同样，LA-ICP-MS 技术无法区分岩浆与变质年龄。

3.2.4　锆石 Hf-O 同位素特征

本书对二长花岗岩样品 11K88 进行了锆石 O 和 Hf 同位素分析，其中 34 个 Hf 同位素分析点表明，样品的 Hf 同位素组成不均一，其初始 $^{176}Hf/^{177}Hf$ 为 0.281295～0.281444（平均值 0.281352），$\varepsilon Hf_{(t)}$为−9.1～−3.7（平均值−7.0，表 3-7，图 3-26（a）），且岩浆核与变质边总体具有类似的 Hf 同位素组成，但对同一个颗粒而言，核-边的 Hf 同位素变化关系较复杂，部分升高，部分降低，部分保持恒定（图 3-26（a））。样品锆石 O 同位素组成相对均一，$\delta^{18}O$ 为 9.6‰～11.1‰（平均 10.4‰，表 3-7）。岩浆锆石和变质锆石的 O 同位素组成也是一致的（图 3-24（a））。上述 Hf-O 同位素数据说明，变质锆石是通过固态重结晶形成的，这一过程并未改变原始岩浆锆石的 Hf-O 同位素组成。另一个二长花岗岩样品 11K86 的 Hf 同位素分析表明其初始 $^{176}Hf/^{177}Hf$ 为 0.281241～0.281366（平均 0.281332），对应的 $\varepsilon Hf_{(t)}$为−11.1～−6.7（平均−7.9，表 3-7，图 3-26（a）），稍低于样品 11K88。对石英闪长岩样品 12K50 进行了锆石 Hf-O 同位素分析，其初始 $^{176}Hf/^{177}Hf$ 为 0.281347～0.281439（平均 0.281401），$\varepsilon Hf_{(t)}$为−7.4～−4.1（平均−5.5），稍高于二长花岗岩样品（表 3-7，图 3-26（a）），两个暗色变质边具有与岩浆锆石一致的 $^{176}Hf/^{177}Hf$ 和 $\varepsilon Hf_{(t)}$。样品的锆石 $\delta^{18}O$ 值介于 8.4‰～10.4‰，稍低于二长花岗岩样品 11K88（表 3-7），变质边上的一个分析点（12K50-7.1）的 $\delta^{18}O$ 为 9.5‰，介于岩浆锆石的范围内。

含石榴子石花岗闪长岩（样品 11K106 和 12K49）仅进行了锆石 Hf 同位素分析，其中样品 11K106 具有相对均一的初始 $^{176}Hf/^{177}Hf$（0.281440～0.281493，平均 0.281462）和 $\varepsilon Hf_{(t)}$（−4.0～−2.1，平均-3.2，表 3-7，图 3-26（a）），与其中变质锆石的 Hf 同位素组成一

致。样品 12K49 的 Hf 同位素组成相对不均一，其初始 $^{176}Hf/^{177}Hf$ 和 $\varepsilon Hf_{(t)}$ 变化范围分别为 0.281352～0.281518 与−7.1～−1.2；四个变质边的 Hf 同位素组成变化更大（图 3-26（a））。

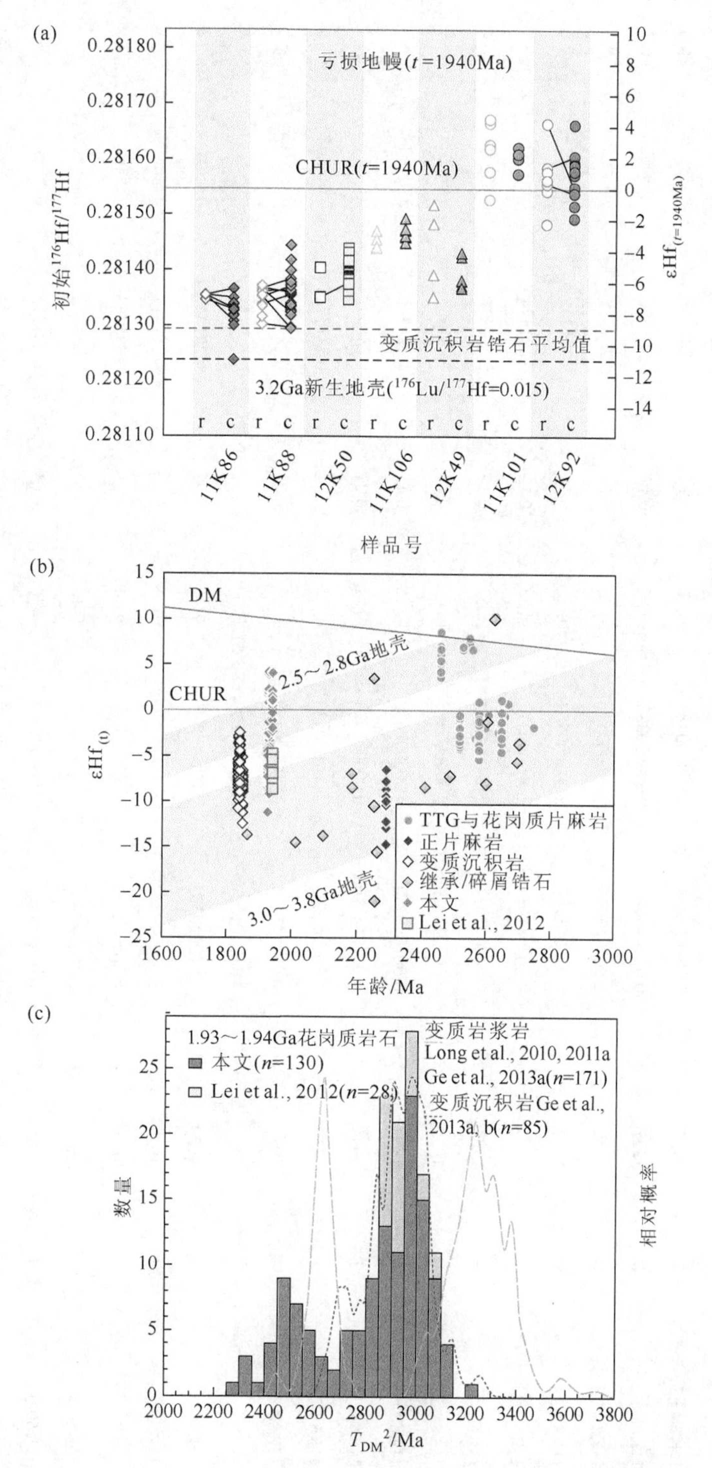

图 3-26　（a）样品初始 $^{176}Hf/^{177}Hf$；（b）$\varepsilon Hf_{(t)}$-年龄图；（c）锆石 Hf 模式年龄分布图（Ge et al., 2015）

表 3-7　库鲁克塔格字段古元古代晚期花岗岩锆石 **U-Pb-Hf-O** 同位素数据总结（Ge et al.，2015）

分析序列	区域[a]	年龄/Ma	2σ	$^{18}O/^{16}O^{b}$	2σ	$\delta^{18}O^{c}$/‰	2σ	$^{176}Hf/^{177}Hf_{(t)}$	$2s$	$\varepsilon Hf_{(t)}$	$2s$
样品 11K88（GPS：41°37′53.6″N，86°24′51.5″E）：二长花岗岩											
11K88-1.1	I	1937	8	0.002042899	0.000000388	10.17	0.19	0.281363	0.000020	−6.6	0.7
11K88-1.2	II	1937	8	0.002043649	0.000000393	10.54	0.19	0.281362	0.000020	−6.7	0.7
11K88-2.1	II	1937	8	0.002043995	0.000000431	10.70	0.21	0.281316	0.000018	−8.3	0.6
11K88-3.1	II	1937	8	0.002043767	0.000000359	10.59	0.18	0.281335	0.000019	−7.6	0.7
11K88-4.1	I	1937	8	0.002041941	0.000000314	9.70	0.15	0.281444	0.000025	−3.7	0.9
11K88-5.1	I	1937	8	0.002043623	0.000000393	10.52	0.19	0.281371	0.000017	−6.4	0.6
11K88-5.2	II	1937	8	0.002042729	0.000000268	10.09	0.13	0.281355	0.000017	−6.9	0.6
11K88-6.1	II	1937	8	0.002043740	0.000000308	10.58	0.15	0.281372	0.000019	−6.3	0.7
11K88-7.1	I	1937	8	0.002044016	0.000000424	10.71	0.21	0.281399	0.000022	−5.4	0.8
11K88-8.1	I	1937	8	0.002044895	0.000000433	11.14	0.21	0.281378	0.000017	−6.1	0.6
11K88-9.1	I	1937	8	0.002041634	0.000000423	9.55	0.21	0.281418	0.000019	−4.7	0.7
样品 12K50（GPS：41°26′10.8″N，86°51′41.3″E）：石英正长岩											
12K50-1.1	I	1929	17	0.002044353	0.000000449	9.74	0.22	0.281347	0.000023	−7.4	0.8
12K50-2.1	I	1929	17	0.002045254	0.000000606	10.18	0.30	0.281417	0.000023	−4.9	0.8
12K50-3.1	I	1929	17	0.002044875	0.000000589	9.99	0.29	0.281363	0.000021	−6.8	0.7
12K50-4.1	I	1929	17	0.002043665	0.000000833	9.40	0.41	0.281412	0.000020	−5.1	0.7
12K50-5.1	I	1929	17	0.002044402	0.000000435	9.76	0.21	0.281375	0.000021	−6.4	0.7
12K50-6.1	I	1929	17	0.002044806	0.000000471	9.96	0.23	0.281385	0.000020	−6.0	0.7
12K50-7.1	II	1929	17	0.002043906	0.000000352	9.52	0.17	0.281404	0.000030	−5.3	1.0
12K50-8.1	I	1929	17	0.002043576	0.000000442	9.36	0.22	0.281413	0.000021	−5.0	0.7
12K50-9.1	I	1929	17	0.002045599	0.000000597	10.35	0.29	0.281382	0.000021	−6.1	0.7

续表

分析序列	区域[a]	年龄/Ma	2σ	$^{18}O/^{16}O$[b]	2σ	$\delta^{18}O$[c]/‰	2σ	$^{176}Hf/^{177}Hf_{(t)}$	$2s$	$\varepsilon Hf_{(t)}$	$2s$
12K50-12.1	I	1929	17	0.002043407	0.000000759	9.28	0.37	0.281415	0.000021	−5.0	0.8
12K50-13.1	I	1929	17	0.002041586	0.00000037	8.39	0.18	0.281417	0.000021	−4.9	0.7
样品 12K92（GPS：41°31′50.1″N，86°48′13.1″E）：奥长花岗岩											
12K92-1.1	I	1943	11	0.002038075	0.000000353	6.68	0.17	0.281591	0.000020	1.6	0.7
12K92-2.1	II	1943	11	0.002036766	0.000000719	6.04	0.35	0.281578	0.000027	1.2	1.0
12K92-3.1	I	1943	11	0.002035066	0.000000404	5.21	0.2	0.281588	0.000023	1.5	0.7
12K92-4.1	I	1943	11	0.002036293	0.000000278	5.81	0.14	0.281550	0.000017	0.2	0.6
12K92-5.1	II	1943	11	0.002037163	0.000000552	6.23	0.27	0.281563	0.000020	0.6	0.7
12K92-6.1	I	1943	11	0.002038203	0.000000707	6.74	0.35	0.281580	0.000023	1.2	0.8
12K92-7.1	II	1943	11	0.002033886	0.000000491	4.64	0.24	0.281483	0.000020	−2.2	0.7
12K92-8.1	I	1943	11	0.002037111	0.000000467	6.21	0.23	0.281516	0.000022	−1.0	0.7
12K92-9.1	I	1943	11	0.002040564	0.000000544	7.89	0.27	0.281493	0.000023	−1.9	0.8
12K92-10.1	I	1943	11	0.002038235	0.000000312	6.76	0.15	0.281573	0.000018	1.0	0.6
12K92-11.1	I	1943	11	0.002037627	0.000000457	6.46	0.22	0.281539	0.000018	−0.2	0.6
12K92-12.1	I	1943	11	0.002036217	0.00000055	5.77	0.27	0.281590	0.000024	1.6	0.8
12K92-13.1	I	1943	11	0.002037641	0.000000853	6.47	0.42	0.281663	0.000025	4.2	0.8
12K92-14.1	I	1943	11	0.002035707	0.000000515	5.52	0.25				
12K92-15.1	I	1943	11	0.002036112	0.000000677	5.72	0.33	0.281578	0.000023	1.2	0.8

注：a：锆石区域：I-岩浆锆石；II-变质锆石；

b：实测锆石 $^{18}O/^{16}O$ 比值，误差为 2σ；

c：校正后的 $\delta^{18}O$（VSMOW），误差为 2σ 内部误差

表 3-8　库鲁克塔格西段古元古代晚期花岗岩 LA-ICP-MS 锆石 U-Th-Pb 同位素数据（Ge et al.，2015）

分析序列[a]	区域[b]	Th[c]/ppm	U[c]/ppm	Th/U	同位素比值							年龄/Ma						disc.[e]/%
					$^{207}Pb/^{206}Pb$	1σ	$^{207}Pb/^{235}U$	1σ	$^{206}Pb/^{238}U$	1σ	ρ^{d}	$^{207}Pb/^{206}Pb$	1σ	$^{207}Pb/^{235}U$	1σ	$^{206}Pb/^{238}U$	1σ	
样品 11K88（GPS：41°37′53.6″N，86°24′51.5″E）：二长花岗岩																		
11K88-01	I	231	300	0.77	0.11848	0.00146	5.55	0.08	0.33962	0.00424	0.90	1933	23	1908	12	1885	20	2.5
11K88-02	I	486	291	1.67	0.11826	0.00148	5.77	0.08	0.35376	0.00440	0.89	1930	23	1942	12	1953	21	−1.2
11K88-03	II	241	274	0.88	0.11877	0.00140	5.86	0.08	0.35762	0.00452	0.93	1938	22	1955	12	1971	21	−1.7
11K88-04	I	255	162	1.58	0.11828	0.00160	5.54	0.08	0.33986	0.00427	0.86	1930	25	1907	13	1886	21	2.3
11K88-05	II	366	191	1.91	0.11850	0.00135	5.71	0.08	0.34966	0.00454	0.97	1934	21	1933	12	1933	22	0.1
11K88-06	I	221	184	1.20	0.11831	0.00155	5.87	0.08	0.35992	0.00450	0.87	1931	24	1957	12	1982	21	−2.6
11K88-07	I	233	390	0.60	0.11830	0.00204	5.73	0.11	0.35162	0.00507	0.77	1931	32	1936	16	1942	24	−0.6
11K88-08	I	621	583	1.07	0.11761	0.00184	5.63	0.09	0.34703	0.00457	0.79	1920	29	1920	14	1920	22	0.0
11K88-09	II	164	132	1.24	0.11969	0.00157	6.12	0.09	0.37085	0.00469	0.87	1952	24	1993	13	2033	22	−4.0
11K88-10	I	163	212	0.77	0.11869	0.00144	5.86	0.08	0.35800	0.00457	0.92	1937	22	1955	12	1973	22	−1.8
11K88-11	I	205	152	1.35	0.11780	0.00169	5.65	0.09	0.34786	0.00437	0.82	1923	26	1924	13	1924	21	−0.1
11K88-12	II	167	105	1.60	0.11910	0.00158	5.77	0.08	0.35160	0.00451	0.87	1943	24	1942	13	1942	22	0.1
11K88-13	I	444	462	0.96	0.11838	0.00142	4.53	0.06	0.27745	0.00359	0.93	1932	22	1736	12	1579	18	22.4
11K88-14	II	175	106	1.66	0.11917	0.00158	6.01	0.09	0.36595	0.00472	0.87	1944	24	1978	13	2010	22	−3.3
11K88-15	I	166	236	0.70	0.11815	0.00188	5.49	0.09	0.33692	0.00428	0.77	1928	29	1899	14	1872	21	3.0
11K88-16	I	383	405	0.94	0.11844	0.00155	5.46	0.08	0.33438	0.00434	0.88	1933	24	1894	13	1860	21	3.9
11K88-17	I	274	313	0.88	0.11750	0.00162	5.62	0.08	0.34670	0.00436	0.84	1919	25	1919	13	1919	21	0.0
11K88-18	I	279	210	1.33	0.11776	0.00156	5.64	0.08	0.34747	0.00447	0.87	1923	24	1922	13	1923	21	0.0

续表

分析序列[a]	区域[b]	Th[c]/ppm	U[c]/ppm	Th/U	同位素比值							年龄/Ma						
					$^{207}Pb/^{206}Pb$	1σ	$^{207}Pb/^{235}U$	1σ	$^{206}Pb/^{238}U$	1σ	ρ^{d}	$^{207}Pb/^{206}Pb$	1σ	$^{207}Pb/^{235}U$	1σ	$^{206}Pb/^{238}U$	1σ	disc.[e]/%
11K88-19	I	287	241	1.19	0.11924	0.00164	5.79	0.09	0.35199	0.00467	0.86	1945	25	1944	13	1944	22	0.1
11K88-20	I	327	231	1.42	0.11828	0.00187	5.84	0.10	0.35825	0.00469	0.78	1930	29	1953	15	1974	22	−2.2
11K88-21	II	141	124	1.14	0.11799	0.00228	5.47	0.11	0.33628	0.00439	0.68	1926	35	1896	17	1869	21	3.0
11K88-22	I	304	297	1.02	0.11851	0.00175	5.40	0.08	0.33072	0.00416	0.80	1934	27	1885	13	1842	20	5.0
11K88-23	I	487	634	0.77	0.11629	0.00164	4.16	0.06	0.25931	0.00335	0.83	1900	26	1666	13	1486	17	27.9
样品11K86（GPS：41°37′51.5″N，86°21′10.8″E）：二长花岗岩																		
11K86-01	I	293	294	1.00	0.11940	0.00167	6.12	0.10	0.37178	0.00494	0.85	1947	26	1993	14	2038	23	−4.5
11K86-02	II	288	277	1.04	0.11826	0.00138	5.59	0.08	0.34286	0.00473	0.99	1930	21	1914	12	1900	23	1.6
11K86-03	I	71	87	0.81	0.11823	0.00150	5.49	0.08	0.33678	0.00432	0.90	1930	23	1899	12	1871	21	3.2
11K86-04	I	250	263	0.95	0.11906	0.00135	6.04	0.08	0.36777	0.00465	0.95	1942	21	1981	12	2019	22	−3.8
11K86-05	II	244	122	1.99	0.11786	0.00146	5.95	0.08	0.36634	0.00459	0.90	1924	23	1969	12	2012	22	−4.4
11K86-06	I	258	176	1.47	0.11857	0.00142	5.66	0.08	0.34613	0.00435	0.92	1935	22	1925	12	1916	21	1.0
11K86-07	I	802	210	3.81	0.11879	0.00171	6.01	0.10	0.36696	0.00494	0.84	1938	26	1977	14	2015	23	−3.8
11K86-08	II	228	211	1.08	0.11890	0.00141	5.88	0.08	0.35897	0.00452	0.93	1940	22	1959	12	1977	21	−1.9
11K86-09	I	278	342	0.81	0.11843	0.00191	5.77	0.10	0.35365	0.00488	0.78	1933	30	1943	15	1952	23	−1.0
11K86-10	II	444	160	2.77	0.11823	0.00169	5.68	0.09	0.34847	0.00457	0.84	1930	26	1928	14	1927	22	0.2
11K86-11	I	354	381	0.93	0.11678	0.00201	5.64	0.10	0.35022	0.00481	0.75	1908	32	1922	16	1936	23	−1.4
11K86-12	I	650	291	2.23	0.11685	0.00152	5.30	0.08	0.32879	0.00462	0.94	1909	24	1868	13	1833	22	4.1
11K86-13	II	310	136	2.29	0.12023	0.00247	6.21	0.13	0.37475	0.00547	0.69	1960	38	2006	19	2052	26	−4.5

续表

分析序列[a]	区域[b]	Th[c]/ppm	U[c]/ppm	Th/U	同位素比值							年龄/Ma						
					$^{207}Pb/^{206}Pb$	1σ	$^{207}Pb/^{235}U$	1σ	$^{206}Pb/^{238}U$	1σ	ρ^{d}	$^{207}Pb/^{206}Pb$	1σ	$^{207}Pb/^{235}U$	1σ	$^{206}Pb/^{238}U$	1σ	disc.[e]/%
11K86-14	I	490	202	2.43	0.11891	0.00186	6.15	0.11	0.37524	0.00530	0.82	1940	29	1998	15	2054	25	−5.6
11K86-15	II	253	125	2.03	0.11892	0.00194	5.76	0.10	0.35160	0.00511	0.82	1940	30	1941	15	1942	24	−0.1
11K86-16	I	293	482	0.61	0.11660	0.00197	5.52	0.10	0.34338	0.00470	0.75	1905	31	1904	16	1903	23	0.1
11K86-17	I	146	232	0.63	0.11839	0.00164	5.83	0.09	0.35744	0.00458	0.84	1932	25	1951	13	1970	22	−1.9
11K86-18	II	396	239	1.66	0.11836	0.00223	5.73	0.11	0.35115	0.00495	0.71	1932	35	1936	17	1940	24	−0.4
11K86-19	I	588	541	1.09	0.11378	0.00229	4.79	0.10	0.30551	0.00446	0.69	1861	37	1784	18	1719	22	8.3
11K86-20	II	400	441	0.91	0.11722	0.00168	5.24	0.08	0.32446	0.00435	0.84	1914	26	1860	14	1811	21	5.7
11K86-21	I	447	421	1.06	0.11812	0.00242	5.63	0.12	0.34866	0.00491	0.66	1928	38	1928	18	1928	23	0.0
11K86-22	II	166	180	0.92	0.11849	0.00193	5.83	0.10	0.35999	0.00474	0.76	1934	30	1958	15	1982	22	−2.4
样品 11K106（GPS：41°29′42.2″N，86°43′47.8″E）：含石榴子石花岗闪长岩																		
11K106-01	I	134	348	0.39	0.11919	0.00166	5.91	0.09	0.35957	0.00503	0.88	1944	25	1962	14	1980	24	−1.8
11K106-02	I	209	268	0.78	0.11844	0.00158	5.56	0.09	0.34081	0.00482	0.92	1933	24	1911	13	1891	23	2.2
11K106-03	II	56	16	3.44	0.11882	0.00222	5.65	0.11	0.34515	0.00503	0.75	1939	34	1924	17	1911	24	1.5
11K106-04	I	516	69	7.48	0.11878	0.00168	5.75	0.09	0.35077	0.00466	0.86	1938	26	1938	13	1938	22	0.0
11K106-05	I	85	180	0.47	0.11904	0.00196	5.97	0.11	0.36358	0.00567	0.88	1942	30	1972	15	1999	27	−2.9
11K106-06	I	126	170	0.74	0.11856	0.00136	5.72	0.08	0.34983	0.00449	0.96	1935	21	1934	12	1934	21	0.1
11K106-07	I	127	203	0.63	0.11915	0.00183	6.05	0.10	0.36928	0.00570	0.95	1944	28	1985	14	2026	27	−4.0
11K106-08	II	49	14	3.43	0.11873	0.00238	5.65	0.12	0.34503	0.00525	0.75	1937	37	1924	18	1911	25	1.4
11K106-09	II	41	22	1.90	0.11878	0.00238	5.59	0.11	0.34106	0.00548	0.80	1938	37	1914	17	1892	26	2.4

续表

分析序列[a]	区域[b]	Th[c]/ppm	U[c]/ppm	Th/U	同位素比值							年龄/Ma						
					$^{207}Pb/^{206}Pb$	1σ	$^{207}Pb/^{235}U$	1σ	$^{206}Pb/^{238}U$	1σ	ρ^{d}	$^{207}Pb/^{206}Pb$	1σ	$^{207}Pb/^{235}U$	1σ	$^{206}Pb/^{238}U$	1σ	disc.[e]/%
11K106-10	I	316	51	6.14	0.11734	0.00244	5.50	0.12	0.33955	0.00499	0.70	1916	38	1900	18	1885	24	1.6
11K106-11	I	162	126	1.29	0.11928	0.00167	5.96	0.09	0.36222	0.00485	0.86	1945	26	1970	14	1993	23	−2.4
11K106-12	I	445	338	1.32	0.11902	0.00155	5.88	0.09	0.35851	0.00497	0.93	1942	24	1959	13	1975	24	−1.7
11K106-13	I	254	484	0.52	0.11752	0.00162	5.61	0.09	0.34646	0.00445	0.84	1919	25	1918	13	1918	21	0.1
11K106-14	II	60	17	3.58	0.11918	0.00276	5.78	0.13	0.35186	0.00605	0.76	1944	42	1944	20	1943	29	0.1
11K106-15	I	389	452	0.86	0.11829	0.00166	5.63	0.09	0.34537	0.00457	0.85	1931	26	1921	13	1912	22	1.0
11K106-16	II	20	21	0.95	0.11815	0.00237	5.67	0.12	0.34780	0.00542	0.76	1928	37	1926	18	1924	26	0.2
11K106-17	I	237	313	0.76	0.11840	0.00193	5.70	0.10	0.34934	0.00472	0.77	1932	30	1932	15	1931	23	0.1
11K106-18	II	103	48	2.15	0.14661	0.00214	8.70	0.14	0.43049	0.00611	0.90	2307	26	2308	14	2308	28	0.0
11K106-19	I	171	63	2.73	0.11704	0.00221	5.56	0.11	0.34477	0.00461	0.70	1912	35	1910	16	1910	22	0.1
11K106-20	II	465	18	25.16	0.11879	0.00347	5.78	0.17	0.35317	0.00648	0.64	1938	53	1944	25	1950	31	−0.6
11K106-21	II	48	16	2.95	0.12020	0.00240	5.88	0.12	0.35469	0.00532	0.73	1959	36	1958	18	1957	25	0.1
11K106-22	I	254	378	0.67	0.11779	0.00163	5.65	0.09	0.34759	0.00445	0.84	1923	25	1923	13	1923	21	0.0
样品 12K49（GPS：41°27′18.8″N，86°49′26.2″E）：含石榴子石花岗闪长岩																		
12K49-11	I	318	233	1.37	0.11860	0.00157	5.77	0.09	0.35263	0.00506	0.90	1935	24	1941	14	1947	24	−0.6
12K49-12	II	150	133	1.13	0.11856	0.00178	5.83	0.10	0.35654	0.00509	0.84	1935	27	1951	15	1966	24	−1.6
12K49-13	II	111	300	0.37	0.11848	0.00166	4.94	0.08	0.30254	0.00459	0.91	1933	26	1809	14	1704	23	13.4
12K49-14	I	199	166	1.20	0.12146	0.00162	6.24	0.10	0.37250	0.00541	0.91	1978	24	2010	14	2041	25	−3.1
12K49-15	II	148	93	1.58	0.11695	0.00164	5.70	0.09	0.35317	0.00510	0.88	1910	26	1931	14	1950	24	−2.1

续表

分析序列[a]	区域[b]	Th[c]/ppm	U[c]/ppm	Th/U	同位素比值							年龄/Ma						
					$^{207}Pb/^{206}Pb$	1σ	$^{207}Pb/^{235}U$	1σ	$^{206}Pb/^{238}U$	1σ	ρ^{d}	$^{207}Pb/^{206}Pb$	1σ	$^{207}Pb/^{235}U$	1σ	$^{206}Pb/^{238}U$	1σ	disc.[e]/%
12K49-16	II	275	298	0.92	0.11771	0.00159	5.68	0.09	0.34994	0.00501	0.89	1922	25	1928	14	1934	24	−0.6
12K49-17	I	201	169	1.19	0.11833	0.00178	5.71	0.10	0.35025	0.00501	0.84	1931	28	1934	15	1936	24	−0.3
12K49-18	I	140	591	0.24	0.11918	0.00160	5.48	0.09	0.33383	0.00489	0.91	1944	25	1898	14	1857	24	4.7
12K49-19	II	233	147	1.59	0.11654	0.00168	5.96	0.10	0.37079	0.00531	0.86	1904	26	1970	15	2033	25	−6.3
12K49-20	I	215	193	1.11	0.11858	0.00177	5.75	0.10	0.35157	0.00506	0.84	1935	27	1939	15	1942	24	−0.4
12K49-21	II	147	377	0.39	0.11859	0.00209	5.49	0.11	0.33586	0.00529	0.80	1935	32	1899	17	1867	26	3.6
12K49-22	I	111	331	0.34	0.11757	0.00203	5.81	0.11	0.35861	0.00515	0.77	1920	32	1948	16	1976	24	−2.8
12K49-23	I	113	223	0.51	0.11837	0.00214	5.97	0.12	0.36598	0.00535	0.75	1932	33	1972	17	2010	25	−3.9
12K49-24	I	167	146	1.14	0.11934	0.00217	5.74	0.11	0.34900	0.00507	0.75	1946	33	1938	17	1930	24	0.8
12K49-25	I	179	151	1.18	0.11849	0.00214	5.55	0.11	0.33963	0.00493	0.75	1934	33	1908	17	1885	24	2.6
12K49-26	I	144	122	1.18	0.11770	0.00225	5.31	0.11	0.32726	0.00482	0.73	1922	35	1871	17	1825	23	5.3
12K49-27	I	90	75	1.19	0.11516	0.00203	4.90	0.09	0.30867	0.00458	0.77	1882	32	1802	16	1734	23	8.5
12K49-28	I	211	155	1.36	0.11848	0.00203	5.27	0.10	0.32282	0.00478	0.78	1933	31	1865	16	1803	23	7.2
12K49-29	I	223	255	0.87	0.11668	0.00212	5.23	0.10	0.32521	0.00474	0.74	1906	33	1858	17	1815	23	5.0
12K49-30	I	160	139	1.15	0.11930	0.00251	5.87	0.13	0.35659	0.00534	0.68	1946	38	1956	19	1966	25	−1.0
样品 11K101（GPS：41°31′43.7″N，86°35′52.5″E）：英云闪长岩																		
11K101-01	II	22	50	0.45	0.11824	0.00160	5.68	0.08	0.34862	0.00450	0.87	1930	25	1929	13	1928	22	0.1
11K101-02	II	39	66	0.60	0.11925	0.00167	5.78	0.09	0.35187	0.00474	0.87	1945	26	1944	13	1944	23	0.1
11K101-03*	I	167	606	0.28	0.13317	0.00288	3.41	0.06	0.18558	0.00239	0.74	2140	39	1506	14	1097	13	95.1

续表

分析序列[a]	区域[b]	Th[c]/ppm	U[c]/ppm	Th/U	同位素比值							年龄/Ma						
					$^{207}Pb/^{206}Pb$	1σ	$^{207}Pb/^{235}U$	1σ	$^{206}Pb/^{238}U$	1σ	ρ^{d}	$^{207}Pb/^{206}Pb$	1σ	$^{207}Pb/^{235}U$	1σ	$^{206}Pb/^{238}U$	1σ	disc.[e]/%
11K101-04	I	28	61	0.46	0.11856	0.00140	5.72	0.08	0.34987	0.00450	0.94	1935	22	1934	12	1934	21	0.1
11K101-05	II	8	19	0.45	0.11753	0.00204	5.62	0.10	0.34678	0.00480	0.77	1919	32	1919	16	1919	23	0.0
11K101-06	I	65	299	0.22	0.11845	0.00160	5.48	0.08	0.33553	0.00442	0.87	1933	25	1897	13	1865	21	3.6
11K101-07	I	149	430	0.35	0.11839	0.00127	5.49	0.07	0.33616	0.00428	0.99	1932	20	1898	11	1868	21	3.4
11K101-08	I	23	81	0.29	0.11917	0.00224	5.83	0.12	0.35501	0.00521	0.74	1944	34	1951	17	1958	25	−0.7
11K101-09	I	1690	2258	0.75	0.11873	0.00137	4.32	0.06	0.26420	0.00367	0.99	1937	21	1697	12	1511	19	28.2
11K101-10	II	15	32	0.48	0.11826	0.00160	5.96	0.09	0.36574	0.00471	0.87	1930	25	1970	13	2009	22	−3.9
11K101-11	II	18	44	0.40	0.11881	0.00194	5.75	0.10	0.35091	0.00490	0.80	1938	30	1938	15	1939	23	−0.1
11K101-12	I	113	257	0.44	0.11782	0.00141	5.62	0.08	0.34586	0.00444	0.92	1923	22	1919	12	1915	21	0.4
11K101-13	II	38	112	0.34	0.11861	0.00181	4.72	0.08	0.28868	0.00389	0.81	1935	28	1771	14	1635	19	18.3
11K101-14	I	20	72	0.28	0.11868	0.00155	5.18	0.08	0.31686	0.00408	0.89	1936	24	1850	12	1774	20	9.1
11K101-15	II	16	64	0.25	0.11869	0.00166	5.34	0.08	0.32611	0.00414	0.84	1937	26	1875	13	1819	20	6.5
11K101-16	I	81	286	0.28	0.11923	0.00150	5.77	0.08	0.35119	0.00453	0.90	1945	23	1942	12	1940	22	0.3
11K101-17	I	56	265	0.21	0.11755	0.00161	5.59	0.08	0.34493	0.00436	0.84	1919	25	1915	13	1910	21	0.5
11K101-18	I	49	98	0.50	0.11792	0.00154	6.16	0.09	0.37902	0.00479	0.87	1925	24	1999	13	2072	22	−7.1
11K101-19	II	3	20	0.13	0.11757	0.00201	5.63	0.10	0.34776	0.00495	0.79	1920	31	1921	16	1924	24	−0.2
11K101-20	II	3	22	0.12	0.11942	0.00205	5.81	0.10	0.35280	0.00490	0.77	1948	31	1948	16	1948	23	0.0
11K101-21	I	75	166	0.45	0.11852	0.00188	5.72	0.10	0.34988	0.00495	0.81	1934	29	1934	15	1934	24	0.0
11K101-22	II	12	40	0.29	0.11724	0.00178	5.59	0.09	0.34616	0.00475	0.83	1915	28	1915	14	1916	23	−0.1

续表

分析序列[a]	区域[b]	Th^c/ppm	U^c/ppm	Th/U	同位素比值							年龄/Ma						disc.[e]/%
					$^{207}Pb/^{206}Pb$	1σ	$^{207}Pb/^{235}U$	1σ	$^{206}Pb/^{238}U$	1σ	ρ^d	$^{207}Pb/^{206}Pb$	1σ	$^{207}Pb/^{235}U$	1σ	$^{206}Pb/^{238}U$	1σ	
样品 12K92（GPS：41°31′50.1″N，86°48′13.1″E）：奥长花岗岩																		
12K92-1-01	I	92	126	0.73	0.11932	0.00173	5.75	0.09	0.34928	0.00487	0.85	1946	27	1938	14	1931	23	0.8
12K92-1-02	II	26	72	0.36	0.11819	0.00181	5.87	0.10	0.36011	0.00504	0.82	1929	28	1956	15	1983	24	−2.7
12K92-1-03	I	102	103	0.99	0.11863	0.00188	5.87	0.10	0.35893	0.00519	0.81	1936	29	1957	15	1977	25	−2.1
12K92-1-04	I	140	455	0.31	0.11980	0.00175	5.84	0.10	0.35372	0.00508	0.85	1953	27	1953	15	1952	24	0.1
12K92-1-05	II	80	101	0.79	0.12037	0.00232	5.59	0.12	0.33650	0.00532	0.76	1962	35	1914	18	1870	26	4.9
12K92-1-06	II	43	81	0.52	0.11937	0.00188	5.79	0.10	0.35178	0.00476	0.79	1947	29	1945	15	1943	23	0.2
12K92-1-07	I	117	101	1.16	0.11882	0.00185	5.41	0.09	0.33039	0.00456	0.80	1939	29	1887	15	1840	22	5.4
12K92-1-08	I	1126	1179	0.95	0.11928	0.00214	5.22	0.10	0.31765	0.00478	0.76	1945	33	1856	17	1778	23	9.4
12K92-1-09	II	46	111	0.41	0.11888	0.00187	5.79	0.10	0.35340	0.00481	0.79	1939	29	1945	15	1951	23	−0.6
12K92-1-10	I	76	367	0.21	0.11852	0.00179	5.43	0.09	0.33244	0.00448	0.80	1934	28	1890	14	1850	22	4.5
12K92-1-11	II	97	151	0.64	0.11868	0.00192	5.94	0.10	0.36315	0.00490	0.77	1936	30	1967	15	1997	23	−3.1
12K92-1-12	I	124	372	0.33	0.12287	0.00195	5.64	0.10	0.33303	0.00451	0.78	1998	29	1922	15	1853	22	7.8

注：a：*代表普通铅含量较高且用 Andersen's（2002）的 EXCEL 软件 ComPbCorr#315G 校正后的结果；

b：锆石区域：I-岩浆锆石；II-变质锆石；

c：Th-U 含量的计算根据背景矫正后的 ^{232}Th 与 ^{238}U 计数值与每个 run 中标样锆石 GJ-1 的计数值，标样的平均 Th、U 含量分别为 8ppm 和 330ppm（Jackson et al.，2004）；

d：误差系数= $\dfrac{\frac{^{206}Pb}{^{238}U}\text{的相对误差}}{\frac{^{207}Pb}{^{235}U}\text{的相对误差}}$；

e：不谐和度= $\left(\dfrac{\frac{^{207}Pb}{^{206}Pb}\text{年龄}}{\frac{^{206}Pb}{^{238}U}\text{年龄}}-1\right)\times 100$

英云闪长岩样品 11K101 具有更高的锆石初始 $^{176}Hf/^{177}Hf$ 值（0.281528～0.281673），对应的 $\varepsilon Hf_{(t)}$值为–0.9～+4.3；变质锆石 Hf 同位素更为不均一，但两者的平均值类似。奥长花岗岩样品 12K92 同时进行了锆石 Hf 和 O 同位素分析，总共 24 个 Hf 分析结果（10 个来自 LA-ICP-MS 靶，14 个来自 SHRIMP 靶）给出变化较大的 Hf 同位素组成，其初始 $^{176}Hf/^{177}Hf$ 为 0.281483～0.281665，$\varepsilon Hf_{(t)}$为–2.2～+4.2（表 3-7，图 3-26（a））；变质锆石的 $^{176}Hf/^{177}Hf$ 和 $\varepsilon Hf_{(t)}$与岩浆锆石一致（图 3-26（a））。样品的锆石的 O 同位素组成也是不均一的，岩浆锆石的 $\delta^{18}O$ 值为 5.2‰～7.9‰，显著低于样品 11K88 和 12K50（表 3-7），其中最低的 $\delta^{18}O$ 值与地幔锆石的 O 同位素一致（$\delta^{18}O$=5.3‰±0.3‰）（Valley，2003；Valley et al.，2005）；变质边上的 3 个分析点的 $\delta^{18}O$ 分别为 6.0‰、6.2‰和 4.6‰，前两者位于岩浆锆石的范围内，而后者则显著偏低。

3.2.5　全岩地球化学特征

本书的二长花岗岩样品与 Lei 等（2012）报道的样品具有类似的主微量元素组成，这些样品具有中等的 SiO_2（60.6%～65.0%）和 Al_2O_3（14.4%～16.0%）含量，高 K_2O 含量（4.4%～6.1%）及低的 Na_2O/K_2O 值（0.38～0.64，表 3-9），落在石英二长岩区域（图 3-27（a）和（b）），但其 CIPW 标准石英含量（17%～32%）与二长花岗岩更为一致。这些岩石为准铝质至弱过铝质（A/CNK=0.98～1.15，图 3-27（c）），投图在钾玄岩系列和镁质碱钙性系列（图 3-27（d）～（f））。在 REE 和微量元素配分图上，样品具有 LREE 和 LILE 相对富集，Eu 异常变化较大（弱正异常至中等负异常），Nb、Ta、Sr、P 和 Ti 亏损的特征（图 3-28（a）和（b））。

石英闪长岩样品 12K50 与 Lei 等（2012）报道的石英二长岩具有类似的 SiO_2 含量（表 3-10，图 3-27（a）），这些样品以 LREE 富集，Th、U、Nb-Ta、Sr、P 亏损为特征，部分样品 Zr-Hf 也具有亏损特征（图 3-28（c）和（d））。尽管如此，本书样品具有较低的 K_2O 含量以及较高的 Na_2O/K_2O 值，投图在钙碱性系列中，而石英二长岩则投在钾玄岩系列和镁质碱性系列区域（图 3-27（d）～（f））。

含石榴子石花岗闪长岩的主微量元素组成变化范围较大（表 3-9），但大多数样品为弱过铝至强过铝（A/CNK=1.02～1.25），除样品 12K46 的 A/CNK 值为 0.98（图 3-27（c））。样品大多属于高钾钙碱性至钾玄岩系列和镁质钙碱性或碱钙性系列（图 3-27（d）～（f））。在 REE 和微量元素配分曲线上，样品具有 LREE 富集，弱—显著的 Eu 正异常，及不同程度的 Th、U、Nb、Ta、P 和 Ti 亏损（图 3-28（e）和（f））。两个英云闪长岩样品具有低 SiO_2（60.1%～61.0%）、高 Al_2O_3（16.7%～17.7%）及低 K_2O（0.9%～2.0%）、高 Na_2O（4.0%～4.1%）的主量元素特征，因此具有较高的 Na_2O/K_2O 值（2.0～4.6，表 3-9）。这些样品以高 Sr（636～777ppm）、低 Y（7.7～12.9ppm）和 Yb（1.0～1.1ppm）及高 Sr/Y（60～83）和$(La/Yb)_N$(39～53)值为特征，类似于现代埃达克岩和太古宙 TTG（Drummond and Defant，1990；Martin et al.，2005）。样品具有 LREE 富集、Eu 正异常的稀土配分模式，且相对亏损 Th、U、Nb、Ta、P 和 Ti（如图 3-27（g）和（h）），样品 12K14 同时具有 Dy-Ho 的轻微亏损（图 3-28（g））。

表 3-9　库鲁克塔格西段古元古代晚期花岗岩地球化学数据（Ge et al.，2015）

岩石类型	二长花岗岩								石英闪长岩/石英二长岩				含石榴子石花岗闪长岩				
样品编号	11K86	11K88	12K34	XJ-371[e]	XJ-372[e]	XJ-374[e]	XJ-375[e]	XJ-377[e]	12K50	XJ482[e]	XJ483[e]	XJ-373[e]	11K106	12K39	12K41	12K42	12K43
主量元素/%																	
SiO_2	63.43	61.54	62.15	60.6	64.95	63.52	64.83	64.94	55.98	57.27	55.02	53.54	59.51	58.31	69.58	58.86	62.92
TiO_2	1.20	1.59	1.39	1.32	0.75	0.96	1.04	0.98	1.24	1.69	1.90	1.99	0.75	0.86	0.38	0.87	1.26
Al_2O_3	15.91	15.93	16.04	15.63	14.42	14.91	14.96	14.80	17.07	17.73	18.38	17.67	17.43	17.26	13.61	16.80	16.22
$Fe_2O_3^T$	5.05	6.13	5.12	6.65	5.15	6.03	4.75	4.73	8.24	6.46	7.09	7.64	6.48	7.58	3.33	7.49	4.92
MnO	0.07	0.08	0.06	0.09	0.08	0.05	0.06	0.07	0.11	0.07	0.10	0.13	0.09	0.11	0.04	0.10	0.06
MgO	1.71	2.12	1.81	2.22	1.53	1.50	1.31	1.43	3.39	2.19	2.49	3.00	2.57	3.43	1.40	3.65	2.14
CaO	2.15	3.22	1.65	3.48	3.05	2.60	2.19	2.33	5.37	3.37	3.69	4.31	3.10	4.14	1.68	2.54	2.80
Na_2O	2.32	2.55	3.50	2.30	2.16	2.04	2.39	3.11	3.74	3.05	2.98	3.39	4.25	3.25	3.64	3.81	2.69
K_2O	5.66	4.43	5.49	5.20	5.24	5.39	6.14	4.85	1.57	5.27	4.79	4.84	2.32	1.65	3.62	2.38	4.55
P_2O_5	0.37	0.30	0.45	0.46	0.19	0.35	0.32	0.30	0.51	0.57	0.61	0.37	0.14	0.08	0.07	0.26	0.08
LOI	2.17	2.13	2.03	2.00	2.33	2.77	1.76	2.12	2.90	2.15	2.75	2.83	3.09	2.99	2.28	3.02	1.95
SUM	100.04	100.03	99.69	99.95	99.84	100.11	99.74	99.66	100.15	100.10	100.15	99.70	99.74	99.66	99.63	99.77	99.60
A/CNK[a]	1.15	1.07	1.09	0.99	0.98	1.07	1.03	1.01	0.97	1.05	1.09	0.95	1.15	1.18	1.05	1.25	1.12
Na_2O/K_2O	0.41	0.58	0.64	0.44	0.41	0.38	0.39	0.64	2.38	0.58	0.62	0.70	1.83	1.97	1.01	1.60	0.59
$Mg^{\#}$	44.0	44.6	45.1	43.8	40.9	36.7	39.1	41.3	49.0	44.1	45.0	47.8	48.0	51.3	49.6	53.1	50.4
微量元素/ppm																	
Li	27.9	19.0	18.4						18.5				24.3	45.2	19.1	45.7	13.3
Be	1.25	0.64	0.79						1.72				0.45	0.42	0.61	0.66	0.59
Sc	9.86	9.88	8.39						11.6				14.5	16.2	9.40	17.4	8.88
Ti	9186	11621	10946						7469				5499	5214	2945	6700	10260
V	55.0	72.3	49.5	55.7	37.2	33.8	33.2	35.3	69.7	72.0	77.0	89.8	85.7	78.0	36.0	101	70.1
Cr	24.5	29.8	25.5	34.3	18.0	22.8	23.0	25.0	51.2	40.0	20.0	42.7	46.4	84.9	29.0	77.5	34.8
Mn	571	633	454						1456				690	1525	318	808	477

续表

岩石类型	二长花岗岩								石英闪长岩/石英二长岩				含石榴子石花岗闪长岩				
样品编号	11K86	11K88	12K34	XJ-371[e]	XJ-372[e]	XJ-374[e]	XJ-375[e]	XJ-377[e]	12K50	XJ482[e]	XJ483[e]	XJ-373[e]	11K106	12K39	12K41	12K42	12K43
Co	9.64	10.9	8.29						20.3				12.5	28.0	5.54	18.7	10.7
Ni	8.60	11.3	8.01						14.4				22.1	44.9	10.5	34.8	16.4
Cu	6.94	4.65	5.69						7.16				17.2	31.0	9.91	22.1	10.1
Zn	101	106							105				87.6	101			
Ga	27.7	25.8	26.9	25.6	24.9	29.1	25.1	24.7	23.6	27.6	23.3	23.7	24.4	22.4	17.7	27.4	27.1
Rb	242	115	210	117	141	216	221	132	30.1	168	142	101	57.9	40.1	77.3	45.7	118
Sr	390	570	367	585	528	242	334	297	649	697	662	781	452	550	347	640	654
Y	24.5	13.3	32.8	11.6	14.4	34.5	16.6	29.2	19.7	17.6	20.3	10.3	10.0	31.6	14.8	23.9	13.3
Zr	497	476	467	322	444	540	495	437	105	426	96.0	225	280	173	285	219	49.1
Nb	21.1	19.1	29.2	17.6	20.7	28.4	15.6	23.8	22.2	21.5	27.7	20.9	6.89	8.77	7.46	9.91	15.3
Mo	0.42	0.28	0.90						0.15				0.41	1.30	0.60	1.64	0.96
Cd	0.25	0.15											0.06				
Sn	0.92	0.44	0.43						0.20				0.19	0.11	0.66	0.26	0.90
Cs	0.80	0.00	0.97	0.57	0.29	0.34	0.22	0.33	0.15	0.21	0.51	0.20	0.00	0.40	0.72	0.49	0.35
Ba	1417	1353	1372	1638	1386	821	1099	923	1023	2120	2500	3169	1357	1305	2067	1991	2266
La	122	97.8	120	109	89.8	144	125	99.3	84.1	135	112	55.4	54.9	65.8	66.2	63.3	74.6
Ce	243	166	282	212	165	301	249	196	159	271	222	98.6	102	108	130	104	111
Pr	27.1	17.7	28.7	25.5	18.2	36.0	29.5	23.3	18.8	33.0	27.7	12.6	10.5	11.2	13.4	12.0	9.31
Nd	104	70.7	110	97.7	64.9	138	111	86.6	76.2	126	107	48.3	36.9	39.3	43.9	46.4	31.7
Sm	13.5	9.03	16.6	12.8	8.86	19.4	15.0	12.6	11.7	18.0	15.7	6.84	4.85	5.18	5.57	7.30	3.86
Eu	5.35	2.68	2.16	2.76	2.20	1.51	1.67	1.68	2.42	3.19	4.03	3.65	1.62	2.20	1.49	2.21	3.93
Gd	8.95	5.89	9.38	7.68	5.89	12.8	9.20	8.67	9.29	8.41	8.97	4.82	3.81	5.74	3.54	5.84	2.90
Tb	0.96	0.56	1.27	0.65	0.55	1.33	0.78	0.97	0.99	0.90	0.98	0.46	0.47	0.78	0.51	0.85	0.47
Dy	4.40	2.81	6.68	3.09	2.95	7.61	4.06	6.07	3.76	4.07	4.36	2.43	1.98	4.50	2.58	4.69	2.72

续表

岩石类型	二长花岗岩								石英闪长岩/石英二长岩				含石榴子石花岗闪长岩				
样品编号	11K86	11K88	12K34	XJ-371[e]	XJ-372[e]	XJ-374[e]	XJ-375[e]	XJ-377[e]	12K50	XJ482[e]	XJ483[e]	XJ-373[e]	11K106	12K39	12K41	12K42	12K43
Ho	0.81	0.45	1.21	0.49	0.56	1.42	0.72	1.22	0.61	0.62	0.75	0.44	0.38	0.99	0.54	0.94	0.58
Er	2.45	1.29	3.59	1.26	1.63	3.72	1.89	3.39	1.82	1.35	1.73	1.16	0.96	3.20	1.81	2.72	1.73
Tm	0.34	0.16	0.45	0.15	0.24	0.48	0.24	0.46	0.19	0.16	0.23	0.15	0.18	0.47	0.27	0.35	0.25
Yb	2.14	0.99	2.60	0.84	1.56	2.79	1.43	2.75	1.24	0.94	1.38	0.86	1.04	3.12	1.73	2.00	1.42
Lu	0.32	0.15	0.34	0.14	0.26	0.39	0.21	0.40	0.19	0.13	0.21	0.13	0.14	0.49	0.27	0.29	0.21
Hf	9.97	8.82	14.8	8.30	11.3	14.4	13.1	11.8	2.99	10.4	2.90	5.80	5.18	4.93	9.19	6.33	1.92
Ta	1.10	0.96	1.59	1.08	1.09	1.04	0.81	1.47	1.00	1.10	1.50	1.17	0.21	0.30	0.39	0.40	0.93
W	0.90	0.34	0.44	1.30	0.66	0.54	0.29	0.94	0.48	1.00	3.00	0.69	0.38	0.42	0.35	0.49	0.45
Pb	36.9	30.9	19.5						14.6				21.8	24.0	17.7	16.9	34.7
Bi	0.03	0.03	0.02						0.01				0.02	0.01	0.03	0.04	0.02
Th	25.1	3.64	11.0	4.08	18.5	16.8	14.0	9.31	1.05	3.09	5.22	1.64	0.27	0.92	43.2	1.40	0.65
U	1.87	0.58	1.30	0.65	2.11	2.26	0.83	1.36	0.35	0.40	0.81	0.26	0.25	0.33	1.65	0.41	0.44
Sr/Y	16	43	11.2	50.4	36.7	7.0	20.1	10.2	32.9	39.6	32.6	75.8	45.0	17.4	23.5	26.8	49.3
$(La/Yb)_N$[b]	40.8	71.0	33.1	93.3	41.3	37.0	62.9	25.9	48.7	103	58.2	46.2	38.0	15.1	27.5	22.7	37.7
$(Gd/Yb)_N$[b]	3.46	4.93	2.98	7.56	3.12	3.79	5.32	2.61	6.20	7.40	5.38	4.64	3.04	1.52	1.69	2.42	1.69
Eu*[c]	1.49	1.12	0.53	0.85	0.93	0.29	0.43	0.49	0.71	0.79	1.04	1.94	1.15	1.23	1.03	1.03	3.59
T_{Zr}/℃[d]	893	875	876	825	864	894	880	866	716	851	722	768	828	785	837	813	688

注：a：A/CNK=Al_2O_3/（CaO+Na_2O+K_2O），均为摩尔百分比；

b：球粒陨石标准化值据 Sun 和 Mcdonough（1989）；

c：Eu*=Eu/SQRT（Sm×Gd），球粒陨石标准化值据 Sun 和 Mcdonough（1989）；

d：锆石饱和温度，计算公式据 Watson 和 Harrison（1983）；

e：数据引自 Lei et al.，2012

表 3-9　库鲁克塔格西段古元古代晚期花岗岩地球化学数据（Ge et al.，2015）（续）

岩石类型	含石榴子石花岗闪长岩				英云闪长岩		奥长花岗岩					
样品编号	12K44	12K46	12K48	12K49	12K47	11K101	11K100	12K92-1	12K92-2	12K92-3	12K92-4	12K92-5
主量元素/%												
SiO_2	64.11	64.96	62.00	70.26	60.11	61.00	70.79	68.63	68.58	67.82	66.59	69.98
TiO_2	1.32	0.28	1.56	0.42	0.98	0.64	0.17	0.16	0.24	0.19	0.41	0.18
Al_2O_3	15.66	17.05	14.89	14.06	16.73	17.70	15.86	16.87	16.47	16.19	13.88	14.65
$Fe_2O_3^T$	4.38	3.08	6.04	3.12	6.88	5.35	1.74	1.20	1.68	1.55	4.62	1.18
MnO	0.05	0.07	0.08	0.04	0.10	0.07	0.03	0.02	0.02	0.02	0.07	0.02
MgO	1.54	1.08	1.78	1.60	3.06	2.05	0.58	0.46	0.48	0.70	2.02	0.46
CaO	2.44	4.27	2.89	2.73	4.13	4.42	2.27	1.78	3.45	2.42	4.93	2.86
Na_2O	2.68	3.60	2.44	2.46	4.05	3.99	5.82	7.86	6.73	6.53	5.43	6.44
K_2O	5.26	3.47	4.86	2.35	0.88	1.97	1.24	2.24	1.11	2.40	0.91	2.48
P_2O_5	0.07	0.11	0.51	0.05	0.04	0.15	0.05	0.05	0.05	0.04	0.05	0.04
LOI	2.06	1.63	2.45	2.87	2.73	2.81	1.40	0.91	1.24	2.18	0.79	1.70
SUM	99.57	99.61	99.51	99.97	99.69	100.15	99.95	100.17	100.06	100.03	99.69	100.00
A/CNK[a]	1.08	0.98	1.02	1.21	1.11	1.06	1.05	0.91	0.89	0.91	0.73	0.79
Na_2O/K_2O	0.51	1.04	0.50	1.05	4.58	2.03	4.68	3.50	6.05	2.72	5.98	2.59
$Mg^{\#}$	45.0	44.9	40.8	54.3	50.9	47.2	43.7	47.3	40.1	51.4	50.5	47.8
微量元素/ppm												
Li	10.5	7.59	11.8	11.9	15.7	12.5	0.00	1.65	4.95	8.07	2.64	3.46
Be	0.18	1.14	1.10	2.62	0.63	0.84	0.60	0.79	0.68	0.83	0.53	0.65
Sc	5.44	5.24	11.7	6.83	16.2	13.8	0.72	1.59	1.82	2.28	10.0	1.78
Ti	8178	2021	13294	2369	5797	4812	1028	808	1314	997	2288	1005
V	40.1	35.5	54.0	34.8	69.4	76.9	20.9	8.08	14.3	12.9	68.0	10.2
Cr	32.5	12.8	16.1	41.9	82.5	42.7	7.73	2.45	12.5	6.59	30.6	11.9

续表

岩石类型	含石榴子石花岗闪长岩				英云闪长岩		奥长花岗岩					
样品编号	12K44	12K46	12K48	12K49	12K47	11K101	11K100	12K92-1	12K92-2	12K92-3	12K92-4	12K92-5
Mn	733	523	681	602	1278	549	185	210	288	263	878	157
Co	11.0	3.31	9.49	7.19	24.6	11.9	3.36	2.27	7.58	6.22	18.8	2.54
Ni	12.4	5.66	5.49	15.1	36.0	19.6	5.35	1.78	9.25	9.29	14.1	3.60
Cu	12.2	2.43	9.84	9.64	29.3	9.01	6.17	3.70	24.1	14.0	16.9	5.44
Zn	91.2			47.5	95.4	69.0	35.8	39.0	27.6	23.2	43.2	21.2
Ga	20.1	25.1	26.3	17.1	19.9	26.2	16.6	14.9	15.8	14.7	13.9	13.3
Rb	125	97.0	101	60.2	14.3	49.0	22.1	53.7	31.7	59.4	17.5	56.9
Sr	362	985	594	459	636	777	896	547	788	658	546	437
Y	14.2	13.9	20.4	16.5	7.71	12.9	1.26	0.59	3.09	0.72	6.44	0.67
Zr	169	118	435	83.8	271	289	56.2	72.2	127	68.7	20.7	96.0
Nb	16.6	8.58	29.5	2.45	12.6	7.67	0.83	1.16	3.15	0.75	1.53	1.04
Mo	0.71	0.85	0.66	0.41	1.47	0.96	0.60	0.16	1.55	0.53	0.66	0.50
Cd						0.06						
Sn	0.16	1.57	0.23	0.32	0.11	0.85	0.12	0.05	0.28	0.15	0.22	0.12
Cs	0.07	0.43	0.34	0.01	0.04	0.00	0.00	0.23	0.23	0.15	0.23	0.27
Ba	1546	2106	2553	881	701	1173	785	1380	1218	2688	659	1671
La	55.6	23.3	97.8	50.8	62.5	74.9	8.43	16.6	23.3	10.2	8.24	20.0
Ce	66.5	42.3	181	93.1	104	120	9.66	23.5	34.5	14.9	14.2	25.6
Pr	5.69	4.08	18.9	10.3	10.8	13.3	0.95	1.82	3.81	1.21	1.36	1.84
Nd	17.6	17.3	76.0	36.3	38.1	49.7	3.41	5.71	12.3	3.97	5.37	5.69
Sm	2.67	3.08	12.2	4.32	4.37	6.67	0.45	0.58	1.28	0.47	1.04	0.53
Eu	2.54	1.15	2.97	1.56	2.08	8.15	0.59	0.70	0.88	1.25	0.78	1.00
Gd	3.58	2.52	8.38	4.18	3.98	5.38	0.39	0.65	1.39	0.60	1.16	0.81

续表

岩石类型	含石榴子石花岗闪长岩				英云闪长岩		奥长花岗岩					
样品编号	12K44	12K46	12K48	12K49	12K47	11K101	11K100	12K92-1	12K92-2	12K92-3	12K92-4	12K92-5
Tb	0.53	0.38	1.08	0.50	0.36	0.59	0.04	0.05	0.13	0.05	0.17	0.05
Dy	2.75	2.34	4.83	2.48	1.29	2.86	0.16	0.17	0.55	0.21	1.07	0.19
Ho	0.46	0.53	0.83	0.49	0.26	0.45	0.03	0.03	0.10	0.04	0.21	0.04
Er	1.23	1.64	2.37	1.63	1.00	1.22	0.09	0.12	0.31	0.12	0.63	0.13
Tm	0.16	0.25	0.29	0.23	0.15	0.15	0.01	0.01	0.04	0.02	0.09	0.02
Yb	0.95	1.56	1.68	1.61	1.14	1.01	0.10	0.09	0.28	0.11	0.56	0.10
Lu	0.14	0.24	0.26	0.25	0.20	0.16	0.01	0.02	0.04	0.02	0.09	0.02
Hf	5.00	3.81	12.9	2.44	7.43	5.41	1.14	2.06	3.21	1.56	0.62	2.67
Ta	0.78	0.64	1.54	0.13	0.58	0.30	0.02	0.04	0.11	0.03	0.07	0.03
W	0.23	0.30	0.39	0.51	0.33	0.27	0.14	0.17	0.30	0.19	0.26	0.14
Pb	32.9	6.32	41.4	8.89	17.5	11.0	6.80	10.5	10.3	7.46	6.14	6.71
Bi	0.01	0.03	0.02	0.06	0.01	0.02	0.02	0.01	0.01	0.01	0.01	0.00
Th	0.06	3.59	0.85	2.22	6.32	2.72	0.00	0.12	12.5	0.10	0.68	0.23
U	0.13	1.10	0.62	0.56	0.29	0.46	0.12	0.17	0.97	0.22	0.22	0.09
Sr/Y	25.4	71.1	29.1	27.8	82.5	60.3	709	926	255	913	84.7	652
$(La/Yb)_N$[b]	42.0	10.8	41.7	22.6	39.3	53.0	62.8	132	59.6	66.5	10.6	143
$(Gd/Yb)_N$[b]	3.12	1.34	4.11	2.15	2.89	4.39	3.38	5.97	4.11	4.51	1.71	6.70
Eu*[c]	2.51	1.26	0.90	1.12	1.52	4.16	4.30	3.49	2.02	7.20	2.17	4.67
T_{Zr}/℃[d]	783	742	863	746	821	822	700	698	740	696	593	708

注：a：A/CNK=Al_2O_3/（CaO+Na_2O+K_2O），均为摩尔百分比；

b：球粒陨石标准化值据 Sun 和 Mcdonough（1989）；

c：Eu*=Eu/SQRT（Sm×Gd），球粒陨石标准化值据 Sun 和 Mcdonough（1989）；

d：锆石饱和温度，计算公式据 Watson 和 Harrison（1983）；

e：数据引自 Lei et al.，2012

表 3-10　库鲁克塔格西段古元古代晚期花岗岩 LA-MC-ICP-MS 锆石 Lu-Hf 同位素数据（Ge et al.，2015）

样品号	t/Ma[a]	2σ	do.[b]	$^{176}Yb/^{177}Hf$	$2s$	$^{176}Lu/^{177}Hf$	$2s$	$^{176}Hf/^{177}Hf$	$2s$	$^{176}Hf/^{177}Hf_{(t)}$[c]	$2s$	$\varepsilon Hf_{(t)}$[d]	$2s$	T_{DM}[1]	$2s$	T_{DM}[2e]	$2s$
样品 11K88（GPS：41°37′53.6″N，86°24′51.5″E）：二长花岗岩 LA-ICP-MS 靶																	
11K88-01	1934	6	I	0.008965	0.000041	0.000333	0.000002	0.281340	0.000012	0.281328	0.000012	−7.9	0.4	2622	16	3049	26
11K88-02	1934	6	I	0.011312	0.000238	0.000415	0.000011	0.281312	0.000014	0.281297	0.000014	−9.0	0.5	2665	19	3115	30
11K88-03	1934	6	II	0.009046	0.000131	0.000325	0.000007	0.281315	0.000013	0.281303	0.000013	−8.8	0.5	2655	17	3103	28
11K88-04	1934	6	I	0.007358	0.000258	0.000246	0.000007	0.281365	0.000013	0.281356	0.000013	−7.0	0.5	2583	17	2989	27
11K88-05	1934	6	II	0.010586	0.000206	0.000367	0.000008	0.281352	0.000014	0.281339	0.000014	−7.6	0.5	2608	18	3025	30
11K88-06	1934	6	I	0.008766	0.000098	0.000322	0.000003	0.281349	0.000012	0.281337	0.000013	−7.6	0.4	2609	17	3029	27
11K88-07	1934	6	I	0.010177	0.000113	0.000392	0.000005	0.281340	0.000012	0.281326	0.000012	−8.0	0.4	2626	16	3053	26
11K88-08	1934	6	I	0.011985	0.000195	0.000442	0.000006	0.281311	0.000014	0.281295	0.000014	−9.1	0.5	2669	18	3121	30
11K88-09	1934	6	II	0.006095	0.000052	0.000227	0.000002	0.281361	0.000014	0.281353	0.000014	−7.0	0.5	2586	18	2994	30
11K88-10	1934	6	I	0.006578	0.000078	0.000227	0.000003	0.281382	0.000012	0.281374	0.000013	−6.3	0.4	2559	17	2950	27
11K88-11	1934	6	I	0.003660	0.000098	0.000127	0.000003	0.281389	0.000013	0.281384	0.000013	−5.9	0.5	2544	17	2927	28
11K88-12	1934	6	II	0.005609	0.000084	0.000196	0.000002	0.281374	0.000012	0.281367	0.000012	−6.6	0.4	2568	16	2965	26
11K88-13	1934	6	I	0.007929	0.000205	0.000271	0.000009	0.281334	0.000012	0.281324	0.000012	−8.1	0.4	2626	16	3057	26
11K88-14	1934	6	II	0.007412	0.000068	0.000260	0.000003	0.281372	0.000014	0.281363	0.000014	−6.7	0.5	2574	19	2973	31
11K88-15	1934	6	I	0.010382	0.000167	0.000375	0.000006	0.281354	0.000013	0.281341	0.000014	−7.5	0.5	2606	18	3021	29
11K88-16	1934	6	I	0.009854	0.000177	0.000356	0.000006	0.281371	0.000014	0.281358	0.000014	−6.9	0.5	2582	18	2984	29
11K88-17	1934	6	I	0.007873	0.000282	0.000274	0.000009	0.281344	0.000014	0.281334	0.000014	−7.7	0.5	2612	18	3035	29
11K88-18	1934	6	I	0.010115	0.000214	0.000361	0.000008	0.281348	0.000015	0.281334	0.000015	−7.7	0.5	2614	20	3035	32
11K88-19	1934	6	I	0.006443	0.000036	0.000247	0.000002	0.281387	0.000014	0.281378	0.000014	−6.2	0.5	2553	18	2940	29
11K88-20	1934	6	I	0.010202	0.000094	0.000369	0.000006	0.281373	0.000014	0.281360	0.000014	−6.8	0.5	2580	19	2980	31

续表

样品号	t/Ma[a]	2σ	do.[b]	$^{176}Yb/^{177}Hf$	$2s$	$^{176}Lu/^{177}Hf$	$2s$	$^{176}Hf/^{177}Hf$	$2s$	$^{176}Hf/^{177}Hf_{(t)}$[c]	$2s$	$\varepsilon Hf_{(t)}$[d]	$2s$	T_{DM}[1]	$2s$	T_{DM}[2e]	$2s$
11K88-21	1934	6	II	0.006078	0.000014	0.000212	0.000001	0.281375	0.000012	0.281368	0.000012	−6.5	0.4	2567	16	2963	26
11K88-22	1934	6	I	0.009210	0.000129	0.000327	0.000006	0.281349	0.000012	0.281337	0.000013	−7.6	0.4	2610	17	3030	27
11K88-23	1934	6	I	0.015503	0.000138	0.000554	0.000004	0.281339	0.000013	0.281319	0.000014	−8.3	0.5	2638	18	3069	29
SHRIMP 靶																	
11K88-1.1	1937	8	I	0.016670	0.000754	0.000531	0.000022	0.281383	0.000019	0.281363	0.000020	−6.6	0.7	2578	26	2970	42
11K88-1.2	1937	8	II	0.008305	0.000059	0.000276	0.000003	0.281372	0.000020	0.281362	0.000020	−6.7	0.7	2576	26	2974	43
11K88-2.1	1937	8	II	0.006308	0.000411	0.000193	0.000013	0.281323	0.000018	0.281316	0.000018	−8.3	0.6	2635	23	3072	38
11K88-3.1	1937	8	II	0.005694	0.000109	0.000180	0.000004	0.281342	0.000019	0.281335	0.000019	−7.6	0.7	2609	25	3031	41
11K88-4.1	1937	8	I	0.011235	0.000189	0.000366	0.000004	0.281458	0.000025	0.281444	0.000025	−3.7	0.9	2466	33	2795	54
11K88-5.1	1937	8	I	0.010512	0.000220	0.000342	0.000008	0.281383	0.000016	0.281371	0.000017	−6.4	0.6	2565	22	2954	36
11K88-5.2	1937	8	II	0.006491	0.000029	0.000207	0.000001	0.281362	0.000017	0.281355	0.000017	−6.9	0.6	2584	23	2989	38
11K88-6.1	1937	8	II	0.005939	0.000031	0.000195	0.000001	0.281379	0.000019	0.281372	0.000019	−6.3	0.7	2561	25	2952	41
11K88-7.1	1937	8	I	0.015597	0.000058	0.000487	0.000002	0.281417	0.000022	0.281399	0.000022	−5.4	0.8	2529	29	2893	47
11K88-8.1	1937	8	I	0.012642	0.000104	0.000412	0.000003	0.281393	0.000017	0.281378	0.000017	−6.1	0.6	2557	23	2939	37
11K88-9.1	1937	8	I	0.007893	0.000119	0.000261	0.000004	0.281428	0.000019	0.281418	0.000019	−4.7	0.7	2500	25	2852	41
样品 11K86（GPS：41°37′51.5″N，86°21′10.8″E）：二长花岗岩																	
11K86-01	1930	6	I	0.008166	0.000099	0.000309	0.000003	0.281331	0.000031	0.281319	0.000031	−8.3	1.1	2633	42	3070	67
11K86-03	1930	6	I	0.008375	0.000084	0.000318	0.000002	0.281252	0.000056	0.281241	0.000056	−11.1	2.0	2739	75	3240	120
11K86-04	1930	6	I	0.004641	0.000059	0.000153	0.000001	0.281371	0.000014	0.281366	0.000014	−6.7	0.5	2568	19	2969	31
11K86-05	1930	6	II	0.004091	0.000036	0.000139	0.000001	0.281360	0.000013	0.281355	0.000013	−7.1	0.5	2583	18	2993	29
11K86-06	1930	6	I	0.006063	0.000128	0.000213	0.000003	0.281346	0.000014	0.281338	0.000014	−7.7	0.5	2607	18	3030	30
11K86-07	1930	6	I	0.006126	0.000055	0.000220	0.000002	0.281358	0.000015	0.281350	0.000015	−7.3	0.5	2591	20	3004	33

续表

样品号	t/Ma[a]	2σ	do.[b]	$^{176}Yb/^{177}Hf$	$2s$	$^{176}Lu/^{177}Hf$	$2s$	$^{176}Hf/^{177}Hf$	$2s$	$^{176}Hf/^{177}Hf_{(t)}$[c]	$2s$	$\varepsilon Hf_{(t)}$[d]	$2s$	T_{DM}[1]	$2s$	T_{DM}[2e]	$2s$
11K86-08	1930	6	II	0.004688	0.000045	0.000152	0.000001	0.281361	0.000014	0.281355	0.000014	−7.1	0.5	2582	19	2992	31
11K86-09	1930	6	I	0.004396	0.000174	0.000150	0.000007	0.281314	0.000031	0.281308	0.000031	−8.7	1.1	2645	42	3094	67
11K86-10	1930	6	II	0.004557	0.000024	0.000150	0.000000	0.281360	0.000012	0.281354	0.000012	−7.1	0.4	2584	16	2995	26
11K86-11	1930	6	I	0.010373	0.000059	0.000397	0.000003	0.281354	0.000015	0.281340	0.000015	−7.6	0.5	2607	20	3026	32
11K86-12	1930	6	I	0.007184	0.000044	0.000265	0.000001	0.281340	0.000015	0.281331	0.000016	−7.9	0.5	2617	21	3045	33
11K86-13	1930	6	II	0.004662	0.000014	0.000169	0.000001	0.281361	0.000013	0.281355	0.000013	−7.1	0.4	2583	17	2992	27
11K86-14	1930	6	I	0.007608	0.000177	0.000275	0.000006	0.281328	0.000035	0.281318	0.000035	−8.4	1.2	2635	47	3073	75
11K86-16	1930	6	I	0.009987	0.000229	0.000343	0.000008	0.281339	0.000023	0.281326	0.000024	−8.1	0.8	2624	31	3055	50
11K86-17	1930	6	I	0.005225	0.000172	0.000176	0.000005	0.281334	0.000014	0.281328	0.000014	−8.0	0.5	2619	19	3052	31
11K86-18	1930	6	II	0.005520	0.000096	0.000181	0.000001	0.281353	0.000035	0.281347	0.000035	−7.4	1.2	2594	47	3011	75
11K86-21	1930	6	I	0.013002	0.000195	0.000482	0.000007	0.281318	0.000018	0.281300	0.000018	−9.0	0.6	2662	24	3111	39
11K86-22	1930	6	II	0.005779	0.000271	0.000195	0.000009	0.281361	0.000016	0.281354	0.000017	−7.1	0.6	2585	22	2996	35
样品 12K50（GPS：41°26′10.8″N，86°51′41.3″E）：石英闪长岩 LA-ICP-MS 靶																	
12K50-01	1929	17	I	0.013226	0.000075	0.000356	0.000003	0.281430	0.000020	0.281417	0.000020	−4.9	0.7	2503	27	2858	43
12K50-03	1929	17	I	0.013226	0.000044	0.000237	0.000002	0.281362	0.000020	0.281353	0.000020	−7.1	0.7	2586	26	2997	42
12K50-05	1929	17	I	0.013226	0.000076	0.000367	0.000002	0.281429	0.000020	0.281416	0.000020	−4.9	0.7	2505	27	2862	43
12K50-06	1929	17	I	0.013226	0.000146	0.000565	0.000005	0.281407	0.000019	0.281386	0.000020	−6.0	0.7	2548	26	2926	42
12K50-10	1929	17	I	0.013226	0.000025	0.000106	0.000001	0.281410	0.000018	0.281406	0.000018	−5.3	0.6	2514	24	2883	39
12K50-11	1929	17	I	0.013226	0.000140	0.000573	0.000004	0.281460	0.000023	0.281439	0.000023	−4.1	0.8	2476	31	2811	49
12K50-15	1929	17	I	0.013226	0.000390	0.000366	0.000011	0.281427	0.000019	0.281413	0.000019	−5.0	0.7	2508	25	2867	41

续表

样品号	t/Ma[a]	2σ	do.[b]	$^{176}Yb/^{177}Hf$	$2s$	$^{176}Lu/^{177}Hf$	$2s$	$^{176}Hf/^{177}Hf$	$2s$	$^{176}Hf/^{177}Hf_{(t)}$[c]	$2s$	$\varepsilon Hf_{(t)}$[d]	$2s$	T_{DM}[1]	$2s$	T_{DM}[2e]	$2s$
12K50-16	1929	17	I	0.013226	0.000044	0.000334	0.000001	0.281438	0.000022	0.281426	0.000023	−4.6	0.8	2491	30	2840	49
12K50-17	1929	17	I	0.013226	0.000200	0.000516	0.000007	0.281442	0.000020	0.281423	0.000020	−4.7	0.7	2497	26	2845	42
12K50-20	1929	17	I	0.013226	0.000123	0.000281	0.000003	0.281433	0.000017	0.281423	0.000017	−4.7	0.6	2494	22	2847	36
SHRIMP 靶																	
12K50-1.1	1929	17	I	0.032241	0.000135	0.001029	0.000006	0.281385	0.000022	0.281347	0.000023	−7.4	0.8	2608	30	3010	47
12K50-2.1	1929	17	I	0.012531	0.000178	0.000418	0.000005	0.281432	0.000022	0.281417	0.000023	−4.9	0.8	2504	30	2859	49
12K50-3.1	1929	17	I	0.015779	0.000206	0.000509	0.000006	0.281381	0.000020	0.281363	0.000021	−6.8	0.7	2579	27	2977	43
12K50-4.1	1929	17	I	0.007174	0.000025	0.000249	0.000001	0.281421	0.000020	0.281412	0.000020	−5.1	0.7	2508	27	2869	43
12K50-5.1	1929	17	I	0.011609	0.000070	0.000401	0.000002	0.281390	0.000021	0.281375	0.000021	−6.4	0.7	2560	28	2949	45
12K50-6.1	1929	17	I	0.006677	0.000089	0.000194	0.000003	0.281392	0.000019	0.281385	0.000020	−6.0	0.7	2543	26	2929	42
12K50-6.2	1929	17	II	0.013738	0.000069	0.000484	0.000003	0.281369	0.000030	0.281351	0.000030	−7.2	1.1	2594	40	3002	65
12K50-7.1	1929	17	II	0.011795	0.000071	0.000410	0.000003	0.281419	0.000029	0.281404	0.000030	−5.3	1.0	2521	39	2887	64
12K50-7.2	1929	17	I	0.009049	0.000029	0.000313	0.000001	0.281420	0.000020	0.281408	0.000020	−5.2	0.7	2514	26	2878	43
12K50-8.1	1929	17	I	0.011094	0.000091	0.000385	0.000003	0.281427	0.000021	0.281413	0.000021	−5.0	0.7	2509	28	2868	45
12K50-9.1	1929	17	I	0.010313	0.000131	0.000338	0.000004	0.281395	0.000021	0.281382	0.000021	−6.1	0.7	2549	28	2934	45
12K50-11.1	1929	17	I	0.018792	0.000014	0.000597	0.000001	0.281453	0.000022	0.281431	0.000023	−4.4	0.8	2487	30	2828	48
12K50-12.1	1929	17	I	0.011526	0.000037	0.000390	0.000001	0.281429	0.000021	0.281415	0.000021	−5.0	0.8	2506	28	2863	46
12K50-13.1	1929	17	I	0.015458	0.000027	0.000520	0.000001	0.281436	0.000020	0.281417	0.000021	−4.9	0.7	2506	27	2859	44
样品 11K106（GPS：41°29′42.2″N，86°43′47.8″E）：含石榴子石花岗闪长岩																	
11K106-03	1934	8	II	0.013226	0.000097	0.000277	0.000004	0.281450	0.000016	0.281440	0.000017	−4.0	0.6	2471	22	2807	35
11K106-04	1934	8	I	0.013226	0.000015	0.000076	0.000001	0.281462	0.000017	0.281460	0.000017	−3.3	0.6	2442	22	2763	36
11K106-05	1934	8	I	0.013226	0.000110	0.000498	0.000004	0.281490	0.000021	0.281471	0.000022	−2.8	0.8	2432	29	2738	46

续表

样品号	t/Ma[a]	2σ	do.[b]	$^{176}Yb/^{177}Hf$	2s	$^{176}Lu/^{177}Hf$	2s	$^{176}Hf/^{177}Hf$	2s	$^{176}Hf/^{177}Hf_{(t)}$[c]	2s	$\varepsilon Hf_{(t)}$[d]	2s	T_{DM}[1]	2s	T_{DM}[2e]	2s
11K106-08	1934	8	II	0.013226	0.000033	0.000238	0.000002	0.281479	0.000017	0.281470	0.000017	−2.9	0.6	2430	23	2740	37
11K106-09	1934	8	II	0.013226	0.000055	0.000332	0.000002	0.281468	0.000018	0.281455	0.000019	−3.4	0.7	2451	25	2772	40
11K106-10	1934	8	I	0.013226	0.000136	0.000371	0.000005	0.281463	0.000014	0.281449	0.000014	−3.6	0.5	2460	18	2786	30
11K106-11	1934	8	I	0.013226	0.000355	0.000281	0.000012	0.281504	0.000026	0.281493	0.000026	−2.1	0.9	2399	35	2690	56
11K106-13	1934	8	I	0.013226	0.000138	0.000770	0.000004	0.281490	0.000015	0.281461	0.000016	−3.2	0.5	2449	21	2759	33
11K106-14	1934	8	II	0.013226	0.000165	0.000374	0.000006	0.281456	0.000025	0.281442	0.000025	−3.9	0.9	2470	33	2801	54
11K106-15	1934	8	I	0.013226	0.000584	0.001027	0.000021	0.281512	0.000018	0.281474	0.000019	−2.8	0.6	2435	24	2732	39
样品 12K49（GPS：41°27′18.8″N，86°49′26.2″E）：含石榴子石花岗闪长岩																	
12K49-07	1934	8	I	0.013226	0.000031	0.000033	0.000001	0.281382	0.000018	0.281381	0.000018	−6.1	0.6	2547	24	2935	39
12K49-11	1934	8	II	0.013226	0.000017	0.000034	0.000000	0.281425	0.000019	0.281424	0.000019	−4.5	0.7	2489	26	2841	42
12K49-12	1934	8	II	0.013226	0.000008	0.000025	0.000000	0.281353	0.000020	0.281352	0.000020	−7.1	0.7	2585	27	2997	44
12K49-13	1934	8	I	0.013226	0.000329	0.000258	0.000013	0.281528	0.000025	0.281518	0.000025	−1.2	0.9	2365	33	2635	54
12K49-18	1934	8	I	0.013226	0.001175	0.000545	0.000041	0.281451	0.000019	0.281431	0.000021	−4.3	0.7	2487	26	2826	42
12K49-19	1934	8	II	0.013226	0.000095	0.000255	0.000002	0.281402	0.000018	0.281392	0.000018	−5.7	0.6	2535	24	2910	39
12K49-21	1934	8	II	0.013226	0.000094	0.000080	0.000004	0.281486	0.000018	0.281483	0.000018	−2.4	0.6	2410	23	2712	38
12K49-26	1934	8	I	0.013226	0.000006	0.000019	0.000000	0.281373	0.000018	0.281372	0.000018	−6.4	0.6	2558	23	2954	38
12K49-27	1934	8	I	0.013226	0.000010	0.000020	0.000000	0.281383	0.000017	0.281382	0.000017	−6.0	0.6	2545	23	2932	38
12K49-28	1934	8	I	0.013226	0.000006	0.000020	0.000000	0.281369	0.000018	0.281368	0.000018	−6.5	0.6	2563	24	2962	39
样品 11K101（GPS：41°31′43.7″N，86°35′52.5″E）：英云闪长岩																	
11K101-10	1931	5	II	0.013226	0.000185	0.000304	0.000007	0.281539	0.000033	0.281528	0.000033	−0.9	1.2	2353	44	2616	71
11K101-11	1931	5	II	0.013226	0.000046	0.000189	0.000000	0.281634	0.000017	0.281627	0.000017	2.6	0.6	2219	23	2400	37
11K101-12	1931	5	I	0.013226	0.000042	0.000174	0.000002	0.281581	0.000015	0.281574	0.000015	0.7	0.5	2289	20	2515	33

续表

样品号	t/Ma[a]	2σ	do.[b]	$^{176}Yb/^{177}Hf$	$2s$	$^{176}Lu/^{177}Hf$	$2s$	$^{176}Hf/^{177}Hf$	$2s$	$^{176}Hf/^{177}Hf_{(t)}$[c]	$2s$	$\varepsilon Hf_{(t)}$[d]	$2s$	T_{DM}[1]	$2s$	T_{DM}[2e]	$2s$
11K101-13	1931	5	II	0.013226	0.000052	0.000273	0.000002	0.281676	0.000031	0.281666	0.000031	4.0	1.1	2167	41	2315	67
11K101-15-1	1931	5	II	0.013226	0.000023	0.000220	0.000001	0.281681	0.000019	0.281673	0.000019	4.3	0.7	2157	25	2299	41
11K101-16	1931	5	I	0.013226	0.000058	0.000297	0.000001	0.281613	0.000015	0.281602	0.000016	1.7	0.5	2254	21	2455	34
11K101-17-1	1931	5	I	0.013226	0.000094	0.000301	0.000003	0.281633	0.000015	0.281622	0.000015	2.4	0.5	2226	20	2411	32
11K101-18-1	1931	5	I	0.013226	0.000580	0.000672	0.000018	0.281634	0.000016	0.281610	0.000016	2.0	0.6	2246	21	2438	34
11K101-20	1931	5	II	0.013226	0.000013	0.000190	0.000001	0.281627	0.000017	0.281620	0.000017	2.4	0.6	2228	22	2415	36
11K101-22	1931	5	II	0.013226	0.000032	0.000202	0.000001	0.281586	0.000020	0.281578	0.000020	0.9	0.7	2284	26	2506	43
样品12K92（GPS：41°31′50.1″N，86°48′13.1″E）：奥长花岗岩 LA-ICP-MS靶																	
12k92-01	1943	11	I	0.013226	0.000213	0.000146	0.000007	0.281552	0.000013	0.281546	0.000013	0.0	0.5	2327	17	2569	28
12k92-02	1943	11	II	0.013226	0.000218	0.000232	0.000009	0.281674	0.000028	0.281665	0.000028	4.2	1.0	2168	38	2309	61
12k92-04	1943	11	I	0.013226	0.000275	0.000319	0.000009	0.281585	0.000014	0.281574	0.000015	1.0	0.5	2292	19	2509	31
12k92-06	1943	11	II	0.013226	0.000033	0.000185	0.000000	0.281550	0.000012	0.281543	0.000012	−0.1	0.4	2331	16	2575	27
12k92-07	1943	11	I	0.013226	0.000047	0.000208	0.000002	0.281603	0.000032	0.281595	0.000033	1.8	1.2	2262	44	2462	71
12k92-08	1943	11	I	0.013226	0.000554	0.000476	0.000018	0.281593	0.000014	0.281575	0.000014	1.1	0.5	2291	18	2506	30
12k92-09	1943	11	II	0.013226	0.000105	0.000236	0.000004	0.281594	0.000014	0.281586	0.000014	1.4	0.5	2275	18	2483	30
12k92-10	1943	11	I	0.013226	0.000067	0.000308	0.000002	0.281617	0.000016	0.281606	0.000016	2.1	0.6	2248	22	2439	35
12k92-11	1943	11	II	0.013226	0.000428	0.000382	0.000016	0.281570	0.000017	0.281556	0.000018	0.4	0.6	2316	23	2548	37
12k92-12	1943	11	I	0.013226	0.000410	0.000678	0.000013	0.281571	0.000013	0.281546	0.000014	0.0	0.5	2332	18	2569	29
SHRIMP靶																	
12K92-1.1	1943	11	I	0.021951	0.000120	0.000768	0.000004	0.281619	0.000019	0.281591	0.000020	1.6	0.7	2272	27	2471	42
12K92-2.1	1943	11	II	0.004813	0.000180	0.000174	0.000006	0.281584	0.000027	0.281578	0.000027	1.2	1.0	2284	36	2500	59
12K92-3.1	1943	11	I	0.033555	0.001199	0.001281	0.000044	0.281635	0.000021	0.281588	0.000023	1.5	0.7	2281	29	2477	46

续表

样品号	t/Ma[a]	2σ	do.[b]	$^{176}Yb/^{177}Hf$	$2s$	$^{176}Lu/^{177}Hf$	$2s$	$^{176}Hf/^{177}Hf$	$2s$	$^{176}Hf/^{177}Hf_{(t)}$[c]	$2s$	$\varepsilon Hf_{(t)}$[d]	$2s$	T_{DM}[1]	$2s$	T_{DM}[2e]	$2s$
12K92-4.1	1943	11	I	0.011914	0.000025	0.000466	0.000001	0.281567	0.000017	0.281550	0.000017	0.2	0.6	2325	23	2561	37
12K92-5.1	1943	11	II	0.009832	0.000033	0.000338	0.000002	0.281575	0.000020	0.281563	0.000020	0.6	0.7	2306	27	2533	44
12K92-6.1	1943	11	I	0.025863	0.000142	0.001025	0.000006	0.281618	0.000023	0.281580	0.000023	1.2	0.8	2289	31	2495	49
12K92-7.1	1943	11	II	0.016907	0.000250	0.000597	0.000009	0.281505	0.000019	0.281483	0.000020	−2.2	0.7	2417	26	2707	42
12K92-8.1	1943	11	I	0.040826	0.001012	0.001516	0.000030	0.281572	0.000020	0.281516	0.000022	−1.0	0.7	2383	28	2635	43
12K92-9.1	1943	11	I	0.030232	0.000425	0.001158	0.000013	0.281536	0.000022	0.281493	0.000023	−1.9	0.8	2410	30	2684	48
12K92-10.1	1943	11	I	0.014240	0.000900	0.000521	0.000031	0.281592	0.000017	0.281573	0.000018	1.0	0.6	2294	23	2510	37
12K92-11.1	1943	11	I	0.003499	0.000111	0.000130	0.000004	0.281544	0.000017	0.281539	0.000018	−0.2	0.6	2336	23	2585	38
12K92-12.1	1943	11	I	0.037602	0.000667	0.001407	0.000022	0.281642	0.000023	0.281590	0.000024	1.6	0.8	2280	32	2474	50
12K92-13.1	1943	11	I	0.016991	0.001215	0.000665	0.000049	0.281687	0.000023	0.281663	0.000025	4.2	0.8	2174	32	2314	51
12K92-15.1	1943	11	I	0.034622	0.000261	0.001336	0.000008	0.281628	0.000022	0.281578	0.000023	1.2	0.8	2294	31	2499	49

注：a：加权平均年龄或上交点年龄，误差为 2σ；

b：锆石区域：I-岩浆锆石；II-变质锆石；

c：衰变常数为 $\lambda^{176}Lu=1.867\times10^{-11}$（Söderlund et al.，2004）；

d：球粒陨石参数为 $^{176}Hf/^{177}Hf=0.282772$，$^{176}Lu/^{177}Hf=0.0332$（Blichert-Toft and Albarède，1997）；

e：二阶段模式年龄的计算使用 $^{176}Lu/^{177}Hf=0.015$（平均大陆地壳，Griffin et al.，2002）

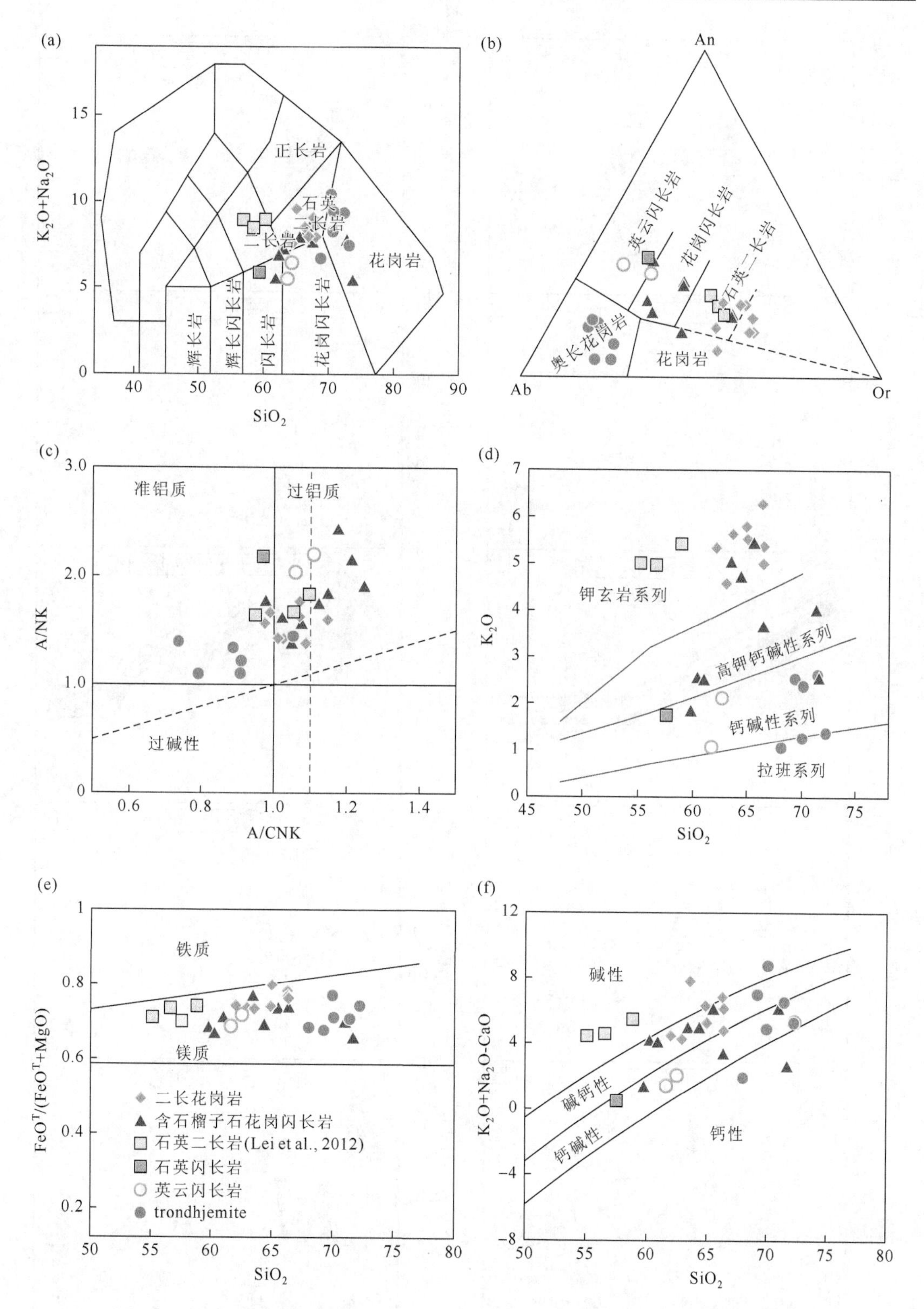

图3-27　库鲁克塔格西段古元古代晚期花岗岩地球化学分类图（Ge et al.，2015）

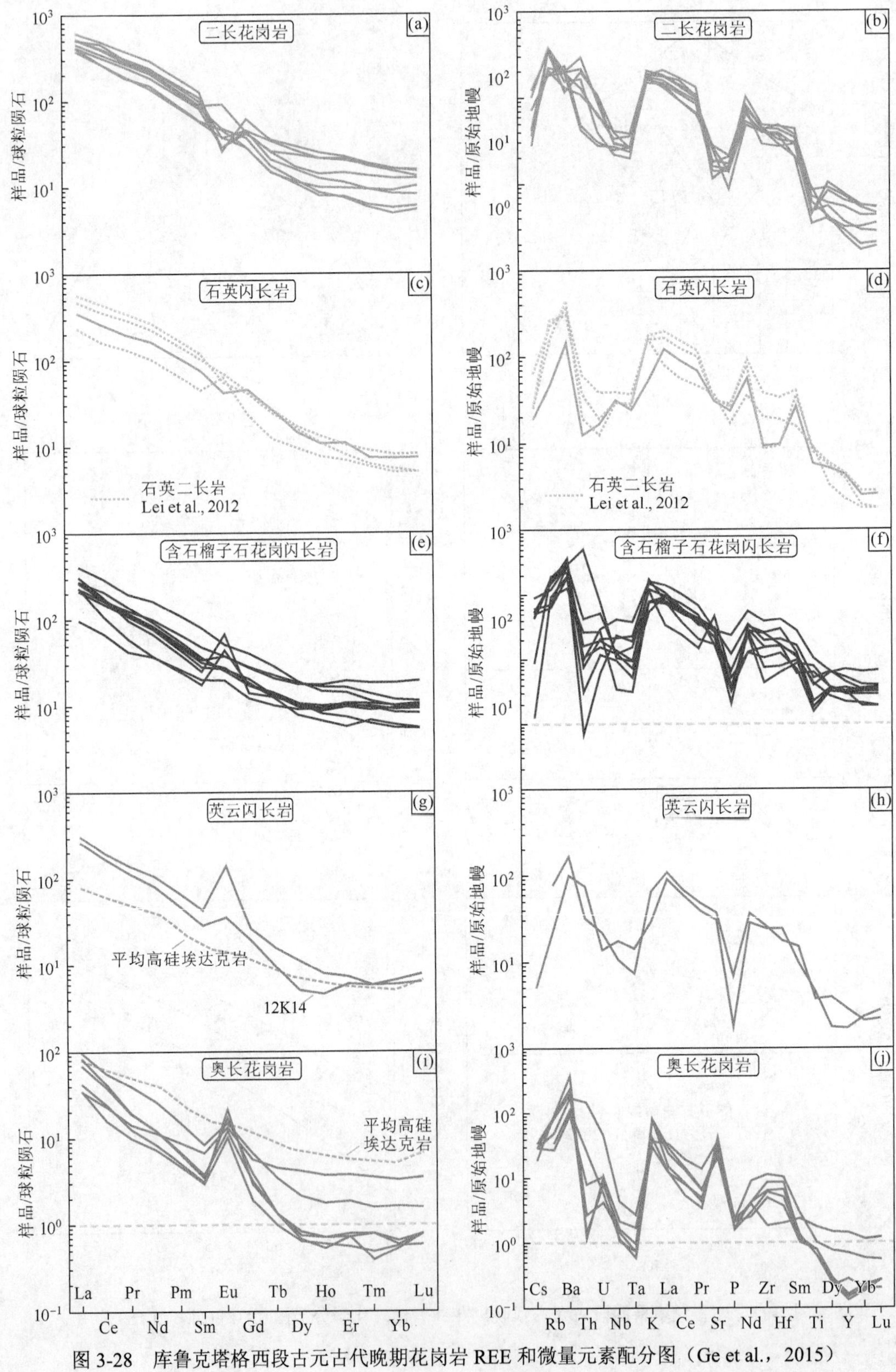

图 3-28　库鲁克塔格西段古元古代晚期花岗岩 REE 和微量元素配分图（Ge et al.，2015）

奥长花岗岩具有高 SiO_2（66.6%～70.9%）、高 Na_2O（5.4%～7.9%）、低 K_2O（0.9%～2.5%）的特征，因此具有很高的 Na_2O/K_2O 值（2.6～6.0，表 3-9）。除样品 12K92-4（$Fe_2O_3^T$+MgO=6.6%）外，其余样品具有低的 $Fe_2O_3^T$+MgO（1.6%～2.3%）（表 3-9），类似于浅色花岗岩。这些岩石大多为准铝质（图 3-27（c）），属于钙碱性至拉斑系列或镁质钙性至碱性系列（图 3-27（d）～（f）），且具有显著的 Eu 正异常及 HREE 的亏损；在微量元素蛛网图上，大多数样品具有显著的 Ba 和 Sr 的正异常（图 3-28（i）和（j）），产生非常高的 Sr/Yb（255～926）和$(La/Yb)_N$(60～143)值；样品同时具有不同程度的 Th、U、Nb-Ta、P 和 Ti 亏损（图 3-28（j））。

3.2.6 讨论

1. 岩体侵位与变质时代

库鲁克塔格中西部广泛分布的古元古代晚期变质花岗岩，标志着塔里木北缘一期重要的岩浆事件，但其岩浆侵位和变质作用时代一直缺乏很好的约束。前人的年代学研究给出较零星的、分散的结晶年龄，跨度从 2071±37Ma 到 1912±12Ma（高振家，1993；郭召杰等，2003；黄存焕和高振家，1986；Long et al.，2012；Lei et al.，2012），其中早期的 TIMS 锆石 U-Pb 年龄（2071±37Ma、1943±6Ma 及 1912±12Ma）（高振家，1993；郭召杰等，2003；黄存焕和高振家，1986）可能代表混合年龄，因为 CL 图像显示这些岩体中的锆石普遍包含变质边（Lei et al.，2012；Long et al.，2012；本书），说明其至少遭受了一期变质作用。Long 等（2012）在库鲁克塔格中部的一个二云母花岗岩中的具有团块构造的“热液锆石”中获得了 1915±13Ma 的 LA-ICP-MS U-Pb 年龄，并将其解释为岩浆结晶年龄，但这个样品中包含大量较老的不谐和锆石，其 $^{176}Hf/^{177}Hf$ 值与～1.92Ga 锆石一致，说明后者可能是更老锆石由于变质过程中 U-Pb 同位素重置而 Lu-Hf 同位素保持封闭形成的，因此其年龄可能代表变质作用的时代。Lei 等（2012）报道了库鲁克塔格西部的一个石英二长岩和一个二长花岗岩的 LA-ICP-MS 锆石 U-Pb 年龄分别为 1934±13Ma 和 1944±19Ma，且岩浆核与变质边的年龄在误差范围内一致，该作者认为这些花岗岩体经历了与岩浆侵位同期的变质作用。

本书的 LA-ICP-MS 数据证实，这些岩体中岩浆锆石和变质锆石确实具有一致的～1.93～1.94Ga 的 U-Pb 年龄，在 $^{207}Pb/^{206}Pb$ 年龄 1%～2%的分析误差（1σ）范围内是无法区分的。但是，二长花岗岩样品 11K88 的 SHRIMP 数据误差一般小于 1%（1σ），且给出的岩浆核的加权平均 $^{207}Pb/^{206}Pb$ 年龄为 1940±5Ma（2σ），而变质边的加权平均 $^{207}Pb/^{206}Pb$ 年龄为 1917±12Ma（2σ，图 3-25（b）），这两个年龄在 95%置信区间内是不同的。另一个用 SHRIMP 分析的样品（12K50）中两个变质锆石的 $^{207}Pb/^{206}Pb$ 表面年龄（1914±9Ma，1σ）也略小于其岩浆结晶年龄（1929±17Ma，2σ），尽管由于该样品锆石 U 含量低其年龄误差较大。总之，这些数据说明，库鲁克塔格地区的古元古代花岗岩侵位于～1.93～1.94Ga，并在～1.91～1.92Ga 遭受变质，变质作用发生在岩浆侵位后 10Myr 的范围内。

花岗岩中变质锆石的形成机制对 Hf-O 同位素数据的解释及其岩浆成因意义至关重要。前人研究表明，变质锆石可以形成于两种完全不同的机制：固态重结晶和新生锆石生长（Gerdes and Zeh，2009；Zeh et al.，2010a）。本书中的变质锆石呈亮色的锆石边或完整的锆石颗粒，具有均质的结构或团块构造（图 3-24），表明其为变质成因，并通常具有比岩浆锆石低的 Th、U 含量，尽管样品 12K50 中的暗色锆石边具有较高的 Th、U 含量（表 3-5 和表 3-6）。这些变质锆石具有与岩浆锆石类似的初始 $^{176}Hf/^{177}Hf$ 值（图 3-26（a）），其 $\delta^{18}O$ 也大多与岩浆核类似。分析点 12K92-7.1 的 $\delta^{18}O$ 值（4.6‰）明显低于相应的岩浆锆石（表 3-7），可能是由于变质过程中的高温热液蚀变（Bindeman，2008）。上述事实说明，这些变质锆石可能大多形成于固态重结晶作用，岩浆锆石的 U-Th-Pb 同位素体系在变质过程中被扰动，而 Lu-Hf 和 O 同位素基本保持封闭。一些岩浆锆石和变质锆石具有反向不谐和的 U-Pb 年龄，是 U-Th-Pb 体系不封闭的证据（Kusiak et al.，2013b）。也就是说，大多数岩浆锆石和变质锆石（除 12K92-7.1 外）可能保留了岩浆锆石的初始 Hf-O 同位素组成，可以用来探讨岩浆演化。

2. 岩石成因：古老地壳再造与新生地壳添加

岩浆源区和熔融条件（如温度、压力、含水量）是决定花岗岩岩浆初始化学成分的最重要因素。前人将库鲁克塔格西部的古元古代晚期花岗岩解释为新太古代 TTG 或其他变质火成岩部分熔融的产物（Lei et al.，2012；Long et al.，2012），这主要是基于一些高钾岩石（石英二长岩、二长花岗岩和二云母花岗岩）负的锆石 εHf 值。但是，对库鲁克塔格地区已有太古宙变质岩浆岩锆石 Hf 同位素数据的总结表明，其地壳模式年龄（T_{DM}^2）多分布于 2.5～2.8Ga 和 3.1～3.4Ga 两个区间，峰值分别为～2.7 和～3.3Ga（图 3-26（c）），而～1.94～1.93Ga 高钾花岗岩的锆石 T_{DM}^2 值大多介于 2.8～3.1Ga，峰值为～3.0Ga，位于～2.7 和～3.3Ga 这样两个峰值之间（图 3-26（c）），说明其来源于这两期变质岩浆岩的混合或其他不同的岩浆源区。值得注意的是，这些高钾花岗岩具有与兴地塔格群变质沉积岩中的～1.85Ga 变质新生锆石一致的 Hf 同位素组成，两者 Hf 模式年龄峰值均为～3.0Ga。而且本书的锆石 O 同位素数据表明，二长花岗岩（样品 11K88）具有很高的 $\delta^{18}O$ 值（9.6‰～11.1‰，平均 10.4‰），明显高于库鲁克塔格地区太古宙岩浆锆石（～2.5 和～2.7Ga 岩石的平均 $\delta^{18}O$ 值分别为 7.7‰和 8.1‰），也高于世界其他克拉通太古宙岩浆锆石的 $\delta^{18}O$ 值（5‰～7.5‰）（Valley et al.，2005），但与许多新元古代—显生宙 S 型花岗岩中的岩浆锆石的 $\delta^{18}O$ 值一致（Appleby et al.，2010；Wang X L et al.，2013），计算获得的全岩 $\delta^{18}O$ 值（10.8‰～12.4‰，平均 11.7‰，Si_2O=61.5%）接近于一些沉积岩的原岩 $\delta^{18}O$ 值（Valley，2003；Valley et al.，2005）。这些数据表明，古元古代变质沉积岩，即兴地塔格群，可能在这些高钾花岗质岩石的成因中起着重要作用。

石英闪长岩样品 12K50 也具有负的锆石 εHf 和高的锆石 $\delta^{18}O$ 值，计算获得的全岩 $\delta^{18}O$ 值（9.8‰～11.8‰，平均 10.6‰，Si_2O=56%）比二长花岗岩稍低，但显著高于幔源岩浆岩或未蚀变的壳源火成岩（Valley，2003；Valley et al.，2005），说明表壳岩对其岩浆源区有重要的贡献。含石榴子石花岗闪长岩具有一些 S 型花岗岩的特征，如石榴子石（±白云母）的存在，多数为强过铝，具有高的 P_2O_5 等（Chappell and White，2001），这些岩石具有负的锆石 εHf 值，类似于二长花岗岩，说明其可能来源于变质沉积岩的部分熔融。

相反，英云闪长岩和奥长花岗岩以低钾高钠（Na_2O/K_2O＞2）为特征，一般认为这种钠质花岗岩（如TTG、埃达克岩）是水化的基性岩（斜长角闪岩和榴辉岩）部分熔融的产物。这些岩石具有比高钾花岗岩更加新生的Hf同位素组成，其中放射性成因Hf最高的锆石（εHf达+4.3）落在2.5～2.8Ga地壳演化线的上方（图3-26（b）），说明新生地壳是其岩浆源区的重要组成部分。而且，奥长花岗岩（样品12K92）的锆石δ^{18}O值（5.2‰～7.9‰，平均6.2‰）比高钾花岗岩低很多，其中最低的值落在地幔锆石的范围内（5.3‰±0.3‰，1σ）（Valley，2003；Valley et al.，2005）。这些数据说明英云闪长岩和奥长花岗岩的源区可能以下地壳新生基性岩为主。

这些钠质花岗岩，特别是奥长花岗岩，具有高Sr含量、正Eu异常、低Y和Yb，因此具有很高的Sr/Y、La/Yb和Gd/Yb值（图3-29（g）和（h），表3-9），这些地球化学特征与太古宙高铝TTG和后太古宙埃达克岩一致（图3-29（a）和（b）），这一般被解释为岩浆源区存在石榴子石/角闪石且缺乏斜长石的结果，或石榴子石/角闪石发生分离结晶而斜长石没有分离（Drummond and Defant，1990；Martin et al.，2005）。此外，这些样品相对于普通的玄武质岩石而言具有更高的Nb/Ta（21.7～34.7）和Zr/Sm（19.9～181）值（图3-29（c）），分别说明岩浆源区可能有金红石和单斜辉石的残留，因为在部分熔融过程中Ta比Nb优先富集于金红石，而Sm相对于Zr更易于富集在单斜辉石（Foley et al.，2002；Rapp et al.，2003；Xiong et al.，2005；Xiong，2006）。而且，这些样品的Nb/Ta值显著高于球粒陨石（19.9±0.6），这一点具有重要的地质意义，因为地球上几乎所有的地球化学储库的Nb/Ta值均低于球粒陨石，即所谓的“Nb-Ta之谜”（the Nb-Ta paradox，Münker et al.，2003），而只有金红石可以导致Nb-Ta的显著分异（Xiong et al.，2005；Xiong，2006）。这些样品显著的Nb-Ta亏损说明岩浆源区有大量的金红石残留。但有些样品具有低的MREE（如Dy、Ho）及平坦的MREE/HREE样式，说明角闪石可能也是一个重要的源区残留相。这些证据要求部分熔融发生在较高的压力下（＞15 kbar或50km），熔融残留体为含金红石榴辉岩（石榴子石+单斜辉石+金红石±角闪石）（Xiong et al.，2005；Xiong，2006）。这种高压部分熔融条件可能发生于年轻洋壳“热”俯冲或加厚下地壳条件下。这些样品具有低的MgO（0.5%～2.0%）、$Mg^{\#}$（40～51）及Cr（3～60ppm）、Ni（2～14ppm）含量（图3-29（e）和（f）），表明这些钠质花岗岩岩浆几乎没有与地幔橄榄岩的相互作用，从而排除了俯冲洋壳板片部分熔融的可能（Smithies，2000；Condie，2005；Martin et al.，2005），这也排除了拆沉下地壳部分熔融发生的可能性。因此，本书认为，库鲁克塔格地区古元古代晚期英云闪长岩和奥长花岗岩最有可能来源于加厚（＞50km）基性新生下地壳的部分熔融，前者可能熔融程度比后者高。

尽管单个样品的锆石Hf和O同位素变化范围较小，但其变化范围（Hf同位素为2～6个εHf单位，O同位素为1.5‰～2.7‰）仍然超过了标样的分析误差（Hf同位素为±1.1个εHf单位，O同位素为±0.6‰，2σ）。这种变化一般被归因于源区不均一性和/或开放的岩浆演化过程，如岩浆混合与同化混染（Kemp et al.，2007；Bolhar et al.，2008；Appleby et al.，2008，2010；Li et al.，2009；Marschall et al.，2010；Wang X L et al.，2013；Miles et al.，2013）。在锆石δ^{18}O与εHf协变图中（图3-30），无论单个样品还是所有样品总体，均具有较好的负相关性。图3-30还展示了兴地塔格群及～2.5和～2.7Ga的

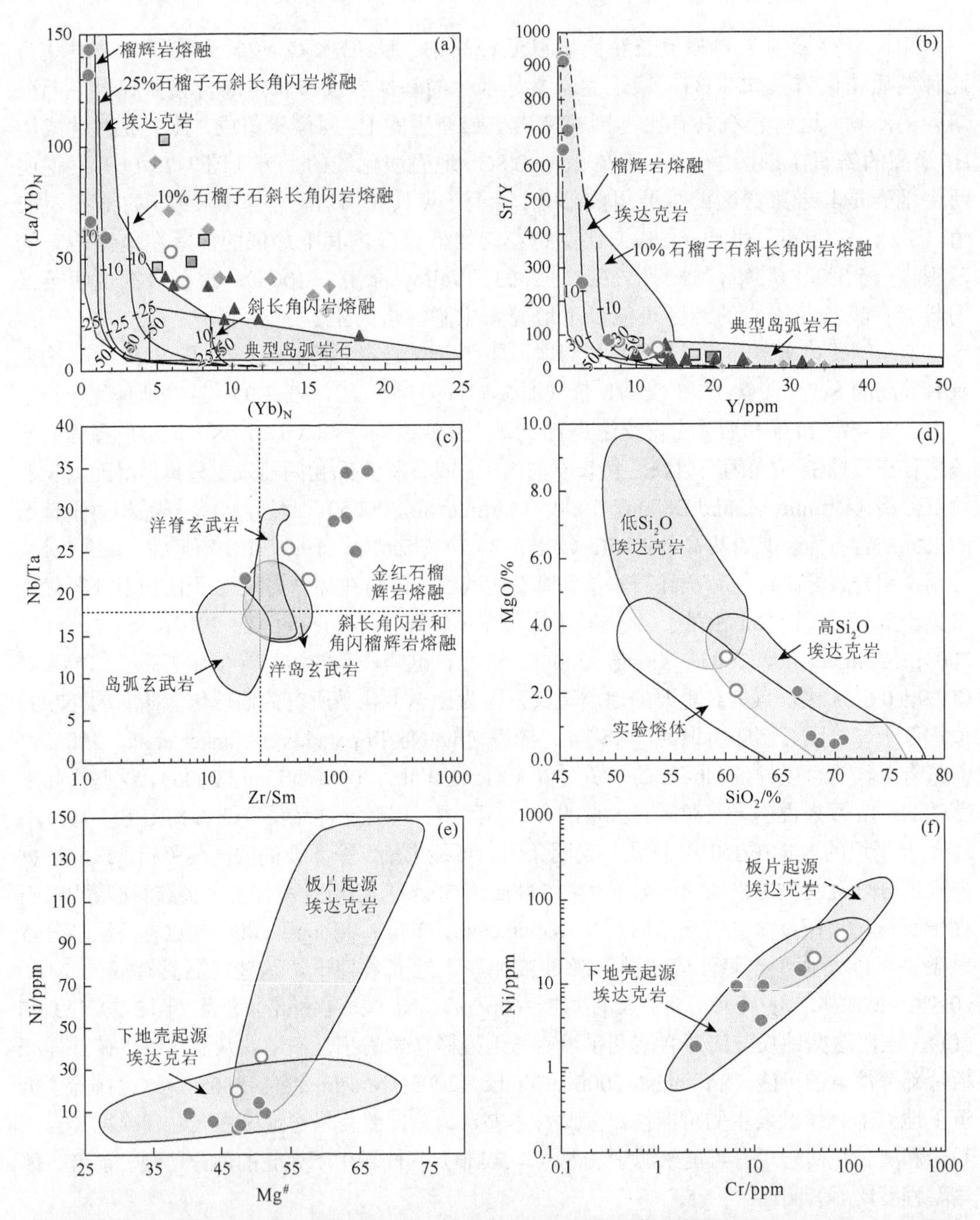

图 3-29 (a)、(b)分别为埃达克岩的$(La/Yb)_N$-$(Yb)_N$与Sr/Y-Y判别图解(据 Drummond and Defant，1990)；(c)为奥长花岗岩和英云闪长岩的Nb/Ta-Zr/Sm图解，玄武岩区域据(Foley et al.，2002 与 Condie，2005)；(d)、(e)、(f) 分别为奥长花岗岩和英云闪长岩的MgO-SiO_2图解、Ni-$Mg^{\#}$图解和Ni-Cr图解，相关参考区域据 Martin 等（2005）和 Wang 等（2012）（Ge et al.，2015）

变质岩浆岩中锆石 Hf-O 同位素的平均值与 1σ 范围（Long et al.，2010，2011a；笔者未发表数据）。从图中可见，～2.5Ga 和～2.7Ga 的片麻状变质岩浆岩（TTG、花岗质片麻岩、变质闪长岩、变质辉长岩）均不可能是富钾的二长花岗岩和石英闪长岩或富钠的奥长花岗岩的源区，相反，前者可被解释为幔源基性岩浆与变质沉积岩的混合，而后者则可被解释为变质沉积岩对新生地壳来源的岩浆的混染。

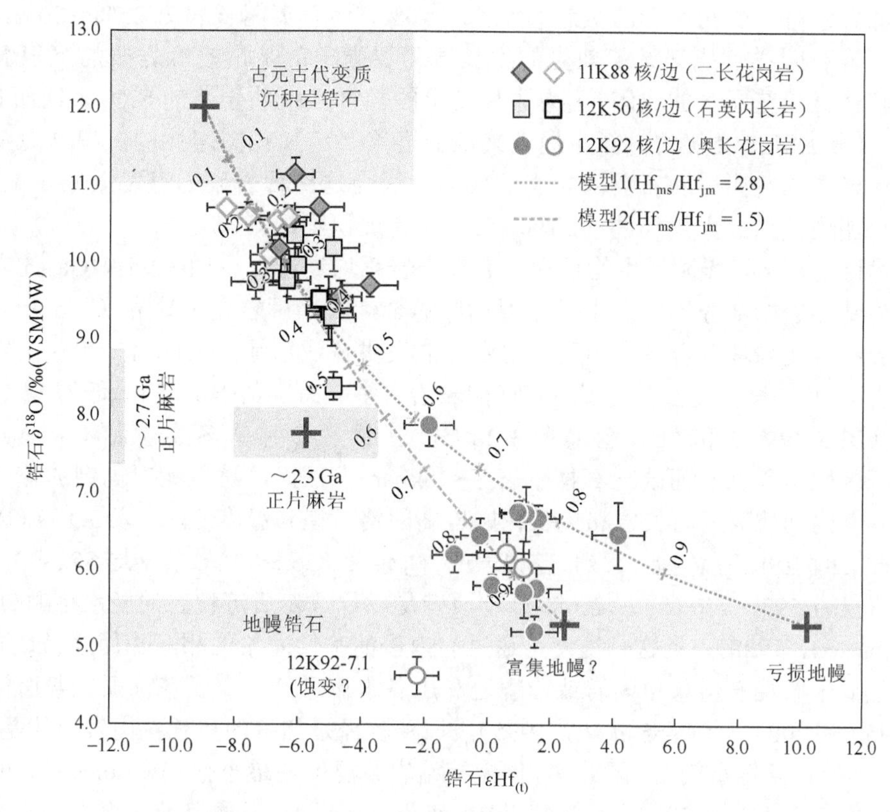

图 3-30　库鲁克塔格西段古元古代晚期花岗岩锆石 Hf-O 同位素模拟（Ge et al.，2015）

对变质沉积岩和亏损地幔或新生地壳对岩浆源区的相对贡献的估计，取决于对这些端元组分的锆石 Hf-O 同位素的估计。由于库鲁克塔格地区缺失与花岗岩同期的基性岩，其地幔源区的 Hf 同位素组成存在不确定性。奥长花岗岩中具有与地幔类似的 $\delta^{18}O$ 值（5‰～6‰）的锆石的 εHf 值为+0.2～+1.6（T_{DM}^2～2.5Ga，表 3-7），显著低于同期亏损地幔的值（εHf=+10.2，t=1940Ma），说明地幔源区是相对富集的，或者所谓的“新生地壳”其实早在 1.94Ga 之前的某个时期（2.5Ga？）就已从亏损地幔抽取出来。后一种解释的可能性相对较小，因为～2.5Ga 的变质岩浆岩并没有类似于地幔锆石的 O 同位素组成（图 3-30，本书未发表数据），尽管并不能完全排除地壳深部尚未出露的岩石具有类似特征。也就是说，奥长花岗岩的原岩可能大多来源于相对富集的地幔。但是，该样品中几个具有高放射性成因 Hf 的锆石具有更高的 $\delta^{18}O$ 值（如 12K92-13.1 的 εHf 为+4.2，而 $\delta^{18}O$ 为 6.5‰，表 3-8），这很难用富集地幔来源岩浆的地壳混染解释，相反，可以解释为亏损地幔物质与 15%～40%的变质沉积物混合（模型 1，图 3-30）。用富集地幔成分（假设 εHf=+2.5），奥长花岗岩中的其他锆石可以解释为幔源物质不到 20%的沉积物混染（模型 2，图 3-30）。这说明塔里木北缘古元古代地幔存在不均一性，亏损地幔与富集地幔均为下地壳底侵基性岩的重要源区。

所幸的是，使用不同的地幔组分（富集或亏损）并不太影响对二长花岗岩和石英闪长岩源区中幔源岩浆贡献的估计，因为两个模型均向变质沉积岩成分收敛。据此估计的幔源岩浆对二长花岗岩的贡献为15%～40%，而石英闪长岩为25%～50%，说明这些富钾岩石同样可能记录了地壳的生长。需要指出的是，幔源岩浆的沉积混染不能用来解释奥长花岗岩的成因，因为这种简单的混合产生的岩浆的SiO_2太低而MgO、Cr、Ni 含量太高；类似的，新生地壳来源的岩浆（奥长花岗岩）的沉积物混染也不能用来解释二长花岗岩和石英闪长岩的成因，因为这两种岩浆的温度太低（见下文）而不太可能进行如此大规模的（50%～85%）的沉积物混染。

上述讨论显示，幔源新生物质和古老表壳岩系均被卷入～1.93～1.94Ga 的岩浆作用。新生基性岩的部分熔融发生在强烈加厚的金红石榴辉岩相下地壳（＞50km），而变质表壳岩与幔源基性岩浆的相互作用则可能发生在浅部地壳，因为二长花岗岩、石英闪长岩/石英二长岩及含石榴子石花岗闪长岩大多具有高的 Yb 和 Y、低的 Sr 含量和 Sr/Y 值（图 3-29（a）和（b），注意图 3-28（b）、（d）、（f）中大多数样品的 Sr 负异常），说明其源区残留斜长石而缺乏石榴子石（＜8kbar）。然而，这些相对高钾的花岗质岩石反而具有比钠质英云闪长岩和奥长花岗岩高的锆石饱和温度（T_{Zr}，表 3-10）（Watson and Harrison，1983），例如，二长花岗岩的 T_{Zr} 值为 825～894℃（平均 872℃），而奥长花岗岩仅为 593～740℃（平均 689℃），前者足以导致变质沉积岩的脱水熔融（Breton and Thompson，1988），且这一温度可通过与内侵的基性岩浆的相互作用轻易达到，而后则显然低于石榴石斜长角闪岩或榴辉岩高压脱水熔融产生奥长花岗质岩浆所需的温度（～850～1000℃）（Rapp et al.，1995）。一种解释是初始的奥长花岗岩熔体是 Zr 不饱和的，其中缺乏继承锆石，因此 T_{Zr} 仅为初始岩浆温度的最小值（Watson and Harrison，1983；Miller et al.，2003）；另一种解释是，低温（～800℃）的奥长花岗岩岩浆可以通过含水或水饱和熔融产生（Prouteau et al.，1999，2001）。尽管加厚下地壳底部可通过基性岩浆的不断底侵获得较高的温度甚至发生部分熔融，这一过程在科迪勒拉岩基中表现最为典型（Atherton and Petford，1993；Petford and Atherton，1996），但其形成的熔体相对富 K_2O 贫 Na_2O，更像是花岗岩而非典型的奥长花岗岩。基于实验岩石学研究，Prouteau 等（1999，2001）认为，俯冲板片在水饱和的低温（＜900℃）条件下部分熔融更有可能产生奥长花岗岩熔体。尽管前文讨论已排除了这种板片熔融的可能性，但基性下地壳中大量外来流体的加入可以通过含水的岛弧玄武岩或安山岩的底侵来实现（Whitney，1988），奥长花岗岩熔体中高的水含量也抑制了斜长石的分离结晶但允许角闪石和石榴子石的分离（Müntener et al.，2001），从而保持其埃达克岩的地球化学属性。这一解释意味着，在大陆岛弧地区，花岗岩的熔融温度可能与地温梯度相反。

第4章　新元古代岩浆作用与构造热事件

4.1　新元古代岩浆作用概述

新元古代全球范围内广泛分布着基性岩墙、大火成岩省、双峰式火山岩和花岗岩，这些岩浆活动对理解罗迪尼亚超大陆的裂解和重建起着关键的作用。一些研究者提出，许多古老克拉通上出现的这一时期的基性侵入岩、基性-超基性侵入杂岩和碱性花岗岩与地幔柱活动有关（Li et al.，2003，2008）。新元古代罗迪尼亚超大陆的基性岩浆作用主要发生在860～720Ma期间，包含三个年龄峰，分别是830～790Ma、780～755Ma 和 745～720Ma。830～790Ma 的基性岩浆作用以澳大利亚中部的824±4Ma Amata 岩墙群（Sun and Sheraton，1996）、澳大利亚东南部的827±6Ma Gairdner 岩墙群和827±9Ma Little Broken Hill 辉长岩（Wingate et al.，1998）以及贵州北部的828±7Ma 基性-超基性的岩墙或岩席为代表（Li et al.，1999）。这些基性岩浆事件被认为是超级地幔柱活动的最初信号，其启动了罗迪尼亚超大陆的初始裂解。780～755Ma 的基性岩浆作用以澳大利亚西部的 755±3Ma Mundine Well 岩墙群（MDS）（Wingate and Giddings，2000；Li et al.，2006）、劳伦西亚西部的约 780Ma Gunbarrel 基性岩浆事件（Harlan et al.，2003）、怀俄明州约 780Ma 的各种岩墙侵入（Jefferson and Parrish，1989；Park et al.，1995）以及扬子西缘康定裂谷的 780～760 Ma 辉绿岩墙为代表（Li et al.，2003；Lin et al.，2007）。这些年代学资料可能记录了澳大利亚和华南从劳伦西亚大陆开始裂开的时间（Park et al.，1995；Rainbird et al.，1996；Pisarevsky et al.，2003）。745～720Ma 的基性岩浆作用以劳伦西亚的 723Ma Franklin 岩墙群（Heaman et al.，1992）和西伯利亚克拉通南部约 740Ma 的基性侵入体和岩墙群（Sklyarov et al.，2003；Gladkochub et al.，2006）为代表，对比这些岩浆活动资料可将新元古代时期的西伯利亚克拉通置于劳伦西亚大陆的西北部，并说明二者的裂解是由地幔柱导致的（Heaman et al.，1992）。除了 860～720Ma 的基性岩浆作用，一系列更年轻的基性岩浆事件被发现，并被认为与地幔柱活动和罗迪尼亚超大陆裂解有关。例如，东劳伦西亚 615±2Ma 的岩墙被认为与北东劳伦西亚和巴尔干岩石圈初始伸展有关（Kamo et al.，1989；Kamo and Gower，1994；Bingen et al.，1998）。Keppie 等（2006）报道了墨西哥中东部的约 546Ma 基性岩墙，并认为这是 Avalonia 板块和 Oaxaquia 板块分离的标志。

塔里木克拉通北缘和中部新元古代发育了五种类型的岩浆岩，它们分别是基性-超基性岩墙群、双峰式火山岩、双峰式侵入杂岩、基性-超基性侵入岩和花岗岩（李曰俊等，1999；Chen et al.，2004；Guo et al.，2005；Huang et al.，2005；Xu et al.，2005，2009；Zhang et al.，2006，2007b，2009，2012b；Zhan et al.，2007；Zhu et al.，2008，2011a；Zhang et al.，2009a；Cao et al.，2010，2011，2012；Long et al.，2011b；

Ye et al.，2013）。第一种类型为基性-超基性岩墙群。侵入阿克苏群的基性岩墙，不同的研究者给出了不同的 U-Pb 锆石年龄，分别是 807Ma（Chen et al.，2004）、785Ma（Zhan et al.，2007）和 759Ma（Zhang et al.，2009），它们被新元古代南华系-震旦系地层不整合覆盖（Liou et al.，1989，1996；Nakajima et al.，1990；Zheng et al.，2010；Zhang et al.，2009b；Zhu et al.，2011b）。在库鲁克塔格隆起南部，Zhang 等（2009a）和 Zhang 等（2009）不仅报道了 824Ma、777Ma 和 773Ma 三个基性岩墙的 SHRIMP U-Pb 锆石年龄，Zhang 等（2012b）还在该地区中途站发现了 802Ma 的超基性岩墙。库尔勒地区的基性岩墙的 SHRIMP U-Pb 测年表明，其形成时代在 650～630Ma，记录了塔里木克拉通新元古代与裂谷作用有关的最年轻的基性岩浆活动（Zhu et al.，2008，2011a）。第二种类型是双峰式火山岩。Xu 等（2005，2009）在库鲁克塔格隆起辛格尔东南地区获得了贝义西组底部火山岩的两个 SHRIMP U-Pb 年龄 740Ma 和 755Ma，贝义西组顶部火山岩的一个 SHRIMP U-Pb 年龄 725Ma 以及特瑞爱肯组和汉克尔乔克组之间的扎摩克提组火山岩夹层的一个 SHRIMP U-Pb 年龄 615Ma。对西山口地区贝义西组冰碛岩之上的火山岩同样开展了 SHRIMP U-Pb 测年，获得的年龄为 727Ma（Huang et al.，2005）。He 等（2014）对牧业队地区阿拉通沟组上部的安山岩和凝灰岩开展了 LA-ICP-MS 锆石测年，分别获得了 655.9±4.4Ma 和 654±10Ma 两个十分接近的年龄，同时，该项研究还报道了扎摩克提组火山凝灰岩夹层的 LA-ICP-MS 锆石年龄 616.5±5.9Ma，这与 Xu 等（2009）所得的年龄结果十分吻合。阿克苏地区震旦系苏盖特布拉克组也发育火山岩夹层，但可靠的年代学数据非常少，包括我们在内的许多研究者都对该地区的火山岩开展过 U-Pb 锆石测年，获得的年龄数据十分分散且年龄偏老，推测以俘获锆石居多。目前，仅 Xu 等（2013）给出了两个年龄数据，分别是 615Ma 和 614Ma。第三种类型是双峰式侵入杂岩。Zhang 等（2012b）用锆石 SIMS U-Pb 测年法得到库鲁克塔格兴地地区 1 号和 4 号双峰式侵入杂岩的年龄，其中辉长岩的年龄为 734Ma、735Ma 和 736Ma，共生的花岗岩的年龄为 734Ma 和 737Ma。Cao 等（2012）同年报道的 1 号和 2 号杂岩体的年龄比前者略老，分别是 761Ma 和 760Ma。第四种类型是基性-超基性侵入岩。基性-超基性侵入岩见于塔中地区的巴楚隆起，从取自侵入体的辉长岩测得了两个 Ar-Ar 年龄 821Ma 和 833Ma（李曰俊等，1999）。库鲁克塔格隆起发现了超基性-基性-火成碳酸岩杂岩体，针对该杂岩体的测年数据分别有：含钾长石的辉石岩 TIMS U-Pb 斜锆石年龄 810Ma 和 SHRIMP U-Pb 锆石年龄 818Ma，金云母 ^{40}Ar-^{39}Ar 坪年龄 812Ma（Zhang et al.，2007b）。Ye 等（2013）再次对该杂岩体进行了年代学研究，得到金云母 ^{40}Ar-^{39}Ar 年龄 812Ma 和锆石 Pb-Pb 年龄 816Ma。第五种类型是花岗岩。Guo 等（2005）对塔中地区的碱性闪长岩开展了地球化学和年代学研究，样品取自钻井岩心，该钻井深度达到 7000m，钻穿结晶基底 35m。研究中，对碱性闪长岩中角闪石进行了 ^{40}Ar-^{39}Ar 测年，获得的年龄值分别是 790Ma、754Ma 和 744Ma。同样取自钻井岩心，Xu 等（2013）报道了两个花岗质岩石的 LA-ICP-MS U-Pb 锆石年龄，分别是 832Ma 和 722Ma。在库鲁克塔格隆起地区，Zhang 等（2007b）给出了兴地花岗闪长岩 SHRIMP U-Pb 锆石年龄 820Ma 和太阳岛花岗岩 SHRIMP U-Pb 锆石年龄 795Ma，这些岩石被认为是由太古宙基性地壳部分熔融产生的。Long等（2011b）对兴地断裂两侧的花岗岩开展了LA-ICP-MS U-Pb锆石测年，获得年龄754Ma、785Ma和790Ma。Cao等（2010，2011）对库鲁克塔格东部的大平梁花岗岩进行了研究，其中，斜长花岗岩年龄为826Ma，二长花岗岩年龄为816Ma。Shu等（2011）系统地分析了库鲁克塔格地区的辉长岩和花岗岩，得到了丰富的新元古代年龄数据，分别是1048±19Ma、933±11Ma、806±8Ma、798±7Ma、799±24Ma、698±51Ma。

本书在前人工作的基础上，重点对塔里木克拉通北缘新元古代基性岩墙群和花岗岩开展了研究，获得了一批新资料和新认识，将在以下部分详细论述。

4.2　新元古代酸性岩浆作用

4.2.1　研究意义

塔里木克拉通一直被认为是新元古代Rodinia超大陆的组成部分（Li et al.，1996，2008）。根据古地磁极对比（Chen et al.，2004；Zhan et al.，2007；Wen et al.，2013；Zhao et al.，2014）、含冰碛岩地层序列对比（Li et al.，1996；Xu et al.，2009；He et al.，2014）及岩浆事件对比（Lu et al.，2008；Zhang et al.，2012b），许多学者提出塔里木、澳大利亚、华南在Rodinia中有很强的亲缘性，尽管三个陆块之间相对位置的具体重建仍存在争议。近年来的研究表明，塔里木克拉通在新元古代中—晚期（830～615Ma）发生了广泛而多样化的岩浆作用，大多被解释为与Rodinia超大陆裂解有关的多期地幔柱和大陆裂谷作用的产物（Xu et al.，2005，2009，2013；Zhang et al.，2007b，2009，2012b；Zhang et al.，2009a；Long et al.，2011b；Shu et al.，2011）。但是，塔里木北缘目前为止缺乏地幔柱作用的直接物质证据（如科马提岩、高镁玄武岩、OIB、溢流玄武岩等），而只在塔里木南缘有少量OIB型辉长岩的报道（Zhang et al.，2006）。相反，阿克苏地区～750～700Ma的高压/低温（HP/LT）蓝闪石片岩（Liou et al.，1989，1996；Nakajima et al.，1990；Zhu et al.，2011b；Yong et al.，2012）及库鲁克塔格地区～830～790Ma的高级（高压？）变质岩（He et al.，2012）的存在，说明塔里木北缘同时存在洋壳俯冲和增生造山作用，对该区的地球动力学起着重要的控制作用。

本节报道塔里木克拉通北缘库鲁克塔格西段新元古代花岗岩的锆石U-Pb-Lu-Hf同位素数据和全岩地球化学数据（Ge et al.，2014b）。与邻区数据相结合，笔者提出了一个新元古代长期俯冲增生模型，这一模型将Rodinia超大陆和中亚造山带的演化联系在一起，且对中亚造山带早期的俯冲-增生历史具有一定的意义。

4.2.2　地质背景

中国天山造山带位于中亚造山带西南缘（图4-1（a）），夹持于北部的准噶尔地块和南部的塔里木克拉通之间（图4-1（b））。天山造山带构造上一般被分为北天山、哈萨克斯坦-伊犁地块、中天山地块和南天山（图4-1（b））。北天山和南天山是两个增生杂岩，主要由古生代海相沉积岩、蛇绿混杂岩、高压-超高压变质岩组成，而哈萨克斯坦—伊犁地块和中天山地块是两个具有前寒武纪结晶基底的大陆岛弧，这些构造单元之间被三条大型缝合带分割（图 4-1（b））。对这些构造单元的详细地质情况及其与邻区的对比关系，读者可参见以下最近的综述性文献：Charvet 等（2011）、Gao 等（2011）、Han B F 等（2011）、Wilhem 等（2012）及 Xiao 等（2013）。

塔里木克拉通与南天山增生杂岩被塔北断裂分割，这一断裂向东延伸可与库鲁克塔格地区的辛格尔断裂（Han B F et al.，2011；Charvet et al.，2011）或兴地断裂（Gao et al.，2011；Xiao et al.，2013）相连（图 4-1（c））。本书认为，辛格尔断裂是塔里木与南天山之间的边界断裂，因为属于塔里木克拉通基底组分的新太古代—古元古代变质岩仅出露于辛格尔断裂以南，而在辛格尔断裂以北缺失（图 4-1（c））。

塔里木克拉通新元古代发生了一期重要的构造-热事件，形成了广泛的岩浆作用。在库鲁克塔格地区，新元古代岩浆岩包括：①大面积 830～735Ma 的花岗质岩石及少量 660～630Ma 的富钾花岗岩；②～800Ma 基性-超基性-碳酸岩杂岩体；③～760Ma 及～735Ma 双峰式侵入杂岩；④～820Ma、780～770Ma 及 660～630Ma 的基性岩墙群；⑤库鲁克塔格群～740～715Ma、650Ma、615Ma 的火山岩（Zhu et al.，2008，2011a；Ge et al.，2012b；Zhang et al.，2012b）。值得注意的是，塔里木克拉通北缘除了 Shu 等（2011）报道的两个～1.05Ga 和 0.93Ga 的花岗质岩石之外，缺少中元古代晚期—新元古代初期（即所谓的格林威尔期）的岩浆记录。相反，～0.95～0.90Ga 的变质、变形的岩浆岩在北部的哈萨克斯坦—伊犁地块及中天山地块广泛发育（陈新跃等，2009；胡霭琴等，2010；彭明兴等，2012；Huang et al.，2014）。

4.2.3　野外地质与样品描述

本节重点研究库鲁克塔格西段的花岗岩（图 4-1（c）），该区出露花岗岩面积超过 2000km^2，约占前新生代露头的 70%。基于地质的接触关系与变形特征，这些花岗岩被划分为元古宙或古生代（新疆维吾尔自治区地质矿产局，1993），但其精确的侵位年龄、岩石学及地球化学特征及其构造意义仍有待研究。本书的野外观察和年代学数据表明，这些花岗岩可以分为四期：古元古代晚期、新元古代中期、新元古代晚期及古生代。古元古代晚期片麻状（蓝石英）花岗岩侵位于～1.93～1.94Ga，并在侵位后不久（～1.92～1.91Ga）发生变质（Lei et al.，2012，第 3.2 节）。新元古代中—晚期与古生代花岗岩呈大型花岗岩基，分布于两个近平行的 WNW-ESE 向岩浆岩带，古生代岩浆岩带位于北侧，新元古代岩浆岩带位于南侧（图 4-1（c））。详细的野外实测剖面表明，这些花岗岩在库尔勒地区呈 10～300m 宽的岩墙、岩株或小岩体（图 4-1（d）），这些岩石仅局部受到变形，并侵入于前新元古代的岩石（图 4-1（c）和（d））。

根据岩性特征，新元古代中期的花岗岩可分为含角闪石花岗闪长岩（图 4-2（a））、二云母花岗岩（图 4-2（b））及少量含石榴子石-白云母花岗岩（图 4-2（c））。部分含角闪石花岗闪长岩和含石榴子石-白云母花岗岩包含自形黝帘石/绿帘石（达 15%，图 4-2（d）），局

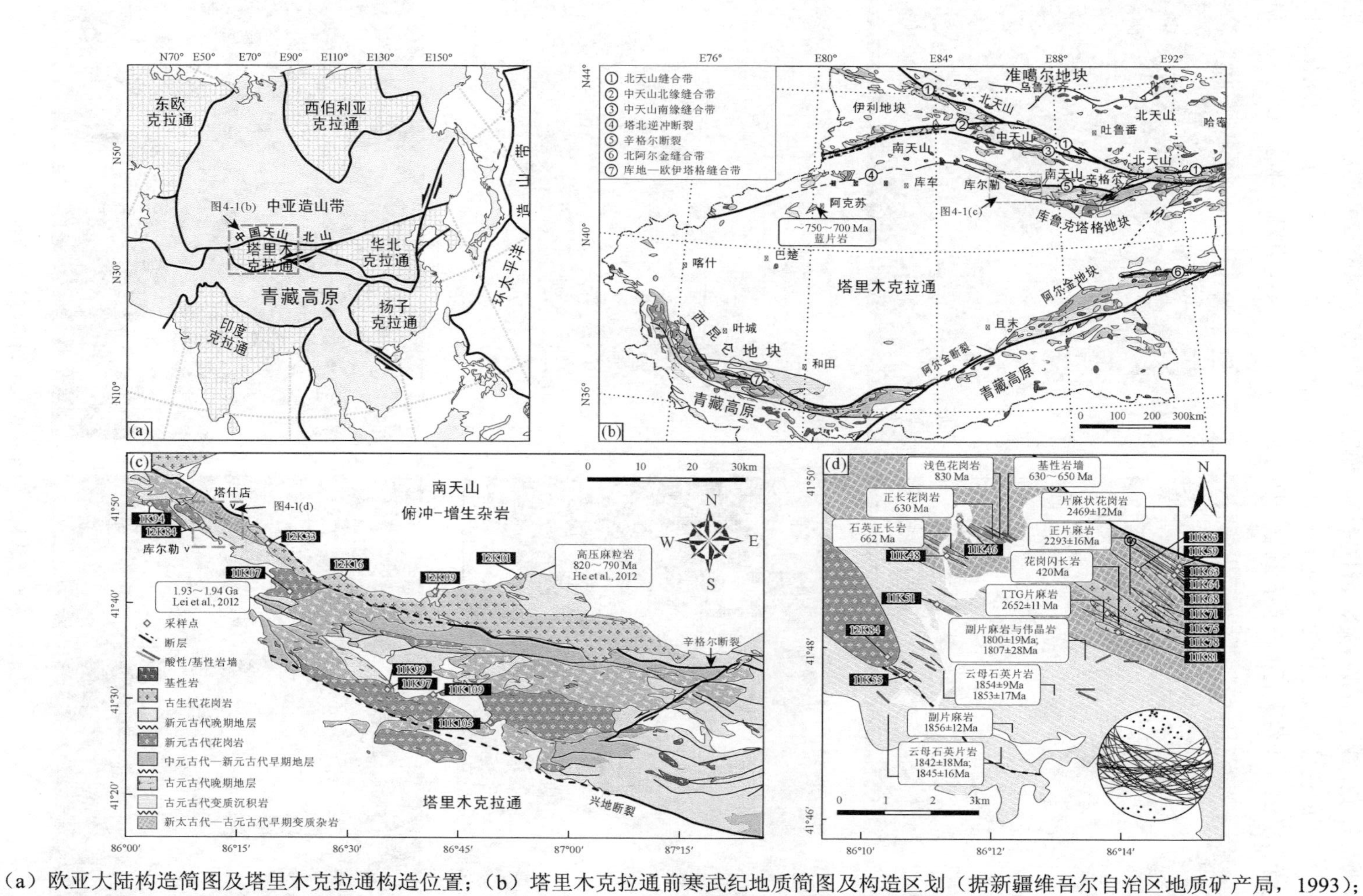

图 4-1　（a）欧亚大陆构造简图及塔里木克拉通构造位置；（b）塔里木克拉通前寒武纪地质简图及构造区划（据新疆维吾尔自治区地质矿产局，1993）；（c）库鲁克塔格西段地质简图（据新疆维吾尔自治区地质矿产局，1993）；（d）库尔勒地区地质简图（据新疆维吾尔自治区地质矿产局，1993）

部含褐帘石核，或边部被石英、长石置换，说明这些黝帘石/绿帘石可能为岩浆成因，指示这些花岗岩的侵位深度至少为 5～6kbar（Schmidt and Poli，2004）。新元古代晚期花岗岩主要包括含黑云母和角闪石的石英正长岩（图 4-2（e））和正长花岗岩，且与～650～630Ma

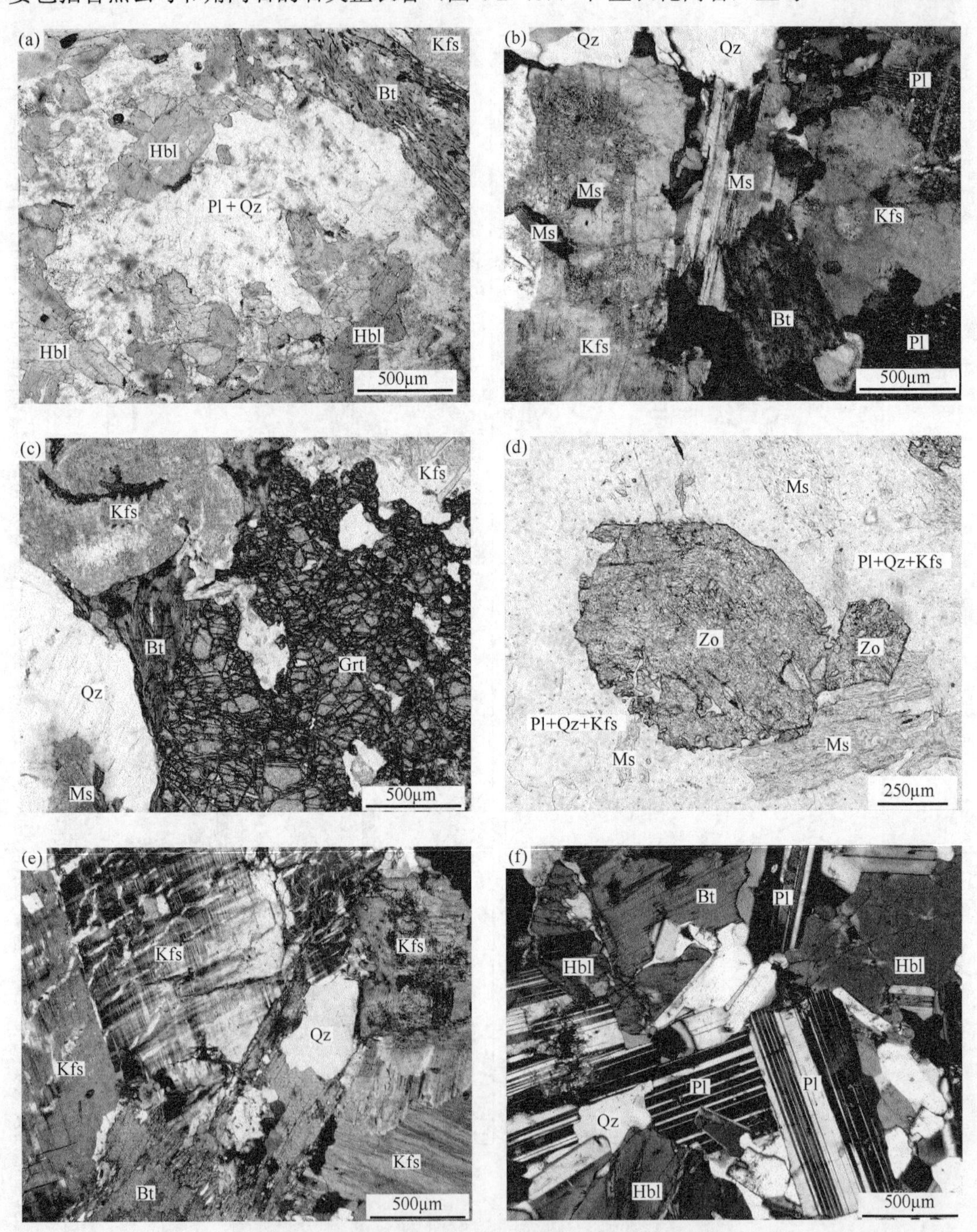

图 4-2　库鲁克塔格西段花岗岩典型结构与矿物组合

（a）含角闪石花岗闪长岩（样品 11K97）；（b）二云母花岗岩（样品 11K105）；（c）含石榴子石-白云母花岗岩（样品 11K99）；（d）含石榴子石-白云母花岗岩（样品 11K94）中的自形黝帘石；（e）石英正长岩（样品 11K48）；（f）黑云母闪长岩（样品 12K09）（彩图见图版）（Ge et al.，2014b）

的基性岩墙和辉长岩体密切共生（SHRIMP 锆石年龄，Zhu et al.，2008，2011a），基性微粒包体等岩浆混合作用的证据在这些花岗岩体中十分普遍。古生代花岗岩大多为含角闪石花岗闪长岩和二长花岗岩及少量含黑云母闪长岩（图 4-2（f））与黑云母-白云母花岗岩。有些花岗闪长岩具有似斑状结构，斑晶为钾长石和斜长石，长达 5cm。不规则的基性微粒包体及基性（闪长质）和酸性（花岗质）岩浆混合的现象在野外十分普遍。Ge 等（2012a）报道了三个似斑状花岗闪长岩的 LA-ICP-MS 锆石 U-Pb 年龄为～420Ma。

本书选择中—晚新元古代花岗岩进行锆石 U-Pb 定年和 Lu-Hf 同位素分析（图 4-1（c）和（d）），这些样品与来自同一岩体的其他样品一起进行了主、微量元素的分析。锆石 U-Pb 年龄、Lu-Hf 同位素和地球化学数据分别见表 4-1、表 4-2 和表 4-3，结果总结见表 4-4。对于小于 1000Ma 的年龄，书中使用 $^{206}Pb/^{238}U$ 年龄，而对于大于 1000Ma 的年龄，书中使用 $^{207}Pb/^{206}Pb$ 年龄。书中单点年龄的误差为 1σ，加权平均年龄误差为 2σ。

4.2.4　锆石 U-Pb 年代学

1. 新元古代中期花岗岩

样品 11K07 和 11K97 是两个含黝帘石/角闪石的花岗闪长岩，其中的锆石为无色透明的自形晶，长达 200μm，长宽比为 3∶1～2∶1。CL 图像揭示，大多数锆石包含具有均一结构的继承核与具有振荡环带的岩浆增生边（图 4-3（a））。岩浆锆石区域大多具有谐和年龄（表 4-1），样品 11K07 和 11K97 的加权平均年龄分别为 830±5Ma（MSWD=0.57，n=17）和 821±6Ma（MSWD=0.98，n=14，图 4-4（a）和（b）），分别代表这两个样品的岩浆结晶年龄。点 11K97-06 落在不同区域的混合线上，因此并没有用于加权平均计算。继承核具有和谐或轻微不谐和的 1.8～1.9Ga 年龄，只有两个点年龄稍老（点 11K07-07：～2.07Ga；点 11K97-22：2.20，图 4-4（a）和（b））。

含石榴子石白云母花岗岩样品 11K94 和 11K99 中的锆石类似于上述样品，但其中的继承核更大（图 4-3（a））。两个样品中岩浆锆石大多具有谐和的 U-Pb 年龄，其加权平均值分别为 830±6Ma（MSWD=0.56，n=16）和 834±6Ma（MSWD=0.57，n=15，表 4-1），说明两个样品的侵位年龄在误差范围内一致（图 4-4（c）和（d））。点 11K94-13 和 11K99-12 具有不谐和的年龄，计算加权平均年龄时被剔除。两个样品中大多数继承核的年龄也是 1.8～1.9Ga，只有样品 11K94 中的两个点的年龄为～2.2Ga（图 4-4（c））。

样品 11K105 和 11K109 是两个二云母花岗岩，其中的锆石同样具有核-边结构（图 4-3（a））。其中岩浆锆石大多具有谐和年龄（表 4-1），其加权平均值分别为 828±7Ma（MSWD=0.72，n=11）和 831±6Ma（MSWD=1.02，n=14），说明两个样品同时侵位于～830Ma。样品 11K105 中的两个点（11K105-01 与 11K105-13）及样品 11K109 中的两个点（11K109-02 和 11K109-12）具有不谐和的年龄而被排除。大多数继承核的年龄为 1.8～1.9Ga，个别不谐和的点分布在与 830Ma 的岩浆结晶年龄的混合线上（图 4-4（e）和（f））。

表 4-1　库鲁克塔格西段花岗岩 LA-ICP-MS 锆石 U-Pb 同位素数据（Ge et al.，2014b）

分析编号[a]	Th^b/ppm	U^b/ppm	Th/U	同位素比值							年龄/Ma							区域[e]
				$^{207}Pb/^{206}Pb$	1σ	$^{207}Pb/^{235}U$	1σ	$^{206}Pb/^{238}U$	1σ	ρ^c	$^{207}Pb/^{206}Pb$	1σ	$^{207}Pb/^{235}U$	1σ	$^{206}Pb/^{238}U$	1σ	$disc.^d$/%	
样品 11K07（GPS：41°41'9.2"N，86°21'12.8"E）：花岗闪长岩																		
11K07-01	23	175	0.13	0.06646	0.00131	1.24	0.03	0.13566	0.00202	0.72	821	42	820	12	820	11	0.0	m
11K07-02	28	230	0.12	0.06647	0.00137	1.25	0.03	0.13588	0.00197	0.68	821	44	821	12	821	11	0.0	m
11K07-03	46	421	0.11	0.06660	0.00093	1.26	0.02	0.13741	0.00186	0.86	825	30	829	9	830	11	0.1	m
11K07-04	34	180	0.19	0.06669	0.00107	1.26	0.02	0.13701	0.00189	0.79	828	34	828	10	828	11	0.0	m
11K07-05	102	446	0.23	0.06669	0.00103	1.26	0.02	0.13699	0.00194	0.83	828	33	828	10	828	11	0.0	m
11K07-06	28	195	0.14	0.06703	0.00128	1.28	0.02	0.13872	0.00177	0.67	839	41	838	11	837	10	−0.1	m
11K07-07	28	77	0.36	0.12804	0.00195	6.70	0.11	0.37949	0.00576	0.92	2071	27	2073	15	2074	27	0.0	c
11K07-08	59	208	0.28	0.06646	0.00119	1.24	0.02	0.13552	0.00204	0.79	821	38	820	11	819	12	−0.1	m
11K07-09	279	135	2.07	0.11074	0.00158	4.95	0.08	0.32451	0.00420	0.83	1812	27	1812	13	1812	20	0.0	c
11K07-10	115	231	0.50	0.06401	0.00118	1.24	0.02	0.14050	0.00202	0.73	742	40	819	11	847	11	3.4	m
11K07-11	36	201	0.18	0.11106	0.00155	4.99	0.08	0.32563	0.00470	0.91	1817	26	1817	13	1817	23	0.0	c
11K07-12	29	124	0.24	0.06675	0.00108	1.26	0.02	0.13738	0.00185	0.77	830	35	830	10	830	10	0.0	m
11K07-13	67	159	0.43	0.06657	0.00120	1.25	0.02	0.13638	0.00188	0.72	824	38	824	11	824	11	0.0	m
11K07-14	133	266	0.50	0.06673	0.00115	1.26	0.02	0.13723	0.00186	0.74	829	37	829	10	829	11	0.0	m
11K07-15	10	79	0.13	0.06698	0.00127	1.28	0.03	0.13860	0.00187	0.69	837	40	837	11	837	11	0.0	m
11K07-16	80	149	0.54	0.11178	0.00228	5.05	0.11	0.32793	0.00490	0.71	1829	38	1828	18	1828	24	0.0	c
11K07-17	50	202	0.25	0.06681	0.00094	1.28	0.02	0.13921	0.00181	0.84	832	30	838	9	840	10	0.2	m
11K07-18	369	292	1.27	0.11624	0.00206	5.49	0.10	0.34272	0.00522	0.82	1899	33	1900	16	1900	25	0.0	c
11K07-19	91	432	0.21	0.06648	0.00103	1.25	0.02	0.13586	0.00190	0.82	822	33	821	10	821	11	0.0	m
11K07-20	21	117	0.18	0.11460	0.00150	5.32	0.08	0.33700	0.00439	0.89	1874	24	1873	13	1872	21	−0.1	c
11K07-21	21	113	0.19	0.06705	0.00139	1.29	0.03	0.13903	0.00207	0.69	839	44	839	12	839	12	0.0	m
11K07-22	127	744	0.17	0.10456	0.00177	3.90	0.07	0.27029	0.00383	0.78	1707	32	1613	15	1542	19	−4.4	m
11K07-23	44	252	0.17	0.06711	0.00124	1.26	0.02	0.13621	0.00198	0.75	841	39	828	11	823	11	−0.6	c

续表

分析编号[a]	Th^b/ppm	U^b/ppm	Th/U	同位素比值							年龄/Ma							区域[e]
				$^{207}Pb/^{206}Pb$	1σ	$^{207}Pb/^{235}U$	1σ	$^{206}Pb/^{238}U$	1σ	ρ^c	$^{207}Pb/^{206}Pb$	1σ	$^{207}Pb/^{235}U$	1σ	$^{206}Pb/^{238}U$	1σ	disc.[d]/%	
样品 11K97（GPS：41°31'28.3"N，86°35'48.1"E）：花岗闪长岩																		
11K97-01	165	228	0.72	0.10091	0.00125	3.24	0.05	0.23289	0.00310	0.93	1641	24	1467	11	1350	16	−8.0	c
11K97-02	130	316	0.41	0.06643	0.00108	1.24	0.02	0.13554	0.00188	0.78	820	35	819	10	819	11	0.0	m
11K97-03	100	170	0.59	0.07029	0.00107	1.31	0.02	0.13568	0.00175	0.79	937	32	852	9	820	10	−3.8	m
11K97-04	73	206	0.36	0.06646	0.00133	1.24	0.03	0.13556	0.00193	0.68	821	43	820	12	820	11	0.0	m
11K97-05	248	331	0.75	0.13798	0.00153	7.74	0.10	0.40695	0.00548	0.90	2202	20	2201	12	2201	25	0.0	c
11K97-06	33	143	0.23	0.07538	0.00170	1.60	0.04	0.15377	0.00213	0.62	1079	46	970	14	922	12	−4.9	m
11K97-07	109	95	1.15	0.11280	0.00155	5.11	0.08	0.32859	0.00433	0.86	1845	25	1838	13	1832	21	−0.3	c
11K97-08	32	137	0.23	0.06628	0.00217	1.23	0.04	0.13484	0.00216	0.50	815	70	815	18	815	12	0.0	m
11K97-09	65	190	0.34	0.06687	0.00184	1.27	0.03	0.13796	0.00207	0.55	834	59	833	15	833	12	0.0	m
11K97-10	104	197	0.53	0.06630	0.00161	1.23	0.03	0.13500	0.00195	0.60	816	52	816	14	816	11	0.0	m
11K97-11	25	148	0.17	0.06650	0.00188	1.25	0.03	0.13598	0.00211	0.55	822	60	822	16	822	12	0.0	m
11K97-12	51	223	0.23	0.06550	0.00120	1.22	0.02	0.13557	0.00178	0.70	790	39	812	11	820	10	1.0	m
11K97-13	129	90	1.42	0.11451	0.00158	5.38	0.08	0.34087	0.00446	0.86	1872	25	1882	13	1891	21	0.5	c
11K97-14	38	188	0.20	0.06609	0.00116	1.22	0.02	0.13353	0.00174	0.72	809	38	808	10	808	10	0.0	m
11K97-15	144	219	0.66	0.06665	0.00114	1.26	0.02	0.13713	0.00178	0.73	827	37	828	10	828	10	0.0	m
11K97-16	141	104	1.36	0.11099	0.00148	5.00	0.08	0.32702	0.00435	0.89	1816	25	1820	13	1824	21	0.2	c
11K97-17	110	103	1.06	0.09087	0.00136	2.48	0.04	0.19800	0.00265	0.82	1444	29	1266	12	1165	14	−8.0	c
11K97-18	77	290	0.27	0.06658	0.00220	1.25	0.04	0.13623	0.00238	0.53	825	71	823	19	823	14	0.0	m
11K97-19	114	51	2.22	0.11307	0.00195	5.22	0.10	0.33493	0.00487	0.79	1849	32	1856	16	1862	24	0.3	c
11K97-20	72	293	0.25	0.06722	0.00322	1.25	0.06	0.13634	0.00319	0.50	845	102	825	26	824	18	−0.1	m
11K97-21	680	2152	0.32	0.10564	0.00216	3.76	0.08	0.25820	0.00406	0.72	1725	38	1583	18	1481	21	−6.4	c
11K97-22	153	318	0.48	0.06673	0.00142	1.26	0.03	0.13707	0.00206	0.68	829	45	828	13	828	12	0.0	m
11K97-23	120	308	0.39	0.10621	0.00150	4.23	0.07	0.28897	0.00384	0.85	1735	27	1680	13	1636	19	−2.6	c

续表

分析编号 [a]	Th^b/ppm	U^b/ppm	Th/U	同位素比值							年龄/Ma							区域 [e]
				$^{207}Pb/^{206}Pb$	1σ	$^{207}Pb/^{235}U$	1σ	$^{206}Pb/^{238}U$	1σ	ρ^c	$^{207}Pb/^{206}Pb$	1σ	$^{207}Pb/^{235}U$	1σ	$^{206}Pb/^{238}U$	1σ	disc.[d]/%	
11K97-24	88	169	0.52	0.06685	0.00197	1.27	0.04	0.13752	0.00228	0.56	833	63	831	17	831	13	0.0	m
样品 11K94（GPS：41°50'27.7"N，86°2'24.1"E）：含石榴子石白云母花岗岩																		
11K94-01	275	157	1.76	0.11915	0.00186	5.76	0.10	0.35020	0.00460	0.79	1944	29	1940	14	1936	22	−0.2	c
11K94-02	73	223	0.33	0.06315	0.00145	1.21	0.03	0.13897	0.00218	0.67	713	50	805	13	839	12	4.2	m
11K94-03	646	360	1.80	0.11825	0.00166	5.70	0.09	0.34952	0.00454	0.84	1930	26	1931	13	1932	22	0.1	c
11K94-04	207	226	0.92	0.06678	0.00102	1.27	0.02	0.13760	0.00181	0.79	831	33	831	9	831	10	0.0	m
11K94-05	65	119	0.55	0.06696	0.00160	1.28	0.03	0.13867	0.00201	0.60	837	51	837	14	837	11	0.0	m
11K94-06	96	54	1.77	0.13490	0.00214	7.35	0.12	0.39514	0.00541	0.81	2163	28	2155	15	2147	25	−0.4	c
11K94-07	50	117	0.42	0.11953	0.00165	5.82	0.09	0.35312	0.00489	0.88	1949	25	1949	14	1949	23	0.0	c
11K94-08	89	194	0.46	0.06679	0.00101	1.27	0.02	0.13786	0.00184	0.80	831	32	832	9	833	10	0.1	m
11K94-09	35	202	0.17	0.06656	0.00095	1.25	0.02	0.13613	0.00180	0.83	824	30	823	9	823	10	0.0	m
11K94-10	75	966	0.08	0.06661	0.00094	1.26	0.02	0.13721	0.00176	0.83	826	30	828	9	829	10	0.1	m
11K94-11	19	85	0.23	0.06591	0.00257	1.25	0.05	0.13705	0.00263	0.50	804	84	821	21	828	15	0.9	m
11K94-12	198	273	0.73	0.11798	0.00156	5.67	0.08	0.34817	0.00454	0.87	1926	24	1926	13	1926	22	0.0	c
11K94-13	76	262	0.29	0.06527	0.00085	1.38	0.02	0.15309	0.00203	0.89	783	28	880	9	918	11	4.3	m
11K94-14	61	256	0.24	0.06691	0.00134	1.28	0.03	0.13871	0.00200	0.69	835	43	837	12	837	11	0.0	m
11K94-15	743	852	0.87	0.11566	0.00213	5.42	0.10	0.34011	0.00468	0.72	1890	34	1889	16	1887	23	−0.1	c
11K94-16	33	100	0.33	0.06682	0.00251	1.27	0.05	0.13747	0.00246	0.49	832	80	830	21	830	14	0.0	m
11K94-17	37	121	0.31	0.06657	0.00150	1.25	0.03	0.13610	0.00207	0.65	824	48	823	13	823	12	0.0	m
11K94-18	266	1371	0.19	0.06658	0.00105	1.25	0.02	0.13618	0.00198	0.82	825	34	823	10	823	11	0.0	m
11K94-19	192	539	0.36	0.11321	0.00138	5.21	0.07	0.33376	0.00445	0.93	1852	23	1854	12	1857	22	0.2	c
11K94-20	90	376	0.24	0.06606	0.00154	1.22	0.03	0.13366	0.00193	0.62	808	50	809	13	809	11	0.0	m
11K94-21	541	499	1.08	0.11559	0.00134	5.43	0.07	0.34088	0.00449	0.96	1889	21	1890	12	1891	22	0.1	c
11K94-22	137	900	0.15	0.06705	0.00099	1.29	0.02	0.13920	0.00201	0.86	839	31	840	10	840	11	0.0	m

续表

分析编号[a]	Th[b]/ppm	U[b]/ppm	Th/U	同位素比值							年龄/Ma							区域[e]
				$^{207}Pb/^{206}Pb$	1σ	$^{207}Pb/^{235}U$	1σ	$^{206}Pb/^{238}U$	1σ	ρ^c	$^{207}Pb/^{206}Pb$	1σ	$^{207}Pb/^{235}U$	1σ	$^{206}Pb/^{238}U$	1σ	disc.[d]/%	
11K94-23	1042	427	2.44	0.11384	0.00140	5.25	0.07	0.33469	0.00434	0.91	1862	23	1861	12	1861	21	0.0	c
11K94-24	25	171	0.15	0.06676	0.00158	1.26	0.03	0.13711	0.00196	0.60	830	50	829	13	828	11	−0.1	m
11K94-25	42	259	0.16	0.06651	0.00139	1.25	0.03	0.13617	0.00199	0.67	822	45	823	12	823	11	0.0	m
11K94-26	99	476	0.21	0.11222	0.00263	4.79	0.12	0.30965	0.00468	0.63	1836	43	1783	20	1739	23	−2.5	c
11K94-27	255	323	0.79	0.11487	0.00149	4.86	0.07	0.30691	0.00415	0.90	1878	24	1795	13	1725	20	−3.9	c
11K94-28	101	118	0.86	0.06708	0.00150	1.29	0.03	0.13942	0.00214	0.66	840	48	841	13	841	12	0.0	m
11K94-29	254	111	2.28	0.11349	0.00170	5.23	0.09	0.33404	0.00454	0.82	1856	28	1857	14	1858	22	0.1	c
11K94-30	157	248	0.64	0.13932	0.00202	7.89	0.12	0.41103	0.00536	0.82	2219	26	2219	14	2220	24	0.0	c
11K94-31	166	244	0.68	0.10558	0.00145	3.98	0.06	0.27329	0.00373	0.88	1724	26	1630	13	1557	19	−4.5	c
11K94-32	65	149	0.44	0.11356	0.00283	4.83	0.12	0.30845	0.00483	0.62	1857	46	1790	21	1733	24	−3.2	c
11K94-33	78	228	0.34	0.11496	0.00338	5.37	0.16	0.33909	0.00559	0.56	1879	54	1881	25	1882	27	0.1	c
样品 11K99（GPS：41°31'43.7"N，86°35'52.5"E）：含石榴子石白云母花岗岩																		
11K99-01	45	204	0.22	0.06693	0.00193	1.27	0.04	0.13817	0.00208	0.54	836	61	835	16	834	12	−0.1	m
11K99-02	120	192	0.62	0.06486	0.00090	1.25	0.02	0.13931	0.00183	0.85	770	30	821	9	841	10	2.4	m
11K99-03	201	729	0.28	0.06664	0.00124	1.26	0.02	0.13726	0.00189	0.71	827	40	828	11	829	11	0.1	m
11K99-04	1220	364	3.35	0.11408	0.00142	5.28	0.08	0.33562	0.00453	0.92	1865	23	1865	13	1866	22	0.1	c
11K99-05	216	577	0.37	0.11815	0.00156	5.71	0.09	0.35027	0.00478	0.88	1928	24	1932	13	1936	23	0.2	c
11K99-06	19	86	0.22	0.06708	0.00123	1.29	0.02	0.13952	0.00189	0.71	840	39	841	11	842	11	0.1	m
11K99-07	375	150	2.51	0.11572	0.00135	5.45	0.07	0.34185	0.00438	0.94	1891	21	1893	12	1896	21	0.2	c
11K99-08	221	1179	0.19	0.06688	0.00085	1.27	0.02	0.13776	0.00190	0.91	834	27	832	9	832	11	0.0	m
11K99-09	96	219	0.44	0.06740	0.00103	1.31	0.02	0.14060	0.00199	0.83	850	33	849	10	848	11	−0.1	m
11K99-10	62	187	0.33	0.06713	0.00145	1.29	0.03	0.13957	0.00180	0.60	842	46	842	12	842	10	0.0	m
11K99-11	259	437	0.59	0.11669	0.00144	5.54	0.08	0.34458	0.00434	0.90	1906	23	1907	12	1909	21	0.1	c
11K99-12	159	936	0.17	0.10485	0.00232	2.13	0.05	0.14759	0.00257	0.76	1712	42	1160	16	887	14	−23.5	m

续表

分析编号[a]	Th[b]/ppm	U[b]/ppm	Th/U	同位素比值							年龄/Ma							区域[e]
				$^{207}Pb/^{206}Pb$	1σ	$^{207}Pb/^{235}U$	1σ	$^{206}Pb/^{238}U$	1σ	ρ^c	$^{207}Pb/^{206}Pb$	1σ	$^{207}Pb/^{235}U$	1σ	$^{206}Pb/^{238}U$	1σ	disc.[d]/%	
11K99-13	68	133	0.51	0.06691	0.00124	1.27	0.02	0.13789	0.00182	0.69	835	40	833	11	833	10	0.0	m
11K99-14	90	198	0.45	0.06655	0.00098	1.25	0.02	0.13629	0.00183	0.82	824	31	824	9	824	10	0.0	m
11K99-15	112	219	0.51	0.06697	0.00096	1.28	0.02	0.13849	0.00188	0.84	837	31	836	9	836	11	0.0	m
11K99-16	194	91	2.12	0.11179	0.00147	5.06	0.08	0.32814	0.00442	0.90	1829	24	1829	13	1829	21	0.0	c
11K99-17	147	475	0.31	0.06651	0.00120	1.25	0.02	0.13607	0.00202	0.75	822	39	822	11	822	11	0.0	m
11K99-18	95	87	1.09	0.11032	0.00237	4.92	0.11	0.32376	0.00538	0.73	1805	40	1806	19	1808	26	0.1	c
11K99-19	94	33	2.83	0.11564	0.00196	5.43	0.10	0.34051	0.00480	0.78	1890	31	1889	16	1889	23	0.0	c
11K99-20	69	167	0.41	0.06658	0.00128	1.25	0.03	0.13648	0.00195	0.70	825	41	825	11	825	11	0.0	m
11K99-21	43	597	0.07	0.11054	0.00148	4.94	0.07	0.32391	0.00422	0.86	1808	25	1809	13	1809	21	0.0	c
11K99-22	101	225	0.45	0.06681	0.00112	1.28	0.02	0.13905	0.00181	0.73	832	36	837	10	839	10	0.2	m
11K99-23	134	493	0.27	0.11283	0.00174	5.15	0.09	0.33133	0.00474	0.82	1845	29	1845	15	1845	23	0.0	c
11K99-24	92	527	0.17	0.06649	0.00113	1.25	0.02	0.13591	0.00215	0.86	822	36	821	10	821	12	0.0	m
11K99-25	172	327	0.52	0.06671	0.00169	1.26	0.03	0.13715	0.00220	0.61	829	54	829	15	829	12	0.0	m
样品 11K105（GPS：41°30'37.6"N，86°42'31.7"E）：二云母花岗岩																		
11K105-01*	41	214	0.19	0.08038	0.00180	1.56	0.03	0.14042	0.00190	0.76	1206	45	953	11	847	11	−11.1	m
11K105-02	6	51	0.11	0.09556	0.00143	3.17	0.05	0.24027	0.00327	0.83	1539	29	1449	13	1388	17	−4.2	c
11K105-03	51	191	0.26	0.06408	0.00122	1.22	0.02	0.13844	0.00205	0.73	744	41	811	11	836	12	3.1	m
11K105-04	201	105	1.91	0.11413	0.00134	5.32	0.07	0.33788	0.00447	0.95	1866	22	1872	12	1876	22	0.2	c
11K105-05	83	216	0.38	0.06688	0.00179	1.27	0.03	0.13833	0.00218	0.58	834	57	835	15	835	12	0.0	m
11K105-06	88	70	1.27	0.11576	0.00156	5.45	0.08	0.34135	0.00479	0.90	1892	25	1893	13	1893	23	0.0	c
11K105-07	56	269	0.21	0.06690	0.00122	1.27	0.02	0.13814	0.00207	0.77	835	39	834	11	834	12	0.0	m
11K105-08	50	37	1.34	0.11334	0.00185	4.94	0.09	0.31625	0.00435	0.79	1854	30	1810	15	1771	21	−2.2	c
11K105-09	227	461	0.49	0.06873	0.00147	1.28	0.03	0.13495	0.00207	0.69	891	45	836	13	816	12	−2.4	m
11K105-10	257	133	1.93	0.11398	0.00133	5.54	0.08	0.35227	0.00466	0.95	1864	22	1907	12	1945	22	2.0	c

续表

分析编号[a]	Th^b/ppm	U^b/ppm	Th/U	同位素比值							年龄/Ma							区域[e]
				$^{207}Pb/^{206}Pb$	1σ	$^{207}Pb/^{235}U$	1σ	$^{206}Pb/^{238}U$	1σ	ρ^c	$^{207}Pb/^{206}Pb$	1σ	$^{207}Pb/^{235}U$	1σ	$^{206}Pb/^{238}U$	1σ	disc.[d]/%	
11K105-11	203	363	0.56	0.06838	0.00107	1.28	0.02	0.13567	0.00191	0.81	880	33	837	10	820	11	−2.0	m
11K105-12	307	201	1.52	0.11036	0.00225	4.26	0.09	0.28050	0.00448	0.77	1805	38	1687	17	1594	23	−5.5	c
11K105-13	133	270	0.49	0.08438	0.00102	1.95	0.03	0.16745	0.00223	0.93	1301	24	1098	10	998	12	−9.1	m
11K105-14	133	209	0.64	0.06687	0.00196	1.27	0.04	0.13801	0.00226	0.55	834	63	834	17	833	13	−0.1	m
11K105-15	52	37	1.42	0.11687	0.00170	5.55	0.09	0.34435	0.00465	0.84	1909	27	1908	14	1908	22	0.0	c
11K105-16	59	212	0.28	0.06570	0.00298	1.20	0.05	0.13282	0.00268	0.46	797	97	803	25	804	15	0.1	m
11K105-17	170	95	1.78	0.11454	0.00140	5.33	0.08	0.33739	0.00453	0.93	1873	23	1874	12	1874	22	0.0	c
11K105-18	54	200	0.27	0.06704	0.00134	1.29	0.03	0.13918	0.00202	0.69	839	43	840	12	840	11	0.0	m
11K105-19	58	36	1.63	0.11759	0.00205	5.62	0.10	0.34643	0.00467	0.74	1920	32	1919	16	1918	22	−0.1	c
11K105-20	88	208	0.42	0.06650	0.00110	1.25	0.02	0.13588	0.00179	0.75	822	35	822	10	821	10	−0.1	m
11K105-21	21	92	0.23	0.06327	0.00153	1.22	0.03	0.13930	0.00224	0.64	717	53	808	14	841	13	4.1	m
11K105-22	33	140	0.23	0.06663	0.00095	1.26	0.02	0.13695	0.00185	0.84	826	30	827	9	827	10	0.0	m
11K105-23	169	169	1.00	0.06672	0.00096	1.26	0.02	0.13724	0.00183	0.83	829	31	829	9	829	10	0.0	m
样品 11K109（GPS：41°30'47.7"N，86°42'2.7"E）：二云母花岗岩																		
11K109-01	72	179	0.40	0.06708	0.00152	1.29	0.03	0.13956	0.00217	0.66	840	48	842	13	842	12	0.0	m
11K109-02*	37	511	0.07	0.08066	0.00162	1.26	0.02	0.11310	0.00146	0.84	1213	40	827	9	691	8	−16.4	m
11K109-03*	111	137	0.81	0.08505	0.00349	2.50	0.10	0.21313	0.00287	0.35	1317	82	1272	28	1245	15	−2.1	c
11K109-04	57	38	1.51	0.11643	0.00159	5.50	0.08	0.34260	0.00469	0.89	1902	25	1900	13	1899	23	−0.1	c
11K109-05	176	433	0.41	0.06756	0.00077	1.32	0.02	0.14131	0.00191	0.99	855	24	852	8	852	11	0.0	m
11K109-06	203	147	1.38	0.11435	0.00132	5.30	0.07	0.33638	0.00440	0.95	1870	21	1869	12	1869	21	0.0	c
11K109-07	662	347	1.91	0.11878	0.00153	5.74	0.08	0.35083	0.00441	0.88	1938	24	1938	12	1939	21	0.1	c
11K109-08	130	277	0.47	0.06634	0.00118	1.23	0.02	0.13482	0.00175	0.71	817	38	816	10	815	10	−0.1	m
11K109-09	58	193	0.30	0.06655	0.00133	1.25	0.03	0.13633	0.00203	0.70	824	43	824	12	824	12	0.0	m
11K109-10	147	385	0.38	0.06646	0.00136	1.25	0.03	0.13589	0.00206	0.70	821	44	821	12	821	12	0.0	m

续表

分析编号[a]	Th^b/ppm	U^b/ppm	Th/U	同位素比值							年龄/Ma							区域[c]
				$^{207}Pb/^{206}Pb$	1σ	$^{207}Pb/^{235}U$	1σ	$^{206}Pb/^{238}U$	1σ	ρ^c	$^{207}Pb/^{206}Pb$	1σ	$^{207}Pb/^{235}U$	1σ	$^{206}Pb/^{238}U$	1σ	disc.[d]/%	
11K109-11	36	151	0.24	0.06703	0.00100	1.28	0.02	0.13825	0.00174	0.79	839	32	836	9	835	10	–0.1	m
11K109-12	355	434	0.82	0.09647	0.00134	1.61	0.03	0.12081	0.00161	0.85	1557	27	973	10	735	9	–24.5	m
11K109-13	12	26	0.47	0.06685	0.00208	1.27	0.04	0.13779	0.00209	0.49	833	66	832	18	832	12	0.0	m
11K109-14	192	671	0.29	0.11280	0.00128	4.84	0.07	0.31125	0.00414	0.96	1845	21	1792	12	1747	20	–2.5	c
11K109-15	140	237	0.59	0.06710	0.00122	1.29	0.03	0.13923	0.00200	0.74	841	39	840	11	840	11	0.0	m
11K109-16	36	128	0.28	0.06687	0.00124	1.27	0.03	0.13814	0.00209	0.76	834	40	834	11	834	12	0.0	m
11K109-17	38	119	0.32	0.06662	0.00123	1.25	0.02	0.13615	0.00205	0.76	826	39	823	11	823	12	0.0	m
11K109-18	37	219	0.17	0.06631	0.00103	1.23	0.02	0.13487	0.00181	0.79	816	33	816	10	816	10	0.0	m
11K109-19	246	416	0.59	0.06704	0.00167	1.28	0.03	0.13868	0.00210	0.60	839	53	837	14	837	12	0.0	m
11K109-20	43	167	0.26	0.06653	0.00137	1.25	0.03	0.13607	0.00190	0.66	823	44	822	12	822	11	0.0	m
11K109-21	91	626	0.15	0.11544	0.00256	5.40	0.12	0.33941	0.00521	0.66	1887	41	1885	20	1884	25	–0.1	c
11K109-22	36	25	1.43	0.11767	0.00211	5.63	0.11	0.34721	0.00492	0.76	1921	33	1921	16	1921	24	0.0	c
11K109-23	92	277	0.33	0.06708	0.00112	1.29	0.02	0.13943	0.00205	0.80	840	36	841	11	841	12	0.0	m
样品 11K46（GPS：41°49'38.0"N，86°11'36.9"E）：石英正长岩																		
11K46-01	223	146	1.52	0.06073	0.00123	0.86	0.02	0.10244	0.00153	0.70	630	45	629	10	629	9	0.0	m
11K46-02	280	175	1.60	0.06058	0.00124	0.85	0.02	0.10143	0.00158	0.71	624	45	623	10	623	9	0.0	m
11K46-03	132	116	1.14	0.06081	0.00109	0.86	0.02	0.10308	0.00147	0.74	633	39	632	9	632	9	0.0	m
11K46-04	225	143	1.57	0.06042	0.00105	0.84	0.02	0.10067	0.00153	0.83	619	38	618	8	618	9	0.0	m
11K46-05	138	109	1.27	0.06092	0.00176	0.87	0.03	0.10369	0.00171	0.56	636	64	636	14	636	10	0.0	m
11K46-06	105	97	1.08	0.06079	0.00115	0.86	0.02	0.10257	0.00146	0.71	632	42	630	9	629	9	–0.2	m
11K46-07	460	373	1.23	0.06078	0.00098	0.86	0.01	0.10290	0.00131	0.75	631	36	631	8	631	8	0.0	m
11K46-08	164	124	1.32	0.06091	0.00144	0.87	0.02	0.10345	0.00145	0.59	636	52	635	11	635	8	0.0	m
11K46-09	218	136	1.60	0.06200	0.00082	0.86	0.01	0.10037	0.00130	0.88	674	29	629	7	617	8	–1.9	m
11K46-10	61	56	1.09	0.08706	0.00153	1.31	0.02	0.10916	0.00153	0.76	1362	35	850	11	668	9	–21.4	mix

续表

分析编号[a]	Th[b]/ppm	U[b]/ppm	Th/U	同位素比值							年龄/Ma							区域[e]
				$^{207}Pb/^{206}Pb$	1σ	$^{207}Pb/^{235}U$	1σ	$^{206}Pb/^{238}U$	1σ	ρ^{c}	$^{207}Pb/^{206}Pb$	1σ	$^{207}Pb/^{235}U$	1σ	$^{206}Pb/^{238}U$	1σ	disc.[d]/%	
11K46-11	94	84	1.12	0.06084	0.00114	0.87	0.02	0.10334	0.00144	0.71	634	41	634	9	634	8	0.0	m
11K46-12	100	80	1.24	0.07272	0.00123	1.03	0.02	0.10252	0.00138	0.75	1006	35	718	9	629	8	−12.4	mix
11K46-13*	72	75	0.96	0.10355	0.00983	1.50	0.14	0.10485	0.00202	0.21	1689	181	929	57	643	12	−30.8	mix
11K46-14	216	179	1.21	0.06256	0.00098	0.87	0.01	0.10062	0.00140	0.82	693	34	634	8	618	8	−2.5	m
11K46-15	38	39	0.97	0.06139	0.00193	0.85	0.03	0.10088	0.00162	0.51	653	69	627	15	620	9	−1.1	m
11K46-16	191	116	1.65	0.06281	0.00096	0.88	0.01	0.10137	0.00134	0.80	702	33	640	8	622	8	−2.8	m
11K46-17	228	166	1.37	0.06078	0.00110	0.86	0.02	0.10298	0.00136	0.70	631	40	632	9	632	8	0.0	m
11K46-18	197	134	1.48	0.06072	0.00141	0.85	0.02	0.10213	0.00157	0.65	629	51	627	11	627	9	0.0	m
11K46-19	171	122	1.40	0.06076	0.00125	0.86	0.02	0.10269	0.00154	0.71	631	45	630	10	630	9	0.0	m
11K46-20	268	164	1.64	0.06063	0.00140	0.85	0.02	0.10148	0.00158	0.66	626	51	624	11	623	9	−0.2	m
样品11K48（GPS：41°48'57.6"N，86°11'20.8"E）：石英正长岩																		
11K48-01	413	241	1.72	0.06186	0.00222	0.93	0.03	0.10925	0.00189	0.49	669	79	669	17	668	11	−0.1	m
11K48-02	377	221	1.70	0.06145	0.00238	0.91	0.03	0.10763	0.00194	0.48	655	85	658	18	659	11	0.2	m
11K48-03	336	204	1.65	0.06167	0.00113	0.91	0.02	0.10744	0.00145	0.70	663	40	659	9	658	8	−0.2	m
11K48-04	576	293	1.97	0.06155	0.00111	0.91	0.02	0.10772	0.00150	0.72	659	40	659	9	659	9	0.0	m
11K48-05	480	240	2.00	0.06096	0.00103	0.92	0.02	0.10894	0.00142	0.73	638	37	660	9	667	8	1.1	m
11K48-06	180	121	1.50	0.06153	0.00235	0.91	0.03	0.10781	0.00184	0.46	658	84	659	18	660	11	0.2	m
11K48-07	387	222	1.75	0.06151	0.00207	0.91	0.03	0.10751	0.00177	0.50	657	74	658	16	658	10	0.0	m
11K48-08	130	102	1.28	0.06155	0.00255	0.91	0.04	0.10670	0.00201	0.46	659	91	654	20	654	12	0.0	m
11K48-09	507	269	1.88	0.06161	0.00177	0.91	0.03	0.10709	0.00167	0.54	661	63	657	14	656	10	−0.2	m
11K48-10	124	96	1.29	0.06166	0.00147	0.92	0.02	0.10832	0.00157	0.59	662	52	663	12	663	9	0.0	m
11K48-11	240	159	1.51	0.06158	0.00103	0.91	0.02	0.10755	0.00147	0.76	660	37	659	9	659	9	0.0	m
11K48-12	121	102	1.19	0.06165	0.00215	0.92	0.03	0.10826	0.00188	0.50	662	77	662	17	663	11	0.2	m
11K48-13	266	231	1.15	0.06145	0.00220	0.90	0.03	0.10618	0.00182	0.49	655	79	651	17	651	11	0.0	m

续表

分析编号[a]	Th^b/ppm	U^b/ppm	Th/U	同位素比值							年龄/Ma							区域[e]
				$^{207}Pb/^{206}Pb$	1σ	$^{207}Pb/^{235}U$	1σ	$^{206}Pb/^{238}U$	1σ	ρ^c	$^{207}Pb/^{206}Pb$	1σ	$^{207}Pb/^{235}U$	1σ	$^{206}Pb/^{238}U$	1σ	disc.[d]/%	
样品 11K51（GPS：41°48'24.2"N，86°11'29.0"E）：石英正长岩																		
11K51-01	262	167	1.57	0.06172	0.00134	0.93	0.02	0.10874	0.00156	0.64	664	48	665	11	665	9	0.0	m
11K51-02	192	136	1.41	0.06171	0.00120	0.92	0.02	0.10827	0.00150	0.68	664	43	663	10	663	9	0.0	m
11K51-03	58	59	1.00	0.06169	0.00261	0.92	0.04	0.10821	0.00208	0.46	663	93	662	20	662	12	0.0	m
11K51-04	22643	7911	2.86	0.06182	0.00085	0.71	0.01	0.08356	0.00119	0.88	668	30	546	7	517	7	−5.3	m
11K51-05	334	204	1.64	0.06162	0.00170	0.92	0.03	0.10799	0.00165	0.56	661	61	661	13	661	10	0.0	m
11K51-06	309	190	1.63	0.06179	0.00268	0.90	0.04	0.10578	0.00199	0.45	667	95	652	20	648	12	−0.6	m
11K51-07	271	188	1.44	0.06184	0.00104	0.93	0.02	0.10876	0.00149	0.75	669	37	666	9	666	9	0.0	m
11K51-08	111	92	1.20	0.06129	0.00268	0.90	0.04	0.10598	0.00198	0.44	649	96	649	20	649	12	0.0	m
11K51-09	144	131	1.10	0.06140	0.00152	0.90	0.02	0.10670	0.00157	0.59	653	54	653	12	654	9	0.2	m
11K51-10*	1351	1436	0.94	0.33163	0.00955	5.16	0.12	0.11293	0.00185	0.69	3625	45	1847	20	690	11	−62.6	mix?
11K51-11	141	144	0.98	0.09255	0.00143	1.41	0.02	0.11074	0.00152	0.81	1479	30	895	10	677	9	−24.4	mix?
11K51-12	279	238	1.17	0.06150	0.00160	0.91	0.02	0.10715	0.00162	0.58	657	57	656	13	656	9	0.0	m
11K51-13	135	121	1.11	0.06152	0.00131	0.91	0.02	0.10728	0.00153	0.65	657	47	657	11	657	9	0.0	m
样品 11K55（GPS：41°47'43.9"N，86°10'51.2"E）：正长花岗岩																		
11K55-01	226	206	1.10	0.06082	0.00161	0.87	0.02	0.10364	0.00168	0.61	633	58	635	13	636	10	0.2	m
11K55-02	200	144	1.39	0.06097	0.00106	0.87	0.02	0.10379	0.00150	0.78	638	38	637	9	637	9	0.0	m
11K55-03	296	354	0.83	0.06095	0.00114	0.89	0.02	0.10586	0.00160	0.75	637	41	646	10	649	9	0.5	m
11K55-04	299	270	1.11	0.06089	0.00107	0.87	0.02	0.10372	0.00158	0.82	635	39	636	9	636	9	0.0	m
11K55-05	649	715	0.91	0.06194	0.00084	0.93	0.01	0.10918	0.00156	0.92	672	30	669	8	668	9	−0.1	m
11K55-06	201	138	1.45	0.06069	0.00170	0.85	0.02	0.10197	0.00179	0.63	628	62	627	13	626	10	−0.2	m
11K55-07	248	231	1.07	0.06121	0.00087	0.89	0.01	0.10568	0.00142	0.85	647	31	647	8	648	8	0.2	m
11K55-08	448	266	1.68	0.06074	0.00102	0.86	0.02	0.10272	0.00138	0.76	630	37	630	8	630	8	0.0	m
11K55-09	366	345	1.06	0.06102	0.00100	0.88	0.02	0.10445	0.00139	0.77	640	36	640	8	640	8	0.0	m

续表

分析编号[a]	Th^b/ppm	U^b/ppm	Th/U	同位素比值							年龄/Ma							区域[e]
				$^{207}Pb/^{206}Pb$	1σ	$^{207}Pb/^{235}U$	1σ	$^{206}Pb/^{238}U$	1σ	ρ^c	$^{207}Pb/^{206}Pb$	1σ	$^{207}Pb/^{235}U$	1σ	$^{206}Pb/^{238}U$	1σ	disc.[d]/%	
11K55-10	203	191	1.06	0.06105	0.00122	0.88	0.02	0.10461	0.00139	0.66	641	44	641	10	641	8	0.0	m
11K55-11	397	317	1.25	0.06043	0.00118	0.85	0.02	0.10153	0.00140	0.69	619	43	623	9	623	8	0.0	m
11K55-12	226	146	1.55	0.06065	0.00105	0.85	0.02	0.10194	0.00143	0.76	627	38	626	9	626	8	0.0	m
样品 11K64（GPS：41°48'44.6"N，86°15'0.8"E）：正长花岗岩																		
11K64-01	12182	2437	5.00	0.11124	0.00157	0.87	0.02	0.05685	0.00087	0.88	1820	26	637	8	356	5	–44.1	mix?
11K64-02	1647	1716	0.96	0.06170	0.00088	0.92	0.02	0.10837	0.00151	0.84	664	31	663	8	663	9	0.0	m
11K64-03	3615	2074	1.74	0.06168	0.00129	0.92	0.02	0.10843	0.00191	0.75	663	46	663	12	664	11	0.2	m
11K64-04	3804	2412	1.58	0.06150	0.00120	0.91	0.02	0.10698	0.00155	0.70	657	43	655	10	655	9	0.0	m
11K64-05	7989	3314	2.41	0.06154	0.00186	0.66	0.02	0.07792	0.00133	0.57	658	66	515	12	484	8	–6.0	m
11K64-06	9148	1294	7.07	0.11009	0.00193	0.90	0.02	0.05949	0.00082	0.75	1801	33	653	9	373	5	–42.9	mix?
11K64-07	4870	2592	1.88	0.06178	0.00144	0.92	0.02	0.10772	0.00191	0.70	667	51	661	12	659	11	–0.3	m
11K64-08	3852	1912	2.01	0.06164	0.00171	0.79	0.02	0.09297	0.00139	0.55	662	61	591	12	573	8	–3.0	m
11K64-09	2208	1708	1.29	0.06148	0.00214	0.91	0.03	0.10702	0.00211	0.56	656	76	655	17	655	12	0.0	m
11K64-10	3616	2197	1.65	0.06140	0.00075	0.90	0.01	0.10619	0.00143	0.91	653	27	651	7	651	8	0.0	m
11K64-11	3409	1931	1.76	0.06188	0.00118	0.74	0.02	0.08700	0.00149	0.78	670	42	564	10	538	9	–4.6	m
11K64-12	489	853	0.57	0.06231	0.00172	0.69	0.02	0.07975	0.00134	0.60	685	60	530	12	495	8	–6.6	m
11K64-13	969	704	1.38	0.06198	0.00203	0.85	0.03	0.09940	0.00162	0.51	673	72	624	15	611	9	–2.1	m
11K64-14	2592	1659	1.56	0.06149	0.00104	0.91	0.02	0.10723	0.00155	0.77	656	37	656	9	657	9	0.2	m
11K64-15	374	494	0.76	0.06174	0.00143	0.54	0.01	0.06289	0.00109	0.69	665	51	435	9	393	7	–9.7	m
11K64-16	3534	1648	2.14	0.06169	0.00223	0.79	0.03	0.09304	0.00154	0.48	663	79	592	16	573	9	–3.2	m
11K64-17	297	770	0.39	0.06165	0.00104	0.62	0.01	0.07268	0.00113	0.80	662	37	488	8	452	7	–7.4	m
11K64-18	1067	810	1.32	0.11269	0.00165	1.40	0.02	0.09014	0.00134	0.86	1843	27	889	10	556	8	–37.5	mix?
11K64-19	2704	1944	1.39	0.06207	0.00109	0.92	0.02	0.10788	0.00169	0.78	677	38	664	10	660	10	–0.6	m
11K64-20	1751	1262	1.39	0.06165	0.00089	0.82	0.01	0.09653	0.00141	0.85	662	32	608	8	594	8	–2.3	m

续表

分析编号[a]	Th^b/ppm	U^b/ppm	Th/U	同位素比值							年龄/Ma							区域[e]
				$^{207}Pb/^{206}Pb$	1σ	$^{207}Pb/^{235}U$	1σ	$^{206}Pb/^{238}U$	1σ	ρ^c	$^{207}Pb/^{206}Pb$	1σ	$^{207}Pb/^{235}U$	1σ	$^{206}Pb/^{238}U$	1σ	disc.[d]/%	
11K64-21	4819	2006	2.40	0.06165	0.00167	0.90	0.02	0.10625	0.00161	0.56	662	59	653	13	651	9	−0.3	m
11K64-22	5075	2587	1.96	0.06174	0.00089	0.85	0.01	0.10020	0.00136	0.83	665	32	626	8	616	8	−1.6	m
11K64-23	4544	2273	2.00	0.11918	0.00159	1.34	0.02	0.08144	0.00113	0.88	1944	24	862	9	505	7	−41.4	mix?
11K64-24	6451	2822	2.29	0.06158	0.00098	0.83	0.01	0.09773	0.00129	0.77	660	35	613	8	601	8	−2.0	m
11K64-25	2942	3181	0.93	0.06176	0.00247	0.67	0.03	0.07843	0.00167	0.54	666	88	520	16	487	10	−6.3	m
样品 12K84（GPS：41°47'36.6"N，86°10'29.2"E）：正长花岗岩																		
12K84-01	2935	5800	0.51	0.06167	0.00089	0.48	0.01	0.05701	0.00092	0.91	663	32	401	6	357	6	−11.0	m
12K84-02	6042	6371	0.95	0.06178	0.00137	0.58	0.01	0.06830	0.00127	0.80	667	49	465	9	426	8	−8.4	m
12K84-03	9856	7011	1.41	0.06131	0.00082	0.54	0.01	0.06382	0.00099	0.92	650	29	438	6	399	6	−8.9	m
12K84-04	4161	3260	1.28	0.06140	0.00078	0.69	0.01	0.08143	0.00121	0.93	653	28	532	7	505	7	−5.1	m
12K84-05	8433	7016	1.20	0.06185	0.00089	0.54	0.01	0.06385	0.00093	0.85	669	32	441	6	399	6	−9.5	m
12K84-06	1489	1292	1.15	0.06095	0.00091	0.87	0.02	0.10413	0.00149	0.83	637	33	638	8	639	9	0.2	m
12K84-07	7763	6563	1.18	0.06169	0.00083	0.56	0.01	0.06640	0.00096	0.88	663	29	455	6	414	6	−9.0	m
12K84-08	3766	2257	1.67	0.06146	0.00090	0.80	0.01	0.09477	0.00138	0.84	655	32	598	8	584	8	−2.3	m
12K84-09	4074	2294	1.78	0.06114	0.00089	0.82	0.01	0.09685	0.00141	0.85	644	32	606	8	596	8	−1.7	m
12K84-10	3108	1942	1.60	0.06133	0.00119	0.89	0.02	0.10532	0.00171	0.75	651	43	647	10	646	10	−0.2	m
12K84-11	8034	7766	1.03	0.06168	0.00116	0.54	0.01	0.06357	0.00106	0.78	663	41	439	8	397	6	−9.6	m
12K84-12	311	1192	0.26	0.11746	0.00195	5.21	0.10	0.32189	0.00478	0.79	1918	30	1855	16	1799	23	−3.0	c
12K84-13	2295	1524	1.51	0.06162	0.00088	0.80	0.01	0.09459	0.00134	0.86	661	31	599	7	583	8	−2.7	m
12K84-14	2500	1604	1.56	0.06167	0.00082	0.85	0.01	0.09973	0.00137	0.89	663	29	624	7	613	8	−1.8	m
12K84-15	2889	1809	1.60	0.13273	0.00648	1.46	0.07	0.07975	0.00129	0.35	2134	88	914	28	495	8	−45.8	m
12K84-16	4306	4771	0.90	0.06162	0.00114	0.66	0.01	0.07788	0.00128	0.81	661	41	515	8	483	8	−6.2	m
12K84-17	7589	7046	1.08	0.06167	0.00132	0.56	0.01	0.06622	0.00114	0.76	663	47	453	8	413	7	−8.8	m

续表

分析编号[a]	Th^{b}/ppm	U^{b}/ppm	Th/U	同位素比值							年龄/Ma							区域[e]
				$^{207}Pb/^{206}Pb$	1σ	$^{207}Pb/^{235}U$	1σ	$^{206}Pb/^{238}U$	1σ	ρ^{c}	$^{207}Pb/^{206}Pb$	1σ	$^{207}Pb/^{235}U$	1σ	$^{206}Pb/^{238}U$	1σ	disc.[d]/%	
12K84-18	2618	1499	1.75	0.06154	0.00092	0.87	0.01	0.10283	0.00145	0.83	658	33	637	8	631	8	−0.9	m
12K84-19	8826	8474	1.04	0.06158	0.00132	0.52	0.01	0.06126	0.00105	0.76	660	47	425	8	383	6	−9.9	m
12K84-20	1814	1336	1.36	0.06158	0.00099	0.83	0.02	0.09786	0.00146	0.82	660	35	614	8	602	9	−2.0	m
12K84-21	955	833	1.15	0.06163	0.00121	0.83	0.02	0.09805	0.00158	0.76	661	43	615	10	603	9	−2.0	m
12K84-22	8218	5811	1.41	0.06174	0.00141	0.59	0.01	0.06888	0.00116	0.70	665	50	468	9	429	7	−8.3	m
12K84-23	5315	2397	2.22	0.12435	0.00234	1.63	0.03	0.09485	0.00139	0.72	2020	34	980	13	584	8	−40.4	m
12K84-24	1853	1340	1.38	0.06126	0.00114	0.87	0.02	0.10256	0.00149	0.72	648	41	633	10	629	9	−0.6	m

注：a：*代表包含普通铅且用 Andersen's（2002）的 EXCEL 软件 ComPbCorr#315G 进行普通铅校正之后的结果；

b：Th-U 含量的计算根据背景校正后的 ^{232}Th 与 ^{238}U 计数值与每个 run 中标样锆石 GJ-1 的计数值，标样的平均 Th、U 含量分别为 8ppm 和 330ppm（Jackson et al.，2004）；

c：误差系数= $\dfrac{\dfrac{^{206}Pb}{^{238}U}\text{的相对误差}}{\dfrac{^{207}Pb}{^{235}U}\text{的相对误差}}$；

d：不谐和度= $\left(\dfrac{\dfrac{^{207}Pb}{^{206}Pb}\text{年龄}}{\dfrac{^{206}Pb}{^{235}U}\text{年龄}}-1\right)\times100$；

e：锆石区域：c-继承核；m-岩浆锆石；mix-核边混合

表 4-2　库鲁克塔格西段新元古代花岗岩 LA-MC-ICP-MS 锆石 Lu-Hf 同位素数据（Ge et al.，2014b）

样品号	t/Ma[a]	2σ	$^{176}Yb/^{177}Hf$	$2s$	$^{176}Lu/^{177}Hf$	$2s$	$^{176}Hf/^{177}Hf$	$2s$	$^{176}Hf/^{177}Hf_{(t)}$[b]	$2s$	$\varepsilon Hf_{(t)}$[c]	$2s$	T_{DM}^{1}	$2s$	T_{DM}^{2} (0.015)[d]	$2s$	T_{DM}^{2} (0.0093)[e]	$2s$
样品 11K07（GPS：41°41′9.2″N，86°21′12.8″E）：花岗闪长岩																		
11K07-02	830	5	0.044570	0.000665	0.002063	0.000033	0.281395	0.000036	0.281362	0.000037	−31.6	1.3	2667	51	3657	77	3115	63
11K07-03	830	5	0.046807	0.001267	0.002093	0.000055	0.281521	0.000032	0.281488	0.000033	−27.1	1.1	2492	45	3387	69	2896	56
11K07-06	830	5	0.043865	0.000136	0.001981	0.000004	0.281579	0.000019	0.281548	0.000020	−25.0	0.7	2402	27	3258	42	2791	34
11K07-08	830	5	0.028292	0.001010	0.001221	0.000045	0.281622	0.000046	0.281603	0.000046	−23.1	1.6	2296	63	3140	98	2695	80
11K07-10	830	5	0.031269	0.000518	0.001371	0.000022	0.281653	0.000021	0.281631	0.000022	−22.0	0.8	2262	30	3079	46	2645	38
11K07-12	830	5	0.038092	0.000864	0.001718	0.000035	0.281598	0.000036	0.281571	0.000036	−24.2	1.3	2359	50	3209	77	2751	62
11K07-13	830	5	0.046546	0.000811	0.002073	0.000035	0.281580	0.000032	0.281548	0.000033	−25.0	1.2	2407	46	3259	70	2792	57
11K07-15	830	5	0.047432	0.000220	0.002138	0.000009	0.281483	0.000032	0.281450	0.000032	−28.5	1.1	2548	45	3469	68	2962	55
11K07-17	830	5	0.041716	0.000310	0.001953	0.000015	0.281593	0.000023	0.281563	0.000023	−24.5	0.8	2381	32	3227	49	2766	39
11K07-07	2071	27	0.034872	0.001041	0.001555	0.000045	0.281487	0.000031	0.281426	0.000034	−1.3	1.1	2503	43	2749	67	2617	54
11K07-09	1845	47	0.006479	0.000255	0.000278	0.000012	0.281389	0.000020	0.281380	0.000021	−8.1	0.7	2552	27	2993	44	2770	35
11K07-11	1845	47	0.033591	0.000501	0.001456	0.000026	0.281630	0.000019	0.281579	0.000022	−1.1	0.7	2299	26	2560	41	2420	33
11K07-16	1845	47	0.024596	0.001564	0.001068	0.000070	0.281375	0.000020	0.281338	0.000024	−9.6	0.7	2625	28	3083	43	2843	35
11K07-18	1845	47	0.016401	0.000452	0.000767	0.000022	0.281171	0.000069	0.281144	0.000071	−16.5	2.5	2880	93	3500	148	3180	120
11K07-20	1845	47	0.021734	0.000304	0.000960	0.000014	0.281468	0.000023	0.281435	0.000025	−6.2	0.8	2490	31	2873	50	2673	40
样品 11K97（GPS：41°31′28.3″N，86°35′48.1″E）：花岗闪长岩																		
11K97-03	821	6	0.026278	0.000315	0.001211	0.000012	0.281706	0.000025	0.281687	0.000025	−20.3	0.9	2179	34	2963	53	2550	43
11K97-04	821	6	0.038536	0.001378	0.001678	0.000043	0.281462	0.000057	0.281436	0.000058	−29.1	2.0	2546	79	3504	122	2989	99
11K97-08	821	6	0.016954	0.000185	0.000844	0.000010	0.281818	0.000018	0.281805	0.000018	−16.1	0.6	2004	24	2708	39	2343	31
11K97-09	821	6	0.031844	0.000784	0.001463	0.000032	0.281559	0.000057	0.281537	0.000058	−25.6	2.0	2397	79	3288	123	2814	100
11K97-10	821	6	0.028209	0.000271	0.001381	0.000005	0.281692	0.000024	0.281670	0.000025	−20.9	0.9	2208	34	3000	53	2580	43

续表

样品号	t/Ma[a]	2σ	$^{176}Yb/^{177}Hf$	2s	$^{176}Lu/^{177}Hf$	2s	$^{176}Hf/^{177}Hf$	2s	$^{176}Hf/^{177}Hf_{(t)}$[b]	2s	$\varepsilon Hf_{(t)}$[c]	2s	T_{DM}^1	2s	T_{DM}^2（0.015）[d]	2s	T_{DM}^2（0.0093）[e]	2s
11K97-12	821	6	0.027140	0.000335	0.001315	0.000014	0.281703	0.000028	0.281682	0.000028	−20.4	1.0	2189	38	2974	60	2559	48
11K97-14	821	6	0.018431	0.000206	0.000904	0.000006	0.281793	0.000019	0.281779	0.000019	−17.0	0.7	2041	26	2763	41	2388	33
11K97-15	821	6	0.024391	0.000463	0.001147	0.000014	0.281666	0.000035	0.281648	0.000036	−21.6	1.3	2230	49	3047	76	2619	62
11K97-18	821	6	0.025625	0.000499	0.001249	0.000023	0.281715	0.000031	0.281696	0.000031	−20.0	1.1	2168	43	2945	67	2535	54
11K97-20	821	6	0.015930	0.000167	0.000710	0.000004	0.281760	0.000012	0.281749	0.000013	−18.1	0.4	2076	17	2829	27	2441	22
11K97-22	821	6	0.017196	0.000266	0.000828	0.000008	0.281803	0.000013	0.281790	0.000013	−16.6	0.5	2024	18	2740	28	2369	23
11K97-24	821	6	0.029022	0.000417	0.001340	0.000016	0.281648	0.000018	0.281627	0.000018	−22.4	0.6	2267	24	3093	38	2655	31
11K97-05	2202	20	0.012057	0.000219	0.000468	0.000007	0.281323	0.000025	0.281303	0.000026	−2.7	0.9	2654	34	2933	55	2791	44
11K97-01	1845	19	0.031821	0.002154	0.001401	0.000075	0.281498	0.000040	0.281449	0.000044	−5.7	1.4	2478	55	2843	87	2649	70
11K97-13	1845	19	0.004540	0.000081	0.000169	0.000006	0.281408	0.000015	0.281402	0.000015	−7.3	0.5	2521	20	2945	32	2731	26
11K97-07	1845	19	0.007764	0.000118	0.000345	0.000007	0.281502	0.000017	0.281490	0.000017	−4.2	0.6	2406	22	2754	36	2577	29
11K97-16	1845	19	0.012201	0.000199	0.000482	0.000011	0.281311	0.000015	0.281295	0.000016	−11.1	0.5	2671	20	3177	33	2918	27
11K97-17	1845	19	0.008171	0.000049	0.000385	0.000003	0.281654	0.000015	0.281640	0.000015	1.1	0.5	2203	20	2426	32	2313	26
11K97-19	1845	19	0.010092	0.000284	0.000366	0.000009	0.281308	0.000014	0.281295	0.000015	−11.1	0.5	2668	19	3176	31	2918	25
11K97-21	1845	19	0.023814	0.000357	0.001007	0.000009	0.281024	0.000010	0.280989	0.000011	−22.0	0.4	3097	13	3833	21	3449	17
11K97-23	1845	19	0.017326	0.001517	0.000786	0.000071	0.281492	0.000024	0.281464	0.000027	−5.1	0.9	2447	33	2809	53	2622	43
样品 11K94（GPS：41°50′27.7″N，86°2′24.1″E）：含石榴子石白云母花岗岩																		
11K94-02	830	6	0.023017	0.000371	0.000918	0.000015	0.281837	0.000014	0.281822	0.000015	−15.3	0.5	1983	20	2665	31	2310	25
11K94-04	830	6	0.003751	0.000040	0.000145	0.000001	0.281825	0.000018	0.281823	0.000018	−15.3	0.7	1959	25	2663	40	2309	33
11K94-05	830	6	0.002859	0.000049	0.000107	0.000002	0.281853	0.000016	0.281851	0.000016	−14.3	0.6	1919	21	2602	35	2259	28
11K94-08	830	6	0.005332	0.000067	0.000203	0.000002	0.281823	0.000017	0.281820	0.000017	−15.4	0.6	1964	23	2670	37	2314	30
11K94-09	830	6	0.015706	0.000107	0.000627	0.000002	0.281912	0.000014	0.281903	0.000014	−12.4	0.5	1864	19	2489	30	2168	25

续表

样品号	t/Ma[a]	2σ	$^{176}Yb/^{177}Hf$	$2s$	$^{176}Lu/^{177}Hf$	$2s$	$^{176}Hf/^{177}Hf$	$2s$	$^{176}Hf/^{177}Hf_{(t)}$[b]	$2s$	$\varepsilon Hf_{(t)}$[c]	$2s$	T_{DM}^1	$2s$	T_{DM}^2 (0.015)[d]	$2s$	T_{DM}^2 (0.0093)[e]	$2s$
11K94-11	830	6	0.001602	0.000071	0.000062	0.000003	0.281871	0.000017	0.281870	0.000017	−13.6	0.6	1892	22	2560	36	2225	29
11K94-13	830	6	0.011960	0.000338	0.000472	0.000014	0.281923	0.000014	0.281916	0.000014	−12.0	0.5	1841	19	2460	30	2145	24
11K94-14	830	6	0.016822	0.000242	0.000704	0.000010	0.281880	0.000018	0.281869	0.000019	−13.6	0.6	1912	25	2563	40	2228	32
11K94-16	830	6	0.004971	0.000226	0.000198	0.000009	0.281939	0.000014	0.281936	0.000014	−11.3	0.5	1807	19	2417	31	2109	25
11K94-18	830	6	0.022950	0.000075	0.000869	0.000006	0.281891	0.000015	0.281877	0.000015	−13.4	0.5	1906	21	2545	33	2214	27
11K94-20	830	6	0.009426	0.000177	0.000367	0.000006	0.281798	0.000017	0.281792	0.000017	−16.4	0.6	2007	22	2731	36	2364	29
11K94-24	830	6	0.014944	0.000160	0.000616	0.000005	0.281874	0.000022	0.281864	0.000022	−13.8	0.8	1916	30	2574	48	2237	39
11K94-25	830	6	0.012216	0.000096	0.000492	0.000004	0.281941	0.000014	0.281933	0.000014	−11.4	0.5	1819	19	2423	31	2115	25
11K94-28	830	6	0.005508	0.000062	0.000209	0.000002	0.281834	0.000015	0.281830	0.000015	−15.0	0.5	1951	20	2647	33	2296	26
11K94-06	2163	28	0.010807	0.000139	0.000419	0.000005	0.281441	0.000021	0.281424	0.000021	0.7	0.7	2492	28	2696	45	2592	36
11K94-01	1897	27	0.003691	0.000191	0.000148	0.000009	0.281568	0.000023	0.281563	0.000023	−0.4	0.8	2305	30	2562	50	2432	40
11K94-07	1897	27	0.012006	0.000202	0.000483	0.000009	0.281514	0.000016	0.281497	0.000017	−2.8	0.6	2397	22	2705	35	2548	28
11K94-12	1897	27	0.007035	0.000270	0.000266	0.000010	0.281444	0.000013	0.281435	0.000013	−5.0	0.4	2478	17	2840	27	2657	22
11K94-03	1897	27	0.021354	0.000573	0.000798	0.000021	0.281286	0.000019	0.281257	0.000021	−11.3	0.7	2727	26	3224	41	2967	33
11K94-15	1897	27	0.010814	0.000159	0.000426	0.000006	0.281116	0.000017	0.281101	0.000018	−16.8	0.6	2928	23	3560	36	3238	29
11K94-19	1897	27	0.002924	0.000074	0.000113	0.000003	0.281181	0.000013	0.281177	0.000014	−14.1	0.5	2819	18	3397	29	3106	23
11K94-21	1897	27	0.015080	0.000103	0.000570	0.000003	0.281435	0.000015	0.281414	0.000016	−5.7	0.5	2510	21	2885	33	2693	27
11K94-23	1897	27	0.001567	0.000101	0.000055	0.000004	0.281458	0.000016	0.281456	0.000016	−4.2	0.6	2447	21	2795	34	2620	28
11K94-26	1897	27	0.012051	0.000388	0.000498	0.000017	0.281535	0.000020	0.281517	0.000021	−2.1	0.7	2371	27	2662	44	2513	35
11K94-27	1897	27	0.010640	0.000167	0.000407	0.000007	0.281512	0.000018	0.281497	0.000018	−2.8	0.6	2396	24	2705	38	2548	31
11K94-29	1897	27	0.003280	0.000040	0.000116	0.000001	0.281432	0.000014	0.281427	0.000015	−5.2	0.5	2485	19	2856	31	2670	25
11K94-30	2219	26	0.011950	0.000355	0.000481	0.000011	0.281115	0.000013	0.281095	0.000014	−9.7	0.5	2934	18	3372	29	3148	23

续表

样品号	t/Ma[a]	2σ	$^{176}Yb/^{177}Hf$	$2s$	$^{176}Lu/^{177}Hf$	$2s$	$^{176}Hf/^{177}Hf$	$2s$	$^{176}Hf/^{177}Hf_{(t)}$[b]	$2s$	$\varepsilon Hf_{(t)}$[c]	$2s$	T_{DM}^1	$2s$	T_{DM}^2 (0.015)[d]	$2s$	T_{DM}^2 (0.0093)[e]	$2s$
11K94-33	1897	27	0.003859	0.000051	0.000138	0.000001	0.281460	0.000016	0.281455	0.000017	−4.3	0.6	2449	22	2797	35	2622	29
样品 11K99（GPS：41°31′43.7″N，86°35′52.5″E）：含石榴子石白云母花岗岩																		
11K99-01	834	6	0.032582	0.000482	0.001518	0.000016	0.281706	0.000013	0.281682	0.000014	−20.2	0.5	2197	18	2967	29	2556	23
11K99-02	834	6	0.027348	0.000357	0.001245	0.000023	0.281693	0.000016	0.281674	0.000016	−20.5	0.6	2199	22	2985	34	2570	28
11K99-03	834	6	0.042789	0.000411	0.001938	0.000019	0.281589	0.000012	0.281559	0.000013	−24.5	0.4	2386	17	3233	26	2772	21
11K99-06	834	6	0.009749	0.000183	0.000474	0.000004	0.281844	0.000012	0.281837	0.000012	−14.7	0.4	1950	16	2631	26	2284	21
11K99-09	834	6	0.028229	0.000406	0.001327	0.000018	0.281715	0.000015	0.281694	0.000015	−19.7	0.5	2173	20	2940	32	2534	26
11K99-12	834	6	0.027826	0.000150	0.001246	0.000005	0.281716	0.000012	0.281696	0.000012	−19.7	0.4	2168	17	2937	26	2531	21
11K99-13	834	6	0.024452	0.000250	0.001112	0.000008	0.281740	0.000016	0.281723	0.000016	−18.7	0.6	2126	22	2878	34	2484	28
11K99-14	834	6	0.023496	0.000361	0.001126	0.000018	0.281723	0.000014	0.281705	0.000015	−19.4	0.5	2151	20	2917	31	2515	25
11K99-15	834	6	0.026779	0.001069	0.001272	0.000052	0.281684	0.000018	0.281664	0.000019	−20.8	0.6	2213	25	3007	38	2588	31
11K99-17	834	6	0.029249	0.000214	0.001340	0.000013	0.281684	0.000012	0.281663	0.000012	−20.8	0.4	2216	16	3007	25	2588	21
11K99-20	834	6	0.030869	0.000268	0.001437	0.000008	0.281668	0.000014	0.281645	0.000014	−21.5	0.5	2245	19	3046	29	2620	24
11K99-24	834	6	0.018400	0.000210	0.000892	0.000006	0.281723	0.000019	0.281709	0.000019	−19.2	0.7	2138	26	2909	41	2509	33
11K99-25	834	6	0.030635	0.000964	0.001464	0.000051	0.281675	0.000027	0.281652	0.000028	−21.2	0.9	2237	37	3032	58	2608	47
11K99-04	1869	32	0.012662	0.000476	0.000535	0.000024	0.281422	0.000013	0.281403	0.000015	−6.8	0.5	2526	18	2928	28	2722	23
11K99-05	1869	32	0.033517	0.000961	0.001252	0.000033	0.281211	0.000013	0.281167	0.000016	−15.1	0.5	2862	18	3436	28	3133	23
11K99-11	1869	32	0.004541	0.000418	0.000164	0.000015	0.281277	0.000011	0.281271	0.000012	−11.4	0.4	2695	15	3212	24	2951	19
11K99-16	1869	32	0.004135	0.000092	0.000137	0.000004	0.281400	0.000014	0.281395	0.000014	−7.0	0.5	2529	18	2945	30	2736	24
11K99-18	1869	32	0.006297	0.000376	0.000270	0.000018	0.281382	0.000013	0.281372	0.000014	−7.8	0.5	2562	18	2993	29	2775	23
11K99-19	1869	32	0.001135	0.000115	0.000042	0.000004	0.281446	0.000011	0.281444	0.000012	−5.3	0.4	2462	15	2838	25	2649	20
11K99-21	1869	32	0.001592	0.000041	0.000062	0.000002	0.281519	0.000013	0.281517	0.000013	−2.7	0.4	2365	17	2680	27	2522	22

续表

样品号	t/Ma[a]	2σ	$^{176}Yb/^{177}Hf$	$2s$	$^{176}Lu/^{177}Hf$	$2s$	$^{176}Hf/^{177}Hf$	$2s$	$^{176}Hf/^{177}Hf_{(t)}$[b]	$2s$	$\varepsilon Hf_{(t)}$[c]	$2s$	T_{DM}^{1}	$2s$	T_{DM}^{2} (0.015)[d]	$2s$	T_{DM}^{2} (0.0093)[e]	$2s$
样品 11K105（GPS：41°30′37.6″N，86°42′31.7″E）：二云母花岗岩																		
11K105-01	828	7	0.033230	0.001700	0.001316	0.000066	0.281624	0.000030	0.281604	0.000031	−23.1	1.1	2298	42	3139	65	2695	53
11K105-03	828	7	0.024046	0.000228	0.000986	0.000009	0.281695	0.000025	0.281679	0.000025	−20.4	0.9	2181	34	2976	53	2562	43
11K105-05	828	7	0.023509	0.000712	0.000974	0.000030	0.281643	0.000029	0.281628	0.000029	−22.2	1.0	2251	39	3087	62	2652	50
11K105-07	828	7	0.037097	0.000595	0.001478	0.000024	0.281613	0.000057	0.281590	0.000057	−23.5	2.0	2323	79	3169	122	2718	99
11K105-09	828	7	0.048253	0.001670	0.001803	0.000040	0.281493	0.000039	0.281465	0.000040	−28.0	1.4	2511	54	3438	83	2937	67
11K105-11	828	7	0.030447	0.000626	0.001172	0.000024	0.281584	0.000021	0.281566	0.000022	−24.4	0.8	2344	29	3220	46	2760	37
11K105-13	828	7	0.055777	0.001070	0.002146	0.000038	0.281483	0.000020	0.281450	0.000022	−28.5	0.7	2549	29	3471	44	2964	36
11K105-14	828	7	0.025601	0.000672	0.001126	0.000033	0.281713	0.000017	0.281696	0.000017	−19.8	0.6	2164	23	2940	36	2533	29
11K105-16	828	7	0.017381	0.000187	0.000705	0.000006	0.281752	0.000012	0.281741	0.000012	−18.2	0.4	2088	16	2842	26	2454	21
11K105-18	828	7	0.031042	0.000503	0.001156	0.000016	0.281633	0.000019	0.281615	0.000020	−22.6	0.7	2276	27	3114	42	2674	34
11K105-20	828	7	0.029297	0.000341	0.001173	0.000012	0.281689	0.000016	0.281671	0.000017	−20.7	0.6	2200	22	2994	35	2577	28
11K105-21	828	7	0.027571	0.000404	0.001075	0.000007	0.281732	0.000015	0.281716	0.000015	−19.1	0.5	2135	20	2897	32	2498	26
11K105-22	828	7	0.025267	0.000535	0.000984	0.000023	0.281692	0.000016	0.281676	0.000016	−20.5	0.6	2186	22	2982	34	2567	28
11K105-23	828	7	0.029628	0.000479	0.001299	0.000014	0.281763	0.000019	0.281742	0.000019	−18.1	0.7	2105	26	2839	40	2451	33
11K105-02	1875	18	0.022258	0.000467	0.000867	0.000022	0.281481	0.000019	0.281450	0.000020	−4.9	0.7	2467	26	2821	41	2637	33
11K105-04	1875	18	0.008801	0.000485	0.000328	0.000021	0.281408	0.000021	0.281396	0.000022	−6.9	0.8	2531	29	2938	47	2731	38
11K105-06	1875	18	0.001890	0.000034	0.000063	0.000001	0.281409	0.000050	0.281407	0.000050	−6.5	1.8	2512	67	2915	109	2713	88
11K105-08	1875	18	0.010526	0.000451	0.000404	0.000020	0.281412	0.000021	0.281398	0.000022	−6.8	0.7	2530	28	2935	45	2729	37
11K105-10	1875	18	0.014850	0.000517	0.000552	0.000019	0.281302	0.000020	0.281283	0.000021	−10.9	0.7	2688	27	3184	43	2930	35
11K105-12	1875	18	0.030073	0.000265	0.001103	0.000006	0.281431	0.000016	0.281392	0.000017	−7.0	0.6	2551	22	2948	35	2739	28
11K105-15	1875	18	0.001706	0.000009	0.000050	0.000000	0.281398	0.000015	0.281397	0.000015	−6.8	0.5	2526	20	2937	33	2731	26

续表

样品号	t/Ma[a]	2σ	$^{176}Yb/^{177}Hf$	$2s$	$^{176}Lu/^{177}Hf$	$2s$	$^{176}Hf/^{177}Hf$	$2s$	$^{176}Hf/^{177}Hf_{(t)}$[b]	$2s$	$\varepsilon Hf_{(t)}$[c]	$2s$	T_{DM}^{1}	$2s$	T_{DM}^{2} (0.015)[d]	$2s$	T_{DM}^{2} (0.0093)[e]	$2s$
11K105-19	1875	18	0.007621	0.000031	0.000273	0.000001	0.281355	0.000014	0.281345	0.000014	−8.7	0.5	2598	19	3049	31	2821	25
样品 11K109（GPS：41°30′47.7″N，86°42′2.7″E）：二云母花岗岩																		
11K109-01	831	6	0.033580	0.000853	0.001381	0.000030	0.281671	0.000017	0.281649	0.000017	−21.4	0.6	2237	23	3040	36	2614	29
11K109-05	831	6	0.046569	0.001495	0.001850	0.000051	0.281496	0.000024	0.281467	0.000025	−27.9	0.9	2511	34	3433	52	2933	42
11K109-08	831	6	0.024443	0.000212	0.000985	0.000007	0.281709	0.000016	0.281693	0.000017	−19.8	0.6	2162	22	2944	35	2537	29
11K109-09	831	6	0.021403	0.000068	0.000847	0.000004	0.281761	0.000013	0.281748	0.000013	−17.9	0.5	2083	18	2826	29	2441	23
11K109-10	831	6	0.030802	0.000275	0.001263	0.000007	0.281660	0.000017	0.281641	0.000018	−21.7	0.6	2245	24	3058	37	2629	30
11K109-11	831	6	0.019637	0.000425	0.000797	0.000014	0.281768	0.000016	0.281756	0.000016	−17.6	0.6	2070	22	2808	35	2427	28
11K109-12	831	6	0.043937	0.001006	0.001660	0.000033	0.281548	0.000033	0.281522	0.000034	−25.9	1.2	2426	46	3315	71	2837	58
11K109-13	831	6	0.027803	0.001082	0.001103	0.000042	0.281584	0.000023	0.281567	0.000024	−24.3	0.8	2340	32	3217	50	2758	41
11K109-15	831	6	0.055423	0.001057	0.002087	0.000030	0.281246	0.000076	0.281213	0.000077	−36.8	2.7	2878	106	3975	161	3373	131
11K109-16	831	6	0.041255	0.000210	0.001703	0.000003	0.281555	0.000020	0.281528	0.000020	−25.7	0.7	2419	28	3301	43	2826	35
11K109-18	831	6	0.029863	0.000302	0.001223	0.000010	0.281610	0.000022	0.281591	0.000022	−23.5	0.8	2312	30	3165	47	2716	39
11K109-19	831	6	0.042735	0.000211	0.001700	0.000008	0.281563	0.000016	0.281537	0.000017	−25.4	0.6	2407	23	3283	35	2811	28
11K109-20	831	6	0.023505	0.000236	0.000960	0.000006	0.281720	0.000023	0.281705	0.000024	−19.4	0.8	2146	32	2919	51	2517	41
11K109-03	1888	39	0.018718	0.000205	0.000722	0.000007	0.281535	0.000016	0.281510	0.000018	−2.5	0.6	2383	22	2684	35	2529	28
11K109-04	1888	39	0.005745	0.000279	0.000187	0.000009	0.281402	0.000024	0.281395	0.000024	−6.6	0.8	2530	32	2932	51	2729	41
11K109-06	1888	39	0.025278	0.001515	0.000942	0.000061	0.281333	0.000027	0.281299	0.000031	−10.0	1.0	2674	38	3140	59	2897	48
11K109-07	1888	39	0.006397	0.000154	0.000193	0.000006	0.281351	0.000018	0.281344	0.000019	−8.4	0.6	2598	24	3043	39	2819	32
11K109-14	1888	39	0.033481	0.001025	0.001426	0.000052	0.281035	0.000030	0.280984	0.000034	−21.2	1.1	3116	42	3815	65	3443	52
11K109-21	1888	39	0.013784	0.000278	0.000488	0.000013	0.281365	0.000015	0.281347	0.000016	−8.3	0.5	2599	20	3036	32	2813	26
11K109-22	1888	39	0.015841	0.000490	0.000603	0.000020	0.281380	0.000020	0.281359	0.000022	−7.9	0.7	2586	27	3011	43	2793	35

续表

样品号	t/Ma[a]	2σ	$^{176}Yb/^{177}Hf$	$2s$	$^{176}Lu/^{177}Hf$	$2s$	$^{176}Hf/^{177}Hf$	$2s$	$^{176}Hf/^{177}Hf_{(t)}$[b]	$2s$	$\varepsilon Hf_{(t)}$[c]	$2s$	T_{DM}^{1}	$2s$	T_{DM}^{2} (0.015)[d]	$2s$	T_{DM}^{2} (0.0093)[e]	$2s$
样品 11K46（GPS：41°49′38.0″N，86°11′36.9″E）：石英正长岩																		
11K46-01	627	4	0.013226	0.000311	0.001364	0.000015	0.282290	0.000025	0.282274	0.000026	−3.8	0.9	1371	36	1800	56	1572	46
11K46-02	627	4	0.013226	0.000409	0.001495	0.000021	0.282365	0.000049	0.282348	0.000049	−1.2	1.7	1269	69	1636	108	1440	88
11K46-03	627	4	0.013226	0.001111	0.001814	0.000049	0.282373	0.000029	0.282352	0.000030	−1.1	1.0	1269	42	1627	65	1433	52
11K46-04	627	4	0.013226	0.000754	0.001567	0.000032	0.282303	0.000021	0.282285	0.000022	−3.4	0.7	1359	30	1775	46	1552	37
11K46-05	627	4	0.013226	0.000114	0.001210	0.000004	0.282321	0.000018	0.282307	0.000018	−2.6	0.6	1322	25	1727	39	1513	31
11K46-06	627	4	0.013226	0.000409	0.001465	0.000004	0.282269	0.000021	0.282252	0.000021	−4.6	0.7	1404	29	1848	46	1611	37
11K46-07	627	4	0.013226	0.000076	0.001407	0.000004	0.282263	0.000018	0.282246	0.000018	−4.8	0.6	1410	26	1860	40	1621	32
11K46-08	627	4	0.013226	0.000333	0.001480	0.000008	0.282318	0.000017	0.282300	0.000017	−2.9	0.6	1336	24	1741	38	1524	30
11K46-10	627	4	0.013226	0.000335	0.001213	0.000010	0.282320	0.000016	0.282306	0.000016	−2.7	0.6	1322	22	1728	35	1514	29
11K46-11	627	4	0.013226	0.000131	0.001095	0.000006	0.282256	0.000019	0.282243	0.000020	−4.9	0.7	1409	27	1869	43	1628	35
样品 11K48（GPS：41°48′57.6″N，86°11′20.8″E）：石英正长岩																		
11K48-02	660	5	0.013226	0.000658	0.002697	0.000029	0.282318	0.000021	0.282285	0.000022	−2.7	0.8	1380	31	1755	47	1542	38
11K48-03	660	5	0.013226	0.000393	0.001722	0.000010	0.282279	0.000018	0.282257	0.000019	−3.6	0.7	1400	26	1815	41	1591	33
11K48-04	660	5	0.013226	0.000348	0.002632	0.000015	0.282298	0.000021	0.282266	0.000021	−3.4	0.7	1407	30	1797	46	1576	37
11K48-05	660	5	0.013226	0.000443	0.003200	0.000013	0.282359	0.000023	0.282319	0.000024	−1.5	0.8	1339	34	1679	51	1481	41
11K48-07	660	5	0.013226	0.000494	0.002044	0.000008	0.282306	0.000021	0.282280	0.000021	−2.8	0.7	1374	30	1765	46	1550	37
11K48-08	660	5	0.013226	0.001192	0.001924	0.000036	0.282252	0.000017	0.282228	0.000018	−4.7	0.6	1445	25	1879	39	1643	31
11K48-09	660	5	0.013226	0.000546	0.001605	0.000015	0.282326	0.000019	0.282306	0.000019	−1.9	0.7	1328	26	1706	41	1503	33
11K48-10	660	5	0.013226	0.000813	0.001691	0.000022	0.282329	0.000020	0.282308	0.000021	−1.8	0.7	1327	29	1702	45	1500	36
11K48-11	660	5	0.013226	0.000386	0.001138	0.000011	0.282249	0.000020	0.282235	0.000021	−4.4	0.7	1420	28	1865	45	1631	36
11K48-12	660	5	0.013226	0.000210	0.001747	0.000008	0.282274	0.000018	0.282253	0.000018	−3.8	0.6	1407	25	1826	40	1600	32

续表

样品号	t/Ma[a]	2σ	$^{176}Yb/^{177}Hf$	$2s$	$^{176}Lu/^{177}Hf$	$2s$	$^{176}Hf/^{177}Hf$	$2s$	$^{176}Hf/^{177}Hf_{(t)}$[b]	$2s$	$\varepsilon Hf_{(t)}$[c]	$2s$	T_{DM}^{1}	$2s$	T_{DM}^{2} (0.015)[d]	$2s$	T_{DM}^{2} (0.0093)[e]	$2s$
11K48-13	660	5	0.013226	0.000096	0.001960	0.000005	0.282290	0.000017	0.282266	0.000017	−3.3	0.6	1392	24	1796	37	1576	30
样品 11K51（GPS：41°48′24.2″N，86°11′29.0″E）：石英正长岩																		
11K51-01	659	6	0.013226	0.000357	0.001558	0.000006	0.282314	0.000018	0.282295	0.000018	−2.4	0.6	1344	26	1734	40	1525	32
11K51-02	659	6	0.013226	0.000505	0.001988	0.000007	0.282313	0.000017	0.282288	0.000018	−2.6	0.6	1361	24	1748	38	1536	31
11K51-03	659	6	0.013226	0.000402	0.001283	0.000017	0.282276	0.000019	0.282261	0.000019	−3.6	0.7	1387	26	1809	41	1586	33
11K51-04	659	6	0.013226	0.000590	0.003990	0.000015	0.282249	0.000018	0.282199	0.000019	−5.7	0.6	1536	27	1944	40	1695	32
11K51-05	659	6	0.013226	0.000304	0.002018	0.000008	0.282271	0.000018	0.282246	0.000018	−4.1	0.6	1423	26	1842	40	1612	32
11K51-06	659	6	0.013226	0.000044	0.001128	0.000003	0.282284	0.000018	0.282270	0.000018	−3.2	0.6	1371	25	1788	40	1569	32
11K51-07	659	6	0.013226	0.000060	0.001048	0.000005	0.282264	0.000017	0.282251	0.000017	−3.9	0.6	1396	24	1830	38	1603	30
11K51-08	659	6	0.013226	0.000156	0.001470	0.000006	0.282355	0.000018	0.282336	0.000019	−0.9	0.6	1283	26	1641	40	1450	33
11K51-09	659	6	0.013226	0.000212	0.000952	0.000006	0.282302	0.000017	0.282290	0.000018	−2.5	0.6	1339	24	1743	39	1532	31
11K51-13	659	6	0.013226	0.000438	0.001645	0.000002	0.282287	0.000018	0.282267	0.000019	−3.3	0.7	1385	26	1795	41	1574	33
样品 11K55（GPS：41°47′43.9″N，86°10′51.2″E）：正长花岗岩																		
11K55-01	636	5	0.013226	0.001869	0.001900	0.000046	0.282304	0.000029	0.282282	0.000030	−3.3	1.0	1370	42	1777	65	1555	52
11K55-02	636	5	0.013226	0.000419	0.001396	0.000023	0.282277	0.000021	0.282260	0.000021	−4.1	0.7	1391	30	1825	46	1594	37
11K55-03	636	5	0.013226	0.000707	0.001593	0.000028	0.282285	0.000014	0.282265	0.000014	−3.9	0.5	1387	19	1813	30	1584	24
11K55-04	636	5	0.013226	0.000109	0.001880	0.000004	0.282344	0.000040	0.282322	0.000040	−1.9	1.4	1312	57	1688	88	1484	71
11K55-05	636	5	0.013226	0.000871	0.002837	0.000041	0.282317	0.000023	0.282283	0.000024	−3.3	0.8	1387	34	1774	52	1553	42
11K55-06	636	5	0.013226	0.000145	0.001174	0.000009	0.282289	0.000018	0.282275	0.000018	−3.5	0.6	1365	25	1791	39	1566	31
11K55-08	636	5	0.013226	0.000119	0.001119	0.000003	0.282285	0.000016	0.282272	0.000017	−3.7	0.6	1368	23	1798	36	1572	29
11K55-10	636	5	0.013226	0.000403	0.001263	0.000010	0.282276	0.000016	0.282261	0.000016	−4.0	0.5	1386	22	1822	34	1592	28
11K55-11	636	5	0.013226	0.000074	0.001326	0.000006	0.282255	0.000016	0.282239	0.000017	−4.8	0.6	1419	23	1871	36	1631	29

续表

样品号	t/Ma[a]	2σ	$^{176}Yb/^{177}Hf$	$2s$	$^{176}Lu/^{177}Hf$	$2s$	$^{176}Hf/^{177}Hf$	$2s$	$^{176}Hf/^{177}Hf_{(t)}$[b]	$2s$	$\varepsilon Hf_{(t)}$[c]	$2s$	T_{DM}^{1}	$2s$	T_{DM}^{2} (0.015)[d]	$2s$	T_{DM}^{2} (0.0093)[e]	$2s$
11K55-12	636	5	0.013226	0.000198	0.001118	0.000002	0.282274	0.000018	0.282261	0.000019	−4.1	0.6	1384	26	1824	41	1593	33
样品 11K64（GPS：41°48′44.6″N，86°15′0.8″E）：正长花岗岩																		
11K64-01	656	6	0.154883	0.003685	0.005438	0.000087	0.282422	0.000027	0.282355	0.000029	−0.3	0.9	1330	43	1602	59	1418	48
11K64-02	656	6	0.135645	0.000621	0.004601	0.000027	0.282397	0.000023	0.282341	0.000025	−0.8	0.8	1334	36	1633	52	1443	42
11K64-03	656	6	0.222478	0.004211	0.007971	0.000150	0.282486	0.000024	0.282388	0.000028	0.9	0.9	1328	42	1529	54	1359	43
11K64-04	656	6	0.178256	0.002212	0.005937	0.000024	0.282423	0.000022	0.282350	0.000024	−0.5	0.8	1348	36	1613	49	1427	40
11K64-05	656	6	0.155567	0.002536	0.005434	0.000074	0.282369	0.000022	0.282302	0.000024	−2.1	0.8	1412	34	1719	48	1512	39
11K64-06	656	6	0.066448	0.001096	0.002215	0.000046	0.282392	0.000016	0.282365	0.000017	0.1	0.6	1255	23	1579	36	1399	29
11K64-07	656	6	0.201807	0.000802	0.006898	0.000057	0.282406	0.000027	0.282321	0.000030	−1.5	1.0	1416	45	1676	60	1478	49
11K64-08	656	6	0.061350	0.000401	0.002076	0.000022	0.282420	0.000016	0.282394	0.000017	1.1	0.6	1210	23	1514	35	1347	28
11K64-09	656	6	0.077542	0.002300	0.002741	0.000061	0.282380	0.000018	0.282346	0.000019	−0.6	0.6	1292	26	1621	39	1434	32
11K64-10	656	6	0.163527	0.000954	0.005531	0.000021	0.282419	0.000021	0.282351	0.000022	−0.4	0.7	1337	33	1610	46	1424	37
11K64-11	656	6	0.202294	0.006517	0.006894	0.000173	0.282576	0.000028	0.282491	0.000032	4.5	1.0	1135	47	1299	62	1174	50
11K64-12	656	6	0.105994	0.002558	0.003929	0.000097	0.282416	0.000022	0.282368	0.000024	0.2	0.8	1281	33	1573	49	1395	39
11K64-13	656	6	0.088720	0.001616	0.003057	0.000049	0.282321	0.000019	0.282284	0.000020	−2.8	0.7	1389	28	1759	42	1545	34
11K64-14	656	6	0.197164	0.002041	0.007005	0.000082	0.282503	0.000020	0.282417	0.000023	1.9	0.7	1259	34	1463	46	1306	37
11K64-16	656	6	0.124714	0.002127	0.004347	0.000034	0.282374	0.000020	0.282320	0.000022	−1.5	0.7	1360	31	1678	45	1479	36
11K64-17	656	6	0.039246	0.000979	0.001317	0.000022	0.282394	0.000020	0.282378	0.000021	0.5	0.7	1222	28	1551	45	1377	36
11K64-19	656	6	0.136759	0.000749	0.004490	0.000014	0.282379	0.000017	0.282324	0.000018	−1.4	0.6	1358	26	1670	38	1473	31
11K64-20	656	6	0.103151	0.003898	0.003659	0.000094	0.282376	0.000020	0.282331	0.000022	−1.1	0.7	1331	30	1655	44	1461	35
11K64-21	656	6	0.162342	0.001118	0.005366	0.000020	0.282441	0.000019	0.282375	0.000021	0.4	0.7	1296	30	1557	43	1382	34
11K64-24	656	6	0.127663	0.000925	0.004446	0.000025	0.282310	0.000017	0.282255	0.000018	−3.8	0.6	1463	26	1823	38	1597	31

续表

样品号	t/Ma[a]	2σ	$^{176}Yb/^{177}Hf$	2s	$^{176}Lu/^{177}Hf$	2s	$^{176}Hf/^{177}Hf$	2s	$^{176}Hf/^{177}Hf_{(t)}$[b]	2s	$\varepsilon Hf_{(t)}$[c]	2s	T_{DM}^1	2s	T_{DM}^2（0.015）[d]	2s	T_{DM}^2（0.0093）[e]	2s
11K64-25	656	6	0.119545	0.001377	0.004406	0.000024	0.282429	0.000018	0.282375	0.000019	0.4	0.6	1278	27	1558	40	1382	32
样品12K84（GPS：41°47′36.6″N，86°10′29.2″E）：正长花岗岩																		
12K84-01	653	14	0.164965	0.001704	0.005006	0.000043	0.282340	0.000026	0.282279	0.000029	−3.0	0.9	1439	41	1772	58	1554	47
12K84-03	653	14	0.147679	0.001277	0.004457	0.000026	0.282269	0.000024	0.282214	0.000027	−5.3	0.9	1527	37	1916	53	1671	43
12K84-05	653	14	0.246256	0.004090	0.006987	0.000099	0.282296	0.000025	0.282210	0.000030	−5.5	0.9	1603	41	1924	55	1677	44
12K84-10	653	14	0.124405	0.001516	0.003663	0.000037	0.282332	0.000027	0.282287	0.000030	−2.8	1.0	1397	41	1754	61	1540	49
12K84-11	653	14	0.139100	0.000372	0.004070	0.000009	0.282364	0.000024	0.282314	0.000026	−1.8	0.8	1365	36	1694	53	1492	43
12K84-13	653	14	0.086867	0.000463	0.002496	0.000018	0.282325	0.000257	0.282294	0.000259	−2.5	9.1	1362	374	1738	570	1527	460
12K84-14	653	14	0.114890	0.000805	0.003352	0.000015	0.282182	0.000102	0.282141	0.000104	−7.9	3.6	1608	152	2077	226	1801	182
12K84-18	653	14	0.093746	0.000908	0.002819	0.000022	0.282308	0.000030	0.282273	0.000032	−3.2	1.1	1400	45	1785	67	1565	54
12K84-20	653	14	0.068627	0.000607	0.002151	0.000013	0.282357	0.000029	0.282330	0.000031	−1.2	1.0	1304	42	1658	65	1463	53
12K84-22	653	14	0.293268	0.015125	0.007871	0.000378	0.282337	0.000027	0.282240	0.000036	−4.4	1.0	1579	50	1858	61	1624	49
12K84-24	653	14	0.101767	0.002644	0.003080	0.000076	0.282350	0.000022	0.282312	0.000025	−1.9	0.8	1348	33	1698	49	1495	39

注：a：岩浆锆石或继承锆石组为加权平均年龄或上交点年龄，误差为2σ；单个继承锆石为$^{206}Pb/^{207}Pb$（＞1000Ma）或$^{206}Pb/^{238}U$（＜1000Ma）年龄，误差为1σ；

b：衰变常数$\lambda^{176}Lu=1.867\times10^{-11}$（Söderlund et al.，2004）；

c：球粒陨石参数为$^{176}Hf/^{177}Hf=0.282772$，$^{176}Lu/^{177}Hf=0.0332$（Blichert-Toft and Albarède，1997）；

d：用$^{176}Lu/^{177}Hf=0.015$（平均大陆地壳）（Griffin et al.，2002）计算的二阶段模式年龄；

e：用$^{176}Lu/^{177}Hf=0.0093$（平均上地壳）（Amelin et al.，1999）计算的二阶段模式年龄

表 4-3　库鲁克塔格西段新元古代至古生代花岗岩主微量元素地球化学数据（Ge et al.，2014b）

时代	～830～820Ma 花岗质岩石														～660～630Ma 花岗质岩石		
岩石类型	花岗闪长岩							二云母花岗岩							石英正长岩		
样品编号	11K07	12K91-1	12K91-2	12K91-3	12K91-4	11K92	11K97	11K102	11K103	11K104	11K105	11K107	11K108	11K109	11K46	11K48	11K51
主量元素/%																	
SiO_2	65.13	63.26	69.01	70.24	63.67	68.19	68.92	72.95	72.86	71.94	72.40	73.71	71.69	72.29	61.02	61.65	62.83
TiO_2	0.27	0.32	0.21	0.21	0.31	0.22	0.19	0.13	0.14	0.14	0.13	0.12	0.12	0.12	0.71	0.47	0.35
Al_2O_3	18.23	18.44	15.94	14.92	18.25	16.85	16.47	15.62	15.33	15.79	15.59	14.33	15.90	15.62	18.98	18.23	18.76
$Fe_2O_3^T$	2.82	3.55	2.11	1.99	3.21	1.92	1.74	0.54	0.72	0.96	0.73	0.57	0.87	0.84	4.99	4.89	3.40
MnO	0.09	0.09	0.06	0.04	0.10	0.03	0.04	0.01	0.02	0.03	0.02	0.01	0.03	0.02	0.08	0.08	0.06
MgO	0.78	0.97	1.24	1.16	0.97	0.49	0.46	0.18	0.22	0.38	0.26	0.21	0.25	0.25	0.69	0.48	0.36
CaO	4.40	5.70	2.00	1.19	5.30	4.15	2.26	1.21	1.46	2.05	1.88	1.25	1.70	1.71	2.88	1.62	1.78
Na_2O	4.55	5.18	5.18	5.44	5.14	3.89	4.55	4.97	4.88	4.92	4.83	5.32	5.05	4.87	5.23	4.57	5.18
K_2O	1.92	1.02	2.49	2.94	1.35	2.65	3.09	3.12	3.06	2.98	3.00	2.66	3.39	3.14	4.42	6.84	5.96
P_2O_5	0.09	0.11	0.05	0.05	0.10	0.08	0.08	0.04	0.04	0.04	0.03	0.04	0.04	0.03	0.14	0.09	0.08
LOI	1.40	1.27	1.56	1.68	1.30	1.31	2.03	1.09	1.14	0.63	1.01	1.67	0.84	0.94	0.63	0.81	1.05
SUM	99.67	99.90	99.86	99.86	99.71	99.78	99.83	99.87	99.86	99.86	99.86	99.89	99.88	99.86	99.76	99.75	99.82
A/CNK[a]	1.04	0.92	1.07	1.04	0.93	1.00	1.10	1.14	1.10	1.05	1.07	1.03	1.06	1.08	1.02	1.02	1.03
Na_2O/K_2O	2.37	5.10	2.08	1.85	3.79	1.47	1.47	1.59	1.59	1.65	1.61	2.00	1.49	1.55	1.18	0.67	0.87
$Mg^{\#}$	39.11	38.93	57.80	57.59	41.42	37.10	38.20	43.58	41.19	47.74	45.54	46.54	40.09	41.41	24.49	18.62	19.92
微量元素/ppm																	
Li	6.43	8.09	7.43	6.93	6.82	7.60	26.3	13.0	13.4	16.8	18.8	6.46	9.96	16.5	6.67	10.6	9.97
Be	1.31	1.81	1.77	1.24	1.86	0.37	0.70	1.33	1.18	2.25	0.62	1.31	0.71	1.83	0.68	0.78	0.72
Sc	2.56	5.19	3.02	3.28	5.01	40.9	30.4	5.53	5.60	3.03	26.2	1.90	4.60	5.54	35.6	27.2	4.62
Ti	1108	2092	1189	1229	1906	7572	10546	3527	3510	4412	7542	2281	2305	3341	4344	15394	2316
V	21.1	37.1	19.7	17.3	32.5	454	109	36.3	36.0	64.8	179	29.9	45.1	38.9	245	218	3.36
Cr	6.54	10.00	10.2	10.1	24.1	23.7	2.77	5.55	4.63	8.68	66.7	6.48	8.23	7.92	77.8	348	4.43

续表

时代	～830～820Ma 花岗质岩石														～660～630Ma 花岗质岩石		
岩石类型	花岗闪长岩							二云母花岗岩							石英正长岩		
样品编号	11K07	12K91-1	12K91-2	12K91-3	12K91-4	11K92	11K97	11K102	11K103	11K104	11K105	11K107	11K108	11K109	11K46	11K48	11K51
Mn	645	0.00	0.00	0.00	0.00	1577	433	359	422	429	994	171	311	372	1379	1354	470
Co	2.57	3.42	1.47	1.11	3.02	26.4	12.8	5.22	5.34	10.1	31.3	2.86	2.58	5.73	37.5	56.2	2.49
Ni	3.72	3.81	3.59	2.78	9.18	9.78	2.04	3.78	4.21	7.63	54.6	4.21	4.66	4.68	45.7	137	2.75
Cu	3.21	5.54	3.19	8.91	5.04	7.28	7.33	5.15	4.62	5.76	33.0	8.74	1.54	7.15	11.2	13.8	2.52
Zn	68.7					68.9	110	64.6	60.7	62.5	48.6	36.4	88.8	114	68.1	138	153
Ga	19.6	20.7	17.1	15.0	19.9	23.1	28.9	21.7	18.7	25.4	16.6	20.2	22.4	23.7	14.2	20.9	22.5
Rb	29.9	18.2	52.2	57.2	24.1	31.0	60.0	92.9	91.8	91.4	52.1	111	63.9	84.5	14.5	38.0	73.2
Sr	1273	1957	768	475	1845	1077	161	335	437	429	331	454	891	345	569	650	177
Y	14.5	22.1	12.7	11.0	20.6	19.7	38.7	16.6	16.4	22.9	17.1	10.9	13.3	16.4	12.3	12.2	15.2
Zr	203	206	119	94.5	188	82.5	259	295	288	470	95.2	228	172	296	74.3	136	726
Nb	5.14	9.28	7.85	8.03	9.40	3.53	10.5	12.6	12.8	13.1	7.21	8.03	6.28	12.5	3.63	28.5	7.51
Mo	0.21	0.75	0.41	0.68	0.81	0.28	0.79	0.69	0.28	0.27	0.65	0.65	0.31	0.79	0.13	0.42	0.40
Cd	0.09					0.09	0.08	0.06	0.06	0.10	0.06	0.03	0.04	0.15	0.13	0.17	0.18
Sn	0.71	0.90	0.64	0.61	0.86	0.72	1.25	1.05	0.89	3.72	1.03	1.38	0.67	1.06	0.80	1.45	0.64
Cs	0.27	0.43	0.23	0.15	0.21	0.41	0.23	0.93	0.55	1.62	1.93	1.01	0.20	1.61	0.24	0.48	0.65
Ba	2069	1672	1455	1446	1730	443	1607	1400	1147	926	307	1067	1532	1615	199	392	5359
La	36.6	59.3	23.0	20.0	49.9	15.9	47.3	38.2	35.9	34.5	13.3	35.4	26.2	45.5	9.87	6.88	73.6
Ce	68.3	133	45.9	37.7	110	31.1	88.9	65.1	71.3	51.0	24.8	53.9	40.0	77.6	26.5	20.6	120
Pr	8.31	13.9	5.23	4.38	11.8	4.56	10.9	9.26	8.99	7.22	3.55	7.66	6.11	7.91	3.47	3.00	14.1
Nd	30.2	48.4	18.6	15.6	41.9	19.7	42.5	32.4	31.8	25.1	14.7	25.5	22.3	26.6	14.2	13.0	49.5
Sm	4.74	7.85	3.23	2.76	7.00	4.47	8.03	5.53	5.33	4.65	3.38	3.75	3.78	4.41	2.69	2.92	6.50
Eu	2.88	2.61	1.32	1.14	2.40	6.03	5.51	4.48	3.96	4.98	31.8	8.29	1.05	1.30	10.5	11.3	1.74
Gd	3.48	6.41	2.73	2.38	5.73	4.00	7.62	3.58	3.65	3.49	2.68	2.29	2.68	4.61	2.58	2.82	5.12

续表

时代	～830～820Ma 花岗质岩石														～660～630Ma 花岗质岩石		
岩石类型	花岗闪长岩							二云母花岗岩							石英正长岩		
样品编号	11K07	12K91-1	12K91-2	12K91-3	12K91-4	11K92	11K97	11K102	11K103	11K104	11K105	11K107	11K108	11K109	11K46	11K48	11K51
Tb	0.44	0.87	0.42	0.36	0.79	0.64	1.22	0.00	0.00	0.00	0.00	0.00	0.00	0.52	0.36	0.40	0.62
Dy	2.84	4.05	2.11	1.87	3.69	3.64	7.09	3.14	3.12	3.63	3.12	1.85	2.39	3.25	2.57	2.78	2.95
Ho	0.58	0.74	0.41	0.37	0.68	0.76	1.46	0.67	0.67	0.86	0.70	0.41	0.52	0.66	0.56	0.58	0.59
Er	1.71	2.14	1.21	1.08	1.95	2.17	4.23	1.42	1.43	1.94	1.55	0.91	1.14	1.78	1.64	1.63	1.82
Tm	0.26	0.35	0.22	0.19	0.32	0.37	0.73	0.25	0.25	0.35	0.27	0.17	0.19	0.24	0.24	0.23	0.25
Yb	1.58	2.19	1.44	1.26	1.99	2.23	4.38	1.50	1.46	2.27	1.66	1.06	1.19	1.46	1.58	1.47	1.74
Lu	0.25	0.34	0.24	0.20	0.31	0.26	0.51	0.20	0.19	0.32	0.22	0.15	0.16	0.22	0.26	0.23	0.30
Hf	4.50	5.57	3.72	3.03	5.15	1.61	5.22	5.04	4.97	8.42	1.91	4.24	3.31	5.54	1.80	3.66	13.5
Ta	0.32	0.51	0.59	0.45	0.53	0.18	0.67	0.44	0.44	0.72	0.46	0.75	0.33	0.46	0.15	1.00	0.34
W	0.10	0.09	0.19	0.13	0.10	0.41	0.98	0.19	0.26	0.36	0.49	0.23	0.52	0.19	0.12	0.35	0.25
Pb	11.4	14.7	17.1	7.36	15.8	7.22	6.86	15.6	14.4	19.4	7.69	32.6	8.27	16.1	6.78	7.84	16.0
Bi	0.02	0.03	0.01	0.01	0.03	0.03	0.04	0.04	0.02	0.07	0.08	0.07	0.02	0.05	0.04	0.07	0.04
Th	5.19	7.46	3.28	2.98	6.07	1.91	5.77	8.53	8.90	13.5	4.27	11.2	4.22	7.72	1.16	1.96	6.55
U	0.90	0.79	0.66	0.72	0.89	0.43	0.98	0.90	0.94	2.13	0.90	1.69	0.63	0.93	0.56	1.46	1.19
Sr/Y	88.0	88.5	60.5	43.3	89.8	54.7	4.17	20.1	26.7	18.7	19.4	41.8	66.8	21.0	46.2	53.2	11.7
$(La/Yb)_N$[b]	16.6	19.4	11.4	11.4	18.0	5.13	7.76	18.2	17.6	10.9	5.75	24.0	15.8	22.4	4.49	3.35	30.3
$(Ho/Yb)_N$[b]	1.10	1.02	0.85	0.87	1.02	1.02	1.01	1.33	1.38	1.14	1.27	1.15	1.32	1.37	1.06	1.18	1.02
Eu*[c]	2.17	1.12	1.36	1.36	1.16	4.36	2.15	3.07	2.75	3.78	32.3	8.64	1.01	0.88	12.1	12.0	0.92
T_{Zr}/℃[d]	794	776	758	738	771	722	830	851	845	887	744	818	791	844	702	751	911

注：a：A/CNK=Al_2O_3/（$CaO+Na_2O+K_2O$），均为摩尔百分比；

b：球粒陨石标准化值据 Sun 和 Mcdonough（1989）；

c：Eu*=Eu/SQRT（Sm×Gd），球粒陨石标准化值据 Sun 和 Mcdonough（1989）；

d：锆石饱和温度，公式见 Watson 和 Harrison（1983）；

e：数据引自 Ge et al.，2012b；f：数据引自 Ge et al.，2012a；g：数据引自郭瑞清等，2013a

表 4-3 库鲁克塔格西段新元古代至古生代花岗岩主微量元素地球化学数据（Ge et al.，2014b）（续 1）

时代	～660～630Ma 花岗质岩石															
岩石类型	石英正长岩															
样品编号	11K53	10T-55[e]	10T-56[e]	10T-57[e]	10T-58[e]	10T-59[e]	10T-60[e]	10T-61[e]	10T-62[e]	10T-63[e]	10T-64[e]	10T-65[e]	10T-67[e]	10T-68[e]	10T-69[e]	T4[e]
主量元素/%																
SiO_2	63.15	61.06	62.75	61.85	62.77	60.87	64.67	61.78	61.51	62.43	62.05	62.41	65.81	62.70	63.41	60.92
TiO_2	0.30	0.53	0.48	0.49	0.37	0.49	0.58	0.46	0.46	0.42	0.47	0.48	0.60	0.50	0.41	0.46
Al_2O_3	18.32	17.60	18.22	17.70	17.63	17.43	17.09	17.47	17.53	17.92	18.04	17.77	17.88	17.48	18.03	17.61
$Fe_2O_3^T$	3.40	6.84	4.82	6.13	5.30	7.23	3.57	6.33	6.59	5.15	5.01	5.59	2.61	5.70	4.95	7.00
MnO	0.05	0.09	0.08	0.10	0.07	0.11	0.06	0.09	0.08	0.07	0.07	0.09	0.04	0.09	0.07	0.10
MgO	0.33	0.37	0.26	0.30	0.30	0.45	0.38	0.31	0.43	0.20	0.26	0.28	0.34	0.27	0.20	0.44
CaO	1.15	1.67	1.74	1.53	1.24	1.45	1.34	1.46	1.60	1.24	1.63	1.51	1.38	1.50	1.24	1.52
Na_2O	4.40	4.32	5.13	4.31	5.28	4.48	4.40	4.27	4.35	4.88	5.30	4.15	4.74	4.16	4.43	4.21
K_2O	7.57	5.98	5.73	6.49	5.81	5.97	6.72	6.30	5.99	6.77	5.90	6.45	6.00	6.62	6.67	6.02
P_2O_5	0.06	0.13	0.10	0.10	0.09	0.10	0.04	0.09	0.06	0.10	0.10	0.10	0.02	0.10	0.09	0.07
LOI	1.04	1.19	0.66	0.82	1.14	1.19	1.20	1.28	1.18	0.77	1.14	1.02	0.71	0.73	0.45	1.42
SUM	99.78	99.77	99.97	99.83	99.99	99.78	100.05	99.82	99.81	99.97	99.98	99.86	100.14	99.85	99.95	99.77
A/CNK[a]	1.05	1.06	1.02	1.05	1.02	1.06	1.01	1.06	1.06	1.02	1.00	1.07	1.06	1.04	1.08	1.09
Na_2O/K_2O	0.58	0.72	0.90	0.66	0.91	0.75	0.65	0.68	0.73	0.72	0.90	0.64	0.79	0.63	0.66	0.70
$Mg^{\#}$	18.52	11.20	11.17	10.24	11.65	12.67	19.88	10.24	13.20	8.30	10.79	10.45	23.29	9.94	8.61	12.78
微量元素/ppm																
Li	9.54	16.5	8.50	11.5	10.4	11.9	8.04	11.2	14.6	10.4	8.83	14.2	7.12	7.46	10.3	11.5
Be	1.45															
Sc	6.80	3.40	2.92	5.72	2.01	4.24	3.20	5.05	1.86	1.78	3.45	2.12	1.97	1.91	2.27	2.95
Ti	3085	2772	2448	2499	1775	2465	2744	2285	2343	2014	2280	2374	3108	2396	2002	2333
V	13.2	4.95	6.31	3.17	1.88	2.50	10.7	2.28	3.81	2.43	2.30	1.79	20.7	2.67	1.72	2.73
Cr	1.66	1.61	0.20	0.00	0.00	0.00	1.88	0.00	1.20	0.00	0.00	0.00	0.00	1.83	0.00	0.00

续表

时代	~660~630Ma 花岗质岩石															
岩石类型		石英正长岩														
样品编号	11K53	10T-55[e]	10T-56[e]	10T-57[e]	10T-58[e]	10T-59[e]	10T-60[e]	10T-61[e]	10T-62[e]	10T-63[e]	10T-64[e]	10T-65[e]	10T-67[e]	10T-68[e]	10T-69[e]	T4[e]
Mn	480	604	541	665	446	762	368	593	578	474	454	570	274	581	508	683
Co	3.19	3.57	2.71	2.77	2.83	3.94	3.57	2.64	3.67	2.49	2.51	2.23	3.58	2.33	2.25	3.84
Ni	3.33	13.1	11.0	10.2	13.2	7.05	0.00	10.5	0.00	13.3	7.11	6.12	9.20	9.70	8.28	14.5
Cu	1.13	4101	3269	3616	4280	2570	35.6	3550	12.4	4197	2776	2363	3628	2844	3133	4506
Zn	63.6	569	466	516	589	422	79.0	508	102	576	418	356	460	392	464	619
Ga	21.1	19.7	17.9	18.9	17.1	19.4	19.3	18.8	19.2	18.8	18.3	17.6	16.4	17.4	17.9	19.7
Rb	27.4	57.8	50.2	56.4	58.5	54.4	85.9	54.8	74.6	54.9	47.5	69.1	72.4	77.6	72.0	63.9
Sr	593	133	154	105	120	123	197	126	141	127	148	133	290	99.6	112	201
Y	23.1	14.2	16.1	11.2	11.0	11.6	9.65	10.8	16.2	12.1	10.4	12.2	6.73	11.4	8.57	16.0
Zr	981	767	747	757	561	788	719	763	663	557	726	796	689	701	640	809
Nb	9.37	8.77	7.63	6.87	6.48	6.16	25.5	7.25	16.8	5.91	5.86	8.30	10.5	8.83	7.13	9.74
Mo	0.22	0.00	0.00	0.00	0.00	0.00	0.09	0.00	0.32	0.00	0.11	0.00	0.00	0.00	0.07	0.00
Cd	0.23	0.31	0.22	0.19	0.11	0.25	0.18	0.20	0.15	0.17	0.15	0.16	0.17	0.17	0.18	0.23
Sn	0.78	239	189	209	248	155	2.77	205	0.55	242	174	147	221	176	199	274
Cs	0.96	0.63	0.67	0.72	0.86	1.08	1.16	1.12	0.94	0.72	0.99	0.60	0.69	0.66	0.64	0.81
Ba	1053	4730	6262	5197	6128	5930	4485	4893	5906	6590	5313	5266	4955	4857	5585	6104
La	357	98.5	21.8	103	18.1	120	41.2	158	145	56.0	72.9	17.8	14.7	26.9	47.5	177
Ce	561	167	36.3	182	29.2	204	73.6	256	250	98.3	126	31.1	19.0	47.8	107	304
Pr	50.2	17.4	4.43	17.8	3.94	20.9	7.88	26.7	28.9	10.7	12.7	3.80	2.01	5.81	9.25	33.2
Nd	177	59.6	18.1	59.9	15.8	70.6	27.5	86.7	97.9	37.5	42.1	16.5	7.04	22.2	35.7	114
Sm	20.6	7.26	3.76	7.77	2.63	8.32	3.97	9.29	13.5	4.90	5.52	3.09	0.89	4.06	4.33	15.0
Eu	0.55	2.49	2.71	2.50	2.59	2.94	2.29	2.50	2.79	2.89	2.55	2.71	2.52	2.65	2.84	3.03
Gd	14.5	4.86	3.41	4.67	2.14	5.00	2.81	5.45	8.64	3.58	3.50	2.72	0.93	3.38	2.82	9.13

续表

时代	~660~630Ma 花岗质岩石															
岩石类型	石英正长岩															
样品编号	11K53	10T-55[e]	10T-56[e]	10T-57[e]	10T-58[e]	10T-59[e]	10T-60[e]	10T-61[e]	10T-62[e]	10T-63[e]	10T-64[e]	10T-65[e]	10T-67[e]	10T-68[e]	10T-69[e]	T4[e]
Tb	1.40	0.58	0.47	0.51	0.31	0.53	0.34	0.54	0.89	0.43	0.40	0.36	0.14	0.40	0.30	0.93
Dy	5.84	3.53	3.20	2.71	2.11	2.86	2.20	2.90	4.41	2.49	2.41	2.50	1.09	2.38	1.82	4.60
Ho	0.99	0.72	0.74	0.53	0.51	0.59	0.47	0.53	0.77	0.55	0.54	0.55	0.30	0.53	0.40	0.76
Er	2.77	1.92	2.12	1.59	1.41	1.80	1.49	1.62	2.03	1.69	1.64	1.67	1.04	1.57	1.26	2.08
Tm	0.34	0.25	0.30	0.23	0.23	0.24	0.21	0.23	0.26	0.24	0.25	0.26	0.18	0.24	0.23	0.26
Yb	2.35	1.81	1.92	1.60	1.46	1.79	1.54	1.63	1.65	1.59	1.79	1.73	1.41	1.51	1.52	1.73
Lu	0.40	0.32	0.36	0.30	0.28	0.36	0.30	0.31	0.30	0.27	0.32	0.31	0.25	0.29	0.27	0.31
Hf	19.1	18.1	17.1	16.2	13.2	17.6	17.2	16.9	15.5	12.3	16.8	17.6	15.9	16.4	14.8	19.6
Ta	0.43	2.52	0.48	0.35	0.39	0.33	1.32	1.19	1.20	0.36	0.37	0.44	0.67	0.45	0.48	0.69
W	0.50	0.40	0.23	0.27	0.35	0.27	0.47	2.70	0.28	0.33	0.24	0.40	0.55	0.31	0.61	0.30
Pb	11.8	284	223	225	308	197	23.2	263	19.7	304	238	195	255	226	235	347
Bi	0.06	0.21	0.18	0.15	0.17	0.12	0.05	0.15	0.04	0.15	0.15	0.09	0.15	0.13	0.15	0.19
Th	23.4	7.34	2.34	3.96	1.57	5.21	7.31	5.75	25.0	7.64	5.12	2.11	2.95	2.37	5.14	22.9
U	2.03	1.00	0.86	1.01	1.04	0.95	1.17	1.15	1.02	1.03	1.31	1.24	1.22	1.02	1.10	1.27
Sr/Y	25.7	9.41	9.57	9.36	11.0	10.7	20.4	11.6	8.74	10.5	14.3	11.0	43.1	8.76	13.1	12.5
$(La/Yb)_N$[b]	109	39.0	8.14	46.2	8.89	48.1	19.2	69.7	63.2	25.3	29.2	7.38	7.47	12.8	22.4	73.2
$(Ho/Yb)_N$[b]	1.27	1.19	1.16	0.99	1.05	0.99	0.92	0.98	1.40	1.04	0.91	0.95	0.64	1.05	0.79	1.32
Eu*[c]	0.10	1.28	2.31	1.27	3.34	1.39	2.10	1.07	0.79	2.11	1.77	2.86	8.47	2.19	2.48	0.79
T_{Zr}/℃[d]	949	920	913	918	883	922	912	921	905	881	905	929	917	911	906	930

表 4-3　库鲁克塔格西段新元古代至古生代花岗岩主微量元素地球化学数据（Ge et al.，2014b）（续 2）

时代	~660~630Ma 花岗质岩石							
岩石类型	正长花岗岩							
样品编号	11K54	11K55	11K56	12K84-1	12K84-2	12K84-3	12K84-4	12K84-5
主量元素/%								
SiO_2	74.01	71.46	74.06	73.87	74.90	75.23	75.66	75.82
TiO_2	0.21	0.25	0.14	0.15	0.16	0.14	0.14	0.14
Al_2O_3	13.06	13.98	13.41	13.02	12.55	12.64	12.25	12.36
$Fe_2O_3^T$	1.98	2.87	1.46	2.34	1.96	1.64	1.67	1.71
MnO	0.04	0.04	0.02	0.01	0.03	0.02	0.01	0.02
MgO	0.21	0.19	0.12	0.20	0.21	0.18	0.13	0.14
CaO	0.70	0.89	0.55	0.29	0.49	0.36	0.29	0.29
Na_2O	3.33	3.16	3.02	3.55	4.05	4.31	3.72	4.32
K_2O	5.25	5.80	6.12	5.40	4.53	4.53	5.07	4.26
P_2O_5	0.04	0.04	0.03	0.02	0.02	0.02	0.01	0.01
LOI	0.79	0.91	0.68	0.79	0.79	0.64	0.70	0.64
SUM	99.61	99.59	99.60	99.63	99.68	99.71	99.64	99.71
A/CNK[a]	1.05	1.07	1.07	1.07	1.01	1.00	1.01	1.01
Na_2O/K_2O	0.63	0.55	0.49	0.66	0.89	0.95	0.73	1.01
$Mg^\#$	19.89	13.29	15.96	16.38	19.67	20.10	15.62	16.05
微量元素/ppm								
Li	6.23	0.00	0.00	12.1	13.2	8.33	7.04	7.45
Be	0.37	0.32	0.64	1.92	3.76	3.90	2.90	4.92
Sc	4.24	0.85	0.59	0.93	8.48	10.1	3.63	5.27
Ti	1377	1690	667	713	761	722	704	674
V	2.85	3.27	0.92	1.20	2.77	1.90	0.77	0.76
Cr	2.08	1.50	0.46	9.60	13.3	6.92	10.2	7.89

续表

时代	～660～630Ma 花岗质岩石							
岩石类型	正长花岗岩							
样品编号	11K54	11K55	11K56	12K84-1	12K84-2	12K84-3	12K84-4	12K84-5
Mn	303	374	150	0.00	0.00	0.00	0.00	0.00
Co	0.72	1.16	0.22	0.26	0.75	0.19	–0.10	–0.07
Ni	1.76	0.93	0.94	4.37	3.12	1.84	3.51	1.78
Cu	1.57	1.56	1.16	23.3	16.1	23.1	38.3	34.9
Zn	61.8	55.4	19.1					
Ga	17.2	14.7	11.4	15.6	20.3	21.7	16.0	18.5
Rb	68.8	97.0	127	186	149	169	179	155
Sr	51.9	52.4	10.6	7.15	30.5	17.2	10.2	11.9
Y	14.8	12.6	11.9	26.0	47.4	55.9	32.1	42.8
Zr	312	370	120	112	171	246	249	228
Nb	4.73	6.57	6.03	16.7	15.9	24.6	18.5	23.3
Mo	0.19	0.40	0.41	1.60	1.48	1.92	0.88	1.99
Cd	0.06	0.07	0.01					
Sn	0.70	0.67	1.08	7.53	4.66	3.95	4.05	4.37
Cs	0.26	0.79	0.95	6.50	2.60	4.07	3.88	2.17
Ba	1678	1124	168	16.5	103	83.4	79.1	50.6
La	45.0	166	52.8	75.8	35.3	30.7	39.2	37.4
Ce	80.4	287	93.7	148	81.5	60.4	91.9	79.4
Pr	9.78	28.9	10.4	17.5	10.6	9.84	11.0	11.1
Nd	37.1	104	37.3	65.6	43.7	41.2	43.8	45.7
Sm	5.70	13.1	5.26	11.0	10.8	10.9	9.08	10.8
Eu	1.22	1.20	1.04	0.03	0.10	0.08	0.03	0.03
Gd	4.70	8.94	4.01	9.05	10.7	11.0	8.13	10.2

续表

时代	～660～630Ma 花岗质岩石							
岩石类型	正长花岗岩							
样品编号	11K54	11K55	11K56	12K84-1	12K84-2	12K84-3	12K84-4	12K84-5
Tb	0.59	0.86	0.48	1.16	1.80	1.98	1.22	1.64
Dy	3.07	3.36	2.31	5.60	10.4	11.8	6.78	9.31
Ho	0.62	0.52	0.45	1.00	1.94	2.25	1.28	1.75
Er	1.70	1.46	1.38	2.83	5.40	6.45	3.68	4.90
Tm	0.23	0.17	0.20	0.36	0.75	0.95	0.52	0.69
Yb	1.43	1.14	1.38	2.21	4.65	6.18	3.24	4.34
Lu	0.24	0.18	0.22	0.32	0.69	0.94	0.50	0.65
Hf	6.37	7.83	3.21	3.64	5.31	8.55	7.28	7.38
Ta	0.24	0.27	0.39	1.24	1.10	1.64	1.20	1.55
W	0.19	0.14	0.20	0.34	1.03	4.41	0.48	0.97
Pb	21.3	17.4	19.6	25.5	21.0	20.8	23.0	19.6
Bi	0.02	0.01	0.01	0.04	0.03	0.43	0.11	0.06
Th	7.84	18.7	11.8	19.0	18.7	26.0	20.7	26.0
U	0.76	1.03	0.78	2.01	2.73	3.56	2.58	3.32
Sr/Y	3.51	4.17	0.89	0.27	0.64	0.31	0.32	0.28
$(La/Yb)_N$[b]	22.6	104	27.5	24.6	5.44	3.57	8.66	6.18
$(Ho/Yb)_N$[b]	1.30	1.37	0.98	1.36	1.25	1.09	1.19	1.21
Eu*[c]	0.72	0.34	0.69	0.01	0.03	0.02	0.01	0.01
T_{Zr}/℃[d]	851	866	766	760	792	824	827	819

注：a：A/CNK=Al_2O_3/（CaO+Na_2O+K_2O），均为摩尔百分比；

b：球粒陨石标准化值据 Sun 和 Mcdonough（1989）；

c：Eu*=Eu/SQRT（Sm×Gd），球粒陨石标准化值据 Sun 和 Mcdonough（1989）；

d：锆石饱和温度，公式见 Watson 和 Harrison（1983）；

e：数据引自 Ge et al.，2012b；f：数据引自 Ge et al.，2012a；g：数据引自郭瑞清等，2013a

表 4-4　库鲁克塔格西段新元古代花岗岩锆石 U-Pb 年龄与 Lu-Hf 同位素数据总结（Ge et al.，2014b）

样品号	岩性 [a]	年龄/Ma[b]	初始 $^{177}Hf/^{176}Hf$[c]	$\varepsilon Hf_{(t)}$[c]	$T_{DM}{}^2$/Ga[c]	继承锆石年龄/Ga[d]
			新元古代中期花岗岩			
11K07	花岗闪长岩（Ep）	830±5	0.281362～0.281631	−31.6～−22.0	3.08～3.66	1.82～1.90，2.07
11K97	花岗闪长岩（Ep、Hbl）	821±6	0.281436～0.281805	−29.1～−16.6	2.71～3.50	1.82～1.87，2.20
11K94	含石榴子石白云母花岗岩（Ep、Grt、Ms）	830±6	0.281792～0.281936	−16.4～−11.3	2.42～2.73	1.83～1.95，2.16，2.29
11K99	含石榴子石白云母花岗岩（Grt、Ms）	834±6	0.281559～0.281837	−24.5～−14.7	2.63～3.23	1.80～1.93
11K105	二云母花岗岩	828±7	0.281450～0.281742	−28.5～−18.1	2.84～3.47	1.80～1.92
11K109	二云母花岗岩	831±6	0.281213～0.281756	−36.8～−17.6	2.81～3.98	1.85～1.94
			新元古代晚期花岗岩			
11K48	石英正长岩（Hbl）	660±5	0.282228～0.282319	−4.7～−1.5	1.68～1.88	
11K51	石英正长岩（Hbl）	659±6	0.282199～0.282336	−5.7～−0.9	1.64～1.94	
11K46	石英正长岩（Hbl）	627±4	0.282243～0.282352	−4.9～−1.1	1.63～1.87	
11K55	正长花岗岩	636±5	0.282239～0.282322	−4.8～−1.9	1.69～1.87	
11K64	正长花岗岩	657±6	0.282255～0.282491	−3.8～+4.5	1.30～1.82	1.80～1.94**（?）
12K84	正长花岗岩（Hbl）	653±14*	0.282141～0.282330	−7.9～−1.2	1.66～2.08	1.92**

注：a：括弧中为特征性矿物，Ep-黝帘石/绿帘石；Grt-石榴子石；Hbl-角闪石；Ms-白云母；

b：*代表上交点年龄，其他为加权平均 $^{206}Pb/^{238}U$ 年龄，误差均为 2σ；

c：用加权平均 $^{206}Pb/^{238}U$ 或上交点年龄计算；

d：**代表不谐和年龄

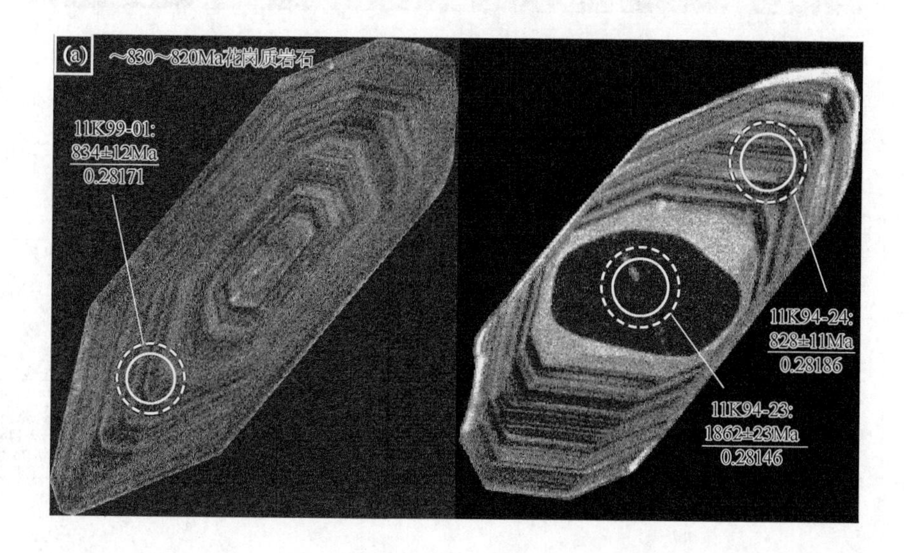

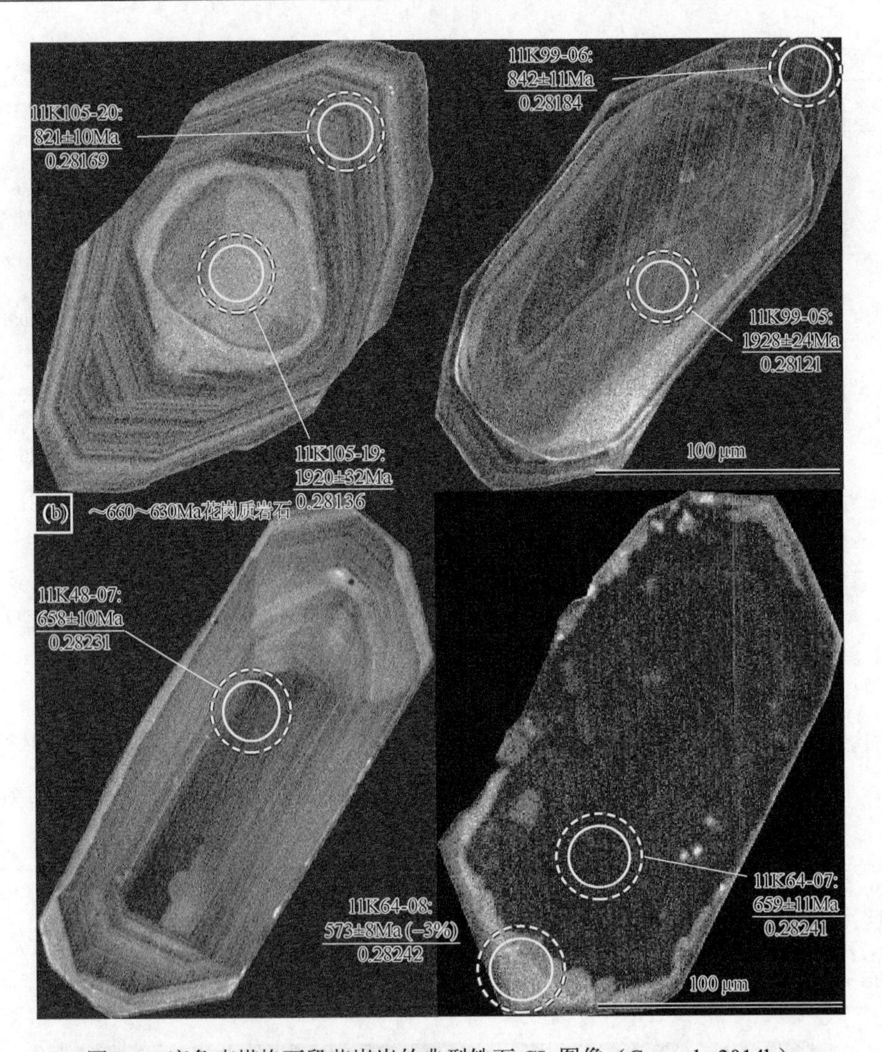

图 4-3　库鲁克塔格西段花岗岩的典型锆石 CL 图像（Ge et al., 2014b）

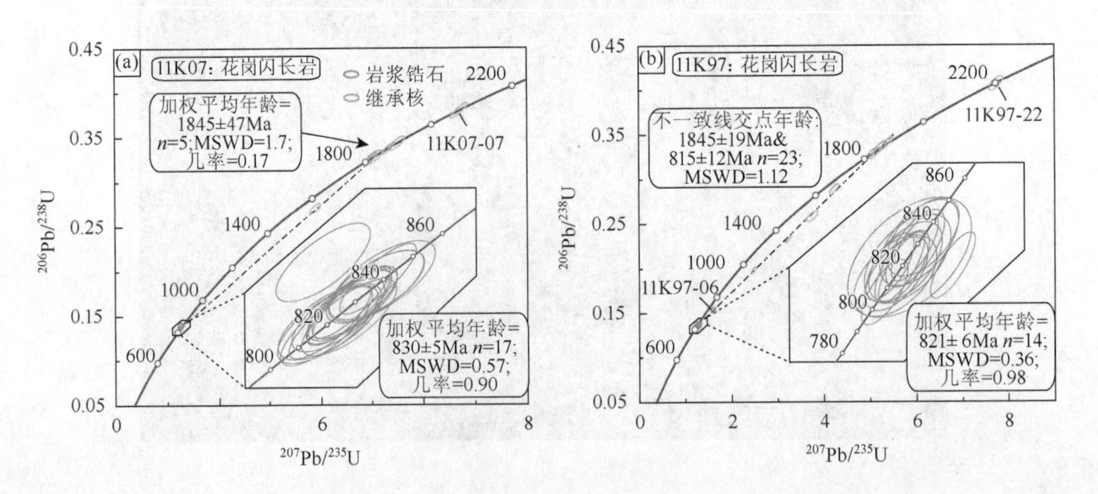

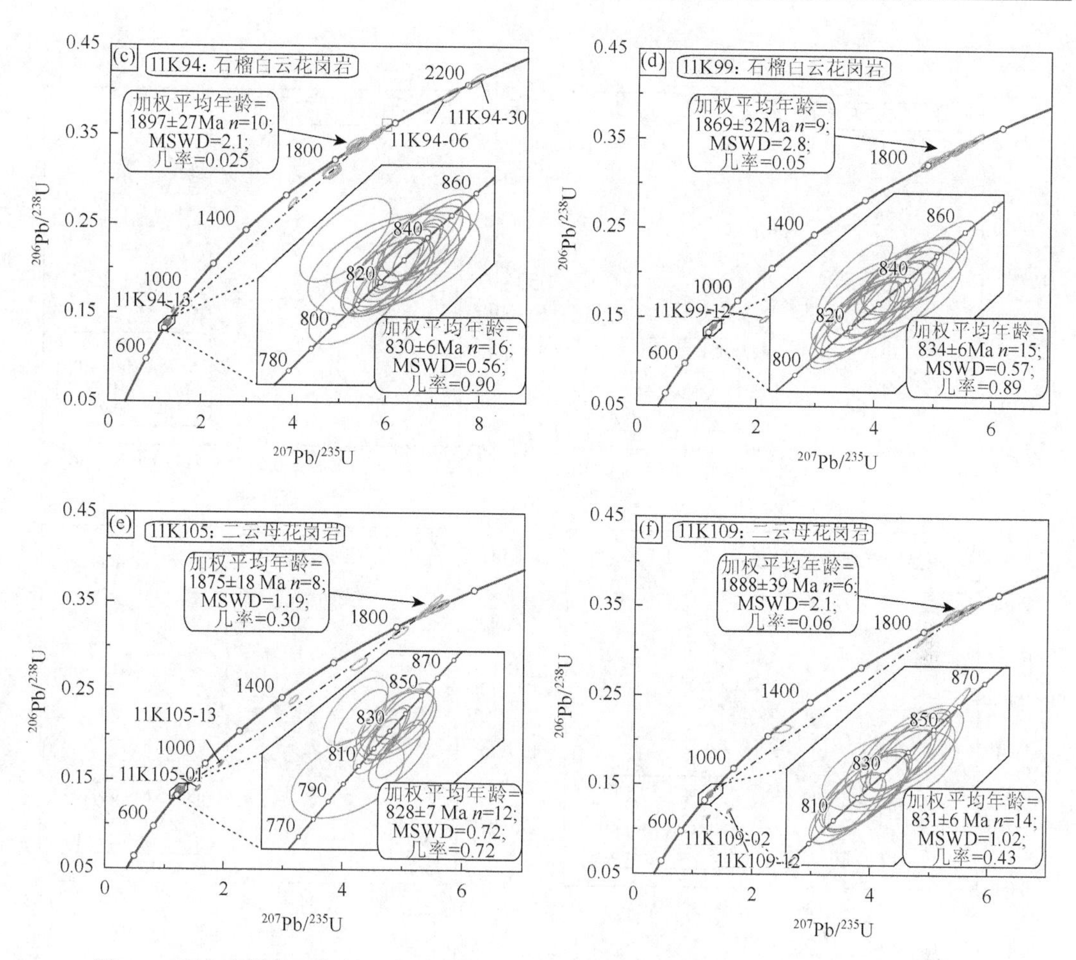

图 4-4 库鲁克塔格西段新元古代中期花岗岩锆石 U-Pb 年龄谐和图（Ge et al.，2014b）

2. 新元古代晚期花岗岩

三个石英正长岩样品（11K48、11K51 与 11K46）被选择进行锆石定年。这些样品中的锆石为浅黄色透明自形晶体，长达 200μm，长宽比为 1∶1～3∶1。CL 图像显示，锆石均发育振荡环带，其中缺乏继承核（图 4-3（b））。样品 11K48 与 11K51 中的锆石具有谐和的 U-Pb 年龄（表 4-1），其加权平均值分别为 660±5Ma（MSWD=0.22，n=13）和 659±6Ma（MSWD=0.37，n=10），说明两个样品具有一致的结晶年龄（图 4-5（a）和（b））。样品 11K51 中的三个点被排除：点 11K51-10 普通 Pb 较高而不谐和（Andersen，2002）；点 11K51-11 可能位于岩浆锆石与继承核的重合区域；点 11K51-04 可能由于高 U 和 Th 含量导致放射性 Pb 丢失而具有稍年轻的年龄（表 4-1）。样品 11K46 的锆石 U-Pb 年龄数据给出一个稍年轻的加权平均年龄：627±4Ma（MSWD=0.51，n=17，图 4-5（c）），说明这个样品的结晶年龄比上述两个样品年轻～30Myr。11K46-10、11K46-12 及 11K46-13 三个分析点由于高的普通 Pb 或不同锆石区域的混合而具有不谐和的年龄，在计算加权平均年龄时被剔除。

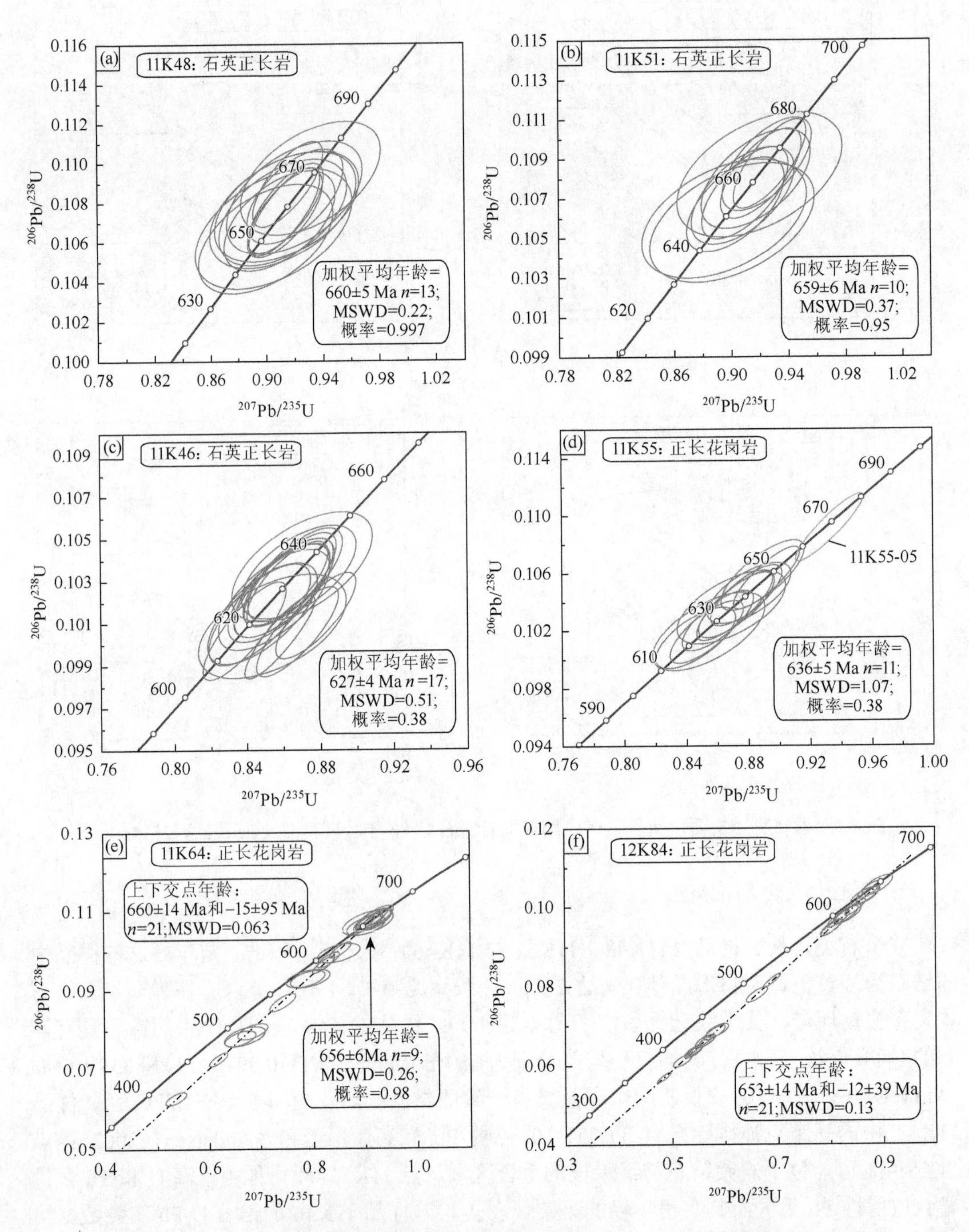

图 4-5　库鲁克塔格西段新元古代晚期花岗岩锆石 U-Pb 年龄谐和图

三个正长花岗岩样品（11K55、11K64 与 12K84）也被用来进行锆石定年。样品 11K55 中的锆石与石英正长岩中的锆石类似，U-Pb 同位素分析给出加权平均年龄为 636±5Ma（MSWD=1.07，n=11，图 4-5（d）），其中一个分析点（11K55-05）可能由于继承核的存在而稍老于其他年龄。另外两个正长花岗岩样品（11K64 和 12K84）中的锆石大小和外形也类似于石英正长岩，但 CL 图像显示其大多为暗黑色，具有均匀的内部结构，仅有少量颗粒中保留模糊的振荡环带。大多数锆石沿边缘和裂隙发育不规则的亮边或团块，但其自形的晶形并未被改变（图 4-3（b））。U-Pb 分析表明，CL 暗色区域包含非常高的 Th、U 含量（样品 11K64 平均 Th=4372ppm，U=2148ppm；样品 12K84 平均 Th=4904ppm，U=4050ppm），其年龄多为不谐和（表 4-1）。CL 亮色的不规则边具有相对较低的 Th、U 含量，其年龄也更为不谐和。除了样品 11K64 与 12K84 中的几个极度不谐和的分析点（11K64-01、11K64-06、11K64-18、11K64-23，12K84-15、12K84-23），其他分析点落在两条相似的不一致线上，其上交点年龄分别为 660±14Ma（MSWD=0.063，n=21）与 653±14Ma（MSWD=0.13，n=21），其下交点接近于 0（图 4-5（e）和（f）），前者与样品 11K64 中 9 个最谐和的分析点的加权平均年龄为 656±6Ma（MSWD=0.26，n=9）。点 12K84-12 具有～1.9Ga 的近谐和年龄，可能反映了继承核年龄。上述数据表明，两个样品结晶于～660Ma 的具有高 Th-U 含量的岩浆，可能由于放射性损伤和蜕晶化导致 Pb 丢失。

4.2.5 锆石 Hf 同位素特征

1. 新元古代中期花岗岩

新元古代中期花岗岩中～830～820Ma 的岩浆锆石具有低的初始 $^{176}Hf/^{177}Hf$ 值和显著的 $\varepsilon Hf_{(t)}$值（表 4-2 和表 4-4）。相对其他样品，样品 11K07 具有更低的初始 $^{176}Hf/^{177}Hf$ 值（0.281362～0.281631）、更小的 $\varepsilon Hf_{(t)}$（−31.6～−22.0）和更老的两阶段模式年龄（T_{DM}^2=3.1～3.7Ga），而样品 11K94 具有相对较高的放射性 Hf 和更均一的同位素组成，其初始 $^{176}Hf/^{177}Hf$ 为 0.281792～0.281936，$\varepsilon Hf_{(t)}$为−16.4～−11.3，T_{DM}^2 为 2.4～2.7Ga。其余四个样品的初始 $^{176}Hf/^{177}Hf$ 值介于 0.281436～0.281837，$\varepsilon Hf_{(t)}$介于−29.1～−14.7，T_{DM}^2 介于 2.6～3.5Ga。点 11K109-15 具有非常低的初始 $^{176}Hf/^{177}Hf$（0.281213）和 $\varepsilon Hf_{(t)}$（−36.8），可能是与继承核混合的结果。这些样品中的古元古代继承核一般具有更低的初始 $^{176}Hf/^{177}Hf$，但由于年龄较老，其 $\varepsilon Hf_{(t)}$相对较高。但是，其 T_{DM}^2 具有与岩浆锆石一致的范围（图 4-6（a）），使用 $^{176}Lu/^{177}Hf$=0.015，继承核与岩浆锆石可以拟合到 T_{DM}^2=2.5～3.5Ga 的地壳演化线上（图 4-7（a）～（c））。

2. 新元古代晚期花岗岩

三个石英正长岩样品（11K48、11K51、11K46）具有类似的锆石 Hf 同位素组成，其初始 $^{176}Hf/^{177}Hf$ 值介于 0.282199～0.282352，$\varepsilon Hf_{(t)}$为−5.7～−0.9，T_{DM}^2 为 1.6～1.9Ga（表 4-4）。正长花岗岩样品 11K55 具有与石英正长岩类似的锆石 Hf 同位素组成（$\varepsilon Hf_{(t)}$=−4.8～−1.9），另外两个具有不谐和年龄和高 Th-U 含量的正长花岗岩样品（11K64 和 12K84）的 $^{176}Hf/^{177}Hf$ 值变化更大，但锆石 Hf 同位素与 U-Pb 年龄不谐和度没有相关性（图略），说明锆石 U-Pb 体系被扰动而 Lu-Hf 同位素体系保持封闭；用结晶年龄计算，样品 11K64 的 $\varepsilon Hf_{(t)}$值介于−3.8～+4.5，而 12K84 的 $\varepsilon Hf_{(t)}$值介于−7.9～−1.2。总体而言，～660～630Ma

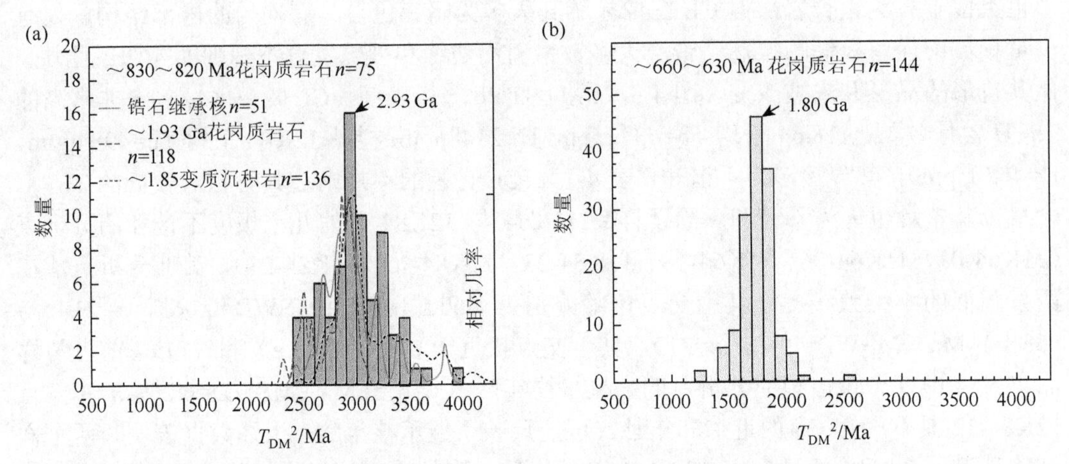

图 4-6　库鲁克塔格西段新元古代中—晚期花岗岩锆石 Hf 地壳模式年龄统计图（Ge et al.，2014b）

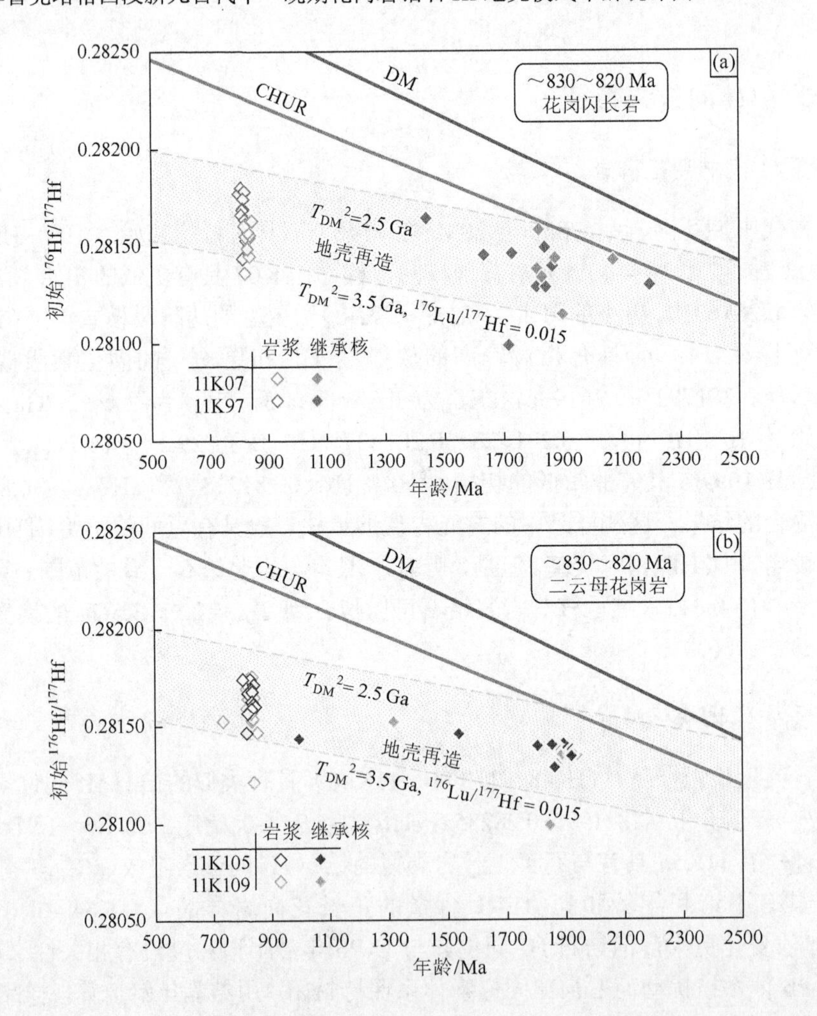

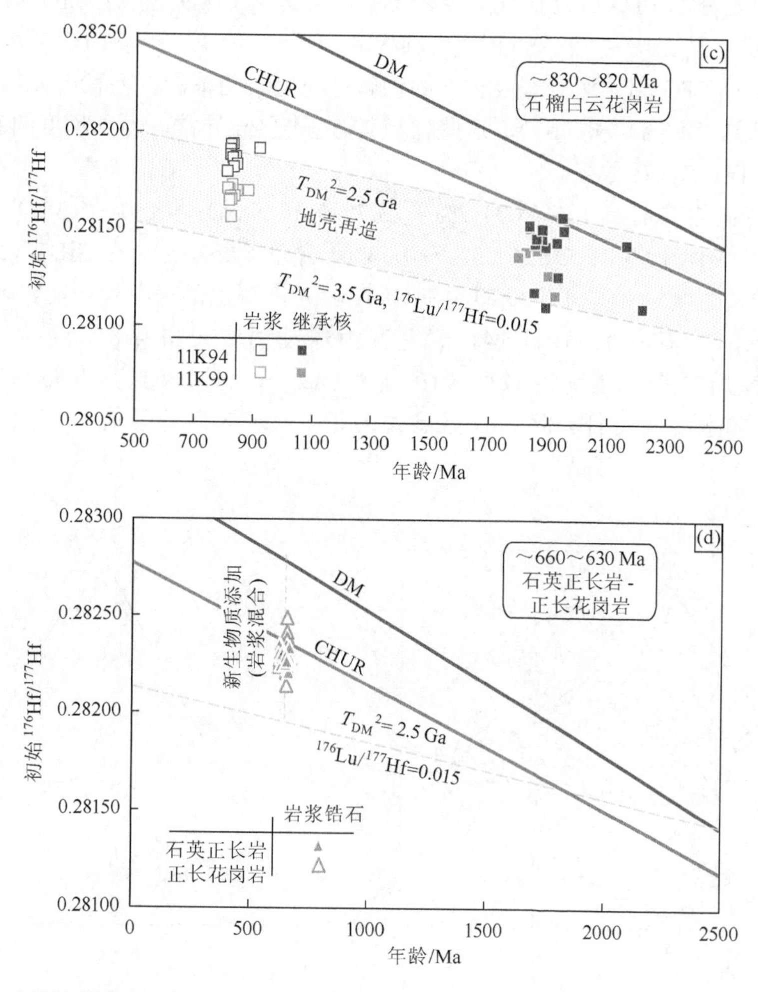

图 4-7　库鲁克塔格西段新元古代中—晚期花岗岩锆石 Hf 同位素组成（Ge et al.，2014b）

的花岗质岩石的 Hf 同位素比～830～820Ma 的花岗岩放射性成因 Hf 更高，说明岩浆源区具有幔源新生物质的加入。

4.2.6　全岩地球化学特征

1. 新元古代中期花岗岩

新元古代含角闪石/黝帘石花岗闪长岩样品的 SiO_2 为 63.3%～70.0%（表 4-3），且与 Al_2O_3、CaO、$Fe_2O_3^T$、TiO_2、MgO、P_2O_5、Sr 和 LREE 含量呈负相关，与 K_2O、Rb 含量呈正相关（图略）。这些样品具有高的 Na_2O 含量（3.9%～5.4%）和 Na_2O/K_2O 值（1.47～5.10），在 SiO_2-（Na_2O+K_2O）图解中落入花岗闪长岩和花岗岩区域（图 4-8（a）），而在 Or-An-Ab 图解中落在 TTG 区域（图 4-8（b））。这些样品是准铝质-过铝质（A/CNK=0.92～1.10，图 4-8（c）），属于钙碱性或镁质钙碱性至钙性系列（图 4-8（d）～（f））。这些主

量元素特征与太古宙 TTG 或近代埃达克岩类似，但其 Y（10.9～38.7ppm）和 Yb（1.26～4.38ppm）含量以及 Sr/Y（4.2～89.8）和$(La/Yb)_N$（5.1～19.4）值与 TTG 或埃达克岩有所不同，覆盖典型 TTG 和埃达克岩及正常的钙碱性花岗岩的范围。在稀土元素和微量元素配分图解上（图 4-9（a）和（b）），这些样品具有正的 Eu 异常，不同程度的 LREE、Ba、Sr 富集和 Nb-Ta、P、Ti 亏损。

二云母花岗岩具有高 SiO_2（71.7%～73.7%）和 Na_2O（4.8%～5.3%）含量以及低 TiO_2（0.12%～0.14%）和 P_2O_5（0.03%～0.04%）含量（表 4-3），在 SiO_2-（Na_2O+K_2O）图解上落在花岗岩区域（图 4-8（a）），在 Or-Ab-An 图解上落在奥长花岗岩区域（图 4-8（b）），其 A/CNK 值为 1.03～1.14，表明其为弱过铝质（图 4-8（c））。这些样品属于钙碱性或镁质钙碱性至钙性系列（图 4-8（d）～（f）），且具有与花岗闪长岩类似的 REE 和微量元素特征，但具有更显著的正 Eu 异常和更强的 P 亏损（图 4-9（a）和（b））。

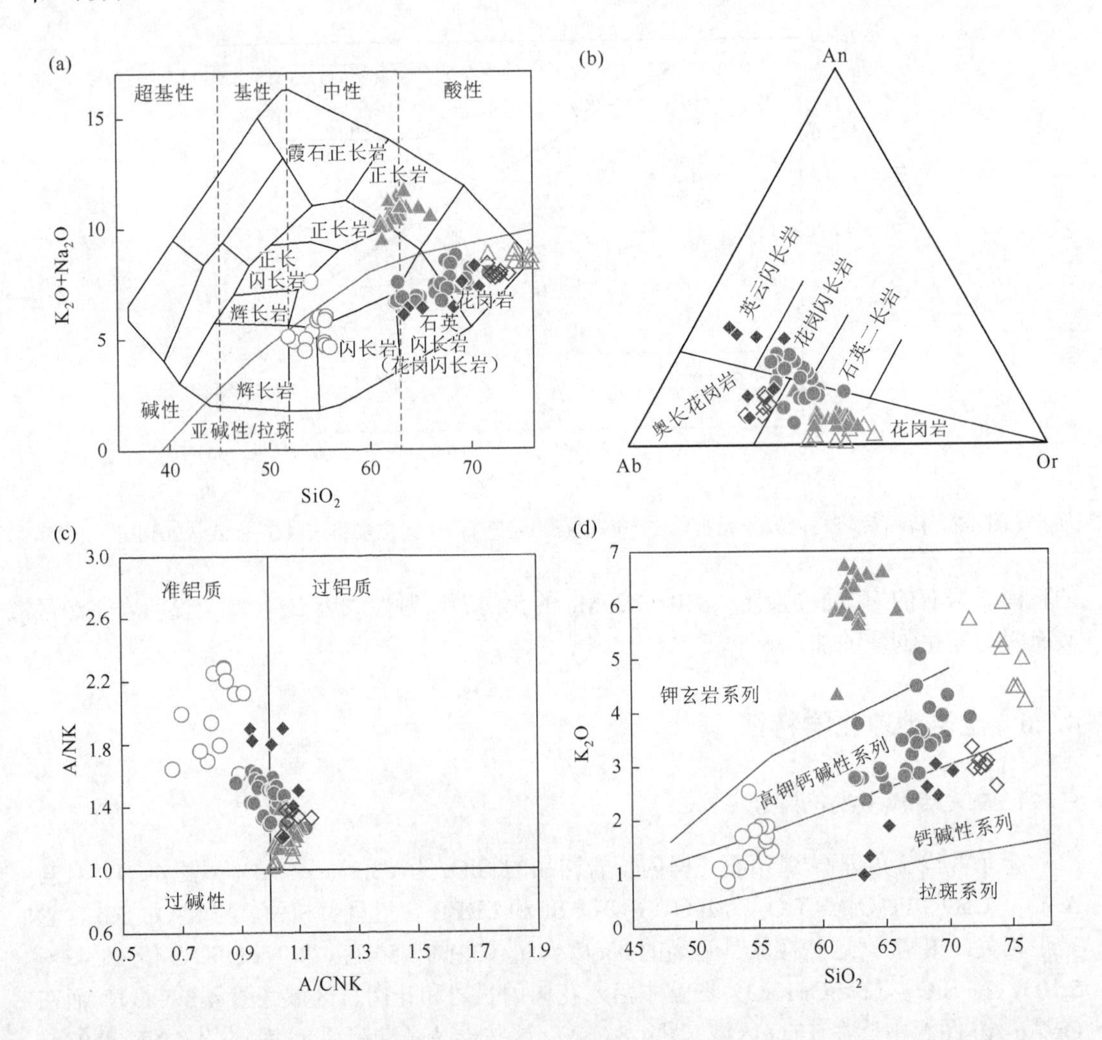

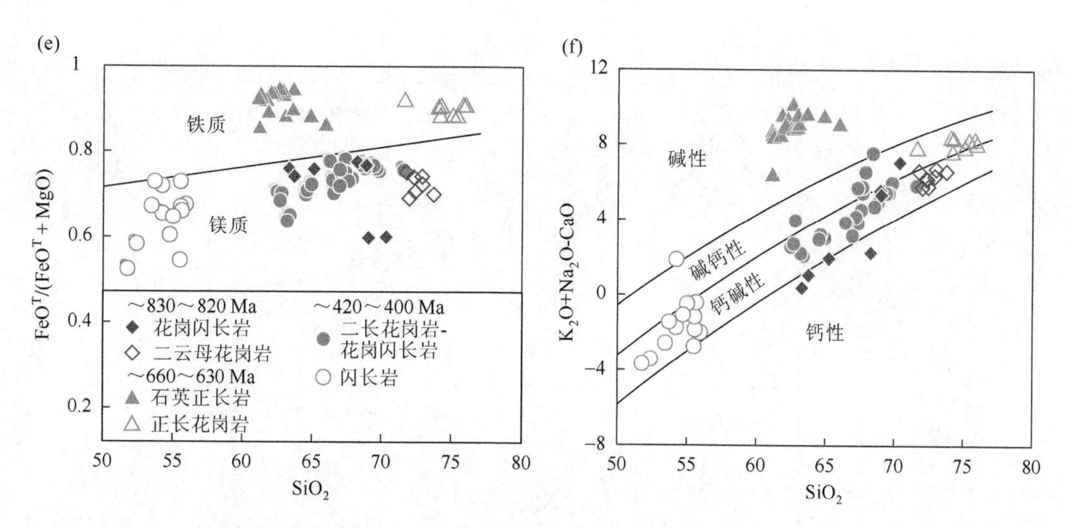

图 4-8　库鲁克塔格西段新元古代中—晚期花岗岩地球化学分类图（Ge et al.，2014b）

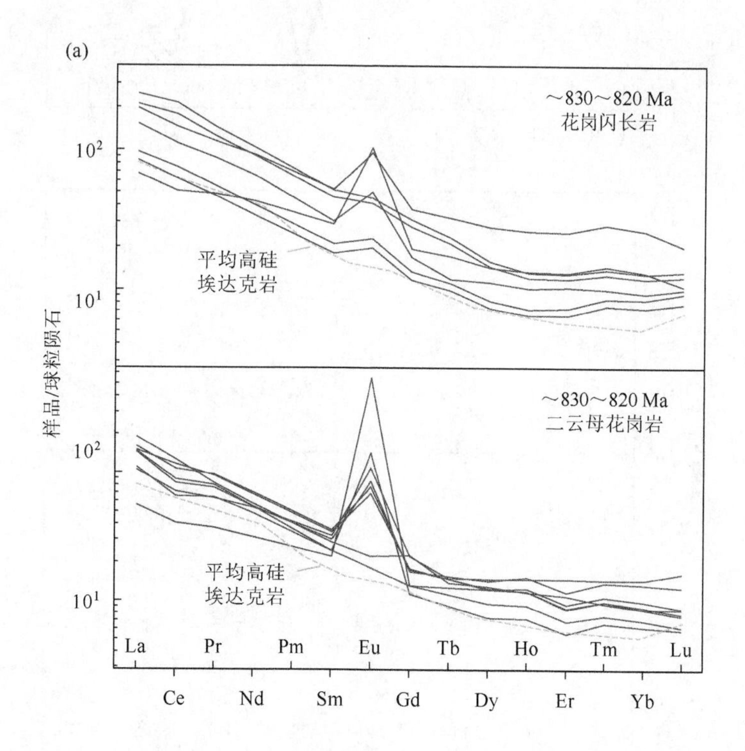

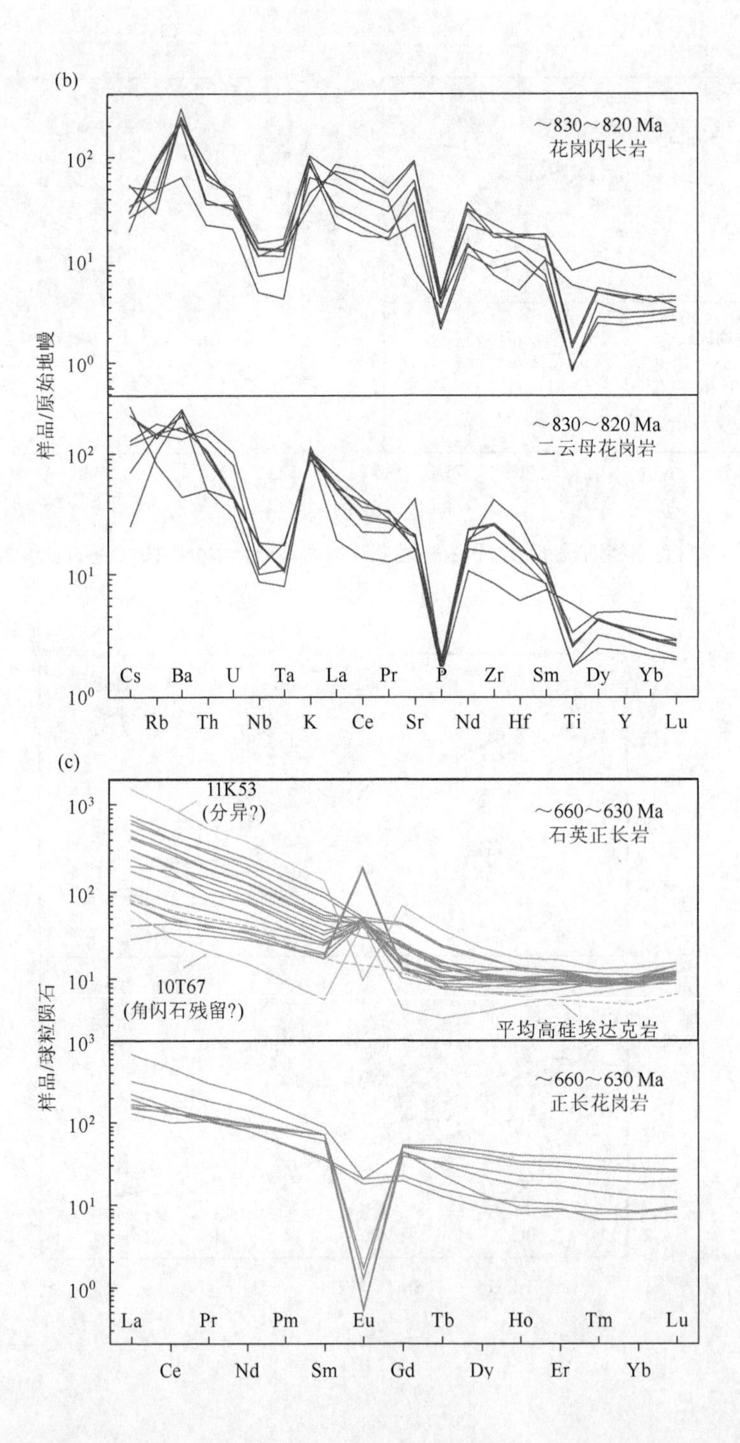
(b)
～830～820 Ma
花岗闪长岩
～830～820 Ma
二云母花岗岩
样品/原始地幔
Cs Ba U Ta La Pr P Zr Sm Dy Yb
Rb Th Nb K Ce Sr Nd Hf Ti Y Lu
(c)
11K53
(分异?)
～660～630 Ma
石英正长岩
10T67
(角闪石残留?)
平均高硅埃达克岩
～660～630 Ma
正长花岗岩
样品/球粒陨石
La Pr Pm Eu Tb Ho Tm Lu
Ce Nd Sm Gd Dy Er Yb

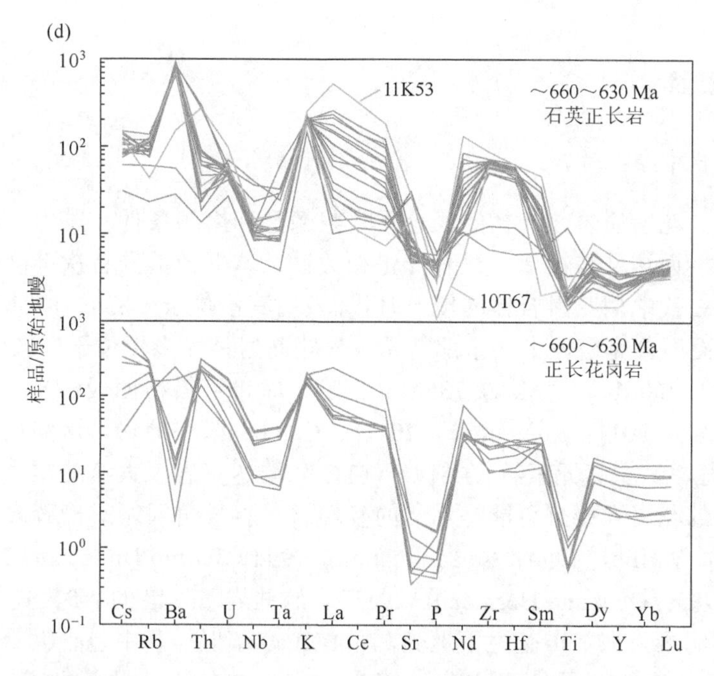

图4-9　库鲁克塔格西段新元古代中—晚期及古生代花岗岩微量元素配分图（Ge et al.，2014b）

2. 新元古代晚期花岗岩

新元古代晚期的石英正长岩具有低 SiO_2（61.0%～63.2%）和 MgO（0.33%～0.69%）、高 K_2O（4.4%～7.6%）、Na_2O（4.4%～5.2%）、$Fe_2O_3^T$（3.4%～5.0%）、Al_2O_3（18.2%～19.0%）的特征（表4-3），落在正长岩区域（图4-8（a））。这些样品为弱过铝质（图4-8（c）），投在钾玄岩系列和铁质碱性系列中（图4-8（d）～（f）），且以LREE富集和正Eu异常为特征，但具有最高的REE含量的样品11K53可能由于斜长石的分离结晶具有显著的负Eu异常，而样品10T67可能因角闪石残留而具有中稀土亏损和显著的正Eu异常（图4-9（c））。大多数样品相对富集Ba、K、Zr、Hf而亏损Nb-Ta、Ti和Sr（图4-9（d））。

正长花岗岩样品具有高 SiO_2（74.5%～75.8%）、高 K_2O（4.3%～6.1%）、Na_2O（3.0%～4.3%）和低 Al_2O_3（12.2%～14.0%）、CaO（0.29%～0.89%）、MgO（0.12%～0.21%）、P_2O_5（0.01%～0.04%）的特征（表4-3）。样品为弱过铝（A/CNK=1.00～1.07，图4-8（c）），属于高钾钙碱性至钾玄岩系列或铁质碱钙性系列（图4-8（d）～（f））。在REE配分曲线上，样品不同程度地富集LREE且具有不同程度的Eu负异常。微量元素蛛网图表明，样品具有Cs、Rb、K相对富集和Nb-Ta、Ti、Ba、Sr、P相对亏损的特征（图4-9），以及较低的Cr（12.7～147ppm）、Ni（7.51～48.6ppm）含量（表4-3）。样品大多为准铝质（图4-8（c）），多属于钙碱性或镁质钙碱性系列（图4-8（d）～（f））。在REE和微量元素配分图解上，这些样品具有LREE中等富集、弱Eu负异常（图4-9（c））等特征，样品同时富集 Cs、Ba、K，亏损 Nb-Ta、Ti、Sr 和 P，两个样品同时具有 Zr-Hf 负异常（图 4-9（d））。

4.2.7 岩石成因

1. 新元古代中期花岗岩

一般认为，花岗质岩浆的初始成分受岩浆源区和熔融条件（压力、温度和流体活动性）的控制，而这又与构造背景有一定相关性。本书的数据首次准确限定了库鲁克塔格西段新元古代中期花岗岩体的侵入时代，表明其侵位于～834～821Ma 的一个相对较短时间段，而库鲁克塔格中—东部新元古代花岗岩体大多侵位于～826～785Ma，部分岩体侵位于～760Ma、754Ma 及 735Ma，稍晚于库鲁克塔格西段（Zhang et al.，2007b，2012b；Shu et al.，2011；Long et al.，2011b；Cao et al.，2011）。这些花岗岩大多具有富 Na_2O 的特征，其主量元素特征类似于 TTG 和埃达克岩。大量的实验岩石学研究显示，这种钠质的花岗岩极有可能是水化的基性岩（斜长角闪岩或榴辉岩）部分熔融形成的（Wolf and Wyllie，1994；Sen and Dunn，1994；Patiño Douce and Beard，1995；Rapp et al.，1995；Qian and Hermann，2013）。这些岩石古老的 Hf 模式年龄（～2.5～3.5Ga）说明其源区为太古宙基性下地壳（图 4-7（a）），但样品中包含大量的 1.8～1.9Ga 的继承性锆石，其 Hf 同位素成分也符合～2.5～3.5Ga 太古宙地壳演化线（假设 $^{176}Lu/^{177}Hf$=0.015）（图 4-6（a）～（c）及图 4-10），这说明太古宙地壳受到古元古代晚期变质事件的影响，并在新元古代中期被再次熔融，这一解释与该区～1.9～1.8Ga 的区域变质作用（见第 3 章）及这些继承锆石的内部结构一致。上述锆石 Hf 同位素数据也表明，这些岩石的岩浆源区几乎没有亏损地幔的物质贡献，与其低的 MgO、Cr 和 Ni 含量一致。库鲁克塔格中部的同期花岗岩也具有负的全岩 εNd 和锆石 εHf，可能来源于类似的基性下地壳（Zhang et al.，2007b，2012b；Long et al.，2011b；Cao et al.，2011a）。

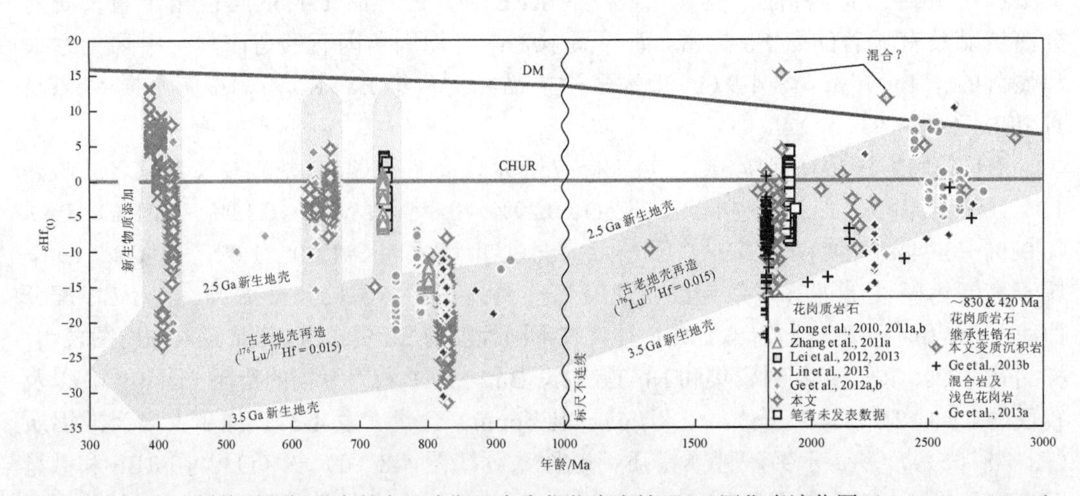

图 4-10 库鲁克塔格西段新元古代中—晚期及古生代花岗岩锆石 Hf 同位素演化图（Ge et al.，2014b）

在源区成分相似的条件下，花岗质熔体的 Yb 和 Y 含量及其他 REE 与 Yb 的比值主要是受源区石榴子石残留量的控制，而熔体 Sr 和 Eu 主要受控于残留斜长石的多少，由于残留石榴子石和斜长石的多少取决于熔融压力，这些地球化学指标反过来可以约束熔融压力或深度（Martin et al.，2005）。本书使用 Ho/Yb 值作为石榴子石残留量的指标（图 4-11（a）），因为 Ho 和 Yb 均为重稀土，因此比常用的 La/Yb、Sm/Yb、Gd/Yb 等值受源区富集和角闪石残留的影响较小。一般来说，对于一个给定的地区和时代，最大的 Ho/Yb 值（即最多的石榴子石残留）可作为地壳熔融深度和地壳厚度的最小约束。

库鲁克塔格西段～834～821Ma 的花岗质岩石具有不同的 Sr、Y、Yb 含量和 Sr/Y、$(Ho/Yb)_N$ 值，约有一半的样品落在埃达克岩的定义内（Sr＞400ppm、Y＜18ppm、Yb＜1.9ppm）（Defant and Drummond，1990；Martin et al.，2005），说明部分熔融至少局部发生在石榴子石稳定相（＞10kbar）。大多数样品的正 Eu 异常说明，其源区斜长石残留有限，且样品受到后期斜长石堆晶的影响。据此，本书认为，这些钠质花岗岩可能是太古宙基性下地壳在正常至轻微加厚的条件下部分熔融的产物，高 SiO_2、过铝质的二云母花岗岩和低 SiO_2、准铝质的花岗闪长岩可能是不同部分熔融程度的结果，前者熔融程度低，后者熔融程度高。库鲁克塔格中部地区稍年轻的～826～785Ma 埃达克质花岗岩具有更高的 Ho/Yb 值（Zhang et al.，2007b；Long et al.，2011b）（图 4-11（a）），可能说明该区新元古代中期存在地壳的迅速加厚。

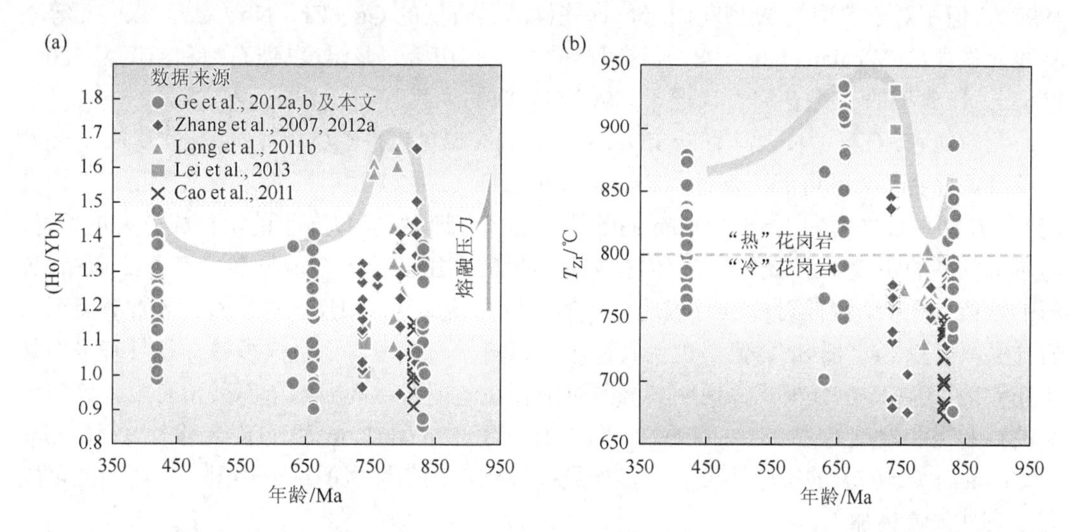

图 4-11　（a）库鲁克塔格新元古代—古生代花岗岩$(Ho/Yb)_N$值与年龄图（b）锆石饱和温度随年龄变化图（Ge et al.，2014b）

由于锆石是花岗岩中结晶最早的矿物之一，锆石饱和温度计可以用来约束岩浆的初始温度（Watson and Harrison，1983；Hanchar and Watson，2003；Miller et al.，2003）。库鲁克塔格西部～830Ma 的花岗闪长岩和二云母花岗岩的平均锆石饱和温度（T_{Zr}）分别为 770℃和 826℃（图 4-11（b）），库鲁克塔格中、西部稍微年轻的花岗岩（Zhang et al.，2007b；2012b；Long et al.，2011b；Cao et al.，2011）具有更低的 T_{Zr}（平均分别为 764℃和 715℃，图 4-11（b））。这些样品中继承锆石的普遍存在表明初始岩浆是锆石过饱和的（Miller et al.，2003），因此上述 T_{Zr} 仅是初始岩浆温度的最大值，说明该期花岗岩的初始岩浆温度远远低于基性岩（斜长角闪岩/榴辉岩）的脱水熔融温度（至少 850℃）（Wolf and Wyllie，1994；Sen and Dunn，1994；Patiño Douce and Beard，1995；Rapp et al.，1995；Qian and Hermann，2013），据此推测这些花岗岩可能是由外来流体加入导致的低温熔融的产物，而非加热引起的脱水熔融（Miller et al.，2003）。

2. *新元古代晚期花岗岩*

库鲁克塔格西部 660～630Ma 的石英正长岩和正长花岗岩与同期的基性岩墙和辉长岩体密切相关（Zhu et al.，2008，2011a），但这些岩石在哈克图解上具有不同的演化趋势（图略），说明简单的分离结晶和同化混染不能解释其成因。石英正长岩和正长花岗岩均具有很低的 MgO、Cr、Ni 含量，大多数锆石具有负 $\varepsilon Hf_{(t)}$值，说明其主体为壳源，但其 Hf 同位素大范围的变化说明来源于亏损地幔的基性岩浆的混合作用也有重要影响（Ge et al.，2012b），这与岩体中大量的基性包体等岩浆混合证据一致。

正长花岗岩样品具有高 SiO_2、中等 K_2O 和 K_2O+Na_2O、$Na_2O/K_2O<1$ 及低 Al_2O_3、CaO、Ba、Eu*、Sr、Sr/Y 等特征，与中性岩石（英云闪长岩）在浅部地壳（＜8kbar）熔融的产物一致，其源区富集斜长石而缺乏石榴子石（Patiño Douce and Beard，1995；Singh and Johannes，1996）。这一岩浆源区和熔融条件与某些 A 型花岗岩类似（Patiño Douce，1997），但相对于典型的 A 型花岗岩，这些样品具有低的 Ga、Zr、Nb、Ce、Y、Zn 等不相容元素含量（Whalen et al.，1987），这可能是由于其初始岩浆温度（锆石饱和温度为 760～866℃）比典型的 A 型花岗岩（通常＞900℃）低的缘故。

相对而言，石英正长岩具有低 SiO_2、高 Al_2O_3、高碱（N_2O+K_2O）、CaO、MgO 及 FeO/MgO 等特征，说明其源区可能更基性。Xiao 和 Clemens（2007）进行了钾质玄武安山岩（钾玄岩）在 1050～1075℃和 1.5～2.5GPa 的条件下的部分熔融实验，产生的熔体成分为正长岩，与本书样品的主量元素成分一致，但在实验所用的高压条件下熔体与富石榴子石、贫斜长石的残留体平衡，因此可能具有埃达克岩的微量元素属性。相反，本书的大多数石英正长岩样品具有低 Sr、低 Sr/Y 值，说明其源区存在斜长石残留，而且大多数样品具有平坦甚至左倾的 HREE 配分模式，说明其源区可能存在角闪石，而石榴子石残留有限。这些样品的锆石饱和温度高达 881～949℃（平均 914℃，样品 11K46 和 11K48 除外），比 Xiao 和 Clemens（2007）的实验温度要低，但足以导致水化基性岩的部分熔融，说明源区可能并没有外来流体加入。

4.3 新元古代基性岩浆作用

4.3.1 库鲁克塔格地区基性岩墙野外产状

库鲁克塔格地区的基性岩墙，目前有报道的，主要是南部阔克苏地区的岩墙和西部库尔勒地区的岩墙。库鲁克塔格南部阔克苏地区基性岩墙群由一系列北西向延伸，间距大致相等的辉绿岩岩墙组成（图 4-12）。岩墙呈密集平行排列，总数达数千条。岩墙群侵入于前寒武纪变质岩和花岗岩中，边界平直，局部具有追踪张裂的特征。岩墙并未切穿未变质的上覆新元古代到早古生代的沉积地层。

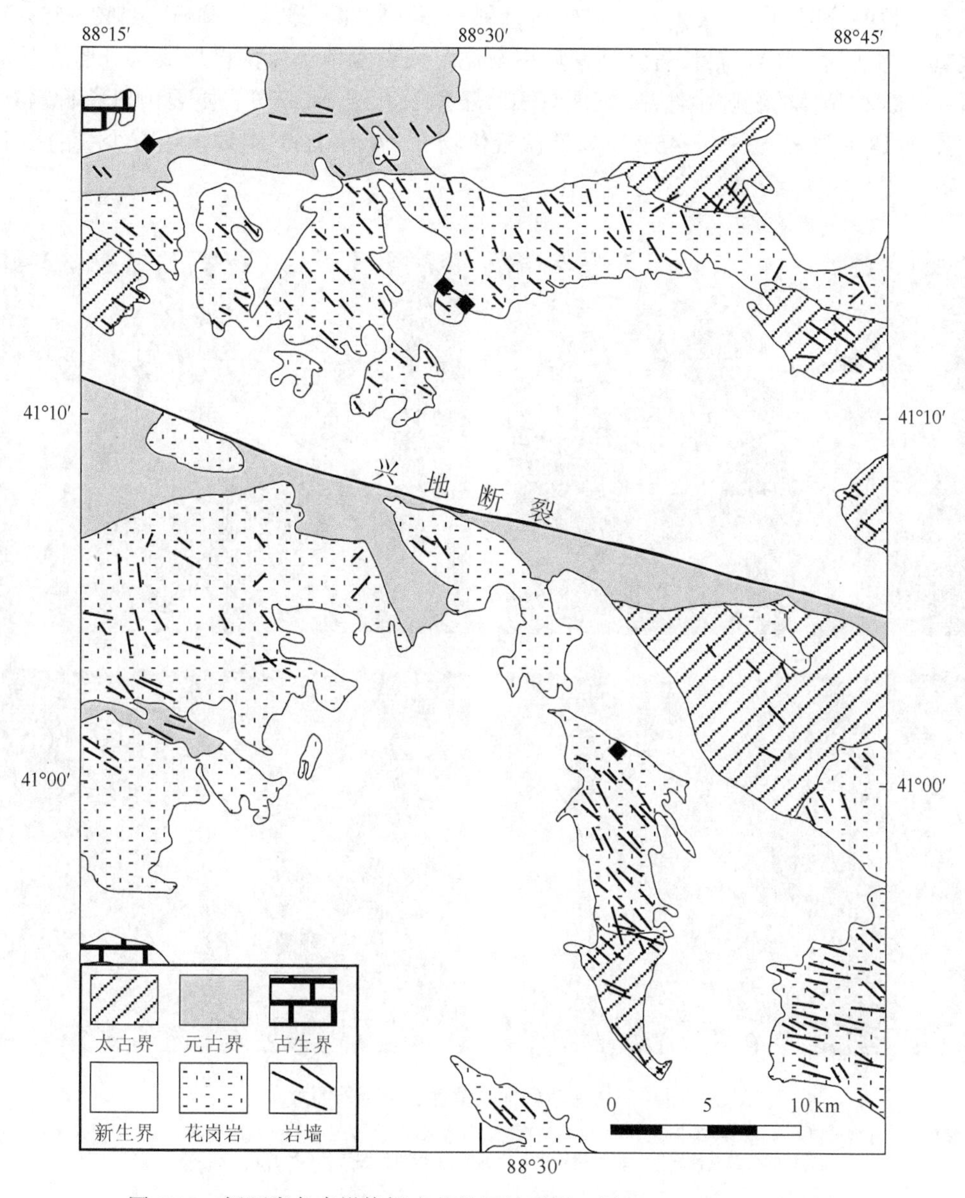

图 4-12　新疆库鲁克塔格阔克苏地区地质图（据 Zhang et al.，2009a）

与库鲁克塔格南部相比，其西部库尔勒地区产出的基性岩墙数量要少得多，文献记录也较少。基性岩墙侵入在代表塔里木克拉通基底的变质杂岩和花岗片麻岩中，基本没有发生变质变形（图 4-13），局部可见基性岩浆与酸性岩浆的混溶现象，说明侵入的岩浆是双峰式的，代表了拉张的构造背景（图 4-13（d））。岩墙走向呈 NNW-NW，产状大多近直立，厚度从几厘米到几米不等，出露长度在几十到几百米之间。这些特征与阔克苏地区基性岩墙相近。这些岩墙的规模比 Ernst 等（2008）介绍的拉张-裂解环境下的大型岩墙（10～30m 厚）要小一些，但沉积学研究（段吉业等，2005）表明岩墙形成在拉张的环境中。镜下观察库尔勒地区基性岩墙具有两种类型：一种为辉绿岩墙，一种为煌斑岩墙。辉绿岩墙常具有细粒的冷凝边，主要的造岩矿物包括斜长石（50%～55%）、辉石（45%～55%）和铁钛氧化物（约 5%）。斜长石强烈钠黝帘石化，残留晶体仍保持自形或半自形的形态。辉石在斜长石晶体的缝隙中结晶，表明辉石晚于斜长石结晶。煌斑岩主要由斜长石（45%～55%）、普通角闪石（35%～45%）和铁钛氧化物（5%～10%）组成，还有少量的黑云母和石英，斜长石大多也发生钠黝帘石化。

图 4-13 库尔勒地区基性岩墙野外照片

（a）铁门关基性岩墙侵入在花岗片麻岩中；（b）铁门关基性岩墙侵入在变质岩中；（c）乌库公路基性岩墙侵入在变质岩中；（d）乌库公路基性岩浆与酸性岩浆的混溶现象（彩图见图版）（据 Zhu et al.，2011a）

4.3.2 基性岩墙中锆石的 U-Pb 同位素年龄

Zhang 等（1998）和刘玉琳等（1999）对库鲁克塔格基性岩墙群的四个样品进行了全岩 K-Ar 定年，等时线年龄为 287±13Ma。野外观察表明，库鲁克塔格基性岩墙群没有侵入到奥陶纪地层中，这与所测的二叠纪年龄矛盾，而且全岩 K-Ar 定年对于古老的岩石是不适合的，后期的热事件可以造成 Ar 丢失，这样得出的年龄是被部分重置的年龄，还是被完全重置的年龄，我们都无法确定。考虑到新疆地区二叠纪地幔柱事件，这个等时线年龄可能代表了被完全重置的年龄。为了获得该地区基性岩墙的可靠年龄，本书对库尔勒地区基性岩墙 4 个样品进行锆石 SHRIMP U-Pb 定年（图 4-14，表 4-5）。

样品 T10 取自煌斑岩墙。锆石颗粒长度介于 120～220μm，长宽比为 2∶1。大部分锆石在 CL 图像上具有深色的核和浅色的边，核部锆石具有振荡环带，边部通常呈现模糊环带或无结构，核部和边部一般有清楚的界线。前人的研究（Hoskin and Black 2000；Zhou

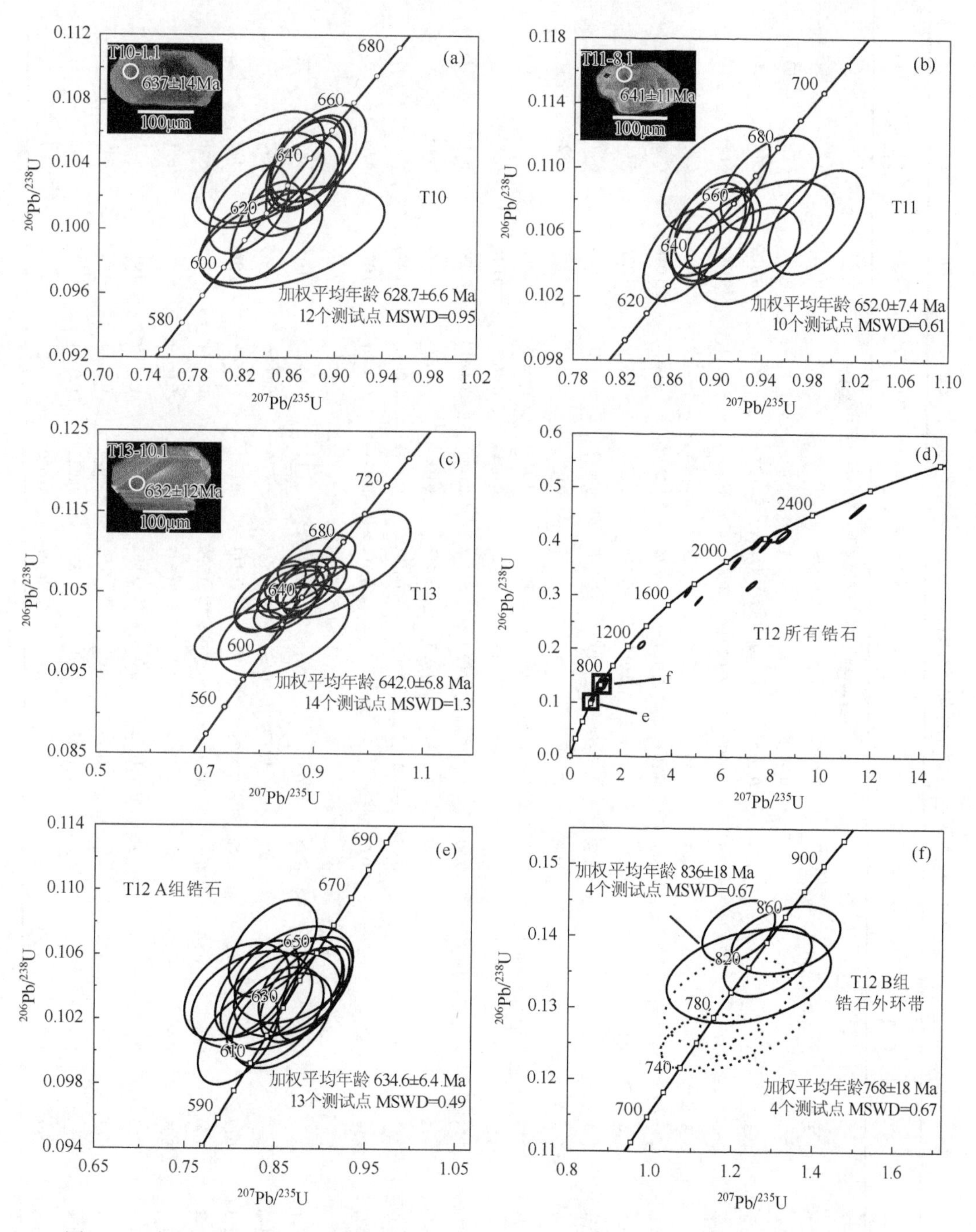

图 4-14　库尔勒地区基性岩墙样品锆石 SHRIMP U-Pb 谐和图（据 Zhu et al.，2008，2011a）

表 4-5　库尔勒基性岩墙锆石 **SHRIMP U-Pb** 年龄数据（据 Zhu et al.，2008，2011a）

样品-点号	U/ppm	Th/ppm	$f^{206}Pb$/%	$^{232}Th/^{238}U$	$^{206}Pb^*/^{238}U$	±1σ	$^{207}Pb^*/^{235}U$	±1σ	$^{207}Pb^*/^{206}Pb^*$	±1σ	$^{206}Pb/^{238}U$ 年龄/Ma	±1σ	$^{207}Pb/^{206}Pb$ 年龄/Ma	±1σ
样品 T10（41°49′14.8″N，86°12′13.8″E）														
T10-1.1	173	117	1	0.7	0.1038	0.022	0.839	0.04	0.0586	0.033	637	14	552	73
T10-2.1	55	36	1.26	0.67	0.0995	0.021	0.863	0.06	0.0629	0.056	612	12	704	120
T10-3.1	292	276	0.38	0.98	0.1029	0.019	0.874	0.025	0.0616	0.016	631	11	660	34
T10-4.1	362	337	0.34	0.96	0.0999	0.02	0.842	0.024	0.0611	0.015	614	11	644	32
T10-5.1	318	319	0.22	1.04	0.1042	0.018	0.879	0.026	0.0612	0.018	639	11	646	39
T10-6.1	409	462	0.36	1.17	0.1039	0.018	0.874	0.025	0.061	0.018	638	11	639	38
T10-7.1	214	148	0.34	0.71	0.0936	0.019	0.791	0.028	0.0613	0.021	577	10	649	44
T10-8.1	243	218	0.66	0.93	0.1047	0.019	0.885	0.03	0.0613	0.024	642	11	651	52
T10-9.1	208	218	0.67	1.08	0.103	0.019	0.834	0.044	0.0587	0.04	632	11	555	87
T10-10.1	342	368	0.61	1.11	0.1012	0.018	0.827	0.027	0.0593	0.02	621	11	579	43
T10-11.1	325	337	0.31	1.07	0.1041	0.018	0.876	0.024	0.0611	0.016	638	11	641	34
T10-12.1	143	92	0.72	0.66	0.0995	0.019	0.837	0.041	0.061	0.037	611	11	640	79
T10-13.1	184	105	0.37	0.59	0.3111	0.023	5.447	0.033	0.127	0.024	1746	35	2057	42
T10-14.1	257	235	0.71	0.95	0.1025	0.019	0.864	0.029	0.0611	0.023	629	11	642	49
T10-13.2	240	140	0.56	0.6	0.076	0.019	0.614	0.033	0.0586	0.027	472	9	551	59
样品 T11（41°49′14.8″N，86°12′13.8″E）														
T11-1.1	139	107	1	0.79	0.1062	0.019	0.938	0.044	0.064	0.04	651	12	742	85
T11-2.1	280	227	0.48	0.84	0.1057	0.018	0.897	0.026	0.0616	0.019	647	11	659	41
T11-3.1	619	253	0.23	0.42	0.0678	0.018	0.513	0.023	0.0549	0.014	423	7	407	32
T11-4.1	160	152	0.54	0.98	0.1046	0.019	0.929	0.031	0.0644	0.025	641	12	754	52
T11-5.1	307	296	0.43	1	0.0994	0.019	0.847	0.03	0.0619	0.024	611	11	669	51
T11-6.1	353	344	0.4	1.01	0.1062	0.018	0.892	0.025	0.0609	0.017	651	11	635	37
T11-7.1	281	272	0.63	1	0.1059	0.018	0.9	0.028	0.0616	0.021	649	11	662	45
T11-8.1	385	453	0.58	1.22	0.1046	0.018	0.871	0.025	0.0604	0.017	641	11	619	37
T11-9.1	283	316	0.59	1.15	0.1091	0.018	0.946	0.029	0.0629	0.023	667	12	706	48

续表

样品-点号	U/ppm	Th/ppm	$f^{206}Pb$/%	$^{232}Th/^{238}U$	$^{206}Pb^*/^{238}U$	±1σ	$^{207}Pb^*/^{235}U$	±1σ	$^{207}Pb^*/^{206}Pb^*$	±1σ	$^{206}Pb/^{238}U$ 年龄/Ma	±1σ	$^{207}Pb/^{206}Pb$ 年龄/Ma	±1σ
T11-10.1	673	594	0.39	0.91	0.1067	0.018	0.897	0.024	0.061	0.016	654	11	638	34
T11-11.1	207	226	0.83	1.13	0.1093	0.02	0.9	0.034	0.0597	0.027	669	13	594	59
T11-12.1	271	293	0.56	1.12	0.1067	0.02	0.986	0.027	0.067	0.019	654	12	837	40
样品 T12（41°49′12.3″N，86°12′24.3″E）														
T12-1.1	151	72	0.73	0.5	0.1019	0.019	0.858	0.042	0.0611	0.038	625	11	642	81
T12-2.1	232	153	0.44	0.68	0.1035	0.019	0.881	0.035	0.0617	0.029	635	11	664	63
T12-3.1	476	277	0.06	0.6	0.3942	0.02	7.75	0.02	0.1426	0.005	2142	36	2259	9
T12-3.2	59	21	0.94	0.36	0.2075	0.021	2.787	0.032	0.0974	0.024	1216	23	1575	45
T12-4.1	318	190	0.12	0.62	0.4589	0.018	11.43	0.018	0.1807	0.004	2435	37	2659	6
T12-5.1	144	70	0.16	0.5	0.413	0.019	8.28	0.033	0.1455	0.026	2229	37	2293	45
T12-6.1	525	119	0.08	0.23	0.3063	0.018	4.623	0.019	0.1095	0.006	1723	27	1790	10
T12-7.1	170	101	0.89	0.61	0.1008	0.019	0.81	0.036	0.0582	0.031	619	11	539	67
T12-8.1	197	115	0.64	0.6	0.1047	0.019	0.871	0.05	0.0603	0.046	642	12	616	100
T12-9.1	225	97	0.07	0.44	0.3609	0.018	6.55	0.019	0.1316	0.006	1987	32	2119	11
T12-9.2	333	83	0.11	0.26	0.4106	0.018	8.48	0.022	0.1497	0.013	2218	34	2343	22
T12-9.3	52	8	2.24	0.15	0.131	0.032	1.19	0.087	0.0659	0.081	794	24	802	170
T12-10.1	208	77	0.11	0.38	0.3986	0.019	7.4	0.02	0.1347	0.008	2163	34	2159	14
T12-11.1	169	105	0.79	0.64	0.1039	0.019	0.83	0.037	0.058	0.031	637	12	529	69
T12-12.1	237	123	0.62	0.54	0.1036	0.019	0.894	0.029	0.0625	0.022	636	11	693	48
T12-13.1	55	4	1.56	0.08	0.1288	0.029	1.256	0.071	0.0707	0.065	781	22	950	130
T12-14.1	134	61	1.04	0.47	0.1022	0.019	0.851	0.042	0.0604	0.037	627	12	617	79
T12-15.1	162	78	1.01	0.5	0.1041	0.019	0.884	0.039	0.0616	0.034	638	12	661	73
T12-16.1	134	81	0.94	0.63	0.104	0.019	0.865	0.046	0.0603	0.041	638	12	616	89
T12-17.1	154	87	1.36	0.59	0.1037	0.019	0.808	0.048	0.0565	0.044	636	12	472	96
T12-18.1	211	126	1.04	0.62	0.1064	0.019	0.848	0.038	0.0578	0.033	652	12	522	72
T12-19.1	162	77	1.12	0.49	0.1031	0.019	0.856	0.051	0.0602	0.047	633	12	612	100

续表

样品-点号	U/ppm	Th/ppm	f^{206}Pb/%	^{232}Th/^{238}U	^{206}Pb*/^{238}U	±1σ	^{207}Pb*/^{235}U	±1σ	^{207}Pb*/^{206}Pb*	±1σ	^{206}Pb/^{238}U 年龄/Ma	±1σ	^{207}Pb/^{206}Pb 年龄/Ma	±1σ
T12-20.1	148	77	1.17	0.54	0.1032	0.019	0.825	0.054	0.058	0.05	633	12	529	110
T12-21.1	77	17	1.58	0.23	0.1252	0.021	1.151	0.072	0.0667	0.069	760	15	827	140
T12-21.2	1256	44	0.06	0.04	0.2902	0.018	5.066	0.018	0.1266	0.003	1642	26	2052	6
T12-21.3	61	22	1.26	0.38	0.1253	0.021	1.121	0.055	0.0649	0.051	761	15	771	110
T12-22.1	42	3	2.73	0.09	0.1345	0.032	1.24	0.11	0.067	0.1	813	25	837	220
T12-23.1	40	2	1.32	0.04	0.1396	0.022	1.333	0.066	0.0693	0.062	842	18	907	130
T12-24.1	71	5	1.21	0.07	0.1366	0.024	1.289	0.056	0.0684	0.05	825	19	882	100
T12-24.2	1054	358	0.17	0.35	0.3192	0.018	7.2	0.019	0.1635	0.008	1786	28	2492	13
T12-25.1	89	7	1.22	0.08	0.1408	0.02	1.216	0.049	0.0627	0.045	849	16	697	95
样品 T13（41°49′14.8″N，86°12′13.8″E）														
T13-1.1	154	149	0.98	1	0.1047	0.019	0.866	0.039	0.06	0.034	642	12	604	73
T13-2.1	66	53	1.5	0.82	0.1043	0.026	0.835	0.065	0.0581	0.06	639	16	534	130
T13-3.1	125	111	1.22	0.92	0.1051	0.02	0.92	0.057	0.0635	0.054	644	12	725	110
T13-4.1	120	100	0.73	0.86	0.1101	0.03	0.989	0.058	0.0652	0.05	674	19	779	100
T13-5.1	62	49	2.73	0.81	0.1003	0.037	0.844	0.094	0.061	0.087	616	22	639	190
T13-6.1	241	269	0.81	1.15	0.1058	0.019	0.841	0.034	0.0577	0.029	648	11	517	63
T13-7.1	141	117	1.16	0.86	0.103	0.019	0.812	0.046	0.0572	0.042	632	12	498	92
T13-8.1	107	101	1.18	0.97	0.1059	0.02	0.895	0.047	0.0613	0.043	649	12	649	92
T13-9.1	143	139	1.27	1.01	0.1069	0.02	0.874	0.05	0.0593	0.046	654	12	578	100
T13-10.1	132	114	1.22	0.9	0.1031	0.019	0.847	0.045	0.0596	0.04	632	12	588	88
T13-11.1	195	196	0.63	1.04	0.106	0.019	0.878	0.037	0.0601	0.032	649	12	608	68
T13-12.1	113	94	1.35	0.87	0.1051	0.02	0.863	0.053	0.0595	0.049	644	12	587	110
T13-13.1	83	71	1.84	0.89	0.0996	0.02	0.763	0.072	0.0556	0.069	612	12	436	150
T13-14.1	103	107	1.16	1.08	0.1089	0.02	0.903	0.052	0.0601	0.048	667	13	608	100

注：f^{206}Pb 是在测量的 Pb 含量中普通铅 ^{206}Pb 所占的百分含量。普通铅校正使用参数：^{208}Pb/^{206}Pb=2.097，^{207}Pb/^{206}Pb=0.864，^{206}Pb/^{204}Pb=18.052

et al.，2002）认为，锆石中具有振荡环带的核部较老，一般是原岩岩浆锆石，核部年龄代表了原岩岩浆的结晶年龄，边部的年龄一般较小，是后期变质作用的增生锆石。对该样品中锆石的15个点进行测试，其中位于核部的12个点得到加权平均的$^{206}Pb/^{238}U$年龄为628.7±6.6Ma（95%置信度，MSWD=0.95），这个年龄代表了样品的岩浆结晶时间，也就是岩墙的侵入年龄。有一个核部锆石（点13.1）的$^{207}Pb/^{206}Pb$年龄为2057±42Ma，可能是在岩浆侵位过程中俘虏的更老锆石。另有两个点打在核部边部之间（点7.1和点13.2），得到的谐和年龄明显小于其他点，可能代表了边部锆石变质增生的时间，但更可能代表了核部和变质增生边的混合年龄。样品T11取自辉绿岩墙，与样品T10位于同一地点，野外见煌斑岩墙切过辉绿岩墙，表明煌斑岩墙晚于辉绿岩墙形成。样品T11锆石颗粒小，长度介于100～150μm，长宽比为1.5∶1。该样品的锆石在CL图像上同样具有深色的核和浅色的边。对该样品中的锆石测试了12个点，其中10个点位于具有振荡环带的核部，得到了652.0±7.4Ma（置信度95%，MSWD=0.61）的$^{206}Pb/^{238}U$加权平均年龄。对于新元古代样品，$^{206}Pb/^{238}U$年龄比$^{207}Pb/^{206}Pb$年龄精度更高，因此，652.0±7.4Ma的年龄用来指示辉绿岩墙的侵入时间最合适。样品中另有两个点（点3.1和点5.1）得到了423Ma和611Ma的谐和年龄，这两个点同样位于锆石核部与边部之间。样品T12取自煌斑岩墙，其中的锆石颗粒根据CL图像（图4-15）可以被分成两组。A组锆石13颗，明显自形，内部扇状分带特征清晰，表明它们是岩浆锆石。A组锆石透明无色，长度最大300μm，长宽比1∶1～3∶1。这组锆石有一致的谐和年龄，加权平均的$^{206}Pb/^{238}U$年龄为634±6Ma（95%置信度，MSWD=0.49）。它们的U含量为134～237ppm，Th含量为61～153ppm，Th/U值为0.47～0.68。B组锆石12颗，CL图中可以看到暗色的继承核和环绕在外部重结晶或增生的曲线环带。对继承核测年，得到9个明显更老的$^{207}Pb/^{206}Pb$年龄，从1790Ma到2659Ma。它们的U含量为144～1256ppm，Th含量为44～358ppm，Th/U值为0.04～0.62。对这些锆石的外环带进行U-Pb定年，除了一个年龄点可能受到内部继承核成分的影响外，9个测试点中有8个点得到了有意义的年龄。这些年龄可以被分为两组：①4个点（22.1、23.1、24.1、25.1）得到了836±18Ma的加权平均$^{206}Pb/^{238}U$年龄（95%置信度，MSWD=0.67）。它们的U含量为40～89ppm，Th含量为2～7ppm，Th/U值为0.04～0.09；②另4个点（9.3、13.1、21.1、21.3）得到了768±18Ma的加权平均$^{206}Pb/^{238}U$年龄（95%置信度，MSWD=0.67）。它们的U含量为52～77ppm，Th含量为4～22ppm，Th/U值为0.08～0.38。B组锆石的这两组外环年龄可以被解释为继承核发生重结晶或变质增生形成的外环，指示了两期变质作用。这两期塔里木北缘新远古代的变质作用之前的研究也有过报道（Xu et al.，2005；Zhang et al.，2007b，2009；Zhang et al.，2009a）。综合判断，B组锆石应该是在库尔勒基性岩墙侵位过程中带入的俘虏晶（Zhu et al.，2008）。样品T13也取自辉绿岩墙，位于样品T10和T11西侧。该样品锆石颗粒较大，长度大于300μm。锆石内部CL图像呈现清晰的振荡环带。对该样品中的锆石测试了14个点，获得了642.8±6.88Ma的岩墙侵入年龄。锆石SHRIMP U-Pb定年表明，库尔勒地区基性岩墙的侵位年龄为630～650Ma。

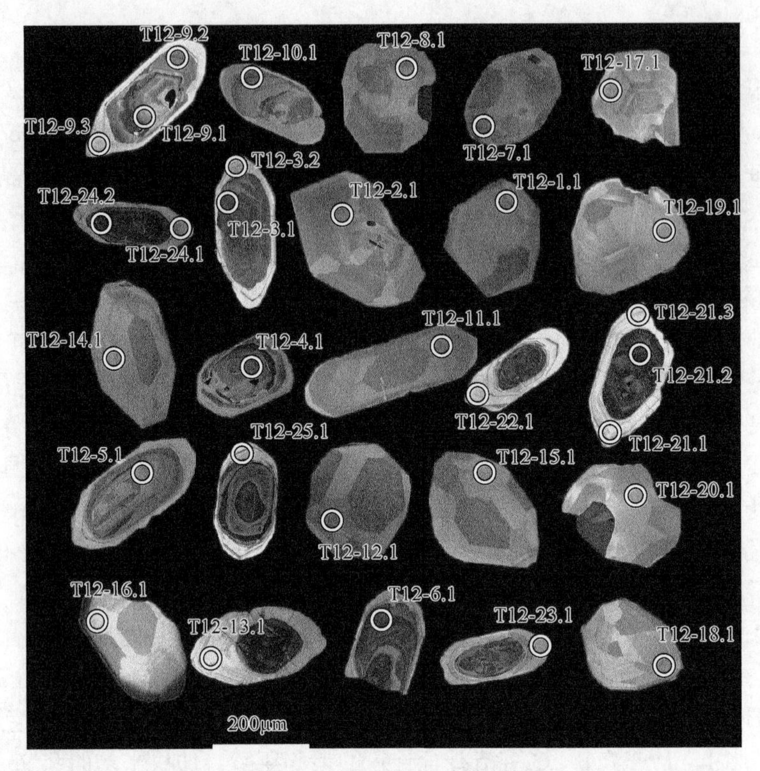

图 4-15　样品 T12 测试锆石的代表性 CL 图像（Zhu et al.，2011a）

圆圈代表测试点位置，数字为点号

4.3.3　基性岩墙的地球化学特征

地球化学分析的岩墙样品取自库尔勒地区，分析只选用样品的新鲜部分进行。主量元素用 XRF 法分析，精度大于 1%，微量元素用 ICPMS 分析，精度对绝大多数元素来说大于 10%。14 个库尔勒基性岩墙样品的主微量地球化学分析结果见表 4-6。SiO_2 的质量百分比含量为 46.5%～59.2%，MgO 为 2.71%～8.62%，Al_2O_3 为 11.3%～18.3%，$Fe_2O_3^T$ 为 7.47%～14.0%，CaO 为 6.69%～12.1%，K_2O 为 0.32%～3.60%，Na_2O 为 0.58%～4.46%，另外还含有相对少量的 MnO（0.15%～0.27%），P_2O_5（0.12%～0.54%）和 TiO_2（0.53%～1.68%，除了 08T-3 和 08T-19）。大部分样品的烧失量为 0.50%到 1.78%（除了 08T-16：4.25%），表明它们只经受了轻微的蚀变。因此，活动性元素（K、Na 等）、大离子亲石元素（Cs、Rb、Sr、Ba）、高场强元素（Ti、Zr、Y、Nb、Ta、Hf）、Th、稀土元素（REE）等均应该保留了原岩的特征。在 TAS 图解（图 4-16（a））中，样品点投影在玄武岩、粗玄岩和玄武安山岩中。在 Nb/Y-Zr/TiO_2 图解（图 4-16（b））中，样品点投影在安山岩、安山岩/玄武岩和碱性玄武岩区域；在 SiO_2-K_2O 图解（图 4-16（c））中，样品点大部分投在高钾钙碱性系列和橄榄玄粗岩系列上。基性岩墙样品的总 REE 含量为 105～181ppm，$(La/Yb)_N$ 值为 3.37～13.3，$(Gd/Yb)_N$ 值为 1.49～3.20。不均一性可能和岩浆分异有关。在球粒陨石标准化的 REE 图解（图 4-17（a））中，所有样品的特征相对一致，均表现出轻稀土的富集和重稀土的相对亏损，曲线整体向右倾斜。对比典型 OIB（大洋岛玄武岩）、

NMORB（普通型洋中脊玄武岩）、EMORB（富集型洋中脊玄武岩），这些样品有更接近 OIB 的 REE 特征，轻稀土含量明显高于 NMORB 和 EMORB。所有样品均只表现出轻微的 Eu 异常（Eu/Eu*=0.73～1.11），表明斜长石基本没有参与到岩浆部分熔融和结晶分异过程中。在原始地幔标准化的微量元素蛛网图（图 4-17（b））中，大多数样品显示出明显的 Th、La 富集和 Nb、Ta 和 Ti 的亏损。08T-14 和 08T-19 是两个例外，它们的 Nb、Ta 和 Ti 没有明显亏损，微量元素特征更加接近 OIB。另外，这两个样品的活动性元素如 Sr、K 和 Rb 含量变化很大，指示它们可能受到了相对明显的后期蚀变。

表 4-6　库尔勒基性岩墙样品的主量元素和微量元素数据（据 Zhu et al.，2011a）

样品号	T10-1	T10-2	T13-1	T13-2	08T-4	08T-6	08T-9	08T-14	08T-16	08T-17	08T-18	08T-19	08T-20	08T-21
主量元素/%														
SiO_2	54.11	54.37	51.38	51.43	56.87	49.77	54.58	46.93	46.45	49.58	53.95	48.28	52.91	47.45
TiO_2	0.53	0.56	0.93	1.08	0.64	0.92	0.79	1.68	0.82	1.26	0.81	2.39	0.83	1.09
Al_2O_3	15.04	16.56	15.78	15.41	18.31	17.7	17.86	14.71	16.47	13.22	17.82	12.26	17.65	16.86
$Fe_2O_3^T$	7.47	8.36	9.45	10.16	7.64	10.12	8.56	13.13	10.02	14.32	8.92	13.99	9.17	11.82
MnO	0.27	0.17	0.17	0.18	0.15	0.18	0.18	0.17	0.16	0.21	0.17	0.19	0.15	0.19
MgO	4.12	3.91	7.32	7.14	2.71	5.05	2.8	8.23	4.69	6.55	2.87	9.58	3.07	5.65
CaO	12.12	8.25	9.31	8.73	6.69	9.52	7.59	8.94	10.37	9.86	7.36	10.15	7.25	10.07
Na_2O	3.6	4.08	2.98	3.02	4.05	3.88	4.46	1.91	2.99	1.7	4.35	0.58	3.82	3.38
K_2O	1.48	2.71	1.29	1.29	2.11	1.34	2.56	2.38	3.6	2.24	2.45	1.56	3.25	1.94
P_2O_5	0.37	0.35	0.16	0.16	0.45	0.29	0.42	0.41	0.41	0.12	0.42	0.44	0.42	0.29
LOI	0.59	0.79	1.57	1.61	0.7	1.62	0.5	1.78	4.25	1.27	1.26	0.97	1.58	1.69
SUM	99.7	100.1	100.34	100.22	100.31	100.39	100.31	100.26	100.21	100.31	100.37	100.38	100.12	100.43
$Mg^{\#}$	55	51	63	61	44	52	42	58	51	50	41	60	42	51
微量元素/ppm														
Li	3.72	5.35	26.74	21.22	8.6	9.99	3.96	32.62	25.4	18.53	5.88	13.47	11.46	15.8
Be	2.74	1.1	0.64	0.62	1.26	0.74	1.33	2.57	0.89	1.4	1.48	1.33	1.62	0.72
Sc	25.27	24.83	26.64	26.51	8.15	20.87	11.74	25.95	28.98	40.08	14.07	19.46	14.09	37.46
Ti	3687	3712	7393	5528	3448	5086	4257	9427	4486	7311	4441	14216	4592	6115
V	143	233	186	189	124	297	153	224	369	340	148	215	163	351
Cr	15.4	14.2	357.2	371.5	9.79	28.16	20.02	585.85	32.95	75.92	7.24	272.55	28.77	32.37
Mn	2358	1365	1561	1389	940	1087	1286	1259	1102	1585	1215	1480	1067	1409
Co	19.7	18.4	30.3	29.7	11.9	15.7	11.1	37.5	25.2	42.6	12.4	52.8	13.9	25.4
Ni	12	12.8	26.4	23.6	5.9	12.6	8.6	142.5	11.7	52.9	3.5	222.1	14.2	9.5
Cu	31.8	34.6	13.6	8.8	20.9	37.1	6.4	22.3	90.1	39.4	16.7	20.9	17.1	19.4
Zn	92	88.7	138.8	108.9	92	92	92	104	84	106	116	96	113	92
Ga	17.7	18.7	18.2	17.3	19.04	16.05	19.62	23.8	17.41	22.65	20.22	21.53	19.28	17.55
Rb	30.1	51.4	29.8	32	20.15	54.66	54.98	83.38	85.69	49.42	52.04	53.76	82	31.36
Sr	720	750	328	328	879	865	837	385	684	300	1036	204	990	784

续表

样品号	T10-1	T10-2	T13-1	T13-2	08T-4	08T-6	08T-9	08T-14	08T-16	08T-17	08T-18	08T-19	08T-20	08T-21
Y	19.42	16.52	26.74	25.79	15.2	17.2	20	24.3	14.4	25.2	21.2	18.2	20.4	18.2
Zr	80	62	128	113	125	108	151	193	70	95	157	192	154	74
Nb	19.69	4.72	7.12	5.39	7.29	5.75	6.88	42.83	3.95	7.21	7.06	26.12	7.03	3.5
Mo	0.01	0.01	0.01	0	0.89	0.99	2.23	0.82	1.26	1.67	1.31	2.5	3.24	0.83
Cd	0.05	0.04	0.04	0.06	0.18	0.15	0.21	0.3	0.24	0.21	0.25	0.29	0.25	0.21
Sn	8.41	1.16	1.14	2.46	1.03	1.53	1.08	2.15	2.38	1.99	1.24	2.09	1.47	0.93
Cs	1.28	1.41	0.98	1.49	1.21	3.9	0.97	1.94	2.36	0.73	1.08	1.1	0.95	1.71
Ba	541	668	759	618	1054	1156	608	635	842	586	902	347	1208	723
La	24	17.6	13.3	12.3	31.1	21.96	23.39	31.29	19.93	32.76	27.46	28.28	27.68	14.24
Ce	52.6	39.2	29.4	27.6	53.07	43.57	43.43	65.24	40.65	59.5	50.94	54.28	49.98	30.57
Pr	6.67	5.36	4.03	3.76	6.61	5.11	5.9	7.29	4.96	6.28	6.52	7.13	6.59	4.16
Nd	26.58	21.51	16.97	16.19	25.32	21.19	24.25	27.77	20.9	23.24	27.19	28.94	26.98	18.93
Sm	5.49	4.92	4.4	4.05	4.34	4.27	4.92	5.41	4.28	4.67	5.17	5.95	5.13	4.16
Eu	1.46	1.43	1.5	1.58	1.39	1.38	1.56	1.87	1.28	1.18	1.69	2.01	1.63	1.38
Gd	4.57	4.24	4.67	4.57	3.63	3.98	4.5	5.35	3.72	5.12	4.78	5.72	4.67	4.16
Tb	0.64	0.55	0.76	0.75	0.47	0.52	0.59	0.75	0.46	0.74	0.61	0.73	0.61	0.55
Dy	3.53	3.01	4.6	4.47	3.03	3.51	4.03	4.93	3	5.14	4.13	4.31	4.05	3.69
Ho	0.69	0.59	0.95	0.95	0.65	0.76	0.88	1.04	0.63	1.11	0.91	0.82	0.91	0.83
Er	1.81	1.67	2.58	2.67	1.9	2.18	2.57	2.97	1.78	3.13	2.65	2.05	2.57	2.37
Tm	0.29	0.25	0.4	0.4	0.28	0.3	0.37	0.41	0.26	0.43	0.38	0.26	0.37	0.32
Yb	1.91	1.67	2.53	2.53	1.84	2	2.37	2.45	1.62	2.7	2.5	1.47	2.42	2.05
Lu	0.26	0.25	0.37	0.35	0.3	0.32	0.38	0.38	0.26	0.41	0.4	0.21	0.39	0.32
Hf	2.16	1.61	3.23	2.83	3.49	2.84	4.01	4.74	2.03	2.68	4.18	4.81	4.18	2.09
Ta	3.43	1.02	0.39	0.3	0.46	0.36	0.47	3.21	0.3	1	0.44	1.91	0.49	0.29
W	1.1	0.88	0.46	0.41	1.67	1.7	1.99	2.18	1.26	2	2.31	2.01	2.58	1.25
Pb	11.62	15.51	13.2	8.42	13.34	16.27	14.28	12.17	15.38	8.88	17.28	4.35	21.61	10.87
Bi	0.26	0.26	0.02	0.04	0.17	0.18	0.12	0.2	0.17	0.32	0.35	0.19	0.34	0.17
Th	7.46	6.87	2.69	2.03	9.01	4.9	6.14	6.53	6.11	1.84	6.5	3.1	6.36	2.01
U	3.77	2.86	0.63	0.53	1.27	1.09	1.33	1.4	1.04	0.42	1.42	0.77	1.77	0.57
ΣREE	149.92	118.77	113.2	107.96	149.12	128.28	139.09	181.43	118.15	171.67	156.53	160.36	154.39	105.92
ΣCe	116.8	90.02	69.6	65.48	121.83	97.49	103.44	138.87	92	127.64	118.97	126.59	118	73.43
ΣY	33.12	28.75	43.6	42.48	27.28	30.79	35.65	42.56	26.14	44.03	37.56	33.77	36.38	32.49
$(La/Yb)_N$	8.7	7.3	3.64	3.37	11.73	7.62	6.82	8.83	8.54	8.4	7.62	13.28	7.93	4.81
$(La/Sm)_N$	2.74	2.24	1.89	1.9	4.5	3.22	2.98	3.62	2.92	4.39	3.33	2.98	3.38	2.15
$(Gd/Yb)_N$	1.98	2.1	1.53	1.49	1.64	1.65	1.57	1.8	1.9	1.57	1.58	3.2	1.6	1.68
δEu	0.86	0.93	1	1.11	1.04	1	0.99	1.05	0.95	0.73	1.02	1.03	0.99	0.99

注：$Mg^{\#}$=（Mg/40.304）/（$Fe_2O_3^T$/71.844×0.8998×0.9+Mg/40.304）×100，假设 Fe_2O_3/（$FeO+Fe_2O_3$）=0.10，$Fe_2O_3^T$ 表示全铁

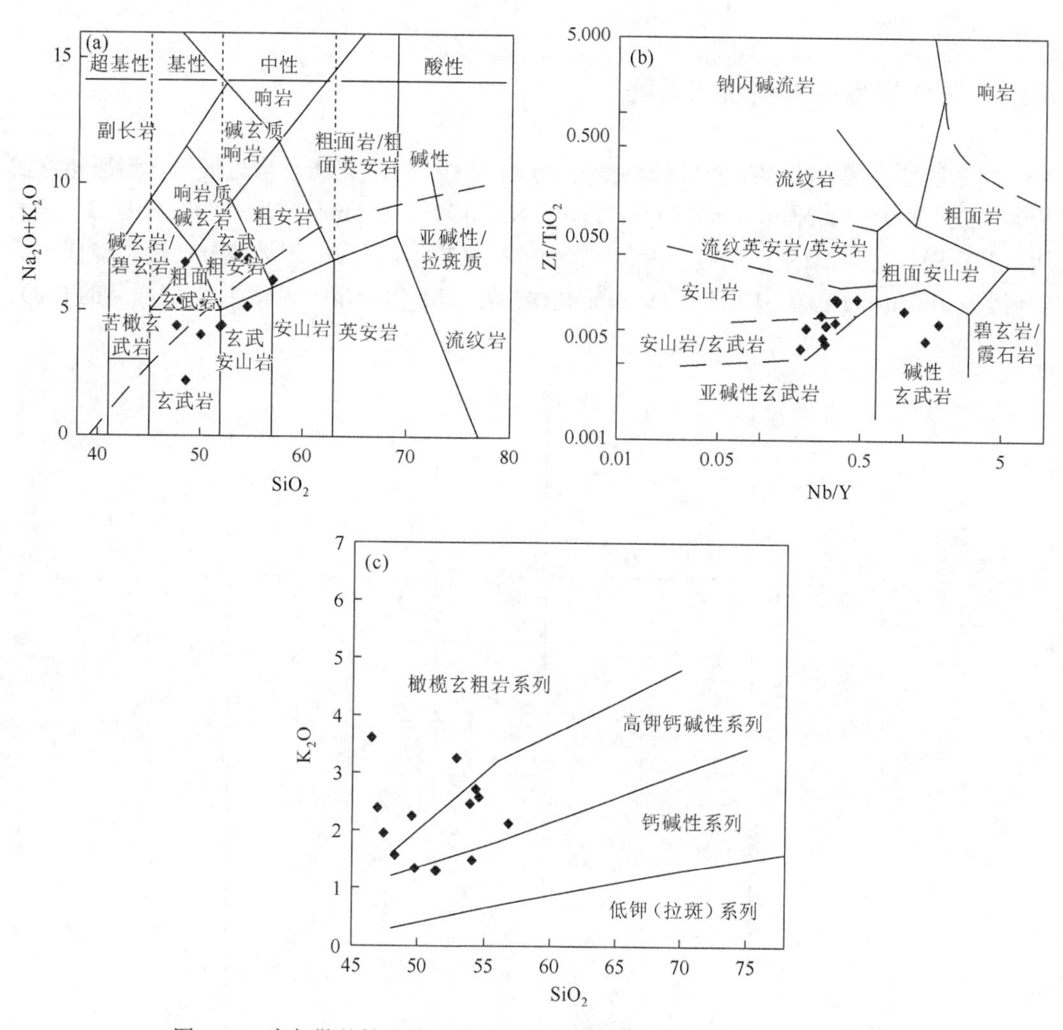

图 4-16　库尔勒基性岩墙的地球化学分类图解（据 Zhu et al.，2011a）

（a）TAS 图解（仿 Le Bas et al.，1986；Irvine and Baragar，1971）；（b）Zr/TiO_2-Nb/Y 图解（仿 Winchester and Floyd，1977）；（c）SiO_2-K_2O 图解（仿 Peceerillo and Taylor，1976）

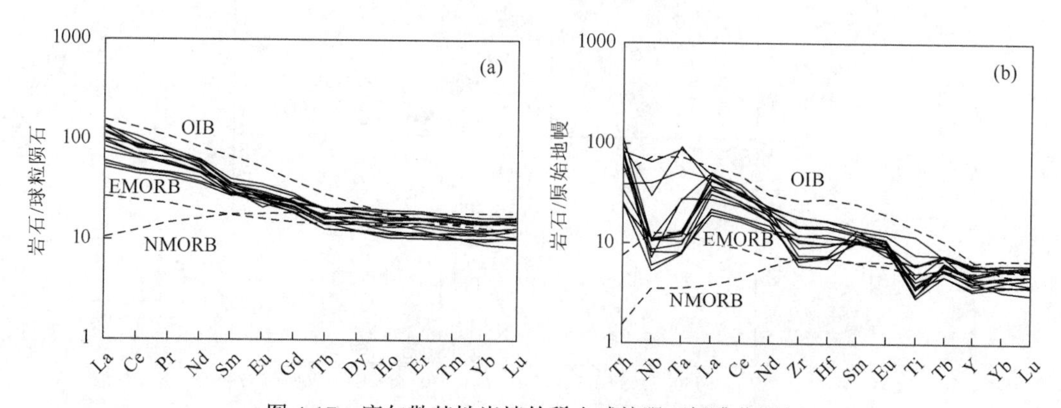

图 4-17　库尔勒基性岩墙的稀土球粒陨石标准化图解

（a）稀土元素球粒陨石图解（b）微量元素原始地幔标准化蛛网图（据 Zhu W B et al.，2011a）。球粒陨石稀土数据，据 Anders 和 Grevesse（1989），原始地幔数据，据 McDonough 和 Sun（1995），虚线代表的玄武岩平均成分，据 Sun 和 McDonough（1989）

4.3.4　基性岩墙的岩浆演化过程

库尔勒地区的岩墙样品镁指数（Mg#）为 41～63，过渡元素含量也低于典型原始玄武岩浆（Cr：300～500ppm，Co：50～70ppm，Ni：300～400ppm；Frey et al.，1978）。这表明岩浆在侵位之前已经在岩浆房中经历了一定程度的结晶分异，岩墙成分已经不能代表原始岩浆。在 Harker 图解中（图 4-18），随着镁指数（Mg#）的降低，基性岩墙样品的 CaO、

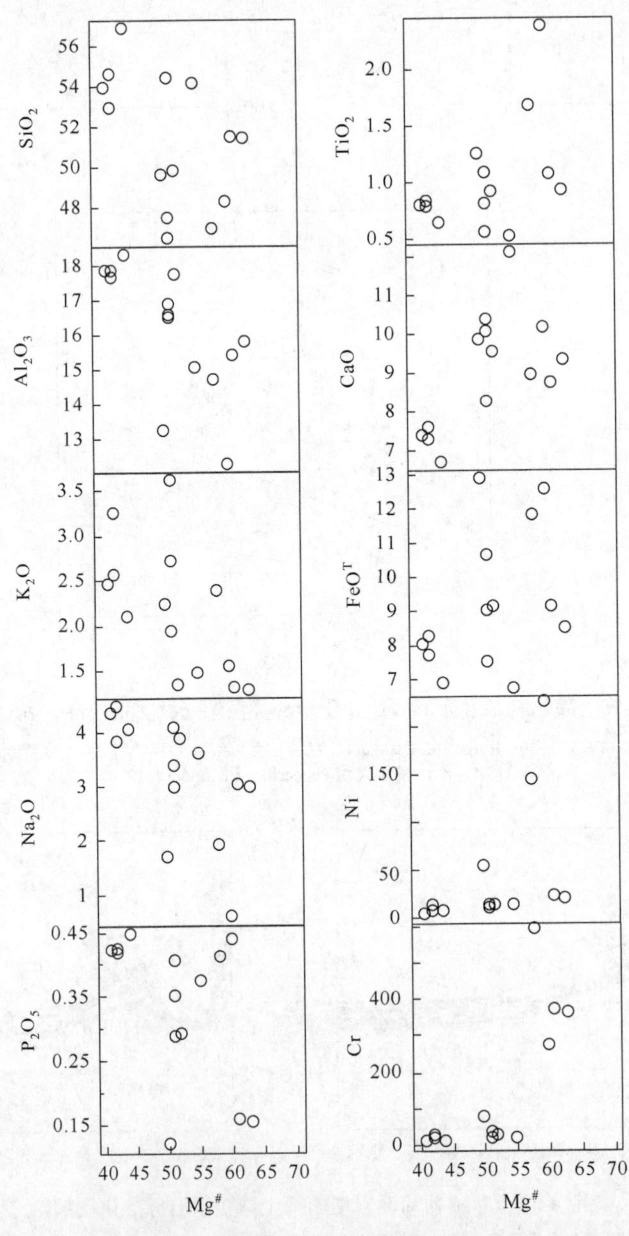

图 4-18　库尔勒基性岩墙样品的 Harker 图解（据 Zhu et al.，2011a）

Fe_2O_3、Ni 和 Cr 含量也有降低的趋势，而 SiO_2、Al_2O_3、K_2O 和 Na_2O 含量则有升高的趋势。这表明结晶分异由橄榄石和单斜辉石占主导。MgO 和 P_2O_5 的负相关性表明磷灰石的结晶分异并不显著，而 MgO 和 TiO_2 的正相关性则表明一些样品 Ti 的亏损可能是钛铁氧化物分异的结果。在 CaO/Al_2O_3-$Mg^{\#}$图解（图 4-19（a））和（$2CaO+Na_2O$）/TiO_2-Al_2O_3/TiO_2 图解（图 4-19（b））中，库尔勒岩墙样品的投影点位表明岩浆中单斜辉石和斜长石皆有结晶分异。一些样品中较高的 Al 含量可能就是因为单斜辉石的结晶分异导致的 Fe 亏损和 Al 富集。另一方面，REE 图解（图 4-17（a））中所有样品都只有轻微的 Eu 异常，这说明斜长石的结晶分异并不显著。样品中正的 Sr 异常也表明了这一点。

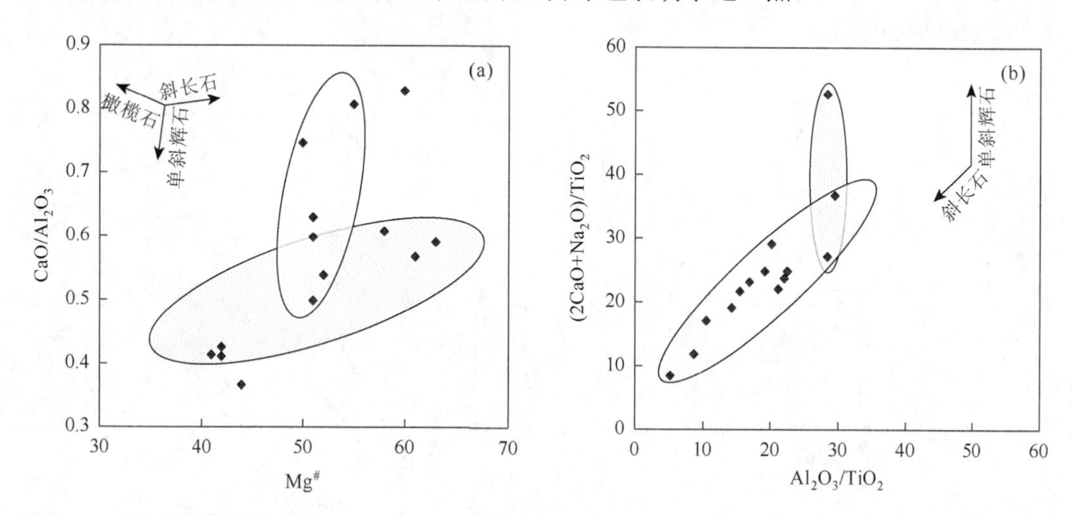

图 4-19　库尔勒基性岩墙样品 CaO/Al_2O_3-$Mg^{\#}$和（$2CaO+Na_2O$）/TiO_2-Al_2O_3/TiO_2 矿物结晶分异图解（据 Zhu et al.，2011a；仿 Graham et al.，1995；Morra et al.，1997；Dessureau et al.，2000）

4.3.5　基性岩墙产出的大地构造背景讨论

不同构造环境产出的基性岩墙具有不同的岩石学和地球化学特征，表明它们有不同的岩浆形成和演化过程。大多数库尔勒基性岩墙样品具有明显的 Nb-Ta 和 Zr-Hf-Ti 的负异常（除了 08T-14 和 08T-19）。尽管仍有争议，但大多数人认为具有 Nb、Ta、Ti 负异常的基性岩浆有两种形成模式：①岩浆形成于岛弧环境；②岩浆形成于板内环境，但受地壳物质的混染，或源于交代的大陆岩石圈地幔（sub-continental lithosphere mantle，SCLM）。在原始地幔标准化蛛网图中，库尔勒岩墙样品显示出 K、Rb、Ba 和 Th 的富集以及 Nb、Ta 的明显亏损。这些特征与岛弧玄武岩（island arc basalt，IAB）和活动大陆边缘玄武岩相似（Winter，2001）。但另一方面，样品中大部分大离子亲石元素（Cs、Rb、Ba、Eu）和高场强元素（Th、U、La、Ce、Nd、Sm、Zr、Hf、Tb、Y）却有板内拉斑玄武岩的特征，远高于岛弧玄武岩。在 2Nb-Zr/4-Y 构造判别图解（图 4-20（a），Meschede，1986）中，样品大部分都投影在板内玄武岩的区域。在 Zr-Zr/Y 构造判别图解（图 4-20（b），Pearce and Norry，1979）中，所有样品都显示出较高的 Zr/Y 值，投影在靠近板内玄武岩的区域。在 Ti-Ti/Zr 图解（图 4-20（c））中，样品也基本投影在了板内玄武岩中。另外，岩墙样品的高 Zr/Y 值（3.8～10.5）和高 Zr/Sm 值（13～36，平均 25）与板内拉斑玄武岩（Zr/Y＞3.5，

Zr/Sm 约 30）相似，与岛弧拉斑玄武岩（Zr/Y＜3.5，Zr/Sm＜20，Pearce and Norry，1979；Wilson，1989）有区别。根据这些特征，推断库尔勒基性岩墙可能是产出于板内环境。与之有类似特征（富集大离子亲石元素和轻稀土，亏损高场强元素和总稀土）的板内基性岩体在世界范围内已经有广泛报道，如西伯利亚的 Trapa 拉斑玄武岩（Hawkesworth et al.，1995）、塔北库鲁克塔格南部岩墙群及同期的拉斑火山岩（Zhang et al.，1998；Xu et al.，2005；Zhang et al.，2009）、西伯利亚克拉通南部 Sharyzhalgai 变质地块基性岩墙群（Sklyarov et al.，2003）、华南西部康滇裂谷中的基性岩墙（Li et al.，2003）、扬子克拉通西北的铁船山拉斑玄武岩（Li et al.，2003）以及澳大利亚西北部的 Mundine well 岩墙群（Li et al.，2006）。

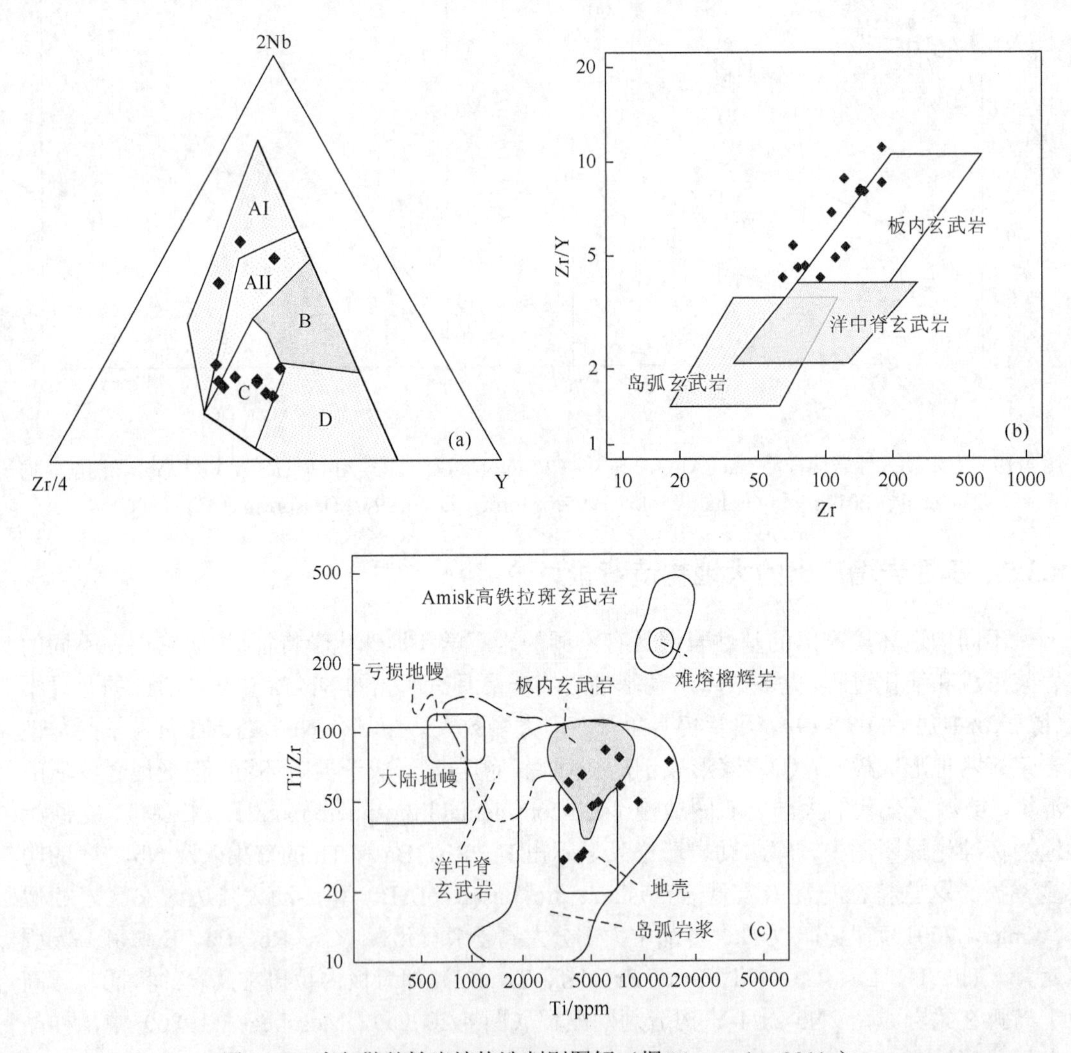

图 4-20　库尔勒基性岩墙构造判别图解（据 Zhu et al.，2011a）

（a）2Nb-Zr/4-Y 图解（仿 Meschede，1986）. AⅠ：板内碱性玄武岩；AⅡ：板内碱性玄武岩或板内拉斑玄武岩；B：富集型洋中脊玄武岩（EMORB）；C：板内拉斑玄武岩或岛弧玄武岩；D：普通型洋中脊玄武岩（NMORB）或岛弧玄武岩；（b）Zr/Y-Zr 图解（仿 Pearce and Norry，1979）；（c）Ti/Zr-Ti 图解（仿 Leybourne et al.，1999）

库尔勒基性岩墙的 Nb-Ta 负异常表明，在板内裂谷环境中产生的基性岩浆可能在上升侵位过程中有一些表壳成分的同化混染。野外在岩墙中观察到的花岗质包裹体以及样品中出现的继承锆石，也支持这样的推测。另一方面，除了 08T-14 和 08T-19 两个样品之外，基性岩墙的 Ti/Yb 值不高（1776～2922，平均值 2301），Nb/La 值也在 0.20～0.82（平均 0.34），这表明表壳成分的混染应该并不显著（Hart et al.，1989）。

地球化学特征显示，库尔勒基性岩墙基本保留了其地幔源区的特征。有几点证据表明其岩浆不是来源于软流圈地幔，而是来源于交代的大陆岩石圈地幔（SCLM）：①研究表明，地幔橄榄岩部分熔融程度的差异会造成基性岩浆中 TiO_2 含量的差异：软流圈地幔产生的基性岩浆含量较高（如洋岛玄武岩的平均 TiO_2 含量为 2.86%），而岩石圈地幔产生的基性岩浆含量较低（Lightfoot et al.，1993；Ewart et al.，1998）。库尔勒岩墙样品的 TiO_2 含量从 0.53%到 1.26%（除了 08T-14 和 08T-19 两个样品），远低于洋岛玄武岩的 TiO_2 含量，更接近岩石圈地幔。②Zr/Ba 值高于 0.2 的样品可能来源于软流圈或受到软流圈物质的混染，Zr/Ba 值低于 0.2 的样品更可能来源于岩石圈地幔（Ormerod et al.，1988）。除了 08T-9、08T-14 和 08T-19 这三个样品（Zr/Ba 值分别为 0.25、0.30 和 0.55）之外，库尔勒岩墙样品的 Zr/Ba 值均低于 0.2（0.08～0.18，平均 0.13），指示了岩石圈地幔的岩浆来源。③高的 La/Nb 和 La/Ta 值指示岩浆来源于大陆岩石圈地幔（Fitton et al.，1988；Thompson and Morrison，1988）。库尔勒岩墙样品具有较大的 La/Nb 值（0.7～5.0，平均 3.1）和 La/Ta 值（33～68，排除样品 T10-1、T10-2、08T-14 和 08T-19），符合岩石圈地幔来源岩浆岩的特征。④在$(Ta/La)_n$-$(Hf/Sm)_n$ 图解（图 4-21（a））中，库尔勒岩墙样品大多投影在受流体影响的俯冲交代区域。样品受到岛弧/陆弧物质交代作用的影响，也体现在样品轻稀土元素和大离子亲石元素的富集和高场强元素的亏损上。⑤在 La/Nb-La/Ba 图解（图 4-21（b），Saunders et al.，1992）中，库尔勒岩墙样品具有明显的交代大陆岩石圈地幔的变化趋势，交代地幔岩石的是俯冲楔流体和俯冲沉积物（图 4-21（c），Woodhead et al.，2001）。

上述的这些证据表明，库尔勒基性岩墙来源于交代的大陆岩石圈地幔。塔北新元古代的俯冲作用，可能为交代作用提供了物质基础。这一期俯冲作用被记录在阿克苏蓝片岩地

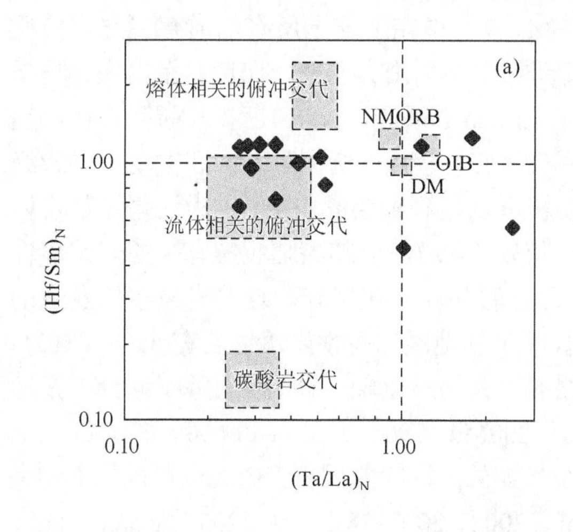

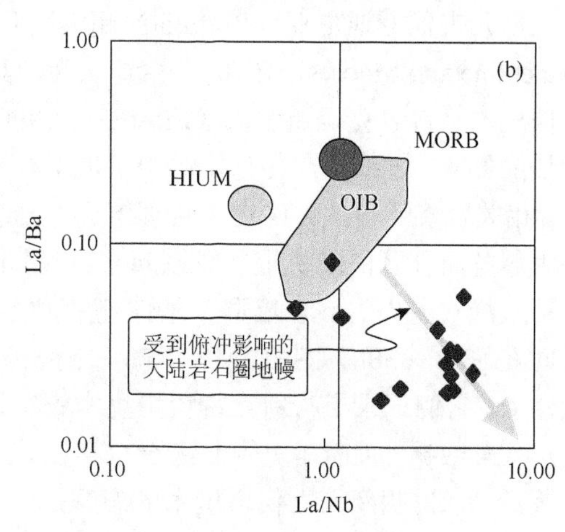

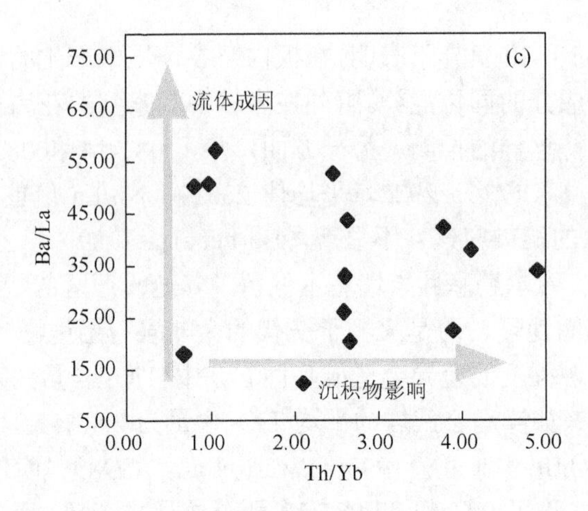

图 4-21　库尔勒基性岩墙岩浆源区特征图解（据 Zhu W B et al.，2011a）

（a）$(Ta/La)_N$-$(Hf/Sm)_N$ 图解（仿 LaFlèche et al.，1998）；（b）La/Nb-La/Ba 图解（仿 Saunders et al.，1992）；（c）Th/Yb-Ba/La 图解（仿 Woodhead et al.，2001）

NMORB：普通型洋中脊玄武岩；OIB：洋岛玄武岩；DM：亏损地幔；HIUM：高 μ 值地幔；MORB：洋中脊玄武岩

体中，尽管关于俯冲相关高压变质作用的峰期时间仍然存在争议（Liou et al.，1989，1996；Nakajima et al.，1990；Chen et al.，2004；Zheng et al.，2010）。前人的研究同样表明塔北新元古代的基性岩浆活动来源于受交代的岩石圈地幔。除了俯冲作用之外，岩石圈地幔的岩浆还受到了地幔柱作用的影响（Xu et al.，2005；Zhang et al.，2009）。

另外，可以看到 08T-14 和 08T-19 两个样品具有和其他样品明显不同的地球化学特征，包括：①没有明显的 Nb-Ta 亏损，微量元素蛛网图特征更接近洋岛玄武岩（OIB）；②在所有样品中具有最高的 Ni 和 Cr 含量；③上文中描述的区别于其他样品的微量元素特征。这些特征表明，这两个样品更可能与地幔柱相关。大陆岩石圈地幔具有不均一性（McDonough，1990），这可以解释库尔勒岩墙样品微量元素特征的差异。

4.3.6　基性岩墙指示的罗迪尼亚超大陆裂解过程

新元古代罗迪尼亚（Rodinia）超大陆几乎包含了现在地球上所有的前寒武纪克拉通（Valentine and Moores，1970）。普遍认为，其西部主要由澳大利亚、印度、东南极、华南和塔里木等古老克拉通组成（Li et al.，1996；Li and Powell，2001）。在晚新元古代，超大陆的裂解，导致了在各克拉通中出现了一系列拉张环境，包括大陆裂谷和被动大陆边缘等。相关岩浆活动的精确定年对理解超大陆裂解可以起到重要的作用，因为这些年龄可以将因裂解而分开的陆块重新联系起来。塔里木北缘与罗迪尼亚超大陆裂解有关的岩浆事件包括双峰式火山岩、岩墙群、基性-超基性侵入杂岩和碱性花岗岩，这些岩浆事件发生的时间在 830～630Ma。SHRIMP U-Pb 年龄表明，库尔勒地区的基性岩墙主要在 650～630Ma 时侵入，它们记录了与新元古代塔里木板块裂解相关的最年轻一期岩浆活动。综合已报道的年代学数据，推断塔里木北缘至少存在 830～800Ma、790～740Ma 和 650～630Ma 三期岩浆活动，说明新元古代塔里木的裂解是一个长期的、持续的过程。由此也可以推断，裂解的过程并不是一个单一的裂解事件（Li et al.，2003，2008；Xu et al.，2005；Zhang et al.，

2007b），而是由一系列的事件组成。类似的过程在其他前寒武板块也有报道，包括澳大利亚（Veevers et al.，1997；Preiss，2000）、劳伦西部（Lund et al.，2003）、劳伦东部（Cawood et al.，2001）及非洲南部（Frimmel et al.，2001）等。图 4-22 为 880～720Ma 区间内华南、澳大利亚和塔里木年龄直方图，综合对比后，我们可以发现，这三个大陆的裂解过程具有较高的重合度。

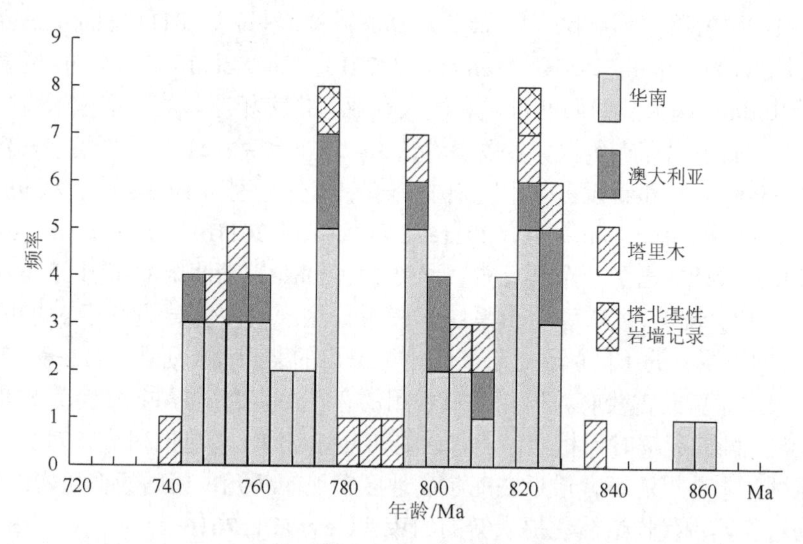

图 4-22　880～720Ma 区间内华南、澳大利亚和塔里木岩浆事件年龄直方图（据 Zhang et al.，2009a）

塔里木新元古代岩墙的同位素年代数据也支持了 Lu 等（2008）新元古代扬子-塔里木板块连接的假说。这个假说主要的证据就是塔里木和扬子板块新元古代地质情况的相似性：①相似的新元古代造山活动时间范围；②相似的新元古代裂谷发育记录，包括基性岩墙群、A 型花岗岩、双峰式火山岩和裂谷盆地记录；③在塔里木和扬子都能找到南华系的两期冰川沉积；④前南华系变质基底和南华—震旦系沉积盖层之间的不整合面在塔里木和扬子都能找到。U-Pb 年代学证据表明，在误差范围内，库鲁克塔格这期 650～630Ma 的岩浆活动和扬子板块同时期的岩浆活动可以对应。例如，Zhou 等（2004）在大塘坡组凝灰岩层中取得的 663±4Ma 的 U-Pb 锆石年龄以及 Zhang 等（2005）在陡山沱组盖帽白云岩中取得的 621±7Ma 的 U-Pb 锆石年龄。前人的研究认为，大唐坡组和陡山沱组都是盆地相的沉积，沉积环境是扬子从罗迪尼亚裂解过程中产生的向现今东南方向倾斜的被动陆缘（Zhou et al.，2004 以及其中的文献）。塔里木 650～630Ma 的岩浆活动也发生在类似的拉张环境中，这一现象支持了新元古代塔里木与扬子连接的假说，这一假说同时指示塔里木会出现在低纬度的赤道位置。Gao 和 Qian（1985）推测，650～630Ma 左右，塔里木地区应该有一期低纬度冰川，对应 Marioan 冰期。最近，He 等（2014）对库鲁克塔格特瑞艾肯组冰川沉积物的年代学研究证实了这一点。

4.4　新元古代变质作用和混合岩化作用

塔里木克拉通一直被认为是新元古代 Rodinia 超大陆的组成陆块（Hoffman，1991；Li et al.，2008；Evans，2009）。最近的冰碛岩地层对比（Li et al.，1996；Xu et al.，2009；He et al.，2014）、岩浆序列对比（Lu et al.，2008；Shu et al.，2011；Zhang et al.，2012b）和古地磁对比（Chen et al.，2004；Wen et al.，2013；Zhao et al.，2014）研究显示，塔里木可能位于 Rodinia 超大陆的西北部，和澳大利亚与华南相连。关于塔里木克拉通这一时期的构造演化，目前仍存在争议。多数学者认为，塔里木克拉通中元古代末—新元古代早期（～1050～900Ma）和新元古代中晚期的构造热事件分别与 Rodinia 超大陆的聚合和裂解有关（Lu et al.，2008；Shu et al.，2011；Long et al.，2011b；Zhang et al.，2012b）。但 Ge 等（2014b）最近提出了一个新元古代（950～600Ma）长期俯冲-增生造山模型，并将其与 Rodinia 超大陆俯冲-增生造山系统相联系，这一模型主要是基于对塔里木北缘～830～600Ma 的岩浆岩的不同解释，仍缺乏增生造山的变质变形证据。He 等（2012）在博斯腾湖南部报道了新元古代麻粒岩相变质作用的存在，其锆石 U-Pb 年龄为 820～790Ma，与 Rodinia 超大陆的裂解时代相当，由于没有可靠的 *P-T-t* 轨迹的研究，对其构造解释仍存在不确定性。本节报道笔者最近在库尔勒地区发现的新元古代高级变质岩的 *P-T-t* 轨迹研究，以期对新元古代构造演化提供新的约束（Ge et al.，2016）。

4.4.1　野外地质关系及岩相学特征

笔者发现的新元古代高级变质岩位于库尔勒市北部和东南部（图 4-23（a）），在野外以暗色基性透镜体形式产出于古元古代大理岩、云母片岩、副片麻岩及石英岩等变质沉积岩中（图 4-23（b），4-24（a）和（b））。透镜体围岩主体为包含少量白云母、透闪石、榍石、黑云母和石英的不纯大理岩（图 4-24（a）和（b）），在云母片岩中也产出。透镜体宽度从几厘米至几米不等，长宽比变化较大，与围岩大多具有截然的界限，但局部钙硅酸岩与不纯大理岩之间存在过渡关系。这些基性、钙硅酸盐透镜体大致沿近 EW 向的区域性片麻理排列，倾角较大（图 4-23（b）和（c）），有些在水平面上显示不对称的 σ 旋转碎斑或多米诺构造，指示近水平的右旋剪切（图 4-24（b））。

从岩性上讲，这些暗色透镜体以斜长角闪岩为主，矿物组成为角闪石加不等的黑云母、单斜辉石、石榴子石、斜长石、石英、钾长石、黝帘石、榍石和方解石（图 4-25（a）和（b）），有些样品中单斜辉石含量超过角闪石，因此属于辉石岩（图 4-25（d）和（e）），有些样品中长石含量达 50%，因而被归为片麻岩。个别钙硅酸岩样品中含＞5%的方解石，且与其他矿物具有相似的粒度和平直的边界，可能为变质峰期矿物组合（图 4-25（b）和（c））。大多数样品中见自形或半自形的榍石和黝帘石（表 4-7）。石榴子石仅见于少量样品，但其赋存的岩性包括斜长角闪岩、辉石岩、片麻岩和钙硅酸岩，其含量局部超过 10%。一些辉石岩和片麻岩中发育粗粒自形磷灰石（图 4-25（i））。在剖面北段的辉石岩和片麻岩中发育团块状和条带状浅色体，宽度从几毫米至几厘米不等（图 4-23（d），图 4-24（d）），

表 4-7　库尔勒地区新元古代变质岩矿物组合与锆石 U-Pb 年龄总结（Ge et al.，2016）

样品号	GPS 位置	岩性	矿物组合 [a]	锆石 U-Pb 年龄/Ma [b]
11K10	41°45′41.30″N 86°16′05.56″E	斜长角闪岩	Hbl+Cpx+Bt+Pl+Qz，minor Zo+Ep+Ttn+Cc	823±9
11K14	41°45′41.30″N 86°16′05.56″E	斜长角闪岩	Hbl+Cpx+Zo+Bt+Pl+Qz，minor Ep+Ttn+Cc	1859±10 826±10
11K17	41°45′52.11″N 86°16′20.09″E	石榴辉石岩	Cpx+Kfs+Grt+Hbl+Qz+Bt+Zo+Ap+Ttn	1735±20 822±17
11K33	41°45′39.50″N 86°16′04.06″E	斜长角闪岩	Hbl+Cpx+Bt+Pl+Qz，minor Ep+Zo+Ttn+Cc	827±11
11K36	41°45′40.47″N 86°16′04.15″E	钙硅酸岩	Hbl+Cpx+Bt+Cc+Qz+Zo+Pl，minor Ttn+Ep+Ilm	837±7
11K38	41°45′44.94″N 86°16′10.48″E	斜长角闪岩	Hbl+Cpx+Zo+Pl+Qz，minor Ttn+Ep+Ilm+Cc	1882±27 831±6 633±16
11K40	41°45′44.94″N 86°16′10.48″E	斜长角闪岩	Hbl+Cpx+Zo+Pl+Qz，minor Cc+Ttn+Ep	828±8
12K24	41°46′05.31″N 86°17′02.24″E	石榴辉石片麻岩	Pl+Kfs+Qz+Cpx+Bt+Grt+Hbl+Zo+Ap，minor Ttn+Ep+Cc	805±13
13K49	41°47′36.76″N 86°13′52.98″E	含石榴子石辉石岩	Cpx+Ep+Ttn+Hbl+Grt+Pl+Qz，minor Kfs+Ap+Ilm+Cc	820±13
13K57	41°46′05.31″N 86°17′02.04″E	混合岩	melanosome：Cpx+Hbl+Bt+Kfs+Qz+Zo+Ep leucosome：Kfs+Qz+Pl+Cpx	831±18
15K03	41°48′08.77″N 86°14′02.07″E	钙硅酸岩	Cc+Grt+Kfs+Hbl+Bt+Qz+Pl+Cpx+Zo，minor Ep+Ttn+ilm	809±13
15K10	41°47′23.17″N 86°11′09.89″E	黑云石榴钾长片麻岩	Grt+Kfs+Qz+Bt+Hbl，minor Ep+Zo+Cc+Ttn	807±9

注：a：矿物以含量递减的顺序排列：Ap-磷灰石；Bt-黑云母；Cc-方解石；Cpx-单斜辉石；Ep-绿帘石；Grt-石榴子石；Hbl-角闪石；Ilm-钛铁矿；Kfs-钾长石；Pl-斜长石；Qz-石英；Ttn-榍石；Zo-黝帘石；

b：加权平均年龄，误差为 2σ

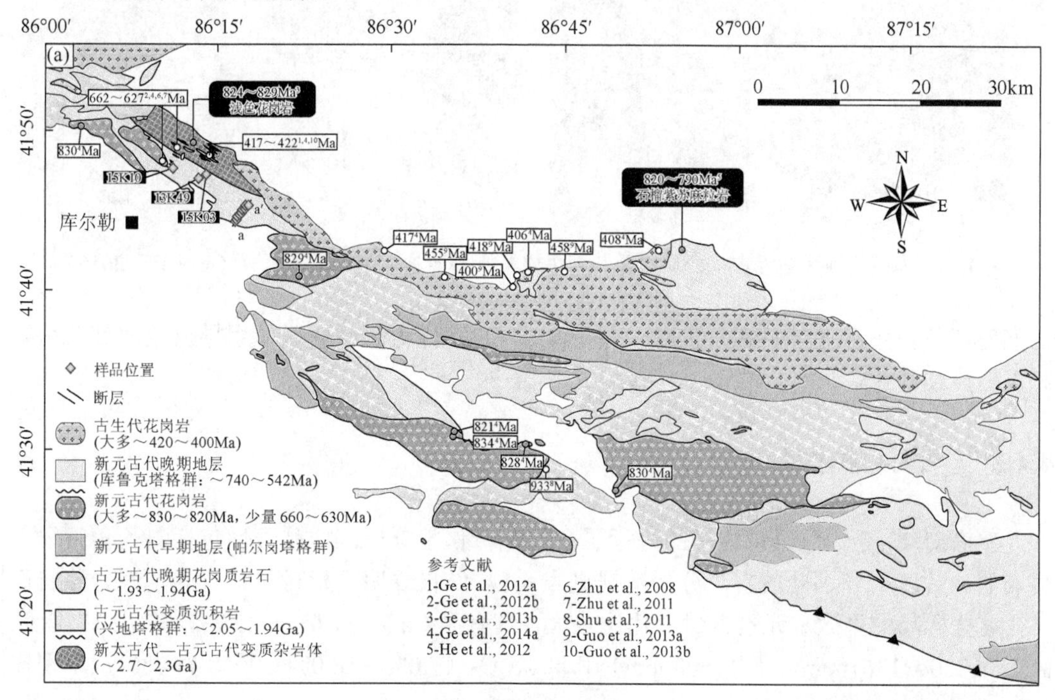

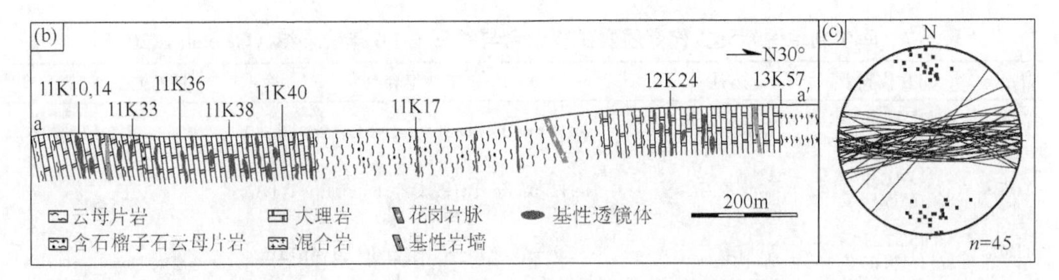

图 4-23 库鲁克塔格西段新元古代变质岩及其相关岩石地质图和剖面图（Ge et al.，2016）

图 4-24 库尔勒地区新元古代变质岩及其相关岩石野外照片（彩图见图版）（Ge et al.，2016）

在一些浅色体中存在单斜辉石包晶（图 4-25（f）），说明高温变质作用导致原地部分熔融和混合岩化作用。

4.4.2 全岩地球化学

笔者对 23 个暗色透镜体样品进行了全岩地球化学分析，样品岩性包括斜长角闪岩、辉石岩、片麻岩和钙硅酸岩，分析数据见表 4-8。结果表明，相对于一般的基性岩浆岩而言，这些样品的主微量元素含量变化比较大，具有高 CaO（11.6%～22.2%，平均 17.0%）、高 Sr（220～1361ppm，平均 608ppm）和低 Al_2O_3（7.0%～18.0%，平均 11.7%），个别样

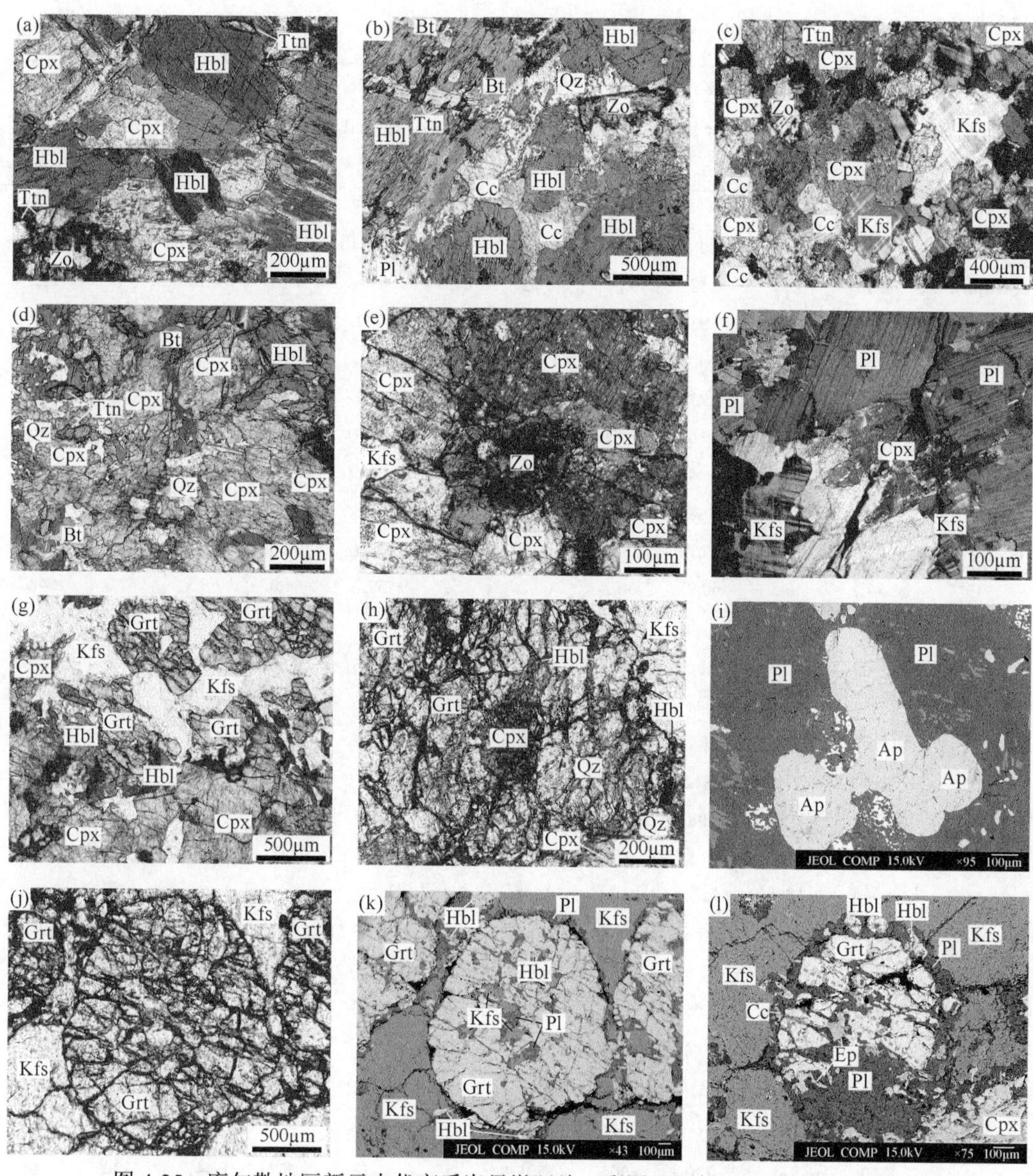

图 4-25　库尔勒地区新元古代变质岩显微照片（彩图见图版）（Ge et al.，2016）

品也具有高 P_2O_5（1.0%～2.2%）的特征。样品的 $Fe_2O_3^T$、TiO_2、Na_2O、K_2O 含量变化也比较大，但并没有随 SiO_2 或 $Mg^{\#}$变化的趋势（图略）。

表 4-8　库尔勒地区新元古代变质岩全岩主量元素和微量元素数据（Ge et al.，2016）

样品编号	11K10	11K11	11K12	11K13	11K14	11K15	11K16	11K33	11K36	11K37	11K38
岩石类型[a]	amph	amph	calc-sil	amph	amph	amph	calc-sil	amph	calc-sil	amph	amph
分组	A	A	A	A	A	A	A	A	A	A	A
主量元素/%											
SiO_2	44.64	45.02	43.01	45.57	45.70	44.93	43.11	46.28	43.96	45.07	45.55
TiO_2	1.31	1.85	1.03	0.94	1.08	1.27	0.93	1.35	1.07	1.93	1.22

续表

样品编号	11K10	11K11	11K12	11K13	11K14	11K15	11K16	11K33	11K36	11K37	11K38
岩石类型[a]	amph	amph	calc-sil	amph	amph	amph	calc-sil	amph	calc-sil	amph	amph
分组	A	A	A	A	A	A	A	A	A	A	A
Al_2O_3	13.31	11.45	12.78	12.25	11.99	12.92	13.32	14.41	15.39	11.55	12.69
$Fe_2O_3^T$	12.60	15.36	11.86	13.28	11.74	13.06	12.81	12.23	10.17	13.86	14.57
MnO	0.13	0.20	0.13	0.20	0.13	0.13	0.16	0.15	0.10	0.17	0.21
MgO	6.48	5.68	7.93	7.32	7.62	7.34	7.51	6.17	8.22	6.49	7.60
CaO	16.80	16.75	16.49	16.20	17.92	16.54	15.32	14.77	15.00	16.98	13.29
Na_2O	1.68	1.83	2.21	1.40	1.33	1.19	2.51	2.57	2.42	1.79	2.81
K_2O	1.24	0.92	1.16	1.87	0.88	1.52	1.37	1.08	1.21	0.91	0.93
P_2O_5	0.03	0.60	0.44	0.59	0.03	0.03	0.46	0.04	0.04	0.03	0.33
LOI	2.30	0.88	3.68	0.94	2.05	1.63	3.28	1.63	3.26	1.79	1.72
SUM	100.52	100.55	100.71	100.55	100.47	100.55	100.78	100.68	100.82	100.56	100.94
$Mg^{\#b}$	54.5	46.3	60.9	56.2	60.2	56.7	57.7	54.0	65.3	52.2	54.9
微量元素/ppm											
Li	9.82	6.19	9.64	17.3	12.6	14.1	11.5	6.63	11.4	8.70	7.28
Be	0.85	0.94	0.44	0.70	0.87	1.13	0.45	0.74	1.02	0.99	0.45
Sc	34.6	36.9	36.7	39.1	36.6	33.3	30.3	36.9	30.9	32.0	47.2
Ti	8059	11743	6812	6068	7015	8470	5947	8818	7312	13498	8289
V	327	358	298	285	309	297	267	350	282	353	390
Cr	94.4	72.7	165	97.2	89.9	92.9	126	127	118	79.5	197
Mn	990	1678	1061	1554	1073	1019	1273	1170	830	1383	1698
Co	41.4	47.4	45.6	56.4	39.3	52.7	56.7	50.4	37.5	41.5	61.1
Ni	52.1	37.4	73.5	78.5	45.5	73.9	96.0	66.8	65.3	32.1	77.6
Cu	18.5	36.0	9.05	4.67	7.88	19.9	7.23	8.32	15.4	14.0	21.6
Zn	91.7	90.7	90.4	118	80.6	109	106	98.7	69.9	100	112
Ga	22.7	18.5	15.2	16.6	18.4	20.6	15.1	20.5	17.2	16.1	18.4
Rb	24.0	11.4	13.0	46.0	11.3	42.4	19.5	13.8	20.5	12.1	14.3
Sr	502	248	220	506	505	555	418	637	447	270	546
Y	10.6	18.9	14.2	25.1	10.3	12.3	23.4	27.3	9.17	8.31	28.4
Zr	102	143	58.3	54.0	102	105	60.5	103	65.0	104	68.1
Nb	9.36	12.1	6.34	6.31	6.33	10.6	9.95	9.29	7.39	8.44	3.31
Mo	0.15	0.32	0.11	0.11	0.26	0.19	0.23	0.30	0.50	0.38	0.96
Cd	0.06	0.14	0.06	0.05	0.05	0.14	0.03	0.07	0.07	0.08	0.09
Sn	1.05	1.41	0.80	0.81	0.96	1.26	1.17	1.30	1.24	1.02	0.75
Cs	0.39	0.19	0.29	1.20	0.41	1.10	0.38	0.21	0.86	0.17	0.25
Ba	546	233	474	775	558	550	492	372	326	338	263
La	1.72	2.26	1.31	11.8	1.23	3.45	6.34	11.2	3.20	1.63	19.3
Ce	5.55	6.82	4.13	31.4	4.15	9.11	18.7	26.1	9.90	4.68	30.9

续表

样品编号	11K10	11K11	11K12	11K13	11K14	11K15	11K16	11K33	11K36	11K37	11K38
岩石类型[a]	amph	amph	calc-sil	amph	amph	amph	calc-sil	amph	calc-sil	amph	amph
分组	A	A	A	A	A	A	A	A	A	A	A
Pr	0.89	1.17	0.70	3.99	0.74	1.33	2.66	3.44	1.23	0.74	3.20
Nd	4.25	6.35	3.70	16.8	3.92	6.33	12.3	14.9	5.31	3.54	13.3
Sm	1.32	2.43	1.31	3.77	1.29	1.79	3.20	3.82	1.39	1.17	3.43
Eu	17.2	34.1	7.91	3.63	6.71	18.5	6.23	6.87	14.2	11.8	20.3
Gd	1.77	3.34	2.10	4.33	1.74	2.19	4.06	4.52	1.69	1.46	4.43
Tb	0.28	0.52	0.34	0.62	0.27	0.33	0.60	0.68	0.26	0.23	0.66
Dy	2.27	4.02	2.76	4.42	2.11	2.51	4.43	5.01	1.91	1.73	4.96
Ho	0.50	0.93	0.67	1.00	0.47	0.57	1.00	1.13	0.43	0.40	1.16
Er	1.48	2.62	1.96	2.98	1.37	1.60	2.86	3.33	1.22	1.19	3.40
Tm	0.23	0.41	0.30	0.42	0.21	0.24	0.42	0.49	0.18	0.19	0.51
Yb	1.41	2.70	1.87	2.72	1.36	1.53	2.61	3.08	1.07	1.28	3.12
Lu	0.24	0.46	0.30	0.41	0.23	0.24	0.38	0.48	0.18	0.23	0.49
Hf	2.56	3.71	1.62	1.46	2.79	2.50	1.56	2.24	1.64	2.97	2.02
Ta	0.36	0.56	0.21	0.21	0.26	0.45	0.25	0.37	0.26	0.69	0.22
W	0.13	0.20	0.12	0.20	0.14	0.18	0.09	0.13	0.14	0.19	0.24
Pb	6.64	3.59	4.01	4.57	5.13	9.60	2.54	8.41	5.74	3.86	5.30
Bi	0.05	0.03	0.03	0.04	0.03	0.06	0.02	0.05	0.04	0.04	0.03
Th	0.53	1.29	1.52	2.67	0.35	0.84	2.78	2.45	1.86	0.50	10.8
U	0.42	0.94	0.94	1.39	0.61	1.07	1.56	1.70	1.27	0.51	5.99
ΣREE	39.1	68.2	29.4	88.3	25.8	49.7	65.8	85.0	42.2	30.2	109
$(La/Yb)_N$[c]	0.88	0.60	0.50	3.10	0.65	1.62	1.74	2.60	2.15	0.91	4.45
$(Gd/Yb)_N$[c]	1.04	1.03	0.93	1.32	1.06	1.19	1.29	1.21	1.31	0.94	1.17
Eu*[d]	34.4	36.6	14.6	2.75	13.7	28.6	5.28	5.05	28.4	27.5	15.9
Nb*[e]	3.01	1.84	0.90	0.36	3.02	2.00	0.66	0.58	0.78	2.87	0.06
Nb/La	5.43	5.37	4.84	0.54	5.13	3.08	1.57	0.83	2.31	5.18	0.17
Nb/Th	17.7	9.40	4.19	2.36	18.2	12.6	3.57	3.79	3.97	16.9	0.31
Zr*[e]	2.99	2.51	1.83	0.46	3.15	2.15	0.66	0.94	1.65	3.54	0.69
Nb/Yb	6.65	4.49	3.39	2.32	4.66	6.93	3.82	3.02	6.91	6.61	1.06
Th/Yb	0.38	0.48	0.81	0.98	0.26	0.55	1.07	0.80	1.74	0.39	3.45

注：a：amph-斜长角闪岩；calc-sil-钙硅酸岩；pyr-辉石岩；gn-片麻岩；Grt-石榴子石；Cpx-单斜辉石；

b：$Mg^{\#}=MgO/(MgO+FeO^T)$，均为摩尔百分比；

c：球粒陨石标准化值据 Sun 和 McDonough（1989）；

d：Eu*=Eu/SQRT（Sm×Gd），球粒陨石标准化值据 Sun 和 McDonough（1989）；

e：Nb*=Nb×2/（Th+La）；Zr*=Zr×2/（Nd+Sm）；亏损地幔标准化值据 Sun 和 McDonough（1989）

表 4-8　库尔勒地区新元古代变质岩全岩主量元素和微量元素数据（Ge et al.，2016）（续）

样品编号	11K39	11K40	11K44	11K45	11K17	12K24	12K105-1	12K105-2	12K105-3	12K105-4	12K105-5	13K49
岩石类型[a]	pyr	calc-sil	amph	amph	Grt pyr	Grt-Cpx gn	pyr	pyr	pyr	pyr	pyr	pyr
分组	A	A	A	A	B1	B1	B1	B2	B2	B2	B2	B1
主量元素/%												
SiO_2	47.74	41.94	42.60	47.50	47.64	51.28	44.06	43.66	43.67	44.71	42.94	44.23
TiO_2	0.70	2.04	2.08	0.80	0.50	0.47	1.35	1.07	1.10	1.38	1.58	2.79
Al_2O_3	10.77	18.00	13.34	13.10	7.01	15.17	9.78	7.94	7.86	7.76	8.00	8.66
$Fe_2O_3^T$	10.87	13.38	13.53	9.73	12.91	8.43	13.28	13.08	16.63	13.79	16.66	14.91
MnO	0.19	0.10	0.15	0.13	0.43	0.30	0.33	0.29	0.34	0.17	0.17	0.33
MgO	7.99	5.72	7.49	6.64	6.42	2.99	4.79	7.87	6.42	8.20	8.33	5.31
CaO	18.92	11.56	15.81	18.25	19.88	13.06	20.61	22.18	19.65	18.05	16.87	20.58
Na_2O	1.26	1.94	1.41	1.89	0.99	4.11	1.77	1.04	1.06	1.42	1.71	1.51
K_2O	0.70	2.82	1.53	0.69	1.64	1.54	0.27	0.22	0.30	1.26	0.85	0.27
P_2O_5	0.06	0.15	0.60	0.03	2.20	1.85	1.91	1.04	0.44	1.90	1.60	1.04
LOI	1.16	3.21	2.19	1.61	0.51	0.41	1.09	0.90	1.90	0.92	1.06	1.00
SUM	100.36	100.87	100.74	100.36	100.12	99.61	99.24	99.31	99.38	99.55	99.78	100.64
$Mg^{\#b}$	63.1	49.9	56.3	61.4	53.7	45.3	45.6	58.4	47.4	58.1	53.8	45.3
微量元素/ppm												
Li	6.67	29.3	10.6	4.00	6.34	5.25	8.70	12.3	9.61	12.2	10.0	14.0
Be	0.68	0.98	0.78	0.99	1.92	1.18	2.25	2.05	2.51	1.63	1.89	1.88
Sc	35.6	24.9	27.2	31.5	7.11	17.2	11.8	23.1	23.5	50.3	51.3	20.5
Ti	4344	14113	15394	5351	2979	3019	7458	6089	6042	7804	8917	18048
V	245	368	218	228	41.6	45.3	358	284	293	258	301	280
Cr	77.8	45.2	348	138	12.5	43.9	13.2	30.7	89.6	9.33	11.5	12.7
Mn	1379	797	1354	1027	3993	2848	0.00	0.00	0.00	0.00	0.00	3060
Co	37.5	43.4	56.2	33.1	21.8	22.9	20.4	28.3	36.1	40.7	52.3	34.6
Ni	45.7	38.9	137	43.2	22.6	40.3	14.8	19.1	58.4	19.2	15.0	14.7
Cu	11.2	10.6	13.8	22.0	226	45.1	21.7	5.92	79.8	28.7	58.3	108
Zn	68.1	125	138	68.8	169	99.9						169
Ga	14.2	18.7	20.9	16.1	13.4	18.0	18.4	16.0	17.1	13.6	14.1	18.0
Rb	14.5	75.2	38.0	14.9	38.6	33.9	4.00	5.29	3.76	25.6	8.34	0.48
Sr	569	805	650	737	841	1361	935	601	665	620	322	1026
Y	12.3	5.04	12.2	9.32	39.3	69.3	82.1	22.0	19.4	18.6	16.4	95.8
Zr	74.3	86.5	136	104	138	134	161	122	118	87.0	78.2	211
Nb	3.63	20.6	28.5	9.08	8.99	25.1	8.52	4.09	4.59	4.82	3.49	44.6
Mo	0.13	0.34	0.42	0.13	0.65	0.36	0.52	0.80	1.93	1.51	2.30	0.64
Cd	0.13	0.10	0.17	0.09	0.00	0.00						0.00
Sn	0.80	0.94	1.45	1.01	0.82	0.74	3.11	2.65	2.70	2.98	3.27	4.72

续表

样品编号	11K39	11K40	11K44	11K45	11K17	12K24	12K105-1	12K105-2	12K105-3	12K105-4	12K105-5	13K49
岩石类型[a]	pyr	calc-sil	amph	amph	Grt pyr	Grt-Cpx gn	pyr	pyr	pyr	pyr	pyr	pyr
分组	A	A	A	A	B1	B1	B1	B2	B2	B2	B2	B1
Cs	0.24	1.32	0.48	0.15	0.00	0.27	0.10	0.08	0.05	0.35	0.09	0.00
Ba	199	1117	392	192	1229	992	219	118	177	922	304	198
La	9.87	1.39	6.88	7.08	206	201	71.8	36.3	21.6	24.9	17.8	126
Ce	26.5	3.64	20.6	18.1	368	391	179	80.5	60.3	63.9	48.0	242
Pr	3.47	0.53	3.00	2.36	27.6	30.8	25.4	11.3	7.91	8.26	6.53	23.6
Nd	14.2	2.49	13.0	9.39	123	115	121	51.1	37.9	39.8	32.2	123
Sm	2.69	0.77	2.92	1.88	15.5	19.2	26.6	9.83	7.91	8.43	7.04	34.0
Eu	10.5	8.28	11.3	21.2	3.19	4.04	7.17	2.45	2.03	2.28	1.87	8.13
Gd	2.58	0.96	2.82	1.77	16.3	20.4	23.0	7.91	6.35	7.29	6.02	30.1
Tb	0.36	0.15	0.40	0.26	1.77	2.52	3.32	1.01	0.84	0.93	0.80	4.67
Dy	2.57	1.08	2.78	1.86	7.72	12.4	17.6	4.69	4.04	4.34	3.80	23.9
Ho	0.56	0.24	0.58	0.41	1.47	2.38	3.20	0.77	0.68	0.69	0.61	4.03
Er	1.64	0.68	1.63	1.19	4.78	7.25	8.92	1.99	1.81	1.68	1.49	10.4
Tm	0.24	0.10	0.23	0.19	0.63	0.93	1.10	0.22	0.21	0.17	0.15	1.23
Yb	1.58	0.62	1.47	1.27	4.29	5.95	6.49	1.31	1.34	0.96	0.86	7.12
Lu	0.26	0.10	0.23	0.21	0.68	0.88	1.12	0.25	0.27	0.17	0.14	0.94
Hf	1.80	1.84	3.66	2.05	3.47	3.69	5.90	4.12	4.03	4.27	4.11	8.18
Ta	0.15	0.77	1.00	0.39	0.39	0.75	0.59	0.34	0.23	0.23	0.17	3.72
W	0.12	0.41	0.35	0.07	0.66	0.35	0.31	0.19	0.20	0.32	0.24	0.51
Pb	6.78	12.0	7.84	8.57	13.3	12.5	12.4	4.65	8.21	7.72	5.61	11.0
Bi	0.04	0.09	0.07	0.04	0.19	0.10	0.11	0.03	0.13	0.08	0.07	0.18
Th	1.16	5.11	1.96	0.57	53.7	38.7	8.32	3.05	1.77	2.46	1.76	14.5
U	0.56	2.90	1.46	0.38	7.48	6.41	1.21	0.62	0.84	0.87	0.68	1.06
ΣREE	77.1	21.0	67.9	67.1	781	814	495	210	153	164	127	639
$(La/Yb)_N$[c]	4.49	1.60	3.35	4.00	34.5	24.3	7.93	19.9	11.6	18.7	15.0	12.7
$(Gd/Yb)_N$[c]	1.35	1.28	1.59	1.15	3.14	2.84	2.93	5.00	3.93	6.30	5.83	3.50
Eu*[d]	12.1	29.3	12.0	35.4	0.61	0.63	0.89	0.85	0.87	0.89	0.88	0.78
Nb*[e]	0.36	0.93	2.41	1.49	0.03	0.09	0.12	0.13	0.25	0.21	0.21	0.35
Nb/La	0.37	14.8	4.14	1.28	0.04	0.12	0.12	0.11	0.21	0.19	0.20	0.35
Nb/Th	3.14	4.03	14.5	15.8	0.17	0.65	1.02	1.34	2.60	1.96	1.98	3.07
Zr*[e]	0.80	4.31	1.50	1.67	0.20	0.19	0.19	0.36	0.46	0.32	0.35	0.23
Nb/Yb	2.30	33.1	19.3	7.16	2.10	4.21	1.31	3.13	3.43	5.04	4.08	6.26
Th/Yb	0.73	8.20	1.33	0.45	12.5	6.50	1.28	2.33	1.32	2.57	2.06	2.04

根据稀土元素含量和配分模式，这些样品可能分为两组。第一组具有较低的 REE 含量（21.0～109ppm）、较低的轻重稀土比值（标准化 La/Yb=0.5～4.5）及显著的正 Eu 异常（Eu*=2.8～36.6，表 4-8，图 4-26（a））。相反，第二组样品具有较高的稀土含量、轻重稀土分异程度较高（标准化 La/Yb=7.9～34.5）及弱负 Eu 异常（Eu*=0.61～0.89，表 4-8，图 4-26（b））。第二组样品中，4 个样品具有相对较高的稀土含量（495～814ppm）和较低的$(Gd/Yb)_N$值（2.8～3.5）。第二组样品还具有显著的 Nb-Ta、Zr-Hf 和 Ti 的负异常，而第一组样品中则不存在（图 4-26）。

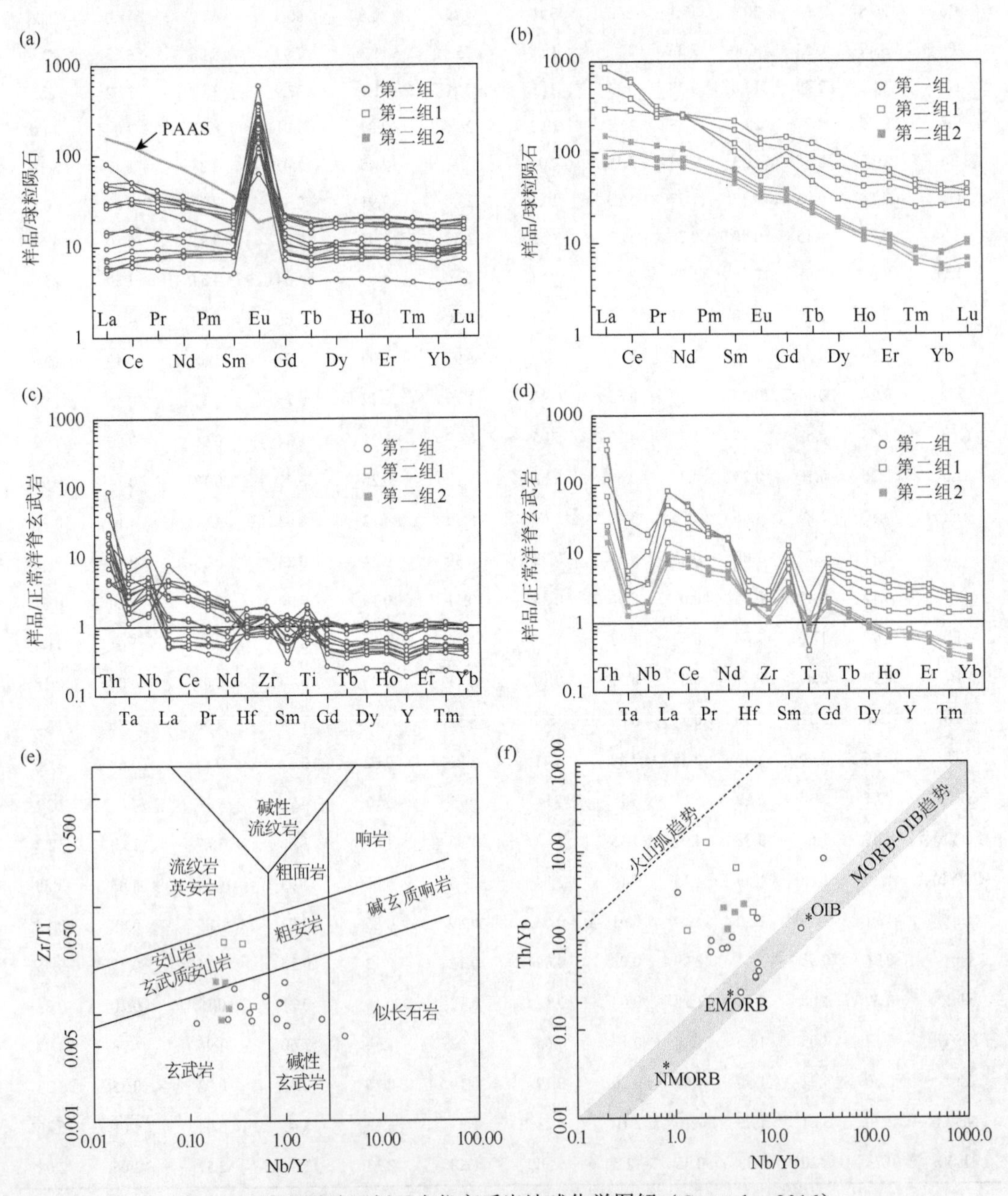

图 4-26　库尔勒地区新元古代变质岩地球化学图解（Ge et al.，2016）

4.4.3 矿物成分与相平衡模拟

笔者选择了两个石榴子石含量较高的样品进行了详细的矿物成分电子探针分析和相平衡模拟，一个为石榴辉石岩（11K17），另一个为石榴辉石片麻岩（12K24）。样品11K17包含约50%（体积百分比）单斜辉石、17%钾长石、13%石榴子石、8%角闪石、3%石英、2%斜长石、2%黑云母、2%黝帘石、2%磷灰石和1%榍石。矿物组合与反应结构记录了三个阶段的变质作用，第一个（进变质）阶段以石榴子石斑晶中的Cpx+Pl+Kfs+Qz+Ttn组合为代表（矿物缩写见Whitney和Evans（2010））；第二个（峰期变质）阶段为基质矿物组合Cpx+Grt+Kfs+Bt+Zo+Qz+Ttn+Ap（注意基质中缺失斜长石而石榴子石中未见黝帘石包裹体）；第三（退变质）阶段以Hbl+Pl后成合晶为标志，沿边缘和裂隙取代石榴子石或沿单斜辉石颗粒发育角闪石冠状体。

样品12K24为一个石榴辉石片麻岩，由42%斜长石+23%单斜辉石+8%石榴子石+8%角闪石+5%钾长石+6%黑云母+2%石英+2%黝帘石+2%磷灰石+1%榍石及少量绿帘石和方解石组成。样品中的石榴子石斑晶大多已强烈退变质，因而只能识别出两个变质阶段：即以基质中 Grt+Cpx+Bt+Pl+Kfs+Qz+Zo+Ttn+Ap 为代表的峰期矿物组合和以石榴子石边部和裂隙中的Pl+Hbl±Ep±Cc后成合晶为代表的退变质矿物组合。

电子探针分析表明，两个样品中的辉石均为透辉石（表4-9，图4-27（a）），钾长石的成分结晶于正长石（Or=92.3～94.5，表4-9，图4-27（b）），且没有发现低温有序的钾长石（2V＞75°）。样品11K17中后成合晶里的斜长石An含量为25.3～39.9，而样品12K24基质和后成合晶中斜长石的An含量均为21.8～24.6（表4-9，图4-27（b））。两个样品中的角闪石均属于富钙角闪石，并被归为富铁钙闪石（hastingsite）或铁韭闪石（ferropargasite，表3-9）。两个样品中的黑云母也具有相似的成分。石榴子石以钙铝榴石和铁铝榴石为主，但两个样品中具有不同的环带特征。样品11K17中的石榴子石从核部到边部镁铝榴石含量轻微增加，锰铝榴石含量逐渐降低，而铁铝榴石和钙铝榴石含量基本保持不变（图4-27（c）），表明其记录的是进变质环带（图4-27（c））（Kohn，2003）；相反，样品12K24中的石榴子石遭受了强烈的退变质，从核部到边部镁铝榴石的含量逐渐降低而钙铝榴石含量逐渐增加，同时，钙铝榴石含量增加而铁铝榴石含量降低，可能指示退变质阶段的扩散或再吸收（图4-27（d））（Kohn，2003）。

笔者用Perple_X（v6.6.7）软件在MnNCKFMASHT体系中对11K17和12K24两个样品进行了相平衡模拟（Connolly，2005），模拟中使用的“内恰热力学数据库”为hp02ver.dat（Holland and Powell，1998）、活度模型包括Gt（WPH）（White et al.，2007）、Omph（GHP2）（Diener and Powell，2012）、cAmph（DP2）（Diener and Powell，2012）、feldspar（Fuhrman and Lindsley，1988）、Kf（Waldbaum and Thompson，1968）、O（HP）（Holland and Powell，1998）、Bio（TCC）（Tajčmanová et al.，2009）、Mica（CHA）（Auzanneau et al.，2010）、Ilm（WPH）（White et al.，2007）及Neph（FB）（Ferry and Blencoe，1978）。石英、榍石、黝帘石和金红石被作为纯端元组分处理。因为模拟的样品中部分熔融有限，为了简化模拟过程，熔体没有考虑在内。体系的有效成分来自于全岩XRF分析（表4-8），其中，CaO的含量经过了磷灰石校正，即假设样品

表 4-9　库尔勒地区新元古代变质岩矿物成分电子探针数据（Ge et al.，2016）

样品	矿物	分析编号	位置	SiO_2/%	TiO_2/%	Al_2O_3/%	FeO^T/%	MnO/%	MgO/%	CaO/%	Na_2O/%	K_2O/%	总和/%
11K17	石榴子石 1	1	边	37.15	0.05	22.58	20.86	1.59	1.49	17.03	0.02	0.00	100.76
11K17	石榴子石 1	2	边	36.69	0.08	22.43	21.04	1.65	1.49	17.22	0.00	0.02	100.61
11K17	石榴子石 1	3	边	36.75	0.06	22.26	20.99	1.59	1.41	17.10	0.00	0.00	100.17
11K17	石榴子石 1	4	边	37.13	0.07	22.08	20.82	1.51	1.40	17.13	0.08	0.00	100.22
11K17	石榴子石 1	5	边	36.85	0.03	22.15	20.92	1.83	1.34	17.31	0.02	0.01	100.46
11K17	石榴子石 1	6	幔	37.38	0.10	22.11	20.03	1.89	1.03	17.28	0.02	0.01	99.84
11K17	石榴子石 1	7	幔	37.23	0.01	22.49	20.58	2.06	1.00	17.13	0.01	0.00	100.51
11K17	石榴子石 1	8	幔	37.13	0.07	22.24	20.88	2.17	0.97	16.90	0.00	0.00	100.34
11K17	石榴子石 1	9	幔	36.85	0.05	22.37	20.31	2.20	1.30	17.46	0.01	0.00	100.55
11K17	石榴子石 1	10	幔	36.87	0.02	22.12	21.22	2.70	1.18	16.69	0.03	0.00	100.83
11K17	石榴子石 1	11	幔	36.58	0.02	22.28	20.87	2.63	1.09	16.57	0.01	0.00	100.04
11K17	石榴子石 1	12	幔	36.75	0.05	22.19	20.76	2.58	1.01	16.84	0.04	0.00	100.23
11K17	石榴子石 1	13	幔	37.95	0.07	21.67	20.25	2.46	1.00	17.15	0.02	0.00	100.57
11K17	石榴子石 1	14	幔	36.34	0.03	22.21	20.72	2.67	1.00	16.68	0.01	0.00	99.66
11K17	石榴子石 1	15	幔	36.41	0.10	22.22	20.82	2.81	0.99	16.63	0.00	0.01	99.99
11K17	石榴子石 1	16	幔	37.06	0.12	22.08	20.50	2.83	0.88	17.14	0.02	0.01	100.63
11K17	石榴子石 1	17	幔	36.73	0.09	22.01	21.07	2.96	0.84	16.94	0.05	0.00	100.69
11K17	石榴子石 1	18	幔	37.13	0.08	22.51	21.19	3.19	0.84	16.03	0.02	0.00	100.99
11K17	石榴子石 1	19	幔	36.86	0.02	22.17	21.02	2.92	0.93	16.47	0.01	0.01	100.40
11K17	石榴子石 1	20	幔	36.28	0.10	21.71	20.77	3.32	0.71	16.86	0.01	0.00	99.74
11K17	石榴子石 1	21	幔	36.99	0.15	22.10	20.78	3.04	0.73	16.83	0.04	0.00	100.66
11K17	石榴子石 1	22	幔	36.83	0.19	22.15	20.58	3.01	0.74	16.93	0.03	0.02	100.48
11K17	石榴子石 1	23	核	36.78	0.08	21.98	20.66	2.76	0.71	17.04	0.04	0.01	100.05

续表

样品	矿物	分析编号	位置	SiO_2/%	TiO_2/%	Al_2O_3/%	FeO^T/%	MnO/%	MgO/%	CaO/%	Na_2O/%	K_2O/%	总和/%
11K17	石榴子石 1	24	核	37.08	0.10	22.34	20.99	3.05	0.70	16.56	0.00	0.01	100.81
11K17	石榴子石 1	25	核	36.82	0.17	21.98	20.24	3.10	0.65	17.51	0.02	0.00	100.49
11K17	石榴子石 1	26	核	37.01	0.15	21.78	20.28	3.15	0.58	17.63	0.01	0.00	100.60
11K17	石榴子石 1	27	核	37.09	0.16	21.86	20.30	3.14	0.64	17.56	0.00	0.01	100.76
11K17	石榴子石 1	28	核	37.14	0.15	22.21	20.58	3.17	0.67	17.56	0.01	0.01	101.50
11K17	石榴子石 1	29	核	37.22	0.26	22.05	19.60	3.05	0.63	17.92	0.03	0.01	100.75
11K17	石榴子石 1	30	幔	37.00	0.15	21.96	19.86	3.13	0.64	17.61	0.03	0.01	100.37
11K17	石榴子石 1	31	幔	37.26	0.16	21.95	20.00	3.34	0.58	17.46	0.02	0.00	100.76
11K17	石榴子石 1	32	幔	37.01	0.12	22.22	20.22	3.05	0.65	17.41	0.02	0.00	100.70
11K17	石榴子石 1	33	幔	36.83	0.07	22.32	20.51	3.00	0.62	17.51	0.03	0.00	100.88
11K17	石榴子石 1	34	幔	36.90	0.09	21.94	20.69	2.97	0.63	17.14	0.02	0.01	100.38
11K17	石榴子石 1	35	幔	37.40	0.11	22.19	20.16	3.38	0.54	17.23	0.01	0.01	101.03
11K17	石榴子石 1	36	幔	36.99	0.07	22.15	20.68	3.11	0.67	17.06	0.01	0.00	100.75
11K17	石榴子石 1	37	幔	36.95	0.03	22.51	21.06	3.18	0.68	16.55	0.04	0.00	100.99
11K17	石榴子石 1	38	幔	36.77	0.07	22.22	21.36	3.21	0.74	16.44	0.00	0.00	100.80
11K17	石榴子石 1	39	幔	36.82	0.07	22.25	21.10	3.13	0.75	16.74	0.02	0.01	100.87
11K17	石榴子石 1	40	幔	37.07	0.04	22.07	20.69	2.91	0.78	16.62	0.00	0.01	100.19
11K17	石榴子石 1	41	幔	37.11	0.14	22.39	20.29	3.04	0.81	16.89	0.02	0.01	100.70
11K17	石榴子石 1	42	幔	36.67	0.06	21.98	21.52	3.05	0.82	16.48	0.00	0.00	100.57
11K17	石榴子石 1	43	幔	36.69	0.09	22.24	20.83	2.73	0.92	16.95	0.04	0.00	100.49
11K17	石榴子石 1	44	幔	37.18	0.01	22.36	20.38	3.02	1.02	16.89	0.03	0.00	100.89
11K17	石榴子石 1	45	幔	36.75	0.03	22.28	20.80	2.67	1.21	16.69	0.01	0.00	100.44
11K17	石榴子石 1	46	幔	37.18	0.08	21.83	21.07	2.67	1.14	16.49	0.03	0.00	100.49
11K17	石榴子石 1	47	幔	37.23	0.05	22.24	21.31	2.53	1.25	16.65	0.00	0.00	101.26

续表

样品	矿物	分析编号	位置	SiO_2/%	TiO_2/%	Al_2O_3/%	FeO^T/%	MnO/%	MgO/%	CaO/%	Na_2O/%	K_2O/%	总和/%
11K17	石榴子石 1	48	边	37.50	0.02	23.10	20.59	1.76	1.40	16.80	0.04	0.00	101.20
11K17	石榴子石 1	49	边	37.12	0.06	22.42	20.92	1.63	1.43	17.33	0.02	0.01	100.93
11K17	石榴子石 1	50	边	36.91	0.05	22.38	20.92	1.54	1.42	17.40	0.03	0.01	100.66
11K17	石榴子石 1	51	边	37.11	0.03	22.37	20.64	1.51	1.45	17.22	0.04	0.00	100.36
11K17	石榴子石 1	52	边	37.19	0.06	22.07	20.73	1.57	1.52	17.41	0.05	0.00	100.59
11K17	石榴子石 2	1	核	35.87	0.13	21.78	20.39	3.19	0.96	17.40	0.04	—	99.74
11K17	石榴子石 2	2	幔	37.50	0.03	21.77	20.37	2.59	1.20	17.15	0.05	0.00	100.67
11K17	石榴子石 2	3	幔	35.91	0.03	21.91	20.14	2.95	1.03	17.47	0.01	0.01	99.46
11K17	石榴子石 2	4	幔	37.31	0.08	21.91	20.76	2.25	1.26	17.39	—	—	100.94
11K17	石榴子石 2	5	边	37.54	0.05	21.45	20.69	1.89	1.34	17.62	0.02	0.01	100.61
11K17	石榴子石 3	1	边	36.37	0.07	21.95	20.63	1.77	1.35	17.45	0.03	0.02	99.62
11K17	石榴子石 3	2	边	37.31	0.06	21.49	20.89	2.39	1.31	17.06	0.04	—	100.55
11K17	石榴子石 3	3	边	36.14	0.06	22.21	21.50	2.58	1.29	17.01	0.05	0.01	100.85
11K17	石榴子石 3	4	边	36.12	0.05	21.86	21.11	2.39	1.23	17.29	0.03	—	100.07
11K17	石榴子石 3	5	边	35.80	0.03	21.84	21.00	2.18	1.28	17.05	0.04	0.00	99.23
11K17	石榴子石 3	6	幔	36.14	0.07	21.82	21.30	2.47	1.21	16.94	0.04	—	99.99
11K17	石榴子石 3	7	幔	36.20	0.04	21.94	21.44	2.33	1.29	16.86	—	—	100.09
11K17	石榴子石 3	8	幔	35.98	0.06	22.05	20.81	1.97	1.36	17.52	0.02	—	99.78
11K17	石榴子石 3	9	幔	36.08	0.05	21.67	20.91	2.67	1.16	17.36	0.02	0.00	99.92
11K17	石榴子石 3	10	幔	37.03	0.05	21.51	20.93	2.92	1.17	17.08	0.06	0.01	100.75
11K17	石榴子石 3	11	幔	35.69	0.03	21.30	20.92	3.13	0.87	17.24	0.05	—	99.23
11K17	石榴子石 3	12	幔	36.55	0.12	21.45	21.25	2.56	0.77	17.85	0.04	0.00	100.59
11K17	石榴子石 3	13	核	37.21	0.15	21.33	20.21	2.74	0.61	18.41	0.03	0.01	100.69
11K17	石榴子石 3	14	核	37.25	0.20	21.62	20.45	2.84	0.63	18.27	0.01	—	101.26

续表

样品	矿物	分析编号	位置	SiO_2/%	TiO_2/%	Al_2O_3/%	FeO^T/%	MnO/%	MgO/%	CaO/%	Na_2O/%	K_2O/%	总和/%
11K17	石榴子石3	15	核	37.53	0.18	21.42	19.53	2.79	0.64	18.27	0.04	0.00	100.39
11K17	石榴子石3	16	幔	36.12	0.07	21.27	20.83	2.80	1.06	17.14	—	0.01	99.28
11K17	石榴子石3	17	幔	35.65	0.07	21.71	20.52	2.70	1.09	17.38	0.03	—	99.14
11K17	石榴子石3	18	幔	35.64	0.05	21.91	20.41	2.69	1.06	17.46	0.02	—	99.25
11K17	石榴子石3	19	幔	36.36	0.05	22.04	21.46	2.86	1.08	17.19	0.01	—	101.04
11K17	石榴子石3	20	幔	37.38	0.07	21.92	20.24	2.88	1.06	17.33	0.04	0.01	100.93
11K17	石榴子石3	21	幔	35.93	0.09	21.60	19.29	4.18	0.78	17.89	0.06	0.00	99.83
11K17	石榴子石3	22	幔	35.96	0.07	21.78	20.62	3.33	0.98	17.03	0.04	—	99.80
11K17	石榴子石3	23	幔	37.25	0.14	21.47	19.70	3.02	0.76	18.15	0.04	0.01	100.55
11K17	石榴子石3	24	边	36.14	0.04	22.03	20.08	2.69	1.08	17.57	0.05	0.02	99.70
11K17	石榴子石3	25	边	36.33	0.04	22.11	20.48	2.55	1.16	17.02	0.01	0.02	99.72
11K17	石榴子石4	1	边	37.95	0.05	19.51	20.22	1.49	1.49	17.43	0.03	0.01	98.18
11K17	石榴子石4	2	边	37.80	0.06	20.87	20.17	1.51	1.44	17.45	0.01	0.01	99.31
11K17	石榴子石4	3	边	38.36	0.04	20.42	20.12	1.57	1.47	17.62	0.03	0.00	99.64
11K17	石榴子石4	4	边	38.77	0.07	20.43	20.10	1.65	1.49	17.69	0.02	—	100.21
11K17	石榴子石4	5	边	38.32	0.07	20.24	20.47	1.53	1.36	17.60	0.05	0.01	99.64
11K17	石榴子石4	6	边	38.06	0.06	20.19	19.97	1.61	1.47	17.19	0.03	—	98.57
11K17	石榴子石4	7	幔	39.19	0.08	20.53	21.18	2.41	1.11	16.89	0.01	0.00	101.39
11K17	石榴子石4	8	幔	38.38	0.06	20.52	19.82	3.11	0.80	17.76	0.04	0.00	100.48
11K17	石榴子石4	9	幔	38.91	0.10	21.04	18.90	3.09	0.85	17.98	0.01	0.02	100.90
11K17	石榴子石4	10	幔	38.96	0.27	20.23	19.53	2.89	0.60	19.33	0.04	—	101.85
11K17	石榴子石4	11	幔	38.88	0.30	20.37	19.64	2.53	0.91	18.51	0.05	—	101.19
11K17	石榴子石4	12	幔	38.95	0.28	20.14	18.94	2.98	0.66	19.21	0.03	—	101.18
11K17	石榴子石4	13	幔	38.57	0.35	20.23	19.62	2.54	1.04	18.65	0.06	0.00	101.08

续表

样品	矿物	分析编号	位置	SiO_2/%	TiO_2/%	Al_2O_3/%	FeO^T/%	MnO/%	MgO/%	CaO/%	Na_2O/%	K_2O/%	总和/%
11K17	石榴子石 4	14	核	38.16	0.14	20.56	19.85	2.99	0.71	17.99	0.03	—	100.43
11K17	石榴子石 4	15	核	38.60	0.07	20.41	19.74	5.11	0.64	16.26	—	0.01	100.83
11K17	石榴子石 4	16	幔	38.39	0.02	20.69	19.79	2.61	1.13	16.82	—	—	99.44
11K17	石榴子石 4	17	幔	38.97	0.05	21.16	20.60	2.47	1.15	16.88	0.02	—	101.31
11K17	石榴子石 4	18	幔	38.95	0.08	21.08	20.07	2.96	0.87	17.91	—	—	101.91
11K17	石榴子石 4	19	幔	38.81	0.07	20.75	21.00	1.64	1.32	17.28	0.02	0.01	100.90
11K17	石榴子石 4	20	幔	38.65	0.15	20.60	19.58	2.80	0.94	18.18	0.04	0.00	100.93
11K17	石榴子石 4	21	幔	38.36	0.19	20.62	19.69	2.66	0.84	18.14	0.04	0.00	100.53
11K17	石榴子石 4	22	幔	38.79	0.09	20.76	19.51	2.90	0.83	18.00	—	—	100.87
11K17	石榴子石 4	23	幔	38.62	0.10	20.59	20.15	2.82	0.93	17.77	0.00	—	100.97
11K17	石榴子石 4	24	幔	38.48	0.16	20.52	19.33	2.75	0.84	18.04	0.03	0.01	100.13
11K17	石榴子石 4	25	幔	37.79	0.27	20.38	18.54	3.34	0.72	18.15	0.03	0.00	99.23
11K17	石榴子石 4	26	幔	38.50	0.10	20.78	20.26	2.86	0.79	17.70	0.04	—	101.03
11K17	石榴子石 4	27	幔	38.66	0.09	20.47	19.75	3.09	0.89	17.74	0.01	0.00	100.70
11K17	石榴子石 4	28	边	37.97	0.06	21.08	20.04	1.53	1.31	17.24	0.04	0.02	99.29
11K17	石榴子石 4	29	边	37.42	0.05	19.63	19.70	1.59	1.43	17.81	0.06	0.01	97.70
11K17	石榴子石 4	30	边	38.14	0.06	19.97	20.80	1.55	1.41	17.40	0.01	—	99.34
11K17	石榴子石 5	1	边	38.87	0.04	20.97	21.77	2.47	1.23	17.15	0.04	—	102.53
11K17	石榴子石 5	2	幔	38.78	0.12	20.12	20.77	2.81	1.02	17.59	0.05	0.01	101.26
11K17	石榴子石 5	3	幔	39.21	0.19	20.09	20.63	3.02	0.99	17.07	0.05	—	101.25
11K17	石榴子石 5	4	幔	39.00	0.19	19.67	19.98	3.00	0.78	17.75	0.04	—	100.43
11K17	石榴子石 5	5	幔	38.33	0.24	18.95	19.50	2.87	0.74	18.31	0.02	0.01	98.97
11K17	石榴子石 5	6	核	37.65	0.12	18.58	20.67	2.95	0.72	17.49	0.02	—	98.20
12K24	石榴子石	1	边	39.00	0.05	19.43	14.53	4.44	0.28	23.73	0.03	—	101.49

续表

样品	矿物	分析编号	位置	SiO_2/%	TiO_2/%	Al_2O_3/%	FeO^T/%	MnO/%	MgO/%	CaO/%	Na_2O/%	K_2O/%	总和/%
12K24	石榴子石	2	边	38.48	0.03	19.43	15.36	4.37	0.34	22.36	0.01	—	100.37
12K24	石榴子石	3	边	38.75	0.06	19.11	16.03	4.11	0.40	22.38	0.03	—	100.85
12K24	石榴子石	4	边	38.81	0.08	19.63	16.07	3.92	0.68	21.27	0.02	—	100.47
12K24	石榴子石	5	边	38.82	0.03	18.74	16.36	3.83	0.40	22.11	0.01	0.01	100.30
12K24	石榴子石	6	边	39.04	0.06	19.67	17.14	2.81	0.62	20.92	0.03	0.00	100.29
12K24	石榴子石	7	幔	38.84	0.12	20.31	18.62	1.98	0.76	20.36	—	—	100.99
12K24	石榴子石	8	幔	38.91	0.09	20.21	18.53	2.04	0.71	19.96	—	—	100.45
12K24	石榴子石	9	幔	38.45	0.13	19.92	17.62	2.04	0.79	20.28	0.01	—	99.24
12K24	石榴子石	10	幔	38.20	0.14	20.06	18.67	2.01	0.80	20.26	0.01	—	100.14
12K24	石榴子石	11	幔	38.45	0.08	20.29	18.46	2.05	0.70	20.44	0.02	0.01	100.49
12K24	石榴子石	12	幔	38.57	0.07	20.25	18.32	1.86	0.68	20.31	0.02	—	100.08
12K24	石榴子石	13	幔	38.57	0.07	20.25	18.70	2.14	0.76	19.88	0.01	—	100.39
12K24	石榴子石	14	幔	38.37	0.07	20.15	18.46	2.03	0.86	19.16	0.03	0.01	99.13
12K24	石榴子石	15	幔	39.72	0.07	21.40	20.15	2.01	0.91	19.36	0.00	—	103.61
12K24	石榴子石	16	幔	38.53	0.08	20.34	19.63	1.88	0.96	18.80	0.02	0.01	100.24
12K24	石榴子石	17	幔	38.91	0.06	20.28	19.83	1.84	0.87	19.17	—	—	100.96
12K24	石榴子石	18	幔	38.67	0.07	20.03	18.91	1.97	0.81	18.99	—	0.00	99.46
12K24	石榴子石	19	幔	38.41	0.11	20.23	18.53	1.90	0.87	19.48	0.01	—	99.53
12K24	石榴子石	20	幔	38.26	0.09	20.33	19.05	1.93	0.90	19.21	—	—	99.77
12K24	石榴子石	21	幔	38.20	0.07	20.36	18.86	2.00	0.88	19.16	0.02	0.01	99.55
12K24	石榴子石	22	幔	38.45	0.08	20.63	19.37	2.04	0.88	19.45	—	—	100.90
12K24	石榴子石	23	幔	37.72	0.09	20.45	18.51	1.97	0.80	19.01	0.03	—	98.58
12K24	石榴子石	24	幔	38.97	0.10	20.00	18.98	2.09	0.79	20.18	—	—	101.10
12K24	石榴子石	25	幔	38.21	0.06	20.52	18.58	2.55	0.83	19.20	—	—	99.95

续表

样品	矿物	分析编号	位置	SiO_2/%	TiO_2/%	Al_2O_3/%	FeO^T/%	MnO/%	MgO/%	CaO/%	Na_2O/%	K_2O/%	总和/%
12K24	石榴子石	26	核	38.79	0.06	20.69	19.18	2.76	0.85	18.89	0.03	0.01	101.26
12K24	石榴子石	27	核	38.67	0.12	20.64	18.78	2.75	0.87	19.06	0.02	—	100.89
12K24	石榴子石	28	核	38.34	0.09	20.47	18.75	3.12	0.86	18.78	—	—	100.41
12K24	石榴子石	29	核	38.33	0.08	20.31	18.01	3.33	0.86	19.37	0.02	0.01	100.31
12K24	石榴子石	30	核	38.20	0.11	20.34	17.94	2.98	0.75	19.15	0.01	—	99.48
12K24	石榴子石	31	核	38.64	0.08	20.13	18.96	3.05	0.84	18.76	0.01	0.00	100.47
12K24	石榴子石	32	核	37.94	0.07	20.46	18.48	3.00	0.76	19.21	0.02	—	99.94
12K24	石榴子石	33	核	38.43	0.06	20.53	18.88	2.62	0.86	19.05	0.04	—	100.47
12K24	石榴子石	34	幔	38.62	0.05	20.54	19.15	1.59	0.89	19.72	0.04	0.00	100.59
12K24	石榴子石	35	幔	38.58	0.05	20.58	19.04	1.56	0.85	19.97	0.04	0.01	100.67
12K24	石榴子石	36	幔	38.24	0.10	20.21	18.79	1.75	0.80	19.33	0.03	—	99.25
12K24	石榴子石	37	幔	38.54	0.12	20.31	18.97	1.76	0.85	19.46	0.03	0.01	100.06
12K24	石榴子石	38	幔	38.57	0.08	20.15	19.17	1.87	0.81	19.71	0.00	—	100.37
12K24	石榴子石	39	幔	38.74	0.07	19.83	18.79	1.51	0.77	19.87	0.03	—	99.61
12K24	石榴子石	40	幔	38.71	0.10	19.65	18.85	1.44	0.88	20.01	0.04	—	99.68
12K24	石榴子石	41	幔	38.38	0.07	20.31	18.94	1.84	0.79	19.26	—	0.02	99.60
12K24	石榴子石	42	幔	38.75	0.04	20.37	19.37	1.51	0.78	19.89	0.05	—	100.75
12K24	石榴子石	43	幔	38.38	0.07	19.70	18.47	1.57	0.84	19.91	0.01	0.00	98.96
12K24	石榴子石	44	幔	38.08	0.17	20.45	17.21	2.63	0.70	20.65	0.00	—	99.89
12K24	石榴子石	45	幔	38.22	0.22	20.58	16.74	2.15	0.66	21.91	0.02	—	100.49
12K24	石榴子石	46	幔	38.47	0.13	19.70	17.48	2.21	0.67	21.30	0.02	—	99.97
12K24	石榴子石	47	幔	39.00	0.14	20.81	16.78	1.92	0.64	22.04	0.03	0.00	101.37
12K24	石榴子石	48	幔	38.22	0.15	19.23	17.34	2.14	0.57	18.55	0.01	—	96.22
12K24	石榴子石	49	幔	38.84	0.13	20.05	16.99	1.95	0.71	21.67	0.01	—	100.34

续表

样品	矿物	分析编号	位置	SiO_2/%	TiO_2/%	Al_2O_3/%	FeO^T/%	MnO/%	MgO/%	CaO/%	Na_2O/%	K_2O/%	总和/%
12K24	石榴子石	50	幔	38.48	0.09	20.70	17.85	1.95	0.73	21.26	0.03	—	101.10
12K24	石榴子石	51	幔	38.73	0.17	20.51	17.06	2.08	0.67	21.50	0.05	—	100.76
12K24	石榴子石	52	幔	38.56	0.19	20.30	16.15	1.66	0.57	22.76	0.01	—	100.20
12K24	石榴子石	53	幔	38.91	0.10	20.42	16.80	2.00	0.72	21.40	—	—	100.35
12K24	石榴子石	54	边	38.83	0.02	19.74	15.71	3.51	0.21	22.90	0.01	0.01	100.94
12K24	石榴子石	55	边	38.62	0.02	19.27	15.92	3.73	0.20	22.61	0.04	0.00	100.39
12K24	石榴子石	56	边	38.95	0.07	19.71	15.44	4.17	0.44	22.51	0.00	0.02	101.31
12K24	石榴子石	57	边	38.51	0.03	18.55	14.89	4.31	0.31	23.27	0.00	0.01	99.89
11K17	单斜辉石	1	基质	51.59	0.03	0.73	12.37	0.38	10.41	23.60	0.53	—	99.63
11K17	单斜辉石	2	基质	50.75	0.03	0.87	12.50	0.34	10.22	23.81	0.49	—	99.00
11K17	单斜辉石	3	基质	51.62	—	0.60	12.81	0.35	10.38	23.58	0.47	—	99.81
11K17	单斜辉石	4	基质	51.46	0.01	0.40	11.75	0.39	10.67	23.99	0.38	—	99.05
11K17	单斜辉石	5	基质	50.86	—	0.40	14.16	0.79	9.41	23.57	0.28	0.01	99.47
11K17	单斜辉石	6	基质	51.52	0.07	0.73	12.40	0.39	10.31	23.45	0.50	0.01	99.37
11K17	单斜辉石	7	基质	50.34	0.03	0.22	13.95	0.95	9.55	23.37	0.09	—	98.51
11K17	单斜辉石	8	基质	50.86	0.02	0.61	14.34	1.04	9.30	23.33	0.33	0.00	99.84
11K17	单斜辉石	9	基质	50.74	0.00	0.68	13.88	0.40	9.69	23.38	0.48	—	99.26
11K17	单斜辉石	10	基质	51.63	0.02	0.75	12.45	0.29	10.75	23.39	0.49	0.01	99.78
12K24	单斜辉石	1	基质	51.10	—	0.18	13.05	1.27	9.70	24.43	0.05	—	99.78
12K24	单斜辉石	2	基质	50.84	0.04	1.12	14.04	0.67	9.68	23.83	0.47	0.00	100.70
12K24	单斜辉石	3	基质	51.46	0.04	0.39	13.98	0.59	9.52	23.91	0.57	0.01	100.46
12K24	单斜辉石	4	基质	52.13	0.05	0.67	14.28	0.68	9.04	23.54	0.45	0.00	100.83
12K24	单斜辉石	5	基质	52.31	—	0.53	14.09	0.73	9.37	24.07	0.42	—	101.53

续表

样品	矿物	分析编号	位置	SiO_2/%	TiO_2/%	Al_2O_3/%	FeO^T/%	MnO/%	MgO/%	CaO/%	Na_2O/%	K_2O/%	总和/%
11K17	斜长石	1	石榴子石边	59.95	—	25.03	0.35	0.02	—	5.82	7.82	0.11	99.10
11K17	斜长石	2	石榴子石边	61.58	—	24.80	0.17	—	0.00	5.02	8.09	0.14	99.79
11K17	斜长石	3	石榴子石边	60.47	0.05	24.69	0.15	0.04	—	5.39	8.24	0.10	99.13
11K17	斜长石	4	石榴子石边	59.71	—	25.43	0.25	—	0.01	5.73	7.68	0.14	98.94
11K17	斜长石	5	石榴子石边	57.99	—	27.04	0.17	0.04	0.01	7.54	6.87	0.08	99.73
11K17	斜长石	6	石榴子石边	59.19	—	25.99	0.15	—	0.00	6.64	7.31	0.11	99.40
11K17	斜长石	7	石榴子石边	59.78	0.01	25.77	0.22	0.02	—	6.11	7.55	0.13	99.59
11K17	斜长石	8	石榴子石边	58.72	0.01	25.97	0.24	—	0.01	6.71	7.32	0.10	99.07
11K17	斜长石	9	石榴子石边	58.67	—	26.27	0.06	—	—	6.73	7.27	0.07	99.06
11K17	斜长石	10	石榴子石边	56.96	0.00	27.03	0.08	—	0.01	8.14	6.70	0.09	99.01
11K17	斜长石	11	石榴子石边	60.61	—	24.97	0.30	—	0.01	5.27	8.08	0.15	99.38
11K17	斜长石	12	石榴子石边	57.91	0.02	26.81	0.07	0.02	0.02	7.70	7.00	0.10	99.64
12K24	斜长石	1	石榴子石边	62.39	0.01	23.84	—	—	0.02	4.45	8.76	0.08	99.54
12K24	斜长石	2	石榴子石边	64.12	0.00	23.51	0.02	0.01	—	4.79	8.80	0.09	101.34
12K24	斜长石	3	基质	63.45	0.01	23.86	0.00	—	—	5.03	8.74	0.08	101.18
12K24	斜长石	4	基质	63.00	0.01	23.96	0.03	—	—	5.10	8.56	0.10	100.75
11K17	钾长石 1	1	基质，核	64.92	0.06	19.12	0.04	—	—	—	0.60	14.10	98.83
11K17	钾长石 1	2	基质，幔	65.07	0.04	19.13	—	0.02	0.01	—	0.69	14.13	99.08
11K17	钾长石 1	3	基质，幔	64.96	0.03	19.09	0.02	0.00	0.03	0.00	0.64	14.37	99.15
11K17	钾长石 1	4	基质，幔	65.67	0.07	19.08	0.01	—	—	—	0.73	14.09	99.65
11K17	钾长石 1	5	基质，边	65.24	0.05	19.00	0.07	—	—	—	0.61	14.33	99.31
11K17	钾长石 2	6	基质，核	65.47	0.04	19.24	0.00	—	—	0.07	1.86	12.20	98.90
11K17	钾长石 2	7	基质，幔	65.52	0.04	18.93	0.04	—	0.03	0.03	1.15	13.58	99.32

续表

样品	矿物	分析编号	位置	SiO_2/%	TiO_2/%	Al_2O_3/%	FeO^T/%	MnO/%	MgO/%	CaO/%	Na_2O/%	K_2O/%	总和/%
11K17	钾长石2	8	基质，幔	64.77	0.04	19.05	0.01	0.00	—	—	0.69	14.36	98.92
11K17	钾长石2	9	基质，幔	65.36	0.06	18.85	0.00	—	0.01	0.02	0.78	14.23	99.31
11K17	钾长石2	10	基质，边	65.57	0.05	19.22	0.05	0.02	0.00	0.01	0.62	14.28	99.82
11K17	钾长石	11	基质	64.83	0.02	18.66	0.03	0.00	—	0.07	0.67	14.10	98.38
11K17	钾长石	12	基质	65.58	0.03	19.06	0.03	—	—	0.02	0.63	14.03	99.38
11K17	钾长石	13	石榴子石包体	63.58	0.09	19.27	0.13	—	0.01	0.02	0.67	13.43	97.19
11K17	钾长石	14	石榴子石包体	64.71	0.06	19.15	0.09	—	0.03	0.03	0.68	14.15	98.89
11K17	钾长石	15	石榴子石包体	64.94	0.03	18.85	0.06	—	0.02	—	0.52	14.25	98.66
11K17	钾长石	16	石榴子石包体	65.61	0.08	19.14	0.13	—	0.04	—	0.55	14.26	99.81
12K24	钾长石	1	基质	65.11	0.05	19.05	0.05	0.01	0.02	0.03	0.75	13.99	99.04
12K24	钾长石	2	基质	63.19	0.04	19.26	0.04	0.02	0.01	—	0.60	15.17	98.33
12K24	钾长石	3	基质	64.00	0.03	19.34	0.15	0.03	0.02	0.06	0.50	14.86	99.00
12K24	钾长石	4	基质	63.81	—	19.24	—	0.02	—	0.03	0.68	15.42	99.20
12K24	钾长石	5	基质	66.00	0.02	18.50	0.03	0.04	—	0.01	0.54	15.76	100.90
11K17	角闪石	1	石榴子石边	40.25	0.18	11.52	27.72	0.79	3.24	11.29	1.02	1.45	97.47
11K17	角闪石	2	石榴子石边	39.23	0.21	11.71	28.40	0.89	2.90	11.39	0.97	1.58	97.28
11K17	角闪石	3	石榴子石边	40.05	0.67	11.94	28.11	0.88	3.28	11.39	1.00	1.57	98.89
11K17	角闪石	4	石榴子石边	39.43	0.44	11.81	27.64	0.72	3.24	11.49	1.10	1.58	97.46
11K17	角闪石	5	石榴子石边	39.83	0.24	12.11	27.36	0.78	3.37	11.55	1.11	1.54	97.89
11K17	角闪石	6	石榴子石边	39.29	0.35	12.67	27.80	0.82	3.11	11.49	1.09	1.65	98.27
11K17	角闪石	7	石榴子石边	39.02	0.42	12.26	27.52	0.68	3.07	11.35	1.09	1.63	97.03
11K17	角闪石	8	石榴子石边	39.68	0.40	11.94	27.03	0.71	3.14	11.54	0.99	1.63	97.06

续表

样品	矿物	分析编号	位置	SiO_2/%	TiO_2/%	Al_2O_3/%	FeO^T/%	MnO/%	MgO/%	CaO/%	Na_2O/%	K_2O/%	总和/%
11K17	角闪石	9	石榴子石边	38.89	0.38	11.84	27.51	0.84	3.03	11.35	1.21	1.53	96.59
11K17	角闪石	10	石榴子石边	38.98	0.19	12.72	26.61	0.69	4.06	11.79	1.27	1.73	98.02
11K17	角闪石	11	石榴子石边	38.76	0.17	12.86	26.28	0.78	3.81	11.61	1.33	1.78	97.37
11K17	角闪石	12	石榴子石边	38.51	0.14	13.14	26.95	0.87	3.85	11.72	1.33	1.92	98.43
12K24	角闪石	1	石榴子石边	36.66	0.17	16.29	26.95	0.71	3.71	11.61	1.25	2.28	99.62
12K24	角闪石	2	石榴子石边	36.21	0.37	17.03	25.87	0.81	3.51	11.46	1.37	2.22	98.84
12K24	角闪石	3	石榴子石边	36.89	0.30	17.16	25.65	0.68	3.62	11.63	1.12	2.28	99.32
12K24	角闪石	4	石榴子石边	37.09	0.27	16.13	24.11	0.89	4.26	11.47	1.28	2.08	97.58
12K24	角闪石	5	石榴子石边	39.01	0.32	15.75	22.46	0.59	5.57	11.94	1.57	2.04	99.26
12K24	角闪石	6	石榴子石边	35.58	0.29	17.28	25.16	0.61	2.03	11.54	1.28	2.25	96.01
12K24	角闪石	7	石榴子石边	38.35	0.21	15.23	27.43	0.68	2.52	11.73	1.43	2.10	99.68
12K24	角闪石	8	石榴子石边	36.79	0.32	14.82	27.21	0.78	2.46	11.59	1.35	2.13	97.46
12K24	角闪石	9	石榴子石边	38.80	1.17	14.60	22.59	0.59	5.67	11.64	1.84	1.80	98.70
12K24	角闪石	10	石榴子石边	38.85	0.76	14.09	24.21	0.81	4.48	11.75	1.51	2.01	98.46
12K24	角闪石	11	石榴子石边	36.27	0.24	18.27	25.21	0.54	2.60	11.93	1.25	2.42	98.73
12K24	角闪石	12	石榴子石边	38.02	0.31	15.59	26.33	0.71	2.82	11.81	1.25	2.18	99.01
12K24	角闪石	13	石榴子石边	37.51	0.32	15.38	26.20	0.76	2.92	11.57	1.40	2.02	98.07
12K24	角闪石	14	石榴子石边	37.51	0.24	18.09	25.00	0.65	2.77	11.45	1.27	2.17	99.13
12K24	角闪石	15	石榴子石边	37.64	0.28	16.38	25.53	0.73	2.66	11.74	1.30	2.30	98.58
12K24	角闪石	16	石榴子石边	37.26	0.33	16.51	26.61	0.71	2.45	11.74	1.21	2.32	99.13
11K17	黑云母	1	基质	31.27	1.96	17.77	26.73	0.22	11.66	0.33	0.09	3.63	93.66
11K17	黑云母	2	基质	30.24	1.41	17.80	27.67	0.20	11.88	0.38	0.07	2.74	92.39

续表

样品	矿物	分析编号	位置	SiO_2/%	TiO_2/%	Al_2O_3/%	FeO^T/%	MnO/%	MgO/%	CaO/%	Na_2O/%	K_2O/%	总和/%
11K17	黑云母	3	基质	30.49	2.06	17.71	26.85	0.22	11.50	0.52	0.05	3.23	92.62
11K17	黑云母	4	基质	34.23	1.19	20.20	18.28	0.12	7.58	8.95	0.01	1.73	92.28
11K17	黑云母	5	基质	33.87	1.69	18.76	20.68	0.17	9.19	5.00	0.13	3.13	92.62
11K17	黑云母	6	基质	39.33	0.92	22.89	7.49	0.08	2.91	19.21	0.09	0.19	93.10
12K24	黑云母	1	基质	29.17	0.44	19.26	28.40	0.60	11.37	0.05	0.12	2.21	91.60
12K24	黑云母	2	基质	34.68	1.62	17.31	24.52	0.41	8.94	0.01	0.07	9.31	96.87
12K24	黑云母	3	基质	35.73	1.49	16.55	24.26	0.39	9.21	0.06	0.04	8.82	96.54
12K24	黑云母	4	基质	34.12	1.85	17.31	25.23	0.50	8.60	0.11	0.09	8.02	95.84

样品	矿物	分析编号	位置	SiO_2/%	TiO_2/%	Al_2O_3/%	FeO^T/%	MnO/%	MgO/%	CaO/%	Na_2O/%	K_2O/%	P_2O_5/%	F/%	总和/%
11K17	磷灰石	1	基质	—	0.02	—	0.02	—	—	56.05	—	—	42.20	3.77	100.47
11K17	磷灰石	2	基质	—	—	0.00	—	0.00	0.01	55.44	0.05	—	42.09	4.92	100.44
12K24	磷灰石	1	基质	0.05	—	—	0.05	—	—	56.73	—	0.01	42.68	2.04	100.70
12K24	磷灰石	2	基质	0.24	0.00	0.01	—	0.04	—	55.93	0.01	—	41.77	3.81	100.22
11K17	黝帘石	1	基质	37.84	0.04	30.63	3.04	0.08	0.06	23.16	0.04	—	0.01	—	94.90
12K24	绿帘石	1	石榴子石边	37.70	0.07	27.11	8.37	0.09	0.02	23.13	—	0.01	—	—	96.51
12K24	绿帘石	2	石榴子石边	38.13	0.10	25.32	8.74	0.20	—	24.02	0.02	0.01	—	—	96.54
12K24	绿帘石	3	石榴子石边	38.21	0.08	24.72	9.13	0.36	0.02	23.34	0.03	0.00	—	—	95.88
12K24	绿帘石	4	石榴子石边	38.74	—	26.29	7.10	0.34	0.02	23.97	0.02	0.01	—	—	96.47
12K24	绿帘石	5	石榴子石边	38.49	0.00	25.42	8.72	0.17	—	23.73	—	0.01	—	—	96.55

中的所有 P_2O_5 均赋存在磷灰石中，根据笔者分析，样品中的磷灰石含 56%CaO、42% P_2O_5 及 2% F（表 4-9）。由于模拟的两个样品中碳酸盐矿物和富 Fe^{3+} 的矿物（如绿帘石）含量很低，体系中 CO_2 和 O_2 可以忽略不计。体系的水含量近似等于烧失量，即分别为 0.51%和 0.41%，后者可能稍显太低，因为角闪石难以在样品 12K24 中稳定，因此计算中使用了～0.5%的水含量。计算的 *T-X*（H_2O）和 *P-X*（H_2O）剖面表明，稍高的水含量（＞0.7%）可以使角闪石稳定在低温高压区域，但对其他矿物的稳定性基本没有影响。

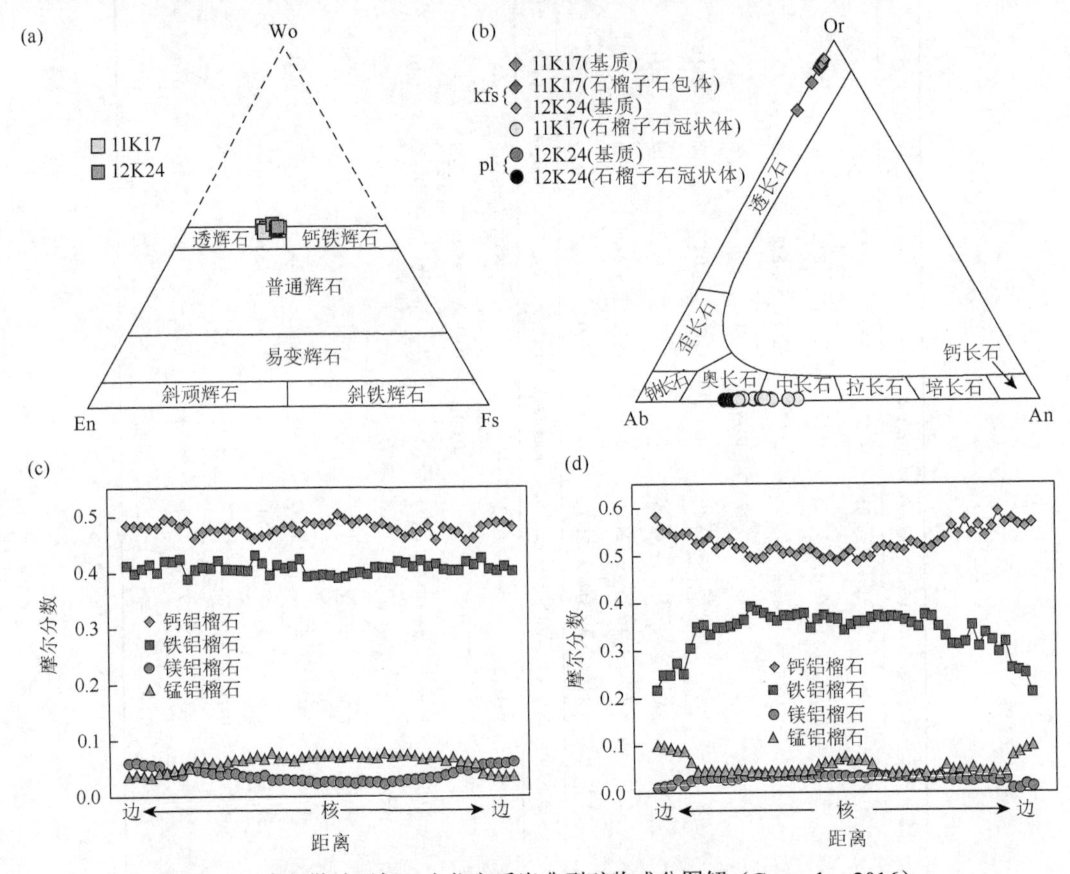

图 4-27 库尔勒地区新元古代变质岩典型矿物成分图解（Ge et al.，2016）

图 4-28（a）展示的是样品 11K17 的 *P-T* 视剖面，从中可见，单斜辉石、黑云母和榍石在整个模拟区域均稳定存在，钾长石同样稳定存在于整合区域，但在～460℃左右有一个高温相和低温相之间的转变，在高温低压条件下，石榴子石被橄榄石所取代。斜长石在压力大于 8～12kbar 时不稳定，而在温压分别低于～550℃和 5.5kbar 时出溶成为两个相。（多硅）白云母在高压（P＞7.5kbar）低温（T＜780℃）条件下取代黝帘石成为富水矿物。样品中观察到的峰期和退变质矿物组合分别稳定在一个较小的温压区间，分别为 620～730℃、10～13kbar 和 460～500℃、3～5kbar，但进变质组合稳定的温压范围较大。图 4-28（a）中的相关区域同时展示了计算获得的镁铝榴石、钙铝榴石和斜长石成分等值线，其中镁铝榴石含量随温度的增加而增加，而钙铝榴石含量和斜长石 An 是温度和压力的函数。5 个石榴子石变斑晶的平均镁铝榴石和钙铝榴石在图 4-28（a）中的投影结果显示，其核

部和幔部记录了 570℃、5.2kbar 到 680℃、9.0kbar 的进变质轨迹，而其边部记录了峰期变质条件，为 680～700℃、11.2～12.0kbar，后者与用 THERMOCALC 的最优 *P-T* 模式的计算结果一致（699±41℃、12.1±1.3kbar，cor=0.861，σ_{fit}=1.28）（Powell and Holland，1994），也与石榴子石-单斜辉石温度计给出的温度一致（680～710℃）（Berman et al.，1995；Ganguly et al.，1996）。根据矿物组合与后成合晶中斜长石的 An 含量，退变质阶段的温压条件为 460～500℃、3～5kbar，这一结果表明，样品 11K17 可能记录了逆时针的 *P-T* 轨迹。

样品 12K24 的 *P-T* 视剖面（图 4-28（b））显示，单斜辉石同样稳定在整个温压区间，但石榴子石在低压高温条件下被霞石取代，而在高压低温条件下榍石被金红石取代，且白云母取代黝帘石和黑云母成为含水矿物，高温和低温钾长石的转换同样出现在～460℃，但斜长石的不混溶线并没有出现。样品的峰期矿物组合稳定在两个较大的范围内，取决于是否含水。在含水区域，镁铝榴石的含量随温度增加而增加，而在无水区域则随压力的增加而增加。在这个样品中，铁铝榴石的含量比钙铝榴石含量对 *P-T* 的变化更为敏感，因此被用来同斜长石

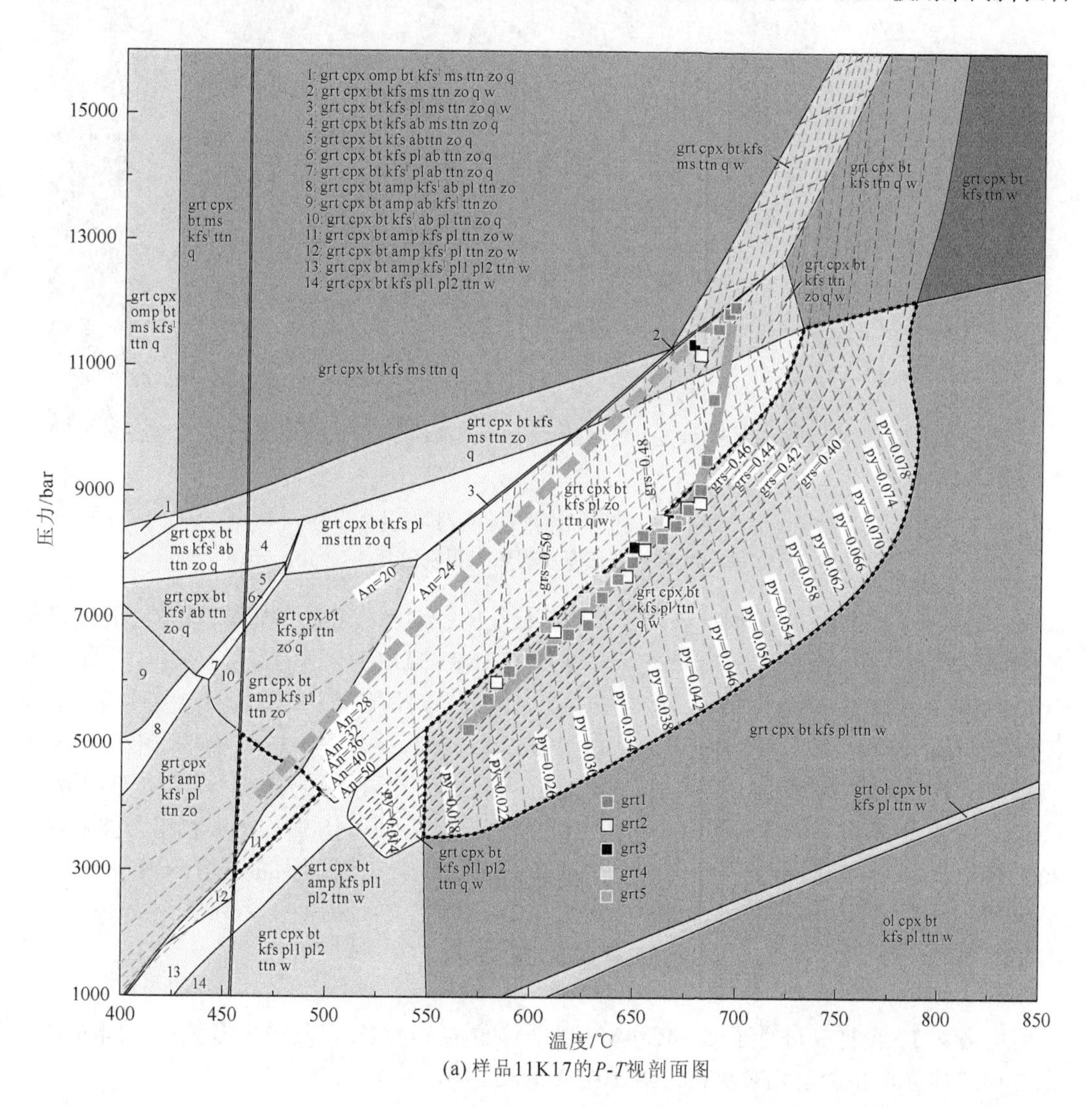

(a) 样品11K17的 *P-T* 视剖面图

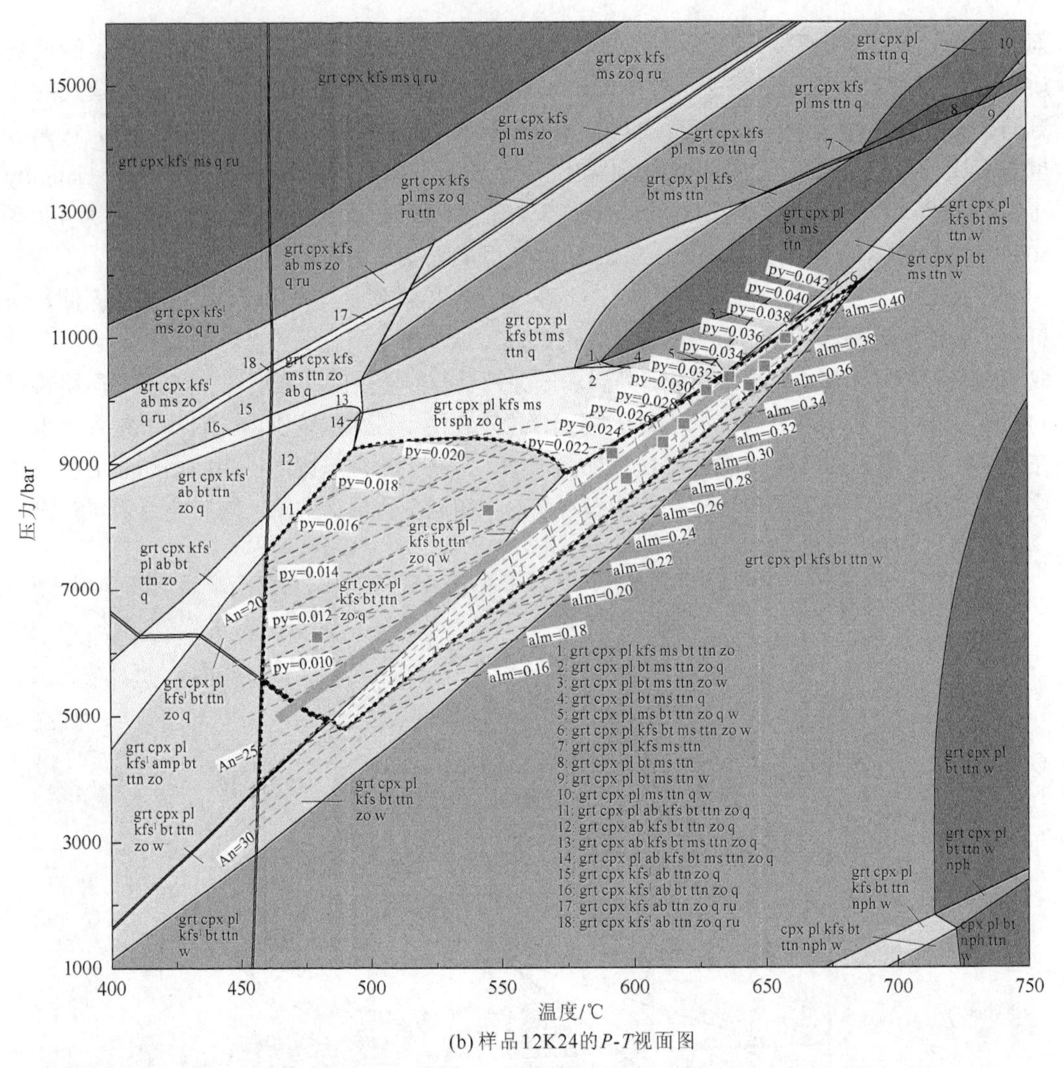

(b) 样品12K24的*P-T*视面图

图 4-28　库尔勒地区新元古代变质岩 *P-T* 视剖面（Ge et al.，2016）

An 含量共同约束变质温压条件。石榴子石核部最高的镁铝榴石含量和基质斜长的 An 值记录的峰期变质温压为～660℃、11.0kbar，这与 THERMOCALC 给出的最优 *P-T* 结果相一致（672±51℃、12.0±1.9kbar，cor=0.864，σ_{fit}=1.66），也与石榴子石-单斜辉石温度计给出的峰期温度（630～670℃）一致（Berman et al.，1995；Ganguly et al.，1996）。石榴子石幔部和变质成分投影在退变质轨迹上，但误差相对较大，可能反映了退变质阶段的不完全扩散/再吸收（Kohn，2003）与近于平行的镁铝榴石和铁铝榴石等值线。退变质阶段的矿物组合被限定在 460～480℃、4.0～5.0kbar 这个小区域，与石榴子石边部斜长石冠状体的成分一致。

4.4.4　锆石 U-Pb 年龄、Hf 同位素及微量元素

笔者对 12 个样品进行了 LA-ICP-MS 锆石原位 U-Pb 定年，其中大多数样品同时进行了 Lu-Hf 同位素和微量元素测试，测试结果见表 4-10。

表 **4-10**　库尔勒地区新元古代变质岩锆石 **Hf** 同位素数据（Ge et al.，2016）

分析编号	t/Ma[a]	2σ	区域[b]	$^{176}Yb/^{177}Hf$	$2s$	$^{176}Lu/^{177}Hf$	$2s$	$^{176}Hf/^{177}Hf$	$2s$	$^{176}Hf/^{177}Hf_{(t)}$[c]	$2s$	$\varepsilon Hf_{(t)}$[d]	$2s$	T_{DM}[1]	$2s$	T_{DM}[2e]	$2s$
样品 11K10																	
11K10-02	2668	21	I	0.034900	0.000365	0.001224	0.000014	0.281228	0.000025	0.281166	0.000026	3.2	0.9	2837	34	2935	53
11K10-01	823	9	II	0.000871	0.000010	0.000031	0.000000	0.282084	0.000015	0.282083	0.000015	−6.2	0.5	1604	20	2097	32
11K10-03	823	9	II	0.002618	0.000033	0.000096	0.000001	0.282193	0.000023	0.282191	0.000023	−2.4	0.8	1458	31	1859	51
11K10-04	823	9	II	0.002746	0.000027	0.000110	0.000001	0.282112	0.000015	0.282110	0.000015	−5.2	0.5	1568	20	2037	32
11K10-05	823	9	II	0.004425	0.000043	0.000159	0.000001	0.282110	0.000014	0.282108	0.000014	−5.3	0.5	1573	19	2044	32
11K10-09	823	9	II	0.003810	0.000017	0.000150	0.000000	0.281962	0.000015	0.281960	0.000015	−10.6	0.5	1774	20	2369	33
11K10-10	823	9	II	0.002155	0.000019	0.000075	0.000001	0.282003	0.000018	0.282001	0.000018	−9.1	0.6	1716	24	2277	39
11K10-14	823	9	II	0.001076	0.000017	0.000034	0.000001	0.282083	0.000017	0.282083	0.000017	−6.2	0.6	1605	23	2099	37
11K10-15	823	9	II	0.001759	0.000020	0.000062	0.000001	0.282124	0.000019	0.282123	0.000019	−4.8	0.7	1551	26	2010	43
11K10-17	823	9	II	0.002444	0.000037	0.000092	0.000002	0.282090	0.000015	0.282089	0.000015	−6.0	0.5	1598	21	2085	33
11K10-18	823	9	II	0.003049	0.000152	0.000143	0.000006	0.282112	0.000049	0.282109	0.000049	−5.3	1.7	1570	67	2040	108
11K10-21	823	9	II	0.001516	0.000035	0.000063	0.000002	0.282107	0.000031	0.282106	0.000031	−5.4	1.1	1573	42	2047	67
11K10-22	823	9	II	0.050383	0.000461	0.001581	0.000021	0.282271	0.000024	0.282246	0.000025	−0.4	0.8	1406	34	1738	53
样品 11K14																	
11K14-01	826	10	II	0.001945	0.000034	0.000093	0.000002	0.281854	0.000015	0.281853	0.000015	−14.3	0.5	1917	20	2600	33
11K14-38	826	10	II	0.001281	0.000035	0.000046	0.000001	0.281832	0.000016	0.281831	0.000016	−15.1	0.6	1945	21	2648	34
11K14-02	1859	10	I	0.007338	0.000031	0.000239	0.000000	0.281576	0.000019	0.281568	0.000019	−1.1	0.7	2299	26	2575	42
11K14-03	1859	10	I	0.003109	0.000022	0.000105	0.000001	0.281653	0.000023	0.281650	0.000023	1.8	0.8	2188	31	2396	50
11K14-04	1859	10	I	0.005770	0.000016	0.000192	0.000001	0.281612	0.000019	0.281605	0.000019	0.2	0.7	2249	26	2494	42
11K14-05	1859	10	I	0.003395	0.000020	0.000116	0.000001	0.281581	0.000017	0.281577	0.000017	−0.8	0.6	2286	22	2556	36
11K14-08	1859	10	I	0.007885	0.000039	0.000248	0.000000	0.281544	0.000018	0.281535	0.000018	−2.3	0.6	2343	24	2646	39
样品 11K17																	
11K17-05	822	17	II	0.001425	0.000052	0.000058	0.000003	0.281964	0.000032	0.281963	0.000032	−10.5	1.1	1767	43	2362	70
11K17-06	822	17	II	0.002915	0.000085	0.000116	0.000004	0.282101	0.000024	0.282100	0.000025	−5.6	0.9	1583	33	2062	54

续表

分析编号	t/Ma[a]	2σ	区域[b]	$^{176}Yb/^{177}Hf$	$2s$	$^{176}Lu/^{177}Hf$	$2s$	$^{176}Hf/^{177}Hf$	$2s$	$^{176}Hf/^{177}Hf_{(t)}$[c]	$2s$	$\varepsilon Hf_{(t)}$[d]	$2s$	T_{DM}^{1}	$2s$	T_{DM}^{2e}	$2s$
样品 11K17																	
11K17-13	822	17	II	0.002972	0.000077	0.000121	0.000003	0.281975	0.000023	0.281974	0.000023	−10.1	0.8	1754	31	2339	49
11K17-14	822	17	II	0.007353	0.000275	0.000282	0.000010	0.281552	0.000036	0.281548	0.000037	−25.2	1.3	2334	49	3264	78
11K17-16	822	17	II	0.003702	0.000045	0.000150	0.000003	0.281964	0.000029	0.281962	0.000029	−10.5	1.0	1771	39	2364	63
11K17-19	822	17	II	0.003247	0.000043	0.000137	0.000002	0.282079	0.000019	0.282077	0.000019	−6.4	0.7	1614	26	2112	42
11K17-20	822	17	II	0.019159	0.001014	0.000783	0.000040	0.281649	0.000043	0.281637	0.000044	−22.0	1.5	2233	59	3072	93
11K17-01	1744	22	I	0.018767	0.000604	0.000765	0.000024	0.281535	0.000028	0.281509	0.000030	−5.8	1.0	2387	38	2775	61
11K17-03	1744	22	I	0.006450	0.000056	0.000245	0.000002	0.281419	0.000031	0.281411	0.000031	−9.3	1.1	2511	41	2989	66
11K17-04	1744	22	I	0.005046	0.000022	0.000199	0.000001	0.281461	0.000036	0.281455	0.000036	−7.8	1.3	2451	48	2893	78
11K17-07	1744	22	I	0.007030	0.000076	0.000267	0.000003	0.281482	0.000030	0.281473	0.000030	−7.1	1.1	2427	40	2853	64
11K17-08	1744	22	I	0.009061	0.000018	0.000356	0.000001	0.281441	0.000033	0.281429	0.000033	−8.7	1.2	2489	44	2950	71
11K17-09	1744	22	I	0.027834	0.001312	0.001109	0.000052	0.281581	0.000044	0.281544	0.000047	−4.6	1.6	2345	60	2699	96
11K17-10	1744	22	I	0.014172	0.000200	0.000591	0.000008	0.281558	0.000031	0.281539	0.000032	−4.8	1.1	2344	42	2711	67
11K17-11	1744	22	I	0.010733	0.000113	0.000446	0.000005	0.281482	0.000032	0.281467	0.000033	−7.3	1.1	2438	44	2866	70
11K17-12	1744	22	I	0.007443	0.000080	0.000290	0.000003	0.281454	0.000034	0.281445	0.000035	−8.1	1.2	2466	46	2915	75
11K17-15	1744	22	I	0.012361	0.000515	0.000518	0.000023	0.281901	0.000036	0.281883	0.000037	7.5	1.3	1875	49	1955	79
11K17-17	1744	22	I	0.010817	0.000060	0.000470	0.000002	0.281451	0.000034	0.281435	0.000034	−8.4	1.2	2482	46	2935	73
11K17-18	1744	22	I	0.009990	0.000109	0.000392	0.000005	0.281490	0.000038	0.281477	0.000039	−6.9	1.4	2424	51	2844	83
11K17-21	1744	22	I	0.006044	0.000062	0.000239	0.000003	0.281467	0.000033	0.281459	0.000034	−7.6	1.2	2446	45	2884	72
11K17-30	1744	22	I	0.002530	0.000085	0.000111	0.000005	0.281976	0.000043	0.281972	0.000044	10.6	1.5	1754	59	1760	96
样品 11K33																	
11K33-03	827	11	II	0.000343	0.000007	0.000013	0.000000	0.281802	0.000016	0.281802	0.000016	−16.1	0.6	1983	22	2711	36
11K33-04	827	11	II	0.004352	0.000036	0.000241	0.000001	0.281989	0.000022	0.281986	0.000022	−9.6	0.8	1741	30	2310	48
样品 11K36																	
11K36-05	1733	35	I	0.032292	0.000069	0.001072	0.000003	0.281912	0.000020	0.281877	0.000021	7.0	0.7	1886	27	1977	43

续表

分析编号	t/Ma[a]	2σ	区域[b]	$^{176}Yb/^{177}Hf$	$2s$	$^{176}Lu/^{177}Hf$	$2s$	$^{176}Hf/^{177}Hf$	$2s$	$^{176}Hf/^{177}Hf_{(t)}$[c]	$2s$	$\varepsilon Hf_{(t)}$[d]	$2s$	T_{DM}[1]	$2s$	T_{DM}[2e]	$2s$
							样品 11K36										
11K36-02	837	7	II	0.008779	0.000027	0.000357	0.000001	0.281955	0.000018	0.281949	0.000018	−10.6	0.6	1793	25	2383	40
11K36-06#	837	7	II	0.008870	0.000030	0.000367	0.000003	0.281949	0.000017	0.281943	0.000017	−10.9	0.6	1802	23	2397	37
11K36-11	837	7	II	0.005536	0.000060	0.000234	0.000001	0.281933	0.000015	0.281930	0.000015	−11.3	0.5	1817	21	2426	33
11K36-13#	837	7	II	0.006961	0.000181	0.000357	0.000011	0.282022	0.000028	0.282016	0.000029	−8.3	1.0	1702	39	2236	62
11K36-14	837	7	II	0.014215	0.000273	0.000691	0.000015	0.281969	0.000020	0.281958	0.000020	−10.3	0.7	1789	27	2364	44
11K36-16	837	7	II	0.008467	0.000037	0.000385	0.000001	0.281955	0.000018	0.281949	0.000018	−10.6	0.7	1794	25	2383	40
11K36-17	837	7	II	0.011517	0.000103	0.000573	0.000005	0.282034	0.000029	0.282025	0.000030	−7.9	1.0	1694	40	2216	65
11K36-20#	837	7	II	0.013406	0.000058	0.000643	0.000009	0.281980	0.000017	0.281970	0.000017	−9.9	0.6	1772	23	2338	37
11K36-23#	837	7	II	0.013335	0.000212	0.000524	0.000006	0.282018	0.000022	0.282010	0.000022	−8.5	0.8	1715	30	2251	48
							样品 11K38										
11K38-16	1882	27	I	0.005886	0.000017	0.000247	0.000001	0.281709	0.000029	0.281700	0.000029	4.1	1.0	2121	39	2271	63
11K38-20	1882	27	I	0.013226	0.000374	0.000403	0.000011	0.281744	0.000018	0.281730	0.000019	5.2	0.6	2082	24	2206	39
11K38-06	1882	27	I	0.032032	0.000422	0.000827	0.000008	0.281498	0.000018	0.281468	0.000019	−4.1	0.6	2442	25	2778	39
11K38-01	831	6	II	0.000604	0.000015	0.000016	0.000000	0.282428	0.000016	0.282428	0.000016	6.2	0.6	1135	22	1329	37
11K38-02	831	6	II	0.002479	0.000018	0.000069	0.000001	0.282407	0.000015	0.282406	0.000015	5.4	0.5	1166	21	1378	34
11K38-03	831	6	II	0.001541	0.000009	0.000046	0.000000	0.282279	0.000018	0.282278	0.000018	0.9	0.6	1339	24	1662	39
11K38-08	831	6	II	0.059505	0.000720	0.002116	0.000033	0.282202	0.000017	0.282169	0.000018	−3.0	0.6	1525	24	1903	37
11K38-13	831	6	II	0.001475	0.000007	0.000045	0.000000	0.282620	0.000021	0.282619	0.000021	13.0	0.7	873	29	899	47
11K38-15	831	6	II	0.002834	0.000041	0.000115	0.000002	0.282438	0.000033	0.282436	0.000033	6.5	1.2	1125	45	1311	74
11K38-23	831	6	II	0.010009	0.000050	0.000429	0.000004	0.282514	0.000017	0.282507	0.000017	9.0	0.6	1029	24	1151	38
11K38-24	831	6	II	0.001152	0.000015	0.000038	0.000001	0.282218	0.000015	0.282217	0.000015	−1.3	0.5	1422	21	1796	34
11K38-07	633	16	III	0.042281	0.000385	0.001130	0.000010	0.282259	0.000019	0.282245	0.000020	−4.7	0.7	1406	27	1859	42
11K38-12	633	16	III	0.038908	0.000159	0.001094	0.000008	0.282265	0.000018	0.282252	0.000018	−4.4	0.6	1396	25	1844	39
11K38-14	633	16	III	0.033502	0.000255	0.000939	0.000006	0.282267	0.000019	0.282256	0.000019	−4.3	0.7	1387	26	1835	41

续表

分析编号	t/Ma[a]	2σ	区域[b]	$^{176}Yb/^{177}Hf$	$2s$	$^{176}Lu/^{177}Hf$	$2s$	$^{176}Hf/^{177}Hf$	$2s$	$^{176}Hf/^{177}Hf_{(t)}$[c]	$2s$	$\varepsilon Hf_{(t)}$[d]	$2s$	T_{DM}[1]	$2s$	T_{DM}[2c]	$2s$
样品 11K38																	
11K38-21	633	16	III	0.040990	0.000138	0.001128	0.000004	0.282311	0.000021	0.282297	0.000022	−2.8	0.7	1333	29	1744	46
11K38-22	633	16	III	0.059750	0.000227	0.001672	0.000011	0.282277	0.000022	0.282257	0.000023	−4.2	0.8	1400	31	1832	48
样品 11K40																	
11K40-02	828	8	II	0.000365	0.000013	0.000012	0.000000	0.282430	0.000018	0.282430	0.000018	6.2	0.6	1132	24	1326	39
11K40-05	828	8	II	0.001706	0.000023	0.000060	0.000001	0.282329	0.000018	0.282328	0.000018	2.6	0.6	1271	25	1552	41
11K40-06	828	8	II	0.003387	0.000044	0.000135	0.000003	0.282335	0.000023	0.282333	0.000023	2.8	0.8	1265	31	1541	50
11K40-08	828	8	II	0.005943	0.000033	0.000215	0.000001	0.282077	0.000017	0.282073	0.000017	−6.4	0.6	1621	23	2116	38
11K40-09	828	8	II	0.000992	0.000008	0.000036	0.000000	0.282318	0.000017	0.282317	0.000017	2.2	0.6	1286	23	1577	38
11K40-10	828	8	II	0.001404	0.000019	0.000047	0.000001	0.282023	0.000014	0.282023	0.000014	−8.2	0.5	1686	19	2227	30
11K40-11	828	8	II	0.004940	0.000045	0.000185	0.000002	0.281980	0.000015	0.281977	0.000015	−9.8	0.5	1752	21	2328	34
11K40-14	828	8	II	0.004223	0.000028	0.000157	0.000001	0.282417	0.000047	0.282415	0.000047	5.7	1.7	1154	65	1359	106
11K40-16	828	8	II	0.001318	0.000006	0.000044	0.000000	0.282360	0.000018	0.282359	0.000018	3.7	0.6	1229	24	1483	40
11K40-17	828	8	II	0.002118	0.000015	0.000070	0.000000	0.282456	0.000016	0.282454	0.000016	7.1	0.6	1099	22	1271	36
11K40-18	828	8	II	0.007126	0.000098	0.000229	0.000002	0.282414	0.000020	0.282411	0.000020	5.5	0.7	1160	27	1368	44
样品 12K24																	
12K24-01	825	9	II	0.024711	0.000951	0.000904	0.000035	0.282366	0.000030	0.282352	0.000030	3.4	1.0	1249	41	1502	66
12K24-02	825	9	II	0.031694	0.000409	0.001095	0.000013	0.282290	0.000038	0.282273	0.000039	0.6	1.4	1360	54	1676	85
12K24-03	825	9	II	0.032739	0.004511	0.001450	0.000195	0.282423	0.000040	0.282400	0.000044	5.1	1.4	1186	58	1394	90
12K24-04	825	9	II	0.014096	0.001111	0.000554	0.000047	0.282205	0.000030	0.282196	0.000031	−2.1	1.1	1459	41	1847	66
12K24-05	825	9	II	0.021650	0.000774	0.000831	0.000027	0.282176	0.000032	0.282163	0.000033	−3.3	1.1	1510	45	1921	71
12K24-06	825	9	II	0.028032	0.000371	0.000909	0.000016	0.282170	0.000031	0.282156	0.000032	−3.6	1.1	1521	43	1935	69
12K24-07	825	9	II	0.006486	0.001215	0.000253	0.000050	0.282424	0.000042	0.282420	0.000043	5.8	1.5	1148	58	1351	94
12K24-09	825	9	II	0.003783	0.000110	0.000145	0.000005	0.282470	0.000030	0.282468	0.000030	7.5	1.1	1081	41	1243	67
12K24-11	825	9	II	0.050366	0.001383	0.002160	0.000061	0.282282	0.000042	0.282248	0.000044	−0.3	1.5	1412	61	1732	94
12K24-12	825	9	II	0.035682	0.002087	0.001549	0.000100	0.282606	0.000031	0.282582	0.000033	11.5	1.1	928	44	987	69

续表

分析编号	t/Ma[a]	2σ	区域[b]	$^{176}Yb/^{177}Hf$	2s	$^{176}Lu/^{177}Hf$	2s	$^{176}Hf/^{177}Hf$	2s	$^{176}Hf/^{177}Hf_{(t)}$[c]	2s	$\varepsilon Hf_{(t)}$[d]	2s	T_{DM}[1]	2s	T_{DM}[2e]	2s
样品 13K49																	
13K49-01	826	6	II	0.003324	0.000086	0.000198	0.000005	0.282039	0.000016	0.282035	0.000016	−7.8	0.6	1672	22	2201	35
13K49-02	826	6	II	0.064294	0.000194	0.002908	0.000012	0.282117	0.000027	0.282072	0.000028	−6.5	0.9	1683	39	2120	59
13K49-03	826	6	II	0.002955	0.000088	0.000170	0.000005	0.282130	0.000021	0.282128	0.000021	−4.6	0.7	1546	28	1998	45
13K49-04	826	6	II	0.001596	0.000028	0.000093	0.000002	0.282177	0.000017	0.282176	0.000017	−2.9	0.6	1480	22	1892	37
13K49-05	826	6	II	0.020693	0.000159	0.000656	0.000004	0.282103	0.000014	0.282093	0.000014	−5.8	0.5	1603	19	2074	30
13K49-06	826	6	II	0.052427	0.000224	0.002234	0.000004	0.282206	0.000028	0.282171	0.000028	−3.0	1.0	1524	40	1902	61
13K49-07	826	6	II	0.007300	0.000322	0.000396	0.000016	0.282158	0.000029	0.282152	0.000029	−3.7	1.0	1518	39	1945	63
13K49-08	826	6	II	0.008911	0.000347	0.000431	0.000016	0.282199	0.000019	0.282192	0.000020	−2.3	0.7	1463	27	1856	43
13K49-09	826	6	II	0.003762	0.000069	0.000221	0.000003	0.282141	0.000019	0.282137	0.000019	−4.2	0.7	1534	26	1977	41
13K49-10	826	6	II	0.010894	0.000198	0.000588	0.000011	0.282168	0.000022	0.282159	0.000023	−3.4	0.8	1511	31	1929	49
13K49-11	826	6	II	0.006306	0.000116	0.000356	0.000007	0.282180	0.000016	0.282175	0.000016	−2.9	0.6	1486	22	1894	35
13K49-12	826	6	II	0.007319	0.000114	0.000452	0.000007	0.282129	0.000022	0.282122	0.000023	−4.7	0.8	1559	31	2010	49
13K49-13	826	6	II	0.003995	0.000207	0.000240	0.000012	0.282134	0.000018	0.282130	0.000019	−4.5	0.7	1545	25	1993	41
13K49-14	826	6	II	0.011021	0.001111	0.000514	0.000044	0.282099	0.000020	0.282091	0.000021	−5.9	0.7	1604	28	2080	45
13K49-15	826	6	II	0.007910	0.000108	0.000390	0.000005	0.282148	0.000018	0.282142	0.000018	−4.1	0.6	1531	25	1967	40
样品 13K57																	
13K57-06	1731	59	I	0.003468	0.000140	0.000151	0.000006	0.281634	0.000026	0.281629	0.000027	−1.9	0.9	2217	35	2522	57
13K57-07	1731	59	I	0.005696	0.000173	0.000355	0.000018	0.281705	0.000038	0.281693	0.000040	0.4	1.4	2133	52	2382	84
13K57-10	1731	59	I	0.004473	0.000059	0.000159	0.000002	0.281524	0.000022	0.281519	0.000022	−5.8	0.8	2364	29	2762	47
13K57-15	1731	59	I	0.003780	0.000038	0.000138	0.000001	0.281486	0.000028	0.281481	0.000028	−7.1	1.0	2414	37	2843	60
13K57-16	1731	59	I	0.002219	0.000085	0.000094	0.000003	0.281508	0.000019	0.281505	0.000019	−6.3	0.7	2382	25	2793	41
13K57-17	1731	59	I	0.002133	0.000111	0.000090	0.000006	0.281563	0.000035	0.281560	0.000035	−4.3	1.2	2308	46	2672	75
13K57-18	1731	59	I	0.003075	0.000045	0.000111	0.000001	0.281510	0.000019	0.281506	0.000019	−6.2	0.7	2381	25	2790	41
13K57-01	831	18	II	0.002810	0.000015	0.000107	0.000001	0.281725	0.000023	0.281723	0.000023	−18.8	0.8	2092	31	2880	51

续表

分析编号	t/Ma[a]	2σ	区域[b]	$^{176}Yb/^{177}Hf$	$2s$	$^{176}Lu/^{177}Hf$	$2s$	$^{176}Hf/^{177}Hf$	$2s$	$^{176}Hf/^{177}Hf_{(t)}$[c]	$2s$	$\varepsilon Hf_{(t)}$[d]	$2s$	T_{DM}[1]	$2s$	T_{DM}[2e]	$2s$
样品 13K57																	
13K57-02	831	18	II	0.002567	0.000077	0.000101	0.000003	0.281752	0.000020	0.281750	0.000020	−17.8	0.7	2055	27	2820	44
13K57-03	831	18	II	0.006639	0.000078	0.000304	0.000004	0.281569	0.000017	0.281564	0.000017	−24.4	0.6	2313	23	3224	36
13K57-04	831	18	II	0.003998	0.000134	0.000182	0.000007	0.281529	0.000016	0.281526	0.000016	−25.7	0.6	2359	21	3305	34
13K57-05	831	18	II	0.003312	0.000052	0.000122	0.000002	0.281724	0.000021	0.281722	0.000021	−18.8	0.7	2094	28	2882	45
13K57-08	831	18	II	0.003193	0.000053	0.000126	0.000002	0.281728	0.000021	0.281726	0.000021	−18.7	0.7	2089	28	2874	45
13K57-09	831	18	II	0.003663	0.000060	0.000150	0.000003	0.281721	0.000029	0.281718	0.000029	−18.9	1.0	2100	39	2890	62
13K57-11	831	18	II	0.003039	0.000047	0.000132	0.000002	0.281602	0.000022	0.281600	0.000022	−23.1	0.8	2258	29	3145	47
13K57-12	831	18	II	0.004957	0.000043	0.000235	0.000002	0.281719	0.000037	0.281715	0.000037	−19.0	1.3	2107	50	2896	80
13K57-13	831	18	II	0.004807	0.000026	0.000212	0.000001	0.281636	0.000025	0.281633	0.000025	−22.0	0.9	2217	33	3074	53
13K57-14	831	18	II	0.003375	0.000109	0.000146	0.000006	0.281749	0.000025	0.281747	0.000026	−17.9	0.9	2062	34	2828	55
13K57-19	831	18	II	0.004968	0.000197	0.000244	0.000012	0.281614	0.000022	0.281611	0.000022	−22.8	0.8	2248	29	3123	47
13K57-20	831	18	II	0.005728	0.000024	0.000245	0.000001	0.281680	0.000018	0.281676	0.000019	−20.4	0.7	2160	25	2981	40
13K57-21	831	18	II	0.003799	0.000092	0.000160	0.000004	0.281550	0.000020	0.281547	0.000020	−25.0	0.7	2330	26	3259	42

注：a：加权平均 $^{206}Pb/^{207}Pb$ 年龄（＞1000Ma）或 $^{206}Pb/^{238}U$ 年龄（＜1000Ma）；

b：据 CL 特征识别出的锆石区域：I-第 I 组锆石；II-第 II 组锆石；II′-第 II 组锆石增生边；III-第 III 组锆石；

c：衰变常数用 $\lambda^{176}Lu=1.867\times10^{-11}$（Söderlund et al.，2004）；

d：球粒陨石参数用 $^{176}Hf/^{177}Hf=0.282772$ 和 $^{176}Lu/^{177}Hf=0.0332$（Blichert-Toft and Albarède，1997）；

e：用 $^{176}Lu/^{177}Hf=0.015$ 计算的二阶段模式年龄

阴极发光（CL）图像显示，样品中的大多数锆石可以分为两类，第一类（I）为黑色它形锆石或锆石核，具有均匀的内部结构或团块状或模糊的振荡环带（图 4-29（f）～（j））；

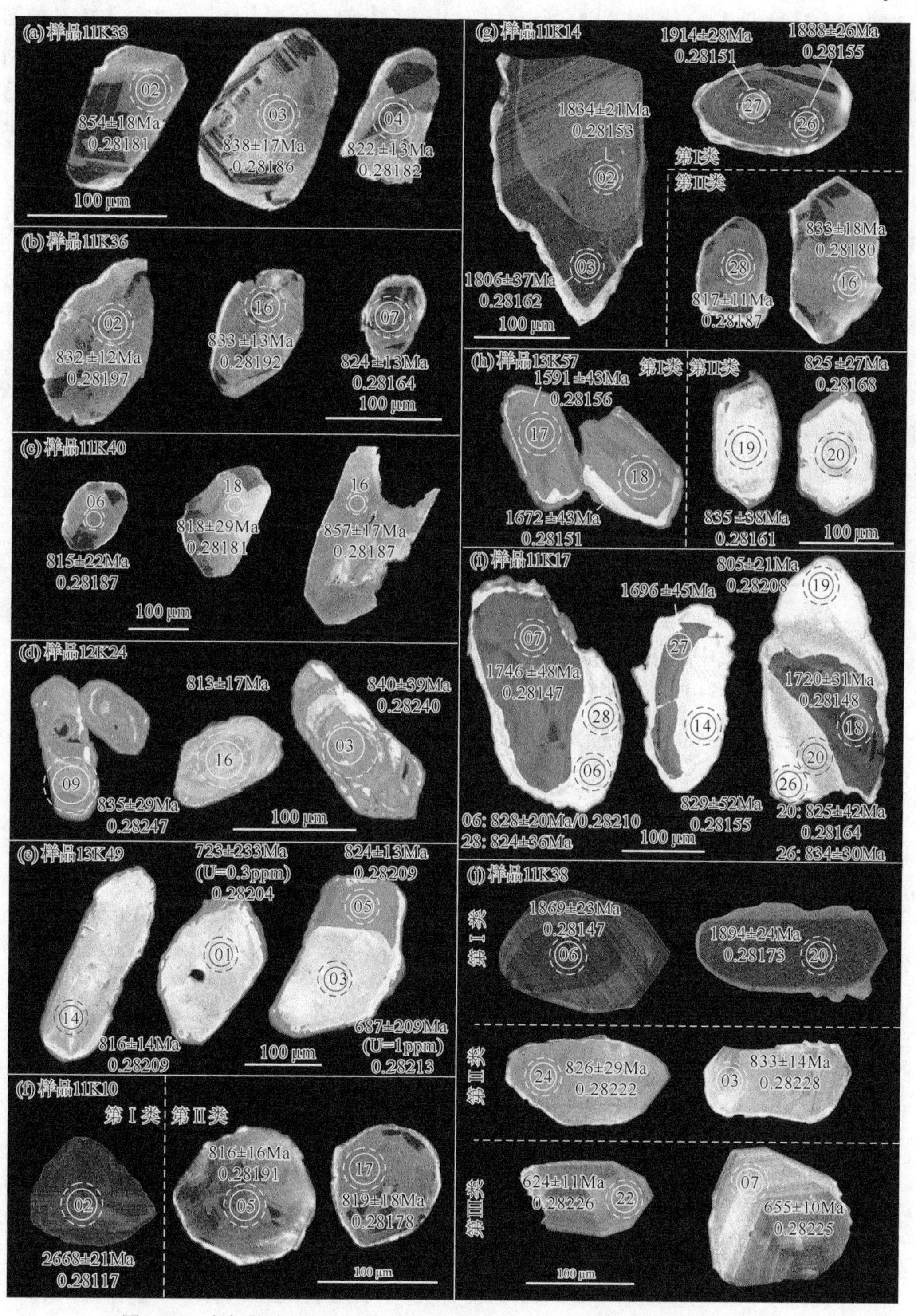

图 4-29　库尔勒地区新元古代变质岩典型锆石 CL 图像（Ge et al.，2016）

第二类（II）为亮白色颗粒或增生边，具有团块状或均一的内部结构（图 4-29（a）～（f）），指示其为变质成因。第一类锆石仅发现于部分样品（11K10、11K14、11K17、11K38、13K57、15K03、15K10），而第二类锆石则在所有样品中均有发现，且在一些样品中是占主导的锆石（11K33、11K36、11K40、12K24）。样品 13K49 中的第二类锆石还发育灰色均一的增生边（II′，图 4-29（e））。此外，样品 11K38 中还发现几颗具有清晰振荡环带的自形锆石（图 4-29（j））。

LA-ICP-MS U-Pb 同位素分析结果显示，大多数 I 类锆石具有中等 Th（平均 136ppm）、U（平均 425ppm）含量和 Th/U 值（平均 0.34，表 4-11，图 4-30（a）和（b）），除个别点外，大多数分析点给出 2.0～1.6Ga 的谐和年龄（表 4-11），其加权平均 $^{206}Pb/^{207}Pb$ 年龄介于 1882±38Ma～1731±59Ma（图 4-31），指示一期古元古代晚期的构造热事件。相反，大多数 II 类锆石具有＜15ppm 的 Th（平均 2.0ppm）和＜150ppm 的 U（平均 97ppm），其对应的 Th/U 均＜0.1（平均 0.05，表 4-11，图 4-30（a）和（b）），且大多具有 830～800Ma 的谐和年龄，其加权平均 $^{206}Pb/^{238}U$ 年龄介于 837±7Ma～807±9Ma（图 4-31）。样品 13K49 中的 II 类锆石具有极低的 U 含量（＜1ppm，表 4-11），因而难以获得精确的 U-Pb 年龄，但是该样品中的灰色增生边具有中等 U 含量（10～256ppm），并给出了类似的谐和年龄，

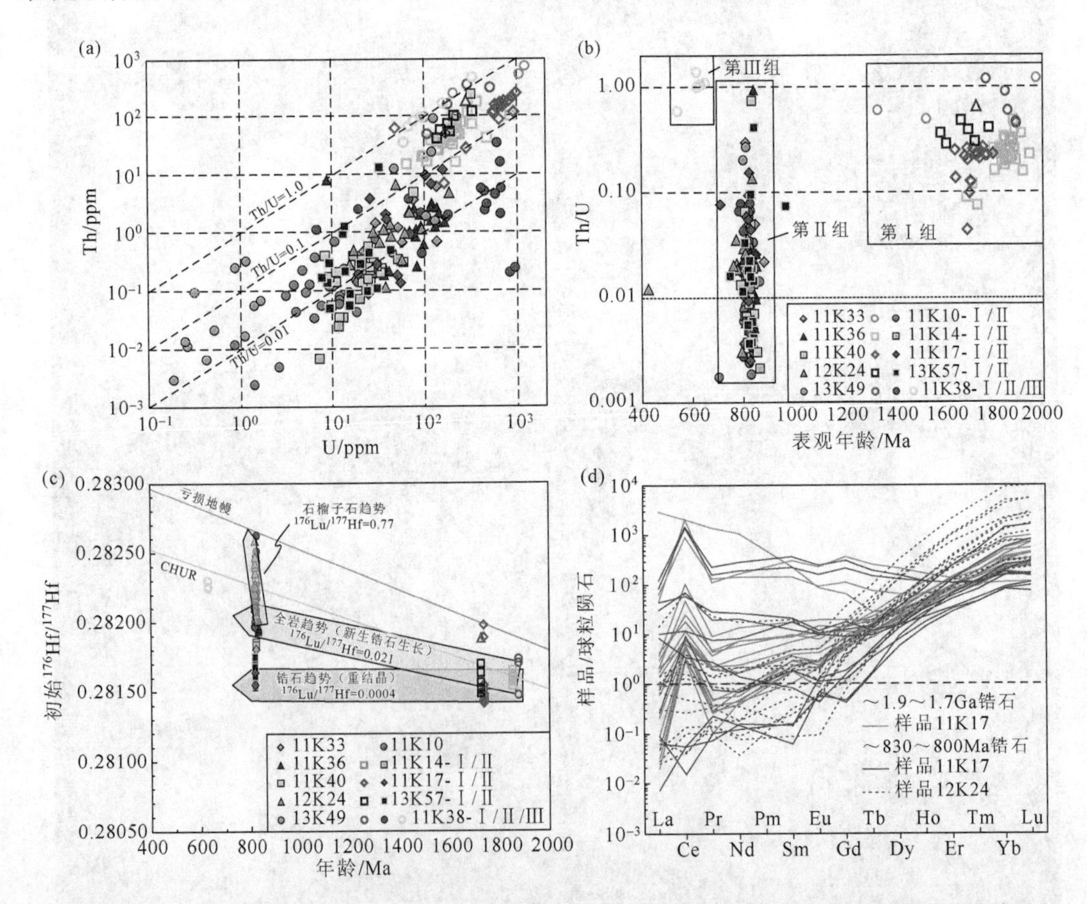

图 4-30 库尔勒地区新元古代变质岩锆石 Th-U 含量、Th/U 值、Hf 同位素及稀土配分曲线（Ge et al.，2016）

其加权平均 $^{206}Pb/^{238}U$ 年龄为 826±6Ma（图 4-31（e））。这些年龄数据说明所有这些样品均遭受了新元古代中期的变质作用（～830～800Ma）。此外，样品 11K38 中的 III 类锆石给出了较高的 Th/U 值和 633±16Ma 左右的谐和年龄（图 4-31（k）），可能记录了新元古代晚期的一期流体/熔体灌入事件。

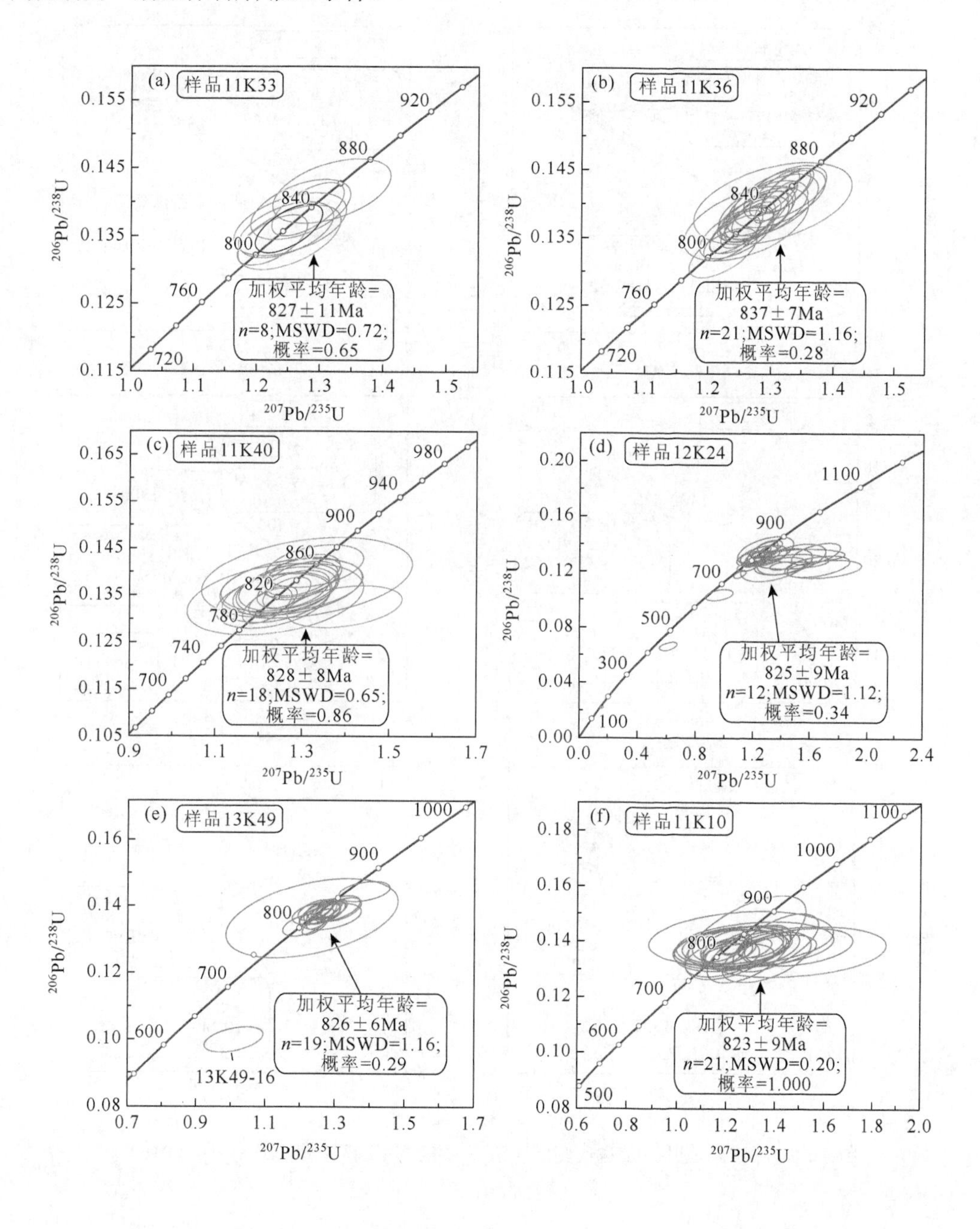

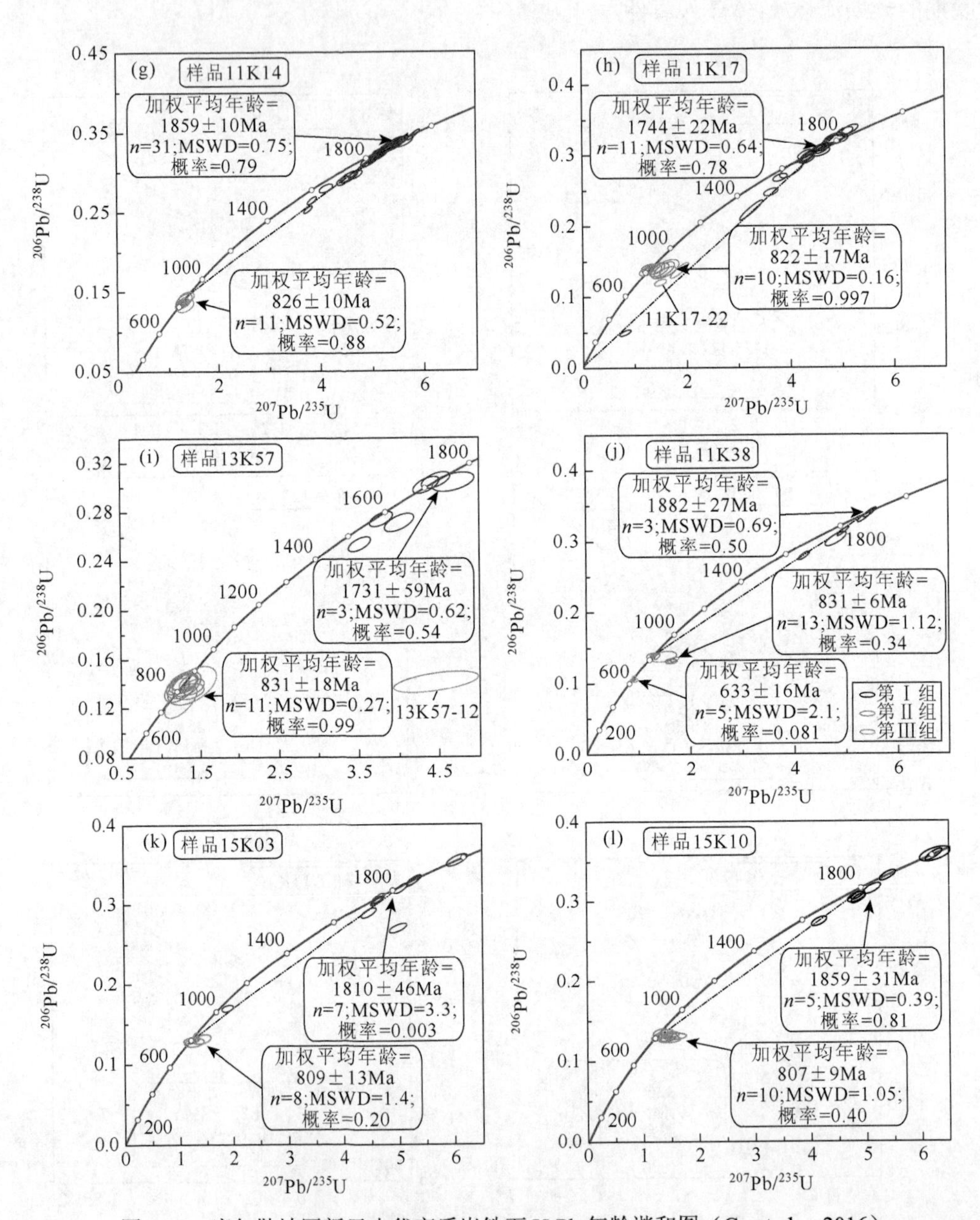

图 4-31　库尔勒地区新元古代变质岩锆石 U-Pb 年龄谐和图（Ge et al.，2016）

表 4-11　库尔勒地区新元古代变质岩锆石 **U-Pb** 同位素数据（Ge et al.，2016）

分析编号[a]	Th^b/ppm	U^b/ppm	Th/U	同位素比值							年龄/Ma							
				$^{207}Pb/^{206}Pb$	±1σ	$^{207}Pb/^{235}U$	±1σ	$^{206}Pb/^{238}U$	±1σ	ρ^c	$^{207}Pb/^{206}Pb$	±1σ	$^{207}Pb/^{235}U$	±1σ	$^{206}Pb/^{238}U$	±1σ	disc.[d]/%	区域[e]
样品 11K10（GPS：41°45′41.30″N，86°16′05.56″E）：斜长角闪岩																		
11K10-01	0.1	4	0.03	0.0671	0.0131	1.293	0.248	0.1398	0.0066	0.25	840	439	843	110	844	37	−0.1	II
11K10-02	99	102	0.97	0.1816	0.0023	12.822	0.179	0.5122	0.0064	0.89	2668	21	2667	13	2666	27	0.0	I
11K10-03	1	30	0.03	0.0669	0.0017	1.264	0.033	0.1371	0.0021	0.59	834	55	830	15	828	12	0.2	II
11K10-04	0.03	6	0.01	0.0684	0.0072	1.296	0.132	0.1374	0.0045	0.32	880	228	844	59	830	25	1.7	II
11K10-05	0.1	15	0.01	0.0664	0.0038	1.235	0.069	0.1350	0.0029	0.38	818	124	817	31	816	16	0.1	II
11K10-06	0.1	5	0.02	0.0662	0.0082	1.240	0.149	0.1359	0.0047	0.29	813	271	819	68	821	26	−0.2	II
11K10-07	738	1227	0.60	0.0861	0.0011	2.201	0.034	0.1856	0.0027	0.92	1340	25	1181	11	1097	14	7.7	I
11K10-08	0.4	7	0.06	0.0809	0.0080	1.526	0.145	0.1368	0.0045	0.35	1219	201	941	58	827	26	13.8	II
11K10-09*	0.002	1	0.002	0.1937	0.0436	3.080	0.669	0.1153	0.0069	0.27	2774	412	1428	166	704	40	102.8	II
11K10-10	0.005	3	0.002	0.0711	0.0114	1.349	0.212	0.1377	0.0055	0.25	959	352	867	91	832	31	4.2	II
11K10-11	0.1	8	0.01	0.0666	0.0084	1.250	0.152	0.1361	0.0054	0.33	826	276	823	68	823	31	0.0	II
11K10-12	0.1	6	0.02	0.0675	0.0080	1.278	0.149	0.1373	0.0045	0.28	854	260	836	66	829	26	0.8	II
11K10-13	0.1	9	0.01	0.0694	0.0083	1.305	0.151	0.1366	0.0053	0.34	910	259	848	67	825	30	2.8	II
11K10-14*	0.1	12	0.01	0.0696	0.0055	1.280	0.097	0.1334	0.0030	0.30	915	168	837	43	807	17	3.7	II
11K10-15	0.2	5	0.05	0.0667	0.0084	1.254	0.155	0.1364	0.0045	0.27	829	276	825	70	824	26	0.1	II
11K10-16	0.2	27	0.01	0.0662	0.0030	1.223	0.054	0.1341	0.0027	0.46	811	96	811	25	811	16	0.0	II
11K10-17	0.2	27	0.01	0.0667	0.0039	1.245	0.071	0.1355	0.0032	0.41	828	126	821	32	819	18	0.2	II
11K10-18	0.5	45	0.01	0.0669	0.0022	1.272	0.042	0.1380	0.0024	0.54	833	70	833	19	833	14	0.0	II
11K10-19	0.1	3	0.03	0.0817	0.0135	1.519	0.245	0.1350	0.0061	0.28	1237	350	938	99	816	35	15.0	II
11K10-20*	0.2	13	0.02	0.0773	0.0057	1.449	0.100	0.1359	0.0036	0.38	1130	152	909	42	821	20	10.7	II
11K10-21	0.2	18	0.01	0.0726	0.0034	1.374	0.062	0.1374	0.0029	0.47	1002	96	878	27	830	17	5.8	II
11K10-22*	253	208	1.21	0.1213	0.0196	1.884	0.300	0.1126	0.0031	0.17	1975	308	1075	106	688	18	56.3	I
11K10-23	0.04	18	0.002	0.0717	0.0025	1.348	0.046	0.1364	0.0023	0.49	977	72	867	20	824	13	5.2	II
11K10-24	0.01	1	0.01	0.1945	0.0400	3.865	0.747	0.1442	0.0110	0.39	2781	369	1606	156	868	62	85.0	II

续表

分析编号[a]	Th^b/ppm	U^b/ppm	Th/U	同位素比值							年龄/Ma							区域[e]
				$^{207}Pb/^{206}Pb$	±1σ	$^{207}Pb/^{235}U$	±1σ	$^{206}Pb/^{238}U$	±1σ	ρ^c	$^{207}Pb/^{206}Pb$	±1σ	$^{207}Pb/^{235}U$	±1σ	$^{206}Pb/^{238}U$	±1σ	disc.[d]/%	
样品 11K10（GPS：41°45′41.30″N，86°16′05.56″E）：斜长角闪岩																		
11K10-04B	0.14	19	0.01	0.0842	0.0084	1.398	0.120	0.1330	0.0061	0.53	1298	196	888	51	805	34	10.3	II
11K10-05B	0.07	12	0.01	0.0727	0.0064	1.216	0.100	0.1326	0.0044	0.41	1006	180	808	46	803	25	0.7	II
11K10-14B	0.33	21	0.02	0.0790	0.0076	1.327	0.113	0.1343	0.0070	0.61	1172	191	858	49	812	40	5.6	II
11K10-25	531	1068	0.50	0.0920	0.0022	2.371	0.061	0.1834	0.0031	0.65	1533	45	1234	18	1086	17	13.6	I
11K10-26	0.04	4	0.01	0.1593	0.0338	2.274	0.295	0.1373	0.0136	0.76	2448	367	1204	91	829	77	45.2	II
11K10-27	0.70	11	0.07	0.0789	0.0105	1.295	0.161	0.1379	0.0107	0.62	1172	265	843	71	833	60	1.3	II
11K10-28	0.06	12	0.01	0.0846	0.0088	1.434	0.115	0.1384	0.0070	0.63	1306	204	903	48	836	40	8.1	II
11K10-29	0.25	35	0.01	0.0675	0.0043	1.227	0.065	0.1371	0.0038	0.52	854	137	813	30	828	22	−1.9	II
样品 11K14（GPS：41°45′41.30″N，86°16′05.56″E）：斜长角闪岩																		
11K14-01	0.04	13	0.003	0.0667	0.0045	1.254	0.083	0.1364	0.0034	0.38	828	146	825	37	824	20	0.1	II
11K14-02	42	158	0.27	0.1121	0.0013	4.805	0.067	0.3110	0.0041	0.95	1834	21	1786	12	1745	20	2.3	I
11K14-03	33	207	0.16	0.1104	0.0022	4.532	0.090	0.2978	0.0041	0.68	1806	37	1737	17	1680	20	3.4	I
11K14-04	35	163	0.21	0.1137	0.0015	5.062	0.076	0.3230	0.0043	0.88	1859	25	1830	13	1804	21	1.4	I
11K14-05	21	101	0.21	0.1136	0.0018	5.041	0.084	0.3219	0.0042	0.79	1858	29	1826	14	1799	21	1.5	I
11K14-06	40	147	0.27	0.1135	0.0018	5.112	0.088	0.3269	0.0045	0.80	1856	30	1838	15	1823	22	0.8	I
11K14-07	50	195	0.25	0.1117	0.0013	4.650	0.066	0.3020	0.0040	0.93	1827	22	1758	12	1701	20	3.4	I
11K14-08	75	337	0.22	0.1149	0.0014	5.355	0.082	0.3381	0.0048	0.93	1878	22	1878	13	1877	23	0.1	I
11K14-09	71	229	0.31	0.1145	0.0017	5.318	0.086	0.3369	0.0045	0.84	1872	27	1872	14	1872	22	0.0	I
11K14-10	68	214	0.32	0.1130	0.0016	5.012	0.078	0.3217	0.0041	0.83	1848	27	1821	13	1798	20	1.3	I
11K14-11	40	118	0.34	0.1127	0.0023	4.945	0.103	0.3183	0.0045	0.68	1844	38	1810	18	1781	22	1.6	I
11K14-12	52	190	0.27	0.1144	0.0018	5.175	0.087	0.3283	0.0042	0.77	1870	30	1849	14	1830	20	1.0	I
11K14-13	26	144	0.18	0.1130	0.0015	5.028	0.074	0.3227	0.0042	0.88	1848	24	1824	12	1803	20	1.2	I
11K14-14	21	96	0.22	0.1146	0.0021	5.258	0.098	0.3330	0.0046	0.73	1873	33	1862	16	1853	22	0.5	I
11K14-15	55	183	0.30	0.1148	0.0021	5.345	0.110	0.3375	0.0056	0.81	1877	33	1876	18	1874	27	0.1	I

续表

分析编号[a]	Th[b]/ppm	U[b]/ppm	Th/U	同位素比值							年龄/Ma							区域[e]
				$^{207}Pb/^{206}Pb$	±1σ	$^{207}Pb/^{235}U$	±1σ	$^{206}Pb/^{238}U$	±1σ	ρ[c]	$^{207}Pb/^{206}Pb$	±1σ	$^{207}Pb/^{235}U$	±1σ	$^{206}Pb/^{238}U$	±1σ	disc.[d]/%	
样品11K14（GPS：41°45′41.30″N，86°16′05.56″E）：斜长角闪岩																		
11K14-16	0.1	26	0.01	0.0677	0.0025	1.285	0.048	0.1377	0.0025	0.49	859	80	839	21	832	14	0.8	II
11K14-17	28	138	0.20	0.1158	0.0026	5.452	0.131	0.3414	0.0061	0.74	1892	41	1893	21	1893	29	0.0	I
11K14-18	52	227	0.23	0.1195	0.0014	5.812	0.083	0.3528	0.0046	0.92	1948	22	1948	12	1948	22	0.0	I
11K14-19	16	65	0.24	0.1111	0.0024	4.571	0.105	0.2983	0.0051	0.75	1817	40	1744	19	1683	25	3.6	I
11K14-20	48	181	0.26	0.1101	0.0021	4.454	0.086	0.2934	0.0039	0.69	1801	35	1722	16	1659	20	3.8	I
11K14-21	62	231	0.27	0.1138	0.0014	5.129	0.075	0.3269	0.0044	0.92	1861	22	1841	12	1823	21	1.0	I
11K14-22	43	484	0.09	0.1038	0.0015	3.836	0.060	0.2681	0.0034	0.80	1693	28	1600	13	1531	17	4.5	I
11K14-23	17	221	0.08	0.1062	0.0015	3.761	0.057	0.2567	0.0032	0.82	1736	26	1584	12	1473	16	7.5	I
11K14-24	120	300	0.40	0.1156	0.0025	5.406	0.125	0.3393	0.0056	0.72	1888	39	1886	20	1883	27	0.2	I
11K14-25	64	203	0.31	0.1151	0.0024	5.374	0.122	0.3386	0.0058	0.75	1881	38	1881	19	1880	28	0.1	I
11K14-26	52	200	0.26	0.1155	0.0017	5.423	0.092	0.3405	0.0050	0.87	1888	26	1889	15	1889	24	0.0	I
11K14-27	83	231	0.36	0.1172	0.0018	5.581	0.091	0.3455	0.0045	0.79	1914	28	1913	14	1913	21	0.0	I
11K14-28*	0.1	20	0.004	0.0696	0.0024	1.301	0.041	0.1355	0.0020	0.48	917	73	846	18	819	12	3.3	II
11K14-29	0.4	17	0.02	0.0666	0.0043	1.250	0.078	0.1363	0.0033	0.39	824	138	824	35	824	19	0.0	II
11K14-30	103	855	0.12	0.1052	0.0022	4.116	0.086	0.2838	0.0038	0.64	1717	38	1657	17	1610	19	2.9	I
11K14-31	50	246	0.20	0.1144	0.0022	5.257	0.113	0.3334	0.0055	0.77	1870	35	1862	18	1855	26	0.4	I
11K14-32	45	185	0.25	0.1132	0.0015	4.955	0.078	0.3174	0.0044	0.87	1852	25	1812	13	1777	21	2.0	I
11K14-33	81	254	0.32	0.1143	0.0023	5.298	0.118	0.3362	0.0056	0.74	1869	38	1869	19	1868	27	0.1	I
11K14-34	0.2	21	0.01	0.0668	0.0028	1.262	0.051	0.1371	0.0025	0.45	831	88	829	23	828	14	0.1	II
11K14-35	183	376	0.49	0.1151	0.0020	5.376	0.107	0.3387	0.0053	0.79	1882	32	1881	17	1880	26	0.1	I
11K14-36	44	199	0.22	0.1140	0.0023	5.156	0.115	0.3280	0.0055	0.75	1865	38	1845	19	1828	27	0.9	I
11K14-37	35	160	0.22	0.1142	0.0016	5.109	0.081	0.3245	0.0045	0.87	1867	25	1838	13	1812	22	1.4	I
11K14-38	0.1	24	0.005	0.0665	0.0021	1.250	0.038	0.1363	0.0021	0.50	822	66	823	17	824	12	−0.1	II
11K14-01B	0.02	12	0.002	0.0737	0.0064	1.351	0.105	0.1441	0.0046	0.41	1035	174	868	45	868	26	0.0	II

续表

分析编号[a]	Th^{b}/ppm	U^{b}/ppm	Th/U	同位素比值							年龄/Ma							
				$^{207}Pb/^{206}Pb$	±1σ	$^{207}Pb/^{235}U$	±1σ	$^{206}Pb/^{238}U$	±1σ	ρ^{c}	$^{207}Pb/^{206}Pb$	±1σ	$^{207}Pb/^{235}U$	±1σ	$^{206}Pb/^{238}U$	±1σ	disc.[d]/%	区域[e]
样品 11K14（GPS：41°45′41.30″N，86°16′05.56″E）：斜长角闪岩																		
11K14-38B	0.3	60	0.01	0.0666	0.0030	1.286	0.061	0.1393	0.0032	0.49	826	95	840	27	841	18	−0.1	II
11K14-03B	38	194	0.20	0.1121	0.0021	5.158	0.098	0.3300	0.0038	0.61	1835	28	1846	16	1839	19	0.4	I
11K14-14B	17	108	0.16	0.1175	0.0025	5.621	0.121	0.3442	0.0050	0.67	1920	43	1919	19	1907	24	0.6	I
11K14-16B	0.3	52	0.01	0.0676	0.0041	1.226	0.068	0.1341	0.0030	0.41	857	132	813	31	811	17	0.2	II
11K14-28B	54	233	0.23	0.1114	0.0020	4.686	0.086	0.3009	0.0038	0.69	1833	32	1765	15	1696	19	4.1	I
11K14-29B	0.1	23	0.005	0.0725	0.0066	1.298	0.108	0.1398	0.0061	0.52	1011	185	845	48	843	34	0.2	II
11K14-34B	0.4	25	0.02	0.0761	0.0071	1.331	0.110	0.1331	0.0054	0.49	1098	189	859	48	806	31	6.7	II
11K14-38B	0.01	7	0.001	0.1581	0.0283	3.148	0.516	0.1362	0.0103	0.46	2436	313	1445	126	823	58	75.5	II
样品 11K17（GPS：41°45′52.11″N，86°16′20.09″E）：石榴辉石岩																		
11K17-01	449	3569	0.13	0.1048	0.0019	4.325	0.087	0.2951	0.0040	0.67	1711	35	1698	17	1667	20	1.9	I
11K17-02	28	289	0.10	0.1045	0.0026	3.234	0.147	0.2221	0.0095	0.94	1706	46	1465	35	1293	50	13.4	I
11K17-03	159	595	0.27	0.1076	0.0021	5.047	0.106	0.3355	0.0043	0.61	1759	36	1827	18	1865	21	−2.0	I
11K17-04	161	711	0.23	0.1058	0.0021	4.574	0.098	0.3090	0.0041	0.62	1729	36	1745	18	1736	20	0.5	I
11K17-05	0.2	19	0.01	0.0973	0.0074	1.624	0.104	0.1336	0.0047	0.55	1572	138	980	40	808	27	21.2	II
11K17-06	0.1	55	0.002	0.0675	0.0033	1.251	0.060	0.1371	0.0036	0.54	854	102	824	27	828	20	−0.5	II
11K17-07	150	711	0.21	0.1068	0.0028	4.812	0.137	0.3222	0.0059	0.64	1746	48	1787	24	1801	29	−0.8	I
11K17-08	189	840	0.22	0.1081	0.0030	4.901	0.140	0.3241	0.0052	0.56	1769	50	1802	24	1810	25	−0.4	I
11K17-09	141	616	0.23	0.1063	0.0027	4.855	0.132	0.3264	0.0049	0.56	1739	42	1795	23	1821	24	−1.4	I
11K17-10	115	566	0.20	0.1040	0.0023	3.618	0.091	0.2481	0.0037	0.58	1698	41	1553	20	1429	19	8.7	I
11K17-11	218	894	0.24	0.1070	0.0022	4.588	0.112	0.3059	0.0044	0.59	1750	32	1747	20	1720	22	1.6	I
11K17-12	150	650	0.23	0.1061	0.0021	4.630	0.097	0.3125	0.0038	0.58	1800	36	1755	18	1753	19	0.1	I
11K17-13	0.2	51	0.004	0.0662	0.0051	1.273	0.102	0.1382	0.0042	0.38	813	162	834	46	834	24	−0.1	II
11K17-14	4	26	0.15	0.0801	0.0068	1.570	0.179	0.1372	0.0092	0.59	1267	164	958	71	829	52	15.6	II

续表

分析编号[a]	Th^b/ppm	U^b/ppm	Th/U	同位素比值							年龄/Ma							
				$^{207}Pb/^{206}Pb$	±1σ	$^{207}Pb/^{235}U$	±1σ	$^{206}Pb/^{238}U$	±1σ	ρ^c	$^{207}Pb/^{206}Pb$	±1σ	$^{207}Pb/^{235}U$	±1σ	$^{206}Pb/^{238}U$	±1σ	disc.[d]/%	区域[e]
样品 11K17（GPS：41°45′52.11″N，86°16′20.09″E）：石榴辉石岩																		
11K17-15	184	734	0.25	0.1013	0.0022	3.795	0.091	0.2688	0.0037	0.58	1648	41	1592	19	1535	19	3.7	I
11K17-16	7	120	0.06	0.0990	0.0044	1.852	0.117	0.1351	0.0076	0.89	1606	83	1064	42	817	43	30.2	II
11K17-17	119	934	0.13	0.1047	0.0019	4.548	0.086	0.3108	0.0033	0.56	1710	33	1740	16	1745	16	−0.3	I
11K17-18	253	988	0.26	0.1053	0.0018	4.599	0.086	0.3126	0.0037	0.63	1720	31	1749	16	1753	18	−0.3	I
11K17-19	0.1	25	0.004	0.0692	0.0050	1.202	0.079	0.1330	0.0037	0.42	903	155	801	37	805	21	−0.5	II
11K17-20	10	104	0.09	0.0793	0.0038	1.558	0.129	0.1366	0.0075	0.66	1181	94	954	51	825	42	15.6	II
11K17-21	149	664	0.23	0.1085	0.0022	5.147	0.106	0.3389	0.0048	0.68	1776	36	1844	18	1881	23	−2.0	I
11K17-22	12	159	0.08	0.0923	0.0054	1.484	0.077	0.1170	0.0033	0.55	1473	107	924	31	713	19	29.5	II
11K17-23	7	165	0.04	0.1039	0.0035	4.014	0.146	0.2795	0.0075	0.74	1695	61	1637	30	1589	38	3.0	I
11K17-24	2	39	0.05	0.0724	0.0056	1.349	0.104	0.1366	0.0045	0.43	996	157	867	45	825	26	5.1	II
11K17-25	125	571	0.22	0.1034	0.0020	4.326	0.095	0.3001	0.0051	0.78	1687	36	1698	18	1692	25	0.4	I
11K17-26	2	39	0.04	0.0725	0.0048	1.402	0.107	0.1381	0.0054	0.51	1011	136	890	45	834	30	6.7	II
11K17-27	173	665	0.26	0.1040	0.0025	4.325	0.105	0.2983	0.0059	0.82	1696	45	1698	20	1683	29	0.9	I
11K17-28	0.3	31	0.01	0.0764	0.0058	1.457	0.125	0.1363	0.0064	0.55	1106	152	913	52	824	36	10.8	II
11K17-29	90	653	0.14	0.1014	0.0024	4.276	0.093	0.3020	0.0044	0.67	1650	43	1689	18	1701	22	−0.8	I
11K17-30	64	49	1.32	0.1529	0.0171	0.802	0.073	0.0446	0.0030	0.72	2379	191	598	41	281	18	112.4	I
样品 11K33（GPS：41°45′39.50″N，86°16′4.06″E）：斜长角闪岩																		
11K33-01	2	173	0.010	0.0669	0.0019	1.281	0.038	0.1389	0.0026	0.63	834	60	837	17	839	15	−0.2	II
11K33-02	2	82	0.03	0.0677	0.0032	1.318	0.061	0.1416	0.0031	0.48	861	102	854	27	854	18	0.0	II
11K33-03	1	52	0.02	0.0663	0.0028	1.269	0.052	0.1389	0.0029	0.51	816	89	832	23	838	17	−0.7	II
11K33-04	1	136	0.01	0.0667	0.0018	1.251	0.035	0.1361	0.0024	0.62	828	58	824	16	822	13	0.2	II
11K33-05*	0.5	22	0.02	0.1324	0.0175	2.691	0.342	0.1474	0.0053	0.28	2129	243	1326	94	887	30	49.5	II
11K33-06	1	58	0.01	0.0666	0.0027	1.246	0.050	0.1359	0.0027	0.51	824	86	822	22	821	15	0.1	II

续表

分析编号[a]	Th[b]/ppm	U[b]/ppm	Th/U	同位素比值							年龄/Ma							区域[e]
				$^{207}Pb/^{206}Pb$	±1σ	$^{207}Pb/^{235}U$	±1σ	$^{206}Pb/^{238}U$	±1σ	ρ^c	$^{207}Pb/^{206}Pb$	±1σ	$^{207}Pb/^{235}U$	±1σ	$^{206}Pb/^{238}U$	±1σ	disc.[d]/%	
样品 11K33（GPS：41°45′39.50″N，86°16′4.06″E）：斜长角闪岩																		
11K33-07	6	137	0.05	0.0662	0.0020	1.225	0.037	0.1343	0.0025	0.61	811	63	812	17	813	14	–0.1	II
11K33-08	51	173	0.30	0.0673	0.0030	1.252	0.054	0.1347	0.0032	0.55	848	95	824	24	815	18	1.1	II
11K33-09*	1	30	0.05	0.1065	0.0059	2.074	0.107	0.1413	0.0028	0.39	1740	104	1140	35	852	16	33.8	II
11K33-10	4	77	0.05	0.0665	0.0032	1.253	0.059	0.1367	0.0031	0.48	822	104	825	26	826	17	–0.1	II
样品 11K36（GPS：41°45′40.47″N，86°16′04.15″E）：钙硅酸岩																		
11K36-01	2	89	0.02	0.0667	0.0019	1.222	0.036	0.1328	0.0025	0.63	829	60	811	16	804	14	0.9	II
11K36-02	2	117	0.01	0.0668	0.0015	1.269	0.030	0.1378	0.0021	0.66	832	48	832	13	832	12	0.0	II
11K36-03	1	81	0.01	0.0670	0.0019	1.281	0.037	0.1387	0.0025	0.62	839	60	837	17	837	14	0.0	II
11K36-04	3	78	0.03	0.0666	0.0036	1.259	0.066	0.1372	0.0037	0.51	826	116	828	30	829	21	–0.1	II
11K36-05	189	289	0.65	0.1061	0.0020	4.521	0.088	0.3093	0.0043	0.71	1733	35	1735	16	1737	21	–0.1	I
11K36-06	0.2	36	0.01	0.0673	0.0045	1.301	0.083	0.1402	0.0040	0.45	848	142	846	37	846	23	0.0	II
11K36-07	1.3	92	0.01	0.0667	0.0017	1.252	0.033	0.1363	0.0024	0.65	827	54	824	15	824	13	0.0	II
11K36-08	1	142	0.01	0.0674	0.0025	1.311	0.049	0.1410	0.0029	0.55	851	79	851	21	850	16	0.1	II
11K36-09	3	120	0.03	0.0674	0.0025	1.301	0.049	0.1399	0.0030	0.57	850	80	846	21	844	17	0.2	II
11K36-10	1	81	0.01	0.0670	0.0025	1.287	0.047	0.1392	0.0029	0.56	838	78	840	21	840	16	0.0	II
11K36-11	0.3	83	0.00	0.0676	0.0013	1.322	0.027	0.1419	0.0021	0.73	857	40	855	12	855	12	0.0	II
11K36-12	1	131	0.01	0.0668	0.0012	1.304	0.027	0.1416	0.0022	0.76	832	40	848	12	854	12	–0.7	II
11K36-13	1	167	0.01	0.0669	0.0014	1.262	0.029	0.1370	0.0022	0.72	833	45	829	13	828	13	0.1	II
11K36-14	5	185	0.03	0.0675	0.0011	1.306	0.023	0.1404	0.0020	0.81	854	33	849	10	847	11	0.2	II
11K36-15	3	121	0.03	0.0676	0.0022	1.321	0.044	0.1418	0.0027	0.57	855	70	855	19	855	15	0.0	II
11K36-16	0.2	42	0.01	0.0668	0.0020	1.271	0.038	0.1379	0.0022	0.54	833	64	833	17	833	13	0.0	II
11K36-17	3	117	0.02	0.0670	0.0020	1.276	0.038	0.1382	0.0025	0.60	837	63	835	17	834	14	0.1	II
11K36-18	1	70	0.02	0.0670	0.0015	1.281	0.030	0.1387	0.0022	0.67	837	47	837	13	838	12	–0.1	II

续表

分析编号[a]	Th^b/ppm	U^b/ppm	Th/U	同位素比值							年龄/Ma							
				$^{207}Pb/^{206}Pb$	±1σ	$^{207}Pb/^{235}U$	±1σ	$^{206}Pb/^{238}U$	±1σ	ρ^c	$^{207}Pb/^{206}Pb$	±1σ	$^{207}Pb/^{235}U$	±1σ	$^{206}Pb/^{238}U$	±1σ	disc.[d]/%	区域[e]
样品 11K36（GPS：41°45′40.47″N，86°16′04.15″E）：钙硅酸岩																		
11K36-19	3	137	0.02	0.0677	0.0013	1.326	0.027	0.1421	0.0021	0.72	858	41	857	12	857	12	0.0	II
11K36-20	2	144	0.01	0.0664	0.0015	1.236	0.030	0.1350	0.0022	0.69	820	48	817	13	816	13	0.1	II
11K36-21*	8	9	0.93	0.1832	0.0147	3.549	0.266	0.1405	0.0041	0.39	2682	137	1538	59	848	23	81.4	II
11K36-22	1	99	0.01	0.0665	0.0021	1.244	0.039	0.1358	0.0025	0.59	821	67	821	18	821	14	0.0	II
11K36-23	2	131	0.01	0.0663	0.0014	1.243	0.028	0.1360	0.0021	0.70	817	45	820	13	822	12	−0.2	II
样品 11K38（GPS：41°45′44.94″N，86°16′10.48″E）：斜长角闪岩																		
11K38-01	2	676	0.00	0.0652	0.0008	1.253	0.018	0.1394	0.0019	0.93	781	26	825	8	841	11	−1.9	II
11K38-02	6	833	0.01	0.0670	0.0012	1.272	0.023	0.1378	0.0018	0.72	836	37	833	10	832	10	0.1	II
11K38-03	0.2	19	0.01	0.0642	0.0028	1.221	0.052	0.1379	0.0025	0.42	749	95	810	24	833	14	−2.8	II
11K38-05	3	618	0.004	0.0672	0.0008	1.293	0.019	0.1397	0.0019	0.92	842	26	843	8	843	11	0.0	II
11K38-06	314	524	0.60	0.1137	0.0014	4.939	0.076	0.3150	0.0046	0.94	1860	23	1809	13	1765	22	2.5	I
11K38-07	84	77	1.09	0.0608	0.0017	0.896	0.026	0.1070	0.0017	0.57	632	63	650	14	655	10	−0.8	III
11K38-08	35	450	0.08	0.0656	0.0009	1.244	0.019	0.1375	0.0019	0.89	794	28	821	9	831	11	−1.2	II
11K38-09*	5	68	0.08	0.0886	0.0039	1.600	0.065	0.1309	0.0021	0.39	1396	86	970	26	793	12	22.3	II
11K38-10*	4	92	0.04	0.0918	0.0033	1.682	0.054	0.1329	0.0022	0.51	1463	70	1002	20	804	12	24.6	II
11K38-11	2	668	0.003	0.0670	0.0010	1.281	0.022	0.1387	0.0019	0.82	837	32	837	10	837	11	0.0	II
11K38-12	168	159	1.05	0.0609	0.0010	0.873	0.016	0.1040	0.0015	0.78	635	36	637	9	638	8	−0.2	III
11K38-13	2	456	0.005	0.0667	0.0009	1.262	0.020	0.1372	0.0019	0.88	828	28	829	9	829	11	0.0	II
11K38-14	471	339	1.39	0.0605	0.0010	0.843	0.015	0.1011	0.0014	0.76	621	37	621	8	621	8	0.0	III
11K38-15	2	588	0.004	0.0672	0.0009	1.294	0.020	0.1396	0.0019	0.86	845	29	843	9	842	11	0.1	II
11K38-16	50	108	0.46	0.1158	0.0015	5.341	0.081	0.3345	0.0045	0.89	1893	24	1876	13	1860	22	0.9	I
11K38-17	353	298	1.18	0.1084	0.0016	4.181	0.072	0.2799	0.0040	0.83	1772	28	1670	14	1591	20	5.0	I
11K38-18*	5	70	0.07	0.0907	0.0045	1.622	0.075	0.1297	0.0021	0.35	1440	96	979	29	786	12	24.6	II

续表

分析编号[a]	Th[b]/ppm	U[b]/ppm	Th/U	同位素比值							年龄/Ma							
				$^{207}Pb/^{206}Pb$	±1σ	$^{207}Pb/^{235}U$	±1σ	$^{206}Pb/^{238}U$	±1σ	ρ[c]	$^{207}Pb/^{206}Pb$	±1σ	$^{207}Pb/^{235}U$	±1σ	$^{206}Pb/^{238}U$	±1σ	disc.[d]/%	区域[e]
样品 11K38（GPS：41°45′44.94″N，86°16′10.48″E）：斜长角闪岩																		
11K38-20	101	225	0.45	0.1159	0.0015	5.459	0.083	0.3416	0.0046	0.89	1894	24	1894	13	1894	22	0.0	I
11K38-21	97	94	1.03	0.0659	0.0018	0.931	0.025	0.1025	0.0016	0.59	803	57	668	13	629	10	6.2	III
11K38-22	68	68	1.00	0.0607	0.0024	0.850	0.033	0.1016	0.0019	0.48	628	86	625	18	624	11	0.2	III
11K38-23	1	94	0.01	0.0682	0.0013	1.277	0.025	0.1359	0.0020	0.72	874	40	835	11	821	11	1.7	II
11K38-24	0.4	7	0.06	0.0779	0.0090	1.469	0.164	0.1367	0.0051	0.34	1145	241	918	67	826	29	11.1	II
11K38-01B	0.2	14	0.02	0.0734	0.0146	1.316	0.206	0.1365	0.0109	0.51	1033	408	853	90	825	62	3.4	II
11K38-06B	1	417	0.003	0.0648	0.0015	1.199	0.026	0.1322	0.0018	0.63	769	47	800	12	800	10	0.0	II
11K38-07B	6	664	0.01	0.0664	0.0013	1.283	0.025	0.1377	0.0018	0.67	820	35	838	11	832	10	0.8	II
11K38-08B	16	477	0.03	0.0702	0.0016	1.343	0.036	0.1368	0.0026	0.71	1000	51	865	16	827	15	4.6	II
11K38-13B	164	181	0.91	0.1130	0.0032	4.795	0.135	0.3040	0.0067	0.78	1850	51	1784	24	1711	33	4.3	I
11K38-24B	3	945	0.003	0.0643	0.0014	1.250	0.028	0.1388	0.0018	0.59	752	46	824	13	838	10	−1.7	II
样品 11K40（GPS：41°45′44.94″N，86°16′10.48″E）：斜长角闪岩																		
11K40-01*	0.1	11	0.01	0.1241	0.0087	2.239	0.143	0.1308	0.0038	0.45	2016	128	1193	45	793	21	50.4	II
11K40-02	0.2	26	0.01	0.0668	0.0043	1.266	0.078	0.1374	0.0035	0.41	832	137	831	35	830	20	0.1	II
11K40-03*	0.1	21	0.01	0.0758	0.0050	1.397	0.087	0.1337	0.0029	0.35	1090	136	888	37	809	17	9.8	II
11K40-04	0.2	35	0.01	0.0672	0.0030	1.300	0.057	0.1404	0.0029	0.48	844	95	846	25	847	17	−0.1	II
11K40-05	0.2	34	0.01	0.0676	0.0030	1.279	0.055	0.1372	0.0027	0.46	856	95	836	24	829	15	0.8	II
11K40-06	0.2	24	0.01	0.0663	0.0049	1.233	0.087	0.1348	0.0038	0.40	817	158	816	40	815	22	0.1	II
11K40-07	0.2	9	0.02	0.0680	0.0086	1.310	0.160	0.1398	0.0057	0.33	867	277	850	70	844	32	0.7	II
11K40-08	0.4	8	0.05	0.0670	0.0058	1.276	0.108	0.1381	0.0038	0.32	838	187	835	48	834	21	0.1	II
11K40-09	0.3	30	0.01	0.0671	0.0019	1.264	0.036	0.1366	0.0022	0.55	842	61	830	16	825	12	0.6	II
11K40-10	0.3	21	0.02	0.0664	0.0046	1.242	0.083	0.1356	0.0035	0.39	820	149	820	38	820	20	0.0	II
11K40-11	0.2	11	0.02	0.0670	0.0059	1.273	0.108	0.1379	0.0040	0.35	837	188	834	48	833	23	0.1	II

续表

分析编号[a]	Th[b]/ppm	U[b]/ppm	Th/U	同位素比值							年龄/Ma							区域[e]
				$^{207}Pb/^{206}Pb$	±1σ	$^{207}Pb/^{235}U$	±1σ	$^{206}Pb/^{238}U$	±1σ	ρ[c]	$^{207}Pb/^{206}Pb$	±1σ	$^{207}Pb/^{235}U$	±1σ	$^{206}Pb/^{238}U$	±1σ	disc.[d]/%	
样品 11K40（GPS：41°45′44.94″N，86°16′10.48″E）：斜长角闪岩																		
11K40-12	0.3	19	0.01	0.0672	0.0034	1.295	0.063	0.1398	0.0028	0.42	843	107	843	28	844	16	−0.1	II
11K40-13	5	77	0.07	0.0661	0.0020	1.219	0.038	0.1338	0.0025	0.60	811	65	810	17	810	14	0.0	II
11K40-14	1	25	0.02	0.0667	0.0043	1.258	0.078	0.1369	0.0034	0.40	829	139	827	35	827	19	0.0	II
11K40-15	243	327	0.74	0.0676	0.0030	1.298	0.055	0.1392	0.0027	0.46	857	93	845	24	840	15	0.6	II
11K40-16	0.0	12	0.003	0.0677	0.0039	1.328	0.074	0.1423	0.0030	0.38	859	122	858	32	857	17	0.1	II
11K40-17	0.3	28	0.01	0.0663	0.0020	1.232	0.037	0.1347	0.0022	0.53	817	64	815	17	815	12	0.0	II
11K40-18	0.1	10	0.01	0.0664	0.0075	1.237	0.134	0.1352	0.0051	0.35	819	246	818	61	818	29	0.0	II
11K40-19	0.3	26	0.01	0.0668	0.0041	1.268	0.075	0.1378	0.0033	0.40	831	133	831	34	832	19	−0.1	II
样品 12K24（GPS：41°46′5.31″N，86°17′2.24″E）：石榴辉石片麻岩																		
12K24-01	0.7	33	0.02	0.0805	0.0072	1.404	0.121	0.1281	0.0043	0.39	1209	177	891	51	777	24	14.6	II
12K24-02	1	43	0.03	0.0893	0.0067	1.650	0.111	0.1370	0.0053	0.57	1410	143	989	43	828	30	19.5	II
12K24-03	7	50	0.14	0.0670	0.0058	1.298	0.131	0.1392	0.0069	0.49	835	183	845	58	840	39	0.5	II
12K24-04	2	69	0.04	0.0941	0.0083	1.658	0.148	0.1278	0.0053	0.46	1510	139	993	56	775	30	28.0	II
12K24-05	1	37	0.03	0.0662	0.0049	1.217	0.081	0.1336	0.0038	0.42	813	153	808	37	808	21	0.0	II
12K24-06	0.3	15	0.02	0.0817	0.0130	1.375	0.167	0.1288	0.0080	0.51	1239	311	878	71	781	46	12.5	II
12K24-07	0.5	17	0.03	0.0882	0.0108	1.479	0.158	0.1329	0.0074	0.52	1387	237	922	65	805	42	14.6	II
12K24-08	1	28	0.04	0.0709	0.0071	1.285	0.109	0.1357	0.0051	0.44	954	201	839	49	820	29	2.3	II
12K24-09	1	62	0.02	0.0671	0.0040	1.277	0.071	0.1384	0.0051	0.66	840	118	836	32	835	29	0.0	II
12K24-10	0.9	44	0.02	0.0973	0.0088	1.708	0.171	0.1258	0.0044	0.35	1573	169	1012	64	764	25	32.4	II
12K24-11	5	187	0.03	0.0654	0.0024	1.222	0.045	0.1342	0.0028	0.57	787	76	811	20	812	16	−0.1	II
12K24-12	0.1	38	0.003	0.0795	0.0073	1.484	0.169	0.1313	0.0036	0.24	1185	187	924	69	795	21	16.2	II
12K24-13	1	94	0.01	0.0673	0.0051	0.623	0.041	0.0686	0.0020	0.45	856	157	492	25	428	12	15.0	II
12K24-14	346	1144	0.30	0.0526	0.0028	0.173	0.008	0.0237	0.0005	0.48	322	120	162	7	151	3	7.5	I

续表

分析编号[a]	Th[b]/ppm	U[b]/ppm	Th/U	同位素比值							年龄/Ma							区域[e]
				$^{207}Pb/^{206}Pb$	±1σ	$^{207}Pb/^{235}U$	±1σ	$^{206}Pb/^{238}U$	±1σ	ρ^{c}	$^{207}Pb/^{206}Pb$	±1σ	$^{207}Pb/^{235}U$	±1σ	$^{206}Pb/^{238}U$	±1σ	disc.[d]/%	
样品 12K24（GPS：41°46′5.31″N，86°17′2.24″E）：石榴辉石片麻岩																		
12K24-15	2.3	70	0.03	0.1551	0.0083	2.892	0.140	0.1349	0.0048	0.73	2403	91	1380	36	816	27	69.2	II
12K24-16	0.3	58	0.01	0.0656	0.0038	1.221	0.070	0.1343	0.0030	0.40	794	94	810	32	813	17	−0.3	II
12K24-17*	1	36	0.02	0.0713	0.0022	1.342	0.037	0.1365	0.0020	0.53	967	65	864	16	825	11	17.2	II
12K24-18*	1	87	0.02	0.0670	0.0024	1.225	0.038	0.1325	0.0022	0.52	838	75	812	17	802	12	4.5	II
12K24-19	6	52	0.12	0.0668	0.0025	1.203	0.044	0.1307	0.0024	0.51	832	46	802	20	792	14	5.1	II
12K24-20	1	64	0.02	0.0666	0.0017	1.118	0.029	0.1217	0.0018	0.58	825	30	762	14	740	11	11.5	II
12K24-21*	2	39	0.06	0.0797	0.0032	1.407	0.052	0.1281	0.0020	0.42	1189	81	892	22	777	11	53.0	II
12K24-22*	11	577	0.02	0.0677	0.0014	1.281	0.020	0.1371	0.0018	0.83	861	43	837	9	828	10	4.0	II
12K24-23	0.1	11	0.01	0.0673	0.0036	1.285	0.066	0.1385	0.0029	0.41	848	72	839	29	836	17	1.4	II
12K24-24	11	451	0.02	0.0676	0.0031	1.329	0.059	0.1427	0.0028	0.45	855	59	858	26	860	16	−0.6	II
12K24-25	3	116	0.03	0.0674	0.0014	1.290	0.030	0.1389	0.0022	0.69	850	24	841	13	839	13	1.3	II
12K24-26	1	20	0.04	0.0678	0.0028	1.269	0.050	0.1358	0.0025	0.47	861	51	832	22	821	14	4.9	II
12K24-27	11	40	0.28	0.0665	0.0028	1.170	0.048	0.1276	0.0025	0.47	822	54	787	23	774	14	6.2	II
12K24-28	8	41	0.19	0.0665	0.0044	0.976	0.062	0.1065	0.0027	0.40	822	91	692	32	652	16	26.1	II
12K24-29*	0.4	19	0.02	0.0836	0.0102	1.566	0.187	0.1358	0.0031	0.19	1283	249	957	74	821	18	56.3	II
12K24-30	0.3	49	0.01	0.0682	0.0024	1.244	0.043	0.1324	0.0024	0.52	873	42	821	19	801	14	9.0	II
样品 13K49（GPS：41°47′36.76″N，86°13′52.98″E）：含石榴子石辉石岩																		
13K49-01	0.1	0.3	0.31	0.0397	0.0115	5.015	1.914	0.1187	0.0405	0.89	error	error	1822	323	723	233	151.9	II
13K49-02	2	131	0.01	0.0667	0.0020	1.278	0.039	0.1376	0.0020	0.48	828	68	836	17	831	11	0.6	II
13K49-03	0.02	1	0.04	0.0458	0.0163	1.426	0.688	0.1125	0.0361	0.67	error	error	900	288	687	209	31.0	II
13K49-04	0.01	0.3	0.04	0.0294	0.0141	2.244	0.891	0.0520	0.0132	0.64	error	error	1195	279	327	81	265.9	II
13K49-05	2	104	0.02	0.0657	0.0023	1.248	0.046	0.1363	0.0022	0.44	798	75	822	21	824	13	−0.2	II′
13K49-06	24	121	0.20	0.0659	0.0023	1.212	0.040	0.1329	0.0022	0.49	803	74	806	18	804	12	0.2	II′

续表

分析编号[a]	Th^b/ppm	U^b/ppm	Th/U	同位素比值							年龄/Ma							
				$^{207}Pb/^{206}Pb$	±1σ	$^{207}Pb/^{235}U$	±1σ	$^{206}Pb/^{238}U$	±1σ	ρ^c	$^{207}Pb/^{206}Pb$	±1σ	$^{207}Pb/^{235}U$	±1σ	$^{206}Pb/^{238}U$	±1σ	disc.[d]/%	区域[e]
样品 13K49（GPS：41°47′36.76″N，86°13′52.98″E）：含石榴子石辉石岩																		
13K49-07	0.3	1	0.29	0.1624	0.0371	7.868	1.506	0.1958	0.0280	0.75	2481	399	2216	172	1153	151	92.2	II
13K49-08	0.1	2	0.04	0.0700	0.0177	2.691	1.134	0.1350	0.0176	0.31	928	539	1326	312	816	100	62.4	II
13K49-09	0.1	1	0.04	0.0753	0.0182	3.155	1.210	0.1362	0.0214	0.41	1076	501	1446	296	823	121	75.7	II
13K49-10	0.02	1	0.02	0.0714	0.0214	2.889	0.656	0.1349	0.0177	0.58	970	646	1379	171	816	100	69.1	II
13K49-11	0.003	0.2	0.02	0.0304	0.0143	2.672	1.508	0.0519	0.0238	0.81	error	error	1321	417	326	146	305.3	II
13K49-12	0.01	0.4	0.02	0.0284	0.0119	3.191	1.225	0.0884	0.0257	0.76	error	error	1455	297	546	152	166.5	II
13K49-13	0.01	0.2	0.06	0.0000	0.0000	0.939	1.383	0.0551	0.0445	0.55	error	error	672	724	346	272	94.5	II
13K49-14	13	48	0.27	0.0687	0.0087	1.235	0.164	0.1350	0.0077	0.43	900	261	817	75	816	44	0.0	II′
13K49-15	0.3	1	0.29	0.0958	0.0194	3.478	1.022	0.1299	0.0244	0.64	1544	389	1522	232	787	139	93.4	II
13K49-16	92	127	0.73	0.0752	0.0042	1.010	0.057	0.0992	0.0025	0.44	1076	111	709	29	610	14	16.3	I
13K49-17	0.1	0.3	0.39	0.1485	0.0527	2.724	0.930	0.1331	0.0138	0.30	2329	500	1335	254	805	78	189.3	II
13K49-18*	0.2	0.5	0.45	0.0866	0.0393	1.502	0.670	0.1258	0.0099	0.18	1352	1014	931	272	764	57	77.0	II
13K49-19	142	106	1.34	0.0672	0.0015	1.263	0.029	0.1364	0.0021	0.67	844	24	829	13	824	12	2.4	II′
13K49-20	11	85	0.12	0.0657	0.0011	1.233	0.023	0.1360	0.0019	0.75	798	18	816	10	822	11	−2.9	II′
13K49-21*	6	43	0.13	0.0657	0.0020	1.244	0.033	0.1373	0.0020	0.56	798	64	821	15	829	11	−3.7	II′
13K49-22	2	31	0.07	0.0674	0.0021	1.272	0.039	0.1369	0.0023	0.54	851	37	833	18	827	13	2.9	II′
13K49-23	10	43	0.24	0.0689	0.0023	1.309	0.043	0.1379	0.0024	0.54	895	39	850	19	833	14	7.4	II′
13K49-24	0.03	0.4	0.08	0.1497	0.0450	2.788	0.798	0.1351	0.0132	0.34	2343	381	1352	214	817	75	186.8	II
13K49-25	0.002	0.1	0.02	0.1343	0.1172	2.457	2.089	0.1327	0.0269	0.24	2155	1536	1259	614	803	153	168.4	II
13K49-26	87	191	0.45	0.0668	0.0011	1.268	0.023	0.1376	0.0019	0.77	832	17	831	10	831	11	0.1	II′
13K49-27	24	136	0.17	0.0678	0.0013	1.259	0.026	0.1347	0.0020	0.73	862	20	828	11	815	11	5.8	II′
13K49-28*	75	463	0.16	0.1188	0.0024	5.350	0.081	0.3266	0.0042	0.86	1938	36	1877	13	1822	21	6.4	I
13K49-29*	7	256	0.03	0.0684	0.0018	1.291	0.028	0.1368	0.0020	0.68	882	55	842	12	826	11	6.8	II′

续表

分析编号[a]	Th^b/ppm	U^b/ppm	Th/U	同位素比值							年龄/Ma							
				$^{207}Pb/^{206}Pb$	±1σ	$^{207}Pb/^{235}U$	±1σ	$^{206}Pb/^{238}U$	±1σ	ρ^c	$^{207}Pb/^{206}Pb$	±1σ	$^{207}Pb/^{235}U$	±1σ	$^{206}Pb/^{238}U$	±1σ	disc.[d]/%	区域[e]
样品 13K49（GPS：41°47′36.76″N，86°13′52.98″E）：含石榴子石辉石岩																		
13K49-30	9	168	0.06	0.0671	0.0010	1.269	0.021	0.1372	0.0019	0.82	840	16	832	9	829	11	1.3	II′
13K49-31	4.0	34	0.12	0.0675	0.0017	1.269	0.033	0.1363	0.0021	0.60	854	29	832	15	824	12	3.6	II′
13K49-32*	31	125	0.24	0.0704	0.0027	1.386	0.049	0.1429	0.0020	0.39	939	80	883	21	861	11	9.1	II′
13K49-33	218	105	2.07	0.0695	0.0021	1.319	0.039	0.1375	0.0023	0.56	915	34	854	17	831	13	10.1	II′
13K49-34*	7	87	0.08	0.0680	0.0016	1.245	0.025	0.1328	0.0018	0.69	868	51	821	11	804	10	8.0	II′
13K49-35	27	100	0.27	0.0678	0.0012	1.288	0.024	0.1377	0.0019	0.74	863	18	840	11	832	11	3.7	II′
13K49-36	0.5	10	0.05	0.0690	0.0032	1.289	0.059	0.1354	0.0026	0.42	900	62	841	26	819	15	9.9	II′
样品 13K57（GPS：41°46′5.31″N，86°17′2.04″E）：混合岩化片麻岩																		
13K57-01	0.3	20	0.01	0.0678	0.0058	1.301	0.107	0.1401	0.0052	0.45	865	178	846	47	845	29	0.1	II
13K57-02	0.5	25	0.02	0.0827	0.0079	1.409	0.094	0.1362	0.0044	0.49	1262	187	893	40	823	25	8.5	II
13K57-03	0.1	24	0.004	0.0759	0.0056	1.338	0.075	0.1399	0.0042	0.54	1092	118	862	32	844	24	2.2	II
13K57-04	0.3	9	0.03	0.2189	0.0348	3.051	0.346	0.1339	0.0065	0.43	2973	260	1420	87	810	37	75.4	II
13K57-05	0.5	44	0.01	0.0720	0.0053	1.359	0.124	0.1322	0.0045	0.37	987	152	871	53	801	26	8.8	II
13K57-06	56	194	0.29	0.0993	0.0023	3.519	0.090	0.2552	0.0041	0.63	1613	43	1531	20	1465	21	4.5	I
13K57-07	1	13	0.07	0.5989	0.0546	11.697	0.959	0.1631	0.0133	0.99	4505	133	2580	77	974	74	165.0	I
13K57-08	0.1	9	0.02	0.0780	0.0094	1.284	0.145	0.1379	0.0077	0.49	1148	243	838	64	833	44	0.7	II
13K57-09	0.1	15	0.004	0.0743	0.0079	1.275	0.117	0.1385	0.0053	0.41	1051	215	834	52	836	30	–0.2	II
13K57-10	59	152	0.39	0.1043	0.0025	4.473	0.116	0.3081	0.0046	0.57	1702	44	1726	22	1732	22	–0.3	I
13K57-11	0.2	14	0.02	0.1060	0.0289	1.245	0.137	0.1234	0.0090	0.67	1731	519	821	62	750	52	9.5	II
13K57-12	0.1	15	0.01	0.2472	0.0259	4.415	0.349	0.1392	0.0059	0.53	3166	167	1715	65	840	33	104.2	II
13K57-13	0.1	9	0.01	0.0845	0.0136	1.245	0.137	0.1356	0.0082	0.55	1306	316	821	62	820	47	0.1	II
13K57-14	14	33	0.41	0.0694	0.0072	1.292	0.120	0.1407	0.0046	0.35	909	216	842	53	849	26	–0.8	II
13K57-15	75	182	0.41	0.1090	0.0035	4.686	0.170	0.3066	0.0053	0.48	1783	58	1765	30	1724	26	2.4	I

续表

分析编号[a]	Th^b/ppm	U^b/ppm	Th/U	同位素比值							年龄/Ma							
				$^{207}Pb/^{206}Pb$	±1σ	$^{207}Pb/^{235}U$	±1σ	$^{206}Pb/^{238}U$	±1σ	ρ^c	$^{207}Pb/^{206}Pb$	±1σ	$^{207}Pb/^{235}U$	±1σ	$^{206}Pb/^{238}U$	±1σ	disc.[d]/%	区域[e]
样品13K57（GPS：41°46′5.31″N，86°17′2.04″E）：混合岩化片麻岩																		
13K57-16	42	139	0.30	0.1057	0.0031	4.011	0.122	0.2731	0.0050	0.61	1728	58	1636	25	1556	26	5.1	I
13K57-17	124	339	0.37	0.0982	0.0023	3.785	0.094	0.2760	0.0041	0.60	1591	43	1590	20	1571	21	1.2	I
13K57-18	103	212	0.48	0.1026	0.0024	4.351	0.109	0.3041	0.0047	0.61	1672	43	1703	21	1712	23	−0.5	I
13K57-19	1	14	0.10	0.0854	0.0103	1.322	0.125	0.1384	0.0067	0.51	1325	235	856	54	835	38	2.4	II
13K57-20	0.1	31	0.004	0.0661	0.0057	1.208	0.098	0.1366	0.0048	0.43	809	184	804	45	825	27	−2.6	II
13K57-21	0.2	8	0.02	0.0903	0.0147	1.394	0.210	0.1373	0.0108	0.52	1433	314	886	89	829	61	6.9	II
样品15K03（GPS：41°48′8.77″N，86°14′2.07″E）：钙硅酸岩																		
15K03-01	180	320	0.56	0.1609	0.0021	9.184	0.136	0.4139	0.0055	0.89	2465	22	2356	14	2233	25	10.4	I
15K03-02	207	670	0.31	0.1083	0.0014	4.620	0.069	0.3094	0.0041	0.89	1771	24	1753	12	1738	20	1.9	I
15K03-03*	0.2	23	0.01	0.0647	0.0042	1.171	0.072	0.1313	0.0025	0.31	764	140	787	34	795	14	−1.0	II
15K03-04	1	44	0.02	0.0689	0.0030	1.260	0.052	0.1325	0.0025	0.45	897	90	828	24	802	14	3.2	I
15K03-05	13	64	0.21	0.1328	0.0021	7.152	0.121	0.3907	0.0054	0.82	2135	28	2131	15	2126	25	0.4	I
15K03-06	251	760	0.33	0.1080	0.0014	4.601	0.070	0.3091	0.0041	0.87	1765	25	1749	13	1736	20	1.7	I
15K03-07	1	77	0.01	0.0672	0.0016	1.284	0.030	0.1386	0.0020	0.62	844	49	838	13	837	11	0.1	II
15K03-08	0.2	16	0.01	0.0767	0.0063	1.408	0.112	0.1331	0.0039	0.37	1114	170	892	47	806	22	10.7	II
15K03-09	184	440	0.42	0.1145	0.0016	5.271	0.082	0.3340	0.0045	0.86	1871	25	1864	13	1858	22	0.7	I
15K03-10	6	123	0.05	0.1126	0.0017	5.040	0.084	0.3247	0.0044	0.82	1842	28	1826	14	1812	22	1.7	I
15K03-11	110	980	0.11	0.1142	0.0018	5.278	0.090	0.3352	0.0046	0.80	1868	29	1865	15	1864	22	0.2	I
15K03-12*	0.2	41	0.005	0.0708	0.0070	1.261	0.120	0.1291	0.0037	0.30	953	211	828	54	782	21	5.9	II
15K03-13	3	151	0.02	0.0689	0.0023	1.263	0.042	0.1329	0.0024	0.53	896	72	829	19	804	13	3.1	II
15K03-14	68	347	0.20	0.1102	0.0021	4.460	0.089	0.2937	0.0043	0.73	1802	35	1723	17	1660	21	8.6	I
15K03-15	4	142	0.03	0.0678	0.0015	1.249	0.028	0.1335	0.0019	0.65	864	46	823	13	808	11	1.9	II
15K03-16	296	841	0.35	0.1076	0.0017	4.631	0.079	0.3122	0.0042	0.78	1759	30	1755	14	1752	21	0.4	I

续表

分析编号[a]	Th[b]/ppm	U[b]/ppm	Th/U	同位素比值							年龄/Ma						disc.[d]/%	区域[e]
				$^{207}Pb/^{206}Pb$	±1σ	$^{207}Pb/^{235}U$	±1σ	$^{206}Pb/^{238}U$	±1σ	ρ^c	$^{207}Pb/^{206}Pb$	±1σ	$^{207}Pb/^{235}U$	±1σ	$^{206}Pb/^{238}U$	±1σ		
样品 15K03（GPS：41°48′8.77″N，86°14′2.07″E）：钙硅酸岩																		
15K03-17*	2	34	0.07	0.0799	0.0033	1.895	0.072	0.1720	0.0028	0.43	1195	84	1079	25	1023	16	16.8	I
15K03-18	1	85	0.01	0.1317	0.0027	4.982	0.105	0.2743	0.0040	0.70	2121	36	1816	18	1563	20	35.7	I
15K03-19*	629	1421	0.44	0.0711	0.0021	1.302	0.034	0.1328	0.0019	0.55	961	63	847	15	804	11	5.3	II
15K03-20	6	82	0.08	0.1217	0.0024	6.049	0.122	0.3606	0.0051	0.70	1981	36	1983	18	1985	24	−0.2	I
样品 15K10（GPS：41°47′23.17″N，86°11′9.89″E）：黑云石榴钾长片麻岩																		
15K10-01	58	307	0.19	0.1150	0.0020	5.365	0.097	0.3385	0.0046	0.75	1879	31	1879	15	1880	22	−0.1	I
15K10-02*	105	1327	0.08	0.1118	0.0024	4.833	0.081	0.3136	0.0041	0.78	1829	39	1791	14	1758	20	4.0	I
15K10-03	260	526	0.49	0.1234	0.0019	6.203	0.101	0.3647	0.0049	0.82	2006	27	2005	14	2005	23	0.0	I
15K10-04	168	364	0.46	0.1235	0.0036	6.226	0.186	0.3653	0.0063	0.57	2007	53	2008	26	2007	30	0.0	I
15K10-05	1051	722	1.45	0.1347	0.0020	7.159	0.116	0.3856	0.0052	0.83	2160	26	2131	14	2102	24	2.8	I
15K10-06*	41	84	0.49	0.0694	0.0046	1.290	0.083	0.1349	0.0024	0.27	910	141	841	37	816	13	3.1	II
15K10-07	727	571	1.27	0.1399	0.0027	7.952	0.159	0.4127	0.0061	0.74	2226	34	2226	18	2227	28	0.0	I
15K10-08*	2	108	0.02	0.0754	0.0031	1.355	0.051	0.1305	0.0020	0.40	1078	84	870	22	791	11	10.0	II
15K10-09*	1	50	0.01	0.0832	0.0078	1.542	0.140	0.1344	0.0026	0.21	1275	188	947	56	813	15	16.5	II
15K10-10	1	94	0.01	0.0667	0.0033	1.220	0.059	0.1327	0.0029	0.45	829	107	810	27	803	16	0.9	II
15K10-11*	1	47	0.01	0.0809	0.0074	1.453	0.129	0.1302	0.0027	0.23	1220	186	911	53	789	15	15.5	II
15K10-12	1085	3076	0.35	0.1148	0.0022	5.088	0.102	0.3216	0.0046	0.71	1876	36	1834	17	1798	22	4.3	I
15K10-13	198	493	0.40	0.1136	0.0020	4.842	0.088	0.3092	0.0042	0.75	1858	32	1792	15	1737	21	7.0	I
15K10-14	21	35	0.60	0.0730	0.0053	1.382	0.095	0.1375	0.0036	0.38	1013	150	881	41	830	20	6.1	II
15K10-15	100	64	1.56	0.1617	0.0033	10.417	0.217	0.4674	0.0069	0.70	2474	35	2473	19	2472	30	0.1	I
15K10-16	81	490	0.17	0.1122	0.0025	4.804	0.108	0.3107	0.0043	0.62	1835	41	1786	19	1744	21	5.2	I
15K10-17	33	356	0.09	0.1070	0.0024	4.133	0.091	0.2802	0.0040	0.65	1749	41	1661	18	1593	20	9.8	I
15K10-18	10	66	0.15	0.0783	0.0052	1.437	0.090	0.1330	0.0036	0.43	1155	135	904	38	805	21	12.3	II

续表

分析编号[a]	Th^b/ppm	U^b/ppm	Th/U	同位素比值							年龄/Ma							
				$^{207}Pb/^{206}Pb$	$\pm1\sigma$	$^{207}Pb/^{235}U$	$\pm1\sigma$	$^{206}Pb/^{238}U$	$\pm1\sigma$	ρ^c	$^{207}Pb/^{206}Pb$	$\pm1\sigma$	$^{207}Pb/^{235}U$	$\pm1\sigma$	$^{206}Pb/^{238}U$	$\pm1\sigma$	disc.[d]/%	区域[e]
样品15K10（GPS：41°47′23.17″N，86°11′9.89″E）：黑云石榴钾长片麻岩																		
15K10-19	13	43	0.30	0.0674	0.0047	1.288	0.086	0.1386	0.0035	0.38	850	149	841	38	836	20	0.6	II
15K10-20*	2	48	0.03	0.0773	0.0052	1.401	0.091	0.1315	0.0024	0.28	1128	138	889	38	796	14	11.7	II
15K10-21*	1	27	0.05	0.0784	0.0055	1.471	0.098	0.1362	0.0027	0.29	1156	142	919	40	823	15	11.7	II

注：a：*指示普通铅含量较高并用Andersen（2002）的EXCEL软件ComPbCorr#315G校正之后的结果；

b：Th-U含量；

c：误差系数=$\dfrac{\frac{^{206}Pb}{^{238}U}\text{相对误差}}{\frac{^{207}Pb}{^{235}U}\text{相对误差}}$；

d：不谐和度=$\left(\dfrac{\frac{^{206}Pb}{^{238}U}\text{年龄}}{\frac{^{207}Pb}{^{235}U}\text{年龄}}-1\right)\times100$；

e：据CL特征识别出的锆石区域：I-第I组锆石；II-第II组锆石；II′-第II组锆石增生边；III-第III组锆石

Lu-Hf 同位素分析表明，除个别点外，I 类锆石具有变化相对较小的初始 $^{176}Hf/^{177}Hf$ 值（0.28153±0.00009，1σ，表 4-10，图 4-30（c）），这与之前发现的古元古代变质沉积岩中锆石的 Hf 同位素特征一致（Ge et al.，2013b）。相反，～830～800Ma 之间的 II 类锆石具有变化较大的初始 $^{176}Hf/^{177}Hf$ 值（0.28153～0.28262，表 4-10，图 4-30（c）），且其初始 $^{176}Hf/^{177}Hf$ 值一般大于～1.9～1.7Ga 的锆石，在同一个样品中或同一个颗粒上，～830～800Ma 的锆石相对于～1.9～1.7Ga 的锆石其初始 $^{176}Hf/^{177}Hf$ 值有显著的升高（如图 4-29（i）～（j）），这一特征说明～830～800Ma 的锆石形成于变质增生或新生锆石生长，而非～1.9～1.7Ga 锆石的原位重结晶，因为后者不可能导致 $^{176}Hf/^{177}Hf$ 值的升高（Gerdes and Zeh，2009）。

～1.9～1.7Ga 和～830～800Ma 的两组锆石的稀土配分曲线变化范围均较大（图 4-30（d），表 4-12），相对于典型的岩浆锆石，一些颗粒具有很高的轻稀土（标准化 La/Yb>0.1），大多数样品中两组锆石正、负 Ce*和 Eu*异常均有发育（表 4-12），这显然不同于典型的岩浆锆石，因此支持变质锆石的解释。除了轻稀土含量较高的样品外，其他锆石的重稀土的斜率较大，即使是含石榴子石较多的样品 11K17 和 12K24 中的锆石也是如此（图 4-30（d））。

根据实测 Ti 含量和 Watson 等（2006）与 Ferry 和 Watson（2007）给出的计算公式，笔者计算了锆石 Ti 温度，对于后一公式，SiO_2 和 TiO_2 的活度分别假设为 1 和 0.8，因为岩石中存在石英和榍石（而非金红石），这给出的锆石 Ti 温度比 Watson 等（2006）的公式高～20℃（表 4-12）。样品 11K17 中～830～800Ma 锆石的平均 Ti 温度为 669～689℃，而 12K24 中这些锆石的平均 T_i 温度为 634～650℃，这比这两个样品记录的峰期变质温度稍低。其他样品中～830～800Ma 的锆石具有相似的 Ti 温度，其平均值为 630～660℃，但样品 11K14 中稍低（535～542℃，表 4-12）。相反，～1.9～1.7Ga 的锆石具有较高的 Ti 温度（712～779℃），高于上面获得的峰期变质温度。

4.4.5 讨论

1. *原岩及其岩石学意义*

上述高级变质岩具有基性矿物组合（角闪石和辉石）和全岩化学成分见表 4-8，但相对于一般的基性岩浆岩，这些样品具有异常高的 CaO、P_2O_5 和 Sr 及低的 Al_2O_3（表 4-8），其高 CaO 与岩石中含大量富 Ca 矿物相一致，包括钙质角闪石、透辉石、榍石、钙铝榴石、黝帘石、方解石和磷灰石。这种富 Ca 可能说明其原岩是类似于钙质页岩或泥质灰岩的不纯沉积岩，即副斜长角闪岩（Walker et al.，1959；Leake，1964），这一沉积原岩似乎与其围岩的岩石组合（不纯大理岩、云母片岩）及部分样品中较高的方解石含量相一致。简单和混合计算表明，这些样品平均主量元素含量与 60%后太古宙澳大利亚页岩（Taylor and Mclennan，1985）+40%富 Fe 白云岩（～15% $Fe_2O_3^T$，～10% MgO 及～34% CaO）混合物相一致。但是，这种泥质岩-碳酸岩混合物意味着岩石具有很高的挥发份（～17% CO_2）及碳酸盐矿物，这与大多数样品中较低的烧失量（0.41%～3.68%）及较低的方解石含量不一致，而且，这种沉积原岩很难解释第一组样品中较低的稀土含量和显著的正

表 4-12　库尔勒地区新元古代变质岩锆石微量元素数据（Ge et al.，2016）

	年龄/Ma[a]	2σ	区域	Ti /ppm	La /ppm	Ce /ppm	Pr /ppm	Nd /ppm	Sm /ppm	Eu /ppm	Gd /ppm	Tb /ppm	Dy /ppm	Ho /ppm	Er /ppm	Tm /ppm	Yb /ppm	Lu /ppm	$(La/Yb)_N$[b]	$(Yb/Dy)_N$[b]	Ce*[c]	Eu*[c]	$T_{Ti-in-zircon}$[d] /℃	$T_{Ti-in-zircon}$[e] /℃
样品 11K17																								
11K17-05	822	17	II	4.35	0.06	5.64	0.07	0.32	0.29	0.06	0.26	0.13	1.98	0.99	5.27	1.15	14.6	2.49	0.003	10.98	20.74	0.73	673	692
11K17-06	822	17	II	0.63	0.02	0.03	0.01	0.07	0.02	0.07	0.38	0.17	3.29	1.56	8.58	2.08	26.5	4.04	0.000	12.03	0.82	2.48	545	552
11K17-13	822	17	II	0.00	0.00	0.02	0.00	0.01	0.02	0.00	0.12	0.08	1.89	0.82	5.17	1.24	18.5	2.72	0.000	14.59				
11K17-14	822	17	II	0.63	0.00	0.04	0.02	0.00	0.01	0.04	0.08	0.06	1.47	0.79	4.56	1.19	13.7	1.93	0.000	13.93	1.43	4.34	545	553
11K17-16	822	17	II	2.77	28.6	899	22.4	132	55.7	14.5	64.1	7.35	39.9	6.61	17.8	2.79	31.0	3.83	0.662	1.16	8.72	0.74	639	655
11K17-19	822	17	II	5.22	0.02	0.01	0.01	0.06	0.02	0.03	0.10	0.07	2.32	1.42	10.8	3.07	42.5	7.24	0.000	27.40	0.16	2.12	687	707
11K17-20	822	17	II	0.00	2.37	7.28	0.72	3.79	2.62	0.62	2.50	0.54	8.97	5.04	39.7	13.7	240	40.8	0.007	39.98	1.36	0.73		
11K17-22	822	17	II	23.7	19.9	850	15.5	91.0	34.0	9.34	43.8	5.61	33.6	6.62	18.2	2.86	27.7	4.48	0.515	1.23	11.85	0.74	823	859
11K17-24	822	17	II	11.2	7.38	43.7	1.86	9.42	1.88	0.57	1.82	0.35	3.78	1.85	9.92	2.55	32.5	7.76	0.163	12.86	2.89	0.94	751	778
11K17-26	822	17	II	0.00	2.00	2.13	0.27	0.65	0.13	0.02	0.32	0.19	4.08	2.71	21.1	7.01	95.4	20.9	0.015	34.89	0.72	0.37		
11K17-28	822	17	II	5.56	10.3	36.4	2.73	12.3	3.23	0.68	3.57	0.44	3.81	1.24	5.69	1.42	15.4	2.87	0.483	6.03	1.68	0.61	692	713
平均值																							669	689
11K17-01	1744	22	I	7.03	0.41	7.16	0.21	1.14	0.73	0.29	2.81	0.99	15.2	6.69	39.2	10.4	143	25.1	0.002	14.00	5.98	0.63	711	734
11K17-02	1744	22	I	7.78	15.3	557	12.9	68.1	21.8	5.54	23.3	2.88	17.0	3.74	13.3	2.37	31.7	4.27	0.346	2.79	9.73	0.75	719	743
11K17-03	1744	22	I	18.3	0.34	5.24	0.21	1.62	1.09	0.55	3.00	0.84	11.2	4.06	21.9	5.01	61.7	11.5	0.004	8.23	4.82	0.93	797	830
11K17-04	1744	22	I	7.64	0.01	2.02	0.02	0.22	0.28	0.13	1.06	0.40	5.43	2.00	11.8	2.93	39.6	6.45	0.000	10.90	29.78	0.73	718	742
11K17-07	1744	22	I	7.15	0.01	1.80	0.01	0.20	0.16	0.12	1.16	0.32	4.43	1.84	9.69	2.61	35.8	6.00	0.000	12.06	52.59	0.88	712	735
11K17-08	1744	22	I	9.71	0.49	4.04	0.18	0.77	0.54	0.16	1.96	0.58	7.11	2.92	16.1	3.97	50.4	8.79	0.007	10.59	3.29	0.49	738	764
11K17-09	1744	22	I	15.1	0.14	3.68	0.05	0.27	0.45	0.16	1.22	0.42	4.97	2.09	11.4	2.82	38.4	6.86	0.003	11.54	11.16	0.68	779	810
11K17-10	1744	22	I	3.72	715	1275	132	507	35.5	5.07	13.3	1.05	7.82	2.78	16.0	4.02	57.6	10.7	8.915	10.99	1.02	0.71	661	679
11K17-11	1744	22	I	9.48	0.00	2.67	0.03	0.26	0.31	0.14	1.82	0.54	7.81	3.26	18.1	4.80	67.8	12.7	0.000	12.97		0.55	736	762
11K17-12	1744	22	I	17.2	0.00	2.10	0.03	0.33	0.35	0.16	1.44	0.43	5.78	2.38	13.0	3.25	42.4	7.61	0.000	10.96	46.16	0.70	791	823
11K17-15	1744	22	I	2.67	0.70	15.3	0.45	3.41	1.33	0.83	2.73	0.73	8.95	3.72	22.7	6.01	83.6	14.2	0.006	13.96	6.65	1.34	637	652

续表

	年龄/Ma[a]	2σ	区域	Ti/ppm	La/ppm	Ce/ppm	Pr/ppm	Nd/ppm	Sm/ppm	Eu/ppm	Gd/ppm	Tb/ppm	Dy/ppm	Ho/ppm	Er/ppm	Tm/ppm	Yb/ppm	Lu/ppm	$(La/Yb)_N$[b]	$(Yb/Dy)_N$[b]	Ce*[c]	Eu*[c]	$T_{Ti\text{-}in\text{-}zircon}$[d]/℃	$T_{Ti\text{-}in\text{-}zircon}$[e]/℃
样品 11K17																								
11K17-17	1744	22	I	16.1	0.02	3.25	0.03	0.18	0.28	0.05	1.70	0.53	7.98	3.78	23.9	6.64	93.0	18.5	0.000	17.40	33.89	0.22	784	816
11K17-18	1744	22	I	12.2	0.01	3.19	0.03	0.21	0.36	0.17	1.45	0.55	7.04	2.75	15.6	3.99	50.6	8.81	0.000	10.75	40.55	0.74	759	787
11K17-21	1744	22	I	5.67	0.05	3.64	0.04	0.37	0.45	0.14	1.42	0.41	5.11	2.04	11.4	2.73	37.2	7.32	0.001	10.86	19.11	0.53	693	715
11K17-23	1744	22	I	58.5	1.02	10.8	0.35	3.46	1.45	0.60	2.34	0.39	4.34	2.08	15.3	4.95	68.9	18.2	0.011	23.70	4.47	0.99	924	975
11K17-25	1744	22	I	7.36	0.51	29.4	0.43	2.73	1.50	0.46	3.13	0.65	6.40	2.26	11.2	2.85	35.1	6.35	0.010	8.20	15.49	0.65	715	738
11K17-27	1744	22	I	0.00	0.18	4.73	0.19	0.81	0.60	0.25	1.69	0.61	7.51	2.68	15.3	3.65	43.1	7.26	0.003	8.57	6.19	0.76		
11K17-29	1744	22	I	19.5	0.89	63.4	0.86	6.22	2.70	1.13	3.91	0.70	6.80	2.56	14.7	4.12	52.2	11.7	0.012	11.46	17.83	1.06	803	837
11K17-30	1744	22	I	0.00	10.5	1262	10.7	78.4	47.8	13.4	75.4	9.64	53.9	9.60	22.1	2.64	19.0	3.00	0.396	0.53	29.13	0.68		
平均值																							746	773
样品 12K24																								
12K24-08	825	9	II	45.5	0.02	0.03	0.02	0.09	0.09	0.03	0.99	0.56	12.3	7.87	66.7	22.5	364	78.5	0.000	44.23	0.34	0.28	~~894~~	~~940~~
12K24-13	825	9	II	32.5	0.37	1.01	0.10	0.51	0.12	0.08	0.85	0.35	9.54	6.06	48.2	16.4	234	45.9	0.001	36.60	1.28	0.79	~~856~~	~~897~~
12K24-01	825	9	II	3.19	0.24	2.53	0.19	1.05	0.38	0.12	1.30	0.57	11.5	5.88	37.4	10.2	131	20.9	0.001	16.95	2.90	0.54	650	666
12K24-02	825	9	II	0.00	0.36	1.80	0.14	1.07	0.32	0.19	1.50	0.47	13.1	8.44	55.3	12.5	132	21.3	0.002	15.10	1.95	0.82		
12K24-03	825	9	II	5.27	0.22	0.64	0.09	0.33	0.61	0.10	4.02	2.26	44.1	25.6	184	58.1	874	142	0.000	29.60	1.13	0.19	688	708
12K24-04	825	9	II	9.55	0.27	0.83	0.09	0.37	0.32	0.11	2.84	1.52	35.2	22.5	174	52.0	767	148	0.000	32.54	1.31	0.35	737	763
12K24-05	825	9	II	1.64	0.01	0.06	0.01	0.02	0.05	0.03	0.72	0.48	9.54	5.93	42.6	12.7	173	31.6	0.000	27.01	1.93	0.53	603	616
12K24-06	825	9	II	0.00	0.01	0.03	0.01	0.04	0.00	0.01	0.16	0.15	4.47	3.32	20.3	4.71	51.5	8.59	0.000	17.20	0.72			
12K24-07	825	9	II	0.00	0.17	0.31	0.04	0.17	0.02	0.03	0.25	0.16	3.75	2.17	15.4	4.34	55.4	9.05	0.002	22.07	0.98	1.27		
12K24-09	825	9	II	3.25	0.00	0.08	0.01	0.14	0.14	0.03	0.55	0.42	12.3	9.55	78.5	22.9	287	43.3	0.000	34.75		0.37	651	668
12K24-10	825	9	II	0.31	0.08	0.16	0.03	0.09	0.28	0.07	1.77	0.75	14.7	8.34	62.7	21.1	319	63.5	0.000	32.39	0.80	0.32	506	511
12K24-11	825	9	II	5.49	0.19	1.75	0.13	0.80	0.76	0.31	3.56	1.78	34.8	19.5	127	32.6	393	70.9	0.000	16.88	2.69	0.58	691	712
12K24-12	825	9	II	0.64	0.00	0.05	0.00	0.08	0.01	0.05	0.51	0.29	6.26	2.85	15.7	3.64	45.2	7.11	0.000	10.79		2.12	546	554
12K24-15	825	9	II	0.00	3.54	44.2	2.30	8.59	3.09	0.56	7.91	3.97	83.4	49.6	369	116	1656	271	0.002	29.67	3.80	0.35		
12K24-16	825	9	II	0.00	0.01	0.09	0.01	0.04	0.04	0.04	0.77	0.51	7.05	3.02	14.5	3.16	34.3	6.19	0.000	7.27	1.63	0.69		

续表

	年龄/Ma[a]	2σ	区域	Ti /ppm	La /ppm	Ce /ppm	Pr /ppm	Nd /ppm	Sm /ppm	Eu /ppm	Gd /ppm	Tb /ppm	Dy /ppm	Ho /ppm	Er /ppm	Tm /ppm	Yb /ppm	Lu /ppm	$(La/Yb)_N$[b]	$(Yb/Dy)_N$[b]	Ce*[c]	Eu*[c]	$T_{Ti\text{-}in\text{-}zircon}$[d] /℃	$T_{Ti\text{-}in\text{-}zircon}$[e] /℃
平均值																							634	650
样品 11K14																								
11K14-03B	1859	10	I	6.55	0.00	1.36	0.02	0.31	0.41	0.20	2.33	0.86	11.3	4.87	25.4	5.96	69.5	13.9	0.000	9.23	56.42	0.62	705	727
11K14-14B	1859	10	I	11.0	0.02	0.81	0.03	0.22	0.26	0.11	1.36	0.66	8.98	3.55	17.7	3.90	43.4	8.33	0.000	7.22	8.60	0.58	749	777
11K14-28B	1859	10	I	4.89	0.01	1.39	0.02	0.21	0.41	0.25	2.79	0.96	12.8	5.47	27.9	6.38	71.1	14.1	0.000	8.28	29.22	0.70	682	702
平均值																							712	735
11K14-38B	826	10	II	434	0.01	0.10	0.00	0.06	0.18	0.11	1.52	0.54	7.12	2.38	10.3	1.87	17.5	3.63	0.000	3.68	4.42	0.63	~~1234~~	~~1340~~
11K14-01B	826	10	II	0.05	0.01	0.00	0.02	0.08	0.17	0.06	0.63	0.27	3.00	0.91	3.51	0.67	7.44	1.61	0.001	3.70	0.03	0.55	419	418
11K14-16B	826	10	II	0.00	0.00	0.02	0.00	0.00	0.16	0.04	1.19	0.45	7.41	2.42	10.2	1.94	19.0	3.47	0.000	3.84		0.30		
11K14-29B	826	10	II	0.37	0.02	0.05	0.01	0.03	0.08	0.01	0.85	0.35	3.95	1.28	5.04	1.00	10.5	1.94	0.001	3.97	1.09	0.11	515	521
11K14-34B	826	10	II	4.16	0.00	0.01	0.02	0.11	0.20	0.06	1.13	0.60	11.0	4.98	23.3	5.03	56.0	10.3	0.000	7.62		0.36	669	688
11K14-38B	826	10	II	0.00	0.00	0.11	0.00	0.02	0.09	0.03	0.40	0.13	2.01	0.69	4.63	1.44	20.6	6.15	0.000	15.32		0.53		
平均值																							535	542
样品 11K38																								
11K38-13B	18.12	27	I	24.4	0.48	7.14	0.94	6.28	8.78	3.06	29.5	8.49	77.6	22.2	84.7	15.8	148	23.5	0.002	2.86	2.61	0.58	826	863
11K38-08B	831	6	II	18212	0.90	7.05	0.89	7.04	4.94	2.33	10.1	2.39	25.2	9.90	54.6	14.4	190	43.3	0.003	11.27	1.93	1.01	~~2630~~	~~3273~~
11K38-01B	831	6	II	27.3	0.00	0.04	0.00	0.09	0.07	0.09	0.29	0.33	4.87	1.92	8.88	1.84	19.2	3.86	0.000	5.90		1.95	838	876
11K38-06B	831	6	II	0.00	0.01	0.09	0.01	0.08	0.23	0.13	1.48	0.55	5.60	1.51	5.93	1.07	9.33	1.77	0.000	2.49	3.65	0.70		
11K38-07B	831	6	II	12.6	0.50	7.32	0.53	3.58	2.90	0.83	4.69	0.97	8.44	2.42	9.32	1.74	16.2	2.81	0.022	2.87	3.50	0.69	762	791
11K38-11B	831	6	II	11.5	0.07	9.07	0.07	1.27	2.50	0.28	11.2	3.82	47.2	17.2	75.8	16.2	173	26.3	0.000	5.48	32.85	0.16	753	781
11K38-24B	831	6	II	3.34	0.22	2.91	0.22	1.43	1.09	0.37	2.65	0.63	4.92	1.34	4.29	0.69	5.34	1.05	0.029	1.62	3.25	0.66	653	670
平均值																							751	779
样品 11K10																								
11K10-25	1533	90	I	17.7	8.69	68.9	13.3	120	50.8	16.0	82.9	12.1	126	50.5	252	55.7	638	125	0.010	7.59	1.57	0.75	794	826
11K10-27	823	9	II	1316	0.00	0.19	0.03	0.19	0.00	0.00	0.26	0.19	2.52	0.91	4.82	1.06	12.0	2.89	0.000	7.10			~~1484~~	~~1651~~
11K10-04B	823	9	II	0.00	0.01	0.08	0.00	0.14	0.02	0.03	0.60	0.32	5.50	2.33	10.8	2.21	22.5	4.00	0.000	6.12	4.55	0.97		
11K10-05B	823	9	II	0.00	0.00	0.03	0.01	0.01	0.08	0.02	0.89	0.39	6.49	2.75	13.1	2.87	31.1	5.89	0.000	7.17	1.27	0.27		

续表

	年龄/Ma[a]	2σ	区域	Ti /ppm	La /ppm	Ce /ppm	Pr /ppm	Nd /ppm	Sm /ppm	Eu /ppm	Gd /ppm	Tb /ppm	Dy /ppm	Ho /ppm	Er /ppm	Tm /ppm	Yb /ppm	Lu /ppm	$(La/Yb)_N$[b]	$(Yb/Dy)_N$[b]	Ce*[c]	Eu*[c]	$T_{Ti\text{-}in\text{-}zircon}$[d] /℃	$T_{Ti\text{-}in\text{-}zircon}$[e] /℃
样品 11K10																								
11K10-14B	823	9	II	4.00	0.00	0.04	0.01	0.09	0.10	0.03	0.72	0.27	4.00	1.54	6.82	1.41	16.3	2.59	0.000	6.11		0.37	666	685
11K10-26	823	9	II	6.55	0.01	0.01	0.01	0.02	0.00	0.03	0.13	0.05	1.13	0.50	2.61	0.61	6.34	1.23	0.001	8.42	0.13		705	727
11K10-28	823	9	II	0.00	0.00	0.00	0.01	0.00	0.00	0.01	0.52	0.29	5.20	2.30	9.82	2.16	22.1	3.98	0.000	6.35				
11K10-29	823	9	II	0.82	0.00	0.04	0.00	0.08	0.07	0.02	0.67	0.46	9.06	4.95	29.5	7.46	92.5	19.2	0.000	15.25		0.33	560	569
平均值																							644	660
样品 13K49																								
13K49-01	826	6	II	0.31	0.00	0.01	0.01	0.05	0.02	0.01	0.15	0.04	0.93	0.71	6.71	2.76	54.0	13.6	0.000	86.40	0.39	0.69	506	511
13K49-02	826	6	II	0.00	0.00	0.43	0.00	0.03	0.20	0.25	3.03	1.58	31.9	18.5	130	37.3	537	122	0.000	25.15		1.00		
13K49-03	826	6	II	0.28	0.00	0.00	0.01	0.00	0.01	0.03	0.10	0.05	1.29	1.02	10.3	3.89	72.6	19.8	0.000	84.18	0.02	2.58	502	506
13K49-04	826	6	II	0.88	0.00	0.02	0.01	0.02	0.00	0.03	0.10	0.04	0.95	0.80	7.69	2.95	56.4	15.8	0.000	88.46			564	573
13K49-05	826	6	II	7.11	0.00	0.24	0.00	0.04	0.44	0.60	8.56	4.65	79.9	36.1	194	42.1	460	71.8	0.000	8.60		0.95	712	735
13K49-06	826	6	II	8.04	0.03	6.03	0.02	0.50	1.08	0.82	8.72	3.80	56.9	26.9	151	35.2	446	96.0	0.000	11.71	51.50	0.82	722	746
13K49-07	826	6	II	5.86	0.01	0.05	0.00	0.02	0.07	0.01	0.16	0.05	1.30	0.86	7.14	2.59	50.8	13.2	0.000	58.32	2.51	0.33	696	717
13K49-08	826	6	II	2.62	0.00	0.01	0.01	0.00	0.08	0.02	0.49	0.35	9.60	6.67	56.1	17.6	280	69.9	0.000	43.49		0.26	636	651
13K49-09	826	6	II	3.42	0.00	0.01	0.00	0.00	0.02	0.01	0.10	0.08	2.08	1.38	12.8	4.45	79.3	21.2	0.000	56.88	0.64	0.59	655	672
13K49-10	826	6	II	2.90	0.00	0.02	0.00	0.01	0.03	0.03	0.22	0.13	3.69	2.36	21.0	7.22	124	33.1	0.000	50.24		1.14	643	659
13K49-11	826	6	II	0.46	0.00	0.00	0.00	0.05	0.02	0.01	0.14	0.02	0.84	0.73	9.25	4.48	98.1	28.0	0.000	174.24		0.94	527	533
13K49-12	826	6	II	1.08	0.00	0.00	0.01	0.03	0.00	0.02	0.17	0.08	1.85	1.55	15.7	6.25	124	35.8	0.000	100.49			577	587
13K49-13	826	6	II	3.65	0.00	0.01	0.00	0.00	0.02	0.00	0.00	0.02	0.54	0.40	4.46	2.06	42.4	9.71	0.000	116.88			660	677
13K49-14	826	6	II	0.00	0.02	0.94	0.01	0.07	0.27	0.15	1.87	0.86	13.7	6.56	40.6	10.9	155	30.3	0.000	16.82	16.22	0.66		
13K49-15	826	6	II	3.93	0.00	0.03	0.02	0.04	0.05	0.02	0.08	0.06	1.54	1.02	8.42	2.92	50.7	12.4	0.000	49.11		0.71	665	683
13K49-16	826	6	II	17.8	0.13	0.79	0.04	0.36	0.16	0.26	3.08	1.92	47.3	32.9	260	62.8	683	113	0.000	21.58	2.89	1.12	794	827
平均值																							633	648
样品 13K57																								
13K57-06	1731	59	I	0.00	0.03	0.46	0.02	0.21	0.07	0.07	0.65	0.32	4.25	1.63	9.22	2.23	29.3	4.92	0.001	10.28	5.59	0.98		
13K57-10	1731	59	I	0.00	0.02	0.42	0.01	0.24	0.56	0.05	3.23	1.24	16.2	6.02	30.5	6.56	74.4	10.6	0.000	6.84	10.46	0.10		

续表

	年龄/Ma[a]	2σ	区域	Ti/ppm	La/ppm	Ce/ppm	Pr/ppm	Nd/ppm	Sm/ppm	Eu/ppm	Gd/ppm	Tb/ppm	Dy/ppm	Ho/ppm	Er/ppm	Tm/ppm	Yb/ppm	Lu/ppm	$(La/Yb)_N$[b]	$(Yb/Dy)_N$[b]	Ce*[c]	Eu*[c]	$T_{Ti\text{-}in\text{-}zircon}$[d]/℃	$T_{Ti\text{-}in\text{-}zircon}$[e]/℃
样品 13K57																								
13K57-15	1731	59	I	12.8	0.06	0.46	0.01	0.18	0.36	0.09	2.01	0.70	10.4	3.98	20.9	4.71	57.2	8.90	0.001	8.25	4.00	0.33	763	792
13K57-16	1731	59	I	5.49	0.00	0.40	0.00	0.14	0.25	0.15	1.59	0.51	6.22	2.39	12.4	3.20	44.8	6.97	0.000	10.76		0.70	691	712
13K57-17	1731	59	I	7.30	0.01	0.37	0.02	0.18	0.54	0.14	2.50	0.86	11.8	3.96	19.3	4.39	52.4	7.35	0.000	6.61	6.83	0.37	714	737
13K57-18	1731	59	I	7.66	0.01	0.56	0.02	0.47	1.03	0.21	6.10	1.94	25.4	9.07	42.6	9.10	101	14.0	0.000	5.97	8.61	0.26	718	742
平均值																							722	746
13K57-01	831	18	II	0.00	0.00	0.03	0.00	0.04	0.03	0.01	0.32	0.19	3.22	1.48	8.35	1.92	21.9	3.60	0.000	10.14		0.21		
13K57-02	831	18	II	0.00	0.01	0.04	0.01	0.00	0.01	0.01	0.54	0.36	7.50	3.58	21.4	5.53	72.1	12.5	0.000	14.38	1.40	0.26		
13K57-03	831	18	II	1.67	0.01	0.03	0.00	0.00	0.07	0.04	0.45	0.22	4.64	2.62	19.1	5.49	78.8	16.6	0.000	25.35		0.79	605	617
13K57-04	831	18	II	0.00	16.4	126	6.06	28.1	3.71	0.94	2.24	0.28	3.51	1.66	10.3	2.76	36.0	6.07	0.326	15.31	3.10	0.99		
13K57-05	831	18	II	2.14	0.01	0.03	0.01	0.01	0.00	0.05	0.65	0.49	7.95	3.81	22.8	5.95	81.8	14.2	0.000	15.38	1.34		622	636
13K57-07	831	18	II	4.10	0.28	0.65	0.07	0.33	0.12	0.00	0.56	0.04	1.33	0.95	10.2	4.83	105	30.9	0.002	117.37	1.13	0.00	668	687
13K57-08	831	18	II	1.27	0.00	0.02	0.01	0.00	0.07	0.01	0.19	0.12	2.69	1.36	7.75	1.95	24.7	3.67	0.000	13.70		0.14	587	598
13K57-09	831	18	II	0.00	0.01	0.01	0.00	0.05	0.09	0.01	0.53	0.24	5.55	2.57	13.3	2.99	36.4	5.69	0.000	9.79		0.18		
13K57-11	831	18	II	2.32	0.00	0.04	0.00	0.03	0.03	0.06	0.21	0.13	3.87	2.49	16.2	5.11	66.4	12.2	0.000	25.63	4.69	2.36	627	642
13K57-12	831	18	II	3.61	0.11	0.52	0.08	0.26	0.07	0.06	0.35	0.20	4.14	2.72	18.8	6.35	94.7	18.0	0.001	34.17	1.36	1.13	659	676
13K57-13	831	18	II	0.00	0.00	0.01	0.00	0.00	0.03	0.03	0.23	0.15	3.95	2.52	19.2	6.00	89.2	15.3	0.000	33.70		0.93		
13K57-14	831	18	II	5.02	0.02	1.13	0.02	0.13	0.20	0.11	1.33	0.59	10.2	3.98	21.1	5.73	77.5	12.3	0.000	11.38	11.86	0.69	684	704
13K57-19	831	18	II	0.00	0.01	0.04	0.00	0.07	0.00	0.01	0.15	0.19	4.52	2.96	25.7	9.33	157	35.6	0.000	51.93				
13K57-20	831	18	II	0.00	0.00	0.02	0.00	0.03	0.00	0.04	0.49	0.29	5.18	3.04	20.4	5.60	74.2	13.3	0.000	21.41	1.00			
13K57-21	831	18	II	5.00	0.01	0.02	0.02	0.06	0.00	0.03	0.16	0.16	3.93	2.37	16.5	4.63	60.2	9.08	0.000	22.86	0.38		684	704
平均值																							642	658

注：a：加权平均 $^{207}Pb/^{206}Pb$ 年龄（＞1000 Ma）或 $^{206}Pb/^{238}U$ 年龄（＜1000 Ma）；

b：标准化值据 Sun 和 Mcdonough（1989）；

c：Ce*=Ce/SQRT（La×Pr），Eu*=Eu/SQRT（Sm×Gd），标准化值据 Sun 和 Mcdonough（1989）；

d：用 Waterson 等（2006）的公式计算的锆石 Ti 温度；带删除线的数据没有用于平均值的计算；

e：用 Ferry 和 Waterson（2007）的公式计算的锆石 Ti 温度，假设 SiO_2 和 TiO_2 的活度分别为 1 和 0.8；带删除线的数据没有用于平均值的计算

Eu 异常，因为普通的沉积岩具有较高的 REE 含量和负 Eu 异常（Taylor and Mclennan，1985）；第二组样品中显著的负 Zr-Hf 也难以用沉积岩原岩来解释。

高 CaO 含量的另一种解释是富 Ca 流体对基性岩浆的交代作用，这一现象已在许多高压-超高压变质地体中被阐明，并可能是从俯冲板片到地幔楔主微量元素选择性活化的一种有效机制（John et al.，2008；Beinlich et al.，2010；Klemd，2013）。例如，南天山一些高压变质岩记录的钙质交代作用导致蚀变大洋玄武岩高达 115%的 CaO 富集和 40%～80%的大离子亲石元素和轻稀土的亏损（John et al.，2008；Beinlich et al.，2010），这种高效的 CaO 富集和轻稀土淋滤可以解释第一组样品中的高 CaO 和低 REE。有意思的是，Beinlich 等（2010）的研究表明，蚀变的玄武岩中 Eu 相对富集，而其他稀土元素则强烈亏损，这有助于解释第一组样品中的正 Eu 异常。这些蚀变样品同时出现 Al_2O_3 的降低和 $Fe_2O_3^T$ 的升高（Beinlich et al.，2010），与这些样品的低 Al_2O_3 和高 $Fe_2O_3^T$ 相一致。

因此，笔者认为，上述高级变质岩样品可能来源于基性岩浆岩，并部分遭受了富 Ca 流体的强烈交代，导致主、微量元素含量发生了很大变化。但第二组样品可能蚀变程度较低，因为其稀土含量较高，且具有一致的稀土配分模式（图 4-26（b）），因此，其不活动元素数据可以用来推测其原岩属性。在 Zr/Ti-Nb/Y 图解中，这些样品大多投影在玄武岩至安山岩区域（图 4-26（e））；在 NMORB 标准化微量元素图解上，这些样品具有显著的轻稀土和 Th 的富集，以及 Nb-Ta、Zr-Hf 和 Ti 的亏损（图 4-26（d）），这是岛弧相关岩石的典型特征；在 Th/Yb-Nb/Yb 图解上，这些样品投影在 MORB-OIB 区域的上方，而与火山弧趋势相平行（图 4-26（f））。这些微量元素特征说明其原岩可能是形成于火山弧环境的玄武岩（Pearce，2008），笔者推测，其母岩浆可能以基性岩墙或岩席的形式侵入于大陆岛弧基底中的古元古代变质碳酸盐岩和碎屑岩中，随后受到富 Ca 流体的交代作用改造，并被肢解为构造透镜体。由于缺乏原始岩浆锆石，其岩浆侵位、流体蚀变及构造变形的时代及其与新元古代变质事件的关系仍有待进一步研究。第一组样品投影在不同的岩性和构造环境，但这是否记录了变质改造还是更复杂的原岩属性尚待明确。

2. *P-T-t* 轨迹及构造背景

用于相平衡模拟的两个样品具有保存完好的峰期矿物组合，并在样品尺度保持稳定，说明上述蚀变过程可能发生在更大尺度且早于高级变质作用，因此样品代表封闭体系，满足用相平衡进行变质温压计算的前提。上述结果表明，石榴辉石岩样品（11K17）记录了从～570℃、5.2kbar 到～680℃、9.0kbar 的进变质，680～700℃、11.2～12.1kbar 的峰期变质及 460～500℃、3～5kbar 的退变质，从～680℃、9.0kbar 到 680～700℃、11.2～12.1kbar 记录了近等温升压变质。石榴辉石片麻岩样品（12K24）由于石榴子石变斑晶的强烈蚀变再吸收而没有记录进变质阶段，但其峰期变质（660～670℃、11.0～12.0kbar）和退变质（～460～480℃和 4～5kbar）阶段的温压条件与样品 11K17 的记录一致。总体来说，这两个样品记录了一致的逆时针 *P-T* 轨迹，涉及升温埋藏及随后的近等温埋藏和最终的冷却隆升（图 4-32）。

上述峰期变质条件对应高角闪岩相至高压麻粒岩相，其视地温梯度为～18℃/km，与中等 dT/dP 型变质作用相一致（～10～20℃/km，图 4-32）（Brown，2007b，2009，2014）。这明显不同于成熟俯冲带或大陆碰撞带早期的高压、超高压变质岩记录的低地温梯度（～5～10℃/km），也不同于地壳伸展及弧后或造山带后的麻粒岩、超高温变质岩记录的高 dT/dP 型变质作用及其高的视地温梯度（～20～40℃/km）（Brown，2007b，2009，2014）。Brown（2007b，2009，2014）认为，中等 dT/dP 型变质作用对应榴辉岩-高压麻粒岩相变质，形成于俯冲-碰撞环境有关的环境，但这些岩石通常记录的是顺时针 P-T 轨迹，大多涉及近等温降压，与上述逆时针 P-T 轨迹正好相反。

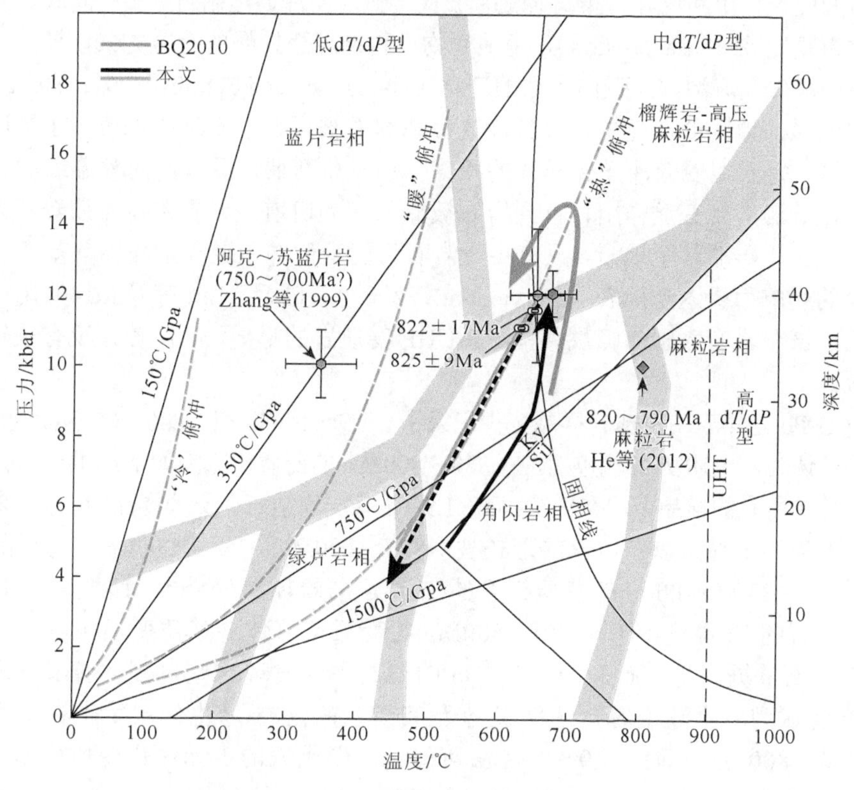

图 4-32　库尔勒地区新元古代变质岩 P-T-t 轨迹（Ge et al.，2016）

数值模拟预测，逆时针 P-T 轨迹可以形成于洋壳俯冲启动阶段（Gerya et al.，2002），这已被世界各地俯冲杂岩中的变质记录所证实，包括加利福尼亚州的弗朗西斯科杂岩、智利的 Coastal Cordillera 增生杂岩、委内瑞拉的 Villa de Cura 蓝片岩带及古巴的 Sierra del Convento 和 Lacorea 混杂岩带（Bhowmik and Ao，2016）。与普通的高压-超高压变质岩记录的顺时针 P-T 轨迹相比，俯冲带逆时针 P-T 轨迹通常出现在较高级别的变质岩中（如石榴斜长角闪岩），其峰期压力相对较低、温度相对较高，对应的视地温梯度可达 14～16℃/km（Blanco-Quintero et al.，2010）。这些岩石通常在最终冷却隆升之前记录了等压降温和蓝片岩相退变质（Bhowmik and Ao，2016），这被解释为俯冲开始阶段具有较高的地温梯度，而随俯冲进行俯冲带逐渐被冷却的结果（Gerya et al.，2002；Blanco-Quintero et al.，2010；Bhowmik and Ao，2016）。

本书获得的逆时针 *P-T* 轨迹及其峰期变质条件与古巴东部的 Lacorea 混杂岩带中的石榴斜长角闪岩的变质条件相似（图 4-32），后者记录的是年轻的古加勒比海板块俯冲开始阶段的变质作用（Blanco-Quintero et al.，2010）。但是，地球化学数据表明，上述样品的原岩具有大陆岛弧基性岩浆岩的属性，而非从俯冲洋壳板片铲刮下来的洋壳玄武岩（如 MORB）；而且，这些样品没有记录等压降温和蓝片岩相变质叠加。相反，这些样品的 *P-T* 轨迹涉及近等温埋藏，这意味着岩石经历了沿等温线（～690℃）的快速埋藏，这极有可能是由冷的洋壳板片俯冲引起的。笔者认为，这些岩石可能原先是大陆岛弧的一部分，但随后受俯冲侵蚀作用和俯冲带推进控制，被置于弧前俯冲通道附近。弧前基底岩石的俯冲侵蚀被称为底侵蚀（basal erosion），是地壳物质再循环至地幔的有效方式，导致大量古老岛弧物质的缺失及海沟和岛弧向大陆的迁移（von Huene and Scholl，1991；Stern，2011）。由此产生的弧前地区的地壳加厚导致原先岛弧岩石被埋藏至下地壳深度，在接近俯冲通道的最前缘，等温线受俯冲洋壳板片的冷却作用发生弯曲，沿弯曲的等温线的进一步埋藏形成了近等温升压变质作用，直到岩石被卷入俯冲通道。这些大陆岛弧岩石大多数会被俯冲侵蚀作用再循环至地幔，只有少量岩石可能受俯冲通道与上覆弧前基底界面附近的上升流的影响而折返至地表（Gerya et al.，2002）。最近，Liu 等（2014）用这一机制解释南天山部分具有大陆岛弧属性的 HP-UHP 变质岩的形成，但作者并没有进行 *P-T* 轨迹的研究。

锆石 U-Pb 定年表明，部分样品至少记录了～1.9～1.7Ga 和～830～800Ma 的两期变质作用，笔者认为，上述 *P-T* 轨迹对应～830～800Ma 的变质，原因如下：①～830～800Ma 的变质年龄在所有的样品中均有记载，而～1.9～1.7Ga 的锆石在部分样品中缺失；②～1.9～1.7Ga 的变质锆石通常以残留核的形式被～830～800Ma 的变质边包裹；③样品 11K17 和 12K24 中～830～800Ma 的变质锆石的 Ti 温度与峰期温度相当，而显著低于～1.9～1.7Ga 的锆石的 Ti 温度；④～830～800Ma 的变质锆石包含基质变质矿物，如石榴子石、单斜辉石、榍石等，而～1.9～1.7Ga 的锆石中未发现这些包裹体（未发表资料）。因此，笔者认为，上述逆时针 *P-T* 轨迹及其指示的俯冲-增生作用发生在新元古代中期（～830～800Ma），而～1.9～1.7Ga 可能记录了围岩的古元古代变质作用，这在研究区是广泛存在的（Long et al.，2010；董昕等，2011；Zhang et al.，2012b；Ge et al.，2013a，b）。

变质锆石形成于哪一个变质阶段（进变质、峰期变质或退变质），对 *P-T* 轨迹的研究至关重要（Harley et al.，2007）。上述～830～800Ma 的变质锆石具有较陡的 HREE 斜率，即使对包含大量石榴子石的样品 11K17 和 12K24 也是如此（图 4-30（d）），这与形成于石榴子石生长阶段的具有相对平坦的 HREE 的变质锆石显著不同（Rubatto and Hermann，2007），这意味着这些变质锆石可能形成于退变质阶段，而非峰期或进变质阶段，因为相平衡模拟表明，这两个阶段以显著的石榴子石生长为特征，而退变质阶段伴随着石榴子石的分解。确实，样品 11K17 和 12K24 中～830～800Ma 的变质锆石的平均 Ti 温度比这两个样品记录的峰期变质温度稍低。此外，一些～830～800Ma 的变质锆石具有非常高的初始 $^{176}Hf/^{177}Hf$ 值（0.28227～0.28262），对应于正的 $\varepsilon Hf_{(t)}$（+0.2～+13.0），一种解释是这种正 $\varepsilon Hf_{(t)}$ 可能继承自来源于亏损地幔楔的原岩（即岛弧玄武岩），且岩浆作用发生在变质作用之前不久；另一种解释是，这种高的初始 $^{176}Hf/^{177}Hf$ 值可能来源于石榴子石分解产生的 Hf，因为石榴子石具有很高的 $^{176}Lu/^{177}Hf$ 值（Klemd et al.，2011），可以在很短的时间内积累大量的放射性成因的 ^{176}Hf（图 4-30（c）），后种解释支持～830～800Ma 的变质锆石形成于冷却抬升阶段的结论。值得注意的是，不同 Ti 温度的变质锆石具有相似的变质年龄，说明抬升可能发生在一个相对较短的时期内。

4.4.6 小结

库尔勒地区的变质基性岩和钙硅酸岩透镜体普遍记录了新元古代中期（～830～800Ma）的变质作用，其原岩可能是具有大陆岛弧属性的玄武质岩石，并部分经历了富 Ca 流体的强烈交代作用。这些岩石经历了高角闪岩相至高压麻粒岩相变质作用，并具有逆时针的 *P-T* 轨迹，且涉及等温埋藏。其峰期变质温压条件指示的视地温梯度（～18℃/km）对应中等 d*T*/d*P* 型变质作用，形成于俯冲或碰撞造山背景。其逆时针 *P-T* 轨迹类似于增生杂岩中高级变质岩记录的俯冲启动阶段的变质作用，但考虑到其原岩的大陆岛弧属性，这些岩石最有可能是原先的岛弧岩石由于俯冲侵蚀被置于弧前位置后发生变质的产物，其等温升压轨迹可能记录了沿俯冲通道附近弯曲的等温线埋藏的过程，而其冷却抬升可能受控于俯冲通道与弧前基底分界面附近的被动上升流。这一研究为塔里木北缘的新元古代构造热事件（即“塔里木运动”）提供了变质作用的证据，且其变质作用的时代是新元古代中期，而非格林威尔期，这一构造-热事件发生的构造背景最有可能是推进型增生造山作用，而非碰撞造山或裂解。

第5章 阿克苏前寒武纪蓝片岩形成时代及背景

5.1 地 质 背 景

5.1.1 蓝片岩的分布

阿克苏蓝片岩块体出露于新疆阿克苏市西南约 20km 处，位于塔里木克拉通西北缘的柯坪隆起区内，岩层呈 NE-SW 方向分布，宽约 25km，长约 40km（图 5-1）。块体南端被震旦系苏盖特布拉克组和齐格布拉克组的红色长石砂岩不整合覆盖（图 5-2），在震旦系底砾岩中发现有下伏变质的片岩和基性岩脉的砾石，基性岩脉穿切了蓝片岩但没有经受高压变质作用，并且被上覆震旦系地层覆盖（图 5-3）。因此，阿克苏蓝片岩是迄今为止世界上所发现的最典型的前寒武纪蓝片岩（董申保，1989；Liou et al.，1989，1996）。

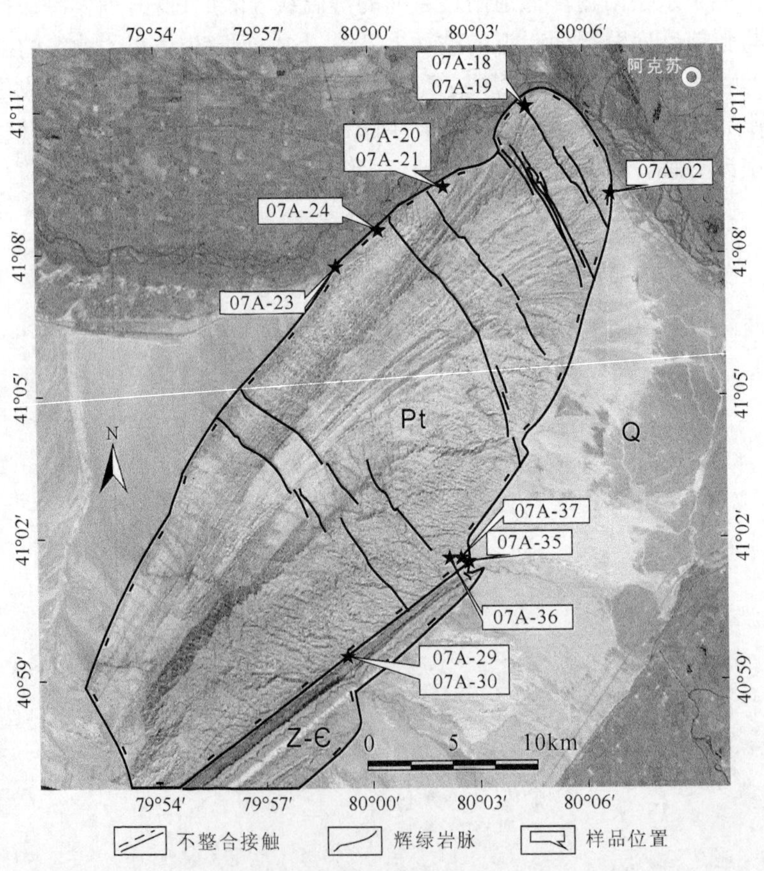

图 5-1 阿克苏蓝片岩块体区域地质遥感解译图（据 Zheng et al.，2010）

（Landsat-7 ETM+图像，采用 5、4、3 波段合成）

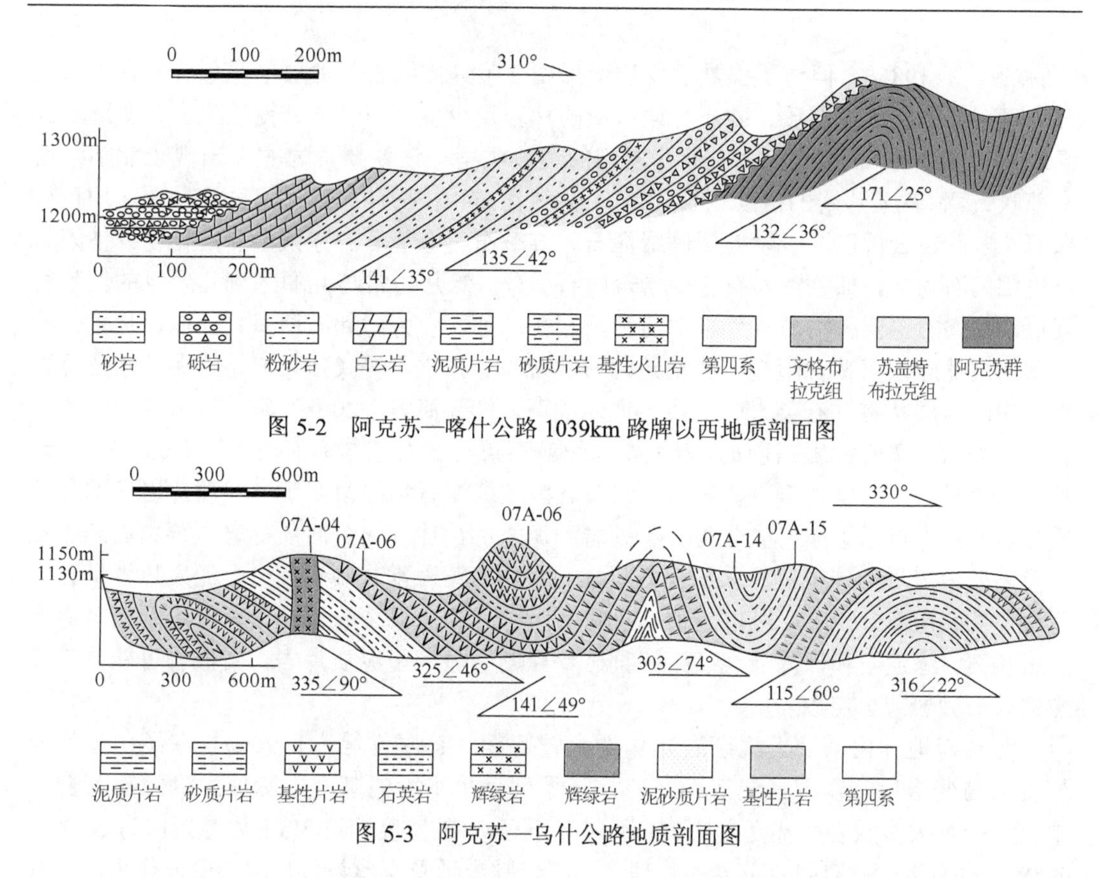

图 5-2　阿克苏—喀什公路 1039km 路牌以西地质剖面图

图 5-3　阿克苏—乌什公路地质剖面图

阿克苏蓝片岩块体的西翼被巨大第四系洪积扇覆盖，北翼被阿克苏河现代河流沉积掩埋，仅在东南侧可以看见蓝片岩体被上元古界震旦系所不整合覆盖，不整合面走向约 40°，与上覆地层基本平行。不整合面之上为破碎、未变质的震旦系及其上连续的古生代地层。震旦系主要由碎屑岩及碳酸盐岩组成，含有少量台地内非海相-陆棚相的火山岩。震旦系底部含若干层厚层砾岩、角砾岩，包括成熟度高的纯石英砾岩，也包括成熟度极低的角砾岩——在其中可见下伏蓝片岩及其中辉绿岩脉的角砾，同时辉绿岩脉也没有切穿不整合面之上的震旦系地层。不整合面之上的震旦系地层（包括苏盖特布拉克组和齐格布拉克组）是一个海进序列，从底部的角砾岩、砾岩（陆相）逐渐过渡到富含微古植物化石（高振家等，1985）、交错层理大量发育的砂岩、粉砂岩及少量泥页岩（河流、滨海相），再到富含叠层石、核形石的中厚层白云岩、灰岩、竹叶状灰岩（滨海相、浅海陆棚相）。其中，砾岩与砂岩的过渡带中产出若干层基性岩席（Liou et al.，1996），每层厚若干米。底部灰岩、白云岩含大量蒸发岩矿物溶蚀形成的溶孔，显示陆相向海相的转换点。其中齐格布拉克组的叠层石包括瘤状叠层石、具核叠层石、面包状叠层石等中国东部、前苏联和澳大利亚的晚元古代标准分子。下震旦统仅含形态简单的疑源类和可与中国东部及澳大利亚与非洲可对比的晚元古代冰碛岩（肖序常等，1990a）。

5.1.2　蓝片岩的物质组成

阿克苏蓝片岩地体传统上被归为阿克苏群，1959 年被阿克苏地质大队划为下元古界

（高振家等，1985），但由于强烈的变质变形，准确具体的岩石地层单位划分一直难以展开。阿克苏群主要由泥质、砂质与镁铁质的片岩及少量变石英岩、变铁质岩、变燧石岩组成，其变质相属于绿片岩相-蓝片岩相的过渡类型。镁铁质片岩主要出现于北部，而南部缺失。镁铁质片岩的矿物组合为绿帘石-绿泥石-钠闪石-阳起石及残留的长石、石英、榍石、多硅白云母以及少量的黑硬绿泥石、方解石、电气石、赤铁矿和硫化物。钠闪石以青铝闪石为主，部分钠闪石有少量蓝闪石成分。绿片岩常与几厘米到几米厚的蓝片岩互层，它们的主要区别是蓝片岩中的钠闪石在绿片岩中为阳起石所替代。在蓝片岩体的北部出现蓝透闪石替代阳起石和钠角闪石的现象。张立飞等（1998）还曾在基性蓝片岩夹层中的薄层状磁铁石英岩中发现了迪尔闪石。郑碧海等（2008）研究认为该镁铁质片岩的原岩为拉斑玄武岩。泥质片岩主要为细粒石英与长石重结晶而成，含有多硅白云母、长石，少量石墨、电气石、磷灰石、锆石、黑硬绿泥石和绿帘石等。泥质片岩通常与砂质片岩互层，显示了原岩成分为石英砂岩和泥岩的韵律变化。砂质片岩主要由石英、长石及多硅白云母黑硬绿泥石和绿泥石组成。变质石英岩常与砂质片岩、泥质片岩呈数十厘米厚的互层状。砂质片岩与泥质片岩的不同在于相对很少的多硅白云母以及相对更多的斜长石、绿泥石和黑硬绿泥石，并且矿物粒度明显大于泥质片岩，其原岩可能是不成熟的长石砂岩或岩屑砂岩。

蓝片岩地体内部缺乏混杂岩，构造上较连续（肖序常等，1990a）。在经历蓝片岩相变质与变形后，在震旦纪沉积之前，一系列近乎平行的基性岩脉侵入到阿克苏群之中（图 5-1）。大多数岩脉宽度在从 2m 到 10m 不等，有的宽度超过 30m，岩脉走向为 N40°～47°W，并且近于垂直阿克苏群的片理走向。岩脉未经受变形与蓝片岩相变质作用，但有轻微的葡萄石-绿纤石相变质，矿物组合包括钛辉石、含钛角闪石、钛黑云母、磷灰石、蛇纹石化斜长石以及绿泥石化的橄榄石。岩脉中矿物的颗粒大小随着岩脉宽度而出现较大的变化。在岩脉的边缘部分，初始的矿物组合由于葡萄石-绿纤石相变质作用而被绿泥石、钠长石、石英、方解石、绿帘石与绿纤石所取代。由于高的 CO_2 活动性，许多葡萄石-绿纤石相变质岩脉并不包含葡萄石、绿纤石，甚至是绿帘石这样的特征变质矿物。该变质作用并没有改变蓝片岩体的矿物组合，这显示这些岩脉的轻微变质是在岩浆侵入冷却的过程中发生的（Liou et al.，1996）。大量存在的细岩脉、广泛的岩脉次绿片岩相变质以及蓝片岩缺乏次绿片岩变质叠加的现象，说明阿克苏岩墙的侵入应当发生在地壳的浅层。Liou 等（1996）研究发现，这些基性岩墙普遍高 TiO_2、Fe_2O_3、K_2O+Na_2O 以及 P_2O_5，而低 MgO 与 CaO，其 Ti-Zr-Y 图解显示辉绿岩脉属于板内玄武岩，矿物组合显示辉绿岩是非造山性质的。

5.1.3 蓝片岩的变形特征

蓝片岩地体内部发育强烈而复杂的褶皱变形，并且伴有高角度的断层活动。这些褶皱变形可以被分为四期：第一期变形与蓝片岩相的高压变质以及变质岩片理面的形成相关联，主要形成了所有岩石中的片理和线理构造，并生成大量中等规模的等斜的及横卧的褶皱，褶皱轴平行于片理面。小的片理及原始的岩层层面均发生褶皱，大多数原岩的层理在等斜的褶皱过程中得以保留，并且大多数造岩矿物沿片理面发育，表明此期变形与蓝片岩相的变质重结晶作用是同时发生的。第二期变形生成露头尺度的与片理面以及第一期紧闭褶皱大尺度相交的开阔褶皱，有时这些褶皱具有明显的剪切性质（图 5-4），表现为结晶后的云母与黑硬绿泥石局部发生弯曲与绿泥石化，这说明该期挤压变形发生于蓝片岩变质作用高峰期之后。NW-SE 走向的平行断层随着第二期褶皱变形发生，基性岩墙的侵入可能稍晚于或与该期变形同时发生。第三期变形生成地图尺度的一系列向斜和背斜，轴面走向 NW—SE，其变形程度比上覆震旦系地层大。该期主要特征是一系列高角度的走向 320°～330°的正断层的活动。肖序常等（1990a）认为，北东部基性片岩出露地带是一个大的向斜，而在其南东侧一直到不整合面则是一系列规模相对小的背斜和向斜。但本野外测量结果表明，北东部也是由几个规模相同的向斜和背斜组成的（图 5-3）。最后，蓝片岩地体作为一个整体参与了震旦系地层的褶皱，造成第四期变形。

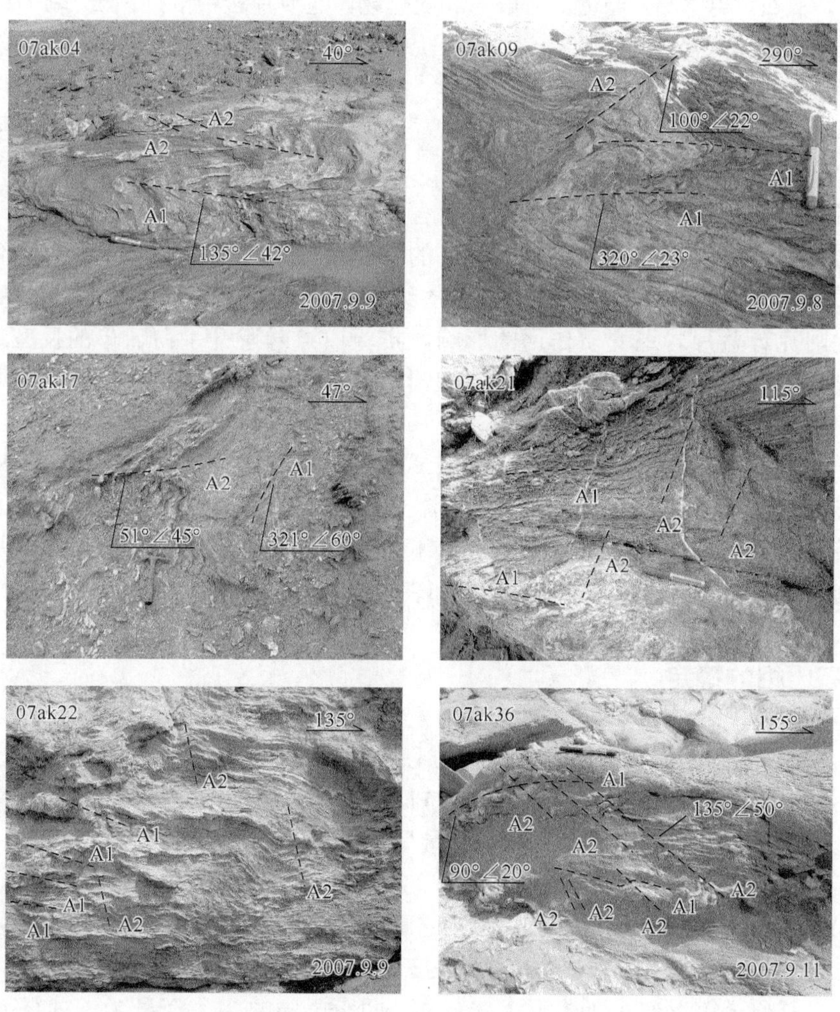

图 5-4 阿克苏蓝片岩地质体第一期与第二期褶皱关系示意图（彩图见图版）

A1 为第一期褶皱轴面，A2 为第二期褶皱轴面，图片左上角为照片编号由于强烈的褶皱变形作用，蓝片岩地体内部各种不同岩石往往是反复交替出现的，但总体上，地体北西部是基性片岩与变质沉积片岩在剖面尺度上互层，而靠近不整合面的南东部则仅见变质沉积片岩。在基性片岩和变质沉积片岩中，大量产出钠长石石英脉体，宽度从几毫米至几十厘米，大部分平行片理面，小部分切穿片理面，且大多数与片岩紧密互层，甚至在薄片尺度下也往往与基性片岩互层。董申保（1989）曾认为这些条带是在变质过程中由变质热液产生的。

5.2　蓝片岩形成的温压条件

阿克苏蓝片岩中的泥质片岩和砂质片岩均含有多硅白云母。泥质片岩主要由细粒石英、长石重结晶而成，含多硅白云母、钠长石、绿帘石、黑硬绿泥石、绿泥石，次要矿物为锆石、磷灰石、电气石、石墨、方解石和硫化物。泥质片岩中多硅白云母条带与石英条带呈现出厘米毫米尺度上的互层，这显示出原岩成分为泥岩与石英砂岩互层的韵律变化。砂质片岩主要由石英、钠长石、多硅白云母、绿泥石和黑硬绿泥石组成，次要矿物与泥质片岩相似。在泥质片岩和砂质片岩中存在着显著的多硅白云母微型褶皱，钠长石亦存在强烈的波状消光及破裂变形带。

为了确定蓝片岩的变质条件，本书对含多硅白云母的泥质片岩和砂质片岩进行了研究。样品采集集中在阿克苏蓝片岩地体的南北两侧，地质体中部因野外条件恶劣未能取样。对于每个样品，选取了三个不同的结晶完好的多硅白云母进行电子探针测试。为了消除阿克苏蓝片岩退变质作用的影响，实验取点时避开了白云母的反应边，因为往往在颗粒的边缘 Si 原子数发生了明显变化，已不能指示其形成时的压力环境（姜文波和张立飞，2001）。

电子探针测定在南京大学内生金属矿床成矿机制研究国家重点实验室 JXA-8100 型仪器上完成：工作条件为加速电压 15kV，电流 2×10^{-5}A；标样分别为：F 为美国国家标准局天然矿物标样——氟磷灰石标样，Cr 为国标委 Cr_2O_3 标样，其他元素为美国国家标准局天然矿物标样——角闪石标样。实验数据如表 5-1。

5.2.1　高压相的确定

Massonne 和 Schreyer（1987）以及 Massonne 和 Szpurka（1997）通过实验提出多硅白云母 Si 原子数可作为地质压力计。在 KFMASH（K_2O-FeO-MgO-Al_2O_3-SiO_2-H_2O）体系中，随着压力增加，Si 等值线表明 Si 含量呈线性增加（Zhu and Wei，2007）。多硅白云母具体又可分为低硅的（Si＜3.3）、中硅的（Si：3.3～3.5）和高硅的（Si＞3.5）（Grimmer et al.，2003），一般当 Si 原子数大于 3.3 时才是高压、超高压变质形成的多硅白云母。电子探针分析显示，阿克苏蓝片岩中的多硅白云母 SiO_2 含量为 47.97%～56.55%，平均为 53.99%。以氧原子数为 11 标准化后，多硅白云母分子中的 Si 原子数为 3.312～3.596，平均为 3.478，是典型的多硅白云母（表 5-1）。Al 原子数为 1.97～2.36（表 5-1），表明初始形成的白云母中 6 次配位的 Al^{IV} 已部分被 Fe、Mg 替代。

表 5-1 阿克苏多硅白云母电子探针分析结果（据黄文涛等，2009）

样品/%	07A-02			07A-18			07A-19			07A-20		
	1	2	3	1	2	3	1	2	3	1	2	3
K_2O	8.074	6.54	7.864	6.827	6.989	6.306	8.059	8.059	7.621	7.832	7.323	7.663
CaO	0.017	0.024	0.000	0.000	0.008	0.003	0.017	0.000	0.000	0.003	0.013	0.008
TiO_2	0.236	0.106	0.143	0.052	0.072	0.065	0.100	0.096	0.094	0.052	0.030	0.084
Na_2O	0.124	0.142	0.281	0.071	0.122	0.032	0.087	0.088	0.046	0.111	0.128	0.072
MnO	0.099	0.066	0.082	0.061	0.032	0.109	0.026	0.024	0.033	0.025	0.032	0.005
FeO	4.448	4.029	4.781	3.956	3.470	4.130	2.645	2.486	2.600	3.515	3.963	4.358
MgO	2.609	2.742	2.726	3.093	2.807	3.464	2.437	2.468	2.477	2.521	2.692	2.698
Cr_2O_3	0.044	0.032	0.004	0.001	0.018	0.011	0.023	0.016	0.009	0.000	0.000	0.006
SiO_2	52.864	54.623	53.863	49.931	47.966	54.140	53.104	53.999	54.286	53.498	53.050	53.938
Al_2O_3	29.465	29.167	30.14	26.788	26.859	28.188	31.423	31.038	30.990	29.843	29.175	28.540
Total	97.983	97.487	99.834	90.780	88.343	96.448	97.921	98.274	98.171	97.400	96.406	97.372
以 11 个氧计算的阳离子数												
K	0.66169	0.53086	0.63178	0.59981	0.63165	0.51743	0.65345	0.64973	0.61345	0.64018	0.60481	0.62839
Ca	0.00117	0.00164	0.00000	0.00000	0.00061	0.00021	0.00116	0.00000	0.00000	0.00117	0.00090	0.00055
Ti	0.01140	0.00507	0.00677	0.00269	0.00384	0.00314	0.00478	0.00456	0.00446	0.00251	0.00146	0.00406
Na	0.01544	0.01752	0.03431	0.00948	0.01676	0.00399	0.01072	0.01078	0.00563	0.01379	0.01607	0.00897
Mn	0.00539	0.00356	0.00437	0.00356	0.00192	0.00594	0.00140	0.00128	0.00176	0.00136	0.00175	0.00027
Fe	0.23896	0.21439	0.25179	0.22784	0.20559	0.22215	0.14059	0.13139	0.13720	0.18834	0.21456	0.23427
Mg	0.25145	0.26175	0.25754	0.31957	0.29834	0.33426	0.23238	0.23399	0.23448	0.24233	0.26146	0.26018
Cr	0.00223	0.00161	0.00020	0.00005	0.00101	0.00056	0.00116	0.00080	0.00045	0.00000	0.00000	0.00030
Si	3.39601	3.47554	3.39197	3.43872	3.39813	3.48222	3.37518	3.41255	3.42529	3.42772	3.43444	3.46712
Al	2.23086	2.18723	2.23697	2.17432	2.24260	2.13677	2.35382	2.31176	2.30456	2.25355	2.22606	2.16214

样品/%	07A-21			07A-23			07A-24			07A-29		
	1	2	3	1	2	3	1	2	3	1	2	3
K_2O	7.757	8.538	8.361	7.675	8.380	7.344	7.673	7.804	8.486	7.811	8.422	7.575
CaO	0.010	0.008	0.000	0.000	0.000	0.010	0.005	0.000	0.000	0.000	0.000	0.103
TiO_2	0.051	0.050	0.016	0.047	0.118	0.019	0.056	0.061	0.048	0.019	0.073	0.081
Na_2O	0.056	0.045	0.060	0.024	0.079	0.003	0.047	0.029	0.048	0.042	0.035	0.079
MnO	0.073	0.047	0.064	0.118	0.050	0.082	0.040	0.026	0.075	0.040	0.012	0.059
FeO	4.141	3.830	3.801	5.972	4.056	5.930	5.037	4.446	4.831	5.130	5.121	5.432
MgO	2.742	2.853	2.803	2.508	2.579	2.407	2.435	2.639	2.712	3.066	3.134	3.108
Cr_2O_3	0.025	0.019	0.000	0.024	0.005	0.018	0.009	0.000	0.000	0.014	0.000	.0.011
SiO_2	53.108	52.592	53.300	56.061	51.266	56.551	55.259	54.674	54.594	54.319	55.274	55.334
Al_2O_3	28.160	28.872	28.816	26.354	31.046	26.307	27.783	28.799	27.857	26.294	27.120	26.654
Total	96.123	96.854	97.176	98.783	97.579	98.671	98.344	98.478	98.651	96.735	99.191	98.436
以 11 个氧计算的阳离子数												
K	0.64504	0.70752	0.68857	0.62405	0.69042	0.59572	0.62394	0.63282	0.69179	0.64815	0.68315	0.61731
Ca	0.00119	0.00056	0.00000	0.00116	0.00000	0.00068	0.00116	0.00000	0.00000	0.00118	0.00000	0.00705
Ti	0.00250	0.00244	0.00078	0.00225	0.00573	0.00091	0.00268	0.00292	0.00231	0.00093	0.00349	0.00389

续表

样品/%	07A-21			07A-23			07A-24			07A-29		
	1	2	3	1	2	3	1	2	3	1	2	3
Na	0.00708	0.00567	0.00751	0.00297	0.00989	0.00037	0.00581	0.00357	0.00595	0.00530	0.00431	0.00978
Mn	0.00403	0.00259	0.00350	0.00637	0.00274	0.00442	0.00216	0.00140	0.00406	0.00220	0.00065	0.00319
Fe	0.22573	0.20805	0.20520	0.31832	0.21906	0.31533	0.26850	0.23633	0.25817	0.27905	0.27230	0.29019
Mg	0.26814	0.27803	0.27147	0.23982	0.24988	0.22961	0.23285	0.25166	0.26000	0.29919	0.29895	0.29786
Cr	0.00129	0.00098	0.00000	0.00121	0.00026	0.00090	0.00045	0.00000	0.00000	0.00072	0.00000	0.00056
Si	3.46172	3.41618	3.44081	3.57310	3.31087	3.59579	3.52225	3.47522	3.48865	3.53317	3.51448	3.53474
Al	2.16332	2.21031	2.19241	1.97964	2.36306	1.97143	2.08715	2.15742	2.09799	2.01570	2.03229	2.00671

样品/%	07A-30			07A-35			07A-36			07A-37		
	1	2	3	1	2	3	1	2	3	1	2	3
K_2O	7.911	7.801	7.937	8.896	8.547	7.803	7.734	7.283	7.987	7.291	7.287	7.462
CaO	0.000	0.000	0.000	0.014	0.002	0.047	0.000	0.046	0.023	0.013	0.000	0.001
TiO_2	0.172	0.103	0.093	0.006	0.097	0.089	0.06	0.114	0.076	0.082	0.084	0.061
Na_2O	0.079	0.095	0.048	0.030	0.038	0.051	0.090	0.056	0.055	0.020	0.021	0.039
MnO	0.033	0.071	0.089	0.022	0.068	0.081	0.062	0.048	0.020	0.064	0.032	0.055
FeO	4.372	4.153	4.456	6.700	6.378	6.713	4.343	4.493	4.346	6.654	6.715	6.786
MgO	3.139	3.137	3.168	2.367	2.385	2.419	3.080	3.067	3.117	2.225	1.999	2.231
Cr_2O_3	0.013	0.009	0.016	0.016	0.000	0.001	0.017	0.024	0.011	0.037	0.000	0.000
SiO_2	56.138	56.139	55.204	54.106	54.565	54.672	53.696	53.558	54.231	55.520	55.480	56.033
Al_2O_3	27.481	27.379	28.455	26.510	26.020	26.524	27.706	28.310	28.302	27.331	25.824	26.167
Total	99.338	98.887	99.482	98.667	98.100	98.400	96.788	96.999	98.168	99.237	97.442	98.817
以 11 个氧计算的阳离子数												
K	0.63565	0.62859	0.63815	0.73435	0.70663	0.64125	0.63914	0.59938	0.65117	0.59085	0.60135	0.60780
Ca	0.00115	0.00000	0.00000	0.00118	0.00014	0.00324	0.00118	0.00318	0.00157	0.00116	0.00000	0.00007
Ti	0.00815	0.00489	0.00441	0.00029	0.00473	0.00431	0.00292	0.00553	0.00365	0.00392	0.00409	0.00293
Na	0.00965	0.01163	0.00587	0.00376	0.00477	0.00637	0.01130	0.00700	0.00681	0.00246	0.00263	0.00483
Mn	0.00176	0.00380	0.00475	0.00121	0.00373	0.00442	0.00340	0.00262	0.00108	0.00344	0.00175	0.00297
Fe	0.23028	0.21937	0.23486	0.36256	0.34567	0.36165	0.23528	0.24240	0.23227	0.35348	0.36326	0.36234
Mg	0.29661	0.29726	0.29954	0.22978	0.23188	0.23378	0.29933	0.29684	0.29885	0.21204	0.19400	0.21370
Cr	0.00065	0.00045	0.00080	0.00082	0.00000	0.00005	0.00087	0.00122	0.00056	0.00186	0.00000	0.00000
Si	3.53577	3.54589	3.47921	3.50103	3.53617	3.52189	3.47837	3.45510	3.46577	3.52680	3.58883	3.57759
Al	2.03993	2.03814	2.11361	2.02170	1.98739	2.01375	2.11526	2.15245	2.13170	2.04618	1.96878	1.96905

由多硅白云母的 w(FeO)-w(Al_2O_3) 变异图（图 5-5）和 w(Mg)-w(Na)变异图（图 5-6）可以看出，阿克苏多硅白云母变质级别为蓝片岩相，形成条件为高压变质，少数点投于区域之外可能是由于后期绿片岩相退变质作用造成的。熊纪斌和王务严（1986）研究认为，阿克苏蓝片岩中多硅白云母以 2M 型为主，3T 型为辅，其平均 b_0=0.90485nm。Sassi（1972）提出根据多硅白云母 b_0 值研究变质压力的方法，并以 b_0 值 0.9000nm 和 0.9040nm 为基准划分低、中和高压变质的方案。阿克苏蓝片岩地区多硅白云母平均 b_0 值显然反映出了其形成的高压特征。

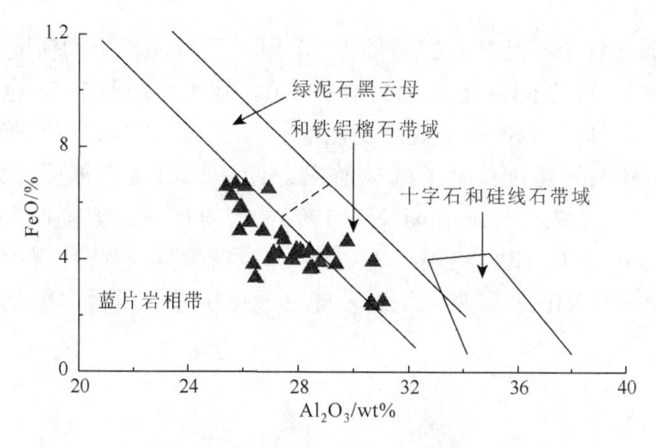

图 5-5　白云母成分与变质程度关系（据黄文涛等，2009）

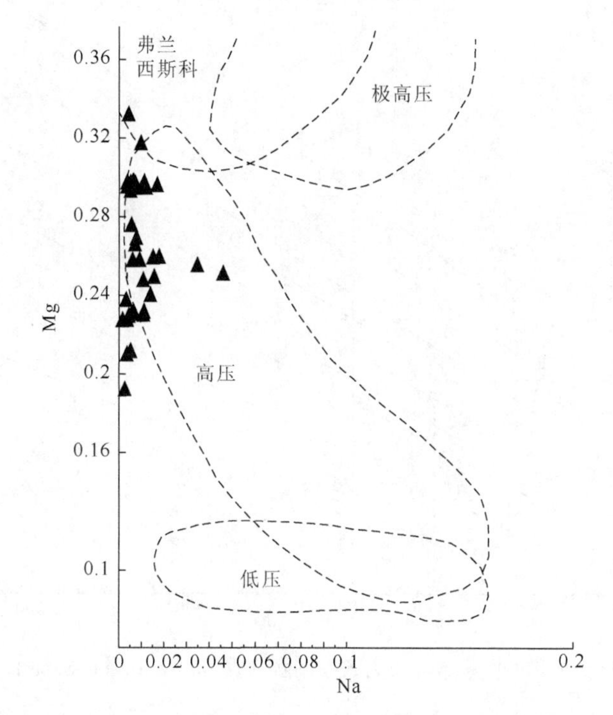

图 5-6　白云母成分 Mg 含量与压力关系图解（据黄文涛等，2009）

5.2.2　温压条件估算

研究区蓝片岩形成的温度条件主要是根据变形特征和前人资料获得。所采样品泥质片岩和砂质片岩中长石矿物有显微破裂，波状消光及机械双晶说明长石矿物主要为脆性变形，并兼有塑性变形特征，因而可以认为其变质相应为中高绿片岩相（胡玲，1988），形成温度应小于 400℃（Tullis and Yund，1991）。董申保（1989）认为，蓝闪绿片岩相温度变化于 300～400℃，结合 Liou 等（1996）根据成岩格子法所确定的阿克苏蓝片岩变质温度为 350～450℃，推测阿克苏蓝片岩形成的温度为 350～400℃。电子探针分析显示，阿克苏地质体各个样品多硅白云母中 Si 原子数目加权平均值变化范围为 3.40～3.56，其中南侧为 3.47～3.56，北侧为 3.40～3.50。除去北侧两个 Si 含量较低的样品点（07A-19、07A-02），样品点 Si 原子数目变化范围为 3.44～3.56，取其形成温度 T=350～400℃，则可由多硅白云母 Si 原子数地质压力计计算出阿克苏蓝片岩形成的压力为 P=0.51～0.83GPa（图 5-7）。Nakajima 等（1990）曾根据阿克苏蓝片岩中的钠闪石环带估算其形成压力为 0.5～0.7GPa；Liou 等（1996）根据阿克苏蓝片岩中的矿物组合认为其形成压力为 0.55～0.7GPa。可见，采用多硅白云母压力计所得出的结论与前人结果基本符合。

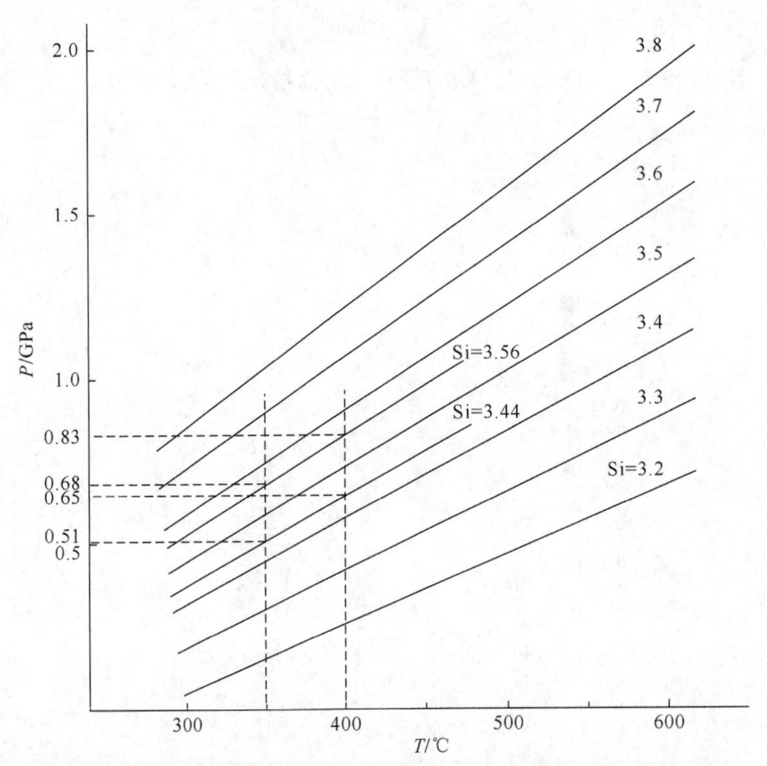

图 5-7　多硅白云母硅原子数与压力关系图解（据 Massonne and Szpurka，1997）

5.2.3　南北差异

从 Si-[Mg/(Fe+Mg)]、Si-[Na/(Na+K)]和 Si-Al 图（图 5-8）可以看出，南北两部分多硅白云母的化学成分有较为显著的区别。北部 Si 原子数较低，Mg/（Fe+Mg）、Na/（Na+K）以及含量都普遍较高；南部的 Si 原子数较高，Mg/（Fe+Mg）、Na/（Na+K）以及 Al 含量都普遍较低。Guidotti 等（1994）认为，Fe+Mg 的替代将促使白云母中 Na 的溶解度降低，而 Fe+Mg 的替代量与 Si 的替代量成正比，因此 Si 原子数高即 Fe+Mg 的替代量大，Na/（Na+K）值会偏小。另外，多硅白云母形成时 Al 会被 Fe+Mg 和 Si 所替代，Al 含量高则其被替代的少，Si 原子数就小。这解释了南部与北部多硅白云母化学成分所表现的差异。

阿克苏多硅白云母与蓝片岩为同期变质形成，它们有着相同的形成变质压力条件。因此，多硅白云母中硅原子数由北向南的增大即说明阿克苏蓝片岩北部的形成压力较小，南部的形成压力较大。

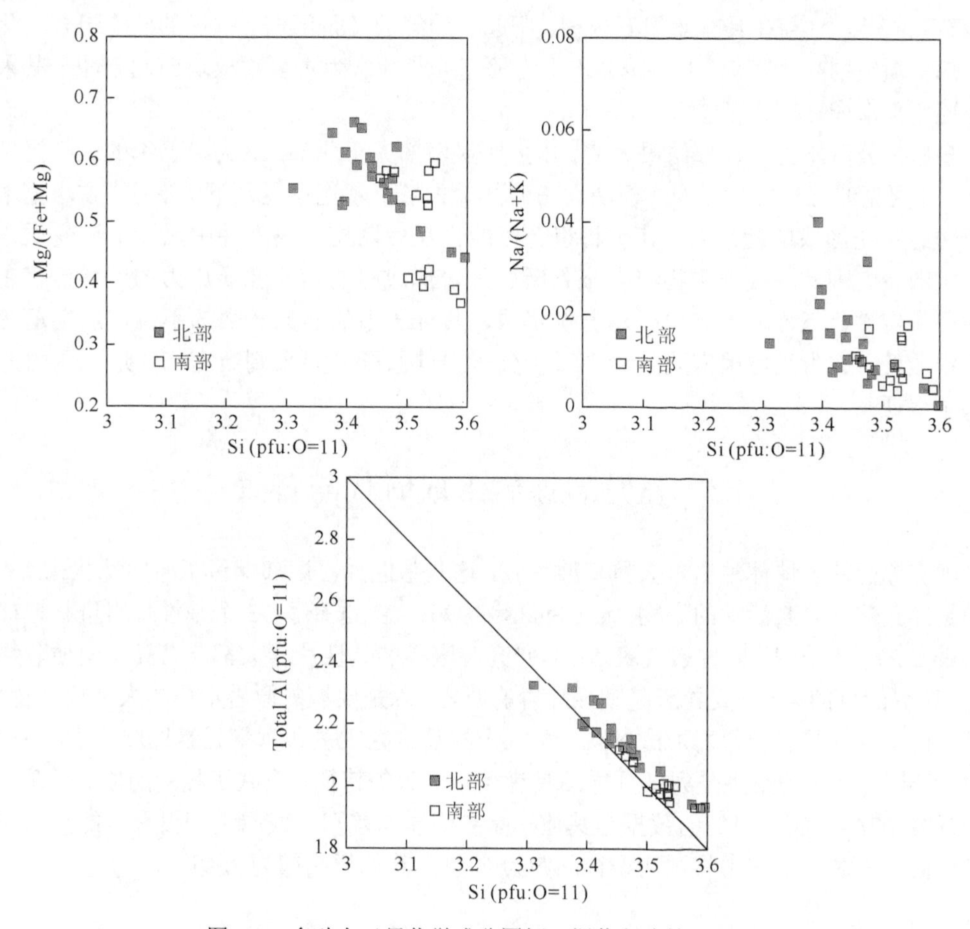

图 5-8　多硅白云母化学成分图解（据黄文涛等，2009）

5.2.4　俯冲极性探讨

Nakajima 等（1990）曾提出了阿克苏蓝片岩形成的两种构造模型：①阿克苏蓝片岩形成于 700Ma 前的古塔里木克拉通北部，并且推测那时古塔里木克拉通位于冈瓦纳大陆的最北缘；②阿克苏蓝片岩形成于一个位于古塔里木克拉通北部的某未知克拉通的南缘，之后这个克拉通南侧出现裂解，蓝片岩拼贴到古塔里木克拉通上。前者指示出了阿克苏蓝片岩是由大洋板块向南俯冲于古塔里木克拉通北部所形成；后者则指示出了阿克苏蓝片岩是由大洋板块向北俯冲于某未知克拉通南缘所形成，随后该克拉通南部裂解拼贴于古塔里木克拉通北部。模型①指示向南俯冲，意味着阿克苏蓝片岩地体南部俯冲深度较北部大，即地体南部的变质压力大于北部；模型②则相反。

Nakajima 等（1990）发现自南向北阿克苏蓝片岩变质级别略微增大。Liou 等（1996）研究认为阿克苏蓝片岩可以根据其中闪石的种类分为南北两个带。南部缺失基性片岩，主要矿物组合为绿帘石、绿泥石、钠闪石、阳起石并含有大量的钠长石、石英、榍石和多硅白云母，而缺少黑硬绿泥石、方解石、电气石、赤铁矿及硫化物；北部以基性片岩（包含钠闪石和镁闪石）为主，典型矿物组合为青铝闪石、阳起石、绿帘石、钠长石，次要矿物为榍石和石英，且存在具有蓝闪石内核、阳起石边缘的环带闪石。这样的矿物组合变化暗示北部变质级别高于南部。上述研究均认为阿克苏蓝片岩为古大洋板块向北俯冲于某未知克拉通南部形成，即模型②。

多硅白云母压力计计算结果表明，压力明显南部大于北部，这为模型①的成立提供了证据，即阿克苏蓝片岩为古大洋板块向南俯冲于古塔里木克拉通之下所形成。古塔里木克拉通边缘早先形成的蓝片岩，其矿物组合可能会在后期构造热事件中因发生退变质作用而发生改变。因此，根据矿物组合来判断蓝片岩形成时的南北变质压力的差异，存在一定的不确定性。然而，多硅白云母一经形成，其分子中的硅原子数却不会在后期退变质过程中改变，这为我们用南北多硅白云母分子中硅原子差异来判断它们的形成压力差异提供了保证。

5.3 蓝片岩原岩形成时代与背景

阿克苏蓝片岩地体中出露大量基性片岩，这些基性片岩局部保留了原始枕状构造，被认为是洋底基性岩浆活动的产物（Liu et al.，1996）。共选择了 13 个基性片岩进行地球化学（表 5-2）和 Sr-Nd 同位素（表 5-3）研究，取样的基性片岩大都含有高压变质矿物蓝闪石。研究的目的，一是要弄清楚基性片岩的原岩，二是要恢复原岩形成的大地构造背景，三是要确定基性片岩的原岩形成时代。对 13 个样品进行主量和微量元素地球化学和 Sr-Nd 同位素测试，得到的结果是大部分样品具有相对一致的特征，反映了相同的原岩性质。但其中样品 07A-9、07A-10 的数据与其他样品有明显的差别，表明它们很有可能与其他样品有不同的来源。下文中将这两个样品归为 B 组，其他样品归为 A 组。

5.3.1 地球化学特征

1. 主量元素特征

研究表明，样品 SiO_2 含量在 45.50%～54.60%，算术平均值为 48.36%，在基性岩的范围之内。除样品 07A-8、07A-9 和 07A-10 之外，其他样品 Na_2O 含量明显大于 K_2O，这有可能是碱金属成岩后活动的结果，也很有可能是在元素活动叠加的基础上反映的原岩的性质。MgO 含量（3.45%～9.79%）偏低且变化大。样品 TiO_2 含量在 0.62%～2.39%，平均值为 1.56%，与 Pearce（1983）指出的典型洋中脊玄武岩 TiO_2 含量（约 1.5%）接近。总的来说，各个样品的主量元素含量差异相当大，这与阿克苏蓝片岩地体在整个地质历史中经历的复杂的蚀变、风化、变质过程相关。Pearce（1976）曾经总结在洋底风化和大气风化的条件下只有 Ti 和 Al 等少数主量元素保持了较好的不活动性。同时，这些样品还经历了蓝片岩相的高压变质，并受到俯冲带富集的变质流体的影响，很可能大多数主量元素的含量都相对原岩有了一定的变化。

表 5-2　阿克苏蓝片岩中基性片岩主微量元素分析结果表（据郑碧海等，2008）

样品号	07A-1	07A-5	07A-6	07A-7	07A-8	07A-9	07A-10	07A-11	07A-12	07A-22	07A-25	07A-26	07A-27
主量元素/%（全铁用 Fe_2O_3 表示）													
SiO_2	47.85	54.60	48.15	47.54	45.47	47.55	52.63	46.00	46.05	48.15	50.96	47.01	46.75
TiO_2	1.48	1.29	1.95	1.87	1.46	0.75	0.62	1.50	2.39	2.15	1.38	1.84	1.62
Al_2O_3	14.19	12.78	14.35	15.15	13.78	16.02	14.25	13.79	13.59	14.16	11.53	15.96	15.93
Fe_2O_3	12.44	11.76	15.44	13.95	14.75	12.10	10.83	14.43	16.05	11.85	12.79	15.19	14.83
MnO	0.16	0.23	0.20	0.23	0.19	0.18	0.14	0.21	0.22	0.16	0.17	0.24	0.20
MgO	3.97	3.81	4.00	6.17	9.79	5.72	5.98	7.98	4.43	7.91	8.08	3.71	3.45
CaO	13.63	10.06	9.49	7.53	8.19	7.86	7.60	11.15	11.77	7.84	8.62	11.04	10.45
Na_2O	3.26	3.43	3.50	2.85	0.86	2.90	2.81	2.18	3.25	4.26	3.38	2.25	2.98
K_2O	0.29	0.48	1.36	1.63	2.67	3.04	2.64	0.18	0.49	0.12	0.44	0.36	1.60
P_2O_5	0.29	0.24	0.35	0.33	0.19	0.08	0.13	0.18	0.37	0.31	0.35	0.32	0.36
LOI	2.93	1.47	1.94	3.05	3.27	4.33	2.90	3.10	2.19	3.45	2.76	2.71	1.91
SUM	100.48	100.14	100.72	100.30	100.63	100.54	100.54	100.71	100.79	100.37	100.45	100.64	100.07
微量元素/ppm													
Li	13.0	13.0	41.3	44.4	30.5	35.3	26.1	16.5	41.2	29.9	20.9	38.2	55.2
Be	0.84	0.43	1.30	1.07	1.14	0.97	0.48	0.49	0.70	0.65	1.12	0.55	1.39
Sc	56.6	44.1	51.4	55.1	47.0	53.6	40.8	52.1	53.9	33.2	25.7	38.7	36.5
Ti	8909	7747	11687	10746	8164	4648	3600	8949	14817	12598	8273	10924	9897
V	346	318	358	328	377	209	202	407	460	272	243	280	284
Cr	212	150	134	172	164	343	259	181	128	282	283	206	190
Mn	1386	1891	1639	1862	1566	1496	1175	1793	1782	1301	1377	1976	1742
Co	52.8	41.5	51.1	49.7	56.3	55.7	49.1	55.6	47.0	49.1	54.1	65.4	65.2
Ni	94	71	55	84	103	179	142	90	73	137	245	125	107
Cu	48.3	65.2	66.7	80.8	86.8	57.8	36.6	80.3	89.6	40.1	49.3	68.0	28.5
Zn	44.4	36.3	68.0	62.2	61.2	51.9	36.3	52.4	61.2	57.2	74.6	84.4	85.7
Ga	17.5	17.3	19.4	20.0	18.5	16.3	13.2	18.9	23.5	16.9	15.0	23.7	24.3
Rb	8.37	12.07	38.87	53.14	54.01	65.11	53.33	4.09	14.23	3.03	13.27	14.39	54.42
Sr	151	115	162	168	263	137	165	126	257	130	105	154	169
Y	33.0	26.1	40.9	40.5	28.9	20.7	17.0	28.9	45.4	23.4	24.8	26.5	26.2
Zr	119.5	101.7	184.0	164.2	102.2	50.5	39.1	107.1	206.5	142.1	118.8	119.2	105.8
Nb	10.72	8.32	16.37	14.41	6.99	2.44	1.98	7.49	19.07	13.79	12.18	10.66	9.33
Mo	0.69	1.15	0.98	1.58	0.70	1.25	0.68	1.27	0.80	0.98	0.89	0.91	0.86
Cd	0.12	0.05	0.05	0.09	0.02	0.01	0.02	0.09	0.11	0.05	0.05	0.05	0.04
Sn	1.15	0.95	1.72	1.62	0.96	0.57	0.44	1.01	1.82	1.39	1.21	1.24	1.17
Cs	0.31	0.21	1.38	2.33	1.35	1.96	1.65	0.01	0.61	0.02	0.52	0.48	1.97
Ba	99.2	109.2	430.9	452.6	347.0	494.8	406.5	39.1	114.9	53.6	113.8	164.1	604.4
La	10.08	6.85	12.40	11.05	7.14	2.41	2.16	7.27	15.17	10.44	10.04	8.89	9.21
Ce	22.62	16.70	30.08	26.33	17.30	6.31	5.44	17.22	35.94	24.31	23.47	21.39	21.85
Pr	3.11	2.31	4.02	3.67	2.48	0.95	0.86	2.45	4.81	3.54	3.09	2.88	2.88
Nd	14.27	11.20	19.32	17.56	11.82	4.78	4.57	12.03	22.35	17.11	14.86	13.81	13.68
Sm	3.94	3.16	5.28	4.88	3.56	1.66	1.52	3.53	5.98	4.76	4.18	4.08	4.04

续表

样品号	07A-1	07A-5	07A-6	07A-7	07A-8	07A-9	07A-10	07A-11	07A-12	07A-22	07A-25	07A-26	07A-27
微量元素/ppm													
Eu	1.38	1.16	1.76	1.74	1.32	0.69	0.61	1.25	2.02	1.51	1.42	1.48	1.46
Gd	4.89	4.05	6.59	6.40	4.72	2.50	2.19	4.46	7.44	5.35	4.96	5.02	4.96
Tb	0.73	0.59	1.00	0.95	0.72	0.42	0.37	0.66	1.11	0.70	0.72	0.72	0.70
Dy	6.04	4.87	7.69	7.47	5.44	3.56	2.84	5.17	8.56	5.01	5.17	5.30	5.26
Ho	1.36	1.07	1.72	1.65	1.22	0.84	0.69	1.12	1.90	1.04	1.06	1.13	1.09
Er	4.03	3.18	5.19	5.05	3.49	2.56	2.12	3.41	5.61	2.81	2.78	2.93	3.17
Tm	0.59	0.48	0.74	0.74	0.50	0.37	0.32	0.49	0.82	0.40	0.38	0.44	0.43
Yb	3.91	3.09	4.89	4.78	3.09	2.45	2.15	3.31	5.33	2.51	2.37	2.72	2.60
Lu	0.61	0.48	0.74	0.72	0.48	0.39	0.33	0.51	0.80	0.37	0.34	0.40	0.40
Hf	2.91	2.58	4.42	4.14	2.67	1.42	1.02	2.75	4.69	3.68	2.98	3.21	2.81
Ta	0.72	0.57	1.10	0.98	0.48	0.20	0.16	0.54	1.38	0.94	0.95	0.72	0.65
W	0.37	0.44	0.41	0.70	0.31	0.52	0.26	0.40	0.51	0.78	0.46	0.50	0.44
Pb	2.15	0.33	1.34	1.43	0.11	0.53	0.76	0.17	1.77	0.66	0.62	1.03	1.17
Bi	0.02	0.03	0.03	0.02	0.02	0.01	0.01	0.00	0.03	0.01	0.01	0.13	0.01
Th	0.96	0.67	1.47	1.26	0.62	0.24	0.18	0.61	1.62	1.04	0.95	0.87	0.78
U	0.28	0.18	0.28	0.35	0.24	0.11	0.06	0.21	0.48	0.37	0.30	0.20	0.20
ΣREE	110.55	85.32	142.28	133.53	92.21	50.57	43.17	91.76	163.28	103.23	99.60	97.71	97.92
ΣCe	55.41	41.39	72.87	65.22	43.63	16.80	15.15	43.75	86.27	61.67	57.06	52.51	53.12
ΣY	55.15	43.94	69.41	68.31	48.58	33.77	28.02	48.02	77.01	41.56	42.54	45.20	44.80
$(La/Yb)_N$	1.74	1.49	1.71	1.56	1.56	0.66	0.68	1.48	1.92	2.81	2.86	2.21	2.39
$(La/Sm)_N$	1.36	1.15	1.25	1.21	1.07	0.77	0.76	1.10	1.35	1.17	1.28	1.16	1.21
$(Gd/Yb)_N$	1.01	1.06	1.09	1.08	1.23	0.82	0.82	1.09	1.13	1.72	1.69	1.49	1.54
δEu	0.88	0.90	0.84	0.87	0.91	0.95	0.94	0.88	0.84	0.83	0.87	0.91	0.91

表 5-3　阿克苏蓝片岩中基性片岩 Sr-Nd 同位素数据表（据 Zheng et al.，2010）

样品号	Rb/ppm	Sr/ppm	$^{87}Rb/^{86}Sr$	$^{87}Sr/^{86}Sr$	$\pm 2s_m$	$I_{(Sr)}$ (t=890Ma)	Sm/ppm	Nd/ppm	$^{147}Sm/^{144}Nd$	$^{143}Nd/^{144}Nd$	$\pm 2\sigma_m$	εNd（t） t=890Ma	T_{DM}/Ma
07A-01	7.13	143.5	0.144	0.705764	12	0.703936	3.6	12.32	0.1767	0.512883	5	7.08	1098
07A-05	10.54	102.8	0.297	0.707162	8	0.703389	2.94	9.98	0.1781	0.512892	6	7.09	1104
07A-06	36.19	150.2	0.697	0.713346	8	0.704475	4.92	17.31	0.1718	0.512872	3	7.41	1012
07A-07	48.04	173.3	0.803	0.714917	8	0.704710	4.57	15.82	0.1746	0.512885	6	7.35	1034
07A-08	46.22	241.6	0.554	0.709310	10	0.702269	3.19	10.39	0.1856	0.512929	5	6.95	1199
07A-09	52.97	122.8	1.249	0.719667	9	0.703776	1.53	4.33	0.2136	0.513093	6	6.96	82662
07A-10	51.61	162.8	0.918	0.714040	12	0.702368	1.43	4.14	0.2088	0.513067	6	7.00	2580
07A-11	3.78	117.5	0.093	0.704391	9	0.703208	3.39	11.03	0.1858	0.512928	6	6.91	1212
07A-12	12.76	267	0.138	0.707800	8	0.706041	6.22	22.11	0.1701	0.512841	5	7.01	1079
07A-22	2.45	131.2	0.054	0.707102	9	0.706415	4.66	16.51	0.1706	0.512849	6	7.10	1065
07A-25	11.53	102.9	0.324	0.707800	9	0.703677	4.15	14.5	0.1730	0.512839	6	6.63	1165
07A-26	12.02	175.9	0.198	0.706293	8	0.703779	4.09	13.67	0.1809	0.512881	6	6.56	1248
07A-27	52.5	175.6	0.866	0.713713	9	0.702705	3.97	13.46	0.1783	0.512858	6	6.40	1257

注：T_{DM}：Sm-Nd 模式年龄。$T_{DM}=1/0.00654\times\ln[1+(^{143}Nd/^{144}Nd-0.51315)/(^{147}Sm/^{144}Nd-0.2137)]\times1000$

2. 微量元素特征

选用 Zr/TiO_2-Nb/Y 图解进行岩石分类（图 5-9，Winchester and Floyd，1977）。大多数样品投影在亚碱性玄武岩区域，少部分投影在玄武岩和安山岩的交叠区域，Zr/TiO_2 值稳定，而 Nb/Y 值变化较大，其中 B 组样品的 Nb/Y 值与其他样品有明显的不同。在 SiO_2-Zr/TiO_2 图解中（图 5-9（b），Winchester and Floyd，1977），大多数样品也投影在亚碱性玄武岩中。另外，采用 Nb/Y-Zr/（P_2O_5×10000）图解（图略，Floyd and Winchester，1975），所有的样品都投在了拉斑玄武岩的区域。不活动元素指标和图解明确显示所有基性片岩的原岩都是基性的玄武岩，并且具有拉斑玄武岩的特征。

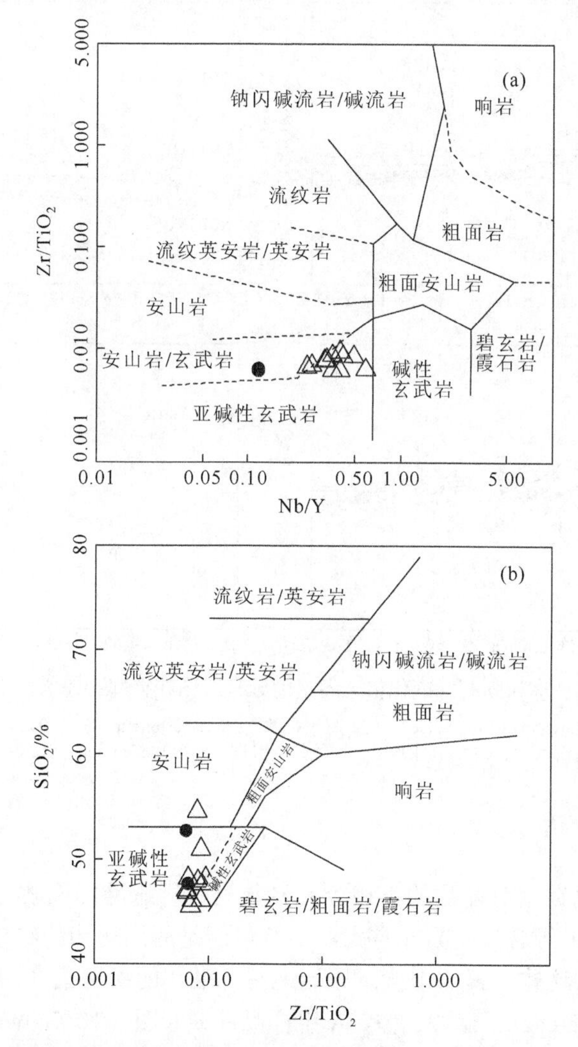

图 5-9　不活动元素岩石分类图解（据郑碧海等，2008；仿 Winchester and Floyd，1977）

3. 稀土元素特征

所有样品都具有 REE 富集的特征，∑REE 为 43.17～163.28，Eu 只有极轻微的负异常

(δEu=0.83～0.95)。A 组样品的 REE 配分模式显示 LREE 中等富集的特征(图 5-10(a)),$(La)_N$ 为 22.10～48.92,$(La/Yb)_N$ 为 1.49～2.86,$(La/Sm)_N$ 为 1.07～1.36,球粒陨石标准化曲线 LREE 一侧轻微右倾,HREE 一侧近水平,显示与典型异常洋脊(EMORB,数据参考 Sun and McDonough,1989)相似的稀土元素分配特征。B 组样品相对亏损 REE(图 5-10(b)),La_N-Sm_N 都低于 10,暗示它们来自一个相对 A 组样品更加亏损的地幔源区。同时,LREE 相对 HREE 亏损,$(La/Yb)_N$ 值为 0.66 和 0.68。$(La/Sm)_N$ 值为 0.77 和 0.76,球粒陨石标准化曲线呈轻微的左倾。这些特征相对 A 组样品更加接近正常洋脊(NMORB,数据参考 Sun and McDonough,1989 的稀土配分模式)。

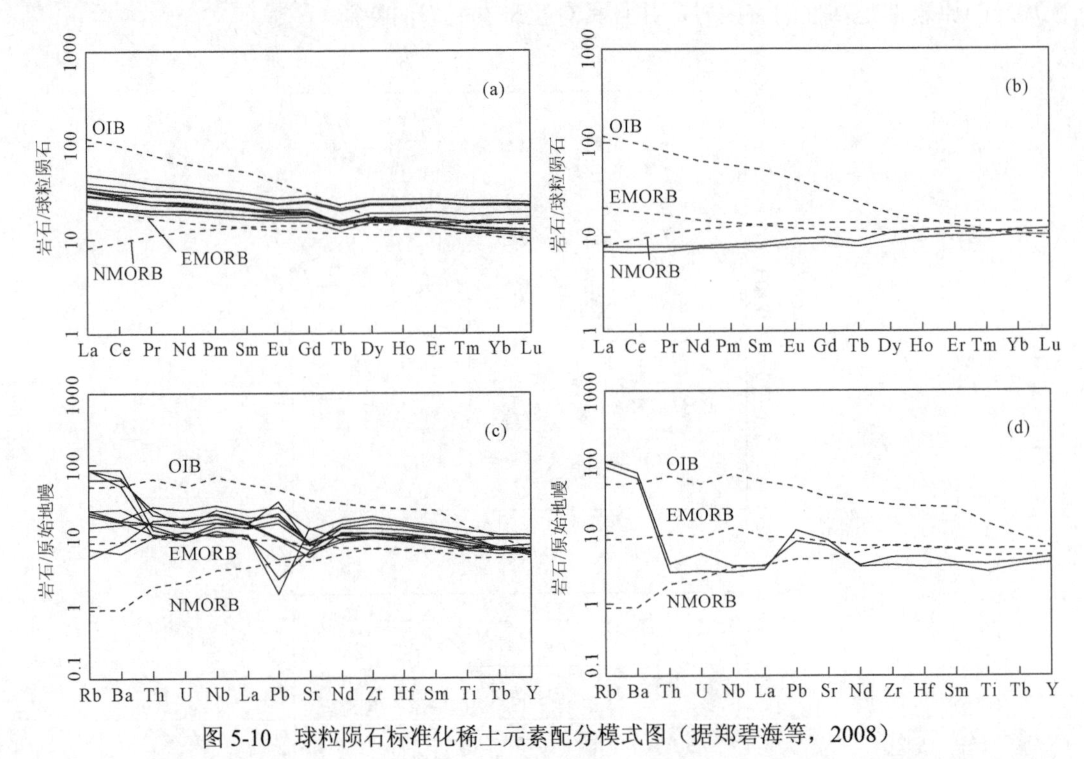

图 5-10 球粒陨石标准化稀土元素配分模式图(据郑碧海等,2008)

(a)、(b)标准化数据引自 Boynton(1984);(c)、(d)标准化数据引自 McDonouph 等(1992);实线代表本书样品;(a)、(c):A 组样品;(b)、(d):B 组样品;虚线代表引自 Sun 和 McDonough(1989)的平均数据

5.3.2 构造背景分析

运用各种标准化数据对样品的不相容元素数据进行蛛网图图解分析,同样可以发现 K、Rb、Ba、Cs、Pb 等含量差异非常大,很有可能是后期扰动的结果,不能反映原岩的性质,应该尽量排除这些元素的干扰。原始地幔标准化的蛛网图(图 5-10(d),标准化数据引用 McDonouph et al.,1992)中,A 组样品曲线(图 5-10(c))在数值 10 附近呈现近水平的样式,与 EMORB 相似;而 B 组样品(图 5-10(d))则明显相对地亏损这些不相容元素。采用 MORB 标准化得到的蛛网图(图略,标准化数据引用 Pearce,1983)显示 A 组样品明显地富集强不相容元素,从而在 Th 元素处形成一个明显的驼峰,这一特征与典型 EMORB 及 OIB 样品相似;B 组样品没有这一特征。运用 EMORB 数据对样品进

行标准化处理（图略，标准化数据引自 Sun and McDonough，1989），A 组样品的曲线在数值 1 附近保持平直，而 B 组样品的元素含量则普遍相对亏损。所有样品都没有明显地亏损 Nb、Ta、Zr、Ti 等元素，显示它们没有受到明显的地壳物质的混染，不同于典型的岛弧拉斑玄武岩的特征（Pearce，1982），而与洋中脊玄武岩及板内环境的玄武岩更加接近。

在常见的能够区分 EMORB 和 NMORB 的图解中，A 组样品落入 EMORB 区，B 组样品落入 NMORB 区。在 Wood（1980）的三角图解中（图 5-11（a）～（c）），A 组样品均落入了 EMORB 和板内玄武岩交叠的区域，而 B 组样品除了在 Th-Hf/3-Ta 图解中落在 NMORB 区和 EMORB 区之间外（图 5-11（a））在另两个图解中均落入 NMORB 区域。在 Cabanis 和 Lecolle（1989）的 La/10-Y/15-Nb/8 图解中（图 5-11（d）），A 组样品投影在富集的 EMORB 区域，有两个样品向弱富集型的 EMORB 偏移，而 B 组样品则投影在 NMORB 区域中。

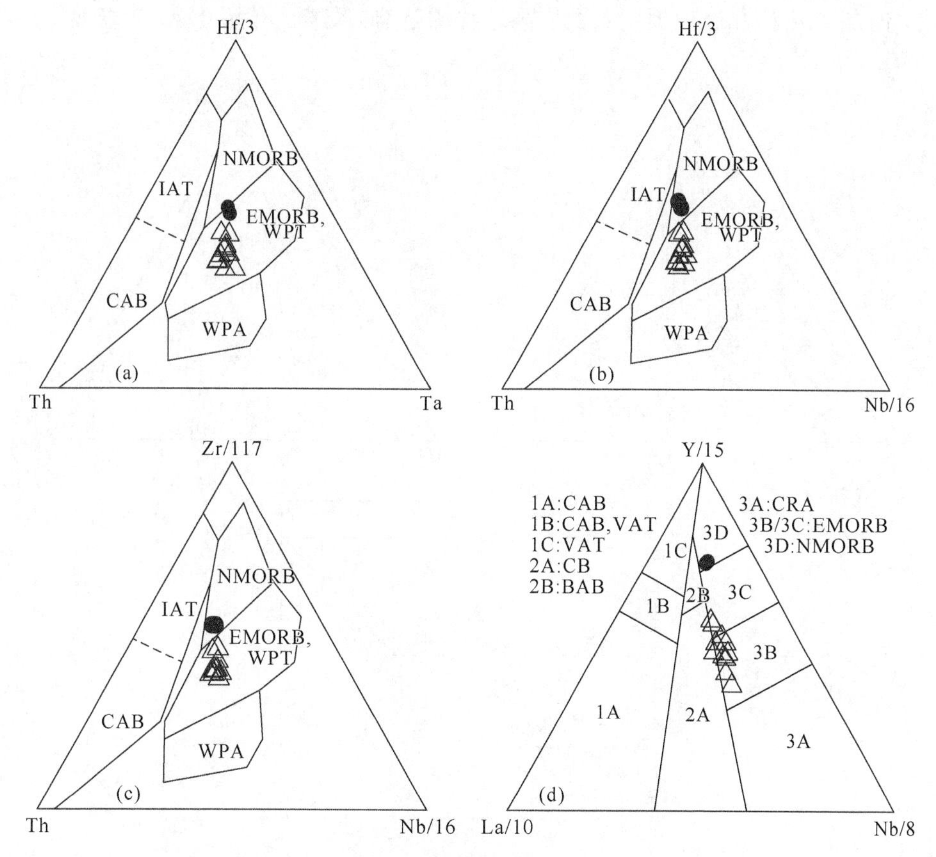

图 5-11　玄武岩构造环境判别图解（据郑碧海等，2008）

A 组样品投影在 EMORB 区域，B 组样品投影在 NMORB 区域

（a）Th-Hf/3-Ta 图解；（b）Th-Hf/3-Nb/16 图解；（c）Th-Zr/117-Nb/16 图解；（a）、（b）、（c）：据 Wood（1980）；（d）La/10-Y/15-Nb/8 图解（据 Cabanis and Lecolle，1989，其中 3B 区相对 3C 区更加富集）；空心三角-A 组样品；黑色圆点-B 组样品

在 Zr-Ti/100-3Y 图解中（Pearce and Cann，1973，图 5-12（a）），A、B 两组大多数样品都投影在了 MORB、IAT 和 CAB 的交叠区域，而 A 组小部分样品有落入板内玄武岩（WPB，包括洋岛玄武岩、大陆裂谷玄武岩和大陆泛流玄武岩）区域的趋势，尤其是样品

07A-22，其 Y 含量低于其他样品而明显具有板内玄武岩的特征。EMORB 被认为有两种成因模式（Doubleday et al.，1994，汪云亮等，2001）：一种是地幔柱岩浆和正常洋中脊的亏损地幔岩浆相互作用的结果（Schilling，1973；Schilling et al.，1983），可以形成 OIB-EMORB-NMORB 在区域内逐渐变化的岩石组合（郭安林等，2006），其中 EMORB 的富集程度可以从 NMORB 一直变化到 OIB 的水平；另一种可能与地幔柱无关，而是地幔源区本身不均一的反映，富集型的岩浆源形成富集型的洋中脊玄武岩（Hofmann and Hémond，2006）。两种模式成因的 EMORB 都可能同时具有 MORB 和大洋板内玄武岩（OIB）的特征，使样品在判别图解中投影到 MORB 区域和 WPB 区域之间。在 Meschede（1986）的 Zr/4-2Nb-Y 图解中（图 5-12（b）），B 组玄武岩投影在 NMORB 和火山弧玄武岩重叠的区域，而 A 组样品投影在板内玄武岩和 EMORB 之间的交界区域。相同情况的还有 Pearce（1982）的 Ti/Y-Nb/Y 图解（图 5-12（c）），A 组和 B 组样品基本都投在了 MORB 区域内，但是 A 组样品有向板内玄武岩区迁移的趋势，同样，样品 07A-22 表现得最明显。

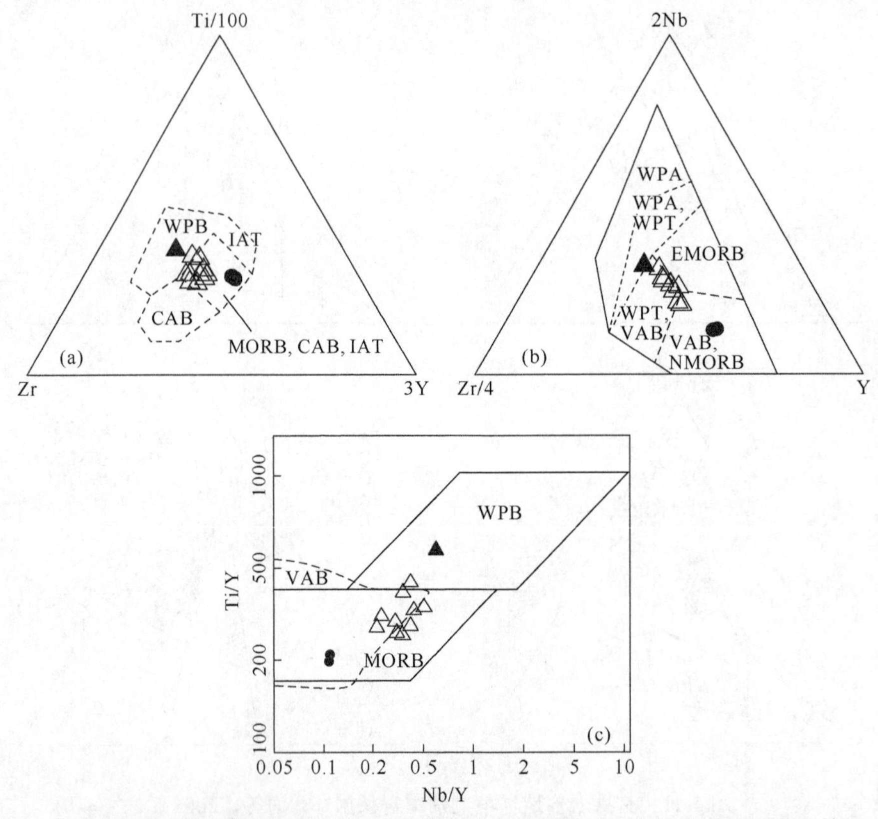

图 5-12　玄武岩构造环境判别图解：显示 A 组样品向板内玄武岩区域偏移（据郑碧海等，2008）

（a）Zr-Ti/100-3Y 图解（据 Pearce，1973），（b）Zr/4-2Nb-Y 图解（据 Meschede，1986），（c）Ti/Y-Nb/Y 图解（据 Pearce，1982）；空心三角-A 组样品；黑色圆点-B 组样品；黑色三角-样品 07A-22

Sr-Nd 同位素研究表明（表 5-3），εNd 具有较高的正值，介于 5.9～7.4。在 εNd 对 $^{87}Sr/^{86}Sr$ 同位素关系图解中（图 5-13），13 个样品投影点皆落在洋脊或洋岛地幔区域，同时，样品具有明显受海水侵蚀的特征。

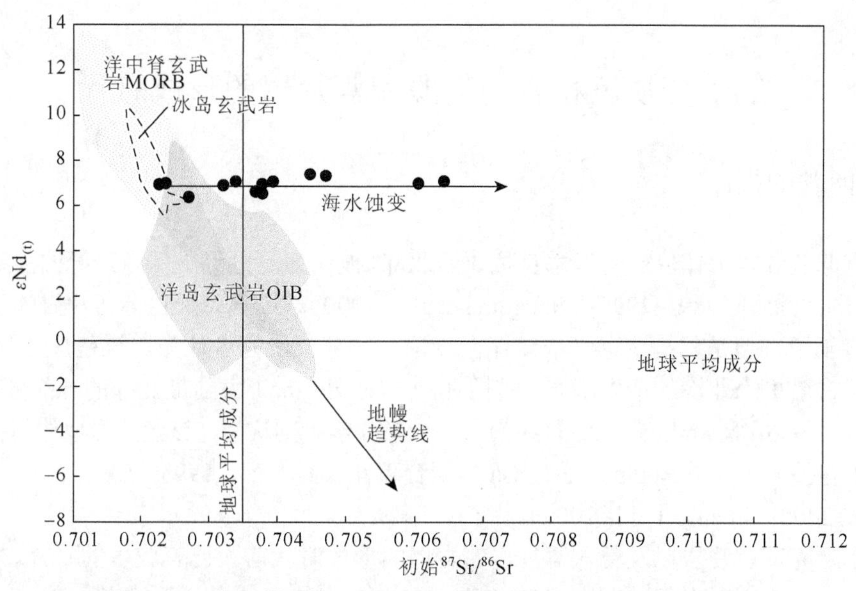

图5-13　$\varepsilon Nd_{(t)}$对$^{87}Sr/^{86}Sr$同位素关系图解（据Zheng et al.，2010）

综上所述，A组样品原岩很可能在EMORB环境下形成，一方面使样品相对正常洋中脊玄武岩更加富集大离子亲石元素（LILE）和轻稀土元素（LREE），另一方面也使得A组样品在许多判别图中有向板内玄武岩偏移的趋向，这一点在样品07A-22上表现得最明显。B组样品很可能来源于NMORB，它们明显地相对A组样品亏损大离子亲石元素（LILE）和轻稀土元素（LREE），其岩浆来自于一个与现代典型洋中脊玄武岩相似的亏损地幔源区。

5.3.3　洋壳的形成年龄

对采自同一剖面的基性蓝闪石片岩样品（07A-8、07A-9、07A-10、07A-11和07A-12）进行Sm-Nd同位素研究，获得等时年龄890+23Ma（图5-14），该年龄代表了洋壳的形成年龄。

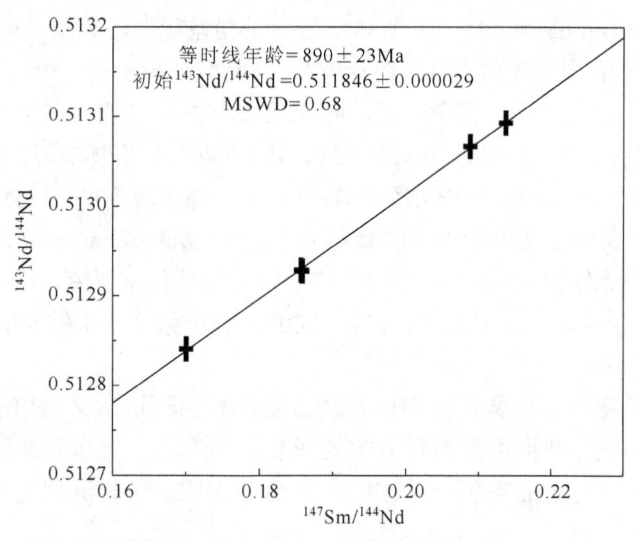

图5-14　阿克苏基性蓝闪石片岩Sm-Nd等时年龄图（据Zheng et al.，2010）

5.4 变质沉积岩的物源和蓝片岩的形成时代

5.4.1 问题的提出

阿克苏蓝片岩地体位于塔里木克拉通西北部，被认为是世界上保存最好的前寒武纪蓝片岩（Liou et al.，1989，1996；Nakajima et al.，1990）。尽管对阿克苏蓝片岩的研究已经有二十多年了，但是其构造意义依然存在争论。一部分研究者认为，该蓝片岩是 700Ma 前形成于古塔里木北缘的增生杂岩，是冈瓦纳（Gondwana）大陆最北缘的一部分（Liou et al.，1989，1996；Nakajima et al.，1990）；另一部分学者则认为，该蓝片岩地体与格林威尔造山作用有关，指示了 Rodinia 在 1.0Ga 的聚合事件（高振家，1993；Chen et al.，2004；Lu et al.，2008；Zhang et al.，2009）。

关于阿克苏蓝片岩以及侵入蓝片岩的岩墙的形成时代前人已有较多的研究。Nakajima 等（1990）曾对蓝片岩体两个样品 AK76 和 AK120A 中的多硅白云母采用了 Rb-Sr 与 K-Ar 法测年。两样品均采自钠质角闪石带中，且相距约 2km。所有的 Rb、Sr 浓度采用同位素稀释法进行测量。Rb-Sr 测年给出的年龄为 698±26Ma 和 714±24Ma，K-Ar 测年给出的年龄为 718±22Ma 和 710±21Ma。在冷却速率为 30℃/m.y 时，白云母的 K-Ar 系统的封闭温度为 350℃，而 Rb-Sr 系统的封闭温度为 500℃，加之两个样品所得年龄差距甚小，Nakajima 等（1990）由此认为阿克苏蓝片岩的峰期变质年龄为 698～718Ma。Liou 等（1996）则对采自蓝片岩体中的钠质角闪石进行了 $^{40}Ar/^{39}Ar$ 法测年，得到了 754Ma 的坪年龄。结合 Nakajima 等（1990）的测年结果，Liou 等（1996）认为阿克苏群的变质年龄大约为 700～750Ma。然而，Chen 等（2004）认为，Nakajima 等（1990）与 Liou 等（1996）的测试数据存在着缺陷。首先，由于 Rb-Sr 系统的封闭温度高于 K-Ar 系统的封闭温度，因而同一样品的 Rb-Sr 年龄应老于其 K-Ar 年龄，Nakajima 等（1990）的样品 AK76 却给出了相反的结果。另外，Nakajima 等（1990）所得年龄由于误差较大，其测试可靠性也值得怀疑，而 Liou 等（1996）的测试数据不具有统计意义。由此，Chen 等（2004）引用了与张立飞私人交流所得的 $^{40}Ar/^{39}Ar$ 热年代学数据，即 872±2Ma 的阿克苏蓝片岩体青铝闪石年龄和 862±1Ma 的蓝闪石年龄。故 Chen 等（2004）认为阿克苏蓝片岩体的峰期变质年龄为 872～862Ma。张立飞采用锆石 SHRIMP 法所得的阿克苏岩墙年龄 807±12Ma 更是支持了这一观点，而后张立飞又将该所得岩墙年龄修订为 785±31Ma（Zhan et al.，2007）。Zhang 等（2009）对塔里木北缘的基性岩墙群进行了年代学与地球化学研究，得到阿克苏岩墙结晶年龄为 759±7Ma，并认为该值比 Zhan 等（2007）引用张立飞未发表的 785±31Ma 更为精确。

从上述冲突的年代学资料，我们很难对该蓝片岩的构造意义给出满意的解释。为了获得可靠的年龄资料，我们选择蓝片岩中的变质沉积岩和上覆震旦纪砂岩开展碎屑锆石研究。逻辑上讲，蓝片岩的高压变质作用应发生在变质沉积岩沉积之后和震旦纪砂岩沉积之前。

5.4.2　样品采集和测试结果

15 个样品采自蓝片岩中的变沉积岩，用来进行地球化学测试（表 5-4）。3 个蓝片岩中的变质沉积岩样品和 2 个上覆震旦纪砂岩样品用来进行碎屑锆石研究（表 5-5）。

1. 主量和微量元素地球化学

阿克苏群变沉积岩样品具有变化的 Al_2O_3（8.05%～18.05%）、Fe_2O_3（1.41%～5.96%）、MgO（0.42%～2.92%）、K_2O（0.76%～4.83%）、Na_2O（0.08%～4.60%）、CaO（0.23%～4.16%）、MnO（0.04%～0.43%）、P_2O_5（0.05%～0.61%），中等含量的 SiO_2（63.12%～78.28%）和相对较低含量的 TiO_2（0.31%～0.69%）。与标准的澳大利亚太古宙页岩平均值（PAAS）相比较（McLennan，1989），这些岩石具有较高的 SiO_2 和 Na_2O，但是有明显低的 Al_2O_3、Fe_2O_3 和 TiO_2。

阿克苏地体变质沉积岩的沉积物相对欠成熟，这从其化学蚀变特征值 CIA 可以看出（chemical index of alteration：$CIA=[Al_2O_3/(Al_2O_3+CaO+Na_2O+K_2O)]\times 100$）。该参数提供了测量沉积物成熟度的有效方法（Nesbitt and Young，1982），经常被用来进行沉积物物源区示踪（Gao et al.，1999；Cullers and Podkovyrov，2000；Bhat and Ghosh，2001；Joo et al.，2005）。显生宙页岩的 CIA 值通常为 70～75，表示中等强度的化学风化，而较强的化学风化会导致碱及碱土元素亏损，从而产生接近 100 的高 CIA 值。大部分阿克苏地体变质沉积岩的 CIA 值较低，为 37～72（平均 53）（表 5-4），显示了化学风化程度低。但是，样品 07A-02 和 07A-18 的 CIA 值（90，97）比其他样品和 PAAS（69，Taylor and McLennan，1985）明显要高，说明这两个样品经历过强烈风化。

所有样品的稀土配分曲线具有轻稀土富集重稀土平坦的特点（图 5-15（a））。尽管不同样品的稀土总量有变化，但其稀土配分模式与 PAAS 十分相似，都具有显著的负 Eu 异常（$Eu/Eu^*=0.50$～0.68）。对样品的微量元素的含量进行了相对大陆上地壳组成（Taylor and McLennan，1995）的标准化。微量元素蛛网图显示（图 5-15（b）），Ba、La、和 Ce 明显富集，而 Nb、Ta 和 U 相对亏损。与 PAAS 相比，阿克苏样品高场强元素（HFSE）含量与之相同（例如，Zr：104～286ppm，Hf：2.93～7.46ppm），过渡元素含量低（Cr：13.65～53.42ppm，Ni：0.9～116.3ppm）。Sc 的地球化学行为在沉积岩中与高场强元素相似，但大多数阿克苏样品中的 Sc 含量比 PAAS 要低。

2. 碎屑锆石 CL 图像和成分特征

我们对来自于五个样品的 360 个锆石颗粒进行了 U-Pb 测年。锆石测年过程中，每个样品的测点位置都以 CL 图像为参考（图 5-16）。绝大多数（>93%）锆石颗粒不需要进行普通铅校正或只需要<1%的普通铅校正。由于 ^{235}U 在 U-Pb 同位素体系中丰度很低，并且年轻锆石中只有少量 ^{207}Pb 产生，故 $^{207}Pb/^{235}U$ 年龄和 $^{207}Pb/^{206}Pb$ 年龄精确度低于 $^{206}Pb/^{238}U$ 年龄，因此尤其对于年轻锆石，我们采用了 $^{206}Pb/^{238}U$ 年龄。不谐和度>20%或是普通铅校正>2%的颗粒被排除于下面的讨论之外。

表 5-4 阿克苏蓝片岩地体变沉积岩主量元素（%）和微量元素（ppm）数据（据 Zhu et al.，2011b）

样品号	07A-02	07A-18	07A-19	07A-21	07A-30	07A-36	07A-37	06A-01	07A-20	07A-23	07A-24	07A-29	07A-35	06A-02	06A-03
岩石类型	泥质片岩	泥质片岩	泥质片岩	泥质片岩	泥质片岩	泥质片岩	泥质片岩	泥质片岩	砂质片岩	砂质片岩	砂质片岩	砂质片岩	砂质片岩	砂质片岩	砂质片岩
样品 GPS 位置	41°09.398′N 80°06.779′E	41°11.114′N 80°04.399′E	41°11.114′N 80°04.399′E	41°09.444′N 80°02.049′E	40°59.562′N 79°59.297′E	41°01.650′N 80°02.232′E	41°01.640′N 80°02.512′E	41°07.953′N 79°59.358′E	41°09.444′N 80°02.049′E	41°07.719′N 79°59.090′E	41°08.511′N 80°00.214′E	40°59.562′N 79°59.297′E	41°01.555′N 80°02.809′E	41°08.463′N 80°00.228′E	41°08.463′N 80°00.228′E
SiO_2	73.24	69.26	63.12	66.07	70.68	64.47	73.37	75.05	78.28	74.34	75.50	72.04	73.96	70.76	76.11
TiO_2	0.47	0.53	0.69	0.62	0.47	0.62	0.34	0.47	0.23	0.43	0.33	0.45	0.31	0.44	0.35
Al_2O_3	10.18	12.27	18.05	15.98	13.91	15.83	12.71	12.21	8.05	12.68	12.74	12.94	12.94	14.46	11.32
Fe_2O_3	4.51	5.96	5.30	5.24	4.36	5.39	2.78	3.01	1.41	2.76	2.26	3.17	2.68	3.16	2.69
MnO	0.43	0.26	0.11	0.11	0.04	0.09	0.05	0.05	0.04	0.06	0.05	0.10	0.08	0.06	0.06
MgO	2.57	2.92	2.19	1.92	1.44	2.48	0.65	0.87	0.42	0.77	0.62	1.60	0.74	0.92	0.73
CaO	1.73	1.44	0.65	1.16	0.23	1.48	1.57	0.98	4.16	1.26	1.66	1.22	0.75	2.25	1.71
Na_2O	0.23	0.08	1.77	2.42	2.18	1.81	3.23	1.98	2.79	2.75	3.80	3.49	3.82	3.87	4.61
K_2O	2.93	3.93	4.83	3.93	4.12	4.57	2.84	3.69	1.00	3.22	1.85	2.53	2.97	2.27	0.76
P_2O_5	0.53	0.61	0.20	0.17	0.13	0.14	0.07	0.12	0.05	0.08	0.06	0.09	0.07	0.09	0.07
LOI	2.78	2.66	3.10	2.41	1.96	2.92	2.05	1.66	3.50	1.56	1.31	2.16	1.52	1.60	1.59
Total	99.61	99.92	100.00	100.02	99.52	99.80	99.66	100.07	99.93	99.91	100.18	99.78	99.85	99.88	100.00
CIA	90.08	96.92	72.18	61.48	64.72	64.74	48.55	59.59	36.88	52.84	45.09	48.61	48.15	46.25	38.29
F1	1.77	2.00	2.65	2.09	3.86	3.29	3.04	4.86	1.24	3.96	1.27	2.67	3.86	1.04	−0.67
F2	3.83	3.28	0.50	−0.43	−0.42	1.25	−2.61	−0.51	−3.65	−1.51	−3.38	−0.77	−2.54	−2.91	−4.80
Li	35.06	40.16	36.11	40.82	31.50	32.74	16.37	20.54	8.07	18.25	15.23	26.06	17.10	19.06	16.06
Be	1.77	2.79	3.72	2.67	2.79	2.73	2.13	1.76	0.90	1.72	1.54	1.94	2.09	1.84	0.78
Sc	13.87	19.08	14.83	11.60	9.02	13.03	5.84	6.76	2.78	6.22	5.13	6.75	5.32	7.07	5.52
Ti	2745	3265	4142	3679	2673	3909	2002	2604	1320	2743	1994	2550	1840	2618	2267
V	67.6	102.0	81.2	65.4	44.3	84.7	36.5	40.8	18.9	37.1	29.0	44.6	36.7	39.6	31.2
Cr	33.01	53.42	44.96	45.21	50.03	45.24	23.21	34.59	13.65	28.77	30.45	24.16	19.34	33.95	28.56

续表

样品号	07A-02	07A-18	07A-19	07A-21	07A-30	07A-36	07A-37	06A-01	07A-20	07A-23	07A-24	07A-29	07A-35	06A-02	06A-03
岩石类型	泥质片岩	泥质片岩	泥质片岩	泥质片岩	泥质片岩	泥质片岩	泥质片岩	泥质片岩	砂质片岩	砂质片岩	砂质片岩	砂质片岩	砂质片岩	砂质片岩	砂质片岩
样品 GPS 位置	41°09.398′N 80°06.779′E	41°11.114′N 80°04.399′E	41°11.114′N 80°04.399′E	41°09.444′N 80°02.049′E	40°59.562′N 79°59.297′E	41°01.650′N 80°02.232′E	41°01.640′N 80°02.512′E	41°07.953′N 79°59.358′E	41°09.444′N 80°02.049′E	41°07.719′N 79°59.090′E	41°08.511′N 80°00.214′E	40°59.562′N 79°59.297′E	41°01.555′N 80°02.809′E	41°08.463′N 80°00.228′E	41°08.463′N 80°00.228′E
Mn	3519	2302	881	848	320	765	408	458	383	389	532	798	705	476	495
Co	23.32	27.41	12.99	8.85	7.65	12.45	4.36	6.02	2.80	5.84	3.98	5.95	5.23	4.57	4.43
Ni	57.6	116.3	41.2	14.5	22.5	23.5	7.8	12.3	0.9	6.5	5.9	6.7	4.8	7.9	6.2
Cu	257.52	76.20	114.64	22.02	2.68	30.61	4.70	16.08	11.82	7.90	5.88	3.70	6.22	9.78	5.30
Zn	97	126	100	94	86	111	62	74	26	76	51	104	66	68	42
Ga	17.85	21.49	28.04	22.28	20.33	23.57	16.63	16.07	8.49	15.94	15.03	17.46	17.32	17.32	11.67
Rb	99	115	152	111	126	146	96	94	37	80	58	73	95	66	24
Sr	44.78	47.57	37.68	174.71	30.29	175.26	346.90	145.15	684.10	330.99	307.22	209.25	110.18	275.33	171.09
Y	61.03	69.26	44.14	25.13	19.23	28.10	20.21	19.22	10.40	16.63	13.87	20.92	14.85	18.43	13.69
Zr	112	135	258	210	190	214	233	262	104	249	189	286	218	269	280
Nb	11.45	12.69	19.08	15.57	16.59	16.71	12.05	11.55	6.36	13.18	9.86	11.58	10.97	986.67	15.18
Mo	0.74	0.43	0.58	0.29	0.75	0.34	0.44	0.33	0.22	0.34	0.54	0.42	0.45	0.42	0.30
Cd	0.26	0.31	0.31	0.27	0.22	0.36	0.31	0.29	0.18	0.27	0.23	0.26	0.30	0.41	0.21
Sn	2.12	2.56	2.71	2.13	2.30	2.31	1.61	1.22	1.31	1.18	1.26	1.39	1.54	1.93	0.83
Cs	5.15	3.70	5.36	4.04	5.67	2.93	3.55	1.55	1.15	2.04	1.46	1.59	5.70	1.58	0.67
Ba	711	926	926	1000	1081	1171	738	1493	271	1197	633	2152	845	789	221
La	41.37	39.76	50.61	37.19	41.56	48.05	30.02	41.37	27.31	31.82	32.14	50.90	27.48	42.39	28.53
Ce	67.02	72.55	98.26	68.48	73.97	89.03	83.22	80.87	45.06	63.28	53.42	93.93	75.28	75.50	49.29
Pr	10.44	10.74	12.38	8.52	9.73	10.73	7.08	9.01	5.38	7.33	6.26	10.45	5.64	9.40	6.35
Nd	41.38	42.93	45.22	30.34	34.04	38.24	24.31	31.27	17.85	25.36	22.56	35.68	19.21	32.74	22.10
Sm	9.35	10.16	8.80	5.75	6.07	7.10	4.53	5.41	2.83	4.56	3.89	5.94	3.40	5.40	3.75

续表

样品号	07A-02	07A-18	07A-19	07A-21	07A-30	07A-36	07A-37	06A-01	07A-20	07A-23	07A-24	07A-29	07A-35	06A-02	06A-03
岩石类型	泥质片岩	泥质片岩	泥质片岩	泥质片岩	泥质片岩	泥质片岩	泥质片岩	泥质片岩	砂质片岩	砂质片岩	砂质片岩	砂质片岩	砂质片岩	砂质片岩	砂质片岩
样品 GPS 位置	41°09.398′N 80°06.779′E	41°11.114′N 80°04.399′E	41°11.114′N 80°04.399′E	41°09.444′N 80°02.049′E	40°59.562′N 79°59.297 ′E	41°01.650′N 80°02.232′E	41°01.640′N 80°02.512′E	41°07.953′N 79°59.358′E	41°09.444′N 80°02.049′E	41°07.719′N 79°59.090′E	41°08.511′N 80°00.214′E	40°59.562′N 79°59.297 ′E	41°01.555′N 80°02.809′E	41°08.463′N 80°00.228′E	41°08.463′N 80°00.228′E
Eu	2.16	2.42	1.74	1.13	0.98	1.35	0.82	1.05	0.57	0.95	0.89	1.16	0.65	1.13	0.79
Gd	9.23	10.23	8.23	4.88	4.33	5.82	3.89	4.29	2.32	3.57	3.15	4.69	2.91	4.32	3.01
Tb	1.76	2.04	1.49	0.86	0.68	0.99	0.68	0.70	0.37	0.58	0.50	0.75	0.50	0.67	0.48
Dy	9.85	12.02	8.07	4.73	3.56	5.39	3.74	3.68	1.92	3.11	2.61	3.89	2.80	3.49	2.55
Ho	2.17	2.64	1.71	0.97	0.72	1.08	0.77	0.74	0.39	0.62	0.52	0.79	0.60	0.69	0.52
Er	6.17	7.54	4.62	2.78	2.20	3.15	2.24	2.16	1.09	1.80	1.46	2.29	1.79	1.95	1.50
Tm	0.99	1.24	0.76	0.47	0.41	0.54	0.39	0.37	0.19	0.30	0.25	0.40	0.32	0.33	0.26
Yb	6.02	7.43	4.61	2.90	2.71	3.41	2.52	2.36	1.17	1.99	1.56	2.53	2.05	2.06	1.59
Lu	0.99	1.22	0.76	0.49	0.48	0.55	0.41	0.39	0.20	0.34	0.25	0.43	0.34	0.34	0.27
Hf	3.32	4.06	7.46	5.99	5.61	6.43	6.56	7.08	2.93	6.52	4.86	7.62	6.10	7.02	7.20
Ta	0.90	1.05	1.44	1.18	1.25	1.28	0.98	0.90	0.55	1.15	0.80	0.91	0.97	28.45	0.85
W	1.04	0.59	0.87	0.92	1.46	1.14	0.80	0.73	1.05	0.67	0.74	0.61	0.72	6.07	0.63
Pb	5.27	8.16	27.83	15.62	7.45	40.11	22.02	26.57	13.53	14.90	13.88	6.29	30.25	20.91	10.14
Bi	0.52	0.29	0.40	0.20	0.19	0.39	0.13	0.11	0.10	0.07	0.06	0.12	0.13	0.08	0.08
Th	9.18	11.04	13.98	12.30	14.30	14.64	12.98	12.97	5.92	11.34	8.93	13.07	12.16	10.31	10.40
U	0.88	1.15	1.77	1.49	1.01	1.89	1.54	1.39	0.66	1.28	0.91	1.50	1.05	1.22	0.91
∑REE	208.91	222.91	247.25	169.47	181.44	215.43	164.62	183.68	106.65	145.62	129.48	213.82	142.95	180.42	120.99
δEu	0.64	0.65	0.56	0.57	0.50	0.56	0.52	0.58	0.59	0.62	0.68	0.58	0.55	0.62	0.63
La/Th	4.51	3.60	3.62	3.02	2.91	3.28	2.31	3.19	4.61	2.81	3.60	3.89	2.26	4.11	2.74
Cr/Th	3.60	4.84	3.22	3.67	3.50	3.09	1.79	2.67	2.30	2.54	3.41	1.85	1.59	3.29	2.75
$(Gd/Yb)_n$	1.24	1.11	1.44	1.36	1.29	1.38	1.25	1.47	1.59	1.45	1.63	1.49	1.14	1.69	1.52

注：全铁表示为 Fe_2O_3，球粒陨石资料（Boynton，1984）被用来进行标准化

表 5-5 阿克苏蓝片岩地体和苏盖特布拉特组碎屑锆石样品 LA-ICP-MS U-Pb 数据（据 Zhu et al.，2011b）

	$^{207}Pb/^{206}Pb$	1σ	$^{207}Pb/^{235}U$	1σ	$^{206}Pb/^{238}U$	1σ	$^{207}Pb/^{206}Pb$	1σ	$^{207}Pb/^{235}U$	1σ	$^{206}Pb/^{238}U$	1σ	谐和度	Th*	U*	Th/U
07A-20（41°09.444′N，80°02.049′E）																
07A-20-1	0.11752	0.0016	5.68999	0.08109	0.35118	0.00427	1919	25	1930	12	1940	20	101	5	53	0.10
07A-20-2	0.11483	0.00149	5.28076	0.0766	0.33352	0.00439	1877	24	1866	12	1855	21	99	322	322	1.00
07A-20-3	0.1343	0.00256	7.18393	0.13478	0.38808	0.00514	2155	34	2135	17	2114	24	98	42	45	0.94
07A-20-4	0.11953	0.00156	5.87033	0.07829	0.35626	0.00401	1949	24	1957	12	1964	19	101	331	100	3.31
07A-20-5#	0.09328	0.0112	1.65299	0.19565	0.12852	0.00263	1494	238	991	75	779	15	52	126	106	1.19
07A-20-6	0.11252	0.00135	5.12797	0.06586	0.33058	0.00384	1841	22	1841	11	1841	19	100	122	138	0.88
07A-20-7#	0.13841	0.00243	6.53864	0.12179	0.34271	0.00477	2207	31	2051	16	1900	23	86	1771	512	3.46
07A-20-8#	0.07099	0.00095	1.28429	0.01809	0.13122	0.00154	957	28	839	8	795	9	83	228	198	1.15
07A-20-9#	0.06843	0.00126	1.1719	0.02176	0.12422	0.00156	882	39	788	10	755	9	86	90	59	1.51
07A-20-10	0.07003	0.00129	1.35073	0.02477	0.13991	0.00172	929	39	868	11	844	10	91	75	58	1.30
07A-20-11	0.13066	0.00204	6.88651	0.10751	0.38225	0.00441	2107	28	2097	14	2087	21	99	147	644	0.23
07A-20-12	0.12444	0.00145	6.20514	0.07971	0.36163	0.00428	2021	21	2005	11	1990	20	98	577	288	2.00
07A-20-13	0.11985	0.0019	5.90842	0.09372	0.35754	0.00413	1954	29	1962	14	1971	20	101	392	569	0.69
07A-20-14#	0.08944	0.00533	1.69545	0.09752	0.13748	0.00213	1414	117	1007	37	830	12	59	52	66	0.78
07A-20-15	0.11761	0.00162	5.61944	0.08256	0.34653	0.00432	1920	25	1919	13	1918	21	100	103	68	1.51
07A-20-16	0.11819	0.00151	5.69624	0.07928	0.34954	0.00424	1929	23	1931	12	1932	20	100	260	347	0.75
07A-20-17	0.06589	0.0042	1.20001	0.07412	0.13208	0.00284	803	137	801	34	800	16	100	11	10	1.10
07A-20-18	0.11519	0.00195	5.74959	0.10505	0.36196	0.00523	1883	31	1939	16	1991	25	106	135	118	1.14
07A-20-19	0.06664	0.00156	1.1957	0.02768	0.13011	0.00175	827	50	799	13	788	10	95	101	80	1.26
07A-20-20	0.126	0.00185	6.47363	0.10166	0.37264	0.00466	2043	27	2042	14	2042	22	100	292	182	1.61
07A-20-21	0.12625	0.0019	6.50757	0.10488	0.37391	0.00493	2046	27	2047	14	2048	23	100	31	204	0.15
07A-20-22	0.06807	0.00177	1.36151	0.03455	0.14508	0.00203	871	55	873	15	873	11	100	47	36	1.31
07A-20-23	0.06739	0.00147	1.26161	0.02751	0.13577	0.00187	850	46	829	12	821	11	97	128	140	0.91
07A-20-24	0.11823	0.00168	5.79814	0.08761	0.35569	0.00445	1930	26	1946	13	1962	21	102	115	198	0.58

续表

	$^{207}Pb/^{206}Pb$	1σ	$^{207}Pb/^{235}U$	1σ	$^{206}Pb/^{238}U$	1σ	$^{207}Pb/^{206}Pb$	1σ	$^{207}Pb/^{235}U$	1σ	$^{206}Pb/^{238}U$	1σ	谐和度	Th*	U*	Th/U
07A-20（41°09.444′N，80°02.049′E）																
07A-20-25	0.12229	0.00153	6.09133	0.08288	0.36128	0.0044	1990	23	1989	12	1988	21	100	171	103	1.65
07A-20-26	0.06553	0.00158	1.13674	0.02684	0.12582	0.00174	791	52	771	13	764	10	97	277	279	0.99
07A-20-27	0.06549	0.00133	1.15219	0.02314	0.1276	0.00162	790	44	778	11	774	9	98	182	101	1.81
07A-20-28	0.11453	0.00188	5.34448	0.08881	0.33845	0.00421	1873	30	1876	14	1879	20	100	113	98	1.15
07A-20-29	0.06659	0.001	1.1987	0.01855	0.13056	0.00157	825	32	800	9	791	9	96	337	347	0.97
07A-20-30	0.06713	0.00171	1.28654	0.0318	0.13899	0.0019	842	54	840	14	839	11	100	83	64	1.31
07A-20-31	0.11837	0.00154	5.69593	0.08056	0.349	0.00434	1932	24	1931	12	1930	21	100	166	93	1.78
07A-20-32	0.14979	0.00464	8.27222	0.23511	0.40052	0.00496	2344	54	2261	26	2171	23	93	278	468	0.59
07A-20-33	0.06705	0.00134	1.28398	0.02524	0.13892	0.00174	839	43	839	11	839	10	100	150	142	1.06
07A-20-34	0.07328	0.00121	1.29943	0.02156	0.12859	0.00154	1022	34	845	10	780	9	76	337	294	1.15
07A-20-35	0.14108	0.00243	8.06844	0.15084	0.41478	0.00617	2241	30	2239	17	2237	28	100	256	312	0.82
07A-20-36	0.12289	0.00171	6.3206	0.09569	0.37299	0.00473	1999	25	2021	13	2043	22	102	303	293	1.03
07A-20-37	0.12761	0.0017	6.64588	0.09346	0.37782	0.00443	2065	24	2065	12	2066	21	100	250	481	0.52
07A-20-38	0.06865	0.00138	1.2834	0.02609	0.13561	0.00179	888	42	838	12	820	10	92	209	151	1.39
07A-20-39	0.11784	0.00183	5.69301	0.09294	0.35048	0.00436	1924	28	1930	14	1937	21	101	367	470	0.78
07A-20-40	0.11698	0.0016	5.91288	0.08659	0.36669	0.00445	1911	25	1963	13	2014	21	105	360	330	1.09
07A-20-41	0.11317	0.00177	5.19739	0.08796	0.33293	0.00478	1851	29	1852	14	1853	23	100	157	104	1.51
07A-20-42	0.11732	0.00162	5.5952	0.08024	0.34599	0.00416	1916	25	1915	12	1915	20	100	193	103	1.87
07A-20-43	0.16421	0.00254	10.73048	0.16762	0.47397	0.00568	2499	27	2500	15	2501	25	100	30	205	0.15
07A-20-44	0.06472	0.00127	1.12269	0.02172	0.12585	0.00159	765	42	764	10	764	9	100	182	157	1.16
07A-20-45	0.11697	0.00144	5.56878	0.07445	0.34528	0.00417	1910	23	1911	12	1912	20	100	165	204	0.81
07A-20-46	0.11771	0.00237	5.64657	0.11499	0.34761	0.00513	1922	37	1923	18	1923	25	100	94	62	1.53
07A-20-47	0.06552	0.00107	1.17985	0.0195	0.13063	0.00159	791	35	791	9	791	9	100	204	284	0.72
07A-20-48	0.1184	0.00209	5.7035	0.10011	0.3494	0.00446	1932	32	1932	15	1932	21	100	66	45	1.46

续表

	$^{207}Pb/^{206}Pb$	1σ	$^{207}Pb/^{235}U$	1σ	$^{206}Pb/^{238}U$	1σ	$^{207}Pb/^{206}Pb$	1σ	$^{207}Pb/^{235}U$	1σ	$^{206}Pb/^{238}U$	1σ	谐和度	Th*	U*	Th/U
07A-20（41°09.444′N，80°02.049′E）																
07A-20-49	0.06675	0.00108	1.26585	0.02097	0.13753	0.00171	830	35	831	9	831	10	100	201	146	1.37
07A-20-50	0.06536	0.00143	1.16804	0.025	0.12963	0.00167	786	47	786	12	786	10	100	166	85	1.95
07A-20-51	0.11627	0.00359	5.41143	0.16036	0.33767	0.00515	1900	57	1887	25	1875	25	99	473	396	1.19
07A-20-52	0.065	0.00177	1.14196	0.03024	0.12744	0.00183	774	59	773	14	773	10	100	153	131	1.17
07A-20-53	0.11401	0.00132	5.25226	0.06807	0.33412	0.00402	1864	21	1861	11	1858	19	100	380	318	1.20
07A-20-54	0.11768	0.00164	5.61933	0.08197	0.34636	0.00413	1921	26	1919	13	1917	20	100	124	346	0.36
07A-20-55	0.06878	0.00181	1.35677	0.03462	0.14309	0.00198	892	56	870	15	862	11	97	69	53	1.31
07A-20-56	0.06564	0.00137	1.09854	0.02277	0.12138	0.00157	795	45	753	11	739	9	93	175	78	2.25
07A-20-57	0.06707	0.00117	1.23426	0.0222	0.13347	0.00173	840	37	816	10	808	10	96	100	219	0.46
07A-20-58	0.11496	0.00198	5.34075	0.09457	0.33694	0.00435	1879	32	1875	15	1872	21	100	331	427	0.77
07A-20-59	0.06611	0.00125	1.16061	0.02236	0.12733	0.0017	810	40	782	11	773	10	95	363	201	1.80
07A-20-60	0.11582	0.0023	5.42278	0.10787	0.33954	0.00451	1893	37	1888	17	1884	22	100	159	215	0.74
07A-20-61	0.117	0.0015	5.56612	0.07588	0.34504	0.0041	1911	24	1911	12	1911	20	100	188	136	1.39
07A-20-62	0.06525	0.00132	1.16165	0.02358	0.12912	0.0017	782	43	783	11	783	10	100	178	114	1.55
07A-20-63	0.06571	0.00157	1.09468	0.02562	0.12086	0.00162	797	51	751	12	736	9	92	150	89	1.69
07A-20-64	0.12009	0.0024	5.86208	0.12345	0.3541	0.00534	1958	37	1956	18	1954	25	100	60	72	0.84
07A-20-65	0.06678	0.00201	1.17001	0.03446	0.12709	0.00197	831	64	787	16	771	11	93	283	82	3.43
07A-20-66	0.06839	0.00129	1.37416	0.02628	0.14575	0.0019	880	40	878	11	877	11	100	88	92	0.96
07A-20-67	0.06949	0.00176	1.45767	0.03652	0.15213	0.00218	913	53	913	15	913	12	100	156	86	1.81
07A-20-68	0.12061	0.00211	5.91757	0.10725	0.35597	0.00468	1965	32	1964	16	1963	22	100	158	248	0.64
07A-20-69	0.0655	0.00124	1.17411	0.02258	0.13001	0.00169	790	41	789	11	788	10	100	178	236	0.76
07A-20-70	0.12147	0.00275	6.01512	0.13485	0.3592	0.00469	1978	41	1978	20	1978	22	100	203	331	0.61
07A-20-71	0.11888	0.00162	5.75914	0.08278	0.35144	0.00426	1939	25	1940	12	1941	20	100	99	125	0.80
07A-20-72	0.06745	0.0012	1.31325	0.02374	0.14126	0.00178	852	38	852	10	852	10	100	144	136	1.06

续表

	$^{207}Pb/^{206}Pb$	1σ	$^{207}Pb/^{235}U$	1σ	$^{206}Pb/^{238}U$	1σ	$^{207}Pb/^{206}Pb$	1σ	$^{207}Pb/^{235}U$	1σ	$^{206}Pb/^{238}U$	1σ	谐和度	Th*	U*	Th/U
07A-20（41°09.444′N，80°02.049′E）																
07A-20-73	0.11816	0.00146	5.67912	0.07656	0.34867	0.00421	1929	23	1928	12	1928	20	100	191	143	1.34
07A-20-74	0.06512	0.00231	1.15229	0.0397	0.12837	0.00215	778	76	778	19	779	12	100	165	58	2.83
07A-20-75	0.11197	0.0015	5.07217	0.07168	0.32863	0.00394	1832	25	1831	12	1832	19	100	120	164	0.73
07A-20-76	0.06689	0.0021	1.27451	0.03882	0.13822	0.00217	834	67	834	17	835	12	100	110	86	1.28
07A-20-77	0.11591	0.0022	5.45398	0.10252	0.34133	0.00438	1894	35	1893	16	1893	21	100	287	287	1.00
07A-20-78	0.06433	0.00131	1.09316	0.02217	0.12329	0.00159	752	44	750	11	749	9	100	163	94	1.73
07A-20-79#	0.11838	0.00175	5.34884	0.08222	0.32775	0.00405	1932	27	1877	13	1827	20	95	150	129	1.17
07A-20-80	0.06525	0.00254	1.06379	0.03981	0.11826	0.00202	782	84	736	20	721	12	92	104	51	2.04
07A-24（41°08.511′N，80°00.214′E）																
07A-24-81	0.11763	0.00135	5.62286	0.07191	0.34666	0.00415	1921	21	1920	11	1919	20	100	1160	829	1.40
07A-24-82	0.11699	0.00155	5.55289	0.07714	0.34425	0.00408	1911	24	1909	12	1907	20	100	407	181	2.25
07A-24-83	0.06764	0.00157	1.30468	0.02975	0.1399	0.00185	858	49	848	13	844	10	98	31	51	0.60
07A-24-84	0.11256	0.00308	5.11227	0.13345	0.32953	0.00492	1841	51	1838	22	1836	24	100	47	46	1.01
07A-24-85	0.11945	0.0017	5.78223	0.08412	0.3511	0.00416	1948	26	1944	13	1940	20	100	96	70	1.38
07A-24-86	0.11837	0.00193	5.70073	0.09585	0.34934	0.00444	1932	30	1931	15	1931	21	100	219	153	1.44
07A-24-87	0.06549	0.00099	1.14884	0.01774	0.12723	0.0015	790	32	777	8	772	9	98	300	210	1.43
07A-24-88	0.11516	0.00206	5.35239	0.09388	0.33713	0.00409	1882	33	1877	15	1873	20	100	145	107	1.35
07A-24-89	0.1171	0.00235	5.57076	0.11247	0.34506	0.00467	1912	37	1912	17	1911	22	100	219	195	1.13
07A-24-90	0.15279	0.00281	8.40654	0.15527	0.39906	0.00496	2377	32	2276	17	2165	23	91	273	699	0.39
07A-24-91	0.06506	0.00117	1.08455	0.01916	0.12091	0.00143	776	39	746	9	736	8	95	267	268	1.00
07A-24-92	0.10657	0.00294	4.54693	0.12175	0.30944	0.00496	1742	52	1740	22	1738	24	100	211	102	2.08
07A-24-93	0.1146	0.00232	5.32797	0.10477	0.33725	0.00444	1874	37	1873	17	1873	21	100	73	49	1.50
07A-24-94	0.06459	0.00197	1.11911	0.03283	0.12569	0.00183	761	66	763	16	763	10	100	89	77	1.15
07A-24-95	0.11458	0.00247	5.31534	0.11169	0.33651	0.0043	1873	40	1871	18	1870	21	100	204	158	1.29

续表

	$^{207}Pb/^{206}Pb$	1σ	$^{207}Pb/^{235}U$	1σ	$^{206}Pb/^{238}U$	1σ	$^{207}Pb/^{206}Pb$	1σ	$^{207}Pb/^{235}U$	1σ	$^{206}Pb/^{238}U$	1σ	谐和度	Th*	U*	Th/U
07A-24（41°08.511′N，80°00.214′E）																
07A-24-96	0.11899	0.00155	5.76627	0.08079	0.35149	0.00432	1941	24	1941	12	1942	21	100	172	85	2.03
07A-24-97	0.06662	0.00218	1.24363	0.03927	0.13541	0.00207	826	70	821	18	819	12	99	95	62	1.53
07A-24-98	0.11645	0.00271	5.34725	0.1227	0.33304	0.00477	1902	43	1876	20	1853	23	97	210	147	1.42
07A-24-99	0.11895	0.00178	5.76451	0.08809	0.35149	0.00423	1941	27	1941	13	1942	20	100	72	74	0.97
07A-24-100	0.11494	0.00182	5.35955	0.08977	0.33821	0.00443	1879	29	1878	14	1878	21	100	270	557	0.48
07A-24-101	0.06826	0.00109	1.22089	0.01974	0.12973	0.00156	876	34	810	9	786	9	90	66	147	0.45
07A-24-102	0.11783	0.0014	5.22122	0.06798	0.32141	0.00381	1924	22	1856	11	1797	19	93	329	619	0.53
07A-24-103	0.0639	0.00163	1.04923	0.02624	0.1191	0.00167	738	55	729	13	725	10	98	307	220	1.39
07A-24-104	0.07139	0.00128	1.19878	0.0217	0.12179	0.00154	969	37	800	10	741	9	76	150	177	0.85
07A-24-105	0.06665	0.00111	1.25724	0.02117	0.13682	0.00166	827	36	827	10	827	9	100	257	225	1.14
07A-24-106	0.11735	0.00175	5.60272	0.08619	0.34628	0.00415	1916	27	1917	13	1917	20	100	227	228	1.00
07A-24-107	0.11956	0.00233	5.82372	0.11521	0.35331	0.00473	1950	36	1950	17	1950	23	100	211	179	1.18
07A-24-108	0.12542	0.00238	6.42006	0.12918	0.37122	0.00553	2035	34	2035	18	2035	26	100	158	104	1.51
07A-24-109	0.14162	0.00224	8.13996	0.14035	0.4169	0.00567	2247	28	2247	16	2246	26	100	154	557	0.28
07A-24-110	0.11414	0.00242	2.19532	0.048	0.1395	0.00209	1866	39	1180	15	842	12	45	191	151	1.26
07A-24-111	0.12089	0.00157	5.95215	0.0831	0.35713	0.00427	1969	24	1969	12	1969	20	100	41	444	0.09
07A-24-112	0.07523	0.00146	1.46852	0.02968	0.14161	0.002	1075	40	918	12	854	11	79	39	159	0.25
07A-24-113	0.06476	0.00196	1.10869	0.03268	0.12419	0.00189	767	65	758	16	755	11	98	230	197	1.17
07A-24-114	0.11577	0.00154	5.43864	0.08039	0.34076	0.00435	1892	24	1891	13	1890	21	100	363	393	0.92
07A-24-115	0.11918	0.00193	5.77667	0.09548	0.35158	0.00438	1944	30	1943	14	1942	21	100	258	77	3.33
07A-24-116	0.12037	0.00186	5.90121	0.09533	0.35561	0.00443	1962	28	1961	14	1961	21	100	198	206	0.96
07A-24-117	0.11821	0.00176	5.6791	0.08732	0.34853	0.00416	1929	27	1928	13	1928	20	100	790	447	1.77
07A-24-118	0.06797	0.00146	1.29157	0.02777	0.13783	0.00184	868	46	842	12	832	10	96	88	170	0.52
07A-24-119	0.11904	0.00197	5.76378	0.09803	0.35123	0.00439	1942	30	1941	15	1940	21	100	162	121	1.34

续表

	$^{207}Pb/^{206}Pb$	1σ	$^{207}Pb/^{235}U$	1σ	$^{206}Pb/^{238}U$	1σ	$^{207}Pb/^{206}Pb$	1σ	$^{207}Pb/^{235}U$	1σ	$^{206}Pb/^{238}U$	1σ	谐和度	Th*	U*	Th/U
07A-24（41°08.511′N，80°00.214′E）																
07A-24-120	0.11967	0.00257	5.83303	0.12603	0.35358	0.00482	1951	39	1951	19	1952	23	100	285	173	1.64
07A-24-121	0.11934	0.0019	5.78897	0.10089	0.35201	0.00493	1946	29	1945	15	1944	24	100	224	545	0.41
07A-24-122	0.11763	0.00152	5.6229	0.07714	0.34674	0.00409	1921	24	1920	12	1919	20	100	256	267	0.96
07A-24-123	0.11893	0.00197	5.74981	0.09662	0.35074	0.0045	1940	30	1939	15	1938	21	100	42	28	1.51
07A-24-124	0.11351	0.00166	5.18738	0.07957	0.3315	0.00409	1856	27	1851	13	1846	20	99	394	235	1.68
07A-24-125	0.0724	0.00096	1.28383	0.01825	0.12861	0.00155	997	28	839	8	780	9	78	642	591	1.09
07A-24-126	0.11775	0.00195	5.5618	0.09193	0.34263	0.00419	1922	30	1910	14	1899	20	99	98	64	1.53
07A-24-127	0.12355	0.00181	6.17112	0.09289	0.3623	0.00432	2008	27	2000	13	1993	20	99	59	169	0.35
07A-24-128	0.12205	0.00225	5.49419	0.09943	0.32658	0.00399	1986	34	1900	16	1822	19	92	154	156	0.98
07A-24-129	0.12071	0.00232	5.52091	0.10406	0.33178	0.00433	1967	35	1904	16	1847	21	94	33	32	1.01
07A-24-130	0.11923	0.00212	5.77658	0.10128	0.35143	0.00426	1945	33	1943	15	1941	20	100	256	166	1.55
07A-24-131	0.06535	0.00164	1.13651	0.02762	0.12615	0.00169	786	54	771	13	766	10	97	244	190	1.29
07A-24-132	0.11218	0.00187	5.08668	0.08514	0.32891	0.00402	1835	31	1834	14	1833	20	100	211	217	0.97
07A-24-133	0.06608	0.00141	1.21368	0.02547	0.13324	0.00172	809	46	807	12	806	10	100	377	303	1.24
07A-24-134	0.07667	0.00154	1.36241	0.02758	0.12886	0.00174	1113	41	873	12	781	10	70	90	187	0.48
07A-24-135	0.11709	0.00304	5.41399	0.1358	0.33539	0.00491	1912	48	1887	21	1864	24	97	137	75	1.82
07A-24-136	0.11057	0.00155	4.93774	0.07633	0.32381	0.00429	1809	26	1809	13	1808	21	100	134	279	0.48
07A-24-137	0.0681	0.0026	1.18509	0.04386	0.12626	0.00226	872	81	794	20	766	13	88	120	127	0.95
07A-24-138	0.11556	0.00291	5.37815	0.13143	0.33756	0.00473	1889	46	1881	21	1875	23	99	118	107	1.10
07A-24-139	0.11689	0.00169	5.2929	0.08262	0.32839	0.00428	1909	27	1868	13	1831	21	96	113	118	0.96
07A-24-140	0.11538	0.00317	5.409	0.14465	0.34003	0.00505	1886	51	1886	23	1887	24	100	117	99	1.18
07A-24-141	0.1334	0.00272	7.26174	0.15148	0.39461	0.00625	2143	36	2144	19	2144	29	100	105	113	0.93
07A-24-142	0.11037	0.00209	4.83639	0.08992	0.31786	0.00415	1806	35	1791	16	1779	20	99	78	51	1.53
07A-24-143	0.0677	0.00129	1.26461	0.02394	0.13549	0.00169	859	40	830	11	819	10	95	106	138	0.77

续表

	$^{207}Pb/^{206}Pb$	1σ	$^{207}Pb/^{235}U$	1σ	$^{206}Pb/^{238}U$	1σ	$^{207}Pb/^{206}Pb$	1σ	$^{207}Pb/^{235}U$	1σ	$^{206}Pb/^{238}U$	1σ	谐和度	Th*	U*	Th/U
07A-24（41°08.511′N，80°00.214′E）																
07A-24-144	0.11552	0.00238	5.40229	0.10933	0.33925	0.00454	1888	38	1885	17	1883	22	100	121	127	0.96
07A-24-145	0.0666	0.00114	1.09201	0.01869	0.11894	0.00144	825	37	749	9	724	8	88	255	207	1.23
07A-24-146	0.11499	0.00214	5.28208	0.09948	0.33321	0.00444	1880	34	1866	16	1854	21	99	438	371	1.18
07A-24-147	0.11482	0.00184	5.34511	0.09169	0.33766	0.00456	1877	30	1876	15	1875	22	100	179	556	0.32
07A-24-148	0.06951	0.00197	1.19075	0.03242	0.12426	0.00179	914	60	796	15	755	10	83	77	113	0.68
07A-24-149#	0.11748	0.00155	5.26323	0.07427	0.32496	0.00396	1918	24	1863	12	1814	19	95	194	159	1.23
07A-24-150	0.06557	0.00146	1.18349	0.02557	0.13092	0.00169	793	48	793	12	793	10	100	180	306	0.59
07A-24-151	0.11509	0.00155	5.37692	0.07766	0.33885	0.00427	1881	25	1881	12	1881	21	100	85	85	1.01
07A-24-152	0.11212	0.00146	5.08529	0.07147	0.32898	0.00405	1834	24	1834	12	1833	20	100	178	133	1.33
07A-24-153	0.1189	0.00176	5.79424	0.08735	0.35351	0.0042	1940	27	1946	13	1951	20	101	211	178	1.19
07A-24-154	0.11499	0.00173	5.48553	0.08515	0.34607	0.00424	1880	28	1898	13	1916	20	102	117	100	1.17
07A-24-155	0.11927	0.00149	5.80059	0.07792	0.3528	0.00428	1945	23	1946	12	1948	20	100	96	61	1.58
07A-24-156	0.06863	0.00155	1.33259	0.02957	0.14089	0.00185	888	48	860	13	850	10	96	127	80	1.60
07A-24-157	0.11667	0.00234	5.52411	0.11156	0.34358	0.00464	1906	37	1904	17	1904	22	100	117	105	1.11
07A-24-158	0.12202	0.0021	6.30307	0.11188	0.37479	0.00481	1986	31	2019	16	2052	23	103	267	146	1.82
07A-24-159	0.12696	0.00314	2.40582	0.05818	0.13749	0.00209	2056	45	1244	17	830	12	40	97	70	1.38
07A-24-160	0.11858	0.00172	5.72353	0.08774	0.35012	0.00432	1935	27	1935	13	1935	21	100	180	80	2.26
07A-35（41°01.555′N，80°02.809′E）																
07A-35-161	0.11928	0.00134	5.79401	0.06334	0.35231	0.00401	1945	21	1946	9	1946	19	100	284	150	1.89
07A-35-162	0.06568	0.00179	1.18789	0.03083	0.13118	0.00182	796	58	795	14	795	10	100	157	98	1.60
07A-35-163	0.11318	0.00094	5.17453	0.04374	0.33161	0.00383	1851	15	1848	7	1846	19	100	377	281	1.34
07A-35-164	0.06704	0.00424	1.28894	0.0777	0.13948	0.00336	839	135	841	34	842	19	100	58	62	0.94
07A-35-165	0.06535	0.00151	1.1308	0.02504	0.1255	0.00164	786	50	768	12	762	9	97	178	158	1.12
07A-35-166	0.07183	0.00122	1.26626	0.0207	0.12786	0.00158	981	35	831	9	776	9	79	240	163	1.48

续表

	$^{207}Pb/^{206}Pb$	1σ	$^{207}Pb/^{235}U$	1σ	$^{206}Pb/^{238}U$	1σ	$^{207}Pb/^{206}Pb$	1σ	$^{207}Pb/^{235}U$	1σ	$^{206}Pb/^{238}U$	1σ	谐和度	Th*	U*	Th/U
07A-35（41°01.555′N，80°02.809′E）																
07A-35-167	0.06582	0.00197	1.18788	0.03393	0.1309	0.00191	801	64	795	16	793	11	99	113	75	1.50
07A-35-168	0.11993	0.00217	5.84999	0.1021	0.35378	0.00436	1955	33	1954	15	1953	21	100	186	180	1.04
07A-35-169	0.06609	0.00199	1.09574	0.0315	0.12025	0.00176	809	64	751	15	732	10	90	148	136	1.09
07A-35-170	0.06686	0.00177	1.14214	0.02901	0.12391	0.0017	833	56	774	14	753	10	90	334	289	1.16
07A-35-171	0.06643	0.00164	1.18276	0.0279	0.12915	0.00174	820	53	793	13	783	10	95	142	118	1.20
07A-35-172	0.06615	0.00089	1.17265	0.01529	0.12858	0.00153	811	29	788	7	780	9	96	194	135	1.44
07A-35-173	0.07265	0.00126	1.39682	0.02323	0.13947	0.0017	1004	36	888	10	842	10	84	122	139	0.88
07A-35-174	0.06619	0.00096	1.19778	0.0168	0.13126	0.0016	812	31	800	8	795	9	98	207	123	1.68
07A-35-175#	0.10916	0.00167	4.28451	0.06504	0.28473	0.004	1785	29	1690	12	1615	20	90	669	728	0.92
07A-35-176	0.0654	0.00103	1.11396	0.01693	0.12356	0.00149	787	34	760	8	751	9	95	287	141	2.03
07A-35-177	0.11789	0.00181	5.572	0.08371	0.34286	0.00458	1924	28	1912	13	1900	22	99	306	233	1.31
07A-35-178	0.06746	0.00091	1.13864	0.01481	0.12242	0.00145	852	29	772	7	744	8	87	326	231	1.41
07A-35-179	0.11808	0.00178	5.64964	0.08373	0.34707	0.00459	1927	28	1924	13	1921	22	100	238	271	0.88
07A-35-180	0.09247	0.00134	1.56744	0.02205	0.12296	0.00159	1477	28	957	9	748	9	51	174	149	1.17
07A-35-181	0.0656	0.00218	1.14347	0.03627	0.12644	0.00209	794	71	774	17	768	12	97	107	84	1.27
07A-35-182	0.06481	0.00094	1.12129	0.01586	0.1255	0.00153	768	31	764	8	762	9	99	326	222	1.47
07A-35-183	0.11434	0.00114	5.30422	0.05324	0.33651	0.00416	1870	18	1870	9	1870	20	100	196	96	2.04
07A-35-184	0.06615	0.00136	1.22128	0.02421	0.13393	0.00177	811	44	810	11	810	10	100	125	86	1.45
07A-35-185	0.06752	0.00127	1.3146	0.02375	0.14122	0.00183	854	40	852	10	852	10	100	82	66	1.24
07A-35-186	0.0658	0.00163	1.14977	0.02735	0.12674	0.00175	800	53	777	13	769	10	96	309	239	1.29
07A-35-187	0.12306	0.00137	6.04489	0.0665	0.35631	0.0042	2001	20	1982	10	1965	20	98	125	218	0.57
07A-35-188	0.0654	0.0013	1.17229	0.02252	0.13002	0.0017	787	43	788	11	788	10	100	120	73	1.64
07A-35-189	0.11382	0.0013	5.24936	0.05968	0.33454	0.00413	1861	21	1861	10	1860	20	100	176	151	1.16
07A-35-190#	0.1776	0.00228	11.76613	0.14839	0.48054	0.00579	2631	22	2586	12	2530	25	96	151	114	1.32

续表

	$^{207}Pb/^{206}Pb$	1σ	$^{207}Pb/^{235}U$	1σ	$^{206}Pb/^{238}U$	1σ	$^{207}Pb/^{206}Pb$	1σ	$^{207}Pb/^{235}U$	1σ	$^{206}Pb/^{238}U$	1σ	谐和度	Th*	U*	Th/U
07A-35（41°01.555′N，80°02.809′E）																
07A-35-191#	0.08281	0.00092	1.13956	0.0126	0.09982	0.00125	1265	22	772	6	613	7	48	1159	342	3.39
07A-35-192	0.11298	0.00133	5.16664	0.05968	0.3317	0.00414	1848	22	1847	10	1847	20	100	117	96	1.22
07A-35-193	0.06478	0.0016	1.12991	0.02673	0.12652	0.00175	767	53	768	13	768	10	100	148	104	1.42
07A-35-194	0.07125	0.00129	1.28922	0.02243	0.13124	0.00172	965	38	841	10	795	10	82	258	261	0.99
07A-35-195	0.12002	0.00133	5.87292	0.06438	0.3549	0.00428	1957	20	1957	10	1958	20	100	264	191	1.38
07A-35-196	0.06522	0.00227	1.15349	0.03839	0.12832	0.0021	781	75	779	18	778	12	100	70	52	1.34
07A-35-197	0.06809	0.00195	1.23653	0.03385	0.13174	0.00206	871	61	817	15	798	12	92	108	88	1.23
07A-35-198	0.07014	0.00125	1.2384	0.02124	0.12805	0.00168	932	37	818	10	777	10	83	174	102	1.70
07A-35-199	0.06799	0.00177	1.32485	0.03286	0.14135	0.00201	868	55	857	14	852	11	98	47	49	0.97
07A-35-200	0.06803	0.00264	1.22653	0.04529	0.13079	0.00229	869	82	813	21	792	13	91	26	36	0.74
07A-35-201	0.06588	0.0008	1.20168	0.01422	0.13229	0.00156	803	26	801	7	801	9	100	246	263	0.94
07A-35-202	0.12252	0.00122	6.11302	0.06057	0.36192	0.00432	1993	18	1992	9	1991	20	100	82	95	0.87
07A-35-203	0.06799	0.0011	1.34278	0.02114	0.14328	0.00184	868	34	864	9	863	10	99	101	83	1.21
07A-35-204	0.11653	0.00147	5.51509	0.06769	0.34333	0.00426	1904	23	1903	11	1903	20	100	113	70	1.61
07A-35-205	0.06625	0.00121	1.19181	0.02129	0.13057	0.00185	814	39	797	10	791	11	97	227	170	1.33
07A-35-206	0.06665	0.00105	1.26158	0.01934	0.13733	0.00179	827	34	829	9	830	10	100	150	144	1.04
07A-35-207	0.07896	0.00216	1.45484	0.03775	0.13369	0.00198	1171	55	912	16	809	11	69	74	60	1.24
07A-35-208	0.11179	0.00124	5.06963	0.05568	0.32901	0.00402	1829	21	1831	9	1834	19	100	175	97	1.81
07A-35-209	0.0641	0.00133	1.08622	0.0216	0.12292	0.0016	745	45	747	11	747	9	100	126	91	1.39
07A-35-210	0.11141	0.00133	5.02502	0.05886	0.32723	0.00395	1823	22	1824	10	1825	19	100	131	142	0.92
07A-35-211	0.07231	0.00158	1.41465	0.02959	0.14188	0.00202	995	45	895	12	855	11	86	96	116	0.83
07A-35-212	0.06457	0.00106	1.11398	0.0177	0.12516	0.00153	760	35	760	9	760	9	100	429	215	1.99
07A-35-213	0.06587	0.00124	1.19848	0.02173	0.13196	0.00176	802	40	800	10	799	10	100	94	73	1.30
07A-35-214	0.07365	0.00238	1.41752	0.04365	0.13961	0.00227	1032	67	896	18	842	13	82	78	57	1.37

续表

	$^{207}Pb/^{206}Pb$	1σ	$^{207}Pb/^{235}U$	1σ	$^{206}Pb/^{238}U$	1σ	$^{207}Pb/^{206}Pb$	1σ	$^{207}Pb/^{235}U$	1σ	$^{206}Pb/^{238}U$	1σ	谐和度	Th*	U*	Th/U
07A-35（41°01.555'N，80°02.809'E）																
07A-35-215	0.11701	0.00113	5.56435	0.05473	0.34496	0.00425	1911	18	1911	8	1910	20	100	505	428	1.18
07A-35-216	0.06741	0.00125	1.19521	0.02133	0.1286	0.0017	850	39	798	10	780	10	92	216	123	1.75
07A-35-217	0.06806	0.00171	1.1743	0.02828	0.12515	0.0018	870	53	789	13	760	10	87	160	85	1.88
07A-35-218	0.06835	0.00184	1.34568	0.03473	0.14283	0.00213	879	57	866	15	861	12	98	77	105	0.73
07A-35-219	0.06643	0.00157	1.23566	0.02803	0.13493	0.00192	820	51	817	13	816	11	100	229	207	1.10
07A-35-220	0.0668	0.00119	1.26872	0.02204	0.13776	0.00182	832	38	832	10	832	10	100	203	329	0.62
07A-35-221	0.06831	0.00092	1.37734	0.01814	0.14626	0.0018	878	29	879	8	880	10	100	248	167	1.49
07A-35-222	0.06636	0.00146	1.24157	0.02631	0.13574	0.00191	818	47	820	12	821	11	100	180	98	1.85
07A-35-223	0.06724	0.00159	1.27677	0.02873	0.13773	0.00188	845	50	835	13	832	11	98	353	151	2.34
07A-35-224	0.06799	0.00104	1.35208	0.02004	0.14426	0.0018	868	32	868	9	869	10	100	248	214	1.16
07A-35-225	0.06521	0.00107	1.1574	0.01835	0.12875	0.00162	781	35	781	9	781	9	100	290	146	2.00
07A-35-226	0.06426	0.00156	1.08807	0.02525	0.12285	0.0017	750	52	748	12	747	10	100	136	90	1.51
07A-35-227	0.06569	0.00133	1.19473	0.02316	0.13194	0.00173	797	43	798	11	799	10	100	140	73	1.91
07A-35-228	0.12046	0.00225	5.91171	0.10511	0.35597	0.00462	1963	34	1963	15	1963	22	100	289	135	2.15
07A-35-229	0.11863	0.00149	5.73444	0.06962	0.35065	0.00422	1936	23	1937	10	1938	20	100	125	194	0.65
07A-35-230	0.06769	0.00177	1.3327	0.03319	0.14283	0.00207	859	56	860	14	861	12	100	65	56	1.17
07A-35-231	0.11914	0.00131	5.78725	0.06324	0.3523	0.00418	1943	20	1945	9	1946	20	100	93	508	0.18
07A-35-232	0.11345	0.00155	5.21242	0.07011	0.33319	0.00445	1855	25	1855	11	1854	22	100	156	93	1.68
07A-35-233	0.06491	0.00153	1.13021	0.02556	0.12625	0.00173	771	51	768	12	766	10	99	203	109	1.87
07A-35-234	0.1262	0.00121	6.50256	0.06335	0.37369	0.00449	2046	17	2046	9	2047	21	100	548	200	2.73
07A-35-235	0.11479	0.00166	5.34019	0.07566	0.33741	0.00429	1877	27	1875	12	1874	21	100	112	92	1.22
07A-35-236	0.06464	0.00165	1.1166	0.02746	0.12529	0.00182	763	55	761	13	761	10	100	137	75	1.83
07A-35-237	0.06601	0.00142	1.21146	0.02562	0.13312	0.00194	807	46	806	12	806	11	100	356	162	2.20
07A-35-238	0.11806	0.00138	5.67176	0.0687	0.34845	0.00451	1927	21	1927	10	1927	22	100	275	406	0.68

续表

	$^{207}Pb/^{206}Pb$	1σ	$^{207}Pb/^{235}U$	1σ	$^{206}Pb/^{238}U$	1σ	$^{207}Pb/^{206}Pb$	1σ	$^{207}Pb/^{235}U$	1σ	$^{206}Pb/^{238}U$	1σ	谐和度	Th*	U*	Th/U
07A-35（41°01.555′N，80°02.809′E）																
07A-35-239	0.11825	0.00175	5.69219	0.08333	0.34911	0.00478	1930	27	1930	13	1930	23	100	38	35	1.09
07A-35-240	0.06724	0.00113	1.29817	0.02176	0.14	0.00202	845	36	845	10	845	11	100	182	118	1.54
07A-33（40°59.370′N，79°59.517′E）																
07A-33-01	0.1262	0.00176	6.49635	0.10241	0.37343	0.00506	2046	25	2045	14	2046	24	100	40	120	0.34
07A-33-02	0.10868	0.00197	4.75261	0.09108	0.31724	0.00466	1777	34	1777	16	1776	23	100	56	38	1.48
07A-33-03	0.13475	0.00166	4.39837	0.06368	0.2368	0.00312	2161	22	1712	12	1370	16	63	336	524	0.64
07A-33-04	0.17069	0.00248	11.49835	0.1871	0.48864	0.00669	2564	25	2564	15	2565	29	100	150	101	1.48
07A-33-05	0.06603	0.00162	1.21157	0.03041	0.13311	0.00196	807	53	806	14	806	11	100	49	38	1.31
07A-33-06	0.11669	0.00241	5.53224	0.11862	0.34398	0.00515	1906	38	1906	18	1906	25	100	85	99	0.86
07A-33-07	0.11528	0.00257	5.39264	0.1223	0.33944	0.00516	1884	41	1884	19	1884	25	100	104	69	1.51
07A-33-08	0.12369	0.00322	6.22864	0.16407	0.36561	0.00579	2010	47	2008	23	2009	27	100	224	217	1.03
07A-33-09	0.06054	0.00109	0.84141	0.0161	0.10079	0.00138	623	40	620	9	619	8	99	469	217	2.16
07A-33-10	0.11265	0.00201	5.13974	0.09729	0.33094	0.00479	1843	33	1843	16	1843	23	100	32	29	1.12
07A-33-11	0.10942	0.00216	4.82464	0.09968	0.31986	0.00504	1790	37	1789	17	1789	25	100	99	64	1.54
07A-33-12#	0.11858	0.00189	6.03375	0.10505	0.36905	0.00522	1935	29	1981	15	2025	25	105	109	116	0.94
07A-33-13	0.11399	0.0022	5.26711	0.10621	0.33515	0.005	1864	36	1864	17	1863	24	100	75	42	1.78
07A-33-14	0.15649	0.00469	9.81617	0.28903	0.45516	0.00851	2418	52	2418	27	2418	38	100	67	46	1.46
07A-33-15	0.11356	0.00252	5.22229	0.11827	0.33353	0.00524	1857	41	1856	19	1855	25	100	165	87	1.89
07A-33-16	0.06417	0.00175	1.08398	0.02966	0.12253	0.00193	747	59	746	14	745	11	100	151	84	1.8
07A-33-17	0.06098	0.00163	0.87465	0.02353	0.10402	0.00158	639	59	638	13	638	9	100	48	58	0.82
07A-33-18	0.1117	0.00254	5.04957	0.11743	0.32786	0.00495	1827	42	1828	20	1828	24	100	137	112	1.22
07A-33-19	0.113	0.00233	5.1782	0.11043	0.33238	0.00504	1848	38	1849	18	1850	24	100	60	27	2.23
07A-33-20	0.12832	0.00394	6.71606	0.20618	0.37966	0.00649	2075	55	2075	27	2075	30	100	95	121	0.78
07A-33-21	0.12503	0.00231	6.37607	0.12467	0.36989	0.00529	2029	33	2029	17	2029	25	100	152	216	0.7

续表

	$^{207}Pb/^{206}Pb$	1σ	$^{207}Pb/^{235}U$	1σ	$^{206}Pb/^{238}U$	1σ	$^{207}Pb/^{206}Pb$	1σ	$^{207}Pb/^{235}U$	1σ	$^{206}Pb/^{238}U$	1σ	谐和度	Th*	U*	Th/U
07A-35（41°01.555′N，80°02.809′E）																
07A-33-22	0.10886	0.00191	4.77726	0.08908	0.31817	0.00472	1780	33	1781	16	1781	23	100	56	39	1.44
07A-33-23#	0.13373	0.00381	5.83702	0.1626	0.31647	0.00584	2148	51	1952	24	1772	29	82	20	9	2.36
07A-33-24	0.11009	0.00153	4.90033	0.07679	0.32271	0.00439	1801	26	1802	13	1803	21	100	75	74	1
07A-33-25	0.115	0.00347	5.38585	0.15822	0.33879	0.00608	1880	56	1883	25	1881	29	100	114	128	0.9
07A-33-26	0.11144	0.00216	5.02792	0.09993	0.32711	0.00461	1823	36	1824	17	1824	22	100	83	62	1.33
07A-33-27	0.06344	0.0061	1.0747	0.09795	0.12273	0.00445	723	212	741	48	746	26	103	99	54	1.85
07A-33-28	0.11771	0.00192	5.63586	0.09864	0.34723	0.0048	1922	30	1922	15	1921	23	100	46	69	0.67
07A-33-29	0.06464	0.00177	1.12947	0.02999	0.12669	0.00186	763	59	768	14	769	11	101	287	152	1.88
07A-33-30	0.11295	0.00258	5.16472	0.11773	0.33165	0.00504	1847	42	1847	19	1846	24	100	23	16	1.47
07A-33-31	0.15808	0.00198	10.00065	0.14448	0.45887	0.00599	2435	22	2435	13	2435	26	100	200	111	1.81
07A-33-32	0.11135	0.00142	5.00818	0.07332	0.32624	0.00427	1822	24	1821	12	1820	21	100	128	146	0.88
07A-33-33	0.05987	0.00249	0.80031	0.03236	0.09698	0.0017	599	92	597	18	597	10	100	51	43	1.2
07A-33-34	0.06092	0.00124	0.86997	0.01816	0.10359	0.00143	636	45	636	10	635	8	100	120	106	1.13
07A-33-35#	0.06275	0.00115	0.85118	0.01666	0.0984	0.00141	700	40	625	9	605	8	86	357	322	1.11
07A-33-36	0.1174	0.00176	5.60379	0.09072	0.34627	0.00452	1917	28	1917	14	1917	22	100	174	161	1.08
07A-33-37	0.12006	0.00258	5.87218	0.12719	0.35473	0.00507	1957	39	1957	19	1957	24	100	179	181	0.99
07A-33-38	0.11661	0.00323	5.52027	0.14891	0.34362	0.00548	1905	51	1904	23	1904	26	100	75	72	1.05
07A-33-39	0.11228	0.00321	5.10617	0.1445	0.33025	0.00556	1837	53	1837	24	1840	27	100	126	73	1.73
07A-33-40	0.05994	0.0015	0.80857	0.02042	0.09785	0.00147	601	55	602	11	602	9	100	133	104	1.29
07A-33-41	0.11731	0.00159	5.59964	0.08548	0.34625	0.00464	1916	25	1916	13	1917	22	100	57	52	1.1
07A-33-42	0.11001	0.00189	4.88074	0.08766	0.32184	0.00443	1800	32	1799	15	1799	22	100	43	33	1.31
07A-33-43	0.06369	0.00125	1.05384	0.02179	0.12002	0.00174	731	43	731	11	731	10	100	126	107	1.17
07A-33-44	0.10834	0.00324	4.73083	0.14071	0.31663	0.00603	1772	56	1773	25	1773	30	100	68	47	1.45
07A-33-45	0.06526	0.0012	1.15899	0.02245	0.12882	0.00179	783	40	781	11	781	10	100	228	64	3.56

续表

	$^{207}Pb/^{206}Pb$	1σ	$^{207}Pb/^{235}U$	1σ	$^{206}Pb/^{238}U$	1σ	$^{207}Pb/^{206}Pb$	1σ	$^{207}Pb/^{235}U$	1σ	$^{206}Pb/^{238}U$	1σ	谐和度	Th*	U*	Th/U
07A-35（41°01.555′N，80°02.809′E）																
07A-33-46	0.12225	0.00202	6.08404	0.10998	0.36104	0.00526	1989	30	1988	16	1987	25	100	44	86	0.51
07A-33-47	0.12124	0.0019	5.98899	0.10376	0.35832	0.0051	1975	29	1974	15	1974	24	100	50	105	0.47
07A-33-48	0.05979	0.00184	0.79144	0.02407	0.09604	0.00151	596	68	592	14	591	9	99	184	107	1.72
07A-33-49	0.0633	0.00159	1.02613	0.02602	0.11758	0.00178	718	55	717	13	717	10	100	339	140	2.42
07A-33-50	0.06443	0.0011	1.09908	0.02009	0.12373	0.00169	756	37	753	10	752	10	99	205	135	1.52
07A-33-51	0.11294	0.00195	5.16791	0.10002	0.33182	0.00512	1847	32	1847	16	1847	25	100	109	926	0.12
07A-33-52	0.11136	0.00176	5.01856	0.08706	0.32679	0.00464	1822	29	1822	15	1823	23	100	96	62	1.54
07A-33-53	0.11713	0.00214	5.57962	0.1104	0.34533	0.00531	1913	34	1913	17	1912	25	100	88	111	0.79
07A-33-54	0.05957	0.00423	0.78465	0.0545	0.09551	0.00202	588	159	588	31	588	12	100	18	16	1.14
07A-33-55	0.11061	0.00157	4.9389	0.07768	0.32382	0.00428	1809	26	1809	13	1808	21	100	257	138	1.86
07A-33-56	0.11959	0.00523	5.8209	0.24283	0.35298	0.00787	1950	80	1950	36	1949	37	100	45	42	1.06
07A-33-57	0.06018	0.00573	0.82023	0.07646	0.09883	0.00252	610	214	608	43	608	15	100	11	12	0.93
07A-33-58	0.0653	0.00152	1.1653	0.02736	0.12939	0.00187	784	50	784	13	784	11	100	90	176	0.51
07A-33-59	0.11585	0.00293	5.45046	0.13628	0.34129	0.00532	1893	47	1893	21	1893	26	100	48	38	1.25
07A-33-60	0.1091	0.00316	4.79422	0.13606	0.31871	0.00536	1784	54	1784	24	1783	26	100	58	31	1.89
07A-34（40°59.237′N，79°59.508′E）																
07A-34-01	0.12238	0.0015	6.09822	0.08772	0.36144	0.00473	1991	22	1990	13	1989	22	100	73	176	0.41
07A-34-02	0.06207	0.00192	0.94903	0.02909	0.11091	0.00188	677	68	678	15	678	11	100	483	146	3.32
07A-34-03	0.06339	0.00312	0.98545	0.04682	0.11287	0.00242	721	107	696	24	689	14	99	163	99	1.66
07A-34-04	0.1236	0.00192	6.22778	0.1046	0.3655	0.00495	2009	28	2008	15	2008	23	100	46	50	0.91
07A-34-05	0.06389	0.0014	1.06175	0.02395	0.12055	0.00174	738	47	735	12	734	10	100	498	131	3.79
07A-34-06	0.14691	0.00344	8.72417	0.20686	0.4307	0.00663	2310	41	2310	22	2309	30	100	89	96	0.92
07A-34-07	0.11195	0.00327	5.07069	0.14385	0.32856	0.00545	1831	54	1831	24	1831	26	100	45	24	1.86
07A-34-08	0.11806	0.00181	5.66699	0.09418	0.3482	0.00463	1927	28	1926	14	1926	22	100	76	115	0.66
07A-34-09	0.12512	0.0028	6.38076	0.14255	0.36996	0.0054	2030	41	2030	20	2029	25	100	27	41	0.65
07A-34-10	0.11068	0.00237	4.94357	0.10842	0.32402	0.00477	1811	40	1810	19	1809	23	100	213	91	2.34

续表

	$^{207}Pb/^{206}Pb$	1σ	$^{207}Pb/^{235}U$	1σ	$^{206}Pb/^{238}U$	1σ	$^{207}Pb/^{206}Pb$	1σ	$^{207}Pb/^{235}U$	1σ	$^{206}Pb/^{238}U$	1σ	谐和度	Th*	U*	Th/U
07A-34（40°59.237′N，79°59.508′E）																
07A-34-11	0.12154	0.00181	6.02173	0.09903	0.35942	0.005	1979	27	1979	14	1979	24	100	103	120	0.86
07A-34-12	0.11862	0.0017	5.73124	0.08951	0.35048	0.00458	1936	26	1936	14	1937	22	100	101	93	1.09
07A-34-13	0.137	0.00293	7.63931	0.16584	0.40447	0.00619	2190	38	2189	19	2190	28	100	95	52	1.84
07A-34-14	0.14657	0.00208	8.6867	0.13775	0.42985	0.00584	2306	25	2306	14	2305	26	100	75	124	0.61
07A-34-15	0.12343	0.00193	6.20899	0.10363	0.36489	0.00487	2006	28	2006	15	2005	23	100	246	148	1.66
07A-34-16	0.11136	0.00184	5.01797	0.08833	0.32682	0.00452	1822	31	1822	15	1823	22	100	92	73	1.26
07A-34-17	0.11811	0.00198	5.67621	0.10275	0.34858	0.00495	1928	31	1928	16	1928	24	100	142	214	0.66
07A-34-18	0.11378	0.00254	5.2441	0.11839	0.33429	0.00521	1861	41	1860	19	1859	25	100	102	16	6.43
07A-34-19	0.22995	0.0035	19.19559	0.31752	0.60542	0.00836	3052	25	3052	16	3052	34	100	41	50	0.82
07A-34-20	0.10825	0.00449	4.7124	0.18633	0.3159	0.00675	1770	78	1769	33	1770	33	100	49	29	1.66
07A-34-21	0.11558	0.00153	5.43186	0.07894	0.34081	0.0043	1889	24	1890	12	1891	21	100	76	155	0.49
07A-34-22	0.1089	0.00183	4.77597	0.08394	0.31802	0.0043	1781	31	1781	15	1780	21	100	116	102	1.13
07A-34-23	0.15688	0.00269	9.87115	0.17655	0.45636	0.00615	2422	30	2423	16	2423	27	100	497	208	2.39
07A-34-24	0.12136	0.00214	6.00304	0.10853	0.35871	0.00469	1976	32	1976	16	1976	22	100	177	137	1.29
07A-34-25	0.10717	0.00263	4.61461	0.11419	0.31226	0.00498	1752	46	1752	21	1752	24	100	203	109	1.85
07A-34-26	0.11	0.00162	4.88541	0.07805	0.32207	0.00428	1799	27	1800	13	1800	21	100	123	81	1.53
07A-34-27	0.06426	0.00212	1.09705	0.03552	0.12378	0.0021	750	71	752	17	752	12	100	347	108	3.23
07A-34-28	0.18896	0.00288	13.75732	0.23225	0.52803	0.00743	2733	26	2733	16	2733	31	100	92	110	0.84
07A-34-29	0.11102	0.00283	4.98201	0.12772	0.32555	0.00552	1816	47	1816	22	1817	27	100	64	37	1.75
07A-34-30	0.12113	0.00286	5.98169	0.14053	0.3581	0.0052	1973	43	1973	20	1973	25	100	60	63	0.94
07A-34-31	0.11121	0.00258	5.00417	0.11593	0.3263	0.00501	1819	43	1820	20	1820	24	100	84	40	2.1
07A-34-32	0.1161	0.00216	5.47823	0.10385	0.34216	0.00461	1897	34	1897	16	1897	22	100	126	156	0.81
07A-34-33	0.1172	0.00221	5.57743	0.11222	0.34528	0.00531	1914	35	1913	17	1912	25	100	90	104	0.86
07A-34-34	0.11982	0.00162	5.84912	0.08823	0.354	0.00462	1954	25	1954	13	1954	22	100	78	115	0.68
07A-34-35	0.10662	0.00393	4.57918	0.16453	0.31136	0.00653	1742	69	1745	30	1747	32	100	122	74	1.64
07A-34-36	0.11034	0.00238	4.91614	0.10751	0.32314	0.0049	1805	40	1805	18	1805	24	100	26	15	1.72

续表

	$^{207}Pb/^{206}Pb$	1σ	$^{207}Pb/^{235}U$	1σ	$^{206}Pb/^{238}U$	1σ	$^{207}Pb/^{206}Pb$	1σ	$^{207}Pb/^{235}U$	1σ	$^{206}Pb/^{238}U$	1σ	谐和度	Th*	U*	Th/U
07A-34（40°59.237′N，79°59.508′E）																
07A-34-37	0.1099	0.00268	4.87871	0.12016	0.32189	0.00524	1798	45	1799	21	1799	26	100	49	36	1.38
07A-34-38	0.11948	0.00249	5.81799	0.12367	0.35318	0.00525	1948	38	1949	18	1950	25	100	40	26	1.55
07A-34-39	0.11009	0.0021	4.89331	0.09937	0.3224	0.00483	1801	36	1801	17	1801	24	100	299	161	1.86
07A-34-40	0.06084	0.00342	0.86592	0.04709	0.10323	0.0022	634	124	633	26	633	13	100	55	34	1.61
07A-34-41	0.12789	0.00165	6.67496	0.09741	0.37859	0.00488	2069	23	2069	13	2070	23	100	88	116	0.75
07A-34-42	0.12151	0.00236	6.01332	0.12319	0.35897	0.00558	1979	35	1978	18	1977	26	100	65	80	0.81
07A-34-43	0.11293	0.00204	5.16725	0.09597	0.33185	0.00444	1847	33	1847	16	1847	21	100	153	129	1.19
07A-34-44	0.06507	0.00271	1.1447	0.04634	0.1276	0.00231	777	90	775	22	774	13	100	102	30	3.41
07A-34-45	0.06568	0.00217	1.18996	0.03889	0.13143	0.00239	796	71	796	18	796	14	100	160	116	1.38
07A-34-46	0.11253	0.00197	5.12591	0.09714	0.33044	0.00491	1841	32	1840	16	1841	24	100	100	82	1.22
07A-34-47	0.11022	0.00163	4.89833	0.08044	0.32234	0.00442	1803	28	1802	14	1801	22	100	238	102	2.33
07A-34-48	0.06493	0.00135	1.14166	0.02417	0.12757	0.00175	772	45	773	11	774	10	100	101	72	1.4
07A-34-49	0.12495	0.00217	6.37312	0.11949	0.36996	0.00537	2028	31	2029	16	2029	25	100	83	116	0.71
07A-34-50	0.11226	0.00182	5.10586	0.0878	0.32992	0.00443	1836	30	1837	15	1838	21	100	84	68	1.24
07A-34-51	0.11086	0.0017	4.96719	0.08318	0.32497	0.00446	1814	28	1814	14	1814	22	100	36	34	1.06
07A-34-52	0.11899	0.00183	5.75769	0.0945	0.35103	0.00463	1941	28	1940	14	1940	22	100	70	66	1.06
07A-34-53	0.11206	0.00267	5.07792	0.12033	0.3287	0.00523	1833	44	1832	20	1832	25	100	23	16	1.43
07A-34-54	0.11512	0.00387	5.38719	0.17434	0.33939	0.00644	1882	62	1883	28	1884	31	100	29	18	1.62
07A-34-55	0.12772	0.00176	6.65551	0.1036	0.37796	0.00508	2067	25	2067	14	2067	24	100	56	93	0.6
07A-34-56	0.11565	0.00278	5.43364	0.12987	0.34076	0.00523	1890	44	1890	20	1890	25	100	61	56	1.08
07A-34-57	0.1247	0.00188	6.34522	0.10849	0.369	0.00524	2025	27	2025	15	2025	25	100	211	285	0.74
07A-34-58	0.06301	0.00117	1.00959	0.01971	0.11621	0.00159	709	40	709	10	709	9	100	167	111	1.5
07A-34-59	0.10975	0.00307	4.86308	0.13393	0.32131	0.00508	1795	52	1796	23	1796	25	100	192	150	1.29
07A-34-60	0.06462	0.00122	1.1203	0.02222	0.12573	0.00176	762	41	763	11	763	10	100	266	167	1.59

注：普通铅校正＞2%

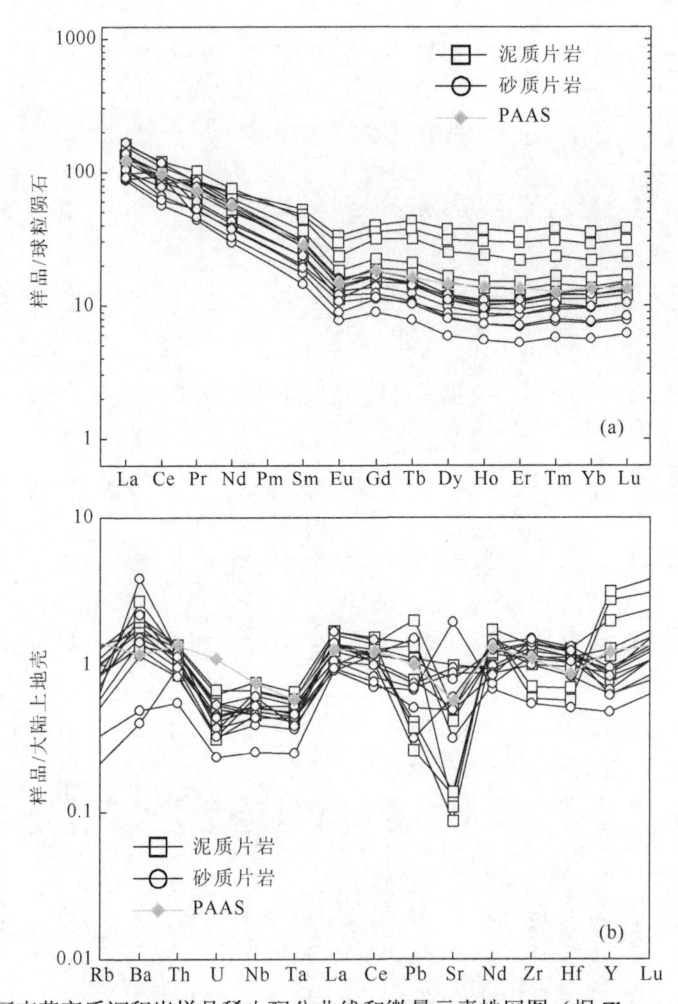

图 5-15　阿克苏变质沉积岩样品稀土配分曲线和微量元素蛛网图（据 Zhu et al.，2011b）

球粒陨石数据，据 Boynton(1984)；上地壳成分数据，据 Taylor 和 McLennan(1995)；标准的澳大利亚太古宙页岩平均值(PAAS)，据 McLennan（1989）

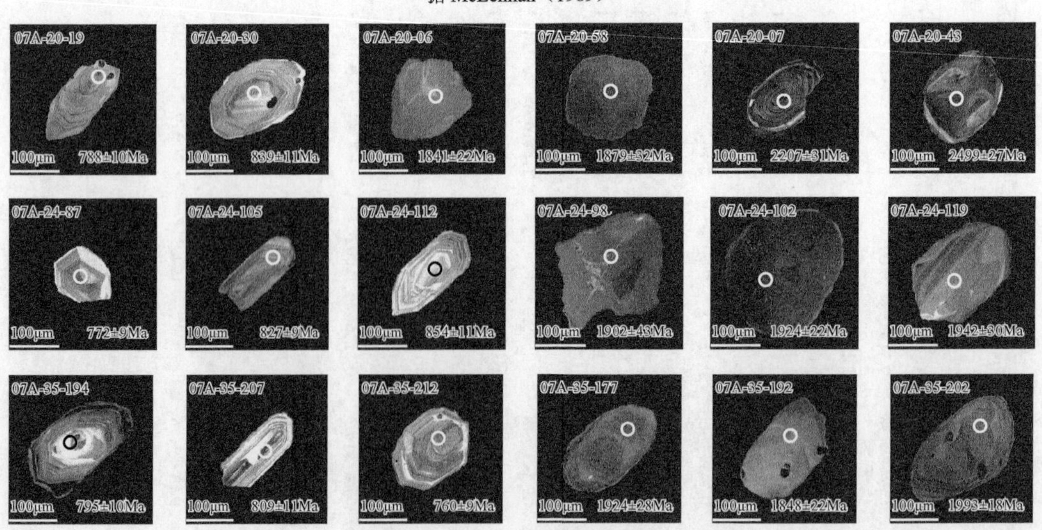

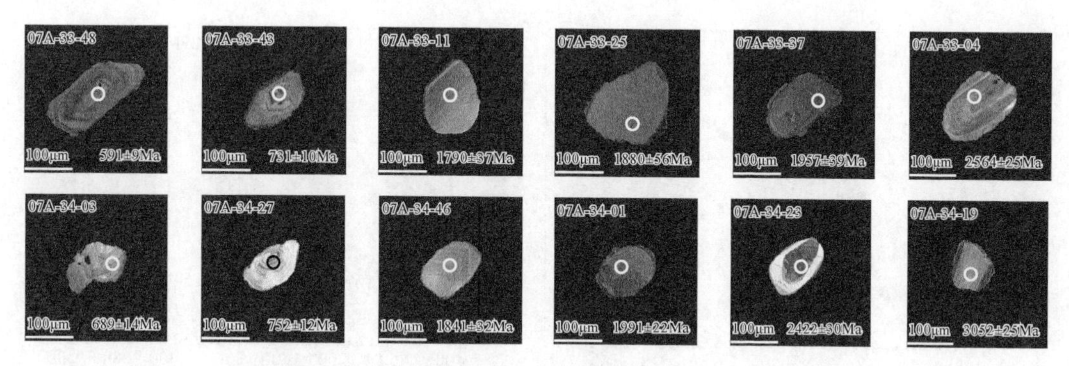

图 5-16　阿克苏变质沉积岩和震旦纪砂岩锆石 CL 图（据 Zhu et al.，2011b）

3. 测年结果分析

样品 07A-20（41°09.444′N，80°02.049′E）为产自阿克苏群的白云母石英砂岩，含有大量的锆石颗粒，随机选取了 80 个颗粒进行了 LA-ICP-MS 分析。其中 07A-20-5、07A-20-14、07A-20-34 谐和度＜80%；07A-20-7、07A-20-8、07A-20-9、07A-20-79 普通铅校正＞2%均不做讨论，剩余 73 个锆石颗粒给出了 10～644ppm 的 U 含量及 5～577ppm 的 Th 含量。一般认为，Th/U 值大于 0.4 以及具有韵律环带的锆石是岩浆成因，而无环带或弱环带和低的 Th/U 值（＜0.1）被认为是变质成因的。除 07A-20-1、07A-20-11、07A-20-21、07A-20-43、07A-20-54 五个颗粒外，其余锆石颗粒均具有＞0.4 的 Th/U，结合 CL 图像，我们可以判定它们为岩浆锆石（图 5-16）。Th/U＜0.4 的五粒锆石，其 CL 图像亦无振荡环带，这些锆石很可能为变质锆石。测年结果中，^{206}Pb/^{238}U 年龄在 1850～2000Ma 的锆石颗粒给出了 1925±15Ma（MSWD=3.7，n=30）的加权平均年龄，该年龄在该样品的年龄谱图中表现为很强的峰（图 5-17（b））；^{206}Pb/^{238}U 年龄在 800～850Ma 的锆石颗粒给出了 829±10Ma（MSWD=1.4，n=8）的加权平均年龄，该年龄在该样品的年龄谱图中表现为一次强峰；^{206}Pb/^{238}U 年龄在 750～800Ma 的锆石颗粒给出了 779.6±5.3Ma（MSWD=1.08，n=14）的加权平均年龄，该年龄在该样品的年龄谱图中亦表现为很强的峰。此外，07A-20-80 给出本样品锆石颗粒中的最小年龄 721±12Ma，07A-20-43 给出本样品锆石颗粒中的最大年龄 2501±25Ma。

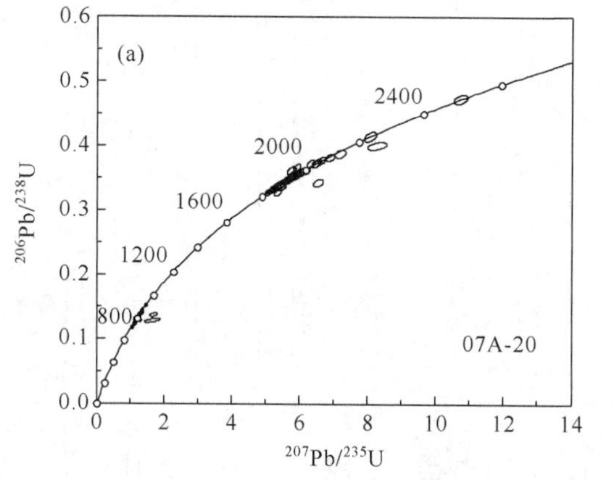

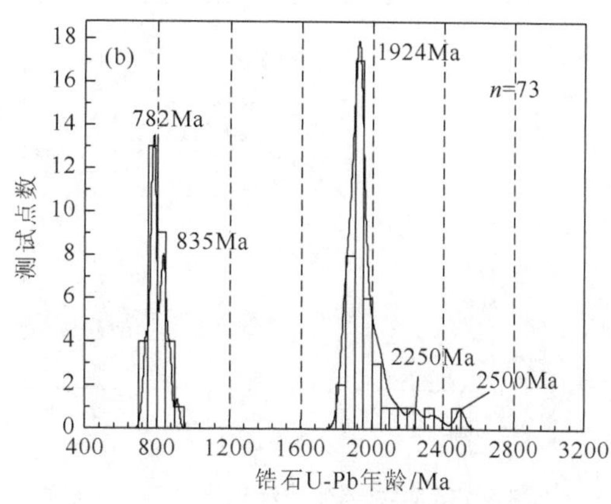

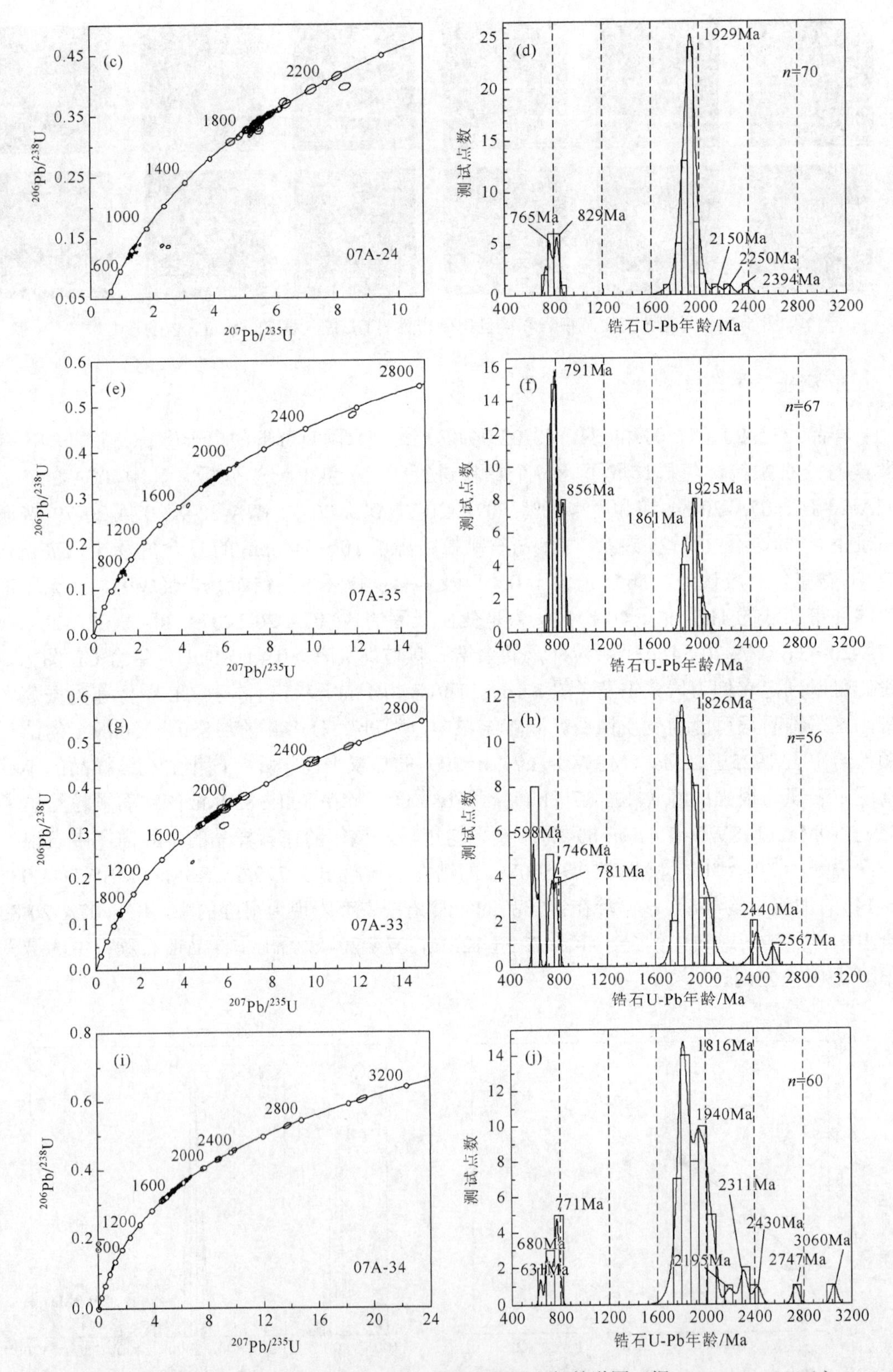

图 5-17　阿克苏变质沉积岩和震旦纪砂岩锆石谐和图和年龄谱图（据 Zhu et al.，2011b）

样品 07A-24（41°08.511′N，80°00.214′E）亦为产自阿克苏群白云母石英砂岩，我们同样随机选取了 80 个颗粒进行了 LA-ICP-MS 分析。其中，07A-24-104、07A-24-110、07A-24-112、07A-24-125、07A-24-134、07A-24-137、07A-24-145、07A-24-148、07A-24-159 谐和度＜80%；07A-24-149 普通铅校正＞2%均不做讨论，剩余的 70 个锆石颗粒（除 07A-24-81）的 U 含量与 Th 含量分别为 28～699ppm 和 31～790ppm。锆石颗粒 07A-24-81 具有异常高的 U 与 Th 含量，为 829ppm 和 1160ppm。除 07A-24-90、07A-24-109、07A-24-111、07A-24-127、07A-24-147 五个颗粒外，其余锆石颗粒均具有＞0.4 的 Th/U，结合 CL 图像，我们可以判断出它们应为岩浆锆石。Th/U＜0.4 的五粒锆石中，07A-24-109、07A-24-111、07A-24-147 的 CL 图像亦无振荡环带，这些锆石可能为变质锆石。测年结果中，$^{206}Pb/^{238}U$ 年龄在 1880～1970Ma 的锆石颗粒给出了 1927±9Ma（MSWD=1.3，n=29）的加权平均年龄，该年龄在该样品的年龄谱图中表现为很强的峰(图 5-17(d))；$^{206}Pb/^{238}U$ 年龄在 810～850Ma 的锆石颗粒给出了 832±13Ma（MSWD=1.6，n=6）的加权平均年龄，该年龄在该样品的年龄谱图中表现为一弱峰；$^{206}Pb/^{238}U$ 年龄在 760～810Ma 的锆石颗粒给出了 780±15Ma（MSWD=2.6，n=7）的加权平均年龄，该年龄在该样品的年龄谱图中亦表现为一较弱峰。此外，07A-24-103 为本样品锆石颗粒中的最小年龄 725±10Ma，07A-24-141 给出本样品锆石颗粒中的最大年龄 2144±29Ma。

样品 07A-35（41°01.555′N，80°02.809′E）为产自阿克苏群白云母石英砂岩，研究中对 80 个锆石颗粒进行了 LA-ICP-MS 分析。其中，07A-35-166、07A-35-173、07A-35-178、07A-35-180、07A-35-191、07A-35-194、07A-35-198、07A-35-207、07A-35-214、07A-35-217 谐和度＜80%；07A-35-175、07A-35-190 普通铅校正＞2%，均不做讨论。剩余 67 个锆石颗粒的 U 含量为 36～508ppm，Th 含量为 26～548ppm。只有 07A-35-231 的 Th/U 为 0.18，小于 0.4，且其 CL 图像无振荡环带，故其可能为变质成因；其余锆石颗粒均具有＞0.4 的 Th/U，结合 CL 图像，我们可以判断出它们应为岩浆锆石。测年结果中，$^{206}Pb/^{238}U$ 年龄在 1900～1975Ma 的锆石颗粒给出了 1936±11Ma（MSWD=1.15，n=13）的加权平均年龄，该年龄在该样品的年龄谱图中表现为一较强的峰；$^{206}Pb/^{238}U$ 年龄在 1825～1900Ma 的锆石颗粒给出了 1850±14Ma（MSWD=0.73，n=8）的加权平均年龄，该年龄在该样品的年龄谱图中表现为一弱峰；$^{206}Pb/^{238}U$ 年龄在 800～860Ma 的锆石颗粒给出了 830±10Ma（MSWD=2.9，n=15）的加权平均年龄，该年龄在该样品的年龄谱图中亦表现为一较强峰；$^{206}Pb/^{238}U$ 年龄在 750～800Ma 的锆石颗粒给出了 776.9±6.1Ma（MSWD=2.4，n=27）的加权平均年龄，该年龄在该样品的年龄谱图中表现为一强峰（图 5-17（f））。本样品锆石颗粒中的 07A-35-169 给出了最小的年龄，其年龄值为 732±10Ma；07A-35-234 给出了本样品锆石颗粒中的最大年龄 2047±21Ma。

样品 07A-33(40°59.370′N，79°59.517′E)为采自苏盖特布拉克组下部砂岩。样品 07A-33 中的锆石要比上述变质岩样品中的锆石小。CL 图像上，大多数锆石显示均质的内部结构，而另外一些锆石具有振荡环带。这些不同的内部结构说明锆石有不同的成因。我们对 58 粒锆石进行了 60 个点的分析，其中 56 个分析点处于或靠近谐和线（图 5-17（h））。所测颗粒的年龄从太古宙到新元古代皆有，其中，一个谐和点的年龄为 2565±29Ma，说明源区有太古宙岩石。样品中发现了大量的古元古代颗粒，其中较年轻的颗粒数量多，大多为变质成因的，在年龄谱图中 1826Ma 形成一个强峰。新元古代的锆石都是岩浆成因的，年龄主要集中在 810～710Ma 和 640～580Ma，并且在 746Ma 和 598Ma 形成年龄峰。最年轻的碎屑颗粒年龄为 588±12Ma，其谐和度为 100%。

样品 07A-34（40°59.237′N，79°59.508′E）同样为采自苏盖特布拉克组下部的红色砂岩。CL 图像显示，锆石具有不同的内部结构，说明锆石有不同的成因。本样品中，60 个锆石的分析点皆位于或靠近谐和线，所测颗粒的年龄从太古宙到新元古代皆有，最大年龄值为 3052±25Ma。古元古代年龄大量出现，可以分为三个年龄组，最老的一组年龄为 2423Ma～2305Ma，较年轻的古元古代颗粒年龄主要集中在 2190～1912Ma 和 1897～1747Ma，并且在 1940Ma 和 1816Ma 形成年龄峰。新元古代颗粒年龄也可以分为两组：七个较老的颗粒年龄介于 796～709Ma，其年龄峰值为 771Ma；剩余三个颗粒年龄在 689～633Ma。最年轻的碎屑颗粒年龄为 633±13Ma，其谐和度为 100%。

5.4.3 讨论和结论

1. 变沉积岩的源区和构造背景

地球化学资料传统上被用来重建沉积盆地的动力学背景（Bhatia，1983；Roser and Korsch，1986），因为不同的板块构造域会产生不同地球化学特征的岩浆组合（Dostal and Keppie，2009；Fralick et al.，2009；Maruyama et al.，2009；Williams et al.，2009）。本书中，我们运用阿克苏变质沉积岩的地球化学资料，采用现有的构造判别图来确定其形成的构造背景。

利用主量元素比值，Roser 和 Korsch（1988）提出了判别碎屑沉积物源区的图解（图 5-18（a））。判别图中，大部分变沉积岩样品落入到酸性—中性火成岩区域，只有很少的样品落入到石英沉积源区。在 Floyd 等（1989）的 K_2O-Rb 判别图上（图 5-18（b）），我们得到了相同的结论。K 和 Rb 对沉积再循环十分敏感，因此被广泛用作源岩成分的指标。我们的样品 K/Rb 值接近 230，K_2O-Rb 判别图中落在了中酸性成分区域。微量元素常常可以更好地反映源区信息，因为即使经历了风化和成岩作用，这些元素的化学印记依然保留在沉积岩中（McLennan et al.，1993）。在 La/Th-Hf 图解中（图 5-18（c），Floyd and Leveridge，1987），大多数样品落入酸性岛弧区，这与根据主量元素图解获得的结论是一致的。

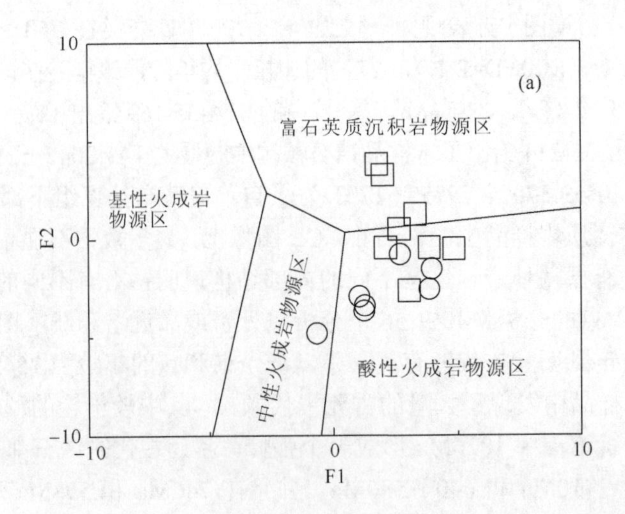

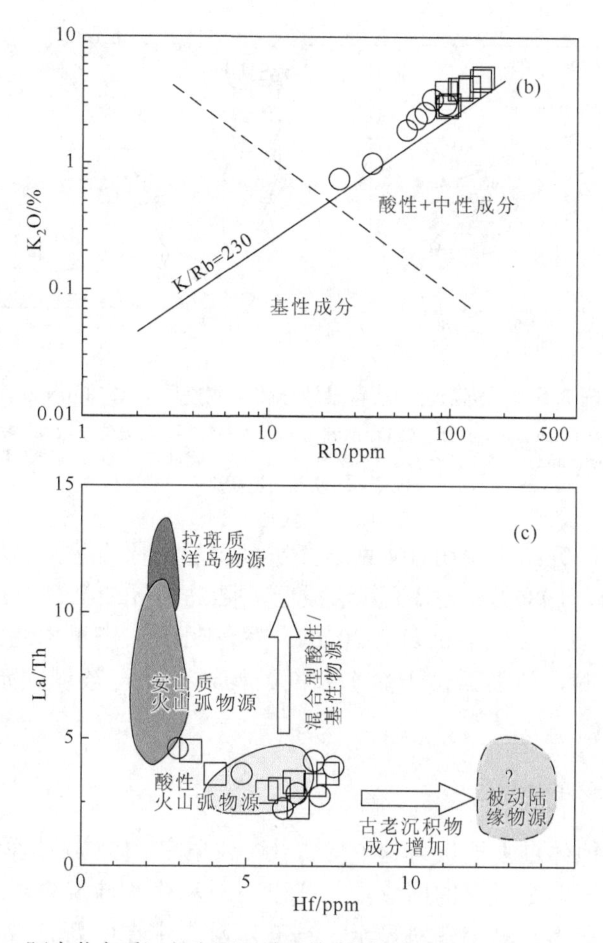

图 5-18　阿克苏变质沉积岩源区地球化学判别图（据 Zhu et al.，2011b）

（a）碎屑沉积物物源区主量元素函数判别图（据 Roser and Korsch，1988），函数：F1=30.638TiO_2/Al_2O_3−12.541Fe_2O_3（total）/Al_2O_3+7.329MgO/Al_2O_3+12.031Na_2O/Al_2O_3+35.402K_2O/Al_2O_3−6.382；F2=56.500TiO_2/Al_2O_3−10.879Fe_2O_3（total）/Al_2O_3+30.875MgO/Al_2O_3−5.404Na_2O/Al_2O_3+11.112K_2O/Al_2O_3−3.89；（b）K_2O-Rb 图解（据 Floyd et al.，1989）；（c）La/Th-Hf 图解（据 Floyd and Leveridge，1987）。圆：砂质片岩，方块：泥质片岩

沉积物的地球化学特征同样可以用来区分其形成的大地构造背景（Bhatia，1983；Bhatia and Crook，1986）。前人的研究表明，沉积物的地球化学成分来自于四种典型的构造背景：即大洋岛弧、大陆岛弧、活动大陆边缘和被动大陆边缘（Bhatia，1983；McLennan and Taylor，1991）。在 K_2O/Na_2O-SiO_2 判别图中（Roser and Korsch，1986），大部分变沉积岩样品落入到活动大陆边缘区域，只有少部分样品落入到被动大陆边缘区域（图 5-19（a））。值得注意的是，基于主量元素的构造背景判别需要谨慎行事，因为一些主量元素在风化和再循环过程中非常易于流动，因而会改变源区信息（Bahlburg，1998）。大离子亲石元素，如 K、Na、Ca 和 Sr 等，在沉积过程，成岩过程和后期变质过程中易于分异（Girty et al.，1993）。与它们不同，REEs、Th 和 Sc 在次生过程中则相对不具活动性，因而，微量元素提供了更为满意的判别效果。进一步地研究发现，在 Th-Sc-Zr/10 和 La-Th-Sc 判别图中（Bhatia and Crook，1986），样品或落入大陆岛弧区，或落入活动大陆边缘区域（图 5-19（b））。

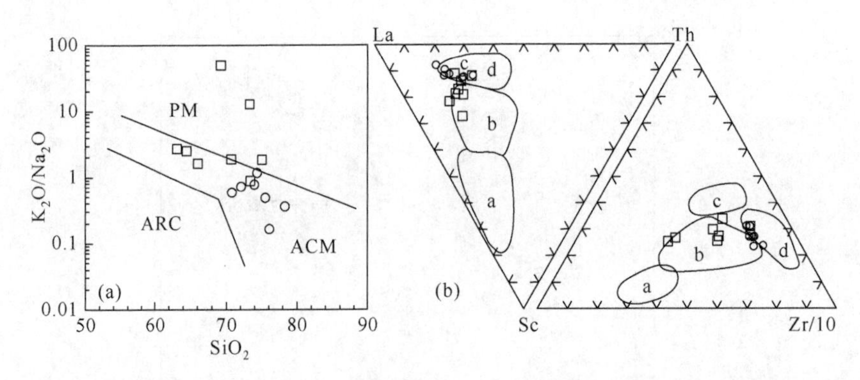

图 5-19　阿克苏变质沉积岩构造背景地球化学判别图（据 Zhu et al.，2011b）

（a）K_2O/Na_2O-SiO_2 图解（据 Roser and Korsch，1986）。ARC：岛弧，ACM：活动大陆边缘，PM：被动大陆边缘；（b）Th-La-Sc 和 Sc-Th-Zr/10 图解（据 Bhatia and Crook，1986）。a：大洋岛弧，b：大陆岛弧，c：活动大陆边缘，d：被动大陆边缘。圆：砂质片岩，方块：泥质片岩

上述地球化学研究结果表明，阿克苏变质沉积岩的原岩物质来源于中酸性火成岩（Bhatia and Crook，1986），反映了其形成于大陆岛弧区或活动大陆边缘的构造背景（Zhu et al.，2011a，b；Zheng et al.，2010），尽管目前在塔里木北缘没有发现该古岛弧的踪迹。我们推测，该岛弧由于后来长期的构造作用已被剥蚀殆尽（Zhu et al.，2008）。

2. 变沉积岩沉积年龄

阿克苏蓝片岩地体过去被认为是中元古代（高振家，1985）或早新元古代（Chen et al.，2004）杂岩体，但是可靠的同位素年代学资料和生物地层资料一直较缺乏。阿克苏变质沉积岩中碎屑锆石测年资料显示，锆石年龄集中在中新元古，年龄峰为 765～791Ma（图 5-17（b）、（d）、（f））。大部分碎屑锆石为自形并具振荡环带，其 Th/U 比＞0.4，说明为岩浆成因。阿克苏蓝片岩地体中的沉积岩经历了蓝片岩相—绿片岩相的变质作用（Liou et al.，1989，1996；Nakajima et al. 1990），但该条件下其锆石 U-Pb 系统依然保持封闭状态，没有观察到锆石重结晶或增生锆石。因此，测试获得的年龄代表这些锆石原始结晶年龄。上述条件满足 Nelson（2001）提出的要求，可以用碎屑锆石年龄来约束沉积地层时代。因此，最年轻的谐和年龄可以限定该地区变质沉积地层原岩的最大沉积年龄。本书中，我们根据三个变质沉积岩样品中最年轻锆石年龄（721±12Ma、725±10Ma 和 732±10Ma）得到一个加权平均年龄 727±12Ma（MSWD=0.27），这个年龄代表了变质沉积岩原岩的最大沉积年龄。如果这一年龄是正确的话，蓝片岩的变质年龄和岩墙的侵入年龄都应小于 727Ma，从而佐证了 Nakajima 等（1990）得到的变质年龄大约为 700Ma 是合理的，而其他研究者获得的变质年龄则需要重新评价（高振家，1993；Liou et al.，1996；Chen et al.，2004；Zhan et al.，2007；Zhang et al.，2009）。

令人费解的是，最大沉积年龄比侵入其中的基性岩墙的年龄还要小（Chen et al.，2004；Zhan et al.，2007；Zhang et al.，2009）。一种可能是，基性岩墙中的锆石并非来自于基性岩墙本身的基性岩浆，而是从围岩变质沉积岩中捕获的。阿克苏基性岩墙目前

已报道的有三个年龄，两个 SHRIMP U-Pb 年龄（807±12Ma 和 785±31Ma）并未发表，只是在 Chen 等（2004）和 Zhan 等（2007）被引用。由于没有详细的信息，所以很难评价这两个年龄数据的质量。Zhang 等（2009）报道的另一个 SHRIMP U-Pb 年龄有较详细信息。17 个分析点中，7 个点具有古元古代年龄，介于 2.4～1.7Ga，2 个点为不谐和年龄 840Ma 和 916Ma，剩余 8 个点具新元古代年龄 766～746Ma。我们对比了 Zhang 等（2009）在阿克苏岩墙中所挑测年用锆石与本书中变沉积岩中的碎屑锆石，发现这两组锆石，无论是大小、形态、结构特征、CL 图像还是 Th/U 值与测年结果，均具有相似性。因此，我们认为 Zhang 等（2009）测定阿克苏岩墙年龄所用的锆石极有可能是岩墙在侵入阿克苏蓝片岩体过程中俘获的变沉积岩中的碎屑锆石。阿克苏变沉积岩中的碎屑锆石具有 795～735Ma 的年龄组份，在基性岩墙侵入时显然可以提供丰富的该时代的捕获锆石。因此，我们认为 Zhang 等（2009）报道的所谓“基性锆石”并不能真正代表岩墙的侵位年龄。

3. 苏盖特布拉克组的沉积年龄

苏盖特布拉克组的绝对年龄一直没有可靠的数据，也没有直接的生物地层年龄。王飞等（2010）曾尝试用该组下部火山岩夹层来定年，但没有获得成功。Zhan 等（2007）研究认为，苏盖特布拉克组与华南陡山沱组具有相似的化学地层年龄，推测为 595Ma。我们认为，这种方法难以提供可靠的地层年龄。本书中，我们从苏盖特布拉克组下部两个红色砂岩样品中获得了 6 个最年轻的谐和锆石年龄（619±8Ma、608±15Ma、602±9Ma、597±10Ma、591±9Ma 和 588±12Ma），6 个点的加权平均年龄为 602±13Ma（MSWD=1.6），代表了该地层的最大沉积年龄。所有这些新元古代锆石显示自形或半自形的形状，有一些甚至有清晰的振荡环带，Th/U 值介于 2.16～0.93，说明锆石为岩浆成因。此外，该地层没有经历过变质作用，故不可能有变质锆石出现。因此，我们认为 602±13Ma 代表了苏盖特布拉克组最大的沉积年龄。

4. 沉积源区分析

样品年龄结果最显著的特征是 5 个样品具有相似的年龄分布。尽管碎屑锆石显示了较宽的年龄谱，但其年龄主要集中在两个年龄组：一个为古元古代（ca. 2.0～1.8Ga），另一个为新元古代（ca. 0.85～0.70Ga）。蓝片岩中变沉积岩样品与苏盖特布拉克组样品的年龄分布略有不同，后者含有小于 700Ma 的颗粒。

与较老的锆石颗粒相比，新元古代碎屑锆石通常具环带和高 Th/U 比，与岩浆成因锆石一致。这些碎屑锆石一般较自形，说明搬运距离不远，可能靠近岩浆源区。该年龄组分与塔里木北缘新元古代岩浆作用的年龄一致。新元古代塔里木北缘岩浆作用活跃，种类繁多，前人已做了大量研究（李曰俊等，1999；Chen et al.，2004；Guo et al.，2005；Huang et al.，2005；Xu et al.，2005，2009；Zhang et al.，2006，2007b，2009，2012b；Zhan et al.，2007；Zhu et al.，2008，2011a；Zhang et al.，2009a；Cao et al.，2010，2011，2012；Long et al.，2011b；Ye et al.，2013），详见第四章第一节。

2.0～1.8Ga 年龄组分在塔里木北缘古元古代的岩浆作用和变质作用中均有记录

(黄存焕和高振家，1986；高振家，1993；Hu et al.，2000；郭召杰等，2003；邓兴梁等，2008；董昕等，2011；吴海林等，2012；Lei et al.，2012；Long et al.，2012；Ge et al.，2013a，b，2015)。前人有关塔里木北缘古元古代的岩浆作用的锆石年代学资料包括库鲁克塔格块体中部花岗岩体的 2 个 TIMS 年龄（2071±37Ma 和 1943±6Ma；高振家，1993；郭召杰等，2003）和 1 个 LA-ICP-MS 年龄（1915±13Ma；Long et al.，2012)；库鲁克塔格块体东部花岗岩体的 1 个 TIMS 年龄（1912±12Ma，黄存焕和高振家，1986）和 10 个 LA-ICP-MS 年龄（1934±13Ma 和 1944±19Ma，Lei et al.，2012；1933±11Ma，1936±8Ma，1932±12Ma，1929±17Ma，1935±12Ma，1935±14Ma，1932±13Ma，1942±19Ma，Ge et al.，2015)。此外，邓兴梁等（2008）还发现了年龄为 1916±36Ma 的变质辉长岩。同样，大量具有 2.0～1.8Ga 年龄的变质锆石也在库尔勒地区的片岩和片麻岩中被发现（董昕等，2011；吴海林等，2012；Lei et al.，2012；Ge et al.，2013a，b，2015)。上述锆石年龄与本书中的变质成因的锆石年龄十分一致（如图 5-17 中样品 07A-20-06、07A-35-202、07A-33-11 和 07A-34-01)。此外，塔里木北缘 830～630Ma 的火山岩、基性岩墙和花岗岩大多携带有 2.0～1.8Ga 的继承锆石（Xu et al.，2005，2009；Zhang et al.，2007b，2009；Zhu et al.，2008，2011a)。上述资料暗示，塔里木北缘可能存在一个古元古代造山带，这期前寒武构造岩浆事件在全世界许多大陆广泛发生，如巴尔干半岛、劳伦大陆、北芬兰、北芬若斯坎迪亚地盾、亚马逊、华北和印度，时间上与哥伦比亚超大陆汇聚有关联（Daly et al.，2001；Rogers and Santosh，2002，2009；Zhao et al.，2002，2004；Santosh et al.，2006，2009a，b)。

最年轻组分的年龄（＜700Ma）在塔里木北缘岩浆岩中也有发现。Zhu 等（2008，2011a）报道了库尔勒基性岩墙 650～630Ma 的 SHRIMP 锆石年龄，同时代的花岗岩也在塔里木北缘被发现（何登发等，2011；罗金海等，2011；Ge et al.，2012b，2014b)。此外，635Ma 和 615Ma 的火山岩夹层也在库鲁克塔格地区的冰碛地层中被识别出来（Xu et al.，2009；He et al.，2014)。

样品中还有少量的 2.6～2.4Ga 的锆石，可能来自于塔里木北缘这一时期的花岗片麻岩、英云闪长岩、奥长花岗岩和钾长花岗岩，其时代与新太古代—早古元古代全球陆核生长同期（Rogers，1996；Zhao et al.，2002，2004；Rosa-Costa et al.，2006；Rogers and Santosh，2009)。来自于 TTG 组合的岩浆锆石产生的谐和年龄包括 2534±19Ma（钾长花岗岩）和 2602±27Ma（英云闪长岩），说明 TTG 岩石侵位时间主要发生在 2.6～2.50Ga（Zhang et al.，2007a)。库鲁克塔格地区正片麻岩的年代学研究表明（Long et al.，2010)，其侵位时代在新太古代—早古元古代（2.58～2.46Ga)。Shu 等（2011）还报道了两个谐和的结晶年龄，分别是 2470±24Ma（闪长岩）和 2469±12Ma（片麻状花岗岩)。早古元古代年龄为 2.3～2.1Ga 的岩浆岩在塔里木北缘未见报道，说明样品中可能还有来自于其他物源区的碎屑物。

因此，塔里木克拉通北缘是本书样品的主要物源区，所提供的碎屑物既有来自于岩浆岩的新生物质，也有老的沉积物再循环。

5. 构造意义及演化模型

新的年代学资料和地球化学资料使得我们可以重新评价阿克苏蓝片岩地体的构造意义。变沉积岩最大沉积年龄 727Ma 说明高压变质作用可能发生在 700Ma（Nakajima et al.，1990）而不是 960～860Ma（高振家，1993；Chen et al.，2004；Lu et al.，2008）。因此，我们认为阿克苏蓝片岩地体代表了泛非造山运动（Collins and Pisarevsky，2005；Meert and Lieberman，2008；Santosh et al.，2009a，b），而不是格林威尔造山运动，应该与 Gondwana 聚合有关而不是与 Rodinia 聚合有关（Zhu et al.，2011b）。此外，研究区未发现与格林威尔造山运动有关的变质作用，我们的碎屑锆石年龄谱中也没有 1300～900Ma 的年龄记录，说明塔里木北缘没有发生强烈的格林威尔造山作用。Lu 等（2008）指出，中元古代塔里木南北两侧存在不同性质的大陆边缘。这一时期，塔里木北部发育含叠层石碳酸盐岩，代表了被动大陆边缘沉积，而塔里木南部发育了 Ar-Ar 年龄为 1050～1020Ma 的钙碱性岛弧型火山岩，代表了活动大陆边缘，记录了与格林威尔造山作用有关的构造热事件。这一结论支持了我们塔里木北缘没有发生强烈的格林威尔造山作用的观点。

普遍的观点认为，塔里木北部从新元古代到早古生代为伸展构造背景。新元古代大陆裂谷作用被塔里木北缘大量 830～630Ma 的岩浆事件所证实（Guo et al.，2005；Huang et al.，2005；Xu et al.，2005，2009；Zhang et al.，2006，2007b，2009，2012b；Zhan et al.，2007；Zhu et al.，2008，2011a；Zhang et al.，2009a；Cao et al.，2010，2011，2012；Long et al.，2011b；Ye et al.，2013）。一些研究者据此认为，塔里木克拉通卷入了新元古代罗迪尼亚超大陆西部的地幔柱活动（Li et al.，1996，2008）。新元古代至奥陶纪塔里木北缘沉积相包括基底相、陆坡相、台地边缘相和有限开阔台地相，显示了沉积环境从大陆裂谷向被动陆缘的转变（段吉业等，2005；Huang et al.，2005）。作为 B 型蓝片岩，阿克苏蓝片岩地体代表了残余洋壳或伊犁—哈萨克斯坦与古塔里木之间的残余缝合带，并且在新元古代晚期经历了向塔里木的俯冲（Zheng et al.，2010）。这样的俯冲必然在塔里木北部形成活动大陆边缘。如前所述，地球化学证据表明，阿克苏蓝片岩地体中的变沉积岩原岩物质主要来自于活动大陆边缘的岛弧环境，同样揭示了该地区活动大陆边缘的存在。但是，研究区内没有发现同时期的古岛弧，可能的解释是这些岛弧火山岩被剥蚀掉了或深埋在地下深处。目前，我们尚无法判断塔里木北部的构造环境何时从伸展的被动陆缘转变为活动陆缘。但是，依据变沉积岩的最大沉积年龄和高压变质年龄，俯冲作用发生在 730～700Ma。

综合塔里木北缘地球化学和年代学资料，结合我们新近获得的数据，可以尝试建立塔里木北缘新元古代构造格架。详细的俯冲增生过程总结如下（图 5-20）：①中元古代—中新元古代，塔里木北缘为陆内裂谷或被动大陆边缘环境（图 5-20（a）），古洋盆位于古塔里木克拉通北侧，这个古洋盆至少在 890Ma 就已经形成（Zheng et al.，2010）。②阿克苏蓝片岩代表了俯冲带的一部分，洋壳向南朝古塔里木俯冲，在其北缘形成新元古代活动大陆边缘，但是，俯冲作用开始的时间尚不清楚（图 5-20（b））。③俯冲的洋壳及上覆沉积物大约在 700Ma 发生蓝片岩相变质作用，并快速折返到近地表；作为俯冲杂岩，阿克苏蓝片岩增生到古塔里木的北部，并成为冈瓦纳大陆最北缘的一部分（图 5-20（c））。④基性岩墙的侵入暗示了造山后的伸展作用。基性岩墙的地球化学研究表明，其源区为交代的岩石圈地幔，至岩墙侵入开始，塔里木北缘的构造环境又由活动大陆边缘转变为被动大陆边缘或陆内扩张环境（图 5-20（d））。由于缺乏精确的同位素资料，岩墙侵位时间还难以确定。

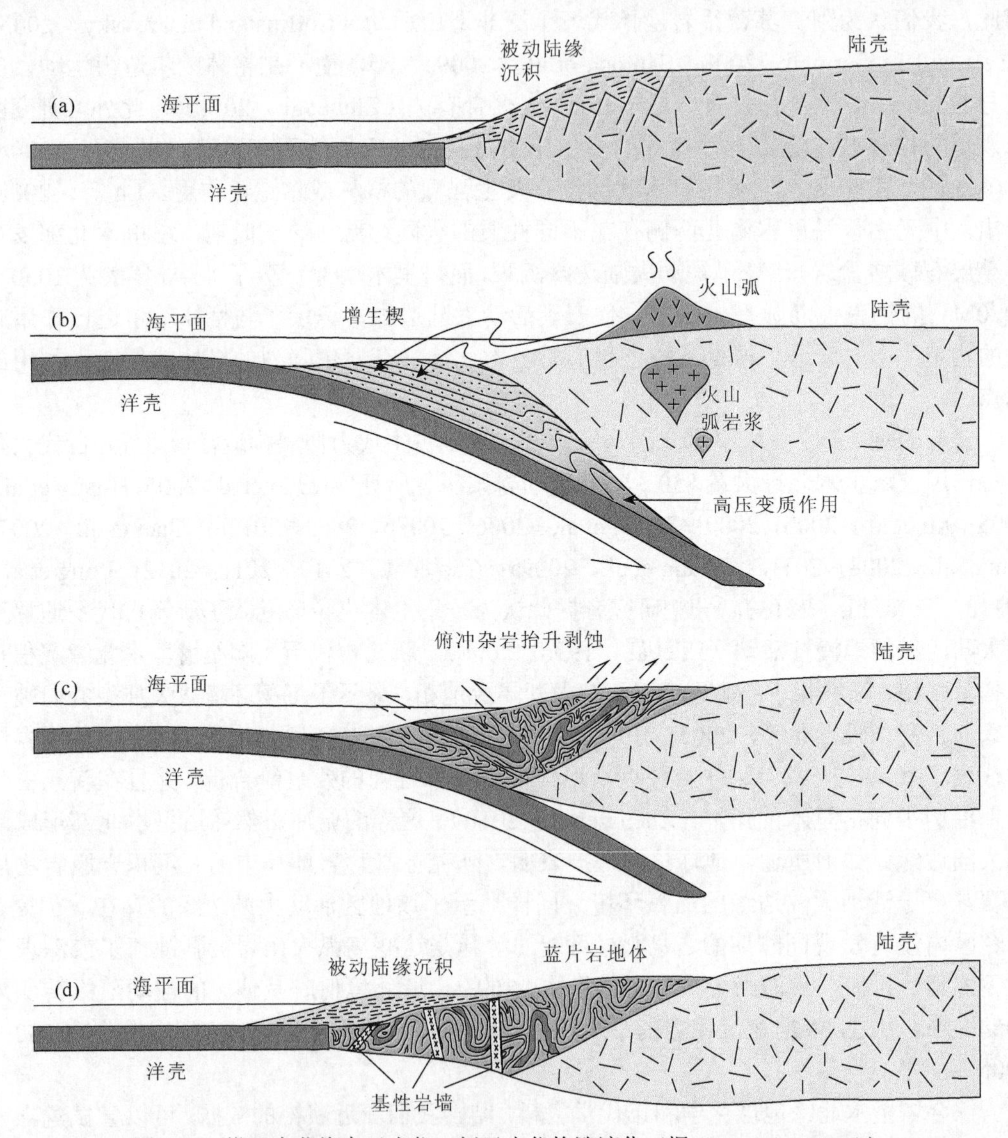

图 5-20　塔里木北缘中元古代—新元古代构造演化（据 Zhu et al.，2011b）

第 6 章　塔里木北缘前寒武纪构造演化过程

6.1　太古宙地壳生长与构造演化

大陆地壳是地球的独特属性之一，其形成与演化一直是地学界的热点问题。近年来，锆石原位 U-Pb-Hf-O 同位素分析手段的进步及其广泛应用对大陆地壳的形成演化研究注入了新的活力。塔里木克拉通作为中国三大古老陆块之一，近年来积累了不少锆石原位 U-Pb-Hf-O 数据，对其大陆地壳的形成、生长、再造等问题提供了重要约束。但不管是从全球尺度还是区域尺度，大陆地壳形成演化及其构造的研究仍存在许多亟待解决的问题。

首先，关于最古老大陆地壳的形成时间，也就是大陆地壳的初始生长时间，大部分学者认为是始太古代，这主要是基于目前已发现的最古老的岩石的年龄，即 4.03～3.8Ga，而老于 4.03Ga 的岩石目前仍未见确凿证据（Taylor and Mclennan，1985）。这说明在地球形成的前 500Ma 之内，要么没有大陆地壳的形成，要么形成的大陆地壳已被强烈的陨石撞击和后期的构造活动完全毁掉。另一些学者根据澳大利亚 Jack Hills 等地 4.4～4.0Ga 的冥古宙碎屑锆石的存在以及一些冥古宙 Hf 同位素模式年龄，认为大陆地壳的初始形成时代可能要早于 4.0Ga，甚至在岩浆海结晶不久之后就已经开始形成，导致早期壳幔分异的产生（Harrison，2009）。但是，如前文所述，关于这些冥古宙碎屑锆石的源区是否代表大规模的大陆地壳还是从初始基性-超基性地壳中分异出来的小规模熔体仍在激烈争论中。

就塔里木克拉通而言，近年来在其周缘的陆块中发现了一些古老大陆地壳的重要信息，对其初始地壳生长提供了约束。例如，李惠民等（2001）报道了阿克塔什塔格地区一个片麻岩的锆石 TIMS 上交点年龄为 3.6Ga，并将其解释为原岩年龄，但后来 Lu 等（2008）对这个样品进行了 SHRIMP 锆石原位定年，发现了 3.56Ga 和 3.67Ga 两组古老锆石，并结合锆石 CL 特征，认为这些锆石代表继承核，而样品的结晶年龄实为 2.4Ga 左右。尽管如此，这些年龄信息仍然暗示塔里木克拉通可能存在古太古代甚至始太古代的古老地壳。

如前文所述，笔者在库鲁克塔格西部的兴地塔格群变质沉积岩中发现的 3.3～3.5Ga 的碎屑锆石是该区最古老的年代学信息。这些锆石大多具有长柱状外形，说明其搬运距离可能不是很远，可能是来自于塔里木克拉通自身的古老基底岩石。通过 Hf 同位素数据线性回归分析，获得了其源区地壳的 ^{176}Lu/^{177}Hf 值为～0.01，这一比值代表典型的大陆地壳，用其计算获得的亏损地幔和球粒陨石模式年龄为～3.7～3.9Ga。由于这一计算过程中充分考虑了 ^{176}Lu/^{177}Hf 值、地幔源区属性等不确定性，这一模式年龄应该是可靠的。因此，笔者认为，塔里木克拉通最古老的大陆地壳可能形成于 3.7～3.9Ga，与目前已知的最古老岩石的年龄大致相当，是初始地壳生长的产物。最近，赵燕等（2015）在敦煌地区发现了 3.05Ga 的花岗闪长质片麻岩，其锆石 Hf 模式年龄大多集中在 3.7～3.9Ga，支持上述观点。笔者最近在阿克塔什塔格地区的工作中发现了～3.7Ga 的 TTG 片麻岩的存在（待发表资料），进一步证实了塔里木克拉通存在始太古代大陆地壳的结论。值得指出的是，一些学者根据部分古元古代（～2.0Ga）变质锆石＞4.0Ga 的 Hf 模式年龄，认为该区可能存在冥古宙大陆地壳（Zhang et al.，2014），这一推论是不成立的，因为变质锆石很可能继承原始岩浆锆石的 Hf 同位素而 U-Pb 年龄却已被重置，这样得出的模式年龄是没有地质意义的。

此外，从上述碎屑锆石研究和新太古代岩浆岩的研究中，笔者发现塔里木北缘存在大量太古宙高 δ^{18}O 锆石（达 10‰），落在 Valley 等（2005）给出的锆石 O 同位素演化线的上方。Valley 等（2005）发现全球各大克拉通太古宙岩浆锆石的 δ^{18}O 基本全部介于 5‰～7.5‰，从新太古代末期（2.5Ga）才开始出现高于 7.5‰的 δ^{18}O 值，与细粒沉积岩中负 Eu 异常的出现一致（Taylor and Mclennan，1985），这被解释为太古宙形成的以 TTG 和绿岩带基性-超基性岩为主的新生大陆地壳到新太古代末期才开始分异，形成较为成熟的大陆地壳。然而，塔里木北缘发现的高 δ^{18}O 锆石年龄最老的达 3.3～3.5Ga，且具有清晰的岩浆成因振荡环带与谐和的 U-Pb 年龄，因此，笔者认为，可能代表大陆地壳至少局部在古太古代时期已经发生分异，形成了成熟地壳。当然，这些高 δ^{18}O 锆石的解释还存在争议，这一结论有待后续研究验证。

关于大陆地壳的生长方式，目前存在幕式生长和连续生长两种模式，是地壳演化问题争议的另一个焦点。Taylor 和 Mclennan（1985）与 Condie（1998）等通过分析地质记录中新生地壳物质的年龄和分布，认为大陆地壳经历了几个相对快速生长的阶段，并可能和深部地幔中的重大事件或超大陆旋回相关。幕式地壳生长模式得到近年来锆石 Hf-O 同位素联合示踪研究的支持，例如，Kemp 等（2006）认为 δ^{18}O 为 5‰～6.5‰的岩浆锆石主要来源于新生地壳物质，其 Hf 模式年龄代表地壳生长时间，而 δ^{18}O＞6.5‰的锆石主要来自古老地壳物质的再循环或岩浆混合，其 Hf 模式年龄是混合的结果，不代表地壳生长时间。应用这些原理，Kemp 等（2006）确定了冈瓦纳大陆 1.9Ga 和 3.3Ga 两个幕式地壳生长事件的时间，并获得地壳源区的 ^{176}Lu/^{177}Hf 值为～0.018～0.022，与典型基性岩一致，从而证实地壳生长的主要方式为幔源基性岩浆作用。

近年来不少学者对塔里木克拉通的锆石 Hf 同位素年龄进行了统计，获得了多个 Hf 模式年龄的峰值，并将其解释为多期的幕式地壳生长（Long et al.，2010，2014；Zong et al.，2013；Zhang et al.，2013a）。但是，不同的学者获得的峰期年龄不尽相同，更为重要的是，这些研究均没有配套的锆石原位 O 同位素分析，因此其岩浆源区是否存在古老地壳物质的混合仍存在很大不确定性，其模式年龄的地质意义仍有待确认。笔者首次对库鲁克塔格西段～2.7Ga 和～1.94Ga 的片麻岩和片麻状花岗岩进行了原位 Hf-O 联合示踪，发现具有谐和年龄的锆石的 Hf-O 同位素之间存在显著的负相关性，这一般被解释为幔源新生地壳物质与再循环的古老大陆地壳物质混合的结果，因此这些锆石的 Hf 模式年龄并不代表地壳生长时间。笔者还发现，塔里木北缘新太古代—古元古代～2.7Ga、2.5Ga 和 1.94Ga 的三期岩浆作用形成的锆石的 εHf 均变化很大，从接近亏损地幔线的正值连续变化至显著的负值，结合 Hf-O 同位素模拟的结果，笔者认为，这些岩石可能大多经历了岩浆混合或地壳混染，同时记录了幔源岩浆和古老地壳的贡献，也就是说，每期岩浆作用可能均伴随地壳的同时生长和再造。需要说明的是，这些古老锆石的 O 同位素数据目前仍十分稀少，且原始锆石 O 同位素在后期热事件中是否会被扰动或重置目前学术界仍存在不少争议，因此只有大量更高精度的锆石 Hf-O 联合示踪才能对地壳生长与演化问题提供更可靠的约束。

太古宙地壳生长与演化的最大问题可能是其大地构造背景与地球动力学背景问题。基于太古宙特殊的地质记录（如片麻岩穹窿、花岗-绿岩带构造）及典型俯冲带产物（如蓝片岩、安山岩、蛇绿岩等）的缺失，许多学者认为传统的板块构造可能不适用于太古宙（Stern，2005）。一般认为，太古宙地幔温度要高于目前的值，因此其部分熔融形成的岩石圈板片强度太弱而难以俯冲至地幔深部，从而难以形成板块构造。不少学者认为，太古宙时期可能是以所谓的“停滞板片（stagnant lid）”体制和地幔柱相关的岩浆作用占主导（Griffin et al.，2014）。如前文所述，太古宙地质记录中占主导的 TTG 形成的构造背景目前还存在很大争议。在许多太古宙绿岩带中，科马提岩-拉斑玄武岩系列和钙碱性-拉斑玄武岩系列的火山岩密切共生，这两种火山岩组合分别是地幔柱与岛弧岩浆作用的标志（Kerrich and Polat，2006；Wyman and Kerrich，2009）。此外，在北美 Superior 省和印度 Dharwar 克拉通发育少量的埃达克岩-高 Mg 安山岩-富 Nb 玄武岩组合，标志着年轻洋壳的“热俯冲”（Hollings and Kerrich，2000；Polat and Kerrich，2001；Manikyamba and Khanna，2007；Kerrich and Manikyamba，2012）。这些研究说明，地幔柱和洋壳俯冲可能共同控制着太古宙的岩浆作用和地壳演化。Wyman 和 Kerrich（2009）提出，地幔柱与俯冲带的相互作用在大陆地壳及其下覆岩石圈地幔的形成过程中起着重要的作用。

笔者对库尔勒地区～2.7Ga 的斜长角闪岩和正片麻岩的地球化学和同位素研究表明，其原岩可能类似于同期绿岩带中的富 Nb 玄武岩和岛弧拉斑玄武岩-英安岩组合，指示新太古代“热俯冲”形成的大陆岛弧背景，说明板块构造体制至少可以延伸至新太古代。需要说明的是，塔里木克拉通目前 90%的面积被新生代沉积物所覆盖，目前确认的太古宙岩石十分稀少，且大多数为新太古代，只有零星的中太古代岩石和极少古太古代-始太古代锆石年龄信息；而且，许多典型的太古宙岩石（如科马提岩）和构造（如片麻岩穹窿）在塔里木仍有待于发现。因此，其太古宙区域构造演化及其与全球构造和地球动力学体制的关系仍有待于进一步研究。

6.2　古元古代构造热事件的构造背景

前人很早就认识到，塔里木克拉通古元古代晚期存在一期强烈的构造-热事件，被称为“兴地运动”（陈哲夫，1966；陆松年，1992；高振家，1993；新疆维吾尔自治区地质矿产局，1993），但对相关岩浆作用与变质作用的时代一直缺乏可靠的年代学约束（Xu et al.，2013；He et al.，2013）。前文数据说明，库鲁克塔格西段地区的变质沉积岩记录了一期古元古代晚期的变质作用-混合岩化事件，与前人的研究结果一致（郭召杰等，2003；董昕等，2011；Zhang et al.，2012b；吴海林等，2012），但笔者获得的变质年龄多集中在～1.85Ga，而前人获得的数据则分散在 1.8～1.9Ga。前文讨论表明，云母石英片岩中的锆石记录了 Hf 同位素均一化，可能是石榴子石分解与碎屑锆石溶解释放出的 Zr、Hf 混合的结果，因此，～1.85Ga 的变质年龄可能代表退变质作用的时代，而非变质峰期时代。库尔勒地区的新太古代—古元古代变质岩浆岩也记录了该期变质作用，但目前获得的变质年龄（1.79～1.96Ga）更为分散（Long et al.，2010），且由于这些样品的变质条件研究均很薄弱，大多数变质锆石年龄误差较大，该区古元古代晚期变质作用是否为多期变质事件构成还是同一变质事件的长期作用过程，或仅反映了变质锆石年龄较大的误差，是需要进一步研究的问题。西山口东部的副片麻岩和云母片岩记录的变质年龄为 1.93Ga，但由于这两个样品与 1.93～1.94Ga 的大型花岗岩体密切相关，其变质作用可能与岩体侵入引起的接触变质有关。近年来的研究表明，古元古代晚期变质事件在库鲁克塔格中部的兴地和辛格尔地区同样发育，变质锆石记录的变质年龄也在 1.8～1.9Ga（邓兴梁等，2008；Long et al.，2010；Zhang et al.，2012b）。这些数据显示，整个库鲁克塔格地区均记录了古元古代晚期的变质事件，因此，该期变质事件是区域性的。最近的研究表明，敦煌地区的新太古代 TTG 片麻岩和古元古代表壳岩同样记录了古元古代晚期的变质事件（Zhang et al.，2012，2013a；Wang et al.，2013；He et al.，2013；Zong et al.，2013）。其中，Zhang 等（2012，2013a）在塔里木东缘的敦煌地区报道了～1.85Ga 的高压基性麻粒岩，变质岩石学研究表明其具有近等温降压的顺时针 *P-T* 轨迹，说明存在地壳强烈加厚和快速隆升。因此，塔里木北缘 1.8～1.9Ga 的变质带可能从库尔勒经库鲁克塔格至敦煌，延伸超过 1000km。在阿克苏、库鲁克塔格和中天山等地新元古代—早古生代碎屑沉积岩中发育大量 1.8～1.9Ga 的碎屑锆石（Zhu et al.，2011b；Ma et al.，2012；He et al.，2014），证实了该期变质事件的重要性。此外，在库鲁克塔格地区广泛分布一套变质花岗岩，其侵位时代为 1.9～2.0Ga，大多数集中在 1.93～1.94Ga，早于区域变质作用的时代，其透入性韧性变形及片麻状构造说明其为“前构造”或“同构造”的产物。地球化学和锆石 Hf-O 同位素数据显示，这些花岗岩大多来源于古老地壳的重熔并伴随地幔新生物质的加入，且岩浆源区存在强烈地地壳加厚（Lei et al.，2012；Long et al.，2012；第 3.2 节）。

所有这些数据均说明，在塔里木克拉通北缘可能存在一期重要的古元古代晚期造山事件，造成显著的地壳加厚、重熔和区域变质作用及混合岩化。前人将这一造山事件称为“兴地运动”（陆松年，1992；高振家，1993；新疆维吾尔自治区地质矿产局，1993），以新太古代—古元古代高级变质岩与上覆中—新元古代浅变质沉积岩之间的角度不整合为标志，其底部的波瓦姆群发育数十米厚的底砾岩，并逐渐过渡到以浅海碳酸盐岩和碎屑岩为主的沉积序列，火山活动微弱，指示相对稳定的构造环境。因此，该造山事件标志着塔里木克拉通的进一步稳定。

值得注意的是，近期的地质和年代学研究显示，在塔里木南缘同样发育古元古代晚期的构造-热事件序列。例如，辛后田等（2011）根据大量 SHRIMP 锆石年代学数据建立了阿尔金北缘古元古代构造-热事件的年代学格架，认为该区构造演化可以分为俯冲-岛弧岩浆作用阶段（2.10～2.15Ga）、变质-造山阶段（1.93～2.05Ga）和后造山阶段（1.85～1.87Ga）；辛后田等（2012）报道该区还存在～1.93Ga 的大理岩部分熔融形成的壳源火成碳酸岩，说明表壳岩系至少被埋藏到下地壳深度。研究表明，1.9～2.0Ga 的变质事件同样发育在西昆仑（Zhang et al.，2007a）和全吉（Chen et al.，2007，2009；Wang et al.，2008；Lu et al.，2008）等地（表 3-2）。这些数据说明，在塔里木克拉通南缘可能存在另外一条古元古代晚期造山带，从西昆仑经阿尔金延伸至全吉地区，长度超过 2000km。

这条造山带同样经历了高级变质作用、地壳加厚、深熔与再造。值得指出的是，阿尔金和全吉等地广泛的未变质或弱变质、后造山岩浆岩，如基性岩墙（Lu et al.，2008）、碱性花岗质岩墙（陆松年和袁桂邦，2003；辛后田等，2011）及环斑花岗岩（Xiao et al.，2004；Lu et al.，2008）的侵入年龄介于1.76～1.87Ga（表6-1），说明塔里木南缘的造山事件可能在～1.87Ga之前已经结束。因此，塔里木南缘的古元古代带造山事件比塔里木南缘早～100Myr（图6-1），这意味着塔里木南北缘分别发育一条古元古代造山带，其主碰撞造山时代分别为1.9～2.0Ga和1.8～1.9Ga，本书分别称为古元古代“塔南造山带”和“塔北造山带”（图6-1）。

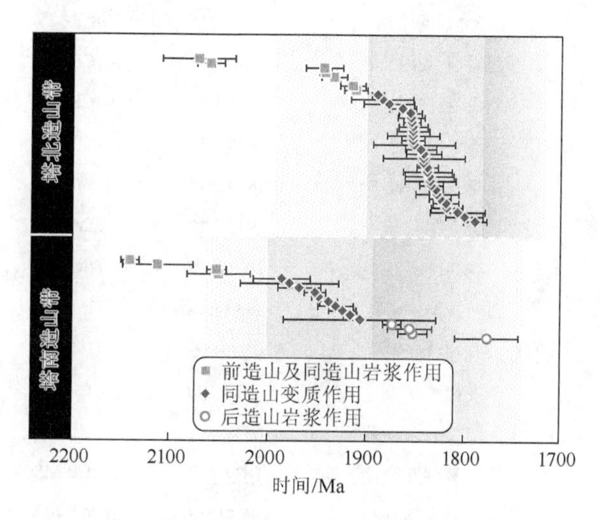

图6-1　塔里木克拉通南北缘古元古代晚期造山事件年代学对比图

表6-1　塔里木克拉通南北缘与古元古代造山事件有关的年代学数据总结

样品位置及编号	岩性	年龄/Ma[a]	方法[b]	数据来源
		塔里木北缘，库鲁克塔格		
库尔勒，T97-3	斜长角闪岩	1836±25	TIMS	郭召杰等，2003
库尔勒，607-11	正片麻岩	1789±21	LA-ICP-MS	Long et al.，2010
库尔勒，07XT27-13	白云母片麻岩	1889.7±6.1	LA-ICP-MS	董昕等，2011
库尔勒，07XT27-1	含石榴子石云母片岩	1878±26	LA-ICP-MS	董昕等，2011
库尔勒，07XT28-10	含石榴子石片麻岩	1852±42	LA-ICP-MS	董昕等，2011
库尔勒，08XJ03-1	黑云斜长片麻岩	1800±19	LA-ICP-MS	Zhang et al.，2012a
库尔勒，08XJ03-1	伟晶岩	1807±28	LA-ICP-MS	Zhang et al.，2012a
库尔勒，09TR13	黑云母片岩	1856±12	LA-ICP-MS	Zhang et al.，2012a
库尔勒，09TR14	黑云斜长片麻岩	1864±14	LA-ICP-MS	Zhang et al.，2012a
库尔勒，10K01	条带状混合岩	1828±22	LA-ICP-MS	Ge et al.，2013b
库尔勒，10K02	条带状混合岩	1842±42	LA-ICP-MS	Ge et al.，2013b
库尔勒，10T72	混合岩暗色体	1853±27	LA-ICP-MS	Ge et al.，2013b
库尔勒，10T51	混合岩暗色体	1835±26	LA-ICP-MS	Ge et al.，2013b

续表

样品位置及编号	岩性	年龄/Ma[a]	方法[b]	数据来源
		塔里木北缘，库鲁克塔格		
库尔勒，T1	云母石英片岩	1845±16	LA-ICP-MS	Ge et al.，2013b
库尔勒，09T07	云母石英片岩	1853±17	LA-ICP-MS	Ge et al.，2013b
库尔勒，09T08	云母石英片岩	1842±18	LA-ICP-MS	Ge et al.，2013b
库尔勒，09T09	云母石英片岩	1854.3±8.9	LA-ICP-MS	Ge et al.，2013b
库尔勒，11K42	云母石英片岩	1838±11	LA-ICP-MS	Ge et al.，2013b
库尔勒，11K34	云母石英片岩	1853±15	LA-ICP-MS	Ge et al.，2013b
西山口，xj373	片麻状石英闪长岩	1934±13	LA-ICP-MS	Lei et al.，2012
西山口，xj481	片麻状花岗闪长岩	1944±19	LA-ICP-MS	Lei et al.，2012
兴地，KL33	英云闪长岩	1855±14	SHRIMP	Zhang et al.，2012a
兴地，KL35	奥长花岗岩	1819±13	SHRIMP	Zhang et al.，2012a
辛格尔	混合花岗岩	1912±12	TIMS	黄存焕和高振家，1986
辛格尔	花岗片麻岩	2071±37	TIMS	陆松年，1992
辛格尔	红色花岗片麻岩	2059±14	TIMS	董富荣等，1999
辛格尔，TG-01-8	花岗片麻岩	1943±6	TIMS	郭召杰等，2003
辛格尔，T514	花岗片麻岩	1915±13	LA-ICP-MS	Long et al.，2012
		塔里木北缘，敦煌		
石包城，AQ10-4-2.3	高压基性麻粒岩	1834±12	LA-ICP-MS	Zhang J X et al.，2012
石包城，AQ10-4-4.1	高压基性麻粒岩	1842±5	LA-ICP-MS	Zhang J X et al.，2012
石包城，AQ10-4-4.1	高压基性麻粒岩	1818±16	SHRIMP	Zhang J X et al.，2013a
石包城，AQ10-4-1.1	英云闪长片麻岩	1885±32	LA-ICP-MS	Zhang et al.，2013a
好布拉，AQ10-12-2.1	英云闪长片麻岩	1829±7	LA-ICP-MS	Zhang et al.，2013a
红柳河，AQ10-11-4.1	花岗闪长质片麻岩	1825±11	LA-ICP-MS	Zhang et al.，2013a
红柳河，T08-12-1.1	花岗闪长质片麻岩	1853±12	LA-ICP-MS	Zhang et al.，2013a
红柳河，T08-12-3.3	花岗闪长质片麻岩	1838±25	LA-ICP-MS	Zhang et al.，2013a
		塔里木南缘，西昆仑地区		
阿卡孜，2030	片麻状花岗闪长岩	1916±7	SHRIMP	Zhang et al.，2007
		塔里木南缘，阿尔金地区		
阿克塔什塔格，I9808	花岗片麻岩	1938±9	TIMS	李惠民等，2001
阿克塔什塔格，Y027	二长花岗岩脉	*1855±23*	TIMS	陆松年和袁桂邦，2003
阿克塔什塔格，I9808	奥长花岗片麻岩	1978±50	SHRIMP	Lu et al.，2008
阿克塔什塔格，04QD18-1	石榴夕线石英片麻岩	1986±29	SHRIMP	Lu et al.，2008
阿克塔什塔格，TW313-3	黑云斜长片麻岩	2140.5±9.5	SHRIMP	辛后田等，2011
阿克塔什塔格，TW313-3	黑云斜长片麻岩	1906±78	SHRIMP	辛后田等，2011
阿克塔什塔格，TW180-2	片麻状闪长岩	2112±36	SHRIMP	辛后田等，2011
阿克塔什塔格，P7TW3-4	片麻状石英闪长岩	2051.9±9.9	SHRIMP	辛后田等，2011

续表

样品位置及编号	岩性	年龄/Ma[a]	方法[b]	数据来源
塔里木南缘，阿尔金地区				
阿克塔什塔格，TW050-1	片麻状石英正长岩	*1873.4±9.6*	SHRIMP	辛后田等，2011
阿克塔什塔格，TW004-2	二长花岗岩脉	2050±32	SHRIMP	辛后田等，2011
阿克塔什塔格，TW004-2	二长花岗岩脉	1968±22	SHRIMP	辛后田等，2011
阿克塔什塔格，TW1119-1	壳源火成碳酸岩	1931±18	SHRIMP	辛后田等，2012
塔里木南缘，全吉地块				
鹰峰，9801	环斑花岗岩	*1776±33*	TIMS	Xiao et al.，2004
鹰峰，YF08-2	环斑花岗岩	*1793.9±6.4*	TIMS	Xiao et al.，2004
德令哈，03Q08-2	斜长角闪岩岩墙	*1852±15*	SHRIMP	Lu et al.，2008
乌兰，06DLH-6	混合岩浅色体	1924±14	LA-ICP-MS	Wang et al.，2008
乌兰，03wl-7	混合岩浅色体	1952±11	LA-ICP-MS	Chen et al.，2009
乌兰，03Wl-4	混合岩浅色体	1948.2±7.2	LA-ICP-MS	Chen et al.，2009

注：a：带下划线的为同造山变质年龄；斜体为后造山岩浆年龄；其他为前造山或同造山岩浆年龄；误差为 2σ；
b：均为锆石 U-Pb 年龄

塔北造山带从塔里木北缘库尔勒经库鲁克塔格至敦煌地区，延伸～1000km，而塔南造山带从塔里木南缘的西昆仑经阿尔金至全吉地块，延伸超过 2000km。目前的年代学数据显示，塔北造山带可能比塔南造山带年轻～100Myr，两者的变质年龄的峰值是～1.85Ga 和～1.95Ga，但两个造山带中变质年龄分布范围都较大，目前尚不清楚这种分散的年龄是否记录了长期变质过程中的不同变质阶段或仅是因为年龄数据的误差较大造成的。塔北和塔南造山带可能均涉及陆陆碰撞，且均发育碰撞造山之前的俯冲-增生作用。塔北造山带～1.85Ga 的陆陆碰撞得到敦煌地区高压基性麻粒岩及其近等温降压 *P-T* 轨迹的支持（Zhang et al.，2012，2013a），也与库尔勒地区高角闪岩相变质表壳岩和混合岩较高的峰期变质压力（11±2kbar）一致。塔南造山带目前尚无可靠的 *P-T* 数据，因此其碰撞造山过程仍是推测的。塔南造山带发育 1.76～1.87Ga 的后造山岩浆作用（如基性岩墙和环斑花岗岩），说明造山作用在～1.87Ga 时已结束。由于这两期造山作用时间与导致哥伦比亚超大陆聚合的 1.8～2.1Ga 全球性造山作用时代一致（Zhao et al.，2002，2004，2011），这两个造山带被归因于塔里木向哥伦比亚超大陆的汇聚这一全球动力学过程（Xu et al.，2013；He et al.，2013，见第三章）。

库鲁克塔格地区古元古代晚期花岗岩被解释为形成于碰撞（Long et al.，2012）或岛弧环境（Lei et al.，2012）。前文论述说明这些花岗岩的形成涉及：①新生地壳添加与古老地壳再造；②显著地壳加厚及新生基性下地壳的部分熔融；③俯冲洋壳板片脱水形成的外来流体可能对岩浆源区的熔融有重要贡献。这些特征与推进型增生造山带一致，类似于现代安第斯山（Cawood et al.，2009）。这些花岗岩在岩浆侵入时或侵入之后即发生变质作用与透入性变形，说明其形成于挤压构造应力体制。塔北造山带 1.93～1.94Ga 的安第斯型增生造山作用大约比陆陆碰撞早 80Myr，其中与古老地壳再造同期的地幔新生物质加入排除了其是陆内造山带的可能性，而需要洋壳的俯冲闭合，其俯冲极性可能朝南（现今方位），即俯冲于塔里木克拉通之下，并于 1.85Ga 发生陆陆碰撞，因此，这种增生-碰撞造山带是哥伦比亚超大陆聚合过程中的内部造山带。辛后田等（2011）提出塔南造山带的阿尔金地区发育相似的构造-热事件序列，但其时代稍早，包括～2.1～2.2Ga 的俯冲增生和～1.93Ga 的陆陆碰撞，但目前同位素数据和变质 *P-T* 数据的报道仍很有限。如果上述解释是正确的，那么增生-碰撞造山模型也可使用于塔南造山带，这意味着塔里木克拉通在哥伦比亚超大陆中可能被其他陆块围限，处于哥伦比亚超大陆的内部（图 6-2）。

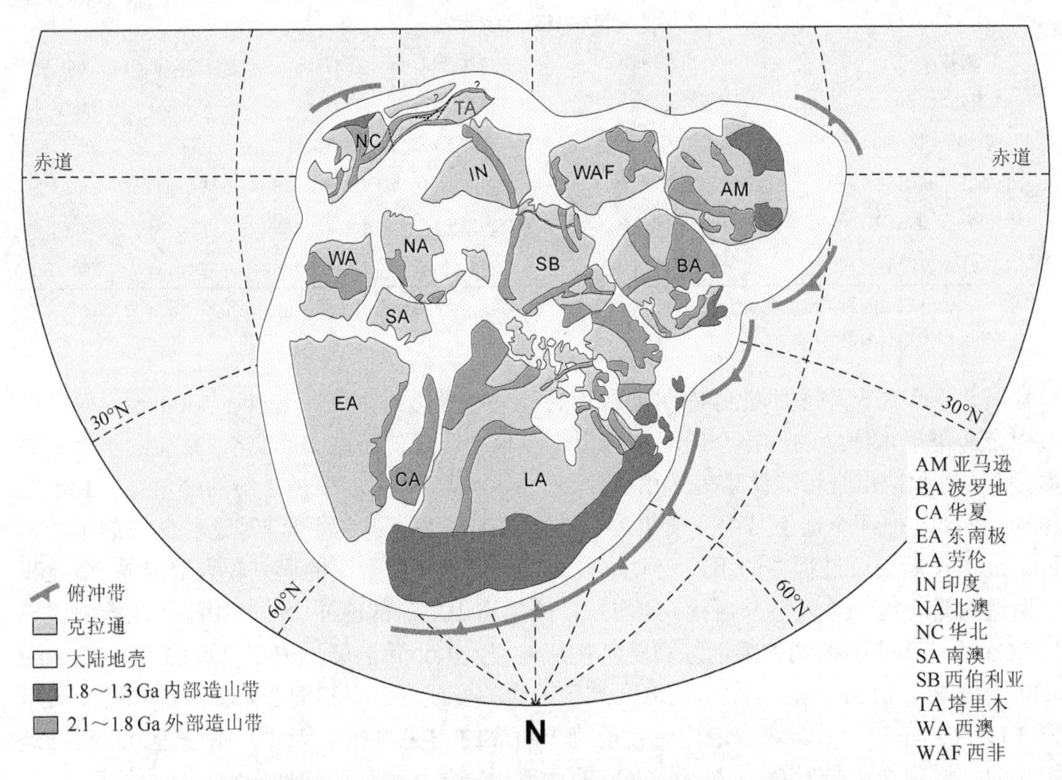

图 6-2 塔里木克拉通在哥伦比亚超大陆中的位置重建图（据 Zhang et al.，2012 修改）

Zhao 等（2002，2004，2011）通过对古元古代全球性造山事件的总结，认为全球各大陆块通过 1.8～2.1Ga 的碰撞造山事件聚合成一个超大陆，被称为哥伦比亚超大陆（Rogers and Santosh，2002）。哥伦比亚超大陆的全球古地理重建目前仍存在很大的争议，不同学者基于基底岩石和造山带（Zhao et al.，2002，2004；Rogers and Santosh，2002，2009；Yakubchuk，2008，2010）、基性岩墙群（Hou et al.，2008a，b）及古地磁极对比（Evans and Mitchell，2011；Zhang et al.，2012）提出了各种不同的重建模型。由于可靠的地质与古地磁数据稀少，塔里木克拉通在这些重建模型中的位置仍存在很大的不确定性。事实上，塔里木在大多数重建模型中被省略（Rogers and Santosh，2002，2009；Hou et al.，2008a，b；Evans and Mitchell，2011；Zhang et al.，2012）。

本书识别出的塔里木克拉通南北边缘两条碰撞造山带意味着塔里木可能位于哥伦比亚超大陆的中心位置，在哥伦比亚超大陆的重建过程中不应被忽略，尽管目前在缺少可靠古地磁数据约束的情况下其具体的古地理重建仍十分困难。根据塔里木与澳大利亚西北部 Kimberley 地块中—新元古代地层序列的对比，Li 等（1996）提出塔里木自古元古代起便与澳大利亚西北部相连，Zhao 等（2002，2004）在其对哥伦比亚超大陆的初步重建中采用了这一连接关系。但最近的年代学和锆石 Hf 同位素研究表明，塔里木克拉通具有广泛的新太古代基底，形成于中太古代甚至更老地壳的再造并伴随同期新生地壳的添加（Lu et al.，2008；Long et al.，2010，2011a；Zhang et al.，2012b），而 Kimberley 地块的地壳演化历史始于古元古代晚期，缺乏太古宙岩石和地壳组分记录（Tyler et al.，2012）。

最近，Zhang 等（2012，2013a，b）提出塔里木东缘的敦煌地块与华北西缘的阿拉善地块具有相似的新太古代—古元古代构造-热事件序列，包括：①～2.8～2.7Ga 的地壳生长；②～2.5Ga 的岩浆作用及同期变质作用；③～2.3Ga 的岩浆作用；④与孔兹岩相似的～2.0～1.95Ga 的变质沉积岩；⑤1.95～1.80Ga 的高级变质作用。Zhang 等（2013a，b）提出敦煌与阿拉善是被阿尔金断裂的左旋走滑错开的同一个陆块，他们认为敦煌—阿拉善地块整体与孔兹岩带可以对比，而非与阴山地块相连（Zhao et al.，2005）。

但是，上述模型不能解释这些地块普遍的 1.95～1.80Ga 的变质事件的地球动力学过程。事实上，上述构造-热事件序列与库鲁克塔格地区非常类似，如库鲁克塔格地区～2.5Ga 的 TTG 片麻岩（陆松年，1992；高振家，1993；胡霭琴和韦刚健，2006；Long et al.，2010）、高钾花岗岩（Zhang et al.，2012b）、斜长角闪岩（郭召杰等，2003）、变质闪长岩（邓兴梁等，2008）及变质辉长岩（Shu et al.，2011），锆石 Hf 同位素数据说明其模式年龄的峰期为～2.7Ga（Long et al.，2010；本书未发表数据）。最近的研究发现，库鲁克塔格地区同样发育～2.3Ga 正片麻岩（董昕等，2011）与变质花岗岩（本书未发表数据）。～2.5Ga 和～2.3Ga 的岩浆作用可能是大陆亲缘性对比的特征性标志，因为这两期岩浆事件仅发育于华北和印度等少数几个陆块（Condie et al.，2009）。兴地塔格群具有与敦煌、阿拉善、阴山等地广泛分布的变质表壳岩类似的岩石组合（如泥质片岩、大理岩、钙硅酸岩和石英岩），碎屑锆石研究表明后者沉积时代为 2.0～1.95 Ga（Yin et al.，2009，2011；Gong et al.，2011；Dan et al.，2012），与前文研究给出的兴地塔格群的沉积时代完全一致。上述数据表明，库鲁克塔格地块与敦煌、阿拉善、阴山等地块具有类似的新太古代—古元古代早期的基底与古元古代晚期具有孔兹岩系特征的稳定沉积盖层，说明这些地块可能在新太古代—古元古代晚期是一个完整的陆块。

值得注意的是，前文识别出的塔南造山带具有与华北孔兹岩带类似的变质年龄（～2.0～1.9Ga）。本书据此推测，塔里木—敦煌—阿拉善—阴山等地块在新太古代—古元古代可能是一完整的块体，并沿孔兹岩带—塔南造山带与鄂尔多斯地块及其西延部分（未知地块）于～2.0～1.9Ga 发生碰撞（图 6-3），聚合之后的陆块又于 1.85Ga 沿华北中部带与东华北地块碰撞（Zhao et al.，2012），并同时沿塔北造山带与另一个未知地块（印度？）碰撞，形成哥伦比亚超大陆的一部分（图 6-2）。这一两阶段碰撞模式可能有助于解释最近在全吉、阿拉善、孔兹岩带发现的 1.95～1.90Ga 和 1.85～1.80Ga 的两期变质作用（耿元生等，2010；Gong et al.，2011；Dan et al.，2012；Chen et al.，2013a；Wan et al.，2013）。显然，上述模型需要进一步地质与古地磁研究的检验，这也对理解中国的区域地质及全球哥伦比亚超大陆的重建具有重大意义。

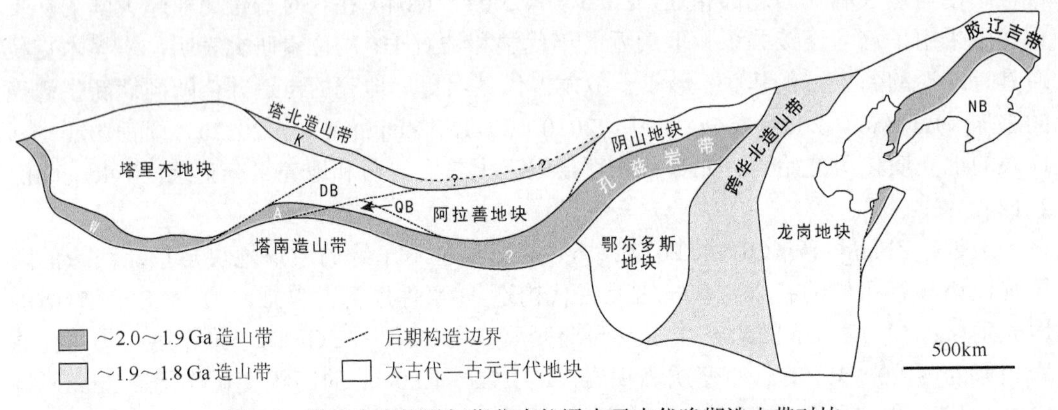

图 6-3　塔里木克拉通与华北克拉通古元古代晚期造山带对比

A-阿尔金；DB-敦煌地块；K-库鲁克塔格；NB-朝鲜的 Nangrim 地块；QB-全吉地块

值得指出的是，众所周知，塔里木克拉通在新元古代罗迪尼亚超大陆中与华南具有很强的亲缘性，这一认识得到构造热事件对比、含冰碛岩地层对比、古地理与古地磁数据对比的支持（Lu et al.，2008；He et al.，2014；Wen et al.，2013）。塔里木与华南特征性的新元古代（~830~600Ma）岩浆记录及多套冰碛岩沉积在华北是缺失的，因此，如果上述塔里木—华北连接在古元古代是成立的，那么这一连接必定在新元古代之前的某时期随哥伦比亚超大陆的裂解而解体。由于阿拉善地块新元古代时期与塔里木—华南有相似的地质记录（Zhang et al.，2011），因此推测阿拉善东缘可能是这一裂解过程的关键地区。

6.3　塔里木北缘新元古代长期增生造山模型

塔里木克拉通新元古代发生了另一期重大构造热事件，前人称为“塔里木运动”，产生广泛而复杂的岩浆作用及区域变质作用，并导致其最终克拉通化，形成了塔里木盆地的稳定基底（陆松年，1992；新疆维吾尔自治区地质矿产局，1993）。塔里木克拉通北缘新元古代岩浆作用最流行的地球动力学模型是与罗迪尼亚超大陆裂解有关的~825~800Ma 和 780~740Ma 的两期地幔柱作用（Xu et al.，2005；Zhang et al.，2012b；Long et al.，2011b；Shu et al.，2011），这一模型最初是由 Li 等（1999）根据华南的同期地质事件提出的。但是，到目前为止，塔里木北缘仍未发现新元古代地幔柱作用的直接证据，如科马提岩或高镁玄武岩、大陆溢流玄武岩、OIB 等；而且，该区~830~790Ma 的岩浆岩以太古宙基性下地壳重熔产生的花岗岩为主，地幔物质贡献非常有限；少量的基性-超基性-火成碳酸岩杂岩体被认为是地幔柱作用的产物（Zhang et al.，2007b；Ye et al.，2013），但这些岩石均富集 LREE 和 LILE，亏损 Nb-Ta-Ti，有时还亏损 Zr-Hf，因此是交代岩石圈地幔或软流圈地幔部分熔融的产物，其触发因素更有可能是俯冲相关流体/熔体，而非地幔柱相关的热。目前，塔里木北缘仍未有深部地幔或高温地幔物质（OIB 和高镁玄武岩）的发现。

相反，塔里木克拉通西北缘的阿克苏地区发育世界上典型的前寒武纪蓝闪石片岩，并被含冰碛岩的尤尔美拉克组和含玄武岩夹层的苏盖特布拉克组不整合覆盖（图6-4（c）），是新元古代洋壳俯冲和增生造山作用的关键证据（Liou et al.，1989，1996；Nakajima et al.，1990；Zheng et al.，2010；Zhu et al.，2011b；Yong et al.，2012）。阿克苏蓝片岩曾被解释为与罗迪尼亚超大陆聚合有关的格林威尔期的内部增生造山带（Li et al.，2008），这一解释主要是基于侵入其中的基性岩墙的三个有争议的锆石U-Pb年龄（810～755Ma）（Chen et al.，2004；Zhan et al.，2007；Zhang et al.，2009），但与～750～700Ma的Rb-Sr、K-Ar及 $^{40}Ar/^{39}Ar$ 变质年龄（Nakajima et al.，1990；Liou et al.，1989；Yong et al.，2012）相矛盾。Zhu 等（2011a）通过碎屑锆石研究，获得了与蓝片岩共生的变质沉积岩的最大沉积年龄为～730Ma，也不支持上述结论。Zheng 等（2010）通过全岩地球化学和Sm-Nd同位素研究认为阿克苏蓝片岩的原岩为富集型洋脊玄武岩（EMORB），并获得890±23 Ma的Sm-Nd等时线年龄，将其解释为俯冲洋壳的年龄。塔里木东北缘的北山地区古生代（～465Ma）榴辉岩的原岩也具有MORB属性，锆石U-Pb年代学研究显示其中发育～1000～880Ma的锆石核，被认为可能代表俯冲洋壳的形成年龄（杨经绥等，2006；Liu et al.，2011；Qu et al.，2011）。上述证据显示，塔里木北缘新元古代早期（至少0.9Ga）可能存在一个大洋盆地。阿克苏地区的数据显示，俯冲洋壳的年龄为0.9Ga左右，而其高压变质作用的时代为～750～700Ma，这意味着洋壳在其俯冲时至少老于～150Ma，与现今西太平洋地区最古老的俯冲洋壳年龄一致。假设海底扩张的速率为2cm/a，150Ma的持续海底扩张将产生～3000km宽的洋壳；也就是说，塔里木克拉通北缘在新元古代早—中期可能面临这样一个宽阔的大洋盆地，因此不可能存在与罗迪尼亚超大陆聚合有关的格林威尔期内部造山带，这意味着该区新元古代早期构造-热事件不可能与罗迪尼亚超大陆的聚合有直接关系。相反，塔里木克拉通可能位于罗迪尼亚超大陆的外围，其北缘可能面临着一个宽阔的、长期存在的、泛大洋式的Pan-Rodinia大洋（也称为Mirovoi大洋），这一观点被Li Z X等（2013）最新的罗迪尼亚超大陆重建所采纳。这一古地理重建使塔里木北缘长期俯冲-增生造山作用的发育成为可能。

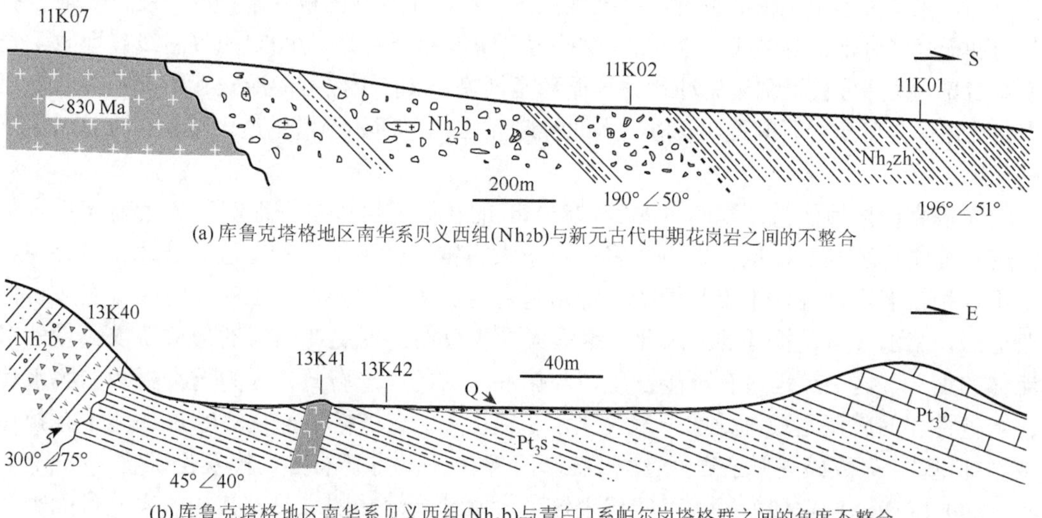

(a) 库鲁克塔格地区南华系贝义西组(Nh₂b)与新元古代中期花岗岩之间的不整合

(b) 库鲁克塔格地区南华系贝义西组(Nh_2b)与青白口系帕尔岗塔格群之间的角度不整合

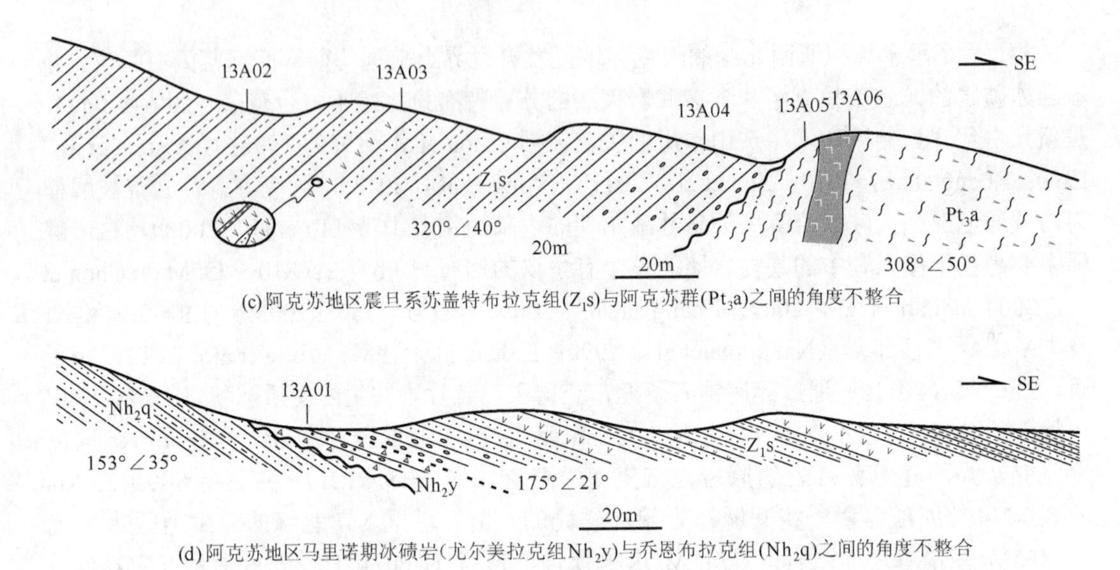

(c) 阿克苏地区震旦系苏盖特布拉克组(Z_1s)与阿克苏群(Pt_3a)之间的角度不整合

(d) 阿克苏地区马里诺期冰碛岩(尤尔美拉克组Nh_2y)与乔恩布拉克组(Nh_2q)之间的角度不整合

图 6-4　库鲁克塔格与阿克苏地区新元古代地层与下覆岩石之间的不整合

最近，He 等（2012）报道在库鲁克塔格最北缘发育新元古代中期麻粒岩和云母片岩，其变质时代为～820～790Ma，原岩为变质沉积岩（图 4-1（c）)，其较高的峰期变质压力（～10kbar）意味着表壳岩系被埋藏至下地壳深度。Ge 等（2013a）发现在库尔勒地区存在～830Ma 的深熔作用与高角闪岩相至高压麻粒岩相变质叠加作用。Ge 等（2016）对库尔勒东部的石榴辉石岩和石榴辉石片麻岩进行了详细的变质岩石学和锆石定年研究，获得了 830～800Ma 左右的变质年龄和逆时针的 *P-T* 轨迹，这一 *P-T* 轨迹以加热埋藏、等温升压和抬升冷却为特征，不同于岩浆底侵产生的以等压升温和等压降温为特征的 *P-T* 轨迹，而与部分年轻的增生杂岩中发现的洋壳俯冲启动阶段形成的高级变质岩的 *P-T* 轨迹相一致。考虑到地球化学数据指示这些岩石的原岩具有大陆岛弧（而非洋壳）属性，作者提出这些岩石的原岩可能形成于一个老于 830Ma 的大陆岛弧，并受后期俯冲侵蚀和俯冲带推移影响，置于弧前增生楔的位置，并被埋藏变质；由于受冷的板片下插的控制，弧前岩石与俯冲板片结合部的等温线是弯曲的，这些岩石可能部分沿着～700℃的等温线被埋藏至壳幔结合部，大部分被铲刮进俯冲代并再循环至地幔，只有少数可能沿先存断裂带折返至地表。上述这些变质岩研究说明，塔里木北缘新元古代中期处于增生造山环境，而非大陆裂解环境。

库鲁克塔格地区大面积的～830～785Ma 的花岗岩可以更好地解释为大陆岛弧岩浆作用。前文论述表明，这些岩石大多来自于太古宙基性下地壳的低温、含水部分熔融。由于这种古老下地壳基本上是干的，特别是在经历了早期～1.9～1.8Ga 的区域变质事件改造后，其水含量是极低的，因此，这些大面积分布的低温花岗岩的形成要求大量外来流体的加入，这一过程最有可能发生在与俯冲有关的构造背景，因为俯冲板片的脱水和含水基性岩的底侵是最有效的下地壳供水机制。库鲁克塔格中部～810Ma 的且干布拉克基性-超基性-火成碳酸岩杂岩体富含金云母、磷灰石、方解石等富挥发份矿物（Zhang et al.，2007b；Ye et al.，2013)，可能代表这种含水地幔熔体的堆晶，其初始岩浆可能来源于岩石圈地幔或地幔楔的低温含水熔融，熔融过程受控于外来流体的加入，而非地幔柱产生的热。这些含水幔源岩石的岛弧背景与其显著的Nb-Ta-Ti负异常和局部Zr-Hf负异常一致。

此外，库鲁克塔格地区花岗岩的最大Ho/Yb值（及La/Yb和Sr/Y值）从835Ma至785Ma快速升高，与安第斯型俯冲增生背景下的地壳迅速加厚一致。这一时期的挤压构造背景也与区域高级变质作用、部分花岗岩体的变形及沉积间断相一致。值得注意的是，在～740Ma，库鲁克塔格地区的花岗岩最大Ho/Yb值迅速降低，而平均锆石饱和温度则迅速升高，对应于～740Ma的A型花岗岩（Lei et al.，2013）和～736Ma的双峰式侵入杂岩（Zhang et al.，2012b）的形成，这些花岗岩中锆石的初始$^{176}Hf/^{177}Hf$也同时快速升高，出现正$\varepsilon Hf_{(t)}$值，说明其源区幔源新生组分的贡献显著升高。这一过程也与库鲁克塔格群贝义西组火山岩喷发和碎屑岩沉积的开始时间（Xu et al.，2005，2009；高林志等，2010；Zhang Y L et al.，2013）及阿克苏蓝片岩的高压-低温变质作用的时代相一致。上述事实说明，库鲁克塔格地区可能存在由早期的安第斯型增生造山作用引起的地壳加厚、挤压变形，向晚期的西太平洋型洋壳板片回卷和海沟后撤引起的地壳伸展减薄作用的重大构造体制转换。

挤压至伸展构造体制的转换也可以解释库鲁克塔格地区大量基性岩墙的发育（邓兴梁等，2008；Zhang et al.，2009；Zhang et al.，2009a）。地球化学和同位素数据显示，这些基性岩墙来自于受俯冲流体交代的岩石圈地幔的部分熔融。年代学数据表明其形成于～820Ma和780～770Ma（邓兴梁等，2008；Zhang et al.，2009；Zhang et al.，2009a），但值得注意的是，这些年龄大多是锆石U-Pb年龄，仅有一个斜锆石年龄为773±3Ma（Zhang et al.，2009）。由于这些基性岩墙侵入的最年轻花岗岩为～785Ma（Long et al.，2011b），其侵入界限清楚，因此，基性岩墙的～820Ma的锆石年龄可能是捕虏晶年龄。Long等（2011b）注意到，该区一个754±3Ma的石英闪长岩体并未被基性岩墙侵入。上述事实说明，库鲁克塔格地区的挤压至伸展的构造体制转换可能始于～780Ma，经过～40Myr（至740Ma），大陆岛弧转换为弧内或弧后裂谷盆地，其中沉积了贝义西组火山岩和碎屑沉积岩。

本区～660～630Ma的石英正长岩和正长花岗岩大多数具有高的锆石饱和温度，且锆石Hf同位素具有很大的变化范围，说明存在高温岩浆混合。石英正长岩的LILE和LREE的大范围变化说明其岩浆源区和产生的熔体不同程度地富集挥发性和流体活动性元素，相关的基性岩墙同样富集活动性元素及挥发性组分，表现为煌斑岩墙中角闪石和黑云母的存在（Zhu et al.，2008，2011a）。这些基性岩墙不同程度地亏损Nb-Ta-Ti，部分样品同时亏损Zr-Hf，说明其来源于俯冲流体交代的岩石圈地幔（Zhu et al.，2011a），这些岩石形成过程中流体的关键性作用说明俯冲作用可能持续到～630Ma，且一直位于塔里木北缘附近。因此，这些岩石可能形成于持续的弧后裂谷过程中，可能是俯冲板片向北回卷、海沟向北后退的结果。库鲁克塔格地区～615Ma的扎莫克提组火山岩和阿克苏地区～615～600Ma的苏盖特布拉克组玄武岩（Xu et al.，2009，2013；He et al.，2014）说明裂谷作用可能持续了更长的时间。

传统上认为，塔里木克拉通北缘新元古代与古生代是两个独立的构造旋回。但是，正如前文论述，塔里木北缘在新元古代面临着一个向南俯冲的宽阔大洋，其向北的板片回卷和海沟后撤导致的弧后裂谷和岩石圈伸展作用持续到～615～600Ma，这与南天山最老的达鲁巴依蛇绿混杂岩的时代（～600～590Ma）（杨海波等，2005）大致相当。这一时代关系暗示，新元古代与古生代增生造山系统可能是有时空联系的，本书据此提出了一个新元古代—古生代的长期俯冲-增生模型来解释塔里木克拉通北缘的构造-热演化。

本书认为，原始的“大塔里木”克拉通可能包含天山和北山造山带中的微陆块（如伊犁、中天山和旱山）及其南缘的全吉、祁连、阿拉善等地块，并沿其南缘与澳大利亚西北缘聚合，构成罗迪尼亚超大陆的西北缘（Li Z X et al.，2013），阿尔金—祁连—全吉—柴达木等地最近发现的～950～900Ma 的（碰撞？）造山带（Song et al.，2012；Wang C et al.，2013；Yu et al.，2013）可能是这一聚合过程形成的缝合带。聚合的同时或聚合后不久，塔里木北缘俯冲-增生作用开始，可能构成环罗迪尼亚俯冲带的一部分，调节超大陆聚合后外部泛大洋（Pan-Rodinia Ocean）的持续海底扩张（Murphy and Nance，1991；Cawood，2005；Cawood and Buchan，2007）。如前文指出，新元古代早期（～950～900Ma）与岛弧相关的岩浆岩在北部的伊犁、中天山和旱山等地块广泛发育（陈新跃等，2009；胡霭琴等，2010；彭明兴等，2012；Huang et al.，2014），而在塔里木北缘大规模的岩浆作用发生在～830～780Ma，尽管大量的 900～830Ma 碎屑锆石（Zhu et al.，2011b；He et al.，2014）暗示可能存在更早期的岩浆作用；最近的研究显示，与该区造山相关的高级区域变质作用和地壳深熔作用也发生在～830～790Ma（He et al.，2012；Ge et al.，2013a），而非前人认为的新元古代初期（Zhang et al.，2012b）。上述研究表明，从天山—北山至塔里木北缘，新元古代俯冲相关构造-热事件存在向南变年轻的趋势（图 6-5）。这一时空迁移特征与向南推进的安第斯型增生造山作用一致，其导致的挤压变形、地壳加厚及不同地壳深度不同岩性的深熔作用可以解释该区的变质-变形、不整合（图 6-4）及多样化花岗质岩浆作用。

～780～740Ma，塔里木北缘发生挤压至伸展的重大构造体制转换，早期的推进型（安第斯型）增生造山带被转化为后撤型（西太平洋）增生造山带，表现为大量基性岩墙的侵

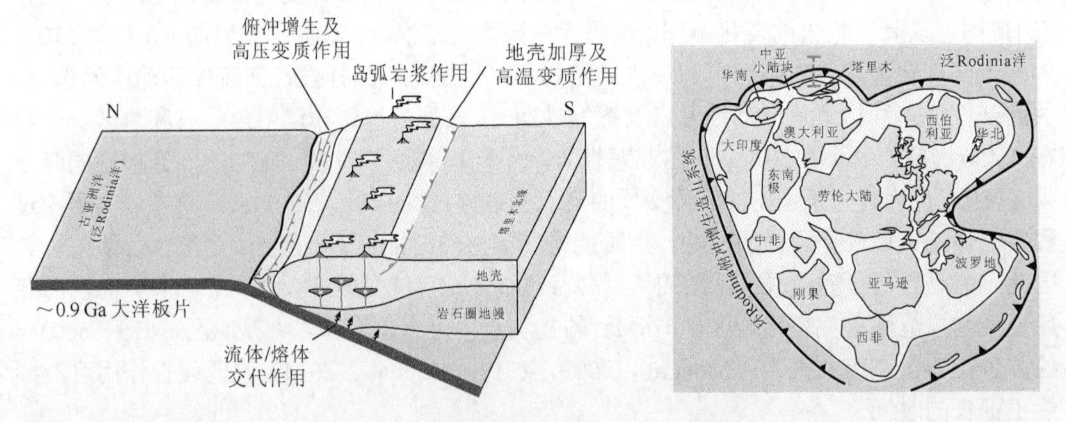

(a) ～950～780 Ma 推进型增生造山带（图示830 Ma），并构成环罗迪尼亚俯冲增生造山系统的一部分

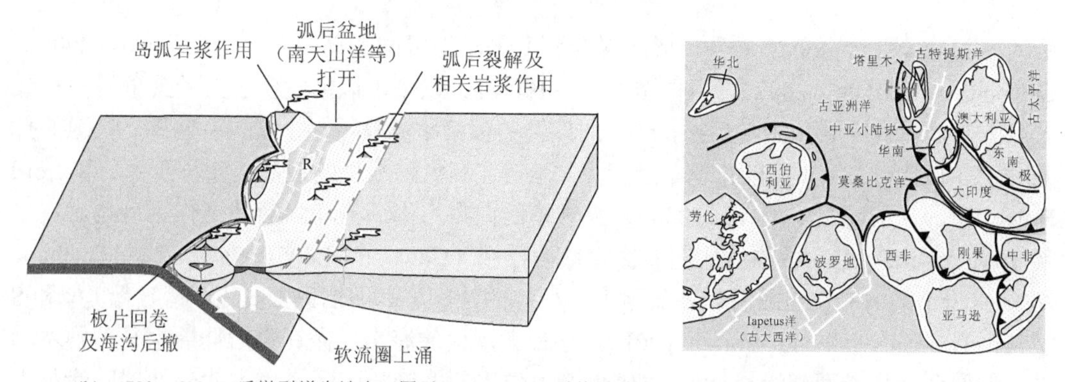

(b) ～780～600 Ma后撤型增生造山（图示～600 Ma），最终导致南天山洋的打开和中天山等微陆块的裂离

图 6-5 塔里木克拉通北缘新元古代长期俯冲增生造山作用模型

入（Zhang et al.，2009；Zhang et al.，2009）及双峰式侵入杂岩（Zhang et al.，2012b）和 A 型花岗岩（Lei et al.，2013）的发育。至～740Ma，早期安第斯型宽阔大陆岛弧的南部（库鲁克塔格）发育成为弧后裂谷盆地，其中充填了贝义西组火山岩和碎屑沉积岩（Xu et al.，2005，2009；高林志等，2010；张英利等，2012；He et al.，2014），这可能是大规模向北的板片回卷和海沟后退的结果，这一动力学过程也促使了阿克苏蓝片岩的隆升（Husson et al.，2009）。连续的弧后裂谷作用和岩石圈伸展可能持续到 660～630Ma，表现为库尔勒地区基性岩墙-石英正长岩-正长花岗岩组合的发育（Zhu et al.，2008，2011b；Ge et al.，2012b）。库鲁克塔格地区扎莫克提组（Xu et al.，2009；He et al.，2014）和阿克苏地区苏盖特布拉克组（Xu et al.，2013）中大量的～615～600Ma 火山岩可能说明弧后裂谷作用持续更久，并最终导致早期活动陆缘的北部裂离成为单独的微陆块（如伊犁、中天山、旱山）及南天山洋的打开（图 6-5）。高振家（1993）注意到在库鲁克塔格地区的汉格尔乔克组冰碛岩（相当于～582Ma 的 Gaskiers 冰期，Xu et al.，2009；He et al.，2014）及伊犁、中天山、旱山等地的相当地层之下发育一个广泛的不整合，并将其命名为“柳泉运动”，本书将这一不整合解释为这些微陆块从塔里木克拉通裂离时形成的破裂不整合（breakup unconformity）。随后，塔里木克拉通随着古特提斯洋的打开从澳大利亚西北部分离，表现为西昆仑地区～524Ma 的库地蛇绿岩（张传林等，2004）和阿尔金地区～521Ma 的阿克塞蛇绿岩（张志诚等，2009）的发育。寒武纪时期，塔里木北缘的俯冲-增生造山体系可能已经迁移至准噶尔地区的大洋区，形成～510Ma 的大洋岛弧（Ren et al.，2014）。

上述模型揭示了中亚造山带西南缘的长期（～950～300Ma）而复杂的增生造山带历史，这一模型为区伊犁、中天山、旱山等微陆块的起源提供了一种可能的解释，这些陆块是这一长期增生造山系统的最前沿，因此是检验上述模型的关键所在。中天山地块新元古代以来连续的碎屑锆石年龄谱（Ma et al.，2011，2012）可能是这一长期存在的岛弧的记录，尽管目前已知的岩石记录仍十分不完整。

上述中亚造山带西南缘长期增生造山模型的一个很好类比是澳大利亚东部的 Terra Australis 造山带（也称为 Tasmanides）（Cawood，2005）。古太平洋板片向澳大利亚东部的俯冲始于冈瓦纳大陆聚合的末期（580～530Ma），构成冈瓦纳超大陆边缘俯冲-增生系统的一部分，并一直持续至今，形成现今西太平洋地区的活动俯冲带（Cawood，2005；Cawood and Buchan，2007）。自白垩纪（～100Ma）以来，该区发生了上千公里的向东或北东方向的板片回卷和海沟后撤，产生周期性的弧后裂谷作用，导致一系列弧后盆地的打开（如塔斯曼海、新加里东盆地、南斐济盆地等）和大陆地块的裂离（如新西兰岛和Lord Howe Rise）（Schellart et al.，2006）。大规模的向东海沟后撤和弧后伸展作用可能对古生代Terra Australis造山带的演化起着决定性的作用（Cawood，2005；Cawood and Buchan，2007；Glen，2013），在弧后裂谷盆地形成巨厚的浊积岩和著名的Lachlan褶皱带I型和S型花岗岩（Chappell and White，2001）。这种大规模的海沟后撤和弧后伸展也是理解本书提出的中亚造山带西南缘长期俯冲-增生造山作用的关键，该区塔里木北部伸展陆缘与中天山等裂离地块上寒武纪—奥陶纪碳酸盐岩一直被认为是被动陆缘沉积，但可能仅是因为其此时位于活动俯冲带（准噶尔地区）的内陆位置。澳大利亚东部与中亚造山带西南增生造山带的一个不同之处在于前者缺乏早期的安第斯型增生造山阶段，尽管Glen（2013）认为该区存在530～520Ma的短暂板块推进；另一个不同之处在于中亚造山带西南部的弧后层序（即塔里木北缘新元古代—奥陶纪沉积）缺乏周期性的构造变形，但这种周期性的弧后挤压作用可能是由于洋底高原的俯冲引起的（Collins，2002a，b），因此具有一定的偶然性，而非后撤型俯冲-增生造山作用的必然结果，如位于西太平洋俯冲带后方的中国东部晚中生代—新生代弧后裂谷盆地中的巨厚裂谷层序除了局部构造反转之外缺乏任何挤压变形和变质作用（Ren et al.，2002；Ge et al.，2012c）。

本书的模型将中亚造山带西南部的增生历史从古生代延伸至新元古代，并将其与罗迪尼亚超大陆周缘增生造山系统相联系。这一模型对中亚造山带演化的许多传统模型构成挑战，因为这些模型认为塔里木北缘是一个新元古代—古生代的长期被动陆缘（Khain et al.，2003；Windley et al.，2007）。一般认为，西伯利亚克拉通也是位于罗迪尼亚超大陆的周缘，尽管其具体的位置和方位仍有争议（Pisarevsky and Natapov，2003）；而西伯利亚南缘的最老的蛇绿混杂岩和俯冲相关的岩浆作用最早形成于1.0Ga左右，并有向南年龄变小的趋势（Windley et al.，2007；Kröner et al.，2014），因此，有理由推测西伯利亚的南缘同样面临着Pan-Rodinia大洋（Hoffman，1991），其新元古代俯冲-增生也是环罗迪尼亚增生系统的一部分，与塔里木北缘相当。这一解释也意味着位于西伯利亚与塔里木之间的所谓的“古亚洲洋”其实并非新生大洋，而仅仅是泛Rodinia大洋的一部分，与莫桑比克洋类似；而且，中亚造山带的发育也并非是一个向南变年轻的不对称过程（Sengör et al.，1993；Windley et al.，2007），而可能更类似于现今东、西太平洋两岸的增生造山过程。

参考文献

陈新跃，王岳军，孙林华，等. 2009. 天山冰达坂和拉尔敦达坂花岗片麻岩 SHRIMP 锆石年代学特征及其地质意义. 地球化学，38（5）：424～431.

陈哲夫. 1966. 库鲁克塔格地质发展简史及地质构造的基本特征. 地质论评，（03）：171～180.

邓兴梁，舒良树，朱文斌，等. 2008. 新疆兴地断裂带前寒武纪构造-岩浆-变形作用特征及其年龄. 岩石学报，24（12）：2800～2808.

董富荣，李嵩龄，冯新昌. 1999. 库鲁克塔格地区新太古代深沟片麻杂岩特征. 新疆地质，17（1）：82～87.

董申保. 1989. 中国蓝闪石片岩带的一般特征及其分布. 地质学报，（3）：273～284.

董昕，张泽明，唐伟. 2011. 塔里木克拉通北缘的前寒武纪构造热事件——新疆库尔勒铁门关高级变质岩的锆石 U-Pb 年代学限定. 岩石学报，27（1）：12.

段吉业，夏德馨，安素兰. 2005. 新疆库鲁克塔格新元古代—早古生代裂陷槽深水沉积与沉积-构造古地理. 地质学报，79：7～14.

冯本智. 1995. 新疆库鲁克塔格地区前震旦纪地质与贵重、有色金属矿床. 北京：地质出版社.

高林志，王宗起，许志琴，等. 2010. 塔里木盆地库鲁克塔格地区新元古代冰碛岩锆石 SHRIMP U-Pb 年龄新证据. 地质通报，29（2）：9.

高振家. 1993. 新疆北部前寒武系. 北京：地质出版社：171.

高振家，王务严，李永安，等. 1985. 新疆阿克苏—乌什震旦系，地质矿产部中国晚前寒武纪研成果之七. 乌鲁木齐：新疆人民出版社.

高振家，朱诚顺. 1984. 新疆前寒武纪地质. 乌鲁木齐：新疆人民出版社：151.

耿元生，王新社，吴春明，等. 2010. 阿拉善变质基底古元古代晚期的构造热事件. 岩石学报，26（4）：1159～1170.

郭安林，张国伟，孙延贵，等. 2006. 阿尼玛卿蛇绿岩带 OIB 和 MORB 的地球化学及空间分布特征：玛积雪山古洋脊热点构造证据. 中国科学（D 辑：地球科学），36（7）：618～629.

郭瑞清，尼加提，秦切，等. 2013a. 新疆塔里木北缘志留纪花岗岩类侵入岩的地质特征及构造意义. 地质通报，32（2）：220～238.

郭瑞清，秦切，木合塔尔扎日，等. 2013b. 新疆库鲁克塔格西段奥陶纪花岗岩体地质特征及构造意义. 地学前缘，20：251～263.

郭新成，郑玉壮，高军，等. 2013. 新疆西昆仑中太古界古陆核的确定及地质意义. 地质论评，59（3）：401～412.

郭召杰，张志诚，刘树文，等. 2003. 塔里木克拉通早前寒武纪基底层序与组合：颗粒锆石 U-Pb 年龄新证据. 岩石学报，（3）：537～542.

何登发，袁航，李涤，等. 2011. 吐格尔明背斜核部花岗岩的年代学、地球化学与构造环境及其对塔里木地块北缘古生代伸展聚敛旋回的揭示. 岩石学报，27（1）：133～146.

胡霭琴，韦刚健. 2006. 塔里木盆地北缘新太古代辛格尔灰色片麻岩形成时代问题. 地质学报，80（1）：126～134.

胡霭琴，韦刚健，江博明，等. 2010. 天山 0.9Ga 新元古代花岗岩 SHRIMP 锆石 U-Pb 年龄及其构造意义. 地球化学，39（3）：197～212.

胡玲. 1988. 显微构造地质学概论. 北京：地质出版社：84～90.

黄存焕. 1984. 新疆库鲁克塔格地区混合花岗岩中的蓝石英. 新疆地质，（1）：73～77.

黄存焕，高振家. 1986. 新疆库鲁克塔格地区混合杂岩中锆石同位素地质年龄及其地质意义. 新疆地质，4：94～96.

黄文涛，于俊杰，郑碧海，等. 2009. 新疆阿克苏前寒武纪蓝片岩中多硅白云母的研究. 矿物学报，29：338～343.

贾晓亮，郭瑞清，柴凤梅，等. 2013. 新疆库鲁克塔格西段泥盆纪二长花岗岩年龄、地球化学特征及其构造意义. 地质通报，32（2）：239～250.

姜文波，张立飞. 2001. 利用钠质角闪石成分环带计算蓝片岩的 *PTt* 轨迹——以新疆阿克苏前寒武纪蓝片岩为例. 岩石学报，17（3）：469～475.

黎敦朋，李新林，周小康，等. 2007. 塔里木西南缘新太古代变质辉长岩脉的锆石 SHRIMP U-Pb 定年及其地质意义. 中国地质，（2）：262～269.

李长和. 1983. 新疆兴地塔格青白口系及其底界与上界. 新疆地质，（1）：74～79.

李惠民，陆松年，郑健康，等. 2001. 阿尔金山东端花岗片麻岩中 3.6Ga 锆石的地质意义. 矿物岩石地球化学通报，（4）：259～262.

李曰俊，贾承造，胡世玲，等. 1999. 塔里木盆地瓦基里塔格辉长岩 ^{40}Ar-^{39}Ar 年龄及其意义.岩石学报，15（4）：594～599.

刘玉琳，张志诚，郭召杰，等. 1999. 库鲁克塔格基性岩墙群 K-Ar 等时年龄测定及其有关问题讨论. 高校地质学报，5（1）：54～58.

陆松年. 1992. 新疆库鲁克塔格元古宙地质演化//中国地质科学院天津地质矿产研究所文集. 北京：地质出版社：26～27.

陆松年，袁桂邦. 2003. 阿尔金山阿克塔什塔格早前寒武纪岩浆活动的年代学证据. 地质学报，（1）：61～68.

罗金海，车自成，张小莉，等. 2011. 塔里木盆地东北部新元古代花岗质岩浆活动及地质意义. 地质学报，85（4）：467～474.

梅华林，于海峰，陆松年，等. 1998. 甘肃敦煌太古宙英云闪长岩：单颗粒锆石 U-Pb 年龄和 Nd 同位素. 前寒武纪研究进展，（2）：41～45.

彭明兴，钟春根，左琼华，等. 2012. 东天山卡瓦布拉克地区片麻状花岗岩形成时代及地质意义. 新疆地质，30（1）：12～18.

汪云亮，张成江，修淑芝. 2001. 玄武岩类形成的大地构造环境的 Th/Hf-Ta/Hf 图解判别. 岩石学报，17（3）：413-421.

王超，刘良，车自成，等. 2009. 塔里木南缘铁克里克构造带东段前寒武纪地层时代的新限定和新元古代地壳再造：锆石定年和 Hf 同位素的约束. 地质学报，83（11）：1647～1656.

王飞，王博，舒良树. 2010. 阿克苏南华纪大陆拉斑玄武岩对塔里木北缘新元古代裂解事件的制约. 岩石学报，26（2）：547-558.

魏永峰，李建兵，杜红星，等. 2010. 西南天山南缘震旦纪后碰撞过铝花岗岩的地学意义. 新疆地质，28（2）：125～129.

邬光辉，张承泽，汪海，等. 2009. 塔里木盆地中部塔参 1 井花岗闪长岩的锆石 SHRIMP U-Pb 年龄. 地质通报，28（5）：568～571.

吴海林，朱文斌，舒良树，等. 2012. Columbia 超大陆聚合事件在塔里木克拉通北缘的记录. 高校地质学报，18（4）：686～700.

肖序常，格雷厄姆 S A，卡罗尔 A R，等. 1990a.中国西部元古代蓝片岩带——世界上保存最好的前寒武纪蓝片岩. 新疆地质，8（1）：12～21.

肖序常，汤耀庆，李锦轶，等. 1990b. 试论新疆北部大地构造演化. 新疆地质科学，1：47～68.

辛后田，刘永顺，罗照华，等. 2013. 塔里木盆地东南缘阿克塔什塔格地区新太古代陆壳增生：米兰岩群和 TTG 片麻岩的地球化学及年代学约束. 地学前缘，20（1）：240～259.

辛后田，罗照华，刘永顺，等. 2012. 塔里木东南缘阿克塔什塔格地区古元古代壳源碳酸岩的特征及其地质意义. 地学前缘，19（6）：167～178.

辛后田，赵凤清，罗照华，等. 2011. 塔里木盆地东南缘阿克塔什塔格地区古元古代精细年代格架的建立及其地质意义. 地质学报，（12）：1977～1993.

新疆维吾尔自治区地质矿产局. 1993. 新疆维吾尔自治区区域地质志. 北京：地质出版社：762.

新疆维吾尔自治区地质矿产局. 1999. 新疆维吾尔自治区岩石地层. 北京：中国地质大学出版社.

熊纪斌，王务严. 1986.前震旦系阿克苏群的初步研究. 新疆地质，4（4）：33～50.

杨海波，高鹏，李兵，等. 2005. 新疆西天山达鲁巴依蛇绿岩地质特征. 新疆地质，23（2）：123～126.

杨经绥，吴才来，陈松永，等. 2006. 甘肃北山地区榴辉岩的变质年龄：来自锆石的U-Pb同位素定年证据. 中国地质，33（2）：317～325.

张传林，陆松年，于海锋，等. 2007. 青藏高原北缘西昆仑造山带构造演化：来自锆石 SHRIMP 及 LA-ICP-MS 测年的证据. 中国科学（D 辑：地球科学），（2）：145～154.

张传林，于海锋，沈家林，等. 2004. 西昆仑库地伟晶辉长岩和玄武岩锆石 SHRIMP 年龄：库地蛇绿岩的解体. 地质论评，50（6）：639～643.

张传林，赵宇，郭坤一，等. 2003a. 青藏高原北缘首次获得格林威尔期造山事件同位素年龄值. 地质科学，（4）：535～538.

张传林，赵宇，郭坤一，等. 2003b. 塔里木南缘元古代变质基性火山岩地球化学特征——古塔里木板块中元古代裂解的证据. 地球科学，（1）：47～53.

张立飞，姜文波，魏春景，等. 1998. 新疆阿克苏前寒武纪蓝片岩地体中迪尔闪石的发现及其地质意义. 中国科学（D 辑：地球科学），28：539～545.

张英利，王宗起，闫臻，等. 2012. 库鲁克塔格南缘新元古代火山岩：地球化学、锆石年代学及构造意义. 地质学报，（06）：1785～1796.

张志诚，郭召杰，冯志硕，等. 2010. 阿尔金索尔库里地区元古代流纹岩锆石 SHRIMP U-Pb 定年及其地质意义. 岩石学报，26（2）：597～606.

张志诚，郭召杰，宋彪. 2009. 阿尔金山北缘蛇绿混杂岩中辉长岩锆石 SHRIMP U-Pb 定年及其地质意义. 岩石学报，25（3）：568～576.

赵燕，第五春荣，敖文昊，等. 2015. 敦煌地块发现～3.06 Ga 花岗闪长质片麻岩. 科学通报，0（1）：75～87.

赵燕，第五春荣，孙勇，等. 2013. 甘肃敦煌水峡口地区前寒武纪岩石的锆石 U-Pb 年龄，Hf 同位素组成及其地质意义. 岩石学报，29（5）：1698～1712.

郑碧海，朱文斌，舒良树，等. 2008. 阿克苏前寒武纪蓝片岩原岩产出的大地构造背景. 岩石学报，24（12）：2839～2848.

郑健康. 1995. 阿尔金造山带东段地质构造演化概论. 青海地质，4（2）：1～10.

Adam J，Rushmer T，O'Neil J，et al. 2012. Hadean greenstones from the Nuvvuagittuq fold belt and the origin of the Earth's early continental crust. Geology，40（4）：363～366.

Aguillón-Robles A，Calmus T，Benoit M，et al. 2001. Late Miocene adakites and Nb-enriched basalts from Vizcaino Peninsula，Mexico：Indicators of East Pacific Rise subduction below southern Baja California? Geology，29（6）：531～534.

Allègre C J，Rousseau D. 1984. The growth of the continent through geological time studied by Nd isotope analysis of shales. Earth and Planetary Science Letters，67（1）：19～34.

Amelin Y，Lee D C，Halliday A N，et al. 1999. Nature of the Earth's earliest crust from hafnium isotopes in single detrital zircons. Nature，399（6733）：252～255.

Anders E，Grevesse N. 1989. Abundances of the elements：Meteoritic and solar. Geochim Cosmochim Acta，53：197～214.

Andersen T. 2002. Correction of common lead in U-Pb analyses that do not report ^{204}Pb. Chemical Geology，192（1-2）：59～79.

Andersson J，Moller C，Johansson L. 2002. Zircon Geochronology of Migmatite Gneisses Along the Mylonite Zone（S Sweden）：A Major Sveconorwegian Terrane Boundary in the Baltic Shield. Precambrian Research，114（1-2）：121～147.

Appleby S K，Graham C M，Gillespie M R，et al. 2008. A cryptic record of magma mixing in diorites revealed by high-precision SIMS oxygen isotope analysis of zircons. Earth and Planetary Science Letters，269（1-2）：105～117.

Appleby S K，Gillespie M，Graham C，et al. 2010. Do S-type granites commonly sample infracrustal sources? New results from an integrated O，U-Pb and Hf isotope study of zircon. Contributions to Mineralogy and Petrology，160（1）：115～132.

Armstrong R L. 1968. A model for the evolution of strontium and lead isotopes in a dynamic earth. Reviews of Geophysics，6（2）：175～199.

Armstrong R L. 1991. The Persistent Myth of Crustal Growth. Australian Journal of Earth Sciences，38（5）：613～630.

Armstrong R L，Harmon R S. 1981. Radiogenic Isotopes：The Case for Crustal Recycling on a Near-Steady-State No-Continental-Growth Earth. Philosophical Transactions of the Royal Society A-Mathematical Physical and Engineering Sciences，301（1461）：443～472.

Ashworth J R. 1985. Migmatites. New York：Blackie：302.

Aspler L B，Chiarenzelli J R. 1998. Two Neoarchean Supercontinents? Evidence From the Paleoproterozoic. Sedimentary Geology，120（1-4）：75～104.

Atherton M P，Petford N. 1993. Generation of sodium-rich magmas from newly underplated basaltic crust. Nature，362（6416）：144～146.

Auzanneau E，Schmidt M W，Vielzeuf D，et al. 2010. Titanium in phengite：a geobarometer for high temperature eclogites. Contributions to Mineralogy and Petrology，159（1）：1～24.

Ayers J C，Delacruz K，Miller C，et al. 2003. Experimental study of zircon coarsening in quartzite$\pm H_2O$ at 1.0 GPa and 1000℃，with implications for geochronological studies of high-grade metamorphism. American Mineralogist，88（2-3）：365～376.

Ayers J C，Watson E B. 1991. Solubility of apatite，monazite，zircon and rutile in supercritical aqueous fluids with implications for subduction zone geochemistry. Philosophical Transactions of the Royal Society of London. Series A：Physical and Engineering Sciences，335（1638）：365～375.

Babcock R S，Misch P. 1989. Origin of the Skagit migmatites，North Cascades Range，Washington State. Contributions to Mineralogy and Petrology，101（4）：485～495.

Bahlburg H. 1998. The geochemistry and provenance of Ordovician turbidites in the Argentinian Puna//Pankhurst R J，Rapela C W. The Proto-Andean Margin of Gondwana. London：Geological Society，London，Special Publication，142：127～142.

Barley M E，Groves D I. 1992. Supercontinent cycles and the distribution of metal deposits through time. Geology，20（4）：291～294.

Bédard J H. 2006. A catalytic delamination-driven model for coupled genesis of Archaean crust and sub-continental lithospheric mantle. Geochimica et Cosmochimica Acta，70（5）：1188～1214.

Beinlich A，Klemd R，John T，et al. 2010. Trace-element mobilization during Ca-metasomatism along a major fluid conduit：eclogitization of blueschist as a consequence of fluid-rock interaction. Geochimica et Cosmochimica Acta，74（6）：1892～1922.

Bell E A，Harrison T M. 2013. Post-Hadean transitions in Jack Hills zircon provenance：A signal of the Late Heavy Bombardment? Earth and Planetary Science Letters，364：1～11.

Belousova E A，Kostitsyn Y A，Griffin W L，et al. 2010. The growth of the continental crust：Constraints from zircon Hf-isotope data. Lithos，119（3-4）：457～466.

Berman R G，Aranovich L Y，Pattison D. 1995. Reassessment of the garnet-clinopyroxene Fe-Mg exchange thermometer：II. Thermodynamic analysis. Contributions to Mineralogy and Petrology，119（1）：30～42.

Bhat M I，Ghosh S K. 2001. Geochemistry of the 2.51 Ga old Rampur group pelites，western Himalayas：implications for their provenance and weathering. Precambrian Research，108：1～16.

Bhatia M R. 1983. Plate tectonics and geochemical composition of sandstones. Journal of Geology，91：611～627.

Bhatia M R，Crook K A W. 1986. Trace element characteristics of graywackes and tectonic setting discrimination of sedimentary basins. Contributions to Mineralogy and Petrology，92，181～193.

Bhowmik S K，Ao A. 2016. Subduction initiation in the Neo - Tethys：constraints from counterclockwise P-T paths in amphibolite rocks of the Nagaland Ophiolite Complex，India. Journal of Metamorphic Geology，34（1）：17～44.

Bindeman I. 2008. Oxygen isotopes in mantle and crustal magmas as revealed by single crystal analysis. Reviews in Mineralogy and Geochemistry，69（1）：445～478.

Bingen B，Demaiffe D，van Breemen O. 1998. The 616 Ma old Egersund basaltic dike swarm，S.W. Norway and Late Neoproterozoic opening of the Iapetus Ocean. Journal of Geology，106：565～574.

Black L P，Williams I S，Compston W. 1986. Four zircon ages from one rock：the history of a 3930 Ma-old granulite from Mount Sones，Enderby Land，Antarctica. Contributions to Mineralogy and Petrology，94（4）：427～437.

Blanco-Quintero I F，García-Casco A，Rojas-Agramonte Y，et al. 2010. Metamorphic evolution of subducted hot oceanic crust（La Corea Mélange，Cuba）. American Journal of Science，310（9）：889～915.

Bleeker W. 2003. The late Archean record：a puzzle in ca. 35 pieces. Lithos，71（2-4）：99～134.

Blichert-Toft J，Albarède F. 1997. The Lu-Hf isotope geochemistry of chondrites and the evolution of the mantle-crust system. Earth and Planetary Science Letters，148（1-2）：243～258.

Blichert-Toft J，Albarède F. 2008. Hafnium isotopes in Jack Hills zircons and the formation of the Hadean crust. Earth and Planetary Science Letters，265（3-4）：686～702.

Bolhar R，Weaver S D，Whitehouse M J，et al. 2008. Sources and evolution of arc magmas inferred from coupled O and Hf isotope systematics of plutonic zircons from the Cretaceous Separation Point Suite（New Zealand）. Earth and Planetary Science Letters，268（3-4）：312～324.

Bowman J R，Moser D E，Valley J W，et al. 2011. Zircon U-Pb isotope，$\delta^{18}O$ and trace element response to 80 m.y. of high temperature metamorphism in the lower crust：Sluggish diffusion and new records of Archean craton formation. American Journal of Science，311（9）：719～772.

Bowring S A，Williams I S. 1999. Priscoan（4.00～4.03 Ga）orthogneisses from northwestern Canada. Contributions to Mineralogy and Petrology，134（1）：3～16.

Boynton W V. 1984. Geochemistry of the rare earth elements：meteorite study//Henderson P（ed.）. Rare earth element geochemistry. Amsterdam：Elservier：63～14.

Bradley D C. 2011. Secular trends in the geologic record and the supercontinent cycle. Earth-Science Reviews，108（1-2）：16～33.

Breton N L，Thompson A B. 1988. Fluid-absent（dehydration）melting of biotite in metapelites in the early stages of crustal anatexis. Contributions to Mineralogy and Petrology，99（2）：226～237.

Brown M. 1994. The generation，segregation，ascent and emplacement of granite magma：the migmatite-to-crustally-derived granite connection in thickened orogens. Earth-Science Reviews，36（1-2）：83～130.

Brown M. 2007a. Crustal melting and melt extraction，ascent and emplacement in orogens：mechanisms and consequences. Journal of the Geological Society，164（4）：709～730.

Brown M. 2007b. Metamorphic conditions in orogenic belts：a record of secular change. International Geology Review，49（3）：193～234.

Brown M. 2009. Metamorphic patterns in orogenic systems and the geological record. Geological Society，London，Special Publications，318（1）：37～74.

Brown M. 2010. Melting of the continental crust during orogenesis：the thermal，rheological，and compositional consequences of melt transport from lower to upper continental . Canadian Journal of Earth Sciences，47（5）：655～694.

Brown M. 2014. The contribution of metamorphic petrology to understanding lithosphere evolution and geodynamics. Geoscience Frontiers，5（4）：553～569.

Cabanis B，Lecolle M. 1989. The La/10-Y/15-Nb/8 diagram-a tool for discrimination volcanic series and evidencing continental-crust magmatic mixtures and or contamination. Comptes Rendus de Lacademie des Sciences Serie Ⅱ，309：2023～2029.

Campbell I H，Allen C M. 2008. Formation of supercontinents linked to increases in atmospheric oxygen. Nature Geoscience，1（8）：554～558.

Campbell I H，Taylor S R. 1983. No water，no granites-No oceans，no continents. Geophysical Research Letters，10（11）：1061～1064.

Cao X F，Gao X，Lü X B，et al. 2012. Sm-Nd geochronology and geochemistry of a Neoproterozoic gabbro in the Kuluketage block，north-western China. International Geology Review，54（8）：861～875.

Cao X F，Lu X B，Lei J H，et al. 2010. The age of the Neoproterozoic Dapingliang skarn copper deposit in Kuruketage，NW China. Resource Geology，60（4）：397～403.

Cao X F，Lu X B，Liu S T，et al. 2011. LA-ICP-MS zircon dating，geochemistry，petrogenesis and tectonic implications of the Dapingliang Neoproterozoic granites at Kuluketage Block，NW China. Precambrian Research，186（1-4）：205～219.

Carroll M R，Wyllie P J. 1989. Experimental phase relations in the system tonalite-peridotite-H_2O at 15 kb：Implications for assimilation and differentiation processes near the crust-mantle boundary. Journal of Petrology，30（6）：1351～1382.

Castillo P R. 2012. Adakite petrogenesis. Lithos，134-135：304～316.

Castillo P R，Rigby S J，Solidum R U. 2007. Origin of high field strength element enrichment in volcanic arcs：Geochemical evidence from the Sulu Arc，southern Philippines. Lithos，97（3-4）：271～288.

Castineiras P，Villaseca C，Barbero L，et al. 2008. SHRIMP U-Pb zircon dating of anatexis in high-grade migmatite complexes of Central Spain：Implications in the Hercynian Evolution of Central Iberia. International Journal of Earth Sciences，97（1）：35～50.

Cavosie A J，Valley J W，Wilde S A，et al. 2005. Magmatic $\delta^{18}O$ in 4400～3900 Ma detrital zircons：A record of the alteration and recycling of crust in the Early Archean. Earth and Planetary Science Letters，235（3-4）：663～681.

Cawood P A. 2005. Terra Australis Orogen：Rodinia breakup and development of the Pacific and Iapetus margins of Gondwana during the Neoproterozoic and Paleozoic. Earth-Science Reviews，69（3-4）：249～279.

Cawood P A，Buchan C. 2007. Linking accretionary orogenesis with supercontinent assembly. Earth-Science Reviews，82（3-4）：217～256.

Cawood P A，Kröner A，Collins W J，et al. 2009. Accretionary orogens through Earth history. Geological Society，London，Special Publications，318（1）：1～36.

Cawood P A，Hawkesworth C J，Dhuime B. 2013a. The continental record and the generation of continental crust. Geological Society of America Bulletin，125（1-2）：14～32.

Cawood P A，Wang Y J，Xu Y J，et al. 2013b. Locating South China in Rodinia and Gondwana：A fragment of greater India lithosphere? Geology，8（41）：903～906.

Cawood P A，McCausland P J A，Dunning G R. 2001. Opening Iapetus：constraints from the Laurentian margin in Newfoundland. Geological Society of America Bulletin，113：443～453.

Chappell B W，White A J R. 1974. Two contrasting granite types. Pacific Geology，（8）：173～174.

Chappell B W，White A. 2001. Two contrasting granite types：25 years later. Australian Journal of Earth Sciences，48（4）：489～499.

Charvet J，Shu L S，Laurent-Charvet S，et al. 2011. Paleozoic tectonic evolution of the Tianshan Belt，NW China. Science China-Earth Sciences，54（2）：166～184.

Chen N S，Gong S L，Sun M，et al. 2009. Precambrian evolution of the Quanji Block，northeastern margin of Tibet: Insights from zircon U-Pb and Lu-Hf isotope compositions. Journal of Asian Earth Sciences，35（3-4）：367～376.

Chen N S，Liao F X，Wang L，et al. 2013a. Late Paleoproterozoic multiple metamorphic events in the Quanji Massif：Links with Tarim and North China Cratons and implications for assembly of the Columbia supercontinen. Precambrian Research，228：102～116.

Chen N S，Gong S L，Xia X P，et al. 2013b. Zircon Hf isotope of Yingfeng Rapakivi granites from the Quanji Massif and ～2.7 Ga crustal growth. Journal of Earth Science，24（1）：29～41.

Chen N S，Wang Q Y，Chen Q，et al. 2007. Components and metamorphism of the basements of the Qaidam and Oulongbuluke micro-continental blocks，and a tentative interpretation of paleocontinental evolution in NW-Central China. Earth Science Frontiers，14（1）：43～55.

Chen R X，Zheng Y F，Xie L W. 2010. Metamorphic growth and recrystallization of zircon：Distinction by simultaneous in-situ analyses of trace elements，U-Th-Pb and Lu-Hf isotopes in zircons from eclogite-facies rocks in the Sulu orogen. Lithos，114（1-2）：132～154.

Chen Y，Xu B，Zhan S，et al. 2004. First mid-Neoproterozoic paleomagnetic results from the Tarim Basin（NW China）and their geodynamic implications. Precambrian Research，133：271～281.

Cogley J G. 1984. Continental margins and the extent and number of the continents. Reviews of Geophysics，22（2）：101～122.

Collins A S，Pisarevsky S A. 2005. Amalgamating Eastern Gondwana：The evolution of the Circum-Indian Orogens. Earth-Science Reviews，71（3-4）：229～270.

Collins W J. 2002a. Nature of extensional accretionary orogens. Tectonics，21（4）：1～6.

Collins W J. 2002b. Hot orogens，tectonic switching and creation of continental crust. Geology，30（6）：535～538.

Collins W J，Belousova E A，Kemp A，et al. 2011. Two contrasting Phanerozoic orogenic systems revealed by hafnium isotope data. Nature Geoscience，4（5）：333～337.

Condie K C. 1993. Chemical composition and evolution of the upper continental crust：Contrasting results from surface samples and shales. Chemical Geology，104（1-4）：1～37.

Condie K C. 1994. Archean crustal evolution. Amsterdam：Elsevier.

Condie K C. 1997. Plate Tectonics and Crustal evolution. Amsterdam：Elsevier.

Condie K C. 1998. Episodic continental growth and supercontinents：A mantle avalanche connection? Earth and Planetary Science Letters，163（1-4）：97～108.

Condie K C. 2000. Episodic continental growth models：Afterthoughts and extensions. Tectonophysics，322（1-2）：153～162.

Condie K C. 2005. TTGs and adakites：Are they both slab melts? Lithos，80（1-4）：33～44.

Condie K C. 2011a. Earth as an Evolving Planetary System. Amsterdam：Elsevier：574.

Condie K C，Bickford M E，Aster R C，et al. 2011b. Episodic zircon ages，Hf isotopic composition，and the preservation rate of continental crust. geological Society of America Bulletin，123（5-6）：951～957.

Condie K C，Kröner A. 2013. The building blocks of continental crust：Evidence for a major change in the tectonic setting of continental growth at the end of the Archean. Gondwana Research，23（2）：394～402.

Condie K C，O'neill C，Aster R C. 2009. Evidence and implications for a widespread magmatic shutdown for 250 My on Earth. Earth and Planetary Science Letters，282（1-4）：294～298.

Connolly J A D. 2005. Computation of phase equilibria by linear programming：A tool for geodynamic modeling and its application to subduction zone decarbonation. Earth and Planetary Science Letters，236：524～541.

Corfu F，Hanchar J M，Hoskin P W O，et al. 2003. Atlas of zircon textures. Reviews in Mineralogy and Geochemistry，53（1）：469～500.

Cullers R L，Podkovyrov V N. 2000. Geochemistry of the Mesoproterozoic Lakhanda shales in southeastern Yakutia，Russia：Implications for mineralogical and provenance control，and recycling. Precambrian Resarch，104：77～93.

da Rosa-Costa L T，Lafon J M，Delor C. 2006. Zircon geochronology and Sm-Nd isotopic study：Further constraints for the Archean and Paleoproterozoic geodynamical evolution of the southeastern Guiana Shield，north of Amazonian Craton，Brazil. Gondwana Research，10：277～300.

Daly J S，Balagansky V V，Timmerman M J，et al. 2001. Ion microprobe U-Pb zircon geochronology and isotopic evidence for a transcrustal suture zone in the Lapland-Kola Orogen，northern Fennoscandian Shield. Precambrian Research，105：289～314.

Dalziel I W D. 1991. Pacific margins of Laurentia and East Antarctica-Australia as a conjugate rift pair：Evidence and implications for an Eocambrian supercontinent. Geology，19（6）：598～601.

Dan W，Li X H，Guo J H，et al. 2012. Paleoproterozoic evolution of the eastern Alxa Block，westernmost North China：Evidence from in situ zircon U-Pb dating and Hf-O isotopes. Gondwana Research，21（4）：838～864.

Defant M J，Drummond M S. 1990. Derivation of some modern arc magmas by melting of young subducted lithosphere. Nature，347（6294）：662～665.

Defant M J，Jackson T E，Drummond M S，et al. 1992. The geochemistry of young volcanism throughout western Panama and southeastern Costa Rica：An overview. Journal of the Geological Society，149（4）：569～579.

Dempster T J，Martin J C，Shipton Z K. 2008. Zircon dissolution in a ductile shear zone，Monte Rosa granite gneiss，northern Italy. Mineralogical Magazine，72（4）：971～986.

Dessureau G，Piper D J W，Pepiper G，2000. Geochemical evolution of earliest Carboniferous continental tholeiitic basalts along a crustal-scale shear zone，southwestern Maritimes basin，eastern Canada. Lithos，50：27～50.

Dhuime B，Hawkesworth C J，Cawood P A，et al. 2012. A change in the geodynamics of continental growth 3 billion years ago. Science，335（6074）：1334～1336.

Diener J F A，Powell R. 2012. Revised activity-composition models for clinopyroxene and amphibole. Journal of Metamorphic Geology，30（2）：131～142.

Diwu C，Sun Y，Guo A，et al. 2011. Crustal growth in the North China Craton at ～2.5Ga：Evidence from in situ zircon U-Pb ages，Hf isotopes and whole-rock geochemistry of the Dengfeng complex. Gondwana Research，20（1）：149～170.

Domeier M，Van der Voo R，Torsvik T H. 2012. Paleomagnetism and Pangea：The road to reconciliation. Tectonophysics，514-517（0）：14～43.

Donnadieu Y，Godderis Y，Ramstein G，et al. 2004. A 'snowball Earth' climate triggered by continental break-up through changes in runoff. Nature，428（6980）：303～306.

Dostal J，Keppie J D. 2009. Geochemistry of low-grade clastic rocks in the Acatlán Complex of southern Mexico：Evidence for local provenance in felsic-intermediate igneous rocks. Sedimentary Geology，222：241～253.

Doubleday P A，Leat P T，Alabaster T，et al. 1994. Allochthonous oceanic basalts within the Mesozoic accretionary complex of Alexander Island，Antarctica：remnants of proto-Pacific oceanic crust. Journal of the Geological Society，London，151：65～78.

Drummond M S，Defant M J. 1990. A model for trondhjemite-tonalite-dacite genesis and crustal growth Via slab melting—Archean to modern comparisons. Journal of Geophysical Research-Solid Earth and Planets，95（B13）：21503～21521.

Drummond M S，Defant M J，Kepezhinskas P K. 1996. Petrogenesis of slab-derived trondhjemite-tonalite-dacite/adakite magmas. Transactions of the Royal Society of Edinburgh-Earth Sciences，87（1）：205～216.

Duan L，Meng Q，Zhang C，et al. 2011. Tracing the position of the South China block in Gondwana：U-Pb ages and Hf isotopes of Devonian detrital zircons. Gondwana Research，19（1）：141～149.

Ernst R E. 2008. Mafic-ultramafic large igneous provinces（LIPs）：Importance of the pre-mesozoic record. Episodes，30：108～114.

Ernst R E，Buchan K L. 2003. Recognizing mantle plumes in the geological record. Annual Review of Earth and Planetary Sciences，31（1）：469～523.

Ernst R E，Wingate M T D，Buchan K L，et al. 2008. Global record of 1600～700Ma Large Igneous Provinces（LIPs）：Implications for the reconstruction of the proposed Nuna（Columbia）and Rodinia supercontinents. Precambrian Research，160（1-2）：159～178.

Evans D A D. 2009. The palaeomagnetically viable，long-lived and all-inclusive Rodinia supercontinent reconstruction . Geological Society，London，Special Publications，327（1）：371～404.

Evans D A D. 2013. Reconstructing pre-Pangean supercontinents. Geological Society of America Bulletin，125（11-12）：1735～1751.

Evans D A D，Mitchell R N. 2011. Assembly and breakup of the core of Paleoproterozoic—Mesoproterozoic supercontinent Nuna. Geology，39（5）：443～446.

Ewart A，Milner S C，Armstrong R A，et al. 1998. Erendeka volcanism of the Goboboseb mountains and Messum igneous complex，Namibia，part I：Geochemical evidence of early Cretaceous Tristan Plume melts and the role of crustal contamination in the Parana-Etendeka CFB. Journal of Petrology，39：191～225.

Fenner C N. 1929. The crystallization of basalts. American Journal of Science，Series 5，18（105）：225～253.

Ferry J M，Blencoe J G. 1978. Subsolidus phase relations in the nepheline-kalsilite system at 0.5，2.0，and 5.0 kbar. American Mineralogist，63（11-12）：1225～1240.

Ferry J，Watson E. 2007. New thermodynamic models and revised calibrations for the Ti-in-zircon and Zr-in-rutile thermometers. Contributions to Mineralogy and Petrology，154（4）：429～437.

Fitton J G，James D，Kempton P D，et al. 1988. The role of lithospheric mantle in the generation of late Cenozoic basic magmas in the western United States//Cox K G，Menzies M A（Eds.）. Oceanic and Continental Lithosphere：Similarities and Differences. Oxford：Journal of Petrology Special Publication：331～349.

Flowerdew M，Millar I，Vaughan A，et al. 2006. The source of granitic gneisses and migmatites in the Antarctic Peninsula：A combined U-Pb SHRIMP and laser ablation Hf isotope study of complex zircons. Contributions to Mineralogy and Petrology，151（6）：751～768.

Floyd P A，Leveridge B E. 1987. Tectonic environment of the Devonian Gramscatho basin，south Cornwall：Framework mode and geochemical evidence from turbiditic sandstones. Journal of Geological Society，London，144：531～542.

Floyd P A，Winchester J A. 1975. Magma-type and tectonic setting discrimination using immobile elements. Earth Planet Science Letters，27：211～218.

Floyd P A，Winchester J A，Park R G. 1989. Geochemistry and tectonic setting of Lewisian clastic metasediments from the early Proterozoic Lock Marie Group of Gairlock，Scotland. Precambrian Research，45：203～214.

Foley S，Tiepolo M，Vannucci R. 2002. Growth of early continental crust controlled by melting of amphibolite in subduction zones. Nature，417（6891）：837～840.

Foley S F，Barth M G，Jenner G A. 2000. Rutile/melt partition coefficients for trace elements and an assessment of the influence of rutile on the trace element characteristics of subduction zone magmas. Geochimica Et Cosmochimica Acta，64（5）：933～938.

Fralick P W，Hollings P，Metsaranta R，et al. 2009. Using sediment geochemistry and detrital zircon geochronology to categorize eroded igneous units：An example from the Mesoarchean Birch-Uchi Greenstone Belt，Superior Province. Precambrian Research，168：106～122.

Fraser G，Ellis D，Eggins S. 1997. Zirconium abundance in granulite-facies minerals，with implications for zircon geochronology in high-grade rocks. Geology，25（7）：607～610.

Frey F A，Green D H，Roy S D. 1978. Integrated models of basalt petrogenesis：a study of quartz tholeiites to olivine melilitites from southeastern Australia utilizing geochemical and experimental petrological data. Journal of Petrology，19：463～513.

Frimmel H E，Zartman R E，Spath A. 2001. The richtersveld igneous complex South Africa：U-Pb zircon and geochemical evidence for the beginning of Neoproterozoic continental breakup. Journal of Geology，109：493～508.

Fuhrman M L，Lindsley D H. 1988. Ternary-feldspar modeling and thermometry. American Mineralogist，73（3-4）：201～215.

Fyfe W S. 1978. The evolution of the earth's crust：Modern plate tectonics to ancient hot spot tectonics? Chemical Geology，23（1-4）：89～114.

Ganguly J，Cheng W，Tirone M. 1996. Thermodynamics of aluminosilicate garnet solid solution：New experimental data，an optimized model，and thermometric applications. Contributions to Mineralogy and Petrology，126（1-2）：137～151.

Gao J，Klemd R，Qian Q，et al. 2011. The collision between the Yili and Tarim Blocks of the southwestern Altaids：Geochemical and age constraints of a leucogranite dike crosscutting the HP-LT metamorphic belt in the Chinese Tianshan Orogen. Tectonophysics，499（1-4）：118～131.

Gao S，Ling W L，Qiu Y M，et al. 1999. Contrasting geochemical and Sm-Nd isotopic compositions of Archean metasediments from the Kongling high-grade terrane of the Yangtze craton：evidence for cratonic evolution and redistribution of REE during crustal anatexis. Geochimica et Cosmochimica Acta，63：2071～2088.

Gao Z，Qian J. 1985. Sinian glacial deposits in Xinjiang，Northwest China. Precambrian Research，29：143～147.

Gardien V，Thompson A B，Ulmer P. 2000. Melting of biotite+plagioclase+quartz gneisses：The role of H_2O in the stability of amphibole. Journal of Petrology，41（5）：651～666.

Ge R F，Zhu W B，Wu H L，et al. 2012a. The Paleozoic northern margin of the Tarim Craton：Passive or active? Lithos，142-143：1～15.

Ge R F，Zhu W B，Zheng B H，et al. 2012b. Early Pan-African magmatism in the Tarim Craton：Insights from zircon U-Pb-Lu-Hf isotope and geochemistry of granitoids in the Korla Area，NW China. Precambrian Research，212-213：117～138.

Ge R F，Zhang Q L，Wang L S，et al. 2012c. Late Mesozoic rift evolution and crustal extension in the central Songliao Basin，northeastern China：Constraints from cross-section restoration and implications for lithospheric thinning. International Geology Review，54（2）：183～207.

Ge R F，Zhu W B，Wu H L，et al. 2013a. Zircon U-Pb ages and Lu-Hf isotopes of Paleoproterozoic metasedimentary rocks in the Korla Complex，NW China：Implications for metamorphic zircon formation and geological evolution of the Tarim Craton. Precambrian Research，231：1～18.

Ge R F，Zhu W B，Wu H L，et al. 2013b. Timing and mechanisms of multiple episodes of migmatization in the Korla Complex，northern Tarim Craton，NW China：Constraints from zircon U-Pb-Lu-Hf isotopes and implications for crustal growth. Precambrian Research，231：136～156.

Ge R F，Zhu W B，Wilde S A，et al. 2014a. Zircon U-Pb-Lu-Hf-O isotopic evidence for≥3.5 Ga crustal growth，reworking and differentiation in the northern Tarim Craton. Precambrian Research，249：115～128.

Ge R F，Zhu W B，Wilde S A，et al. 2014b. Neoproterozoic to Paleozoic long-lived accretionary orogeny in the northern Tarim Craton. Tectonics，33：302～329.

Ge R F，Zhu W B，Wilde S A，et al. 2014c. Archean magmatism and crustal evolution in the northern Tarim Craton：Insights from zircon U-Pb-Hf-O isotopes and geochemistry of ～2.7 Ga orthogneiss and amphibolite in the Korla Complex. Precambrian Research，252：145～165.

Ge R F，Zhu W B，Wilde S A，et al. 2015. Synchronous crustal growth and reworking recorded in late Paleoproterozoic granitoids in the northern Tarim Craton：In-situ zircon U-Pb-Hf-O isotopic and geochemical constraints and tectonic implications. Geological Society of America Bulletin，127：71～803.

Ge R F，Zhu W B，Wilde S A，2016. Mid-Neoproterozoic（ca. 830～800 Ma）metamorphic P-T paths link Tarim to the circum-Rodinia subduction-accretion system. Tectonics，35：1465～1488.

Gehrels G E，Yin A，Wang X. 2003. Magmatic history of the northeastern Tibetan Plateau. Journal of Geophysical Research，108（B9）：2423.

Geisler T，Pidgeon R T，Kurtz R，et al. 2003. Experimental hydrothermal alteration of partially metamict zircon. American Mineralogist，88（10）：1496～1513.

Geisler T，Pidgeon R T，Van Bronswijk W，et al. 2002. Transport of uranium，thorium，and lead in metamict zircon under low-temperature hydrothermal conditions. Chemical Geology，191（1-3）：141～154.

Geisler T，Schaltegger U，Tomaschek F. 2007. Re-equilibration of zircon in aqueous fluids and melts. Elements，3（1）：43～50.

Gerdes A，Zeh A. 2009. Zircon formation versus zircon alteration-New insights from combined U-Pb and Lu-Hf in-situ LA-ICP-MS analyses，and consequences for the interpretation of Archean zircon from the Central Zone of the Limpopo Belt. Chemical Geology，261（3-4）：230～243.

Gerya T V，Stöckhert B，Perchuk A L. 2002. Exhumation of high - pressure metamorphic rocks in a subduction channel：A numerical simulation. Tectonics，21（6）：1～6.

Girty G H，Hanson A D，Yoshinobu A S，et al. 1993. Provenance of Paleozoic mudstones in a contact metamorphic aureole determined by rare earth element，Th，and Sc analyses，Sierra Nevada，California. Geology，21：363～366.

Gladkochub D P，Wingate M T D，Pisarevsky S A，et al. 2006. Mafic intrusions in southwestern Siberia and implications for a Neoproterozoic connection with Laurentia. Precambrian Research，147：260～278.

Glen R A. 2013. Refining accretionary orogen models for the Tasmanides of eastern Australia. Australian Journal of Earth Sciences，60（3）：315～370.

Gong J H，Zhang J X，Yu S Y. 2011. The origin of Longshoushan Group and associated rocks in the southern part of the Alxa block：Constraint from LA-ICP-MS U-Pb zircon dating. Acta Petrologica et Mineralogica，5：795～818.

Graham I J，Cole J W，Briggs R M，et al. 1995. Petrology and petro-genesis of volcanic rocks from the Taupo Volcanic zone：a review. Journal of Volcanology and Geothermal Research，68：59～87.

Grant M L，Wilde S A，Wu F，et al. 2009. The application of zircon cathodoluminescence imaging，Th-U-Pb chemistry and U-Pb ages in interpreting discrete magmatic and high-grade metamorphic events in the North China Craton at the Archean/Proterozoic boundary. Chemical Geology，261（1-2）：155～171.

Griffin W L，Belousova E A，O'Neill C，et al. 2014. The world turns over：Hadean-Archean crust-mantle evolution. Lithos，189（3）：2～15.

Griffin W L，Pearson N J，Belousova E，et al. 2000. The Hf isotope composition of cratonic mantle：LAM-MC-ICPMS analysis of zircon megacrysts in kimberlites. Geochimica Et Cosmochimica Acta，64（1）：133～147.

Griffin W L，Wang X，Jackson S E，et al. 2002. Zircon chemistry and magma mixing，SE China：In-situ analysis of Hf isotopes，Tonglu and Pingtan igneous complexes. Lithos，61（2）：237～269.

Grimmer J C，Ratschbacher L，McWilliams M，et al. 2003. When did the ultrahigh-p ressure rocks reach the surface? A $^{207}Pb/^{206}Pb$ Zircon，$^{40}Ar/^{39}Ar$ white mica，Si-in-white mica，single grain provenance study of Dabie Shan synorogenic foreland sediments. Chemical Geology，197：87～100.

Grove T L，Till C B，Krawczynski M J. 2012. The role of H_2O in Subduction zone magmatism. Annual Review of Earth and Planetary Sciences，40（1）：413～439.

Guidotti C V，Sassi F P，Sassi R，et al. 1994. The effects of ferromagnesian components on the paragonite-muscovite pairs. Journal of Metamorphic Geology，12：779～788.

Guitreau M，Blichert-Toft J，Martin H，et al. 2012. Hafnium isotope evidence from Archean granitic rocks for deep-mantle origin of continental crust. Earth and Planetary Science Letters，337-338：211～223.

Guo L，Zhang H F，Harris N，et al. 2012. Paleogene crustal anatexis and metamorphism in Lhasa terrane，eastern Himalayan syntaxis：Evidence from U-Pb zircon ages and Hf isotopic compositions of the Nyingchi Complex. Gondwana Research，21（1）：100～111.

Guo Z J，Yin A，Bobinson A，et al. 2005. Geochronology and geochemistry of deep-drill-core samples from the basement of the central Tarim basin. Journal of Asian Earth Sciences，25：45～56.

Gurnis M. 1988. Large-scale mantle convection and the aggregation and dispersal of supercontinents. Nature，332（6166）：695～699.

Han B F，He G Q，Wang X C，et al. 2011. Late Carboniferous collision between the Tarim and Kazakhstan-Yili terranes in the western segment of the South Tian Shan Orogen，Central Asia，and implications for the Northern Xinjiang，western China. Earth Science Reviews，109（3-4）：74～93.

Han G，Liu Y，Neubauer F，et al. 2011. Origin of terranes in the eastern Central Asian Orogenic Belt，NE China：U-Pb ages of detrital zircons from Ordovician-Devonian sandstones，North Da Xing'an Mts. Tectonophysics，511（3-4）：109～124.

Hanchar J M，Watson E B. 2003. Zircon saturation thermometry. Reviews in Mineralogy and Geochemistry，53：89～112.

Handley H K，Turner S，Macpherson C G，et al. 2011. Hf-Nd isotope and trace element constraints on subduction inputs at island arcs：Limitations of Hf anomalies as sediment input indicators. Earth and Planetary Science Letters，304（1-2）：212～223.

Hans Wedepohl K. 1995. The composition of the continental crust. Geochimica et Cosmochimica Acta，59（7）：1217～1232.

Harlan S S，Heaman L，LeCheminant A N，et al. 2003. Gunbarrel mafic magmatic event：A key 780 Ma time marker for Rodinia plate reconstructions. Geology，31：1053～1056.

Harley S L，Kelly N M. 2007. Zircon-tiny but timely. Elements，3（1）：13～18.

Harley S L，Kelly N M，Moller A. 2007. Zircon behaviour and the thermal histories of mountain chains. Elements，3（1）：25～30.

Harrison T M. 2009. The Hadean crust：evidence from>4 Ga zircons. Annual Review of Earth and Planetary Sciences，37：479～505.

Harrison T M，Blichert-Toft J，Müller W，et al. 2005. Heterogeneous Hadean Hafnium：Evidence of continental crust at 4.4 to 4.5 Ga. Science，310（5756）：1947～1950.

Harrison T M，Schmitt A K，Mcculloch M T，et al. 2008. Early（≥4.5 Ga）formation of terrestrial crust：Lu-Hf，$\delta^{18}O$，and Ti thermometry results for Hadean zircons. Earth and Planetary Science Letters，268（3-4）：476～486.

Hart W K，Wolde G，Walter R C，et al. 1989. Basaltic volcanism in Ethiopia：constraints on continental rifting and mantle interactions. Journal of Geophysical Research，94：7731～7748.

Hasalová P，Janousek V，Schulmann K，et al. 2008a. From orthogneiss to migmatite：Geochemical assessment of the melt infiltration model in the Gfohl Unit（Moldanubian Zone，Bohemian Massif）. Lithos，102（3-4）：508～537.

Hasalová P，Schulmann K，Lexa O，et al. 2008b. Origin of migmatites by deformation-enhanced melt infiltration of orthogneiss：a new model based on quantitative microstructural analysis. Journal of Metamorphic Geology，26（1）：29～53.

Hawkesworth C J，Dhuime B，Pietranik A B，et al. 2010. The generation and evolution of the continental crust. Journal of the Geological Society，167（2）：229～248.

Hawkesworth C J，Gallagher K，Hergt J M，et al. 1993. Mantle and slab contributions in ARC Magmas. Annual Review of Earth and Planetary Sciences，21（1）：175～204.

Hawkesworth C J，Kemp A I S. 2006a. Evolution of the continental crust. Nature，443（7113）：811～817.

Hawkesworth C J，Kemp A I S. 2006b. The differentiation and rates of generation of the continental crust. Chemical Geology，226（3-4）：134～143.

Hawkesworth C J，Kemp A I S. 2006c. Using hafnium and oxygen isotopes in zircons to unravel the record of crustal evolution. Chemical Geology，226（3-4）：144～162.

Hawkesworth C J，Lightfoot P C，Fedorenko V A，et al. 1995. Magma differentiation and mineralization in the Siberian continental flood basalts. Lithos，34：61～88.

He J W，Zhu W B，Ge R F. 2014. New age constraints on Neoproterozoic diamicites in Kuruktag，NW China and Precambrian crustal evolution of the Tarim Craton. Precambrian Research，241C：44～60.

Herzberg C，Condie K，Korenaga J. 2010. Thermal history of the Earth and its petrological expression. Earth and Planetary Science Letters，292（1）：79～88.

He Z Y，Zhang Z M，Zong K Q，et al. 2012. Neoproterozoic granulites from the northeastern margin of the Tarim Craton：Petrology，zircon U-Pb ages and implications for the Rodinia assembly. Precambrian Research，212-213：21～33.

He Z Y，Zhang Z M，Zong K Q，et al. 2013. Paleoproterozoic crustal evolution of the Tarim Craton：Constrained by zircon U-Pb and Hf isotopes of meta-igneous rocks from Korla and Dunhuang. Journal of Asian Earth Sciences，78（12）：54～70.

Heaman L M，LeCheminant A N，Rainbird R H. 1992. Nature and timing of Franklin igneous events Canada：Implications for a late Proterozoic mantle plume and the break-up of Laurentia. Earth and Planetary Science Letters，109：117～131.

Hinchey A A，Carr S D. 2006. The S-type ladybird leucogranite suite of Southeastern British Columbia：Geochemical and isotopic evidence for a genetic link with migmatite formation in the North American basement gneisses of the Monashee Complex. Lithos，90（3-4）：223～248.

Hoffman P F. 1991. Did the breakout of Laurentia turn Gondwanaland inside-out? Science，252（5011）：1409～1412.

Hoffman P F. 1999. The break-up of Rodinia，birth of Gondwana，true polar wander and the snowball Earth. Journal of African Earth Sciences，28（1）：17～33.

Hoffman P F，Kaufman A J，Halverson G P，et al. 1998. A Neoproterozoic snowball Earth. Science，281（5381）：1342～1346.

Hofmann A W. 1988. Chemical differentiation of the Earth：the relationship between mantle，continental crust，and oceanic crust. Earth and Planetary Science Letters，90（3）：297～314.

Hofmann A W. 1997. Mantle geochemistry：the message from oceanic volcanism. Nature，385（6613）：219～229.

Hofmann A W，Hémond C. 2006. The origin of E-MORB. Geochimica et Cosmochimica Acta，70（18）：A257.

Holland T J B，Powell R. 1998. An internally consistent thermodynamic data set for phases of petrological interest. Journal of Metamorphic Geology，16（3）：309～343.

Hollings P，Kerrich R. 2000. An Archean arc basalt-Nb-enriched basalt-adakite association：The 2.7Ga confederation assemblage of the Birch-Uchi greenstone belt，Superior Province. Contributions to Mineralogy and Petrology，139（2）：208～226.

Holloche K. 1987. Systematic retrograde metamorphism of sillimanite-staurolite schists，New Salem area，Massachusetts. Geological Society of America Bulletin，98（6）：621～634.

Hopkins M，Harrison T M，Manning C E. 2008. Low heat flow inferred from>4 Gyr zircons suggests Hadean plate boundary interactions. Nature，456（7221）：493～496.

Hoskin P W O，Black L P. 2000. Metamorphic zircon formation by solid-state recrystallization of protolith igneous zircon. Journal of Metamorphic Geology，18：423～439.

Hoskin P W O，Schaltegger U. 2003. The Composition of Zircon and Igneous and Metamorphic Petrogenesis. Review in Mineralogy & Geochemistry，53：27～62.

Hou G T，Santosh M，Qian X L，et al. 2008a. Configuration of the Late Paleoproterozoic supercontinent Columbia：Insights from radiating mafic dyke swarms. Gondwana Research，14（3）：395～409.

Hou G T，Santosh M，Qian X L，et al. 2008b. Tectonic constraints on 1.3 similar to 1.2 Ga final breakup of Columbia supercontinent from a giant radiating dyke swarm. Gondwana Research，14（3）：561～566.

Hu A Q，Jahn B M，Zhang G X，et al. 2000. Crustal evolution and Phanerozoic crustal growth in northern Xinjiang：Nd isotopic evidence. Part I. Isotopic characterization of basement rocks. Tectonophysics. 328：15～51.

Hu A Q，Rogers G. 1992. Discovery of 3.3 Ga Archean rocks in North Tarim Block of Xinjiang，Western China. Chinese Science Bulletin，37（18）：1546～1549.

Huang B C，Xu B，Zhang C X，et al. 2005. Paleomagnetism of the Baiyisi volcanic rocks（ca.740 Ma）of Tarim Northwest China：a continental fragment of Neoproterozoic Western Australia? Precambrian Research，142：83～92.

Huang B T，He Z Y，Zong K Q，et al. 2014. Zircon U-Pb and Hf isotopic study of Neoproterozoic granitic gneisses from the Alatage area，Xinjiang：Constraints on the Precambrian crustal evolution in the Central Tianshan Block. Chinese Science Bulletin，59（1）：100～112.

Hurley P M，Rand J R. 1969. Pre-drift continental nuclei. Science，164（3885）：1229～1242.

Husson L，Brun J，Yamato P，et al. 2009. Episodic slab rollback fosters exhumation of HP-UHP rocks. Geophysical Journal International，179（3）：1292～1300.

Ionov D A，Griffin W L，O'reilly S Y. 1997. Volatile-bearing minerals and lithophile trace elements in the upper mantle. Chemical Geology，141（3-4）：153～184.

Ireland T R，Wlotzka F. 1992. The oldest zircons in the solar system. Earth and Planetary Science Letters，109（1-2）：1～10.

Irvine T N，Baragar W R A. 1971. A guide to the chemical classifica-tion to the common volcanic rocks.

Canadian Journal of Earth Sciences，8：523～548.

Jackson S E，Pearson N J，Griffin W L，et al. 2004. The application of laser ablation-inductively coupled plasma-mass spectrometry to in situ U-Pb zircon geochronology. Chemical Geology，211（1-2）：47～69.

Jahn B M. 2004. The Central Asian Orogenic Belt and growth of the continental crust in the Phanerozoic. Geological Society，London，Special Publications，226（1）：73～100.

Jahn B M，Glikson A Y，Peucat J J，et al. 1981. REE geochemistry and isotopic data of Archean silicic volcanics and granitoids from the Pilbara Block，Western Australia：implications for the early crustal evolution. Geochimica et Cosmochimica Acta，45（9）：1633～1652.

Jahn B M，Wu F Y，Hong D. 2000. Important crustal growth in the Phanerozoic：Isotopic evidence of granitoids from east-central Asia. Journal of Earth System Science，109（1）：5～20.

Jamieson R A，Unsworth M J，Harris N B W，et al. 2011. Crustal melting and the flow of mountains. Elements，7（4）：253～260.

Jefferson C W，Parrish R R. 1989. Late proterozoic stratigraphy，U-Pb zircon ages，and rift tectonics，Mackenzie Mountains，northwestern Canada. Canadian Journal of Earth Sciences，26：1784～1801.

Johannes W，Holtz F，Moller P. 1995. REE distribution in some layered migmatites-constraints on their petrogenesis. Lithos，35（3-4）：139～152.

John T，Klemd R，Gao J，et al. 2008. Trace-element mobilization in slabs due to non steady-state fluid-rock interaction：Constraints from an eclogite-facies transport vein in blueschist（Tianshan，China）. Lithos，103（1-2）：1～24.

Johnston A D，Wyllie P. 1989. The system tonalite-peridotite-H_2O at 30 kbar，with applications to hybridization in subduction zone magmatism. Contributions to Mineralogy and Petrology，102（3）：257～264.

Joo Y J，Lee Y，Bai Z Q. 2005. Provenance of the Qingshuijian Formation（Late Carboniferous），NE China：Implications for tectonic processes in the northern margin of the North China block. Sedimentary Geology，177：97～114.

Kamo S L，Gower C F. 1994. U-Pb baddeleyite dating clarifies age of characteristic paleomagnetic remanence of Long Range dykes，southeastern Labrador. Atlantic Geology，30：259～262.

Kamo S L，Gower C F，Krogh T E. 1989. Birthdate for the Iapetus Ocean? A precise U-Pb zircon and baddeleyite age for the Long Range dikes，southeast Labrador. Geology，17：602～605.

Keay S，Lister G，Buick I. 2001. The timing of partial melting，Barrovian metamorphism and granite intrusion in the Naxos Metamorphic Core Complex，Cyclades，Aegean Sea，Greece. Tectonophysics，342（3-4SI）：275～312.

Kelemen P B，Hanghøj K，Greene A R. 2007. One view of the geochemistry of subduction-related magmatic arcs，with an emphasis on primitive andesite and lower crust. In Treatise on Geochemistry，Holland H D，Turekian K K. Pergamon：Oxford.

Kelley K A，Cottrell E. 2009. Water and the oxidation state of subduction zone magmas. Science，325（5940）：605～607.

Kemp A I S，Hawkesworth C J，Collins W J，et al. 2009. Isotopic evidence for rapid continental growth in an extensional accretionary orogen：The Tasmanides，eastern Australia. Earth and Planetary Science Letters，284（3-4）：455～466.

Kemp A I S，Hawkesworth C J，Foster G L，et al. 2007. Magmatic and crustal differentiation history of granitic rocks from Hf-O isotopes in zircon. Science，315（5814）：980～983.

Kemp A I S，Hawkesworth C J. 2003. Granitic perspectives on the generation and secular evolution of the continental crust. In Treatise on Geochemistry，Holland H D，Turekian K K. Pergamon：Oxford.

Kemp A I S，Hawkesworth C J，Paterson B A，et al. 2006. Episodic growth of the Gondwana supercontinent from hafnium and oxygen isotopes in zircon. Nature，439（7076）：580～583.

Kemp A I S，Wilde S A，Hawkesworth C J，et al. 2010. Hadean crustal evolution revisited：New constraints from Pb-Hf isotope systematics of the Jack Hills zircons. Earth and Planetary Science Letters，296（1-2）：45～56.

Kennedy G C. 1955. Some aspects of the role of water in rock melts. Geol. Soc. Am. Spec. Paper，62：489～504.

Kennedy W Q. 1964. The structural differentiation of Africa in the pan-african（±500 m.y.）tectonic episode. Leeds University Research Institute of Africa，Geological Annual Report，48～49.

Kepezhinskas P，Defant M J，Drummond M S. 1996. Progressive enrichment of island arc mantle by melt-peridotite interaction inferred from Kamchatka xenoliths. Geochimica et Cosmochimica Acta，60（7）：1217～1229.

Kepezhinskas P，McDermott F，Defant M J，et al. 1997. Trace element and Sr-Nd-Pb isotopic constraints on a three-component model of Kamchatka Arc petrogenesis. Geochimica et Cosmochimica Acta，61（3）：577～600.

Keppie J D，Dostal J，Nance R D，et al. 2006. Circa 546 Ma plume-related dykes in the similar to 1 Ga Novillo Gneiss（eastcentral Mexico）：evidence for the initial separation of Avalonia. Precambrian Research，147：342～353.

Kerrich R，Manikyamba C. 2012. Contemporaneous eruption of Nb-enriched basalts-K-adakites-Na-adakites from the 2.7 Ga Penakacherla terrane：implications for subduction zone processes and crustal growth in the eastern Dharwar craton，India. Canadian Journal of Earth Sciences，49（4）：615～636.

Kerrich R，Polat A. 2006. Archean greenstone-tonalite duality：Thermochemical mantle convection models or plate tectonics in the early Earth global dynamics? Tectonophysics，415（1-4）：141～165.

Khain E V，Bibikova E V，Salnikova E B，et al. 2003. The Palaeo-Asian ocean in the Neoproterozoic and early Palaeozoic：New geochronologic data and palaeotectonic reconstructions. Precambrian Research，122（1-4）：329～358.

Klemd R. 2013. Metasomatism during high-pressure metamorphism：eclogites and blueschist-facies rocks. In Metasomatism and the Chemical Transformation of Rock，Harlov D E，Austrheim H. Springer：351～413.

Klemd R，John T，Scherer E E，et al. 2011. Changes in dip of subducted slabs at depth：Petrological and geochronological evidence from HP-UHP rocks（Tianshan，NW-China）. Earth and Planetary Science Letters，310（1-2）：9～20.

Kohn M J. 2003. Geochemical zoning in metamorphic minerals. In Treatise on geochemistry，Rudnick R L. Elsevier：249～280.

Korenaga J. 2008a. Plate tectonics，flood basalts and the evolution of Earth's oceans. Terra Nova，20（6）：419～439.

Korenaga J. 2008b. Urey ratio and the structure and evolution of Earth's mantle. Reviews of Geophysics，46（2）：G2007.

Kriegsman L M. 2001. Partial melting，partial melt extraction and partial back reaction in Anatectic Migmatites. Lithos，56（1）：75～96.

Kröner A，Stern R J. 2005. AFRICA | Pan-African Orogeny. Encyclopedia of Geology.

Kröner A，Kovach V，Belousova E，et al. 2014. Reassessment of continental growth during the accretionary history of the Central Asian Orogenic Belt. Gondwana Research，25（1）：103～125.

Kusiak M A，Whitehouse M J，Wilde S A，et al. 2013a. Changes in zircon chemistry during Archean UHT metamorphism in the Napier Complex，Antarctica. American Journal of Science，313（9）：933～967.

Kusiak M A，Whitehouse M J，Wilde S A，et al. 2013b. Mobilization of radiogenic Pb in zircon revealed by ion imaging：Implications for early Earth geochronology. Geology，41（3）：291～294.

LaFlèche M R，Camir′e G，Jenner G A. 1998. Geochemistry of post-Acadian，Carboniferous continental intraplate basalts from the Maritimes basin，Magdalen islands，Qu′ebec，Canada. Chemical Geology，148：115～136.

Laubier M，Grove T L，Langmuir C H. 2014. Trace element mineral/melt partitioning for basaltic and basaltic andesitic melts：An experimental and laser ICP-MS study with application to the oxidation state of mantle source regions. Earth and Planetary Science Letters，392：265～278.

Le Bas N J，Le Maitre R W，Streckeisen A，et al. 1986. A chemical classification of volcanic rocks based on the total alkali-silica diagram. Journal of Petrology，27：459～469.

Leake B E. 1964. The chemical distinction between Ortho-and Para-amphibolites. Journal of Petrology，5（2）：238～254.

Lee C A，Leeman W P，Canil D，et al. 2005. Similar V/Sc systematics in MORB and arc basalts：Implications for the oxygen fugacities of their mantle source regions. Journal of Petrology，46（11）：2313～2336.

Lee C A，Luffi P，Chin E J. 2011. Building and destroying continental mantle. Annual Review of Earth and Planetary Sciences，39（1）：59～90.

Lee C A，Luffi P，Chin E J，et al. 2012. Copper systematics in arc magmas and implications for crust-mantle differentiation. Science，336（6077）：64～68.

Lee C A，Luffi P，Le R V，et al. 2010. The redox state of arc mantle using Zn/Fe systematics. Nature，468（7324）：681～685.

Lei R X，Wu C Z，Chi G X，et al. 2012. Petrogenesis of the Paleoproterozoic Xishankou pluton，northern Tarim block，northwest China：Implications for assembly of the supercontinent Columbia. International Geology Review，54（15）：1829～1842.

Lei R X，Wu C Z，Chi G X，et al. 2013. The Neoproterozoic Hongliujing A-type granite in Central Tianshan（NW China）：LA-ICP-MS zircon U-Pb geochronology，geochemistry，Nd-Hf isotope and tectonic significance. Journal of Asian Earth Sciences，74：142～154.

Leybourne M，Wangoner N V，Ayres L. 1999. Partial melting of a refractory subducted slab in a Paleoproterozoic island arc：Implications for global chemical cycles. Geology，27：731～734.

Li S，Wang T，Wilde S A，et al. 2013. Evolution，source and tectonic significance of Early Mesozoic granitoid magmatism in the Central Asian Orogenic Belt（central segment）. Earth-Science Reviews，126：206～234.

Li X H，Li W X，Wang X C，et al. 2009. Role of mantle-derived magma in genesis of early Yanshanian granites in the Nanling Range，South China：In situ zircon Hf-O isotopic constraints. Science in China Series D：Earth Sciences，52（9）：1262～1278.

Li X H，Li Z X，Wingate M T D，et al. 2006. Geochemistry of the 755 Ma Mundine Well dyke swarm，northwestern Australia：part of a Neoproterozoic mantle superplume beneath Rodinia? Precambrian Research，146：1～15.

Li Z X，Zhong S J. 2009. Supercontinent-superplume coupling，true polar wander and plume mobility：Plate dominance in whole-mantle tectonics. Physics of the Earth and Planetary Interiors，176（3-4）：143～156.

Li Z X，Powell C M. 2001. An outline of the Palaeogeographic evolution of the Australasian region since the beginning of the Neoproterozoic. Earth-Science Reviews，53：237～277.

Li Z X，Zhang L H，Powell C M. 1995. South China in Rodinia-part of the missing link between Australia East Antarctica and Laurentia. Geology，23（5）：407～410.

Li Z X，Zhang L H，Powell C M. 1996. Positions of the East Asian cratons in the Neoproterozoic supercontinent Rodinia. Australian Journal of Earth Sciences，43：593～604.

Li Z X，Bogdanova S V，Collins A S，et al. 2008. Assembly，configuration，and break-up history of Rodinia：

a synthesis. Precambrian Research，160：179～210.

Li Z X，Evans D A，Halverson G. 2013. Neoproterozoic glaciations in a revised global palaeogeography from the breakup of Rodinia to the assembly of Gondwanaland. Sedimentary Geology，294：219～232.

Li Z X，Li X H，Kinny P D，et al. 2003. Geochronology of Neoproterozoic syn-rift magmatism in the Yangtze Craton. South China and correlations with other continents：evidence for a mantle superplume that broke up Rodinia. Precambrian Research，122：85～110.

Li Z X, Li X H, Kinny P D, et al. 1999. The breakup of Rodinia: did it start with a mantle plume beneath South China? Earth and Planetary Science Letters，173：171～181.

Li Z X，Li X H，Zhou H W，et al. 2002. Grenvillian continental collision in South China：New SHRIMP U-Pb zircon results and implications for the configuration of Rodinia. Geology，30（2）：163～166.

Lightfoot P C, Hawkesworth C J, Hergt J, et al. 1993. Remobilisation of the continental lithosphere by a mantle plume：major-trace-element，and Sr，Nd and Pb-isotope evidence from picritic and tholeiitic lavas of the Noril'sk District. Contributions to Mineralogy and Petrology，114：171～188.

Lin G C, Li X H, Li W X. 2007. SHRIMP U-Pb zircon age, geochemistry and Nd-Hf isotope of Neoproterozoic mafic dyke swarms in western Sichuan：petrogenesis and tectonic significance. Science in China（D-Series），50：1～16.

Lin W，Chu Y，Ji W B，et al. 2013. Geochronological and geochemical constraints for a middle Paleozoic continental arc on the northern margin of the Tarim block: Implications for the Paleozoic tectonic evolution of the South Chinese Tianshan. Lithosphere，5（4）：355～381.

Liou J G, Graham S A, Maruyama S, et al. 1989. Proterozoic blueschist belt in western China: best documented Precambrian blueschists in the world. Geology，17：1127～1131.

Liou J G，Graham S A，Maruyama S，et al. 1996. Characteristics and tectonic significance of the late Proterozoic Aksu blueschists and diabasic dikes northwest Xinjiang，China. International Geology Review，38：228～244.

Lister G，Forster M. 2009. Tectonic mode switches and the nature of orogenesis. Lithos，113（1-2）：274～291.

Liu D Y，Nutman A P，Compston W，et al. 1992. Remnants of ≥3800 Ma crust in the Chinese part of the Sino-Korean craton. Geology，20（4）：339～342.

Liu F L，Robinson P T，Liu P H. 2012. Multiple partial melting events in the Sulu UHP terrane：zircon U-Pb dating of granitic leucosomes within amphibolite and gneiss. Journal of Metamorphic Geology，30（8）：887～906.

Liu R，Zhou H W，Zhang L，et al. 2010. Zircon U-Pb ages and Hf isotope compositions of the Mayuan Migmatite Complex，Nw Fujian Province，Southeast China：Constraints on the timing and nature of a regional tectonothermal event associated with the Caledonian Orogeny. Lithos，119（3-4）：163～180.

Liu X C，Chen B L，Jahn B M，et al. 2011. Early Paleozoic（ca. 465 Ma）eclogites from Beishan（NW China）and their bearing on the tectonic evolution of the southern Central Asian Orogenic Belt. Journal of Asian Earth Sciences，42（4SI）：715～731.

Liu X，Su W，Gao J，et al. 2014. Paleozoic subduction erosion involving accretionary wedge sediments in the South Tianshan Orogen：Evidence from geochronological and geochemical studies on eclogites and their host metasediments. Lithos，210-211：89～110.

Long X P，Sun M，Yuan C，et al. 2012. Zircon REE patterns and geochemical characteristics of Paleoproterozoic anatectic granite in the northern Tarim Craton，NW China：Implications for the reconstruction of the Columbia supercontinent. Precambrian Research，222-223：474～487.

Long X P，Yuan C，Sun M，et al. 2010. Archean crustal evolution of the northern Tarim Craton，NW China：zircon U-Pb and Hf isotopic constraints. Precambrian Research，180（3-4）：272～284.

Long X P，Yuan C，Sun M，et al. 2011a. The discovery of the oldest rocks in the Kuluketage area and its geological implications. Science in China Series D-Earth Sciences，54（3）：342～348.

Long X P，Yuan C，Sun M，et al. 2011b. Reworking of the Tarim Craton by underplating of mantle plume-derived magmas：Evidence from Neoproterozoic granitoids in the Kuluketage area，NW China. Precambrian Research，187（1-2）：1～14.

Long X P，Yuan C，Sun M，et al. 2014. New geochemical and combined zircon U-Pb and Lu-Hf isotopic data of orthogneisses in the northern Altyn Tagh，northern margin of the Tibetan plateau：Implication for Archean evolution of the Dunhuang Block and crust formation in NW China. Lithos，200-201（0）：418～431.

Lu S N，Li H K，Zhang C L，et al. 2008. Geological and geochronological evidence for the Precambrian evolution of the Tarim Craton and surrounding continental fragments. Precambrian Research，160（1-2）：94～107.

Lund K，Aleinikoff J N，Evans K V，et al. 2003. SHRIMP U-Pb geochronology of Neoproterozoic Windermere Supergroup，central Idaho；implications for rifting of western Laurentia and synchroneity of Sturtian glacial deposits. Geological Society of America Bulletin，115：349～372.

Ma X X，Shu L S，Jahn B M，et al. 2011. Precambrian tectonic evolution of Central Tianshan，NW China：Constraints from U-Pb dating and in situ Hf isotopic analysis of detrital zircons. Precambrian Research，222-223：450～473.

Ma X X，Shu L S，Santosh M，et al. 2012. Detrital zircon U-Pb geochronology and Hf isotope data from Central Tianshan suggesting a link with the Tarim Block：Implications on Proterozoic supercontinent history. Precambrian Research，206-207：1～16.

Manikyamba C，Khanna T C. 2007. Crustal growth processes as illustrated by the Neoarchaean intraoceanic magmatism from Gadwal greenstone belt，Eastern Dharwar Craton，India. Gondwana Research，11（4）：476～491.

Marschall H R，Hawkesworth C J，Storey C D，et al. 2010. The Annandagstoppane granite，East Antarctica：Evidence for Archaean intracrustal recycling in the Kaapvaal-Grunehogna Craton from zircon O and Hf isotopes. Journal of Petrology，51（11）：2277～2301.

Martin H. 1999. Adakitic magmas：Modern analogues of Archaean Granitoids. Lithos，46（3）：411～429.

Martin H，Moyen J F. 2002. Secular changes in tonalite-trondhjemite-granodiorite composition as markers of the progressive cooling of earth. Geology，30（4）：319～322.

Martin H，Moyen J，Guitreau M，et al. 2014. Why Archaean TTG cannot be generated by MORB melting in subduction zones. Lithos，198：1～13.

Martin H，Smithies R H，Rapp R，et al. 2005. An overview of adakite，tonalite-trondhjemite-granodiorite（TTG），and sanukitoid：Relationships and some implications for crustal evolution. Lithos，79（1-2）：1～24.

Martin L，Duchêne S，Deloule E，et al. 2006. The isotopic composition of zircon and garnet：A record of the metamorphic history of Naxos，Greece. Lithos，87（3-4）：174～192.

Martin L A J，Duchêne S，Deloule E，et al. 2008. Mobility of trace elements and oxygen in zircon during metamorphism：Consequences for geochemical tracing. Earth and Planetary Science Letters，267（1-2）：161～174.

Maruyama S，Hasegawa A，Santosh M，et al. 2009. The dynamics of big mantle wedge，magma factory，and metamorphic-metasomatic factory in subduction zones. Gondwana Research，16：414～430.

Massonne H J，SchreyerW. 1987. Phengite geobarometry based on the limiting assemblage with K2feldspar，phlogop ite，and quartz. Contributions to Mineralogy and Petrology，96：212～224.

Massonne H J，Szpurka Z. 1997. Thermodynamic properties of white micas on the basis of high-pressure experiments in the systems K_2O-MgO-Al_2O_3-SiO_2-H_2O and K_2O-FeO-Al_2O_3-SiO_2-H_2O. Lithos，41：

229～250.
Mcculloch M T，Gamble J A. 1991. Geochemical and geodynamical constraints on subduction zone magmatism. Earth and Planetary Science Letters，102（3-4）：358～374.
McDonough W F. 1990. Constraints on the composition of the lithospheric mantle. Earth and Planetary Science Letters，101：1～18.
McDonough W F，Sun S S. 1995. The composition of the Earth. Chemical Geology，120：223～253.
McDonough W F，Sun S，Ringwood A E，et al. 1992. K，Rb and Cs in the Earth and Moon and the evolution of the Earth's mantle. Geochimica et Cosmochimica Acta，56（3）：1001～1012.
McLennan S M. 1989. Rare earth elements in sedimentary rocks：influence of provenance and sedimentary processes. Review in Mineralogy，21：169～200.
McLennan S M，Taylor S R. 1991. Sedimentary rocks and crustal evolution：tectonic setting and secular trends. Journal of Geology，99：1～21.
McLennan S M，Hemming S，McDaniel D K，et al. 1993. Geochemical approaches to sedimentation，provenance，and tectonics//Johnson，M.J.，Basu，A.（Eds.）. Processes Controlling the Composition of Clastic Sediments. Boulder：Geological Society American Bulletin，Special Paper.
Meert J G. 2003. A synopsis of events related to the assembly of eastern Gondwana. Tectonophysics，362（1-4）：1～40.
Meert J G. 2012. What's in a name? The Columbia（Paleopangaea/Nuna）supercontinent. Gondwana Research，21（4）：987～993.
Meert J G，Lieberman B S. 2008. The Neoproterozoic assembly of Gondwana and its relationship to the Ediacaran-Cambrian radiation. Gondwana Research，14（1-2）：5～21.
Meert J G，van der Voo R. 1997. The assembly of Gondwana 800～550 Ma. Journal of Geodynamics，23（3-4）：223～235.
Mehnert K R. 1968. Migmatites and the Origin of Granitic Rocks. Amsterdam：Elsevier.
Meschede M. 1986. A method of discriminating between different types of mid-ocean ridge basalts and continental tholeiites with the Nb-Zr-Y diagram. Chemical Geology，56：207～218.
Metcalfe I. 1996. Gondwanaland dispersion，Asian accretion and evolution of eastern Tethys. Australian Journal of Earth Sciences，43（6）：605～623.
Metcalfe I. 1998. Palaeozoic and Mesozoic geological evolution of the SE Asian region：Multidisciplinary constraints and implications for biogeography. Biogeography and Geological Evolution of SE Asia.
Metcalfe I. 2009. Late Palaeozoic and Mesozoic tectonic and palaeogeographical evolution of SE Asia. Geological Society，London，Special Publications，315（1）：7～23.
Mezger K，Krogstad E J. 1997. Interpretation of discordant U-Pb zircon ages：An evaluation. Journal of Metamorphic Geology，15（1）：127～140.
Miles A，Graham C，Hawkesworth C，et al. 2013. Using zircon isotope compositions to constrain crustal structure and pluton evolution：The Iapetus Suture Zone Granites in Northern Britain. Journal of Petrology.
Miller C F，Mcdowell S M，Mapes R W. 2003. Hot and cold granites? Implications of zircon saturation temperatures and preservation of inheritance. Geology，31（6）：529～532.
Misch P. 1967. Plagioclase compositions and non-anatectic origin of migmatitic gneisses in Northern Cascade mountains of Washington State. Contributions to Mineralogy and Petrology，17（1）：1～70.
Miyashiro A. 1975. Volcanic rock series and tectonic setting. Annual Review of Earth and Planetary Sciences，3（1）：251～269.
Mojzsis S J，Harrison T M，Pidgeon R T. 2001. Oxygen-isotope evidence from ancient zircons for liquid water at the Earth's surface 4，300 Myr ago. Nature，409（6817）：178～181.

Moller C，Andersson J，Lundqvist I，et al. 2007. Linking deformation，migmatite formation and zircon U-Pb geochronology in Polymetamorphic orthogneisses，Sveconorwegian Province，Sweden. Journal of Metamorphic Geology，25（7）：727～750.

Moorbath S. 1975. Evolution of Precambrian crust from strontium isotopic evidence. Nature，254（5499）：395～398.

Moores E M. 1991. Southwest U.S.-East Antarctic（SWEAT）connection：A hypothesis. Geology，19（5）：425～428.

Morra V，Secchi F A G，Melluso L，et al. 1997. High-Mg subduction-related Tertiary basalts in Sardinia，Italy. Lithos，40：69～91.

Moser D E，Bowman J R，Wooden J，et al. 2008. Creation of a continent recorded in zircon zoning. Geology，36（3）：239～242.

Moyen J. 2011. The composite Archaean grey gneisses：Petrological significance，and evidence for a non-unique tectonic setting for Archaean crustal growth. Lithos，123（1-4）：21～36.

Moyen J，Martin H. 2012. Forty years of TTG research. Lithos，148：312～336.

Münker C，Pfänder J A，Weyer S，et al. 2003. Evolution of Planetary Cores and the Earth-Moon system from Nb/Ta Systematics. Science，301（5629）：84～87.

Müntener O，Kelemen P B，Grove T L. 2001. The role of H_2O during crystallization of primitive arc magmas under uppermost mantle conditions and genesis of igneous pyroxenites：An experimental study. Contributions to Mineralogy and Petrology，141（6）：643～658.

Murphy J B，Nance R D. 1991. Supercontinent model for the contrasting character of Late Proterozoic orogenic belts. Geology，19（5）：469～472.

Naeraa T，Schersten A，Rosing M T，et al. 2012. Hafnium isotope evidence for a transition in the dynamics of continental growth 3.2Gyr ago. Nature，485（7400）：627～630.

Nagel T J，Hoffmann J E，Münker C. 2012. Generation of Eoarchean tonalite-trondhjemite-granodiorite series from thickened mafic arc crust. Geology，40（4）：375～378.

Nakajima T，Maruyama S，Uchiumi S，et al. 1990. Evidence for late Proterozoic subduction from 700-My-old blueschists in China. Nature，346：263～265.

Nance R D，Murphy J B，Santosh M. 2014. The supercontinent cycle：A retrospective essay. Gondwana Research，25（1）：4～29.

Nebel O，Rapp R P，Yaxley G M. 2014. The role of detrital zircons in Hadean crustal research. Lithos，190-191：313～327.

Nebel-Jacobsen Y，Moker C，Nebel O，et al. 2010. Reworking of Earth's first crust：Constraints from Hf isotopes in Archean zircons from Mt. Narryer，Australia. Precambrian Research，182（3）：175～186.

Nemchin A A，Giannini L M，Bodorkos S，et al. 2001. Ostwald ripening as a possible mechanism for zircon overgrowth formation during anatexis：theoretical constraints，a numerical model，and its application to pelitic migmatites of the Tickalara Metamorphics，northwestern Australia. Geochimica Et Cosmochimica Acta，65（16）：2771～2788.

Nelson D R. 2001. An assessment of the determination of deposition for Precambrian clastic sedimentary rocks by U-Pb dating of detrital zircons. Sedimentary Geology，141～142：37～60.

Nemchin A A，Pidgeon R T，Whitehouse M J. 2006. Re-evaluation of the origin and evolution of>4.2 Ga zircons from the Jack Hills metasedimentary rocks. Earth and Planetary Science Letters，244（1-2）：218～233.

Nesbitt H W，Young G M. 1982. Early Proterozoic climates and plate motions inferred from mayor element chemistry of lutites. Nature，299：715～717.

Norin E. 1937. Geology of Western QuruqTagh，Eastern Tien-Shan. In Reports From the Scientific Expedition to the North-Western Provinces of China Under the Leadership of Dr. Sven Hedin，The Sino-Swedish Expedition，Volume III，Part 1，Geology；Bokforlags Aktiebolaget Thule：Stockholm.

Nutman A P. 2006. Antiquity of the oceans and continents. Elements，2（4）：223～227.

Oliver N H S，Bodorkos S，Nemchin A A，et al. 1999. Relationships between zircon U-Pb SHRIMP ages and leucosome type in migmatites of the Halls Creek Orogen，Western Australia. Journal of Petrology，40（10）：1553～1575.

Olsen S N. 1984. Mass-balance and mass-transfer in migmatites from the Colorado Front Range. Contributions to Mineralogy and Petrology，85（1）：30～44.

Ormerod D S，Hawkesworth C J，Rogers N W，et al. 1988. Tectonic and magmatic transition in the Western Great Basin. Nature，333：349～353.

Osborn E F. 1962. Reaction series for subalkaline igneous rocks based on different oxygen pressure conditions. American Mineralogist，47：211～226.

Page F Z，Ushikubo T，Kita N T，et al. 2007. High-precision oxygen isotope analysis of picogram samples reveals 2 μm gradients and slow diffusion in zircon. American Mineralogist，92（10）：1772～1775.

Park J K，Buchan K L，Harlan S S. 1995. A proposed giant radiating dyke swarm fragmented by the separation of Laurentia and Australia based on paleomagnetism of ca 780 Ma mafic intrusions in western North America. Earth and Planetary Science Letters，132：129～139.

Patiño Douce A E，Beard J S. 1995. Dehydration-melting of biotite gneiss and quartz amphibolite from 3 to 15 kbar. Journal of Petrology，36（3）：707～738.

Patiño Douce A E. 1997. Generation of metaluminous A-type granites by low-pressure melting of calc-alkaline granitoids. Geology，25（8）：743～746.

Peacock S M，Rushmer T，Thompson A B. 1994. Partial melting of subducting oceanic crust. Earth and Planetary Science Letters，121（1-2）：227～244.

Pearce J A. 1976. Statistical analysis of major element patterns in basalts. Journal of Petrology，17（1）：15～43.

Pearce J A. 1982. Trace element characteristics of lavas from destructive plate boundaries//Thorpe R S（Ed.）. Andesites：Orogenic Andesites and Related Rocks. Chichester：Wiley.

Pearce J A. 1983. The role of sub-continental lithosphere in magmagenesis at destructive plate margins// Hawkesworth and Norry. Continental Basalts and Mantle Xenoliths. Nantwich：Shiva.

Pearce J A. 2008. Geochemical fingerprinting of oceanic basalts with applications to ophiolite classification and the search for Archean oceanic crust. Lithos，100（1-4）：14～48.

Pearce J A，Cann J R. 1973. Tectonic setting of basic volcanic rocks determined using trace element analysis. Earth and Planetary Science Letters，19：290～300.

Pearce J A，Norry M J. 1979. Petrologenetic implications of Ti，Zr，Y and Nb variations in volcanic rocks. Contributions to Mineralogy and Petrology，69：33～47.

Pearce J A，Peate D W. 1995. Tectonic implications of the composition of volcanic ARC magmas. Annual Review of Earth and Planetary Sciences，23（1）：251～285.

Peceerillo R，Taylor S R. 1976. Geochemistry of Eocene calc-al-kaline volcanic rocks from the Kastamonu area northern Turkey. Contributions to Mineralogy and Petrology，58：63～81.

Peck W H，King E M，Valley J W. 2000. Oxygen isotope perspective on Precambrian crustal growth and maturation. Geology，28（4）：363～366.

Peck W H，Valley J W，Graham C M. 2003. Slow oxygen diffusion rates in igneous zircons from metamorphic rocks. American Mineralogist，88（7）：1003～1014.

Peck W H，Valley J W，Wilde S A，et al. 2001. Oxygen isotope ratios and rare earth elements in 3.3 to 4.4 Ga zircons：Ion microprobe evidence for high δ^{18}O continental crust and oceans in the Early Archean.

Geochimica et Cosmochimica Acta，65（22）：4215～4229.

Pehrsson S J，Berman R G，Eglington B，et al. 2013. Two Neoarchean supercontinents revisited：The case for a Rae family of cratons. Precambrian Research，232：27～43.

Petford N，Atherton M. 1996. Na-rich partial melts from newly underplated basaltic crust：The Cordillera Blanca Batholith，Peru. Journal of Petrology，37（6）：1491～1521.

Pidgeon R T，Nemchin A A，Hitchen G J. 1998. Internal structures of zircons from Archaean granites from the darling range batholith：Implications for zircon stability and the interpretation of zircon U-Pb ages. Contributions to Mineralogy and Petrology，132（3）：288～299.

Pietranik A B，Hawkesworth C J，Storey C D，et al. 2008. Episodic，mafic crust formation from 4.5 to 2.8 Ga：New evidence from detrital zircons，Slave craton，Canada. Geology，36（11）：875～878.

Pisarevsky S A，Natapov L M. 2003. Siberia and Rodinia. Tectonophysics，375（1-4）：221～245.

Pisarevsky S A，Wingate M T D，Powell C M，et al. 2003. Models of Rodinia assembly and fragmentation//Yoshida M，Windley B F，Dasgupta S（Eds.）. Proterozoic East Gondwana：Supercontinent Assembly and Breakup. London：Geological Society of London Special Publication.

Polat A. 2012. Growth of Archean continental crust in oceanic island arcs. Geology，40（4）：383～384.

Polat A，Kerrich R. 2001. Magnesian andesites，Nb-enriched basalt-andesites，and adakites from late-Archean 2.7 Ga Wawa greenstone belts，Superior Province，Canada：Implications for late Archean subduction zone petrogenetic processes. Contributions to Mineralogy and Petrology，141（1）：36～52.

Powell R，Holland T. 1994. Optimal geothermometry and geobarometry. American Mineralogist，79（1-2）：120～133.

Preiss W V. 2000. The Adelaide Geosyncline of South Australia and its significance in Neoproterozoic continental reconstruction. Precambrian Research，100：21～63.

Prouteau G，Scaillet B，Pichavant M，et al. 1999. Fluid-present melting of ocean crust in subduction zones. Geology，27（12）：1111～1114.

Prouteau G，Scaillet B，Pichavant M，et al. 2001. Evidence for mantle metasomatism by hydrous silicic melts derived from subducted oceanic crust. Nature，410（6825）：197～200.

Qian Q，Hermann J. 2013. Partial melting of lower crust at 10～15 kbar：Constraints on adakite and TTG formation. Contributions to Mineralogy and Petrology，165（6）：1195～1224.

Qu J F，Xiao W J，Windley B F，et al. 2011. Ordovician eclogites from the Chinese Beishan：Implications for the tectonic evolution of the southern Altaids. Journal of Metamorphic Geology，29（8）：803～820.

Rainbird R H，Jefferson C W，Young G M. 1996. The early Neoproterozoic sedimentary succession B of northwestern Laurentia：Correlations and paleogeographic significance. Geological Society of America Bulletin，108：454～470.

Rapp R P，Norman M D，Laporte D，et al. 2010. Continent formation in the Archean and chemical evolution of the Cratonic Lithosphere：Melt-rock reaction experiments at 3～4 GPa and petrogenesis of Archean Mg-diorites（Sanukitoids）. Journal of Petrology，51（6）：1237～1266.

Rapp R P，Shimizu N，Norman M D. 2003. Growth of early continental crust by partial melting of eclogite. Nature，425（6958）：605～609.

Rapp R P，Watson E B，Miller C F. 1991. Partial melting of amphibolite eclogite and the origin of Archean Trondhjemites and Tonalites. Precambrian Research，51（1-4）：1～25.

Rapp R P，Watson E B，Roberts M P，et al. 1995. Dehydration melting of metabasalt at 8-32-Kbar-Implications for continental growth and crust-mantle recycling：Origin of high-potassium，calc-alkaline，I-type granitoids. Journal of Petrology，36（4）：891～931.

Rasmussen B，Fletcher I R，Muhling J R，et al. 2011. Metamorphic replacement of mineral inclusions in detrital

zircon from Jack Hills，Australia：Implications for the Hadean Earth. Geology，39（12）：1143～1146.
Ren J Y，Tamaki K，Li S T，et al. 2002. Late Mesozoic and Cenozoic rifting and its dynamic setting in eastern China and adjacent areas. Tectonophysics，344（3-4）：175～205.
Ren R，Han B F，Xu Z，et al. 2014. When did the subduction first initiate in the southern Paleo-Asian Ocean：New constraints from a Cambrian intra-oceanic arc system in West Junggar，NW China. Earth and Planetary Science Letters，388：222～236.
Reymer A，Schubert G. 1984. Phanerozoic addition rates to the continental crust and crustal growth. Tectonics，3（1）：63～77.
Rogers J J W. 1996. A history of continents in the past three billion years. The Journal of Geology，104（1）：91～107.
Rogers J J W，Santosh M. 2002. Configuration of Columbia，a Mesoproterozoic supercontinent. Gondwana Research，5（1）：5～22.
Rogers J J W，Santosh M. 2009. Tectonics and surface effects of the supercontinent Columbia. Gondwana Research，15（3-4）：373～380.
Rogers J J W，Unrug R，Sultan M. 1995. Tectonic assembly of Gondwana. Journal of Geodynamics，19（1）：1～34.
Rojas-Agramonte Y，Kröner A，Alexeiev D V，et al. 2014. Detrital and igneous zircon ages for supracrustal rocks of the Kyrgyz Tianshan and palaeogeographic implications. Gondwana Research，26：957～974.
Rojas-Agramonte Y，Kröner A，Demoux A，et al. 2011. Detrital and xenocrystic zircon ages from Neoproterozoic to Palaeozoic arc terranes of Mongolia：Significance for the origin of crustal fragments in the Central Asian Orogenic Belt. Gondwana Research，19（3）：751～763.
Rosenberg C L，Handy M R. 2005. Experimental deformation of partially melted granite revisited：Implications for the continental crust. Journal of Metamorphic Geology，23（1）：19～28.
Roser B P，Korsch R J. 1986. Determination of tectonic setting of sandstone-mudstone suites using SiO_2 content and K_2O/Na_2O ratio. Journal of Geology，94：635～650.
Roser B P，Korsch R J. 1988. Provenance signatures of Sandstone-Mudstone suites determined using discriminant function analysis of major-element data. Chemical Geology，67：119～139.
Royden L H. 1993a. Evolution of retreating subduction boundaries formed during continental collision. Tectonics，12（3）：629～638.
Royden L H. 1993b. The tectonic expression slab pull at continental convergent boundaries. Tectonics，12（2）：303～325.
Rubatto D，Hermann J. 2007. Zircon behaviour in deeply subducted rocks. Elements，3（1）：31～35.
Rubatto D，Williams I S，Buick I S. 2001. Zircon and monazite response to prograde metamorphism in the Reynolds Range，central Australia. Contributions to Mineralogy and Petrology，140（4）：458～468.
Rudnick R L. 1995. Making continental crust. Nature，378（6557）：571～578.
Rudnick R L，Fountain D M. 1995. Nature and composition of the continental crust：A lower crustal perspective. Reviews of Geophysics，33（3）：267～309.
Rudnick R L，Gao S. 2003. Composition of the continental crust. Treatise on geochemistry，3：1～64.
Sajona F G，Maury R C，Bellon H，et al. 1993. Initiation of subduction and the generation of slab melts in western and eastern Mindanao，Philippines. Geology，21（11）：1007～1010.
Sajona F G，Maury R C，Bellon H，et al. 1996. High field strength element enrichment of Pliocene—Pleistocene island arc basalts，Zamboanga Peninsula，Western Mindanao（Philippines）. Journal of Petrology，37（3）：693～726.
Santosh M，Sajeev K，Li J H. 2006. Extreme crustal metamorphism during Columbia supercontinent assembly：

Evidence from North China Craton. Gondwana Resarch，10：256～266.

Santosh M，Maruyama S，Yamamoto S. 2009a. The making and breaking of supercontinents: Some speculations based on superplumes，super downwelling and the role of tectosphere. Gondwana Research，15：324～341.

Santosh M，Wan Y，Liu D，et al. 2009b. Anatomy of zircons from an Ultrahot orogen：The amalgamation of the North China Craton within the Supercontinent Columbia. Journal of Geology，117：429～443.

Sassi F P. 1972. The petrologic and geologic significance of the b_0 value of potassic white micas in low-grade metamorphic rock. An application to the Eastern Alps. Tschermaks Miner. Petr. Mitt，18：105～113.

Saunders A D，Norry M J，Tarney J. 1991. Fluid influence on the trace element compositions of subduction zone magmas. Philosophical Transactions of the Royal Society of London. Series A：Physical and Engineering Sciences，335（1638）：377～392.

Saunders A D，Storey M，Kent R W，et al. 1992. Consequences of plume-lithosphere interactions//Storey B C，Alabaster T，Pankhurst R J（Eds.）. Magmatism and the Cause of Continental Breakup. London：Geological Society of London Special Publication.

Sawyer E W. 1996. Melt segregation and magma flow in migmatites：Implications for the generation of granite magmas. Transactions of the Royal Society of Edinburgh-Earth Sciences，87（1-2）：85～94.

Sawyer E W. 1998. Formation and evolution of granite magmas during crustal reworking：The significance of diatexites. Journal of Petrology，39（6）：1147～1167.

Sawyer E W. 1999. Criteria for the recognition of partial melting. Physics and Chemistry of the Earth Part A-Solid Earth and Geodesy，24（3）：269～279.

Sawyer E W. 2008. Atlas of Migmatites. Ottawa NRC Research Press.

Sawyer E W，Brown M. 2008. Working with migmatites. Quebec：Mineralogical Association of Canada.

Schaltegger U，Fanning C M，Günther D，et al. 1999. Growth，annealing and recrystallization of zircon and preservation of monazite in high-grade metamorphism：conventional and in-situ U-Pb isotope，cathodoluminescence and microchemical evidence. Contributions to Mineralogy and Petrology，134（2）：186～201.

Schellart W P. 2008. Overriding plate shortening and extension above subduction zones：A parametric study to explain formation of the Andes Mountains. Geological Society of America Bulletin，120（11-12）：1441～1454.

Schellart W P，Lister G S，Toy V G. 2006. A Late Cretaceous and Cenozoic reconstruction of the Southwest Pacific region：Tectonics controlled by subduction and slab rollback processes. Earth-Science Reviews，76（3-4）：191～233.

Schilling J G. 1973. Iceland mantle plume：Geochemical study of the Reykjanes Ridge. Nature，242：565～571.

Schilling J G，Zajac M，Evans R，et al. 1983. Petrological and geochemcal variations along the Mid-Atlantic ridge from 29°N to 73°N. American Journal of Science，283（6）：510～586.

Schmidt C，Rickers K，Wirth R，et al. 2006. Low-temperature Zr mobility：An in situ synchrotron-radiation XRF study of the effect of radiation damage in zircon on the element release in $H_2O+HCl\pm SiO_2$ fluids. American Mineralogist，91（8-9）：1211～1215.

Schmidt M W，Poli S. 2004. Magmatic epidote. Reviews in Mineralogy and Geochemistry，56（1）：399～430.

Scholl D W，Von Huene R. 2009. Implications of estimated magmatic additions and recycling losses at the subduction zones of accretionary（non-collisional）and collisional（suturing）orogens. Geological Society，London，Special Publications，318（1）：105～125.

Schwartz G M. 1958. Alteration of biotite under mesothermal conditions. Economic Geology，53（2）：164～177.

Searle M P，Cottle J M，Streule M J，et al. 2010. Crustal melt granites and migmatites along the Himalaya：Melt source，segregation，transport and granite emplacement mechanisms. Earth and Environmental Science Transactions of the Royal Society of Edinburgh，100（1-2）：219～233.

Sen C，Dunn T. 1994. Dehydration melting of a basaltic composition amphibolite at 1.5 and 2.0 Gpa-Implications for the origin of adakites. Contributions to Mineralogy and Petrology，117（4）：394～409.

Sen C，Dunn T. 1995. Experimental modal metasomatism of a spinel lherzolite and the production of amphibole-bearing peridotite. Contributions to Mineralogy and Petrology，119（4）：422～432.

Sengör A M C，Natal'in B A，Burtman V S. 1993. Evolution of the Altaid tectonic collage and Palaeozoic crustal growth in Eurasia. Nature，364（6435）：299～307.

Shang C K，Satir M，Morteani G，et al. 2010. Zircon and titanite age evidence for coeval granitization and migmatization of the early Middle and early Late Proterozoic Saharan Metacraton：Example from the central North Sudan basement. Journal of African Earth Sciences，57（5）：492～524.

Shervais J W. 1982. Ti-V plots and the petrogenesis of modern and ophiolitic lavas. Earth and Planetary Science Letters，59（1）：101～118.

Shirey S B，Richardson S H. 2011. Start of the Wilson Cycle at 3 Ga shown by diamonds from subcontinental mantle. Science，333（6041）：434～436.

Shu L S，Deng X L，Zhu W B，et al. 2011. Precambrian tectonic evo-lution of the Tarim Block，NW China：New geochronological insights from theQuruqtagh domain. Journal of Asian Earth Sciences，42，774～790.

Siebel W，Shang C，Thern E，et al. 2012. Zircon response to high-grade metamorphism as revealed by U-Pb and cathodoluminescence studies. International Journal of Earth Sciences，1～19.

Singh J，Johannes W. 1996. Dehydration melting of tonalites. Part II. Composition of melts and solids. Contributions to Mineralogy and Petrology，125（1）：26～44.

Sinha A K，Wayne D M，Hewitt D A. 1992. The hydrothermal stability of zircon：Preliminary experimental and isotopic studies. Geochimica Et Cosmochimica Acta，56（9）：3551～3560.

Sklyarov E V，Gladkochub D P，Mazukabzov A M，et al. 2003. Neoproterozoic mafic dike swarms of the Sharyzhalgai metamorphic massif，southern Siberian craton. Precambrian Research，122：359～376.

Sláma J，Košler J，Pedersen R B. 2007. Behaviour of zircon in high-grade metamorphic rocks：Evidence from Hf isotopes，trace elements and textural studies. Contributions to Mineralogy and Petrology，154（3）：335～356.

Smithies R H. 2000. The Archaean tonalite-trondhjemite-granodiorite（TTG）series is not an analogue of Cenozoic adakite. Earth and Planetary Science Letters，182（1）：115～125.

Smithies R H，Champion D C，Cassidy K F. 2003. Formation of Earth's early Archaean continental crust. Precambrian Research，127（1-3）：89～101.

Soman A，Geisler T，Tomaschek F，et al. 2010. Alteration of crystalline zircon solid solutions：a case study on zircon from an alkaline pegmatite from Zomba-Malosa，Malawi. Contributions to Mineralogy and Petrology，160（6）：909～930.

Song S G，Su L，Li X H，et al. 2012. Grenville-age orogenesis in the Qaidam-Qilian block：The link between South China and Tarim. Precambrian Research，220-221：9～22.

Stein M，Hofmann A W. 1994. Mantle plumes and episodic crustal growth. Nature，372（6501）：63～68.

Stern C R. 2011. Subduction erosion：Rates，mechanisms，and its role in arc magmatism and the evolution of the continental crust and mantle. Gondwana Research，20（2-3）：284～308.

Stern R J. 1994. Arc assembly and continental collision in the Neoproterozoic East African Orogen：Implications for the consolidation of Gondwanaland. Annual Review of Earth and Planetary Sciences，22（1）：319～351.

Stern R J. 2005. Evidence from ophiolites，blueschists，and ultrahigh-pressure metamorphic terranes that the modern episode of subduction tectonics began in Neoproterozoic time. Geology，33（7）：557～560.

Stern R J，Scholl D W. 2010. Yin and yang of continental crust creation and destruction by plate tectonic processes. International Geology Review，52（1）：1～31.

Sun S S，McDonough W F. 1989. Chemical and isotopic systematics of oceanic basalts：implications for mantle composition and processes//Saunders A D and Norry M J. Magmatism in the Ocean Basins. London：Geological Society London Special Publication.

Sun S S，Sheraton J W. 1996. Geochemical and isotopic evolution//Glikson A Y，et al. Geology of the Western Musgrave Block，Central Australia，with Particular Reference to the Mafic-Ultramafic Giles Complex. Australian Geological Survey Organization Bulletin，239：135～143.

Tajčmanová L，Connolly J，Cesare B. 2009. A thermodynamic model for titanium and ferric iron solution in biotite. Journal of Metamorphic Geology，27（2）：153～165.

Tatsumi Y. 1989. Migration of fluid phases and genesis of basalt magmas in subduction zones. Journal of Geophysical Research：Solid Earth，94（B4）：4697～4707.

Taylor S R，McLennan S M. 1985. The continental crust：Its composition and evolution. Oxford：Blackwell Scientific Publications.

Taylor S R，McLennan S M. 1995. The geochemical evolution of the continental crust. Reviews of Geophysics，33（2）：241～265.

Taylor S R，McLennan S M. 2009. Planetary crusts：their composition，origin and evolution. Cambridge：Cambridge University Press.

Thompson R N，Morrison M A. 1988. Asthenospheric and lower-lithospheric mantle contributions to continental extension magmatism：An example from the British Tertiary Province. Chemical Geology，68：1～15.

Thy P，Lesher C，Tegner C. 2009. The Skaergaard liquid line of descent revisited. Contributions to Mineralogy and Petrology，157（6）：735～747.

Torsvik T H. 2003. The Rodinia Jigsaw Puzzle. Science，300（5624）：1379～1381.

Trail D，Mojzsis S J，Harrison T M，et al. 2007. Constraints on Hadean zircon protoliths from oxygen isotopes，Ti-thermometry，and rare earth elements. Geochemistry，Geophysics，Geosystems，8（6）：Q6014.

Tullis J，Yund R A. 1991. Diffusion creep in feldspar aggregates：Experimental evidence. Journal of Structural Geology，13（9）：987～1000.

Tyler I M，Hocking R M，Haines P W. 2012. Geological evolution of the Kimberley region of Western Australia. Episodes，35（1）：298.

Uyeda S，Kanamori H. 1979. Back-arc opening and the mode of subduction. Journal of Geophysical Research，84（NB3）：1049～1061.

Valentine J W，Moores E M. 1970. Plate-tectonic regulation of animal diversity and sea level：a model. Nature，228：657～659.

Valley J W. 2003. Oxygen Isotopes in Zircon. Reviews in Mineralogy and Geochemistry，53（1）：343～385.

Valley J W，Cavosie A J，Ushikubo T，et al. 2014. Hadean age for a post-magma-ocean zircon confirmed by atom-probe tomography. Nature Geoscience，7：219～223.

Valley J W，Chiarenzelli J R，Mclelland J M. 1994. Oxygen-isotope geochemistry of zircon. Earth and Planetary Science Letters，126（4）：187～206.

Valley J W，Lackey J S，Cavosie A J，et al. 2005. 4.4 billion years of crustal maturation：Oxygen isotope ratios of magmatic zircon. Contributions to Mineralogy and Petrology，150（6）：561～580.

Valley J W，Peck W H，King E M，et al. 2002. A cool early Earth. Geology，30（4）：351～354.

van Hunen J，Moyen J. 2012. Archean subduction：Fact or fiction? Annual Review of Earth and Planetary

Sciences，40（1）：195～219.

Vavra G，Gebauer D，Schmid R，et al. 1996. Multiple zircon growth and recrystallization during polyphase Late Carboniferous to Triassic metamorphism in granulites of the Ivrea Zone（Southern Alps）：An ion microprobe（SHRIMP）study. Contributions to Mineralogy and Petrology，122（4）：337～358.

Vavra G，Schmid R，Gebauer D. 1999. Internal morphology，habit and U-Th-Pb microanalysis of amphibolite-to-granulite facies zircons：Geochronology of the Ivrea Zone（Southern Alps）. Contributions to Mineralogy and Petrology，134（4）：380～404.

Veevers J J. 2004. Gondwanaland from 650～500 Ma assembly through 320 Ma merger in Pangea to 185～100 Ma breakup：Supercontinental tectonics via stratigraphy and radiometric dating. Earth-Science Reviews，68（1-2）：1～132.

Veevers J J，Walter M R. Scheibner E. 1997. Neoproterozoic tectonics of Australia-Antarctica and Laurentia and the 560 Ma birth of the Pacific Ocean reflect the 400 m.y. Pangean supercycle. Journal of Geology，105：225～242.

von Huene R，Scholl D W. 1991. Observations at convergent margins concerning sediment subduction，subduction erosion，and the growth of continental crust. Reviews of Geophysics，29（3）：279～316.

Wager L R. 1960. The major element variation of the layered series of the Skaergaard intrusion and a re-estimation of the average composition of the hidden layered series and of the successive residual magmas. Journal of Petrology，1（1）：364～398.

Waldbaum D R，Thompson J B. 1968. Mixing properties of sanidine crystalline solutions. 2. Calculations based on volume data. American Mineralogist，53（11-1）：2000.

Walker K R，Joplin G A，Lovering J F，et al. 1959. Metamorphic and metasomatic convergence of basic igneous rocks and lime - magnesia sediments of the precambrian of North - western Queensland. Journal of the Geological Society of Australia，6（2）：149～177.

Wan Y S，Liu D Y，Wang S J，et al. 2011. ～2.7 Ga juvenile crust formation in the North China Craton（Taishan-Xintai area，western Shandong Province）：Further evidence of an understated event from U-Pb dating and Hf isotopic composition of zircon. Precambrian Research，186（1-4）：169～180.

Wan Y S，Xie S W，Yang C H，et al. 2014. Early Neoarchean（～2.7 Ga）tectono-thermal events in the North China Craton：A synthesis. Precambrian Research，247：45～63.

Wan Y S，Xu Z Y，Dong C Y，et al. 2013. Episodic Paleoproterozoic（2.45，1.95 and 1.85Ga）mafic magmatism and associated high temperature metamorphism in the Daqingshan area，North China Craton：SHRIMP zircon U-Pb dating and whole-rock geochemistry. Precambrian Research，224（0）：71～93.

Wang C Y，Campbell I H，Allen C M，et al. 2009. Rate of growth of the preserved North American continental crust：Evidence from Hf and O isotopes in Mississippi detrital zircons. Geochimica Et Cosmochimica Acta，73（3）：712～728.

Wang C，Liu L，Yang W，et al. 2013. Provenance and ages of the Altyn Complex in Altyn Tagh：Implications for the early Neoproterozoic evolution of northwestern China. Precambrian Research，230：193～208.

Wang Q Y，Chen N S，Li X Y，et al. 2008. LA-ICP-MS zircon U-Pb geochronological constraints on the tectonothermal evolution of the Early Paleoproterozoic Dakendaban Group in the Quanji Block，NW China. Chinese Science Bulletin，53（18）：2849～2858.

Wang Q，Wyman D A，Zhao Z，et al. 2007. Petrogenesis of Carboniferous adakites and Nb-enriched arc basalts in the Alataw area，northern Tianshan Range（western China）：Implications for Phanerozoic crustal growth in the Central Asia orogenic belt. Chemical Geology，236（1-2）：42～64.

Wang Q，Wyman D，Xu J，et al. 2008. Triassic Nb-enriched basalts，magnesian andesites，and adakites of the Qiangtang terrane（Central Tibet）：Evidence for metasomatism by slab-derived melts in the mantle wedge.

Contributions to Mineralogy and Petrology，155（4）：473～490.

Wang X，Griffin W L，Chen J，et al. 2011. U and Th contents and Th/U ratios of zircon in felsic and mafic magmatic rocks：Improved zircon-melt distribution coefficients. Acta Geologica Sinica-English Edition，85（1）：164～174.

Wang X L，Zhou J C，Griffin W L，et al. 2007. Detrital zircon geochronology of Precambrian basement sequences in the Jiangnan'orogen：Dating the assembly of the Yangtze and Cathaysia Blocks. Precambrian Research，159（1-2）：117～131.

Wang X L，Zhou J C，Wan Y S，et al. 2013. Magmatic evolution and crustal recycling for Neoproterozoic strongly peraluminous granitoids from southern China：Hf and O isotopes in zircon. Earth and Planetary Science Letters，366：71～82.

Wang X S，Li X H，Li Z X，et al. 2012. Episodic Precambrian crust growth：Evidence from U-Pb ages and Hf-O isotopes of zircon in the Nanhua Basin，central South China. Precambrian Research，222-223：386～403.

Wang Y，Zhang Y，Fan W，et al. 2014. Early Neoproterozoic accretionary assemblage in the Cathaysia Block：Geochronological，Lu-Hf isotopic and geochemical evidence from granitoid gneisses. Precambrian Research，249：144～161.

Wang Z M，Han C M，Su B X，et al. 2013. The metasedimentary rocks from the eastern margin of the Tarim Craton：Petrology，geochemistry，zircon U-Pb dating，Hf isotopes and tectonic implications. Lithos，179：120～136.

Watson E B，Harrison T M. 1983. Zircon saturation revisited-temperature and composition effects in a variety of crustal magma types. Earth and Planetary Science Letters，64（2）：295～304.

Watson E B，Harrison T M. 2005. Zircon thermometer reveals minimum melting conditions on earliest Earth. Science，308（5723）：841～844.

Watson E，Wark D，Thomas J. 2006. Crystallization thermometers for zircon and rutile. Contributions to Mineralogy and Petrology，151（4）：413～433.

Weber C，Barbey P. 1986. The role of water，mixing processes and metamorphic fabric in the genesis of the Baume migmatites（Ardèche，France）. Contributions to Mineralogy and Petrology，92（4）：481～491.

Wen B，Li Y X，Zhu W B. 2013. Paleomagnetism of the Neoproterozoic diamictites of the Qiaoenbrak formation in the Aksu area，NW China：Constraints on the paleogeographic position of the Tarim Block. Precambrian Research，226：75～90.

Whalen J B，Currie K L，Chappell B W. 1987. A-type granites-geochemical characteristics，discrimination and petrogenesis. Contributions to Mineralogy and Petrology，95（4）：407～419.

White R W，Pomroy N E，Powell R. 2005. An in situ metatexite-diatexite transition in upper amphibolite facies rocks from Broken Hill，Australia. Journal of Metamorphic Geology，23（7）：579～602.

White R W，Powell R，Holland T J B. 2007. Progress relating to calculation of partial melting equilibria for metapelites. Journal of Metamorphic Geology，25（5）：511～527.

Whitney D L，Evans B W. 2010. Abbreviations for names of rock-forming minerals. American Mineralogist，95（1）：185～187.

Whitney J A. 1988. The origin of granite：The role and source of water in the evolution of granitic magmas. Geological Society of America Bulletin，100（12）：1886～1897.

Wilde S A，Valley J W，Peck W H，et al. 2001. Evidence from detrital zircons for the existence of continental crust and oceans on the Earth 4.4 Gyr ago. Nature，409（6817）：175～178.

Wilhem C，Windley B F，Stampfli G M. 2012. The Altaids of Central Asia：A tectonic and evolutionary innovative review. Earth-Science Reviews，113（3-4）：303～341.

Williams H，Hoffman P F，Lewry J F，et al. 1991. Anatomy of North America：Thematic geologic portrayals of the continent. Tectonophysics，187（1-3）：117～134.

Williams I S，Krzemin'ska E，Wiszniewska J. 2009. An extension of the Svecofennian orogenic province into NE Poland：Evidence from geochemistry and detrital zircon from Paleoproterozoic paragneisses. Precambrian Research，172：234～254.

Wilson M. 1989. Igneous Petrogenesis. London：Unwin Hyman.

Winchester J A，Floyd P A. 1977. Geochemical discrimination of different magma series and their differentiation products using immobile elements. Chemical Geology，20：325～343.

Windley B F. 1995. The Evolving Continents. New York：Wiley.

Windley B F，Alexeiev D，Xiao W J，et al. 2007. Tectonic models for accretion of the Central Asian Orogenic Belt. Journal of the Geological Society，164（1）：31～47.

Wingate M T D，Campbell I H，Compston W，et al. 1998. Ion microprobe U-Pb ages for Neoproterozoic basaltic magmatism in southcentral Australia and implications for the breakup of Rodinia. Precambrian Research，87：135～159.

Wingate M T D，Giddings J W. 2000. Age and palaeomagnetism of the Mundine Well dyke swarm Western Australia：Implications for an Australia-Laurentia connection at 755 Ma. Precambrian Research，100：335～357.

Winter J D. 2001. An introduction to igneous and metamorphic Petrology. New Jersey：Prentice Hall.

Wolf M B，Wyllie P J. 1991. Dehydration-melting of solid amphibolite at 10 kbar：Textural development，liquid interconnectivity and applications to the segregation of magmas. Mineralogy and Petrology，44（3-4）：151～179.

Wolf M B，Wyllie P J. 1994. Dehydration-melting of amphibolite at 10 kbar：The effects of temperature and time. Contributions to Mineralogy and Petrology，115（4）：369～383.

Wood D A. 1980. The application of a Th-Hf-Ta diagram to problems of tectonomagmatic classification and to establishing the nature of crustal contamination of basaltic lavas of the British Tertiary volcanic province. Earth and Planetary Science Letters，50：11～30.

Woodhead J，Hergt J，Greig A，et al. 2011. Subduction zone Hf-anomalies：Mantle messenger，melting artefact or crustal process? Earth and Planetary Science Letters，304（1-2）：231～239.

Woodhead J D，Hergt J M，Davidson J P，et al. 2001. Hafnium isotope evidence for "conservative" element mobility during subduction zone processes. Earth and Planetary Science Letters，192：331～346.

Wu F Y，Jahn B M，Wilde S A，et al. 2000. Phanerozoic crustal growth：U-Pb and Sr-Nd isotopic evidence from the granites in northeastern China. Tectonophysics，328（1-2）：89～113.

Wu G H，Chen Z Y，Qu T L，et al. 2012. SHRIMP zircon age of the high aeromagnetic anomaly zone in central Tarim Basin and its geological implications. Natural Science，1（4）：1～4.

Wu Y B，Gao S，Zhang H F，et al. 2009. U-Pb age，trace-element and Hf-isotope compositions of zircon in a quartz vein from eclogite in the western Dabie Mountains：Constraints on fluid flow during early exhumation of ultrahigh-pressure rocks. American Mineralogist，94（2-3）：303～312.

Wu Y B，Zheng Y F，Zhang S B，et al. 2007. Zircon U-Pb ages and hf isotope compositions of migmatite from the North Dabie Terrane in China：Constraints on partial melting. Journal of Metamorphic Geology，25（9）：991～1009.

Wu Y B，Zheng Y F，Zhao Z F，et al. 2006. U-Pb，Hf and O isotope evidence for two episodes of fluid-assisted zircon growth in marble-hosted eclogites from the Dabie orogen. Geochimica et Cosmochimica Acta，70（14）：3743～3761.

Wyman D，Kerrich R. 2009. Plume and arc magmatism in the Abitibi subprovince：Implications for the origin of Archean continental lithospheric mantle. Precambrian Research，168（1）：4～22.

Wyman D A. 1999. A 2.7 Ga depleted tholeiite suite：Evidence of plume-arc interaction in the Abitibi Greenstone Belt，Canada. Precambrian Research，97（1-2）：27～42.

Wyman D A，Kerrich R. 2012. Geochemical and isotopic characteristics of Youanmi terrane volcanism：The role of mantle plumes and subduction tectonics in the western Yilgarn Craton. Australian Journal of Earth Sciences，59（5）：671～694.

Wyman D A，Ayer J A，Devaney J R. 2000. Niobium-enriched basalts from the Wabigoon subprovince，Canada：Evidence for adakitic metasomatism above an Archean subduction zone. Earth and Planetary Science Letters，179（1）：21～30.

Xiao L，Clemens J D. 2007. Origin of potassic（C-type）adakite magmas：Experimental and field constraints. Lithos，95（3-4）：399～414.

Xiao Q H，Lu X X，Wang F，et al. 2004. Age of Yingfeng rapakivi granite pluton on the north flank of Qaidam and its geological significance. Science in China，Series D，Earth Sciences-English Edition，47（4）：357～365.

Xia Q X，Zheng Y F，Yuan H L，et al. 2009. Contrasting Lu-Hf and U-Th-Pb isotope systematics between metamorphic growth and recrystallization of zircon from eclogite-facies metagranites in the Dabie orogen，China. Lithos，112（3-4）：477～496.

Xiao W J，Windley B F，Allen M B，et al. 2013. Paleozoic multiple accretionary and collisional tectonics of the Chinese Tianshan orogenic collage. Gondwana Research，23（4）：1316～1341.

Xiong X L. 2006. Trace element evidence for growth of early continental crust by melting of rutile-bearing hydrous eclogite. Geology，34（11）：945～948.

Xiong X L，Adam J，Green T H. 2005. Rutile stability and rutile/melt HFSE partitioning during partial melting of hydrous basalt：Implications for TTG genesis. Chemical Geology，218（3-4）：339～359.

Xu B，Jian P，Zheng H，et al. 2005. U-Pb zircon geochronology and geochemistry of Neoproterozoic volcanic rocks in the Tarim Block of northwest China：Implications for the breakup of Rodinia supercontinent and Neoproterozoic glaciations. Precambrian Research，136：107～123.

Xu B，Xiao S H，Zou H B，et al. 2009. SHRIMP zircon U-Pb age constraints on Neoproterozoic Quruqtagh diamictites in NW China. Precambrian Research，168：247～258.

Xu B，Zou H B，Chen Y，et al. 2013. The Sugetbrak basalts fromnorthwestern Tarim Block of northwest China：Geochronology，geochemistryand implications for Rodinia breakup and ice age in the Late Neoproterozoic. Precambrian Research，236：214～226.

Xu Y G，Mei H J，Xu J F，et al. 2003. Origin of two differentiation trends in the Emeishan flood basalts. Chinese Science Bulletin，48（4）：390～394.

Xu Z Q，He B Z，Zhang C L，et al. 2013. Tectonic framework and crustal evolution of the Precambrianbasement of the Tarim Block in NW China：New geochronologicalevidence from deep drilling samples. Precambrian Research，235：150～162.

Yakubchuk A. 2008. The gyroscopic Earth and its role in supercontinent and metallogenic cycles. Ore Geology Reviews，34（3）：387～398.

Yakubchuk A. 2010. Restoring the supercontinent Columbia and tracing its fragments after its breakup：A new configuration and a Super-Horde hypothesis. Journal of Geodynamics，50（3-4）：166～175.

Yang Z，Sun Z，Yang T，et al. 2004. A long connection（750～380 Ma）between South China and Australia：paleomagnetic constraints. Earth and Planetary Science Letters，220（3-4）：423～434.

Ye H M，Li X H，Lan Z W. 2013. Geochemical and Sr-Nd-Hf-O-C isotopic constraints on the origin of the Neoproterozoic Qieganbulake ultramafic-carbonatite Complex from the Tarim Block，Northwest China. Lithos，182-183（7）：150～164.

Yin A，Nie S. 1996. A Phanerozoic palinspastic reconstruction of China and its neighboring regions. In The Tectonic Evolution of Asia，Yin A，Harrison M. New York：Cambridge University Press：442～485.

Yin C Q，Zhao G C，Guo J H，et al. 2011. U-Pb and Hf isotopic study of zircons of the Helanshan Complex：Constrains on the evolution of the Khondalite Belt in the Western Block of the North China Craton. Lithos，122（1-2）：25～38.

Yin C Q，Zhao G C，Sun M，et al. 2009. LA-ICP-MS U-Pb zircon ages of the Qianlishan Complex：Constrains on the evolution of the Khondalite Belt in the Western Block of the North China Craton. Precambrian Research，174（1-2）：78～94.

Yong W J，Zhang L F，Hall C M，et al. 2012. The $^{40}Ar/^{39}Ar$ and Rb-Sr chronology of the Precambrian Aksu blueschists in western China. Journal of Asian Earth Sciences，63：197～205.

Yu J H，O'reilly S Y，Wang L J，et al. 2008. Where was South China in the Rodinia supercontinent? Evidence from U-Pb geochronology and Hf isotopes of detrital zircons. Precambrian Research，164（1-2）：1～15.

Yu J H，O'reilly S Y，Wang L J，et al. 2010. Components and episodic growth of Precambrian crust in the Cathaysia Block，South China：Evidence from U-Pb ages and Hf isotopes of zircons in Neoproterozoic sediments. Precambrian Research，181（1-4）：97～114.

Yu S Y，Zhang J X，Real P G D，et al. 2013. The Grenvillian orogeny in the Altun—Qilian—North Qaidam mountain belts of northern Tibet Plateau：Constraints from geochemical and zircon U-Pb age and Hf isotopic study of magmatic rocks. Journal of Asian Earth Sciences，73：372～395.

Yuan H L，Gao S，Dai M N，et al. 2008. Simultaneous determinations of U-Pb age，Hf isotopes and trace element compositions of zircon by excimer laser-ablation quadrupole and multiple-collector ICP-MS. Chemical Geology，247（1-2）：100～118.

Zeh A，Gerdes A. 2012. U-Pb and Hf isotope record of detrital zircons from gold-bearing sediments of the Pietersburg Greenstone Belt（South Africa）—Is there a common provenance with the Witwatersrand Basin? Precambrian Research，204-205（5）：46～56.

Zeh A，Gerdes A，Jr. B J M. 2009. Archean accretion and crustal evolution of the Kalahari Craton-the zircon age and Hf isotope record of granitic rocks from Barberton/Swaziland to the Francistown Arc. Journal of Petrology，50（5）：933～966.

Zeh A，Gerdes A，Jr. B J，et al. 2010a. U-Th-Pb and Lu-Hf systematics of zircon from TTG's，leucosomes，meta-anorthosites and quartzites of the Limpopo Belt（South Africa）：Constraints for the formation，recycling and metamorphism of Palaeoarchaean crust. Precambrian Research，179（1-4）：50～68.

Zeh A，Gerdes A，Will T M，et al. 2010b. Hafnium isotope homogenization during metamorphic zircon growth in amphibolite-facies rocks：Examples from the Shackleton Range（Antarctica）. Geochimica Et Cosmochimica Acta，74（16）：4740～4758.

Zeh A，Stern R A，Gerdes A. 2014. The oldest zircons of Africa—Their U-Pb-Hf-O isotope and trace element systematics，and implications for Hadean to Archean crust-mantle evolution. Precambrian Research，241：203～230.

Zhan S，Chen Y，Xu B，et al. 2007. Late Neoproterozoic paleomagnetic results from the Sugetbrak formation of the Aksu area，Tarim basin（NW China）and their implications to paleogeographic reconstructions and the snowball Earth hypothesis. Precambrian Research，154：143～158.

Zhang C，Holtz F，Koepke J，et al. 2013. Constraints from experimental melting of amphibolite on the depth of formation of garnet-rich restites，and implications for models of Early Archean crustal growth. Precambrian Research，231：206～217.

Zhang C L，Li Z X，Li X H，et al. 2006. Neoproterozoic bimodal intrusive complex in southwestern Tarim block of NW China：Age，geochemistry and Nd isotope and implications for the rifting of Rodinia. International

Geology Review，48：112～128.

Zhang C L，Li Z X，Li X H，et al. 2007a. An early Paleoproterozoic high-K intrusive complex in southwestern Tarim block，NW China：Age，geochemistry，and tectonic implications. Gondwana Research，12（1-2）：101～112.

Zhang C L，Li X H，Li Z X，et al. 2007b. Neoproterozoic ultramafic-mafic-carbonatite complex and granitoids in Quruqtagh of northeastern Tarim Block，western China：Geochronology，geochemistry and tectonic implications. Precambrian Research，152：149～168.

Zhang C L，Li Z X，Li X H，et al. 2009. Neoproterozoic mafic dyke swarms at the northern margin of the Tarim Block，NW China：Age，geochemistry，petrogenesis and tectonic implications. Journal of Asian Earth Sciences，35：167～179.

Zhang C L，Yang D S，Wang H Y，et al. 2010. Neoproterozoic mafic dykes and basalts in the Southern Margin of Tarim，Northwest China：Age，geochemistry and geodynamic implications. Acta Geologica Sinica-English Edition，84（3）：549～562.

Zhang C L，Yang D S，Wang H Y，et al. 2011. Neoproterozoic mafic-ultramafic layered intrusion in Quruqtagh of northeastern Tarim Block，NW China：Two phases of mafic igneous activity with different mantle sources. Gondwana Research，19：177～190.

Zhang C L，Li H K，Santosh M，et al. 2012a. Precambrian evolution and cratonization of the Tarim Block，NW China：Petrology，geochemistry，Nd-isotopes and U-Pb zircon geochronology from Archaean gabbro-TTG-potassic granite suite and Paleoproterozoic metamorphic belt. Journal of Asian Earth Sciences，47：5～20.

Zhang C L，Zou H B，Wang H Y，et al. 2012b. Multiple phases of the Neoproterozoic igneous activity in Quruqtagh of the northeastern Tarim Block，NW China：Interaction between plate subduction and mantle plume? Precambrian Research，222-223：488～502.

Zhang C L，Zou H B，Santosh M，et al. 2014. Is the Precambrian basement of the Tarim Craton in NW China composed of discrete terranes? Precambrian Research，254：226～244.

Zhang H. 2014. Neoarchean recycling of ^{18}O-enriched supracrustal materials into the lower crust：Zircon record from the North China Craton. Precambrian Research，248：60～71.

Zhang J，Li J，Liu J，et al. 2011. Detrital zircon U-Pb ages of Middle Ordovician flysch sandstones in the western Ordos margin：New constraints on their provenances，and tectonic implications. Journal of Asian Earth Sciences，42：1030～1047.

Zhang J X，Gong J H，Yu S Y. 2012. 1.85 Ga HP granulite-facies metamorphism in the Dunhuang block of the Tarim Craton，NW China：evidence from U-Pb zircon dating of mafic granulites. Journal of the Geological Society，169（5）：511～514.

Zhang J X，Yu S Y，Gong J H，et al. 2013a. The latest Neoarchean—Paleoproterozoic evolution of the Dunhuang block，eastern Tarim craton，northwestern China：Evidence from zircon U-Pb dating and Hf isotopic analyses. Precambrian Research，226：21～42.

Zhang J X，Gong J H，Yu S Y，et al. 2013b. Neoarchean-Paleoproterozoic multiple tectonothermal events in the western Alxa block，North China Craton and their geological implication：Evidence from zircon U-Pb ages and Hf isotopic composition. Precambrian Research，235：36～57.

Zhang S B，Wu R B，Zheng Y F. 2012. Neoproterozoic continental accretion in South China：Geochemical evidence from the Fuchuan ophiolite in the Jiangnan orogen. Precambrian Research，220-221：45～64.

Zhang S B，Zheng Y F，Wu Y B，et al. 2006a. Zircon U-Pb age and Hf isotope evidence for 3.8Ga crustal remnant and episodic reworking of Archean crust in South China. Earth and Planetary Science Letters，252（1-2）：56～71.

Zhang S B，Zheng Y F，Wu Y B，et al. 2006b. Zircon isotope evidence for≥3.5Ga continental crust in the Yangtze craton of China. Precambrian Research，146（1-2）：16～34.

Zhang S H，Jiang G Q，Zhang J M，et al. 2005. U-Pb sensitive high-resolution ion microprobe ages from the Doushantuo Formation in south China：Constraints on late Neoproterozoic glaciations. Geology，33：473～476.

Zhang S H，Li Z X，Evans D A D，et al. 2012. Pre-Rodinia supercontinent Nuna shaping up：A global synthesis with new paleomagnetic results from North China. Earth and Planetary Science Letters，353-354：145～155.

Zhang Y L，Wang Z Q，Yan Z，et al. 2013. Neoproterozoic volcanic rocks in the southern Quruqtagh of Northwest China：Geochemistry，zircon geochronology and tectonic implications. Acta Geologica Sinica-English Edition，87（1）：118～130.

Zhang Z C，Guo Z J，Liu S W. 1998. Age and tectonic significance of the mafic dyke swarm in the Kuruktag region，Xinjiang. Acta Geologica Sinica，72：29～36.

Zhang Z Y，Zhu W B，Shu L S，et al. 2009a. Neoproterozoic ages of the Kuluketage diabase dyke swarm in Tarim，NW China，and its relationship to the breakup of Rodinia. Geological Magazine，146：150～154.

Zhang Z Y，Zhu W B，Shu L S，et al. 2009b.Thermo-tectonic evolution of Precambrian blueschists in Aksu，Xinjiang，NW China. Gondwana Research，16：182～188.

Zhao G C，Cawood P A，Li S Z，et al. 2012. Amalgamation of the North China Craton：Key issues and discussion. Precambrian Research，222-223：55～76.

Zhao G C，Cawood P A，Wilde S A，et al. 2002. Review of global 2.1～1.8 Ga orogens：Implications for a pre-Rodinia supercontinent. Earth-Science Reviews，59（1-4）：125～162.

Zhao G C，Li S Z，Sun M，et al. 2011. Assembly，accretion，and break-up of the Palaeo-Mesoproterozoic Columbia supercontinent：Record in the North China Craton revisited. International Geology Review，53：1331～1356.

Zhao G C，Sun M，Wilde S A，et al. 2004. A Paleo-Mesoproterozoic supercontinent：Assembly，growth and breakup. Earth-Science Reviews，67（1-2）：91～123.

Zhao G C，Sun M，Wilde S A，et al. 2005. Late Archean to Paleoproterozoic evolution of the North China Craton：Key issues revisited. Precambrian Research，136（2）：177～202.

Zhao G C，Wilde S A，Cawood P A，et al. 1998. Thermal evolution of Archean basement rocks from the eastern part of the North China Craton and its bearing on tectonic setting. International Geology Review，40（8）：706～721.

Zhao G C，Wilde S A，Cawood P A，et al. 2001. Archean blocks and their boundaries in the North China Craton：Lithological，geochemical，structural and P-T path constraints and tectonic evolution. Precambrian Research，107（1-2）：45～73.

Zhao J，Zhou M，Yan D，et al. 2011. Reappraisal of the ages of Neoproterozoic strata in South China：No connection with the Grenvillian orogeny. Geology，39（4）：299～302.

Zhao P，Chen Y，Zhan S，et al. 2014. The apparent polar wander path of the Tarim block（NW China）since the Neoproterozoic and its implications for a long-term Tarim—Australia connection. Precambrian Research，242（0）：39～57.

Zheng B H，Zhu W B，Jahn B M，et al. 2010. Subducted precambrian oceanic crust：Geochemical and Sr-Nd isotopic evidence from metabasalts of the Aksu blueschist，NW China. Journal of the Geological Society，London，167：1161～1170.

Zheng Y F，Wu Y B，Zhao Z F，et al. 2005. Metamorphic effect on zircon Lu-Hf and U-Pb isotope systems in ultrahigh-pressure eclogite-facies metagranite and metabasite. Earth and Planetary Science Letters，240（2）：378～400.

Zhou C M，Tucker R，Xiao S H，et al. 2004. New constraints on the ages of Neoproterozoic glaciations in south China. Geology，32：437～440.

Zhou M F，Yan D P，Kennedy A K，et al. 2002. SHRIMP U-Pb zircon geochronological and geochemical evidence for Neoproterozoic arc-magmatism along the Western margin of the Yangtze Block，South China. Earth and Planetary Science Letters，196：51～67.

Zhu W B，Shu L S，Ma R S，et al. 2004. Comment on characteristics and dynamic origin of the large-scale Jiaoluotage ductile compressional zone in the eastern Tianshan Mountains，China. Journal of Structural Geology，26：2331～2335.

Zhu W B，Shu L S，Sun Y，et al. 2006. Mesozoic-Cenozoic tectonic deformation of the central structure belt in Turpan-Hami basin，northwest China：Implications for the evolution of an intracontinental basin，central Asia. International Geology Review，48（3）：271～285.

Zhu W B，Zhang Z Y，Shu L S，et al. 2010. Thermotectonic evolution of Precambrian basement rocks in the Kuruktag uplift，NE Tarim craton，NW China：Evidence from apatite fission-track data. International Geology Review，52（9）：941～954.

Zhu W B，Zhang Z Z，Shu L S，et al. 2008. SHRIMP U-Pb zircon geochronology of Neoproterozoic Korla mafic dykes in the northern Tarim Block，NW China：Implications for the long-lasting breakup process of Rodinia. Journal of the Geological Society，London，165：887～890.

Zhu W B，Zheng B H，Shu L S，et al. 2011a. Geochemistry and SHRIMP U-Pb zircon geochronology of the Korla mafic dykes：Constrains on the Neoproterozoic continental breakup in the Tarim Block，northwest China. Journal of Asian Earth Sciences，42：791～804.

Zhu W B，Zheng B H，Shu L S，et al. 2011b. Neoproterozoic tectonic evolution of the Precambrian Aksu blueschist terrane，northwestern Tarim，China：Insights from LA-ICP-MS zircon U-Pb ages and geochemical data. Precambrian Research，185：215～230.

Zhu W P，Wei C J. 2007. Thermodynamic modeling of the phengite geobarometry. Science China Series D-Earth Sciences，50：1033～1036.

Zong K Q，Liu Y S，Zhang Z M，et al. 2013. The generation and evolution of Archean continental crust in the Dunhuang block，northeastern Tarim craton，northwestern China. Precambrian Research，235：251～263.

[illegible] 2017. New observations on the [illegible]

[illegible]

[illegible] 2018. [illegible]

[illegible] 2016. [illegible] International [illegible]

[illegible] 2016. [illegible] Chinese [illegible]

[illegible] 2016. [illegible]

[illegible]

[illegible]

[illegible]

[illegible]

彩　图

图 2-6　库尔勒杂岩典型岩石组合（Ge et al.，2014a）

图 2-7　库尔勒杂岩中的新太古代岩石露头及薄片照片（Ge et al.，2014）

（a）、（b）样品 12K100（角闪黑云片麻岩）；（c）、（d）样品 12K82（黑云角闪片麻岩）；（e）、（f）样品 09T02（斜长角闪岩）

图 3-2 库鲁克塔格西段古元古代变质表壳岩及相关混合岩的野外照片

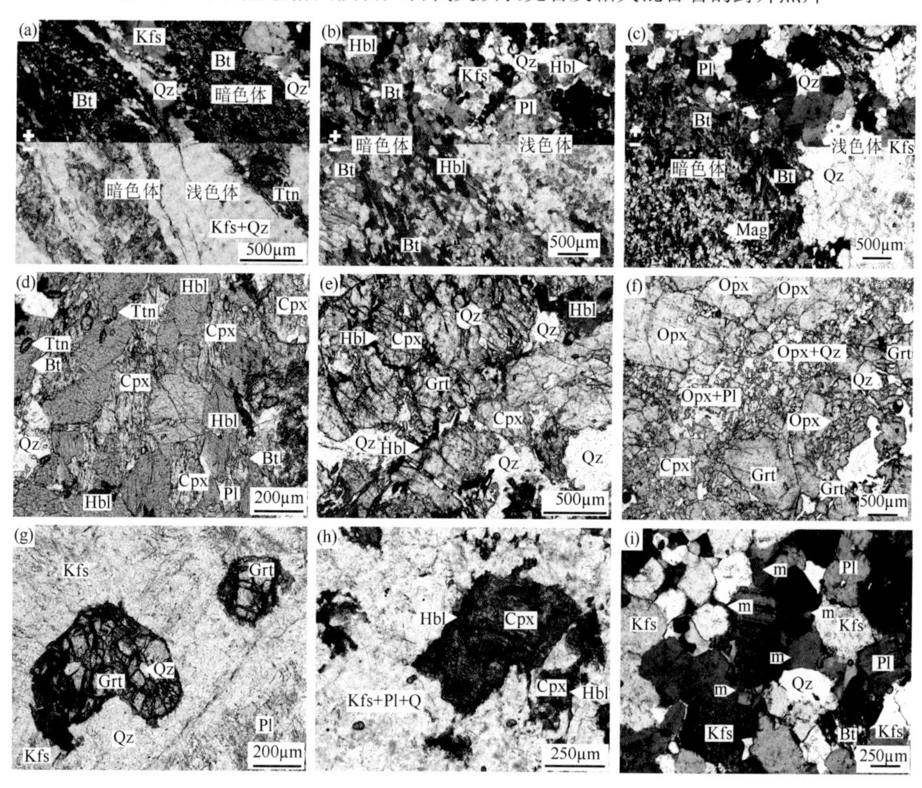

图 3-3 库鲁克塔格西段古元古代变质表壳岩及相关混合岩的显微照片（Ge et al.，2013a）

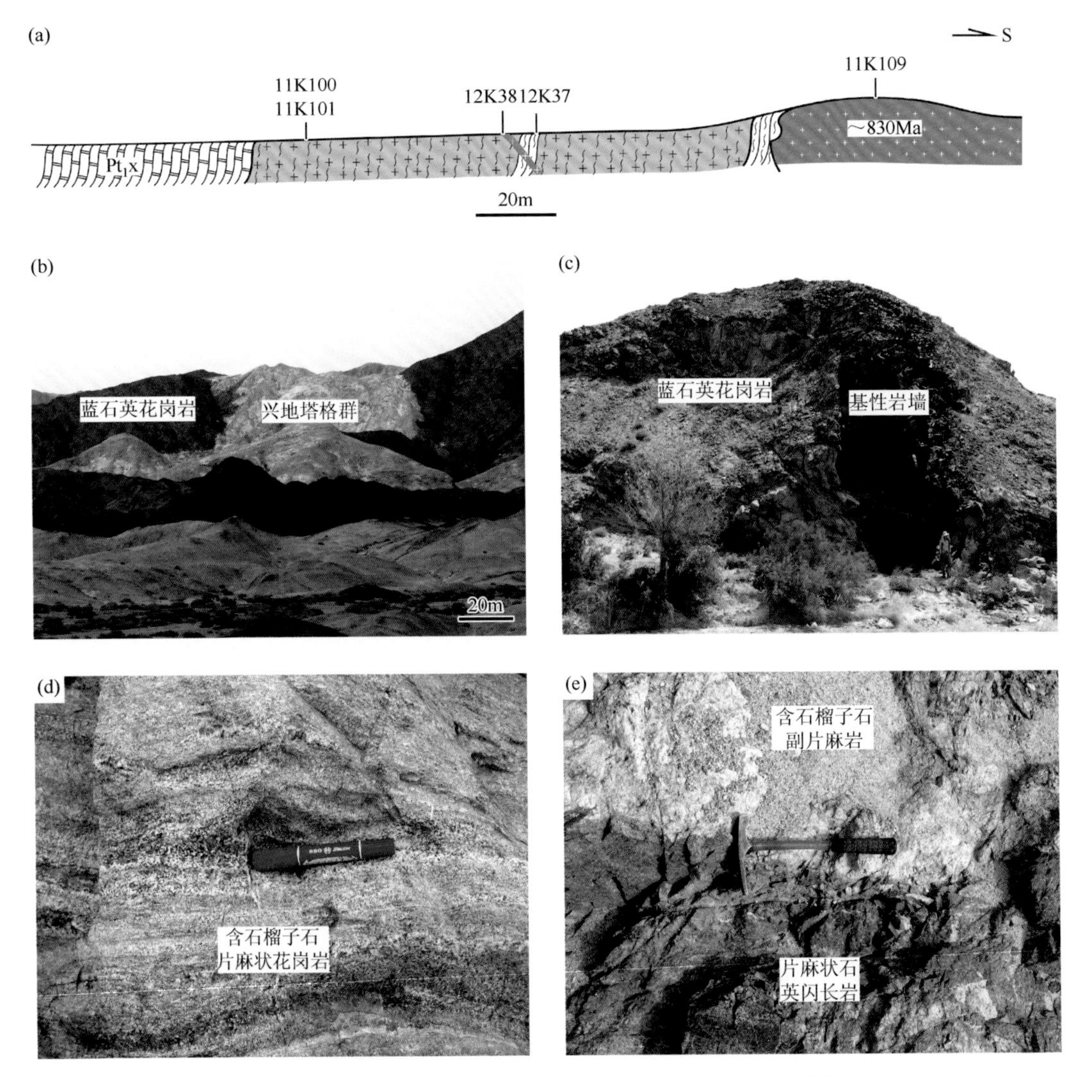

图 3-21　库鲁克塔格地区古元古代变质花岗岩野外剖面与露头照片

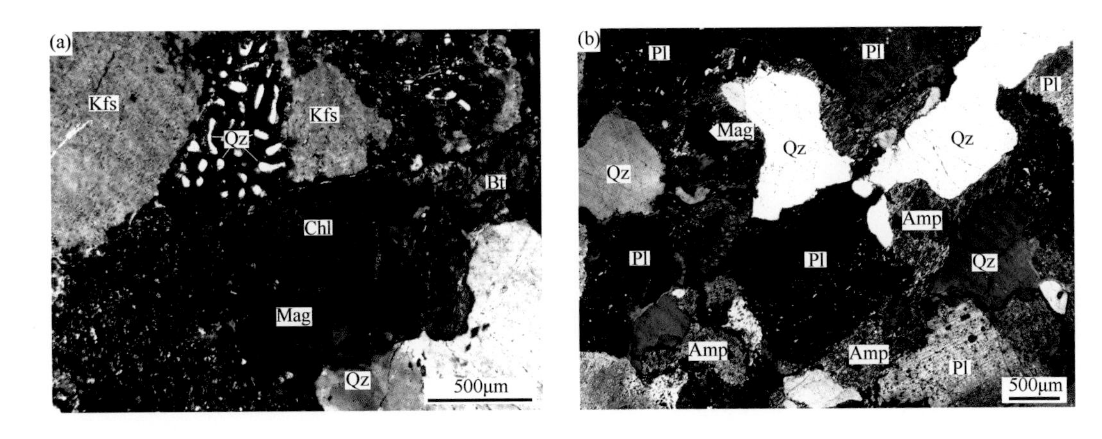

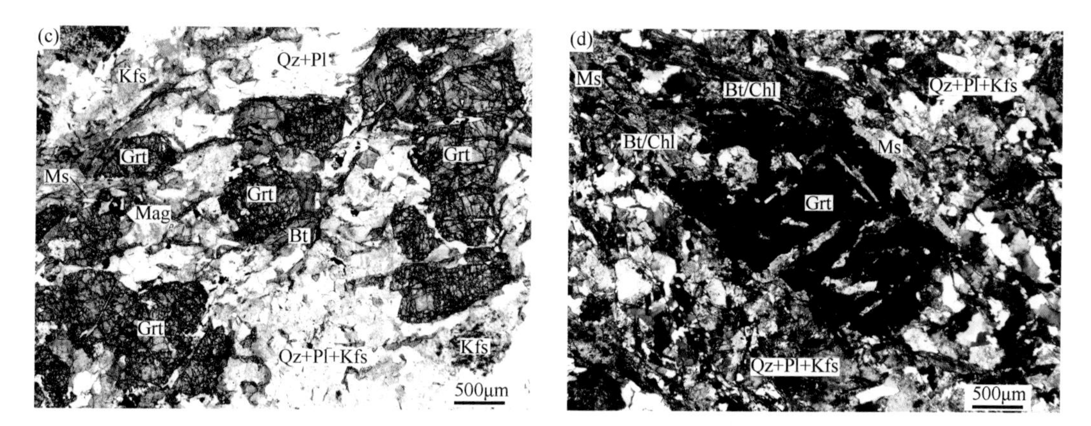

图 3-22　库鲁克塔格西段古元古代晚期花岗岩显微照片：（a）二长花岗岩（样品 11K88）；（b）奥长花岗岩（样品 12K92）；（c）含石榴子石花岗闪长岩（样品 11K101）；（d）含石榴子石花岗闪长岩（样品 12K49）（Ge et al.，2015）

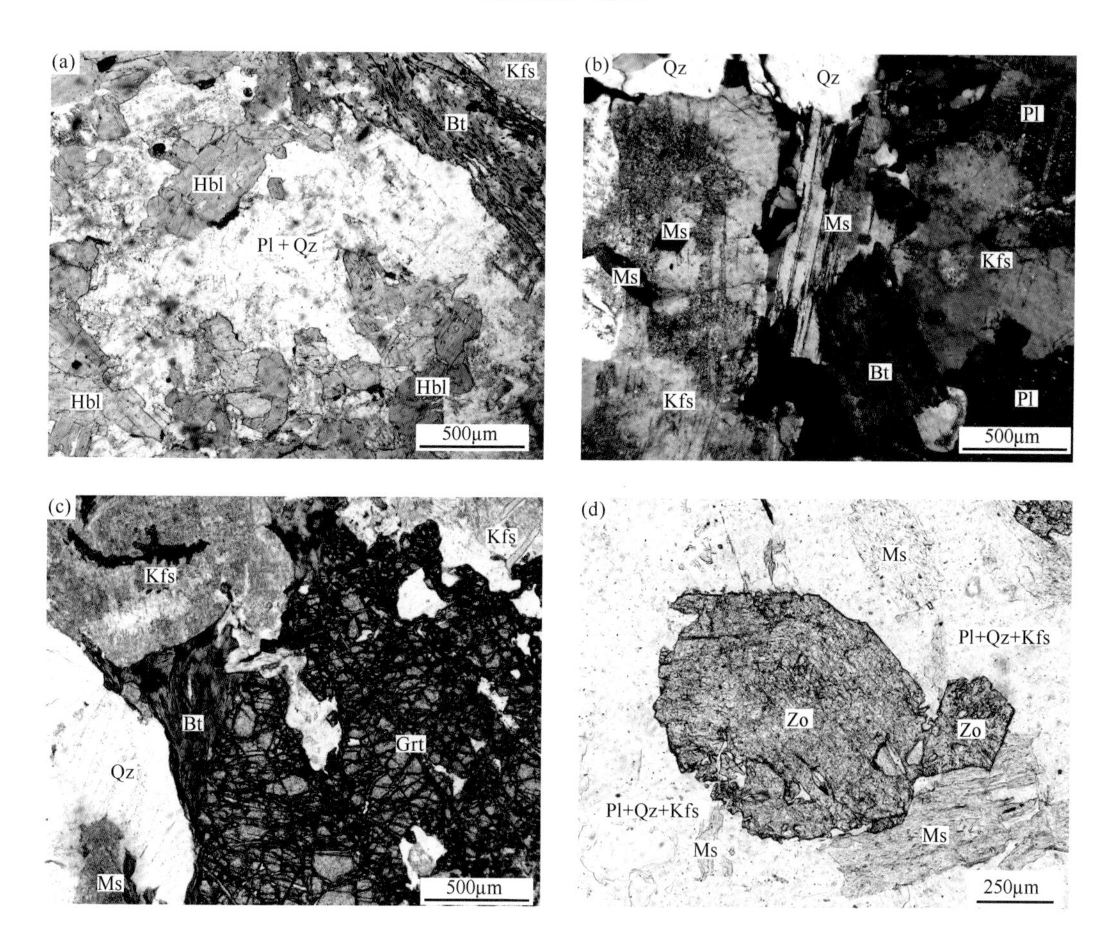

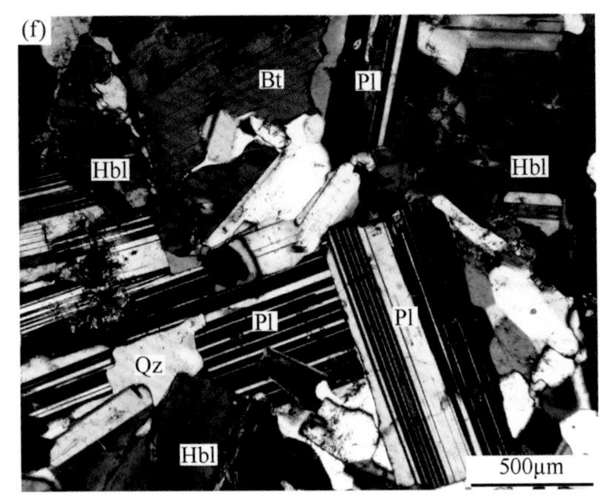

图 4-2　库鲁克塔格西段花岗岩典型结构与矿物组合

（a）含角闪石花岗闪长岩（样品 11K97）（b）二云母花岗岩（样品 11K105）；（c）含石榴子石-白云母花岗岩（样品 11K99）；（d）含石榴子石-白云母花岗岩（样品 11K94）中的自形黝帘石；（e）石英正长岩（样品 11K48）；（f）黑云母闪长岩（样品 12K09）（Ge et al.，2014b）

图 4-13　库尔勒地区基性岩墙野外照片

（a）铁门关基性岩墙侵入在花岗片麻岩中；（b）铁门关基性岩墙侵入在变质岩中；（c）乌库公路基性岩墙侵入在变质岩中；（d）乌库公路基性岩浆与酸性岩浆的混溶现象（据 Zhu et al.，2011a）

图 4-24 库尔勒地区新元古代变质岩及其相关岩石野外照片（Ge et al.，2016）

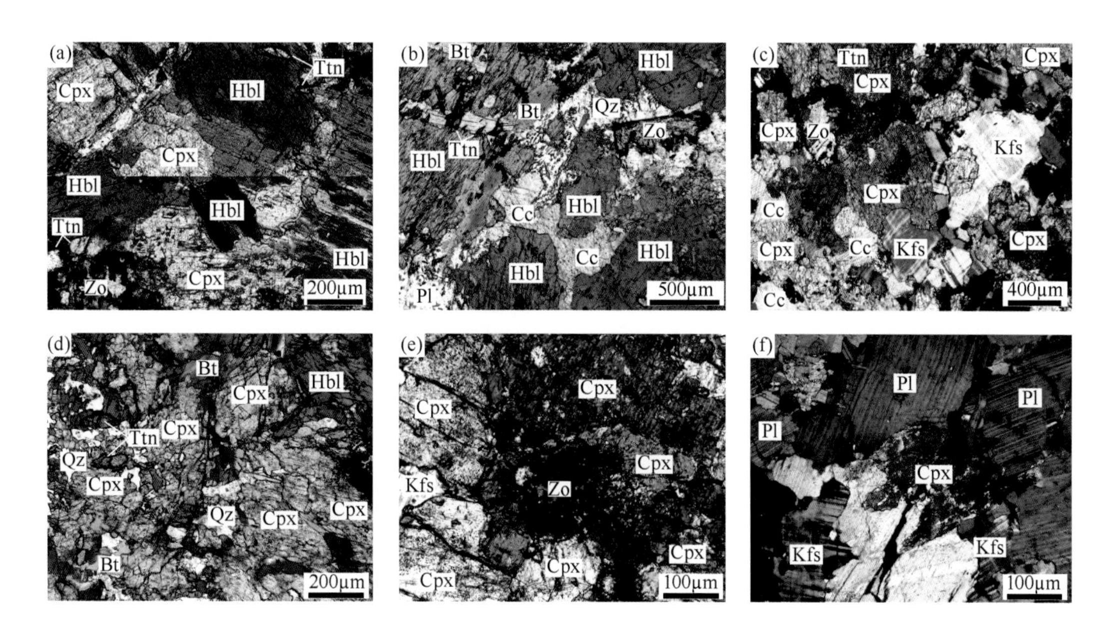

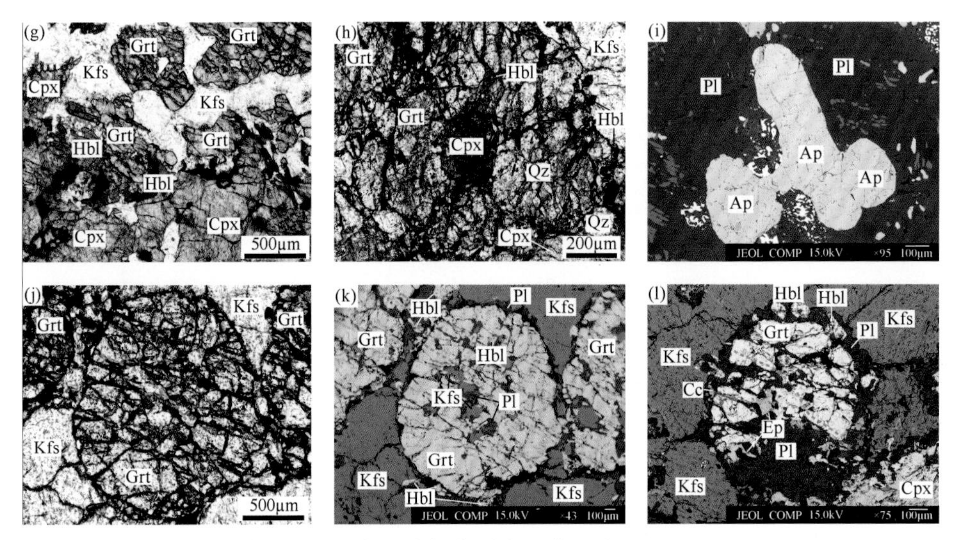

图 4-25 库尔勒地区新元古代变质岩显微照片（Ge et al.，2016）

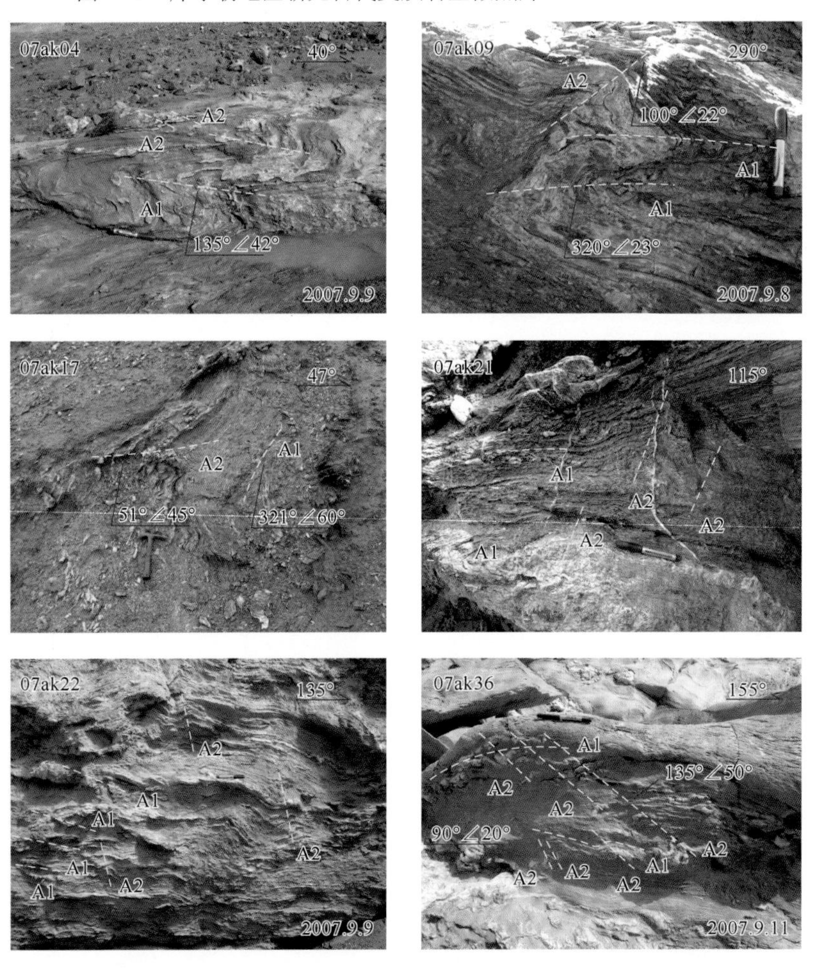

图 5-4 阿克苏蓝片岩地质体第一期与第二期褶皱关系示意图

A1 为第一期褶皱轴面，A2 为第二期褶皱轴面，图片左上角为照片编号